"十二五"国家重点出版物出版规划项目
国家出版基金资助项目

中国气象百科全书

综合卷

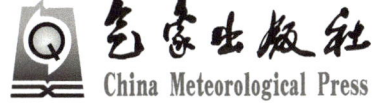

图书在版编目（CIP）数据

中国气象百科全书. 综合卷/《中国气象百科全书》
总编委会编. —北京：气象出版社，2016.12（2020.8重印）
ISBN 978-7-5029-6444-3

Ⅰ.①中…　Ⅱ.①中…　Ⅲ.①气象学—普及读物
Ⅳ.①P4-49

中国版本图书馆 CIP 数据核字（2016）第 252127 号

Zhongguo Qixiang Baike Quanshu · Zonghejuan

中国气象百科全书·综合卷

出版发行：气象出版社	
地　　　址：北京市海淀区中关村南大街46号	邮政编码：100081
电　　　话：010-68407112（总编室）　010-68408042（发行部）	
网　　　址：http://www.qxcbs.com	E-mail：qxcbs@cma.gov.cn
责 任 编 辑：黄红丽　颜娇珑　马　可　孔思瑶	终　　审：陈云峰
特邀审稿人：赵大庆　盛　军　李　波　李光亮	
封 面 设 计：易普锐创意	责任技编：赵相宁
责 任 校 对：王丽梅	
印　　　刷：北京建宏印刷有限公司	
开　　　本：889 mm×1194 mm　1/16	印　张：40.5
字　　　数：1400 千字	
版　　　次：2016 年 12 月第 1 版	印　次：2020 年 8 月第 2 次印刷
定　　　价：450.00 元	

本书如存在文字不清、漏印以及缺页、倒页、脱页等，请与本社发行部联系调换。

《中国气象百科全书》总编委会

主　　编：郑国光
副 主 编：王守荣（常务）　许小峰　矫梅燕　于新文　丁一汇
顾　　问：温克刚　秦大河　周秀骥　曾庆存　叶笃正　陶诗言
委　　员：（以姓氏笔画为序）

丁一汇　于新文　马鹤年　王式功　王存忠　王会军
王守荣　王明星　王晓云　丑纪范　毕宝贵　吕达仁
伍荣生　刘式适　刘英金　刘燕辉　宇如聪　许小峰
许健民　孙　健　李　柏　李良序　李泽椿　李福林
杨　军　杨修群　吴国雄　何金海　余　勇　宋连春
张人禾　陈云峰　陈洪滨　陈联寿　周定文　郑国光
赵立成　胡永云　费建芳　徐祥德　谈哲敏　矫梅燕
管兆勇　端义宏　翟盘茂

《中国气象百科全书》协调指导小组

组　　长：王守荣
副 组 长：丁一汇　李泽椿　余　勇　王存忠
顾　　问：温克刚　马鹤年　刘英金　骆继宾
成　　员：（以姓氏笔画为序）

丁一汇　王　强　王存忠　王守荣　王晓云　毛耀顺
毕宝贵　刘燕辉　孙　健　李泽椿　李维京　杨　军
余　勇　宋连春　陈云峰　赵立成　赵同进　姜海如
洪兰江　陶国庆　章国材　韩通武　端义宏　翟盘茂
潘进军

《中国气象百科全书·综合卷》编委会

主　编： 郑国光

副主编： 许小峰　刘英金　余　勇　洪兰江

委　员：（以姓氏笔画为序）

王志强　王劲松　王雪臣　毛耀顺　刘　扬　刘英金
刘燕辉　许小峰　余　勇　张世英　张祖强　罗云峰
周　恒　郑国光　赵同进　胡　鹏　姜海如　洪兰江
顾建峰　章国材　韩通武　谢　璞

专家咨询组组长： 温克刚

副组长： 马鹤年　骆继宾

成　员： 李泽椿　丁一汇　王会军　王　强　刘春蓁　林而达
毛耀顺　陶国庆

前　言

《中国气象百科全书》在社会各界的关注和支持下，经过多年的酝酿和近五年编纂努力，终于与读者见面了，在中国百科全书体系中又增添了新的成员。

百科全书是人类文明的记载与象征。当代社会，人们往往把编纂百科全书作为衡量一个国家或一个行业、一个地区经济社会和科学文化发展水平的重要标志之一。早在18—20世纪，英、美、俄、日等国家先后编纂出版了一批权威的百科全书，如英国的《不列颠百科全书》等，在国际上影响甚大。在国内，1978年改革开放以来，随着中国社会经济和科学技术的快速发展，编纂出版百科全书悄然兴起，在《中国大百科全书》一、二版出版的带动下，农业、林业、水利等行业的百科全书及上海、广东等地域性百科全书相继出版，既展示了中国科学技术繁荣兴旺的景象，又适应了广大读者对知识渴望的需求。

新中国成立以来，党和国家对气象工作高度重视，国家气象事业和气象科学技术快速发展。气象科学从新中国成立初期的单一学科发展至今天包括大气探测学、大气物理学、天气学、气候学、气候变化、应用气象学、大气化学、动力气象学和数值天气预报、雷达气象学、卫星气象学、气象信息技术等多门类多学科。气象现代化建设提升了气象观测、预报预测和气象服务水平，加快了气象事业全面发展。气象在经济社会发展中的地位和作用不断提高，气象防灾减灾、应对气候变化成效显著。气象服务领域日益拓宽，已融入了经济社会发展和人们生产生活的各个方面，各级党政领导机关制定规划计划、指挥防灾抗灾、安排生产生活、决策重大活动等涉及国计民生的大事离不开气象科技的支撑；人民群众的衣食住行、休养生息离不开气象信息和气象服务。因此，记载气象科学技术的进展，反映中国气象事业的发展，需要一部气象百科全书；为气象工作者提供全面的气象知识、信息、技术，以便更好地开展气象科研、业务和服务工作，也需要一部气象百科全书；适应社会和大众对气象知识、气象信息、气象服务不断增长的需求，更需要一部气象百科全书。

在专业百科全书系列中，气象一直处于空缺位置。虽然《中国大百科全书》和有关行业百科全书也有一些气象科学条目，对气象知识的普及起了很好的作用，但条目数量十分有限，难以满足社会的需要。为了全面展示气象事业和气象科学发展的历程和进展，满足广大读者以及气象工作者对气象知识的迫切要求，中国气象局报新闻出版总署批准，决定于2011年开始编纂《中国气象百科全书》（以下简称《全书》）。中国气象局成立了以郑国光局长为主编的编委会。编委会明确《全书》的定位是：以大气科学为基础，以中国气象事业发展为主线，以气象业务为重点的专科性百科全书，既是一部面向广大读者的集知识性、资料性和可读性于一体的实用工具书，也是为有一定知识水平的社会大众提供气象知识的科普书，同时在一定程度上还是记载气象事业发展的典籍书。

《全书》的内容包括气象事业发展、大气科学中各分支学科领域、气象服务、气象预报预测、综合气象观测与信息网络等各个方面的知识。《全书》分《综合卷》《气象科学基础卷》《气象服务卷》《气象预报预测卷》《气象观测与信息网络卷》《索引卷》六卷，共辑录1600多个条目，约560万字。全书按知识门类分卷出版，不列卷次，每卷只标出分卷名称。分卷的内容各按该知识门类的体系、层次，以条目的形式编写。各分卷所收条目均较为详尽地叙述和介绍了该知识门类的基本知识，适于高中以上、相当于大学文化程度的广大读者阅读。同时，也为气象专业读者提供了较全面的专业知识，并作为向深度和广度阅读的桥梁和阶梯。

《综合卷》设有卷前文章、气象事业、气象机构、气象业务、气象科学研究、气象人才队伍与教育培训、气象法律法规、国际与地区气象合作、地方气象、气象文化与科普、气象代表人物、附录、索引共13个部分，全面记载气象事业发展历程，宏观反映气象事业发展全貌，重点展示气象事业发展进程和成就，力求涵盖各卷难以包含的内容，是内容比较全面、丰富和综合性、史料性比较强的一卷。

《气象科学基础卷》设卷前文章、综论、大气物理、大气化学、动力气象学、天气学、气候学、应用气象学、附录、索引共10个部分，全面介绍大气科学各分支学科的基本概念、发展历程、基础理论和最新成果，是全书知识密集、理论性比较强的一卷。

《气象服务卷》设卷前文章、气象服务、决策气象服务、公众气象服务、专业气象服务、专项气象服务、气象灾害、气象灾害防御、农业气象、人工影响天气、雷电防护、气候可行性论证、附录、索引共14个部分，全面介绍了气象服务的领域、内容、方式和效益，是比较集中体现气象工作宗旨的一卷。

《气象预报预测卷》设卷前文章、预报预测业务系统、天气预报、数值天气预报、气候预测、气候变化、气候资源评估与开发利用、大气环境监测和预报、空间天气与预报、附录、索引共11个部分，全面介绍天气、气候、空间天气的预报预测内容、理论、方法和成效，是体现气象应用当代先进科学技术比较突出的一卷。

《气象观测与信息网络卷》设卷前文章、气象观测、综合气象观测系统、气象卫星观测、气象雷达观测、气象资料和产品、气象信息网络、高性能计算机、附录、索引共10个部分，全面介绍了气象观测和气象信息网络、高性能计算机，及所使用的技术方法和技术装备，是展示气象现代化建设成果和气象高新技术比较多的一卷。

《全书》的编纂工作是在全国气象学科及各相关领域、各部门的专家、学者、教授和研究人员的积极参与和支持下完成的，并得到国家出版管理部门、气象学术团体、气象相关院校，以及出版单位的大力支持，这是全书编纂工作能够顺利进行的有力保证。

《全书》的编纂经过了制定框架、编写样条、撰写稿件、审稿改稿、专家评审、统稿定稿、进入出版程序等过程。参与这些过程的撰稿人、审稿改稿专家、评审专家、统稿专家和出版编辑共达1500多人，分别来自气象部门、中国科学院、有关高等院校以及农业、水利、环境、军事等多个部门，他们为编纂出版《全书》付出了辛勤劳动。在此，我们表示衷心感谢！

编纂出版《全书》我们是第一次，许多条目无先例可循，写作难度较大。全书六卷，涉及面广，很多历史资料难以收集，协调难度也很大。再加上我们经验不足，书中难免存在一些缺陷，衷心希望广大读者批评指正，使本书在将来修订出版时能有所改进。

《中国气象百科全书》总编委会
2016年3月

中国气象事业发展

郑国光

气象是大气中的冷、暖、干、湿、风、云、雨、雪、霜、雾、霾、雷电、光象等各种物理状态和现象的统称,是地球系统特别是气候系统各个圈层交互作用的表征。气象与人类生存和发展息息相关,特定的气象条件既是孕育地球生命的重要前提,也是人类文明和社会福祉的自然基础。人类在长期的生产和生活实践中,逐步认识天气现象,不断探索自然规律,逐步形成了对气象科学的认识。中华民族具有五千年灿烂的文明史,中国古代在气象观测预测和气象科学认知领域曾领先于世界,取得了许多世人瞩目的成就。新中国成立以后,特别是改革开放以来,中国气象事业立足国情,坚持公共气象服务方向,大力加强气象现代化建设,着力构建完善气象观测体系,不断提高气象预报水平,积极推进改革开放,气象事业发展取得了长足进步,走出了一条中国特色气象事业发展道路。

中国气象源远流长

中国古代从事气象活动历史悠久,相传在黄帝时代就开展天象气候观测活动,是世界上最早设立观象台的国家。在出土的殷商甲骨文字中,记载有雨、云、风、雷、虹、雪、雹、晕、霾等多种气象现象,是目前世界上发现最早的遗存气象档案。中国也是世界上古代气象观象史料最丰富的国家,其中包括距今2000多年以来的重大气象灾情资料,距今1000年以来的气象资料记载则更为丰富,不仅有重要观象的记载,而且有距今300年左右的晴雨连续气象记录。

长期的观测活动,使我们的先民逐步积累了丰富的气象预测经验。夏商时期就开始了天气占测,至西周、春秋战国时,已基本掌握了逐月气候、物候特征,并利用这些经验预测天气气候。秦汉以后,天气预测经验知识不断丰富,至元代已总结出大量的气象谚语,更易于广泛应用和世代相传,被世人誉为宝贵的气象文化遗产。

近代之前,中国气象科技一直处于世界领先地位,特别是根据天文和气候循环变化规律总结出的四时、八节、二十四节气、七十二候,是气象领域的重大成就,中国和国际上很多专家学者认为堪与中国古代四大发明相提并论。中国是世界上最早划分风力等级的国家，也是最早发明测风仪器的国家，在西汉就发明了一种叫"倪"的风向器，后来又发明了"铜凤凰""相风铜乌"等风向器。唐代李淳风制定的风力等级表，是世界上最早的划分风力等级表。中国还是世界上最早应用仪器测雨量的国家，南宋数学家秦九韶在《数书九章》中演示的天池测雨计算方法，是世界上最早的测雨理论和方法。同时，中国古代先民对雨雪、雷电、冰雹等许多天气现象的形成机理和联系也进行了探索，出现了气象科学萌芽，也为中国近现代大气科学的发展奠定了历史基础。

中国先民十分重视气象知识应用，早在2000多年前就已经把积累的气象知识广泛应用于农业、医学、军事、航海和建筑等领域，经过不断的实践总结和丰富，这些气象知识对古代经济社会发展发挥了积极作用。

进入近代，伴随着工业革命的步伐，西方科学技术迅速发展，先后发明了温度表、气压表等气象仪器，发展了气象器测技术，并开始酝酿组建国际天气监测网，为近代气象科学的形成和发展提供了条件。18—19世纪，西方列强出于自身利益需要，在中国先后设立了许多测候所，带来了一些先进的气象仪器和技术。但近代中国落后的封建制度，特别是闭关锁国的国策，严重阻碍了社会进步和生产力发展，束缚了科学技术的创新与发展，中国气象科技在整体上与世界先进水平差距加大。

辛亥革命以后，受西方科技进步思想的影响，1912年，中国在北京设立了自办的第一个气象台，开启了基于器测资料的气象预报工作。20世纪初，开始逐步组建地面气象观测站网，至20世纪40年代，全国各地相继建立的各类气象观测站点，最多时达700余个，并先后在泰山、峨眉山建立了中国最早的高山测候所，但因战争和政局动荡，到新中国建立前夕仅剩下70多个。1915年中央观象台开始绘制天气图，试做天气预报，随后开始发布北京地区每日天气预报。1928年，成立中央研究院气象研究所，竺可桢为气象研究所第一任所长，并在南京北极阁创立了中国最早的天气预报台，通过分析绘制东亚天气图，发布天气预报和台风警报，提供公众气象服务，开启了由中国人自主发布天气预报的历史，成为当时中国气象科学研究中心和气象业务指导中心。1924年10月中国气象学会在青岛成立，是中国最早成立的十多个自然科学专门学会之一，对推动气象科技的交流和发展起到了积极作用。

中国人民气象事业诞生于延安，1944—1949年，在中国共产党领导下的解放区气象活动，为新中国气象事业的建立积累了经验。1944年9月，基于为抗日战机提供气象情报服务，八路军和美军观察组在延安建立了气象台，开始包括地面气象观测、气球测风、无线电探空等在内的多种气象观测和飞行保障工作。1945年8月，日本宣布无条件投降，美军气象人员撤离。9月中央军委决定全面接收气象台，并正式成立了八路军总部延安气象台。直到1949年，各解放区先后共建立了20多个气象台站，开展了地面观测、高空风观测和气象预报服务，为抗日战争和解放战争的胜利提供了气象保障，同时也为新中国气象事业的创建和发展培养了一批骨干。

新中国气象事业快速发展

新中国气象事业 60 多年的发展，从小到大，从落后到先进，走过了一段不寻常的历程。纵观新中国气象事业发展历程，大体可划分为三个时期：

第一个时期，20 世纪 50 年代至 60 年代初。这一时期主要是初期的艰苦创业，集聚和培养人才，大力开展气象站网和各项业务、科研创建，形成了气象事业的基本框架，为后期更大发展奠定了基础。

第二个时期，20 世纪 60 年代中期至 70 年代后期。这一时期受"左"的思潮和"文化大革命"的影响，气象事业发展受到了严重干扰。但在党中央和国务院的关怀和支持下，广大气象人员排除干扰，坚守岗位，气象事业在一些领域仍然得到发展。

第三个时期，20 世纪 70 年代后期至今。在党的十一届三中全会改革开放等一系列路线、方针、政策的指引下，气象事业步入了健康、持续、快速发展的新时期。解放思想，改革创新，扩大开放，加速发展，是这一时期的显著特征。这一时期又可以划分为 4 个阶段：拨乱反正，调整发展（20 世纪 70 年代后期至 80 年代初）；推进改革、开启发展（20 世纪 80 年代初至 90 年代初）；深化改革、加速发展（20 世纪 90 年代初至 90 年代末）；统筹兼顾、全面发展（21 世纪至今）。

60 多年来，在党中央和国务院正确领导下，经过全国气象部门和行业的共同努力，中国气象事业快速发展，取得了举世瞩目的成就，逐步形成了结构合理、布局适当、功能齐备的气象现代化体系，气象综合实力显著提升，气象服务效益显著提高，国际地位和影响显著增强。

建立了具有中国特色的气象服务体系。 经过 60 多年的发展，气象部门已从提供较为单一的决策服务和为农服务，逐步发展形成包括决策服务、公众服务、专业服务和专项服务在内的中国特色气象服务体系。农业气象服务领域已由传统农业扩展到包括农、林、牧、渔，以及现代农业、新农村建设等在内的大农业范畴；专业气象服务领域已覆盖工业、交通、环保、水利、国土、卫生、海洋、旅游，以及国防建设、森林防火、应急保障、气候资源开发利用、重大工程建设等领域；气象灾害防御形成了"政府主导、部门联动、社会参与"的机制，应急气象服务体系日臻完善；公众气象服务传播由传统的报纸、电话、广播等手段，逐步发展到包括电视、手机、网络、警报系统、海洋预警电台、电子显示屏、超高频警报器等方式，实现了气象服务信息发布平台和传播手段的多样化。气象服务效益十分显著，气象灾害造成的经济损失占国内生产总值（GDP）的比例，已从 20 世纪 80 年代的 3%～6% 下降到 21 世纪初的 1%～3%，气象投入产出比从 20 世纪 90 年代的 1:40 提高到目前的 1:50。

建成了比较完善的气象预报预测体系。 基本建成了比较完善的数值预报预测业务系统。新一代天气预报人机交互处理系统和数值预报产品广泛应用，气象预报预测业务实现了由传统的人工分析为主向以数值预报产品为基础、以人机交互处理系统为平台、综合应用多种技术方法的自动化、客观化和定量化分析预报的重大变革。气象预报预测业务由单一天气预报发展为目前的灾害性天气短时临近预报、短期气候预测、气候变化预估，农业气象、大气成分、人工影响天气作业条件、空间天气等预报，以及空气质量等级、地质灾害气象等级、森林草原火险气象等级、海洋气象、流域面雨量和城市积涝等预报。初步建成了中国气候观测系统和多圈层耦合的新一代气候系统模式。中国自主研发的全球和区域数值天气预报模式系统，中期天气预报可用时效达到7天。气象预报预测水平不断提高。全国24小时晴雨预报、暴雨预报和台风路径预报达到世界先进水平。动力气候模式预测系统正式投入业务，使中国成为世界上少数几个能够制作气候预测产品的国家之一，汛期降水气候预测准确率有了明显的提高。

建立了比较先进的综合气象观测系统。全国已建成地基、空基和天基相结合，门类比较齐全，布局基本合理的综合气象观测系统。全国2000多个国家气象站全部实现了气象观测自动化，无人自动气象观测站达到50 000多个，实现了观测资料实时汇集和共享。建成了一批以大气成分、沙尘暴、酸雨、农业气象（农业气象试验）、风能、太阳辐射、雷电为观测任务的特种观测站。建成了一批风廓线雷达和全球定位系统气象观测（GPS/MET）站。青海瓦里关全球大气本底观测站成为世界气象组织认可的全球温室气体本底基准观测站之一。多颗极轨气象卫星和静止气象卫星，实现了业务化运行和双星观测，极轨气象卫星成功实现了换代。自1999年开始全国已建成并投入正式运行的新一代多普勒天气雷达170多部，实现了数据实时传输和拼图联网。气象部门高性能计算机的计算能力不断提升，总运算能力超过千万亿次/秒。建成地面与卫星结合、有线与无线结合的气象通信网络，国际通信系统成最早获批的世界气象组织全球信息系统中心之一，发挥了世界气象组织全球气象电信系统亚洲区域气象通信枢纽的作用。气象科学数据在国家重大工程建设、国防建设、国家重大活动及重大科研项目中发挥重要作用。

构建了气象科技创新体系。建立了由"气象科研部门、业务单位、高等院校、军队系统和产业部门"相互结合的科技创新体系，建设了一批具有国际影响力的研发机构、国家重点实验室、部门重点实验室、野外科学观测试验基地，形成了"开放、流动、竞争、协作"的新型气象科研组织体制和运行机制，取得了一批重要的科研成果。据统计，1980—2012年，仅气象部门获得国家科学技术进步奖一等奖9项、二等奖19项、三等奖26项；获国家自然科学奖二等奖1项、四等奖1项；获得国家发明奖1项。自主研发的新一代数值天气预报系统，缩小了中国数值预报与发达国家的差距，台风暴雨灾害性天气监测预报技术研究、短期气候预测系统、风云二号气象卫星及地面应用系统、天气预报人机交互处理系统、中国气象数值预报系统技术等研究成果在气象业务服务中发挥了重要作用；自主研发的耦合全球碳循环气候系统模式达到国际同类气候系统模式水平，风云系列气象卫星定标、辐射校正及地面应用系统达到国际先进水平，还有其他一大批气象研究成果被投入业务应用。这些成果为提升气象业务能力和服务水平、为国家应对气候变化提供了重要科技支撑。

建立了适应气象事业发展的人才队伍。从新中国成立初期在各大军区建立气象训练队开始，经过60多年的发展已建立了比较完善的气象教育和气象培训体系，每年给气象事业发展输送的专业人才数以千计，为气象现代化建设提供了人才保障。中国从事气象业务、服务、科研和教育及其他工作人员的数量，由新中国成立初期的700多人发展到现在的约10万人，还有约3万名人工影响天气兼职作业人员和70多万兼职气象信息员队伍。气象部门长期坚持加强高层次领军人才、一线专门人才队伍的引进和培养，形成了一支以大气科学为主体，多种专业有机融合的气象人才队伍，队伍结构逐步得到优化。气象部门职工队伍中大学本科以上人员比例达到71.6%，高级专业技术人员的比例上升到16%左右，人才队伍建设总体呈现良好的发展局面。

初步构建了气象法律法规体系。 1994年，国务院颁布了《中华人民共和国气象条例》，1999年，国家颁布了第一部气象法律——《中华人民共和国气象法》，随后国务院颁布了《人工影响天气管理条例》《气象灾害防御条例》《气象设施和气象探测环境保护条例》3部行政法规。到2014年，中国气象局发布25部部门规章，各省（自治区、直辖市）先后出台了220部地方性气象法规和规章，中国气象局与有关部门联合发布了43部规范性文件和一系列技术规范，制定气象国家标准54项和气象行业标准251项，备案的气象地方标准270项，气象预报服务、防灾减灾、气候资源开发利用等工作得到了规范。行业监督、技术交流、组织协调、信息共享机制初步建立，电子政务和管理信息化建设快速推进，气象科学管理水平和管理效能不断提高。

形成了全面开放合作的新格局。 从20世纪50年代开始，气象部门与中国科学院、北京大学、清华大学等科研机构和高校就建立了联合工作机构和人员交流机制。以后气象部门与各有关部门、科研院所和各级政府的交流与合作日益广泛。进入21世纪，中国气象局先后与30个省（自治区、直辖市）人民政府，25个国务院部委和大型企事业单位、19所高校签署了合作协议，建立了涵盖公共气象服务、气象防灾减灾、率先基本实现气象现代化、重点工程建设、科技、人才等多领域更加紧密的合作关系。在国际交流与合作中，积极开展多边、双边气象科技合作与交流活动，与中国进行气象科技合作和交流的国家和地区达140多个，协议合作项目超过400个；中国气象局领导人曾连续两届担任世界气象组织主席，有100多位气象专家在世界气象组织、地球观测组织、政府间气候变化专门委员会等国际组织中担任重要职务，中国气象局被世界气象组织指定为区域气候中心、全球长期预报制作中心、世界气象组织沙尘暴预警咨询和评估系统亚洲/中部太平洋区域中心。通过世界气象组织自愿合作计划向70多个国家提供包括气象仪器设备在内的多方面援助。通过对外开放与交流合作，中国气象工作在国际上的影响力日益提高。

推进气象文化建设和廉政建设。 气象部门始终重视党的建设，至2014年全国气象部门有99%的单位建成文明单位，全国31个省（自治区、直辖市）气象部门全部建成了文明系统（行业）；始终高度重视反腐倡廉建设，为气象事业发展提供了坚强的政治保证；十分注重气象文化建设，利用各种媒体开展气象宣传和科普工作，气象文化阵地蓬勃发展；高度重视廉政建设，全面落实主体责任，强化监督执纪问责；大力加强基层气象台站建设，基础设施明显得到改善，基层气象台站综合业务能力大幅提升，为地方经济社会发展的服务能力明显提高。

中国气象事业在发展中取得这些举世瞩目的成就来之不易，是由多方面的因素铸就的，其中最重要的是气象部门在中国特色社会主义理论指引下，结合气象工作实际，勇于探索，勇于创新，逐步走出了一条中国特色气象事业发展道路。这条发展道路在国际上独树一帜，具有如下鲜明的特征：一是气象事业发展在中国共产党的领导下，以服务于经济社会发展和人民安全福祉为根本宗旨，体现了气象事业的社会主义属性；二是气象事业发展实行气象部门与地方政府双重领导，以气象部门领导为主的管理体制，并建立相应的双重计划财务体制，充分发挥中央和地方政府的双重优势，从组织上和经费上保证了气象事业稳定、快速发展；三是气象现代化建设目标瞄准世界气象科技前沿，用几十年的时间赶超西方发达国家几百年走过的路程，实现跨越式发展；四是在发展方式上以改革为动力，通过深化气象业务科技体制、气象服务体制、气象管理体制的改革，推进气象业务现代化、气象服务社会化、气象工作法治化，全面提升气象工作的质量和效益；五是在发展格局上，注重内外开放，在国际上把引进先进技术与自主创新结合起来，在国内与有关的部门、行业、院校、科研单位和地方政府广泛合作，形成共同发展气象事业的合力；六是在队伍建设上采取气象专职队伍与社会兼职队伍相结合的模式，形成了一支数量宏大、专兼配合、体系新颖的气象队伍。

未来气象事业发展任重道远

回首过去，新中国气象事业取得了举世瞩目的成就。展望未来，站在实现中华民族伟大复兴新的历史起点上，中国气象事业面临前所未有的发展机遇和挑战。当前，面对经济社会发展和人民群众对气象服务日益增长的新需求，面对全球气候变化导致的极端天气气候事件增多增强的复杂局面，气象服务能力与日益增长的需求不相适应的矛盾、气象预报准确率和精细化水平与社会期待不相适应的矛盾还比较突出，未来气象事业发展任重道远。

未来中国气象事业发展，根本在于深入贯彻"四个全面"的战略布局，适应经济发展新常态，贯彻创新、协调、绿色、开放、共享发展理念，坚持公共气象事业发展方向，以人为本，服务民生、服务生产、服务决策；坚持气象现代化这条主线，强化科技引领和创新驱动，发展现代气象业务；坚持改革开放，不断完善气象事业发展体制机制；坚持依法发展，科学发展，提高发展质量和效益，为全面建成小康社会提供优质气象保障服务。

未来中国气象事业发展，关键在于全面推进气象现代化，到2020年要基本建成具有世界先进水平的现代气象业务体系、中国特色现代气象服务体系和科学高效的气象管理体系，气象整体实力接近同期世界先进水平，若干领域达到世界领先水平。到2030年，要全面实现气象现代化，建成完善的现代气象服务体系，形成具有世界先进水平的全球监测、全球预报、全球服务的现代气象业务能力，建成较为完备的智慧气象体系，气象服务经济、社会和生态效益明显提升。为实现上述目标，未来需重点加强气象防灾减灾能力建设，健全气象防灾减灾体系，提高气象灾害监测预警水平，完善突发事件预警信息发布系统，全面实施气象灾害风险管理，大力减少气象灾害损失；积极应对全球气候变化，加强应对气候变化科技支撑，开展气候变化监测预估，研究气候变化规律，加强生态文明建设气象保障，建立国土气候容量和气候质量监测评估体系，组织合理开发利用气候资源和科学开展人工影响天气,提高气候安全保障能力;加快发展现代气象业务,着力推进现代气象服务业务建设,大力提高气象预报预测水平,强化综合气象观测基础,加快建设集约化气象信息业务体系,发展智慧气象;完善科技创新驱动体制机制,优化气象科技资源配置,促进高科技成果转化;实施气象人才优先发展战略,加大高层次人才培养,完善气象科技创新团队建设,促进人才队伍协调发展。

未来中国气象事业发展,目标已经明确,任务极其艰巨。我们坚信,在党中央和国务院坚强领导下,有社会各界的关心支持,通过广大气象工作者的共同努力与奋斗,未来气象事业发展一定能谱写出新的辉煌篇章!

气象学进展

丁一汇

气象学是以大气为对象研究天气和气候等的科学。它与天文学、地质学、地理学、水文学等一起，是地学中的一个重要分支。由于它的理论基础是物理学与数学，所以又是现代物理学的组成部分之一。同时，它密切联系为人类和社会发展服务的实践，也是一门应用科学。

气象学首先是研究表征天气变化的各种大气变量，如温度、气压、湿度、风、云、降水、雷电等现象，并研究引起天气变化的各种过程与原因，形成了作为天气分析和预报理论基础的天气学。另一方面，传统上气象学对气候的研究主要集中在对多年大气的平均条件及其多尺度气候变率、频率和强度的变化。由于这个研究领域逐步扩大，已演变成相对独立的气候学与气候变化学科分支。现代天气学与气候学（包括气候变化）两者之间有密切的关系，但又不完全相同，两个学科研究的主要对象都是大气。但是，气候学比天气学更关注海洋、陆面、生物圈等对大气的影响与相互作用。

自20世纪60年代以后，随着科学技术的迅速发展以及经济社会迫切需求的推动，气象学的众多研究领域和内容迅速扩大，研究的深度、广度和方法明显加强，大大突破了气象学原有的研究内容，而扩展成更为广泛和更为深入的大气科学（见气象科学基础卷 大气科学进展），气象学进入了发展的新阶段。纵观气象学的发展历史，随着科学技术和其他学科发展的推动和融合，气象学在它漫长的发展过程中不断孕育、产生着新的分支，从而扩展和深化了其研究领域，使其发展为一门多学科交叉，广泛为国民经济和公众生活服务的应用性科学。通过不断努力，更好地认识天气和气候，进而更精确地预报天气和气候变化，建立更完善的气象服务系统，始终是气象学发展的主线。

气象学包括许多分支学科，其中有气象观测、天气学、气候学、动力气象学、大气物理学、雷达气象学、卫星气象学等。与应用有关的分支有航空气象学、海洋气象学、水文气象学、农业气象学、生态气象学等。并且随着应用的日益广泛和深入，还正在形成新的学科分支，如环境气象、城市气象、能源气象等。

气象学的起源、发展和现状

气象学的发展具有长期的历史，但作为一门观测和预测天气的科学是于 18—19 世纪逐步形成的，20 世纪初期以后，气象学得到了迅速的发展，成为一门以数理科学为基础的精密的现代科学。其演变大致可划分为四个阶段。

1. **萌芽时期**（从古希腊和古中国到 18 世纪之前） 在古希腊，对于天象（所有发生在天空中的现象）的研究与气象观已达到了相当高的程度，古希腊人把任何落向地球的物体称作 meteoron（一种在空气中的物体，它包括雨滴、冰雹、雪花以及陨石等），把研究所有天空中现象的学问称作 meteorologla，这就是气象一词的来源。可以说古希腊开创了世界气象学的先河。但当时的气象学是与天文学密切联系在一起的。古气象学家的杰出代表是亚里士多德（Aristotle，前 384—前 322 年）。他于公元前约 340 年写成了描述天气与气候的专著《气象汇论》（meteorologica），书中介绍了自己及其同期和前人们的气象观。虽然书中的不少解释在今天看来是错误的（如认为风是呼吸的地球所引起的干、湿呼气），但他对有些天气现象的解释和认知即便在今天看来，本质上仍然是经得起检验的，甚至是相当准确的。如对雨的形成，他在《气象汇论》中指出，由于地面受热，地面水汽蒸发，空气上升并在高空冷却凝结成云，又转化成水。这种对降水形成的朴素认识本质上与现代云雾物理和微气象学的解释是一致的，对于后来人们认识大气的混沌性质也具有先驱性的启发意义。因而以《气象汇论》为代表的古希腊气象观，对 17 世纪以前的西方气象学产生了极重要的影响。直到 18 世纪欧洲启蒙运动才不断有学者对其提出质疑与挑战。

从中世纪到文艺复兴的一千多年间，欧洲历史上经历了最黑暗的中世纪政教合一的时期。基督教神学占据统治地位，科学只能附属于宗教的需求和教规。这个时期，大大阻碍和延缓了现代科学的发展，西方的气象学也不例外。但在中国，这一千年正是中国历史上经济社会繁荣和发达的时期，与之相应，在气象学方面也取得了丰硕的成果。早在殷代的甲骨文中，中国古代对于天气现象的记载已十分完整、细微，包括降水、天空状况、风、云、雾、大气光电现象等许多项目。并且还可以发现有连续十天的气象实况记录，这表明中国古代已有预知天气状况的需求。在继承前人对气象现象早期观测的基础上，后来从西汉到明代的一千年间，气象知识发展主要有三个方面：观测范围的扩大和深入、气象仪器的创造和应用以及天气现象的理论解释。它们说明中国在气象学的认识与仪器发明的许多方面并不落后于西方，甚至早于西方，如唐代天文与数学家李淳风（602—670 年）是第一个给风定级的人，他把风向定为 24 级，风力定为 8 级。过了一千多年后，英国人蒲福（Francis Beaufort，1774—1857 年）于 1805 年才把风力定为 12 级，共 13 个等级。宋朝科学家沈括（1031—1095 年）制造了浑天仪，编制了我国历史上首个纯粹的阳历

"十二气历"。英国科学史家李约瑟评论沈括为中国科技史上的里程碑。他在长达 30 卷的《梦溪笔谈》中记载了他在观测和理解大气现象的种种尝试和设想（如彩虹是太阳光在不同位置折射的结果；球形闪电的影响等），并预测了天气的演变，给出了降雨预测成功的例子。明代的杰出科学家徐光启（1562—1633 年）在他编撰的《农政全书》中总结了前期成就以及气候变化与农业的密切关系，强调了应该关注纬度变化引起的南北气候的差异，以便引种改制。在农业生产中，经度、纬度、季节、区域等影响要素都应得到关注。此外，他对防治蝗虫以及雾的形成等方面都得到了有价值的经验或认识。

2. 气象学的形成时期（18—19 世纪）　气象学发展和形成的先驱是法国著名哲学家、数学家笛卡尔（René Descartes，1596—1650 年）。它的突出贡献是让其后的气象学完全摆脱了《气象汇论》的束缚，使气象学成为完全具有科学性质的学科，走上了现代科学的发展之路。这全面地反映在他在《气象学》一书中对各种天气现象的解释。这个时期，具有里程碑式的发现或发明至少有四个：①气压计、温度计和湿度计的发明。古希腊人相信空气是没有重量的，因而不会产生大气压力，但 17 世纪的托里拆利（Evangelista Torricelli，1608—1647 年）通过解释看不见的大气压力发明了水银气压计，这是定量测量大气压的一个关键突破。伽利略（Galileo Galilei，1564—1642 年）、德赖伯尔（Cornelis Drebbel，1572—1633 年）、华伦海特（Daniel Gabriel Fahrenheit，1686—1736 年）分别发明了气体、酒精和水银温度计。索修尔（Horace-Bénédict de Saussure，1740—1799 年）发明了毛发湿度计。温度计和气压计的发明和联合使用在气象学中被认为是观测大气的一个关键里程碑，它们奠定了地面气象观测的基础。②天气学和气候学的形成。由于战争的需要，大大推动了对直接影响其活动的天气现象、天气系统和大气环流的观测和研究。在此基础上促进了气候的发展和研究，开始把局地或区域的气象学认识扩展到了对世界天气与气候的新认识。这包括风级的确定，云的分类，大气环流学说的提出（如哈得来（George Hadley，1685—1768 年）的单圈环流与后来的两圈环流、三圈环流大气环流经向模式），哈雷（Edmond Halley，1656—1742 年）的第一个信风和季风图与解释；信风和科里奥利力作用的研究（如多佛（Heinrich Wilhem Dove，1803—1879 年）），信风热力性起因与地球旋转作用对信风的影响的研究，科里奥利（Gustaue Gasparade de Coriolis，1792—1843 年）在运动方程中加入科里奥利加速度的研究，不同气旋理论和模式的提出和解释（如白贝罗（Buys-Ballot，1817—1890 年）风压定律，柯本（Wladimir Pater Köppen，1846—1940 年）的飑线冷锋结构，肖（Willam Napier Shaw，1854—1945 年）的地面气流切变及降水分布的气旋模式等），局地风暴和雷电的研究（如富兰克林（Benjamin Franklin，1706—1790 年）对雷暴中静电的研究和风暴移动的假说；埃斯波（James Pollard Espy，1785—1860 年）对风暴中风向、潜热在高大积云形成中的作用等研究）等。通过这些研究，形成了大气环流和天气学的基础，并在此基础上逐渐发展成系统的气象学理论。③动力气象学的诞生。由于 17 世纪以后物理学，数学和化学的重大进展，以及观测仪器的发明，促使了动力气象的诞生与发展。其中最重要的成就是玻义耳（Robert Boyle，1627—1691 年）气体定律的发现和牛顿（Isaac Newton，1642—1727 年）的微分计算、达兰贝尔（Jean le Rond d'Alembert，1717—1783年）动力学基本规律（达兰贝尔原理：即在物体运动的任一时刻，作用于物体上的外力与惯性力平衡）的引入与应用。动力气象学是气象学的主要理论之一，它使气象学能够在一个坚实的科学基础上不断发展。④无线电技术的发展和电报的发明。在电报发明之前，由于不可能及时收集到各地的气象观测资料，不可能绘制同一时刻的天气图和了解天气系统的活动，因而在电报发明之前（19世纪30年代），实际的天气预报是不可能制作的。以后，随着快速传递信息的电报的发明和应用，到1860年就可及时收集英国地区500个地点的气象资料。英国和美国分别在1860年和1870年开始发布每日天气预报，这是世界上第一次以实际观测资料和科学方法制作的天气预报，气象学实现了其划时代的跨越，开创了气象学真正应用和服务于人类和社会的前奏。从此气象学不再仅是一门认识自然界的科学，也成为有实用经济和社会价值的应用性科学。这也是为什么美国在1896年建立了国家气象服务机构——美国天气局的原因。它早期的主要服务对象就是农业和航空业。

气象学经过约两个世纪的发展，从理论和实际应用上已建立了它的基础，初步形成了其科学体系和内容，以及应用服务能力，形成了一门崭新的学科。

3. 现代气象学的快速发展期（20世纪初期至60年代） 进入20世纪以后，气象学得到了快速发展主要表现在三个方面。

第一方面是在气象学的基本理论建立上取得了重大突破，至少包括四个理论和学说：①锋面理论。1920年前后，J. 皮叶克尼斯（Jacob Aall Bonnevie Bjerknes，1897—1975年）等根据欧洲当时建立的地面气象观测网取得的长时期资料，应用流体力学和物理学理论，提出了锋面和气旋形成的理论，为现代天气分析和短期天气预报（1～2天）的理论与方法奠定了新的基础。锋面和气旋的概念模型及其移动的理论被认为是天气预报的一次重大突破。②大气长波理论和高空急流的发现。由于20世纪30年代无线电探空仪的普遍使用，建立了大范围地区（如北美、欧亚地区）的高空观测网。据此，气象学家获得了大气和天气系统的三维空间结构，以及高空天气和环流系统与地面天气系统的关联。根据探空资料绘制的高空天气图分析和研究，1939年瑞典气象学家罗斯贝（Carl-Gustaf Arvid Rossby，1898—1957年）提出了大气长波动力学，由此得到了制约更长时期天气变化的大气长波传播和发展的规律与理论。另一方面极锋急流和副热带急流的发现是动力气象和天气学中的又一个重要标志。这使天气预报时限从1～2天延长到了3～4天，并且也为后来的数值天气预报和大气环流的数值试验开辟了道路。③人工降雨学说。在20世纪30年代，贝吉龙（Tor Harold Percival Bergeron，1891—1977年）从研究雨的形成过程中，发现云中冰晶与过冷水滴共存最有利于降雨的形成，由此提出了冷云的降雨学说。1946年朗缪尔（Irving Langmuir，1881—1957年）等人进行的播云试验，说明了在过冷云中播撒固体二氧化碳（干冰）和碘化银可以产生大量冰晶，以人工的途径使冷云降水增加，由此进入了人工降水的试验时期，开辟了人工影响天气的新阶段。④大气混沌理论与大气的可预报性。1963年洛仑茨（Edward Norton Lorenz，1917—2008年）发表了《确定性的非周期流》论文，提出了在确定系统中的非周期现象。这种非周期现象是大气的内部变率产生，它实际上反映了一个用于预报的动力系统对初始状态的依赖性。初值的任何微小误差在积分过程中会增长或放大,最后会掩盖或破坏有规律的周期性行为,变成完全混乱的行为。这种对初始误差放大的大气现象被称为混沌现象或"蝴蝶效应"。由于混沌现象的存在,天气的可预报性有一个上限,大约在2周。大气中混沌现象的发现与可预报性理论的建立为数值天气预报的改进和未来发展指出了基本的方向,包括改进资料的初始化与模式的参数化,以及后来集合预报方法的发展。

第二方面是数值天气预报的发展和业务系统的建立。数值天气预报的成功使天气预报由主观经验预报转变为客观定量的预报。它是现代气象学成就的最重要标志之一。其发展经历了近百年的历程。早在19世纪初,阿贝(Cleveland Abbe,1838—1916年)与V. 皮叶克尼斯(Vilhelm Friman Koren Bjerknes,1862—1951年)就提出用物理学定律可预报天气的观念。在1904年,皮叶克尼斯进一步把天气预报看作为一个初值问题,可通过求解大气运动的原始方程进行数值天气预报。并且他深刻地指出,如果以后的大气状态是依据物理定律由前期状态发展而来,则十分明显,合理求解预报问题的充分必要条件是:①要有足够准确的大气初始状态;②要足够准确的知道决定大气由一种状态发展到另一种状态的定律。后来在1922年,理查森(Lewis Fry Richardson,1881—1953年)用原始方程制作的数值天气预报试验因初值的不平衡与计算速度滞后而失败。直到1950年,查尼(J. G. Charney,1917—1981年)等人用简化的涡度方程成功地计算出了第一张数值天气预报图,由此开创了数值预报天气的新时代。1960年以后,开始用原始方程制作数值天气预报,终于实现了早在40年前理查森的理想。之后,通过模式和初始资料的不断改进,数值天气预报在许多国家投入业务使用,目前已成为国际上天气预报中心制作天气预报的主要方法和依据,其空间分辨率不断增加,预报准确性不断提高,预报时效持续延长(可用预报为9天),预报产品应用不断扩大。

第三方面是气象观测技术的飞跃发展,尤其是高空观测技术,雷达和气象卫星的广泛应用。通过地基和空基协同观测,真正开启了全球气象观测的新时代。气象雷达包括多普勒天气雷达,风廓线雷达,相控阵天气雷达等,可提供雷暴和暴雨等中尺度天气现象与系统的详细观测信息,是强烈天气的主要监测工具之一。气象卫星可弥补全球大范围地区,尤其是海洋地区的观测空白,能准确连续地监测各种灾害性天气,并可获得全球的气象信息,为数值天气预报输入必不可少的初始资料,以能做出准确的天气预报。

通过上述三个方面的一系列重要成果,使气象学进入以数学与物理为基础的精确科学的领域。

4. 大气科学的发展时代(20世纪60年代至今) 随着现代科学在气象学中的广泛应用,以及与相关学科之间的融合、渗透和交叉,从20世纪60年代以后大大扩充了传统意义上气象学的研究内容,使气象学从本质和内容上发生了重要的变化,研究领域扩展到更为广泛的大气科学。概括起来,表现在五个方面:①研究的对象不再限于大气圈。大气科学扩展到研究大气圈与水圈、冰雪圈、岩石圈、生物圈之间的相互作用,为此需深入认识其他圈层的变化及其对大气圈的影响。②大气科学对大气层本身的研究也不再限于大气低层(以对流层为主),而扩展到平流层、中层、热层和外层。另外，大气科学也包括太阳系中行星大气的研究（如金星、火星大气），同时也研究日地关系和宇宙线对天气和气候的影响，近年来，更扩展到行星可居住性研究。③对于大气运动驱动力和影响因子的研究不限于自然的强迫和内部变率，还增加了人类活动的影响，这包括温室气体和大气气溶胶增加，以及土地利用变化等因子的作用。④气候预测模式和气候变化的研究得到迅速的发展。如从主要考虑大气圈变化的数值天气预报模式发展成了海-陆-气-冰耦合的气候模式与包括地球生物化学过程的地球系统模式，大大地提高了模拟和预测地球天气、气候及其变化的能力。⑤各种国际和区域的大气科学外场试验已成为推动大气科学发展的重要手段。其中最著名的是1979年进行的第一次全球大气科学试验和世界气象组织与世界气候研究计划举行的全球能量与水循环试验和热带海洋和全球大气试验等。这些试验极大地推动了大气科学的发展。另一方面实验室的流体力学试验也成为研究大气环流和天气系统理论的一个工具，并在行星波、地形与热源的影响、天气系统的发展和结构、对流系统的演变等方面取得了不少有意义的结果。外场观测试验和实验室模拟使气象学成为一门实验性的学科。

气象学的研究方法

气象学最早使用且至今仍是最基本的研究方法的是观测与资料分析。在分析中主要依据数理统计和动力学诊断方法，据此获得有统计和物理意义的结果。目前使用的资料是全球观测网得到的台站资料以及多种再分析资料。第二种方法是理论研究，主要是借助数学和物理理论和方程研究某种天气或气候过程的发展与演变，以得到其定性或定量的规律。如大气长波传播及其频散公式的求取，正压和斜压不稳定性，大气运动的非线性问题等。大气动力学与地球物理流体力学是气象学理论研究的主要结果。第三种方法是数值模拟或数值试验。这是目前气象学研究中研究天气与气候事件和过程，解释其演变规律和因果关系的最常用方法。用数值模拟再现或复制过去的气象事件或过程，再通过与历史实际观测资料对比能够深入认识被研究过程和事件的原因、规律以及不确定性。最后一种方法是外场试验和实验室的流体力学转盘模拟。由外场试验通过各种观测手段的协同观测可以获得新的多种观测资料，通过研究最有可能得到具有创新意义的科学成果。因而外场试验已成为推动气象学某一重大问题研究的主要方法。实验室模拟是一种可控制的大气流体力学试验，它起源于20世纪40年代，但至今仍被用于大气环流等问题研究。气象学是一门应用性很强的试验性学科，由于研究的对象是大气，而自然界大气的运动是不可重复和控制的，必须通过上述多种研究方法的组合和综合分析才能揭示其真正的规律，以获得正确的认识。

气象学与其他学科和气象业务的关系

首先气象学与物理、数学与化学有密切的关系，尤其与其中的物体运动学和动力学，流体力学，热力学，电磁学有更为密切的相关。这构成了气象学的理论基础。另一方面，气象学作为地学中的一个分支，也与海洋学、地理学、地球化学、生物和生态学等密切相关。第三方面是与遥感技术（如卫星，雷达，激光，声波等）、计算机技术和通信技术密切相关。它们是气象学发展的关键技术支撑。通过与上述三个方面学科的相互合作、交叉和渗透，气象学不断从中获取新的思想、概念与技术保障。

气象学最终的目的之一是制作天气和气候预报。通过提供未来不同时段的预报产品，首先为防灾减灾服务，其次为农业、水利、航空、军事、海洋等事业服务。近年来气候变化研究与预测的重要性日益彰显，为气候变化的适应和减缓做出了重要贡献，为人类社会的可持续发展战略提供了重要的科学支撑。

展望

未来气象学的发展将着重体现在以下几个方面：①不断创新的探测技术和方法（尤其是遥感技术），可获取更准确的高分辨率的观测资料，并通过多源资料融合和资料同化方法建立以大气参数为主的气候系统资料和大数据集。②进一步提高天气预报准确率。通过发展高分辨率（1.5~3 km）模式提供定量和精细化预报，同时发展全球天气-气候一体化模式，建立无缝隙预报系统，更有效和更广泛地为经济社会各部门服务。③加强非线性大气动力学和大气内部变率本质的研究，不断改进数值预报参数化和初始化方案，以及集合预报系统，发展新的具有确定性预测的概率预报系统。④加强气候变化下极端天气与气候事件发生频率和强度的变化研究。研究引起大灾、巨灾的长期干旱、风暴、暴雨、台风、热浪等的形成原因和发生的阈值条件，建立早期预警系统，尽可能及早防御和减少破坏性或灾难性灾害造成的人员伤亡和损失。⑤提出适应和减缓气候变化的战略，为我国实现温室气体减排目标，社会转型与生态文明建设做出积极的贡献。

参考书目

杜钧，钱维宏，2014. 天气预报的三次跃进 [J]. 气象科技进展，4（6）.
高学浩，陈正洪，2014. 大气科学原始创新的学科背景视角 [J]. 气象科技进展，4（6）：46-49.
夏布德，2002. 气象学 [M]. 雷淑芬，译. 上海：上海教育出版社.
许小峰，张萌，2014. 气象科技发展历程的若干回顾及启示 [J]. 气象科技进展，4（6）.
杨萍，2016. 笛卡尔与《气象学》[J]. 气象科技进展，6（1）：46-49.
杨萍，叶梦姝，陈正洪，2014. 气象科技的古往今来 [M]. 北京：气象出版社.
叶笃正，1987. 中国大百科全书（大气科学，海洋科学，水文科学卷）[M]. 北京，上海：中国大百科全书出版社.
Schneider S H, Root T L, Mastrandrea M D, 2011. Encyclopedia of Climate and Weather. Second Edition [M]. Oxford University Press: 287-293.

凡　例

一、编排

1. 本书按气象事业结构和气象科学门类分卷出版。分《综合卷》《气象科学基础卷》《气象服务卷》《气象预报预测卷》《气象观测与信息网络卷》及《索引卷》。

2. 各卷条目按分类编排法编排。

3. 各卷根据各自涵盖内容组成部分的内部结构分成若干分科，分科下设若干科目，科目中按内容多寡设长、中、短条目若干。

4. 分科和科目下开篇条目多为介绍本分科或本科目知识内容的概观性文章。

5. 各卷均列有本卷条目目录，目录按学科、业务或事业结构方式编排，反映条目的层次关系，以便读者了解本卷全貌。

6. 各卷之间相互交叉的知识主题在相应卷中分别设有条目（条目名称可不同），例如：在《综合卷》中设有"气象业务布局"条目，在《气象服务卷》《气象预报预测卷》和《气象观测与信息网络卷》中分别设有"气象服务业务布局""气象预报预测业务布局"和"综合气象观测业务系统"条目，但释文内容分别按各分卷的主题要求有所侧重，且注明互为参见。

二、条目标题

7. 条目标题多数是一个词组，例如："应对气候变化""气象培训体系"；少数是一段词语，例如："海峡两岸气象合作与交流"。

8. 条目标题上方加注汉语拼音；条目标题附有对应的英文（人物条目除外），其中条目英文名称中六角括号〔　〕内的内容可以省略。

三、释文

9. 条目的释文力求使用规范化的现代汉语。条目释文开始一般不重复条目标题。

10. 较长条目的释文，设置层次标题，并用不同的字体和版式表示不同的层次标题。

11. 一个条目的内容涉及其他条目，并需由其他条目的释文补充的，采用"见""参见"的方式，见或参见的条目名称采用蓝色楷体字。见或参见本卷的不标注卷名，加注页码；见或参见别卷的标注卷名，不加注页码。例如，《综合卷》卷内参见："由综合气象观测业务系统、气象预报预测业务系统和气象通信网络系统构成，是气象事业体系的主体（参见第166页气象业务体系）。"《综合卷》参见《气象服务卷》："该计划由6部分组成：服务和产品改进；产品分发和传播；支持防灾减灾；社会经济应用；公共教育和宣传；教育和培训（参见气象服务卷公共天气服务计划）。"

12. 条目释文中出现的外国人名，一般附有原文。

13. 条目中出现的英文缩略词一般附有中文对照，除《综合卷》外，其余各卷均附有本卷常用英文缩略词对照表。

14. 在条目释文中配有必要的插图。插图附图题、图注等说明文字。

四、参考书目

15. 条目的释文后一般均附有参考书目，供读者延伸阅读。

五、索引

16. 各卷均附有本卷的条目标题汉字笔画索引、条目英文标题索引、内容索引，《索引卷》含其他五卷的索引及目录。

六、其他

17. 本书所用科学技术名词以全国科学技术名词审定委员会2009年公布的各学科科学名词为准，未经审定和尚未统一的，从习惯用法。地名以中国地名委员会审定的为准，常见的别译名必要时加括号标注。

18. 本书字体除必须用繁体字的以外，一律用1986年6月24日国务院批准重新发表的《简化字总表》所列的简化字。

19. 本书所用数字服从中华人民共和国国家标准《出版物上数字用法》（GB/T 15835—2011）。

20. 本书所用计量单位服从中华人民共和国国家标准《国际单位制及其应用》（GB 3100—93）、《有关量、单位和符号的一般原则》（GB 3101—93）的规定。

21. 本书所用标点符号服从中华人民共和国国家标准《标点符号用法》（GB/T 15834—2011）的规定。

22. 本书中除明确标注资料时间外，其余内容截稿时间为2014年年底。

气象历史回顾

世界上最古老的观象台——陶寺古观象台遗址（复原图）

注：根据山西陶寺祭祀遗址（公元前21世纪）复原

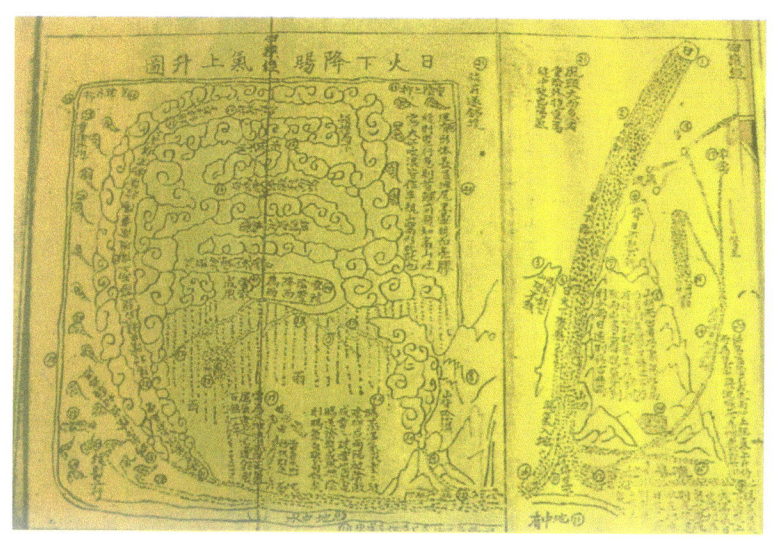

明代熊明遇绘制的《日火下降，旸气上升图》

甲骨文记四方风名

始建于明代正统年间的北京古观象台

建于清代乾隆年间的仙人承露盘（北京北海公园）

1873年法国传教士在上海徐家汇设立的观象台

1912年的皇家青岛观象台

1916年于江苏南通建立的中国第一个民办气象台——军山气象台（张謇担任气象台协理），此处为寒暑亭

1927年，竺可桢在南京筹建中央研究院气象研究所，同年在此建立中国近现代第一个国家气象台——北极阁气象台，为中国近现代气象发祥地

1931年建于国立清华大学的气象台

1932年建于山东泰山日观峰的测候所

20世纪30年代北平泡子河天文陈列馆的气象工作人员

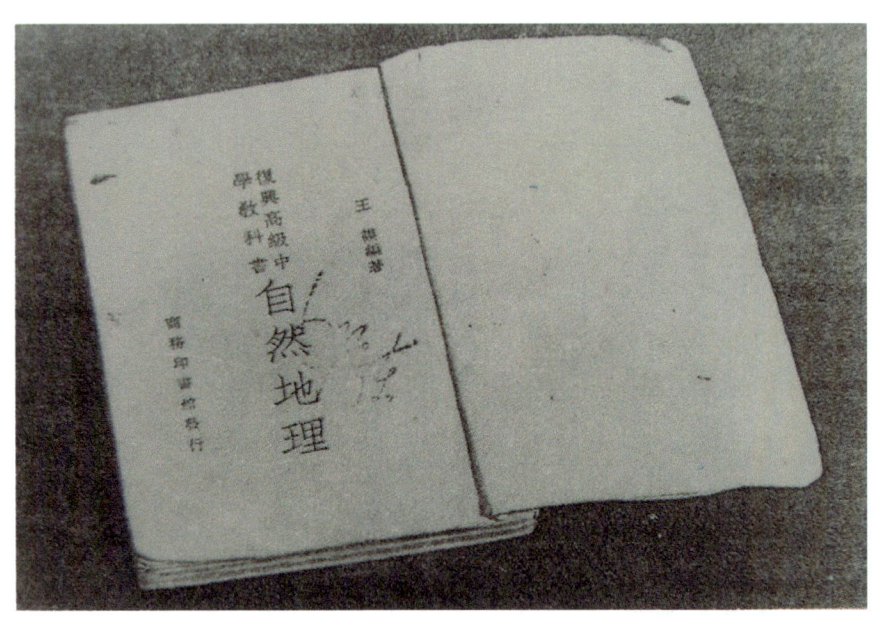

1945年10月,毛泽东主席赠送延安气象台人员的个人藏书

1946年,八路军总部延安气象台气象人员施放探空气球

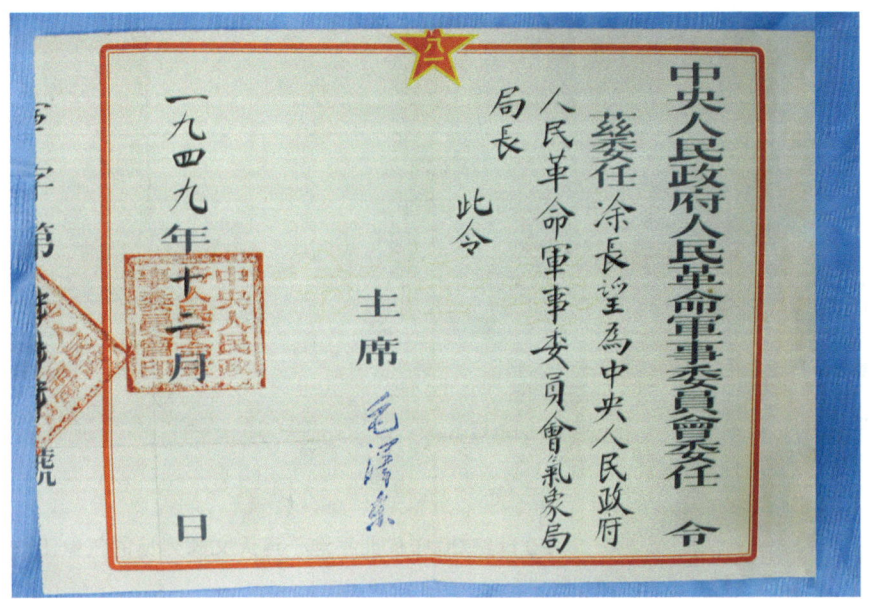

毛泽东主席委任涂长望为中央人民政府人民革命军事委员会气象局局长的委任令(1949年12月)

1949年12月，中央军委气象局成立之初，在北京市南河沿25号"欧美同学会"驻地办公

1950年5月31日，中央军委气象局迁至北京市西城区新街口航空署街7号院办公

1953年8月1日，中央军委主席毛泽东、政务院总理周恩来联合签发的《关于各级气象机构转移建制领导关系的决定》

中央军委气象局转建地方前中央气象台全体同志合影纪念（1953年5月）

气象业务

综合气象观测

庐山气象站

中国北极黄河站

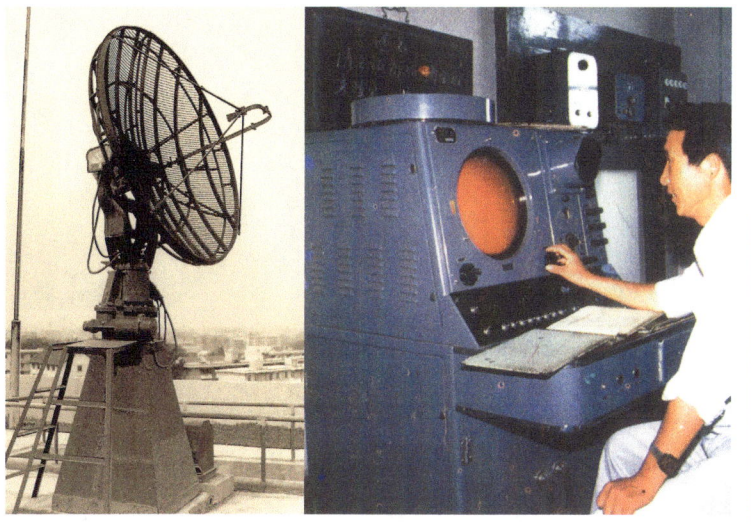

20世纪60年代末我国自行研制的711型测雨雷达

20世纪70年代我国自行研制的701型测风雷达

我国第一部新一代天气雷达（合肥）

绚丽多彩的新一代天气雷达楼（厦门）

1988年9月7日风云一号A气象卫星在太原卫星发射中心发射升空

风云1A

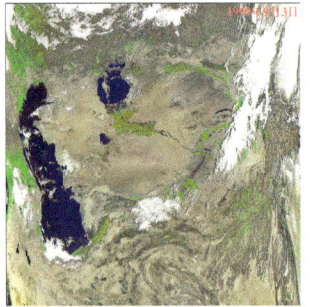

风云1B

风云1C

风云一号系列气象卫星第1幅彩色合成云图

1997年6月10日风云二号A气象卫星在西昌卫星发射中心发射升空

风云2A

风云2B

风云2C

风云2D

风云2E

风云二号系列气象卫星第1幅可见光图像

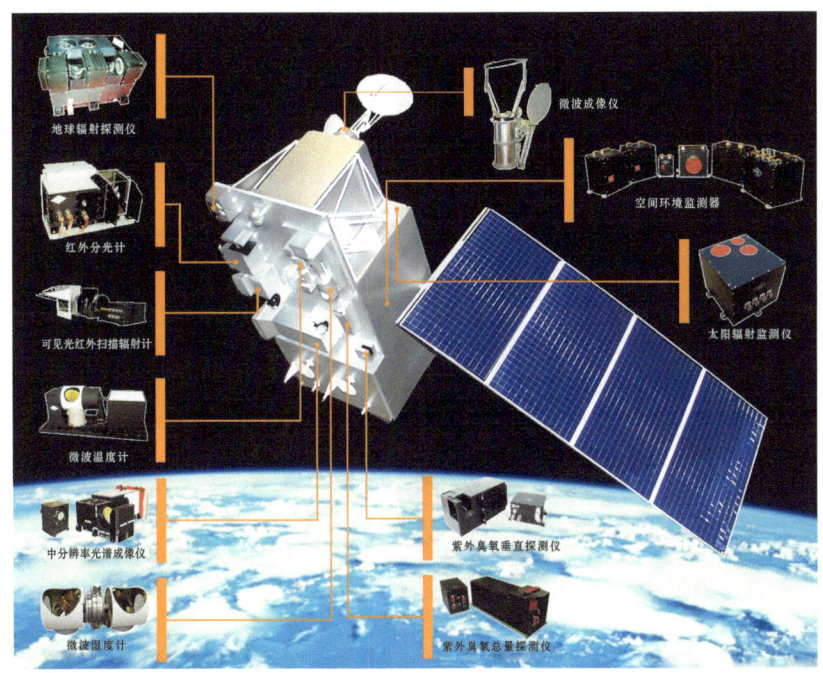

风云三号气象卫星携带的各种遥感探测仪器

风云三号A气象卫星中分辨率光谱成像仪全球影像镶嵌图（2008年7月19日）

● **气象预报与气象服务**

中央气象台（公共气象服务区）

全国天气视频会商（2012年2月26日，中央气象台）

2008年低温雨雪冰冻灾害新闻发布会（2008年1月30日，国家气象中心）

电视天气预报节目主持人播报天气

气象资料与信息网络

20世纪50—60年代气象资料处理手段——算盘

20世纪70年代气象资料的信息化处理

我国自行研制的银河—Ⅱ巨型计算机
（气象数据处理中心）

1988年3月12日，银河—Ⅱ巨型计算机系统合同签字仪式

20世纪60年代气象通信主要用莫尔斯广播

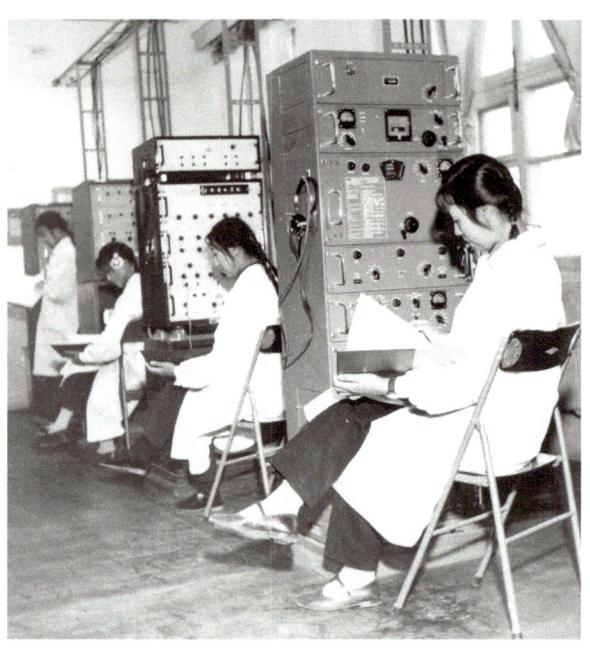
20世纪70年代气象报务机房

20世纪80年代使用的程控电话通信

21世纪初先进的气象通信系统

气象科研

2007年6月,应对气候变化高层研讨会在北京举办

2005年1月21日,气象科研人员在南极冰盖最高点架设观测仪器开展气象观测

2012年7月,气象科研人员在北冰洋开展气象考察

2005年8月22日,气象科研人员在珠穆朗玛峰6300米处开展气象科学试验

2008年10月,第53届国际气象组织奖颁奖仪式在北京举行,秦大河院士获第53届国际气象组织奖

■ 气象教育

1984年在原北京气象专科学校基础上成立北京气象学院

2011年9月，在原北京气象学院和中国气象局培训中心基础上转建为中国气象局气象干部培训学院

成立于1960年的南京气象学院

2004年南京气象学院改建为南京信息工程大学

1978年在原成都气象学校基础上扩建成的成都气象学院

2015年成都气象学院更名为成都信息工程大学

世界气象组织区域培训中心于1993年在南京成立

浙江大学于2000年创办竺可桢学院，竺可桢被公认为中国气象学的奠基人，并被誉为"中国气象学之父"

2004年兰州大学大气科学学院成立

南京大学于2008年成立大气科学学院

编写和出版的多种形式的教材

气象合作与交流

1956年10月23日,由中国、苏联、朝鲜、越南、蒙古国参加的五国气象会议在中国北京召开(中央气象局局长涂长望(中)在会议上发言)

世界气象组织秘书长戴维斯(D. A. Davies)就恢复中华人民共和国合法席位致各会员国外长的函(1972年2月25日)

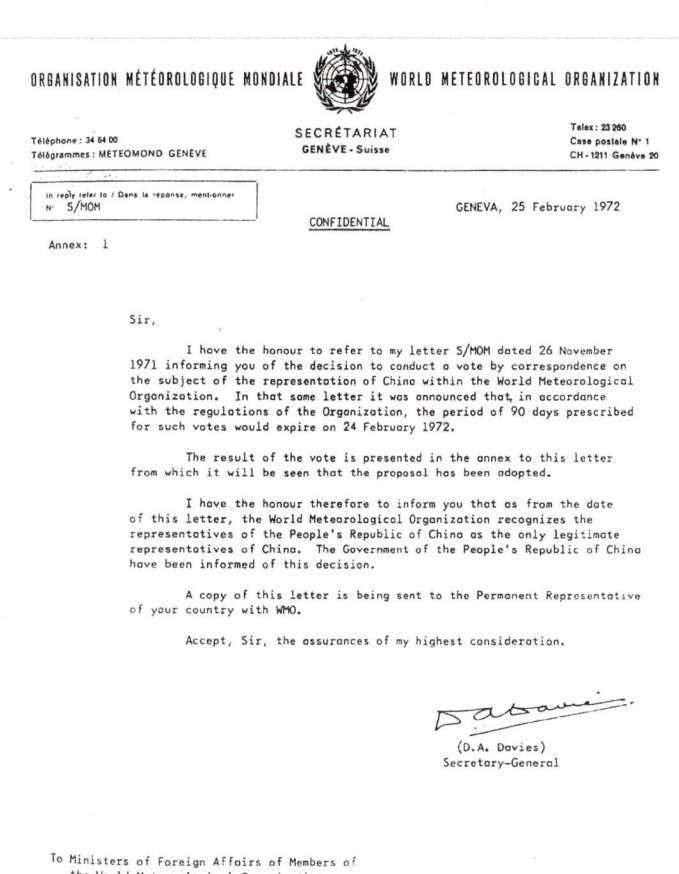

1987年和1995年,中国气象局局长邹竞蒙(中)连续两届当选世界气象组织主席

1978年,中央气象局局长饶兴(右1)率团访问日本,与日本气象科技人员交流观测技术和方法

1979年5月8日,中央气象局第一副局长薛伟民(前排右)与美国代表签署中美大气科技合作议定书

1996年10月,中国气象代表团赴美国访问、培训(图为代表团成员与授课教师合影)

2008年10月,中美大气科技合作联合工作组第十六次会议在北京召开

2008年10月,中法气象科技合作第四次联合工作组会议在京举行

2014年3月25日,中国和英国气象部门签署新的中英合作谅解备忘录及会谈纪要

2015年10月26日,中国和俄罗斯气象科技合作第九次正式会议在京召开

海峡两岸开展气象联合观测试验（2009年6月，福州）

2005年3月，第十届粤港澳气象业务合作会议在广东阳江举行

中国气象局与相关部委广泛开展科技合作，图为2005年7月中国气象局与交通部开展气象合作

中国气象局与各省（自治区、直辖市）政府开展气象合作，图为2009年7月中国气象局与河南省政府开展气象合作的签字仪式

2013年12月17日，中国气象局与清华大学签署战略合作协议

中国气象局与相关院校开展气象科技合作，图为2005年7月中国气象局与北京大学、中国航天科技集团公司签署"夸父空间天气探测计划"合作协议

■ 气象文化与科普

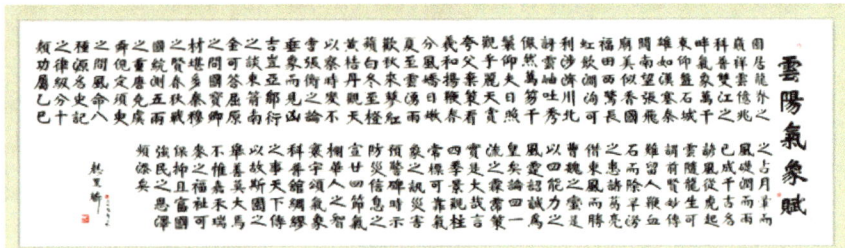

云阳气象赋（重庆市云阳县）

庆祝中央气象台成立60周年文艺汇演——"春华秋实，奉献为民"在北京举行（2010年3月29日，北京）

《全球变化热门话题丛书》和《防雷避险手册》《防雷避险常识》挂图分获2005年、2011年国家科学技术进步奖二等奖

气象科普进农村

气象科普进校园

气象科普进社区

气象科普进公交

中国气象局向全国中小学发放防雷科普材料（2007年6月6日，北京）

上海世博会世界气象馆（2010年9月）

中国台风博物馆（浙江舟山）

"3·23"世界气象日科普宣传

防雷科普知识宣传

山东气象科普馆

厦门青少年天文气象馆

目　录

前　言

中国气象事业发展

气象学进展

凡　例

气象事业 1

综　述 1
中国气象事业 1
中国气象现代化 4
气象防灾减灾 6
应对气候变化 10
气象管理体制 15
气象行政管理 17
气象行业管理 18
气象部门管理 19
部际气象合作 20
省部气象合作 22

发展历程 24
古代气象 24
古代气象观测 25
古代气象预测 27
古代应用气象 28
古代气象成就 29
古代气象机构 31
近代气象 32

延安气象 34
当代气象 35

发展规划 39
气象事业发展长远规划 39
气象现代化建设发展纲要（1984—2000 年）
.... 41
全国气象现代化发展纲要（2015—2030 年）
.... 42
中国气象事业发展战略研究 43
气象事业发展五年计划（规划） ... 43
气象现代化建设重点工程 48
基层气象台站建设 51

气象改革 52
气象改革 52
气象服务体制改革 57
气象业务体制改革 59
气象科技体制改革 61
气象管理体制改革 64
县级气象机构综合改革 67

气象机构 68

中国气象局及内设机构 68
中国气象局 68
中央军委气象局 70
中央气象局 70
国家气象局 70

中国气象局内设机构 70
中国气象局办公室 71
中国气象局应急减灾与公共服务司 ... 71
中国气象局预报与网络司 71
中国气象局综合观测司 72

中国气象局科技与气候变化司 …… 73
中国气象局计划财务司 …… 73
中国气象局人事司 …… 73
中国气象局政策法规司 …… 74
中国气象局国际合作司 …… 74
中国气象局直属机关党委 …… 75
中国气象局离退休干部办公室 …… 75
中央纪委驻中国气象局纪检组 …… 75
中国气象局审计室 …… 76
中国气象局监察室 …… 76

行业及流域气象机构 …… 76
  行业气象机构 …… 76
  区域气象中心 …… 78
  流域气象中心 …… 80

中国气象局直属机构 …… 82
  国家气象中心 …… 82
  中央气象台 …… 85
  国家气候中心 …… 85
  国家卫星气象中心 …… 87
  国家气象信息中心 …… 90
  中国气象局气象探测中心 …… 93
  中国气象局公共气象服务中心 …… 95
  中国气象科学研究院 …… 97
  中国气象局气象干部培训学院 …… 99
  中国气象局发展研究中心 …… 101
  中国气象局培训中心 …… 102
  中国气象局总体规划研究设计室 …… 102
  中国气象局资产管理事务中心 …… 102
  中国气象局行政管理局 …… 104
  中国气象局机关服务中心 …… 104
  中国气象局气象宣传与科普中心 …… 105
  中国气象报社 …… 107
  气象出版社 …… 109
  中国华云气象科技集团公司 …… 111
  华风气象传媒集团有限责任公司 …… 112

省（自治区、直辖市）气象机构 …… 114
  北京市气象局 …… 114
  天津市气象局 …… 115
  河北省气象局 …… 116
  山西省气象局 …… 118
  内蒙古自治区气象局 …… 119
  辽宁省气象局 …… 121
  吉林省气象局 …… 122
  黑龙江省气象局 …… 123
  上海市气象局 …… 125
  江苏省气象局 …… 126
  浙江省气象局 …… 127
  安徽省气象局 …… 129
  福建省气象局 …… 130
  江西省气象局 …… 131
  山东省气象局 …… 133
  河南省气象局 …… 134
  湖北省气象局 …… 135
  湖南省气象局 …… 136
  广东省气象局 …… 138
  广西壮族自治区气象局 …… 140
  海南省气象局 …… 141
  重庆市气象局 …… 142
  四川省气象局 …… 143
  贵州省气象局 …… 145
  云南省气象局 …… 146
  西藏自治区气象局 …… 148
  陕西省气象局 …… 149
  甘肃省气象局 …… 150
  青海省气象局 …… 152
  宁夏回族自治区气象局 …… 153
  新疆维吾尔自治区气象局 …… 155

其他气象机构 …… 156
  中国气象学会 …… 156
  国家气候委员会 …… 159
  国家气候变化专家委员会 …… 159
  人工影响天气协调会议制度 …… 160
  气象仪器装备研发生产机构 …… 161

气象业务 …… 162

气象业务及管理 …… 162
  气象业务布局 …… 162
  气象业务体系 …… 166
  气象服务业务 …… 166
  气象预报预测业务 …… 168
  综合气象观测业务 …… 170
  气象信息网络业务 …… 172
  行业气象业务 …… 173
  气象业务管理 …… 175
  气象业务技术指导 …… 177

气象业务发展规划 ……………………… 179
　　气象业务规划 ………………………… 179
　　气象观测发展规划 …………………… 179
　　气象卫星发展规划 …………………… 180
　　天气雷达发展规划 …………………… 181

预报预测发展规划 ……………………… 181
　　气象信息网络发展规划 ……………… 183
　　公共气象服务发展规划 ……………… 183
　　农业气象发展规划 …………………… 184

气象科学研究 …………………………………………………………………………………… 184

气象科技体系 …………………………… 184
　　气象科研体系 ………………………… 184
　　气象科技创新 ………………………… 187
　　气象科技规划 ………………………… 189
　　气象科技创新工程 …………………… 191
气象科研机构 …………………………… 191
　　中国气象科学研究院 ………………… 191
　　中国气象局北京城市气象研究所 …… 191
　　中国气象局沈阳大气环境研究所 …… 192
　　中国气象局上海台风研究所 ………… 192
　　中国气象局武汉暴雨研究所 ………… 193
　　中国气象局广州热带海洋气象研究所 … 194
　　中国气象局成都高原气象研究所 …… 195
　　中国气象局兰州干旱气象研究所 …… 195
　　中国气象局乌鲁木齐沙漠气象研究所 … 196
　　中国科学院大气物理研究所 ………… 197
　　中国科学院寒区旱区环境与工程研究所 … 198
　　中国科学院兰州高原大气物理研究所 … 198
　　中国科学院地理科学与资源研究所 … 199
　　中国农业科学院农业环境与可持续发展
　　　研究所 …………………………… 199
　　省级气象科学研究所 ………………… 200
　　灾害天气国家重点实验室 …………… 201
　　大气科学和地球流体力学数值模拟国家
　　　重点实验室 ……………………… 201
　　大气边界层物理和大气化学国家重点
　　　实验室 …………………………… 202
　　环境模拟与污染控制国家重点联合实验室
　　　北京大学分室 …………………… 203
　　部门重点实验室 ……………………… 203

重大科技研究开发及成果应用 ………… 204
　　国家重点基础研究发展计划（"973"计划）
　　　气象相关项目 …………………… 204
　　国家高技术研究发展计划（"863"计划）
　　　气象相关项目 …………………… 206
　　国家科技支撑计划气象相关项目 …… 207
　　国家科技攻关计划气象相关项目 …… 208
　　国家自然科学基金重大研究计划和重大
　　　项目 ……………………………… 209
　　公益性行业（气象）科研专项 ……… 210
　　天气研究计划 ………………………… 211
　　气候研究计划 ………………………… 212
　　应用气象研究计划 …………………… 213
　　综合气象观测研究计划 ……………… 215
　　青藏高原大气科学试验研究 ………… 216
　　季风科学试验研究 …………………… 217
　　干旱气象科学试验研究 ……………… 218
　　淮河流域能量与水分循环试验 ……… 219
　　暴雨科学试验研究 …………………… 219
　　台风科学试验 ………………………… 221
　　大气化学科学试验 …………………… 222
　　人工影响天气科学试验 ……………… 223
　　农业气象科学试验 …………………… 223
　　草原气象科学试验研究 ……………… 224
气象科技合作 …………………………… 225
　　局校气象科技合作 …………………… 225
气象科技奖励 …………………………… 225
　　气象行业所获国家科学技术奖 ……… 225
　　国际气象科技奖 ……………………… 231
　　气象领域相关奖项 …………………… 231

气象人才队伍与教育培训 ……………………………………………………………………… 232

气象人才队伍 …………………………… 232
　　气象人才队伍 ………………………… 232
　　气象职业分类 ………………………… 234
　　气象职称 ……………………………… 235
　　气象部门事业单位岗位设置 ………… 236

气象干部人事制度改革 ………………… 237
　　气象部门工资制度改革 ……………… 238
气象教育 ………………………………… 239
　　气象教育 ……………………………… 239
　　气象中等教育 ………………………… 241

气象高等教育 …………………………… 244
　　南京信息工程大学 ……………………… 245
　　南京气象学院 …………………………… 246
　　北京气象学院 …………………………… 246
　　北京气象专科学校 ……………………… 246
　　成都信息工程大学 ……………………… 246
　　成都气象学院 …………………………… 247
　　清华大学气象系 ………………………… 247
　　清华大学地球系统科学研究中心 ……… 248
　　北京大学物理学院大气与海洋科学系 … 248
　　北京大学地球物理系 …………………… 249
　　南京大学大气科学学院 ………………… 249
　　南京大学气象系 ………………………… 249
　　浙江大学地球科学系 …………………… 249
　　杭州大学地理系 ………………………… 250
　　中国海洋大学海洋环境学院海洋气象学系
　　　　…………………………………………… 250
　　中山大学环境科学与工程学院 ………… 250
　　兰州大学大气科学学院 ………………… 251
　　云南大学资源环境与地球科学学院大气
　　　科学系 …………………………………… 251
　　中国人民解放军理工大学气象海洋学院 …… 251
　　空军气象学院 …………………………… 252
　　中国农业大学资源与环境学院农业气象系
　　　…………………………………………… 252
　　中国科学院大学地球科学学院 ………… 252
　　中国科学技术大学大气物理学院 ……… 253
　　广东海洋大学海洋与气象学院 ………… 253
　　兰州资源环境职业技术学院 …………… 254
　　江西信息应用职业技术学院 …………… 254
　气象培训 …………………………………… 254
　　气象培训体系 …………………………… 254
　　中国气象局气象干部培训学院 ………… 256
　　中国气象局气象干部培训学院分院 …… 256
　　省级气象培训机构 ……………………… 257

气象法律法规 … 257

　气象法制 …………………………………… 257
　　气象法律体系 …………………………… 257
　　气象行政执法 …………………………… 258
　　中华人民共和国气象条例 ……………… 260
　　中华人民共和国气象法 ………………… 260
　　人工影响天气管理条例 ………………… 261
　　气象灾害防御条例 ……………………… 262
　　气象设施和气象探测环境保护条例 …… 263
　气象标准化 ………………………………… 263
　　气象标准化 ……………………………… 263
　　气象标准体系 …………………………… 265
　气象软科学 ………………………………… 266
　　气象软科学 ……………………………… 266

国际与地区气象合作 … 269

　气象国际合作 ……………………………… 269
　　气象国际合作 …………………………… 269
　　双边国际气象科技合作 ………………… 271
　世界气象组织 ……………………………… 276
　　世界气象组织 …………………………… 276
　　国际气象组织 …………………………… 277
　　世界气象组织技术委员会 ……………… 278
　　世界气象组织区域协会 ………………… 280
　　世界气象组织科技计划 ………………… 280
　　世界天气监视网计划 …………………… 283
　　世界气象组织战略计划 ………………… 285
　　全球气候服务框架 ……………………… 287
　气象相关国际组织及相关规划、公约 …… 288
　　政府间气候变化专门委员会 …………… 288
　　气候变化专门委员会评估报告 ………… 289
　　政府间气候服务委员会 ………………… 291
　　地球系统科学联盟 ……………………… 291
　　未来地球计划 …………………………… 292
　　联合国气候变化框架公约 ……………… 294
　　京都议定书 ……………………………… 296
　　气候变化巴黎协定 ……………………… 297
　　联合国防治荒漠化公约 ………………… 298
　　保护臭氧层维也纳公约 ………………… 299
　　21 世纪议程 …………………………… 299
　　联合国千年发展目标 …………………… 300
　　联合国环境规划署 ……………………… 301
　　联合国开发计划署 ……………………… 302
　　联合国教科文组织 ……………………… 303
　　政府间海洋学委员会 …………………… 303
　　国际电信联盟 …………………………… 304

国际民航组织 ………………………… 305	亚洲备灾中心 ………………………… 311
国际科学联盟理事会 …………………… 306	亚太经合组织 ………………………… 312
国际大地测量与地球物理联合会 ……… 307	地球观测组织 ………………………… 312
国际水文-气象仪器和装备协会 ……… 307	港澳台气象合作与交流 …………………… 313
欧洲中期天气预报中心 ………………… 308	内地与香港特区气象合作与交流 ……… 313
欧洲气象卫星开发组织 ………………… 309	内地与澳门特区气象合作与交流 ……… 314
国际气象卫星协调组织 ………………… 309	海峡两岸气象合作与交流 ……………… 314

地方气象 — 315

省（自治区、直辖市）气象 ………… 315
北京气象 ………………………… 315
天津气象 ………………………… 319
河北气象 ………………………… 322
山西气象 ………………………… 325
内蒙古气象 ……………………… 329
辽宁气象 ………………………… 332
吉林气象 ………………………… 335
黑龙江气象 ……………………… 338
上海气象 ………………………… 342
江苏气象 ………………………… 345
浙江气象 ………………………… 349
安徽气象 ………………………… 353
福建气象 ………………………… 356
江西气象 ………………………… 360
山东气象 ………………………… 363
河南气象 ………………………… 367
湖北气象 ………………………… 370
湖南气象 ………………………… 374
广东气象 ………………………… 378
广西气象 ………………………… 381
海南气象 ………………………… 385
重庆气象 ………………………… 388
四川气象 ………………………… 391
贵州气象 ………………………… 394
云南气象 ………………………… 398
西藏气象 ………………………… 402
陕西气象 ………………………… 407
甘肃气象 ………………………… 410
青海气象 ………………………… 413

宁夏气象 ………………………… 417
新疆气象 ………………………… 421

港澳台气象 ……………………………… 426
香港气象 ………………………… 426
澳门气象 ………………………… 428
台湾气象 ………………………… 429

著名气象台站 …………………………… 432
中国百年气象台站 ……………… 432
艰苦气象台站 …………………… 434
北京观象台 ……………………… 435
南京北极阁古观象台 …………… 436
上海徐家汇观象台 ……………… 436
青岛观象台 ……………………… 437
泰山气象站 ……………………… 438
峨眉山气象站 …………………… 438
南通军山气象台 ………………… 439
一得测候所 ……………………… 439
瓦里关大气本底基准观象台 …… 440
锡林浩特国家气候观象台 ……… 440
极地气象站 ……………………… 441
三沙气象台站 …………………… 442
延安气象台 ……………………… 443
长白山天池气象站 ……………… 443
安多国家基准气候站 …………… 444
黄山气象站 ……………………… 444
漠河气象站 ……………………… 445
珠峰气象站 ……………………… 445
汶川地震灾后气象台站恢复重建 … 446
舟曲泥石流灾后气象台站恢复重建 … 447

气象文化与科普 — 448

气象文化 ………………………………… 448
中国气象文化 …………………… 448
气象精神文明创建活动 ………… 449

气象精神 ………………………… 450
气象宣传 ………………………… 451
气象报刊书籍 …………………… 452

气象影视 ·················· 453
　　中国气象标志 ············· 455
　　气象谚语 ·················· 455
气象科普 ······················ 457
　　气象科普 ·················· 457
　　气象科普作品 ············· 458
　　气象科普教育基地 ········ 459

中国北极阁气象博物馆 ······· 460
中国台风博物馆 ·············· 460
网络气象科普 ················· 461
气象科普活动 ················· 462
全国青少年气象夏令营 ······· 462
气象防灾减灾宣传志愿者中国行 ···· 463
世界气象日 ···················· 464

气象代表人物　　　　　　　　　　　　　　　　　　　　　　465

古代气象人物 ················ 465
　　吕尚 ······················ 465
　　管仲 ······················ 465
　　刘安 ······················ 465
　　董仲舒 ···················· 465
　　王充 ······················ 465
　　张衡 ······················ 466
　　李淳风 ···················· 466
　　瞿昙悉达 ·················· 466
　　黄子发 ···················· 466
　　沈括 ······················ 466
　　朱熹 ······················ 466
　　吕祖谦 ···················· 467
　　秦九韶 ···················· 467
　　王祯 ······················ 467
　　朱思本 ···················· 467
　　娄元礼 ···················· 467
　　杨慎 ······················ 467
　　徐光启 ···················· 468
　　谢肇淛 ···················· 468
　　张燮 ······················ 468
　　熊明遇 ···················· 468
　　宋应星 ···················· 468
　　茅元仪 ···················· 468
　　方以智 ···················· 469
　　黄履庄 ···················· 469
　　李调元 ···················· 469
　　李明彻 ···················· 469
　　阮元 ······················ 469
新中国历任气象局局长 ······· 469
　　涂长望 ···················· 469
　　饶兴 ······················ 470
　　孟平 ······················ 471
　　薛伟民 ···················· 471
　　邹竞蒙 ···················· 472

温克刚 ······················· 473
秦大河 ······················· 474
郑国光 ······················· 474
中国科学院院士 ·············· 475
　　竺可桢 ···················· 475
　　涂长望 ···················· 476
　　赵九章 ···················· 476
　　程纯枢 ···················· 477
　　叶笃正 ···················· 478
　　谢义炳 ···················· 479
　　陶诗言 ···················· 480
　　高由禧 ···················· 480
　　曾庆存 ···················· 481
　　赵柏林 ···················· 482
　　周秀骥 ···················· 483
　　黄荣辉 ···················· 484
　　丑纪范 ···················· 485
　　巢纪平 ···················· 485
　　吴国雄 ···················· 486
　　伍荣生 ···················· 487
　　李崇银 ···················· 488
　　秦大河 ···················· 488
　　符淙斌 ···················· 488
　　吕达仁 ···················· 489
　　穆穆 ······················ 490
　　石广玉 ···················· 491
　　王会军 ···················· 491
　　张人禾 ···················· 492
中国工程院院士 ·············· 493
　　章基嘉 ···················· 493
　　任阵海 ···················· 493
　　李泽椿 ···················· 494
　　许健民 ···················· 495
　　陈联寿 ···················· 495
　　丁一汇 ···················· 496

徐祥德	497	顾震潮	508
宋君强	497	黄士松	509
著名气象代表人物	498	王鹏飞	510
张謇	498	束家鑫	510
高鲁	498	朱抱真	510
蒋丙然	499	仇永炎	511
吕炯	500	易仕明	511
张宝堃	500	章淹	512
李宪之	500	廖洞贤	512
朱炳海	501	张家诚	512
么枕生	502	杜行远	513
卢鋈	502	张培昌	513
朱和周	503	王绍武	514
张乃召	503	朱乾根	514
王彬华	504	**气象工作先进人物**	515
叶桂馨	504	隋金堂	515
谢光道	505	田志发	515
汪国瑷	505	金龙浩	515
杨鉴初	506	雷雨顺	516
顾钧禧	506	覃国振	516
冯秀藻	506	陈素华	516
朱岗昆	507	陈金水	517
王宪钊	507	董立清	517
徐尔灏	508	崔广	517

附录

气象事业发展大事记（1841—2014年） 519

索引

索引1　条目标题汉字笔画索引 552
索引2　条目英文标题索引 559
索引3　内容索引 567

后记

.... 582

气象事业

综　述

Zhōngguó qìxiàng shìyè

中国气象事业（Chinese meteorological cause）　中国气象事业是科技型、基础性社会公益性事业，包括气象服务、业务、科研、教育、管理等工作。中国气象事业以大气科学为基础，以服务于经济建设、国防建设、社会发展和人民群众生产生活安全安康为宗旨，开展综合气象观测，制作和发布气象预报、预测、预警产品，为各级党政领导和社会公众提供全方位、多层次、广领域的气象服务，特别是为防灾减灾、应对气候变化、粮食安全、生态安全、环境安全等关系国计民生的重点领域提供气象科技支撑。中国气象事业始终把公益性气象服务放在首位，不断提高气象服务的社会效益、经济效益、生态效益。

中国气象事业构成　中国气象事业主要由国家气象事业、地方气象事业、行业气象事业、军事气象事业构成。国家气象事业是中国气象事业的主体和基础；各地方政府、行业、军队的气象事业依托于国家气象事业，按照国家分工和自身需求设立气象机构和业务系统，开展气象工作。还有一些科研、教育单位、社会团体、企业公司、城镇乡村及居民按照自身需求，并在法律和国家规定的范围内开展气象活动，在一定程度上丰富扩展了中国气象事业的构成。

国家气象事业　国家设立的气象主管机构（又称气象部门）直接管理的气象事业。国家在中央级设立中国气象局，在地方设立省（自治区、直辖市）、地（市、州、盟）、县（市、区、旗）气象局。这些气象主管机构对全国各地逐步建立起的约3000个国家级气象台站和已建成的气象服务、业务、科研、培训体系，以及相应气象工作人员分四级进行管理。国家气象事业除了为各级政府、社会各行各业和人民群众提供气象服务外，还要为地方气象事业、行业气象事业、军事气象事业提供基础气象业务指导和服务。国家气象事业实行气象部门与地方政府双重领导，以气象部门领导为主的管理体制。省（自治区、直辖市）及以下设立的气象主管机构，既是上级气象部门下属单位，又是当地政府的工作部门。各级气象主管机构承担行业管理职责，负责组织制定气象行业规划和政策，完善气象行业法规和标准，强化气象行业监督，加强气象行业协调、指导和服务，合理配置国家对气象行业的投入。

地方气象事业　以国家气象事业为依托，根据地方需要、由地方政府确定并投资建设而形成的气象事业，且与国家气象事业相辅相成、协调发展。地方气象事业对充分发挥国家气象现代化骨干工程的总体效益，增强地方防御气象灾害的能力，更好地为当地经济社会发展和人民生活服务，具有重要作用。地方气象事业由地方政府批准设立机构、确定编制和运行经费，纳入同级气象主管机构统一管理和运行。个别地区实行以地方政府领导为主的气象管理机构，如广东省深圳市、珠海市和黑龙江省大庆市，同时承担国家和地方气象事业的管理和运行职责。经过多年的实践和调整，国家气象事业与地方气象事业的事权逐步明确，并建立了相应的保障机制。

行业气象事业　国家有关部门依托国家气象事业、根据本部门工作的特殊需要设立气象工作机构，开展气象工作。行业气象事业由各部门主管机构投资建设和管理运行，实行本部门专有的管理体制和运行机制，同时接受国家气象主管机构对其气象工作的指导、监督和行业管理，并向国家气象主管机构汇交所获得的气象探测资料。当前，行业气象除气象部门外，其他的部门主要有：民航、农业、水利、生产建设兵团、林业、农垦、盐业、海洋、电力等。这些部门主要为本部门发展生产和开展科研提供气象情报、天气预报和气象服务，做了卓有成效的工作，是中国气象事业的重要组成部分，为中国气象事业的发展做出了积极贡献。

军事气象事业　军事部门根据军事活动和国防建设的需要而专门建立气象机构，开展气象工作。军事气象事业是中国气象事业的重要组成部分，并具有独立性和特殊性。中国人民解放军总参谋部气象水文局主管军队气象工作并设立气象管理、气象业务、气象科研等机构；空军、海军、二炮等军兵种分别设有气象业务、科研机构并根据自身军事需要开展气象基础建设和气象保障工作。军事气象保障的任务是：组建军事气象台站，实施气象观测、探测和天气侦察，获取气象情报资料；

利用各种通信工具，收集和传递军事气象情报；整编军事气候资料，提供军事活动地区的气候情况；制作并发送天气预报、专题气象报告，发布危险天气警报、通报；提出利用作战气象条件的建议，必要时在有限范围内实施人工影响天气。

中国气象事业体系　新中国成立60多年来，中国气象事业经过快速发展，逐步形成了结构合理、布局适当、功能齐全、现代化水平较高的气象事业体系。这个体系由气象业务体系、气象服务体系、气象科研体系、气象教育培训体系、气象人才培养体系、气象法治体系和气象管理体系等构成，具有大气探测、气象预报预测、气象服务、气象科研、气象教育和行政管理等重要功能。

气象业务体系　由综合气象观测业务系统、气象预报预测业务系统和气象通信网络系统构成，是气象事业体系的主体（参见第166页气象业务体系）。

综合气象观测业务系统　由天基、空基和地基气象观测系统组成的一体化综合立体观测系统。该系统主要由地面气象观测、高空气象观测、天气雷达观测、风廓线雷达观测、气象卫星观测、专业气象观测、通信传输、气象观测仪器计量检定和装备保障等业务分系统组成，实现从地面到高空以至星际空间、从区域到全球尺度、从大气物理参数到大气化学成分，以及涵盖陆地、海洋、生态、环境与大气发生相互作用领域的长期不间断的综合观测，为天气预报、气候预测和相关科学研究提供基础资料和数据。

气象预报预测业务系统　主要由天气预报业务，气候预测与气候变化预估、评估业务和专业气象预报业务三部分组成。气象预报预测以气象科学理论为基础，以数值预报等现代科学技术为支撑，以提高精细化预报准确率为核心，以掌握现代科学技术的预报员队伍为关键，基于地球系统的观测事实，对未来一定时间内大气变化过程与要素的预报、预测和预估，制作发布各种预报预测产品，并评估对人类生产生活、经济社会发展和生态环境可能产生的影响。

气象信息网络系统　主要由气象通信、气象网络、天气预报电视会商系统等分系统及相关基础设施组成，是连接综合气象观测业务系统、气象预报预测系统、气象服务系统和气象科研及气象政务办公等系统的桥梁和纽带，承担着各种气象观测资料、预报预测产品和气象服务产品的收集与分发业务；承担着全国各级气象部门之间和同级气象部门内部所有网络互联和网络管理；承担着气象预报预测视频会商、电视会议及远程培训等多媒体通信业务；承担着国际之间的气象信息交换通信业务。

气象服务体系　由决策气象服务、公众气象服务、专业气象服务、专项气象服务组成，是整个气象事业体系中体现气象事业价值和效益，连接气象工作与经济社会，引领气象事业发展最重要的一个体系（参见第166页气象服务业务）。

决策气象服务　为各级党政部门制订经济社会发展规划计划、指挥生产、组织防灾减灾、应对气候变化、合理开发和利用气候资源、保护环境、处置重大突发事件、组织开展军事与国防建设、重大社会活动、重大工程建设等方面科学决策提供的气象信息服务，是一项涉及国家安全、社会稳定、经济稳定和人民生命财产安全，关乎全局性、综合性、前瞻性的气象服务。

公众气象服务　通过报纸、电话、广播、电视、网络、警报系统、海洋预警电台、电子显示屏、超高频警报器和其他新媒体等方式，向社会公众传播气象知识，提供预报、预警、实时天气等信息，重点开展气象灾害预报预警、应对气候变化服务和面向公众生产生活的多样化气象服务。公众气象服务具有气象信息公开性、共享性和实时性的特征，受众面广量大，社会效益十分显著。

专业气象服务　为经济社会有关行业和用户提供的用来满足特定行业和用户个性化需求、有专门用途的气象服务。专业气象服务是公共气象服务的重要组成部分，具有社会需求广泛，但各行业需求差异大的特点。随着社会经济的发展，专业气象服务领域不断拓宽，已从早期的主要为农业服务，拓展到工业、商业、能源、交通、建筑、林业、水利、海洋、盐业、环保、旅游、民航、邮电、保险、消防等100多个行业，气象服务产品成倍增加，气象服务效益显著提高。在专业气象服务中，为农气象服务始终是重点。

专项气象服务　针对经济社会发展而产生的特定服务需求、面向专门项目或特定用户所提供的具有个性化用途的专门气象服务。专项气象服务分为两大类：一类主要是为国家重大社会、政治、经济、军事、外交、文化、体育活动和重大工程建设、重大突发事件应急等提供的气象服务。自20世纪90年代以来，气象部门圆满完成了如北京奥林匹克运动会、长江三峡、南水北调、福岛核扩散事件、载人航天、地震灾害应急等重大专项气象服务工作，社会效益十分显著；另一类是人工影响天气、雷电防护和气候资源开发利用等专项技术服务。

气象科研体系　由气象部门所属的科研机构（中国气象局"一院八所"（中国气象科学研究院、北京城市气象研究所、上海台风研究所、广州热带海洋气象研究所、武汉暴雨研究所、成都高原气象研究所、兰州干旱气象研究所、沈阳大气环境研究所、乌鲁木齐沙漠气象研究所)、国家和部门重点实验室、省级气象科研所等)、相关业务单位(主要是国家级、区域中心和省级气象业务单位),中国科学院等行业有关科研机构、有关高等院校、企事业单位和中介机构、培训机构、科普机构等的气象科研工作组成,其主要任务是面向国际科技前沿,根据中国气象事业发展的需求,不断进行科技创新,开展气象基础理论研究、应用基础研究、应用研究、技术开发、气象仪器装备的研发和气象科研成果的推广应用,为中国气象业务发展提供科技储备和支撑。(参见第184页气象科研体系、第187页气象科技创新)

气象教育培训体系 根据气象事业对专业人才的需要,有目的、有计划、有组织实施的专业教育和专项培训,主要包括气象中等教育、气象高等教育和气象继续教育、培训。其任务是培养高、中级气象专门人才,提高气象职工的业务素质和科学技术水平。经过60多年的改革和发展,形成了众多院校开展气象教育的良好格局,建成了一批各具优势的气象学科专业,培养了大批气象专业人才,为气象事业发展提供了坚强的人才支撑和智力保障。至2014年,气象培训主要由中国气象局气象干部培训学院和7个培训分院承担。此外,有关大专院校也承担一部分培训任务。(参见第239页气象教育、第254页气象培训体系)

气象人才体系 从事气象及相关领域科研、业务和管理等工作人员队伍组成与管理的总称。气象人才队伍包括气象部门和军队、民航、建设兵团、农垦、盐业、水文、农牧业、林业、电力、科研院所、高等院校等部门从事气象及相关工作的人才队伍。上述部门根据工作需要和国家有关人事干部政策对所属的气象队伍分别进行建设和管理。气象部门的气象人才队伍是气象人才队伍的主体,由气象业务科技人员、气象管理人员和气象工勤辅助人员三大部分组成,采用不同的运行机制,并实行分级管理。截至2015年底,全国气象部门人才队伍约7.63万人,其中国家编制员工5.36万人,地方编制员工0.36万人,编制外用工1.91万人。在国家编制气象人才队伍中,专科及以上学历人数4.9万人,占队伍总量的91.1%;本科学历人数3.3万人,占62.0%;研究生学历人数0.7万人,占13.1%;具有硕士学位7000多人,博士学位1200余人。拥有各类专业技术职称的人数为4.9万人,占91.4%。其中,正研级职称698人,占1.3%;副研级职称8300多人,占15.5%。(参见第232页气象人才队伍)

气象法治体系 以《中华人民共和国气象法》为核心,由气象行政法规、部门规章、地方性气象法规、地方政府气象规章、国际气象公约组成的气象法规体系和气象国家标准、行业气象标准、地方气象标准组成的气象标准体系。随着各级气象法制工作机构进一步完善,全国人大常委会及其专门委员会和地方各级人大加强气象法律法规实施情况的监督检查,有效推动了气象法律法规的实施,气象事业发展逐步走上法治化轨道。(参见第257页气象法律体系、第265页气象标准体系)

气象管理体系 气象主管机构依据《中华人民共和国气象法》和国务院授权对中国气象事业进行的管理,由气象行政管理、气象行业管理、气象部门管理组成气象管理体系,是保障气象事业健康发展和有效运行的重要体系。

气象行政管理 国家气象主管机构依法赋予的国家权力对气象工作与相关社会事务开展的管理活动。依据《中华人民共和国气象法》,气象行政管理主要包括对气象观测、预报、服务、灾害防御、人工影响天气、气候资源利用等方面的管理。具体内容是:气象设施的建设、管理和保护,气象专用技术装备的行政许可,气象探测资料的汇交、共享和探测环境的保护,公众气象预报和灾害性天气警报的统一发布,气象灾害的防御、人工影响天气的管理、雷电灾害防御的组织管理和行政许可,气候资源的开发利用和保护等。(参见第17页气象行政管理)

气象行业管理 气象主管机构对在中华人民共和国领域和其管辖的其他海域从事气象活动者进行统一规划、调节控制和监督等的宏观管理,以利优化资源配置,推动技术进步,提高整体效益。气象行业管理的对象是民航、海洋、林业、农业、农垦、生产建设兵团、水利、盐业等部门建立的气象事业。此外,军队气象工作虽有其特殊性,也有部分业务列入行业管理的范围,如气象台站建设标准、气象业务技术规范、气象仪器设备标准等。(参见第18页气象行业管理)

气象部门管理 气象主管机构对国家气象事业的管理,包括对气象业务、气象服务、气象科研、气象培训、气象队伍、气象财务、气象仪器装备和气象科普文化等方面,实施全方位、分层级的管理。在部门管理中,建立了气象主管部门与地方政府双重领导、以气象主管部门领导为主的管理体制,以及与领导管理体制相适应的双重计划财务体制,充分调动和发挥了中央和地方的积极性,推动了国家气象事业和地方气象事业协调发展。(参见第19页气象部门管理)

新中国气象事业经过了60多年的艰苦创业和现代化建设,走出了一条有中国特色的发展道路,取得了举世瞩目的成就，为国家安全和小康社会建设做出了重大贡献（参见第35页 当代气象）。展望未来，中国气象事业将在创新、协调、绿色、开放、共享发展理念的指导下，取得更全面的发展，进一步构建精准、智慧、无缝隙的现代气象监测预报预警体系，政府主导、部门主体、社会参与的现代公共服务体系，聚焦核心技术、开放、高效的气象科技创新和人才体系，以学科标准为基础、高度法治化的现代气象管理体系，使整个中国气象事业结构更合理，体系更完善，功能进一步加强，效率大幅度提高，对社会经济建设的贡献更大。

（郑国光）

Zhōngguó qìxiàng xiàndàihuà
中国气象现代化 (Chinese meteorological modernization)

现代化指工业革命以来人类社会所发生的深刻变化，这种变化以现代化工业、科学和技术革命为动力，实现从传统经济向现代经济、传统社会向现代社会、传统政治向现代政治、传统文明向现代文明等各个方面的转变，是追赶、达到和保持世界先进水平的国际竞争。气象现代化指传统气象向现代气象转变的深刻变化，这种变化通过改革开放和创新驱动，吸收和应用国内外现代新思想、新科学、新技术、新成果并结合中国气象的实际进行创新，推进气象服务、气象业务、气象科技、气象人才和气象管理等方面的现代化。气象现代化是国家现代化的重要组成部分。

历史进程 中国现代化进程从晚清"师夷长技以制夷"的洋务运动起步，经历了1860—1911年辛亥革命的晚清现代化运动、1911—1949年的中华民国时期的现代化运动和从1949年至今的现代化运动三个阶段。中国气象现代化与中国现代化的进程基本同步，从晚清时期开始引进西方先进的气象技术和仪器，到民国时期简单气象观测场和气象研究所的建立，中国气象现代化艰辛起步并缓慢发展。新中国成立以来特别是改革开放以来，中国现代化进程取得了突破性的进展。新中国成立以后，以一大批气象观测站的建设和各类气象预报业务的建立为标志，为气象现代化的实现奠定了坚实的基础。1978年改革开放以来，气象现代化成为中国气象事业发展的主线，中国气象的整体实力和国际地位大幅提升，开始了从气象大国到气象强国的跨越。

1949年新中国成立后，当时的中央军委气象局从接收民国政府的72个气象台站和解放区的29个气象台站着手，筹划气象事业的恢复和发展。1950年中央人民政府明确了"分区建设、统一领导"和"建设、统一、服务"的气象工作方针，确定了"自然区划与行政区划相结合"的气象站网布局原则，提出了用11年时间（1950—1960年）实现地（市）级以上行政单位建立气象台、县级行政单位建立气象站、有条件的乡镇建立气象哨的目标。到1961年底，已建立了2800多个气象台站。之后逐步形成了中国的气候、天气、高空气象、航空天气、农业气象、太阳辐射、天气雷达、卫星气象8类气象台站，总数基本维持在3000个左右。各种常规气象仪器的成功研制，尤其是59型探空仪，701，711，713气象雷达设计生产，大幅提高了地面和高空气象探测水平。20世纪70年代初，气象卫星通信工程开始筹划，北京区域气象通信枢纽开工建设。与此同时，气象部门培养建立了一支6万多人的气象队伍。从新中国成立到改革开放之前这段时期，中国气象经历了艰苦创业的过程，也经历了"文化大革命"等时期曲折发展的过程，但这段时期基础设施的建设，基本业务的形成，基本队伍的建立，都为推进中国气象现代化奠定了良好的基础。

1978年党的十一届三中全会后，气象部门经过拨乱反正和工作重点转移，1980年全国气象局长会议首次讨论酝酿了气象现代化的长远规划和目标。1982年认真总结了新中国成立以来气象工作正反两方面的经验教训，进一步明确了气象现代化的指导思想。国务院办公厅〔82〕24号文批准的新时期气象工作方针，把"积极推进气象科学技术现代化"作为首要内容。在新的气象工作方针指导下，气象部门大力推进气象现代化建设，于1984年正式印发《气象现代化建设发展纲要》。该纲要提出到20世纪末气象现代化建设的目标、任务和实施步骤，标志着气象现代化建设正式启航。作为实施纲要的第一大举措，气象部门于1984年、1986年分别举办全国气象行业电子计算机应用展览，有效推动了计算机在气象探测、通信、预报和资料加工处理等方面的迅速普及，使气象业务技术发生了一系列迈向现代化的深刻变革，计算机应用的广度和深度都走到了全国的前列。

20世纪80年代后期到20世纪末，气象现代化进入了大力建设的黄金时期。1990年气象部门根据气象现代化建设出现的新情况，对《气象现代化建设发展纲要》进行了修订，印发了《气象事业发展纲要（1991—2020年）》和《气象事业发展十年规划（1991—2000年）》。实施了一系列重要战略措施，主要包括：建立和完善领导管理体制，加强法规制度建设，调整气象事业结构，改革内部运行机制，加强总体规划设计；启动实施了一大批气象现代化重点工程建设，通过重点项目建设，带动基础设施和工作条件大幅改善；实施科教兴气象战略，加强科研和教育，使之成为气象现代化的两翼，为气象现代化建设提供科技和人才支撑;加强国际气象科技合作与交流,在卫星、雷达、通信、计算机、数值预报等领域采用"引进、消化、吸收、再创新"和"派出去、请进来"策略,加快中国在这些领域气象现代化的进程。

进入21世纪,特别是党的十八大以来,气象现代化开始由以气象业务现代化为主向全面推进气象现代化转变。2003年,中国气象局受国务院委托,牵头组织了多部门参加的中国气象事业发展战略研究。经过两年多的研究,形成了重要的成果。在此基础上,国务院以2006年3号文件下发实施《国务院关于加快气象事业发展的若干意见》,这是新时代气象现代化的纲领性文件。国务院2006年3号文件提出了气象现代化的战略目标和主要任务:到2010年,初步建成结构合理、布局适当、功能齐备的综合气象观测系统、气象预报预测系统、公共气象服务系统和科技支撑保障系统,使气象整体实力达到20世纪末世界先进水平;到2020年,建成结构完善、功能先进的气象现代化体系,使气象整体实力接近同期世界先进水平,若干领域达到世界领先水平。

为全面落实国务院2006年3号文件精神,2007年中国气象局提出了建立由现代气象业务体系、气象科技创新体系、气象人才体系构成的气象现代化体系格局。2011年中国气象局提出了率先实现气象现代化的目标,并开始在全国部署率先基本实现气象现代化试点,同时要求各非试点省(自治区、直辖市)结合各自情况确定了省内的试点地区。2013年开始在全国全面推进气象现代化,联合地方政府,大力推进气象业务现代化、气象服务社会化和气象工作法治化。党的十八大以来,中国气象局通过研究国家现代化发展进程和世界气象科技发展趋势,系统总结了气象现代化建设的经验,编制印发了《全国气象现代化发展纲要(2015—2030年)》,作出了全面推进气象现代化的重大部署,即涵盖气象服务、业务、科技、人才、管理、文化和党的建设等各个方面,促进气象事业发展速度、规模、结构、质量和效益相统一。同时加强能力建设,实施一系列现代化重点工程建设,主要包括气象监测与灾害预警工程、气候变化应对决策支撑系统工程、山洪地质灾害防治气象保障工程、国家突发公共事件预警信息发布系统工程、东北区域人工影响天气能力建设工程等。

经过几十年的不懈努力,中国气象现代化逐步升级,取得了令世人瞩目的成就。新中国成立初期主要是打基础,集中反映在"观测、通信、预报、资料"业务系统的建设;改革开放后,提出了由"信息采集、信息传递、分析加工、预报服务"四个功能构成的气象现代化;21世纪初提出了由"综合气象观测系统、气象预报预测系统、公共气象服务系统和科技支撑保障系统"构成的气象现代化体系,大力推进全面气象现代化。

通过气象现代化的建设,逐步建立了包括决策气象服务、公众气象服务、专业气象服务、专项气象服务在内的具有中国特色的气象服务体系;形成了以数值天气预报为基础的包括临近预报、短时预报、短期预报、中期预报、延伸期预报和短期气候预测组成的完整的气象预报预测系统;建成了地基、空基和天基相结合,门类比较齐全、布局基本合理的比较现代化的气象综合探测系统;建立了包括信息网络、高性能计算、气象大数据组成的功能先进的气象信息化系统;逐步形成了以气象部门"一院八所"为主体,其他部门气象科研机构、教育部门气象科研机构和相关企业气象科研机构组成的气象科技创新体系;形成了一支政治素质高、业务技术精、工作作风好的气象人才队伍;气象法制体系不断完善,气象领导管理体系充满活力。气象事业发展的实践证明,气象现代化是中国特色气象事业的核心,是实现从气象大国到气象强国跨越的必由之路。

气象现代化指标体系 气象现代化指标体系是表征气象现代化发展方向,监测和衡量气象现代化发展水平的指数、规格和标准。为了全面科学推进气象现代化,掌握气象现代化发展进程,2014年气象部门组织编制并先后印发了《省级气象现代化指标体系和评价实施办法(试行)》和《国家级气象业务现代化目标任务和评价方案(2014—2020年)》。从2014年起,气象部门依据气象现代化指标,每年对国家级和省级气象现代化进展分别开展评估。

国家级气象业务现代化指标体系围绕3个方面10项重点任务设定:①高分辨率数值天气预报模式和资料同化系统;②高分辨率全球气候预测模式业务系统;③天气-气候一体化模式系统;④观测资料质量及数据产品和再分析业务;⑤预报预测准确率和精细化水平;⑥综合气象观测能力和定量应用水平;⑦基础资料业务能力和信息化技术能力;⑧气象服务业务技术能力;⑨科技创新驱动现代气象业务发展能力;⑩人才队伍素质水平。指标体系由核心技术水平、核心业务能力和基础支撑条件3项一级指标、14项二级指标、50项三级指标组成,涵盖国家级气象业务现代化工作的主要方面。

省级气象现代化指标体系主要由防灾减灾、预报预警、装备技术、气象服务、保障支撑和社会评价6项一级指标、18项二级指标、40项三级指标组成,涵盖省级气象工作的主要方面。

2020年基本实现气象现代化的关键指标,主要包括全国气象服务公众满意度达到85分以上,气象预警信息社会公众覆盖率达到90%以上;全球数值天气预报模式水平分辨率达到10 km,北半球可用预报时效达到8.5天,区域数值天气预报模式水平分辨率在1~3 km;24小时晴雨和最高温度、最低温度预报准确率分别达到88%和75%、85%;暴雨预报准确率接近同期世界先进水平;台风预报能力达到世界领先水平,台风路径24小时、48小时预报误差分别小于70 km,120 km,台风强度(风速)24小时、48小时预报误差分别小于4.0 m/s,5.5 m/s;气候预测模式水平分辨率达到30 km,对东亚区域预测性能达到世界先进水平;国家天气观测网中东部、西部平均站间距分别达到10~20 km,30~50 km,观测时效达到1分钟,观测数据可用率达到99%以上;国家基准气候站和GCOS(全球气候观测系统)高空观测站基本气候变量观测精度达到GCOS要求,观测数据可用率达到99%以上;新一代天气雷达双偏振技术升级达到50%,定量估测降水准确率达到85%以上;静止气象卫星全圆盘观测、区域观测时间分辨率分别达到15分钟、2.5分钟,可见光、红外波段观测空间分辨率分别达到500 m,2 km;极轨气象卫星全球观测时间分辨率达到3小时,全球观测资料获取时效达到1小时;气象科技贡献率提高10%。

气象现代化战略目标与任务 2015年气象部门发布了《全国气象现代化发展纲要(2015—2030年)》,提出了全面建成中国特色现代气象服务体系、全面建成世界先进水平的现代气象业务体系、全面建成科学高效的气象管理体系的战略目标,勾画了未来中国气象事业发展的蓝图,是实现从气象大国走向气象强国的行动纲领。

总体目标 到2020年,全国基本实现气象现代化。基本建成具有世界先进水平的现代气象业务、中国特色的现代气象服务和科学高效的气象管理为一体的结构完善、功能先进的气象现代化体系。关键领域气象核心技术实现重点突破,基本实现智慧气象,气象整体实力接近世界先进水平,若干领域达到世界领先水平,气象保障全面建成小康社会的能力显著提升。到2030年,全国全面实现气象现代化。全面建成适应国家战略发展需求、满足经济社会发展需要的现代气象服务体系,全面建成具有世界先进水平的现代气象业务体系,全面建成科学高效的气象管理体系。

主要任务 大力提升气象防灾减灾和公共气象服务水平,加强气象防灾减灾能力建设,提升公共气象服务均等化水平,推进气象服务社会化;积极应对气候变化,加强气候变化科学研究,提升气候变化适应能力,强化生态文明气象保障;加快发展现代气象业务,建立现代气象服务业务,提高气象预报预测水平,强化综合气象观测能力;着力推进气象信息化,建立集约化气象信息业务体系,提升气象数据质量与开放共享水平,增强气象政务管理信息化能力,完善气象信息化运行保障;加强科技创新和人才发展,强化科技引领和创新驱动,坚持人才优先发展;强化气象现代化的法治保障,提高气象依法行政能力,强化气象标准化管理,完善与气象现代化相适应的体制机制。

参考书目

中国气象局,2009. 中国气象现代化60年[M]. 北京:气象出版社.

(刘英金 毛耀顺 朱玉洁)

qìxiàng fángzāi jiǎnzāi
气象防灾减灾(meteorological disaster prevention and mitigation)

气象灾害是指由于天气或气候原因对人类的生命财产、生存环境和国民经济等造成的直接或间接的损害,它是自然灾害中的原生灾害之一,是自然灾害中最为频繁和严重的灾害。据统计,气象灾害造成的损失占整个自然灾害损失的70%以上。气象防灾减灾是指针对气象灾害采取的灾害监测预警、防灾备灾、应急处置、灾害救助、恢复重建的行动,以保护人民生命财产安全,保证人民正常生活和各项产业活动,保护资源环境,促进经济社会可持续发展。

气象灾害的主要特征 气象灾害作为自然灾害的主要成分,具有灾害种类多,时空分布广,发生频率高,灾害风险大,成因复杂等显著特征。

灾害种类多 气象灾害可分为气象原生灾害、次生灾害和衍生灾害。气象原生灾害是由气象致灾因子直接造成的灾害,主要包括台风、暴雨(雪)、寒潮、大风(沙尘暴)、低温、高温、干旱、雷电、冰雹、霜冻、大雾和霾等造成的灾害。气象次生灾害是由气象原生灾害所诱导出来的自然灾害,如因气象因素引起的山体滑坡、泥石流、风暴潮、森林火灾、酸雨、空气污染等灾害。气象衍生灾害是由气象原生灾害发生后破坏了人类生存的和谐条件,由此衍生出的一系列灾害,如由暴雨洪涝引发的瘟疫、社会动乱、人群心理创伤灾害,由干旱引发的生态灾害等。

时空分布广 世界上的任何地区和国家都无一例外地会遭受气象灾害的侵袭。在一年四季,五大洲的各个区域几乎都会发生显著的极端天气和气候事件,很多地区会在同一时段内连续或间断地遭受数种气象灾害的侵袭。同一种灾害常常连季连年出现。中国平均每年有70%以上的国土、50%以上的人口以及80%的工农业生产地区和城市不同程度受到气象灾害的冲击和影响,有三分之二以上的国土、二分之一的人口和三分之一的耕地面积处在洪涝灾害威胁的区域内。

发生频率高 据比利时灾害流行病研究中心(CRED)的长期统计数字表明,世界上最频繁发生的自然灾害为热带风暴、水灾、地震和干旱,它们的发生次数分别占灾害总次数的34%,32%,13%和9%,其损失也最为严重,而其他各种灾害发生的频次约占总次数的12%。据统计,中国每年平均有14种气象灾害发生,年均发生干旱灾害7.5次,洪涝灾害5.9次,登陆台风灾害9次,冻害2.9次,干热风1.5次。

灾害风险大 就全球而言,据政府间气候变化专门委员会(IPCC)特别报告(SREX),自1980年以来,每年气象灾害造成的经济损失从几十亿到200亿美元。全球每年因自然灾害死亡的人数从几千到几十万不等,死亡人数中有53%由气象灾害造成。2005年8月发生在美国的"卡特里娜"飓风导致1417人死亡或失踪,造成的经济损失超过1000亿美元。

灾害成因复杂 气象灾害成因复杂,归纳起来,主要是自然因素和人类活动与社会经济发展因素两大类。就自然因素而言,最根本的是大气环流和天气过程以及气候系统的异常。由于各国的地理位置、地形地貌、海陆分布等不同,造成气象灾害的自然因素也有差异。就中国而言,影响天气和气候异常的自然因素包括亚洲季风、青藏高原、厄尔尼诺和南方涛动事件及大气环流、气候系统异常等。此外,人类活动和社会经济发展是气象灾害发生的重要诱因。图1为气象灾害发生的风险和天气气候事件、暴露度和脆弱性的关系,反映了气象灾害的形成与自然因素和人类活动、社会经济因素的关系。气象灾害风险是指灾害性天气、气候事件导致社会的正常运行出现剧烈改变的可能性,这些事件与各种脆弱的社会条件相互作用,最终导致生命财产的损失以及经济、环境影响。气象灾害风险是极端天气或气候事件、暴露度和脆弱性共同作用的结果。极端天气或气候事件是指出现某个天气或气候变量极值;暴露度是指人员、生计、环境服务和各种资源、基础设施以及经济、社会或文化资产处在有可能受到不利影响的位置;脆弱性是指受到不利影响的倾向或趋势。考虑到人类仍然无法消除灾害性天气、气候事件,因此如何有效降低脆弱性和暴露度,提高对各种潜在极端事件不利影响的恢复能力,是气象灾害风险管理的重点。

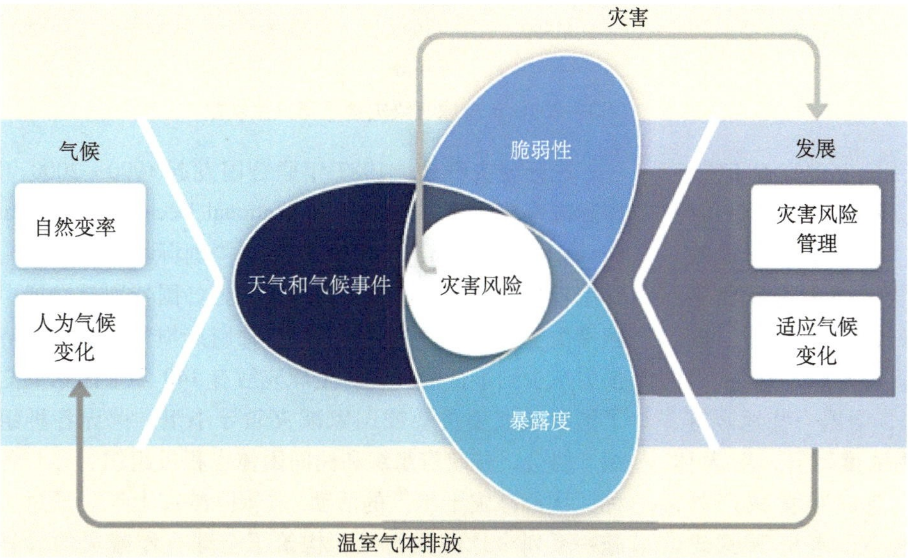

气象灾害的影响 在全球天气、气候极端事件频发的背景下,伴随着全球经济快速发展和工业化、城市化进程的不断加快,气象灾害对经济发展、人民福祉安康、社会进步和生态环境的不利影响加剧。

气象灾害对经济发展的影响 气候变化导致气象灾害脆弱区域越来越广,敏感行业越来越多,气象灾害造成的经济损失越来越大,严重威胁着工业、农业、交通、电力、旅游、水利、仓储物流等国民经济行业的安全运行,气象灾害已经成为影响经济社会稳定和发展的重要因素。据世界银行报告,全球气象灾害造成的经济损失总体呈增长趋势(见图2)。1980—2012年,全球灾害造成的损失达3.8万亿美元。其中气象灾害占据主导地位,大约87%的灾害(18 200次)、74%的损失(2.8万亿美元)由气象灾害造成。中国气象灾害造成的经济损失也呈增长趋势,近10多年(1990—2012年)尤为明显(见图3)。农作物受灾面积达4100万公顷左右,绝收面积460万公顷,直接经济损失约为2260亿元。但由于实施了一系列气象减灾防灾措施,气象灾害造成的直接经济损失占中国国内生产总值的比例由20世纪后期的3%~6%下降至目前的1%~3%的水平。

气象灾害对社会民生的影响 气象灾害事关人民生命财产安全、群众福祉安康和社会和谐稳定。据统计,1992—2001年的10年时间里,全球自然灾害导致62.2万人死亡,20多亿人口受影响。中国1990—2012

图1 灾害风险和天气气候事件、暴露度和脆弱性的关系
(引自政府间气候变化专门委员会(IPCC)特别报告(SREX))

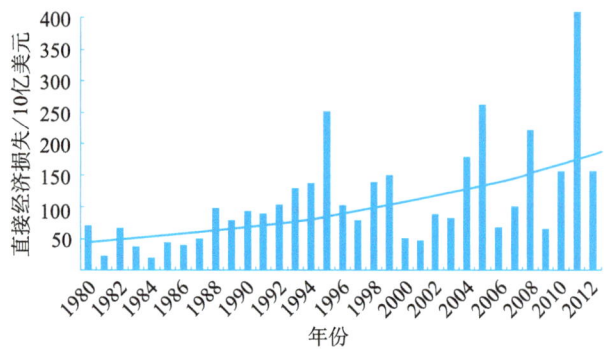

图2　1980—2012年间全球灾害损失

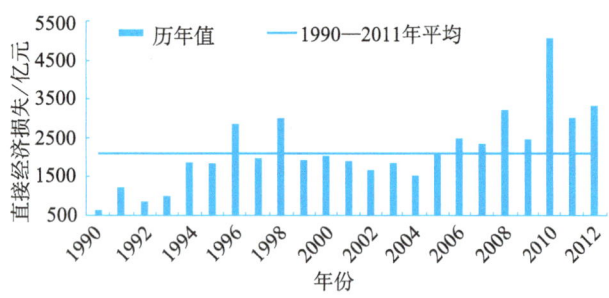

图3　1990—2012年中国气象灾害直接经济损失图

年受气象灾害影响的人口达3.98亿人次，因灾死亡3637人，但近年来有明显下降。气象灾害还引发社会问题，北京、上海、广州等大城市均出现过因短时强降雨造成的严重城市内涝、电力通信中断、交通瘫痪、排水管网堵塞，严重影响公众衣食住行，引起社会舆论对城市公共管理的广泛关注。广大农村更是易受气象灾害影响的区域，气象灾害造成的人员伤亡90%发生在农村。

气象灾害对生态环境的影响　气象灾害影响生态系统的结构和功能，导致资源趋紧、环境污染严重、生态系统退化。空气污染、水土流失、泥石流、滑坡、坍塌、地面沉降、森林和草原火灾、病虫害及鼠害、荒漠化、石漠化、物种减少等生态破坏，都与雾、霾、干旱、暴雨洪涝、冰雹、热带气旋、大风、龙卷、沙尘暴等气象灾害紧密相关。近年来，中国一些地区雾、霾天气频发，空气中可吸入颗粒物浓度飙升，对人体健康构成威胁；持续干旱灾害除造成粮食减产外，还会造成河道断流，天然水域缩小，水资源匮乏，土地沙化、盐碱化，森林覆盖率降低、草原退化日趋严重。

全球气象灾害演变趋势及国际减灾行动

全球气象灾害的分布及演变趋势　由于地质地理、天气气候等诸多原因，全球气象灾害的分布具有一定规律。数据表明，1975—1990年期间，亚洲遭受的自然灾害最多（占总数的41%），其次是非洲（30%）、美洲（16%）、欧洲（10%）、大洋洲（3%）。全球重大突发气象灾害主要分布在北半球中纬地带和环太平洋地带。在这两个多发频发带，洪水、台风、风暴潮、干旱、滑坡泥石流等气象灾害频繁发生。中国、日本、菲律宾、美国等国处于两大灾害多发带交汇处，灾害频发。美洲以风暴、洪水为主；欧洲以风暴、洪水为主，兼有滑坡泥石流和干旱；非洲以洪水、干旱为主，兼有其他灾害；南亚以风暴、洪水为主；澳大利亚则以风暴为主，洪水、干旱和其他灾害兼有。

据统计，1980—2010年全球各类气象灾害的发生次数都呈明显的上升趋势（见图4）。进入21世纪以后，灾害总次数超过了20世纪80年代的2倍以上。几种主要的气象灾害发生次数（洪水、风暴、干旱、台风）均呈现增长的趋势。

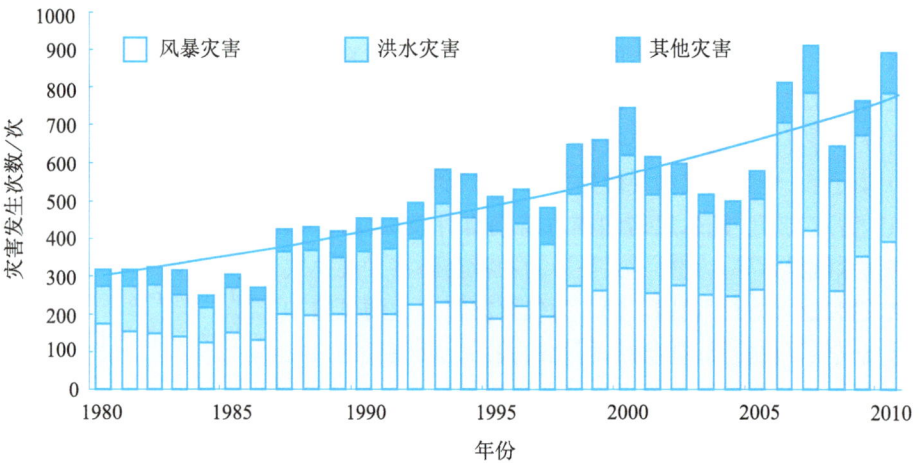

图4　1980—2010年全球气象灾害逐年发生次数

国际减灾行动　1987年联合国发起1990—2000年国际减轻自然灾害十年（International Decade for Natural Disaster Reduction，IDNDR，简称"国际减灾十年"），其宗旨是通过国际上的一致行动，把各国特别是发展中国家由于自然灾害造成的人民生命财产损失和社会经济损失减少到最低的程度。全球先后有140多个国家成立了国家减灾委员会或国家减灾领导小组，世界各种组织、协会、非政府组织和民间团体也积极组织、参与各种"国际减灾十年"的活动。"国际减灾十年"通过实施一系列全球减灾行动，构筑了全球合作减灾的大舞台，引导和规范了联合国各大机构的作用，推动各国加大了防灾减灾机构建设、能力建设、科普宣传和经费投入，取得显著成效。

"国际减灾十年"结束后，联合国适时提出了"国际减灾战略"（简称 UNISDR），作为全球 21 世纪的减灾纲领。"国际减灾战略"的宗旨是为减轻灾害风险调动政治资源和财政资源，提供减灾相关的信息和指导。2005 年联合国在日本召开了第二届世界减灾大会，通过了《兵库宣言》和《加强国家和社区的抗灾能力：2005—2015 兵库行动框架》，进一步明确了全球减灾工作的战略目标和行动重点。2015 年联合国在日本仙台召开了第三届世界减灾大会，通过了《仙台宣言》和《2015—2030 年仙台减灾框架》。《2015—2030 年仙台减灾框架》提出了未来 15 年全球七大减灾目标：大幅减少全球灾难死亡率，大幅减少受影响的民众人数，减少与全球国内生产总值相关的经济损失，大幅减少灾害给关键基础设施带来的损失以及对基本服务的干扰，在 2020 年前增加制定国家和地方减灾战略的国家数目，促进国际合作，增加获得多灾预警系统和减灾信息及评估的机会。《2015—2030 年仙台减灾框架》还明确了四大优先行动事项：了解灾害风险；加强减灾的治理工作，对灾害风险进行管理；增加减灾投资，增强抗灾能力；加强备灾，开展有效应对行动，加强恢复、复原和重建工作。

在联合国的指导下，世界各国都开展了适合各自国情的减灾工作。美国制定了《美国联邦灾害紧急救援法案》《灾害救助法》《洪水灾害防御法》等气象灾害法律法规，建立了较完备的灾害应急管理体系。日本防灾减灾注重法制建设，建立了由 52 项法律构成的一整套完善的防灾减灾法律体系。在防灾减灾组织体系方面，日本中央政府设置"中央防灾会议"，作为防灾减灾工作的最高决策机构，各级地方政府设置本地方的"防灾会议"和"灾害对策本部"。

中国气象灾害演变趋势及中国气象防灾减灾成就

中国气象灾害的特点和演变趋势 中国地域辽阔，地形复杂，各地天气、气候差异很大，气象灾害频发，洪涝、干旱、低温冷冻、雪灾、台风、风雹、雷电等各类灾害频繁和交替发生，是世界上受气象灾害影响最严重的国家之一。东部、南部沿海地区以及部分内陆省份经常遭受热带气旋侵袭，从辽宁到广西漫长的沿海地区都可能有台风登陆。东北、西北、华北等地区旱灾频发，西南、华南等地的严重干旱也时有发生。历史统计资料表明，从公元前 206 年到公元 1910 年，中国共发生过大旱和洪涝各 1000 多次，平均每两年一次，损失惨重。

近几十年，受全球气候变化影响，中国气象灾害时空分布、损失程度和影响广度出现新变化，气象灾害呈现出新的特点。中国极端天气气候事件明显增多，气象灾害的多样性、突发性、极端性日显突出，灾害的多变性、关联性和难以预见性更加明显，远远超过以往的认识和经验，气象灾害监测预报难度加大。从灾害的突发性看，短时强降水、冰雹、龙卷等局地强对流性天气时有发生，北京等大城市近年来均出现过因短时强降雨造成的严重城市内涝。2012 年北京 "7·21" 特大暴雨、2007 年山东济南 "7·23" 大暴雨都引发社会舆论对气象防灾减灾的关注。从灾害的极端性看，暴雨、干旱、台风、山洪地质灾害等极端天气气候事件呈现增多增强的趋势。2008 年南方地区的低温雨雪冰冻、2009 年的西南特大干旱以及 2010 年超 50 年一遇的舟曲特大山洪泥石流，均为历史罕见。从灾害演变趋势看，一些极少下雪的地区往往突降大雪、暴雪，降水较多的西南地区却频繁发生特大干旱，一些传统旱区又屡遭暴雨洪涝袭击。

中国气象防灾减灾历程 自古至今，中国劳动人民一代又一代开展着气象防灾减灾活动。大禹治水至今仍被人们传为佳话。建造都江堰水利工程，是劳动人民科学治水防洪的典范，至今仍造福于民。新中国成立后，中国气象防灾减灾的发展大体经历三个阶段。

从新中国成立到 20 世纪 60 年代为起步发展阶段。新中国建立之初，1949 年 12 月中国政府就成立了中央军委气象局，中央、国务院（政务院）先后下发了一系列防御气象灾害的文件和指示。这一阶段的气象防灾减灾工作主要以灾害性天气预报、警报服务为主，重点是面向农业和重点工程建设所需的信息服务和大江大河防汛抗旱气象服务。随后，由于"文化大革命"的干扰，气象防灾减灾工作也受到较大影响。

1978 年改革开放到 2000 年，是气象防灾减灾的快速发展阶段。1982 年确立新的气象工作方针，强调了要提高灾害性天气的监测预报能力。1984 年气象部门制定了《气象现代化建设发展纲要》，明确提出将"努力提高灾害性、关键性天气的监测、预报能力"作为首条战略任务。之后，气象部门将天气雷达、气象卫星和中期数值天气预报作为气象防灾减灾能力建设的重点。

2000 年《中华人民共和国气象法》正式实施，标志着气象防灾减灾进入依法全面发展阶段。2006 年之后，《国务院关于加快气象事业发展的若干意见》《国务院办公厅关于进一步加强气象灾害防御工作的意见》和《国务院办公厅关于加强气象灾害监测预警及信息发布工作的意见》等一系列文件，以及《国家气象灾害应急预案》《国家气象灾害防御规划（2009—2020年）》和《气象灾害防御条例》等系列法规、规划的出台，为气象防灾减灾营造了良好的发展环境。

2007年全国气象防灾减灾大会在北京召开。期间，先后组织实施了气象灾害监测预警工程、应对气候变化工程、山洪地质灾害气象保障工程，进一步加强了气象防灾减灾能力建设。

中国气象防灾减灾成效 在党中央、国务院的正确领导下，各级党委、政府高度重视气象工作，社会各界大力支持气象工作，经过几代气象工作者的努力，气象防灾减灾取得了显著的成效。

一是防灾减灾体系基本形成，建立了"政府主导、部门联动、社会参与"的气象防灾减灾机制，强化了气象防灾减灾部门联席会议制度，完善了各地政府统一领导、综合协调、相关部门各负其责、有效联动的组织体系，实现了省、地、县三级人民政府有气象防灾减灾领导小组，乡镇有信息服务站和气象协理员，村屯有责任人和信息员。

二是气象灾害监测预警体系不断完善。截至2012年底，气象部门建成178部新一代多普勒天气雷达，7颗风云气象卫星在轨业务运行，立体化的综合气象灾害监测网络逐步形成；发展了数值天气预报业务体系，建立了长、中、短期和短时、临近相结合的灾害性天气预报和风险预警业务，灾害性天气预报预警能力稳步提高；依托电视、手机、网络、电子显示屏、大喇叭等气象灾害预警信息传播手段，建成国家突发公共事件预警信息发布平台；以应急指挥、抢险救援、灾害救助、恢复重建等为主要内容的气象灾害救灾应急体系初步建立，气象灾害应急救援、运输保障、生活救助、医疗救助、卫生防疫等应急能力大大增强。

三是气象防灾减灾能力稳步提升。截至2012年底，全国从事人工影响天气工作的人员达4.6万余人，拥有专用高炮6600余门、火箭发射架7200余台，每年使用作业飞机40余架。建成了国家、省、市、县四级气象灾情上报系统和灾情信息共享平台。

四是气象防灾减灾法制环境逐步优化。1部法律、3部行政法规、23部部门规章、155部地方性法规和政府规章，构成了中国的气象法制体系。

五是气象防灾减灾效益稳步提高。气象服务在经济社会发展的贡献率稳步提高。主动性高和针对性强的气象服务，特别是一系列重大气象灾害防御、重大活动和突发公共事件气象保障十分有力，气象在防灾减灾中的显示度稳步提高。2009—2013年，国家统计局和中国气象局联合开展的公众满意度调查表明，公众对气象服务的满意度平均为85.8分左右，较以往有大幅提高。

六是科学技术和人才的支撑作用明显增强。通过制定专门的防灾减灾科技发展规划、实施科技项目、成立科技机构等一系列措施，不断提高气象防灾减灾的科技水平。全面实施人才战略，大力加强组织建设，专兼结合的气象防灾减灾人才队伍初步形成，建立了60余万人的兼职气象灾害信息员队伍，人民解放军、武警部队、公安民警、民兵预备役在气象防灾减灾中发挥了骨干作用。

七是气象防灾减灾国际合作与交流不断扩大，在气象防灾减灾领域的国际影响不断提升。

展望 当前，中国气象防灾减灾工作面临诸多挑战，尚有很多薄弱环节，今后要在以下几个方面取得更大进展：一要加强对气象灾害孕育、发生、发展、演变、时空分布等规律和致灾机理的研究，为科学预测和预防气象灾害提供理论依据；二是要加强气象灾害监测和预警能力建设，建立灾害监测-研究-预报预警网络体系；三是要深入研究气象灾害和生态环境、经济社会发展的关系，开展气象灾害风险评估，加强气象防灾减灾关键技术研发；四是要加快遥感、地理信息系统、全球定位系统、网络通信技术的应用以及防灾减灾高技术成果转化和综合集成，建立综合减灾和风险管理信息共享平台，完善国家和地方灾情监测、预警、评估、应急救助指挥体系；五是要完善气象防灾减灾法律体系，强化气象防灾减灾法制化建设，提高全民防灾意识、知识水平和避险自救能力；六是要围绕气象防灾减灾共同挑战和灾害防治工作中尚未解决的科学难题广泛开展国际交流合作，学习国外的有益经验和先进技术，为人类社会共同防御和减轻气象灾害作出贡献。到2020年，力争气象灾害造成的人员伤亡率减少50%以上，气象灾害造成的经济损失占国内生产总值的比例降低50%左右。

参考书目

许小峰，2012. 气象防灾减灾 [M]. 北京：气象出版社.

温克刚，2008. 中国气象灾害大典·综合卷 [M]. 北京：气象出版社.

IPCC, 2012. Managing the risk of extreme event and disaster to advance climate change adaptation [M]. Cambridge University Press.

（温克刚 廖军 阎冠华）

yìngduì qìhòu biànhuà
应对气候变化（addressing climate change） 采取预防措施，预测、防止或尽量减少引起气候变化的原因，并缓解其不利影响。自然因素和人类活动都可以导致气候变化。《联合国气候变化框架公约》(简称《公约》)第一条第二款把气候变化定义为:"除了在相应时期内所观测到的气候自然变率之外,因人类活动直接或间接地改变地球大气组成而造成的气候变化。"《公约》更关注工业革命(1750年)以来人类活动导致的气候变化,重点考虑的是如何采取行动减少人为因素所导致的气候变化,避免气候系统达到危险程度。

人类应对气候变化是在开展自然科学基础研究基础上采取的适应、减缓措施和行动。自然科学基础研究致力于回答全球气候变化是怎样的,变化的原因是什么,以及对未来气候变化的预估。适应是指在人类系统中,针对实际的或预计的气候及其影响做出调整的过程,以便利用各种有利机会缓解危害。在自然系统中,人类的干预可能促进对预期气候的调整。减缓是指为减少温室气体的排放源或增加温室气体的汇而进行的人为干预。

气候变化的事实、趋势与原因 地球起源以来的46亿多年中,其早期的气候状况至今尚无从得知,只能推断约20亿年以来,气候发生过多次巨大变化。自前寒武纪(距今6亿年)以来,曾多次交替出现过全球规模的冰雪覆盖的扩展和退缩。地球表面年均温度约为15℃,其气候史即以温暖时期与寒冷时期交替出现为基本特点。根据米兰科维奇理论,由于日地系统变化的综合作用,导致了每10万年左右的冰期气候旋回。1750年工业革命以来,人类活动释放大量的温室气体导致了近百年的气候变暖。

器测记录分析表明,1880—2012年,全球地表平均温度大约上升了0.85℃,在北半球,1983—2012年可能是过去1400年中最暖的30年(见图1a)。不仅是全球地表气温升高,气候系统的其他一些变量也在发生变化。1901—2010年全球平均海平面上升速率为每年1.7 mm,1993—2010年海平面上升速率提高到每年3.2 mm(见图1b)。1971年以来全球冰川普遍退缩。1992—2011年期间,格陵兰冰盖和南极冰盖的冰量在减少。1979年以来北极海冰面积以每10年3.5%~4.1%的速率缩小。海洋吸收了30%左右的人类活动排放的二氧化碳,导致海洋表面海水酸化。受全球气候变暖的影响,20世纪中叶以来极端天气气候事件的强度和频率发生明显变化,极端暖事件呈增强增多趋势。中国大陆地区地表增温速率高于全球平均值,最近60年气温上升尤其明显,几乎是全球的两倍。中国某些极端气候事件的发生频率和强度变化明显,夏季高温热浪增多,区域性干旱加剧,强降水增多。

气候变化与大气中温室气体浓度变化有着直接对应

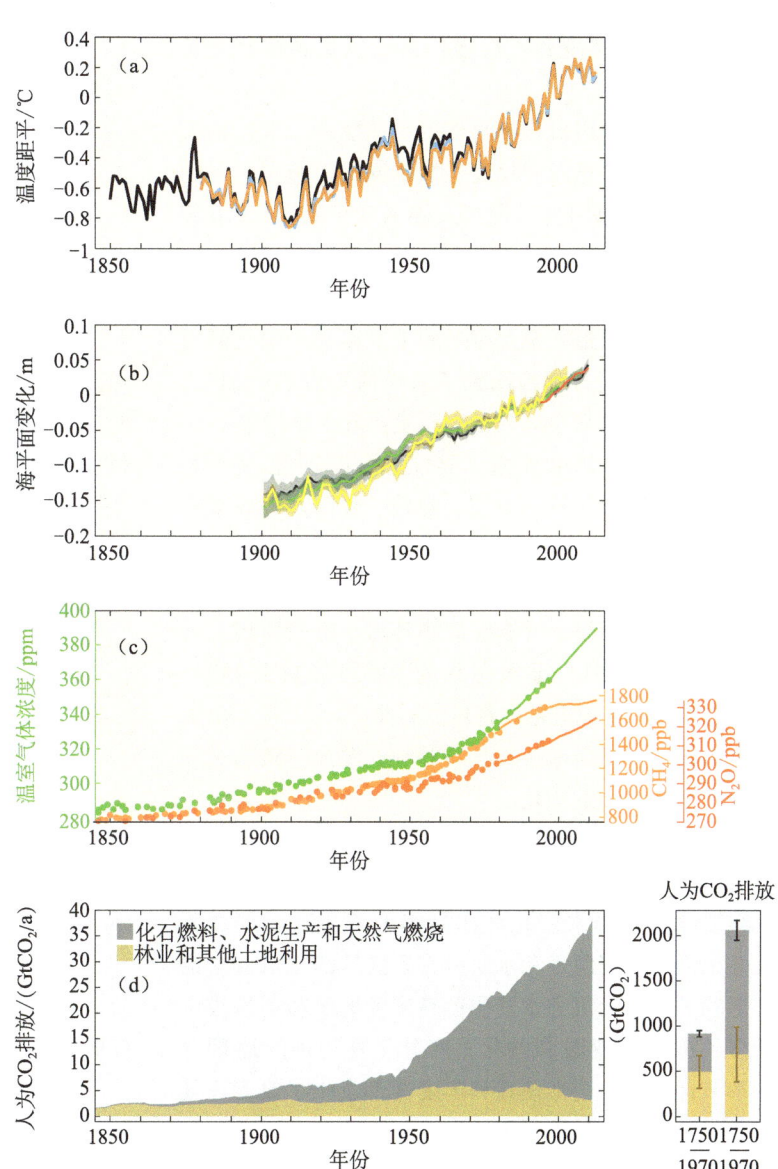

图1 气候要素和温室气体排放观测事实(引自IPCC,2014)

(a)相对于1986—2005年期间平均值的年平均全球陆地和海洋平均表面温度距平,不同颜色表示不同的资料集。(b)持续时间最长的数据集中,相对于1986—2005年期间平均值的年平均全球平均海平面变化,不同颜色表示不同的资料集。(c)根据冰芯资料(点)和直接大气测量(线)确定的大气二氧化碳(CO_2,绿色)、甲烷(CH_4,橙色)和氧化亚氮(N_2O,红色)等温室气体的平均浓度。(d)林业和其他土地利用、化石燃料、水泥生产和天然气燃烧造成的全球人为CO_2排放的关系。2013年大气中二氧化碳、甲烷、氧化亚氮等温室气体浓度分别为396 ppm（10^{-6}），1824 ppb（10^{-9}）和325.9 ppb，是近80万年以来最高的，比工业化前分别升高了42%，153%和21%（见图1c）。大气中温室气体浓度的增加主要源于人为排放。工业化以来，特别是20世纪70年代以来，全球人为排放的温室气体量迅速增长，其中1970—2010年这40年人为排放的温室气体总量约占1750年以来总排放量的一半。化石燃料和工业过程产生的二氧化碳是温室气体增长的主要来源（见图1d）。全球经济和人口增长是二氧化碳排放增长最重要的驱动因子。

气候变化的原因既包括自然变率的驱动，也包括人类活动的影响。根据时间尺度长短不同，引起不同时间尺度气候变化的原因也不同。人类活动导致了20世纪50年代以来一半以上的全球气候变暖，这一结论的可信度超过95%。除了全球地表温度以外，在海洋变暖、水循环变化、冰雪消退、全球海平面上升以及极端气候事件变化等诸多方面，都检测到了人类活动影响的信号，人类活动对近百年来全球气候变暖发挥着主要作用。

预估表明：到21世纪末，全球地表平均气温将在目前的基础上再升高0.3～4.8℃；热浪、强降水等极端事件发生的频率将增加；全球降水将呈现"干者愈干、湿者愈湿"趋势；上层海洋温度将升高0.6～2.0℃，热量将从海表传向深海，并影响海洋环流；海平面将上升0.26～0.82 m；9月份北极海冰范围将可能减少43%～94%，北半球春季积雪范围将可能减少7%～25%，全球山地冰川体积将可能减少15%～85%；海洋对碳的进一步吸收将加剧海洋的酸化。

气候变化对社会经济的影响及适应和减缓措施　气候变化已经对自然生态系统和人类社会产生了广泛影响。很多地区的降水变化和冰雪消融正在改变水文系统，并影响到水资源量和水质；许多区域的冰川持续退缩，影响下游的径流和水资源；高纬度地区和高海拔山区的多年冻土层变暖和融化，部分生物物种的地理分布、季节性活动、迁徙模式和丰度等都发生了改变；气候变化对粮食产量的不利影响比有利影响更为显著；气候变化可能已促成人类健康出现不良状况。

气候变化带来的风险会对自然生态系统和人类社会产生影响，这种影响在很大程度上还取决于脆弱性和暴露度（参见第6页气象防灾减灾），而社会经济适应和减缓行动以及相关治理又将影响气候变化带来的风险。气候变化程度的加剧会导致适应极限的出现，减缓行动的延迟将减少未来气候的恢复，而经济、社会、技术和政治决策行动的转型将使气候恢复成为可能（见图2）。

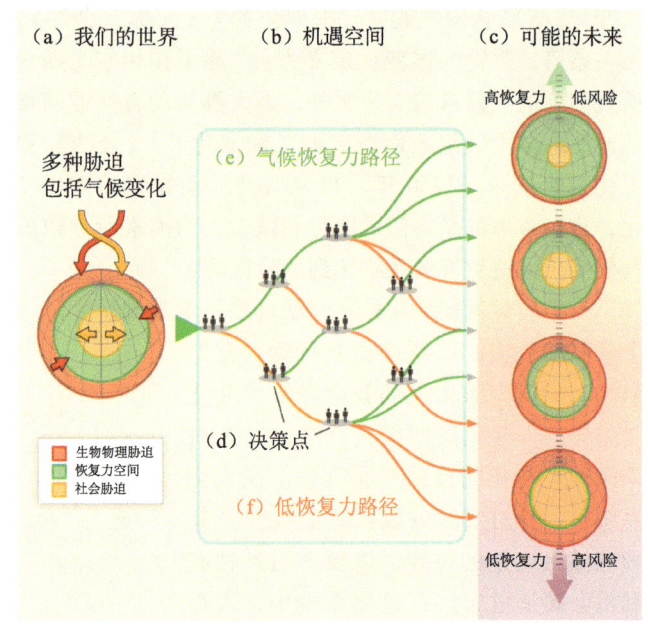

图2　机遇空间和气候恢复力路径（引自IPCC，2014）

（a）我们的世界受到多种胁迫因子的威胁，这里显示的仅仅是生物物理和社会胁迫因子。胁迫包括气候变化、气候变率、土地利用变化、生态系统退化、贫困和不平等及文化因子。（b）机遇空间指决策点和路径。（c）不同恢复能力和风险水平下的可能未来。（d）决策点导致行动或失败的行为贯穿整个机遇空间，它们一同构成对气候变化相关风险的管理或失败的管理过程。（e）机遇空间内的气候恢复能力路径（绿色），通过适应学习、增加科学知识、有效适应和减缓措施以及其他降低风险的选择，使世界更具恢复能力。（f）降低气候恢复能力的路径（红色），包括缓解不足、适应不良、学习和运用知识失败以及其他降低恢复能力的行动，就可能的未来而言，它们是不可逆的

减缓气候变化须通过部门和国家的减缓政策和机制，使能源生产和使用、交通运输、建筑、工业、土地利用和人类居住等部门和行业进行减排，以实现大气中温室气体浓度的稳定。减缓气候变化要考虑可持续发展和公平性原则，考虑多种风险和不确定性，正视平等、公正和公平问题，考虑气候政策与其他社会目标相结合可能产生的"共生效益"或"负面效应"。

国际社会应对气候变化的行动　随着对气候变化问题的认识逐渐深化，气候变化已逐渐由最初的气候科学问题转变为环境、科技、经济、政治和外交等多学科领域交叉的综合性重大战略问题。从20世纪70年代开始，国际社会采取了积极的响应行动，开展了一系列从科学研究到气候变化科学评估和制订相关国际条约的行动，其中比较有代表性的有三次世界气候大会、四大科学计划、未来地球计划（Future Earth），政府间气候变化专门委员会（IPCC）科学评估和《联合国气候变化框架公约》（UNFCCC）履约活动。

第一次世界气候大会于1979年举行，主题为"世界气候大会——气候与人类"，推动建立了"世界气候计划"（WCP）、"世界气候研究计划"（WCRP）和政府间气候变化专门委员会（IPCC）。1990年举行的第二次世界气候大会主题为"全球气候变化及相应对策"，促成了《联合国气候变化框架公约》（UNFCCC）的出台以及全球气候观测系统的建立。第三次世界气候大会于2009年召开，主题是"气候预测和信息为决策服务"，推动建立了"全球气候服务框架"，使全世界的决策者都能获得准确和及时的气候信息和预测，更好地适应气候变化。

为有效地应对气候变化和全球生态环境问题，国际科学联盟理事会（ICSU）在全球变化研究领域先后启动了世界气候研究计划（WCRP）、国际地圈生物圈计划（IGBP）、国际全球环境变化人文因素计划（IHDP）、国际生物多样性计划（DIVERSITAS）四大科学计划。2001年这四大科学计划联合召开第一次全球变化开放科学大会，发表了《阿姆斯特丹宣言》，决定成立地球系统科学联盟（ESSP），促进地球系统集成研究。2008年国际科学联盟理事会（ICSU）对ESSP的进展进行全面评估，2010年与国际社会科学理事会（ISSC）共同制订了未来地球系统科学发展的整体战略，提出了"未来地球"计划的动议。"未来地球"计划确立了动态地球、全球发展、向可持续性发展转变三项研究主题，重点加强观测系统、资料系统、地球系统模拟能力、基础理论研究能力等八项交叉能力建设。2012年在联合国"里约+20"峰会上，"未来地球"计划得到原则认可，即告启动。

1988年联合国大会通过了为当代和后代人类保护气候的决议。1988年11月世界气象组织（WMO）和联合国环境规划署（UNEP）联合建立了政府间气候变化专门委员会（IPCC），加强对气候变化的科学评估，为应对气候变化的国际谈判和行动提供科学依据。IPCC自成立以来，先后于1990年、1995年、2001年、2007年和2014年完成了5次评估报告，在推动国际社会共同应对气候变化方面，发挥了不可替代的作用。1990年发布的IPCC第一次评估报告提出人类活动产生的排放正在显著增加大气中温室气体的浓度，推动了1992年《联合国气候变化框架公约》的签署和1994年《公约》的生效。1995年IPCC第二次评估报告提出人为气候变化是可辨识的，为系统阐述《公约》的最终目标提供了坚实依据，推动了1997年《京都议定书》的通过。2001年IPCC第三次评估报告进一步明确过去50年的大部分变暖现象可能主要归因于人类活动。2007年IPCC第四次评估报告再次明确提出过去50年的气候变化很可能归因于人类活动，对哥本哈根大会上各方达成共识起到了积极作用。由于IPCC在近20年来先后4次发布评估报告，告诫世人全球气候变化的重要性以及目前气候变暖的主要原因是人类活动所致，并提出了阻止气候继续变暖趋势的对策与方法，获得了2007年度诺贝尔和平奖。IPCC第五次评估报告更加侧重气候变化的影响、适应和减缓问题，突出区域气候变化及影响评估、适应气候变化的经济学成本、气候变化与可持续发展等问题，其结论必将对2020年后国际气候制度的建立产生重要影响。

1992年在180多个国家出席的联合国环境与发展大会上，开放签署了《联合国气候变化框架公约》（UNFCCC）。公约的目标是控制大气中二氧化碳、甲烷等温室气体的排放，将其浓度稳定在使气候系统免遭破坏的水平上。公约确立了"共同但有区别"的原则，对发达国家和发展中国家规定的义务以及履行义务的程序有所区别，要求发达国家应率先采取措施，并向发展中国家提供资金和技术支持。公约缔约方自1995年起每年召开缔约方会议，评估应对气候变化的进展。1997年达成《京都议定书》，使温室气体减排成为发达国家的法律义务。2007年底召开的缔约方大会通过了"巴厘行动计划"，明确了应对气候变化的"四个轮子"，即适应、减缓、资金、技术，其中发达国家减排问题是最重要的内容之一。2012年底的多哈会议就《京都议定书》第二承诺期、长期合作行动等重要问题达成了一揽子协议，要求在2015年前建立2020年后包括所有主要排放国的全球减排框架，并强化各国的减排行动。

2015年12月巴黎气候大会达成《巴黎协定》，提出了将全球平均温度上升幅度控制在低于工业化前水平2℃，并争取不超过1.5℃，以及建立气候韧性社会和推动资金向低碳领域的投入的目标。明确了全球温室气体排放尽快达峰的长期减排路径。确定了提高气候变化适应能力的全球适应目标，加强对发展中国家的资金、技术和能力建设支持，以及以促进性、非侵入性、非处罚性和尊重国家主权的方式实施关于行动和支持的强化透明度框架的一揽子共识。充分展现了各国合作应对气候变化、推进绿色发展的共识，具有里程碑意义。

中国应对气候变化的行动　中国是一个发展中国家，人口众多、经济发展水平低、气候条件复杂、生态环境脆弱，易受气候变化的不利影响。气候变化对中国自然生态系统和经济社会发展带来了现实的威胁，主要体现在农牧业、林业、自然生态系统、水资源等领域以及沿海和生态脆弱地区，应对气候变化已成为中国的迫切任务。同时，中国正处于经济快速发展阶段，面临着发展经济、消除贫困和减缓温室气体排放的多重压力，应对气候变化的形势严峻，任务繁重。

中国高度重视应对气候变化工作，充分认识应对气候变化的重要性和紧迫性，统筹考虑经济发展和生态建设、国内与国际、当前与长远，制定并实施应对气候变化国家方案，采取了一系列应对气候变化的政策和措施。把应对气候变化与实施可持续发展战略，加快建设资源节约型、环境友好型社会，建设创新型国家结合起来，以发展经济为核心，以节约能源、优化能源结构、加强生态保护和建设为重点，以科技进步为支撑，努力控制和减缓温室气体排放，不断提高适应气候变化能力。中国在应对气候变化进程中与国际社会紧密合作，积极参与IPCC科学评估，认真履行《联合国气候变化框架公约》，在国际上发挥着积极的建设性作用。

应对气候变化挑战，关键是依靠科技进步和科技创新。中国政府重视并不断提高气候变化相关科研支撑能力，组织实施了一大批国家重大科技项目，编写了《气候变化国家评估报告》《中国气候与环境演变》等综合论著。科学技术部等16个部委还联合印发《"十二五"国家应对气候变化科技发展专项规划》，对应对气候变化科技发展做出整体部署，相关部委围绕重点领域制定了专题规划。在气候变化科学基础方面，重点围绕气候变化观测与历史重建、全球气候变化的规律与机理、全球气候变化数据的综合集成以及地球系统模式的发展和气候变化的模拟与预估等研究方向开展工作。在影响与适应研究方面，围绕水资源、农业、林业、海洋、人体健康、生态系统、重大工程、防灾减灾等重点领域，着力提升气候变化影响的机理与评估方法研究水平，增强适应理论与技术研发能力。在战略与政策研究方面，重点研究中国与应对气候变化相适应的国际贸易战略与政策、碳排放权交易市场的技术支撑体系、气候变化适应战略措施与行动计划、中国气候服务系统建立等，并提出中国应对气候变化的重大前沿科技发展战略等。

经过持续努力，中国应对气候变化工作取得了积极进展，适应减缓气候变化成效明显。

第一，调整经济结构，推进技术进步，提高能源利用效率。从20世纪80年代后期开始，中国政府更加注重经济增长方式的转变和经济结构的调整，将降低资源和能源消耗、推进清洁生产、防治工业污染作为中国产业政策的重要组成部分。到2013年底，中国碳强度已经比2005年下降了28.56%，相当于减少25亿吨二氧化碳的排放。

第二，发展低碳能源和可再生能源，改善能源结构。通过国家政策引导和资金投入，加强了水能、核能、石油、天然气和煤层气的开发和利用，支持在农村、边远地区和条件适宜地区开发利用生物质能、太阳能、地热、风能等可再生能源，优质清洁能源比重有所提高，到2013年，非化石能源占一次能源的比重已经达到了9.8%。

第三，大力开展植树造林，加强生态建设和保护。人工林面积居世界第一，森林覆盖率从20世纪90年代初期的13.92%增加到目前的20.36%。

第四，制定国家适应气候变化战略，适应能力逐步提高。"十一五"期间中国新增水库库容381亿立方米，新增供水能力285亿立方米，净增农田有效灌溉面积5000万亩（1亩=1/15公顷）。推广应用农田节水技术4亿亩以上，推广保护性耕作技术面积8500万亩以上。新增湿地保护面积150万公顷，新增水土流失治理面积23万平方千米。

第五，加强了应对气候变化相关法律、法规和政策措施的制定。应对气候变化的相关政策法规不断出台，农业、林业、水资源、海洋、卫生、住房和城乡建设等领域也制定实施了一系列与应对气候变化相关的重大政策文件和法律法规。

第六，进一步完善了相关体制和机构建设。中国政府成立了共由17个部门组成的国家气候变化对策协调机构，在研究、制定和协调有关气候变化的政策等领域开展了多方面的工作。中国还成立了国家气候变化专家委员会，为中国政府制定应对气候变化相关战略方针、政策法规和措施提供科学咨询与建议。

第七，加大气候变化教育与宣传力度，提升公众应对气候变化的意识。2014年11月中美两国在北京共同发布《中美气候变化联合声明》，进一步确认了人类活动已在改变世界气候系统，应对气候变化将增强国家安全和国际安全。中国的行动表明，应对气候变化是国内可持续发展的客观需要和内在要求，不是别人要我们做，而是我们自己要做的事情。

展望 全球应对气候变化虽然取得很大进展，但仍有很多挑战，存在着不确定性，主要表现为气候系统极其复杂；观测信息依然匮乏；关键技术和方法亟待完善；目前学术界对气候系统及其变化机制的认知水平也有限，还不足以完全回答涉及气候变化的所有关键科学问题，不同学者得到的研究结论也可能存在一定的差异。

应对气候变化对全球经济社会发展既是挑战，也是机遇，未来国际社会必将加强合作，深化气候变化科学研究，通过应对气候变化的智慧行动推动创新、提高经济增长、促进可持续发展、增强能源安全、改善公共健康和提高生活质量，并增强国家安全和国际安全。对中国而言，应对气候变化为加快转变经济发展方式，加强国家基础设施建设，推动科学技术进步提供了新的视角和战略要素。生态文明、绿色低碳已是"世界潮流，浩浩荡荡"，成为历史的必然。应对气候变化全球战略的坚定实施，不但有益于当代人生存环境的改善，也将惠及全球子孙后代的长远利益。

参考书目

《气候变化国家评估报告》编写委员会，2016. 第三次气候变化国家评估报告［M］. 北京：科学出版社.

秦大河，丁永建，穆穆，等，2012. 中国气候与环境演变［M］. 北京：气象出版社.

IPCC，2004. Climate Change Synthesis Report 2014［M］. Cambridge：Cambridge University Press.

（秦大河　巢清尘）

qìxiàng guǎnlǐ tǐzhì

气象管理体制（meteorological administration system）　在国家行政管理体制的框架内，按照气象工作的性质和特点并经国家主管机构批准而确定的中央、地方、部门在各方面对中国气象事业的管理范围、权限职责、利益及其相互关系的准则。国家气象部门设置的气象机构、国务院其他部门设置的气象机构及军事部门设置的气象机构，各自实行不同的管理体制，并随着国家政治体制和经济体制的改革而不断调整。

气象行业管理体制　中国气象行业由各级气象主管机构所属的气象台站、国务院其他有关部门和省、自治区、直辖市人民政府有关部门所属的气象台站，以及军事部门所属气象台站组成。新中国成立以来，民航、海洋、林业、农业、农垦、生产建设兵团、水利、盐业等部门和地方政府为满足本部门、本地区发展需要，先后建立了一批气象台站。《中华人民共和国气象法》第五条指出："国务院其他有关部门和省、自治区、直辖市人民政府其他有关部门所属的气象台站，应当接受同级气象主管机构对其气象工作的指导、监督和行业管理。"旨在加强对气象行业的统筹规划，实现气象台站和重要气象设施的合理布局，减少重复建设和重复劳动，充分发挥气象事业为经济建设、国防建设、社会发展和人民生活服务的作用。

国务院气象主管机构是全国气象行业的管理部门，地方各级气象主管机构是本行政区域的气象行业的管理部门。气象主管机构通过加强全国气象工作的规划、协调、指导、监督和服务工作，实施对气象行业的宏观管理。国家气象主管机构实行行业管理，不改变国务院其他有关部门和省、自治区、直辖市人民政府其他有关部门气象台站的建制和行政隶属关系，设有气象台站的国务院其他有关部门和省、自治区、直辖市人民政府其他有关部门仍然要按照气象行业发展规划，以及气象法律、法规、技术规范和标准的要求，加强对本部门气象台站的管理。各级气象主管机构和设有气象台站的其他部门，从国家利益的高度出发，互相支持、密切合作，共同做好气象事业发展。军事部门设有的气象机构由军队有关部门管理，同时接受气象主管机构的行业管理。

气象部门管理体制　气象部门从1983年至今，实行气象部门与地方政府双重领导，以气象部门领导为主的管理体制。在中央一级，国务院设立中国气象局，是经国务院授权承担全国气象工作政府行政管理职能的国务院直属事业单位；在地方，省（自治区、直辖市）、地（市、州、盟）、县（市、区、旗）设立气象局，实行气象部门与地方政府双重领导，以气象部门领导为主的管理体制，它既是上级气象部门下属单位，又是当地政府的工作部门，负责本行政区域内的气象行政工作。各级气象部门根据气象业务和社会经济发展需要，设立了若干不同类型的气象台站和业务机构，承担气象观测、预报、科研和为当地开展气象服务双重任务。

气象部门管理体制沿革　中华人民共和国成立后，气象部门管理体制随着国家战略重点的转移和行政管理机构的变革而变化，经历了中央政府领导为主的条条管理体制和地方政府领导为主的块块管理体制，最后形成了气象部门与地方政府双重领导，以气象部门为主的管理体制。在建制上，创建于军事，最后回归政府。

起源为军队系统建制　为适应当时国防、军事任务对气象保障的需要，1949年12月中央人民政府人民革命军事委员会气象局（以下简称中央军委气象局）成立。随后在东北、华东、西南、西北、中南各军区设立气象管理处，在各省军区设立气象科。中央军委气象局属中央人民政府人民军事委员会建制，行政上受中央军委办公厅领导，业务上受中国人民解放军空军司令部领导。各大军区气象管理处受各大军区司令部和军委气象局双重领导，负责管理本区内域气象台站的行政和业务技术工作。

转为政府系统建制　1953年8月中央军委决定各级气象机构从军事系统转入政府系统建制。中央军委气象局改名为中央气象局。原中央军委气象局、各大军区气象处、各省军区气象科的建制分别改为隶属于政务院、各大区行政委员会和省人民政府建制。全国气象机构仍保持上下级之间的业务指导关系，行政方面由中央财政经济委员会及各级财政经济委员会领导。

列为国务院直属机构　1954年11月经全国人民代表大会常务委员会第二次会议批准，中央气象局为国务院设立的20个直属机构之一，由国务院第七办公室负责管理，列为行政编制，由行政经费开支。1955年11月参照原大行政区划分气象工作的管理区域，合并各省气象局为若干地方气象局，直属中央气象局领导。自1956年1月起民航气象台（站、哨）改为气象系统建制，实行双重领导（气象局负责全部业务领导，民航局负责行政、政治领导）。

实行地方政府领导为主管理体制　自1956年10月始，气象部门实行中央与地方政府双重领导，以地方政府领导为主的管理体制。这种管理体制持续至20世纪80年代初期。1956年10月中共中央、国务院向全国发出《关于改进国家行政体制的决议（草案）》后，中央气象局逐步将各中心气象台转交各省、自治区、直辖市气象局建制并领导。确定中央气象局和各省（自治区、直辖市）气象局是业务技术指导关系。1962年10月，按照"集中领导，分级管理"的原则，中央气象局决定各气象台站均改归各省（自治区、直辖市）气象局建制，人权、财权、器材供应、业务管理由省气象局负责；行政工作由地方负责；全国气象业务工作分由中央气象局和省气象局管理。1961年2月民航系统的气象台由气象系统建制全部改归民航建制，实行民航为主的双重领导。1965年5月，根据中央和国务院关于成立国家海洋局的指示，气象部门的海洋水文工作和任务一律移交国家海洋局。

重划归军队系统建制　1969年12月国务院、中央军委通知，决定总参气象局与中央气象局合并，同时保留两局原名称，属总参谋部建制。各省、自治区、直辖市气象部门仍属当地各级革命委员会建制。中央气象局（总参气象局）对各省、自治区、直辖市，各军种、各兵种、各基地的气象业务部门实施业务指导。1970年7月重新明确气象部门管理体制下放，实行块块领导，即省、自治区、直辖市以下气象部门（省气象局、地台、县站）除建制仍属各级革命委员会外，领导关系实行由省军区（或大军区）、军分区、县（市）人民武装部和各级革命委员会双重领导，以军事部门领导为主。

回归国务院建制　1973年3月中共中央通知中央气象局与总参气象局分开，分别划归国务院和中央军委建制。中央气象局划归国务院建制，由农业部领导，负责统筹规划全国气象工作建设和业务指导；省、地、县各级气象部门仍归同级革命委员会建制。

开启双重领导，以气象部门为主管理体制　1978年以后，中央气象局在总结30年来全国气象部门管理体制上述"几上几下"的经验教训基础上，提出了在全国气象部门分两步实施管理体制改革方案。经国务院批准，1980年底实施了省以下气象部门改为省气象部门和当地政府双重领导，以省（自治区、直辖市）气象局领导为主的管理体制；1983年底全国气象部门自上而下实行以气象部门领导为主的管理体制，一直持续至今，并逐步显现出新的管理体制的优越性。但鉴于国家经济建设的特殊需要，广东省深圳、珠海市及黑龙江省大庆市的气象机构仍维持双重领导，以当地政府领导为主的管理体制。1988年海南省气象局成立，实行海南省政府与国家气象局双重领导，以海南省政府领导为主的管理体制；2010年9月海南省气象局回归为国家气象部门领导为主的管理体制。

1983年以来，在几次大的国家机构改革中，中国气象局的性质、职能、编制及名称都有所调整，但履行管理中国气象事业的职责及全国气象部门实行气象部门与地方政府双重领导，以气象部门领导为主的管理体制始终未变。这期间，经有关部门同意，逐步建立与气象管理体制相适应的双重计划体制和相应的财务渠道，以及人事管理体制等，进一步完善了全国气象部门的管理体制。

气象部门管理体制特征　气象部门管理体制实际上是气象主管部门与地方政府对国家和地方气象事业规划、建设、运行以及所设机构的人才、资金、装备的管控职责和权力的规定，呈现出以下几个特征。

统一管理　气象工作具有气象台站高度分散、天气预报又需高度集中，以及气象业务需要全国统一规划、统一建设等特点，要求对气象事业实行统一管理。为此，在双重领导管理体制中明确了以气象部门为主，由气象部门实行统一领导、分级管理。中国气象局是中华人民共和国国务院直属事业单位，按照授权主要承担全国气象工作的政府行政管理职能，负责全国气象工作的组织管理，主要是负责制定国家气象工作方针、政策和气象事业的发展战略和长远规划；负责组织全国重要气象设施的统一布局、建设；组织草拟气象法律、法规，制定技术规范和标准，并实施监督检查；负责省级气象机构的管理、领导班子的任免等。其中有些事项，如重大气象现代化工程建设、领导班子中主要负责人的任用等，必须征求地方政府的意见，并取得同意和支持。省（自治区、直辖市）、地（市、州、盟）、县（市、区、旗）设立气象主管机构，同样实行上级气象部门与本级人民政府双重领导，以上级气象部门为主的管理体制。

双重领导　国家气象事业的基层气象台站都承担着为地方提供气象服务和为上级气象部门提供基础气象资

料的双重任务。这种双重任务决定了国家气象事业必须实行气象部门与地方政府双重领导管理体制，明确双方各自的职责权限。气象部门负责组织全国气象事业的建设和运行，包括建设和运行所需的资金、人才和装备等的筹集与管理；地方政府负责本区域内地方气象事业的建设，包括建设和运行所需的资金、人才和装备等。这样充分发挥中央和地方发展气象事业的"两个积极性"。

逐步完善 气象部门管理体制是在实践中不断完善的。新中国成立初期到1980年间，气象部门管理体制变动频繁，积累了"几上几下"的经验教训。1978年以后，气象部门认真总结了这些经验教训，使管理体制的确立逐步走上了民主化、法治化的轨道。气象部门现行管理体制是经过深入调研，反复论证，并经国务院审定，随后又纳入《气象工作条例》予以明确；1992年建立了与领导管理体制配套的双重计划财务体制、人事管理体制、党务工作体制等，使管理体制不断完善；1998年列入《中华人民共和国气象法》加以规定。实践证明，气象部门实行双重领导，以气象部门领导为主的管理体制，符合中国国情，适应国家行政管理体制，适应气象工作特点，有利于实现气象现代化建设的"统一规划、统一布局、统一建设、统一管理"，有利于发挥中央和地方两个积极性，有利于实现国家气象事业和地方气象事业协调发展。

参考书目

温克刚，2004. 中国气象史［M］. 北京：气象出版社.

中国气象局，2009. 中国气象现代化60年［M］. 北京：气象出版社.

（韩通武　毛耀顺）

qìxiàng xíngzhèng guǎnlǐ

气象行政管理（meteorological administration） 国家气象主管机构依法赋予的国家权力对气象工作与相关社会事务开展的管理活动。《中华人民共和国气象法》规定，国务院其他有关部门和省、自治区、直辖市人民政府其他有关部门所属的气象台站，应当接受同级气象主管机构对其气象工作的指导、监督和行业管理。国务院下发《中国气象局职能配置、内设机构和人员编制的规定》（国发〔1998〕137号）明确："中国气象局是经国务院授权、承担全国气象工作政府行政管理职能的国务院直属事业单位"。中央编制委员会下发《地方国家气象系统机构改革方案》（中编发〔2001〕1号）明确：地方气象主管机构在上级气象主管机构和本级人民政府的领导下，根据授权承担本行政区域内气象工作的政府行政管理职能，依法履行气象主管机构的各项职责。此外，国务院还下发了《加快气象事业发展的意见》（国发〔2006〕3号）和《国务院办公厅关于进一步加强气象灾害防御工作的意见》（国办发〔2007〕49号）等文件，进一步明确了气象行政管理的职责和权力。

管理内容 按照法定授权和行政授权，各级气象部门开展的行政管理主要包括对社会的气象行政管理职能和对气象行业的行政管理职能。气象对社会的行政管理职能主要涉及协调气象领域的社会关系、规范社会行为、应对气象风险等方面，依据《中华人民共和国气象法》，气象行政管理主要包括对气象观测、预报、服务、灾害防御、人工影响天气、气候资源利用等方面的管理。具体内容是：气象设施的建设、管理和保护，气象专用技术装备的行政许可，气象探测资料的汇交、共享和探测环境的保护，公众气象预报和灾害性天气警报的统一发布，气象灾害的防御、人工影响天气的管理、雷电灾害防御的组织管理和行政许可，气候资源的开发利用和保护。

按照国家相关法律法规，气象主管机构对社会的行政管理职能分为国家事权与地方事权两类。国家事权主要包括：国家基准气候站、国家基本气象站、国家一般气象站迁建审批；新建、扩建、改建建设工程避免危害国家基准气候站、国家基本气象站气象探测环境审批；相应审批权限内的重要气象设施建设项目审核；气象专用技术装备使用许可审批；人工影响天气作业设备使用许可审批；境外组织、机构和个人在中国从事气象活动审批等。地方事权中又按省、地（市）、县的事权划分。省级事权主要包括：区域气象观测站迁建审批；新建、扩建、改建建设工程避免危害一般气象站、区域气象观测站气象探测环境审批；相应审批权限内的重要气象设施建设项目审核；人工影响天气作业组织资格、作业人员资格、作业单位之间转让作业设备审批；建设项目大气环境影响评价使用气象资料审查；防雷装置检测单位资质认定，防雷工程专业设计或者施工单位甲、乙、丙级资质认定；防雷装置设计审核；防雷装置竣工验收；升放无人驾驶自由气球或者系留气球单位资质认定和升放无人驾驶自由气球或者系留气球活动审批等。地（市）级的事权主要包括：建设项目大气环境影响评价使用气象资料的审查；防雷装置设计审核；防雷装置竣工验收；升放无人驾驶自由气球或者系留气球单位资质认定；升放无人驾驶自由气球或者系留气球活动审批等。县级气象主管机构实施的社会管理职能主要包括：建设项目大气环境影响评价使用气象资料审查；防雷装置设计审核；防雷装置竣工验收等。

行政管理实施 实施行政管理，应当依照法律、法规、规章的规定进行。气象行政管理是依据《中华人民共和国气象法》和与气象相关的法律及配套的法规、规章进行事前管理、事中管理和事后管理。事前管理以开展气象行政许可为主要手段。中国气象局按照《中华人民共和国气象法》和相关法律法规，对各项许可事项进行细化，规范工作流程，并建立相应制度。事中管理以气象行政执法检查为主要手段。气象行政监督检查是由气象主管机构行使的社会管理职权，主要是对行政相对人是否守法和履行法定义务进行单方面调查，其主要方法有检查、调阅、责令提供资料、备案、听取报告。事后管理以气象行政处罚和行政强制为主要手段，是强制性较强的手段。根据气象法律、行政法规和气象部门规章，气象主管机构拥有对气象违法行为的行政处罚权力。气象行政处罚的种类以警告和罚款为主，个别情况下还有取消作业资格和撤销许可证书或资质证书两种。

行政管理成效 中国气象局积极履行气象行政管理职能，特别是依托全国人大农业委员会每年组织的《中华人民共和国气象法》执法检查，通过不断完善气象法规标准体系建设，深化行政审批制度改革，规范气象行政许可行为，为履行好气象行政管理职能奠定了坚实的基础，在一些管理领域取得了明显成效。通过颁布气象灾害防御规划和应急预案，加强气象灾害防御及应急管理，逐步建立起了"政府领导、部门联动、社会参与"的气象灾害防御工作机制；通过加大对气象探测环境保护的监督检查力度，依法查处破坏探测环境的违法行为，探测环境恶化趋势得到有效遏制；按照《气象灾害预警信号发布与传播办法》，实施了天气预报的统一发布；通过制定人工影响天气规划、工作计划、作业规范和操作规程并监督实施，加强人工影响天气作业设备及指挥协调管理，人工影响天气经济效益、社会效益得到稳步提升；按照国务院412号令、《气象灾害防御条例》和《防雷减灾管理办法》等规章，通过实行防雷工程（检测）资质许可等管理制度，雷电灾害防御管理工作得到逐步规范；按照国务院《通用航空飞行管制条例》规定，设区市级以上气象主管机构会同有关部门审批制度，规范了施放气球活动。

（丁海芳 刘可东 冯翠敏）

qìxiàng hángyè guǎnlǐ
气象行业管理（management of meteorological profession） 由气象主管机构对在中华人民共和国领域和其管辖的海域从事气象范围内的气象台站、业务和活动进行统一规划、调节控制和监督等的宏观管理。以利优化资源配置，推动技术进步，提高整体效益。

气象行业管理依据 《中华人民共和国气象法》规定：国务院气象主管机构负责全国的气象工作。地方各级气象主管机构在上级气象主管机构和本级人民政府的领导下，负责本行政区域内的气象工作。国务院其他有关部门和省、自治区、直辖市人民政府其他有关部门所属的气象台站，应当接受同级气象主管机构对其气象工作的指导、监督和行业管理。2005年12月中国气象局发布与《中华人民共和国气象法》相配套的《气象行业管理若干规定》，进一步明确"国务院气象主管机构负责全国气象行业管理工作，地方各级气象主管机构在上级气象主管机构和本级人民政府的领导下负责本行政区域内的气象行业管理工作。各级气象主管机构应当组织制定气象行业规划和政策，完善气象行业法规和标准，强化气象行业监督，加强气象行业协调、指导和服务，合理配置国家对气象行业的投入。"

气象行业管理的对象 中国的气象行业是各级气象主管机构及其所属的气象台站和国务院其他有关部门及地方各级人民政府其他有关部门所属的气象台站的统称。

新中国成立以来，为了适应经济社会的发展，在国家气象事业发展的同时，民航、海洋、林业、农业、农垦、生产建设兵团、水利、盐业等部门为满足本部门业务工作需要，先后建立了一批为本部门服务的气象台站，形成了气象行业。到2012年底，气象行业共有各类气象台站4000多个（不包括承担气象观测任务的其他专业站点），其中隶属于气象主管机构的有2600多个；隶属于民航部门的气象台站152个，农垦气象台站89个，新疆生产建设兵团气象台站104个，林业气象台站54个，盐业气象台站28个等及水利部门在江河湖流域设立的降水观测点和水分蒸发站点。此外，军队气象工作有其特殊性，各军兵种均设有气象机构和气象台站，负责各军兵种的气象保障任务。

气象行业管理任务 通过加强全国气象工作的规划、协调、指导、监督和服务工作，实施对气象行业的宏观管理。其主要任务是：组织制定全国气象工作方针、政策和气象事业的发展战略和长远规划；负责全国重要气象设施的统一布局、立项和调整方案审核；组织草拟气象法律、法规，制定技术规范和标准，并实施监督检查；合理配置国家对气象行业的投入，组织协调行业内的协作和交流、气象科普宣传、气象科技成果推广等活动，提高气象工作水平；加强气象信息网络系统建设，建立气象信息共享、共用平台，做好汇交气象资料的接收、保存、应用和监管工作，实现气象信息资源共享。

实施气象行业管理，并不改变国务院有关部门和省、自治区、直辖市人民政府有关部门所属气象台站的建制和行政隶属关系，设有气象台站的国务院有关部门和地方各级人民政府有关部门要按照气象行业发展规划，以及气象法律、法规、技术规范和标准的要求，加强对本部门气象台站的管理，有关部门所属的气象台站及其他从事气象探测的组织和个人，应当按照国家有关规定向国务院气象主管机构或者省、自治区、直辖市气象主管机构汇交所获得的气象探测资料。各级气象主管机构和设有气象台站的有关部门，要从国家利益的高度出发，互相支持、密切合作，共同搞好气象行业管理工作。

气象行业管理进展 多年来，国家气象主管机构按照"统一规划、协调、指导，并提供服务"的要求积极开展行业管理工作，设有气象台站的相关部门积极配合、支持、服从行业管理。初步建立了制度，明确了任务和责任。特别是1999年全国人大颁布的《中华人民共和国气象法》明确了气象行业管理的法律责任，中国气象局依据《中华人民共和国气象法》制定了《气象行业管理若干规定》，明确了气象行业管理的任务；着手统筹规划，行业资源配置取得新成效。2011年中国气象局、中华人民共和国国家发展和改革委员会等部门共同发布了《气象发展规划（2011—2015年）》，将生产建设兵团、农垦、森工等气象事业纳入了气象事业发展规划；坚持信息共享，气象现代化效益得到充分发挥。建立了气象资料共享汇交体系，除气象部门传输实时气象探测基本资料外，民航部门民用航空器飞行中获取的气象资料、交通运输部门远洋船舶航行中获取的海上气象资料，以及农垦、盐业等部门获取的气象资料均实时参加汇交，打破了部门界限，有效发挥了气象资料的共享共用；加强标准化建设，气象行业科技水平有了新进展。截至2013年底已制定气象国家标准37个，气象行业标准231项（含修订替代1项和经复审作废7项），行业气象台站按照统一的技术标准、规范做好各项业务工作；增进合作交流，各项行业管理机制得到新改善。行业之间沟通协调，积极组织经验交流和研讨活动，如河北省气象局每年会同盐业部门召开行业管理研讨会，从不同角度研讨交流行业管理工作，探讨行业管理重点难点问题，部署下一步工作任务。

展望 经多年的努力，气象行业管理有了较大进展，但也存在一些问题。主要是观念转变不到位，管理行为不够规范，行业规划执行力度不大，重复建设依然存在。今后，气象行业管理工作需要进一步坚持科学管理，增强管理的有效性和科学性；完善法律法规体系，坚持规范管理，规范运作；做好服务，坚持合作交流，增强行业的凝聚力；继续扩大气象信息资源共享的范围，按照要求及时相互提供气象信息；强化标准化建设，严格统一标准，打牢信息共享基础；严格行业监管，加强气象行业发展规划，依照规划发展气象事业。

参考书目

卞耀武，曹康泰，温克刚，2001. 中华人民共和国气象法释义［M］. 北京：法律出版社.

（阳世勇）

qìxiàng bùmén guǎnlǐ

气象部门管理（management of China Meteorological Administration） 气象主管机构对直属的国家气象事业的管理，相对气象行业管理的宏观性和监督指导而言，是更直接、更具体、工作量更大的全面管理，主要包括管理体制、管理机构、管理任务、管理内容等。

管理体制 1981年经国务院批准，全国气象部门自上至下实行气象部门与地方政府双重领导，以气象部门领导为主的领导管理体制，截至2014年底唯有广东省深圳市、珠海市，黑龙江省大庆市实行以地方政府领导为主的领导管理体制（参见第15页 气象管理体制）。实践证明，这种管理体制符合中国国情和气象专业特点，有利于气象事业的发展、运行和发挥更大的效益。

管理机构 按照"统一领导，分级管理"的原则，设立国家、省、地、县四级气象管理机构，国家级称为中国气象局。至2014年底，全国设省（自治区、直辖市）气象局31个、副省级市气象局14个（其中计划单列市气象局4个、省会城市气象局10个）、地区（设区市、盟）气象局315个、处级气象局3个、县（市、旗）气象局2171个。这些管理机构既是上级气象部门的下属单位，又是本地政府的工作部门。各级气象管理机构均设有管理机构和直属气象业务、服务事业单位，中国气象局和省级气象局还下设直属科研、教育单位。

管理任务 根据《中华人民共和国气象法》和国务院关于中国气象局"三定"（定职能、定机构、定人员编制）方案，气象事业是经济建设、国防建设、社会发展和人民生活的基础性公益事业。中国气象局作为国务院气象主管机构，为国务院直属事业单位，经国务院授权，承担全国气象工作的政府行政管理职能，负责全国气象工作，主要履行公共气象服务以及气象防灾减灾、应对气候变化、开发利用气候资源、人工影响天气等业务、服务管理等职能。省级及以下气象部门的管理任务和工作目标，由上级气象部门和本级政府确定。

管理内容　气象部门是一个完整的工作系统，按照确定的职责任务和上级主管部门的授权，实行分级分类管理，推动各项工作有序、规范、顺畅、高效运行和各项任务如期完成。

行政管理　按照国务院的授权依法管理全国气象工作，制定气象工作方针政策、规划计划、规章制度，确定机构设置、职责分工、运行机制，承担气象行业管理、行政审批，负责气象事业改革、国际合作交流和审计、监察、文化建设、后勤保障工作。省级及以下气象部门实行双重领导，以气象部门为主的管理体制和运行机制，保证气象部门上下政令畅通，国家与地方气象事业协调发展。

业务管理　气象业务是气象事业的主体，包括气象观测、气象信息网络、气象预报预测、气象服务等。气象部门对气象业务实行分级分类全覆盖管理，设立国家、省、地、县四级业务四级管理，分级承担业务布局、发展规划、标准规范、业务流程、工作制度、工程建设、运行监控、实绩考核等任务，确保各项气象业务实时、规范、安全、有效运行，努力为经济发展、社会进步和人民群众安全福祉做出贡献。

科研管理　气象科研是气象事业发展的重要支撑和气象现代化的基石，气象部门组织建立气象科研体系，以科研机构（含重点实验室）、业务单位为骨干，组织协调部门外的科研力量，按照产、学、研、用一体化管理制度，面向国际科技前沿，开展气象基础理论研究、应用基础研究、技术开发、气象仪器装备的研发和气象科研成果的推广应用，重点解决气象探测、预报预测、气候变化和气象服务中各环节的关键科学技术问题，推进气象科技进步，为气象事业发展增添后劲、开阔新天地。

人事管理　按照现行气象部门管理体制和国家相关规定建立相配套的人事制度，实行分级管理。机构编制实行中国气象局和省（自治区、直辖市）气象局两级管理，中国气象局确定省（自治区、直辖市）气象部门人员编制总数和各类人员的结构比例，审定省（自治区、直辖市）气象局机关、直属单位和地区（市）气象台、处等县团级机构的设置及其领导职数的限额，省（自治区、直辖市）气象局负责组织实施。各级气象局领导班子由上级气象部门会同地方党委组织部门共同考察，由上级气象部门党组研究决定并征求地方党委意见后任命。分级承担各类人员的录用、调配、考核、晋升、奖惩和培训，努力打造一支结构合理、高素质的气象科技人才队伍。

计划财务管理　建立与气象部门管理体制相适应气象部门双重计划财务体制，确定中央和地方气象事权与支付责任，即发展国家气象事业所需的基本建设投资和事业经费由中央财政统筹安排，发展地方气象事业所需的基本建设投资和事业经费纳入地方各级人民政府的发展计划和财政预算。在气象部门和地方政府的领导下，分级编制国家、省（自治区、直辖市）、地区（市）、县（市）气象事业发展规划（计划）、财务预算，制定配套的管理制度，接受上级部门的指导、监督、审计，全面支撑气象事业健康发展和各项工作正常运行。

行政法规管理　气象行政法规是气象部门依法行政和气象业务、科研、服务、管理规范运行的基础保障。气象法律由全国人民代表大会制定，气象行政法规由国务院制定，气象部门规章由国务院气象主管机构制定，地方气象行政法规由省、自治区、直辖市和国务院批准的较大市的人民代表大会制定，气象地方政府规章由地方人民政府制定。气象部门负责气象法规规划编制、气象法规草案拟定和贯彻实施，组织开展普法教育。

气象宣传科普管理　气象宣传是气象部门思想、文化建设的重要工作。气象部门建立宣传科普机构、创办气象报刊、频道、网站、科普基地等，并借助社会各种媒体在部门内外宣传党和国家的大政方针、气象事业发展、气象灾害防御、气象服务及气象工作中的重要部署。宣传中坚持"团结、稳定、鼓劲、正面宣传为主"的导向，达到对内弘扬气象精神、倡导爱岗敬业、增强气象队伍凝聚力战斗力，对外传播气象文化、普及气象知识、提高全民气象防灾减灾意识的目的。

（韩通武）

bùjì qìxiàng hézuò
部际气象合作（inter-ministerial meteorological cooperation）　中国气象局与国务院相关组成部门、直属机构、直属事业单位以及特大型国有企业、新闻单位等，围绕经济社会发展、民生保障和气象事业自身发展的需要，加强与相关领域的合作，通过协商并以联合发文或以签署协议的方式建立起一种合作关系。

部际气象合作始自新中国建立初期，早在1950年中央军委气象局就与中国科学院地球物理研究所签订协议，建立联合天气分析预报中心和联合资料室，对当时提高天气预报准确率和培养气象人才发挥了重要作用。之后，1951—2004年中国气象局（中央军委气象局、中央气象局、国家气象局）先后与邮电部长途电信局、广播事业局、中国民用航空局、轻工业部制盐工业局、劳动部、国家海洋局、三机部、交通部、农林部、水利部、国家劳动总局、财政部、国务院科技干部局、机械工业部、广播电视部、轻工业部、国家技术监督局、广播电影电视部、中国人民保险公司、人事部、国家环境保护局、公安部、国家安全生产监督管理局、中国民用航空总局、国务院中央军委空中交通管制委员会办公室、建设部等近30个部委局就气象事业发展问题联合发文，对气象工作更好地为经济社会发展服务、气象事业健康快速发展起到重要保障作用。

自2005年以来，中国气象局进一步加大了与相关部门合作的力度和深度，合作方式进一步规范化、制度化。先后与交通运输部、卫生部（国家卫生和计划生育委员会）、农业部、国土资源部、水利部、住房和城乡建设部、环境保护部7个部委，国家安全生产监督总局、国家林业局、国家旅游局、中国民用航空局4个国务院直属机构和国务院部委管理的国家局，新华通讯社、中国科学院2个国务院直属事业单位，中国航天科工集团公司、国家电网公司、中国航天科技集团公司、长江三峡集团公司、中国联合通信有限公司、中国电信6个特大型国有企业，中央人民广播电台、《人民日报》、《经济日报》等国家级媒体以及中国科技馆共23个单位签署了合作协议或备忘录。

部际气象合作协议一览表

序号	部门	签订时间	协议主要内容
1	交通运输部	2005年7月27日	共同开展公路交通气象监测预报预警工作备忘录
		2006年10月13日	共同做好海上搜救气象服务的协议
2	卫生部	2006年7月12日	应对气象条件引发公共卫生安全问题的合作机制
3	新华通讯社	2006年9月22日	气象新闻信息共享与发布合作协议
4	中国科学院	2007年12月11日	科技合作备忘录
		2014年12月25日	气象重大核心技术科技合作备忘录
5	国家安全生产监督管理总局	2008年1月7日	建立气象灾害预警工作机制的协议
6	中央人民广播电台	2008年5月6日	气象新闻信息共享与发布合作协议
7	农业部	2008年7月31日	合作备忘录，建立定期沟通机制，发挥气象为农业生产服务，提高农业应用气候资源和防御气象灾害的水平，促进农业和粮食生产稳定发展
		2009年5月22日	签署合作协议，联合制作和发布农作物有害生物预报预警信息，进一步加强有害生物灾害防控工作
8	人民日报社	2008年8月5日	气象新闻信息共享与发布合作协议
9	中国航天科工集团公司	2009年6月24日	战略合作协议，开展多领域、多层次、多形式的合作，共同推进我国气象现代化
10	国家林业局	2010年4月8日	森林防火与气象合作的框架协议
		2015年11月26日	深化全面战略合作框架协议
11	国土资源部	2010年10月14日	深化地质灾害气象预警预报工作合作的框架协议
12	国家旅游局	2010年7月7日	联合提升旅游气象服务能力的合作框架协议
13	国家电网公司	2010年12月23日	提高电网气象防灾减灾能力的合作框架协议
14	经济日报社	2011年1月6日	气象新闻信息共享与发布合作协议
15	中国航天科技集团公司	2011年3月23日	战略合作协议，进一步适应国民经济建设和社会发展对气象和航天工作的需求，共同推进我国气象和航天事业发展
16	长江三峡集团公司	2011年7月12日	战略合作框架协议，进一步推进气象科技在长江流域水资源开发利用和风能、太阳能开发利用中的重要作用，增强国有大型企业的社会综合服务水平
17	中国联合网络通信有限公司	2011年11月24日	共同推进气象信息服务战略合作框架协议
18	水利部	2012年2月7日	加快水利和气象发展的合作备忘录
19	中国科技馆	2012年4月28日	加强气象科普工作合作协议
20	中国电信集团公司	2012年8月	全面合作框架协议，共同推进气象信息服务
21	住房和城乡建设部	2013年8月	开展城市内涝预报预警与防治工作的合作框架协议
22	环境保护部	2013年12月23日	合作框架协议，以具体行动落实《大气污染防治行动计划》
23	国家民航局	2016年2月2日	共同推进航空气象战略合作协议

（陆铭）

shěng-bù qìxiàng hézuò
省部气象合作（provincial meteorological cooperation） 中国气象局与相关省（自治区、直辖市）人民政府围绕解决所在省（自治区、直辖市）气象事业发展的重大问题，通过协商并签署协议等方式而建立的一种合作关系。

气象部门长期以来高度重视与地方政府的合作，但2005年以前，从未与地方政府签署正式的合作协议。2005年6月，中国气象局与上海市人民政府签署《关于加快发展上海气象事业的合作协议》，开启了签订省部气象合作先河。8月，中国气象局与青海省人民政府签署《共同推进三江源人工增雨体系合作协议》，成为中国气象局与省级人民政府签署的第一个专项合作协议。

2008年12月以来，中国气象局又先后与安徽、湖北、重庆、河南、四川、山西、西藏、浙江、河北、山东、甘肃、辽宁、福建、陕西、吉林、北京、江苏、宁夏、江西、黑龙江、天津、广东、贵州、海南、内蒙古、云南、广西、湖南等省（自治区、直辖市）人民政府签署了合作协议。截至2015年底，中国气象局共与30个省（自治区、直辖市）人民政府在共同推进公共气象服务和气象防灾减灾体系建设、气象现代化建设、重点工程建设、基层台站建设以及科技、人才等多领域合作方面达成共识。根据各省（自治区、直辖市）的情况，突出其特色。如中国气象局与安徽省人民政府签署的两次合作协议，分别突出气象为农服务和以推进气象现代化建设为重点，与河南省签署的合作协议突出以农业气象服务为重点，与江苏、广东省签署的合作协议突出气象现代化特色，与天津市、海南省签署的合作协议分别强调为国际性现代化宜居城市和国际旅游岛建设提供气象保障服务。

省部气象合作将气象事业进一步融入地方经济社会发展，各地政府关心支持气象事业发展、气象防灾减灾、应对气候变化、开发利用气候资源的工作力度进一步加大。

合作内容 根据中国气象局与各省（自治区、直辖市）人民政府签署的合作协议，合作共建主要内容：气象现代化建设（4省）；综合气象观测体系建设（6省、直辖市）；农村气象公共服务与农业气象防灾减灾两个体系、粮食增产气象保障工程与能力建设（20省、自治区、直辖市）；预报预测与公共气象服务体系建设（4省）；应对气候变化和气候资源开发利用工程建设（12省、自治区、直辖市）；气象防灾减灾与应急服务系统工程建设（13省、自治区、直辖市）；人工影响天气、空中云水资源综合利用开发等工程建设（11省、自治区、直辖市）；基层气象台站建设（11省、自治区、直辖市）；气象社会管理与气象防灾减灾政策保障体系建设（3省）；气象科技创新与人才培养（6省、自治区）；另外，有的协议还包括了在没有气象局的县级地区增设气象主管机构，开展森林防火气象服务、旅游气象服务、航空航天气象保障服务等系统工程建设，共同推进相关经济区建设等气象保障工程。

合作机制

会议共商机制 作为省部气象合作长效机制，中国气象局与上海、湖北等25个省（自治区、直辖市）人民政府在协议中明确了建立局省合作联席会议制度，确立了双方联系单位和落实机构。其中，与湖北、山西、山东、北京、黑龙江、天津等省（直辖市）政府明确原则上每年召开一次联席会议。联席会议主要通报合作进展、分析和协调工作中出现的新问题、研究进一步深化合作的具体项目、落实协议有关具体事项。中国气象局与上海市政府自合作协议签署以来每两年召开一次联席会议，2012年召开的第4次联席会议确立未来两年双方共同支持并大力推进上海率先实现气象现代化试点工作。中国气象局与湖北省政府2009年签订合作协议后，基本每年举行一次联席会议，在框架协议下商讨下一年度合作共建具体项目，并形成会议纪要或备忘录。此外，宁夏、贵州等省（自治区）还建立了定期通报制度。

高层互访机制 湖北、江苏等省将中国气象局与地方领导的高层互动作为合作共建机制写入协议，其他各省（自治区、直辖市）也增进了高层的交流互动。中国气象局领导到各省（自治区、直辖市）调研、检查、指导工作，都与当地党委、政府有关领导会面交谈，各地领导到中国气象局回访频次也明显增加。双方通过会晤，交流合作共建情况，共推地方气象事业发展。同时，在防汛抗旱关键时刻、在各地发生地震及山洪泥石流等重大灾害的情况下，中国气象局领导与当地党政领导通过视频会商或致信，为地方领导部署、指挥抗灾救灾减灾气象服务提供决策参考。

规划对接机制 中国气象局与上海市政府2005年签署的合作协议，将合作共建项目列入"十一五"上海市气象事业发展规划。之后，湖北、福建、陕西、江苏、宁夏、江西等省（自治区）在省部合作协议中，明确将"十二五"地方气象事业发展规划作为合作共建内容之一，分别列入"十二五"地方经济社会发展规划和中国气象事业发展规划；浙江等省"十二五"地方气象事业发展规划由地方政府与中国气象局联合审定，共同组织实施。吉林、天津、云南等省（直辖市）明确共同加大地方气象事业发展经费投入，确保稳定增长。此外，各地还将部省（自治区、直辖市）合作相关项目纳入地方经济社会发展专项规划，或促进与推动专项规划落实，如《贵州省水利建设生态建设石漠化治理综合规划》《黑龙江省粮食生产能力建设规划》。

项目共建机制 围绕提升地方气象防灾减灾和公共服务能力，中国气象局与相关地方政府在部省（自治区、直辖市）合作协议中明确或在联席会议上商定具体合作共建项目。截至2013年8月，已建设完成或在建的项目有：上海市海洋气象中心暨台风预警中心、湖北省暴雨监测预警中心、中国气象局农业气象保障与应用技术重点开放实验室（河南）、浙江省防灾减灾中心、河北省海洋气象预警中心、福建省气象防灾中心、中国气象科技产业园（北京）、天津国家气象科技园、珠江三角洲中小尺度气象灾害监测预警中心（广东）、区域数值天气预报国家重点实验室（广东）、广东应急气象频道以及安徽农村综合气象信息服务中心、河北国家级综合气象探测试验基地和山西、湖北等省突发公共事件预警信息发布系统等。围绕各地重大社会活动，合作共建了上海世界博览会、南京亚洲青年运动会、辽宁第十二届全国运动会等气象保障系统等。

省部气象合作协议一览表

序号	省（自治区、直辖市）	签订时间	协议名称
1	上海	2005年6月2日	关于加快发展上海气象事业的合作协议
2	青海	2005年8月31日	共同建设三江源人工增雨体系合作协议
3	安徽	2008年12月15日	共同推进气象为安徽农村改革发展服务合作协议
		2013年9月22日	共同推进安徽气象现代化建设合作协议
4	湖北	2009年4月8日	共同推进湖北公共气象服务体系建设合作协议
5	重庆	2009年7月2日	共建统筹城乡气象事业改革与发展试验区合作备忘录
6	河南	2009年7月23日	共同推进气象为河南农业发展服务的合作协议
7	四川	2010年3月7日	共同推进气象防灾减灾和农业发展服务合作协议；共同推进成都信息工程学院协议
8	山西	2010年3月24日	共同推进新基地新山西"三个发展"公共气象服务合作协议
9	西藏	2010年8月13日	推进西藏气象事业跨越式发展合作协议
10	浙江	2010年9月26日	共同推进气象防灾减灾能力建设合作协议
11	河北	2010年11月15日	共同推进气象为河北经济社会发展服务合作协议
12	山东	2010年12月5日	共同推进气象为经济文化强省建设服务合作协议
13	甘肃	2010年12月7日	共同推进气象防灾减灾和气象为农服务合作协议
14	辽宁	2011年1月16日	共同推进辽宁气象重点工程建设合作协议
		2015年8月7日	共同推进气象现代化建设合作协议
15	福建	2011年3月8日	共建气象监测预警体系服务海西建设合作协议
16	陕西	2011年3月9日	共同推进陕西气象防灾减灾体系建设合作协议
		2015年8月27日	共同推进陕西气象现代化建设合作协议
17	吉林	2011年7月6日	共同推进吉林公共气象服务合作协议
18	北京	2011年8月25日	共同推进气象为首都经济社会发展服务合作协议
19	江苏	2011年8月30日	共同推进江苏率先基本实现气象现代化合作备忘录
20	宁夏	2011年9月5日	共同推进公共气象服务能力建设合作协议
21	江西	2011年10月13日	共同推进气象防灾减灾能力建设合作协议
22	黑龙江	2011年10月31日	推进气象服务和气象防灾减灾体系建设合作协议
23	天津	2012年3月7日	共建国际性现代化宜居城市气象保障体系合作协议
24	广东	2012年3月12日	关于加快气象现代化试点省建设合作备忘录
25	贵州	2012年4月13日	落实国发2号文件精神 提高气象保障能力建设合作协议
26	海南	2012年5月9日	共同推进气象为国际旅游岛建设服务合作协议
27	内蒙古	2012年7月2日	共同推动气象为内蒙古经济社会又好又快发展服务合作协议
28	广西	2012年7月15日	共同推进广西气象防灾减灾体系建设合作协议
29	云南	2012年8月4日	提高气象对云南省面向西南开放重要桥头堡建设服务保障能力合作协议
30	湖南	2013年8月4日	共同推进气象服务湖南经济社会发展合作协议

（陆铭）

发展历程

gǔdài qìxiàng
古代气象（ancient meteorology） 远古以来至近代以前先民从事的气象活动。当人类脱离猿人阶段后，对大气现象的反映就由本能转变为有意识的认识。人类因其生活、生产活动受到有利或者不利气象条件的影响，逐渐对气象有所认识，从远古到公元15世纪末，人类气象知识就由少到多、由浅入深地积累起来。根据现有资料，古代文化源地有四处，但古代气象知识的源地主要是两个：一个是西方的希腊，一个是东方的中国。中国是具有五千年历史的文明古国，中国古代气象源远流长。中国先民于长期的社会生活中，在防御气象灾害、利用气象资源上不断积累经验，并逐步上升为理性认识，然后再应用于社会生活实践。纵观中国古代气象的历程，成就诸多，特色鲜明。

中国古代很早就开展气象观测活动，相传公元前3000多年黄帝时代就设有专人从事气候观测。据《尚书·尧典》记载，尧帝时，"乃命羲和，钦若昊天，历象日月星辰，敬授人时"。在夏商西周时代，古代先民在生产和抗灾实践中积累了许多气象知识，促进了早期气象、天文、农业等科学技术的发展。夏代中国东部民族已掌握正南—北线的画法，此线刻至今仍保留在江苏海州锦屏山将军崖。据传，《夏小正》是中国最早的历史文献之一，也是中国最早的农业气象文献，它集物候、观象授时法和初始历法于一体，是夏代使用的历书。它将一年划分为12个月，并载有一年中各月份的物候、天象、气象和农事等内容，同时依次载明了每月的星象、动植物的生息变化和应该从事的农业活动，全文记载气候、物候、天象、农事、生活等共计达124项。到殷商时期，在出土的甲骨卜辞中出现了大量记录雨、云、风、雷、虹、雪、雹、晕、霾等天气现象的文字，还有利用占卜预测天气的记载，最长达10天。当时已有季节、八方位等概念。

春秋战国时期，已有对气象规律探索的记载，在农业、医疗、军事和航海等方面开始重视气象知识应用和气象经验总结。《春秋》一书开始把天气反常列为史事记载的重要内容，《大戴礼记·曾天子圆》用阴阳学说解释风、雷、电、雾、雨、露、霜等天气现象的成因。《礼记·月令》是古代最早的有关气候、物候和农候季节关系的重要文献，它主要以月为单位，叙述了每月不同的星象、物候、气象所对应的五行，以及国君依照季节更迭应举行的祭祀活动和颁行的政令，指导农业生产。战国时期军事气象和医疗气象发展较快，《黄帝内经·素问》系统地讲述了许多以气候条件为依据的诊断、治病、养生、防病原则以及疾病形成的气象原因。在战国时代的《逸周书·时训解》中，开始把一年分为72个候（每候5天），每个节气为3个候，每节每候都有相应的物候现象。《管子·幼官》记有30节气系统，春秋两季各8节，每季96天。冬夏两季各7节、每季84天，每个节气12天。

秦汉大统一时期是中国古代气象的重要发展时期，中国古代气象科技开始处于世界领先地位。秦代时期已经制定了雨情上报相关制度，各地雨后要及时书面报告朝廷受雨泽和受益、受灾农田面积。秦代《吕氏春秋》中，有对12个月的气候、物候特征的全面总结和对雨云、旱云的简单分类。

至汉代，人类对气象与天文之间的关系的认识达到较高水平，《淮南子·天文训》记载的二十四节气，一直沿用到今天。汉代气象观测设备有所发展，《淮南子·天文训》中记载有测风仪器"倪""铜凤凰""相风铜乌"3种定向测风仪和"天平式土灰测湿计"。汉代开始了对部分天气、气候现象成因的探讨，王充的《论衡》中有对一些天气现象做出了理性的解释，如雷电形成与太阳热力、季节有关等，此时已有预测天气的书籍出现。

三国时期，《周髀算经》介绍了《七衡六间图》，从理论上说明了二十四节气与太阳运行的关系。三国时期以后，更加重视气象知识的应用，预测天气的经验不断丰富，相关气象书籍大量增加。

魏晋南北朝时期，占候术进入兴盛阶段，据《隋书·经籍志》记载，魏晋南北朝时期形成的占候书籍有《风角总集》十二卷、《风角要集》十一卷、《风角望气》八卷，《风雷集》等其他气候占十多卷，其中《三国志》和《魏书》开始有占候师的记录。这一时期，农业气象知识也有发展，如北魏贾思勰《齐民要术》集当时农业气象之大成，提出了熏烟防霜及积雪杀虫保墒的办法。北魏沈怀远的《南越志》中最早提到台风，当时称为"飓风"或"惧风"。

隋唐五代时期，人们对气象的认识和观测又有一些新的发展，尤其重视文献的汇集和整理。隋代杜台卿的《玉烛宝典》为月令书，按月摘录隋以前各书所载节气、政令、农事、风土、典故等，保存了不少农业气象佚文。唐代非常重视测风，当时的测风仪器有相风旌、羽葆、木乌、风向鸡、占风铎等。唐初天文学家李淳风的《乙巳占》，载有相风木乌的构造，安装及用法，书中记有根据风对树木的影响，定出8个风力等级，这与1804

年英国人蒲福所定风力等级相近，但时间早了1100多年。在预测天气方面，流传比较广泛的有唐代黄子发的《相雨书》，收集了唐以前的许多民间观测天气的方法和经验，具有较高的实用价值，对后世影响较大。

宋元时期对气象现象的科学认识有新的拓展，这一时期也是中国古代气象知识大量积累和广泛应用的时期。北宋沈括是这一时期杰出代表，他所著的《梦溪笔谈》对气候和物候学有不少创见，书中涉及气象及节气历法的内容多达25则，其中有峨眉宝光、闪电、雷斧、虹、登洲海市、羊角旋风、竹化石、瓦霜作画、雹之形状、行舟之法、垂直气候带、天气预报等气象知识的记载。此外，《豹隐纪谈》关于冬夏"九九谚语歌"等记载，为后人世代相传，广为咏颂。在军事方面，气象知识应用影响比较大的有北宋曾公亮、丁度编纂的《武经总要》，这是北宋王朝利用国家力量编辑的一部大型综合性兵书，其中收录有气候占候的内容。占候篇主要包括天占、地占、五行占、太阳占、太阴占、日辰占、云气占、气象杂占等，内容比较繁杂，既有预测天气，又有根据天气条件预测战争胜负。南宋陈元靓的《岁时广记》，博采宋代以前的时令典籍，对一些气象问题进行专题归纳，虽体例繁杂，但保存了其他典籍比较难见气象材料，如杏花雨、桃花水、凌解水、黄梅雨、送梅雨、落梅风、黄雀风等说法的来源。南宋吕祖谦对物候的观察记录，是世界上现存最早的连续实际观测资料。南宋秦九韶在《数书九章》中提出了测雨计算方法，是世界上最早的雨量观测科学方法。元代朱思本的《广舆图》，是地理学名著，也是气象预测方面的名著，书中《占验篇》将江南及东南沿海渔夫相传的占候经验进行了辑录，并加以韵语化，使之更利于记忆和传播。

明初中国气象活动仍较活跃，出了一些具有较大影响的典籍，如明初娄元礼的《田家五行》。《田家五行》是记载元末明初太湖流域农业气象谚语的专辑，是现存古代最丰富的天气和节气农谚集，对后世农谚影响深远。明末徐光启编著的《农政全书》卷之十一《占候》篇，正月至十二月，每月都按关键农事和季节记载占候，并按天文、气象要素、地理山水、树木花草、鸟兽鳞鱼等进行占候及评估气象、气候对农业的影响，在总结前人经验的基础上，有切合生产实际的论述，许多气象预测农谚至今在民间广泛流传。明初航海业发达，郑和七次率大船队出洋，其随员之后编写的《瀛涯胜览》《西洋番国志》《东西洋考》等著作均记述了航途各地的风土气候和航海天气谚语。明朝末年，意大利传教士高一志（中文名）来到中国，同时把西方文化传入中国，他与韩云合撰的《空际格致》，介绍了气象现象及其特征和形成原理，是最早介绍欧洲气象知识的专著。后来，熊明遇在《格致草》一书中，依照西洋科学原理，辨析自然界变化与历史上所记录的灾异及风、云、雷、雨等气象现象的缘由，他设计的《日火下降、旸气上升图》系统说明了对流天气的形成。明代是西方近代科学启蒙时代，但中国明朝后期受闭关锁国的封建制度影响，科学技术进展较为缓慢。气象科技仍停滞于古代经验的总结，在世界上逐步处于落后地位。

清代西方气象科学技术逐渐传入中国，特别是气象观测仪器、技术与方法传入，对中国气象科技产生了较大影响。乾隆八年（1743年），法国传教士哥比神父在北京寓所进行气温观测，是中国最早的气象观测器测记录。这一时期，发明家黄履庄设计制造了预报晴阴的验冷热器和验燥湿器（即温度计和湿度计）。魏源编撰的《海国图志》中，记述了气候带划分及地球各处昼夜不均衡的科学原理，阐述了风、雷电、潮流等自然现象的科学成因，对大气的物理属性进行了科学描述。但就总体而言，明、清时代中国气象科学技术水平远落后于当时的西方。

参考书目

洪世年，刘昭民，2006. 中国气象史——近代前［M］. 北京：中国科学技术出版社.

王鹏飞，2001. 王鹏飞气象史文集［M］. 北京：气象出版社.

温克刚，2004. 中国气象史［M］. 北京：气象出版社.

（姜海如　赵同进）

gǔdài qìxiàng guāncè

古代气象观测（ancient meteorological observation）古代先民为了制定历法和预测天气气候开展的观象测天活动。中国观象测天历史悠久，是人类最早从事的气象活动之一，从未间断地延续了五千年，形成了丰富的古代气象文化遗产。

观测活动　相传在黄帝时代就设有天象气候观测，至帝尧时代，设立有专门掌管天文和气象的官职。据《尚书·尧典》记载，尧帝时，"乃命羲和，钦若昊天，历象日月星辰，敬授人时"，晋代葛洪在《抱朴子·卷三·对俗》有曰，昔"帝轩候凤鸣调律，唐尧观蓂荚以知月，鱼伯识水旱之气"。在山西尧都陶寺祭祀遗址（公元前21世纪）考古发掘中，发现了迄今所知世界上最古老的观象台。

现存陕西户县秦渡古镇周文王灵台遗址距今3100年，据传周文王在灵台上观测天象、气象，观察星际天体变化。据传，今河南登封古观象台为周公设置。据《史记·五帝本纪》记载："日中星鸟，以殷仲春；日永星火，以正仲夏；宵中星虚，以殷仲秋；日短星昴，以正中冬"，即以观测鸟、火、虚、昴四颗恒星在黄昏时出现在正南方的日子，来定出春分、夏至、秋分和冬至，以此来划分一年四季。

中国古代对风观察与辨识的记载很早，根据对甲骨卜辞整理，在甲骨卜辞中对"风向"已有四方风名：东风曰协，南风曰微，西风曰彝，北风曰伇。《吕氏春秋·有始览·有始篇》把风分为八类，即称"八风"：东北曰炎风，东方曰滔风，东南曰熏风，南方曰巨风，西南曰凄风，西方曰飂风，西北方曰厉风，北方曰寒风，并有风的寒温、量级区分。到唐代，李淳风在《乙巳占》中，已把风力分为八级：一级动叶，二级鸣条，三级摇枝，四级堕叶，五级折小枝，六级折大枝，七级折木飞砂石或伐木，八级拔木树和根。是世界上最早划分风力等级表。

三千多年前的周代就已总结出十种光象的观测方法，称之"十辉之法"：一曰"祲"、二曰"象"、三曰"镌"、四曰"监"、五曰"闇"、六曰"瞢"、七曰"弥"、八曰"叙"、九曰"隮"、十曰"想"。这十种光象中，"闇"指日月蚀，"瞢"指阴云迷雾现象，"隮"指虹的现象，"想"是指海市蜃楼现象，其余6种都是晕的特殊形式。

古代先民很早就开始对云做过分类，如《吕氏春秋·有始览·应同》篇，已把云分为"山云"（现指积雨云、积云）、"水云"（现指卷积云）、"旱云""雨云"四种，诸如"山云草莽，水云鱼鳞，旱云烟火，雨云水波"。《史记·天官书》篇中对云的观测有比较系统的归纳，如云有五色，即赤、黄、白、青、黑；云有七状，即梢云、阵云、杼云、轴云、杓云、钩云、卿云。自秦汉以后，对云与天气的关系有很多总结性成果，为传承辨云知识则绘制了云图。明代茅元仪《武备志·载度占》中有《玉帝亲机云气占候》，里面有51幅云图，明英宗正统十年（1445年）刊行的《正统道藏》第54册《雨旸气候亲机》中有云图39幅。目前发现的最早云图是马王堆三号墓出土的《天文气象杂占》（属西汉帛书），里面有一些云图，也是迄今世界上发现最早的云图。敦煌莫高窟存有唐代天宝初年的《占云气图》。

古代先民非常重视降雨观测。在现存的甲骨文片中，用于占雨的卜辞较多，且有分类表述，把"雨"分为微雨、大雨、多雨（雨量充沛之雨）、烈雨、疾雨（雨势猛强之雨）、霖雨（绵绵之雨）、从雨（雨来之顺）、及雨（雨来及时）、足雨（雨量充沛）等。在《吕氏春秋》中按降雨时间区分，有时雨、春雨、秋雨、夏雨；按人们生产活动的需要区分，有甘雨、苦雨、淫雨；按量级区分，有大雨、暴雨、多雨等。据考证，我国在秦代就有报雨泽的制度。1975年2月在湖北云梦睡虎地发掘的十一号秦墓中发现了《秦律十八种》的竹简，其中《田律》规定，凡谷物抽穗时下雨，雨后应书面报告有抽穗谷物和未种谷物的受雨田亩数。庄稼生长后，如下了雨，也应报告雨泽多少和受益的田亩数。在东汉，所辖各郡国从立春到立秋整个作物生长期间向朝廷报告雨泽情况。明代从洪武年间（14世纪后半叶）开始，就很重视测雨，要求全国州县官吏按月向中央上报雨水情况。至清代，测雨制度更为完善，现在故宫还保存了明清两代大量各地上报雨泽的奏折。

观测工具 中国是最早发明风向器的国家，在西汉时期就有一种叫"伣"（qiàn）或"綄"（huán）的风向器记载。据《淮南子·齐俗训》记载："伣之见风也，无须臾之间定矣"，即"伣"在风的作用下，没有一刻是平静的，这种风向器相当灵敏。据东汉许慎淮南子注曰："綄，候风也，楚人谓之五两也。"汉代的风向器除"伣"外，还有"铜凤凰"和"相风铜乌"两种。这三种风向器显示了当时的风向器发展的三个方向。铜凤凰当时主要安装在汉武帝所建的建章宫里；相风铜乌一般安装在专职观测天象的机构里；而伣是用鸡毛编制的，比较轻便，唐代及以后应用十分普遍。

山西浑源县圆觉寺塔顶上的鸾凤型相风乌

中国还是最早发明测湿方法的国家，在《史记·天官书》中记有把土和炭分别挂在天平两侧，以观测挂炭一端天平升降的仪器。据载"冬至短极，悬土炭，炭动，鹿解角，兰根出，泉水跃，略以知日至（能大致判断冬至的先后），要决晷景"。这里"炭动"言秤衡的高低有了变化，这实际是记载古人发明了测量空气湿度一种方法。

在南宋1247年，数学家秦九韶在《数书九章》中阐明天池测雨、圆罂测雨、峻积验雪、竹器验雪的容量计算，所用工具以及计算方法的科学性符合现代的雨量概念，是世界上最早的雨量观测理论。但当时还没有标准雨量器。中国雨量器的发明大约在明清时期，到明永乐末年（1424年），令全国各州县报告雨量多少。据顾炎武《日知录·卷十二》记载，"洪武中，令天下州县长吏，月奏雨泽""永乐二十二年十月，通政司请以四方雨泽奏章类送给事中收贮，上曰：祖宗所以令天下奏雨泽者，欲前知水旱，以施恤民之政，此良法美意。今州县雨泽章奏乃积于通政司"。

据记载，清代黄履庄还研制成功了"验燥湿器"，即利用弦线随湿度伸缩的原理测量湿度，内有针，能左右旋。燥则左旋，湿则右旋，毫发不爽，并可预证阴晴。

气象记录　我国古代记载气象的记录，经历了甲骨、简牍、锦帛和纸张等载体的变化。甲骨气象档案形成于殷商时期，距今有3000多年。发现的殷代甲骨文中，已有风、云、虹、雨、雪、霜、霞、龙卷、雷暴等大量气象内容的记载。从现今保存的甲骨卜辞中发现，在"10万片甲骨中，其中占雨的卜辞有几千条，可见占雨曾经是商王的重要职责之一"。

简牍是古代书写文字的竹片或木片，是战国以后广泛使用的书写材料，也是气象观测记录的重要载体，秦汉简牍气象档案主要记载在日书、五行占部分。锦帛气象档案作为简牍记载的补充形式，现存数量很少，1974年出土的湖南长沙马王堆三号汉墓帛书有《天文气象杂占》《五星占》。造纸发明以后，纸很快成为记载气象记录的载体，现存最早的纸质气象档案原件，是南宋吕祖谦（公元1137—1181年）的《庚子·辛丑日记》，记载了1180—1181年物候观测，是迄今发现最早的实测物候记录。其他多为史志传记整理记载而保存的气象史料。

中国古代观象测天活动资料，国家有统一管理的观象资料档案。从发现的殷商甲骨气象档案可以看出，是由朝廷统一管理的。秦汉时期，朝廷规定上报农作物生长时期的雨泽。1975年在湖北云梦出土的秦代竹简中就有向朝廷上报雨水情况的规定。汉代命天下郡县"自立春至立夏尽立秋，郡国上雨泽"，即在整个农作物生长期间，各地都要向朝廷上报降雨情况。明清时期，气象观测更加广泛，形成了大量的气象档案，包括雨量观测记录、雨雪分寸记录、晴雨录等档案。明代凡有灾异现象，特别是风灾、雨旱等气象灾害，都必须呈奏。朱元璋下令全国各州县进行雨量观测。据顾炎武《日知录》记载："洪武（1368—1398年）中，令天下州长吏，月奏雨泽。"明太祖和明仁宗时，国家曾令全国州县长吏，每月将雨情上报朝廷，还曾要求北京、杭州、江宁（南京）、苏州等地上报逐日晴雨。清代从乾隆元年（1736年）至宣统三年（1911年），在全国范围内对每次下雪的积雪厚度，或者下雨后雨水渗入土壤的深度，均以尺寸（市尺）记录，时称雨雪分寸。现存全国比较完整的雨雪分寸记录从1736—1909年达170多年之久，其中乾隆（1736—1795年）60年间，雨雪分寸奏折档案达24 000余件，嘉庆（1796—1820年）25年间有17 000多件。现在国家第一档案馆里还保存着北京、江宁、苏州和杭州等地呈报皇帝的《晴雨录》，以及钦天监题本、各地奏折等气象档案。

参考书目

洪世年，刘昭民，2006. 中国气象史——近代前［M］. 北京：中国科学技术出版社.

吕不韦，刘安，2006. 吕氏春秋·淮南子［M］. 杨坚，点校. 长沙：岳麓书社.

温克刚，2004. 中国气象史［M］. 北京：气象出版社.

（姜海如　赵同进）

gǔdài qìxiàng yùcè
古代气象预测（ancient meteorological prediction）

古代先民通过观察天象、物象以及总结出的天气谚语而开展的候气测天活动，是当今气象预报的历史渊源。根据对甲骨文整理归纳，商代占卜候气测天按气象项目可分为12类，即风类、云类、雷电类、雨类、固体降水类、光象类、季节类等。至西周、春秋战国时，人们在实践中积累了比较丰富的观云测天经验，特别是根据日地天文季节的定位，已基本掌握了各月气候、物候特征，并以此作气候预测。

秦汉至明清时期，根据天候、物候和气候基本规律，预测天气的经验进一步丰富，出现各种候气占事（预测）的书籍，在预测气候、天气的典籍中，《乙巳占》《相雨书》《田家五行》《农政全书·气候占》影响最为广泛，其他一些书籍大多存在一些封建迷信的内容。

古代气象预测方法可分为以下几类。

观察天文星象预测法　通过观察日、月、星际变化来预测天气、气候。这类方法始于上古，从秦汉至清代一直沿袭，当代仍在民间传播。

观察节令气候预测法　通过天文气候节令来预测天气、气候。这种方法预测天气、气候和农事，在中国古代源远流长，民间流传甚广，特别是节令、月令和时令基本成为古代人们掌握气候和预测天气的重要指南。

观察旬月特定日预测法　通过农历一年中某旬或某

月特定日期的天气情况来预测未来天气、气候，而且多用于中长期气候预测。这类预测方法起源于上古时期，流传至今，民间应用和传播也十分广泛，如《田家五行》有收录曰："上元无雨多春旱，清明无雨少黄梅，夏至无云三伏热，重阳无云一冬晴"，各月旬也都有类似特定日期的预报。

观察天气现象预测法 通过观察各种天气现象之间的关系来预报预测未来的天气、气候变化，如观云测雨、观风测雨、观虹测雨、听雷测雨等。如《论衡·寒温篇》有曰："朝有繁霜，夕有列光"（即早晨有很多的霜，必定夜间的星既多且亮），《齐民要术·栽树》有曰："天雨新晴，北风寒切，是夜必霜"。古代应用这类方法预报预测天气气候十分普遍，传播也非常广泛，被收录进入占候典籍的内容也最多。

观察物候变化预测法 通过观察自然植物的状态变化来预测未来的天气、气候变化。中国古代很早就注重观察物候变化与大自然的风、光、雨、露、温、湿等变化关系，应用于天气、气候预测。这种预测方法有一些谚语，如"黄梅雨未过，冬青花未破""荷花开在夏至前，不到几天雨涟涟""梧桐花初生时，赤色主旱，白色主水"等。

观察动物预测法 通过观察动物的反应来预测未来天气、气候。中国古代虽然已经认识到通过观察动物的反应来预测天气，但对其所以然的解释则显不足。如《淮南子·人间训》曰："夫鹊先识岁之多风也，去高木而巢扶枝。"《论衡·变动篇》有曰："故天且雨，商羊起舞，使天雨也。商羊者，知雨之物也，天且雨，屈其一足起舞矣。故天且雨，蝼蚁徙，丘蚓出，琴弦缓，固疾发，此物为天所动之验也。故在且风，巢居之虫动；且雨，穴处之物扰；风雨之气，感虫物也。"

观察自然物象预测法 通过观察物体、水体、海洋等变化来预测天气、气候。如《田家五行》有"晴干鼓响，雨落钟鸣""火留星，必定晴"等谚语，《淮南子·天文训》有曰："水胜，故夏至湿；火胜，故冬至燥。燥故炭轻，湿故炭重。"

观察体感预测法 通过人体自身的感觉和体验来预测天气、气候。如《论衡·变动篇》有曰，故天且雨，"固疾发"，即将要下雨时，一些固疾旧病就会复发；又如《春秋繁露·同类相动》篇也曰："天将阴雨，人之病故为之先动，是阴相应而起也；天将欲阴雨，又使人欲睡卧者，阴气也。"这说明古人已经非常注意人体感应与气候变化之间的关系，并应用于气象预测。

在近代气象科学技术尚未出现之前，中国古代就已经总结出以上较为系统的天气、气候预测方法，这些方法广为流传，有一部分至20世纪60—70年代，县级气象台站还经过科学验证，去伪存真，作为补充天气预报方法应用。

参考书目

洪世年，刘昭民，2006. 中国气象史——近代前［M］. 北京：中国科学技术出版社.

吕不韦，刘安，2006. 吕氏春秋·淮南子［M］. 杨坚，点校. 长沙：岳麓书社.

温克刚，2004. 中国气象史［M］. 北京：气象出版社.

（姜海如　彭莹辉）

gǔdài yìngyòng qìxiàng
古代应用气象（ancient meteorological application）
古代先民把气象知识应用于农业、医疗、军事、建筑、航海等生产、生活、作战等领域，在经济社会发展中发挥作用的过程。

农业气象 中国古代非常重视气候与农事的关系。战国时期，孟轲有"不违农时，谷不可胜食"的名言。荀况有"春耕、夏耘、秋收、冬藏四者不失时，故五谷不绝，而百姓有余食也"的论述。战国末年的《吕氏春秋》中，有许多关于农业气象知识的著述，记述了先时、得时、后时和失时对有关作物生长、发育、产量和品质的影响。秦汉以后，农书著作中的气象知识更加丰富，影响较大的有汉代的《氾胜之书》、南北朝时期的《齐民要术》、宋代的《陈旉农书》、元代的《王祯农书》、明代的《农政全书》、清代的《授时通考》等。《氾胜之书》在总结春耕、夏耕和秋耕的适耕期时，指出"以时耕田，一而当五，名曰膏泽，皆得时功""五月耕，一当三，六月耕，一当再；若七月耕，五不当一"。《齐民要术·耕田》指出，"初耕欲深，转地欲浅"，"秋耕欲深，春夏欲浅"，"不问春秋，必须燥湿得所为佳，若水旱不调，宁燥不湿"。《王祯农书》《农政全书》等文献中对不同季节和月份的农事播种和栽培涉及的品种更多，对当时大部分农业品种的种熟季节时间几乎都进行了描述。除此之外，古代农业气象技术在区田、防旱、防涝、防霜等方面也多有论述。

医疗气象 中国古代很早就关注到天气气候与疾病的关系。中医学十分强调一年四季、一日四时气候变化和风、热、火、湿、燥、寒不同气象要素、不同气候季节和气象环境对人体健康的影响，在漫长的发展过程中，逐步形成了完整的理论体系。秦国人医和已将"阴、阳、风、雨、晦、明"六种天气的反常作为起病的外部因素，以此对病人进行诊断和治疗。《左传·昭公元年（公元前541年）》记载，"六气"曰："阴、阳、风、雨、晦、明也，分为四时，序为五节，过则为灾"，阴过则生寒病，阳过则生热病，风过则生麻痹症，雨过则肠胃病，晦过则生心乱病，明过则生疲病。《黄帝内经》以阴阳哲学思想为指导，以"五运（木、火、土、金、水等五行之气的运行）"为"地气"，以"六气"（风、热、火、湿、燥、寒）为"天气"，较系统阐述了"五运六气"对人体疾病的关系及其影响，形成了包括生理病理、预防诊断、临床治疗有机结合的系统的古代气象医学医疗理论，其中四时和二十四节气、七十二候在中国中医学中成为生理、病理研究的时辨依据。

军事气象　中国古代先民在长期的军事斗争中认识到天气气候对军事活动的影响，总结形成了用于指导战争的军事气象知识和经验。在许多兵书中都有论述天候、地理、阴阳、占卜的内容，其中包含大量古代朴素的军事天文知识和军事气象知识，如《孙子兵法》认为："天者，阴阳，寒暑，时制也"，"天时、地利、人和、三者不得，虽胜有殃"。宋代《武经总要》是中国第一部官修兵书，其中占候篇包括天占、地占、五行占、太阳占、太阴占、日辰占、云气占、气象杂占等，为当时的军事行动提供天气预测。被兵学家誉为古典兵学百科全书的明代《武备志》，是中国古代兵学宝库中的一部规模最大、篇幅最多、内容最全面的兵学巨著，书中也收集了大量的预测天气、气候的方法和经验。在整个冷兵器时代，掌握天文、气象和地理知识，是每位将帅必须具备的基本素质。

建筑气象　中国民间建筑有许多环节多与气象有关，特别因受季风气候影响，古代先民一直比较重视选择安全、舒适、方便、吉利的居室气候环境，从而创造了丰富的建筑气象文化。建筑要适应气象条件有很多记述，如中国最早的《周易·系辞》曰："上古穴居而野处，后世圣人易之以宫室，上栋下宇，以待风雨。"《墨子·节用》记载曰："古者人之始生，未有宫室之时，因陵丘堀穴而处焉。圣人虑之，以为堀穴曰：'冬可以辟风寒'，逮夏，下润湿，上熏烝，恐伤民之气，于是作为宫室而利"；宫室，"其旁可以圉（抵御）风寒；上可足以圉雪霜雨露"。中国古代建筑讲究避阴趋阳、藏风聚气、居景相融，对气象条件讲究阴阳平衡，温凉、光照、干湿适中，包括山脉、水流、朝向、建筑物大小都要与地形气候协调，使人与建筑适宜于自然，回归自然，天人合一。与气候条件制宜的文化思想，体现在民居建筑用材、造型、选址、朝向和附属建筑等多个方面。中国古代建筑重视营造微气候环境，民居选择坐北朝南，采光好，接受温和的南风避开寒冷的北风。同时还注意居宅的开门、开窗、宅高、进深、墙体、横屋、连屋、天井、庭院、屋顶坡度、照壁、屏风、气孔、回廊、走廊等建筑配置，改善微气候环境，益于居住健康。

航海气象　元明两代，随着渔业和航海事业的日益发展，海上天气预报的作用愈加凸显。当时人们把水手和渔民的天气经验归纳总结，用四言和五言的韵语表达出来。明张燮的《东西洋考》一书中就有这方面的内容。如"乌云接日，雨即倾滴""迎云对风行，风雨转时辰""断虹晚见，不明天变；断虹早挂，有风不怕"。明朝的《海道经》（作者不详）更系统地用四言、五言韵语总结了航海天气预报经验，分为：占云门（如：清朝起海云，风雨霎时辰）、占风门（如：望日二十三，飓风君可畏）、占日门（如：早间日珥，狂风即起）、占虹门（如：虹下雨垂，晴明可期）、占雾门（如：三日雾蒙，必起狂风）、占电门（如：电光西南，明日炎炎）、占海门（如：满海荒浪，雨骤风让）、占潮门（如：月上潮涨，月没潮涨，大汛潮光，小汛月上）等。这些预测海上天气变化的谚语，在航海、捕鱼业中广为流传应用，发挥了护航保平安的作用。

参考书目

洪世年，刘昭民，2006. 中国气象史——近代前 [M]. 北京：中国科学技术出版社.

徐光启，2002. 农政全书 [M]. 长沙：岳麓书社.

温克刚，2004. 中国气象史 [M]. 北京：气象出版社.

（姜海如　陆铭）

gǔdài qìxiàng chéngjiù

古代气象成就（ancient meteorological achievements）在近代气象科学技术产生以前，中国古代气象科学一直处于世界先进地位，在气象观测仪器开发、气象规律探索、气象知识应用等方面都取得了较多成就。

古代天气认知　春秋战国时期或更早开始，中国先民就从自然现象来探索气象的成因变化，至秦汉时期便出现了中国古代气象科学的萌芽。

中国古代很早就认识到云雨的形成原理。《黄帝内经》中认为："地气上为云，天气下为雨；雨出地气，云出天气。"《大戴礼记》中说："阴阳之气，各从其所，则静矣。偏则风，俱则雷，交则电，乱则雾，和则雨。阳气胜则散为雨露，阴气胜则凝为霜雪。阳之专气为雹，阴之专气为霰。霰雹者，一气之化也。"东汉王充在《论衡·明雩篇》认为："云雨者，气也。"

中国古代对云、雨、雾、露现象的关系也形成认识。董仲舒在《雨雹对》中说："气上薄为雨，不薄为雾，风其噫也，云其气也。"《论衡·说日篇》指出："夫云出于丘山，降散则为雨矣""雨从地上，不从天下，见雨从上集，则谓从天下矣，其实地上也""夫云则雨，雨则云矣。初出为云，云繁为雨""云雾，雨之微也。夏则为露，冬则为霜，温则为雨，寒则为雪。雨露冻凝者，皆由地发，不从天降也。"又说："雨之出山，或谓云载而行，云散水坠，名为雨矣。夫云则雨，雨则云矣，初出为云，云繁为雨。"

关于风的形成，董仲舒在《春秋繁露·五行对》曰："地出云为雨，起气为风，风雨者，地之所为"；王充《论衡·感虚篇》说："夫风者，气也"。对虹、晕的形成解释，《论衡·变动篇》说："白虹贯日，天变自成，非轲之精为虹而贯日也"；《梦溪笔谈·异事》说："虹乃雨中日影也，日照雨则有之"；朱熹在《朱子语类》中有："虹非能止雨也，而雨气至是已薄，亦是日色射散雨气"。

关于"雨谷"（即雨中夹有稻谷）的解释，王充认为："夫谷之雨，犹复云布之亦从地起，因与疾风俱飘，参于天，集于地，人见其从天落也，则谓之天雨谷"；又说："建武三十一年（公元55年）中，陈留雨谷，谷下蔽地也。案视谷形，若茨而黑，有似于稗实也。此或时夷狄之地，生出此谷。夷狄不粒食，此谷生於草野之中，成熟垂委於地，遭疾风暴起，吹扬与之俱飞，风衰谷集，坠於中国。中国见之，谓之雨谷"。

用类似于热量及热力学原理阐明水分循环机制。清代游艺在《天经或问·地》中说："日为火主，照及下土，以吸动地上之热气，热气炎上，而水土之气随之，是水受阳噓，渐近冷际，则飘扬飞腾，结而成云"；"冷湿之气，在云中旋转，相荡相薄，则旋为千百螺罾，势将变化，而万雨生焉。雨既成至，必复于地，譬如蒸水，因热上升，腾之作气，云之象也。上及于盖，盖是冷际，就化为水，便复下坠。云之行雨，即此类也。"

重要气象发明 中国古代有很多气象发明，其中尤以气象仪器、二十四节气和七十二候最为著名。

气象观测仪器 中国东汉时期就制造了观测风向的仪器——相风铜乌，比欧洲12世纪相关记载早了1000多年。唐代科学家李淳风最早将风力划分为8个等级，比英国人蒲福（Francis Beaufort，1774—1857年）1805年拟定的风力等级早1160年。南宋秦九韶著《数书九章》，记述"天池测雨、圆罂测雨、峻积验雪、竹器验雪"等降水量测量和计算，可谓科学严谨，因此成为世界上最早为雨量测量奠定科学理论基础的科学家。清代发明家黄履庄设计制造了验冷热器和验燥湿器（即温度计和湿度计），用来分辨气候、验测药性、预报晴阴，是气象观测技术中重要的仪器，他应用"琴弦缓"的测湿原理，用鹿肠线制造成悬弦式湿度计。

二十四节气 二十四节气是中国独创的农业气候历，是古代劳动人民在长期农业生产实践中，不断总结和探索，逐渐掌握季节变化规律的重大成果，它基本反映了黄河中下游地区的农业气候特征。二千多年来，一直在农业生产和人民生活中发挥重要作用，至今仍在流传和沿用，它对中国古代农业文明的贡献十分巨大，可与"四大发明"相提并论。

二十四节气是长期实践的总结。春秋战国时代，春夏秋冬四季和年的时间概念就已形成，冬至、夏至在战国时期以前称作"日南至""日北至"，表明冬至是一年中日在南最低位置的一天，日影最长，夏至是日在北最高位置的一天，日影最短。战国后期成书的《吕氏春秋》中，就有立春、春分、立夏、夏至、立秋、秋分、立冬、冬至八个节气名称，清楚地划分出一年四季时间界线。随后人们根据月初、月中的日月运行位置和天气及动植物生长等自然现象，把一年平分为二十四等份，并给每一等份取了最能反映即时气候和物候特征的专有名称，即谓二十四节气。汉代《淮南子》一书中，确定了与现在完全一样的二十四节气名称。

从气候预测的角度来认识二十四节气，制定四时、八节、七十二候的季节划分，相当于现代的气候预测月历。它抓住了气候温、雨、日照三个关键要素。

反映气温的节气有立春、立夏、小暑、大暑、立秋、处暑、立冬、小寒、大寒九个节气，表明不同季节的开始与气温变化。有统计认为，其中立春、立冬、立夏对黄河中下游地区这一天的平均气温具有明显的指示意义。反映降水的节气有雨水、谷雨、白露、寒露、霜降、小雪、大雪七个节气，大部分在春播和秋播季节，强调水分对农业生产的重要作用。雨水节气表示降雨开始和雨量开始增多两个含义。在这些节气中，白露、寒露和霜降虽是降水现象，也是表示降温程度的节气。反映日照变化的节气有春分、夏至、秋分、冬至，春分和秋分反映了日照时间与夜间时间一般长，夏至日照时间最长，冬至最短，"二分"之间是农业生产最繁忙的时候。

七十二候 中国最早的结合天文、气象、物候知识指导农事活动的历法。源于黄河流域，最早完整记载见于公元前2世纪的《逸周书·时训解》。以五日为候，三候为气，六气为时，四时为岁，一年共七十二候。各候均以一个物候现象相应，称候应。其中有植物候应、动物候应、非生物候应等。公元520年（北魏）《正光历》内列七十二候应。北魏时期的气候比《逸周书·时训解》时期要暖和一些，七十二候应中各候出现的时间都比《逸周书·时训解》出现的要迟，特别是冬季和夏季，《正光历》中已删去了一年中最冷候"水泽腹坚"。到唐玄宗时期气候出现逐年变冷的趋势，当时在编定《开元大衍历》时，全盘恢复了《逸周书·时训解》中七十二候应。

唐宋以后，七十二候应虽然极少改动，但人们对候应的认识并非停滞不前。例如南宋《陈旉农书》中说："阴阳有消长，气候有盈缩。"明冯应景《月令广义》说："自闽而浙，自浙而淮，则三候每差一旬。"前者指同一地点，物候在不同年份可以不同；后者指一年的同一时期，在南北不同地区，物候也不相同。

七十二候的起源很早，对农事活动曾起过一定作用。但很明显，一候五天的时间很短，物候现象出现的因子较为复杂，一年中仅用某五天时期来束缚一个物候现象，本身就不合适。所以，七十二候应中有些物候描述不那么准确，其中还有不少矛盾现象和不科学成分。但《逸周书·时训解》七十二候的问世，还是引起了人们对物候的重视。同时，此著对于了解古代北方地区的气候及其变迁，仍然具有一定的史料价值。

参考书目

洪世年，刘昭民，2006. 中国气象史——近代前［M］. 北京：中国科学技术出版社.

吕不韦，刘安，2006. 吕氏春秋·淮南子［M］. 杨坚，点校. 长沙：岳麓书社.

温克刚，2004. 中国气象史［M］. 北京：气象出版社.

（姜海如　陆铭）

gǔdài qìxiàng jīgòu
古代气象机构（ancient meteorological organization）

古代官方设立的与观测、预测天气气候有关的机构和人员。中国古代天文、气象机构是设在一起的，已有数千年的历史。据《尚书·胤征》记载，中国在夏代设立"羲和""掌天地四时"。当时的气象机构多由世袭专业人员如羲、和、重、黎等充任。商代设立的文化官职有巫、多卜、占、作册等。巫是最高的宗教官，掌握占卜"天象"与"气象"的大凶大吉；多卜、占是负责占卜天象和气象的专职人员；作册是史记官，负责记录气象。此外，政务官卿士在商代有时也兼管祭祀、占卜、历法、军事。

周代掌握天象主要由大宗伯门下的一些官属，人数很多，主管祝年、祈年、顺丰年、逆时雨、宁风旱、舞雩等事项。据《周礼·春官宗伯》记载，保章氏：掌天星，以志星辰日月之变动，以观天下之迁，辨其吉凶。……以十有二岁之相，观天下之妖祥。以五云之物辨吉凶、水旱降、丰荒之祲象。以十有二风，察天地之和、命乖别之妖祥。凡此五物者，以诏救政，访序事，共有中士2人、下士4人、府2人、史4人、徒8人。冯相氏：掌十有二岁、十有二月、十有二辰、十日、二十有八星之位，辨其叙事，以会天位。冬夏致日，春秋致月，以辨四时之叙。在《大宗伯》"以槱燎祀司中、司命、风师、雨师"，有小宗伯协助大宗伯工作，具体承担观天、候气、卜日、贞旬等实际工作，共有中士2人、下士4人、府2人、史4人、徒8人。

汉代，据《西汉会要》记载，由太常掌管祭祀、陵庙、文化，包括天文气象。太常属官有太史令，具体负责天文气象，其属下有大典星、治历、望气、望气佐等官员，负责天文气象工作。据《后汉书》记载：太史令1人，掌天时、星历，明堂及灵台丞各1人，掌守明堂、灵台。灵台掌候日月星气，皆属太史。灵台待诏42人，其14人候星，2人候日，3人候风，12人候气，3人候晷景，7人候钟律，1人舍人。汉代有建章宫和灵台两处观天观象场所，前者为王者亲自观天场所，后者为天文气象专职人员观测处。

隋唐时期，隋设太史曹，置令、丞各2人，司历2人，监候4人，其历、天文、漏刻、视昆，各有博士及生员，并分设外观象台和内观象台，外观象台由太史令统辖。唐代太史局多次更名，曾用过浑天监、浑仪监、太史监、司天台等。据《旧唐书》记载，司天台监1人，少监2人，其属有司历2人，保章正1人，掌教历生41人，监候5人，天文观生90人。灵台设灵台郎、天文生、漏刻生、典钟、典鼓等近700人。

宋代，设有太史局，掌测验天文，考定历法。北宋的内观象台称为禁台。凡日月、星辰、风云、气候、祥眚之事，日具所占以闻，岁颁历于天下，则预造进呈。其别局有天文院、测验浑仪刻漏所，掌浑仪台昼夜测验辰象，其官有令，有正，有春官、夏官、中官、秋官、冬官正，有丞，有直长，有灵台郎，有保章正。

元代，在上都（今内蒙古正蓝旗境内）建立回回司天台，1276年在大都（今北京）建立观象台。元代也置有内灵台（观象台），设有灵台郎1人，监候6人，副监候6人，星历生44人，挈壶正1人，司辰郎2人等。

明代，洪武元年（1368年）设司天监，三年后改名为钦天监，设天文、漏刻、大统历、回回历四科，设有观象台。明代开国时，在南京设有钦天山观象台；在北京建都后，1425年在皇宫中建有内灵台；1436—1449年在今北京建国门，仿南京钦天山观象台建钦天监观象台。据《明史》记载，钦天监置监正1人，监副2人，主簿1人，春、夏、中、秋、冬官正各1人；五官灵台郎8人，后革4人，五官保章正2人，后革1人；五官挈壶正2人，后革1人；五官监候3人，后革1人；五官司历2人，五官司晨8人，后革6人；漏刻博士6人，后革5人。

清代，设钦天监，分天文、时宪、漏刻、回回四科。天文科掌观天象，书云物讥祥；率天文生登观象台，凡晴雨、风雷、云霓、晕珥、流星、异星，汇录册簿，应奏者送监，密疏上闻。时宪科掌推天行之度，验岁差，以均节气，制时宪书。漏刻科掌调壶漏，测中星，审纬度；祭祀、朝会、营建，诹吉日，辨禁忌。天文生分隶三科，掌司观候、推算。阴阳生隶漏刻科，掌主谯楼、直更，监官以时考其术业而进退之。助教掌分教算学诸生。清代置设观象台，任有钦天监。据《清史稿》记载，钦天监管理监事王大臣1人，监正及左、右监副满汉各1人，其下属主簿满、汉各1人；时宪科五官正，满、蒙各2人，汉军1人；春官正、夏官正、中官正、秋官正、冬官正，汉各1人。司书汉1人；博士满洲4人，蒙古2人，汉军1人，汉16人。天文科五官灵台郎满洲2人，蒙古、汉军各1人，汉4人；监候汉1人；博士满洲4人，汉2人。漏刻科满、蒙各1人，汉2人；司晨汉军1人，汉7人；笔帖式，满洲11人，蒙古4人，汉军2人；天文生满、蒙各16人，汉军8人，汉24人。食粮天文生，汉56人。食粮阴阳生汉10人，并给九品冠带。助教1人，教习2人。

参考书目

陈戍国，点校，2006. 周礼·仪礼·礼记[M]. 长沙：岳麓书社.

洪世年，刘昭民，2006. 中国气象史——近代前[M]. 北京：中国科学技术出版社.

司马迁，1997. 史记[M]. 长沙：岳麓书社.

温克刚，2004. 中国气象史[M]. 北京：气象出版社.

(姜海如 赵同进)

jìndài qìxiàng

近代气象（modern meteorology） 1840年到中华人民共和国成立前这一时期的气象科技和活动情况。其中，1840—1911年为晚清时期，1912—1949年为民国时期。17世纪中叶，近代气象科学在西方诞生，18，19世纪，西方气象科技传入中国。晚清时期，外国列强侵袭，先后在中国各地设立了测候所。民国时期，以竺可桢为代表的老一辈科学家通过不断努力，使中国气象科学技术取得一定发展和进步。但在新中国成立之前，处于半封建半殖民地的中国，战乱频繁，气象科技发展十分缓慢。中国近代气象事业发展历经坎坷，整体处于世界落后地位。

晚清气象 1840年以后，伴随西方列强的炮火侵略和鸦片的涌入，西方近代科学技术也随之开始在中国传播，西方气象科技是最早传播的领域之一。

西方列强为了自身利益，先后在中国许多地方设立了测候所，带来了一些先进的气象技术和气象仪器。1841年俄国教会在北京开始进行系统的气象观测；1869年英国在汉口设立测候所；1873年法国天主教会在上海徐家汇设立观象台；1880年英国建立海关测候所多达23处，并于1883年在香港建立了香港天文台；1895年日本在台湾建立多个测候所；1898年德国在山东青岛建立了气象机构。气象观测资料为上述各国军事、商业和海运所用。

晚清气象最突出就是海关测候所的建设。当时海关测候所虽属中国，但带有明显的半殖民地特性。测候网建设与运行，虽在中国领土上按照一定规格组织、采用统一的气象仪器和观测规范，但因为当时中国的钦天监没有处理气象观测资料的能力，所获取的气象资料并不收集到中国自己的气象台，而是向外国人建立的上海徐家汇观象台汇集。晚清中国海关测候所于1876年在大沽建立一站后，至1912年共建有64个，从保留的部分气象资料分析，当时的计量单位为英制，如温度采用华氏，气压与降水量采用英寸，风力采用蒲氏风级。

魏源的《海国图志》（1842年成书）体现了晚清时期西方气象科学在中国的传播。书中记述了气候带划分及地球各处昼夜不均衡的科学原理，阐述了空气、风、雷电、水、潮流等自然现象的科学成因，对大气的物理属性进行了科学介绍。清末，气象学译著开始增多。1871年科学家华蘅芳与金楷理（美国人）合译了《测候丛谈》（共四卷），全面介绍了太阳辐射加热地面，海风、陆风、台风、哈得来环流、大气潮、霜、露、云、雾、雨、雪、雹、雷、平均值及年、日较差计算法，大气光象等大气现象和气象学理论。华蘅芳还与金楷理合译了《御风要术》，与傅兰雅（英国人）合译了《气学丛谈》，后者论述了水银风雨表和寒暑表仪器制作原理。进入20世纪初，随着气象观测资料的增多和理论上逐步成熟，气象学逐步发展成为与地理学、地质学并列的三大学科之一。

清末变法维新运动后，1906年农工商部开始设立一些农、林、牧试验场并开展气象观测，1911年在北京设立了农商观测所。同年国内著名实业家、教育家张謇创办南通博物苑测候室。

民国气象 民国时期，世界气象观测网出现了向高空气象观测发展的新特点。在高空天气图出现后，20世纪40年代发现大气长波和高空急流，大气运动的理论研究为天气预报提供新的科学基础。中国在这一时期的气象工作主要是布置地面气象观测站网，以修补抗日战争中气象观测站网受到的严重损坏，各地气象观测站于1945年以后开始逐渐恢复使用。民国时期，气象科学研究和气象教育活动取得了一定成绩。1945年9月延安气象台正式建立，其他解放区也先后组建了部分气象台站。

民国时期气象机构 辛亥革命后，1912年国民政府接管了清王朝观象台，南京临时政府指定教育部在北京筹建中央观象台，即中国自办的第一个气象台，并于当年年底公布《中央观象台官制》，官制规定该台下设气象、天文、历法、磁力地震四科。这是中国气象发展史上的一个显著标志，被认为是中国现代气象事业的起点。翌年春，开始筹设气象科。1927年10月北京政府重新公布《中央观象台官制》，由直属教育部总长改为直属国务院总理。台内仍设气象、天文等四科。

1941年10月，根据国民党国防最高委员会第五十七次常务会通过的决议，中央气象局正式成立，明确该局隶属国民政府"行政院"，是掌理全国气象行政及技术事宜的主管部门、全国民用气象之最高机关，下设总务、测候、预报三科。1947年行政院批准公布中央气象局的修正组织条例，下设技术、测政、总务三处和气象总台，以及资料、会计、人事和统计四室，编制为151人。至1947年底，全国共有9个区级气象台、57个气象站、49个测候所、40个雨量站。

民国时期气象观测 在民国时期中国具有现代意义的气象观测技术有了新的发展。气象观测站的建立，使中国气象观测从经验、定性的观象测天进入到科学阶段，开始使中国气象观测走向了现代气象科学技术道路。

辛亥革命以后的1913年初，中央观象台建成了简单的气象观测场，开始气象观测并编订了中国最早的观测规程。从1915年起，每日实行24小时气象观测，此后气象观测站点不断增加。1916年张謇在江苏南通军山创办中国第一所私人气象台，观测数据以应农垦需要。1921年南京东南大学地理系附设气象观测站。1926年海军部在东沙岛设气象台，加强台风情报、预报和警报服务工作。

1928年按照《全国设立气象测候所计划书》，全国气象站网开始组建；1931年《全国气象观测实施规程》启用。1930年1月中央研究院气象研究所北极阁气象台开始使用单经纬仪法进行高空风观测；1932年气象研究所在泰山、峨眉山建立中国最早的高山测候所；1934年组建物候观测网；1936年开始施放携带探测仪器的探空气球。1937年前，中国航空公司有21个航站报告天气，之后全国各地相继建立的各类气象观测站点，最多时达700余个，但因为战争、动乱和经济等多方面原因，许多气象台站被迫停止工作，完整保存的气象观测记录很少。

民国时期气象预报 20世纪初期，最新的天气图预报方法已为各国所采用，但在中国，除了生产需要凭经验预报天气外，无气象预报业务。民国时期，中央观象台成立后，于1915年开始绘制天气图，试作天气预报，次年正式对外发布，每日白天、晚上各一次，用悬挂信号旗的办法公布于众。尝试用天气图方法预报天气的成功，是中国天气预报业务的一大进步。

1928年竺可桢主持创建南京北极阁气象研究所，创立了中国第一个天气预报台，成为当时中国气象科学研究中心和气象业务指导中心。1930年元旦起，气象研究所开始分析绘制东亚天气图，发布天气预报和台风警报，上海、福州、青岛等气象台站通过海岸电台为海运和渔民发布台风消息和警报。在气象研究所和各方共同努力下，开始了由中国人自主发布气象预报的历史。当时东亚天气图的站点仅有40多个，到1937年发展为322个，且气象电报的信息量和传送时效有了很大提高。

民国时期气象科学研究与教育 民国时期，气象科研和教育活动逐步活跃，老一辈气象科学家提出了一系列有价值的理论和观点，对发展中国近代气象科学做出了积极贡献。

1928年中国中央研究院气象研究所在南京成立，定期出版《气象月刊》，每年编印《气象年报》，所载气象资料囊括当时国内重要台站各种观测和统计资料，气象论文为学术交流起到了重要作用。

这一时期取得了一些重要的气象科学研究成果。竺可桢《中国气候区域论》，首创中国气候分类划分原则；《中国气流之运行》，探讨了中国大气环流规律；主编的《中国之雨量》和《中国之温度》，被认为是中国近代气象事业发展的证明，是中国记录年代最久、涉及台站数量最多、质量有保证、内容最完整的降水和气温资料。涂长望、黄士松发表《中国夏季风之进退》，赵九章首先提出大气长波斜压不稳定。其他科学家取得的成果有《我国季风和雨量的规律研究》《中国雨量》《东亚低气压与台风分区的研究》《中国气候与世界天气的浪动及其长期预告中国夏季旱涝的应用》等。其中《中国气候与世界天气的浪动及其长期预告中国夏季旱涝的应用》，从全球天气规律出发，运用计算相关系数的方法，研究预告中国夏季雨量的办法，开创了中国用统计方法制作长期天气预报的历史。

气象学教育方面，1918年竺可桢先在武昌高等师范学校任教地理学和气象学，1920年秋受聘南京高等师范学校，充实其在武昌任教的教材，成为国内高等院校系统地传授近代气象学的开创者。1921年国立东南大学地学系成立气象组，竺可桢任系主任兼气象组组长；1929年清华大学成立地理学系，1932年更名为地学系并分设地理、地质、气象三组，1946年成立气象系；1930年中央大学地理系设立气象组；1944年8月中央大学建立全国第一个气象学系，开设了动力气象学、大气物理等课程；1946年中央大学又先后开设动力气象学、气象统计、中国天气、天气学、天气图分析教学等课程。

在气象学术活动方面，1924年中国气象学会在青岛成立，为中国最早成立的十多个自然科学专门学会之一。次年创办《中国气象学会会刊》，1941年更名为《气象学报》。到1949年，全国共发表论文400多篇。学会活动在抗日战争期间中断。1948年气象学会在南京复会，竺可桢当选为会长。

民国时期气象应用 民国时期的气象已在航空、航海和工农业生产等多个领域得到应用，特别是在农业方面的应用取得了较大的进步。中国现代农业气象学起步于1912年，当时由政府举办的气象站和农业测候所开始在各地建立。1922年竺可桢发表《气象与农业之关系》，倡导气象为农业服务；1935年陈遵妫出版《农业气象学》；1945年涂长望发表《农业气象之内容及其研究途径述要》，指出了农业气象研究的方向和方法。上述论著都对推动中国现代农业气象学的发展起了重要作用。

参考书目

温克刚，2004. 中国气象史 [M]. 北京：气象出版社.

吴增祥，2007. 中国近代气象台站 [M]. 北京：气象出版社.

竺可桢，1979. 竺可桢文集 [M]. 北京：科学出版社.

（姜海如　彭莹辉）

Yán'ān qìxiàng

延安气象（Yan'an period meteorology） 1935—1948年中共中央落户"陕北"时期的气象。抗日战争中，驻中国的美国空军迫切需要我敌后根据地的气象情报，1944年7月美军观察组被派到延安，商谈在解放区建立气象台站事宜。经多次商谈，达成四点协议：一是由中方组办气象测报人员训练班，美方派员协助训练；二是预定在陕甘宁边区及华北各根据地建立20个气象站；三是由美方提供所需的气象观测仪器及无线电通信器材；四是气象情报资料由中央军委三局通信总台统一收集后交美方。

延安气象台 根据与美军达成的协议，1944年9月美军观察组在延安凤凰山麓建起气象台。气象台有6~7人，开展的业务工作包括地面气象观测、无线电探空、无线电测风、航站天气预报等，设备由美军提供，其中地面观测仪器有：干、湿球和最高、最低温度表，水银气压表和空气气压表（计），雨量器，风向风速仪。1945年8月日本宣布无条件投降后，延安美军观察组气象台的使命即告结束，气象台美军人员撤离。中共中央军委决定接收美军观察组气象台，9月八路军总部成立了第一个自己的气象台——延安气象台，张乃召（1912—1979年）为领导人。气象台开始有邹竞蒙、曾宪波等6人，1946年2月增至11人。延安时期的航空气象服务十分繁忙，曾为毛泽东主席等赴重庆谈判和多次其他领导的飞行气象保障做出贡献。1947年3月气象台撤离延安后，改称军委三局气象队，先后在山西临县三交镇王家沟、河北平山县王家沟进行气象观测。1948年8月军委三局气象队人员奉命调往华北军区电信工程专科学校，担任陆空通信气象专业队的教学工作。

美方人员撤离前与八路军气象人员合影

清凉山气象训练队 1945年3月在清凉山举办了气象训练队，当时抽调了21名报务员学习气象，学习3个月，学习的主要内容为气象常识，包括气温、湿度、气压、风向、风速、能见度、云的类型及云的高度、云向等的观测方法，气象仪器的使用，气象电报格式等，还学习了美军通报规则。学习班的教员是一名美军气象人员和1937年毕业于清华大学气象专业的张乃召（兼翻译）。这是中国共产党历史上培训出的第一批气象工作者。学习结束后，他们制定了气象观测工作细则和观测员须知，规定了气象报告、详细观测项目与方法等一系列规章制度。这批学员毕业后，有6人分配到陕甘宁、晋冀鲁豫等解放区建立气象台站。

其他解放区的气象工作 在中国共产党的领导下，陕甘宁边区抗日民主根据地于1939年在延安马家湾创办了最早的农业科学试验农场，并设有气象组，进行地面气象观测。为美军飞机来往延安提供气象保障，1944—1946年在冀鲁豫军区（河南清丰）、太行军区建立气象观测站，还在陕甘宁边区设立定边、米脂、庆阳观测站。

为了适应解放战争中空军活动的需要，1946年3月在通化成立东北民主联军航空学校，成立了航校气象台，进行地面、高空风观测和气象预报，至1949年先后在哈尔滨、长春、锦州、沈阳、济南、北京、牡丹江成立7个航空学校，并都建立了气象台。

参考书目

温克刚，2004. 中国气象史［M］. 北京：气象出版社.
吴增祥，2007. 中国近代气象台站［M］. 北京：气象出版社.
延安时代的气象事业编委会，1995. 延安时代的气象事业［M］. 北京：气象出版社.

（姜海如　赵同进）

dāngdài qìxiàng

当代气象（contemporary meteorology） 中华人民共和国成立以来中国气象事业的概称。1949年中华人民共和国诞生，开启了当代气象发展新的历史征程。经过60多年的大力建设，当代气象由小变大、由弱变强、由落后变先进，相对于古代气象和近代气象而言，发生了翻天覆地的变化，在气象观测、气象信息网络、气象预报预测、气象服务、气象科研、气象人才培训等方面都取得了举世瞩目的成就。

发展历程 新中国气象事业发展大体经历了艰苦奋斗、创业发展，经受干扰、曲折发展，改革开放、快速全面发展三个时期。

艰苦奋斗、创业发展　20世纪50年代初至60年代前期，是新中国气象事业艰苦奋斗、创业发展时期。新中国建立后，气象事业百废待兴，探测网点十分稀疏，专业人才奇缺，预报业务极其薄弱，气象服务单一，不适应国防建设、经济建设和社会发展的要求。这一时期的首要任务就是以台站网建设和人才培养为重点，迅速进行恢复和建设，使气象工作很快适应当时经济社会发展和国防建设的需求。特别是1958年以前，指导思想正确，事业发展健康，工作扎实，为后来气象事业的发展打下了坚实基础。

经受干扰、曲折发展　20世纪60年代前期至70年代后期，是新中国气象事业经受干扰、曲折发展时期。20世纪60年代前期开始，由于受"左"的影响和"文化大革命"的破坏，气象事业发展受到严重干扰，主要表现在削减天气图、科技人员被下放、气象学校停办等方面，拉大了与国际上原本已缩小的差距。但在党中央和国务院的关怀和支持下，广大气象人员在十分困难的情况下，经受干扰，坚持工作。这一阶段气象事业在一些领域仍然得到发展。

改革开放、快速发展　20世纪70年代后期至今，是新中国气象事业改革开放、快速发展和全面发展时期。1978年党的十一届三中全会之后，气象部门实现了工作重点的转移，把主要精力用到气象现代化建设和提高气象服务的经济、社会、生态效益上来。30年来，气象改革开放取得了重大突破、气象现代化快速发展、气象服务贡献突出、气象事业的发展环境不断改善、气象队伍面貌发生显著变化。这一时期，根据党和国家的大政方针和气象工作具有标志性重大事件，又可以划分为拨乱反正、调整发展（20世纪70年代后期至80年代初）；推进改革、开启发展（20世纪80年代初至90年代初）；深化改革、加速发展（20世纪90年代初至90年代末）；统筹兼顾、全面发展（进入21世纪至今）四个阶段。

发展成效 当代气象经过60多年的发展，取得了很大成效，总起来说，就是探索出了一条具有中国特色的社会主义气象事业发展道路，造就了一支基本适应气象事业发展需要的高素质人才队伍，初步建成了一个以先进科学技术为支撑的现代气象业务、服务、科研和人才培训体系和基本适合气象事业发展特点的管理体制、机制和法规体系，气象服务领域日益扩大，服务手段和能力不断改善，服务的经济社会效益显著提高，主要体现在气象观测、气象预报预测、气象服务、气象信息网络、气象科学技术研究、气象教育与人才培养、气象国际合作交流、气象行政管理和气象文化建设等方面的快速发展。

气象观测　旧中国留下来的气象台站稀少，仪器设备简陋，探测手段落后。当时，全国仅有解放区的29个气象台站和从国民党政府接收的72个气象台站，且分布极不均匀。1949年新中国诞生后，开始大规模建设气象台站，到1960年，气象台站一度达到3240多个，常规地面气象观测业务迅速展开。到1963年，全国探空站全部采用国产59-701高空气象探测系统；从2002年开始，以国产L波段雷达-电子探空仪系统进行了全面更新。

中国天气雷达的发展经历了模拟天气雷达、数字化天气雷达、多普勒天气雷达3个发展阶段。天气雷达始建于 20 世纪 60 年代后期，到 80 年代初，形成了由 50 多部各种型号天气雷达组成的观测网。到 90 年代初，建成了由 60 部 S 波段和 C 波段数字化天气雷达组成的雷达监测站网。到 2014 年，完成了 170 多部 S 波段和 C 波段新一代天气雷达系统建设，形成了基本覆盖全国的多普勒天气雷达监测网，新一代天气雷达网整体实力达到国际先进水平。

中国从 1969 年开始了气象卫星理论和技术方法研究，同时开展了对国外气象卫星接收和资料分析应用业务。到 20 世纪 80 年代中期，基本建成气象卫星资料地面接收处理系统，1988 年中国极轨实验气象卫星风云一号（FY-1）成功发射，地面接收处理系统顺利完成了资料的接收处理任务。至 2014 年，中国先后成功发射了 14 颗极轨气象卫星和静止气象卫星，建立了连续稳定运行的风云气象卫星观测业务系统，实现了"多星观测、在轨备份、适时加密"的业务布局。

经过 60 多年的发展，基本建成地基、空基和天基相结合，门类比较齐全，布局基本合理，监测功能比较强大的现代综合气象观测系统，实现了从地面到高空、从大气物理到地球生态环境、从手工到自动化的历史性跨越。

气象预报预测 新中国成立之后，立即开始组建天气预报业务。1950 年 3 月成立中央气象台，并与中国科学院地球物理研究所组建了"联合天气分析预报中心"，开始制作全国大范围的天气预报，同时还展开了中期和长期天气预报试验。气象部门 1953 年 8 月从军队转建到地方后，省会所在城市均建立了气象台，普遍开展了短期天气预报业务。至 1962 年底，全国基本形成了由中央气象台、大区中心气象台、省级气象台和地、市级气象台、县气象站组成的天气预报业务布局。20 世纪 50—60 年代，中国气象工作者总结研究出了许多特殊的天气系统及其演变规律，丰富和发展了天气学理论，促进了天气预报业务水平的提高。

中国的中、长期天气预报业务创建于 20 世纪 50 年代初期。1950 年冬，联合天气分析预报中心开始运用自然天气周期预报方法试做中期天气预报，先后研制了用环流型预报方法，长波、超长波预报方法，数理统计方法等制作中期天气预报。1951 年初，以"历史演变方法"为主，正式试制长期天气预报。1958 年 10 月第一次全国中长期天气预报会议后，全国各级气象台站普遍建立了长期天气预报业务。基层气象台站还通过对天气谚语和群众看天经验，制作成适用于本地的预报指标和判据。从 20 世纪 60 年代起，中国着手研究分析影响长期天气变化的各种物理因子和物理过程，在海洋与大气相互作用、陆地与大气相互作用等方面取得不少成果，丰富了制作长期天气预报的途径和办法。

中国对数值预报的研究和试验工作起步较早。早在 1954 年，中央气象台就开始了数值天气预报的理论研究。1959 年首次算出了欧亚范围的正压 500 hPa 形势预报。1965 年 3 月正式向全国发布 48 小时 500 hPa 形势预报。1978 年明确把发展数值天气预报作为气象现代化的重要内容，同时还明确了发展数值预报的技术路线、方针、政策。1983 年建成了中国第一个全自动化数值预报业务系统，中国的天气预报技术从此开始向客观化、定量化、自动化方向迈进。经过此后 20 多年的努力，中国已初步建立了由全球模式、区域模式、中尺度模式和台风海洋模式组成的数值天气预报业务系统，预报可用时效达到 7 天，暴雨和台风路径预报准确率已达到发达国家的同等水平。中国当前的天气预报已形成了由国家、区域、省、地、县 5 级有机结合的业务系统，实现了以数值天气预报产品为基础、以人机交互处理系统为平台、综合应用多种技术方法的天气预报业务重大变革。

20 世纪 80 年代前，中国的气候业务主要开展气候资料的收集加工、整编出版、分析应用、归档管理等工作。进入 80 年代后，中国气候业务快速发展，逐步形成了集资料加工处理、气候监测诊断、短期气候预测、气候影响评价、气候资源管理、气候应用服务和气象档案管理为一体的气候综合业务系统。

从 1983 年起，中国逐步建立起了国家、省、地、县级气候影响评价业务，先后开展了全国农业气候资源调查和农业气候区划、海岸带气候调查、军事气候保障分析、参与《长江三峡水利枢纽可行性研究报告》的论证等，在专业气候分析应用上取得一系列丰硕成果。

为应对全球气候变化，中国从 1987 年起先后建立了国家气候委员会、国家气候变化协调小组、全球气候观测系统中国委员会等一系列高层次议事协调机构。经国务院批准，国家气象局 1988 年设立气候监测应用管理司、1995 年成立国家气候中心，各省（自治区、直辖市）的气候中心也在此后相继成立。以这些机构的设立为标志，中国的气候综合业务系统基本形成。

进入 21 世纪以来，中国制定和实施了《中国国家气候计划纲要（2001—2010 年）》和《中国气候系统观测计划》。高性能计算机和国家级存储检索系统、业务骨干网络、气候开放实验室和大气化学实验室的建立，气候业务能力显著增强。中国第一代动力气候模式预测系统投入业务。国家气候中心和各省级气候中心制作的短期气候预测产品，已成为国家和地方政府应对气候变化、组织防灾减灾的重要依据。到 2014 年，国家气候中心已成为世界气象组织 14 个能发布年、季、短期气候预测产品的机构之一。同时，在气候变化预估及其影响评价和对策研究、大气温室气体观测和模型研究、气候和生态相互作用研究，以及古气候环境研究等方面都取得了重要进展。

气象服务　自新中国气象事业创建以来，各级气象部门始终把气象服务作为气象工作的宗旨、出发点和归宿，大力加强气象服务系统建设，努力适应经济和社会发展对气象服务的新需求，服务效益显著提高，在防灾减灾、经济建设和社会发展中做出了重要贡献。

新中国建立初期，气象主要为军事服务。1953 年国家大规模经济建设开始后，气象机构从军队转建到地方，各级气象台站将气象服务领域由国防逐步向农、林、牧、渔、交通运输等部门延伸。至 1965 年，确立了以农业服务为重点的指导方针，建立了与国家行政体制相适应的全国气象服务网，开展了以灾害性天气预报、警报服务为主要内容的多种形式的气象服务。1978 年以来，气象服务工作进入了全面发展新阶段。决策气象服务、公众气象服务、专项气象服务、专业有偿气象服务和科技服务等现代的气象服务体系和运行机制相继建立；气象服务领域迅速拓展到各级党政领导机关、国民经济各部门、国防科学试验研究部门、企事业单位和广大人民群众；服务内容由单纯的气象信息服务发展到气象信息、适用技术和气象工程服务等多种气象服务，气象服务的社会和经济效益大幅提升；服务手段由印刷品、广播、电话发展到电视、警报器、网络、手机、电子显示屏及其他新媒体等气象信息服务。经过 60 多年的发展，中国的气象服务能力已步入世界领先水平。

公众气象服务　气象部门建立了覆盖面广、传播速度快的公众天气预报预警服务体系，运用广播、电视、报刊、电话、网络、微信、微博、手机客户端等手段及时传播气象信息。中国收看电视天气预报节目的公众超过 10 亿人次；手机气象短信已成为公众气象服务的最便捷手段，至 2012 年定制用户已达 1.26 亿；各地的大部分主要媒体（报纸）均开设了气象专版或专栏，向公众传播气象服务信息；各门户网站和综合性网站大部分开设有气象栏目；电话气象信息咨询逐渐开设了专家连线；气象信息电子显示屏等正在全面发展。

决策气象服务　中国气象局建成了"国务院气象信息光缆传输系统"，各省（自治区、直辖市）气象局、大部分地（市）级气象局、部分县级气象部门也为地方党政部门建立了气象服务终端，气象信息进入政府公共服务平台。气象部门积极主动地为党中央、国务院和地方各级党委、政府提供重要气象信息，为应对突发气象灾害等公共事件、指挥防灾救灾、制定国民经济和社会发展计划、组织重大社会活动等发挥支撑作用。

专业气象服务　专业气象服务领域扩展到工业、农业、商业、能源、水利、交通、环保、海洋、旅游等 100 多个行业。开展了沙尘暴天气预报服务、面雨量预报、气象灾害落区预报和短时临近预报、内涝预报、森林火险预报、地质灾害气象预报预警、交通气象服务、空气质量预报、粮食产量预报等。此外，还普遍开展了人工增雨、防雹，初步建立了生态地基观测系统，定期发布生态动态监测产品，涉及群众生活的各种"指数"预报等。气象服务已渗透到政治、经济、社会、文化、生态、民生等方方面面。

气象科技服务　鉴于气象服务具有产品和商品的双重属性，经国务院批准，气象部门适时开展了专业有偿服务。广大气象台站依托主业，面向市场，为诸多经济实体提供众多气象信息产品。气象影视制作、手机短信服务、防雷检测工程、风能、太阳能开发利用等普遍展开，极大提升了气象服务的经济和社会效益。

气象信息网络　中国的气象通信经历了无线电莫尔斯通信、有线电传、无线传真广播、自动化通信等阶段，气象通信体制也随着通信技术的进步而调整变化。

20 世纪 50—70 年代，中国气象通信主要采用无线电莫尔斯通信技术传输气象信息。气象情报大部分通过当地邮电局传输。1956 年开通了从北京到沈阳的第一条气象专用有线电传电路，此后又陆续开通了北京到武汉、上海、兰州、成都、广州、乌鲁木齐等气象电传电路，短短 3 年就形成了气象通信干线网和有线电传网。1974 年中国第一组气象传真广播开播，1977 年北京气象传真广播正式成为世界天气监测网中的一个无线传真广播台，负责向国内和亚洲区域提供各类天气实况分析、天气形势及有关要素预报图。这一时期，气象通信采取利用国家电信网为主、自设电台为辅的技术体制。

1957 年开始采用人工打键作孔等方式，把过去手工记录在纸张上的气象资料转换在卡片、纸带上，供计算机分析统计，中国气象资料信息化业务从此起步。1983 年北京气象中心引进小型电子计算机进行业气象资料处理试验成功，并开始布点。1995 年实现了全国地面气象信息化资料的计算机通信传输，同时，国家级气候资料处理相继建成了地面、高空、太阳辐射资料数据集和地面资料分布式数据库及应用服务系统。

1973 年开始建设北京气象通信枢纽系统工程（BQS (Beijing qixiang shuniu) 系统），1980 年正式投入业务运行，这是中国第一代自动化气象通信系统。1987 年开始建设北京气象中心扩建工程（"873"工程），到 1991

年正式投入运行，实现了计算机通信系统的更新换代，从而形成了中国第二代气象通信系统，标志着气象通信从计算机通信向计算机网络迈进。1993年开始建设"气象卫星综合应用业务系统"（"9210"工程），1999年全部建成投入业务运行。"9210"工程建成之后，全国气象部门形成了一个空中和地面相结合、专网和公网相结合，以卫星通信为主，地面通信为辅，以专网为主，公网为辅的集中控制、分级管理的气象信息骨干网络，标志着中国第三代气象通信系统已经形成，实现了气象信息传输网络化，全国各级气象台站建立了电视天气会商系统，气象信息的综合传输能力大幅提高。

进入21世纪之后，引进了总计算能力峰值达到1700多万亿次的高性能计算机系统和海量存储系统，组成了更高水平的气象信息网络系统。气象用于业务和科研的计算能力比"九五"提高了16 000多倍，使气象信息综合应用能力显著提升。2015年气象部门又提出了气象信息化的新思路。

气象科学技术研究 新中国气象事业从筹建开始，就十分重视科学技术研究工作。1956年中央气象科学研究所成立，兼负业务和科研双重任务。至20世纪50年代末，全国从事气象科研工作机构已有中国科学院北京地球物理研究所、兰州地球物理研究所、北京地理研究所，空军司令部气象科学研究所、部分省（自治区、直辖市）气象科学研究所，北京大学地球物理系、南京大学气象系等，专业科研人员已达800多人，全国气象科学研究体系架构基本形成。

1978年全国科学大会之后，中央气象局成立气象科学研究院，在京外同时组建了长春气象仪器研究所、上海台风研究所、广州热带海洋气象研究所，并筹建兰州干旱气象研究所和成都高原气象研究所。各省、自治区（除西藏外）、直辖市气象局先后成立了气象科学研究所。少数地区气象部门也设立了科研机构。与此同时，中国科学院系统、高等教育系统、军队系统和产业部门的气象科研机构也得到发展。到1985年前后，全国气象部门已形成以中国气象科学研究院为中心，各区域气象中心专业研究所为骨干，省级气象研究所为基础的气象科研体系，形成了一支达2000多人的专职气象科研队伍。气象科学技术研究，在天气预报、气候与气候变化、大气环流和大尺度大气动力学、青藏高原气象、热带气象和季风、大气物理与大气化学、大气探测研究等方面均有了重大进展。

进入21世纪后，中国气象局确定了中国气象科学研究院和包括北京城市气象研究所在内的8个专业气象研究所为国家公益类研究机构，形成了与气象事业发展相适应的气象科技创新体系，并已逐步形成了一批具有一定国际影响力的气象科技研发机构和队伍；中国在大气科学相关领域已拥有10余个国家重点实验室、20多个部门重点实验室和一批共建的联合重点实验室、研究中心和工程中心，已具备了组织实施具有国际水平的大型科技项目和野外科学试验能力。气象科研围绕重大天气和气候灾害、城市大气环境污染、数值预报技术等开展了相关研究，在东亚气候变动理论和预测、气候-生态系统的相互作用、温室气体排放和地气碳氮交换、短期气候预测、大气污染数值模拟和预报等方面取得了一系列重要研究成果。风云二号气象卫星地面应用系统的研制应用达到了国际先进水平，关键技术达到国际领先水平。

气象教育与人才培养 新中国建立初期，急需大批气象专业人才。为适应这一需求，南京、北京、成都、长春、兰州等地都举办气象干部训练班，开始大规模培训专业技术人员。从1950—1956年，全国气象部门通过短期训练，共培养初级气象技术人员1万多人，适应了当时气象事业发展对人才的需要。

1955年经国务院主管部门批准，北京、成都、湛江气象学校先后建立。到1961年前，有22个省、自治区、直辖市先后建立了气象学校，共培养正规中专毕业生7800多人，基本满足了"一五"时期气象事业发展的急需。新中国建立初期，全国只有中央大学（后改名为南京大学）、清华大学和浙江大学等少数院校设置气象专业，每年招收的学生数量很少，难以满足气象事业发展的需要。1953年在原中央军委气象局气象干部学校的基础上成立了北京气象专科学校，1960年成立南京气象学院。这期间，在全国高等院校中调整增设气象专业或农业气象专业的院校达30多所（后调整到10所），至1966年前，气象院校共培养中专生约2万人，大学本科生2000余人。1966年开始的"文化大革命"，教育工作中断4~6年，一批气象专科学校和省属中等气象学校被撤消。

党的十一届三中全会后，为加速恢复教育事业，1978年国务院批准南京气象学院列入全国重点高等学校，成都气象学校扩建为成都气象学院、恢复北京气象专科学校及一批中等气象学校，到1984年省属中专气象学校达21所，北京气象专科学校扩建为北京气象学院。同时，其他部属和省属高等院校的气象类专业都有了较大发展。1990年将北京气象学院的任务调整为较高层次继续教育为重点的高等学校，后又正式转建为中国气象局培训中心。气象成人教育经过恢复发展、调整提高，由文化、技术补课到较高层次的继续教育，形成了较为完整的气象成人教育体系。

进入21世纪以来，气象教育体系日趋完善，高层次人才培养得到加强。气象部门平均每年增加本科毕业生600余人、硕士研究生150余人、博士研究生近100人。通过引进人才、加强继续教育和岗位培训，气象台站的专业技术人才队伍整体素质得到了提高，为保证新时期气象事业的快速发展提供了强有力的人才保障。

气象国际合作交流 20世纪50—60年代，气象国际合作与交流主要在苏联和东欧等社会主义阵营之间进行，直到1971年第26届联合国大会恢复中华人民共和国在联合国合法席位后，中国才开始参与世界气象组织（WMO）和有关国际机构的有关活动。1978年改革开放以后，中国全面参与了WMO、政府间气候变化专门委员会（IPCC）、地球观测组织（GEO）、台风委员会及其他相关国际组织的各项活动，积极参加WMO、自愿合作计划（VCP）和双边气象援助活动。先后与美国等22个国家签署了双边气象科技合作协议，与140多个国家和地区开展气象科技合作和交流，向50多个国家提供包括气象仪器设备在内的多方面援助。中国在引进国外先进技术和人才，选派专业技术和管理人员出国（境）交流、考察和培训，与港澳台地区开展务实的交流合作等方面都取得重要进展。中国科学家在WMO、IPCC、GEO、地球系统科学联盟（ESSP）、国际科学联盟理事会（ICSU）等国际组织，以及世界气候研究计划（WCRP）、世界天气研究计划（WWRP）等国际科学计划中都担任了重要职务，先后有9人在WMO等国际组织中任职，并曾担任世界气象组织主席和执行理事会成员、世界气象组织副秘书长、IPCC第一工作组联合主席等重要职务，中国气象局原局长邹竞蒙连任两届WMO主席，中国科学院院士叶笃正、秦大河分别荣获国际气象组织奖，多名青年科学家先后获世界气象组织青年科学家奖项。

气象管理 60多年来，中国气象事业建立了一个符合中国国情的领导管理体制，步入了依法发展气象的管理轨道，实现了管理理念、方式和手段的重大变革。

气象领导管理体制 新中国成立以来，中国气象局曾4次更名，多次变更隶属关系，但中国气象局隶属国务院的建制一直未变，统管全国气象行政工作的职能一直未变。1978年改革开放之后，气象部门对领导管理体制进行了改革，自下而上建立了以部门为主的双重领导管理体制和与此相适应的双重计划财务体制。这一体制创新，有利于气象现代化建设的"统一规划、统一布局、统一建设、统一管理"，有利于发挥中央和地方两个积极性，推动国家气象事业和地方气象协调发展。

气象法规制度 20世纪50—60年代开始，各类气象台站建设标准、气象观测规范、气象通信规程、仪器供应办法、部门内部管理规章等制度相继制定和完善，为气象台站网络建设、气象业务服务的迅速展开提供了基本制度保障。1994年国务院颁布实施了《中华人民共和国气象条例》，1999年全国人大常委会颁布了《中华人民共和国气象法》，中国气象事业从此走上依法发展轨道。近20年来，随着一系列气象行政法规、部门规章、技术规范、气象标准和地方性气象法规的颁布施行，全社会的气象活动进一步规范。

气象行政管理 1978年以后，大力加强了气象行政管理，主要加强了对气象观测、预报、服务、灾害防御、人工影响天气、气候资源利用等方面的管理（参见第17页气象行政管理）。

气象文化建设 新中国气象创业时期，培育了气象人"艰苦奋斗、无私奉献，爱岗敬业、团结协作"的优良传统与作风，并在一代又一代的气象人中传承与发扬。改革开放以来，又铸就了"准确、及时、创新、奉献"的气象精神。各级气象部门开展精神文明创建活动，推动了基层气象台站文化基础设施建设，丰富了职工的精神文化生活。到"十五"末，基本完成了各级气象台站的综合改造，工作环境进一步改善，生活水平有了新的提高。（参见第448页中国气象文化）

参考书目

温克刚，2004. 中国气象史［M］. 北京：气象出版社.

中国气象局，2009. 中国气象现代化60年［M］. 北京：气象出版社.

（刘英金）

发展规划

qìxiàng shìyè fāzhǎn chángyuǎn guīhuà
气象事业发展长远规划（long-term planning of meteorological development） 由气象部门组织制定的时间跨度超过五年的气象事业发展的综合性发展规划。长远规划具有长远性、纲领性和指导性，是各级气象部门制定规划、五年计划（规划）和年度计划的指导性文件和基本依据（参见第43页气象事业发展五年计划（规划））。新中国成立以来，气象部门制定了《气象事业十二年发展远景规划（1956—1967年）》《气象现代化建设发展纲要（1984—2000年）》《气象事业发展纲要（1991—2020年）》《气象事业发展十年规划（1991—2000年）》《气象事业发展规划（2001—2015年）》《全国气象现代化发展纲要（2015—2030年）》，成为各个时期指导气象事业发展和现代化建设的蓝图。

气象事业十二年发展远景规划（1956—1967年）
新中国建立后制订的第一部气象事业发展长远规划。为响应党中央向科学进军的号召，多快好省地发展气象事业，1954年中央气象局着手制订气象事业发展远景规划，1956年3月全国气象工作会议讨论和研究了气象事业十二年发展规划。该规划明确气象事业发展的目标是："在十二年之内，在气象业务工作方面赶上或超过国际水平；在气象科学方面，要在迫切需要的重要学科上接近国际水平"。提出的基本任务是：基本完成气象观测网建设，全国建成2800个气象站、气候站，120个探空站；建立农业（林业）气象观测点1500个，开展农业气象研究，广泛开展农业气象服务；建立专业气象观测网和预报网，建立各种气象台324个，广泛开展专业气象服务；组织海洋气象工作，建立海洋水文气象站、哨80个，适应海上交通运输、渔业、国防的需要；建立专门观测站（日射、雷达、飞机观测等）139处；建立气象、农业气象、海洋气象仪器设计和科学研究机构16个；大力培育科学技术干部，建立和扩大研究科和博士研究科，建立4所中等技术学校、8所初等技术学校；建立气象仪器工厂4个，仪器检修机构22个；广泛运用现代化的通信工具，建立中央气象台通信总台和区域广播台、海洋气象广播台、转报台、通报台等。

《气象事业十二年发展远景规划（1956—1967年）》面向国家经济建设和科技进步需求绘制了新中国气象事业发展的蓝图。这一时期指导思想正确，措施得力，基本实现了规划目标，特别是气象部门发扬艰苦奋斗、扎实工作、创业发展的优良作风，集聚和培养一批人才，使气象事业快速、健康发展，形成了气象事业的基本框架，为后来气象事业的发展打下坚实基础，发挥了重要的历史性作用。

气象现代化建设发展纲要（1984—2000年） 见第41页气象现代化建设发展纲要（1984—2000年）。

气象事业发展纲要（1991—2020年） 1989年中国气象局党组成立了中国气象局规划领导小组，负责并具体指导《气象现代化建设发展纲要》的修订和长期规划的编制。在修订《气象现代化建设发展纲要》的过程中，组织制定了《气象事业发展纲要（1991—2020年）》，1993年4月全国气象工作会议审议并原则通过。

《气象事业发展纲要》提出的指导思想是：提高气象服务的社会效益、经济效益和生态效益；实现气象事业与国民经济发展相协调，某些方面适度超前；优化事业结构，发挥国家和地方建设气象事业积极性，提高全社会气象事业整体效益，加强行业合作与交流。提出的目标是：一业为主、兼营多业，协调发展；完善业务设施；促进气象科技进步；研究大气环境变化等。提出的发展重点领域是：促进气象基本业务；促进科学技术研究和转化；提升人才培养和气象教育；完善气象服务，建立发展科技产业。

《气象事业发展纲要（1991—2020年）》为跨世纪气象事业发展描绘了宏伟蓝图，对21世纪初气象事业发展起到了指导作用。

气象事业发展十年规划（1991—2000年） 1989年中国气象局组织编制《气象事业发展纲要（1991—2020年）》的基础上编制了《气象事业发展十年规划（1991—2000年）》。经1993年全国气象工作会议审议并原则通过。

气象事业发展十年规划提出的指导思想是：以提高气象服务的综合效益为中心，依靠科技进步和提高队伍素质，加快改革开放和现代化建设步伐，努力建设有中国特色社会主义的气象事业。提出的目标是：与国民经济协调并适度超前；总体达到国际中上水平；在减轻气象灾害、开发利用和保护气候资源及挖掘经济生产潜力发挥更大作用。提出的发展重点领域：优化事业结构；优化业务技术体制；优化科技教育体制；发展科技产业；完善保障体系等方面。提出的骨干工程包括：中期数值预报业务、风云二号气象卫星地面接收、气象卫星监测和综合应用、大气监测、国家气候中心的建设、气象综合信息的应用等。

通过《气象事业发展十年规划（1991—2000年）》的实施，大大推动了气象现代化的进程。这一阶段气象部门进一步解放思想，深化改革，建立双重计划体制和相应的财务渠道，大力发展地方气象事业，妥善处理了改革、发展和稳定的关系，使整个气象事业上了一个新台阶。

气象事业发展规划（2001—2015年） 进入21世纪气象事业发展的第一个长期规划，2001年9月经中国气象局党组审定印发实施。

气象事业发展规划（2001—2015年）提出的发展总体目标是：气象事业基本适应国民经济和社会发展需求，形成适应社会主义市场经济体制、符合气象自身发展规律的全社会气象事业新格局，基本达到"一流技术、一流装备、一流工作、一流台站"。提出的主要任务是：建设新型气象服务体系，为政府部门、社会公众和各类用户提供及时、准确、优质的服务；建设新一代气象业务技术体系，提高预报准确率，显著增强业务能力；建设气象科技创新体系，显著增强气象科技持续创新能力；建设气象行政管理体系，依法发展气象事业，规范各类气象活动；建设高素质的气象队伍，实现队伍结构合理、精干高效，培育规范化的气象服务市场，实现气象科技服务与产业规模化、集团化，提高参与国际竞争的能力；建设气象文明行业，树立良好的行业形象。提出的保障措施是：加快气象事业结构战略性调整，促进气象事业协调发展，加强台站工作生活基础设施建设，加大气象事业投入力度，扩大对外交流与合作，加强精神文明建设。

通过《气象事业发展规划（2001—2015年）》的实施，气象事业得到快速发展，形成了布局合理、协调发展、开放协作、逐级指导的现代气象业务体系的基本框架。气象服务体系不断完善，形成了包括决策气象服务、公众气象服务、专业专项气象服务、气象科技服务在内的气象服务体系和"政府主导、部门联动、社会参与"的气象灾害防御体系，建立了以高科技为支撑的比较完善的气象预报预测业务体系，基本建成了地基、空基和天基相结合的综合观测系统和功能较强的气象信息网络、技术保障体系。

全国气象现代化发展纲要（2015—2030年） 见第42页全国气象现代化发展纲要（2015—2030年）。

（庞鸿魁　张新营）

Qìxiàng Xiàndàihuà Jiànshè Fāzhǎn Gāngyào (1984—2000 Nián)
气象现代化建设发展纲要（1984—2000年）

（Outline of the Development of Meteorological Modernization during 1984—2000） 1984年国家气象局组织制定的、指导未来一个时期中国气象事业发展的行动纲领和建设蓝图。为全面贯彻落实党的十一届三中全会精神，气象部门在开展第一步领导管理体制改革的同时，开始谋划气象事业长期发展规划。1980年7月中央气象局（1982年更名为国家气象局）成立了以邹竞蒙、程纯枢副局长为组长的长期规划领导小组，组织编写《气象现代化建设发展纲要》（以下简称《纲要》）。经过气象部门内外上百名专家近4年不懈努力和数十次的研讨论证，数易其稿，于1984年提交全国气象局长会议审议通过，并组织实施。

《纲要》对到20世纪末中国气象现代化建设发展做出全面规划，提出了新的历史时期气象工作的任务、气象事业现代化建设的奋斗目标、气象事业现代化建设的战略重点、气象事业现代化建设奋斗目标分步骤实施的主要任务、现代化气象业务技术体系建设的阶段目标和主要进度、气象科研重点项目和科研机构、气象部门专业技术人才培养的阶段目标。

《纲要》提出的指导思想：以党的第十二大制定的国民经济建设的战略目标、战略重点、战略步骤和一系列正确方针为气象现代化建设的指导思想，明确随着国家的经济建设转向依靠科学技术的进步和不断提高经济效益的轨道上来之后，气象工作在国民经济建设中将会发挥越来越大的作用，各个方面对气象服务的要求将会越来越迫切、越来越高。面对这样新的形势，进行气象事业现代化建设，加快气象科学技术的发展，提高气象服务的能力，具有十分重要意义。

《纲要》提出的新的历史时期气象工作的任务：动员全体气象工作者，振奋精神，开拓前进，努力实现气象科学技术现代化，准确、及时地做好灾害性、关键性天气预报，积极开展气候服务，全面运用各种气象服务手段，不断提高服务质量和社会、经济效益，为国民经济和国防建设服务，为全面开创社会主义现代化建设新局面做出贡献。完成上述任务的关键是：在为国民经济和国防建设服务过程中，积极实现气象科学技术及装备的现代化和培养出一支具有现代水平管理和科学技术人才队伍。《纲要》包括的重点内容是：

《纲要》提出的发展目标：到20世纪末，力争建成适合中国特点、布局合理、协调发展、比较现代化的气象业务技术体系。即组成由各种探测手段有机组成的大气综合探测系统；多层次结构及多种通信手段并存的综合气象电信系统；以计算机为主要手段的气象资料自动处理及信息检索系统；以数值预报为基础，综合运用各种预报方法而形成的天气预报业务系统，以及气候诊断、分析、预测的业务系统；综合运用各种气象服务手段及现代传播工具的气象服务系统。

《纲要》提出的战略重点：努力提高灾害性、关键性天气的监测、预报能力；积极开展气候服务；切实抓紧人才培养；大力加强科学研究。分步实施的战略措施：第一步，1990年之前主要是为后十年的加速发展创造条件，打好基础；第二步，后十年加快发展速度，按照气象业务技术体制现代化发展目标的要求，建成现代化气象业务技术体系。

第一步主要任务：①普遍提高现有气象队伍政治和技术素质，为20世纪90年代迅速发展时期培养出一批掌握现代化科学技术的高、中级人才，加强智力开发和教育工作，发展气象科技出版事业；②完成管理体制、业务技术体制和科研布局的调整改革；③实行各种形式的社会主义责任制，改进计划管理及业务组织，不断提高工作效率及气象服务的社会、经济效益；④切实整顿好各级气象部门和各项基础业务工作；⑤做好各重点项目及业务技术分系统的论证和可行性研究等前期工作，并采取有效措施保证以下几个重点气象业务技术系统建设任务的顺利完成：中期数值天气预报的业务系统，卫星气象资料地面接收、处理系统（711-5）第一期工程，区域性气象中心建设，全国自动化区域通信枢纽及数据传输网，省及省以下现代化业务技术系统建设的试点工程，全国基本天气站天气观测实现多要素遥测化，京津地区中小尺度天气系统监测基地建设；⑥加强基层台站的现代化建设进程；⑦充实与加强专业气象的业务和服务。

第二步，后十年加快发展速度，建成现代化气象业务技术体系。到那时，将形成中国自己的业务气象卫星系列的空间探测系统和地面各种观测站组成的综合探测系统；由高速数据传输网和省（自治区、直辖市）内专用气象通信网组成的综合电信系统；建立在数值预报方法基础上的，由计算机网络进行上下联机的现代化天气预报业务系统；有统一的国家气候计划指导下的气候诊断、分析系统；气象资料和信息的自动处理检索系统，可以满足气象部门省级气象台的联机检索及终端显示的需要；气象服务将广泛地采用更为现代化的传递手段。

《纲要》的作用：《纲要》对中国气象事业发展产生了深远影响，时任中央气象局局长邹竞蒙主持制定和实施《纲要》，为开创和推进中国气象现代化发展做出了重要历史性贡献。通过《纲要》的实施，大力推进了气象现代化和事业结构调整及业务技术体制改革，初步建立起符合现代化管理要求的技术指导和业务组织系统，气象业务得到了快速发展，中国气象现代化迈入新的发展历程。

（韩通武　庞鸿魁　张新营）

Quánguó Qìxiàng Xiàndàihuà Fāzhǎn Gāngyào (2015—2030 Nián)

全国气象现代化发展纲要（2015—2030年）

（Outline of the National Development of Meteorological Modernization during 2015—2030）　中国气象局组织制定的气象事业未来15年发展的行动纲领和建设蓝图。

2013年6月中国气象局启动组织编制《全国气象现代化发展纲要（2015—2030年）》（以下简称《全国纲要》），历时两年多时间，经过数十次研讨论证，充分吸收气象部门内外相关领域领导和专家的意见与建议，数易其稿而形成。党的十八大之后编写《全国纲要》，旨在全面推进气象现代化，包括气象业务现代化、气象服务社会化、气象工作法治化，实现气象发展速度、规模、结构、质量、效益的有机统一，实现东中西部地区之间气象现代化的协调发展，并带动相关行业气象、社会气象全面发展。2015年8月中国气象局颁发《全国纲要》，组织实施。

《全国纲要》面向经济社会发展需求，面向国际科技前沿，结合中国气象事业发展实际，明确了2020年基本实现气象现代化奋斗目标，展望了2030年全面实现气象现代化发展目标，提出了发展主要任务。主要内容包括：①指导思想和发展目标；②大力提升气象防灾减灾和公共气象服务水平；③积极应对气候变化；④加快发展现代气象业务；⑤着力推进气象信息化；⑥加强科技创新和人才发展；⑦强化气象现代化的法治保障。

《全国纲要》提出的指导思想：按照全面建成小康社会、全面深化改革、全面推进依法治国、全面从严治党的战略布局，坚持公共气象发展方向，坚持气象现代化不动摇，深化改革开放，转变发展方式，大力推进气象业务现代化、气象服务社会化、气象工作法治化，发展智慧气象，提高发展质量和效益，推动建设气象强国，为促进经济社会持续健康发展、保障国家安全和人民安全福祉提供一流的气象服务。原则是：需求牵引，服务为本；科技引领，创新驱动；转变方式，提质增效；依法推进，统筹协调；深化改革，开放合作。

《全国纲要》提出的发展目标：到2020年，全国基本实现气象现代化。基本建成具有世界先进水平的现代气象业务、中国特色的现代气象服务和科学高效的气象管理为一体的结构完善、功能先进的气象现代化体系。关键领域气象核心技术实现重点突破，气象信息化水平不断提高，基本实现观测智能、预报精准、服务高效、科技先进、管理科学的智慧气象，气象整体实力接近世界先进水平，若干领域达到世界领先水平，气象保障全面建成小康社会的能力显著提升。到2030年，全国全面实现气象现代化。全面建成适应国家战略发展需求、满足经济社会发展需要的现代气象服务体系。全面建成具有世界先进水平的现代气象业务体系，具备全球监测、全球预报、全球服务的业务能力。气象监测预报服务产品的时空分辨率更加精细，天气气候一体化的无缝隙监测预报预测业务更加完善，气象服务全方位融入经济社会相关领域。全面建成科学高效的气象管理体系，科技创新争先、优秀人才辈出、气象法治完善的发展环境进一步优化。

《全国纲要》提出的主要任务：①大力提升气象防灾减灾和公共气象服务水平，加强气象防灾减灾能力建设，提升公共气象服务均等化水平，推进气象服务社会化；②积极应对气候变化，加强气候变化科学研究，提升气候变化适应能力，强化生态文明气象保障；③加快发展现代气象业务，建立现代气象服务业务，提高气象预报预测水平，强化综合气象观测能力；④着力推进气象信息化，建立集约化气象信息业务体系，提升气象数据质量与开放共享水平，增强气象政务管理信息化能力，完善气象信息化运行保障；⑤加强科技创新和人才发展，强化科技引领和创新驱动，坚持人才优先发展；⑥强化气象现代化的法治保障，提高气象依法行政能力，强化气象标准化管理，完善与气象现代化相适应的体制机制。

（韩通武）

Zhōngguó Qìxiàng Shìyè Fāzhǎn Zhànlüè Yánjiū
中国气象事业发展战略研究（Research on Strategy of China Meteorological Development） 2003年10月，中国气象局受国务院委托，牵头组织的中国气象事业发展战略研究。参加研究的有13名部委领导，70多名两院院士和著名专家，40多个学科的300多名专家、学者。在历时两年多的研究过程中，先后开展了13次国内外专题调研，举办了17次战略研究论坛，100余次专题专家座谈研讨。国务院和有关部委领导两次听取研究情况汇报，国务院常务会议专题审议并印发中国气象事业发展战略主要研究成果的《国务院关于加快气象事业发展的若干意见》（国发〔2006〕3号文）。

进入21世纪后，全面建设小康社会对气象事业发展提出了新的需求。经济的快速增长、国家重点工程建设、西部大开发、沿海沿江经济带的发展以及"三农"和城镇化等，都对气象工作提出了新的要求。近百年来，全球气候正经历着一次以变暖为主要特征的显著变化。全球气候变化引发的各种极端天气、气候事件频发，对生态、资源、环境、国土安全构成重大影响。气候变化导致的水资源短缺、干旱加剧、海平面上升、冰川退缩、荒漠化已给经济社会发展、国家安全和可持续发展带来持久和难以逆转的影响，中国气象面临严峻挑战。另一方面，当今世界科技迅猛发展，学科交叉融合更加广泛，新的科学前沿不断出现，科技经济一体化更加深入。这些新情况使得地球系统科学正酝酿着重大突破，使得气象科学朝着气候系统五大圈层相互作用、多学科相互交融的方向发展。同时，随着技术创新不断突破，与气象事业发展密切相关的信息科技继续向超大规模集成、网格化、智能化方向发展。科学技术的进步为加快气象事业的发展提供了新机遇。中国气象事业发展战略研究就是在这个背景下展开的。

中国气象发展战略研究以世界眼光和战略思维，重新审视中国气象事业发展的现状、布局以及面临发展机遇和挑战，提出了新世纪、新阶段中国气象事业发展的战略思想：坚持公共气象的发展方向，大力提升气象信息对国家安全的保障能力，大力提升气象资源为可持续发展的支撑能力，充分发挥气象事业在经济社会发展、国家安全和可持续发展中的重要作用。这个战略思想的核心是：树立"公共气象、安全气象和资源气象"的发展新理念。"三个气象"发展新理念是中国气象事业发展指导思想上的又一次与时俱进。

中国气象发展战略研究提出了新世纪初气象事业发展的战略目标并载入了国务院2006年3号文件。战略目标为：到2010年，初步建成结构合理、布局适当、功能齐备的综合气象观测系统、气象预报预测系统、公共气象服务系统和科技支撑保障系统，使气象整体实力达到20世纪末世界先进水平，到2020年，建成结构完善、功能先进的气象现代化体系，使气象整体实力接近同期世界先进水平，若干领域达到世界领先水平。

中国气象发展战略研究认为，实现上述战略目标，必须坚持以人为本、服务社会的宗旨，贯彻"强化观测基础，提高预测水平，趋利避害并举，科研业务创新"的战略方针，调整结构，优化布局，构建具有世界先进水平的气象现代化体系，开创充满生机与活力的中国气象事业发展新局面。构建具有世界先进水平的气象现代化体系，必须落实以下各项战略任务：发展具有国际先进水平的气象业务；增强气象对经济社会发展的服务功能；强化气象对国家安全的保障作用；开发气象资源，促进可持续发展；推进气象科学技术研究与创新；坚持培养和教育相结合，全面提高气象人员素质；完善气象法规法律体系，依法依规管理气象；健全领导管理体制，加强科学管理，提升气象管理水平和能力。

以国务院印发《国务院关于加快气象事业发展的若干意见》文件为标志，中国气象事业进入了全面、科学、协调发展新阶段。"十二五"规划期间，中国气象局深入贯彻国务院2006年3号文件，制定发展规划，落实发展战略确定的各项任务，到2010年，已基本达到国务院国发〔2006〕3号文件提出的第一步发展目标，建成结构合理、布局适当、功能齐备的综合气象观测系统、气象预报预测系统、公共气象服务系统和科技支撑保障系统，气象整体实力达到20世纪末世界先进水平。

（刘英金　郭淑颖）

qìxiàng shìyè fāzhǎn wǔ nián jìhuà (guīhuà)
气象事业发展五年计划（规划）（five-year planning of meteorological development） 按照国家编制

五年发展计划（规划）的要求，与国民经济和社会发展五年计划相对应、由气象部门组织制定国家气象事业发展为期五年的综合性计划。审定后的五年计划（规划）是各级气象部门制定综合性规划、专项规划和年度计划的指导性文件和基本依据。气象部门从1953年开始制定气象事业发展第一个五年计划，至2011年已制定了第十一个五年规划。按照国家规定，从"十一五"起，将"五年计划"改为"五年规划"，由国家计划主管部门审定。前期的"气象事业发展五年计划"由气象部门组织审定，报国家主管部门备案。

气象事业发展第一个五年计划（1953—1957年）
简称"一五"计划。1953年1月中央军委气象局召开扩大局务会议，研究制定了五年计划内台站建设、预报业务建设等专业方案。1956年5月中央气象局以〔56〕中气计发字第337号文下达第一个五年气象事业发展计划（1953—1957年）。"一五"计划对于新中国气象事业发展具有开创性的历史意义。

"一五"计划提出的方针是：气象工作必须为国防现代化、国家工业化、交通运输业及农业生产、渔业生产等服务；有计划地有步骤地满足各方面对气象工作日益增长的要求，以防止或减轻人民生命财产和国家资产的损失，积极地支持国家各种建设工作。重点任务是：台站建设方面基本完成天气预报所需的观测网；服务方面做好短期天气预报，特别是危险天气预报、警报的供应，建设经建部门特别是民航所需要的气象台，资料服务上主要解决河流规划所需要的资料统计；特殊观测工作方面的开展以农业气象工作为重点；仪器方面主要解决一般仪器的制造，建立部分仪器鉴定与修理机构；干部培养方面着重培养初、中级技术干部。

"一五"计划期间，中国的气象事业取得很大成就。全国气象台站从新中国成立时的101个发展到1635个；高空气象观测从无到有，建立探空站73个、测风站165个，构成了相当密度的高空观测网；创办了3所中等技术学校和22所初级技术学校，培养初、中级技术人员达12 000人，到1957年底气象职工总数达到15 000人，较1952年同期增长3.5倍；在有关工业部门的努力下，气象仪器的生产与供应从依赖进口为主转为国内生产为主，台站装备有了较大改善；各种业务规范、制度已基本建立，各项业务工作质量均有不同程度的提高；天气预报除短期预报、灾害性天气警报外，还建立起中期预报和较长时间的趋势预报，预报准确率逐步提高；气象服务与宣传深入开展，广大群众运用气象指导生产和生活，气象情报服务保证了国防和民航等方面的需要。据统计，"一五"计划完成总投资0.326亿元（不含1953年军队建制时的投资）。

气象事业发展第二个五年计划（1958—1962年）
简称"二五"计划。1956年中央气象局启动第二个五年计划的编制工作。1958年6月中央农村工作部以〔58〕农村发字71号文批转了中央气象局党组《关于目前我国气象工作的基本情况及第二个五年计划主要任务的报告》。

"二五"计划提出的方针是：大力提高业务技术质量，重点建设、稳步前进，加强气象服务，特别是对农业的服务工作，以密切配合国家第二个五年计划发展农业和农业生产纲要的执行。主要任务是：以西部空白地区为重点，有计划地适当增设一部分气象（候）站和高空站，并建立少量雷达、远程雷电和飞机探测工作；大力开展农业气象观测工作，积极开展为农业服务的气象工作，在农业生产的重点地区增设农业气象试验站，农业气象研究机构开展农业气象专业预报服务；开展以天气预报和农业气象为重点的气象科学研究工作；采取切实可行的方法提高干部的政治思想、业务技术和文化水平，并注意培养少数民族干部。

通过"二五"计划的实施，进一步贯彻了"以生产服务为纲，以农业服务为重点"的方针，使气象工作有了较大的进步。气象台站从单纯技术单位变成为党政领导生产的气象参谋；打破了世界上只有气象台做预报的陈规，使两千多个气象（候）站都做预报；台站建设从单纯技术需要改变为从服务出发，确定了"专专有台、县县有站"的建设原则，气象台站从1600多个一度发展到3200多个；农业气象、数值预报和雷达探测等新的业务、技术得到建立和发展；人工消雹、降雨结合防灾抗旱进行了试验研究；加强了县站的领导，测报、预报质量逐步提高，气象服务不断深入生产实际。气象工作与国家建设结合，进一步纳入了以农业为基础的轨道。据统计，"二五"计划落实总投资约0.6亿元。

气象事业发展第三个五年计划（1966—1970年）
简称"三五"计划。1965年中央气象局开始研究第三个五年计划的编制，8月中央气象局在哈尔滨召开的全国气象局长会议上，饶兴局长做了关于第三个五年计划及1966年的工作安排的报告，并将《关于气象工作第三个五年计划和1966年工作的意见》下发各省（自治区、直辖市）气象局。

"三五"计划提出的总体要求是：贯彻"以生产服务为纲，以农业服务为重点"的气象工作方针，和一系列的技术政策；以自力更生、奋发图强的精神，大力进行技术革命、技术革新；把总结群众经验列为气象部门最主要的任务之一，一手抓现代科学技术，一手抓群众经验的提高，使"天气预报、气象观测、气象资料、群众经验"四结合和过"使用单位检验和实况资料验证"两关的群众路线办法，明确为发展气象工作的道路；强调平战结合，立足于战争，加强为国防服务；贯彻勤俭建国，少花钱、多办事或不花钱、办好事的精神。

"三五"计划期间，正值"文革"时期，总体要求虽有其合理的成分，但由于受"文革"的影响，也有其不科学的成分。"文革"干扰了气象事业的正常发展，"三五"计划的目标任务未能完全实现。尽管如此，由于国务院对气象工作的关心爱护，气象业务建设仍在艰难的背景下曲折前进。这一时期，各种常规气象仪器的成功研制，尤其是1967年第一个地面遥测仪器——电接风向风速计研制成功，替换了维尔达测风仪，701，711，713气象雷达投入生产，气象卫星工程开始筹建，提高了中国地面和高空探测水平，气象科学技术和装备向现代化迈进了一步。"三五"计划提出基本建设投资0.7亿元，基本得到落实。

气象事业发展第四个五年计划（1971—1975年）

简称"四五"计划。1970年10月召开全国气象科研工作"四五"计划座谈会，研究讨论了《"四五"计划期间气象科研规划（草案）》，12月中国人民解放军总参谋部转发座谈会纪要，要求各地气象部门贯彻执行。

"四五"计划期间仍处于"文革"时期，气象事业的发展仍受影响和干扰。"四五"计划期间特别是前期，国家给气象事业的投资大都用于气象"战备中心"建设，没有发挥应有的效益。但是，气象业务仍在曲折中发展。北京气象通信枢纽系统工程（BQS）的启动，为气象现代化建设打下了基础；在前期研制国外气象卫星接收设备和应用研究工作的基础上，开始了气象卫星遥感探测原理、探测通道选取、反演理论和方法研究，开展了对国外气象卫星资料的接收和分析应用业务；在此期间还建立了测雨雷达网，气象仪器质量稳步提高；气象为国防和国民经济建设服务得到加强。

气象事业发展第五个五年计划（1976—1980年）

简称"五五"计划。1974年中央气象局多次召开会议研究1976—1985年气象事业发展规划。1977年中央气象局向国家计划委员会报送了《修订"五五"基本建设规划（草案）有关问题的报告》。

"五五"计划提出的主要任务是：继续完成北京区域气象通信枢纽工程建设，续建国家和区域气象中心（战备），建设收讯台、人工气候室等设施，购置1000万次/秒电子计算机、气象雷达、高分辨云图接收设备、自动气象站和同步气象卫星接收设备，进口导航测风设备等。为提高天气预报的时效和质量，加快资料统计，及时收集国内外气象情报，要求各省（自治区、直辖市）气象台及通信中心必须配备电子计算机；初步建成测风、测雨、测台风雷达网；气象广播将7组莫尔斯广播逐步改为移频电传并普遍开展天气图传真业务；各省（自治区、直辖市）气象台和地区气象台须配静电复印机，自动填图机；开展大气环境保护气象服务工作，计划在北京、南京、兰州、广州、长春、乌鲁木齐建立铁塔梯度气象观测；逐步改善职工居住条件。

经过"五五"计划的努力，北京气象通信枢纽系统工程（BQS）于1980年1月正式投入业务运行。特别是在党的十一届三中全会以后，气象工作进入了全面发展新阶段，各项计划指标得到了落实。据统计，"五五"计划落实建设投资2.2亿元。

气象事业发展第六个五年计划（1981—1985年）

简称"六五"计划。1977年中央气象局向国家计委报送了《关于"六五"基本建设计划（草案）的报告》。同年11月，全国气象局长会议讨论了《1978—1985年全国气象事业发展规划》，要求采取有力措施，挽回"文革"十年造成的损失，加强气象工作的秩序和业务工作的规范化，加速实现气象现代化。

"六五"计划提出的重点建设项目是：省级以上气象台配备预报、通信、资料专用计算机；购各种气象雷达、导航测风设备、无人自动气象站；新建大气本地污染基准站、大气环境模拟风洞、大气污染研究室、气象仪器工厂、研究机构等。

"六五"计划期间，气象部门较好地完成了气象事业发展计划。总结了新中国成立以来气象工作的基本经验，确定了新时期的气象工作方针，把工作的重点转移到气象现代化建设和提高气象服务的经济效益上来；明确了气象现代化建设的奋斗目标、战略重点和实施步骤；完成了领导管理体制的改革，各级领导班子年轻化、知识化、专业化和革命化水平显著提高；有偿专业服务的推行，扩大了服务领域，提高了气象服务的社会效益和经济效益；科研、教育、计划体制、人事管理、财务管理、物资管理等改革有了好的开端。

"六五"计划期间气象现代化建设全面展开。北京气象中心建成比较现代化的业务中心，气象通信传输能力有了较大改善和提高，建立了短期数值预报业务；卫星气象资料地面接收和处理系统、区域气象通信枢纽自动化工程、"713"和"714"天气雷达及"701"测风雷达的更新改装、基准气候站等开始布局和建设，部分投入业务使用；国家基本气象站历史资料的信息化任务已经基本完成；计算机在预报、探测、通信、资料、农气、教学、科研及机关管理等领域中发挥作用；气象雷达、卫星云图等设备发挥了较大作用，提高了强对流天气短时预报能力；南极长城气象站建成，标志着中国进入极地气象新领域。据统计，"六五"计划期间基本建设投资共4亿元。

气象事业发展第七个五年计划（1986—1990年）

简称"七五"计划。1987年4月国家气象局下发《全国气象事业发展第七个五年计划》，明确了"七五"计划期间气象事业建设发展的指导思想、目标和主要任务。

"七五"计划提出稳步推进气象业务和服务为主体的气象事业和气象现代化建设，包括以卫星气象工程、天气雷达网和基准气候站建设为重点的大气探测系统的建设；建成自动化的气象区域通信枢纽；加强气象资料和信息的收集、加工存贮、检索、服务的建设；重点建设中期数值天气预报业务；加强气象服务工作，要在加强社会公益服务的前提下，积极开展和加强有偿专业服务；加强海洋气象、农业气象、民航气象等专业气象工作；推动省及省以下的气象业务系统的现代化建设。

"七五"计划期间，主要建设项目进展情况良好。完成了国家重点建设项目卫星气象资料地面接收和处理系统（711-5工程）建设任务，通过了国家级总体验收；成功发射了风云一号气象卫星，并投入业务运行；启动了中期数值天气预报业务系统建设；区域中心建设进展顺利，上海、武汉、沈阳、广州4个区域中心的气象通信枢纽已经建成，省际通信传输网初具规模；建成一批天气雷达站和数字化雷达。据统计，"七五"计划期间落实气象事业经费13.38亿元。

气象事业发展第八个五年计划（1991—1995年）

简称"八五计划"。1992年初全国气象局长会议审议通过，5月国家气象局下发了《全国气象事业发展第八个五年计划投资安排的通知》。

"八五"计划提出的总体发展目标是：加快建设适应中国经济和社会发展需要、布局合理、协调发展、比较现代化的全国气象业务体系，以进一步提高对重大气象灾害的监测、预报和服务能力，提高对气候变化的监测、分析水平和为合理开发利用气候资源服务能力。气象业务建设的重点是：续建全球中期数值预报业务系统工程和静止气象卫星地面处理系统工程，新建气象卫星综合业务应用系统、大气监测自动化系统、气象信息网络系统工程。

经过"八五"计划建设，气象事业有了显著进展。在业务现代化方面，确保了气象骨干工程（大中型项目）、区域气象中心及气象通信等建设重点，气象卫星综合应用业务系统（"9210"工程）国家级主站和试验系统建成并开始全国布点，风云一号02批气象卫星系统建设全面展开，完成了国家气候中心组建和7个区域气象中心的建设。国家、区域、省、地、县5级气象业务技术体系框架和3级管理、4级维修的技术保障体系框架初步形成，特别是省地两级业务服务信息网络基本建成，提高了灾害性天气预报、服务和信息处理能力，气象服务发展到工业、农业、能源、交通运输、建筑、林业、水利、海洋、环保、旅游、保险、文化体育等100多个行业和部门，气象科技为重点工程服务纳入重要议事日程。据统计，"八五"计划期间落实气象事业经费24.55亿元。

气象事业发展第九个五年计划（1996—2000年）

简称"九五计划"。1996年4月中国气象局下发《气象事业发展第九个五年计划》。

"九五"计划提出的发展目标是：到20世纪末，气象事业发展要在灾害性天气、气候监测和预报及减轻气象灾害损失，合理开发利用气候资源和保护国民经济建设及保护人民生命财产安全等方面的综合业务能力上有显著提高，气象服务的综合效益达到国际先进水平。气象现代化建设的总体水平达到同期国际中上水平、亚洲先进水平，某些方面接近或达到同期国际先进水平。气象部门职工工作生活条件的改善与社会同步，实现小康，工作环境、居住条件和收入水平等方面达到当地同期的中等以上水平。提出的主要任务是：加强气象综合探测系统、气象信息网络系统、基本气象信息加工分析预测系统、技术装备保障系统等方面建设，加强气象科学研究和技术开发、气象教育、气象服务、科学管理、部门产业、基础设施建设等方面工作。同时还明确了地方气象事业建设的主要任务。

经过"九五"计划期间的建设和发展，气象现代化建设取得了很大进展，加快了气象装备现代化的步伐。完成了风云一号C极轨气象卫星和风云二号A静止气象卫星的发射和地面应用系统建设；完成了气象卫星综合应用业务系统（"9210"工程）建设，并投入业务运行；完成了多普勒新一代天气雷达先进技术的引进和组织国内生产，并开始业务布点和使用；大气监测自动化系统和短期气候预测业务系统开始建设；国家重中之重科研项目"我国短期气候预测系统的研究"和国家重大基础研究项目"青藏高原地气系统研究"等4大气象科学试验取得重大进展。提高了灾害性天气监测、预报和气候预测能力，气象服务已深入到100多个行业和人们日常生活中，出色完成了长江三峡工程建设大江截流期间的气象服务和1998年抗洪抢险气象服务任务，气象服务的成本效益比达到1∶40。据统计，"九五"计划期间落实气象事业经费37.36亿元。

气象事业发展第十个五年计划（2001—2005年）

简称"十五"计划。2000年2月中国气象局下发了《气象事业发展"十五"计划和15年规划思路》。

"十五"计划提出的指导思想是：坚持以需求为导向，以服务为宗旨，以科技为先导，紧紧围绕气象预报准确率和服务能力的提高，加强气象科技创新，加快气象现代化建设和改革开放，主动适应社会主义市场经济体制的建立和经济增长方式向集约型转变，全面推进气象事业发展。奋斗目标是：到2005年，切实加强气象综合探测系统和气象服务系统的建设，建立新一代的气象业务技术体制和气象服务体系，初步实现气象业务现代化；进一步增强灾害性天气监测预警能力，明显提高短期和中期天气预报准确率和短期气候预测水平；逐步形成由气象行政管理、基本气象系统、气象科技服务与产业三部分组成的新型气象事业结构框架；初步形成以气象科技创新为主体的气象科学研究和技术开发体系；形成以国家及地方政府投入为主体的多元化投入机制；气象队伍整体素质明显提高；气象台站的基础设施明显改善，职工的各项社会保障得到妥善解决，生活水平和质量明显提高。主要任务是：加强气象综合探测、气象信息网络、气象信息加工分析预测、气象服务、技术装备保障、西部气象工作等10个方面建设与发展。拟定的骨干工程项目是：西部地区气象防灾减灾系统工程、西部地区空中水资源开发利用工程、气象综合服务系统、新一代数值天气预报业务系统及释用系统、气象卫星工程、新一代天气雷达网续建工程、短期气候预测业务系统二期工程、大气监测自动化系统二期工程8项，同时安排了11个科学技术研究重点领域和科学工程项目。

经过"十五"计划期间建设和发展，气象服务效益显著，天气预报准确率不断提高，气候预测、气候变化预估、大气成分、人工影响天气等业务服务全面发展，气象服务领域不断拓宽，服务时效性逐渐增强，国家防御和减轻气象灾害的能力显著增强。气象现代化建设成绩显著，大气监测自动化、新一代天气雷达组网、风云气象卫星和短期气候预测业务系统等重点工程顺利实施，气象基础设施建设得到加强，业务现代化总体水平大幅度提升，气象科技创新不断加强，重大科技成果不断涌现，创新体系改革取得显著成效，气象科技人才队伍不断壮大，科技基础条件平台建设取得重大进展。"十五"期间，中央和地方的财政投入分别是"九五"计划的2.26和1.97倍，据统计，落实气象事业经费94.16亿元。

气象事业发展"十一五"规划（2006—2010年）

简称"十一五"规划。2007年由国家发展和改革委员会与中国气象局联合印发《气象事业发展"十一五"规划》，该规划的主要内容首次成章成节地纳入了《中华人民共和国国民经济和社会发展第十一个五年规划纲要》，显示了气象事业在国民经济和社会发展中的地位日益提高。

"十一五"规划提出的发展目标是：初步建成结构合理、布局适当、功能齐备的以综合气象观测、气象预报预测、公共气象服务和科技支撑保障系统为主要内容的现代气象业务体系，切实提高气象防灾减灾能力和应对气候变化能力，使气象整体实力达到20世纪末世界先进水平。主要任务是：显著提高天气预报准确率，提升气候业务和气候资源开发利用能力，积极应对气候变化，强化新农村气象服务，逐步建立以卫星遥感为主、地面监测为辅的典型生态系统监测体系，发展大气成分业务，提高人工影响天气水平和效益，增强空间天气保障能力，加强雷电灾害防御等。重点工程是：气象灾害监测与预警、气候变化应对（一期）工程、空中云水资源工程、新一代天气雷达工程、气象卫星工程、北京高性能计算机应用中心建设工程国家级6个重大气象工程。

经过"十一五"规划时期的建设发展，气象整体实力明显提升，气象发展思路更加清晰，初步形成了现代气象业务体系、气象科技创新体系、气象人才体系构成的气象现代化体系新格局。气象防灾减灾取得重大成效，气象科技创新和人才队伍建设稳步推进，气象发展环境明显改善。气象现代化建设取得显著成就，实施了气象卫星、新一代天气雷达、气象监测与灾害预警等重点工程；成功发射4颗气象卫星，实现了极轨气象卫星技术升级换代、静止气象卫星双星观测和在轨备份；新建新一代天气雷达73部，形成了由164部新一代天气雷达组成的雷达观测网，全面实现高空气象观测装备技术换代。地面气象基本要素实现观测自动化，自动气象站覆盖全国85%以上乡镇；建立了全国基本观测业务设备运行监控系统和气象技术装备保障系统；温室气体实现在线观测，启动了海洋气象观测系统建设，国内气象数据收集、分发能力分别提高6倍和16倍，国家级高性能计算机总运算能力达到50万亿次/秒；自主研发的全球/区域多尺度通用同化预报系统实现了准业务运行；全国晴雨预报和暴雨预报准确率进一步提高，台风路径预报达到世界先进水平。据统计，"十一五"期间落实气象事业经费252.36亿元。

气象发展规划（2011—2015年）

2011年12月中国气象局和国家发展和改革委员会联合印发《气象发展规划（2011—2015年）》，简称"十二五"规划。

"十二五"规划提出的指导思想是：以科学发展为

主题，以转变发展方式为主线，坚持公共气象的发展方向，把提高气象服务水平放在首位，大力推进气象科技创新，着力加强"四个一流"（一流人才、一流技术、一流设备、一流台站）建设，着力提高"四个能力"（气象预测预报能力、气象防灾减灾能力、应对气候变化能力、开发利用气候资源能力），构建整体实力雄厚、初具世界先进水平的气象现代化体系，为经济发展、社会进步、保障民生和国家安全提供一流的气象服务。发展目标是：到2015年，基本建立满足国家需求、结构完善、布局合理、功能齐备的公共气象服务系统、气象预报预测系统、综合气象观测系统，建成较完善的气象科技创新体系和充满活力的气象人才体系，显著提升气象现代化水平，进一步优化气象法制、文化、管理等发展环境，为实现国务院2006年3号文件确定的到2020年奋斗目标奠定坚实的基础。

"十二五"规划首次提出发展的主要具体指标：气象信息公众覆盖率达到95%以上，公众气象服务满意度保持在85%以上；灾害性天气预警信息提前15～30分钟发出；人工增雨（雪）作业效率提高10%；24小时晴雨和暴雨预报准确率分别保持在85%和22%以上，温度24小时预报准确率达到70%以上，台风路径24小时预报误差减小到100 km以内；短期气候预测水平在21世纪前10年基础上提高3%～5%；实现单颗静止气象卫星每15分钟获取一次云图，卫星全球资料获取时效提高到2小时以内；天气雷达观测覆盖率提高10%左右；自动气象站乡镇覆盖率达到95%；国家级高性能计算机运算能力达千万亿次/秒，卫星、雷达资料占同化资料总量的85%以上。

"十二五"重点工程项目是：气象卫星系统工程、天气雷达工程、气象监测与灾害预警工程、气候变化应对决策支撑系统工程、山洪地质灾害防治气象保障工程、新增千亿斤粮食生产能力气象保障工程、突发事件预警信息发布系统工程、人工影响天气工程、海洋气象综合监测预报预警工程、国家气象业务应急备份系统工程、数值预报和高性能计算机系统工程、基层气象台站能力建设工程、区域和省级重点工程等。首次将省级重点工程项目纳入国家规划。"十二五"规划国家级重大工程项目建设投资500亿元左右。

"十二五"时期，气象监测预报服务能力明显增强，气象现代化建设取得显著成效，气象事业发展迈上新台阶。公共气象服务和气象防灾减灾效益稳步提高，气象灾害导致的死亡人数从"十一五"的年均2956人下降到"十二五"的1293人，灾害损失占GDP（国内生产总值）比重从1.02%下降到0.59%，气象预警信息公众覆盖率接近80%，公众气象服务满意度保持在85分以上。气象现代化水平明显提升，气象卫星实现多星在轨和组网观测，181部新一代天气雷达组网运行，国家级地面观测站基本实现观测自动化，区域自动气象站乡镇覆盖率从85%提高到96%，重建了1951年以来高质量基础气象数据集，1700万亿次/秒的新一代高性能计算机系统投入业务运行。科技创新和人才队伍支撑能力进一步增强，5项成果获国家科学技术进步奖，39人次入选国家级人才工程。气象发展环境明显改善，保障气象改革发展的法律法规和标准体系逐步完善。县级气象机构综合改革取得积极进展。双重计划财务体制不断完善，中央对气象部门的累计投入较"十一五"增长81%，地方政府投入增长110%，台站面貌明显改善。

（庞鸿魁　张新营）

qìxiàng xiàndàihuà jiànshè zhòngdiǎn gōngchéng
气象现代化建设重点工程（key projects of meteorological modernization）

经国家主管部门批准、中央预算内基本建设投资达3000万元及以上的气象现代化建设项目。新中国成立以来，特别是改革开放以后，国家加大了对气象事业的投入，陆续实施了气象卫星、大气监测自动化、短期气候预测和新一代天气雷达布网等一批重点工程建设，带动了气象现代化整体水平的提升和气象工作整体面貌的改变，推动了气象观测、气象预报预测、气象服务能力的提高，带动了气象科技创新和人才队伍建设，促进了气象事业向全面现代化的快速发展，在国民经济和社会发展中发挥了重要基础保障作用。这些国家级气象现代化建设重点工程的实施，还有力带动了省级气象现代化重点工程的建设。

北京气象通信枢纽系统工程（BQS系统）
1973年7月国务院总理周恩来批准建设现代化的北京气象通信枢纽系统工程，1974年国家计划委员会（简称国家计委）将此项工程正式列入国家重点建设项目。BQS（Beijing qixiang shuniu）系统是气象部门第一个大型现代化建设项目，引进了日本日立公司2台M-160和1台M-170计算机、2套通信控制处理机和大容量磁盘存储器、6台大型平面绘图机等设备108项、591台（件），新建业务楼1万多平方米。经过近6年的建设，于1980年1月正式投入业务运行。BQS系统的建成，使国家级气象通信告别了手工作业和半自动化的通信方式，在全国通信行业中率先实现了计算机自动化通信，成为世界气象组织亚洲区域气象通信枢纽，提高了中国在国际气象领域中的地位。

中期数值预报业务系统
1984年5月国家计委批准

国家气象中心建立以中期为主的数值预报业务系统扩建工程项目。1986年2月国家科学技术委员会将中期数值天气预报研究列入了"七五"国家重点科技攻关计划。气象部门采取"引进国外先进模式基础上消化、改进"的技术路线，在20世纪80年代末90年代初建立起中国全球中期天气数值预报业务系统，使天气预报能力显著提升，预报时效从3天延长到5天。经过不断更新发展，先后建立了T42L9，T63L16，T106L19，T213L31，T639L60等业务系统，使中国跻身于国际上少数能发布中期数值预报的国家行列。

北京气象中心扩建工程（"873"工程） 国家"七五"计划的重点工程。1987年3月由国家计委立项，主要建设内容是对气象部门计算机通信系统进行更新换代，包括引进美国DEC公司、CDC公司和国产的计算机系统，以及DECnet，CDCnet，LCN等网络设备，采用1台VAX6320计算机、3台国产的NCI2780和4台MIRA通信前置机构成VAX群机系统，形成国内第二代气象通信系统。1991年完成工程建设并投入业务运行，使中国气象通信系统实现了更新换代，进一步提高了气象通信的传输能力、处理能力和存储能力，每日发送的信息量从15 M字节增加到30 M字节，使气象部门步入从计算机通信向计算机网络的过渡，在技术上逐步与国际接轨。

风云气象卫星系统工程 1969年国务院总理周恩来指示要发展中国自己的气象卫星，从此开始了气象卫星的预研。1977年正式启动了风云一号卫星研制，1988年9月成功发射风云一号A极轨气象卫星。按照国家批准的气象卫星发展规划，中国气象卫星包括极地轨道（太阳同步）卫星系统和地球静止轨道（地球同步）卫星系统。截至2014年底，已经成功发射风云一号、二号、三号3个系列共7颗静止气象卫星和7颗极轨气象卫星，风云二号（FY-2）D，E，F星和风云三号（FY-3）A，B，C星在轨业务运行，气象卫星地面应用系统形成了"五站一中心"格局。中国气象卫星初步实现了业务化、系列化，实现了由试验应用型向业务服务型的转变，形成了"双星观测、互为备份"的静止气象卫星业务新格局，极轨气象卫星也实现了技术升级换代。中国气象卫星水平已部分达到国际先进水平，中国成为国际上同时拥有静止和极轨气象卫星的三个国家之一。气象卫星已成为现代气象业务发展中不可代替的高技术手段，在国民经济各个领域中得到了广泛应用，其综合应用效益也越来越显著。

气象卫星综合应用业务系统（"9210"工程）
1992年10月国家计委批准建设的国家"八五"计划重点建设项目（"9210"工程）。主要建设内容为：在全国气象部门形成卫星通信为主、地面通信为辅的集中控制、分级管理的全国气象信息骨干网络，由国家通信主站、30个省级次站和300多个地（市）级小站及2000余个县（市）级接收站组成，包括卫星广域网和卫星话音网。"9210"工程从1993年开始建设，1999年全部建成正式投入业务运行，形成了中国第三代气象通信系统，使全国气象现代化的总体水平上了一个大台阶，为21世纪中国气象事业的大发展奠定了良好的基础。"9210"工程建设成果，荣获国家科学技术进步奖二等奖。

北京高性能计算机应用中心工程 气象部门自1984年起开展大型计算机建设，1993年经国家计委批准成立"北京高性能计算机应用中心"，在国家气象中心安装了当时国内第一、国际先进、计算峰值速度3480亿次/秒的"神威-I"高性能计算机系统，改善了中国高端计算环境，提高了高端计算能力。神威计算机系统开放应用取得了丰硕成果，在国民经济建设中发挥着积极作用。从20世纪90年代初到2005年，气象部门国家级计算能力基本每5年增长1个数量级。2005年21.59万亿次/秒的高性能计算机系统投入业务应用后，用于气象业务和科研的计算能力比1978年提高了近2300万倍，比"九五"计划期间提高了近200倍，使气象信息综合应用能力显著提升。

全国新一代天气雷达工程 1997年中国气象局提出了《我国新一代天气雷达监测网站点布局方案》，计划在全国建设新一代多普勒天气雷达网。1998年国家计委批准中国气象局建设新一代天气雷达监测网，2005年国家发展和改革委员会批复了《天气雷达近期发展规划（2005—2010年）》，2009年又批复了《新一代天气雷达建设增补站点布局方案》。新一代天气雷达网建设主要内容为：在沿海省及主要降雨流域布设S波段雷达，内陆地区布设C波段雷达，形成基本覆盖全国的天气雷达监测网。截至2014年，全国已完成《天气雷达近期发展规划（2005—2010年）》中158部雷达的建设任务，《新一代天气雷达建设增补站点布局方案》中58部雷达的建设正在稳步推进。新一代天气雷达网实现了雷达监测布网的科学性和合理性，以及信息与资源共享，在定量估测降水、临近预报、灾害性天气监测和预警等方面发挥了重要作用，显著提高了中国天气预报的准确率，增强了服务能力，逐步实现了精细化的定点、定时、定量预报目标，取得了明显的社会、经济和生态效益。

短期气候预测业务系统 2000年10月国家计委批准短期气候预测业务系统项目。项目主要建设内容包括：国家级短期气候预测业务分系统、区域级及省级气候业务系统、气候开放实验室实验设施、国家气候中心科技大楼建设四大部分。2006年项目基本完成：完成了国家气候中心业务楼建设，建成了国家级短期气候预测业务系统，引进了美国IBM公司计算峰值速度为21万亿次/秒的C1600高性能计算机系统，建成了区域级、省级和计划单列市级的气候业务系统和若干个气候研究开放式实验室，配备了外场观测实验设施等。该工程的建成，标志着以短期气候预测为重点，国家、区域、省三级有机结合的全国气候业务系统基本建立，对提高中国短期气候特别是灾害性、极端气候事件的监测、预测、影响评价水平和为国家防灾减灾、应对气候变化提供高质量服务具有重要意义。

大气监测自动化工程 2001年5月国家计委批准建设大气监测自动化系统第一期工程。项目建设内容主要包括：地面气象观测网、高空气象探测、大气特种观测网、天气雷达、技术保障、信息传输6个分系统，在现有国家基本气象观测系统的基础上升级改造，提高遥测自动化水平，提高大气监测自动化能力和时效。2005年完成工程建设并投入业务运行，中国大气监测系统达到20世纪90年代初的国际先进水平。

气象监测与灾害预警工程 2007年国家发展和改革委员会批准的国家"十一五"规划大中型工程项目。该工程项目依托现有气象站网和系统布局，主要建设内容包括：预警指挥系统、气象灾害监测、信息传输、气象灾害预报预测、气象灾害专业服务和技术保障6个分系统。该工程建设完成后，逐步实现了对气象系统的多要素、全方位、高时空分辨率和高精度的连续观测，增强了全社会应对重大突发气象灾害的应急保障能力，提高了气象预警服务信息覆盖面。

气候变化应对决策支撑系统工程 由国家发展和改革委员会于2009年正式批复立项，2011年8月启动建设。工程建设内容包括：气候模式系统构建和计算能力建设、气候变化影响评估与预测业务服务体系建设、亚洲气候变化监测和预测中心建设3部分。该系统工程的建设，将提高中国在国民经济布局、区域开发、大型工程建设等方面适应气候变化的服务能力，增强气象对国家可持续发展及国家安全的保障能力，强化中国在国际气候变化环境外交中的支持能力。

山洪地质灾害防治气象保障工程 "全国中小河流治理和病险水库除险加固、山洪地质灾害防御和综合治理总体规划"中确定的重点建设任务，是气象部门有史以来国家安排投资规模最大、范围最广、效益更加综合的重大项目，2011年8月启动建设，目前工程尚在实施。气象部门依托该项目，针对山洪地质灾害易发区和重点防治区，优先安排以气象监测预报预警等以防为主的非工程措施，重点开展中小河流防汛和山洪地质灾害防治精细化预报服务业务、暴雨洪涝风险预警服务业务，进一步提升暴雨洪涝和山洪地质灾害预警服务能力。该工程的建设将基本解决防灾减灾体系薄弱环节的突出问题，显著增强防御洪涝和山洪地质灾害的能力，明显改善易灾地区生态环境，完善防灾减灾长效机制，为山洪地质灾害防治提供有力的气象保障。

国家突发公共事件预警信息发布系统工程 由国家发展和改革委员会于2010年批复立项，2011年11月启动建设。主要建设内容包括：1个国家级、31个省级、342个地市级预警信息发布管理平台和2379个县级预警信息发布管理终端，新建国家预警信息发布网站、手机短信预警平台、信息反馈评估系统，以及相关管理规范和技术标准。系统建成后将具备承担自然灾害事件、事故灾难事件、公共卫生事件、社会安全事件等突发公共事件的信息接收、处理及发布能力。同时，建立快速发布机制，预警信息公众覆盖率达到82%以上，公众在10分钟之内接收到预警信息。国家突发事件预警信息发布系统的建设对提升政府应急管理水平、增强社会管理和公共服务能力具有重要意义。

东北区域人工影响天气能力建设工程 2012年5月国家发展和改革委员会批复东北区域人工影响天气能力建设工程，同年9月启动建设。建设内容包括：飞机作业能力、区域飞机作业保障中心、人影作业指挥业务系统、地面人影作业能力、观测系统、效果检验外场试验区和新装备试验考核系统7个部分。项目建成后将完善覆盖东北全区域的飞机和地面作业、监测、作业指挥、效果检验、保障等构成的人影作业体系，全面提升东北地区人影科技水平和服务能力，为国家粮食安全、抗旱救灾、森林草原防火、生态建设和保护等提供有效保障，同时为中国其他地区人工影响天气工程建设提供示范作用。

青海三江源人工增雨工程 2005年1月，国务院审议批准了《青海三江源自然保护区生态保护和建设总体规划》。三江源人工增雨工程是22个子项目之一，总投资1.6亿元，紧紧围绕"充分利用和开发空中水资源，缓解缺水，增加黄河、长江等大江大河的径流量，保障农牧业生产，改善三江源地区生态环境，为整个江河流域经济社会可持续发展做贡献"的总体思路，从人工增雨综合监测、催化作业、信息传输、作业指挥和作业评估5大系统进行建设。通过2006—2012年的建设和实施，区内湖泊湿地面积不断扩大、江河源径流量增加、草场逐渐恢复、生态环境逐步改善，并趋良性发展。三江源自然保护区人工增雨工程荣获"2011年度国家优质投资项目奖"。

青海湖流域人工增雨工程　2007年12月，国务院审议批准了《青海湖流域生态环境保护与综合治理规划》，规划总投资15.67亿元。2012年12月国家发展和改革委员会批复"青海湖流域生态环境保护与综合治理规划人工增雨工程"，是《青海湖流域生态环境保护与综合治理规划》中湿地保护与环境治理工程中3个子工程之一，中央预算内专项投资10 145万元。根据青海湖流域自然条件和人工增雨工作需求，将建设"两个系统，一个平台"，即人工增雨作业系统、人工增雨综合观测系统和人工增雨决策服务平台。2016年项目全面完成后，将有效缓解青海湖流域水资源匮乏，改善流域内生态，促进流域的社会经济发展以及和谐社会建设。

（谢璞　程磊）

jīcéng qìxiàng tái-zhàn jiànshè
基层气象台站建设（construction of meteorological offices and stations）

气象部门设立在基层的气候观象台、大气本地站、基准气候站、基本气象站、一般气象站（国家气象站）、高空气象观测站、天气雷达站和农业气象观测站等各类专业气象站的建设。包括业务建设和基础设施建设等内容。基层气象台站主要设置在县级，是气象部门直接获取气象信息、开展公共气象服务、依法履行管理职能的最基层单位，是气象业务服务的基础。其工作不仅直接影响天气气候预报预测质量和水平，还影响经济社会发展和人民生活质量的提高，因此，搞好基层气象台站建设意义重大。

业务建设

气象台站网　早在1743年，西方传教士开始在中国北京建立测候所，进行气象观测。1840年鸦片战争后，帝国主义列强先后在中国一些城镇、口岸设立气象台站。1911年辛亥革命后，民国政府于1912年在北京建立中国自己的气象台——中央观象台。此后，民国政府有关部门、院校逐步在各地建立测候所、气象台。1945年中国共产党在延安建立解放区的第一个气象台，在东北、华北解放区也相继建立了一些气象台站。

1949年新中国成立后，气象台站网建设进入了一个崭新的历史时期，"一五"计划就提出了在台站建设方面基本完成天气预报所需的观测网。全国各级气象部门按照"建设、统一、服务"的方针大力进行气象台站网建设。1953年全国各省会城市（除拉萨外）都建立了气象台，到1956年全国建成气象台站1647个，1960年一度达到3240个，基本做到了"专区有台、县县有站"。1961年以后，根据国家调整等八字方针又撤销了部分气象台。1965年全国气象台站调整为2383个，以后又进行个多次调整，形成了布局比较合理的气象台站网的基本格局，为新中国气象事业的发展奠定了基础。截至2014年底，全国气象部门共有国家级地面气象观测站2423个（其中国家基准气候站212个、国家基本气象站634个、一般气象站1577个）、国家高空气象观测站120个、国家天气雷达站212个（其中新一代天气雷达站172个），同时还有相当数量的区域气象观测站以及太阳辐射、雷电、大气成分等观测站。它们共同组成了地基、空基、天基相结合的全国气象台站网。此外，中国农垦、水利、民航、盐业、海洋、航天、石油等部门也设有各类专业台站1300多个。中国气象台站的分布密度、观测质量和时效已达到或超过世界气象组织要求的标准。

基层气象台站现代化　基层气象台站现代化是气象现代化的重要组成部分。新中国成立前，旧中国留下来的气象仪器设备简陋、观测手段落后，观测数据的上传主要是通过莫尔斯发报。新中国诞生后，中国气象台站开始大规模建设，业务不断发展，到1958年，基层气象台站的观测仪器基本由国内生产，气象台站的业务也由单纯的观测、发报发展到开展补充天气预报。进入20世纪60年代，地面气象观测开始向遥测化、自动化方向发展，1968年国内自主研制的第一个遥测化仪器——电接风向风速仪（计）投入气象台站使用，取代了人工观测的压板（维尔达）风向风速仪。与此同时，开始研制自动气象站，经过多年的努力，目前自动气象站已在全部气象台站投入业务使用，实现了地面气象观测的自动化。

高空气象观测业务从建国初期的49型风车式探空系统发展到20世纪60年代的比较完整的59-701型高空探测系统，到90年代全部建成了L波段-电子探空仪自动化系统，高空探测业务基本达到了先进水平。

中国天气雷达站的观测业务也经历了模拟天气雷达、数字化天气雷达、多普勒天气雷达3个发展阶段。天气雷达始建于20世纪60年代后期，到80年代初，形成了由50多部各种型号天气雷达组成的观测网。到90年代初，建成了由近60部S波段和C波段数字化天气雷达组成的雷达监测站网。到2014年基本形成了覆盖全国的新一代多普勒天气雷达监测网，实现了对灾害性天气和重要天气系统的有效监测和预警。中国新一代天气雷达网整体实力达到国际先进水平。

基层气象台站的通信传输也经历了从莫尔斯发报、单边带移频、电传传真、PC-1500计算机、微机到卫星通信的发展过程，目前全国气象台站全部配备了卫星单收站，实现了观测数据的实时自动传输。

经过60多年的建设发展,气象台站基本建成了地基、空基和天基相结合,门类比较齐全,布局基本合理,监测功能比较强大的现代综合气象观测系统;在上级气象部门指导下,根据当地资料和经验,订正上级指导预报产品,开展灾害性天气监测和临近短时预报;按照当地经济社会发展的需要,全面开展气象服务工作。

基础设施建设 中国气象局历来重视基层气象台站基础设施建设,"一五"计划就针对当时的情况对各类气象台站工作用房及其与气象业务服务相配套的基础设施和工作生活环境进行的建设,以后又进行了多次维护和升级改造。特别是1983年气象部门进行了管理体制改革以后,逐步推进基层台站基础设施建设和改善。"七五"计划开始实施气象台站综合改善,重点解决台站危房翻建和改善供电、供水条件等工作。1991年中国气象局制订了《气象部门基层气象台站业务用房建设规模和标准的规定》,启动了基层气象台站基础设施综合改善,摸索出符合气象部门实际的发展建设途径。"九五"计划期间,国家与各级地方政府投资7.48亿元用于气象台站基础设施建设,安排项目多、投资金额大,建设成效明显。

进入21世纪,气象台站基础设施建设进程明显加快。2004年中国气象局制定《加强基层台站建设意见和指导标准》和一系列项目建设管理制度,规范了基层气象台站基础设施建设标准,促进了全国气象台站标准化建设进程。"十五"计划期间,国家累计投资气象台站基础设施建设资金约13.5亿元,地方配套和自筹投资6亿多元,超过了同期全社会固定资产投资增长幅度。2006年《国务院关于进一步加快气象事业发展的若干意见》明确提出建设"一流台站"的要求,气象台站基础设施建设逐步向现代化迈进。"十一五"期间,中央财政投入15.2亿元,安排了2985个项目用于基层气象台站基础设施建设。按照建成"一流台站"为目标,台站业务办公用房满足各项气象业务运行需求并符合抗御自然灾害设计要求,台站观测环境及水、电、路、暖、护坡、消防、安全等基础设施得到显著改善,艰苦台站综合改造基本完成,生活基地更加完善。

主要成效 经过多年的建设和发展,基层气象台站的业务和基础设施等发生了很大变化。

建立了现代气象业务系统 经过60多年的努力,基层气象台站已形成集地面、高空、雷达、卫星接收、大气成分等观测为一体的综合气象观测网,在全国形成了地基、空基和天基相结合,门类比较齐全,布局基本合理的现代化综合气象观测系统,实现了从人工观测到基本自动化观测,从地面到太空,从大气物理到大气化学等立体、综合、连续的时空监测,监测能力和水平有了很大提高。同时,气象预报预测和气象服务的能力大大加强,为当地经济发展和社会进步做出了贡献。

完善了基础设施 基层气象台站基本建成满足需求的行政管理办公用房、预报预警业务平台、预报会商室、决策服务室、测报值班室、农气分析室、计算机房、通信机房、人影指挥室、防雷检测业务室、气象科技服务室等各类业务办公用房,完善了相配套的配电室、制氢房、档案资料库、设备备件库房、接待室、多室合一的会议室、人影作业炮库、车库等用房。全国99%的地面观测场达到25 m×25 m或25 m×35 m的规格,建成653个农(牧)业气象试验场。台站供电、供水、供暖、供气、排污设施,围墙、道路、护坡、台站环境以及交通工具等得到改善,为建设"一流台站"、加快我国气象现代化步伐奠定了基础。

基层台站文化设施建设得到加强 基层台站普遍建设图书室、图书架、科普园地,有条件的基层台站建设了职工健身室、娱乐室,丰富了职工的业余文化生活,庭院绿化、美化、亮化,涌现了一大批"花园式"气象台站,成为当地一道风景线。

艰苦气象台站基础条件明显改善 全国气象部门艰苦气象台站987个,改善他们的工作条件和生活环境是基层气象台站建设的重中之重。经过多年的努力,艰苦气象台站业务办公用房和生活用房得到较大改善,供电、饮水、取暖、道路、护坡、交通工具等附属设施基本得到解决。"十五"计划以来,中国气象局累计安排7000万元专项资金完成了西藏和青海、四川、甘肃藏区和新疆南疆等地(州)艰苦气象台站生活基地试点建设,实现了这些特别艰苦的气象台站职工居有定所、老有所归,稳定了干部职工队伍。

(曹卫平 王立 姜长波 阳世勇)

气象改革

qìxiàng gǎigé

气象改革(meteorological reform) 自1978年党的十一届三中全会以来,气象部门对气象管理体制、气象业务体制、气象服务体制、气象科技体制和气象事业结构等进行了一系列改革,探索走出了具有中国特色的社会主义气象事业发展道路,建立了基本适应气象现代化的体制机制,形成了基本适应气象事业发展需要的高素质气象人才队伍,建成了以科技创新为支撑的现代气象业务体系，气象业务服务领域不断拓展、能力显著提升、经济社会效益日益凸显，气象事业得到了快速发展。

改革历程与成效 1978年以来，根据党和国家的重大方针政策调整和推进改革的总体部署，气象改革大体经历了以下三个时期。

1978—1992年 气象部门认真贯彻党的十一届三中全会确定的路线、方针、政策，在思想上、组织上、业务上实现了工作重点转移，改革了领导管理体制，率先实行对外开放，并先后启动了业务技术体制、科研教育体制和气象服务体制改革，为新时期气象事业发展奠定了良好的基础。

这一时期气象部门重点改革了领导管理体制。在1980年以前，气象部门的领导管理体制几经变更，但均不适应气象现代化发展要求。为探索更好适合中国国情、符合现代气象发展规律的领导管理体制，气象部门在认真总结历史经验教训、考察借鉴发达国家气象管理体制的基础上，提出了气象部门实行双重领导、以气象部门领导为主的管理体制改革方案。1981年，国务院批准了气象部门分省以下、省以上两步走的改革方案，到1983年全国气象部门建立了双重领导、以气象部门领导为主的管理体制。实践表明，改革后的领导管理体制适应气象现代化发展需要，有利于气象事业发展统一规划和建设，促进气象现代化和业务技术体制的改革；有利于气象业务和服务的统一布局、管理和发挥气象部门的整体效益；有利于气象部门各级领导班子建设；有利于发挥气象科技人员的作用，保持气象队伍的基本稳定；有利于各级气象部门机构的稳定和规范化；有利于发挥中央和地方共同发展气象事业的积极性，促进气象事业又好又快的发展。

在基本完成领导管理体制改革以后，1984年，国家气象局提出了《关于气象部门改革的原则意见》，对当时气象改革进行了规划和部署。1988年，中国气象局下发了《气象部门加快和深化改革的总体设想》和业务技术体制改革等8个配套分方案，明确提出了以建立新型的天气预报业务技术体系为重点，通过改革和建设，逐步建立结构比较合理、上下信息比较通畅、指导层次比较分明的现代化业务技术体系，以增强气象业务服务能力。1990年，中国气象局又提出了推进"四个结构调整"的改革任务：调整专业结构，促进业务技术体制改革；调整人才结构，协调人才供需关系；调整队伍结构，逐步实现人员合理分流；调整投资结构，提高资金使用效益。通过推进"四个结构调整"和业务技术体制改革，特别是天气预报业务技术体制改革，气象业务现代化建设迅速发展，上级气象台对下气象台站的天气预报指导能力明显增强，并减少了重复劳动，为拓宽气象服务领域和深化气象服务改革创造了条件。

气象服务体制改革在20世纪80年代初也开始起步。1984年，中国气象局首次提出，在加强公益服务的基础上，尝试开展有偿专业气象服务。1985年，国务院办公厅转发《关于气象部门开展有偿服务和综合经营的报告》。通过开展有偿专业气象服务，气象部门逐步探索出一条与经济建设密切结合的、能更好地将气象科技成果转化为生产力的服务途径。有偿专业气象服务的快速发展，促进了专业气象服务领域不断扩大，提高了气象业务人员的责任心，气象服务社会效益和经济效益显著提高。同时，在当时国家投资不足的情况下，气象部门通过提供专业气象服务获取一定收益弥补事业经费不足，从而增强了气象部门自我发展能力和自我改善能力。

1985年，中国气象局制定了《气象科学技术研究体制改革方案》。1988年，中国气象局下发了《关于深化气象科学技术研究体制改革的意见》。根据气象科技体制改革要求，气象部门先后建立了上海台风研究所、广州热带海洋气象研究所、武汉暴雨研究所、成都高原气象研究所、兰州干旱气象研究所、沈阳区域气象中心研究所，各省（自治区、直辖市）气象局的科研机构相继恢复和建立。通过气象科研制度改革，许多气象科研单位努力与经济部门挂钩，签订服务合同；有的单位不同程度地扩大了科研单位的自主权，开始逐步实行所长、课题组长负责制。这些改革，促进了气象科研与业务、生产的密切结合，促进了气象事业现代化建设。

这一时期，气象部门积极推进气象教育改革，南京气象学院被列入全国重点院校，北京、成都两所气象专科学校升格为以培养大学本科为主的高等院校，建立了兰州、南昌、湛江3所全国重点气象中专学校，还建立了两个硕士学位研究生授予单位，全国绝大部分省（自治区、直辖市）气象局恢复或新建了气象中等专业学校。

这一时期，按照中央当时的部署，气象部门大力推进领导班子"四化"建设，改革干部人事制度，大胆启用专业技术人才，一大批政治素质好、文化程度高、具备专业知识的业务技术骨干进入各级领导班子；加强气象部门"第三梯队"建设，为年轻干部的培养选拔奠定了基础；恢复气象科技干部技术职务评定制度；改革毕业生分配制度，给予了用人单位挑选毕业生的自主权，为气象部门面向社会公开招聘气象专业优秀人才疏通了供需渠道。

1992—2012年 在邓小平南巡谈话的推动下，气象部门进一步解放思想，加快改革步伐，大力推进气象事业结构调整，积极拓展气象业务服务领域，气象服务效益显著提升；进一步建立完善双重计划财务体制，促进了国家和地方气象事业快速发展；进一步推进气象业务科技体制改革，不断促进由现代气象业务体系、气象服务体系、气象科技创新体系、气象人才体系共同构成的气象事业现代化体系建设，有效推进了气象事业全面协调快速发展。

调整气象事业结构是这一时期前期的改革重点。1992年，气象部门在原有的基础上，提出了深化气象事业结构调整，把调整各级气象部门气象事业结构以及建立完善相应运行机制作为深化改革的重点。到20世纪90年代中期，气象部门通过事业结构调整，各级气象部门基本形成了由气象基本业务、气象科技服务、气象经营实体构成的"小三块"气象事业结构。在此基础上，1999年，中国气象局进一步提出，建立由气象行政管理、基本气象系统、气象科技服务与产业三部分组成的气象事业结构。通过改革，全国气象部门在2000年前后基本建立形成了三部分构成的气象事业结构。自2009年以来，气象部门按照中央的部署，进一步深化气象行政管理职能调整改革，推进事业单位分类改革，按照政事公开、企事分开、管办分离的原则，强化内设机构的社会管理与公共服务职能，加强依法行政制度和法规标准建设，从而进一步优化了气象事业结构，提出了建立由气象行政机关、气象事业单位、气象服务企业和气象社会组织构成的新型气象事业结构。通过不断深化气象事业结构调整，促进了气象事业精干高效，拓展了气象服务领域，适应了社会主义市场经济条件下气象服务多样化的需求。

不断完善气象管理体制是这一时期改革的重要任务。20世纪90年代初，为了推进国家气象事业与地方气象事业协调发展，提出了建立与双重领导管理体制相适应的双重计划财务体制改革方案。1992年，国务院下发了《关于进一步加强气象工作的通知》（国发〔1992〕25号），提出了"建立健全与气象部门现行领导管理体制相适应的双重计划体制和相应的财务渠道"；1997年，国务院办公厅下发了《关于加快发展地方气象事业的意见》（国办发〔1997〕43号）。由此，气象双重计划财务体制和相应的财务渠道得到落实，并随着气象事业发展不断完善。到2012年末，全国31个省（自治区、直辖市）和4个单列市以及100%的地（市）气象部门建立了双重计划财务体制或相应的财务渠道，地方政府对气象事业的总投入占国家总投入的54.24%。"双重计划财务体制和相应的财务渠道"的建立，有效地调动了中央和地方发展气象事业的积极性，为中国特色气象事业发展提供了重要保障。

改革气象事业管理制度，是不断完善气象管理体制的重要内容。为适应国家行政体制改革，1994年，中国气象局机关实行了参照国家公务员制度管理的改革；1996年，各省（自治区、直辖市）气象局机关改革为参照公务员制度管理；2001年，全国副省级市及地市级气象局机关由事业单位改革为参照公务员管理；2012年，中国气象局对全国县级气象局机关参照国家公务员制度管理改革开展了专项研究，2013年国家公务员局批准了中国气象局县级气象管理机构参照国家公务员法管理的改革。至此，经过不断改革和完善，已形成了中国特色气象领导体制。

中国气象局在这一时期还着力推进干部人事制度改革，实施《气象部门领导班子后备干部工作规定》，加强后备干部队伍建设。依据国家有关人事制度，气象部门推进了以全员聘用合同制为主要内容的气象事业单位人事制度改革，全国气象部门事业单位实行了全员聘用合同制。通过干部人事制度改革，在干部选拔工作中按照德才兼备、以德为先的原则选人用人，加强了气象部门各级领导班子建设，为气象现代化建设和气象事业发展提供了有力的组织保证。通过实施气象人才分类管理改革、岗位设置制度改革、全员聘任制改革，调动了气象队伍的积极性和创造性。

推进气象服务体制改革。20世纪90年代，不断拓宽服务领域是气象服务改革的重点，各级气象部门先后成立了专业气象台、气象影视中心、防雷中心、人工影响天气中心等气象服务机构。进入21世纪，气象服务改革不断深化，特别在2008年第五次全国气象服务工作会议以后，气象服务改革明确了公共气象服务的定位、内涵、属性和发展思路，提出了坚持公共气象服务引领气象事业发展，大力推进公共气象服务机构实体化、队伍专业化、业务现代化。为此，各级气象部门通过气象服务改革，按照集约化和规模化的要求，组建了气象服务中心。到2012年，气象部门基本建立了包括决策服务、公众服务、专业服务和专项服务的气象服务体系，形成了"政府主导、部门联动、社会参与"的气象防灾减灾机制，建立了一支数量相当大、专兼配合、体系新颖的气象服务队伍，形成了公共气象服务多元供给的格局，逐步建立了集约化、规模化、品牌化的公共气象服务运行机制，使气象服务功能显著增强，服务效益明显提高，中国特色气象服务体系基本形成。

推进气象业务体制改革。20世纪90年代初，气象部门提出了气象业务向"两头延伸"的发展与改革的思路，即在继续抓好中短期天气预报的同时，大力发展灾害性天气短时临近预报业务和气候、气候变化业务。1993年，中国气象局提出，建立由气象综合探测系统、气象信息网络系统、基本气象信息加工分析预测系统和综合气象服务系统"四大功能块"组成的气象基本业务体系格局。此后，全国气象部门按照这一思路不断推进气象业务技术体制改革，到21世纪初基本形成了由"四大功能块"组成的气象基本业务格局。2006年，国务院下发《关于加快气象事业发展的若干意见》，对气象业务技术体制改革提出了新的要求。为落实国务院文件精神，中国气象局先后下发了《公共气象服务业务发展指导意见》《综合气象观测系统发展指导意见》《现代天气业务发展指导意见》《现代气候业务发展指导意见》，并根据这些指导意见制定了相应的发展规或总体设计，全国现代气象业务调整、优化和能力建设步入快车道。这期间，通过气象业务体制改革，中国气象局成立了公共气象服务中心，建立了国家、省两级决策气象服务专门机构和专职队伍；建立形成了以国家级专业化业务中心为引领，通过指导产品的上下反馈和预报意见的会商交流等机制，逐步形成了上下紧密衔接的业务流程体制；2011年，气象部门开展了气象技术装备保障综合试点，积极探索分级分类保障模式、装备社会化保障机制；2012年，完成了地面气象观测资料传输业务全部转到自动化的切换，结束了人工观测与自动观测并存的状态。经过不同阶段的气象业务技术体制改革，逐步形成一个布局合理、功能完善、协调发展、开放协作的现代气象业务体系，促进了公共气象服务、气象预报预测、气象综合观测现代化水平的提升，气象整体水平走在发展中国家的前列，有些方面达到了世界先进水平。

推进气象科技体制改革。20世纪90年代气象科研机构改革提出了坚持面向气象事业现代化、面向经济建设"稳住一头，放开一片"的方针，积极开拓科技服务领域，探索气象科技与经济建设相结合的路子，促进了科研成果向业务和现实生产力的转化。2000年，中国气象局召开了全国气象科学技术创新大会，并先后制定下发了《中国气象局科研机构改革实施方案》《关于省级气象科学研究所改革的若干意见》等文件。2001年，气象部门成为国家首批启动公益类科研院所改革的4个部门之一，通过改革，确定了中国气象科学研究院和包括中国气象局北京城市气象研究所在内的8个专业气象研究所（简称"一院八所"）为国家公益类研究机构，拓展了气象科学研究院所体系。2007年11月，中国气象局、科技部、教育部、国防科工委、中国科学院和国家自然科学基金委员会6部门联合印发了《国家气象科技创新体系建设意见》，中国气象局先后印发了《中国气象局关于"一院八所"深化改革的指导意见》《气象科技创新体系建设实施方案》，加快了气象科技创新体系建设。2012年，印发了《中国气象局关于强化科技创新驱动现代气象业务发展的意见》。"一院八所"逐步形成了面向气象业务发展和气象科技前沿、具有特色的学科布局。目前，气象部门已经形成由中国气象局"一院八所"、25个省级气象科研所、1个国家重点实验室和16个部门重点实验室、26个联合共建重点实验室以及国家、省级业务单位与众多高等院校和科研院所等构成的气象科研与开发体系新格局，初步形成了科研与业务紧密结合的气象科技创新体系，科技支撑现代气象业务发展能力持续提升。通过改革成果转化机制，促进了气象科研与业务的融合，气象科技对气象事业发展的贡献率明显提升。

2012年以来 以党的第十八次全国代表大会召开为标志，气象部门积极贯彻落实党的第十八次全国代表大会和十八届三中全会关于全面深化改革精神，及时作出了全面深化气象改革决策，制定下发了《中共中国气象局党组关于全面深化气象改革的意见》（中气党发〔2014〕28号），明确了全面深化气象改革的方向，提出了全面深化气象改革的指导思想、目标任务和政策措施。这一阶段全面深化气象改革突出了以下特点。

加强气象改革的顶层设计。2014年，中国气象局成立了全面深化气象改革领导小组，按照问题倒逼改革的思路，围绕制约气象事业发展体制机制根本问题和解决问题的主要举措，强化顶层设计，中国气象局党组制定了《关于全面深化气象改革的意见》，明确了到2020年的总体目标，并从深化气象服务体制、气象业务科技体制、气象管理体制三个方面提出了全面深化气象改革的主要任务。中国气象局分别成立了气象服务体制、气象业务科技体制、气象管理体制三个专项改革专题组，积极推进三个方面的专项改革工作，并将全面深化气象改革8项重点任务细化分解为20条具体任务。按照中国气象局的统一部署，各省（自治区、直辖市）气象局和中国气象局各直属单位结合实际，研究制定了本地区、本单位的改革实施方案，以全面推进各项改革任务的落实。

推进重点领域气象改革。①气象业务体制改革，启动了国家级以及省级天气气候业务改革，地面观测业务改革取得实质进展，优化了省、市、县三级集约化预报流程；启动实施国家气象科技创新工程，印发了气象科技创新体系建设指导意见，凝练出重大科技任务，集中攻关，突破重大气象业务核心技术，探索建立长期稳定的财政投入机制、有序竞争的人才保障机制和科学合理的考核评价机制。②气象服务体制改革，着力点主要为气象服务供给制度、运行机制和管理体制，推进了公共气象服务的规模化、现代化和社会化发展，建设政府主导、主体多元、覆盖城乡、适应需求的现代气象服务体系，最大限度地发挥公共气象服务在保障人民安全福祉和经济社会发展中的作用；组织召开了第六次全国气象服务工作会议，明确了中国特色气象服务体系建设发展方向和气象服务体制改革的具体任务，继续深化农村气象灾害防御体系建设，初步确立了城市气象防灾减灾长效机制。③气象行政审批制度改革，公开了气象部门行政审批项目清单，下放和取消了有关气象行政审批事项；推进气象预算管理体制改革，基本实施了三年滚动预算编制，强化了部门预算公开透明；联合财政部开展中央和地方的气象事权和支出责任划分研究；事业单位分类改革，初步完成中国气象局所属直属事业单位分类，并开展了省级事业单位分类改革试点工作。④防雷体制改革，取消了依托气象行政审批开展的防雷风险评估，取消了要求防雷装置竣工验收申请单位提供防雷产品测试报告；推进了以加强防雷安全管理为主线，坚持依法履职、简政放权、放管结合、政事分开、事企分离的防雷体制改革。

开展气象改革试点。自2013年以来，中国气象局按照"稳妥推进、试点先行"的原则，确定江苏、北京、上海、广东、浙江、重庆等省（直辖市）气象部门，以及中国气象局公共气象服务中心、中国气象科学研究院等8个单位作为国家级气象改革试点单位，分别在气象服务体制、业务科技体制、管理体制、防雷管理体制改革等方面进行试点。中国气象局还在部分省（自治区、直辖市）气象局开展了基层气象为农服务社会化、国家气象科技创新工程、县级预报综合业务平台、县级气象局高级岗位聘用、省和省以下气象事业单位岗位设置等改革试点工作。天津、辽宁、吉林、湖北、广西、四川、西藏、陕西、青海、新疆等省（自治区、直辖市）气象局在本地区进行改革试点。通过改革试点，为全面深化气象改革积累经验。

推进县级气象机构综合改革。为贯彻落实中央关于事业分类改革的精神，2013年中国气象局组织对县级气象机构进行了综合改革，全国31个省（自治区、直辖市）的2138个县级气象局共7601人顺利完成参照公务员管理过渡。通过改革县级气象机构，基本实现了县级气象行政职能与气象事业职能分开，完善了县级气象机构和岗位设置，提高了气象综合业务服务能力，强化了县级气象公共服务和社会管理职能，基层气象综合实力和发展活力进一步增强。

经过近40年的不断改革发展，气象现代化建设快速推进，气象领导管理体制不断完善，气象事业结构不断优化，气象业务体制不断完善，气象服务体制形成中国特色，气象科技创新体系基本形成，干部人事制度逐步规范，开放发展环境显著改善。气象部门探索出了一条具有中国特色的社会主义气象事业发展道路，建立形成了一套基本适应气象现代化的体制机制，形成了一支基本适应气象事业发展需要的高素质的气象人才队伍，建成了一个以科技创新为支撑的现代气象业务体系，气象业务领域空前拓展、气象服务能力不断提升，气象服务的经济社会效益日益显著。

展望 气象改革始终在进行中，面对全面建成小康社会、全面深化改革、全面依法治国、全面从严治党的新形势，气象部门坚定地以中央"四个全面"战略布局为指导，正确把握改革大局，不断改革完善气象事业发展的体制机制，更好地发挥政府、市场和社会力量发展气象事业的重要作用，更好地发挥气象工作在经济社会发展中的职能作用，不断开创未来气象事业发展崭新局面。

深化气象服务体制改革 加快构建开放多元有序的新型气象服务体系，强化政府在公共气象服务中的职能和作用，加强气象部门在公共气象服务中的基础作用，积极培育气象服务市场，激发社会组织参与公共气象服务的活力，以构建政府部门主导、市场资源配置、社会力量参与的气象服务新格局，更好地满足经济社会发展和人民群众生产生活日益增长的气象服务需求。

深化气象业务科技体制改革 加快构建世界先进的现代气象业务体系，特别要围绕核心技术突破深化气象科技体制改革，以突破重大气象业务核心技术为主线，推进国家气象科技创新工程建设；建立完善科技驱动和支撑现代气象业务发展的体制机制，运用现代信息技术，以数值预报为核心，以预报精准为目标，构建数据获取、分析和应用为一体，技术先进、功能完善、综合集约的现代气象业务体系。进一步完善现代气象业务发展的体制机制，建立集约高效的业务运行机制，创新人才发展机制。

深化气象管理体制改革 加快建立适应气象现代化的气象管理体系，完善全面正确履行气象行政管理职能的机制；进一步健全气象公共安全体系，强化安全生产的气象行业监管职能；建立生态文明建设的气象保障机制，探索建立气候资源开发利用保护与监督管理机制；推进气象行政审批制度改革，提高行政管理效能；推进气象管理机构改革，科学规范气象管理机构职责，不断完善依法发展气象事业的制度体系。

参考书目

郑国光，许小峰，沈晓农，等，2008. 气象部门改革开放三十周年纪念文集 [M]. 北京：气象出版社.

中国气象局，2009. 中国气象现代化60年 [M]. 北京：气象出版社.

（于新文　姜海如　彭莹辉）

qìxiàng fúwù tǐzhì gǎigé

气象服务体制改革（reform of meteorological service system）　坚持公共气象发展方向，围绕更好发挥政府主导作用、气象事业单位主体作用和市场在资源配置中的作用，变革气象服务的组织体系、运行机制和管理制度，推进公共气象服务的规模化、现代化和社会化发展。近年来，气象部门不断强化气象服务管理职能，组建气象服务实体，拓展气象服务领域，开放气象服务市场，推动建立定位准确、职责明确、界面清晰、运转协调的气象服务体制，逐步形成了中国特色气象服务体系。

改革历程　新中国成立以来，特别是改革开放以来，气象部门始终坚持把气象服务放在气象工作的首位，坚持气象为人民服务，为经济社会发展服务的根本宗旨，并紧紧围绕这一根本宗旨深化改革，推动发展。气象服务体制改革的过程、重点和举措集中体现在4次业务技术体制改革中（参见第59页气象业务体制改革），气象服务改革与发展的思路则集中体现在6次全国气象服务工作会议中。

新中国气象事业在创建之初就确立了气象为人民服务的宗旨。1953年毛泽东主席和周恩来总理在签署中央军委气象局转建为政务院中央气象局的命令中，就明确提出，气象工作既要为国防建设服务，同时又要为经济建设服务。20世纪60年代初期，气象部门提出了以"生产服务为纲、以农业服务为重点"的气象工作方针。1978年改革开放之初，又提出气象服务是气象工作的出发点和归宿，气象要全面为社会主义现代化建设服务的思想，要准确及时地为经济建设和国防建设服务，以农业服务为重点。随着国家经济社会的发展，气象部门对气象服务宗旨的认识不断深化，气象服务的内涵在实践中不断丰富。

1987年第一次全国气象服务工作会议，首次规范了气象服务工作，提出各级气象部门在实际工作中要十分重视质量第一、用户第一、信誉第一，在"准""专"字上狠下功夫。同时，还强调要进一步落实国办发〔1985〕25号文件，一手抓公众气象服务，一手抓专业有偿气象服务，不断拓宽专业气象服务领域。

1990年第二次气象服务工作会议提出，紧密结合国民经济发展的需要，进一步提高服务能力，拓宽服务领域，巩固提高公益服务和专业有偿服务，开拓发展科技服务和专项服务，进一步提高气象服务的社会效益和经济效益。

1995年第三次全国气象服务工作会议提出，坚持在公益服务与有偿服务中，把公益服务放在首位；在决策服务和公众服务中，把决策服务放在首位；在为国民经济各行各业服务中，以农业服务为重点的"两首位一重点"气象服务理念。

2000年第四次全国气象服务工作会议把气象服务提到了"立业之本"的高度，并提出气象服务努力做到"一年四季不放松，每个过程不放过"的严格要求。

2008年第五次全国气象服务工作会议提出，要坚持公共气象的发展方向，建设公共气象服务体系，强调要坚持把气象服务作为立业之本，坚持公共气象服务引领气象事业发展，不断提高决策气象服务、公众气象服务、专业气象服务和气象灾害防御的能力和水平，努力实现公共气象服务机构实体化、队伍专业化、业务现代化。

2014年第六次全国气象服务工作会议，重点是落实《中共中国气象局党组关于全面深化气象改革的意见》，加快构建中国特色现代气象服务体系，以改革为动力，以创新驱动发展，实现集约化、规模化、品牌化的公共气象服务运行机制逐步完善，公共气象服务多元提供格局逐步形成，市场机制作用得到充分发挥等目标。

改革的主要内容　气象服务体制改革主要包括气象服务管理职能、组织结构、运行机制等方面的改革。

管理职能改革　"党委领导、政府负责、社会协同、公众参与"是中国当前社会管理的大格局。围绕这一大格局，气象部门不断加强管理机制变革和建设，实现气象服务从部门行为到政府行为和社会行为的转变。气象服务特别是气象防灾减灾服务能力的提高，使气象服务在各级政府中的显示度稳步提高，气象防灾减灾逐步由部门行为向政府行为转变；气象服务体制的创新特别是社会力量高度关注和稳步参与气象服务，扩大了气象部门社会管理的主体，使得气象服务的管理逐步由部门管理向社会管理转变；气象服务领域的拓展和部门合作的深化，气象服务已经不仅仅停留在传统的天气预报服务，气象为农服务、气象灾害风险管理、气候资源开发利用等业务的发展，拓宽了气象部门社会管理的领域；具有地方编制的基层气象服务机构的建设，为气象部门行使社会管理职能提供了相应的组织保障。

组织结构改革　气象服务最初主要由各级气象台站直接承担。随着经济社会发展和专业气象服务的扩展，逐步成立了专业气象台（气象科技服务中心）、气象影视中心、人工影响天气中心、防雷中心、环境气象中心等气象服务业务机构，同时组建了国有气象服务企业，实行气象服务市场运行机制。为适应强化政府公共服务职能的新形势，先后成立了中国气象局应急减灾与公共服务司和省级应急减灾处，强化气象服务管理职能；组建了国家和省级气象服务中心以及部分市县级气象服务中心，整合公共气象服务资源，建立自上而下的气象服务实体，提升了气象服务业务集约化水平。

运行机制改革 气象部门既是气象服务的单一提供主体，又是气象服务的单一管理主体，同时，气象部门是用户获取气象服务的主渠道，有限服务能力和无限服务需求的矛盾长期以来难以解决，制约着气象部门公共服务水平的提高。通过不断改革完善气象服务运行机制，改革基本公共服务提供方式，引入竞争机制，实现提供主体和提供方式的多元化；推进非基本公共服务市场化改革，增加多层次供给能力，满足群众多样化需求。明确气象部门基本公共气象服务范畴，建立非基本公共气象服务社会组织准入制度，推动气象服务社会组织健康有序发展，逐步形成气象服务多元化提供主体的发展局面，增强社会组织在气象防灾减灾中的服务社会能力。同时，气象部门运用企业化的运作方式，建立以市场效益为导向的激励机制，推进专业气象服务的规模化发展，为气象服务市场开放做好准备。

改革的主要成效 长期以来，气象部门坚持公共气象发展方向，紧紧围绕国家需求全面推进气象现代化建设，基本建成了政府主导、适应需求、覆盖城乡的中国特色公共气象服务体系，气象服务成效显著，公共气象服务引领气象事业发展的作用得到较好体现。尤其是近年来气象发展理念和发展思路发生重大变化，气象综合服务能力大幅度提升，在防灾减灾、经济建设、环境保护、社会发展以及国防建设中发挥了重要作用。

建立了现代气象服务体系 现代气象服务体系是在气象服务不断发展与改革中建立的，是对公共气象服务体系内涵的扩展，适应多层次和更具品质气象服务需求的供给体系。该体系以满足政府、公众与各类社会组织对气象服务多元需求为目的，以公共气象服务为核心，以气象服务业务现代化为基础，以事业单位、市场和社会组织等多元供给为主体，以气象服务规范有序和持续发展的管理机制和政策法规为保障，具有鲜明的中国特色。

健全了气象防灾减灾体系 进一步完善了政府主导、部门联动、全社会参与的气象灾害防御体系。气象服务发展的长效机制逐步建立，政府主导作用不断强化，国务院出台了《气象灾害防御条例》《国家气象灾害应急预案》《国家气象灾害防御规划（2009—2020年）》等文件，政策支持力度明显加大，作用更加突出。气象服务发展的外部环境逐渐优化，部门联动机制不断健全，气象部门参与国家综合防灾减灾决策机制的地位和作用显著提升，在气象防灾减灾部门预警和应急联动中发挥的积极作用日益突显。充分利用社会资源开展气象服务，社会参与机制稳步推进，气象服务传播主体不断扩大，社会媒体和机构在气象服务信息传播中发挥了重要作用。

拓展了气象服务领域 通过深化改革，气象业务领域逐步拓宽，气象服务范畴不断延伸。气象部门适应国计民生决策、经济社会发展、生态环境保护与建设的需求，逐步建立健全了决策气象服务、公众气象服务、专业专项气象服务系统。在强化为农服务、保证农业安全的基础上，服务领域已扩展到水利、交通、环保、海洋、能源、工业、商业、旅游等部门以及重大活动和重大工程建设保障等方面，社会、经济效益显著提升。

组建了气象服务实体 气象部门最初的公共气象服务工作是由天气、气候等事业单位承担，没有专门的服务实体。这些单位既要从事气象预警、预报、预测业务工作，又要开展决策、公众、专业、专项气象服务工作，服务能力、服务产品、服务队伍、服务成效均难以满足防灾减灾和经济社会快速发展的需求。鉴于原有服务体制的弊端，气象部门采取有力的改革措施，推进气象服务机构实体化，建立了专业化的服务机构和队伍，显著提升了气象服务的广泛性、针对性和时效性。

改善了气象服务运行机制 随着政府职能从经济型政府向社会型政府的转变和社会公共服务及社会管理的不断加强，气象部门不断探索气象服务体制改革，在气象服务领导制度、管理制度、分配制度、人事制度及监管制度等领域进行了探索，激发气象服务的活力。

展望 今后气象服务全面深化改革的目标任务：以提升公共气象服务能力和效益为导向，深化气象服务体制改革，构建开放多元有序的新型气象服务体系。到2020年，基本建成政府主导、主体多元、覆盖城乡、适应需求的现代气象服务体系。公共气象服务集约化、规模化水平显著提高，社会力量参与公共气象服务的积极性和活力显著提升，公共气象服务能力和效益显著提升。初步形成统一开放、竞争有序、诚信守法、监管有力的气象服务市场，市场在资源配置中的作用得到充分体现。气象服务管理政策和法规标准体系逐步健全。

发挥气象事业单位主体作用 构建适应需求、快速响应、集约高效的新型公共气象服务业务体制，建立事企共同承担、分工合理、权属清晰、分类管理、协调发展的新型公共气象服务运行机制，健全需求牵引、技术驱动的公共气象服务科技创新机制，加强气象事业单位对全社会气象服务的支撑，发挥好气象事业单位在公共气象服务中的主体作用。

培育气象服务市场 发挥市场在资源配置中的作用，实现气象服务主体多元化，依法有序、积极引导各类市场主体开展气象服务，营造气象服务产业发展环境，积极引导气象服务消费，形成气象服务市场消费主体，鼓励和引导各类市场主体参与气象服务产品市场和气象服务要素市场竞争，健全气象服务市场监管法规和标准体系，加强气象服务事中、事后监管和社会监管，依法发展开放有序的气象服务市场。

激发社会力量参与公共气象服务 健全气象防灾减灾组织，提高全社会对气象灾害的自我管理能力，发挥基层社会和企业在气象防灾减灾中的作用。组建中国气象服务协会等全国性行业协会以及地方性气象服务行业协会，加强行业协会自身建设，转移适合由行业协会承担的职能，发挥行业协会作用。建立白皮书制度，明确公共气象服务的范畴、保障标准、支出责任、覆盖水平等，制定和实施气象志愿服务管理办法，有效激发行业协会、社区、企业、慈善机构和公众等社会力量参与公共气象服务的活力。

强化政府主导作用 将公共气象服务纳入各级政府基本公共服务体系，推动建立基本公共气象服务均等化制度。建立气象服务事权和支出责任相适应的制度，推动建立与经济发展和政府财力增长相匹配、与公共气象服务需求相适应的公共气象服务财政支出保障机制。利用市场机制改进气象服务供给方式，推行政府购买、附加商业价值开发等气象服务供给方式，实现气象服务供给主体和供给方式多元化。

参考书目

许小峰，2010. 现代气象服务［M］. 北京：气象出版社.

郑国光，许小峰，沈晓农，等，2008. 气象部门改革开放三十周年纪念文集［M］. 北京：气象出版社.

（孙健 裴顺强）

qìxiàng yèwù tǐzhì gǎigé
气象业务体制改革（reform of meteorological operational system）

气象业务体制是在给定的气象技术体系下，各种气象业务的组织结构体系和管理制度的总称，包括各级业务机构的设置布局、任务和责任分工，业务组织和管理的运行机制，以及业务管理和技术管理的层次结构。气象业务体制改革是对各项气象业务的设置、布局、任务、分工、相应的业务联系和运行管理方式调整、改进和优化。气象部门通过逐步深化气象业务体制改革，基本建成了现代气象业务体系，理顺了业务运行机制，促进了业务水平的不断提升。

改革历程 新中国成立后特别是改革开放以来，气象部门围绕国家经济社会需求、科技进步水平和事业发展趋势，不断改革完善气象业务体制。气象业务体制大的改革共经历了四个阶段，第一阶段奠定气象业务体系的基础，后三个阶段则是对气象业务、技术体制的改革、创新和完善。

新中国成立后的前30年，是气象业务体制初创和形成阶段 随着各级气象管理机构的成立和完善，按照"建设、统一、服务"的方针，培训技术人员，建立气象仪器制造厂，进行气象台站网建设，统一业务规章制度、技术规范和仪器设备，建立正常的业务工作秩序，形成了最初的气象业务技术体制框架，初步建立了气象观测、通信、预报、服务业务体系，气象业务在探索中发展。这个时期气象业务技术体制调整主要是由旧体制向新体制转变，由军事气象业务为主向军民兼顾的气象业务转变。

20世纪80年代，是气象业务体制调整阶段 这一阶段气象业务体制改革的重点是适应改革开放和经济社会发展需要，优化气象业务体系的整体结构，提升气象业务的服务功能。1984年《气象现代化建设发展纲要》，明确提出建成适合中国特点、布局合理、协调发展、比较现代化的业务技术体系，随后国家气象局提出了《关于气象部门改革的原则意见》，对业务技术体制改革进行了部署。1987年国家气象局关于《业务技术体制改革方案》，明确业务技术体制改革是气象部门各项改革的中心，通过改革业务体制和技术体制，达到优化气象业务体系整体功能的目的。1988年国家气象局关于《关于加快和深化业务技术体制改革的意见》，提出要通过改革和建设，逐步建立结构比较合理、上下信息比较畅通、指导层次比较分明的现代化业务技术体系。这一轮改革取得了明显成效，国家、区域、省、地和县五级业务布局逐步稳定，由各种探测手段有机组成的大气综合探测系统、多层次结构及多种通信手段并存的综合气象电信系统、以计算机为主要手段的气象资料自动处理及信息检索系统、以数值预报方法为基础综合运用各种预报方法的天气预报业务系统、综合运用各种气象服务手段及现代传播工具的气象服务系统基本建立。气象观测站网类型重新划分为基准气象站、基本气象站、一般气象站和辅助气象站4类，并根据不同任务配备人力和设备等资源，解决了气象站"一般齐、一刀切"的问题；调整了各级气象台的任务，初步解决了上下"一般粗"的问题，天气预报上级对下级的指导能力明显增强，提高了预报准确率和服务效益，减少了重复劳动。

20世纪90年代，是气象业务体制优化阶段 这一阶段气象业务体制改革的重点是，适应社会主义市场经济发展的需要，优化和完善气象业务体制，建设布局合理、有机联系、信息畅通、协调发展、比较现代化的气象业务系统，充分发挥系统整体效益，增强气象业务能力、服务能力和自我发展活力。1992年国家气象局关于《九十年代气象业务技术体制》，要求采用先进技术和系统工程方法，对20世纪80年代气象业务技术体制进行优化完善，提出了将气象业务系统划分为综合气象探测系统、气象信息网络系统、基本气象信息加工分析预测系统和综合气象服务系统四个功能块，同时对五级业务布局分工进一步调整，使气象业务技术体制进一步清晰。"四大功能块"和"五级业务分工"构成的业务技术体制，对推动全国气象现代化快速发展起到了重要作用。

新世纪以来，是气象业务体制发展提高的阶段 这一阶段气象业务体制改革的重点是适应全面建成小康社会的需要，建立现代气象业务体系。2005年气象部门在开展气象发展战略研究的基础上开展业务技术体制改革，提出"建立基本满足国家需求，功能先进、结构优化的多轨道、集约化、研究型、开放式业务技术体制，增强气象业务和服务能力，提升气象科技水平"的总体目标。2007年从贯彻落实《国务院关于加快气象事业发展的若干意见》的全局出发，探索建立现代气象业务技术体制。中国气象局先后印发了《进一步推进气象业务技术体制改革的意见》和《关于发展现代气象业务的意见》，进一步明确业务技术体制改革的目标和重点任务，提出以满足气象灾害防御、应对气候变化和气候资源开发利用的新需求为目的，立足中国基本国情，坚持效益性、效率性、优势性和协调性原则，着力推进以提高气象服务覆盖面和满意率为主要内容的公共气象服务系统、以提高预报预测准确率和精细化程度为核心的气象预报预测系统、以连续、稳定、可靠运行和资料质量控制为重点的综合气象观测系统的建设，加快建立结构合理、布局适当、功能齐备的现代气象业务体系。一个体系、三个系统构成的现代气象业务格局基本形成。公共气象服务系统是根本、气象预报预测系统是核心、综合气象观测系统是基础，气象信息、科技和人才是保障，各业务间相互衔接、相互支撑。随着业务技术体制改革的不断深化，全国气象业务分工按照统一布局、分集设置和效率最佳的原则进一步明确，各级业务流程、组织机构和业务管理制度逐步完善，气象业务信息化、标准化和集约化取得较大进展，现代气象业务体系已见端倪。

气象业务体制改革成效 新中国成立后特别是改革开放以来，气象部门通过四个阶段的改革，气象业务体制不断优化，气象业务水平不断提升，现代气象业务体系逐步形成，改革成效显著。

气象业务体系逐步完善 通过气象业务体制改革，逐步形成了以气象服务为引领、以气象预报预测技术为核心、以气象综合观测为基础、以信息和科技系统为保障的现代气象业务体系。明确了行业、部门的分工合作，界定了国家、省、市、县四级业务分工，优化了全国气象业务布局，强化了科技创新对业务发展的支撑，凸显了气象业务信息化的思路。通过气象业务体制改革，公共气象服务、气象预报预测、综合气象观测业务能力不断增强，为全面实现气象业务现代化奠定了重要的基础。

气象业务领域逐步拓展 通过气象业务体制改革，气象业务领域逐步拓宽，气象服务范畴不断延伸。"政府主导、部门联动、社会参与"气象灾害防御体系的形成，赋予气象业务和服务新的使命。应对气候变化和极端气候事件基础性科技支撑作用的增强，大大地丰富了气候业务的内涵。气象部门在加强防灾减灾和应对气候变化业务的基础上，逐步围绕保障国家安全、服务经济社会发展、支撑生态文明建设拓展气象业务和服务领域。在强化为农服务、保证农业安全的基础上，服务领域已扩展到水利、交通、环保、海洋、能源、工业、商业、旅游等部门以及重大活动和重大工程建设保障等方面。气象服务进社区、进企业、进乡村，面貌焕然一新。

气象业务技术不断更新 通过气象业务体制改革，决策、公众、专业、专项气象服务产品不断丰富，技术手段不断创新，科技含量不断提高，服务效果显著增强，中国特色气象服务充满活力。逐步形成了以数值预报产品为基础，以人机交互处理系统为平台、综合应用多种技术方法的预报预测业务技术体制，业务内涵不断丰富，产品质量不断提高，预报预测准确率稳步提升。逐步建成了地基、空基、天基有机结合，业务门类比较齐全，站网布局基本合理的综合气象探测体系，观测设备、观测技术不断更新，观测自动化水平逐步提升。全国气象信息网络系统先进性、及时性、有效性逐步提高，气象信息化有力地推进了气象现代化进程。

气象科技创新支撑不断加强 通过气象业务和科技体制改革，初步构建了国家、区域和省三级气象科技创新体系，取得了一系列重要研究成果，支撑了气象业务水平的提升。组织实施天气、气候、应用气象和综合气象观测四项研究计划，开展与业务紧密关联的科学研究和技术研发，解决了业务发展中的一系列瓶颈难题。完善成果转化机制，支持业务单位承担和参与研究工作，在国家级业务单位试点建设科技成果转化中试基地（平台），组建由业务、科研人员共同构成的成果中试团队，对成果进行系统化、配套化和工程化改进，促进了科技成果有效地转化为业务能力。

与经济社会发展逐渐融合 通过紧密围绕国家目标和社会需求，不断深化气象业务和服务体制改革，气象服务在经济社会发展中发挥了重要作用，产生了重大社会经济效益。气象灾害防御体系建设取得突破，防灾减灾服务能力显著提高。农村气象灾害防御体系和农业气象服务体系逐步健全，人工影响天气工作不断发展，为农气象服务发生了质的变化。大气污染防治，温室气体减排，雾、霾、沙尘天气等气象服务保障作用不断加强，气候资源开发利用工作不断延伸，面向重点行业的气象服务成效明显。气象业务和服务已走出狭隘的传统空间，与国计民生决策、经济社会发展、生态环境保护与建设融为一体。

展望 全面深化气象业务体制改革的目标任务：2014 年《中国气象局党组关于全面深化气象改革的意见》，要求全面深化气象业务体制改革，争取气象核心技术取得突破，气象核心业务实现跨越式发展，到 2020 年整体接近世界先进水平，建立"信息化、集约化、标准化"的现代气象业务体系。重点任务有 5 项：一是建立完善科技驱动和支撑现代气象业务发展的体制机制，运用现代信息技术，以数值预报为核心，以预报精准为目标，构建数据获取、分析和应用为一体，技术先进、功能完善、综合集约的现代气象业务体系；二是调整优化气象业务职责，国家级要着力强化核心气象业务研发，加强对全国气象业务指导和技术支撑，省级要着力加强对所属气象台站业务产品支持和技术支撑；三是改革县级气象业务体制，建立业务一体化、功能集约化、岗位多责化的综合气象业务；四是优化资源配置，完善业务运行制度，统一数据格式、技术标准和业务要求，提高业务运行效率；五是建立企业和社会力量承担气象业务运行的工作机制，推进气象技术装备和信息网络运行保障、气象信息传播、灾害性天气辅助观测等工作社会化。

参考书目

郑国光，许小峰，沈晓农，等，2008. 气象部门改革开放三十周年纪念文集［M］. 北京：气象出版社.

中国气象局，2009. 中国气象现代化 60 年［M］. 北京：气象出版社.

（瞿武全 李昌兴 周林）

qìxiàng kējì tǐzhì gǎigé

气象科技体制改革（reform of meteorological science and technology system） 气象科技体制是气象科学技术活动的组织体系和管理制度的总称，包括组织结构、运行机制、管理原则等内容。1978 年十一届三中全会以来，按照国家科技体制改革和气象事业改革的要求，气象部门对气象科技体制采取了一系列重要改革政策和措施，强调气象科技体制改革是全面深化气象改革的关键，也是深化气象服务体制改革的支撑。通过改革影响和制约气象科技发展的体制机制弊端，进一步激发了气象科技创新动力和发展活力，提升了科技创新驱动气象事业发展能力。

改革主要内容与成效 经过 30 多年改革开放，气象科技在改革科技体制，构建气象科技创新体系；改革运行机制，形成气象科研开放合作新格局；改革成果转化机制，促进气象科研与业务融合；改革科研组织管理方式，提升气象科技创新效益等方面取得了显著成效。

拓展气象科研院所体系 1978 年，中央气象局在气象科学研究所的基础上组建成立了气象科学研究院（1991 年更名为中国气象科学研究院）。此后，各省级气象科研所和上海、广州、武汉、成都、兰州、沈阳 6 个区域性专业气象研究所相继成立，国家级、区域级和省级三级气象科研院所体系初步形成。2001 年，中国气象局在全国率先启动公益类科研院所改革，并于 2004 年首个通过科技部、财政部、中央编办联合组织的总体验收，中国气象科学研究院和北京城市气象研究所、沈阳大气环境研究所、上海台风研究所、武汉暴雨研究所、广州热带海洋气象研究所、成都高原气象研究所、兰州干旱气象研究所、乌鲁木齐沙漠气象研究所 8 个专业气象研究所（简称"一院八所"）为国家级公益类研究机构。20 个省级气象科研所（截至 2012 年增至 25 个）转为气象事业单位，划归所在省（自治区、直辖市）气象局管理。

改革科研院所运行管理 中国气象局先后印发《关于"一院八所"深化改革的指导意见》《气象科技创新体系建设实施方案（2009—2012 年）》《关于改进专业气象研究所管理的意见》《关于加强省级气象科研所发展的实施方案》，指导和部署院所管理机制改革工作。改革的重点有 4 个方面：一是落实所长负责制，实行所长任期目标管理，扩大法人在人才引进、岗位聘任、经费管理等方面的自主权；二是实行每 4 年 1 次的周期性评估，根据评估结果调整和确定研发方向和支持力度；三是完善治理结构，改革学术委员会构成，强化业务需求引领和成果转化应用；四是部署实施省级气象科研所特色领域改革，25个省级所根据需求和特点，发展了39个特色研究领域。通过改革，使气象科研院所进一步明确了科研定位和学科方向，突出了专业特色，完善了运行管理，科研水平和为气象业务现代化发展提供科技支撑的能力得到明显提升。

构建气象部门重点实验室体系　1989年气象科学研究院的强风暴实验室、大气化学实验室和云雾物理环境实验室被首批认定为国家气象局重点实验室。此后又相继认定气候研究实验室、树木年轮理化研究实验室、台风预报技术实验室、遥感卫星辐射测量和定标实验室、热带季风实验室（2012年更名为区域数值天气预报实验室）、干旱气候变化与减灾实验室、农业气象保障与应用技术实验室、大气探测工程技术研究中心以及依托成都信息工程学院（后改为成都信息工程大学）的大气探测实验室和依托南京信息工程大学的气溶胶与云降水重点开放实验室共10个实验室为中国气象局重点实验室。此外，已批准建设的中国气象局重点实验室4个，分别是空间天气实验室、旱区特色农业气象实验室、交通气象实验室和上海城市气候变化实验室。强风暴实验室于2004年通过了国家重点实验室评审，成为中国气象局的首个国家级重点实验室（名称定为灾害天气国家重点实验室）。自此，已建和在建的中国气象局重点实验室（含工程技术研究中心）达16个，同时中国气象局还与相关部门和地方政府联合共建了26个重点实验室，气象部门重点实验室体系初具规模。

充分发挥气象部门重点实验室作用　中国气象局先后印发了《中国气象局关于加强部门重点开放实验室建设的意见》《中国气象局重点开放实验室建设与运行管理办法》，并统筹资源予以支持。加强气象部门重点实验室管理的主要措施包括：一是推进部门重点实验室实体化运行，要求实验室固定人员不少于20人，流动人员与固定人员的比例不少于1∶1；二是实行每4年1次的周期性评估，根据评估结果调整和确定研发方向和支持力度；三是强化学术委员会在实验室发展方向、发展规划等方面的指导作用；四是健全部门重点实验室开放机制，建立访问学者制度，鼓励成立博士后科研工作站，完善科研仪器和科学数据共享，支持国际合作交流。

明确业务单位是气象科技创新体系的重要组成部分　2007年印发了《国家气象科技创新体系建设意见》，明确提出业务单位是气象科技创新体系的重要组成部分。2011年印发《中国气象局关于加强国家级业务单位科技创新工作的意见》，进一步明确了国家级业务单位在气象科技创新体系中的定位和任务，强调业务单位是气象应用研究与技术开发和创新成果应用的主体，是气象科技成果试验、检验和业务转化的重要平台和基地。围绕强化业务单位科技创新工作实施的改革措施主要包括：一是建立业务需求引导科技研发机制，由国家级业务单位牵头梳理重点科研任务和目标、组织编制四项研究计划及项目指南；二是在国家级主要业务领域建设科研成果转化中试基地，积极做好科研成果的业务应用评估、试验和转化；三是建立健全与科研院所的定常交流和任务对接机制。

扎实推进局校合作　自2002年开始，中国气象局与有大气科学及相关学科专业的高等院校开展全方位合作，先后与北京大学、北京师范大学、中国科学技术大学、中山大学、成都信息工程大学、兰州大学、南京大学、浙江大学、中国海洋大学、云南大学、香港城市大学、南京信息工程大学、国防科学技术大学、中国科学院大学、南开大学、中央财经大学、同济大学、中国农业大学、清华大学、华东师范大学等高校签署了合作协议。与教育部、江苏省政府三方共建南京信息工程大学，与四川省政府共同支持成都信息工程大学建设。各省（自治区、直辖市）、国家级科研业务单位与相关高校签署了各类合作协议98个，内容涵盖学科建设、人才培养、科技合作等领域。2015年《教育部 中国气象局关于加强气象人才培养工作的指导意见》正式发布，进一步推动中国气象局与高校的合作以及高校气象学科的建设和人才培养。

不断深化部门科技合作　中国气象局与中国科学院于2007年共同签署《科技合作备忘录》，与中国科学院20余个研究所在科研开发、人才培养和科研平台建设方面开展了合作；2014年双方又围绕气象业务核心技术突破，签署了《中国科学院 中国气象局气象重大核心技术科技合作备忘录》，重点围绕数值天气预报、资料同化、气候预测和气候系统模式等核心技术进一步加大合作力度，推进人才队伍培养和学科建设。2005年以来，中国气象局先后与交通运输部、卫生部（国家卫生和计划生育委员会）、农业部、国土资源部、水利部、住房和城乡建设部、环境保护部等22个部门（单位）签署合作协议或备忘录，开展了大量科技合作，不断探索跨行业合作机制，提高合作攻关能力和成果应用水平。

进一步拓展国际科技合作　中国气象局与23个国家签署了双边科技合作协议，与160多个国家开展了科技合作交流；承担了世界气象组织（WMO）区域气候中心、亚洲极端事件监测中心、东亚季风活动中心等17个WMO区域中心职责；在政府间气候变化专门委员会（IPCC）第五次评估报告中，中国科学家发挥了重要作用，43位专家担任第五次评估报告作者，6个气候系统模式参加评估，近1000篇论文被引用；中国气象局在WMO，IPCC，GEO（地球观测组织），GCOS（全球气候观测系统）等气象领域主要国际组织中的影响力不断扩大。气象部门相关科研业务单位也在不断拓展国际科技合作的领域与深度，中国气象科学研究院入选科技部"海外高层次人才创新创业基地"，北京城市气象研究所被确认为"国际科技合作基地"。

改革科技成果转化机制 "一院八所"与国家级业务单位建立定常交流合作和任务对接机制，紧密围绕核心业务需求开展科技合作与交流，强化科技成果在业务单位的转化应用。国家级业务单位在天气、气候、大气探测等主要业务领域试点建设科技成果转化中试基地（平台），组建由业务、科研人员共同构成的成果中试团队，对成果进行系统化、配套化和工程化改进，对成果转化应用情况进行反馈，发挥中试基地（平台）在引领研发任务、引导资源配置和成果评价中的作用。2014年中国气象局印发《气象科技成果转化奖励办法（试行）》，强化科技成果转化应用和开放共享。在此基础上2015年又支持和鼓励中国气象学会发挥行业组织优势，设立"大气科学基础研究成果奖"和"气象科技进步成果奖"，进一步健全科技奖励机制，推进成果转化应用。搭建了科技成果管理、信息发布和推广交流平台，改进科技成果发布和推广制度。

改革科技分类评价体系 2013年中国气象局印发《中国气象局关于加强气象科研机构评价工作的指导意见》，改革科技分类评价重点，强化以科技创新对业务发展实际贡献为核心的分类评价。2014年中国气象局印发《气象科技创新体系建设指导意见（2014—2020年）》，进一步健全气象科技评价机制，对科研机构的评价以解决核心技术的能力、科技成果实际使用情况和对业务发展实际贡献为重点，注重发挥业务用户单位、成果中试基地的评价作用；对业务单位的科技评价以建立核心任务协同攻关机制、实现成果转化和共性技术推广为重点；对科技成果进行分类评价，应用研究和技术开发转化类成果评价以成果的突破性和带动性、业务转化应用前景及效益等为重点；基础性研究类成果评价以成果的科学价值、国内外学术影响力以及对业务可持续发展的储备性为重点；评价结果作为科技资源配置、绩效考核等的重要依据。

建立需求牵引的科技资源配置机制 针对关键共性技术、重大技术系统及重大业务应用和科技平台研发，强化业务需求引领和应用导向，由国家级业务单位牵头，研究计划首席科学家负责，行业相关领域专家广泛参与，两次组织编制天气、气候、应用气象和综合气象观测四项研究计划，2010年首次发布实施了"四项研究计划（2009—2014年）"，2013年修订发布了"四项研究计划（2013—2020年）"。四项研究计划为统筹组织实施各类科技项目提供了科学有效的依据，使气象科技资源配置更加优化且更具针对性，有效推进了面向现代气象业务发展的科技创新。

实施国家气象科技创新工程 2014年实施国家气象科技创新工程，中国气象局印发了实施方案。国家气象科技创新工程以突破国家级气象业务现代化重大核心技术为主线，进一步深化气象科技体制机制改革，力争到2020年中国气象重大核心业务技术实现跨越式发展。工程实施的主要改革措施包括：一是建立相对持续稳定支持的资助模式，对攻关团队保证70%以上稳定经费支持；二是建立专项激励政策，实行绩效津贴鼓励和目标考核奖励；三是建立职责明确、分级管理、协调推进的工作机制，落实法人责任制；四是强化开放合作，充分发挥集中力量办大事的制度优势，积极引导本部门、全行业及海内外智力开展联合攻关；五是建立分级分期考核评估机制，成立第三方评估专家组，实行决策、执行和评价相对独立、相互制约、协调促进的工作机制。

改革科技研发管理方式 完善科技项目管理组织程序，建立健全气象科技项目公平竞争和信息公开公示制度，实现公益性行业（气象）科技专项项目网络申报和在线评审。改变课题主持人负责制管理方式，强化研发任务承担单位主体责任，建立行政和技术两条线的科研管理制度。

展望 气象科技体制改革取得很大成效，但仍存在诸多体制机制问题：研发任务聚焦不够，集中持续稳定支持核心任务攻关的资源配置机制不完善；气象科研院所围绕核心任务的研发力量明显不足，学科布局仍需优化调整，科研和业务单位尚未形成攻关合力；开放合作力度和深度仍需加强，汇聚国内外优势力量参与气象现代化核心业务技术研发的机制尚未形成；气象科技成果转化机制还需进一步健全，科技评价的导向作用仍不明显。这些问题迫切需要通过深化气象科技体制改革加以解决。

全面深化气象科技体制改革的目标任务：中国气象局印发的《中国气象局党组关于全面深化气象改革的意见》，对全面深化气象改革作出系统部署，坚持创新驱动发展，进一步推进气象业务科技体制改革，以提高气象核心竞争力和综合业务科技水平为导向，明确全面深化气象科技体制改革四项重点任务：一是以突破重大气象业务核心技术为主线，推进国家气象科技创新工程建设,建立长期稳定的财政投入机制、有序竞争的人才保障机制、科学合理的考核评价机制;二是优化"一院八所"学科布局,建立科研业务有机结合、以核心任务为导向的学科体系和创新团队,针对重大业务技术集中力量联合攻关;三是加大开放合作力度,完善共建共享共赢机制和协同创新机制,引导和利用国内外高校、科研机构和企业的优势资源,参与重大核心任务协同攻关;四是健全科技成果转化奖励机制,完善以技术突破和业务贡献为导向的评价制度,着力发挥评价激励导向作用。

参考书目

郑国光,许小峰,沈晓农,等,2008.气象部门改革开放三十周年纪念文集[M].北京:气象出版社.

中国气象局,2009.中国气象现代化60年[M].北京:气象出版社.

(罗云峰 高云 王金星)

qìxiàng guǎnlǐ tǐzhì gǎigé

气象管理体制改革(reform of meteorological administrative system)

气象管理体制是指气象部门管理系统的结构框架和组成方式,是规定气象部门在中央、地方以及部门内部各方面的管理范围、权限职责、利益及其相互关系的准则。其核心是气象管理机构的设置、管理机构职权的分配以及各机构间的相互协调,包括气象部门的领导管理体制、行政制度、财务体制、事业结构和人事组织制度等。气象管理体制改革则是指改革气象管理体制中的弊端,使之适应气象事业发展的需要,为全面深化气象改革提供重要体制机制保障。

领导管理体制改革 新中国气象事业创建60多年来,管理体制经历了创建于军事建制,转变为政府建制,再与军事气象部门合并最终再次分离的过程。改革开放以前,国家与地方气象部门分别隶属于中央政府和地方各级政府,省和省以下各级气象部门受上级气象部门与地方各级人民政府双重领导,以地方领导为主。从1980年开始,全国气象部门实行了自下而上的"上级气象部门与各级人民政府双重领导,以气象部门领导为主"的领导管理体制改革,并于1983年完成了这一改革任务。

这一改革后的体制符合中国国情,符合气象工作的特点和规律,有力地保证和促进了中国气象事业的快速发展,其成效十分明显。一是调动了中央和地方两方面的积极性,气象工作得到社会的更多关注,也为气象事业发展配置了更多的资源;二是解决了气象人财物管理与气象业务管理脱节的矛盾,加强了统筹规划和综合协调,促进了气象事业的协调发展;三是优化了业务布局,加强了气象站网的统一规划和整体建设,促进了天气雷达等大型装备的布设和调整,减少了重复建设;四是稳定了气象队伍,已调出气象部门的一批专业技术骨干纷纷归队,对在职人员具备了集中培训的条件,在较短时间内对各类业务人员统一组织了培训。

此外,气象部门还分别于2001年和2013年实行了地市级气象管理机构和县级气象管理机构过渡为参照公务员管理的重大改革。目前,根据《中华人民共和国气象法》《气象灾害防御条例》以及国务院的授权,气象部门承担着全国气象工作的政府行政管理职能,负责全国气象工作的组织管理。气象部门在双重领导管理体制下,已形成了国家、省(自治区、直辖市)、地(市、盟)、县(市、区、旗)四级气象管理体制机制。

依法行政改革 1994年国务院颁布实施了中国第一部气象行政法规——《中华人民共和国气象条例》,气象部门依法行政改革提到重要议事日程。1999年10月九届全国人大常委会第十二次会议通过《中华人民共和国气象法》,并于2000年1月1日正式实施。国务院先后颁发了《人工影响天气管理条例》(2002年)、《气象灾害防御条例》(2010年)、《气象设施和气象探测环境保护条例》(2012年)3个条例,中国气象局发布了17个部门规章(有效),省(自治区、直辖市)级政府发布了97部地方法规和政府规章,逐渐形成了比较完善的气象法规体系。为此,全国气象部门依法行政已初步形成。

实施气象行政审批制度改革 自2001年以来,按照国务院的部署和要求,中国气象局先后进行了6次大的行政审批制度改革和审批事项调整,共清理行政审批事项17项。2013年以来,按中国气象局向社会公开的气象部门行政审批事项目录,调整了行政审批事项,全面清理了4项非行政许可审批事项,明确了按权限清理气象行政审批事项工作要求。

实施气象行政许可制度改革 积极推广气象行政审批"一站式"服务,实现行政审批工作程序、办事流程向社会公开,探索网上审批,提高审批办事效率。到2014年,全国有8个省(自治区、直辖市)气象局、300个地市级气象局、934个县级气象局进入当地政府行政审批大厅,中国气象局及29个省(自治区、直辖市)气象局、266个地市级气象局、565个县级气象局实施了行政许可上网公示,气象管理法治化取得了重大进展,依法行政和科学管理水平得到了明显提高。

推进县级气象机构综合改革 2013年,全国县级气象机构基本实现了气象行政与气象事业职能分开,强化了气象公共服务和社会管理职能。到2014年上半年,全国49%以上的县成立了气象防灾减灾机构，55%以上的县成立了人工影响天气机构，37%以上的县成立了雷电灾害防御机构，17%以上的县成立了气象为农服务机构；59%以上县级气象机构将气象工作纳入当地政府安全管理体系，54%以上的县级气象机构将气象工作纳入政府绩效考核，62%以上的县级气象机构将气象工作纳入政府应急考核，45%以上的县级气象机构将公共服务纳入了政府公共服务体系。

<u>气象事业结构调整</u>　1978年改革开放以来，气象部门不断探索并调整气象事业结构，完善气象事业运行机制。1984年提出了建立基本业务、有偿专业服务、经营实体的"小三块"事业结构框架。1990年开始进行专业、人才、队伍和投资等四方面的结构调整，使部门内部结构不合理的状况有了明显改善。1992年提出气象部门改革"以事业结构调整和建立完善相应的运行机制为重点"，全面实施了气象事业结构调整，逐步建立了由基本气象系统、气象科技服务和以高新技术产业为重点的综合经营组成的"三大块"新型气象事业结构及相应的运行机制。1998年全国气象局长会议要求从发展战略的高度对事业结构进行全局性、升级性和效益性调整，即事业结构战略性调整。要求合理配置人、财、物各种资源，进一步优化事业结构，使基本气象系统进一步精干高效，科技服务与产业由"小、低、散"的粗放型向集约型转变。1999年气象部门提出了建立由气象行政管理、基本气象系统、气象科技服务与产业，即"三部分"组成的事业结构。第一部分气象行政管理按照《中华人民共和国气象法》的规定履行政府行政管理职能，依法行政；第二部分基本气象系统是气象部门的主业，经费由国家全额支持；第三部分科技服务与产业向企业转制，逐步走向市场。

进入21世纪以来，气象事业发展的形势和环境发生了很大的变化，为适应社会主义市场经济条件下气象服务多样化的需求，气象部门在坚持公共气象发展理念的指导下，不断拓展气象服务领域，气象事业结构发生很大变化。2008年中国气象局按照中央的统一部署，结合气象事业发展对管理体制机制的要求，提出了进一步深化气象行政管理职能调整改革，进一步推进事业单位分类改革，按照政事公开、企事分开、管办分离的原则，强化内设机构的社会管理与公共服务职能；进一步强化气象现代化体系建设，完善公共气象服务体系，重点加强防灾减灾、应急管理和应对气候变化工作，推动了气象事业结构进一步调整与完善。2011年中国气象局提出了努力建立与气象现代化体系相适应的新型事业结构战略任务。通过深化改革，与中国气象现代化发展和国家事业单位分类改革基本相应的新型事业结构正在加快形成，即由气象行政管理、一类气象事业单位构成的基本气象系统、气象信息服务业、气象社会组织等组成的新型气象事业结构。

<u>人事制度改革</u>　1980年国务院以国发〔1980〕19号文批复了中央气象局机构编制报告，确定了气象部门行政编制。1982年国务院进行机构改革，确定将中央气象局更名为国家气象局，列为国务院直属机构，并将机关职能机构的名称由部室改为司室，省以下气象部门也进行了相应的机构改革。1993年国务院机构改革，国家气象局更名为中国气象局，为国务院直属事业单位，继续履行原有的气象行政管理职能。

在人事任用方面，1983年前后，气象部门按照干部"革命化、年轻化、知识化、专业化"方针，选拔了一大批业务技术骨干到各级领导岗位，改进了各级气象部门的领导班子结构，为推进领导班子"四化"建设奠定了基础。与此同时，气象部门还加强了"第三梯队"建设，为年轻干部的培养选拔奠定了基础；恢复了气象科技干部技术职务评定制度；改革毕业生分配制度，给予用人单位挑选毕业生的自主权，为气象部门面向社会公开招聘气象专业优秀人才疏通了供需渠道。从1986年起，气象部门对新招人员全面实行了合同制，废除"子女顶替"和"内部招工"制度，对新招人员一律实行面向社会公开，经过全面考核，择优录用为合同制职工。

进入20世纪90年代，中国气象局党组实施了《气象部门领导班子后备干部工作规定》，提出了不同时期后备干部队伍建设的原则以及后备干部的资格条件、选拔程序、培养使用以及管理要求，为促进后备干部工作的规范化开展、优秀人才的脱颖而出创造了环境和条件。同时，依据国家有关人事制度制定，推进了以全员聘用合同制为主要内容的气象事业单位人事制度改革，全国气象部门事业单位人员全部实行了全员聘用合同制，有的地区还对新进入气象部门的人员实行了人事代理；实行了气象事业单位岗位设置制度改革和管理岗位、专业技术岗位和工勤技能岗位的分类别管理。自2006年实施《事业单位公开招聘人员暂行规定》以来，气象部门改革新进人员制度，均实行了面向社会公开招聘。

2013年中国气象局围绕事业单位分类改革，积极推进县级气象机构综合改革。全国31个省（自治区、直辖市）的2138个县级气象局共7601人顺利完成参照公务员管理，基本实现了气象行政与气象事业职能分开。

<u>计划财务制度改革</u>　20世纪80年代，在国家改革的带动下，气象部门计划财务工作与本部门其他各项改

革配套进行。1982年国家计划委员会、财政部、中国人民建设银行、国家气象局联合发出《关于气象部门管理体制调整改革有关财务、基建交接中几个具体问题的通知》，顺利完成了全国气象计划、基建、财务由地方划归气象部门的交接工作。1983年国家气象局下发了《关于各省、市、自治区气象部门财务管理暂行办法的通知》，规定气象部门财务工作实行统一计划、分级管理原则。

自1983年实行"双重领导，以气象部门为主"的领导管理体制以后，气象部门所有支出由中央财政承担。1988年8月国家计划委员会、财政部、国家气象局向国务院联合报送了《关于请地方财政合理分担部分气象经费的请示》（国气发字〔1988〕第024号），要求"把为当地服务的气象事业发展建设列入本地社会经济发展规划和计划"，"地方计划部门解决主要为地方城乡经济建设服务需要而新增项目的基建投资，地方财政尽量酌情解决主要为地方城乡经济建设需要而新增项目的事业经费和其他开支"。1990年中国气象局进一步提出气象事业要由国家和地方共同来办；根据财权和事权相一致的原则，国家气象事业由国家财政支持，纳入国家计划；地方气象事业由地方财政支持，纳入地方计划，并明确提出了"建立双重计划财务体制"的方案。经过一年多的努力，1992年国务院印发《国务院关于进一步加强气象工作的通知》（国发〔1992〕25号），明确提出要"建立健全与气象部门现行领导管理体制相适应的双重气象计划体制和相应的财务渠道，合理划定中央和地方财力分别承担基建投资和事业经费的气象事业项目"。根据文件精神，全国30个省（自治区、直辖市）和4个计划单列市人民政府全部下发了贯彻国发〔1992〕25号文件的"通知"，明确提出了建立双重计划财务体制的意见，促进了国家气象事业与地方气象事业的协调发展。

1994年国家实行"分税制"改革，进一步明确了中央和地方的事权和财权，为避免气象部门"双重计划体制和相应的财务渠道"受到影响，1997年国务院办公厅转发了《关于加快发展地方气象事业的意见》（国办发〔1997〕43号），进一步强调要建立与国家财政体制相适应的地方气象事业投入机制。此后，随着经济发展和"分税制"改革效果不断显现，气象部门"中央为主，地方为辅，创收为补充"的多渠道经费投入机制开始形成。

随着国家经济政策和公共财政改革的不断深入，气象部门也不断从计划投资、预算管理、财务管理、基建管理、国有资产管理、政府采购、国库集中支付和统计管理等方面，制订、修订了各类规章制度。为适应国家财政预算改革，从2000年开始，财政部推行预算制度改革，气象部门被财政部列为首批基本支出定员定额试点单位。从2002年开始进行国库集中支付改革试点，到2006年底所有二级和三级预算单位都实行了国库集中支付。同时深化政府采购改革，实行气象部门重大仪器设备部门集中采购。推行财务核算中心制度，中国气象局和各省（自治区、直辖市）气象局全部成立了财务核算中心。

展望 今后全面深化气象管理体制改革的目标和主要任务：气象管理体制改革的重点是坚持和发展气象部门与地方政府双重领导，以气象部门领导为主的管理体制，进一步完善与之相适应的双重计划财务体制，创新气象行政管理方式，营造良好的政策环境，夯实履行气象行政管理职能的基础，增强公信力和执行力，全面履行法律法规赋予的权利和义务。全面深化气象管理体制改革的主要任务有如下4个方面。

完善全面正确履行气象行政管理职能的机制 加强气象发展战略、规划、政策、标准等的制定和实施力度。强化行业管理和资源配置，统筹规划全社会气象观测站网布局。完善"政府主导、部门联动、社会参与"的气象防灾减灾工作机制，完善基层气象防灾减灾和公共气象服务体系建设政策。健全气象公共安全体系，强化安全生产的气象行业监管职能。建立生态文明建设的气象保障机制，探索建立气候资源开发利用、保护与监督管理机制。推进气象行政审批制度改革，提高行政管理效能。

推进气象管理机构改革 科学规范气象管理机构职责，优化调整气象管理机构设置、职能配置、工作流程，提高气象管理效能。统筹考虑国家和地方气象机构设置，建立统筹协调、分工明确、职责清晰、运行高效的气象业务科技管理机制和权界清晰、分级负责、权责一致、运转高效、法治保障的气象行政管理机构。

主动适应国家相关改革政策 建立气象事权和支出责任相适应的制度，明确中央和地方按照事权承担相应支出责任。健全与气象管理体制相适应的预算和财务管理制度。完善气象国有资产管理制度。深化收入分配制度改革，形成合理有序的收入分配格局。深化气象干部人事制度改革，完善干部选拔、培养、使用和考核评价制度。推进气象事业单位分类改革，逐步建立多元用人机制。

完善依法发展气象事业的制度 健全气象法规体系，完善气象标准体系，建立气象法律顾问制度，完善规范性文件、重大决策合法性审查机制和专家咨询机制。加强法制机构和基层执法队伍建设，完善省级气象主管机构指导监督，市、县级气象主管机构组织实施的气象行政执法体系。

参考书目

郑国光，许小峰，沈晓农，等，2008. 气象部门改革开放三十周年纪念文集［M］. 北京：气象出版社.

中国气象局，2009. 中国气象现代化60年［M］. 北京：气象出版社.

（彭莹辉　姜海如）

xiànjí qìxiàng jīgòu zōnghé gǎigé

县级气象机构综合改革（comprehensive reform of county-level meteorological departments）　气象部门对县级气象机构的工作职责、人事管理、业务任务和现代化建设等进行全面的改革，通过改革强化县级气象机构的气象公共服务和社会管理职能，完善机构和岗位设置，建立完善高效的运行机制，提高气象综合业务服务能力。县级气象机构是气象事业的基础，是气象防灾减灾、公共气象服务组织体系中的重要组成部分和气象社会管理落实到基层的实施主体。2012年开始，中国气象局在推进气象部门深化改革的同时，着力开展县级气象机构综合改革，并取得了明显成效。

改革背景　新中国成立以来，特别是改革开放以来，基层气象部门为国家气象事业和地方经济社会发展做出了重要贡献。近年来，随着地方经济社会快速发展和各级政府以人为本执政理念的不断强化、国家深化事业单位分类改革和行政管理体制改革的不断深化以及全面实现气象现代化的不断推进，对县级气象机构履行公共服务和社会管理职能、提高业务服务和管理水平、推进基层基本公共气象服务均等化和强化气象防灾减灾工作等提出了更高要求。

县级气象局的前身是气象站，属于事业单位，按照气象观测任务核定人员编制一般10人左右。1983年气象部门领导管理体制改革，县级气象机构是上级气象部门的下属单位，又是本地政府的工作部门，仍然存在政事不分、管办不分的体制机制与国家改革的要求不相适应，职能定位、机构设置、人员编制和财政保障机制等与履行职能的需要不相适应，业务布局、服务能力、科技和管理水平与气象现代化的要求不相适应等问题，影响着县级气象事业乃至全国气象事业的发展。

中国气象局经过深入调研并与国家有关部门充分沟通，2012年提出推进基层气象机构综合改革要求，并制定了《中共中国气象局党组关于推进县级气象机构综合改革的指导意见》。2013年国家公务员局批准了中国气象局县级气象管理机构参照公务员法管理，在前期试点的基础上，中国气象局全面推进县级气象机构综合改革工作。

改革任务目标　中国气象局对县级气象机构改革提出的总体要求是：坚持公共气象发展方向，围绕气象防灾减灾中心任务，以强化气象公共服务和社会管理职能为主线，以提高气象综合业务服务能力和增强发展活力为重点，推进政事分开，加快职能转变，调整业务布局，优化事业结构；促使气象公共服务能力显著提高，气象社会管理职能更加强化，基础业务配置更加优化，气象防灾减灾效益更加明显，事业发展的保障机制更加完善。

改革主要内容　县级气象机构改革的内容主要有四项：一是建立适应政事分开的管理和业务机构。县级气象管理机构主要履行气象公共服务和社会管理职能，县级气象业务机构主要承担气象业务服务工作。推动地方政府设立气象防灾减灾、人工影响天气、雷电灾害防御、气象为农服务等地方气象机构。

二是科学设置岗位和岗位职责。进一步强化县级气象管理机构作为同级人民政府气象工作主管机构的定位，加强与气象有关的社会公共事务的管理。强化气象公共服务和社会管理岗位职责，合理确定县级气象业务机构综合业务岗位和岗位职责。

三是优化布局流程，推进业务综合化。围绕当地经济社会发展的需求，完善县级公共气象服务体系，推进气象服务向乡（镇）、社区、村延伸。统筹规划综合气象业务布局，明确业务分工，优化业务流程。调整观测业务，加强气象灾害监测预警，增强气象服务能力。逐步实现县级观测、预报预警和服务等气象业务的综合化和集约化。强化上级对县级气象业务的技术指导、系统培训和科技支撑。

四是建立高效的运行机制。推进基层气象工作纳入地方政府绩效考核、安全管理、应急管理等考核体系，将气象发展规划纳入地方相关规划体系，确保气象防灾减灾和重大气象发展建设任务得到更多支持。建立完善与机构、职能相适应的人事和财政保障制度。进一步规范地方编制和部门编制人员管理，落实相应的地方编制和预算。加强县级气象事业发展规划编制和项目设计，优化完善气象现代化建设项目在县级的布局和建设。拓宽经费渠道，探索政府购买服务、部门编制人员、事业聘用人员等经费保障途径。要建立新的县级气象机构预算管理方式，强化财务监管，理顺体制机制。

改革成效　经过各级气象部门的共同努力，县级气象机构综合改革工作取得了明显成效。

一是完善了县级气象机构设置，实现政事分开。所有县级气象局设置了内设管理机构和所属业务服务事业单位，将行政管理与气象管理分立。全国31个省（自治区、直辖市）的2138个县级气象局共7601人顺利完成参照公务员管理登记工作。

二是强化了气象社会管理职能。大多数县将气象工作纳入当地政府安全管理体系、绩效考核体系、应急管理和公共服务体系，发挥县气象局依法管理社会气象事务的功能。

三是增加了地方机构和人员编制。为适应地方社会经济发展，地方政府设立了气象防灾减灾、人工影响天气、雷电灾害防御、气象为农服务等地方气象机构，2013年全国共增加各类地方气象编制1886个。

四是提升了综合业务能力。各地对气象业务体制改革进行探索，统筹规划业务布局，建立综合业务流程，组织研发县级气象综合业务平台并投入业务化运行，完成了观测业务软硬件平台开发和升级。

五是提高了县级气象现代化水平。各地把基层台站改造、业务平台建设、装备升级等气象现代化建设项目纳入地方政府或上级部门支持项目。

六是不断完善运行保障机制。各地积极探索建立多元人力资源保障机制和综合预算保障机制，中央和地方财政投入明显提高。

（林峰）

气象机构

中国气象局及内设机构

Zhōngguó Qìxiàngjú

中国气象局（China Meteorological Administration，CMA） 国务院设立的中央级国家气象管理机构，负责管理全国的气象工作，成立于1949年12月。根据2009年3月中央编办对中国气象内设职能机构调整批复，中国气象局内设机构为：办公室、应急减灾与公共服务司、预报与网络司、综合观测司、科技与气候变化司、计划财务司、人事司、政策法规司、国际合作司、直属机关党委、监察室、审计室、离退休干部办公室。机关人员编制为243人，参照国家公务员管理。

中国气象局下辖直属单位有：国家气象中心、国家气候中心、国家卫星气象中心、国家气象信息中心、中国气象局气象探测中心、中国气象局公共气象服务中心、中国气象科学研究院、中国气象局气象干部培训学院、中国气象局资产管理事务中心、中国气象局机关服务中心、中国气象局宣传与科普中心、中国气象报社；直属企业有：气象出版社、中国华云气象科技集团公司、华风气象传媒集团有限责任公司等。

中国气象局机构沿革 新中国成立以来，国家管理机构进行了多次大的调整，中央级国家气象管理机构随之调整，几经更名：1949年12月成立中央人民政府人民革命军事委员会（简称中央军委）气象局，1953年8月改称中央气象局，1982年4月更名为国家气象局，1993年6月改称中国气象局。

中央军委气象局 1949年12月中央军委气象局在北京成立，涂长望任局长。1950年内设办公厅（1953年改为办公室）、测政处、通信处、人事处、天气处、联合资料室、训练班（与清华大学合办）；直属单位设中央气象台。各大军区设气象处、省军区设气象科。全国建有34个气象台、283个气象站，气象队伍700多人。

中央气象局 为适应国家战略重心转移的新形势，1953年8月中央人民政府人民革命军事委员会主席毛泽东、中央人民政府政务院总理周恩来签发命令，建制在各级军事部门的气象机构转建至同级人民政府，中央军委气象局改称中央气象局，归政务院（国务院）领导。中央气象局内设机构为：办公室、协理员办公室、测政处、通信处、天气处、器材处、人事处、财务处，另设中央气象台、气象干部学校两个直属单位。1980年中央气象局内设机构撤处建部，设有办公室、业务管理部、计划财务部、科技教育部、物资器材部、干部部、外事办公室、直属机关党委；另设纪律检查办公室、政策研究室、技术发展办公室。这期间，除1970—1973年中央气象局与总参谋部气象局合并归属军队领导外，中央气象局为国务院直属机构，机关行政编制为288人。

国家气象局 1982年国务院进行机构改革，中央气象局更名为国家气象局，为国务院直属机构，全国气象部门实行"气象部门与地方政府双重领导，以部门领导为主"的管理体制。国家气象局内设机构：办公室、计划财务司、仪器设备司、科技教育司、人事司、外事司、技术发展司、业务管理司。机关行政编制为266人。设立行政管理局，列为事业单位，统管机关和在京直属单位的后勤行政工作。1988年国务院进行以转变职能为主的机构改革，国家气象局撤销技术发展司，增加气候司和法规司，即国家气象局内设：办公室、政策法规司、天气预报警报管理司、气候监测应用管理司、技术装备司、科技教育司、人事劳动司、计划财务司、外事司9个职能司（室）。局机关行政编制为260人。

中国气象局 在1993年的国务院机构改革中，国家气象局更名为中国气象局，由国务院直属机构改为国务院直属事业单位。中国气象局内设机构为：办公室、业务发展与天气司、气象服务与气候司、科技教育司、计划财务司、人事劳动司、政策法规司、产业发展与装备部、国际合作部9个职能司（室、部）和直属机关党委，列事业编制252人；另设置离退休干部办公室（编制15人），审计署驻中国气象局审计局（编制7人），中央纪委驻中国气象局纪检组（编制4人）。这次国务院机构改革明确：中国气象局继续履行原国家气象局的职能，全国气象部门仍实行气象部门与地方政府双重领导，以气象部门领导为主的管理体制，原承担的工作任务不变，原财务供给渠道不变；批准各地气象部门人员编制总数为61 132人（因海南省气象部门由地方政府领导管理为主，其编制数不含海南省气象部门）。其中，中国气象局和全国各省、自治区、直辖市气象局机关参照国家公务员制度管理。1998年3月，在国务院机构改革中，中国气象局仍为国务院直属事业单位，保持原有的工作职能和领导管理体制，局机关编制由252人减为200人，内设机构由9个减为8个，保障了气象事业和气象现代化建设的稳定、持续发展。2003年3月，在国务院机构改革中，中国气象局仍为国务院直属事业单位，保持原有的工作职能和领导管理体制。局内设机构、人员编制未作变动。

中国气象局主要职责 2009年经中央编制委员会办公室批准，中国气象局的主要职责是：拟定气象工作的方针政策、法律法规、发展战略和长远规划；制定、发布气象工作的规章制度、技术标准和规范并监督实施；承担气象行政执法和行政复议工作。组织拟订和实施气象灾害防御规划，参与政府气象防灾减灾决策，组织指导气象防灾减灾工作；组织编制国家气象灾害应急预案，组织气象灾害防御应急管理工作；组织气象灾害监测预警及信息发布系统建设，负责气象灾害监测预警和信息发布；承担国家重大突发公共事件预警信息发布工作；负责重大活动、突发公共事件气象保障工作；组织对重大灾害性天气跨地区、跨部门的气象联防和重大气象保障；组织气象灾害风险普查、风险区划和风险评估工作；组织对国家重点工程、重大区域性经济开发项目、城乡建设的气象服务；管理人工影响天气工作。对国务院其他部门设有的气象工作机构实施行业管理，统一规划全国陆地、江河湖泊及海上气象观测、气象台站网、气象基础设施和大型气象技术装备的发展和布局，审订气象信息采集、传输、加工的质量评价方法并监督实施；组织气象技术装备保障和质量监督、气象计量监督，审核全国大中型气象项目的立项和方案。管理全国陆地、江河湖泊及海上气象情报预报警报、短期气候预测、空间天气灾害监测预报预警、城市环境气象预报、火险气象等级预报和气候影响评价的发布；组织论证并审查大气环境影响评价。组织气候变化科学相关工作；组织气候资源的综合调查、区划，指导气候资源的开发利用和保护；组织并审查国家重点建设工程、重大区域性经济开发项目和城乡建设规划的气象条件论证。组织指导气象部门的科技体制改革，组织气象领域重大科研攻关和成果的推广应用，协调气象科技开发、技术合作和技术推广；组织宣传、普及气象科学知识，提高全民气象防灾减灾和气候资源意识。管理气象外事工作，代表我国政府参与世界气象组织及其他国际气象机构的活动，开展与外国政府（地区）气象机构间的合作与交流。统一领导全国气象部门的工作；以中国气象局为主管理省级气象部门的计划财务、机构编制、人事劳动、队伍建设、教育培训和业务建设；指导地方气象事业的发展。协助地方人民政府指导地方气象职工队伍的思想政治工作和精神文明建设。承办国务院交办的其他事项。

历届行政领导

单位名称	行政领导	职务	任职时间
中央军委气象局	涂长望	局长	1949年12月—1953年8月
	卢鋆	副局长	1949年12月—1953年8月
	张乃召		1949年12月—1953年8月
	甘德洲		1953年5月—1953年8月
中央气象局	涂长望	局长	1953年8月—1962年6月
	饶兴	代局长	1962年9月—1964年10月
	饶兴	局长	1964年10月—1967年11月
	沈敏	军代表	1967年11月—1970年1月
	孟平	局长	1970年1月—1973年5月
	饶兴	政委	1972年10月—1973年5月
	饶兴	筹建负责人	1973年5月—1979年4月
	饶兴	局长	1979年4月—1980年4月

续表

单位名称	行政领导	职务	任职时间
中央气象局	薛伟民	代局长	1980年4月—1981年2月
		局长	1981年2月—1982年4月
	甘德洲		1953年8月—1959年3月
	张乃召		1953年8月—1967年11月
			1970年3月—1973年5月
	卢 鋆	副局长	1953年8月—1967年11月
	王功贵		1954年8月—1959年6月
	饶 兴		1957年11月—1962年9月
	江 滨		1959年9月—1964年10月
	任 陶	副军代表	1967年11月—1970年1月
	程纯枢	总工程师	1964年2月—1980年4月
	张文瑄	副局长	1970年3月—1973年5月
	赵元普	副政委	1969年12月—1973年5月
	董 涛		1970年3月—1973年5月
	张乃召	筹建负责人	1973年5月—1979年3月
	董 涛		1973年5月—1977年9月
	邹竞蒙	局负责人	1974年1月—1979年4月
	薛伟民	第一副局长	1979年4月—1980年4月
	邹竞蒙		1979年4月—1982年4月
	吴学艺		1979年4月—1981年7月
	王瑞琪	副局长	1979年4月—1982年4月
	左 明		1979年4月—1982年4月
	戈 锐		1979年4月—1982年4月
	王宪钊	副总工	1979年4月—1980年5月
	江 滨		1979年4月—1982年4月
	卢 鋆	顾问	1979年4月—1982年4月
	饶 兴		1980年4月—1982年4月
	程纯枢	副局长兼总工	1980年4月—1982年4月
国家气象局	邹竞蒙	局长	1982年4月—1993年6月
	王瑞琪		1982年4月—1985年8月
	左 明		1982年4月—1982年12月
	戈 锐		1982年4月—1982年12月
	章基嘉		1982年4月—1991年3月
	骆继宾	副局长	1982年4月—1992年8月
	温克刚		1985年7月—1993年6月
	马鹤年		1989年12月—1993年6月
	李 黄		1991年4月—1993年6月
	颜 宏		1992年8月—1993年6月
	薛伟民		1982年4月—1987年2月
	江 滨	顾问	1982年4月—1982年12月
	饶 兴		1982年4月—1982年12月
	程纯枢		1982年4月—1985年7月
中国气象局	邹竞蒙		1993年6月—1996年8月
	温克刚	局长	1996年8月—2000年12月
	秦大河		2000年12月—2007年3月
	郑国光		2007年3月—
	温克刚		1993年6月—1996年8月
	马鹤年		1993年6月—1999年8月
	李 黄		1993年6月—2004年3月
	颜 宏	副局长	1993年6月—2001年1月
	刘英金		1999年6月—2006年4月
	郑国光		1999年7月—2007年3月
	许小峰		2001年12月—
	王守荣		2004年12月—2011年1月

续表

单位名称	行政领导	职务	任职时间
中国气象局	宇如聪		2004年12月—
	张文建		2006年4月—2008年6月
	沈晓农	副局长	2008年2月—
	矫梅燕		2008年6月—
	于新文		2011年1月—
	邹竞蒙	名誉局长	1996年10月—1999年1月
中纪委驻中国气象局纪检组	刘英金		1996年11月—1999年6月
	孙先健	组长	1999年6月—2010年4月
	刘 实		2010年4月—2015年7月

参考书目

温克刚,2004. 中国气象史[M]. 北京:气象出版社.
朱祥瑞,2003. 中国气象史研究文集[M]. 北京:气象出版社.

(韩通武)

Zhōngyāng Jūnwěi Qìxiàngjú

中央军委气象局(The Central Military Commission Meteorological Bureau) 见第68页中国气象局。

Zhōngyāng Qìxiàngjú

中央气象局(The Central Weather Bureau) 见第68页中国气象局。

Guójiā Qìxiàngjú

国家气象局(The National Weather Service) 见第68页中国气象局。

Zhōngguó Qìxiàngjú nèishè jīgòu

中国气象局内设机构(internal organs of CMA) 由中央编制委员会办公室审定中国气象局"三定方案"确定的局机构内部组织,分别承担相应的行政管理职能。中国气象局自1949年成立以来(时称中央人民政府人民革命军事委员会气象局,后更名为中央气象局、国家气象局、中国气象局),伴随国家行政体制改革、机构改革及气象管理工作的需要,其内设机构的设置、名称及职责任务不断调整和完善,机构数目基本维持在7~9个(不含直属机关党委、纪检、离退休干部等机构),并下设若干处室。

1998年10月国务院办公厅印发《中国气象局职能配置、内设机构和人员编制规定》,2009年3月中央编委对中国气象局内设职能机构调整批复,中国气象局职能机构为9个:办公室、应急减灾与公共服务司、预报与网络司、综合观测司、科技与气候变化司、计划财务司、人事司、政策法规司、国际合作司。同时,根据国家有关规定,中国气象局设立了直属机关党委、离退休干部办公室,还成立了监察室和审计室2个直属处。机关人员编制为243人。还有派驻机构：中央纪委驻中国气象局纪律检查组。

（张连强）

Zhōngguó Qìxiàngjú Bàngōngshì

中国气象局办公室（Headquarters Office，CMA） 简称办公室。成立于1950年1月，始称办公厅，1952年5月改称办公室。其后，中国气象局内设机构多次调整变动，但办公室机构名称一直沿用至今。

主要职责 负责文电、会务、机要等机关日常运转工作，承担应急管理、政务公开、新闻发布、科普宣传、安全保密、提案办理、信访等工作，承担中国气象局党组重大决策咨询，指导机关政务信息化。

内设处室 党组办公室、秘书处、应急办公室（值班室）、督查处（综合处）、信息档案处、宣传科普处、保卫处（信访办）。

历任主要负责人

机构名称	主要负责人	职务	任职时间
办公厅	蒋金涛	主任	1949年12月—1952年5月
办公室	蒋金涛	主任	1952年5月—1953年5月
	罗漠	主任	1953年5月—1956年10月
	崔实	副主任	1956年10月—1957年5月
	赵乐耕	副主任	1957年7月—1959年6月
	岳川	主任	1959年6月—1968年10月
	赵乐耕	副主任	1968年10月—1969年12月
	王展平	副主任	1969年12月—1973年5月
	徐曼泽	负责人	1973年5月—1978年2月
	林学舜	副主任	1978年2月—1982年9月
	徐曼泽	副主任	1982年9月—1985年12月
		主任	1985年12月—1992年9月
	毛耀顺	副主任	1992年9月—1994年4月
	刘英金	主任	1994年4月—1998年3月
	顾兴本	副主任	1998年3月—1998年12月
	嵇启武	主任	1998年12月—2001年3月
	朱祥瑞	副主任，主持工作	2001年3月—2001年5月
		主任	2001年5月—2004年3月
	沈晓农	主任	2004年3月—2005年3月
	孙健	主任	2005年3月—2007年11月
	于新文	主任	2007年11月—2011年3月
	余勇	主任	2011年3月—

注：1949年12月蒋金涛主任任命时间，早于1950年1月办公厅成立时间。

（张连强）

Zhōngguó Qìxiàngjú Yìngjí Jiǎnzāi Yǔ Gōnggòng Fúwù Sī

中国气象局应急减灾与公共服务司（Department of Emergency Response, Disaster Mitigation and Public Services，CMA） 简称减灾司。设立于2009年4月。

主要职责 拟订和组织实施气象灾害防御规划，参与政府气象防灾减灾决策；组织气象灾害风险管理、气象灾害防御体系建设和应急服务组织与管理；负责突发公共事件气象保障，承担国家突发公共事件预警信息发布系统管理；组织实施重大气象保障服务，组织对国家重点工程、重大区域性经济开发项目、城乡建设的气象服务；管理全国人工影响天气工作。

内设处室 应急减灾处、公众服务处、农业气象处、专业服务处、人工影响天气处（综合处）。

历任主要负责人

机构名称	主要负责人	职务	任职时间
应急减灾与公共服务司	陈振林	副司长，主持工作	2009年4月—2009年9月
		司长	2009年9月—2014年8月
	张祖强	司长	2014年12月—

（张连强）

Zhōngguó Qìxiàngjú Yùbào Yǔ Wǎngluò Sī

中国气象局预报与网络司（Department of Forecasting and Networking，CMA） 简称预报司。其前身为中央气象局天气处，成立于1950年4月。1958年5月撤消天气处，相关职能划入气象科学研究所。1960年9月成立业务处，1961年9月撤消业务处，将其职责分别划转气象台和观象台。1969年中央气象局与总参气象局合并，成立一处，负责气象业务管理工作。1973年6月中央气象局与总参气象局分开，撤消一处，成立业务处。1980年5月撤消业务处，成立业务管理部。1982年8月成立业务管理司。1985年4月撤消业务管理司，成立专业气象司。1988年10月撤销专业气象司，重新组建天气预报预警管理司（另组建气候监测应用管理司）。1994年4月撤销气候监测应用管理司，成立气象服务与气候。1998年10月撤销气象服务与气候司，成立预测减灾司。2009年4月预测减灾司更名为预报与网络司。

主要职责 拟订并监督实施气象预报预测、信息网络和资料业务发展规划，组织制订天气、气候及空间天气业务规范及其产品发布标准；负责天气、气候数值预报业务管理；组织重大灾害性天气跨地区、跨部门的联合监测、预报工作；负责管理全国气候资源开发利用和保护及气候可行性论证工作；负责气象通信网络、高性能计算机及数据存储、资料共享等管理工作。

内设处室 天气处、信息网络处、气候处、资料处（综合处）、技术应用处。

历任主要负责人

机构名称	主要负责人	职务	任职时间
天气处	朱和周	负责人	1952年6月—1954年1月
		副处长	1954年1月—1954年12月
	王宪廷	处长	1954年12月—1958年4月
气象科学研究所	崔 实	所长	1958年4月—1960年9月
业务处	张鲁山	处长	1960年9月—1961年11月
中央气象台	崔 实	台长	1961年9月—1969年10月
一处	杨方良	处长	1969年12月—1973年5月
业务处	崔 实	处长	1974年1月—1978年2月
	赵乐耕	处长	1978年2月—1979年10月
	方 齐	副处长	1979年10月—1980年5月
业务管理部	方 齐	主任	1980年5月—1982年11月
业务管理司		司长	1982年11月—1985年3月
	陈德鉴	副司长	1985年3月—1985年12月
专业气象司	陈德鉴	司长	1985年12月—1988年11月
天气预报预警管理司	吴贤纬	司长	1988年11月—1993年1月
	黄更生	副司长	1993年1月—1994年4月
气象服务与气候司	沈国权	司长	1994年4月—1998年12月
预测减灾司	萧永生	司长	1998年12月—2000年1月
	阮水根	司长	2000年1月—2004年3月
	章国材	司长	2004年3月—2006年1月
	王邦中	副司长	2006年1月—2006年7月
	宋连春	司长	2006年7月—2007年11月
	矫梅燕	司长	2007年11月—2008年7月
	翟盘茂	副司长,主持工作	2008年7月—2008年12月
		司长	2008年12月—2009年4月
预报与网络司		司长	2009年4月—2010年4月
	毕宝贵	副司长,主持工作	2010年4月—2011年1月
		司长	2011年1月—2012年11月
	顾建峰	副司长,主持工作	2012年11月—2014年2月
		司长	2014年2月—

注：1961年9月，中央气象局决定撤销业务处，将预报管理并入中央气象台。

（张连强）

Zhōngguó Qìxiàngjú Zōnghé Guāncè Sī

中国气象局综合观测司（Department of Integrated Observations, CMA）简称观测司。其前身为原中央气象局测政处，1950年3月成立，1953年12月撤消测政处，成立台站管理处。1958年5月撤消台站管理处，将相关职能划转到观象台。1969年12月—1973年5月中央气象局与总参谋部气象局合并期间为一处。1980年5月成立技术发展办公室。1982年8月撤销技术发展办公室，成立技术发展司。此后，经过1985年4月、1988年10月、1994年4月的3次机构调整，先后称为技术发展司、业务发展司、气候监测应用管理司，1998年10月成立了监测网络司。2009年4月监测网络司更名为综合观测司。与综合观测司有关的还有现已被撤销的仪器设备方面的机构，即1953年成立的器材处，1980年改为物资器材部，1982年改为仪器设备司，1988年改为技术装备司，1993年改为产业发展与装备部，1998年机构改革撤销产业发展与装备部，将其任务分别划归监测网络司和政策法规司。

主要职责 拟订并监督实施气象观测业务综合发展规划，统筹布局、管理全国气象观测站网及观测设施；审订并监督实施气象观测规范、技术标准和业务管理规章制度；负责气象观测专用技术装备许可管理；负责气象观测业务及装备保障、质量监督、气象计量管理；负责气象卫星工程的协调管理及气象无线电频率管理。

内设处室 地面处、应用气象观测处、雷达处、卫星处、装备保障处、综合发展处。

历任主要负责人

机构名称	主要负责人	职务	任职时间
测政处	张宝堃	处长	1950年3月—1953年5月
	蒋金涛		1953年5月—1953年12月
台站管理处	蒋金涛	处长	1953年12月—1958年4月
观象台	罗 漠	台长	1958年4月—1961年5月
	齐生英		1961年5月—1961年10月
	张鲁山		1961年10月—1961年11月
	唐昭东		1962年10月—1969年12月
一处	杨方良	处长	1969年12月—1973年5月
业务处	崔 实	处长	1974年1月—1978年2月
	赵乐耕	处长	1978年2月—1979年10月
	方 齐	副处长	1979年10月—1980年5月
技术发展办公室	王宪钊	主任	1980年5月—1982年11月
技术发展司	吴贤纬	司长	1982年11月—1985年12月
业务发展司		司长	1985年12月—1988年11月
气候监测应用管理司	陈德鉴		1988年11月—1992年2月
	沈国权		1992年2月—1994年4月
业务发展与天气司	章国材	司长	1994年4月—1998年12月
监测网络司	郑国光	司长	1998年12月—1999年8月
	许小峰	副司长,主持工作	1999年8月—2000年1月
		司长	2000年1月—2001年12月
	喻纪新	司长	2001年12月—2004年3月
	张文建		2004年3月—2006年4月
	周 恒	副司长,主持工作	2006年4月—2007年2月
		司长	2007年2月—2009年3月
	王晓云		2009年3月—2009年4月
综合观测司	王晓云	司长	2009年4月—2012年4月
	赵大铜	副司长	2012年4月—2014年8月
	王劲松	司长	2014年8月—

注：1954年4月成立观象台，承担气象观测业务管理。

（张连强）

Zhōngguó Qìxiàngjú Kējì Yǔ Qìhòu Biànhuà Sī

中国气象局科技与气候变化司（Department of Science & Technology and Climate Change，CMA） 简称科技司。其前身为原中央气象局人事处内的训练科，成立于1950年3月。1954年9月撤销训练科，在人事处设立教育科。1961年9月将原人事处的教育科划入办公室，仍称教育科。1962年将教育科划转到干部处。1964年12月成立教育处。1969年12月中央气象局与总参气象局合并时撤销教育处，成立三处，负责科学技术工作。1973年6月中央气象局与总参气象局正式分开后，撤销三处，成立科教处。1980年5月撤销科教处，成立科技教育部。1982年8月撤销科技教育部，成立科技教育司，2002年3月更名为科技发展司，2009年3月更名为科技与气候变化司。

主要职责 拟订气象科技发展规划和气象科技工作的政策，负责组织协调气象领域重大科研攻关，协调气象科技开发、技术合作、技术推广和成果应用；负责管理气候变化科学研究、影响评估和国际合作；承担气象科研机构的协调管理与指导工作。

内设处室 科技发展处（综合处）、科研院所处、科技项目处、科技成果处、气候变化处。

历任主要负责人

机构名称	主要负责人	职务	任职时间
教育处	宋雪峰	处长	1964年12月—1969年12月
三处	陈家福	副处长	1969年12月—1970年7月
	王虎教	处长	1970年7月—1973年6月
科教处	宋雪峰	处长	1973年6月—1977年6月
	岳 川		1978年2月—1979年10月
	徐曼泽	副处长	1979年10月—1980年5月
科技教育部	王鼎新	副主任	1980年5月—1982年11月
		司长	1982年11月—1988年11月
科技教育司	刘余滨	司长	1988年11月—1992年4月
	萧永生	司长	1992年4月—1998年12月
	章国材	司长	1998年12月—2001年9月
	汤 绪	司长	2001年9月—2002年3月
		司长	2002年3月—2004年11月
科技发展司	郭亚曦	副司长，主持工作	2004年3月—2004年12月
		司长	2004年12月—2008年12月
		副司长	2008年12月—2009年4月
科技与气候变化司	罗云峰	副司长，主持工作	2009年4月—2011年1月
		司长	2011年1月—

（张连强）

Zhōngguó Qìxiàngjú Jìhuà Cáiwù Sī

中国气象局计划财务司（Department of Planning and Finance，CMA） 简称计财司。其前身为原中央气象局办公厅内设的财经科，成立于1950年1月。1953年12月撤销财经科，成立财务处。1954年3月撤销财务处，5月成立计划科，由局长室直接领导。1955年10月撤销计划科，成立计划财务处。1960年12月撤销计划财务处，在办公室内设立计划财务科。1963年2月计划财务科由办公室分出，恢复成立计划财务处。1969年12月中央气象局与总参气象局合并时，计划财务处撤销。1973年6月中央气象局与总参气象局分开，恢复成立计财处。1980年5月撤销计财处，成立计划财务部。1982年8月撤销计划财务部，成立计划财务司。

主要职责 拟订国家气象事业发展战略、规划、计划并监督实施；负责气象部门预算、决算和财务管理；负责气象部门国有资产和各类资金管理，承担政府采购监管工作。

内设处室 发展规划处、预算处、项目管理处、资产与资金处、区域发展处（综合处）、财务处。

历任主要负责人

机构名称	主要负责人	职务	任职时间
财务处	阮建华	副处长	1953年12月—1954年3月
		处长	1955年2月—1956年3月
计划财务处	赵玉璋	副处长	1956年3月—1958年4月
	齐生英	处长	1958年4月—1959年11月
	文晓征	处长	1959年11月—1964年4月
计划财务处	王 基	处长	1964年4月—1969年12月
		处长	1973年6月—1978年2月
	陈国珍	副处长	1978年2月—1980年5月
计划财务部		副主任	1980年5月—1982年9月
	李光佩	副司长	1982年9月—1983年3月
	钱纪良	第一副司长	1983年3月—1986年3月
	李光佩	第一副司长	1986年3月—1987年6月
		司长	1987年6月—1992年5月
	嵇启武	副司长	1992年5月—1992年7月
		司长	1992年7月—1994年4月
计划财务司	黄更生	司长	1994年4月—1998年12月
	韩通武	司长	1998年12月—2004年3月
	于新文	副司长（主持工作）	2004年3月—2004年12月
		司长	2004年12月—2007年11月
	王邦中	司长	2007年11月—2012年11月
	谢 璞	司长	2012年11月—

（张连强）

Zhōngguó Qìxiàngjú Rénshìsī

中国气象局人事司（Department of Human Resources，CMA） 简称人事司。其前身为原中央气象局人事处，成立于1950年3月，1952年9月撤销人事处，成立干部处。1953年8月撤销干部处，成立人事处。1957年7月人事处改为干部处。1960年9月撤销干部处，在办公室成立干部科。1962年2月恢复干部处。1964年3月撤销干部处，干部处转入政治部，仍称干部处。1969年中央气象局和总参谋部气象局合并后，政治部组织处负责干部管理。1973年5月政治部内设干部处。1980年5月撤销政治部干部处，成立干部部。1982年8月撤销干部部，成立人事司。1988年10月更名为人事劳动司，2004年7月更名为人事教育司，2009年4月更名为人事司。

主要职责 负责机关和直属单位以及省级气象部门的人事管理、机构编制、队伍建设和培训等工作，指导省以下气象部门的相应工作；按照干部管理权限承担省级气象部门领导班子和领导干部的管理工作。

内设处室 干部一处、干部二处、人才工作处、培训处、机构编制处（干部监督处、综合处）、劳动工资处。

历任主要负责人

机构名称	主要负责人	职务	任职时间
人事处	李鉴禹	副处长	1950年3月—1952年9月
干部处		副处长	1952年9月—1953年8月
人事处	谢斌	副处长	1953年8月—1954年1月
		代理副处长	1954年1月—1955年2月
	张君实	处长	1955年2月—1956年6月
	谢斌	处长	1956年6月—1957年7月
干部处	高侠	处长	1957年7月—1960年3月
			1960年3月—1964年3月
			1964年3月—1969年12月
政治部干部处	张书贵	副处长	1973年5月—1978年2月
	张书贵	处长	1978年2月—1980年5月
干部部	安谦民	部长	1980年5月—1982年8月
人事司		司长	1982年8月—1983年4月
	厉复仁	副司长	1983年4月—1988年4月
		司长	1988年4月—1988年10月
		司长	1988年10月—1993年2月
人事劳动司	刘英金	副司长	1993年2月—1993年6月
		司长	1993年6月—1994年5月
	孙先健	司长	1994年5月—2000年2月
	萧永生	司长	2000年2月—2004年8月
		司长	2004年8月—2004年12月
人事教育司	沈晓农	司长	2004年12月—2008年5月
	胡鹏	司长	2008年5月—2009年4月
人事司	胡鹏	司长	2009年4月—

注：1969年12月—1973年3月属中央气象局与总参气象局合并期间，干部工作由政治部组织处负责。

（张连强）

Zhōngguó Qìxiàngjú Zhèngcè Fǎguī Sī

中国气象局政策法规司（Department of Policy and Regulations，CMA） 简称法规司。其前身为原中央气象局办公室的政策研究室，成立于1980年5月。1982年8月撤销局办公室的政策研究室，成立调研处。1988年10月成立政策法规司。

主要职责 拟订气象法律、法规草案和规章并监督检查，指导气象行政执法体系建设和气象法制教育宣传；组织协调气象行业管理工作；负责气象科技服务政策的研究、指导、咨询及气象社会管理工作；对气象事业改革发展的重大问题进行调查研究、提出方案并组织实施。

内设处室 法规处（综合处）、政策处、社会管理与执法监督处、标准化处。

历任主要负责人

机构名称	主要负责人	职务	任职时间
政策法规司	江彦文	副司长	1988年11月—1992年7月
		司长	1992年7月—1998年3月
	梁景华	副司长	1998年3月—1998年12月
	沈国权	司长	1998年12月—2000年12月
	李修池	司长	2000年12月—2004年3月
	朱祥瑞	司长	2004年3月—2007年11月
	王志强	司长	2007年11月—

（张连强）

Zhōngguó Qìxiàngjú Guójì Hézuò Sī

中国气象局国际合作司（Department of International Cooperation，CMA） 简称国际司。其前身为原中央气象局办公室的专家工作组，成立于1955年，1957年更名为国际联络科。1972年2月成立外事处，1980年5月更名为外事办公室。1982年8月撤销外事办公室，成立外事司，1994年4月更名为国际合作部，1998年10月更名为外事司，2004年7月更名为国际合作司。

主要职责 承办气象外事工作，组织管理与世界气象组织及其他国际、国家气象机构的合作与交流；承办涉及香港、澳门特别行政区及台湾地区的有关气象事务。

内设处室 国际处、双边处、地区处（综合处）。

历任主要负责人

机构名称	主要负责人	职务	任职时间
外事处	于若平	处长	1972年9月—1973年5月
	褚庆生	负责人	1973年5月—1978年2月
	吴钧	副处长	1978年2月—1979年7月
	王辅民	副处长	1979年7月—1980年5月
外事办公室	岳民	主任	1980年5月—1982年8月
		司长	1982年8月—1983年11月
外事司	陈国范	司长	1983年11月—1993年12月
	王才芳	副司长	1993年12月—1994年4月
国际合作部	王才芳	主任	1994年4月—1998年12月
		司长	1998年12月—2001年3月
外事司	沈晓农	司长	2001年3月—2004年3月
	喻纪新	司长	2004年3月—2004年7月
国际合作司	喻纪新	司长	2004年7月—2012年8月
	周恒	司长	2012年8月—

（张连强）

Zhōngguó Qìxiàngjú Zhíshǔ Jīguān Dǎngwěi
中国气象局直属机关党委（CPC Committee of CMA Headquarters，CMA） 简称机关党委。其前身为原中央气象局人事处的组织科，成立于1950年3月，1952年人事处不设组织科，成立了政治处，1953年8月撤销政治处，在人事处设立组教科。1955年3月成立党总支办公室，1957年9月撤销。1958年5月成立党委办公室，1962年改为党（团）委办公室。1964年3月撤销党（团）委办公室，政治部设组织处。1980年5月撤销政治部，成立直属机关临时党委，1981年3月设立直属机关党委。

主要职责 拟订气象部门党的建设和精神文明建设工作规划，负责局机关和在京直属单位的党群工作；指导省级气象机构的党的建设和精神文明建设工作。

内设处室 办公室、党建工作处（组织部、宣传部）、机关纪委办公室。

历任主要负责人

机构名称	主要负责人	职务	任职时间
直属机关临时党委	高 侠	书记	1980年7月—1981年3月
直属机关党委	章贻荪	书记	1981年3月—1983年12月
		副书记	1983年12月—1985年9月
		书记	1985年9月—1987年2月
		常务副书记	1987年2月—1994年4月
			1994年4月—1994年12月
	李士斌		1994年12月—2005年10月
	季本峰		2005年10月—2008年3月
	张世英		2008年3月—2014年8月
	宋 云		2014年8月—

（张连强）

Zhōngguó Qìxiàngjú Lí-Tuìxiū Gànbù Bàngōngshì
中国气象局离退休干部办公室（Office for Retirees，CMA） 简称老干办。其前身为人事司的老干部处，成立于1982年10月。1989年9月成立老干部办公室。1994年9月设立离退休干部办公室。

主要职责 拟订气象部门离退休干部管理办法及规章制度，负责离退休干部管理工作；监督检查气象部门离退休干部政治、生活待遇等政策的落实情况。

内设处室 综合处、离休处、退休处。

历任主要负责人

机构名称	主要负责人	职务	任职时间
老干部办公室	陈国珍	主任	1989年9月—1991年4月
	魏长起	副主任，主持工作	1991年4月—1994年4月
	褚庆生	副主任，主持工作	1994年4月—1994年9月

续表

机构名称	主要负责人	职务	任职时间
离退休干部办公室	褚庆生	副主任，主持工作	1994年9月—1995年7月
		主任	1995年7月—1997年9月
	游有源	副主任	1997年9月—1998年12月
	赵东儒	主任	1998年12月—2004年3月
	季本峰	副主任，主持工作	2004年3月—2004年12月
		主任	2004年12月—2007年5月
	张玉敏	副主任，主持工作	2007年5月—2008年2月
		主任	2008年2月—2013年6月
	刘 扬	主任	2013年6月—

（张连强）

Zhōngyāng Jìwěi Zhù Zhōngguó Qìxiàngjú Jìjiǎnzǔ
中央纪委驻中国气象局纪检组（CCDI Discipline Inspection Group to CMA） 简称纪检组。1979年7月中央气象局党组成立纪律检查组，1989年2月撤销党组纪检组。1993年11月中央纪律检查委员会、监察部印发通知，在中国气象局派驻纪检机构——中央纪委驻中国气象局纪检组，2006年初中央纪委对派驻中国气象局纪检组实行统一管理。根据2015年中央《关于全面落实中央纪委向中央一级党和国家机关派驻纪检机构的方案》的通知，2016年初撤销中央纪委驻中国气象局纪检组，气象部门的纪检工作归口中央纪委驻农业部纪检组（综合派驻）。

主要职责 监督检查中国气象局党组及其成员维护党的政治纪律、贯彻民主集中制、选拔任用领导干部、贯彻落实党风廉政建设责任制和廉政勤政的情况；经中央纪委批准，初步核实局党组及其成员违反党纪的问题；参与调查局党组及其成员违反党纪的案件；调查司局级干部违反党纪的案件及其他重要案件。

历任主要负责人

机构名称	主要负责人	职务	任职时间
局纪律检查组	薛伟民	组长	1979年10月—1983年4月
	王瑞琪	组长	1983年4月—1985年7月
	李登桂	副组长	1983年4月—1985年3月
	温克刚	组长	1985年7月—1989年2月
	陈国珍	副组长	1985年3月—1989年2月
中央纪委驻中国气象局纪检组	徐松庆	副组长	1994年5月—1999年9月
	刘英金	组长	1996年11月—1999年6月
	孙先健	组长	1999年6月—2010年4月
	张河海	副组长	2001年4月—2008年1月
	刘 实	组长	2010年4月—2015年8月
	彭 抗	副组长	2008年1月—2013年7月
	刘柏林	副组长	2013年7月—2016年3月

注：1990年12月中央纪委同意国家气象局党组恢复纪检组，但由于人员编制问题，国家气象局党组一直未正式向中央纪委申请恢复纪检组，直至1994年派驻。

（张连强）

Zhōngguó Qìxiàngjú Shěnjìshì

中国气象局审计室（Audit Office，CMA） 简称审计室。1984年2月原国家气象局成立审计处，由计划财务司代管。1988年7月设审计署驻国家气象局审计特派员办公室，受审计署和国家气象局双重领导，以审计署领导为主，1994年1月改为审计署派驻中国气象局审计局。1998年12月审计署撤销了派驻中国气象局审计局，中国气象局重新成立审计室，为局直属处。

主要职责 负责气象部门内部审计工作，组织开展领导干部经济责任审计、财务收支审计、专项审计、建设项目审计和其他审计工作，并检查、指导、监督气象部门内部审计工作情况。

历任主要负责人

机构名称	主要负责人	职务	任职时间
审计署驻国家气象局审计特派员办公室	钱纪良	审计特派员	1988年11月—1992年3月
	龙云琴	副审计特派员	1992年3月—1994年5月
审计署驻中国气象局审计局		局长	1994年5月—1995年9月
	李公顺	副局长	1995年9月—1998年12月
中国气象局审计室	徐卫健	副主任，主持工作	1998年12月—2000年1月
		主任	2000年1月—2009年7月
	宋 伟		2009年7月—2013年4月
	马春莉		2013年4月—

（张连强）

Zhōngguó Qìxiàngjú Jiāncháshì

中国气象局监察室（Inspection Office，CMA） 简称监察室。1988年12月原国家气象局设立行政监察处，为局直属处。1990年7月更名为监察室。于2015年12月撤销。

主要职责 负责气象部门监察工作，监督检查领导干部遵纪守法和廉政勤政的情况，并调查处理领导干部违反行政纪律行为。

历任主要负责人

机构名称	主要负责人	职务	任职时间
行政监察室	赵 敏	主任	1988年12月—1990年8月
监察室	丁春华	副主任	1990年8月—1994年5月
	徐松庆	主任（兼）	1994年5月—1998年12月
	冯继超	主任	1998年12月—2009年1月
	刘柏林		2009年1月—2015年1月

（张连强）

行业及流域气象机构

hángyè qìxiàng jīgòu

行业气象机构（professional meteorological organs） 国家有关部门和行业根据业务工作的需要设立的气象管理机构和气象业务单位。各行业气象机构主要为本部门、本行业提供气象服务。2012年设立气象机构的部门主要有民用航空、水利、生产建设兵团、海洋、盐业、农垦、林业等；还有部分科研、教育、电力、交通、油田等单位设立气象业务机构以满足自身发展的需求；中国人民解放军及有关兵种设立气象管理机构和业务单位，为国防建设和军事活动提供服务。

民航气象机构 2012年民航气象机构有：中国民用航空局（下称中国民航局）设空管行业管理办公室航空气象处；民航华北、东北、华东、中南、西南、西北地区管理局和新疆管理局设航空气象处。民航局空管局设民航气象中心；民航华北、东北、华东、中南、西南、西北和新疆7个地区设气象中心；民航局在9个飞行情报区内指定国际航空气象监视台；全国183个民用运输机场设机场气象台，通用机场根据需要设机场气象台或机场气象站。省会所在地机场和部分大中型机场的气象台分别隶属于地区空管局、省（区）空管分局（站），实行民航空管一体化运行管理，其他中小机场的气象台按照机场管理性质的不同分别隶属于不同的机场公司（集团）、地方政府、航空公司、飞行学院、空军等。

中国民航局空管行业管理办公室航空气象处，负责统一管理全国民航气象工作，并代表中国参与国际民航组织公约缔约国有关航空气象服务标准和规则的修订，承担国际航空气象服务的管理职责。各级民航气象服务机构依照《中国民用航空气象工作规则》等相关部门规章、规范性文件、行业标准以及国际民用航空公约《航空气象服务》的要求，履行民航气象服务职责。

1956年民航气象机构属中央气象局建制，实行中央气象局与中国民航局的双重领导。1960年民航专用的气象台（哨）划归民航建制，实行以民航为主的双重领导，国家气象管理部门在业务技术上进行领导。1980年中国民航局改为国务院直属机构，在航行司设置气象处、在各地区管理局设置航行气象处，负责民航气象工作。1994年民航总局空管局、地区空管局设置气象处分别负责全国民航和地区民航气象工作。2008年中国民航局（前称中国民航总局）设置空管行业管理办公室航空气象处、民航地区管理局设置航空气象处，分别承担全国民航气象和辖区民航气象的政府行政管理职能；民航局空管局、各地区空管局、各民用机场分别设置民航气象服务机构负责实施民航气象的业务运行。民航气象服务机构包括民航气象中心、民航地区气象中心、机场气象台、机场气象站等。

水利气象机构 水利部设水文局（水利信息中心）气象处，是水利行业气象业务工作指导机构，负责全国水利部门短期和中长期气象预报预测管理，负责国家防汛抗旱短期降水天气预报和中长期天气气候预测业务，以及所需气象信息的收集、处理、预报预警、服务和业务系统的运行维护与管理。

1981年水利电力部成立水文水利调度中心，设水情气象组，1985年设气象室。1988年更名为水利部水文水利调度中心气象室，1989年8月设气象处。1993年改为水利部水利信息中心气象处；1999年改为水利部水文局（水利信息中心）气象处；2010年改为水利部水文情报预报中心（水利部水文局内设机构）气象处。

2012年底，水利部流域机构设置的气象机构：长江水利委员会水文局下设水文情报预报中心气象室；黄河水利委员会水文局水文水资源信息中心下设气象室和水资源室，分别从事中短期和长期气象预报业务；淮河水利委员会水文局设水情气象预报处；松辽水利委员会水文局下设水情气象处。部分流域机构水文局设气象处室，个别省水文局水情部门和水利工程管理机构设有少量气象业务人员。

新疆生产建设兵团气象机构 新疆生产建设兵团（简称兵团）农业局下设气象处（气象局），负责管理兵团农业气象工作，组织协调防雹抗灾工作。2012年底，机构设置：兵团农业局气象处（气象局）下设科技服务中心（与兵团气象信息网络中心一套人马两个牌子），对各师农业局下设的气象局（台站）实行业务指导；承担兵团自动气象站、雷达站、雷电监测站信息资料的收集上传；负责人工影响天气物资的订购、供应和管理，新技术推广、科技服务和技术培训，技术装备的故障排除和修理等任务。

2012年底，兵团有12个师下设气象站，其中9个师成立了气象局（人影办），其他师都有专职或者兼职人员主管气象和人影工作。兵团师部气象台站分别归口师部农业局管理，团场气象台站为团场所属企（事）业单位归口团场生产科或者农业技术推广中心管理。兵团现有气象台站157个，其中有人值守气象台站52个。

海洋气象机构 1965年以前海洋气象台站统一归气象部门建设与管理。1965年5月中央气象局、国家海洋局联合下发《关于移交海洋水文工作的联合通知》。通知指出，根据中央和国务院关于成立国家海洋局的指示，气象部门的海洋水文工作和任务及人员、设备，一律移交国家海洋局。

国家海洋局国家海洋环境预报中心海洋气象预报室，是国家海洋局气象业务工作指导机构，主要职责是开展海洋气象预报服务，牵头完成滨海旅游预报、海水浴场预报等专项海洋环境预报服务工作。

国家海洋环境预报中心于1965年成立，其前身为国家海洋局海洋水文气象预报总台。1973年国家海洋预报总台成立海洋气象预报研究室。

海洋气象预报室下设短期预报组、中长期预报组和航线保障组，负责制作中国近海及全球海洋的短期海洋气象预报，开展专项海洋气象预报服务和开展数值天气预报产品的释用，承担海洋调查、海洋维权、极地考察，为特大洋船只航行提供航线气象预报和军民兼用的海上气象预报与保障任务。

盐业气象机构 1961年以前盐业气象台站统一归气象部门建设与管理。1961年5月中央气象局和轻工业部制盐工业局联合下发通知，将气象部门设在盐场内的气象台站（包括为盐业服务的海洋水文气象台站），划归盐场建制。

截至2012年底，中国盐业总公司企业发展部负责盐业气象管理工作。盐业气象台站由企业设立，没有统一的气象国家级和省级管理机构。辽宁、河北、天津、山东、江苏、福建、广东、广西的大型盐场建立了28个专门为海盐生产服务的盐业气象台站。

大连盐化集团有限公司、营口盐业有限责任公司、天津汉沽盐场有限公司、河北省司法厅监狱管理局南堡盐场、唐山三友盐化有限公司、中盐长芦沧州盐化集团有限公司、天津长芦海晶集团公司、山东海化股份有限公司羊口盐场、江苏金桥盐化集团有限责任公司、广东省盐业集团有限公司分别设有气象台，广东省盐业集团有限公司设有广东省徐闻盐场气象台、广东省阳江盐场气象台，海南省莺歌海盐场、海南省东方盐场、浙江象山盐场分别设有气象台。

农垦气象机构 黑龙江农垦总局农业局下设气象管理站，负责垦区气象管理工作。截至2012年底，总局所属气象台（站）共有92个，其中农垦总局气象管理站2个，分局气象台6个、农场气象站84个；按照行政区域、地理分布设立的基本气象台（站）33个、一般气象台（站）57个，人影站2个，形成了体系比较完备、独具农垦特色的专业台站网。

森工气象机构 黑龙江森林工业总局气象管理工作分别由森工总局、林管局、营林局三级组成，总局下设森林物候气象站指导全林区的气象业务工作。截至 2012 年底，共有森林物候气象站 45 个，其中森工总局 1 个，林业管理局 4 个，营林局 40 个；114 个森林物候气象哨。

（丁海芳）

qūyù qìxiàng zhōngxīn

区域气象中心（regional meteorological centre） 中国气象局直接领导的区域性气象业务、科研和培训的组织协调和技术支撑机构。

20 世纪 50 年代初，根据国家气象事业发展的需要，特别是通信传输的需要，原中央气象局设立了沈阳、上海、武汉、广州、成都、兰州中心气象台（即区域气象中心的前身），其主要任务是指导区域内各省（自治区、直辖市）气象台站建设和天气预报业务，发挥区域气象通信传输枢纽的作用。根据"战备"工作的需要，1970 年 7 月经国务院、中央军委批准，按"山、散、洞"的要求，在湖北建立了国家气象（战备）中心，在辽宁、山西、甘肃、新疆、四川、湖南、安徽的相关山区建立了东北、华北、西北、新疆、西南、华南、华东区域气象（战备）中心。1984 年国家气象局制定的《气象现代化建设发展纲要》中，对区域气象中心建设作出新的部署，提出区域气象中心负责区域内各省（自治区、直辖市）气象通信、资料、预报、某些区域性专业气象服务、气象科技情报等业务、技术指导和技术发展工作。1988 年国家气象局向人事部报送《关于调整区域气象中心布局的报告》，将 1970 年批准建设的 7 个区域气象中心（战备中心）调整为上海（华东）、广州（华南）、武汉（华中）、沈阳（东北）、成都（西南）、兰州（西北）区域气象中心和国家气象中心，共 7 个中心，其中国家气象中心兼任华北气象区域中心的职责。1989 年国家气象局制定了区域气象中心的组织管理试行办法，提出了区域气象中心建设的主要目标和任务。至 1994 年底，全国共建成北京、沈阳、上海、武汉、广州、成都和兰州 7 个区域气象中心。1995 年国家气象局下发了《关于区域气象中心的组织管理办法（试行）》，进一步明确了区域气象中心的性质、功能和职责。2006 年 9 月中国气象局决定，在区域气象中心原有名称前均冠以"中国气象局"，并调整了区域气象中心的构成，将原依托国家气象中心的北京区域气象中心转为北京市气象局承担，重组了北京区域气象中心，并增设了乌鲁木齐区域气象中心。2006 年中国气象局印发的《中国气象局业务技术体制改革总体方案》进一步明确区域气象中心的职责任务，并要求构建区域气象中心业务和研究机构，依托所在地省级天气、气候业务组建区域中心气象台和区域气候中心，以中国气象局各专业气象研究所为核心建立区域气象科技创新平台。2007 年 5 月中国气象局制定下发了《关于进一步发挥区域气象中心功能的意见》，要求进一步发挥区域气象中心"指导协调、业务指导、科研组织、技术支持和专业培训"五大功能，建立区域气象工作会议制度、规划项目协调机制、区域信息通报机制、区域联防应急机制、区域科研开发合作机制、区域信息共享机制，加强区域气象培训中心建设，对区域气象中心工作进行了部署。

为加快推进现代气象业务体系建设，充分发挥区域气象中心在现代气象业务体系中的作用，2009 年 5 月中国气象局决定各区域气象中心分别更名为中国气象局华北、东北、华东、华中、华南、西南、西北区域气象中心，乌鲁木齐区域气象中心名称不变。区域气象中心名称变更后，其承担的职责任务不变。各区域气象中心与所在地的省（自治区、直辖市）气象局实行一套机构、两个牌子的组织方式。即区域气象中心主任均由所在地省（自治区、直辖市）气象局局长兼任，日常管理工作机构由所在地省（自治区、直辖市）气象局承担业务管理的处负责，实施区域中心职能时称为区域气象中心协调办公室，并依托所在省（自治区、直辖市）级天气、气候业务，组建区域中心气象台和区域气候中心，以中国气象局设在区域中心的各专业气象研究所为核心，建立各区域气象科技创新平台。

华北区域气象中心 1970 年 7 月经国务院、中央军委批准成立华北区域气象中心（山西）。1988 年 5 月报经人事部批准，对区域气象中心进行调整，华北区域气象中心的职责由国家气象中心承担。2005 年中国气象局确定由北京市气象局为牵头单位；2009 年更名为中国气象局华北区域气象中心。区域气象中心包括北京、天津、河北、山西、内蒙古 5 个省（自治区、直辖市）气象局，北京市气象局局长兼任区域气象中心主任。主要任务是组织和协调区域内五省（自治区、直辖市）气象部门业务、技术交流和成果共享等工作，牵头和管理区域内气象科技创新项目基金，推进全区域气象部门气象业务、科研、服务工作协调发展。

多年来，华北区域气象中心每年召开年度区域气象局长联席会，共同谋划区域气象工作发展。坚持一省（自治区、直辖市）气象部门技术成果推广到五省（自治区、直辖市）的"一变五"，集中五省（自治区、直辖市）科技力量攻关进行科技创新的"五变一"工作运行机制，使得科研成果全区域受益。组织开展华北区域气象观测、预报技能竞赛，推进气象现代化建设及人工影响天气工作业务水平的提高，推进区域科技服务交流合作，实现了全区域气象资料共享和区域预报会商以及精细预报模式应用，共同促进区域气象业务科研和服务水平的提升。

东北区域气象中心 其前身为20世纪50年代成立的沈阳中心气象台，1970年7月经国务院、中央军委批准成立东北区域气象中心（辽宁）。1988年5月报经人事部批准，对区域气象中心进行调整，东北区域气象中心调整为沈阳区域气象中心。1993年在沈阳区域气象中心正式挂牌，2009年更名为中国气象局东北区域气象中心。区域气象中心包括辽宁、吉林、黑龙江3个省气象局，辽宁省气象局为牵头单位，辽宁省气象局局长兼任区域气象中心主任。主要承担东北地区气象业务、科研和培训的组织协调及技术支撑工作。

东北区域气象中心成立以来，发挥协调作用，促进东北三省气象事业共同发展。建立区域天气、气候、气候变化、生态与农业气象和大气成分等业务平台，发布了相关指导产品；建立区域级精细化数值预报模式支撑系统，每天发布东北区域所有城镇的预报产品；东北区域中尺度数值预报业务系统通过中国气象局业务评审。三省建设区域气象信息共享平台，实现了东北地区自动气象站、雷达、风能、酸雨、大气成分、沙尘暴等实时观测资料、决策服务信息以及预报预测指导产品的共享。三省共同申报的"新增千亿斤粮食工程东北区域人工影响天气能力建设可行性研究报告""东北地区典型生态试验基地"获得国家批准，开展了东北地区生态质量气象评价、生态系统碳收支评价、生态承载力评价等业务和研究工作，为东北地区湿地、水稻面积及农业干旱定量化监测评估提供科技支撑。

华东区域气象中心 其前身为20世纪50年代成立的上海中心气象台，1970年7月经国务院、中央军委批准成立华东区域气象中心（安徽）。1988年5月报经人事部批准，对区域气象中心进行调整，华东区域气象中心调整为上海区域气象中心。1988年5月上海区域气象中心正式挂牌，2009年更名为中国气象局华东区域气象中心。区域气象中心包括山东、安徽、江苏、上海、浙江、江西、福建六省一市气象局，上海市气象局为牵头单位，上海市气象局局长兼任区域气象中心主任。每年召开一次区域气象工作会议，共同研讨区域气象协调发展的重大问题。

华东区域气象中心成立以来，积极加强区域业务、科研等方面协作，建立了区域气象局长联席会议制度；形成了区域天气会商机制；组织了区域预报技术论文交流、区域天气联防以及其他方面的合作与交流，完善区域气象中心在灾害性天气区域联防、区域信息共享、技术交流和科研攻关等方面的功能。以华东区域气象中心网站为资源共享平台，进一步发挥区域气象中心的预报技术辐射和指导作用，强化区域气象中心的技术指导能力。积极推进区域气象现代化建设，发挥区域内各省局人才、技术和资源优势，形成科技创新合力的发展模式，在数值预报、海洋气象、环境气象、业务培训、现代化试点等工作中在全国起到示范作用。以工作组的形式组建数值预报、中尺度分析、环境气象、气候变化等创新团队，推动区域气象工作稳步协调发展。

华中区域气象中心 其前身为20世纪50年代成立的武汉中心气象台，1970年7月经国务院、中央军委批准成立国家气象中心（湖北）和7个区域气象中心。1988年5月报经人事部批准，对区域气象中心进行调整，设立武汉区域气象中心（华中）。1989年武汉区域气象中心正式挂牌，区域气象中心包括河南、湖北、湖南、安徽、江西5省气象局；2009年5月更名为中国气象局华中区域气象中心，区域范围调整为湖南、湖北、河南3个省气象局，华东区域气象中心的安徽、江西省气象局参加华中区域气象中心的活动。湖北省气象局为牵头单位，湖北省气象局局长兼任区域气象中心主任。

区域气象中心成立以来，积极推进全区域气象部门在气象业务、科研、服务工作的协调发展。初期，湖北、江西、湖南、河南、安徽省气象局协同攻坚，完成了区域通信网的组网工作；武汉区域数值预报模式MAPS正式投入业务运行，向区域内气象台站发布指导预报产品；汛期利用湖北、湖南、江西的天气雷达拼图，研制的长江中游大范围降水实时监测自动化系统投入业务运行，明显提高了暴雨监测能力；武汉区域各省完成了卫星通信系统（VSAT，甚小孔径天线地球站）布点工作，实现了区域内数据传输和话音通信。2006年以后，组建了"区域中尺度数值模式发展"和"新一代天气雷达应用技术开发"两个科技创新团队，建成区域气象信息共享平台，实现了区域气象监测信息共享。

华南区域气象中心 其前身为20世纪50年代成立的广州中心气象台，1970年7月经国务院、中央军委批准成立华南区域气象中心（湖南）。1988年5月报经人事部批准，对区域气象中心进行调整，华南区域气象中心调整为广州区域气象中心。1991年广州区域气象中心正式挂牌，2006年更名为中国气象局广州区域气象中心，2009年更名为中国气象局华南区域气象中心。区域气象中心包括广东省、广西壮族自治区和海南省气象局，广东省气象局为牵头单位，广东省气象局局长兼任区域气象中心主任。

华南区域气象中心成立以来，充分发挥区域科技和人才优势，推进以需求为牵引的区域气象现代化建设，加强灾害性天气区域联防、区域信息共享、技术交流和科研攻关，在海洋气象业务服务、重大活动气象保障、区域数值预报模式研发等方面体现了区域合作的优势和成效。在广东省气象局的牵头组织下，逐步建立了包含中国南海台风数值预报模式、华南区域中尺度数值预报模式、逐时循环同化预报系统以及海洋气象和空气质量等专业数值预报模式的华南区域数值预报业务体系，2012年启动了"区域数值天气预报重点实验室"建设，力争区域数值天气预报达到国际先进、亚洲一流水平。

西南区域气象中心 其前身为成都中心气象台，1970年7月经国务院、中央军委批准成立西南区域气象中心（四川）。1988年5月报经人事部批准，对区域气象中心进行调整，西南区域气象中心调整为成都区域气象中心。1994年成都区域气象中心正式挂牌，2009年更名为中国气象局西南区域气象中心。区域气象中心包括重庆、四川、贵州、云南、西藏5个省（自治区、直辖市）气象局。四川省气象局为牵头单位，四川省气象局局长兼任区域气象中心主任。

西南区域气象中心每年组织召开全区域气象局长联席会议或专题工作会议，研究部署和落实西南区域气象现代化建设工作，促进共同发展。近年来，在区域中心组织下，各省（自治区、直辖市）气象局共同完成了西南区域气候变化影响评估报告、区域内的主要气象灾害风险区划工作，建立了评价框架、指标体系、方法与模型，进行了气象灾害风险评价和等级划分。深化区域科研业务合作，加大区域数值预报模式系统合作开发力度，启动了"西南区域高原山地数值模式快速同化预报系统"建设。实施跨省区飞机增雨作业，编制了西南区域及广西人工影响天气发展规划，确立了发展方针、目标和原则，联合承担了"西南区域人工影响天气业务平台建设"。开展了第三次青藏高原大气科学观测试验的相关工作，完成了青藏高原及周边地区观测布局技术试验。区域内的信息交换、资料共享、系统优化、技术协作、资源互通、数据质量、资料应用等各个方面获得全面提升。

西北区域气象中心 其前身为兰州中心气象台，1970年7月经国务院、中央军委批准成立西北区域气象中心（甘肃）。1988年5月报经人事部批准，对区域气象中心进行调整，西北区域气象中心调整为兰州区域气象中心。1993年9月兰州区域气象中心正式挂牌，区域气象中心包括陕西、甘肃、青海、宁夏、新疆五省（自治区）气象局。2005年4月乌鲁木齐区域气象中心成立，兰州区域气象中心调整为陕西、甘肃、青海、宁夏四省（自治区）气象局。2009年更名为中国气象局西北区域气象中心。甘肃省气象局为牵头单位，甘肃省气象局局长兼任西北区域气象中心主任。

西北区域气象中心成立以来，每年召开一次区域局长联席会，共同谋划区域气象发展工作，充分利用区域内各省气象科技和人才优势，开展区域气象中心在灾害性天气的区域联防、区域信息共享、技术交流和科研工作。特别在重大活动气象保障、区域干旱数值预报模式研发、科研组织和成果转化应用等方面合作更加密切有效。开展了西北区域数值预报中心建设，建立精细化数值预报模式支撑系统，在区域指导产品网上发布天气、气候、气候变化、生态与农业等产品；逐步建立了区域干旱气候观测系统和天气观测系统，建立了区域信息共享平台，实现区域内高性能计算机系统、数据存储与管理系统、区域历史和实时气象数据等资源的高度共享；组织开展中国干旱气象科学试验研究，力争在干旱基础理论和应用技术方面有新突破；积极推进区域气象现代化建设，坚持以需求牵引开展科研成果转化中试试验及推广应用，推动区域工作在预报预测、气候变化、科技研发、成果转化方面稳步协调发展。

乌鲁木齐区域气象中心 1970年7月经国务院、中央军委批准成立新疆区域气象中心。1988年5月报经人事部批准，对区域气象中心进行调整，新疆区域气象中心并入兰州区域气象中心。2005年中国气象局决定增设乌鲁木齐区域气象中心，2006年更名为中国气象局乌鲁木齐区域气象中心。新疆生产建设兵团气象局参加区域气象中心活动。新疆维吾尔自治区气象局局长兼任区域气象中心主任。

区域气象中心成立以来，制定了联席会议制度和科学技术咨询委员会章程，与新疆建设兵团气象局在决策气象服务、业务体系规划及建设、气象资料共享、人员培训等方面开展了更加密切的合作，发挥了区域气象中心在新型业务技术体制中的作用。建立与国土、地震、交通等部门的区域信息共享机制，促进与周边省份的区域天气联防和信息资源共享等业务技术交流。还加强与周边国家气象部门的业务互访和科研交流，促进国际合作。

（姜海如 郑治斌 崔新强 曹冀鲁 李贺 袁招洪 许永锞 彭广 白虎志 王攀）

liúyù qìxiàng zhōngxīn
流域气象中心（basin meteorological centre） 开展流域气象监测、预测、预警、评估和服务的业务和协调机构。长江、黄河、珠江、淮河、海河、辽河和松花江统称为中国七大江河，水利部门在七大江河设有专门的委员会。此外，中国还有塔里木河、黑河等内陆河流和澜沧江、怒江、雅鲁藏布江、伊犁河等外流河水系，水利部门也建立了相应的管理机构。为了加强流域水文气象工作，拓展气象服务领域，协同水利部门提高流域综合防灾减灾能力，促进流域经济社会发展和水资源综合开发利用，中国气象局于2005年决定陆续在全国主要江河流域建立流域气象中心。截至2015年底，中国气象局先后批准成立了长江、黄河、淮河、海河、松辽流域气象中心。流域气象中心的主要任务是：对流域及相邻地区开展气象（包括水文气象）观测；开展流域天气预报和预警，发布流域高影响天气和气象防灾信息；开展流域月、季、年气候预测，特别是汛期旱涝趋势预测；分析流域气候变化趋势，评估气候变化对流域水资源和经济社会的影响，提出适应对策措施；开展或参与有关气象、水文科学研究工作。此外，流域气象中心还是业务协调机构，主要负责流域内各省气象、水文资料的交换和共享。流域气象中心由流域内各省（自治区、直辖市）气象局共同组成，设有流域气象业务服务协调委员会，负责协调流域内的气象业务服务工作。协调委员会主任由牵头省气象局局长兼任，中国气象局相关业务职能司、直属单位以及流域内相关省气象局各有1名负责人为成员。协调委员会下设办公室，负责日常工作。

长江流域气象中心　2005年经中国气象局批准成立（驻地：武汉市）。长江流域气象服务由中国气象局华中区域气象中心总牵头，分上游、中游、下游三段，有12省（直辖市）气象局参加。上游段由西南区域气象中心负责，重庆、四川、贵州省（直辖市）气象局参加；中游段由华中区域气象中心负责，陕西、河南、湖北、湖南、江西省气象局参加；下游段由华东区域气象中心负责，安徽、上海、江苏、浙江省（直辖市）气象局参加。长江流域气象中心业务服务协调委员会主任由中国气象局华中区域气象中心主任、湖北省气象局局长兼任。

长江流域气象中心成立以来，先后建成了长江流域水文气象信息共享平台，流域水文气象实时预报系统，水文气象信息监测分析系统，流域定量降水估测系统，流域旱涝趋势预测系统，旱涝监测评估系统，流域洪涝风险预估系统，流域气象预测预报平台。建立形成了长江流域气象业务平台运行机制。"创建长江流域中心气象服务业务新体系"被评为2012年中国气象局工作创新奖。一直与水利部长江水利委员会保持了密切工作联系。

2008—2011年，湖北省牵头完成的公益性行业（气象）科研专项"江淮流域实时洪水预报中水文气象耦合方法研究"。通过改进AREM模式（有限区域η坐标暴雨数值预报模式）和WRF模式（天气研究和预报模式，美国），开展流域定量降雨预报应用研究，提高汛期主雨带位置、主雨带暴雨发生时间、暴雨落区预报能力；在开展分布式水文模型研究的基础上，通过提高雷达估算降雨分辨率、提高中尺度暴雨预报模式空间分辨率、气象要素场尺度下移等方法，开展水文气象耦合技术研究及预报试验；研发建立水文气象耦合的大流域洪水预报准业务系统，并在漳河水库、汉江丹江口、清江水布垭等流域开展实时水文气象预报试验，效果较好。该项目的成果对长江流域气象中心和淮河流域气象中心的业务发展具有重要的支持作用。

黄河流域气象中心　2006年经中国气象局批准成立（驻地：郑州市），承担黄河流域内的气象业务服务协调协作，开展流域气象信息汇集和气象预报预测服务，实现黄河流域跨部门、跨省区的气象、水文合作和信息共享，为黄河流域科学防汛、生态保护和水资源调度提供气象保障。2007年成立黄河流域气象业务服务协调委员会，委员会主任由河南省气象局局长兼任，成员由中国气象局相关业务职能司和相关直属业务单位以及甘肃、青海、宁夏、陕西、内蒙古、山西、山东、河南等八省（自治区）气象局1名负责人担任。下设办公室，办公室主任由河南省气象局1名副局长担任。

2006年黄河流域气象中心开始制作《黄河流域天气预报》服务产品，建设水雨情数据库系统、水文气象预报服务系统，实现流域下游河南、山东、山西、陕西4省雷达资料共享和实时监测黄河下游大范围降水，流域数值预报空间分辨率由50 km细化到10 km，成功利用多模式动态集成技术提高了降水预报准确率。组织全流域气候中心进行汛期和年度气候趋势预测会商，每年发布黄河流域汛期、年度气候趋势预测。2012年建成了黄河流域短期气候预测业务平台，开发了黄河流域气候监测业务系统。

黄河流域气象中心还向水利部黄河水利委员会、黄河防汛抗旱指挥部、河南省水利厅等单位开展气象服务，提供《黄河流域天气日报》《黄河流域重要天气预报》《黄河流域重要气象信息》和《黄河流域短期气候预测》《黄河流域重要气候信息》等气象服务产品。

淮河流域气象中心　2005年经中国气象局批准成立（驻地：蚌埠市），承担淮海流域气象信息汇集和服务职能。淮河流域气象业务服务协调委员会挂靠在安徽省气象局，协调委员会主任由安徽省气象局局长兼任，中国气象局相关业务职能司和相关直属业务单位以及安徽省气象局、河南省气象局、江苏省气象局、山东省气象局各有1名负责人为成员。协调委员会下设办公室,与设在蚌埠市的淮河流域气象中心实行一个机构、两块牌子。协调委员会办公室负责贯彻落实气象服务工作,协调流域气象服务业务建设。淮河流域气象中心内设办公室、综合信息室和预报服务室。

淮河流域气象中心的主要任务是制作全流域中短期预报、短期气候预测、气候评价产品,向水利部淮河水利委员会和流域内各省提供流域的气象预报服务,为淮河干流、支流和重要水利设施安全度汛、水资源管理提供气象预报和信息服务。主要业务产品有:定量降水监测、面雨量预报、暴雨洪水气象风险预警以及旱情监测等多种水文气象业务产品。主要服务载体有:流域天气公报、流域重要气象信息专报、流域气候预测以及月季天气回顾和流域气候公报等。

海河流域气象中心 2006年经中国气象局批准成立(驻地:天津市),由天津市气象局牵头,北京市、河北省、山西省和河南省气象局共同组成。海河流域气象业务服务协调委员会挂靠在天津市气象局,协调委员会主任由天津市气象局局长兼任。主要任务是:为海河流域各级政府、防汛部门、水利部海河水利委员会提供防洪抗旱、水资源利用及确保水利设施安全度汛所需气象服务,组织流域内跨部门、跨省市的水文气象合作与交流,组织流域天气预报、气候预测会商和科学研究,承担流域内防汛气象联防组织协调工作。

海河流域气象中心成立以来,流域各省、直辖市气象局密切配合,流域气象服务联防能力得到有效提升。开展的流域面雨量预报、致洪暴雨监测预警联防等多项业务,为各级领导做好防汛、抗旱以及水库调度等决策提供了科学的依据,在保障海河流域安全度汛发挥了较好的作用。

海河流域气象中心加强与水利部海河水利委员会及地方水利部门沟通联系,建立了部门合作机制,将汛期定期天气和水情会商、汛前与汛后互访、相互业务技术培训、共同开展科研常态化。与流域内气象、水文等多个部门开展了深度合作,在流域防灾减灾、水资源合理开发利用、生态环境保护与建设等方面发挥了综合的作用。

松辽流域气象中心 2006年经中国气象局批准成立(驻地:长春市),由吉林省气象局牵头,辽宁省、黑龙江省、内蒙古自治区气象局共同组成。

松辽流域气象中心主要任务包括组织流域天气预报、气候预测会商和科学研究,制作流域的中短期天气预报、流域面雨量预报、短期气候预测以及重大气象灾害的分析评估等预报服务产品,组织流域内跨部门、跨省市的水文气象合作与交流,承担流域内防汛气象联防组织协调工作,为松花江、嫩江和辽河流域各级政府、防汛部门、水利部松辽水利委员会提供防洪抗旱、水资源利用及确保水利设施安全度汛所需气象服务。

松辽流域气象中心成立以来,在流域内各省(自治区)气象局密切配合下,流域气象服务联防能力得到有效提升。陆续开展了流域信息共享、流域面雨量预报等业务,开展了流域气候变化以及流域面雨量、流域明显降水等流域预报服务关键技术研究工作,建立了流域精细化数值预报系统,完善了流域致洪暴雨监测警联防机制,制定了流域内信息共享和天气会商等业务流程,初步建立了松辽流域气象服务业务平台。为各级领导、水利部松辽水利委员会等相关部门指导防汛、抗旱以及水库调度等决策提供科学的依据,在保障松辽流域防汛安全等方面发挥了较好的作用。

(姜海如 王建国 于波 魏华 杨雪艳)

中国气象局直属机构

Guójiā Qìxiàng Zhōngxīn

国家气象中心(National Meteorological Centre) 即中央气象台,中国气象局直属事业单位,是国家级天气预报中心,也是世界气象组织亚洲区域气象中心、世界气象组织和国际原子能机构北京区域环境紧急响应中心,承担全国乃至全球天气预报的制作、发布,大范围灾害性天气的监测预警,为国家、各级政府和广大人民群众提供气象预报服务。

机构沿革 国家气象中心前身是中央气象台,成立于1950年3月,隶属于原中央军委气象局。建台初期下设总务组、天气预报组(联合天气分析预报中心)、电务组、观测组、机要组和预报实习班6个机构。其中,中央军委气象局与中国科学院地球物理研究所组建的联合天气分析预报中心,承担了全国天气预报任务,建立集体预报会商制度,为抗美援朝、解放沿海岛屿及防灾减灾工作提供了良好的气象服务。1956年8月中央气象台更名为中央气象科学研究所,对外仍称中央气象台。在继续承担天气预报任务的基础上,主要是加强重大天气过程总结、预报方法研究和预报技术研发。1960年9月中央气象台从中央气象科学研究所分离出来(对内称中央气象局气象台,对外仍称中央气象台)。1974年中央气象台成为世界气象组织亚洲区域气象中心和通信枢纽。1975年3月成立北京气象中心筹备组,1978

年6月以中央气象台、资料室、工程处为基础组建北京气象中心。1980年1月北京气象通信枢纽正式投入使用。1989年10月北京气象中心更名为国家气象中心，对外仍保留中央气象台名称。2001年9月国家气象中心与国家气候中心合并组建新的国家气象中心，由中央气象台、国家气候中心、气象信息中心3个业务次中心和大气环境决策服务中心组成，对外仍称国家气象中心，并保留国家气候中心牌子。2004年4月，国家气候中心、气象信息中心从国家气象中心分离，国家气象中心职责任务相应作了调整，对外仍称中央气象台，其机构名称保留至今。

主要任务 牵头组织天气业务、生态与农业气象业务系统设计、业务科研项目的组织实施、业务规范和标准的制定。承担全国及世界主要区域范围的天气监测和预报，承担中国及所属责任海区的灾害性天气警报以及全球主要海域天气监测和预报。承担全国水文与地质灾害、环境、航空等专业气象预报业务。承担全国及世界主要区域范围的生态与农业气象及相关灾害的监测、预测、预警和评估，为国家粮食安全和生态建设与保护提供气象保障。承担天气、生态与农业气象的气象服务任务，归口向中央（全国性）媒体发布公众气象服务信息，归口为党中央、国务院及相关部门提供综合决策气象服务。负责气象灾害监测，气象及衍生灾害的灾情收集和评估，承担重大气象灾害的应急保障服务任务。依托基本气象业务，开展面向各类专业用户的气象科技服务。负责数值预报业务系统的开发、改进、升级和运行维护及模式的检验评估以及数值预报产品的解释应用。承担对下级气象台站的相关业务技术指导任务。依靠科技创新，开展数值预报、天气、生态与农业气象等领域的应用研究和技术开发。承担世界气象组织（WMO）区域专业气象中心（RSMC）和环境紧急响应中心（EERC）的任务；承担全球观测系统研究与可预报性试验（THORPEX）亚洲TIGGE（交互式全球大集合预报系统）中心的任务。

主要业绩 60余年来，国家气象中心昼夜值守，严密监视天气变化，及时主动发布各类灾害性天气预报警报，为保护国家安全和人民生命财产、促进经济发展做出了贡献。国家气象中心依靠科技进步和人才队伍建设，加强科学管理和基础建设，各项工作取得长足进步。

天气预报业务不断发展完善 中央气象台由传统的0～72小时为主的全国降水落区和主要城市常规气象要素短期天气预报、0～10天旬天气趋势预报，逐步发展并构建了0～30天无缝隙天气预报业务，包括天气监测、中尺度分析、临近预报（0～2小时）、短时预报（0～12小时）、短期预报（1～3天）、中期预报（4～10天）和延伸期预报（11～30天）。天气预报产品精细化程度逐步提高，全国范围灾害性天气监测实现逐小时实时发布，天气图分析由传统的天气尺度分析发展为天气尺度和中尺度相结合的综合分析；气象要素预报由过去全国重点城市精细到千米级的乡镇；降水预报由传统的落区制作方式，转变为格点化定量降水预报；发布了登陆台风未来12小时预报逐小时、24小时预报时效6小时和10 km时空分辨率的风雨预报；海洋气象预报由过去13个海区细化到沿岸、近海、远海73个海区；新增了雷雨大风、冰雹和短时强降水等分类强对流天气预报业务；建立了强对流天气分类、台风路径以及中期基本气象要素和灾害性天气概率预报业务。天气预报业务的不断发展完善，使得基本气象要素预报、突发性中小尺度灾害性天气以及重大天气过程的预报准确率稳步提高。2014年全国24小时晴雨预报和最高温度、最低温度预报准确率分别为87.6%和77.1%，82.3%；暴雨预报TS（技巧）评分为19.1%，较10年前提高了7个百分点；台风路径5天预报误差小于日本和美国，24小时预报误差为78 km，较10年前降低67 km，接近同期世界先进水平。

预报技术取得明显进步 随着科学技术的发展，预报技术路线由传统经验预报发展为以数值预报为基础的综合预报。20世纪80年代，创建了一整套数值预报自动化业务系统。"中国中期数值天气预报业务系统"，将中国天气形势预报的能力从2～3天扩展到5～7天，提高了局地天气预报水平，成为中央气象台和省级、地级气象台制作全国或地方天气预报的基础。进入21世纪，数值预报模式和以数值预报为基础的、以天气学和动力气象学相结合的现代天气预报技术方法逐步建立和发展。基于卫星、雷达、闪电和稠密区域自动气象站的强对流客观识别和跟踪算法、融合多源资料的快速更新同化预报系统、利用物理量的客观统计和预报员主观经验的"配料法"、中尺度分析技术等为强对流天气监测和短临预报提供了重要科技支撑。台风数值预报模式的台风涡旋初始化技术也由单纯人造涡旋技术升级到包括初始涡旋生成、涡旋重定位和涡旋强度调整的较为复杂的涡旋初始化技术，预报时效从发展初期2天延长到目前5天。建成了由中尺度区域台风模式、台风全球模式和台风路径集合预报构成的台风数值预报系统。采用增长模繁殖法生成扰动初值的T639集合预报系统，提供了预报时效长达15天、比单一确定性模式预报技巧更高的集合预报产品。组织开发了新一代天气预报人机交互平台——气象信息综合分析处理系统（MICAPS）并不断改进完善，在过去简单显示和制作功能的基础上，扩充了多源资料综合分析、三维结构分析、探空分析、气象要素时间序列演变分析、强天气监测报警等多种功能，建立了全国精细化预报产品共享数据库（NWFD）和全国数值预报解释应用业务系统（MEOFIS，精细化气象要素客观预报系统），推动了天气预报规模化、标准化、集约化、现代化的业务流程逐步形成。

防灾减灾气象服务能力得到提升　长期以来，国家气象中心对台风、暴雨、寒潮、高温、干旱、沙尘暴、大雾等重大灾害性天气严密监测、提前预报预警、及时准确服务；灾后主动开展气象保障，为保护人民生命财产和政府组织防灾救灾做出了贡献。如1954年长江流域大洪水期间较准确地预报了未来5天的降雨，1969年7月，在广东汕头登陆的3号强台风做出了准确的台风路径和登陆地段预报，1981—1984年4次准确预报大暴雨灾害性天气，避免了人民生命财产损失。1991年江淮地区出现了历史罕见的暴雨，1998年长江、淮河、松花江三大流域发生大洪水，2003年和2007年淮河流域大洪水，2006年超强台风"桑美"严重影响东部沿海地区，2014年超强台风"威马逊"先后3次登陆并严重影响华南沿海，中央气象台和各级气象台携手及时准确预报，有效为各级政府提供抗洪救灾服务。黑龙江森林大火、四川汶川地震、甘肃舟曲泥石流发生时，中央气象台与当地气象台站密切配合实施气象保障，受到政府领导和人民群众的好评。

重要气象保障成效显著　60多年来，国家气象中心为在北京举行的国庆大型庆典活动提供良好的气象保障。2009年新中国成立60周年庆祝活动，提前组织天气趋势会商，做出了准确预报，为庆祝活动圆满完成做出了重要贡献。2008年8月夏季奥林匹克运动会在北京举办，国家气象中心与北京、河北、青岛等气象台站全力合作，提前2年开展科学研究和技术开发，为奥运会火炬全球传递、开闭幕式、每个比赛场馆滚动提供3～15天天气预报、短时临近预警和定时、定点、定量气象要素精细天气预报，保证了奥运会的顺利进行，受到举办者、组织者和参赛人员的好评。国家气象中心还为神舟载人飞船发射和回收、"嫦娥一号"探月卫星的成功发射等提供了良好的气象保障服务。参加核武器试验、核应急、长江三峡工程建设、农业粮食估产等气象预报服务保障，为国家科学试验、国防建设和经济发展做出了贡献。

主要科研成果　国家气象中心牵头组织重大科技项目的研究开发，取得丰硕成果。"短期数值天气预报业务系统（B）的建立与推广应用"开创了中国天气预报现代化的新局面，1985年获得国家科学技术进步奖一等奖。"计算机自动化系统在气象通讯中的应用"在世界气象组织开展的全球天气预报时效、质量评比中，与世界先进国家水平持平，1985年获得国家科技进步奖一等奖。"1981—1984年间4次大暴雨短期预报的成功和优质服务"由于预报准确，荆江没有分洪、龙羊峡水电工程保住了围堰，东北久旱的水库及时蓄水，避免华北铁路出现重大行车事故，1985年获得国家科学技术进步奖一等奖。"中国中期数值天气预报业务系统"延长了天气形势预报日数，提高了局地天气预报水平，1995年获得国家科学技术进步奖二等奖。"我国台风、暴雨灾害性天气监测、预报业务系统"将数值预报技术、天气预报技术、计算机图形图像技术综合集成于同一平台，为第一个国家级和地方（南海、东海）台风数值预报业务系统，1997年获得国家科学技术进步奖二等奖。"数值气象预报的并行计算技术"适用于多种国产或进口并行机的数值气象预报并行计算技术，于2001年获得国家科学技术进步奖二等奖。"奥运气象保障技术研究及应用"建成了国内首个高分辨率快速更新分析与预报业务系统，突破了短时（2～12小时）和短期（12～72小时）场馆精细化气象预报的关键技术，2009年获得国家科学技术进步奖二等奖。"现代化人机交互气象信息处理和天气预报制作系统（MICAPS）"已成为具有国际领先水平和自主知识产权、全国预报员每天使用须臾不能离开的唯一预报工作平台，2011年获得国家科学技术进步奖二等奖。

机构与人员　国家气象中心机构设置几经调整变化，2015年设置的管理机构为：办公室、业务科技处、人事处、计划财务处、党委办公室（监察审计处）、离退休干部办公室；业务机构为：天气预报室、中国气象局台风与海洋气象预报中心、农业气象中心、强天气预报中心、中国气象局环境气象中心、气象服务室（中国气象局气象灾害监测预警评估中心）、遥感业务室、预报系统开放实验室。

中国气象局数值预报中心　中国气象局直属的非独立法人研究型业务机构，其任务是：围绕数值预报业务中的科学问题，与国内外有关机构合作，进行数值预报模式研发和业务应用，以提高全国数值预报业务能力。中国气象局数值预报中心挂靠在国家气象中心，由国家气象中心一位副主任兼任数值预报中心主任，下设三个处级单位，分别为办公室、模式研发室、系统业务室。

伴随主要任务及机构的调整，国家气象中心人员编制也不断调整。2012年经中央编办批准事业编制为394人，至2014年底实有327人。其中，工程院院士1人，国家百千万人才工程第二层次人选3人，享受国务院特殊津贴9人，正研级专家56人，副高级专家128人，国家级首席预报（服务）员8人，博士生导师4人，硕士生导师20人，中国气象局特聘专家2人，海外咨询专家8人，并申请设立了拥有稳定合作导师队伍的博士后科研工作站。

历任主要负责人

单位名称	主要负责人	职务	任职时间
中央气象台	冯秀藻	台长	1950年3月—1952年9月
	罗漠		1952年9月—1953年5月
	王宪廷		1953年5月—1955年3月
中央气象科学研究所	彭平	副台长（主持工作）	1955年3月—1956年8月
		副所长（主持工作）	1956年8月—1956年12月
	卢鋈（兼）	所长	1956年12月—1958年3月
		所长	1958年3月—1960年9月
中央气象台	崔实	台长	1960年9月—1969年10月
	李先坤		1969年10月—1978年2月
北京气象中心	左明（兼）	主任	1978年2月—1981年6月
	赵乐耕	第一副主任（主持工作）	1981年6月—1983年10月
	李泽椿	第一副主任（主持工作）	1983年10月—1985年5月
		主任	1985年5月—1989年10月
国家气象中心		主任	1989年10月—1996年5月
	裘国庆		1996年5月—2001年9月
	章国材		2001年9月—2004年8月
国家气象中心	矫梅燕	副主任（主持工作）	2004年8月—2004年12月
		主任	2004年12月—2008年5月
	端义宏	常务副主任（主持工作）	2008年5月—2008年10月
		主任	2008年10月—2012年11月
	毕宝贵	主任	2012年11月—

（毕宝贵 费文革 张连强）

Zhōngyāng Qìxiàngtái

中央气象台（Central Meteorological Observatory，CMO） 见第82页国家气象中心。

Guójiā Qìhòu Zhōngxīn

国家气候中心（National Climate Centre） 中国气象局直属事业单位，也是中国气象局气候变化中心、世界气象组织亚洲区域气候中心、全球长期预报产品中心、东亚季风活动中心和亚洲极端天气气候事件监测评估中心。国家气候中心是国家级科技型业务单位，承担国家级气候和气候变化业务系统建设和科研任务，为国家、各级政府和广大人民群众提供气候与气候变化服务。

机构沿革 1994年2月国务院批准组建国家气候中心。1995年1月国家气候中心挂牌成立。2001年9月国家气象中心与国家气候中心合并组建新的国家气象中心，由中央气象台、国家气候中心、气象信息中心3个业务次中心和大气环境决策服务中心组成，对外称国家气象中心，并保留国家气候中心牌子。2004年4月中国气象局决定国家气候中心与国家气象中心分离，重组国家气候中心，重组后的国家气候中心仍为中国气象局直属事业单位。2003年3月国家气候中心挂牌成立北京气候中心（BCC），成为世界气象组织（WMO）亚洲区域气候中心。

主要任务 牵头负责月内、月、季（重点是汛期）、年及更长时间尺度的气候与气候变化监测诊断、气候预测、气候影响评价和应用服务、气候资料分析与应用、全球气候变化及其影响评估，负责为党中央、国务院和政府部门提供气候决策服务产品，统一归口发布公众气候服务信息，为社会、行业提供气候专项保障服务。建立并运行延伸期、月、季、年际气候动力模式业务预测系统，为气候业务提供模式预测解释应用产品；开发并改进气候动力模式，建立多圈层耦合的气候系统模式和多模式超级集合预测系统，提高模式预测能力。加强气候监测、应用与服务工作，开展与气候相关的季风、积雪、海温监测、干旱等灾害监测预警、生态与环境监测预测、城市气候监测分析评价、气候资源开发利用与保护工作。拓宽气候服务领域，开发新产品，为国家经济社会可持续发展服务。进行气候系统各圈层之间相互作用研究，研发气候系统模式，拓展气候环境业务服务领域，提供决策气象服务基本产品。开展气候变化及其影响评估与对策的研究，为中国参与政府间气候变化专门委员会（IPCC）和《联合国气候变化框架公约》（UNFCCC）等履约活动提供科学技术支持。开展气候、环境及其相关资料的分析工作，加强地基、空基、天基观测资料在气候与气候变化业务中的应用研究，进行气候资料的均一性检验、资料插补、序列订正以及气候资料质量评估等业务工作。承担北京气候中心（BCC）职能和世界气象组织（WMO）亚洲区域气候中心（RCC）职能；承担中国气象局气候研究开放实验室的职能。承担全国短期气候和气候变化业务技术指导、公众服务和气候研究等任务，以及相关的业务升级、拓展和新技术开发、推广等工作。

主要业绩 20多年来，国家气候中心紧紧围绕气候业务发展、气候科学研究和气候服务三大任务，做好气候监测、气候评价、气候预测、气候变化等业务工作，开展气候预测技术、气候变化科学、气候灾害风险管理等科学技术研究和面向政府、社会、行业的气候服务，为国家防灾减灾、应对气候变化与气候安全、保障经济社会发展和生态文明建设做出积极贡献。

现代气候业务能力不断提升 气候要素监测不断完善，建立了关键气候过程监测指标体系，开展了全球极端事件实时监测，气候异常诊断系统为诊断业务提供良好技术支撑。气候预测客观化能力不断提高，以动力模式与统计分析相结合为主要手段，同时动力气候模式系统在预测业务中发挥着越来越重要的作用。开展了延伸期、月、季、年等多种时间尺度的气候趋势预测，尤其是对国民经济和人民生活影响巨大的灾害性气候趋势作出预测。气候预测准确率稳步提升，成功地预测了1998年长江流域的严重洪涝灾害、准确把握了在全球变暖背景下2011/2012年冬季偏冷的气候趋势，成功地监测预测了最近20年发生的历次厄尔尼诺事件。气候定量化评估进展明显，重点发展对高敏感重点行业的气候影响定量评价和灾害性气候事件的影响评价，实现了干旱、暴雨、高温等事件的定量化评估。2013年开展第三次全国气候区划，初步建立气象灾害风险管理、识别、预评估、评估与区划业务。

应对气候变化科技支撑有力 在全球气候变化的背景下，国家气候中心充分发挥中国气象局气候变化中心理事会的作用，为国家内政外交提供有力技术支撑，每年均有多份决策咨询报告得到国家领导人的肯定。作为政府间气候变化专门委员会（IPCC）中国国内牵头单位，国家气候中心牵头组织国内各相关部门参与IPCC科学评估，其中参与第5次IPCC评估报告编写的国家气候中心作者达到8人。开展气候变化监测、预测、影响评估和决策咨询业务，进行气候变化科学问题的研究。组织研发中国气候系统模式，曾作为唯一发展中国家参加IPCC对未来气候变化的预测。为《联合国气候变化框架公约》和全球可持续性高级别小组提供技术支持，取得良好效果。作为国家气候变化专家委员会（国家应对气候变化决策智库）挂靠单位，协助开展国家气候变化专家委员会办公室工作。与国家科学技术部、中国科学院等联合编制《气候变化国家评估报告》，第1，2，3次评估报告分别在2007年、2011年、2015年发布。从2009年起，每年与中国社会科学院联合出版年度《应对气候变化绿皮书》。从2010年起，连续发布年度《中国气候变化监测公报》。自2004年以来，累计举办气候系统与气候变化国际讲习班（ISCS）11次，参加学员共达1612人，其中国际学员120人，有力地提升了北京气候中心（BCC）的国际地位。

气候服务彰显成效 国家气候中心立足经济社会需求，为国家政治、经济、外交，以及人民群众生产生活提供气候和气候变化科技服务，主要服务包括：①决策服务，针对气候和气候变化科研业务领域国内外最新动态和成果，为党中央、国务院及有关领导部门提供重要的、综合性的气候与气候变化决策分析报告。②重大专题服务，针对重大工程、重大活动、重要气候事件和重大自然灾害等气候和气候变化热点问题，为社会公众、重大社会、经济、政治、文化活动提供气候和气候变化专题服务。③研究气候与气候变化业务服务关键技术，改进气候服务业务规范和流程，开展行业服务，拓展服务领域，建立中国气候服务系统（CFCS）。为进一步加强气候服务，2011年经中国气象局批准，国家气候中心成立气候与气候变化服务室。近年来，气候服务成效明显提升，上报的决策服务材料从2005年前的每年几十余份增至2015年的每年200余份，获得国家领导批示的材料数量实现翻几番。国家气候中心还为神舟载人飞船发射、"嫦娥一号"探月卫星发射、辽宁号航母出海、2008年奥林匹克运动会开幕式、新中国成立60周年庆典活动、长江三峡工程建设、青藏铁路建设、南水北调工程建设等提供了气候监测预测评估服务保障。

主要科研成果 国家气候中心牵头、多部委及院校合作研发的"我国短期气候预测系统的研究"课题，建立了国内第一代气候监测、预测、影响评估和服务业务系统，促进了气候业务发展和与国际接轨，2003年获得

我国短期气候预测系统的研究项目获国家科学技术进步一等奖表彰会及证书

国家科学技术进步奖一等奖。"东亚季风与我国东部旱涝灾害的研究"课题,在东亚季风研究方面取得的重要成果,对国内外学术界产生显著影响,1995年获得国家自然科学奖二等奖。"月动力延伸集合预报并行业务系统及利用四维变分同化形成集合预报初值的方法""短期气候数值模式和综合预报系统的研制"和"高分辨率区域气候模式的研究"3项课题,于2001年获"九五"国家重点科技攻关计划优秀科技成果奖。《全球变化热门话题丛书》(国家气候中心编写多本分册)获2005年国家科学技术进步奖二等奖。该丛书还于2006年入选"知识工程推荐书目",荣获第七届全国优秀气象科普作品书籍类荣誉奖。国家气候中心参加的"ARGO大洋观测系统与资料同化及其对我国短期气候预测的改进"项目,于2012年获国家科学技术进步奖二等奖。该项目显著提高了中国对全球海洋的监测分析能力和短期气候预测水平,有效提高了对厄尔尼诺及拉尼娜的预测能力。

机构与人员 国家气候中心机构设置几经调整变化,2014年设置的管理机构为:办公室、业务科技处(BCC秘书处)、计划财务处、人事处(离退休干部办公室)、党委办公室(监察审计室);业务机构为:气候监测室、气候预测室、气候模式室、气候与气候变化评估室、气候与气候变化服务室、气候变化适应室、气候研究开放实验室、业务系统发展与运控室。

中国气象局气候变化中心 2008年5月中国气象局气候变化中心成立。它以国家气候中心为基础,联合国家气象中心、中国气象科学研究院、国家卫星气象中心、中国气象局气象探测中心和国家气象信息中心共同建设,挂靠在国家气候中心。该中心发挥国家级气象业务、科研机构和信息网络、综合观测体系的集合优势,牵头开展气候变化业务、科研与服务工作,不断提高中国气象局在气候变化领域的科研、业务及创新能力。

世界气象组织亚洲区域气候中心 2003年3月国家气候中心挂牌成立北京气候中心(BCC)。2009年6月BCC被世界气象组织(WMO)正式认定为亚洲区域气候中心。主要职责是,为亚洲区域内国家水文和气象部门提供及时、有效的气候监测、预测、评估和气象灾害早期预警信息,为亚洲所属各国防灾减灾和经济社会可持续发展做出贡献。

世界气象组织东亚季风活动中心(EAMAC/WMO) 2006年2月WMO正式批准北京气候中心设立东亚季风活动中心。主要职责包括:提高东亚季风监测、预测和服务的业务能力;提供有关亚洲季风的培训;东亚季风研究的组织和协调活动。

世界气象组织全球长期预报产品中心(GPCLRFs/WMO) 2006年11月北京气候中心被WMO认定为全球12个长期预报产品中心之一。主要职责是,定期发布未来旬、月、季节尺度的全球气候预测确定性和概率产品,提供对长期预测产品的检验信息。

世界气象组织亚洲极端天气气候事件监测评估中心(CEEMA/WMO) 2010年2月WMO批准北京气候中心设立亚洲极端天气气候事件监测评估中心。主要职责是:开展亚洲区域国际合作,建立较为完整的覆盖亚洲区域历史逐日气候资料集;建立亚洲区域极端天气气候事件监测与评估业务;加强极端事件诊断分析,提高气候预测准确率和防灾减灾能力。

伴随主要任务及机构的调整,国家气候中心人员编制也不断调整。截至2014年底,经中央编办批准事业编制为200人,实有职工191人。其中,中国科学院院士1人、中国工程院院士1人、"千人计划"科学家1人,国家级首席专家8人,973首席科学家3人,研究员(正研级高工)45人,副研究员(高级工程师)86人,博士生导师11人,硕士生导师13人。另外有一批国内外特聘专家、访问学者、交流预报员在中心开展合作研究。

历任主要负责人

单位名称	主要负责人	职务	任职时间
国家气候中心	丁一汇	主任	1994年3月—2000年12月
	王锦贵	主任	2000年12月—2001年8月
	章国材(兼)	主任	2001年8月—2003年5月
	董文杰	副主任(主持工作)	2003年5月—2004年12月
		主任	2004年12月—2008年2月
	肖子牛	副主任(主持工作)	2008年2月—2008年10月
		主任	2008年10月—2010年7月
	宋连春	主任	2010年7月—

(宋连春 李维京 李威)

Guójiā Wèixīng Qìxiàng Zhōngxīn
国家卫星气象中心(National Satellite Meteorological Centre) 中国气象局直属事业单位,是国家级科技型公益性业务单位,致力于中国气象卫星和卫星气象事业的发展。国家卫星气象中心研制的风云卫星资料和产品广泛应用于国家多个行业和部门,为防灾减灾、应对气候变化和经济社会可持续发展提供了良好服务。国家卫星气象中心同时还承担空间天预报预警业务,主要为国家航天业务提供空间天气保障服务。

机构沿革 中国的卫星气象事业从1969年中央气象局研究所一室卫星气象小组（311组）筹备起步。1970年5月正式成立了气象卫星工作机构。1971年7月，中央军委同意中央气象局组建卫星气象中心站，简称"七〇一办公室"。1978年4月，经国务院批准卫星气象中心正式成立，为厅局级事业单位，定位为以卫星气象业务为主，兼负管理和科研职责的"三合一"单位。1991年8月，人事部批准卫星气象中心更名为国家卫星气象中心。2002年6月，中央机构编制委员会办公室批准成立国家空间天气监测预警中心，和国家卫星气象中心一个机构两块牌子。2004年2月，中国气象局批准《国家卫星气象中心职能及内设机构和人员编制方案》，明确国家卫星气象中心是国家级科技型公益性业务单位。

主要任务 负责拟订国家气象卫星和卫星气象事业的计划和发展规划；研究、协调气象卫星用户需求，提出国家气象卫星的使用技术要求。负责国家级气象卫星地面应用系统的运行和管理；承担接收处理气象卫星资料，兼顾接收处理其他遥感卫星资料任务；负责中国在轨气象卫星的运行管理。负责利用气象卫星资料和其他资料生成气象卫星遥感信息产品，并对其进行数据和信息的存档分发，提供共享服务。负责气象卫星在天气、气候、环境以及自然灾害等方面的监测与应用，承担拓展气象卫星遥感应用服务领域任务。负责气象卫星地面应用系统技术方案的论证；组织完成地面应用系统工程设计和建设。负责气象卫星地面应用系统工程关键技术预先研究，开展卫星遥感应用基础理论和产品算法的科学研究。负责空间天气监测预警业务和系统建设，开展空间天气应用研究，提供空间天气监测预警服务。负责对京外气象卫星地面站的业务系统建设、运行管理的协调和技术指导，负责对卫星气象遥感应用的技术指导。受中国气象局委托，对气象卫星的研制、生产行使相关的业主管理职能。

主要业绩 经过40多年的发展，中国气象卫星成为全球对地观测业务卫星序列中的重要成员，实现了由试验卫星向业务卫星的转变，实现了极轨气象卫星升级换代和上下午星组网观测，实现了静止气象卫星"多星观测、在轨备份、适时加密"的业务格局，实现了卫星在轨稳定、超寿命运行，以及多领域应用、多部门共享，为国民经济建设和社会发展等做出了突出贡献，步入了国际气象卫星先进行列。2012年国务院正式批复《我国气象卫星及其应用发展规划（2011—2020）》，明确了未来10年的发展目标，促进了气象卫星及卫星气象事业的发展。到2014年底，中国已成功发射了14颗气象卫星（见表1）。

表1 中国发射的气象卫星一览表

卫星种类	卫星名称	发射日期	性质	设计寿命	工作状态
极轨气象卫星	风云一号A星	1988年9月7日	试验	2年	39天
	风云一号B星	1990年9月3日	试验	2年	158天
	风云一号C星	1999年5月10日	业务	2年	6.5年
	风云一号D星	2002年5月15日	业务	2年	10年
	风云三号A星	2008年5月27日	试验业务	3年	在轨工作
	风云三号B星	2010年11月5日	试验业务	3年	在轨工作
	风云三号C星	2013年9月23日	业务	5年	在轨工作
静止气象卫星	风云二号A星	1997年6月10日	试验	3年	约6个月
	风云二号B星	2000年6月25日	试验	3年	约8个月
	风云二号C星	2004年10月19日	业务	3年	10年
	风云二号D星	2006年12月8日	业务	3年	在轨工作
	风云二号E星	2008年12月23日	业务	3年	在轨工作
	风云二号F星	2012年1月13日	业务	4年	在轨工作
	风云二号G星	2014年12月31日	业务	4年	在轨工作

气象卫星地面应用系统业务服务能力不断提高 随着气象卫星系列的发展，地面应用系统功能与业务服务能力不断完善。1987年气象卫星地面应用系统初具规模，1997年建成了集遥感、气象、电子、通信、计算机等多学科、高技术于一体的风云一号（02批）极轨气象卫星应用系统。系统研制过程中成功解决了高速、大容量气象卫星数据的实时采集和远程传输问题，突破了卫星资料预处理、产品生成、存档、分发、应用等关键技术，克服了双星运行给系统带来的技术困难，实现了系统的业务化稳定可靠运行，系统运行成功率保持在99.5%以上。风云二号静止气象卫星地面应用系统于1997年建成，系统包括指令和数据接收站、运行控制中心、资料处理中心、应用服务、计算机网络及存储和中小规模利用站6个部分。2000年为适应双星运行又进行了较大规模的改进，系统技术状态达到国外同类卫星应用系统的先进水平，特别是高精度图像定位技术被国际同行专家公认为达到了国际先进水平。2008年建成的风云三号A星地面应用系统是"十五"期间投资和建设规模最大、技术最复杂、功能最先进的遥感卫星地面应用系统。系统每天调度1万多个预处理和产品生成作业运行，按时效要求自动处理出多种遥感产品，每日可提供数值天气预报模式的初始业务资料、中国和周边地区高时效初级、高级产品，以及全球初级、高级产品。风云三号数据处理与服务中心已成为国内规模最大的卫星遥感数据中心。风云卫星星地一体化的发展模式被国内航天界誉为"天地一体化的楷模，地面应用系统的典范"。中国已形成了以国家级数据处理和服务中心为主体，以北京、广州、乌鲁木齐、佳木斯4个国家级接收站和瑞典基律纳站组成接收站网，并与31个省级卫星

遥感应用中心和2500多个卫星资料接收利用站组成的全国卫星遥感应用体系。在接收风云系列气象卫星的同时,还接收美国、日本、欧洲等国家和组织的多颗气象卫星资料。

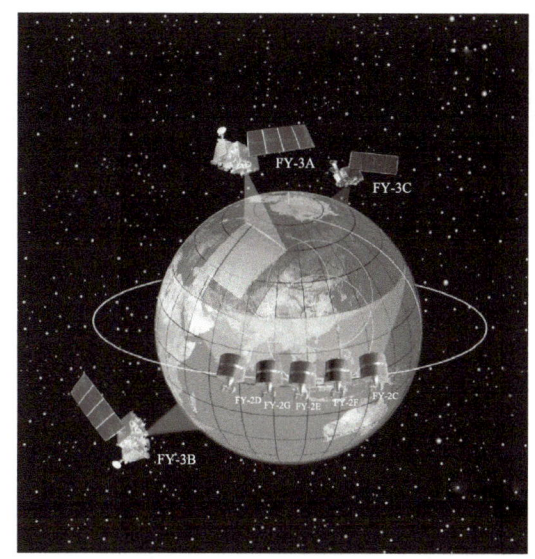

中国气象卫星在轨布局图(截至2014年年底)

风云卫星数据全球开放,实时共享 国家卫星气象中心完成了对1989年以来20多年的极轨和静止卫星数据资料的恢复、转储和整理,对40多万份数据进行了质量检查和定位校准,为数据共享服务提供了坚实的支撑。采用卫星数字视频广播技术建成的风云卫星数据广播分发系统,是全球地球观测组织的全球卫星数据广播分发体系的3个核心成员之一。风云卫星数据全球开放、实时共享,用户接收站已超过200多套。从2000年开始,在世界气象组织的正式出版物中,将中国风云一号和风云二号气象卫星列入全球气象卫星业务观测系统,大量国际用户直接接收和利用中国的风云卫星资料,接收风云卫星的国家和地区达90多个。截至2014年,卫星数据共享注册用户已达31 000多个,数据共享服务量超过890 TB,达到国际领先的卫星数据共享服务水平。

风云卫星应用广泛,效益显著 风云卫星在中国民用遥感卫星中效益发挥最好、应用范围最广,初步估算气象卫星投入产出效益比超过1:40。风云卫星资料和产品广泛应用于天气预报、气候变化、生态文明建设等多个领域。在2008年北京第29届夏季奥林匹克运动会期间的重大活动气象服务保障中,充分发挥风云卫星的综合探测保障作用,受到奥组委的好评。在新中国成立60周年、广州亚洲运动会及亚丁湾护航等重大气象服务保障任务中,气象卫星也发挥了重要作用。在气候和气候变化方面,利用气象卫星资料反演的海表温度、长波辐射、积雪和海冰产品已经成为全球和区域气候与气候变化研究不可或缺的信息。风云二号观测资料填补了印度洋西部的广大资料空白区,已成为夏季季风监测的重要手段。风云三号卫星获取的臭氧洞和北极海冰监测产品为研究全球气候变化提供了依据。国家卫星气象中心陆续开展了城市热岛效应、大气烟尘、$PM_{2.5}$、雾和霾等生态与环境遥感监测服务。2007年太湖蓝藻集中大规模爆发,国家卫星气象中心制作的蓝藻监测报告,引起国务院领导的高度关注。2011年国家卫星气象中心在全国逐步推广卫星天气应用平台(SWAP)和遥感监测分析应用平台(SMART),显著提升了各用户对卫星资料的分析和应用能力。从2004年7月1日起,国家空间天气监测预警中心开始进行空间天气的日常预报,空间天气业务不断发展,目前已成功构建了国家级空间天气业务体系的主体框架,包括系列化的天基监测能力、网络化的地基监测台站、规范化的预报预警系统以及专业化的应用服务构架,是世界气象组织计划空间天气协调组联合主席单位。圆满完成了美俄卫星相撞及其后续效应的分析、鑫诺卫星故障分析、风云三号卫星碎片和辐射环境预警、风云二号卫星轨道漂移等重要事件的空间天气分析与评估。为神舟系列载人航天飞行任务、"神舟九号"和"天宫一号"交会对接、嫦娥探月工程等提供及时准确的空间天气保障服务。

在防灾减灾中发挥了重要作用 风云二号静止气象卫星可以提供的高频次观测资料,是动态监测各类突发灾害性天气的有力工具,是天气分析特别是短时预报和临近天气预报的重要依据;风云三号卫星资料最高空间分辨率达到250 m,为生态与环境遥感、洪涝、干旱监测、积雪监测、森林与草原火情等自然灾害的动态监测提供了强有力的支持。自1987年成功对大兴安岭大火进行监测服务以来,国家卫星气象中心每年向防火、林业、农业、环保等部门提供数以万计的火点信息,对历次重大火情都进行全程监测服务。气象卫星资料已成为扑火决策的重要依据。以风云卫星为主开展的大雾监测和预报业务,在长江三峡大坝等重大工程建设的气象服务保障中,发挥了重要作用。利用气象卫星资料建立的国家级沙尘暴遥感监测和预报系统于2002年投入业务运行,当年监测到12次沙尘暴过程,监测结果通过中央电视台向公众公开发布,取得了较好的社会效益。利用气象卫星对洪涝灾害进行全过程动态跟踪监测,生成水情监测报告,成为防汛的重要决策依据。气象卫星对旱情变化连续监测,在抗旱工作中发挥了积极作用。利用风云一号资料处理生成的积雪监测产品,成为客观全面了解雪灾范围及其影响程度的重要依据。在2008年南方低温雨雪冰冻灾害天气过程监测中，利用卫星数据对南方大雪的覆盖范围和积雪深度进行实时监测，为防灾减灾决策服务提供了强有力的支持。风云气象卫星对历次台风进行动态跟踪监测，大大提高了对灾害性天气的观测和预报能力。

主要科研成果 "NOAA系列气象卫星资料接收处理系统和开发应用系统"荣获1989年度国家科学技术进步奖一等奖。"风云一号气象卫星资料接收处理应用系统"荣获1995年度国家科学技术进步奖二等奖。"风云二号C星及地面应用系统"是中国自主研制的具有卫星图像生成等星地核心技术，实现了高稳定高精度对地扫描成像，定量获取云和地表对应扫描点的辐射量，荣获2007年度国家科学技术进步奖一等奖。"风云三号气象卫星及其地面系统"采用星地一体化设计，具有七大创新技术，填补了国内卫星全谱段观测的空白，首次实现了全球、全天候、多光谱、三维、定量综合对地观测，探测能力和应用水平国内领先、国际先进，荣获2012年度国家科学技术进步奖二等奖。"中国遥感卫星辐射校正场技术系统"于2002年建成，投入业务运行后，为气象、海洋、资源、环境、军事系列遥感卫星的辐射校正做出了巨大贡献，荣获2012年度国家科学技术进步奖二等奖。

机构与人员 国家卫星气象中心机构设置多次调整变化，2015年设置的管理机构为：办公室、业务科技处、计划财务处、人事处、党委办公室（监察审计室）、离退休干部办公室；业务机构为：工程管理处、系统发展室、卫星气象研究所、运行控制室、遥感应用室、数据服务室、空间天气室、业务保障室、北京气象卫星地面站。广州、乌鲁木齐、佳木斯气象卫星地面站实行所在省（自治区）气象局与国家卫星气象中心双重领导的管理体制，国家卫星气象中心负责业务系统建设、运行的管理和指导。

中国遥感卫星辐射校正场办公室 中国遥感卫星辐射校正场的主管部门是国家发展和改革委员会，民用遥感卫星的日常辐射校正工作由国防科工局归口负责，中国气象局是承办部门。办公室是辐射校正场的常设办事机构，挂靠在国家卫星气象中心，负责辐射校正场的日常管理工作。

伴随主要任务及机构的不断调整，国家卫星气象中心人员编制也不断调整，2008年国家卫星气象中心核定人员编制442人。截至2014年年底，在职职工378人，博士研究生96人，硕士研究生70人，本科120人，专科及以下92人；有工程院院士1人，国家百千万人才工程第一二层次人选3人，享受国务院特殊津贴3人，正研级专家33人，副高级专家123人，博士生导师4人，硕士生导师12人，中国气象局特聘专家1人，并拥有稳定合作导师队伍的博士后科研工作站。

表2 历任主要负责人

单位名称	主要负责人	职务	任职时间
卫星气象中心站	白文举	主任	1970年5月—1973年6月
	齐生英	主任	1973年6月—1978年4月
卫星气象中心		主任	1978年4月—1979年11月
	高 峰	主任	1979年11月—1981年6月
	岳 川	主任	1981年6月—1983年5月
	曾宪波	主任	1983年5月—1986年3月
	许健民	主任	1986年3月—1991年8月
国家卫星气象中心		主任	1991年8月—1996年10月
	钮寅生	主任	1996年10月—1999年8月
	董超华	主任	1999年8月—2002年7月
	张文建	主任	2002年7月—2004年3月
	杨 军	主任	2004年3月—

（杨军 张鹏 裘奕 杨斗立）

Guójiā Qìxiàng Xìnxī Zhōngxīn
国家气象信息中心（National Meteorological Information Centre） 中国气象局直属事业单位，也是中国气象局气象数据中心、世界气象组织亚洲区域通信枢纽和全球信息系统中心、北京高性能计算机应用中心、中国气象局气象档案馆，承担国家级气象信息及信息基础资源的设计、建设、维护和服务，承担国家级气象部门信息化技术工作，对省级气象部门气象信息化进行技术指导。

机构沿革 2001年9月以国家气象中心通信台、计算机室和气候资料室为基础，组建气象信息中心，成为国家气象中心的3个业务分中心之一。2004年4月气象信息中心从国家气象中心独立出来，成立中国气象局气象信息中心。2005年3月经中编办批复更名为国家气象信息中心。

主要职责 负责拟定气象信息网络业务发展规划，制定气象信息网络业务技术标准、规范；负责全国气象信息网络及资料业务的技术指导。承担气象通信任务，负责国家级局域网、气象通信广域网、卫星广播系统、中国气象局互联网等业务系统建设、运行，负责全国应急通信系统建设、运行、应急通信协调与技术保障，负责全国天气预报电视会商系统建设、运行和用户服务，承担世界气象组织全球信息系统中心建设、运行，进行全球地球环境数据交换，承担与国家相关部委或部门开展气象、水文、地球环境等数据的交换。承担气象高性能计算系统建设、运行和用户技术支持，承担北京高性能计算机应用中心的任务。承担气象资料工作，负责气象资料质量控制、评估方法以及数据产品加工处理算法的研究，制作各类基础资料集和数据产品；承担气象数据存档管理与服务，负责国家级气象数据存储检索系统建设、运行，提供气象数据和信息服务，以及相关技术支持；承担中国气象局气象档案馆、世界数据中心气象学科中国中心的任务。负责中国气象局园区电视、电话等资讯系统建设、运行，以及用户技术服务。

主要业绩　气象信息化是气象现代建设的重要内容之一。在中国气象局大力推进气象现代化的指导下，气象信息化取得了显著成就。

建成了北京气象通信枢纽系统工程（BQS系统）　1973年世界气象组织第25届执委会上通过决议，将北京列为全球电信系统（GTS）主干通信枢纽，中国气象通信系统正式进入全球气象通信网。1977年12月开通北京—东京的气象电路，1980年8月开通北京—奥芬巴赫的气象电路，上述两条电路成为连接亚、欧大陆的全球气象电信系统的主干电路。在此期间，着手筹建"北京气象通信枢纽工程"（简称BQS系统）。第一代BQS系统采用日立公司M-160，M-170计算机进行自动化通信处理，于1980年1月投入业务运行，结束了中国长达30年的人工通信状态，首次实现气象信息的自动收集、传输和交换。1983年启动7个区域气象中心的气象通信现代化建设。1986年11月武汉区域气象中心率先建成以PDP11/44小型机为处理主机的双机热备用自动转报系统，作为BQS系统的应急备用系统。借鉴武汉区域气象通信枢纽的建设经验，上海、广州、沈阳、兰州、成都区域气象通信枢纽也陆续建成，均采用世界气象组织推荐的报文交换系统（MSS）自动气象转报软件和DECnet网络系统，上连国家级中心，下连区域内各省（自治区、直辖市），形成了区域级通信网络枢纽。"北京气象通信枢纽工程"的建立，使中国气象通信传输和处理能力大幅度提高，成为世界天气监测网中技术水平先进的气象通信枢纽之一。

建成了气象高性能计算机系统　1978年11月中国气象局通过"北京气象通信枢纽工程"引进每秒百万次运算能力的日立M-170计算机，用于气象数据处理和运行MOS（模式输出统计）数值预报模式，开启了中国数值预报业务。1980年7月和1983年8月，A模式（欧亚区域模式）和B模式（亚洲区域模式）分别投入业务运行，中国数值天气预报进入实用化阶段。1989年和1991年，引进美国CDC公司的CYBER962（每秒1480万次）和CYBER992（每秒3460万次）大型计算机，是当时中国进口的最高性能大型计算机，为T42L9中期数值天气预报业务提供了良好的计算资源。1993年8月安装国产巨型计算机银河-Ⅱ（YH2，每秒4亿次浮点运算），T63L16中期数值预报业务系统移植其上运行。银河-Ⅱ的安装和使用，结束了气象部门没有国产巨型计算机的历史，打破了西方国家对中国的技术封锁。1994年10月引进美国CRAY公司的CRAY C92向量巨型计算机（峰值性能：2000MFLOPS），为新一代中期数值天气预报业务系统的建立和可靠运行提供了充分技术保障。其后又建成了由国产曙光1000A并行计算机（每秒32亿浮点运算）、YH3并行计算机（每秒180亿浮点运算）和IBM SP并行计算机（每秒720亿浮点运算）等组成的国内最大多机型异构并行计算环境，建立了数值预报业务系统必需的并行计算技术体系。自主开发了采用奇异向量法的集合预报并行计算系统，在国产高性能计算机上实现了准业务运行，集合度水平与国际先进气象机构的同类系统相当。2004年9月引进了IBM Cluster 1600高性能计算机，峰值计算能力高达每秒21.5万亿次（TFLOPS，每秒浮点运算次数），为当年全球排名第六位，系统具有高效的数据存储管理、作业吞吐和并行作业管理能力，是国家级天气数值预报和气候预测业务的首要运行平台，支撑了多尺度、时空分辨率更高的T639L31新一代数值预报系统的业务运行。2012年12月引进IBM Flex System P460高性能计算机系统，峰值性能达每秒1759万亿次（TFLOPS），存储容量为6925 TB，共有60 032颗CPU（中央处理器）核。为兼顾区域气象中心数值预报业务发展需求，IBM Flex System P460分成9个子系统，分别安装在国家气象信息中心以及辽宁、上海、湖北、广东、四川、甘肃、新疆等省（自治区、直辖市）气象局，子系统之间通过地面宽带网实现互联。

建成了卫星通信气象综合应用业务系统（"9210"工程）　20世纪80年代末，为摆脱国内公共通信基础设施能力薄弱的限制，中国气象局从1992年开始筹建卫星通信气象综合应用业务系统。系统采用了卫星通信、网络、数字程控交换、数据库等先进技术，建设了一个以卫星通信为主、地面通信为辅，以专网为主、公网为辅的集中控制、分级管理的现代化综合气象信息网络系统。系统由北京通信主站、31个省级站和297个地（市）级站组成。卫星广域网利用卫星通信桥接技术将国家气象中心、区域（省）气象台和地（市）气象台的局域网互联形成一个广域网，上行速率1 Mbit/s，下行速率512 kbit/s。卫星话音网是一个网状结构的标准话音网，具备话音、电话会商、电话会议等功能。卫星单向数据广播网承担国家级气象预报产品和全球实时气象观测数据的广播分发，广播速率2 Mbit/s。系统传输信息量大、时效快、覆盖面广，大大提高了国内气象通信能力，基本解决了长期存在的气象通信瓶颈问题，尤其是地（市）级、县级的气象服务能力和服务效果得到了空前提高。系统于1999年正式投入业务运行，2001年获得国家科学技术进步奖二等奖。

建成了中国气象局卫星广播系统（CMACast） 依托"十一五"国家重点项目"气象灾害监测与预警工程"建设新一代宽带卫星数据广播系统，是"9210"工程的技术升级。系统采用DVB-S2标准和卫星单向广播技术，使用C波段转发器，信息速率70 Mbit/s，为气象部门、行业用户和亚太地区用户提供数据广播分发服务，每天广播资料量超过400 GB。2010年开始建设，2012年投入业务运行，截至2014年12月，已安装接收站2867个，其中部门外用户站164个，国外用户站25个。CMACast不仅是中国气象局气象资料广播系统，也是地球观测组织（GEO）全球观测资料广播系统GEONETCast的重要组成部分，其与EUMETCast和GEONETCast Americas通过数据交换与再广播，实现对地观测数据和产品的全球共享。

建成了中国气象科学数据共享系统（CDC） 中国气象科学数据共享系统于2002开始建设，2004年上半年完成1个主节点，3个国家级分节点和6个省级分节点建设并投入运行。系统由气象共享数据库、气象数据应用系统、用户认证体系3部分组成，存储了气象部门所有14大类气象数据，提供文件和表结构两类数据存储方式，是气象科学数据共享的门户，科学家获取气象科学数据的"第一选择"，是多次受到科技部表彰的自然学科科学数据共享示范工程。2014年系统完成技术升级，更名为"中国气象数据网"，功能更加完善，为国内外用户提供基础气象数据共享服务。

建成了国家级气象资料存储检索系统（MDSS） 系统由实时业务数据库、综合数据库和对外共享数据库构成，其中实时业务数据库负责支持国家级的实时气象业务，提供经过质量控制的实时气象观（探）测数据；综合数据库管理包括实时及历史资料在内的所有气象观测资料以及服务产品，向用户提供交互式检索以及数据下载服务；对外共享数据库用于向部门外用户提供数据服务。系统2003年开始建设，2004年实时业务数据库和对外共享数据库分别投入业务试运行，2006年综合数据库投入业务试运行。

建成了全国综合气象信息共享系统（CIMISS） 集数据收集和分发、质量控制与产品生成、存储管理、共享服务、统一业务监控于一体的气象信息共享业务系统，覆盖1个国家中心和31个省级中心，通过全国气象宽带网络联结成一个物理分布、逻辑统一的气象信息共享平台，提供中国和全球近30个观测网、14大类气象数据和产品的存储管理和共享服务。平台包括数据收集与分发系统、数据加工处理系统、数据存储管理系统、共享服务系统、业务监控系统五大应用系统和计算机网络系统、安全系统、计算机场地环境系统以及标准规范等基础性工作。系统的建成和有效应用，在数据来源、数据格式、数据接口和数据流程等方面规范国家和省两级气象业务，提高气象数据的集约化、标准化应用水平，为气象业务信息化打下了坚实的基础。

建成了全国气象电视会商系统 基于IP（网络之间互联的协议）、光纤混合网络的多媒体远程音视频通讯平台，以国家气象信息中心为中心，覆盖各国家级、省（自治区、直辖市）级气象部门，包括1个国家级高清会商控制中心、13个国家级会场、36个省级（含5个计划单列市）会场。系统借助专线网络连接南京信息工程大学、香港天文台、中国民用航空局、水利部、国家林业局、国家核应急办、北京大学等单位。主要应用于全国天气预报电视会商、电视电话会议、技术培训、远程教育、应急服务-移动应急车卫星视频连线，配合中国气象频道进行电视直播等。系统于2002年开始建设，2003年7月投入业务运行，系统几经改造，现全部采用高清设备，大大提高了对电视天气会商及远程视频会议的服务支撑能力。

机构与人员 国家气象信息中心2014年内设6个职能处室：办公室、业务科技处、计划财务处、人事处、党委办公室（监察审计室）、退休干部办公室；8个业务机构：运行监控室、通信台、高性能计算室、资料服务室、气象数据研究室、系统工程室、业务与园区电讯保障室、电子政务处。

北京高性能计算机应用中心 由原国家计划委员会批准组建，于2000年7月在中国气象局挂牌运行，与国家气象信息中心是一个机构、两块牌子。北京高性能计算机应用中心"实行一机多用和对外开放"的管理方针，对中国各行业用户提供高性能计算机资源共享。

中国气象局气象档案馆 是全国气象科技档案资料信息资源中心，也是国家专业档案馆之一，档案业务工作接受中国气象局和国家档案局职能管理部门指导、监督与检查。2000年由国家档案局授予国家二级档案馆。主要任务是集中统一管理中国气象局规定范围内具有永久保存价值的气象档案及国内外有关气象资料，维护气象档案资料的完整与安全，并积极提供利用。

2004年中央机构编制委员会办公室批复事业编制310人。截至2014年底，国家气象信息中心在职职工

263人，其中享受国务院政府津贴人员1人，中国气象局创新团队1个，正研级专家14人，副研级专家105人，具有博士学位人员36人，硕士学位人员122人。

历任主要负责人

单位名称	主要负责人	职务	任职时间
气象信息中心	施培量	主任	2004年4月—2005年3月
国家气象信息中心	赵立成	主任	2005年3月—2009年9月
	赵立成	副主任（主持工作）	2009年9月—2010年2月
	赵立成	主任	2010年2月—

（赵立成　沈文海）

Zhōngguó Qìxiàngjú Qìxiàng Tàncè Zhōngxīn

中国气象局气象探测中心（CMA Meteorological Observation Centre）　中国气象局直属事业单位，以业务为主体、科研为支撑的国家级基本气象业务单位，也是世界气象组织二区协亚洲仪器中心（RIC-北京），承担为区协内其他成员提供计量比对和计量校准服务和技术指导工作。

机构沿革　2002年11月在原中国气象局大气探测综合试验基地、雷达技术支持中心以及国家气象计量站的基础上成立了中国气象局大气探测技术中心，挂靠北京市气象局。2003年1月经中编办批准，撤销中国气象局北京物资管理处，成立中国气象局大气探测技术中心。2004年4月原北京物资管理处划入大气探测技术中心，中心成为独立运行单位。2008年4月经中编办批准更名为中国气象局气象探测中心。2010年依托气象探测中心成立中国气象局气象探测工程技术研究中心。2011年大气成分业务、《气象科技》期刊从中国气象科学研究院调整至气象探测中心。2014年成立质量控制与服务室。

主要任务　负责全国气象综合观测系统的运行监控。负责新仪器、设备的业务入网考核、检验；承担气象仪器、设备量值传递、计量检定、试验考核，以及气象综合观测仪器设备的运行保障和技术支持。承担气象综合观测系统运行质量评估、观测环境评价、数据质量控制、观测产品研发与生成；提供气象综合观测数据质量分析报告。负责气象雷达新技术研究与运行技术支持，研发雷达探测产品；负责全国气象雷达定标、巡检、中修、大修、重大故障维修与技术指导；负责组织编制气象雷达建设指南、技术标准、观测规范、保障方案。负责国家级雷电监测网建设、全国雷电监测网的运行监控。负责全国气象技术装备、人影作业器材等物资的供应调配；负责气象应急观测系统建设的技术指导，参与气象应急工作的协调与调度。承担气象技术装备的出厂验收和战略物资的储备。负责对省级气象综合观测系统运行的技术保障和业务指导。负责气象探测装备的无线电频率资源应用技术研究与频率规划设计。草拟气象综合观测系统业务发展规划和全国气象综合观测站网的布局设计和综合评估；参与全国气象综合观测业务标准化、规范化的研究和建设。组织开展气象综合观测应用研究和科技创新工作，承担气象综合观测新理论、新技术、新方法和新产品的研究和开发任务。承担国家级环境气象观测数据质量控制、监测和数据加工处理业务。承担世界气象组织（WMO）二区协亚洲仪器中心（RIC-北京）工作。

主要业绩　已逐步形成了针对综合气象观测系统发展的建设、运行、保障和观测产品服务等主体业务框架，开展了站网布局优化设计及评估、运行监控、维护维修、计量检定、试验考核、物资储备供应以及与之相应的科技支撑等工作，在气象业务中发挥了基础支撑作用。

运行监控业务稳定运行　为保障综合气象观测系统稳定运行，创建了综合气象观测系统运行监控平台（ASOM），形成以站网信息管理、设备运行监控、数据质量监控、维护维修管理、装备供应保障管理、综合运行评估等为主要内容的实时监测业务，为提高综合气象观测系统业务可用性发挥了重要作用。

观测产品研发能力不断提升　在推进综合气象观测系统效益发挥中，注重加强观测和预报服务的互动，根据需求研发有针对性的观测产品，为预测预报和公共气象服务提供了基础支撑。尤其是提高了遥感产品、集成产品的研发力度。利用多种观测资料制作降水、风场、水汽的综合监测产品。提高大气成分的数据分析和产品服务能力，推进L波段秒数据、全球卫星导航系统气象观测（GNSS/MET）、风廓线等观测数据的应用进程。全国雷达组网、雷达定量估测降水、多种风场集成显示、闪电定位、大气成分等观测产品在预报业务和服务中得到应用。

环境气象观测服务的业务化得到推进　初步建立了环境气象业务体系，实现了运行监视制度化、巡检常态化、全国颗粒物质量浓度观测数据接收和处理初步自动化，细颗粒物（$PM_{2.5}$）观测数据进入气象综合分析处理系统（MICAPS），在雾和霾天气预报预警中得到应用。建立了全国大气颗粒物监测日报制作及发布业务。不断强化酸雨观测工作，制作酸雨监测日报和年报，《近20年来我国酸雨变化特征及成因分析》等专题材料受到各方关注。负责或参与完成中国气象局雾和霾等相关决策服务材料的编制，取得了较好的服务效果。逐步推进温室气体观测业务，开展了技术支撑、样品分析、标气配制等相关工作。

计量检定能力稳定提升 在计量标准的能力建设中，注重计量标准的编制工作，为观测数据的准确、可靠提供了有效支撑。建立并保持了6项气象行业最高计量标准，其中大气压力、空气流速、太阳和地球辐射3项标准在国内处于最高技术水平。国家气象计量站平均每年为气象及其他行业机构提供2000余台（套）的计量服务，量值传递服务水平明显提升。国家气象计量站从2008年开始连续6年获得中国计量测试学会计量诚信单位。

业务支撑系统建设不断加强 在综合气象观测系统建设中，注重加强各类观测数据处理系统的建设，为提升综合气象观测系统的软实力提供了技术支撑。完成了多种观测设备的业务软件系统建设，建立了天气雷达、地面、高空、风廓线雷达、雷电和大气成分以及综合技术保障等业务支撑系统。逐步建设完成了天气雷达、风廓线雷达、探空、GPS/MET（全球定位系统气象观测）、雷电和大气成分业务数据处理平台，加强对新型遥感数据质量控制和数据检验评估，开展了组网观测数据处理系统建设。

重大气象服务保障成效显著 在支撑重大气象服务保障中，注重不断提高主动性和敏感性。在2008年抗击低温雨雪冰冻极端气象灾害、汶川特大地震抗震救灾、北京第29届夏季奥林匹克运动会和残疾人奥林匹克运动会，2009年新中国成立60周年庆典，2010年青海玉树抗震救灾、甘肃舟曲泥石流抢险救灾、上海世界博览会、广州第16届亚洲运动会等气象服务保障中，主动制定详细工作方案，深入现场开展应急观测，指导加密观测。针对2011年浙江温州甬温线特大铁路交通事故、2012年北京"7·21"特大暴雨灾害性天气，及时提供观测分析材料，补充发布强降雨区域设备监控信息。针对热点问题，及时主动建立了可覆盖钓鱼岛及其附属岛屿的新型三维雷电观测网，加强了钓鱼岛海域的观测内容等。在2013年"苏力"超强台风和亚青会期间选派技术人员驻站进行雷达保障。

主要科研成果 2004年"人工影响天气微型无人驾驶飞机系统开发"获中国气象局科学研究与技术开发奖二等奖；2005年"气象信息综合分析处理系统（MICAPS）"获中国气象局科技开发奖二等奖；2005年"OSSMO地面气象测报业务软件系统"获中国气象局科技成果应用推广奖；2006年"自动气象站计量检定现场校准设施"获中国仪器仪表学会科技成果奖，"气象地面高空自动观测仪器检测技术和规范"获中国气象局气象科学和技术工作成果应用奖二等奖，"北京地区地基GPS遥感大气水汽应用研究"获北京市科学技术进步奖二等奖；2008年"高精度太阳辐射测量系统研究"获中国仪器仪表学会年度科技创新奖；2010年"气象低速风洞性能测试规范"获中国仪器仪表学会年度科技成果奖，"人工影响天气技术研究和示范工程"中的第九专题"人工影响天气无人驾驶飞机试验研究"获国家科学技术进步奖二等奖。

机构与人员 探测中心机构设置几经调整变化，设置的管理机构为：办公室、业务科技处、计划财务处、人事处、党委办公室（监察审计室）；业务机构为：质量控制与服务室、地面与高空观测室、气象雷达室、中国气象局大气成分观测与服务中心、运行监控室、气象装备保障室、国家气象计量站、中国气象局气象探测工程技术研究中心（中国气象局大气探测试验基地）。

世界气象组织二区协亚洲仪器中心（RIC-北京）于1997年在中国气象局气象探测中心国家气象计量站挂牌成立。其主要职责是遵照国际标准和国家标准建立气象要素计量标准器；为二区协其他成员提供计量比对和计量校准服务、气象仪器计量工作及其他相关领域的指导；帮助世界气象组织完成其主办的有关气象仪器维护、校准和比对的会议或研讨的相关工作；整理、维护有关气象仪器理论和实操方面的书籍和期刊；与其他区协的成员单位进行相关的交流与合作。

国家气象计量站 1954年成立中央级气象仪器检定机构即仪器技术科，1978年更名为气象仪器计量检定研究所，1995年经国家质量监督检验总局考核授权为国家气象计量站，2002年11月始挂靠中国气象局气象探测中心。国家气象计量站依法履行相关管理职责，建立和保持气象行业最高计量标准，开展量值传递技术、方法研究，定期对全国气象计量业务工作质量进行评估对省级气象计量检定业务指导，负责世界气象组织（WMO）亚洲区域气象仪器中心工作。

中国气象局大气成分观测与服务中心 2004年12月成立，2011年3月挂靠中国气象局气象探测中心。该中心主要发挥国家级业务单位的优势，牵头开展中国气象局大气成分观测站网布局设计、观测规范和建设方案制定、业务技术指导、样品分析及考核、技术保障、巡检监控、仪器及标气标校、实时资料质量控制等工作。

经中央编办批准，2008年探测中心事业编制为136人。2013年探测中心人员编制调整为190人。至2014年底中心实有在编人员145人，人员年龄、专业和学历结构更趋合理。其中正研级专业技术人员24人，副研级专业技术人员45人，硕士生导师19人，并于2010年8月成立了博士后科研工作站。

历任主要负责人

单位名称	主要负责人	职务	任职时间
中国气象局大气探测技术中心	王晓云	第一副主任（主持工作）	2004年4月—2006年7月
	韩通武	主任	2006年7月—2007年11月
	宋连春	主任	2007年11月—2008年5月
中国气象局气象探测中心			2008年5月—2010年7月
	李柏	第一副主任（主持工作）	2010年7月—2012年4月
	王晓云	主任	2012年4月—2015年6月
	李良序	主任	2015年6月—

（李良序 王晓云 陈绍有 闫冬雪）

Zhōngguó Qìxiàngjú Gōnggòng Qìxiàng Fúwù Zhōngxīn

中国气象局公共气象服务中心（CMA Public Meteorological Service Centre）

中国气象局直属事业单位，主要面向社会开展公众气象服务，面向各行各业开展专业气象服务，承担国家突发公共事件预警信息发布系统建设、维护和运行任务。

机构沿革 经中央编办批准，2008年5月正式挂牌成立，2008年9月正式启动业务运行。2010年8月中国气象局风能太阳能资源中心划转中国气象局公共气象服务中心。2013年9月中国气象局气象影视中心划转中国气象局公共气象服务中心，成为其二级中心。2015年2月，经中央编办批准，中国气象局公共气象服务中心加挂国家预警信息发布中心牌子。

主要任务 中国气象局公共气象服务中心负责国家级（全国性）电视、广播、报纸、网络、手机、新媒体等所需的公众气象服务产品的制作和发布；负责中国气象局门户网站信息服务；负责国家级专业部门所需的水文、地质、交通、旅游、环境、健康等专业气象服务产品的制作和发布；负责风能、太阳能资源开发利用及其相关的功率预报、资源评估等业务；负责国家突发预警信息发布系统建设、运行和维护以及预警信息发布；负责国家级公共气象服务业务系统的建设，牵头承办全国公共气象服务平台系统建设；负责国家级公共气象服务信息收集与共享，承担全国公共气象服务产品库的建设和运行；负责收集和分析公共气象服务需求、气象服务公众满意度调查和行业气象服务效益评估，承担重大灾害性天气的全国气象服务总结；负责中国气象局公共气象服务门户网站、中国气象频道、中国兴农网站、气象服务热线的建设和运行管理；负责全国气象部门公众和专业气象服务业务指导，参与公众和专业气象服务业务发展规划的制定；承担气象服务关键技术研发与推广应用；负责组织开展气象服务的学科建设、科学研究和交流合作工作；依据授权承担全国气象服务资质、资格、认证、标准的管理和培训、监督等工作；负责所属企业的国有资产监管。

主要业绩 中国气象局公共气象服务中心坚持公共气象服务的发展方向，立足社会需求、依靠科技进步，在建立和发展了国家级公共气象服务方面取得了显著成绩。

建立国家级气象预警信息发布渠道 建立国家级气象灾害预警信息发布系统，每天向国务院及39个部委的近1106名相关负责人发送气象手机报和气象灾害预警信息。创建中国气象局重大天气预警信息共享平台，截至2014年，注册媒体用户达1088个，建立与各大网络媒体间的信息发布联动机制，有效扩大了气象预警信息覆盖面。在此基础上，建设完成了国家预警信息发布系统，前端连接政府预警发布责任单位，后端连接国家预警广播系统、移动运营商、网络服务商等，并建立了应急责任人手机短信（12379）专用通道，实现了国家、省、地、县纵向互通、横向互联。

广播电视气象服务实现广覆盖 2014年，通过27个国家级广播电视媒体平台向公众提供全方位的气象服务信息，已经实现国家级新闻资讯类电视频道100%覆盖，国家级新闻资讯类广播频率覆盖率达到89%，每日覆盖人口超过10亿。每日制作首播节目143档，首播时长约345分钟。开播了首个全天候连续播出的专业气象频道——中国气象频道，建立了以预警预报、新闻资讯、专栏纪录片和本地化节目为主的节目体系，每日首播节目4小时左右，并已在全国31个省（自治区、直辖市）落地，覆盖数字电视用户数超过1.2亿户，覆盖人口超过4.8亿，服务效益显著。

建立中国天气网和中国天气通公共气象服务品牌 中国天气网2008年7月28日正式投入业务运行。网站密切关注每一次重大天气气候事件和社会活动，第一时间、权威发布气象服务信息。同时精心制作专题气象服务产品，精心打造"天气视点""气象防灾减灾科普""天气灾害大事件""气候变化故事""数据帝扒天气""天气美女爆"等特色服务栏目。截至2014年底，中国天气网共制作发布气象服务专题850个，页面总浏览量超过244亿页，单日浏览量突破3900万次，在国内生活服务类网站中排名第一、国际气象网站排名前五位。中国天气通是国内首款具备气象预警信息推送功能的手机气象服务客户端，2011年8月21日面世。到2014年底，覆盖了苹果、三星、华为、小米等十几个品牌手机的上百款主流型号，用户总量超过7500万。

建立新能源气象服务体系 建立和完善了风能资源数值模拟评估系统，开展并完成了第4次全国风能资源详查评价及相关区域的高分辨率风能资源评估工作。建立了基于高分辨率数值天气预报模式的风能、太阳能预报业务和风场动力降尺度业务。开发了风电场风电功率预报系统，为全国各大发电企业以及近200个风电场、太阳能电站的安全运营提供服务。研发了基于卫星资料的太阳能资源预报和精细化评估方法及应用技术，太阳能资源宏观评估成果在国家太阳能资源开发规划的制定中得到应用，并在吐鲁番国家新能源示范城市建设中发挥积极作用。

提升专业气象服务水平 在水文、地质灾害、交通、森林草原火险、公共卫生以及环境气象等多个领域的专业服务和对下业务指导能力明显加强。加强了针对重点地区、重点时段、重点天气的专业气象保障服务。在森林防扑火、旱区降水影响评估、强降水次生灾害气象预警、大江大河及中小流域水文气象服务等重大或应急气象保障任务中，精细化的专业气象预报服务屡立新功。在北京奥林匹克运动会、上海世界博览会、新中国成立60周年阅兵、广州亚洲运动会、深圳大学生运动会、西安园艺博览会、南京青年奥林匹克运动会、APEC（亚太经合组织）峰会、春运、高考以及重要节假日的专项气象服务工作中，多种专业气象预报产品提供了有力支撑。

气象为农信息服务能力显著提升 作为气象为农服务的重要平台，改版后的中国兴农网于2011年6月1日正式上线，频道增加到13个，栏目增加到近百个，可提供全国农用天气预报等针对性产品。完成了省级共享平台建设，实现了气象为农服务数据共享。与农业部信息中心合作共建气象农业频道，联合建立首个国家级支持的农业气象乡镇信息服务示范站。与农业部农技推广服务中心和十几家企业共同打造兴农网种子、化肥、农药等信息服务频道。组织各省农业气象专家和农业技术推广专家共同研发气象农情数据库，直接面向农民和农业生产管理者提供及时有效的天气信息及相应的农事建议。组织完成气象信息员管理平台建设，制作下发了气象信息员徽章，与气象出版社联合编印《气象信息员工作手册》，有力推动了全国气象信息员工作，促进气象信息员在基层气象灾害防御方面发挥重要的组织作用。

重要成果 气象防灾减灾电视系列片《远离灾害》获2008年度国家科学技术进步奖二等奖；科普电影《变暖的地球》获第28届电影金鸡奖最佳科教片奖和第15届电影华表奖最佳科教片奖；科普电影《气候变化与粮食安全》获第29届金鸡奖最佳科教片奖；宣传片《应对气候变化——中国在行动》被翻译成4种语言，从2007年起在历届世界气候大会上和中国驻外使馆中播放。"中国天气网"与"气象服务热线"分别获得第五届、第六届中国技术市场协会金桥奖。公共气象服务中心主办的"搭建全新科普平台"工作获2009年"气象部门创新工作入围项目"称号，"风能预报技术、业务和服务体系的建立""创新机制，合力推出中国天气通—公众气象服务新品牌"和"上下携手首创全国公路交通气象监测服务业务体系"3项工作分别获得2011年、2012年和2013年"气象部门创新工作项目"称号。中国兴农网获"中国农业网站百强单位"称号。

机构和人员 公共气象服务中心下设办公室、业务科技处、计划财务处、人事处、党委办公室（监察审计处）等5个管理机构，设气象影视中心（气象频道、节目部、制作部、专题部）和气象网络中心（网站中心、新媒体中心）2个二级中心，设预警发布运控室、水文地质气象室、交通旅游气象室、资源环境与工程气象室（风能太阳能资源中心）、气象服务评价室和服务系统开放实验室6个业务机构。同时下辖北京华风气象影视信息集团有限责任公司。

中国气象局风能太阳能资源中心 成立于2005年12月，承担国家级风能太阳能资源相关科研和业务工作。主要开展风能太阳能资源监测与评估、开发技术和评估方法研究、区域评估和预测、管理和保护，风电场工程和太阳能电站建设项目的气候可行性论证，风电场和太阳能电站的选址、观测、资源评估专业资质认定；还开展风能太阳能资源评估技术培训与技术推广等多项工作，并在风能太阳能资源开发利用方面为国家提供决策服务。

中国气象局气象影视中心 成立于2013年4月，是中国气象局公共气象服务的重要组成部分和重要窗口，承担国家级气象灾害预报预警媒体发布、媒体公众气象服务、气象影视科普宣传等工作，业务范围涵盖天气预报和气象专题节目生产、专业数字频道运营、气象影视信息技术服务、新媒体业务等各个领域，致力于环境类科普片、纪录片、宣传片、动画片的策划制作，拥有全国最大的气象影视媒体资产管理系统。

截至2014年底，公共气象服务中心在岗职工951人。其中，博士研究生28人，硕士研究生185人；正研级高工11人，高级工程师80人；气象服务首席8人、技术总师4人、副首席（副总师）20人和关键岗36人。1人入选中国气象局科技领军人才。

历任主要负责人

单位名称	主要负责人	职务	任职时间
中国气象局公共气象服务中心	孙 健	主任	2008年5月—

（孙健 王佳禾 李凡）

Zhōngguó Qìxiàng Kēxué Yánjiūyuàn

中国气象科学研究院（Chinese Academy of Meteorological Sciences） 中国气象局直属事业单位，面向气象业务现代化进程中的科学技术和国际前沿，以应用研究为主，兼顾基础研究和技术开发。中国气象科学研究院是中国大气科学领域学科种类最多、规模最大的科研机构，是中国气象事业中坚和高层次人才的培养基地。

机构沿革 中国气象科学研究院（简称气科院）前身是1956年成立的中央气象科学研究所。1978年，气象科学研究所与1972年成立的气象科技情报研究所合并组建中央气象局气象科学研究院。1982年更名为国家气象局气象科学研究院，1991年更名为中国气象科学研究院。2000年在科学技术部公益类院所改革中，被确定为国家公益类科研院所科技体制改革试点单位，2004年10月通过由科学技术部、财政部和中央编制委员会办公室联合组织的改革验收。2004年12月以气科院为主体联合国家级业务单位组建了中国气象局大气成分观测与服务中心。2005年3月经国家科学技术部批准，气科院组建了灾害天气国家重点实验室。2007年12月经中国气象局批准，由气科院牵头，在人工影响天气研究所的基础上组建中国气象局人工影响天气中心并挂靠气科院管理。

研究领域 建院前期主要开展大气探测技术，天气、气候，早期数值天气预报业务和农业气象情报、预报业务服务，人工增雨、防雹作业试验，民航气象、海洋水文气象、应用气象和应用气候等研究；经过近60年的发展，目前主要以气候系统及极地气象、灾害天气、大气成分、大气探测、生态环境与农业气象、人工影响天气等为主攻方向。

主要业绩 通过多年的改革和发展，气科院在气象学研究领域取得了一批可喜的成果，在中国气象局的大气探测、气候与气候变化、大气化学、灾害天气、人工影响天气以及农业气象等业务发展提供了有力的科技支撑。

大气探测技术研究 中国早期气象台站网的建设中，气科院通过大量的大气探测装备和技术方法的研究，制订、修订了地面和高空观测规范，逐步形成了具有中国地理、气候特点的地面观测、高空探测、太阳辐射观测、雷达气象观测以及农业气象、海洋水文气象、民航气象等气象台站网和相应的观测业务体系。20世纪60年代率先研制出电接风向风速仪，实现了风的遥测和自动记录。此后，相继推出百叶箱通风干湿表、遥测雨量计以及自动气象站，研制出了59-701高空探测系统、电子探空仪、测雨雷达等，在提高气象探测能力和业务水平方面发挥了重要作用。气科院大气探测重点研究雷电物理、雷击机理和防护技术、雷电探测新技术、雷暴闪电活动和雷电预报预警方法、雷电灾害特征及其机理、目测气象要素自动化观测新方法和新技术等。

灾害天气研究 长期以来，广泛开展了东亚季风、暴雨、台风、热带气象、高原气象等方面的研究和试验，丰富和发展了天气、特别是灾害天气的预报理论和方法。自20世纪50年代就开展数值天气预报研究，1954年采用图解法进行寒潮爆发的短期数值预报和降水数值预报，取得了一定的效果。1959年国内首次制作出北半球数值预报图，与有关单位一起开创了国内数值天气预报业务。2000年成立了中国气象局数值预报创新基地，研究开发了中国气象全球/区域同化和预报增强系统（GRAPES）。主要围绕提高灾害天气监测预测准确率、精细化水平的业务关键技术问题，开展灾害天气形成机理、监测与预测的理论和方法研究，为气象防灾减灾提供决策支持。重点研究灾害天气监测与资料融合技术、灾害天气的演变规律、灾害天气模拟及精细化预报理论与方法。

气候系统及极地气象研究 开展了气候与环境变化、东亚季风和中国气候变异机理和短期气候预测理论、极地气象和温室气体观测、科学考察和研究。为应对气候变化和国家防灾减灾提供决策支持。制作了《中国气候图集》，开展了古气候、气候变迁、区域气候、应用气候等方面的研究，为开展气候监测和预测业务奠定了基础。开展了青藏高原和极地气象考察和研究，在南极和北极地区建立了气象站填补了中国在两极地区气象资料的空白，在高原和两极对天气气候变化的影响方面取得了大量成果。目前重点研究东亚季风变异和短期气候预测、海-陆-气相互作用对东亚气候影响、青藏高原热力和动力过程及其气候影响、气候变化机理与预测理论、极地海-冰-气相互作用的观测和物理过程研究、极地对中低纬度气候的影响、极地天气预报系统的研发与应用等。

人工影响天气研究 始于20世纪50年代的云雾宏观、微观研究，以及大量的人工影响天气手段和技术的研究，带动了全国各地人工影响天气作业试验研究，为建立人工影响天气业务与服务体系和提高作业水平创造了良好的条件。1956年按照毛泽东主席"人工造雨是非常重要的,希望气象工作者多努力"的指示,拉开了中国人工影响天气科学技术研究和发展的序幕,1958年开始有组织的人工影响天气外场试验和抗旱作业。1978年改革开放以来,人工影响天气的科技含量和水平有了显著提高。进入21世纪,随着中国各级政府部门对人工影响天气的重大需求,气科院牵头实施人工增雨技术研究及示范、关键技术与装备研发取得了系列研究和业务应用成果。2007年12月,经中国气象局批准成立的中国气象局人工影响天气中心,正在建设成为国家级人工影响天气的业务中心、跨区域联合作业的协调指挥中心以及人工影响天气科学研究与技术装备研发基地。

大气成分研究 气科院从20世纪80年代开始着手大气化学研究,1991年成立大气化学研究所,开展温室气体、臭氧、酸雨、气溶胶的研究。1994年建立了全球第一个大陆基准站——瓦里关大气本底基准观象台和大气成分监测网,填补了国内空白,引起了世人瞩目,为大气科学和环境科学等相关学科的发展提供了野外观测平台,为中国的大气成分观测、预报,为气候预测、气候变化预估和区域大气污染控制等提供了基础数据和科学依据,取得了一批重要的研究成果。在此基础上,2004年组建的中国气象局大气成分观测与服务中心,牵头设计和科技支持全球和区域大气本底观测体系、全国大气成分观测站网、开展大气成分样品分析和数据处理,研究开发了亚洲沙尘暴数值预报系统(CUACE/Dust)、气溶胶数值预报系统CUACE/Aero、雾-霾数值预报系统(CUACE/Haze-fog),推进了大气成分和大气化学领域的有关科研、业务和服务工作,提高了中国气象局在国内外相关领域的创新能力。现阶段正在瞄准关键大气成分化学转化和物理特性及其与地球气候系统各因子相互作用过程,在全球和区域尺度上开展大气成分时空变化规律和机制,以及天气气候效应的研究,并不断发展环境气象预报系统。

开放合作 与50多个国家和地区的研究机构开展了双边多边合作、交流和学术互访,50多名科学家曾在国际重要学术组织中任职。世界气象组织沙尘暴预警咨询评估系统(WMO SDS-WAS)、亚洲/太平洋区域中心、国家大气成分本底综合中心落户气科院,多名专家担任政府间气候变化专门委员会(IPCC)气候变化评估报告的主要作者和评审专家。与北京大学共建"大气水循环与人工影响天气联合研究中心",与青海、北京、黑龙江、浙江等省(直辖市)气象局共建中国大气本底基准观测研究站,与湖北、云南、新疆等省(自治区)气象局共建区域大气本底观测站,与上海、安徽、湖北、广东、西藏等省(自治区)气象局共建灾害天气野外科学试验基地、雷电观测与试验基地。

人才培养 1978年经国务院批准成为首批硕士学位授予单位,2002年10月国家人事部批准建立博士后科研工作站,2003年经国务院学位评定委员会批准,成为单列博士生招生计划单位,2005年获批为单独招收博士后研究人员,2006年获批为大气科学一级学科硕士学位授权点。为国家培养了一批优秀、高素质的科研、业务和管理人才,成为气象事业发展的重要力量。

获奖项目与成果转化 多年来,气科院共主持了7项国家重点基础研究发展规划项目("973"项目)、3项国家自然科学基金重大项目、2项国家自然科学基金创新群体项目、10余项国家科技攻关(支撑)项目等。以发表高水平学术论文等为代表的学术竞争力逐年提升,先后获国家自然科学奖4项,分别是"东亚季风研究""青藏高原气象科学试验""中国历史气候变迁规律的研究""黄土和粉尘等气溶胶的理化特征、形成过程与气候环境变化";获国家科学技术进步奖一等奖5项,分别是"全国农业气候资源和农业气候区划研究""UHF(特高频)多普勒测风雷达系统""灾害性天气监测和短时预报系统""我国酸沉降及其生态环境影响研究""我国短期气候预测系统的研究";获国家科学技术进步奖二等奖15项,其他科技进步奖400多项。现主办高级学术专业刊物《应用气象学报》《中国气象科学研究院年报(英文)》。一批研究成果和技术推广应用到国家级、省级气象业务及军队、民航、电力等行业中,对国家防灾减灾和应对气候变化发挥了积极的作用。

我国酸沉降及其生态环境影响研究、UHF多普勒测风雷达、灾害性天气监测和短时预报系统等部分科研项目获奖证书

气科院一直把科研成果向业务转化工作作为重中之重。多年来,通过科研成果转化,为中国气象事业发展

做出了重要贡献,在数值天气预报、农业气象、气候与气候变化、气象雷达、大气成分观测与服务、气象计量转、风能、太阳能等方面业务的发展提供了强有力的科技支撑。自主研发的新一代天气雷达质量控制和三维拼图系统、雷电监测预警系统、中尺度灾害天气监测分析与预报预警平台、人工增雨数值模式系统及装备技术等研究成果实现业务运行,有些科研成果在家级和部分省级业务部门推广,为中国气象事业发展提供了重要的科技支撑。为2008年北京夏季奥林匹克运动会、2010年上海世界博览会、亚洲运动会、大学生运动会、新中国成立60周年等重大社会活动的气象保障做出了贡献。100多项科技成果和系统在不同行业业务中推广和应用,取得了47项专利,针对重大天气气候事件形成深度决策材料,多次获得国家领导人好评。

机构和人员 中国气象科学研究院的机构设置几经调整变化,2014年管理机构为:办公室、科技管理处、人事处、计划财务处、党委办公室(纪检监察审计室)、离退休办公室;研究机构为:气候系统研究所(极地气象研究所)、灾害天气国家重点实验室、大气成分研究所、大气探测研究所、生态环境与农业气象研究所;科技支撑机构为:大气科学信息部和研究生部;创新基地机构:产业与服务管理中心、环境影响评价中心以及固城农业气象试验站、庐山云雾试验站和广州雷电试验基地;拥有中国气象局大气化学实验室、中国气象局云雾物理开放实验室等部门重点实验室。

中国气象局人工影响天气中心 2006年11月中国气象局批准成立中国气象局人工影响天气中心,2012年8月正式组建国家级人工影响天气中心和各区域中心,挂靠在中国气象科学研究院,相对独立运行。中国气象局人工影响天气中心是国家级人工影响天气业务中心,同时是国家级云物理和人工影响天气研究中心、技术装备研发和保障基地,主要承担国家人工影响天气业务发展、区域管理、作业指导、科技开发以及装备研发和保障。

截至2015年,在职职工297人,其中院士3人、正研级科研人员67人、副研级科研人员97人,有博士和硕士学位的人员分别为155人和76人。

历届主要负责人

单位名称	主要负责人	职务	任职时间
中央气象科学研究所	彭 平	副所长	1956年8月—1957年1月
	卢 鋈	所长(兼)	1957年1月—1958年4月
中央气象局气象科学研究所	崔 实	所长	1958年4月—1961年8月
	蒋金涛		1961年8月—1969年12月

续表

单位名称	主要负责人	职务	任职时间
中央气象局观象台	罗 漠	台长	1958年4月—1961年5月
	齐生英		1961年5月—1961年10月
	张鲁山		1961年10月—1962年10月
	唐昭东		1962年10月—1969年12月
中央气象局气象科学研究所	蒋金涛	所长	1969年12月—1973年3月
	唐昭东		1973年3月—1979年4月
中央气象局气象科学研究院	戈 锐	院长(兼)	1979年4月—1981年4月
	唐昭东	第一副院长(主持工作)	1981年4月—1983年9月
国家气象局气象科学研究院	张家诚	第一副院长	1983年9月—1984年10月
中国气象科学研究院	周秀骥	院长	1984年10月—1993年3月
	陈联寿		1993年3月—1996年12月
	倪允琪		1996年12月—2001年9月
	张人禾		2001年9月—2012年9月
	端义宏		2012年9月—

(端义宏 王德英)

中国气象局气象干部培训学院

Zhōngguó Qìxiàngjú Qìxiàng Gànbù Péixùn Xuéyuàn

中国气象局气象干部培训学院(CMA Training Centre,CMATC) 中国气象局直属事业单位,是国内唯一的综合性、专业化、高层次气象教育培训机构,是国家级高层次气象骨干人才培训基地、世界气象组织(WMO)区域培训中心、世界气象组织/气象卫星协调组织(WMO/CGMS)虚拟实验室优秀中心。

机构沿革 气象干部培训学院(简称干部学院)经历了北京气象学校、北京气象专科学校、北京气象学院、中国气象局培训中心几个变革阶段。1954年中央气象局决定建立北京气象学校,解决当时气象台站建设发展急需的初级气象技术人才。1955年经国务院批准,学校定为3年制的正规中等专业学校,设气象、农业气象、高空气象3个专业。为加强高级气象技术干部的培训,经国务院批准,1960年4月北京气象学校改为北京气象专科学校,设天气预报专业(大专)两年制,中专仍然按气象、高空气象和农业气象3个专业招生。1969年12月宣布撤销,1978年12月经国务院批准在原址恢复。为进一步适应气象现代化建设的要求,1984年2月经教育部同意将北京气象专科学校升格为北京气象学院,兼负本、专科学历教育和气象部门在职人员的高层次继续教育双重任务。承担研究生、本科生教育、成人教育,特别是气象技术人员继续教育等任务,系理科学士授予单位。1984年7月成立"气象高等函授中心",在全国气象行业招收函授生,学制3年半;1988年创办

"高等自学考试"；1989 年创办"夜大学"；1990 年调整为以高层次的继续教育为重点的高等院校。1984—1991 年北京气象学院为气象部门培养了 174 名研究生，319 名本科生。1999 年 1 月经中编办商教育部批准，北京气象学院转建为中国气象局培训中心，成为中国气象局直属事业单位，同时确定为承担气象继续教育和较高层次岗位培训的国家级培训基地。2011 年 9 月经中编办批准，中国气象局培训中心更名为中国气象局气象干部培训学院。

主要任务　干部学院作为气象部门高层次继续教育和岗位培训的国家级基地，主要承担气象部门中高层次管理干部、中高级专业技术人员继续教育，气象业务和相关领域高新技术推广应用培训、师资培训、气象远程培训，气象培训教材的制作和对下业务指导等工作，并为亚洲区域及其他发展中国家培训气象业务及管理人员。同时，干部学院是气象行业的大型文献资料中心，并承担气象事业发展研究。

主要业绩　追溯干部学院半个多世纪的历程，有近万名学子从这里起航，他们中成长出众多气象精英、社会栋梁，为气象强国目标做出了很大贡献。

构建开放式气象教育培训体系　2014 年通过遴选，河北、安徽、湖北、湖南、四川、新疆、辽宁等 7 个省级气象培训中心为干部培训学院分院，形成了以干部学院、培训分院和 20 个省级培训中心为主渠道，17 所高等院校、气象部门各业务单位、科研院所、党校和行政学院等相关社会培训机构以及海外培训基地为重要补充，分工明确、布局合理、特色鲜明的开放式气象教育培训体系。建立了与学历教育相互衔接，适应气象事业发展、满足气象部门职工终身教育需求的体制机制，为分层分类气象人才培养奠定了基础。近年来，干部学院逐步建立了领导干部培训和气象预报预测专业技术人员培训基地、气象监测和气象预报预测培训共享平台、气象远程教育培训与资源共享平台、气象科技信息与情报共享平台，构成了业务发展的新格局，其主体作用、示范作用、核心作用、牵头指导作用在高层次气象人才培训中得到了充分发挥。

提升气象教育培训核心能力　近年来，干部学院采取送教师到业务一线锻炼学习、下基层台站挂职、入知名高校和培训机构进修、赴境外著名气象业务机构访问、给教师压担子等多种方式，加强专职教师队伍建设。在临近预报、领导干部培训理论与方法、远程教育技术等领域，形成了一支既懂气象业务服务管理、又懂教育培训规律的专职师资团队。2010—2015 年，邀请中国气象局领导和国内专家、院士共 300 多位为学员授课，还邀请 120 多人次世界一流的气象专家授课，组建海外师资团队，逐步形成了一支结构合理、专兼结合的高素质骨干师资队伍，明显提升了气象教育培训的核心能力。

建立适应气象事业发展需求的培训课程体系　干部学院结合现代气象业务和服务的特点与气象人才发展规划的要求，加强培训需求调研，逐步探索形成了以培训需求为导向的核心培训课程体系和培训内容更新机制。围绕领导干部培训、预报预测人员培训、新技术新方法培训、气象重大工程建设项目培训以及国际培训 5 大系列，建立了以上岗培训为重点的 70 多个稳定的品牌培训班型，形成了反映气象业务服务管理最新进展、内容丰富、层次清晰的培训课程体系，形成了领导干部培训、现代气象业务培训、业务人员培训和基层台站人员培训四大培训系列教材，自编教材 23 大类、100 余本。开发了 500 余个流媒体、视频 DVD 课件或交互式网络课件，覆盖了预报预测、综合观测、防雷检测等业务领域。建立了临近预报、短期预报、气候变化影响评估、公共气象服务、观测方法与资料处理、气象灾害管理、气象科技英语等 12 门课程及相应的 14 个专业教研室，取得了一批研究成果，有力地支撑了培训工作的健康发展。

气象教育培训的效果日益显现　干部学院根据气象事业发展需求，大力开展多层次大规模培训，为气象事业的科学发展提供人才保障。尤其是近两年开展的省、地、县三级气象部门领导干部轮训和国家级、省级、地市级预报员轮训，有效推进了气象人才体系和培训体系建设，为全面提高气象部门人员的整体素质发挥了重要作用。自 1999—2014 年底，干部学院共举办各类在校培训班 1253 期，培训了各类气象业务和管理骨干人员超过 110.3 万人天数，远程培训近 272 万人学时。

开展司局级领导干部系列、处级干部系列、党校班（中央党校国家机关分校）等核心系列班型以及各类管理人员的政治理论、政策法规、行政管理、气象业务技术、财务知识、职业道德等专项培训，建立了全国司局级、地市级、县级领导干部"三级轮训体系"，实现气象部门司局级领导干部 2 年轮训一次、地市局长 3 年轮训一次、县局长 5 年轮训一次常态化，提高了领导干部综合素质和管理能力。

开展以提高预报预测准确率、气象防灾减灾和应对气候变化为重点的核心业务培训班型，加深了预报员对现代天气业务的认识和对天气预报领域新知识、新技术和新方法掌握，提高了预报员对气象雷达、卫星等新观测资料的综合应用能力、主观分析能力、综合预报能力和气象专业理论基础，增强了现代气象业务的科技内涵。

建立了由国家级主站、省级二级站和地县学习点构成的气象远程培训体系，搭建了集在线学习、教学管理、培训档案管理、网络虚拟教室、网络教学直播、课件协同开发、资源共建共享、互动交流等功能于一体的具有行业特色的现代化远程教育培训与资源共享平台，开发了2000多小时的各类网上系列培训课件资源，面向全国气象部门职工开展了以基层业务、防灾减灾、应对气候变化为核心内容的远程培训，为广大基层台站人员提供自主学习平台，为全面提高干部职工综合素质发挥了重要作用。

干部学院充分发挥世界气象组织（WMO）区域培训中心的作用，面向40多个国家和地区开展培训工作。近年来，干部学院加强与WMO和其他国家气象教育培训机构的交流，积极开展防灾减灾、气候变化、卫星气象、农业气象、临近预报、人工影响天气等国际培训，并赴越南、中国澳门等国家和地区开展境外培训，不断增强中国气象事业和气象教育培训工作的国际影响力。

主要科技成果 干部学院多项成果获国家和省部级奖励并产生较好社会效益。2001年卫星通信卫星综合应用业务系统（工程培训）获国家科学技术进步奖二等奖；《天气学原理和方法》获全国气象类高校教材一等奖，国家级教学成果一等奖；《长期数值天气预报》获全国优秀教材奖；"非线性大气动力学"课题获国家教委科技进步一等奖；"短期天气预报员能力评价研究"获首届全国气象软科学一等奖等。

机构与人员 2014年，干部学院设置职能处室为：办公室、教务处（科技处）、计划财务处、人事处、党委办公室（监察审计室）、离退休干部办公室。业务单位为：业务培训部（天气预报实习台）、干部培训部、培训发展部（国际培训部）、远程教育中心、培训保障部、中国气象局图书馆、标准化与科技评估室、政策研究与信息服务室、发展研究与规划室。

中国气象局发展研究中心 2008年8月28日正式成立。主要承担中国气象局重要方针、政策的前瞻性研究工作，开展政策调研，为中国气象局党组提供决策咨询服务；同时承担气象事业发展战略、涉及全局性的改革、重要科技政策与重大专题前瞻性研究与咨询等，旨在建立集政策研究与信息咨询服务、发展战略研究与规划为一体的高层次决策咨询研究平台，为中国气象局战略决策和顶层设计提供智力支持与科学依据。

世界气象组织区域培训中心北京分部 2003年正式挂牌。主要依托干部学院的学科和培训资源优势，为世界气象组织和发展中国家业务骨干、管理人员以及防灾减灾专家官员等提供培训。

卫星应用虚拟实验室，2007年成为世界气象组织/气象卫星协调组（WMO/CGMS）优秀中心。

截至2014年，干部学院共有事业编制270人，在职在编253人，其中中国科学院院士1人，博士生导师3人，正研级高工16人，副研级高工87人；另外还有国内外知名专家、学者、相关部门领导等构成的高水平兼职教师500余人。

历任主要负责人

单位名称	主要负责人	职务	任职时间
北京气象学校	刘殿英	校长、党支部书记	1954年12月—1955年4月
	张君实	代理校长	1955年4月—1955年8月
	邓忠德	代理校长	1955年8月—1956年5月
		校长、党支部书记	1956年5月—1957年8月
	刘国璋	校长、党委书记	1957年8月—1960年4月
北京气象专科学校	刘国璋	校长、党委书记	1960年4月—1983年6月
	申亿铭	校长	1983年6月—1984年2月
北京气象学院	章基嘉	院长	1984年2月—1990年5月
	申亿铭	党委书记、常务副院长	1984年2月—1991年1月
	丑纪范	院长	1990年5月—1995年1月
	汪连德	党委书记	1991年1月—1995年1月
	刘志刚	党委书记、院长	1995年4月—1998年3月
	王强	副院长（主持工作）	1998年3月—1999年1月
		主任、党委书记	1999年1月—2004年4月
中国气象局培训中心	琚建华	主任、党委书记	2004年4月—2005年2月
	琚建华	主任	2005年2月—2005年11月
	高学浩	党委书记	2005年2月—2005年11月
	沈晓农	主任（兼任）	
	高学浩	党委书记、常务副主任	2005年11月—2007年8月
	高学浩	主任、党委书记	2007年8月—2011年9月
中国气象局气象干部培训学院	许小峰	院长（兼任）	
	高学浩	党委书记、常务副院长	2011年9月—

（高学浩 雷治平 闫一铭）

Zhōngguó Qìxiàngjú Fāzhǎn Yánjiū Zhōngxīn
中国气象局发展研究中心（CMA Research Centre for Strategic Development，RCSD） 见第99页 中国气象局气象干部培训学院。

Zhōngguó Qìxiàngjú Péixùn Zhōngxīn
中国气象局培训中心（CMA Training Centre, CMATC） 见第99页中国气象局气象干部培训学院。

Zhōngguó Qìxiàngjú Zǒngtǐ Guīhuà Yánjiū Shèjìshì
中国气象局总体规划研究设计室（CMA Planning Research and Design Office） 简称总体室，中国气象局直属事业单位，是高层次的决策咨询研究机构。主要承担气象事业发展战略和重要方针、政策的研究和气象现代化建设总体系统中的全局性、长远性、综合性的重大决策问题的咨询和方案研究。

机构沿革 1991年9月经国家人事部批准成立，2004年4月总体规划研究设计室撤销，其主要任务分别由国家气象信息中心和中国气象局培训中心承担。

主要任务 承担气象事业发展战略和专题研究，气象事业发展纲要和规划的编制与滚动修订，气象现代化建设项目的设计和咨询、评估工作，全国区域或省级气象业务现代化建设项目的设计与评估。还承担中国气象学会气象软科学委员会的日常工作，负责气象软科学研究项目获奖评审及编辑印发内部刊物《气象软科学》工作。

主要业绩 总体室成立13年间，完成了一大批气象软科学研究任务和战略研究、规划编制、决策咨询任务，并取得了许多成果。完成发展战略和专题研究83项；发展纲要、规划和业务技术体制研制15项；项目建议书和可行性研究报告的编制、评估36项；工程项目设计和方案评估30项。

机构与人员 总体室设综合处、信息研究与科技咨询处、系统设计处、标准化研究与项目评估处。人员编制为30人，采取"小实体，大网络"的组织形式，根据工作需要分期分批聘请各省（自治区、直辖市）气象局、有关部门和院校兼职、特约研究人员和客座学者，组织涵盖科技、业务、服务、管理各个领域的研究队伍，形成涵盖各相关学科、各有关部门、各省（自治区、直辖市）气象局的研究网络，共同承担气象行业重大决策咨询研究任务。

历任主要负责人

单位名称	主要负责人	职务	任职时间
国家气象局总体规划研究设计室	颜 宏	主任	1991年9月—1992年9月
	颜 宏（兼）		1992年9月—1993年11月

续表

单位名称	主要负责人	职务	任职时间
中国气象局总体规划研究设计室	章国材	主任	1993年11月—1994年3月
	章国材（兼）	主任	1994年3月—1996年5月
	阮水根	主任	1996年5月—2000年1月
	汤 绪	主任	2000年1月—2002年4月
	王守荣	主任	2002年4月—2002年6月
	王春虎	副主任（主持工作）	2002年6月—2004年4月

（赵同进）

Zhōngguó Qìxiàngjú Zīchǎn Guǎnlǐ Shìwù Zhōngxīn
中国气象局资产管理事务中心（CMA Asset Operation Centre） 中国气象局直属事业单位，承担气象工程项目设计与咨询评估、气象部门集中采购组织实施，负责气象部门国有资产运行、重点工程项目财务管理及后评价、中国气象局机关及在京直属事业单位财务核算工作。

机构沿革 资产管理事务中心（简称资产中心）前身是中国气象局行政管理局，成立于1982年。2004年4月中国气象局园区机构调整，重组行政管理局，按中国气象局机关内设机构管理，授权行使部分行政管理和业务管理职能，代表中国气象局履行国有资产的监管职责，下设园区规划与综合处、国有资产管理处、重点工程管理处、政府采购中心、会计核算中心。2010年1月行政管理局职责任务调整，中国气象局财务核算中心、中国气象局干部培训学院总体设计与评估室成建制划入行政管理局，撤消园区规划与综合处、国有资产处、重点工程管理处。2011年11月在总体设计与评估室基础上组建中国气象局工程咨询中心。2012年1月行政管理局更名为资产管理事务中心。

主要任务 2013年职责调整后，主要承担国家级气象重点工程项目建议书、可行性研究报告、初步设计的编制及概算调整审查，气象综合和专项规划、省级重点工程立项和省级园区规划审查评估，中国气象局负责审批的小型业务项目和基建项目可行性研究报告审批前评估；承担重点工程建设信息分析，组织开展重点工程项目中期评估和后评价、气象部门项目预算绩效评价；受有关单位委托，承担气象现代化建设项目的调研、设计、咨询以及中期评估和后评价。负责中国气象局局属企业监事会日常工作。负责中国气象局机关、老干办、在京直属事业单位及所属企业的财务日常报销、核算、财务分析及税务申报等会计服务；承担气象部门财务联网监控，1000万元以上基本建设项目竣工财务决算审核，参与重点工程建设专项监督检查；承担在京直属单位会计人员继续教育组织工作。承担部门集中采购以及按中国气象局规定应纳入政府采购中心采购的有关项目的采购执行工作，以及气象部门政府采购技术评审委员会的日常管理和有关政府采购项目技术指标审核、专用设备审价，政府采购事项质疑处理。承担气象部门计财业务系统、国有资产信息管理系统建设和运行维护。承担气象部门预算数据整理、银行账户、国库集中支付及预算执行信息收集处理、政府采购计划信息统计、事（企）业财务决算报表、固定资产投资月报、国有资产报表、综合统计等计财事务性工作。

主要业绩　2004年新重组的行政管理局按照新的职责任务，加强国有资产管理、重点工程建设管理，推进政府采购执行、中国气象局园区规划与建设。开展了全国气象部门房地产普查和资产清查，基本完成资产管理信息系统建设，初步建立气象部门资产管理动态数据库，为实现资产管理与预算、财务管理相结合提供了基础支撑。推进气象部门土地权属登记，完成88%的2004年前存量土地面积、54%的2004年后新增土地面积办证工作，为维护气象部门合法权益提供了法律基础。推进重点工程建设管理，积极探索新形势下重点工程建设管理运行机制、工作模式和业务流程，并取得重要成果。以建立健全部门集中采购制度为重点，积极推进气象部门政府采购执行制度化、规范化，政府采购执行工作体系初步形成，部门集中采购范围扩大、效益提高、行为规范。

2010年职责任务调整后，资产中心强化资产纽带作用，按照资金上下游一体化的思路推进综合业务体系建设，强化监督分析职责，积极拓展服务领域，工程咨询从单纯的项目设计向评估评审、绩效评价延伸，财务核算由传统日常核算向加强监督分析转变，部门采购从招评标组织向落实政策引导功能和强化采购监督转型，为促进气象部门计财业务科学化、精细化和规范化发挥了积极作用。针对资产中心工作特点和业务性质，加强廉政风险防控，推进运行、管理、监督相分离的业务运行机制的建立。

服务能力明显提升　围绕气象事业发展的需求推进业务运行标准化、规范化，制订了《气象工程项目建议书编制规范》《气象工程项目可行性研究报告编制规范》《气象工程项目初步设计报告编制规范》3个行业标准和《气象小型建设项目可行性研究报告编制格式》部门规章，编制了《气象工程评估手册》《财务报销手册》和《招标文件范本》，完成财务账簿设置、日常报销审核、财务记账、内部控制，以及政府采购受托采购事项技术审查规范、开评标流程管理办法等规范的制订。强化业务运行信息保障基础，电子化财务报账系统全面上线运行，工程咨询网上评估系统也已建成并试运行。建立了气象工程咨询专家队伍和政府采购技术审查专家库，提高了项目设计与评审、政府采购技术审查的能力。

保障作用不断增强　推进气象部门计财工作信息化，开展计财综合业务系统平台建设，在推动计财科学决策、促进资源优化配置中发挥了重要基础支撑作用。工程咨询从气象部门项目向民航等行业气象项目以及国际项目拓展，承担气象工程项目咨询任务大幅增加，完成山洪气象保障工程、人工影响天气工程、海洋气象保障工程、风廓线雷达和援非气象等10多个国家级重点工程项目可研报告和初步设计编制，为推进气象现代化建设发挥了重要作用。项目评估从无到有，从小到大，有力促进了项目科学管理水平提升。建立财务核算与预算管理互动机制，强化预算监督，开展财务信息分析，使得财务监督关口前移，监督更加有力。创新部门采购方式，切实发挥采购工作在项目执行管理监督中的作用，加强项目采购前期技术和政策审查，采购范围不断拓展，采购程序更加规范，政策引导功能作用逐步增强。企业国有资产统计工作2007—2013年连续7年被国务院国有资产监督管理委员会评为先进单位。"财务岗位量化管理与考核"荣获2010年全国气象部门创新工作奖。

机构与人员　资产中心机构设置几经调整变化，2014年底，设置的管理机构为：办公室（计财处）、业务处、人事处、党委办公室（监察审计室）。业务机构为：中国气象局工程咨询中心（项目评审中心）、中国气象局财务核算中心、中国气象局政府采购中心。除此之外，另设中国气象局局属企业监事会办公室。中国气象局财务核算中心内设4个处级单位：资金稽查室、会计核算一室、会计核算二室、系统运行维护与信息室。

中国气象局财务核算中心　2007年9月成立，挂靠中国气象局资产管理事务中心（原中国气象局行政管理局）。主要任务是承担中国气象局机关和在京直属事业单位（含所属企业）财务核算和对各省级气象局（含副省级）的财务核算监督工作。

中国气象局工程咨询中心　2011年8月成立，挂靠中国气象局资产管理事务中心，2013年10月经中国气象局批准加挂项目评审中心牌子。主要任务是承担气象工程规划咨询、编制项目建议书、可行性研究报告、工程设计以及项目评估、绩效评价等工作。

中国气象局政府采购中心　2004年5月成立。主要任务是承担气象部门集中采购以及按中国气象局规定应纳入政府采购中心采购的有关项目采购执行工作。

中国气象局局属企业监事会 2013年10月,组建中国气象局局属企业监事会,负责对中国气象局直属企业的监事工作。

伴随着主要任务及机构的调整,资产中心人员编制也不断调整,截至2014年底,核定财政补助事业编制97人,实有职工127人,包括在编职工91人,外聘职工36人,其中具有高级专业技术职称人员28人,研究生学历31人,注册会计师4人,注册咨询工程师7人,财政部全国会计领军人才3人。

历任主要负责人

单位名称	主要负责人	职务	任职时间
中国气象局行政管理局	韩通武	局长	2004年3月—2006年6月
	白海	副局长(负责人)	2006年6月—2007年7月
	杨宝忠	局长	2007年7月—2010年1月
中国气象局资产管理事务中心	刘彤	副局长(主持工作)	2010年1月—2012年2月
		副主任(主持工作)	2012年2月—2014年8月
		主任	2014年8月—

(刘彤 刘小勇)

Zhōngguó Qìxiàngjú Xíngzhèng Guǎnlǐ Jú
中国气象局行政管理局(CMA Bureau of Administrative Affairs Support,BAAS)

见第104页中国气象局机关服务中心、第102页中国气象局资产管理事务中心。

Zhōngguó Qìxiàng Jú Jīguān Fúwù Zhōngxīn
中国气象局机关服务中心(CMA In-House Service Centre,ISC)

中国气象局直属事业单位,主要承担中国气象局园区规划和建设、房地产管理、社会事务管理、园区业务保障和生活保障服务、后勤资产经营和气象部门后勤工作指导等职责。

机构沿革 1982年经中央编制委员会办公室批准成立国家气象局行政管理局,主要承担国家气象局机关及在京直属单位公共后勤保障与服务任务。1990年国家气象局批准在行政管理局内设置机关服务处,主要承担机关财务、机关内部服务,以及青岛气象度假村、太湖气象疗养院和中国气象局招待所(以下简称两疗一所)经营管理职能。1996年11月成立中国气象局机关服务中心(简称机关服务中心),为机关直属的具有事业单位法人资格的事业单位,主要承担局机关财务、机关内部后勤服务、接待、文印及"两疗一所"等经营性资产的经营管理工作。1999年3月局后勤机构进行了改革调整,将原来行政管理局和机关服务中心名称进行了互换,同时将部分后勤管理与服务职能进行了调整,房管处、园区管理处划归行政管理局,将彩印中心、青岛度假村划转到机关服务中心管理。2001年9月机关服务中心的基建工程部划转到行政管理局,行政管理局管理的园区管理处划转到机关服务中心。2004年4月局后勤机构再次进行调整,行政管理局承担的房管、房改、基建等职能和机构、人员全部划转到机关服务中心。2005年底中国气象局将国家气象中心所属的后勤机构、人员、资产划转到机关服务中心。2007年4月中国气象局批准机关服务中心牵头成立全国气象部门后勤工作协作会,承担气象部门后勤工作协调和指导。2007年6月将中国气象局培训中心公共区域及住宅的物业管理划转到机关服务中心。2009年12月行政管理局原园区规划与综合处的部分职能任务划入机关服务中心,成立了园区规划处。2012年增设了企业管理处。2013年1月中国气象局培训中心学员宿舍和学员餐厅整体委托机关服务中心运营管理。

主要任务 负责全国气象部门后勤工作的协调、指导工作;承担中国气象局机关、在京直属单位后勤工作的协调、监督和管理工作;负责与国务院机关事务管理局和北京市、区、街道有关部门的对口联系及相关工作的协调、组织实施中国气象局机关和在京直属单位公共行政事务管理与协调工作;承担中国气象局在京土地的管理和总体规划;负责中国气象局机关和在京直属单位房屋、住宅及人防工程的管理和物业服务;负责中国气象局机关和在京直属单位水、电、暖、园区地下管网等基础设施的规划、建设、管理和服务;承担中国气象局园区节能、饮食卫生、公务接待、医疗保健、幼儿入托教育归口管理和保障服务。

主要业绩 机关服务中心围绕保障气象业务和保障民生两个基本点,认真履行管理、保障和服务三项基本职能,不断深化气象后勤改革,强化后勤管理、完善后勤保障服务机制、提高保障服务和资产经营水平,较好完成了中国气象局后勤保障服务各项工作任务,为气象事业发展做出了积极贡献。

集中统一的后勤管理体制初步形成 按照中央国家机关后勤改革工作的统一部署,积极推进园区后勤体制改革,加大了园区后勤机构职能的调整和园区后勤资源的整合力度,园区规划、土地管理、园区公共区域和住宅区物业管理等职能划转到机关服务中心,原国家气象中心、原气象培训中心等单位的后勤机构、后勤资源划转到服务中心管理。机关服务中心承担气象部门后勤工作指导、园区规划和建设、房地产管理、社会事务管理以及园区业务生活保障服务、后勤资产经营等多项职责,集中统一的园区后勤管理体制已初步形成。

园区环境面貌明显改善 为满足气象现代化发展的需要,加快了园区建设,新建了气象科技大楼、华风影视大楼等业务办公楼。20 世纪 90 年代后期以来,新建了南区 5 幢、东区 4 幢职工住宅及青年公寓、集体宿舍和周转用房,新建了气象医院、职工食堂、职工之家等生活服务设施,与原北京无线电厂、北京市气象局合建了住宅楼及配套服务楼;改造了国家卫星气象中心大楼外立面和国家卫星气象中心报告厅,启动了高性能计算机业务楼建设项目,完成了幼儿园校舍抗震加固、旧楼改造为职工集体宿舍楼,园区业务、办公和生活条件得到明显改善。加大了园区环境综合治理力度,拆除了园区全部平房,新建了活动广场、全面实施绿地景观建设与改造,园区环境面貌明显改善。

保障服务质量和水平不断提升 积极推进服务机制创新,加强保障服务能力建设,基本形成了水电暖保障、物业、餐饮、医疗、幼教、接待、印刷七大板块的服务格局。能源保障能力进一步提高,到 2014 年,园区供电容量达到 33 600 kVA,供水能力达到 45 万千克,供暖面积达到 45 万平方米。云勤物业晋升为物业服务二级企业,服务精细化和规范化水平不断提升。餐饮服务水平进一步提高,南区职工食堂跻身北京市食品卫生 A 级管理单位,招待所学员餐厅卫生等级达到 A 级标准,气象医院升级为一级综合医院,局幼儿园晋升为中央国家机关一级一类幼儿园。宾招企业不断提高接待服务质量,满足了气象部门干部职工公务、会议、培训的接待需要。

主要获奖 机关服务中心 2008 年、2009 年、2010 年、2012 年、2014 年被评为"全国气象部门综合考评优秀单位",2010 年被中国气象局授予"文明单位"称号。同时,中国气象局园区在交通安全、社会治安、绿化美化、爱国卫生、计划生育等公共事务方面多次获得中央国家机关、北京市各级政府授予的先进单位称号,其中从 1996 年开始连续 17 次被评为"中央国家机关和首都文明单位(标兵)",从 2001 年开始连续 14 年荣获"中央国家机关人防工作目标管理和责任制评议考核先进单位"。

机构与人员 机关服务中心内设机构几经变化,2014 年底设立的管理机构:办公室、党委办公室(监察审计室)、人事处、计划财务处、经营管理处、园区管理处、房管处、基建处、园区规划处、离退休干部办公室;业务机构:保障部、物业管理部、餐饮管理部、接待服务部、国有资产运营部、中国气象局医院、中国气象局幼儿园;局机关服务机构:机关事务处、企业管理处、直属机关工会;代管机构:中国气象局青岛气象职工度假村。

全国气象部门后勤工作协作会 经中国气象局批准,2007 年 4 月全国气象部门后勤工作协作会在北京正式成立。主要职责是:联系全国气象系统后勤工作部门和后勤工作者,积极推进后勤体制改革,促进部门后勤管理科学化和服务社会化;发展后勤事业,提高后勤服务保障能力。2008 年底后勤协作会成立了第一个专业分会——宾招分会。

伴随主要任务及机构的调整,机关服务中心人员编制也不断调整。2012 年经中央编办批准事业编制为 320 人。截至 2014 年底实有 258 人,其中,具有正研级职称资格的有 2 人,副研级职称资格的有 21 人,中级职称资格的有 88 人;高级技师有 14 人,技师 14 人。

历任主要负责人

单位名称	主要负责人	职务	任职时间
行政管理局	王志远	局长	1982 年 9 月—1992 年 6 月
	林学舜	党委书记	1982 年 9 月—1992 年 6 月
	韩通武	副局长(主持工作)	1992 年 6 月—1994 年 5 月
		局长	1994 年 5 月—1999 年 3 月
	季本峰	局长	1999 年 3 月—2001 年 9 月
	张新建	副局长(主持工作)	2001 年 9 月—2002 年 4 月
		局长	2002 年 4 月—2003 年 6 月
中国气象局机关服务中心	段从众	主任	1999 年 3 月—2001 年 9 月
	魏 华	副主任(主持工作)	2001 年 9 月—2002 年 4 月
		主任	2002 年 4 月—2007 年 7 月
	白 海	主任	2007 年 7 月—2016 年 1 月
	邓北胜	主任	2016 年 5 月—

注:1999 年 3 月—2004 年 3 月,中国气象局园区后勤机构调整,由原行政管理局和机关服务中心分别承担负责后勤管理和服务职能。

(白海 林天高 刘晓倩)

Zhōngguó Qìxiàngjú Qìxiàng Xuānchuán Yǔ Kēpǔ Zhōngxīn

中国气象局气象宣传与科普中心

(CMA Meteorological Communication and Outreach Centre) 简称宣传科普中心,中国气象局的直属事业单位,2012 年 4 月经中央机构编制委员会办公室批准成立,主要承担全局性气象宣传与科普、气象新闻发布和相关研发工作。宣传科普中心坚持围绕中心、服务大局,宣传展示气象事业发展成就，普及气象知识，为国家建设和社会生活服务。

主要任务 旨在强化气象宣传与科普能力和水平，发挥气象宣传和科普工作在公共气象服务方面的作用，进一步提升国民防灾减灾和应对气候变化的科学素养。负责全局性气象宣传与科普工作的策划与组织实施；负责全国气象宣传与科普工作的业务指导；承担全国气象宣传与科普工作规划、计划的编制；组织气象宣传与科普基础研究和产品研发，不断提高宣传科普基础研究和业务指导能力；承担国家级媒体和境外媒体的联系、服务和协调等相关事务工作；承担中国气象报（网）的业务和发展管理与规划；承担中国气象局气象新闻发布组织、气象舆情监测、气象史鉴和中国气象局年度报告等宣传载体的编审工作；承担中国气象局科普办公室的日常管理、《气象知识》编辑出版和气象展览布展组织工作。

主要业绩

统筹了气象宣传科普资源 宣传科普中心积极统筹协调部门内外气象科普宣传资源，包括图书、期刊、报纸、影视、动画、展品展项、游戏等，着力推进宣传科普资源集约化管理。正在建设的全国气象宣传科普资源共享与传播系统，对全国气象宣传科普图片、文字、视频等资源进行有效整合，实现国家—省—市—地四级气象宣传科普资源共享，现已基本完成平台框架搭建，资源采集和资源管理子系统开发。拥有如《人民日报》、新华社、中央电视台、中国政府网等中央和地方主流媒体资料，通过每月定期召开新闻发布会、媒体通气会、集中采访、提供新闻通稿等方式，建立常态化信息沟通服务机制。

提升了宣传科普品牌影响力 宣传科普中心主办或运行维护的媒体平台有中国气象网、中国气象科普网、《气象知识》、数字气象科技馆、校园气象网及各自的微博、微信、微视、新闻客户端等新媒体平台，实体场馆有中国气象科技展厅。其中，中国气象网是气象部门新闻宣传的重要阵地，在政府网站评选中荣获服务创新奖。中国气象科技展厅入选中国科协的全国科普教育基地，接待能力不断增强，并获中国科协颁发的"2012年优秀科普基地"称号。《气象知识》是全国唯一的气象科普杂志，杂志质量逐步提高，发行量稳步上升，覆盖面和影响力不断扩大。

以每年开展"3·23"世界气象日、防灾减灾日、科技活动周、全国科普日等为契机，开展丰富多彩的科普活动和广泛深入的科普宣传，不断强化宣传科普的品牌形象。宣传科普中心还成功创办了"直击天气——与科学家聊'天'"活动，围绕重大天气过程和媒体关注的问题，邀请部门内外权威专家与媒体对话交流。创办了"全国气象科普作品观摩交流活动""全国首届大学生气象科普动漫创作大赛"和"中国气象局对外宣传PPT评比"等品牌活动，以崭新的方式搭建了宣传科普作品创作和交流的平台。

提高了宣传科普社会化效益 宣传科普中心积极寻求行业内外交流与合作，调动各方社会力量参与宣传科普工作，共同推动气象宣传科普事业多元化发展。与中国科技馆、中国科协、北京市科协、中央媒体建立了稳固合作关系。与中国科技馆合作建成"气象之旅"专题展区，并与中国数字科技馆共建校园气象网。此外，在科普资源共享、科普活动等方面积极合作。与国家新闻出版广电总局、中国记协、中国科协等部门开展合作，组织"科学家与媒体面对面""新闻记者走基层""气象科技下乡"等系列活动。同时加强与中央电视台科技频道、中国教育电视台、《中国国家地理》杂志合作，特别是在宣传资源共享、共同组织线上线下活动方面加大力度，部门合作模式初步建立，为构建气象宣传科普社会化格局打下坚实基础。

增强了宣传科普舆论引导能力 宣传科普中心注重新形势下的舆情监测和研判，及时了解掌握各大媒体的关注和宣传报道情况以及重大天气事件发生后的舆情，强化主动发布和引导正确舆论，建立舆情自动监测预警平台，对重大及敏感话题实现24小时监控；及时发送短信监测预警，发布《气象舆情简析》《气象舆情焦点》《专题舆情》，并对重点舆情应对情况进行总结分析，为中国气象局各内设机构和直属单位提供决策参考。同时，建立舆情联动机制，搭建国家—省预警监测预警平台，在重大敏感舆情事件中，对各省（自治区、直辖市）气象局发现、应对、处置舆情事件进行实时业务指导。

主要成果 中国气象科技展厅获中国科协颁发的"2012年优秀科普基地"称号。中国气象科技展厅自开放以来，注重与时俱进地更新展览内容与展项，创新科普展览理念，积极引进社会科普力量，注重气象、艺术、高科技展示形态的有机结合，展示了中国气象事业的发展理念和发展前景，展示气象人的科学和奉献精神。展厅每年平均接待15 000多人次，在普及气象科学知识，提高公众科学素质方面提供了一个重要窗口。

机构和人员 宣传科普中心内设办公室、宣传部、科普部和公共关系部4个处级机构。

经中央编办核定批准，宣传科普中心事业编制为30人。截至2015年10月，共有在职人员28人（含2名中心兼职领导）。其中，在编人员25人；硕士以上学位的

14人，具有高级职称的8人。

历任主要负责人

单位名称	主要负责人	职务	任职时间
中国气象局气象宣传与科普中心	余勇（兼）	主任	2012年6月—

（余勇　纪家梅　倪海娜）

Zhōngguó Qìxiàng Bàoshè

中国气象报社（China Meteorological News）　中国气象局直属事业单位，也是全国气象行业唯一具备新闻采编资质的单位，承担着气象舆论引导、气象新闻宣传、气象科技业务展示，以及传播气象文化和普及气象知识的重要职责，为气象事业改革发展提供精神动力、思想保证和舆论支持。

发展历程　1988年8月，国家新闻出版总署批准国家气象局创办《中国气象报》。1989年1月在《中国气象》月刊和《新长征》报的基础上组建中国气象报社。1989年4月《中国气象报》正式创刊，时任中共中央顾问委员会常务委员张爱萍题写刊头。2003年《中国气象报》由周二刊增为周三刊，2007年由周三刊增为周四刊，2009年发展为周五刊，气象新闻宣传的规模不断扩大。历经20余年的发展，中国气象报社业务也由单一的报纸扩展到报纸、网站（中国气象局网）和新媒体（中国气象局官方微博、微信、微视和新闻客户端）协同发展的新格局。

主要任务　中国气象报社坚持正确舆论导向，传播好声音，传递正能量。积极宣传党中央、国务院大政方针，以及中国气象局党组关于气象工作的方针、政策，报道气象工作服务各行各业和经济社会发展情况，反映气象部门和行业气象现代化建设、全面深化气象改革的新成就、新经验；传播气象文化，弘扬气象精神，报道气象部门一线工作者和先进典型；普及气象科学知识，促进公众防灾减灾防御意识和能力的提升；搭建探讨和推广气象科技成果平台，介绍国内外气象科学技术、合作交流信息。负责《中国气象报》编辑、出版、发行等工作；负责承办中国气象网（中、英文版）以及中国防雷信息网站的日常运行和维护工作；负责中国气象局官方新媒体平台维护与信息发布；负责中国防雷信息网、新气象网站、中国气象新闻图片库的管理和建设；负责气象新闻采编业务的综合协调和运行管理，气象新闻中级职称的评定工作，以及各地记者站新闻宣传业务指导和通联队伍建设等。

主要业绩　中国气象报社成立以来，坚持围绕中心、服务大局，认真把握"舆论平台、新闻出口、服务手段、科普园地、文化载体、业务展示"功能定位，为气象事业改革发展、全面推进气象现代化营造良好舆论环境。坚持围绕发展抓改革，围绕质量抓策划，围绕和谐抓管理，着力提升宣传报道政治敏感性、新闻敏锐性，推进自身能力建设，各项工作取得了较大发展。

气象新闻宣传能力显著提升　中国气象报社坚决贯彻党的路线方针政策和中央领导同志对气象工作的重要指示精神，认真落实全国宣传思想工作会议和全国气象局长会议精神，及时深入宣传中央领导同志对气象工作的重要指示精神，中国气象局的要求和部署，宣传重大气象服务保障工作亮点、传播天气气候资讯、气象科普知识和气象科技成果等。紧紧围绕建党90周年、新中国成立60周年、改革开放30年、四川汶川地震、党的十八大胜利召开、党的群众路线教育实践活动、中央八项规定、中央"四个全面"战略布局、"三严三实"专题教育、纪念中国人民抗日战争暨世界反法西斯战争胜利70周年阅兵式、北京奥林匹克运动会、上海世界博览会、广东亚洲运动会、深圳大学生运动会、西安世界园艺博览会、四川抗震救灾服务、"东方之星"翻沉搜救气象服务等重大活动（事件），以及台风、暴雨、低温雨雪冰冻等极端天气气候事件及时开展宣传报道。坚持新闻宣传事前有策划、事后有总结，报、网、新媒体各尽所长、深度融合，创新版面语言、推出规模报道，加强专题、访谈、图解制作等，报道形式不断创新，重要新闻策划能力和重大选题实施能力显著增强。2008年创办《奥运天气资讯》在奥运史上尚属首次，得到国务院重视。同年四川汶川特大地震，第一时间通过报、网发布震区气象预报、预警信息，及时、有效、科学引导社会舆论，突发灾害应急宣传能力得到提升。2009年创办《气象信息员周刊》，迄今已编发80余期。结合新闻战线"走基层、转作风、改文风""行进中国、精彩故事"等活动，开设《人物周刊》《党建周刊》，深入挖掘基层气象部门先进集体、优秀人物和典型事迹，先后刊发一线集体、人物稿件百余篇，展现气象人风采，传播气象精神。

气象科普宣传多渠道多覆盖　气象科普宣传载体由单一的传统媒体（报纸）发展到目前的传统媒体（报纸）、网络媒体（网站）和新媒体（移动端）互动互融、协同传播的局面，气象科普宣传的覆盖面和影响力显著提升；报道方式也从零散性的消息、通讯、图片发展至目前围绕同一选题，以开设固定专栏、制作专题、联合访谈、微话题以及特别策划等多种方式进行多角度、集中式深入宣传，气象科普知识宣传渐成业务化、规模化；注重气象科普文章的可读性和趣味性，语言更加通俗易懂、表现方式更加灵活，气象科普知识渐被社会公众主动接受。

中国气象报社紧紧围绕防灾减灾、应对气候变化两大主题，充分利用世界气象日、防灾减灾日、科技活动周等重要科普时间节点，不断丰富气象科普宣传活动的形式和内涵，推进气象科普工作社会化、常态化和业务化。2008年，创办《名士观点》栏目，邀请气象、气候领域专家深度权威解析重大天气气候事件。2009年首创"气象大讲堂"，推进气象科普知识进农村、进校园、进社区。2010年，开设"减缓适应气候变化"专栏，连续刊发多篇深度系列报道，引起了读者对气候变化的持续关注。2012年起，打造暴雨、台风、高温等系列科普宝典和系列图解作品，公众点击率高，为气象科普常态化规范化产品奠定了基础。2013年打造品牌栏目《科普看台》、CMA网站《科普园地》频道全新上线，成为社会公众了解气象科普知识的重要渠道。创办的《防灾减灾 科技支撑》《科普一读》，与中国气象局科技司联合开办的《行业专项明星会》《气象科技创新行》等栏目受到读者好评。

新闻宣传业务不断拓展 由最初的"一报"《中国气象报》逐步拓展到"一报四网三刊"，即：《中国气象报》，中国气象局中英文网站（CMA网站）、中国防雷信息网、新气象网、中国气象新闻图片库，《中国气象报内参》《网络舆情》《中国气象报通讯》的业务格局，探索承办中国气象局官方微博、微信、微视和新闻客户端业务。2003年《中国气象报》由周二刊增为周三刊发展到现在周五刊，已扩展至八个版，发行量接近8万份。2007年中国气象报社全面承担CMA网站的运行维护任务，经过5次改版和升级改造，网站日点击量在10万次以上，已成为备受社会和人民群众关注的政务网站之一。2012年1月承办中国防雷信息网，展现气象社会管理和服务职能。全力办好《中国气象报内部参考》《网络舆情》《中国气象报通讯》，服务于领导决策和新闻业务指导。自办"新气象"网和气象新闻图片库初步成为气象权威资讯平台。2011年起依托CMA网站在新浪网、人民网和腾讯网开通微博平台，2012年发展为搜狐网、央视网、新华网6大微博平台，2013年开通"中国气象"微信。2014年建立中国气象局搜狐、新浪、今日头条、《人民日报》、网易五大新闻客户端政务平台，建立中国气象报社万千气象客户端和中国气象报社WAP站。成立传媒策划中心，组建新媒体专业团队，承担起中国气象局官方新媒体建设、发展及新媒体产品设计、开发、推广任务。2015年五大新闻客户端用户数接近700万，其中搜狐新闻客户端累计阅读量达1.5亿，六大官方微博粉丝超过270万，中国气象局气象微信订阅用户达2.5万，中国气象报社WAP站点击量达84万次。

传播渠道手段得到有效拓宽 中国气象报社积极寻求与社会媒体的合作和交流，力求借助其他媒体平台最大范围将气象信息传递出去，先后与近20多家媒体开展合作，与中国科学报社、中国交通报社、搜狐网、新浪网、中国水利报社等13家媒体签订新闻信息共享协议，通过开展联合采访、互相刊发稿件、报道资源共享等方式加强媒体合作，不断探索与社会媒体共赢发展之路，气象新闻的传播和宣传报道方式进入到一个更为广阔的空间，有效提升气象部门的社会地位和影响力。

主动与国家新闻出版广电总局、中国记者协会和中国报协行业报委员会、中国产业报协会等沟通，业界媒体平台《中国新闻出版报》、中国记协网、《产业经济报纸动态》《报业信息》、中国产业报协网等媒体报道中国气象报社工作及刊发相关稿件400多篇次。加强与中国政府网、新华网、人民网等主流媒体的合作，建立常态联系机制、联合调查机制、联合访谈机制；与新华网建立CMA英文稿件推荐机制。2013年以来，中国政府网、新华网、人民网等主流媒体每年平均转载CMA网站稿件3000余条，与外部媒体开展联合访谈、联合专题活动，每年平均20余次。开通CMA网手机站，网站访问量不断提升。

新闻宣传队伍不断壮大 中国气象报社职工人数从最初的26人发展到90余人，各地记者站记者从38人发展到170人，通讯员从1258人发展到3064人。成立了气象新闻摄影协会及所属22个分会，会员近2500人。资源互补、社站协同，报社人才队伍在气象新闻能力提升方面的支撑作用日益突显。积极倡导和鼓励业务人员深入基层、认真调研、多出成果，在基层中锤炼工作意志和新闻采写能力，两批记者走出国门，圆满完成了第三次世界气候大会、坎昆气候变化大会的宣传报道任务。2010年报社记者在"两会"新闻发布会上积极主动，获得了与时任总理温家宝直接对话的机会，被众多媒体誉为"两会上最幸福的记者"。发挥新闻业务指导作用，组织多种形式的新闻业务竞赛，创造有利于优秀人才快速成长、脱颖而出的环境。坚持培训工作常态化，报社组织了60余期培训班，培训记者、通讯员1500人次。各记者站共开展培训250场次，培训人员4000余人次，一支富有生机和活力的气象宣传生力军正在成长。

主要获奖 2002年中国气象报社《新闻采编自动化系统》获中国报业协会、中国报协电子技术进步委员会中国报业电子技术一等奖。2003年获中宣部、中国记协授予的全国新闻界抗击"非典"新闻宣传先进集体。

2007年获"中央国家机关青年文明号"称号。2008年获中国气象局授予"宣传工作先进集体"称号、重大气象服务先进集体称号、"抗击低温雨雪冰冻灾害气象服务先进集体"称号,《奥运天气资讯》获中国气象局首批创新工作奖。2009年获"中央国家机关青年文明号"称号,获得重大气象服务先进集体称号,获新中国成立60周年庆祝活动气象服务先进集体,CMA网站获中国特色政府网站评选"服务创新奖"、"用户满意奖"。2010年获首届中国现代行业传媒创新奖,CMA网站获中国特色政府网站评选"服务创新奖"。2011年CMA网站获中国特色政府网站评选"用户满意奖"。2012年CMA英文网荣获中国外文版政府网站领先奖;CMA网站官方微博被央视微博主办的《政务好声音——央视网年度政务微博评选》评为年度十大最具影响力政务微博。2013年有16个作品获第二十七届中国产经新闻奖。2014年1件作品获第24届中国人大新闻奖、报纸通讯社作品评论三等奖,4件作品获得"'杜邦杯'环境好新闻"文字类奖项,15件作品获第二十八届中国产经新闻奖,中国气象局网站荣获政府门户网站新媒体融合发展领先奖(第一名)。由气象报社记者撰写的《5日傍晚有风暴》《秦大河荧屏播报"云娜"》《莫把天灾当作事故的"挡箭牌"》荣获新闻界最高奖项——中国新闻奖。

机构与人员 随着新闻业务的不断发展,中国气象报社内部机构几经调整。2015年底,中国气象局设置的机构为:综合办公室、总编室(含网络技术部)、通联部、采访中心、编辑中心、CMA网站中心、传媒策划中心(含北京气象新视野传媒科技有限公司)。

中国气象局核定报社事业编制54人。截至2015年10月,报社共有在职人员92人,其中在编人员32人,聘用人员60人。在职人员中,本科以上学历84人,其中硕士研究生及以上学历27人。本科以上学历人员占全社职工总数的92%;高级职称9人,其中正研级高工1人,新闻高级编辑1人,副高职称7人;中级职称27人,大多为新闻专业中级职称。

历任主要负责人

单位名称	主要负责人	职务	任职时间
中国气象报社	陈少峰	社长	1989年4月—1991年4月
	殷日均	副社长(主持工作)	1991年4月—1994年4月
	赵同进	社长	1994年4月—2006年3月
	林完红	社长	2006年3月—2009年12月
	胡欣	社长	2009年12月—2011年9月
	王雪臣	社长	2011年9月—

(王雪臣 杨晋辉 毛艳)

Qìxiàng Chūbǎnshè

气象出版社(China Meteorological Press) 中国气象局主管、主办的科技类出版社,承担大气科学类图书和相关学科图书的编辑、出版、发行,并以大气科学类图书为主业,以积累气象科技成果,传播和普及气象知识,提高气象科技水平为宗旨,努力为读者服务、为作者服务、为气象事业发展做贡献。

发展历程 气象出版社创建于1978年,其发展大致经历了五个阶段:1978—1983年,为筹建与初创阶段。这一阶段开展边筹建、边学习、边出版,人员为8~20人,年出书1~50种。在1979年初恢复了1925年创办、"文革"中停办的《气象学报》,出版了第一本图书《地面观测规范》,陆续出版了《天气学》《动力气象学》等气象教材。1984—1994年,为转型发展和走向正轨的阶段。先后制订了气象出版社"列选和书稿三审制""图书质量管理规定"等规章制度,编辑出版了《大气科学辞典》等重点专业图书。出版社人员70人左右,年出书100~400种,达到了中等出版社的规模。1995—2003年,为深化改革和快速发展的阶段。这一阶段出版社人员稳定在70人左右,年出书300~400种;引入市场机制,实施深化改革方案;1995年开始电子出版系统建设,1997年实现了全部书稿的电子版编排,在全国150多家科技出版社中率先告别了"铅与火"的时代,图书出版周期由原来平均一年左右缩短到3个月左右;策划的《中国气象灾害大典》《中国云图》等一系列选题列入了国家重点图书,出版了《数值天气预报教程》等一系列品牌图书,气象出版社被连续评为全国良好出版社,图书发行码洋和出版经济效益成倍增加。2004—2011年,为改革创新、持续发展的阶段。这一阶段实施了新的改革方案,对内设机构和岗位进行了适当调整;修订了一系列规章制度,加强了出版业务管理;进一步开拓选题范围,加强了对防灾减灾和生态环境图书的出版。2008年将防灾减灾知识的普及教材进入中小学课堂取得重要突破。2011年,根据国家对出版业改革的总体部署气象出版社改制为中国气象局直属企业。按照企业的体制机制,进一步优化选题、提质增效,以纸质出版向新媒体转型为契机,建立气象数字出版资源平台,创新发展模式。到2015年,总资产较改制前增长一倍。

主要任务 气象出版社始终坚持党的为社会主义服务、为人民服务的出版方针,立足本专业,面向大科技,把图书出版的社会效益放在首位,努力实现经济效益和社会效益的统一。其任务主要是:积累、传播气象科技成果,宣传、普及气象科技文化知识,为推进气象事业发展服务,为推进气象现代化建设服务,为提高气象人才队伍总体素质服务。

主要业绩 气象出版社在改革开放和稳步发展过程中，气象图书出版范围不断扩大，不仅涵盖大气科学各个分支学科和气象事业的各个方面，而且还涉及农业科学、环境科学、安全科学等领域；出版品种日益丰富，气象专著、气象教材、气象资料图表、气象科普、气象史料以及气象文化、气象法规等方面的图书，品种齐全，质量不断提高。此外还出版了一批面向社会需求的其他行业的图书。到2014年底共出版了近8000种图书，其中，获国家科学技术进步奖二等奖2项，省部级以上图书奖项十余项。

气象专著引人注目 气象出版社先后出版了一批水平较高、影响较大的专著，主要有《从大气环流到全球变化》《当代气候研究》《大气遥感再分析场构造技术与原理》《强对流天气分析与预报》《中国的气候与农业》《热带气旋动力学引论》《中尺度天气和动力学研究》《中国短期气候的模式研究》《我国重大气候和天气灾害形成机理与预测理论研究》（系列丛书共4册）、《现代大气科学丛书》（8册）等。这些专著大多由气象院士、学科带头人和知名专家撰写，反映了他们在大气科学方面的新理论、新观点、新技术、新方法和新成果，对交流学术思想、促进成果转化、提高气象科学水平发挥了重要作用。

气象教材专业齐全 气象出版社非常重视气象教材出版，组织教学、业务第一线的教授、教师和专家编著出版了专业齐全的气象教材150余种以及其他相关专业教材60余种。主要有《天气学原理和方法》《动力气象学》《流体力学》《高等大气物理学》《气候物理学》《非线性动力学》《天气学教程》《气候学教程》《数值天气预报教程》《卫星气象学》《雷达气象学》等教材和《现代气象业务丛书》（15册）、《基层台站气象业务系列培训教材》（8种）。这些教材对提高气象教学质量和气象队伍专业素质，促进气象现代化建设发挥了重要作用。

气象工具书备受欢迎 气象出版社先后出版了《大气科学辞典》《中英法俄西气象学词典》《英汉汉英大气科学词汇》《中国梅雨图集》《中国云图》《中国气象年鉴》《中国气象灾害年鉴》《暴雨年鉴》《热带气旋年鉴》《气象预报员手册》和《中华五千年长历》等气象工具书。特别是《中国气象百科全书》经过多年努力，2016年完稿，即将出版。这些图书的出版，成为气象业务、服务、科研、教学以及管理人员实用工具书，为他们提高工作效率发挥积极作用。

气象科普图书广为传播 气象出版社非常注重气象科普图书出版，围绕气象科学知识普及、气象灾害防御、新农村建设等方面，出版了20余个系列、300余种面向不同知识层次的科普读物。主要有《全球变化热门话题》（18本）、《气象知识》（8册）、《新编气象知识》（8册）、《气象万千》丛书（18册）、《防雷避险常识挂图》《安徽省小学生气象灾害防御教育读本》《气象灾害丛书》（22册）等，还有许多其他气象图书中也兼有气象科普内容。这些科普图书，对向社会大众普及气象知识，提高利用气象知识趋利避害的意识发挥了很好的作用。

气象史料图书彰显保存价值 气象出版社出版了一批具有长远保存价值的史料性图书，主要有《中国气象史》《中国气象灾害大典》丛书（32卷）、《全国气象部门基层气象台站简史》丛书（31卷）以及多省（自治区、直辖市）和市（地）、县的气象志等。其中《中国气象灾害大典》发动了全国气象部门上千人参加，历时8年，搜集了有文字记录以来到2000年为止的气象灾害资料，全书近2000万字。编纂了《中华大典·地学典·气象分典》。这些气象史料图书的出版对了解和研究气象科技发展的历史，积累和传承气象文化有重要意义，对于当代全面推进气象现代化建设也有很大的借鉴作用。

其他学科图书市场开拓 气象出版社还组织出版了一批其他学科的图书，主要有：地学方面，出版了《地球科学"十一五"发展战略》《中国西部环境和生态科学研究丛书》《低碳经济》《城市大气可吸入颗粒物物理化学特征及生物活性研究》等；安全科学方面，出版了应急管理与防灾减灾、安全生产培训、安全工程师考试、安全理论与技术等四大系列图书，在全国树立了良好的品牌；社科生活方面，出版了《希望杯数学竞赛》《五笔字型》《姓氏探源》《起名艺术与技巧》、历书等系列图书，在图书市场上备受好评。

图书发行大幅增加 气象出版社十分重视图书发行，大力开拓发行渠道，充分利用全国新华书店发行，积极参加各种订图书订货会议，展示和宣传气象出版社图书；同时，还利用气象部门管理体制优势，建立部门内气象专业图书直销业务；积极开展为基层气象台站图书阅览室配书、送书活动。通过这一系列促销活动，提高图书发行码洋的同时，也切实丰富了基层台站的文化生活。

主要获奖 气象出版社于1996年起连续两届被国家新闻出版署评为全国"良好出版社"。气象图书获国家科学技术进步奖二等奖2项，获省部级以上奖10多项。《全球变化热门话题丛书》（全套18册）荣获2005年国家科学技术进步奖二等奖，这是全国科普图书第一次获得国家科技进步奖，而且是图书中的最高奖（一等奖空缺）；《防雷避险手册》及《防雷避险常识挂图》荣获2011年国家科学技术进步奖二等奖；《大气扩散的物理模拟》2001年获第十届全国优秀科技图书三等奖；《1998年夏季中国暴雨的形成机理与预报研究》2003年获第十一届全国优秀科技图书三等奖；《大气科学中的非线性与复杂性》2003年获第五届全国优秀科普作品奖；《中尺度天气原理和预报》2005年获第五届高等教育国家级教学成果二等奖；《气象万千》丛书（18册）2006年获第七届全国优秀气象科普作品书籍类一等奖；《城市大气可吸入颗粒物物理化学特征及生物活性研究》2007年获首届中国出版政府奖（图书奖）提名奖；《中国气候变化科学概论》2010年获第三届中华优秀出版物（图书奖）提名奖、2011年获第二届中国出版政府奖（图书奖）提名奖；《安徽省小学生气象灾害防御教育读本》2010年获第八届全国优秀气象科普作品科普书籍类一等奖；《天气学》2009年入选教育部普通高等教育"十一五"规划精品教材。

机构与人员 气象出版社曾是中国气象局直属的司局级事业单位，2011年改制为中国气象局直属企业。其机构设置几经调整变化，2015年设置的管理机构有：办公室（党委办公室）、总编室、资产管理部（财务部）；业务机构有：第一编辑室（大气科学编辑室）、第二编辑室（地球环境编辑室）、第三编辑室（开放编辑室）、第四编辑室（科普编辑室）、第五编辑室（策划编辑室）、出版部、发行部、中国气象年鉴编辑部；挂靠机构有中国气象局史鉴办公室、中国气象学会大气科学名词审定委员会。

2011年3月之前，中国气象局核定人员编制为78人。截至2014年12月31日，气象出版社实有职工人数为66人。其中，正高级专家3人，副高级专家5人；研究生及以上学历18人（博士研究生3人）。

历任主要负责人

单位名称	主要负责人	职务	任职时间
气象出版社	刘 敏	副主任（主持工作）	1978年4月—1983年8月
	林培芬	副社长（主持工作）	1983年9月—1986年6月
		社长	1986年6月—1994年4月
	毛耀顺	社长	1994年4月—2003年10月
	王存忠	副社长（主持工作）	2003年10月—2005年2月
	刘燕辉	社长	2005年2月—2012年10月
	王存忠	副社长（主持工作）	2012年11月—2013年3月
	王存忠	社长	2013年4月—

（王存忠 毛耀顺 吴晓鹏）

Zhōngguó Huáyún Qìxiàng Kējì Jítuán Gōngsī
中国华云气象科技集团公司（China Huayun Meteorological Technology Group Corporation, CHMTGC） 中国气象局直属的科技型、经营性国有资产运营的高新技术企业集团，集气象探测、卫星遥感、信息技术和雷电防御等技术研发、生产、销售、保障服务于一体，承担环境与生态等地球观测装备的制造与技术服务，是气象事业发展的支柱产业。

机构沿革 中国华云气象科技集团公司（简称华云集团）前身是中国华云技术开发公司，由中国气象局1992年7月注资成立。成立之初主要工作是贸易投资，经营计算机、汽车配件以及防雷工程建设等。2000年中国气象局对科技产业实体进行资源整合，将"三华"（华云、华奥（后改称敏视达公司）、华信）公司合并为华云公司，定位为科技型、经营性国有资产运营机构。2004年中国气象局企事业改革调整，华云公司并入中国气象局气象探测中心。2007年7月中国气象局党组对华云集团进行重组，重新独立为中国气象局直属企业。2012年5月开始组建华云集团，进行了增资组建、转换机制、资产整合和优化配置等机制体制改革；2012年8月经国家工商总局批准"中国华云技术开发公司"正式更名为"中国华云气象科技集团公司"。

主要任务 立足气象业务领域，研发、生产、销售各类气象监测装备和信息系统软件产品与服务。围绕气象现代化建设，拓展外行业市场，为气象、民航、国防安全、道路和铁路交通、水利、农业和公共事业等领域，提供气象科技支撑保障系统服务和移动观测保障服务；承担重大气象灾害和重大活动的气象保障服务；承担各类灾害和突发性灾害应急预警信息发布系统建设；承担气象探测、卫星遥感、气象雷达设备研发和生产；承担雷电监测及防护工程建设与维护；承担气象服务软件技术研发与运维服务以及系统解决方案。

主要业绩 华云集团始终坚持面向气象现代化需求，以核心技术引领企业发展。按照做强做大的发展目标，实现了从贴牌代理向自主技术品牌的转变，形成了"集约化研发、专业化生产、规模化发展"的格局，拥有了以自主研发核心技术"四新两化"（即新一代自动气象站产品系列、新一代探空产品系列、新一代气象雷达产品系列、新一代气象卫星应用产品系列和云能天观测自动化产品、核心部件产品国产化）为主的技术业务体系。

引进新技术，研发新产品 引进美国WSR-88D天气雷达技术，经过艰苦的开发研制投入生产，从1998年开始在全国布网新一代多普勒天气雷达（CINRAD）

系统；敏视达公司的 S 波段、C 波段和 X 波段系列新一代多普勒天气雷达具有无人值守、实时监控、实时标校、高精度、高可靠性等特点，可实现雷达联网、数据互传、资料共享。自主研制的风廓线仪、LPA10 雨滴谱仪、MSGNSS 型地基 GNSS（卫星导航系统）遥感水汽探测系统、水汽廓线探测仪和激光测风雷达等系统，不断投入业务运行，奠定了华云集团在气象遥感探测领域的技术领先地位。自主研制了以 CAWS600 为代表的国内第一代自动气象站和以 DZZ5 为代表的第二代自动气象站，在国内得到了大规模的推广应用，升达公司累计完成了 4 万多套自动站的生产和销售；地面气象观测业务领域也延伸到了农业、交通、水文、环境、旅游等多个领域。

为国家重大项目提供服务 以国家重大科学仪器开发项目"智能气象站"和"海洋漂流浮标观测仪"的研制为依托，华云集团的地面气象观测装备业务还在向更深层次、更广维度迈进。完成了国家第一个风能资源评估与详查重大工程任务的总承和集成实施；为山洪监测预警工程项目建设提供了大量气象观测装备和技术服务；围绕环保、生态、农业、人影、信息服务等新型气象服务业务研发了农田小气候监测预警系统和温湿压等多款民用传感器以及高精度湿度传感器、高精度气压传感器、日照传感器、新一代数据采集器、北斗气象专用模块等核心部件及一大批气象应用专业软件。完成了新一代 DVB-S（卫星数字电视广播）遥感卫星数据用户利用站系统和嫦娥 2 号—5 号和风云三号 B 星应用系统，参加了嫦娥卫星绕月工程、海洋卫星工程等国家级重点工程建设相关技术支持工作；完成了中国气象局卫星广播系统（CMACast）的整合并形成标准化的统一卫星语音广播接收产品，并成为国际国内唯一服务商；完成了船载气象卫星接收处理系统的建设，填补了中国大型舰船气象卫星应用领域的空白。此外还参与了"卫星通信气象综合应用业务系统"（简称"9210"工程）建设。

为气象事业发展提供技术支撑 作为气象科技产业的龙头和骨干企业，华云集团始终坚持以科学发展观为指导，以防灾减灾为民造福为保障，为气象事业发展提供强有力的支撑。截止到 2014 年底，华云自主研发的技术产品和系统工程在全国气象基本业务和气象台站的使用率达到 70%。品牌的提升扩大了企业影响力，赢得了社会的关注与信任，其产品现已广泛应用于各领域，并在气象、交通、农业、环保、能源、军队以及核工业等领域发挥了重大作用。

增强创新竞争力 多年来，通过不断增强创新核心竞争力，强化企业重大成果集成、转化能力，发明专利与技术标准的质量和数量大幅提升。截至 2014 年底，已取得与产品相关的计算机软著、软件产品登记证、发明专利、实用新型专利、外观设计专利、气象装备许可证等共计 251 个。其中，雷达探测类 42 个，气象探测类 58 个，卫星应用类 102 个，信息网络与服务类 31 个，雷电防御类、民品及人影与农业生态等 18 个，为现代气象业务体系建设，尤其是气象观测现代化建设提供了有力支撑。

机构与人员 随着华云集团规模不断壮大和主营业务的快速发展，2015 年底设置的管理机构有：综合办公室（党办、纪检、人力资源部）、财务部、审计法务部、科技管理部、战略发展部。集团公司所属事业部有：国际事业部、民品事业部、人影事业部。集团下属子公司有：华云升达（北京）气象科技有限责任公司、北京敏视达雷达有限公司、中国华云（香港）有限公司、华云科雷（北京）技术发展有限公司、华云信息技术工程有限公司、北京华云通合科技发展有限公司、北京华云东方探测技术有限公司、北京华云星地通科技有限公司、天津华云天仪特种气象探测技术有限公司、哈尔滨华云泰科传感技术有限公司、武汉楚天联华高新技术开发有限公司、成都锦天联华科技有限责任公司、黑龙江龙天联华科技有限责任公司、新疆新天联华气象科技有限公司、辽宁盛天联华气象科技有限公司。人员由成立之初 19 人发展到 2014 年的 699 人，其中博士 9 人、硕士 127 人、本科 396 人，正研高工 6 人、高工 65 人、工程师 111 人。

历任主要负责人

单位名称	主要负责人	职务	任职时间
中国华云技术开发公司	李光佩	总经理	1992 年 7 月—1995 年 5 月
	恽耀南	总经理	1995 年 5 月—1997 年 6 月
	王永增	总经理	1997 年 7 月—2007 年 7 月
	魏 华	总经理	2007 年 7 月—2013 年 10 月
中国华云气象科技集团公司	魏 华	董事长	2013 年 10 月—2015 年 6 月
	米天明	总经理	2013 年 10 月—
	王晓云	董事长	2015 年 6 月—

（王晓云 魏华 米天明）

Huáfēng Qìxiàng Chuánméi Jítuán Yǒuxiàn Zérèn Gōngsī

华风气象传媒集团有限责任公司（Huafeng Meteorological Media Group, Ltd.） 简称华风集团，中国气象局直属企业，承担国家级气象灾害预警预报媒体发布、媒体公众气象服务、气象影视科普宣传等职责，是公共气象服务的重要组成部分。

机构沿革 1980 年国家气象中心开展实验性电视天

气预报，1986年正式成立电视天气预报制作组，电视天气预报业务进入常态化。1993年、1995年先后成立了"北京市华风声像技术中心""北京华风气象影视技术中心"，承担电视天气预报等媒体业务工作。2002年8月成立"北京华风气象影视信息集团有限责任公司"，成为中国气象局直属企业。2012年8月更名为"华风气象传媒集团有限责任公司"。

主要任务 依托中国气象局气象资源，通过中央电视台、中国新华新闻电视网、旅游卫视、中国教育频道、凤凰卫视以及中央人民广播电台、中国国际广播电台等26家媒体，向社会公众提供气象灾害预警预报、天气资讯等服务；承办已覆盖了9000万用户的中国气象电视频道节目的制作；开展网络、手机、网络电视、户外媒体等新媒体业务，扩大服务覆盖面；策划、制作气象科普专题片，开展防灾减灾和应对气候变化的科普宣传；经营气象广告资源；承揽气象影视工程项目及相关电子、通信工程项目的建设和运营。

主要业绩 自2002年成立以来，华风集团积极拓展电视和广播气象节目，承办中国气象频道业务，开展气象科普、影视剧制作、新媒体服务等。每天制作、播出100余档电视广播气象服务节目，覆盖近10亿受众，逐渐形成了广覆盖、多频次、形式多样的气象影视服务格局，发展成为资产较雄厚、全国气象影视产业龙头的集团公司，走出了一条公共气象服务与气象产业协调发展之路。

气象影视服务业务系统逐步建成 2001年4月建立了标清数字化电视天气预报制作系统，使电视制作平台从模拟技术转化为标清数字化技术体制。2005年底气象影视业务大楼和高标清数字化、网络化新业务系统投入使用。2009年开始陆续完成了业务系统的高清改造。以计算机图形图像、网络工程、计算机存储等计算机应用技术、电视和广播节目制作技术、广播电视播送技术为基础，实现气象影视服务节目制作、播出和技术支撑的实时业务系统。这个系统包括：气象电视节目演播室制作系统、广播天气预报节目制作系统、电视实时气象图形图像制作系统、气象影视新闻节目制作播出系统、电视天气预报图文节目制作系统、气象影视后期编辑制作系统、气象影视媒体资产管理系统、气象影视节目采集收录系统、灾害性天气现场直播系统、中国气象频道总控系统、中国气象频道节目播出系统、中国气象频道本地化节目播出系统12个分系统。结合气象影视服务应用需求发展的气象影视行业应用型技术不断提高，它包括以下几个方面内容：气象数据处理技术、气象图形图像制作技术、气象电视图文节目制作技术、气象节目电视合成技术、灾害性天气现场直播技术、电视天气预报节目传输技术、中国气象频道节目播出技术。

气象影视服务范围不断扩展 从1980年中国第一档电视《天气预报》节目在中央电视台《新闻联播》中开播以来，气象影视服务节目已在中国气象频道、中央电视台、中国新华新闻电视网、旅游卫视、中国教育频道、凤凰卫视以及中央人民广播电台、中国国际广播电台等27个频道播出，首播节目达139档。每年发布数千次灾害性天气及相关的各类预报预警，成为人们防灾减灾和安排生产、生活必不可少的信息来源。2006年5月由中国气象局开办、华风集团承办、各省级气象部门协办的中国气象频道正式开播。这是一个24小时全天候的专业气象发布平台，它的开播使中国成为少数几个拥有气象专业频道的国家之一。截至2014年底，中国气象频道在全国31个省（自治区、直辖市）的313个地级以上城市落地（含地级城市），数字电视用户超过1.2亿，覆盖人口超过4.3亿。

主要获奖 华风集团致力于以地球环境为重点的气象影视科普宣传，建成中国气象行业最大的气象科普专题片库，拍摄的影视片获国家级、省部级奖励近100项。记录中国天鹅生存环境变化的科普片《中国天鹅》、气象防灾减灾系列片《远离灾害》于2007年、2008年分获国家科学技术进步奖二等奖；以应对气候变化为主题的科教影片《变暖的地球》《气候变化与粮食安全》于2011年、2013年分获金鸡奖最佳科教片奖；2010年获科技部、中央宣传部和科协联合颁发的"全国科普工作先进集体"荣誉称号。华风集团于2008年、2010年分获中国气象局颁发的"奥运会、残奥会气象服务先进集体""2010年上海世博会气象服务及参展工作先进集体"荣誉称号。

机构与人员 2014年设立管理机构为：综合部（办公室）、人力资源部、财务部、党群工作部（工会）、审计法务部、企业规划部（董事会办公室）、广告部、经营管理部；事业机构为：影视中心、网络中心、专业气象台、研发中心、保障中心。

集团管理的子公司：北京华风创新网络技术有限公司、北京维艾思气象信息科技有限公司、北京华风天际气象服务有限公司、北京天禾翔云文化传媒有限公司、北京风行者广告有限公司、北京天译科技有限公司、北京华新天力能源气象科技中心、北京八达岭华风温泉大城堡、风云气象科技产业园发展有限公司、广东新气象传播有限公司。

挂靠机构

中国气象学会气象影视与传媒委员会 成立于1999

年4月,承担全国气象影视服务的学术交流、业务技术培训指导、学术成果推广、出版技术论文集等工作。

全国气象防灾减灾标准化技术委员会气象影视分技术委员会 成立于2013年4月,负责气象影视标准化的技术归口工作,并协助全国气象防灾减灾标准化技术委员会承担国际标准化组织相应技术委员会的国内对口工作。

伴随主要任务及机构的不断调整,华风气象传媒集团有限责任公司人员编制也不断调整。截至2014年12月底,华风集团在岗职工683人。其中博士学历4人,硕士学历147人,本科学历458人,专科及以下学历72人。专业技术职称:正研级2人,副研级33人,中级135人,初级290人。

历任主要负责人

单位名称	主要负责人	职务	任职时间
北京华风气象影视信息集团有限责任公司	秦祥士	董事长	2002年8月—2007年11月
	石永怡	总经理	2002年8月—2012年2月
	孙 健	董事长	2007年11月—2008年6月
	杨宝忠	董事长	2008年6月—2010年11月
	王雪臣	董事长	2010年11月—2012年8月
	石曙卫	总经理	2012年2月—2012年8月
华风气象传媒集团有限责任公司	王雪臣	董事长	2012年8月—2013年10月
	石曙卫	总经理	2012年8月—
	孙 健	董事长	2013年10月—

(石曙卫 包宁)

省(自治区、直辖市)气象机构

Běijīng Shì Qìxiàngjú
北京市气象局(Beijing [Municipal] Meteorological Service) 北京市行政区域内气象工作管理机构,实行中国气象局和北京市人民政府双重领导,以中国气象局领导为主的管理体制。根据授权承担本行政区域内气象工作的政府行政管理职能,依法履行气象主管机构的各项职责。

主要职责 负责制定本行政区域内气象事业发展规划、计划及气象业务建设;负责本行政区域内重要气象设施建设项目的审查;对本行政区域内的气象活动进行指导、监督和行业管理;按照职责权限审批气象台站调整计划;组织管理本行政区域内气象探测资料的汇总、分发;依法保护气象探测环境;管理本行政区域内气象标准化工作和涉外气象活动;在本行政区域内组织对重大灾害性天气跨地区、跨部门的联合监测、预报工作,及时提出气象灾害防御措施,并对重大气象灾害作出评估,为本级人民政府组织防御气象灾害提供决策依据;管理本行政区域内公共气象服务工作;管理本行政区域内公众气象预报、灾害性天气警报以及农业气象预报、城市环境气象预报、火险气象等级预报等专业气象预报的发布;组织制订和实施本行政区域气象灾害防御规划;组织本行政区域内气象灾害防御应急管理工作;负责本行政区域内突发公共事件气象保障工作;制定人工影响天气作业方案,并在本级人民政府的领导和协调下,管理、指导和组织实施人工影响天气作业;组织管理雷电灾害防御工作,会同有关部门指导对可能遭受袭击的建筑物、构筑物和其他设施安装的雷电灾害防护装置的检测工作;负责向本级人民政府和同级有关部门提出利用、保护气候资源和推广应用气候资源区划等成果的建议;组织对气候资源开发利用项目进行气候可行性论证;参与市政府应对气候变化工作,组织开展气候变化影响评估、技术开发和决策咨询服务;组织开展气象法制宣传教育,负责监督有关气象法规的实施,对违反《中华人民共和国气象法》有关规定的行为依法进行处罚,承担有关行政复议和行政诉讼;统一领导和管理本行政区域内气象部门的计划财务、机构编制、人事劳动、科研和培训以及业务建设等工作;会同各区(县)人民政府对所辖气象机构实施以部门为主的管理;会同地方党委和人民政府做好当地气象部门的精神文明建设和思想政治工作。同时承担中国气象局华北区域气象中心的协调职能(见第78页 区域气象中心)。

机构沿革 新中国成立初期,北京地区气象观测和预报工作由中央气象台兼管。1958年7月,北京市农林水利局设气象组,开始组建市属气象台站网,1959年11月北京市气象服务台成立。1960年10月经国务院批准成立北京市气象局。1964年2月与市水利工程局合并为市水利气象局,1968年10月与市农林局、市农机局、市农场管理局合并为市农业局,1973年7月恢复市水利气象局建制,1978年6月恢复市气象局建制。1983年12月起,市气象局实行国家气象局与市政府双重领导,以气象部门领导为主的管理体制至今。

北京市气象局历届主要负责人一览表

主要负责人	职务	任职时间
王兴华	局长	1960年10月—1964年2月
王 宪	局长	1964年2月—1965年9月
单昭祥	局长	1965年9月—1966年5月
侯振鹏	局长	1973年7月—1978年6月
阎振峰	局长	1978年6月—1983年3月
沙昌煦	局长	1983年3月—1994年1月
恽耀南	局长	1994年1月—2002年2月

续表

主要负责人	职务	任职时间
谢 璞	局长	2002年2月—2012年11月
姚学祥	局长	2012年11月—

注：1964年2月—1978年6月为北京市水利气象局；1966年6月—1973年6月由军代表进驻并负责工作。

机构设置 北京市气象局成立以来，内设机构和直属单位经历过多次变化与调整。2014年机构设置有：

内设机构 办公室（应急管理办公室、行政管理处）、应急与减灾处、观测与预报处、科技发展处（气候变化处）、计划财务处、人事处、政策法规处（雷电防护管理办公室）、监察审计处（与党组纪检组合署办公）、机关党委办公室（精神文明建设办公室）、离退休干部办公室。

直属单位 北京市气象台（华北区域中心气象台、北京市决策气象服务中心）、北京市气候中心（华北区域气候中心、北京市气象局卫星遥感应用中心）、京津冀环境气象预报预警中心（北京市环境气象中心）、中国气象局北京城市气象研究所（北京城市气象工程技术研究中心）、北京市气象服务中心（北京市专业气象台）、北京市观象台、北京市气象信息中心（北京市气象档案馆）、北京市气象探测中心（北京市气象技术装备中心）、北京市气象局后勤服务中心（北京市气象局财务核算中心）、北京万云科技开发有限公司（企业）。

挂靠机构 北京市气象学会、北京减灾协会。

区（县）气象局 设朝阳区、海淀区、丰台区、石景山区、门头沟区、昌平区、通州区、顺义区、大兴区、房山区、怀柔区、密云县、平谷区、延庆县14个区（县）气象局。

气象站 除14个区（县）局设有气象站外，还设有北京市观象台、上甸子区域大气本底观测站、房山区霞云岭气象站、门头沟区斋堂气象站、怀柔区汤河口气象站、延庆县佛爷顶气象站，共20个气象站。

地方气象机构 经北京市政府批准成立，由市气象局管理的地方气象机构有：北京市人工影响天气办公室、北京市避雷装置安全检测中心、北京市突发事件预警信息发布中心。

气象队伍 1960年北京市气象局成立初期仅有职工80人。1978年，在编职工增加到588人。管理体制回收前的1981年，气象部门职工713人，其中大学本科以上学历36人，专科87人，大专及以上学历占职工总数17.3%。随着气象事业发展和气象队伍结构变化，截至2014年，全市国家气象系统事业编制605人，实有574人，其中市局机关参照公务员法管理编制62人，实有49人。职工学历结构：大专及以上学历519人，占全部在职职工总数的90.4%，其中博士研究生45人、硕士研究生189人、大学本科234人、专科51人、中专及以下学历55人。职称结构：具有专业技术职务人员541人，占全部职工总数的94.3%，其中正研级职称19人、副高级职称153人、中级职称194人、初级及以下职称175人。编制外聘用职工485人。全市地方气象事业编制在岗职工67人。在全市各社区、行政村有兼职气象信息员8901人。（参见第315页北京气象）

（姚学祥 曹冀鲁）

Tiānjīn Shì Qìxiàngjú

天津市气象局（Tianjin〔Municipal〕Meteorological Service） 天津市行政区域内气象工作管理机构，实行中国气象局和天津市人民政府双重领导，以中国气象局领导为主的管理体制。根据授权承担本行政区域内气象工作的政府行政管理职能，依法履行气象主管机构的各项职责。

主要职责 负责制定本地区气象事业发展规划、计划及气象业务建设；组织本行政区域内重大灾害性天气跨地区、跨部门的联合监测、预报工作，为市人民政府防御气象灾害提供决策依据；在市人民政府的领导、协调下，负责管理、指导和组织实施人工影响天气工作；组织管理雷电灾害防御工作，制定雷电灾害防护装置检测计划，对雷电灾害防护装置检测单位的资质等级进行认定并监督管理；管理气象资料的共享、使用工作，管理公众气象预报、灾害性天气警报和专业气象预报的发布工作；组织气候资源调查、气候区划工作，围绕应对气候变化、气候资源合理开发利用和保护提供服务和决策依据；管理气象设施建设，按照职责权限审批气象台站调整计划，审查重要气象设施建设项目，依法保护气象设施和气象探测环境；管理本市的涉外气象活动，以及法律、法规规定的其他职责。同时承担渤海海域天津预报责任区的海洋气象灾害监测、预报预警和服务工作以及中国气象局海河流域气象中心的气象预报服务和协调职能。（见第80页流域气象中心）

机构沿革 天津市气象局前身为中华民国中央气象局天津气象站，1949年1月由中国人民解放军接管。1952年6月人民解放军华北军区气象处成立，管理华北区域气象工作（含天津）。1954年成立天津海洋气象台，直属中央气象局。1958年天津成为河北省会，天津海洋气象台更名为河北省气象局天津海洋气象台，次年更名为河北省气象科学研究所。1960年成立天津地区气象台和天津气象处（合署办公），1962年更名为天津地区气象局。1966年成立天津市气象局（县团级），与天津地区气象局相互独立，隶属于河北省气象局。1967年天津恢复直辖市，天津市气象局归口天津市委、市革命委员会，次年更名为天津市气象台。1971年7月恢复天津市气象局建制（县团级），1975年升格为地厅级。1983年4月，按照国务院关于气象部门管理体制调整改革的精神，天津市气象局开始实行国家气象局和天津市人民政府双重领导，以国家气象局领导为主的管理体制，延续至今。

天津市气象局历届主要负责人一览表

主要负责人	职务	任职时间
王克仁	局长	1969年8月—1971年7月
曹书亭	党的核心小组组长	1971年7月—1973年5月
刘俊才	局长	1973年5月—1979年5月
张春明	局长	1979年5月—1981年6月
张洪	局长	1981年6月—1985年7月
丁德刚	局长	1985年7月—1989年5月
王文辉	局长	1989年5月—1993年7月
曾凡喜	局长	1993年7月—2003年3月
王宗信	局长	2003年3月—2007年4月
权循刚	局长	2007年4月—

机构设置　新中国成立以来，天津市气象机构设置历经多次调整，2014年机构设置为：

　　内设机构　办公室（应急管理办公室）、应急与减灾处、观测与预报处、科技发展处（气候变化处）、计划财务处、人事处、政策法规处（天津市防御雷电灾害管理办公室）、监察审计处（与党组纪检组合署办公）、机关党委办公室（精神文明建设办公室）、离退休干部办公室。

　　直属单位　天津市气象台、天津市气候中心（天津市生态与农业气象中心、天津市气象卫星遥感中心）、天津市气象科学研究所、天津市气象探测中心（天津市气象仪器计量检定站）、天津市气象信息中心（天津市气象档案馆）、天津市气象服务中心（天津市气象影视中心）、天津市防雷中心、天津市气象局机关服务中心（天津市气象局财务核算中心、天津市气象局行政执法办公室）、天津海洋中心气象台、天津市人工影响天气中心。

　　挂靠机构　天津市气象学会。

　　区（县）气象局　设滨海新区气象局（天津市滨海新区气象预警中心）、东丽区气象局、津南区气象局、西青区气象局（西青国家气候观象台）、北辰区气象局、宝坻区气象局、武清区气象局、蓟县气象局、宁河县气象局、静海县气象局10个区（县）气象局。

　　气象站　除10个区（县）设有气象站外，还设有大港气象站、汉沽气象站、城市气候监测站、渤海A平台气象站，共14个气象站。

　　地方气象机构　经天津市机构编制委员会批准，2006年市人工影响天气办公室由市气象局的直属单位转为市农委与气象局共同管理的地方气象事业机构；2014年成立由市应急办与市气象局共同管理的地方机构"天津市突发公共事件预警信息发布中心"。

　　气象队伍　由于河北省省会由天津调整到石家庄，1966年天津市气象局成立初期仅有职工23人。1971年后，随着气象事业发展加快，气象队伍也不断壮大，1983年达256人，2000年达486人。2014年底，全市气象部门在职员工456人，其中参照公务员管理人员119人。学历结构：大学本科及以上学历342人，占全部在职职工总数75%，其中博士研究生16人，硕士研究生110人，大学本科216人，大学专科61人，中专生及以下53人。职称结构：正研级职称14人（占3.1%），副研级职称61人（占13.4%），中级职称207人（占45.4%），初级及以下职称174人（占38.2%）。全市地方事业编制在岗职工70人；编外用工人员427人；分布在全市各社区、行政村的兼职气象信息员5517人。（参见第319页天津气象）

（权循刚　王伟　张新）

Héběi Shěng Qìxiàngjú
河北省气象局（Hebei〔Provincial〕Meteorological Service）

河北省行政区域内气象工作管理机构，实行中国气象局和河北省人民政府双重领导，以中国气象局领导为主的管理体制。根据授权承担本行政区域内气象工作的政府行政管理职能，依法履行气象主管机构的各项职责。

主要职责　负责制定本行政区域内气象事业发展规划、计划及气象业务建设的组织实施；负责本行政区域内重要气象设施建设项目的审查；对本行政区域内的气象活动进行指导、监督和行业管理；按照职责权限审批气象台站调整计划；组织管理本行政区域内气象探测资料的汇总、分发；依法保护气象探测环境；管理本行政区域内气象标准化工作和涉外气象活动；在本行政区域内组织对重大灾害性天气跨地区、跨部门的联合监测、预报工作，及时提出气象灾害防御措施，并对重大气象灾害作出评估，为本级人民政府组织防御气象灾害提供决策依据；管理本行政区域内公共气象服务工作；管理本行政区域内公众气象预报、灾害性天气警报以及农业气象预报、城市环境气象预报、火险气象等级预报等专业气象预报的发布；组织制订和实施本行政区域气象灾害防御规划；组织本行政区域内气象灾害防御应急管理工作；负责本行政区域内突发公共事件气象保障工作；

制定人工影响天气作业方案，并在本级人民政府的领导和协调下，管理、指导和组织实施人工影响天气作业；组织管理雷电灾害防御工作，会同有关部门指导对可能遭受袭击的建筑物、构筑物和其他设施安装的雷电灾害防护装置的检测工作；负责向本级人民政府和同级有关部门提出利用、保护气候资源和推广应用气候资源区划等成果的建议；组织对气候资源开发利用项目进行气候可行性论证；参与省政府应对气候变化工作，组织开展气候变化影响评估、技术开发和决策咨询服务；组织开展气象法制宣传教育，负责监督有关气象法规的实施，对违反《中华人民共和国气象法》有关规定的行为依法进行处罚，承担有关行政复议和行政诉讼；统一领导和管理本行政区域内气象部门的计划财务、机构编制、人事劳动、科研和培训以及业务建设等工作；会同地市级人民政府对所辖气象机构实施以气象部门为主的管理；会同地方党委和人民政府做好当地气象部门的精神文明建设和思想政治工作。

机构沿革 1954年12月河北省气象局成立。1970年河北省气象局撤销，成立河北省水文气象工作站。1971年5月恢复河北省气象局。1979年之前，河北省气象局归河北省政府领导。1980年省以下气象机构实行省气象局与地方政府双重领导，以省气象局领导为主的管理体制。1983年开始，省气象局实行国家气象局和河北省人民政府双重领导，以国家气象局领导为主的管理体制，直到现在。

表1 河北省气象局历届主要负责人一览表

主要负责人	职务	任职时间
马鸣山	副局长（主持工作）	1954年12月—1955年9月
李春光	局长	1955年9月—1964年4月
杨志民	副局长（主持工作）	1964年4月—1966年8月
周凤祥	领导小组负责人	1970年1月—1971年5月
齐汝习	局长	1971年5月—1972年7月
杨志民	副局长（主持工作）	1972年7月—1973年9月
张彪	局长	1973年9月—1978年2月
周欣	局长	1978年2月—1983年7月
冯生臣	局长	1983年7月—1984年5月
李正钧	副局长	1984年5月—1984年11月
朱品	局长	1984年11月—1993年3月
汤仲鑫	局长	1993年3月—1999年4月
安保政	副局长（主持工作）	1999年4月—2000年4月
安保政	局长	2000年4月—2006年10月
姚学祥	局长	2006年10月—2012年10月
宋善允	局长	2012年10月—

注：1966年8月—1970年1月"文化大革命"时期领导班子不健全。

机构设置 河北省气象局自成立以来，内设机构和下属单位根据事业发展需要经过多次调整，2014年机构设置有：

内设机构 办公室（应急管理办公室）、应急与减灾处（与河北省气象灾害防御指挥部办公室合署办公）、观测与网络处、科技与预报处（气候变化处）、计划财务处、人事处、政策法规处、监察审计处（与党组纪检组合署办公）、机关党委办公室（精神文明建设办公室）、离退休干部办公室。

直属单位 河北省气象台（河北省决策气象服务中心）、河北省气候中心（河北省气候影响评价中心）、河北省气象灾害防御中心、河北省气象信息中心（河北省气象档案馆）、河北省气象技术装备中心、河北省气象服务中心（河北省气象影视中心）、河北省环境气象中心、河北省气象科学研究所（河北省农业气象中心）、中国气象局气象干部培训学院河北分院（河北省信息工程学校）、河北省防雷中心、河北省人工影响天气办公室、河北省气象局财务核算中心、河北省气象局后勤服务中心。

挂靠机构 河北省气象学会。

地方气象机构 由河北省人民政府批准成立，由河北省气象局管理的地方气象机构有：河北省人工影响天气办公室、河北省防雷中心、河北省气象灾害防御中心、河北省环境气象中心。

市、县级气象局 全省设有11个设区市级气象局、135个县级气象局（见表2）。

表2 河北省市、县级气象机构设置表

地市级气象局	县（市、区）气象局
石家庄市	辛集市、藁城市、晋州市、新乐市、井陉县、正定县、栾城县、行唐县、灵寿县、高邑县、深泽县、赞皇县、无极县、平山县、元氏县、赵县、鹿泉
承德市	承德县、兴隆县、平泉县、滦平县、隆化县、丰宁满族自治县、宽城满族自治县、围场满族蒙古族自治县
张家口市	宣化县、张北县、康保县、沽源县、尚义县、蔚县、阳原县、怀安县、万全县、怀来县、涿鹿县、赤城县、崇礼县
秦皇岛市	昌黎县、青龙满族自治县、卢龙县、抚宁县
唐山市	丰润区、丰南区、曹妃甸区、遵化市、迁安市、滦县、滦南县、乐亭县、迁西县、玉田县、曹妃甸工业区
廊坊市	霸州市、三河市、固安县、永清县、香河县、大城县、文安县、大厂回族自治县
保定市	定州市、涿州市、安国市、高碑店市、满城县、易县、徐水县、涞源县、顺平县、唐县、望都县、高阳县、安新县、雄县、容城县、曲阳县、阜平县、蠡县
沧州市	泊头市、任丘市、黄骅市、河间市、青县、东光县、海兴县、盐山县、肃宁县、南皮县、吴桥县、献县、孟村回族自治县、渤海新区、沧县
衡水市	冀州市、深州市、枣强县、武邑县、武强县、饶阳县、安平县、故城县、景县、阜城县

续表

地市级气象局	县（市、区）气象局
邢台市	南宫市、沙河市、临城县、内丘县、柏乡县、隆尧县、任县、南和县、宁晋县、巨鹿县、新河县、广宗县、平乡县、威县、清河县、临西县
邯郸市	峰峰矿区、武安市、临漳县、成安县、大名县、涉县、磁县、肥乡县、永年县、邱县、鸡泽县、广平县、馆陶县、魏县、曲周县

气象队伍 随着气象事业的发展，气象队伍不断壮大，到1988年，全省气象部门职工总数达2620人，其中各类气象科技人员2239人，约占职工总数85%。到1999年底，全省共有职工2327人，其中干部2108人，占职工总数的91%；工人219人，占职工总数的9%。截至2014年，全省气象部门共有从业人员3212人，在职职工2234人，签订正式劳动合同的编制外用工765人，劳务派遣213人。在职职工中参照公务员管理人员786人，事业编制人员1448人（含地方事业编制90人）。职工学历结构：本科及以上学历1657人，占在职职工总数的74.2%，其中博士研究生学历13人、硕士研究生学历186人、大学本科学历1458人。职称结构：具有专业技术职务人员1272人，其中正研级职称18人、副高级职称263人、中级职称991人。另有气象信息员55 000余人。（参见第322页 河北气象）

（宋善允 石锋）

Shānxī Shěng Qìxiàngjú

山西省气象局（Shanxi〔Provincial〕Meteorological Service） 山西行政区域内气象工作管理机构，实行中国气象局与山西省人民政府双重领导，以中国气象局领导为主的管理体制。根据授权承担本行政区域内气象工作的政府行政管理职能，依法履行气象主管机构的各项职责。

主要职责 负责制定本行政区域内气象事业发展规划、计划及气象业务建设的组织实施；负责本行政区域内重要气象设施建设项目的审查；对本行政区域内的气象活动进行指导、监督和行业管理。按照职责权限审批气象台站调整计划；组织管理本行政区域内气象探测资料的汇总、分发；依法保护气象探测环境；管理本行政区域内涉外气象活动。在本行政区域内组织对重大灾害性天气跨地区、跨部门的联合监测、预报工作，及时提出气象灾害防御措施，并对重大气象灾害作出评估，为本级人民政府组织防御气象灾害提供决策依据；管理本行政区域内公众气象预报、灾害性天气警报以及农业气象预报、城市环境气象预报、火险气象等级预报等专业气象预报的发布。制定人工影响天气作业方案，并在本级人民政府的领导和协调下，管理、指导和组织实施人工影响天气作业；组织管理雷电灾害防御工作，会同有关部门指导对可能遭受雷电袭击的建筑物、构筑物和其他设施安装的雷电灾害防护装置的检测工作。负责向本级人民政府和同级有关部门提出利用、保护气候资源和推广应用气候资源区划等成果的建议；组织对气候资源开发利用项目进行气候可行性论证。组织开展气象法制宣传教育，负责监督有关气象法规的实施，对违反《中华人民共和国气象法》有关规定的行为依法进行处罚，承担有关行政复议和行政诉讼。统一领导和管理本行政区域内气象部门的计划财务、机构编制、人事劳动、科研和培训以及业务建设等工作；会同地级人民政府对所辖气象机构实施以气象部门为主的双重管理；会同地方党委和人民政府做好当地气象部门的精神文明建设和思想政治工作。

机构沿革 1952年9月中国人民解放军山西省军区司令部气象科成立，管理山西省气象工作。1954年10月成立山西省人民政府气象局，1955年2月更名为山西省气象局，归省人民委员会建制，业务上受中央气象局领导。1983年开始，山西省气象局改由中国气象局和山西省人民政府双重领导，以中国气象局领导为主的管理体制。

表1 山西省气象局历届主要负责人一览表

主要负责人	职务	任职时间
康维清	局长	1955年5月—1959年3月
王殿邦	局长	1959年3月—1960年4月
康维清	局长	1960年8月—1967年1月
易长青	政委	1971年5月—1974年
吴羽林	局长	1971年5月—1974年
苗佩芳	局长	1974年11月—1978年2月
田铮	局长	1978年2月—1983年4月
温克刚	局长	1983年4月—1985年7月
霍成福	副局长（主持工作）	1985年7月—1988年10月
程廷江	局长	1988年10月—1994年1月
霍成福	局长	1994年1月—2003年11月
张世英	局长	2003年11月—2008年2月
杜顺义	局长	2008年2月—2014年8月
柯怡明	局长	2014年8月—

注：1967年1月—1971年5月"文化大革命"期间领导班子不健全。

机构设置 山西省气象局自1954年成立以来，内设机构和下属单位根据事业发展需要经过多次调整，2014年形成了以下设置：

内设机构 办公室（应急管理办公室）、应急与减灾处、观测与网络处、科技与预报处（气候变化处）、计划财务处、人事处、政策法规处、监察审计处（与党组纪检组合署办公）、机关党委办公室（精神文明建设办公室）、离退休干部办公室。

直属单位　山西省气象台（山西省气象决策服务中心）、山西省气候中心（山西省卫星遥感与农业气象中心、山西省气候变化中心）、山西省气象信息中心（山西省气象档案馆）、山西省大气探测技术保障中心（山西省气象技术装备中心）、山西省气象服务中心（山西省气象影视中心、山西省专业气象台）、山西省气象科学研究所、山西省雷电防护监测中心、山西省气象局财务核算中心、山西省气象局机关服务中心、山西省气象干部培训中心。

挂靠机构　山西省气象学会。

地方气象机构　由山西省人民政府批准成立，由山西省气象局管理的地方气象机构有：山西省人工降雨防雹办公室、山西省预警信息发布中心、山西省防雷减灾办公室。

市、县级气象局　全省设有11个市气象局，109个县级气象局（站）（见表2）。

表2　山西省市、县级气象机构设置表

市级气象局	县（市、区）气象局（站）
太原市	小店区、尖草坪区、清徐县、古交市、阳曲县、娄烦县
大同市	左云县、天镇县、浑源县、广灵县、灵丘县、大同县、阳高县、大同（站）
朔州市	朔城区、平鲁区、山阴县、怀仁县、应县、右玉县
忻州市	忻府区、原平市、宁武县、神池县、五寨县、岢岚县、河曲县、保德县、偏关县、静乐县、定襄县、代县、五台县、五台山站、繁峙县
吕梁市	汾阳市、中阳县、岚县、方山县、柳林县、交口县、文水县、临县、交城县、离石区、石楼县、兴县、孝义市
晋中市	灵石县、介休市、平遥县、祁县、太谷县、寿阳县、昔阳县、和顺县、左权县、榆社县、榆次区
阳泉市	盂县、平定县、阳泉（站）
长治市	长治县、潞城市、屯留县、长子县、壶关县、平顺县、黎城县、襄垣县、武乡县、沁县、沁源县
晋城市	阳城县、高平市、陵川县、沁水县、晋城（站）
临汾市	大宁县、汾西县、浮山县、古县、侯马市、霍州市、吉县、蒲县、隰县、曲沃县、乡宁县、襄汾县、翼城县、永和县、安泽县、洪洞县、尧都区
运城市	盐湖区、河津市、永济市、新绛县、夏县、稷山县、芮城县、绛县、万荣县、垣曲县、闻喜县、平陆县、临猗县

气象队伍　山西气象队伍经历了由小到大、逐步稳定的发展过程。1954年有气象干部职工133人。管理体制改革前的1981年底，气象职工人数为1317人。到2014年底，全省气象部门在职人员2334人，其中国家气象系统1840人，地方气象机构30人，编外人员464人；另有社会兼职气象信息员32 305人。国家气象系统在职人员中，博士研究生6人（占0.33%），硕士研究生学历或硕士学位185人（占10.05%），大学本科学历1152人（占62.61%），大专学历295人（占16.03%）；正研级高级工程师9人（占0.49%），副研级高级工程师247人（占13.42%），中级技术职称783人（占42.55%）。（参见第325页山西气象）

（柯怡明　杜顺义　张国勇　薛文有　刘中）

Nèiměnggǔ Zìzhìqū Qìxiàngjú

内蒙古自治区气象局（Inner Mongolia〔Autonomous Region〕Meteorological Service）　内蒙古自治区行政区域内气象工作管理机构，实行中国气象局和内蒙古自治区人民政府双重领导，以中国气象局领导为主的管理体制。根据授权承担本行政区域内气象工作的政府行政管理职能，依法履行气象主管机构的各项职责。

主要职责　负责制定本行政区域内气象事业发展规划、计划及气象业务建设的组织实施；负责本行政区域内重要气象设施建设项目的审查；对本行政区域内的气象活动进行指导、监督和行业管理。按照职责权限审批气象台站调整计划；组织管理本行政区域内气象探测资料的汇总、分发；依法保护气象探测环境；管理本行政区域内涉外气象活动。在本行政区域内组织对重大灾害性天气跨地区、跨部门的联合监测、预报工作，及时提出气象灾害防御措施，并对重大气象灾害作出评估，为本级人民政府组织防御气象灾害提供决策依据；管理本行政区域内公众气象预报、灾害性天气警报以及农牧业气象预报、城市环境气象预报、火险气象等级预报等专业气象预报的发布。制定人工影响天气作业方案，并在本级人民政府的领导和协调下，管理、指导和组织实施人工影响天气作业；组织管理雷电灾害防御工作，会同有关部门指导对可能遭受雷电袭击的建筑物、构筑物和其他设施安装的雷电灾害防护装置的检测工作。负责向本级人民政府和同级有关部门提出利用、保护气候资源和推广应用气候资源区划等成果的建议；组织对气候资源开发利用项目进行气候可行性论证。组织开展气象法制宣传教育，负责监督有关气象法规的实施，对违反《中华人民共和国气象法》有关规定的行为依法进行处罚；承担有关行政复议和行政诉讼；统一领导和管理本行政区域内气象部门的计划财务、机构编制、人事劳动、科研和培训以及业务建设等工作；会同地级人民政府对所辖气象机构实施以气象部门为主的双重管理；会同地方党委和人民政府做好当地气象部门的精神文明建设和思想政治工作。

机构沿革　新中国成立后，1952年2月内蒙古军区成立气象科（驻今河北省张家口市）。1952年12月在归绥建立了甲种气象站。至1953年底，全区共有气象站21个。1954年1月起，气象部门由军队转归地方建制，自治区气象部门归自治区政府领导。1954年4月内蒙古自治区气象科扩建为气象处，将东部行署气象科改为东部中心气象台，新建锡林郭勒盟中心气象台。同年9月在内蒙古自治区气象处的基础上成立内蒙古自治区气象局。1983年开始，内蒙古自治区气象局改由中国气象局和内蒙古自治区政府双重领导，以中国气象局领导为主的管理体制。

表1 内蒙古自治区气象局历届主要负责人一览表

主要负责人	职务	任职时间
沈三元	副局长	1954年8月—1967年12月
梁丕承	"抓革命促生产领导小组"组长	1967年12月—1970年11月
赫连让	军管领导小组组长	1970年11月—1973年5月
于兴苗	局长	1973年5月—1983年6月
王文辉	局长	1983年6月—1989年4月
湖 春	局长	1989年4月—1993年3月
吴鸿宾	副局长（主持工作）	1993年3月—1994年6月
夏彭年	局长	1994年6月—1997年10月
赵国卫	局长	1997年10月—2002年3月
乌 兰	局长	2002年3月—

机构设置 内蒙古自治区气象局内部机构经历过多次变化与调整，2014年机构设置有：

内设机构 办公室、应急与减灾处、观测与网络处、科技与预报处、计划财务处、人事处、政策法规处、监察审计处、机关党委办公室、离退休干部办公室。

直属单位 内蒙古自治区气象台（内蒙古自治区气象环境影响评价中心）、内蒙古自治区气候中心（内蒙古自治区生态与农业气象中心）、内蒙古自治区气象信息中心（内蒙古自治区气象档案馆、内蒙古农牧业经济信息中心）、内蒙古自治区大气探测技术保障中心（内蒙古自治区雷电预警防护中心）、内蒙古自治区气象服务中心（内蒙古自治区专业气象台、内蒙古自治区气象影视中心）、内蒙古自治区气象科学研究所（内蒙古自治区人工影响天气中心）、内蒙古自治区气象培训中心、内蒙古自治区气象局财务核算中心（内蒙古自治区气象局国有资产管理中心）、内蒙古自治区气象局机关服务中心。

挂靠机构 内蒙古自治区气象学会。

地方气象机构 由内蒙古自治区编制委员会批准成立，由自治区气象局管理的地方气象机构有：内蒙古自治区人工影响天气指挥部办公室、内蒙古自治区气象卫星遥感中心、内蒙古自治区防雷中心、内蒙古自治区气象灾害监测预警与人工影响天气中心。

盟市、旗县气象局 全区设有14个盟市气象局，121个县级气象局（站）（见表2）。

表2 内蒙古自治区市（盟）、县级气象机构设置表

盟市级气象局	旗县级气象局（站）
呼和浩特市	和林格尔县、武川县、土默特左旗、托克托县、清水河县、赛罕区、呼和浩特（站）
包头市	达茂联合旗、白云鄂博矿区、固阳县、土默特右旗、包头（站）、满都拉（站）、希拉穆仁（站）
呼伦贝尔市	海拉尔区、鄂温克旗、新巴尔虎左旗、新巴尔虎右旗、陈巴尔虎旗、额尔古纳市、牙克石市、根河市、鄂伦春旗、阿荣旗、扎兰屯市、莫力达瓦达斡尔族自治旗、小二沟（站）、图里河（站）、博克图（站）
兴安盟	阿尔山市、扎赉特旗、科右前旗、乌兰浩特市、突泉县、科右中旗、索伦（站）、胡尔勒（站）、高力板（站）
通辽市	扎鲁特旗、科尔沁左翼后旗、科尔沁左翼中旗、库伦旗、开鲁县、霍林郭勒市、奈曼旗、科尔沁区、巴雅尔吐胡硕（站）、舍伯吐（站）、青龙山（站）
赤峰市	松山区、巴林左旗、巴林右旗、阿鲁科尔沁旗、喀喇沁旗、克什克腾旗、宁城县、林西县、敖汉旗、翁牛特旗、宝国图（站）、八里罕（站）、富河（站）、岗子（站）
锡林郭勒盟	多伦县、阿巴嘎旗、镶黄旗、乌拉盖、正镶白旗、太仆寺旗、西乌珠穆沁旗、东乌珠穆沁旗、苏尼特左旗、正蓝旗、苏尼特右旗、朱日和（站）、那仁宝力格（站）、锡林浩特牧试站（站）、锡林浩特（站）
乌兰察布市	四子王旗、察哈尔右翼中旗、商都县、化德县、察哈尔右翼后旗、兴和县、丰镇市、凉城县、卓资县、察哈尔右翼前旗、集宁（站）
鄂尔多斯市	东胜区、达拉特旗、伊金霍洛旗、乌审旗、鄂托克前旗、鄂托克旗、准格尔旗、杭锦旗、伊克乌素（站）、河南（站）、乌审召（站）
巴彦淖尔市	杭锦后旗、临河区、五原县、磴口县、乌拉特前旗、乌拉特中旗、乌拉特后旗、大余太（站）、海力素（站）
乌海市	乌海（站）
阿拉善盟	阿拉善左旗、阿拉善右旗、额济纳旗、经济开发区、李井滩（站）、巴彦诺尔公（站）、吉兰太（站）、拐子湖（站）、雅布赖（站）
二连浩特市	二连浩特（站）
满洲里市	满洲里（站）

气象队伍 1952年内蒙古军区气象科成立时，全区气象系统有职工191人，其中干部159人；1954年内蒙古自治区气象局成立时，总人数达436人。管理体制改革前的1981年，全区气象系统总人数为3294人，其中大学专科以上学历236人，少数民族干部339人。随着气象事业发展和气象队伍结构变化，截至2014年底，内蒙古自治区国家气象事业编制3204个，其中参照公务员法管理的编制680个，内蒙古自治区地方事业编制

78 个，在职职工总数 3159 人。学历结构：大专及以上学历 2896 人，占在职职工总数的 91.7%，其中博士研究生 18 人、硕士 293 人、大学本科 1899 人、大学专科 686 人、中专 131 人、高中及以下 132 人。职称结构：具有专业技术职务人员 2882 人，占全部职工总数的 91.2%，其中正研级职称 18 人、副高级职称 388 人、中级职称 1470 人、初级职称 1006 人。编制外聘用职工 264 人。分布在自治区各社区、行政村（苏木、嘎查）的兼职气象助理员、信息员 14 000 多人。（参见第 329 页 内蒙古气象）

（乌兰）

Liáoníng Shěng Qìxiàngjú

辽宁省气象局（Liaoning〔Provincial〕Meteorological Service） 辽宁省行政区域内气象工作管理机构，实行中国气象局和辽宁省人民政府双重领导，以中国气象局领导为主的管理体制。根据授权承担本行政区域内气象工作的政府行政管理职能，依法履行气象主管机构的各项职责。

主要职责 负责制定本行政区域内气象事业发展规划、计划及气象业务建设的组织实施；负责本行政区域内重要气象设施建设项目的审查；对本行政区域内的气象活动进行指导、监督和行业管理。按照职责权限审批气象台站调整计划；组织管理本行政区域内气象探测资料的汇总、分发；依法保护气象探测环境；管理本行政区域内涉外气象活动；在本行政区域内组织对重大灾害性天气跨地区、跨部门的联合监测、预报工作，及时提出气象灾害防御措施，并对重大气象灾害作出评估，为本级人民政府组织防御气象灾害提供决策依据；管理本行政区域内公众气象预报、灾害性天气警报以及农业气象预报、城市环境气象预报、火险气象等级预报等专业气象预报的发布。制定人工影响天气作业方案，并在本级人民政府的领导和协调下，管理、指导和组织实施人工影响天气作业；组织管理雷电灾害防御工作，会同有关部门指导对可能遭受雷电袭击的建筑物、构筑物和其他设施安装的雷电灾害防护装置的检测工作；负责向本级人民政府和同级有关部门提出利用、保护气候资源和推广应用气候资源区划等成果的建议；组织对气候资源开发利用项目进行气候可行性论证；组织开展气象法制宣传教育，负责监督有关气象法规的实施，对违反《中华人民共和国气象法》有关规定的行为依法进行处罚，承担有关行政复议和行政诉讼；统一领导和管理本行政区域内气象部门的计划财务、机构编制、人事劳动、科研和培训以及业务建设等工作；会同副省级省会城市人民政府及地级市人民政府对所辖气象机构实施以气象部门为主的双重管理；会同地方党委和人民政府做好当地气象部门的精神文明建设和思想政治工作。承担中国气象局东北区域气象中心的协调职能（见第 78 页 区域气象中心）。

机构沿革 1950 年 1 月中国人民解放军东北军区司令部气象管理处成立，由东北军区司令部和军委气象局双重领导。1953 年 10 月东北军区司令部将气象处移交给东北行政委员会，由东北行政委员会财政经济计划委员会领导，并更名为东北气象处。1954 年 8 月辽宁省人民政府在沈阳成立，对原有气象机构进行合并正式成立辽宁省人民政府气象处。1954 年 10 月辽宁省人民政府气象处改称为辽宁省人民政府气象局，隶属辽宁省人民政府建制，业务上受中央气象局领导。1955 年 2 月，辽宁省人民政府气象局更名为辽宁省气象局。1983 年 3 月，辽宁省气象局开始改由国家气象局和辽宁省人民政府双重领导，以国家气象局领导为主的管理体制，直到现在。

表 1 辽宁省气象局历届主要负责人一览表

主要负责人	职务	任职时间
李 敬	局长	1950 年 1 月—1958 年 3 月
王 琦	局长	1958 年 3 月—1968 年 5 月
赵明海	局长	1970 年 5 月—1975 年 5 月
沈 流	局长	1975 年 5 月—1977 年 6 月
梁 秋	局长	1977 年 6 月—1978 年 3 月
王 琦	局长	1978 年 3 月—1983 年 6 月
陆一强	局长	1983 年 6 月—1990 年 4 月
王观涛	局长	1990 年 4 月—1994 年 9 月
王锦贵	局长	1994 年 9 月—2000 年 12 月
宋达人	局长	2000 年 12 月—2003 年 12 月
王江山	局长	2003 年 12 月—

注：1968 年 5 月—1970 年 5 月"文化大革命"期间领导班子不健全。

机构设置 辽宁省气象局自成立以来，内设机构和下属事业单位根据事业发展需要经过多次调整，2014 年形成了以下设置：

内设机构 办公室、应急与减灾处、观测与网络处、科技与预报处、计划财务处、人事处、政策法规处、监察审计处、机关党委办公室、离退休干部办公室、总工程师办公室、人工影响天气处、纪检组。

直属单位 辽宁省气象台（沈阳中心气象台）、沈阳区域气候中心、中国气象局沈阳大气环境研究所、辽宁省气象信息中心（辽宁省气象档案馆）、辽宁省气象装备保障中心（辽宁省质量技术监督局气象计量站）、辽宁省气象学校（辽宁省气象培训中心）、辽宁省气象服务中心（辽宁省气象影视中心）、辽宁省气象局财务核算中心（辽宁省气象局后勤服务中心）、辽宁省气象科学研究所。

挂靠机构 辽宁省气象学会。

地方气象机构 经辽宁省机构编制委员会批准，成立了辽宁省气象灾害监测预警中心、辽宁省防雷技术服务中心、辽宁省人工影响天气办公室。

副省级市气象局 沈阳市气象局、大连市气象局。

市、县（区）气象局 全省设有14个市气象局，51个县（区）级气象局（见表2）。

表2 辽宁省市、县级气象机构设置表

地市级气象局	县（市、区）气象局
沈阳市	东陵区、苏家屯区、沈北新区、新民市、辽中县、康平县、法库县
大连市	旅顺口区、金州区、瓦房店市、普兰店市、庄河市、长海县、长兴岛临港工业区
鞍山市	海城市、台安县、岫岩满族自治县
抚顺市	新宾满族自治县、清原满族自治县
本溪市	本溪满族自治县、桓仁满族自治县
丹东市	凤城市、东港市、宽甸满族自治县
锦州市	凌海市、北镇市、黑山县、义县
营口市	大石桥市、盖州市、营口经济开发区
阜新市	彰武县、阜新蒙古族自治县
辽阳市	灯塔市、辽阳县
铁岭市	开原市、铁岭县、西丰县、昌图县
朝阳市	龙城区、北票市、凌源市、朝阳县、建平县、喀喇沁左翼蒙古族自治县
盘锦市	大洼县、盘山县
葫芦岛市	连山区、兴城市、绥中县、建昌县

气象队伍 辽宁省气象队伍经历了由小到大，逐步稳定的发展过程。1949年有气象职工71人，1953年为328人，1963年为816人，1978年为2326人，1981年为2099人。到2014年底，全省气象部门在职人员1797人，其中参照公务员法管理的国家气象编制人员469人；另有社会兼职气象信息员11 000人。在国家气象系统在职人员学历结构：博士16人，硕士185人，大学1172人，大专229人。职称结构：研究员级25人，副研究员级305人，中级技术职称496人。（参见第332页 辽宁气象）

（王江山 陆韬实 李贺）

Jílín Shěng Qìxiàngjú

吉林省气象局（Jilin [Provincial] Meteorological Service） 吉林省行政区域内气象工作管理机构，实行中国气象局与吉林省人民政府双重领导，以中国气象局领导为主的管理体制。根据授权承担本行政区域内气象工作的政府行政管理职能，依法履行气象主管机构的各项职责。

主要职责 组织落实全省气象部门的各项改革政策和措施。负责省内对气象行业实施规划、协调、指导、监督和服务以及气象大中型项目、大中型气象技术装备的统一布局、立项和调整方案的初审或审批。负责在本行政区域内对气象法规和气象业务技术规范、标准的执行情况进行监督检查，依据有关法规和规定制定本省气象工作的行政规章。会同省人民政府对地、县两级气象机构实施以气象部门为主的双重领导，建立健全气象部门双重计划财务体制，促进气象事业与地方经济建设协调发展。统一管理本省天气预报警报及其他气象信息的发布，参与有关的防灾减灾决策，组织、协调对重大灾害性天气跨地区、跨部门的气象服务联防和对重大气象灾害的调查评估，负责对发生灾害气象成因鉴定的管理。管理与指导本行政区域内气候资源的开发、利用和保护，组织对当地重点建设工程、重大区域性经济开发项目、城乡建设规划中的气象条件评价的论证和审查。归口管理人工影响局部天气和社会生产、人民生活中与气象有关的安全设施的设计、施工和技术检测。负责专业（专项）气象服务、气象适用技术推广应用的管理、指导与协调，推进气象科技产业和气象技术装备社会化服务的发展。组织实施气象事业发展规划、计划并组织制订本省经济和社会发展需要的地方气象事业发展规划、计划。统一领导和管理本省气象部门的计划、财务、基本建设、国有资产、科研教育、业务建设、技术装备、机构编制、人事劳动、行政监察、审计等工作，协助地方党委和政府做好当地气象职工队伍的思想政治工作和精神文明建设工作。同时承担中国气象局松辽江流域气象中心的协调职能（见第80页 流域气象中心）。

机构沿革 新中国成立后，吉林省的气象站由设在沈阳市的东北气象台直接领导。1950—1953年，东北军区司令部成立气象处，直接领导东北各地的气象台站，随后吉林省军区司令部也成立气象科，直接领导吉林省的气象台站。1953年10月吉林省人民政府将原属于吉林省军区的气象科改为政府建制，并作为省农业厅的直属气象科，行使领导全省气象台站职能。1954年9月吉林省人民政府将省农业厅气象科扩建为省气象局，属省政府建制。1968年8月省革委会生产指挥部设气象组管理全省气象工作。1970年12月省革委会、省军区联合决定设省气象局，建立党委。1980年7月省以下气象部门实行省气象局和地方政府双重领导，以省气象局领导为主的管理体制。1983年2月开始，吉林省气象局改由国家气象局和吉林省人民政府双重领导，以国家气象局领导为主的管理体制，直至现在。

表1　吉林省气象局历届主要负责人一览表

主要负责人	职务	任职时间
赵荣堂	副局长	1954年12月—1955年末
史　明	副局长	1956年初—1960年4月
薛　统	副局长	1960年4月—1966年5月
李墨林	省革委气象组成员	1968年8月—1970年12月
付肖悦 吴会臣	主持工作	1970年12月—1973年9月
付肖悦	局长	1973年9月—1977年10月
张文东	局长	1977年10月—1985年9月
丁士晟	局长	1985年9月—1990年5月
靳家宝	副局长（主持工作）	1990年5月—1992年5月
宋玉发	局长	1992年5月—2001年9月
秦元明	局长	2001年9月—2010年3月
朱其文	副局长（主持工作）	2010年3月—2011年5月
赵国强	局长	2011年5月—2016年2月
赵大庆	局长	2016年2月—

注：1966年5月—1968年8月"文化大革命"中省气象局领导班子不健全。

机构设置　吉林省气象局自成立以来，内设机构和下属单位根据事业发展需要经过多次调整，2012年机构设置如下：

　　内设机构　办公室、应急与减灾处、观测与网络处、科技与预报处（气候变化处）、人工影响天气处、计划财务处、人事处、政策法规处、监察审计处（与党组纪检组合署办公）、机关党委办公室（精神文明建设办公室）、离退休干部办公室。

　　直属单位　吉林省气象台、吉林省气象科学研究所（吉林省气象培训中心）、吉林省气象探测保障中心、吉林省气象服务中心、吉林省防雷减灾中心、吉林省气象局后勤服务中心、吉林省气候中心、吉林省气象局财务核算中心、吉林省气象信息网络中心。

　　挂靠机构　吉林省气象学会。

　　地方机构　省政府批准成立吉林省人工影响天气办公室、吉林省白城人工增雨基地、吉林省施放气球飞艇管理办公室。

　　副省级市气象局　长春市气象局。

　　市（州）、县气象局　全省设有9个市（州）气象局和长白山气象局，50个县级气象局，11个独立设置的县级气象机构（见表2）。

表2　吉林省市、县级气象机构设置表

市(州)气象局	县（市、区）气象局	独立设置的县级气象机构
长春市	绿园区、双阳区、农安县、德惠市、九台市、榆树市	
吉林市	永吉县、舒兰市、蛟河市、桦甸市、磐石市、城郊	北大壶气象站、磐石市烟筒山气象站
延边州	延吉市、安图县、敦化市、和龙市、珲春市、龙井市、图们市、汪清县	延边农业气象试验站、罗子沟气象站
四平市	公主岭市、双辽市、伊通满族自治县、梨树县、辽河垦区	四平气象站
通化市	通化县、集安市、辉南县、梅河口市、柳河县	通化气象站
白城市	洮北区、洮南市、大安市、镇赉县、通榆县	白城气象站、白城农业气象试验站
辽源市	东丰县、东辽县	辽源气象站
松原市	长岭县、扶余市、乾安县、前郭尔罗斯蒙古族自治县	
白山市	江源区、抚松县、靖宇县、长白县、临江市	白山气象站
长白山	池北区、池西区、池南区	长白山天池气象站

气象队伍　1954年吉林省气象局成立编制为18人。管理体制回收前的1981年气象部门职工786人。截至2012年底，在职职工1269人。其中，参照公务员法管理人员189人，事业单位管理岗位170人，事业单位专业技术岗位883人，工勤岗位27人。气象信息员19 321人。职称结构：正研级职称14人，副高级职称166人，中级职称522人。学历结构：研究生学历76人，本科学历809人，专科学历211人，中专173人。（参见第335页吉林气象）

（赵国强　刘国光）

Hēilóngjiāng Shěng Qìxiàngjú

黑龙江省气象局（Heilongjiang〔Provincial〕Meteorological Service）　黑龙江省行政区域内气象工作管理机构，实行中国气象局和黑龙江省人民政府双重领导，以中国气象局领导为主的管理体制。根据授权承担本行政区域内气象工作的政府行政管理职能，依法履行气象主管机构的各项职责。

工作职责　负责制定本行政区域内气象事业发展规划、计划及气象业务建设的组织实施；负责行政区域内重要气象设施建设项目的审查；对本行政区域内的气象活动进行指导、监督和行业管理。按照职责权限审批气象台站调整计划；组织管理本行政区域内气象探测资料的汇总、分发；依法保护气象探测环境，管理本行政区域内涉外气象活动。在本行政区域内组织对重大灾害性天气跨地区、跨部门的联合监测、预报工作，及时提出气象灾害防御措施，并对重大气象灾害作出评价，为本级人民政府组织防御气象灾害提供决策依据；管理本行政区域内公众气象预报、灾害性天气警报以及农业气象预报、城市环境气象预报、火险气象等级预报等专业气象预报的发布。制定人工影响天气作业议案，并在本级人民政府的领导和协调下，管理、指导和组织实施人工影响天气作业；组织管理雷电灾害防御工作，会同有关部门指导对可能遭受雷电袭击的建筑物、构筑物和其他设施安装的雷电灾害防护装置的检测工作。负责向本级人民政府和同级有关部门提出利用、保护气候资源和推广应用气候资源区划等成果的建议；气候资源开发利用项目进行气候可行性论证。组织开展气象法制宣传教育，负责监督有关气象法规的实施，对违反《中华人民共和国气象法》有关规定的行为依法进行处罚，承揽有关行政复议和行政诉讼。统一领导和管理本行政区域内气象部门的计划财务、机构编制、人事劳动、科研和培训及业务建设等工作；会同地（市）人民政府对地（市）气象机构实施以气象部门为主的双重管理；协助地方党委和人民政府做好当地气象部门的精神文明建设和思想政治工作。

机构沿革 1949年12月—1953年7月，东北军区军事部气象处直接管理哈尔滨、齐齐哈尔、牡丹江等7个气象站。1953年8月军区气象建制改归地方政府。1954年8月黑龙江省和松江省气象科合并，归省财政经济委员会领导，管理22个台站。1955年2月成立黑龙江省气象局，隶属省农林办公室，业务受中央气象局指导。1958年5月省气象局改为省气象水文局，隶属省水利厅领导。1963年12月省气象水文局脱离省水利厅，成立省气象局。1971年3月成立省革命委员会气象局，实行省军区和省革委会双重领导。1973年7月全省气象部门移交地方政府领导。1980年2月全省气象部门实行以省气象局和地方政府双重领导，以省气象局为主的管理体制。1983年2月开始，黑龙江省气象局改由国家气象局和黑龙江省政府双重领导，以国家气象局为主的管理体制，直至现在。1997年经省编委和中国气象局批准，大庆市政府建制的气象台改称气象局，实行市政府和省气象局双重领导以市政府为主的领导管理体制，所属的4个县气象站实行市气象局为主的领导管理体制。

表1 黑龙江省气象局历届主要负责人一览表

主要负责人	职务	任职时间
李润身	局长	1955年5月—1964年5月
翟 劲	副局长（主持工作）	1964年5月—1968年8月
乔存兴	政委	1971年3月—1975年2月
麻振林	副局长（主持工作）	1975年3月—1976年6月
左 明	局长	1976年6月—1978年1月
麻振林	副局长（主持工作）	1978年1月—1980年2月
阮永胜	局长	1980年2月—1985年9月
王锦贵	局长	1985年9月—1994年1月
陈立亭	局长	1994年6月—2004年8月
刘万军	局长	2004年8月—2009年2月
杨卫东	局长	2009年2月—

注：1968年8月—1971年3月"文革"期间领导班子不健全。

机构设置 黑龙江省气象局自成立以来，内设机构和下属单位根据事业发展需要经过多次调整，2014年机构设置如下：

内设机构 办公室、应急与减灾处、科技与预报处、观测与网络处、计划财务处、人事处、政策法规处（黑龙江省防雷办公室）、监察审计处（中共黑龙江省气象局党组纪律检查组）、机关党委办公室（精神文明建设办公室）、离退休干部办公室。

直属单位 黑龙江省气象台（黑龙江省专业气象台）、黑龙江省气候中心、黑龙江省气象服务中心、黑龙江省气象信息中心（黑龙江省气象培训中心、黑龙江省气象档案馆）、黑龙江省大气探测技术保障中心（黑龙江省气象技术装备中心、黑龙江省气象计量检定站）、黑龙江省气象科学研究所（黑龙江省生态与农业气象中心、黑龙江省气象卫星遥感中心）、黑龙江省人工影响天气办公室、黑龙江省雷电灾害预警防护中心、黑龙江省气象局机关服务中心、黑龙江省气象财务核算中心以及佳木斯气象卫星地面站、龙凤山区域大气本底站（由黑龙江省气象局直接管理的副处级单位）。

挂靠机构 黑龙江省气象学会。

地方机构 由黑龙江省人民政府批准成立，黑龙江省气象局管理的地方气象机构有：黑龙江省人民政府人工降雨办公室、黑龙江省防雷中心。

副省级市气象局 哈尔滨市气象局。

市、地气象局 全省共有13个市（地）气象局、72个县级气象局（见表2）。

表2 黑龙江省市（地）、县级气象机构设置表

地市级气象局	县（市、区）气象局
哈尔滨市	阿城区、呼兰区、宾县、方正县、五常市、双城市、巴彦县、尚志市、木兰县、依兰县、通河县、延寿县
齐齐哈尔市	讷河市、克山县、依安县、泰来县、拜泉县、甘南县、富裕县、龙江县、克东县
牡丹江市	穆棱市、海林市、宁安市、东宁县、绥芬河市、林口县
佳木斯市	富锦市、同江市、桦南县、汤原县、桦川县、抚远县
绥化市	海伦市、安达市、肇东市、北林区、青冈县、兰西县、明水县、绥棱县、望奎县、庆安县
大兴安岭地区	漠河县、塔河县、呼玛县、呼中区、新林区
黑河市	爱辉区、逊克县、孙吴县、五大连池市、嫩江县、北安市
伊春市	铁力市、嘉荫县、五营区、乌伊岭
鸡西市	鸡东县、虎林市、密山市
双鸭山市	集贤县、宝清县、饶河县、友谊县
鹤岗市	萝北县、绥滨县
七台河市	勃利县
大庆市	肇州县、肇源县、杜蒙县、林甸县

气象队伍 新中国成立前，黑龙江地区仅有51名气象工作人员。新中国成立后，随着气象事业的发展，气象队伍不断壮大。管理体制改革前的1981年底，全省气象职工1959名，其中大学本科及以上学历103人（占5.3%），专科129人（占6.6%）。到2014年底，全省气象部门在职人员2351人，其中国家气象编制人员1733人，地方编制人员131人，编制外用工487人，全省参照公务员管理人员522人；全省社会兼职气象信息员（协理员）12 150人。国家气象编制在职人员中，具备研究生学历或研究生学位187人（10.8%），大学本科学历1207人（69.6%），大专学历264人（15.2%），中专及以下学历180人，占（10.4%）；正研级高工7人（0.4%），副研级高工330人（19.0%），中级技术职称822人（47.4%）。（参见第338页 黑龙江气象）

（杨卫东　袁长焕）

Shànghǎi Shì Qìxiàngjú

上海市气象局（Shanghai〔Municipal〕Meteorological Service） 上海市行政区域内气象工作管理机构，实行中国气象局和上海市人民政府双重领导，以中国气象局领导为主的管理体制。根据授权承担本行政区域内气象工作的政府行政管理职能，依法履行气象主管机构的各项职责。

主要职责 负责制定上海行政区域内气象事业发展规划、计划及气象业务建设的组织实施；负责上海行政区域内重要气象设施建设项目的审查；对上海行政区域内的气象活动进行指导、监督和行业管理。按照职责权限审批气象台站调整计划；组织管理上海行政区域内气象探测资料的汇总、分发；依法保护气象探测环境；管理上海行政区域内涉外气象活动。在上海行政区域内组织对重大灾害性天气跨地区、跨部门的联合监测、预报工作，及时提出气象灾害防御措施，并对重大气象灾害作出评估，为上海市人民政府组织防御气象灾害提供决策依据；管理上海行政区域内公众气象预报、灾害性天气警报以及农业气象预报、城市环境气象预报、火险气象等级预报等专业气象预报的发布。制定人工影响天气作业方案，并在上海市人民政府的领导和协调下，管理、指导和组织实施人工影响天气作业；组织管理雷电灾害防御工作，会同有关部门指导对可能遭受雷电袭击的建筑物、构筑物和其他设施安装的雷电灾害防护装置的检测工作。负责向上海市人民政府和同级有关部门提出利用、保护气候资源和推广应用气候资源区划等成果的建议；组织对气候资源开发利用项目进行气候可行性论证。组织开展气象法制宣传教育，负责监督有关气象法规的实施，对违反《中华人民共和国气象法》有关规定的行为依法进行处罚，承担有关行政复议和行政诉讼。统一领导和管理上海行政区域内气象部门的计划财务、机构编制、人事劳动、科研和培训及业务建设等工作；会同区县人民政府对区县气象机构实施以气象部门为主的双重管理；协助区县党委和人民政府做好当地气象部门的精神文明建设和思想政治工作。负责华东区域灾害性天气的跨省联防、气象业务及科研开发的协作协调和技术交流协调。承担中国气象局华东区域气象中心的协调职能（见第78页 区域气象中心）。

机构沿革 1949年5月中国人民解放军上海军事管制委员会接管上海气象台，1950年12月又接管了法国天主教会的徐家汇观象台，并将其中的气象工作部门与上海气象台合并。1952年8月上海气象台直属华东军区司令部气象处领导。1953年8月上海气象台随同全国气象部门由军队转建为地方政府领导。1954年1月上海气象台更名为华东区上海海洋气象台，同年11月扩建为中央气象局上海中心气象台，直属中央气象局领导。1956年5月经国务院批准成立上海气象局，归中央气象局和上海市人民委员会领导，以中央气象局领导为主，统一管辖江苏、浙江、上海两省一市的气象工作。1958年8月撤销上海气象局，上海中心气象台归上海市人民委员会委农村工作部领导。1959年4月上海市气象局成立，由上海市人民委员会和中央气象局领导，以上海市人民委员会领导为主。1970年9月气象部门归军队和地方双重领导，以军队领导为主，上海警备区派军代表主持上海市气象局工作。1973年8月成立中共上海市气象局委员会，由上海市革命委员会建制领导。1978年4月中共上海市委重新任命了上海市气象局的领导班子，局党委改设局党组。1983年1月开始，上海市气象局改属国家气象局和上海市人民政府双重领导，以国家气象局领导为主的管理体制，直到现在。

上海市气象局历届主要负责人一览表

主要负责人	职务	任职时间
马步英	局长	1956年10月—1958年8月
刘次恭	局长	1959年5月—1967年2月
孔　谦	局负责人	1970年10月—1973年8月
牟敦高	党委书记	1973年8月—1978年1月
万　辉	局长	1978年4月—1983年10月
王　雷	局长	1983年10月—1998年3月
盛家荣	局长	1998年3月—2004年11月
汤　绪	局长	2004年11月—2014年6月
陈振林	局长	2014年6月—

注：1967年2月—1970年10月"文革"期间领导班子不健全。

机构设置 上海市气象局内部机构经历过多次变化与调整。2012年机构设置有：

内设机构 办公室（上海市气象局应急管理办公室）、应急与减灾处、观测与预报处、科技发展处（气候变化处、发展研究室）、计划财务处、人事处、政策法规处（雷电防护管理办公室、行业管理处）、监察审计处（与党组纪检组合署办公）、机关党委办公室（精神文明建设办公室）、离退休干部办公室。

直属单位 上海中心气象台（太湖流域气象中心）、中国气象局上海台风研究所、上海市气象科学研究所、上海市气候中心（上海区域气候中心、上海市气候变化研究中心）、上海市气象信息与技术支持中心（上海市气象档案馆）、上海市气象科技服务中心（上海市气象局后勤服务中心）、上海市防雷中心（上海市气象灾害防御工程技术中心、上海市避雷装置检测站）、上海市公共气象服务中心（上海市气象信息传媒中心）、上海海洋中心气象台、上海市气象局财务核算中心。

挂靠机构 上海市气象学会。

中国气象局委托上海市气象局管理的机构 中国气象局上海物资管理处。

区（县）气象局 设浦东新区气象局（上海市城市环境气象中心）、闵行区气象局（上海市卫星遥感与测量应用中心）、宝山区气象局（宝山国家气候观象台）、嘉定区气象局、青浦区气象局、金山区气象局、松江区气象局、奉贤区气象局、崇明县气象局9个区县气象局。除9个区县设有气象站外，还设有徐家汇、南汇、小洋山3个气象站。

气象队伍 1959年上海市气象局成立初期仅有职工229人。管理体制回收前的1981年，上海气象部门职工增至300人。随着气象事业的发展和气象部门多次改革调整，上海气象部门人才队伍规模逐步壮大，素质不断提升。截至2014年，全市国家气象系统事业编制640人，其中参照公务员管理65人，实有在编职工600人，其中参照公务员管理58人。在编职工学历结构：大学本科及以上504人，其中博士研究生53人、硕士研究生218人。职称结构：高级技术职称人员112人，其中正研级职称20人；中级职称190人。此外，上海市气象局有编制外劳动合同制职工116人，劳务派遣人员264人，分布在各街道、镇、社区的气象信息员共1749人，气象志愿者545人。（参见第342页 上海气象）

（陈振林）

Jiāngsū Shěng Qìxiàngjú
江苏省气象局（Jiangsu〔Provincial〕Meteorological Service） 江苏省行政区域内气象工作管理机构，实行中国气象局与江苏省人民政府双重领导，以中国气象局领导为主的管理体制。根据授权承担本行政区域内气象工作的政府行政管理职能，依法履行气象主管机构的各项职责。

主要职责 负责制定本行政区域内气象事业发展规划、计划及气象业务建设的组织实施；负责本行政区域内重要气象设施建设项目的审查；对本行政区域内的气象活动进行指导、监督和行业管理。按照职责权限审批气象台站调整计划；组织管理本行政区域内气象探测资料的汇总、分发；依法保护气象探测环境；管理本行政区域内涉外气象活动。在本行政区域组织对重大灾害性天气跨地区、跨部门的联合监测、预报工作，及时提出气象灾害防御措施，并对重大气象灾害作出评估，为本级人民政府组织防御气象灾害提供决策依据；管理本行政区域内公众气象预报、灾害性天气警报以及农业气象预报、城市环境气象预报、火险气象等级预报等专业气象预报的发布。制定人工影响天气作业方案，并在本级人民政府的领导和协调下，管理、指导和组织实施人工影响天气作业；组织管理雷电灾害防御工作，会同有关部门指导对可能遭受雷电袭击的建筑物、构筑物和其他设施安装的雷电灾害防护装置的检测工作。负责向本级人民政府和同级有关部门提出利用、保护气候资源和推广应用气候资源区划等成果的建议；组织指导气候资源的开发利用和保护，组织并审查国家和省重点建设工程、重大区域性经济开发项目和城乡规划的可行性论证。组织开展气象法制宣传教育，负责监督有关气象法规的实施，对违反《中华人民共和国气象法》有关规定的行为依法进行处罚，承担有关行政复议和行政诉讼。统一领导和管理本行政区域内气象部门的计划财务、机构编制、人事劳动、科研和教育培训以及业务建设等工作；会同各市人民政府对市气象机构实施以气象部门为主的双重领导；会同地方党委和人民政府，做好当地气象部门的精神文明建设和思想政治工作。

机构沿革 1953年1月江苏省军区气象科在镇江成立。1954年11月江苏省人民政府决定将省气象科改设为气象局，定名为江苏省人民政府气象局。1956年5月江苏、浙江两省气象局组成上海气象局。1958年6月正式成立江苏省气象局。1971年5月省气象局划归省军区领导，全省所属气象台站划归军分区与县人武部领导。1973年10月省气象局由省军区领导为主改归省政府领导，专（地）、县气象台、站也同时划归当地政府为主领导。1983年开始，江苏省气象局改由国家气象局和江苏省人民政府双重领导，以国家气象局领导为主的管理体制，延续至今。

表1　江苏省气象局历届主要负责人一览表

主要负责人	职务	任职时间
马步英	局长	1954年11月—1956年5月
严在中	副局长（主持工作）	1956年5月—1958年6月
严在中	副局长（主持工作）	1958年6月—1960年2月
关耀庭	局长	1960年2月—1961年4月
徐行	副局长（主持工作）	
王建中	副局长（一度主持工作）	1961年4月—1965年5月
顾云如	局长	1965年5月—1969年12月
李凤鸣	负责人	1969年12月—1971年5月
胡启灼 赵明斋	负责人（军代表）	1971年5月—1973年10月
胡启灼 赵明斋 李凤鸣	负责人	1973年10月—1977年10月（1974—1975年赵明斋、胡启灼先后调离）
李凤鸣	代局长、局长	1977年10月—1983年7月
任广昌	局长	1983年7月—1997年1月
胡辛陵	局长	1997年1月—2004年1月
卞光辉	局长	2004年1月—2010年11月
翟武全	局长	2010年11月—

注：1956年5月—1958年6月归属上海气象局，局长马步英。

机构设置　江苏省气象局自成立以来，内设机构和下属单位根据事业发展需要经过多次调整，2014年底机构设置有：

内设机构　办公室、应急与减灾处（江苏省人工影响天气办公室）、观测与网络处、科技与预报处（气候变化处）、计划财务处、人事处、政策法规处、监察审计处（与党组纪检组合署办公）、机关党委办公室（精神文明建设办公室）、离退休干部办公室。

直属单位　省气象台（省海洋气象台）、省气候中心（省人工影响天气中心）、省气象信息中心（省气象档案馆）、省气象探测中心（省（金坛）气象综合试验基地）、省气象服务中心（省气象影视中心）、省气象科学研究所（南京交通气象研究所、上海区域交通气象业务中心）、省雷电监测与防护中心、省气象局财务核算中心、省气象局机关服务中心。

挂靠机构　江苏省气象学会。

地方气象机构　经江苏省人民政府批准成立，由江苏省气象局管理的地方气象机构有：江苏省雷电监测与防护中心（江苏省防雷中心）、江苏省人工影响天气办公室。

副省级市气象局　南京市气象局。

市、县气象局　全省设有市级气象局12个，县级气象局67个。其他独立设置的县级气象机构4个（气象站3个，农试站1个）。见表2。

表2　江苏省市、县级气象机构设置表

地市级气象局	县（市、区）气象局
南京市	浦口区、六合区、江宁区、溧水区、高淳区
徐州市	贾汪区、铜山区、邳州市、新沂市、睢宁县、沛县、丰县
连云港市	连云区、赣榆县、灌云县、东海县、灌南县
宿迁市	宿豫区、沭阳县、泗阳县、泗洪县
淮安市	淮安区、淮阴区、金湖县、盱眙县、洪泽县、涟水县
盐城市	亭湖区、盐都区、东台市、大丰市、射阳县、阜宁县、滨海县、响水县、建湖县
扬州市	邗江区、江都区、仪征市、高邮市、宝应县
泰州市	靖江市、泰兴市、姜堰区、兴化市、高港区
南通市	通州区、海门市、启东市、如皋市、如东县、海安县
镇江市	丹徒区、扬中市、丹阳市、句容市
常州市	金坛市、溧阳市
无锡市	江阴市、宜兴市
苏州市	吴中区、相城区、吴江区、昆山市、太仓市、常熟市、张家港市
其他独立设置的县级气象机构	徐州农业气象试验站、淮安气象站、吕泗气象站、东山气象站

气象队伍　江苏省气象队伍经历了由小到大，逐步稳定的发展过程。1954年全省气象部门共有职工206人。管理体制改革前的1981年底，全省气象职工1656人，其中本科、大专学历528人（占31.9%）。截至2014年底，全省气象部门正式国家气象编制人员1640人，地方气象编制（全额拨款）人员31人，编制外用工904人，离退休人员1156人，另有社会兼职气象信息员36 370人。在编正式职工中，大学本科966人，博士研究生35人，硕士研究生272人；正研级高级职称20人，副研级高级职称234人，中级职称806人。（参见第345页*江苏气象*）

（翟武全　朱卫星　张芳）

Zhèjiāng Shěng Qìxiàngjú

浙江省气象局（Zhejiang〔Provincial〕Meteorological Service）　浙江行政区域内气象工作管理机构，实行中国气象局与浙江省人民政府双重领导，以中国气象局领导为主的管理体制。根据授权承担本行政区域及国家规定由本省管辖的海域内气象工作的政府行政管理职能，依法履行气象主管机构的各项职责。

主要职责　负责制定本行政区域内气象事业发展规划、计划及气象业务建设的组织实施；负责本行政区域内重要气象设施建设项目的审查；对本行政区域内的气象活动进行指导、监督和行业管理。按照职责权限审批气象台站调整计划；组织管理本行政区域内气象探测资料的汇总、分发；依法保护气象探测环境；管理本行政区域内涉外气象活动。在本行政区域内组织对重大灾害性天气跨地区、跨部门的联合监测、预报工作，及时提出气象灾害防御措施，并对重大气象灾害作出评估，为本级人民政府组织防御气象灾害提供决策依据；管理本行政区域内公众气象预报、灾害性天气警报以及农业气象预报、城市环境气象预报、火险气象等级预报等专业气象预报的发布。制定人工影响天气作业方案，并在本级人民政府的领导和协调下，管理、指导和组织实施人工影响天气作业；组织管理雷电灾害防御工作，会同有关部门指导对可能遭受雷电袭击的建筑物、构筑物和其他设施安装的雷电灾害防护装置的检测工作。负责向本级人民政府和同级有关部门提出利用、保护气候资源和推广应用气候资源区划等成果的建议；组织对气候资源开发利用项目进行气候可行性论证。组织开展气象法制宣传教育，负责监督有关气象法规的实施，对违反《中华人民共和国气象法》有关规定的行为依法进行处罚，承担有关行政复议和行政诉讼。统一领导和管理本行政区域内气象部门的计划财务、机构编制、人事劳动、科研和培训以及业务建设等工作；会同副省级省会城市人民政府及地级人民政府对所辖气象机构实施以气象部门为主的双重管理；会同地方党委和人民政府做好当地气象部门的精神文明建设和思想政治工作。

机构沿革 中华人民共和国成立初期，气象系统属军事建制，浙江省尚未建立气象管理机构，浙江气象工作由位于南京市北极阁的华东空军司令部直接管理，1951年5月改为华东军区司令部气象处管理。1951年9月，浙江省军区司令部设立气象科，管理浙江省气象工作。1953年9月省军区气象科划归浙江省人民政府建制，改为浙江省气象科，隶属省财政经济委员会。1954年10月省人民政府决定将省气象科扩建为省气象局。1956年5月中央气象局进行气象系统垂直领导和按天气区域设立管理机构的试点，成立上海气象局，撤销浙、苏两省气象局，由上海气象局统一管理上海、江苏和浙江的气象工作。1958年5月根据国务院通知，撤销上述管理机构试点，恢复浙江省气象局。1983年开始，浙江省气象局改由国家气象局和浙江省人民政府双重领导，以国家气象局领导为主的管理体制，直至现在。

表1　浙江省气象局历届主要负责人一览表

主要负责人	职务	任职时间
李瑞祥	科长、代局长	1951年9月—1956年4月
马步英	局长	1956年5月—1958年4月
季敏	副局长（主持工作）	1958年5月—1969年11月
杨怀松	军代表	1969年11月—1972年5月
季敏	第一副主任	1972年6月—1977年3月

续表

主要负责人	职务	任职时间
余从善	组长	1977年3月—1978年1月
亓汉三	局长	1978年2月—1983年12月
潘云仙	局长	1983年12月—1997年12月
席国耀	局长	1997年12月—2002年6月
王守荣	局长	2002年6月—2004年12月
李玉柱	副局长（主持工作）	2004年12月—2006年11月
	党组书记	2006年11月—2008年10月
黎健	局长	2006年11月—

注：1956年5月—1958年4月归属上海气象局，局长马步英。

机构设置 浙江省气象局自成立以来，内设机构和下属单位根据事业发展需要经过多次调整，2014年机构设置如下：

内设机构 办公室、应急与减灾处、观测与网络处（站网规划处）、科技与预报处（科技发展处、气候变化处）、计划财务处、人事处、政策法规处（行政许可处、省雷电防御管理办公室）、监察审计处（与党组纪检组合署办公）、机关党委办公室（精神文明建设办公室）、离退休干部办公室。

直属单位 浙江省气象台（浙江省海洋气象预警中心、浙江省人工影响天气中心）、浙江省气候中心（浙江省生态遥感中心、浙江省农业气象中心）、浙江省气象信息网络中心（浙江省气象档案馆）、浙江省大气探测技术保障中心（浙江省气象技术装备中心）、浙江省气象服务中心（浙江农村经济信息网信息中心）、浙江省气象科学研究所（浙江省气象培训中心、中国气象科学研究院浙江分院）、浙江省防雷中心、浙江省气象局财务核算中心、浙江省气象局后勤服务中心（浙江省气象局国有资产运行管理中心）。

挂靠机构 浙江省气象学会。

地方气象机构 经省政府批准成立浙江省人工影响天气办公室，由省气象局管理。

副省级市气象局 杭州市气象局、宁波市气象局。

市、县气象局 全省设有市气象局11个、县级气象局67个。还有独立设置的县级气象机构17个。见表2。

表2　浙江省市、县级气象机构设置表

副省和地市级气象局	县（市、区）气象局
杭州市	萧山区、桐庐县、淳安县、建德市、富阳市、临安市、余杭区
宁波市	北仑区、鄞州区、余姚市、慈溪市、奉化市、宁海县、象山县、镇海区
温州市	乐清市、瑞安市、永嘉县、平阳县、洞头县、文成县、泰顺县、苍南县

续表

副省和地市级气象局	县（市、区）气象局
湖州市	德清县、长兴县、安吉县
嘉兴市	嘉善县、平湖市、海盐县、海宁市、桐乡市
绍兴市	绍兴县、诸暨市、上虞市、嵊州市、新昌县
金华市	兰溪市、东阳市、义乌市、永康市、浦江县、武义县、磐安县
衢州市	龙游县、江山市、常山县、开化县
舟山市	普陀区、岱山县、嵊泗县
台州市	椒江区、黄岩区、临海市、温岭市、玉环县、天台县、仙居县、三门县、路桥区
丽水市	龙泉市、青田县、云和县、庆元县、缙云县、遂昌县、松阳县、景宁县
其他独立设置的县级气象机构	石浦气象站、宁波天气雷达站、临安区域大气本底站、杭州气象站、湖州气象站、嘉兴气象站、舟山天气雷达站、舟山气象站、衢州气象站、金华天气雷达站、金华气象站、括苍山气象站、大陈气象站、洪家气象站、温州气象站、温州天气雷达站、丽水气象站

气象队伍 浙江气象队伍经历了由小到大，逐步稳定的发展过程。1949年5月浙江解放时全省气象人员只有21人，1953年为136人，1995年增加到1801人。到2014年底，全省气象部门在职人员3067人，其中国家气象系统1609人（参照公务员法管理人员506人、国家事业编制1103人），地方气象编制226人，编外用工人员1232人；另有社会兼职气象信息员（协理员）33 007人。

人员素质不断提高。1953年大专及以上文化程度只占职工总数的0.7%，1995年达到42.2%。到2014年底，在国家气象系统在职人员中，博士学历（位）26人（1.6%），硕士学历（位）274人（占17.0%），大学本科学历925人（占57.5%）；研究员级10人（占0.6%），副研究员级277人（占17.2%），中级技术职称864人（占53.7%）。（参见第349页 浙江气象）

（黎健　陈梅）

Ānhuī Shěng Qìxiàngjú
安徽省气象局（Anhui〔Provincial〕Meteorological Service） 安徽省行政区域内气象工作管理机构，实行中国气象局与安徽省人民政府双重领导，以中国气象局领导为主的管理体制。根据授权承担本行政区域内气象工作的政府行政管理职能，依法履行安徽省气象行政、气象业务、气象服务管理和行业管理职能。

主要职责 负责组织落实气象部门的各项改革政策和措施。负责在本省行政区域内对气象行业实施规划、协调、指导、监督和服务，以及气象大中型项目、大中型气象技术装备的统一布局、立项和调整方案的初审或审批。负责在本省行政区域内对气象法规和气象业务技术规范、标准的执行情况进行监督检查，依据有关法规和规定制定本省气象工作的行政规章。会同省人民政府对市、县两级气象机构实施以气象部门为主的双重领导，建立健全气象部门双重计划财务体制，促进气象事业与地方经济建设协调发展。统一管理本行政区域内天气预报、警报及其他气象信息的发布，参与有关防灾减灾决策，组织、协调对重大灾害性天气跨地区、跨部门的气象服务联防和对重大气象灾害的调查评估，负责对发生灾害气象成因鉴定的管理。管理与指导本行政区域内气候资源的开发、利用和保护，组织对当地重点建设工程、重大区域性经济开发项目、城乡建设规划中的气象条件评价的论证和审查。归口管理人工影响局部天气和防御雷电灾害等社会生产、人民生活中与气象有关的安全设施的设计、施工和技术检测。负责全省气象灾害防御标准、措施的制定。负责专业（专项）气象服务、气象适用技术推广应用的管理、指导与协调，推进气象科技产业和气象技术装备社会化服务的发展。制订本行政区域内气象事业发展规划、计划，并组织实施。统一领导和管理本省气象部门的计划财务、基本建设、国有资产、科研教育、业务建设、技术装备、机构编制、人事劳动、行政监察、审计等工作，协助地方党委和政府做好当地气象职工队伍的思想政治工作和精神文明工作。承担中国气象局淮河流域气象中心（淮河流域气象业务服务协调委员会办公室）的协调职能（见第80页 流域气象中心）。

机构沿革 1951年安徽省气象台站从华东军区司令部气象处管理转到安徽省军区管理。1952年6月安徽省军区司令部成立气象科，1954年1月安徽省人民政府财政经济委员会接收安徽省军区气象科，改称安徽省气象科。1954年10月经安徽省人民政府批准成立安徽省人民政府气象局，1955年3月，安徽省人民政府气象局改为安徽省气象局。1965年5月改名为安徽省农业厅气象局。1968年8月改名为安徽省农业厅气象局革命委员会，实行军管。1969年6月改称安徽省气象服务站革命委员会，1970年5月改名为安徽省革委会气象局。1980年1月改名为安徽省人民政府气象局。1983年改称安徽省气象局，开始实行国家气象局和安徽省人民政府双重领导，以国家气象局领导为主的管理体制，延续至今。

表1　安徽省气象局历届主要负责人一览表

主要负责人	职务	任职时间
何勇禄	代理局长	1954年11月—1955年6月
彭利昌	局长	1956年6月—1968年8月
范广永	主任（军代表）	1968年10月—1969年12月
高义	主任（军代表）	1970年5月—1971年1月
彭世权	主任（军代表）	1971年1月—1973年

续表

主要负责人	职务	任职时间
陈力生	主任	1973年8月—1978年2月
曾醒吾	局长	1978年2月—1983年8月
张锋生	局长	1983年8月—1990年5月
汪百川	局长	1990年12月—1995年11月
刘志澄	局长	1995年11月—2003年2月
孙 健	局长	2003年2月—2006年5月
翟武全	局长	2006年5月—2010年11月
于 波	局长	2010年11月—

机构设置 安徽省气象局自成立以来，内设机构和下属单位根据事业发展需要经过多次调整，2014年机构设置有：

内设机构 办公室、应急与减灾处、观测与网络处、科技与预报处、计划财务处、人事处、政策法规处、监察审计处（与党组纪检组合署办公）、机关党委办公室（精神文明建设办公室）、离退休干部办公室。

直属单位 安徽省气象台、安徽省气候中心、安徽省气象科学研究所、安徽省大气探测技术保障中心、安徽省气象信息中心、安徽省防雷中心、安徽省公共气象服务中心、安徽省气象局机关服务中心、中国气象局气象干部培训学院安徽分院（安徽省信息工程学校）、安徽省气象局财务核算中心、巢湖气象局（巢湖气象灾害防御管理局）、黄山气象管理处、九华山气象管理处。

挂靠机构 安徽省气象学会。

地方气象机构 由安徽省人民政府批准成立，由安徽省气象局管理的地方气象机构有：安徽省人工影响天气办公室、安徽省农村综合经济信息中心。

市、县气象局 全省设有16个市气象局，62个县级气象局（见表2）。

表2　安徽省市、县级气象机构设置表

地市级气象局	县（市、区）气象局
合肥市	肥东县、肥西县、长丰县、庐江县、巢湖市
淮北市	濉溪县
亳州市	涡阳县、蒙城县、利辛县
宿州市	砀山县、萧县、灵璧县、泗县
蚌埠市	怀远县、固镇县、五河县
阜阳市	颍上县、阜南县、临泉县、太和县、界首市
淮南市	凤台县
滁州市	天长市、来安县、全椒县、凤阳县、明光市、定远县
六安市	寿县、霍邱县、金寨县、霍山县、舒城县
马鞍山市	当涂县、和县、含山县
芜湖市	无为县、芜湖县、繁昌县、南陵县
宣城市	郎溪县、广德县、宁国市、泾县、旌德县、绩溪县
铜陵市	
池州市	东至县、石台县、青阳县
安庆市	枞阳县、桐城县、望江县、潜山县、宿松县、岳西县、怀宁县、太湖县、天柱山
黄山市	歙县、黄山区、祁门县、休宁县、黟县

气象队伍 安徽省气象队伍经历了不断壮大，逐步稳定的发展过程。建局之初的20世纪50年代初，全省气象干部职工仅有50多人，1960年达到320人；1986年底，全省气象科技人员1558人，其中大学专科以上学历384人（占24.6%）。到2014年底，全省气象部门职工为2427人，其中：参照公务员法管理的国家气象编制人员515人，国家气象事业单位在职职工1166人，地方气象机构编制人员19人，编制外职工727人；另有社会兼职气象信息员43 013人。在编职工中大学本科及以上1343人（占79%），其中：博士研究生16人，硕士研究生246人；专业技术职称：副研级高级工程师及以上人员187人（占11%），其中正研级高级工程师11人。（参见第353页 安徽气象）

（于波）

Fújiàn Shěng Qìxiàngjú

福建省气象局（Fujian〔Provincial〕Meteorological Service） 福建省行政区域内气象工作管理机构，实行中国气象局与福建省人民政府双重领导，以中国气象局领导为主的管理体制，根据授权承担本行政区域内气象工作的行政管理职能，依法履行气象主管机构的各项职责。

主要职责 负责制定本行政区域内气象事业发展规划、计划及气象业务建设方案和组织实施；负责本行政区域内重要气象设施建设项目的审查；对本行政区域内的气象活动进行指导、监督和行业管理。按照职责权限审批（核）气象台站调整计划；组织管理本行政区域内气象探测资料的汇总、分发；依法保护气象探测环境；管理本行政区域内涉外气象活动。在本行政区域内组织对重大灾害性天气跨地区、跨部门的联合监测、预报工作，及时提出气象灾害防御建议，并对重大气象灾害做出评估，为本级人民政府组织防御气象灾害提供决策依据；管理本行政区域内公众气象预报、灾害性天气警报以及农业气象预报、城市环境气象预报、火险气象等级预报等专业气象预报的发布。制定人工影响天气作业方案，并在本级人民政府的领导和协调下，管理、指导和组织实施人工影响天气作业；组织管理雷电灾害防御工作，会同有关部门指导对可能遭受雷电袭击的建筑物、构筑物和其他设施安装的雷电灾害防护装置的检测工作。负责向本级人民政府和同级有关部门提出利用、保护气候资源和推广应用气候资源区划等成果的建议；组织对气候资源开发利用项目进行气候可行性论证。组织开展气象法制宣传教育，负责监督有关气象法规的实施，对违反《中华人民共和国气象法》及有关法规规章规定的行为依法进行处罚，承担有关行政复议和行政诉讼。统一领导和管理本行政区域内气象部门的计划财务、机构编制、人事劳动、科研和培训以及业务建设等工作；会同地级市人民政府对所辖气象机构实施以气象部门为主的双重管理；会同地方党委和人民政府做好当地气象部门的精神文明建设和思想政治工作。

机构沿革 1949年8月福建省人民政府实业厅偕同中国人民革命军事委员会福州市军事管制委员会接管了福建省气象所。1951年9月福建军区司令部情报处成立气象科，接管省气象所管辖的12个测候所，测候所改称气象站。1953年8月气象系统由福建军区管辖转归福建省人民政府财政经济委员会。1954年10月改称福建省气象局，业务上接受中央气象局领导。1970年全省气象管理体制实行军队与地方双重领导，以军队为主的管理体制。1982—1983年完成了管理体制的重大调整，开始实行气象部门与地方政府双重领导，以气象部门领导为主的管理体制，直至现在。

表1 福建省气象局历届主要负责人一览表

主要负责人	职务	任职时间
顾鲁	副局长（主持）	1953年2月—1966年8月
王建政	副局长（主持）	1966年8月—1969年11月
田泽林	局长	1969年11月—1971年7月
颜成义	局长	1971年7月—1975年1月
黄崀禹	局长	1975年8月—1977年10月
张建国	局长	1977年10月—1981年6月
黄崀禹	局长	1981年6月—1983年1月
钮叙凯	局长	1983年1月—1988年10月
叶榕生	局长	1988年10月—1997年3月
李修池	局长	1997年3月—2000年11月
杨维生	局长	2000年11月—2008年4月
董熔	局长	2008年4月—

机构设置 福建省气象局自成立以来，内设机构和直属事业单位根据事业发展需要经过多次调整，2014年机构设置如下：

内设机构 办公室、应急与减灾处、观测与网络处、科技与预报处、计划财务处、人事处、政策法规处、监察审计处、机关党委办公室、离退休干部办公室。

直属单位 福建省气象台（福建省海洋气象台）、福建省气候中心（福建省气象培训中心）、福建省气象信息中心（福建省气象档案馆）、福建省大气探测技术保障中心、福建省气象服务中心（福建省气象影视中心）、福建省海峡气象科学研究所（福建省气象科学研究所）、福建省防雷中心、福建省气象局机关服务中心、福建省气象局财务核算中心。

挂靠机构 福建省气象学会。

计划单列市气象局 厦门市气象局。

市、县级气象局 全省设有8个设区市气象局、72个县（市、区）气象局，其他独立设置的县级气象机构11个（九仙山、三沙气象站，福州、天宝、建阳农业气象试验站，建阳、三明、龙岩、漳州、泉州、宁德雷达站）（见表2）。

表2 福建省市、县级气象机构设置表

地市级气象局	县（市、区）气象局
厦门市	同安区、翔安区、海沧区、集美区
福州市	福清市、长乐市、闽侯县、连江县、罗源县、闽清县、永泰县、平潭县
南平市	延平区、邵武市、武夷山市、建瓯市、建阳区、顺昌县、浦城县、光泽县、松溪县、政和县
三明市	永安市、明溪县、清流县、宁化县、大田县、尤溪县、沙县、将乐县、泰宁县、建宁县、三元区、梅列区
莆田市	荔城区、秀屿区、仙游县、涵江区、城厢区
泉州市	石狮市、晋江市、南安市、惠安县、安溪县、永春县、德化县
漳州市	龙海市、云霄县、漳浦县、诏安县、长泰县、东山县、南靖县、平和县、华安县、龙文区
龙岩市	漳平市、长汀县、永定县、上杭县、武平县、连城县、新罗区
宁德市	蕉城区、福安市、福鼎市、寿宁县、霞浦县、柘荣县、屏南县、古田县、周宁县

气象队伍 福建气象队伍经历了由小到大，逐步稳定的发展过程。1951年有气象干部职工26人。管理体制改革前的1981年底，全省气象职工1138名，其中大学专科及以上学历306人（占26.9%），中专380人（占33.4%）。截至2014年底，全省气象部门在职人员总数为2209人，其中国家编制人员1574人（参照公务员法管理449人），地方编制人员3人，编制外用工632人。兼职气象信息员27 602人。国家气象系统在职人员中，博士10人、硕士研究生211人（占14.0%），本科学历940人（占63.1%），专科学历262人（占16.6%）；正研级职称12人（占0.76%），副研级职称223人（占14.2%），中级职称680人（占43.2%）。（参见第356页 福建气象）

（董熔）

Jiāngxī Shěng Qìxiàngjú

江西省气象局（Jiangxi〔Provincial〕Meteorological Service） 江西省行政区域内气象工作管理机构，实行中国气象局与江西省人民政府双重领导，以中国气象局领导为主的管理体制。根据授权承担本行政区域内气象工作的政府行政管理职能，依法履行江西省气象行政、气象业务、气象服务管理和行业管理职能。

主要职责 主要承担对本行政区域内的气象活动进

行指导、监督和行业管理职能；负责制定地方气象事业发展规划、计划，并组织实施；负责向本级人民政府和同级有关部门提出气候资源的保护、利用和推广应用的可行性论证；负责本行政区域内农业生产的合理布局、防灾减灾及粮食安全保障的气象服务；负责本行政区域内气象探测资料汇总、分发的组织管理；为本级人民政府组织防御气象灾害提供决策依据；制定人工影响天气作业方案，并在本级人民政府的领导和协调下，管理、指导和组织实施人工影响天气作业；组织管理雷电灾害防御工作并会同有关部门指导雷电防护装置的检测工作；依据《中华人民共和国气象法》履行行政执法职能，对有关违法行为依法进行处罚；承担有关行政复议工作；管理本行政区域内公众气象预报、灾害性天气警报及农业气象预报、城市环境气象预报、火险气象等级预报等专业气象预报的发布。同时，承担省政府赋予的省人工影响天气领导小组办公室、省农村经济信息中心、省雷电防护管理局的日常管理职能。

机构沿革 1954年10月省人民政府决定江西省气象科改为江西省气象局。1958年4月江西省政府决定将江西省气象局和江西省水利电力厅水文总站合并，成立江西省水利电力厅水文气象局，直属省水利电力厅领导。1968年10月江西省革命委员会农业组下设江西省水文气象站，原江西省水利电力厅水文气象局撤销。1970年12月江西省革委会、省军区决定成立江西省气象局，水文、气象分开，气象部门建制由各级革委会的建制实行省军区、军分区、县市人民武装部和各级革委会双重领导，并以军事部门为主。1973年6月气象部门的建制改为各级革委会建制领导，省气象局由省革委会农林办公室归口领导，负责统筹规划全省气象事业建设和全省气象台站的业务管理、技术指导。1980年7月江西省人民政府批转各级气象部门实行省气象局和地、市、县人民政府双重领导，以省气象局为主的管理体制。1983年4月开始，实行国家气象局与江西省人民政府双重领导，以国家气象局领导为主的管理体制，直至现在。

表1 江西省气象局历届主要负责人一览表

主要负责人	职务	任职时间
卓剑雄	局长	1954年10月—1958年4月
王化民	负责人、副局长、局长	1958年4月—1980年1月
解 中	局长	1980年1月—1988年4月
潘根发	局长	1988年4月—1996年4月
陈双溪	副局长（主持工作）	1996年4月—1997年3月
	局长	1997年3月—2007年7月
常国刚	局长	2007年7月—2013年2月
薛根元	局长	2013年2月—

机构设置 50多年来，江西省气象局内部机构经历过多次变化与调整。到2014年机构设置有：

内设机构 办公室、应急与减灾处、观测与网络处、科技与预报处、计划财务处、人事处、政策法规处、监察审计处、机关党委办公室、离退休干部办公室。

直属单位 省气象台、省气候中心、省气象服务中心、省气象信息中心、省气象科学研究所、省大气探测中心、省气象局机关服务中心、省雷电防护中心、省气象局财务核算中心。

挂靠机构 省气象学会秘书处。

地方气象机构 经省政府批准设立省人工影响天气领导小组办公室、省气候变化监测评估中心、省气象灾害应急预警中心、江西信息应用职业技术学院，由省气象局管理。

市、县气象局 全省有设区市气象局11个，县（市、区）气象局84个（见表2）。

表2 江西省市、县级气象机构设置表

设区市气象局	县（市、区）气象局
南昌市	南昌县、新建县、进贤县、安义县
九江市	庐山管理局、修水县、武宁县、瑞昌市、永修县、德安县、星子县、都昌县、湖口县、彭泽县、九江县、共青城市
景德镇市	乐平市、浮梁县
萍乡市	莲花县、芦溪县、上栗县
新余市	渝水区、分宜县
鹰潭市	贵溪市、余江县
赣州市	上犹县、龙南县、全南县、定南县、兴国县、瑞金市、安远县、会昌县、南康市、信丰县、赣县、崇义县、石城县、寻乌县、于都县、大余县、宁都县
上饶市	上饶县、广丰县、玉山县、弋阳县、横峰县、铅山县、鄱阳县、余干县、万年县、德兴市、婺源县、三清山管理局
宜春市	丰城市、高安市、靖安县、奉新县、上高县、铜鼓县、万载县、宜丰县、樟树市
吉安市	新干县、峡江县、永丰县、吉水县、吉安县、安福县、永新县、井冈山市、泰和县、万安县、遂川县
抚州市	临川区、东乡县、金溪县、资溪县、崇仁县、乐安县、宜黄县、南城县、南丰县、黎川县、广昌县

气象队伍 江西省气象队伍经历了由小到大，逐步稳定的发展过程。1950年有气象干部职工13人。管理体制改革前的1981年底，全省气象职工1782人，其中大学本科及以上学历63人（占3.5%），专科193人（占10.8%）。到2014年底，全省气象部门在职国家编制职工总数1657人，在职地方编制职工20人，离退休人员989人。在职国家编制职工中：本科及以上学历1115人，占67.3%；硕士学位128人，占7.7%；博士学位5人；中级及以上技术职称1172人，占70.7%；副研级技术职称254人，占15.3%；正研级高工7人。兼职气

象信息员26 000人。（参见第360页江西气象）

（薛根元）

Shāndōng Shěng Qìxiàngjú
山东省气象局

（Shandong〔Provincial〕Meteorological Service） 山东省行政区域内气象工作管理机构，实行中国气象局与山东省人民政府双重领导，以中国气象局领导为主的管理体制。根据授权承担本行政区域内气象工作的政府行政管理职能，依法履行山东省气象行政、气象业务、气象服务管理和行业管理职能。

主要职责 负责对本行政区域内的气象活动进行指导、监督和行业管理；负责本行政区域内气象探测资料汇总、分发的组织管理。为本级人民政府组织防御气象灾害提供决策依据；制定人工影响天气作业方案，并在本级人民政府的领导和协调下，管理、指导和组织实施人工影响天气作业；组织管理雷电灾害防御工作并会同有关部门指导雷电灾害防护装置的检测工作。管理本行政区域内公众气象预报、灾害性天气警报及农业气象预报、城市环境气象预报、火险气象等级预报等专业气象预报的发布。负责向本级人民政府和同级有关部门提出利用、保护气候资源和推广应用气候资源区划等成果的建议；组织对气候资源开发利用项目进行气候可行性论证。组织开展气象法制宣传教育，负责监督有关气象法规的实施，对违反《中华人民共和国气象法》有关规定的行为依法进行处罚，承担有关行政复议和行政诉讼。统一领导和管理本行政区域内气象部门的计划财务、机构编制、人事劳动、科研和培训以及业务建设等工作；会同市人民政府对市气象机构实施以气象部门为主的双重管理；协助地方党委和人民政府做好当地气象部门的精神文明建设和思想政治工作。

机构沿革 1950年初，中国人民解放军华东军区设立气象处，管理山东省境内气象台站。1952年12月山东军区司令部设立气象科，1953年10月山东军区气象科改隶于山东省人民政府，称山东省气象科，管理山东省气象工作。1955年2月由山东省气象科扩建为省气象局，隶属于山东省人民委员会建制。1983年1月开始，山东省气象局实行国家气象局和山东省人民政府双重领导，以国家气象局领导为主的管理体制，直至现在。

表1 山东省气象局历届主要负责人一览表

主要负责人	职务	任职时间
蔡甫	局长	1955年2月—1958年1月
张铭三	局长	1958年1月—1961年5月
王树业	局长	1961年5月—1970年2月
于丛源	革委会主任、负责人	1970年2月—1972年8月
张谦恒	局长	1972年8月—1979年3月

续表

主要负责人	职务	任职时间
李向平	局长	1979年6月—1983年2月
周祖忠	局长	1983年2月—1990年1月
刘志刚	局长	1990年1月—1994年12月
蒋伯仁	局长	1994年12月—2003年12月
王建国	局长	2003年12月—2008年5月
湖涛	副局长（主持工作）、局长	2008年5月—2011年1月
史玉光	局长	2011年1月—

机构设置 山东省气象局成立以来，内设机构和下属单位根据事业发展需要经过多次调整，2014年机构设置有：

内设机构 办公室、应急与减灾处、观测与网络处、科技与预报处（气候变化处）、计划财务处、人事处、政策法规处、监察审计处、机关党委办公室、离退休干部办公室。

直属单位 山东省气象台、山东省气候中心、山东省气象信息中心、山东省大气探测技术保障中心、山东省气象科学研究所、山东省气象服务中心、山东省雷电防护技术中心、山东省气象局机关服务中心、山东省气象局财务核算中心。

挂靠机构 山东省气象学会。

地方气象机构 经山东省人民政府批准成立山东省人民政府人工影响天气办公室，由山东省气象局管理。

副省级气象局 济南市气象局、青岛市气象局。

市、县气象局 全省设有17个市气象局，108个县（市、区）气象局。其中济南长清区、高新区气象局，青岛崂山区、城阳区、黄岛区气象局，烟台开发区气象局为正处级气象机构。泰山气象站为副处级气象机构，泰安农业气象试验站、石岛气象台、荣成市成山头气象站为独立设置的正科级气象机构。见表2。

表2 山东省市、县级气象机构设置表

市气象局	县（市、区）气象局
济南市	章丘市、长清区、高新区、济阳县、平阴县、商河县
青岛市	胶州市、即墨市、莱西市、平度市、崂山区、黄岛区、城阳区
淄博市	淄川区、博山区、临淄区、周村区、桓台县、高青县、沂源县
枣庄市	滕州市、薛城区、峄城区、台儿庄区、山亭区
东营市	河口区、利津县、垦利县、广饶县
烟台市	开发区、栖霞市、海洋市、莱阳市、龙口市、招远市、莱州市、蓬莱市、牟平区、福山区、长岛县
潍坊市	青州市、诸城市、寿光市、安丘市、高密市、昌邑市、寒亭区、临朐县、昌乐县
济宁市	曲阜市、邹城市、兖州区、泗水县、微山县、鱼台县、金乡县、嘉祥县、梁山县、汶上县
泰安市	新泰市、肥城市、宁阳县、东平县
威海市	乳山市、荣成市、文登市

续表

市气象局	县（市、区）气象局
日照市	莒县、五莲县
莱芜市	
临沂市	沂南县、沂水县、蒙阴县、临沭县、莒南县、平邑县、郯城县、苍山县、费县
德州市	禹城市、乐陵市、宁津县、齐河县、陵县、临邑县、平原县、武城县、夏津县、庆云县
聊城市	临清市、阳谷县、东阿县、莘县、冠县、高唐县、茌平县
滨州市	邹平县、博兴县、惠民县、无棣县、沾化县、阳信县
菏泽市	定陶县、成武县、单县、曹县、东明县、鄄城县、郓城县、巨野县

气象队伍 山东气象队伍经历了由小到大、逐步稳定的发展过程。1957年全省仅有气象干部职工330人，其中业务技术人员274人，占83%。1985年达到2598人，业务技术人员2214人，占85%。到2014年底，全省气象部门在职职工2021人，其中博士16人、硕士139人、本科1336人、专科314人。职称结构：正研级高级工程师15人，副研级高级工程师383人，中级职称884人、初级职称534人。气象信息员6.4万人。（参见第363页 山东气象）

（史玉光 杨清军）

Hénán Shěng Qìxiàngjú

河南省气象局（Henan〔Provincial〕Meteorological Service） 河南省行政区域内气象工作管理机构，实行中国气象局与河南省人民政府双重领导，以中国气象局领导为主的管理体制。根据授权承担本行政区域内气象工作的政府行政管理职能，依法履行河南省气象行政、气象业务、气象服务管理和行业管理职能。

主要职责 负责制定本行政区域内气象事业发展规划、计划及气象业务建设的组织实施；负责本行政区域内重要气象设施建设项目的审查；对本行政区域内的气象活动进行指导、监督和行业管理。按照职责权限审批气象台站调整计划；组织管理本行政区域内气象探测资料的汇总、分发；依法保护气象探测环境；管理本行政区域内涉外气象活动。在本行政区域内组织对重大灾害性天气跨地区、跨部门的联合监测、预报工作，及时提出气象灾害防御措施，并对重大气象灾害作出评估，为本级人民政府组织防御气象灾害提供决策依据；管理本行政区域内公众气象预报、灾害性天气警报以及农业气象预报、城市环境气象预报、火险气象等级预报等专业气象预报的发布。制定人工影响天气发展规划、计划及作业方案，并在本级人民政府的领导和协调下，管理、指导和组织实施人工影响天气作业。组织管理雷电灾害防御工作，会同有关部门指导对可能遭受雷电袭击的建筑物、构筑物和其他设施安装的雷电灾害防护装置的检测工作。负责向本级人民政府和同级有关部门提出利用、保护气候资源和推广应用气候资源区划等成果的建议；组织对气候资源开发利用项目进行气候可行性论证。组织开展气象法制宣传教育，负责监督有关气象法规的实施，对违反《中华人民共和国气象法》有关规定的行为依法进行处罚，承担有关行政复议和行政诉讼。统一领导和管理本行政区域内气象部门的计划财务、机构编制、人事劳动、科研和培训以及业务建设等工作；会同地级人民政府对所辖气象机构实施以气象部门为主的双重管理；会同地方党委和人民政府做好当地气象部门的精神文明建设和思想政治工作。同时承担中国气象局黄河流域气象中心的协调职能（见第80页 流域气象中心）。

机构沿革 1953年以前，全省气象业务由河南省军区司令部作战处气象科负责。1953年8月气象科及其所属气象台移交河南省人民政府，隶属河南省财政经济委员会。1954年11月成立河南省气象局。1971年底实行河南省军区与河南省革命委员会双重领导，以省军区领导为主的体制。1973年9月河南省气象局划归河南省革命委员会领导。1974年4月成立中共河南省气象局党的核心小组，1979年5月成立中共河南省气象局党组。1983年开始，河南省气象局改由国家气象局和河南省人民政府双重领导，以国家气象局领导为主的管理体制，直至现在。

表1 河南省气象局历届主要负责人一览表

主要负责人	职务	任职时间
王治国	局长	1954年12月—1980年9月
张 彬	副局长，先后主持工作	1980年9月—1983年4月
张连洞		
阎秀璋	局长	1983年4月—1988年7月
代加洗	局长	1988年7月—1995年3月
席国耀	局长	1995年3月—1998年1月
张绍本	副局长（主持工作）	1998年1月—1999年3月
	局长	1999年3月—2004年8月
胡 鹏	局长	2004年8月—2008年5月
王建国	局长	2008年5月—2016年3月
赵国强	局长	2016年3月—

机构设置 河南省气象局自成立以来，内部机构经历过多次变化与调整。2014年底机构设置有：

内设机构 办公室、应急与减灾处、观测与网络处、科技与预报处、计划财务处、人事处、政策法规处、监察审计处（与党组纪检组合署办公）、机关党委办公室（精神文明建设办公室）和离退休干部办公室。

直属单位 河南省气象台（黄河流域气象中心）、

河南省气候中心（河南省气候变化监测评估中心）、河南省气象信息网络与技术保障中心（河南省气象档案馆）、河南省气象服务中心（河南省气象影视和宣传中心）、河南省气象科学研究所（河南省农业气象与卫星遥感中心、河南省气象培训中心）、河南省人工影响天气中心、河南省防雷中心、河南省气象局财务核算中心、河南省气象局机关事务管理中心。

挂靠机构 河南省气象学会。

地方气象机构 由河南省人民政府批准成立，由河南省气象局管理的地方气象机构有：河南省人民政府人工影响天气领导小组办公室。

市、县级气象局 全省共设有市（地）级气象局17个，县级气象局113个。其他独立设置的县级气象机构17个。见表2。

表2 河南省市、县级气象机构设置表

市气象局	县（市、区）气象局
郑州市	登封市、新郑市、新密市、巩义市、荥阳市、中牟县
开封市	杞县、通许县、尉氏县、兰考县
洛阳市	偃师市、孟津县、新安县、栾川县、嵩县、汝阳县、宜阳县、洛宁县、伊川县
平顶山市	新城区、舞钢市、汝州市、宝丰县、叶县、鲁山县、郏县
安阳市	林州市、安阳县、汤阴县、滑县、内黄县
鹤壁市	浚县、淇县
新乡市	卫辉市、辉县市、获嘉县、原阳县、延津县、封丘县、长垣县
焦作市	孟州市、沁阳市、修武县、博爱县、武陟县、温县
濮阳市	华龙区、清丰县、南乐县、范县、濮阳县、台前县
许昌市	禹州市、长葛市、鄢陵县、襄城县
漯河市	郾城区、舞阳县、临颍县
三门峡市	灵宝市、渑池县、卢氏县
南阳市	邓州市、南召县、方城县、西峡县、镇平县、内乡县、淅川县、社旗县、唐河县、新野县、桐柏县
商丘市	梁园区、睢阳区、永城市、虞城县、民权县、宁陵县、睢县、夏邑县、柘城县
信阳市	平桥区、息县、淮滨县、潢川县、光山县、固始县、商城县、罗山县、新县、鸡公山
周口市	川汇区、项城市、扶沟县、西华县、商水县、太康县、鹿邑县、郸城县、淮阳县、沈丘县、黄泛区
驻马店市	确山县、泌阳县、遂平县、西平县、上蔡县、汝南县、平舆县、新蔡县、正阳县
省气象局管理	济源市

气象队伍 河南省气象队伍经历了由小到大、逐步稳定的发展过程。1955年河南省气象部门共有职工222人，1980年在编职工增加到1847人。截至2014年，全省气象部门在职职工2308人，其中参照公务员法管理的国家气象编制人员678人，国家气象事业编制人员1440人，地方气象机构编制人员190人；另有社会兼职气象信息员（协理员）6万余人。在编正式职工中，研究生学历154人（占7.3%）；大学本科学历1353人（占63.9%）；大学专科400人（占18.9%）；中专及以下211人（占10.0%）。具有博士学位11人；具有硕士学位187人。职称结构：具有专业技术职务人员2035人（占96.1%），其中正研级职称11人（占0.5%）；副高级职称346人（占16.3%）；中级职称889人（占42.0%）；中级以下职称789人（占37.3%）。（参见第367页河南气象）

（王建国）

Húběi Shěng Qìxiàngjú

湖北省气象局（Hubei〔Provincial〕Meteorological Service） 湖北省行政区域内气象工作管理机构，实行中国气象局与湖北省人民政府双重领导，以中国气象局领导为主的管理体制。根据授权承担本行政区域内气象工作的政府行政管理职能，依法履行湖北省气象行政、气象业务、气象服务管理和行业管理职能。

主要职责 负责制定本行政区域内气象事业发展规划、计划及气象业务建设的组织实施；负责本行政区域内重要气象设施建设项目的审查；对本行政区域内的气象活动进行指导、监督和行业管理。按照职责权限审批气象台站调整计划；组织管理本行政区域内气象探测资料的汇总、分发；依法保护气象探测环境；管理本行政区域内涉外气象活动。在本行政区域内组织对重大灾害性天气跨地区、跨部门的联合监测、预报工作，及时提出气象灾害防御措施，并对重大气象灾害作出评估，为本级人民政府组织防御气象灾害提供决策依据；管理本行政区域内公众气象预报、灾害性天气警报以及农业气象预报、城市环境气象预报、火险气象等级预报等专业气象预报的发布。制定人工影响天气作业方案，并在本级人民政府的领导和协调下，管理、指导和组织实施人工影响天气作业；组织管理雷电灾害防御工作，会同有关部门指导对可能遭受雷电袭击的建筑物、构筑物和其他设施安装的雷电灾害护装置的检测工作。负责向本级人民政府和同级有关部门提出利用、保护气候资源和推广应用气候资源区划等成果的建议；组织对气候资源开发利用项目进行气候可行性论证。组织开展气象法制宣传教育，负责监督有关气象法规的实施，对违反《中华人民共和国气象法》有关规定的行为依法进行处罚，承担有关行政复议和行政诉讼。统一领导和管理本行政区域内气象部门的计划财务、机构编制、人事劳动、科研和培训以及业务建设等工作；会同副省级省会城市人民政府及地级人民政府对所辖气象机构实施以气象部门为主的双重管理；会同地方党委和人民政府做好当地气象部门的精神文明建设和思想政治工作。负责武汉区域灾害性天气的跨省联防、气象业务及科研开发的协作协调和技术交流协调。承担华中区域气象中心和长江流域气象中心的牵头、协调职能（见第78页 区域气象中心、第80页 流域气象中心）。

机构沿革 1949年6月中国人民革命军事委员会武汉市军事管制委员会航空接管组接管汉口气象台和汉口王家墩机场气象台，并划归中国人民解放军华中军区航空处领导，1950年5月隶属中南军区司令部气象管理处。1951年10月湖北省军区司令部设立气象科，管理湖北省气象工作。1954年9月成立湖北省人民委员会气象局，属湖北省人民委员会建制，业务上受中央气象局领导。1983年开始，湖北省气象局改由国家气象局和湖北省人民政府双重领导，以国家气象局领导为主的管理体制，直至现在。

表1 湖北省气象局历届主要负责人一览表

主要负责人	职务	任职时间
张德和	副局长（主持工作）	1954年9月—1955年3月
邹 德	局长	1955年4月—1960年6月
李周仕	局长	1960年7月—？
王 力	副局长（主持工作）	1971年7月
刘 琦	局长	1971年8月—1973年7月
霍俊亭	副局长（主持工作）	1973年7月—1974年10月
	局长	1974年10月—1983年6月
翁立生	局长	1983年6月—1998年3月
朱正义	局长	1998年3月—2003年2月
刘志澄	局长	2003年2月—2005年5月
崔讲学	局长	2005年5月—

注：李周仕的免职时间因"文化大革命"不详。

机构设置 湖北省气象局自成立以来，内设机构和下属单位根据事业发展需要经过多次调整，2014年机构设置有：

内设机构 办公室、应急与减灾处、观测与网络处、科技与预报处、计划财务处、人事处、政策法规处、监察审计处、机关党委办公室、离退休干部办公室。

直属单位 武汉中心气象台、中国气象局武汉暴雨研究所、武汉区域气候中心、湖北省气象信息与技术保障中心、湖北省公众气象服务中心、湖北省气象服务中心、中国气象局气象干部培训学院湖北分院（湖北省自动化工程学校）、湖北省气象局机关服务中心、湖北省气象局财务核算中心。

挂靠机构 湖北省气象学会。

地方气象机构 由湖北省人民政府批准成立，由湖北省气象局管理的地方气象机构有：湖北省人工影响天气办公室、湖北省防雷中心、湖北省气象能源技术开发中心。

副省级市气象局 武汉市气象局。

市（州）、县气象局 全省设有12个市（州）气象局、72个县级气象局（见表2）。

表2 湖北省市（州）、县级气象机构设置表

市（州）气象局	县（市、区）气象局
武汉市	蔡甸区、江夏区、黄陂区、新洲区、东西湖区、汉南区
恩施土家族苗族自治州	利川市、建始县、巴东县、宣恩县、咸丰县、来凤县、鹤峰县
十堰市	郧县、郧西县、竹溪县、竹山县、房县、丹江口市
宜昌市	夷陵区、宜都市、枝江市、当阳市、远安县、秭归县、兴山县、长阳土家族自治县、五峰土家族自治县
襄阳市	襄州区、南漳县、谷城县、保康县、枣阳市、老河口市、宜城市
荆门市	京山县、钟祥市、沙洋县
荆州市	荆州区、公安县、监利县、石首市、洪湖市、松滋市
随州市	广水市
孝感市	孝昌县、云梦县、大悟县、汉川市、应城市、安陆市
咸宁市	崇阳县、赤壁市、嘉鱼县、通山县、通城县
黄冈市	红安县、罗田县、英山县、浠水县、蕲春县、黄梅县、团风县、麻城市、武穴市
黄石市	大冶市、阳新县
鄂州市	
省气象局直属	天门市、仙桃市、潜江市、神农架林区

气象队伍 湖北省气象队伍经历了由小到大，逐步稳定的发展过程。1951年有气象干部职工51人。管理体制改革前的1981年底，全省气象职工2061人，其中大学本科及以上学历63人（占3.1%），专科193人（占9.4%）。到2014年底，全省气象部门在职人员2121人，其中参照公务员法管理的国家气象编制人员547人，国家气象事业编制人员1356人，地方气象机构编制人员218人（含参照公务员法管理人员17人）；另有社会兼职气象信息员（协理员）35 200人。在编正式职工中，研究生学历或硕士学位及以上232人（占12%），大学本科学历1067人（占56%），大专学历452人（占24%），中专及以下学历152人（占8%）；研究员级25人（占1.0%），副研究员级331人（占17.0%），中级774人（占41.0%），初级及以下技术人员773（占40.0%）。（参见第370页 湖北气象）

（崔讲学）

Húnán Shěng Qìxiàngjú

湖南省气象局（Hunan〔Provincial〕Meteorological Service） 湖南行政区域内气象工作管理机构，实行中国气象局与湖南省人民政府双重领导，以中国气象局领

导为主的管理体制。根据授权承担本行政区域内气象工作的政府行政管理职能，依法履行气象主管机构的各项职责。

主要职责 制定地方气象事业发展规划、计划，并负责本行政区域内气象事业发展规划、计划及气象业务建设的组织实施；负责本行政区域内重要气象设施建设项目的审查；对本行政区域内的气象活动进行指导、监督和行业管理。按照职责权限审批气象台站调整计划；组织管理本行政区域内气象探测资料的汇总、分发；依法保护气象探测环境；管理本行政区域内涉外气象活动。在本行政区域内组织对重大灾害性天气跨地区、跨部门的联合监测、预报工作，及时提出气象灾害防御措施，并对重大气象灾害做出评估，为本级人民政府组织防御气象灾害提供决策依据；管理本行政区域内公众气象预报、灾害性天气警报以及农业气象预报、城市环境气象预报、火险气象等级预报等专业气象预报的发布。制定人工影响天气作业方案，并在本级人民政府的领导和协调下，管理、指导和组织实施人工影响天气作业；组织管理雷电灾害防御工作，会同有关部门指导对可能遭受袭击的建筑物、构筑物和其他设施安装的雷电灾害防护装置的检测工作。负责向本级人民政府和同级有关部门提出利用、保护气候资源和推广应用气候资源区划等成果的建议；组织对气候资源开发利用项目进行气候可行性论证。组织开展气象法制宣传教育，负责监督有关气象法规的实施，对违反《中华人民共和国气象法》有关规定的行为依法进行处罚，承担有关行政复议和行政诉讼。统一领导和管理本行政区域内气象部门的计划财务、机构编制、人事劳动、科研和培训以及业务建设等工作；会同地级人民政府对所辖气象机构实施以气象部门为主的双重管理；会同地方党委和人民政府做好当地气象部门的精神文明建设和思想政治工作。承担中国气象局和湖南省人民政府交办的其他事项。

机构沿革 1949年8月—1953年10月，湖南气象部门属军事系统建制，按军事机构管理。1951年10月湖南军区司令部成立气象科，为县团级，业务归湖南军区和中南军区气象处双重领导，管理湖南省气象工作。1953年11月湖南军区气象科更名为湖南省气象科，改为政府建制，属省委农村工作部领导。1955年1月湖南省委、省政府决定湖南省气象科改名为湖南省气象局，为湖南省人民委员会建制的直属局。1958年2月湖南省委决定省水利厅所属水文总站与省气象局合并成立水文气象局，归属省农业厅领导（但未实际合并，对外行文仍为省气象局）。1962年9月湖南省委决定省气象局改为省人民委员会直属局。1983年8月开始，湖南省气象局改为国家气象局和湖南省人民政府双重领导，以国家气象局领导为主的管理体制，直至现在。

表1　湖南省气象局历届主要负责人一览表

主要负责人	职务	任职时间
孙木林	局长	1955年1月—1968年9月
贾廷彦	省革委会气象小组组长	1968年10月—1969年1月
毕振祥	省气象站站长、军代表	1969年2月—1971年6月
孙德芳	政委、局长	1971年9月—1973年6月
王树桥	局长	1973年7月—1983年6月
刘如湘	局长	1983年6月—1991年3月
阮水根	局长	1991年3月—1996年5月
张正洪	局长	1996年5月—2002年3月
祝燕德	局长	2002年3月—2013年2月
常国刚	局长	2013年2月—

机构设置 湖南省气象局自成立以来，内设机构和下属单位根据事业发展需要经过多次调整，2014年机构设置如下：

内设机构 办公室（行政管理处）、应急与减灾处、观测与网络处、科技与预报处（气候变化处）、计划财务处、人事处、政策法规处（湖南省防雷减灾办公室）、监察审计处（与党组纪检组合署办公）、机关党委办公室（精神文明建设办公室）、离退休干部办公室、总工程师办公室（现代化办公室、山洪项目办公室）。

直属单位 湖南省气象台（湖南省决策气象服务中心）、湖南省气候中心、湖南省气象信息中心、湖南省气象技术装备中心（湖南省大气探测技术保障中心、湖南省气象雷达技术支持中心）、湖南省气象服务中心（湖南省气象科技服务中心）、湖南省气象科学研究所（湖南省气象科技创新基地、湖南省气象防灾减灾重点实验室）、中国气象局气象干部培训学院湖南分院（湖南信息工程学校）、湖南省防雷中心、湖南省气象局财务核算中心、湖南省气象局后勤服务中心（湖南省气象局国有资产运营管理中心）。

挂靠机构 湖南省气象学会。

地方气象机构 由湖南省人民政府批准成立，由湖南省气象局管理的地方气象机构有：湖南省人工影响天气领导小组办公室、湖南省防雷减灾办公室、湖南省气象预警中心。

市（州）、县气象局 全省设有14个市（州）气象局，92个县级气象局（见表2）。

表2　湖南省市（州）、县级气象机构设置表

市（州）气象局	县级（市、区）气象局
长沙市	望城区、浏阳市、长沙县、宁乡县
张家界市	永定区、慈利县、桑植县
常德市	鼎城区、安乡县、汉寿县、澧县、临澧县、桃源县、石门县
益阳市	赫山区、沅江市、南县、桃江县、安化县

续表

市（州）气象局	县级（市、区）气象局
岳阳市	汨罗市、临湘市、华容县、湘阴县、平江县
株洲市	醴陵市、攸县、茶陵县、炎陵县
湘潭市	湘乡市、韶山市、湘潭县
衡阳市	南岳区、常宁市、耒阳市、衡阳县、衡南县、衡山县、衡东县、祁东县
郴州市	资兴市、桂阳县、永兴县、宜章县、嘉禾县、临武县、汝城县、桂东县、安仁县
永州市	冷水滩区、零陵区、东安县、道县、宁远县、江永县、蓝山县、新田县、双牌县、祁阳县、江华瑶族自治县
邵阳市	武冈市、邵东县、邵阳县、新邵县、隆回县、洞口县、绥宁县、新宁县、城步苗族自治县
怀化市	鹤城区、洪江市、沅陵县、辰溪县、溆浦县、中方县、会同县、麻阳苗族自治县、新晃侗族自治县、芷江侗族自治县、靖州苗族侗族自治县、通道侗族自治县
娄底市	冷水江市、涟源市、双峰县、新化县
湘西土家族苗族自治州	吉首市、泸溪县、凤凰县、花垣县、保靖县、古丈县、永顺县、龙山县

气象队伍 湖南气象队伍经历了由小到大，逐步稳定的发展过程。1952年有气象干部职工57人，管理体制改革前的1981年底，全省气象职工2137人，其中大学本科及以上学历112人（占5.2%），专科189人（占8.8%）。到2014年底，全省气象部门在职人员2590人，其中国家气象系统2058人，地方气象机构67人，编外人员646人；另有社会兼职气象信息员（协理员）44 944人。在编正式职工中，研究生学历或硕士学位203人（占9.9%），大学本科学历1210人（占58.8%），大专学历431人（占20.9%）；专业技术职称：研究员级7人（占0.34%），副研究员级212人（占10.3%），中级技术职称886人（占43.05%）。（参见第374页 湖南气象）

（常国刚）

Guǎngdōng Shěng Qìxiàngjú

广东省气象局（Guangdong〔Provincial〕Meteorological Service） 广东省行政区域内气象工作管理机构，实行中国气象局和广东省人民政府双重领导，以中国气象局领导为主的管理体制。根据授权承担本行政区域内气象工作的政府行政管理职能，依法履行气象主管机构的各项职责。

主要职责 制定地方气象事业发展规划、计划，并负责本行政区域内气象事业发展规划、计划及气象业务建设的组织实施；负责本行政区域内重要气象设施建设项目的审查；对本行政区域内的气象活动进行指导、监督和行业管理。按照职责权限审批气象台站调整计划；组织管理本行政区域内气象探测资料的汇总、分发；依法保护气象探测环境；管理本行政区域内气象标准化工作和涉外气象活动。负责省重大气象灾害应急指挥部日常工作；负责气象社会管理，承担省防总、减灾委、应急委、安委会、规委会等部门赋予气象部门的工作任务。在本行政区域内组织对重大灾害性天气跨地区、跨部门的联合监测、预报工作，及时提出气象灾害防御措施，并对重大气象灾害作出评估，为本级人民政府组织防御气象灾害提供决策依据；管理本行政区域内公共气象服务工作，负责气象公共服务行业自律和气象服务市场活动的监督管理、组织服务效益和满意度评估；管理本行政区域内公众气象预报、灾害性天气警报以及农业气象预报、城市环境气象预报、海洋气象预报、火险气象等级预报等各类专业专项气象预报的发布。健全防灾减灾体制，组织制订和实施本行政区域气象灾害防御规划、气象灾害应急预案；组织本行政区域内气象灾害防御应急管理工作；承担省突发公共事件预警信息发布的管理工作；组织突发公共事件气象保障应急服务。制定人工影响天气作业方案，并在本级人民政府的领导和协调下，管理、指导和组织实施人工影响天气作业；组织管理雷电灾害防御工作，会同有关部门指导对可能遭受雷电袭击的建筑物、构筑物和其他设施安装的雷电灾害防护装置的检测工作；组织建立隐患排查治理体系和安全预防控制体系，承担雷电防护重点区域安全生产、公共场所气象灾害防御设施建设和防御措施落实情况的监管督查。规划气象资源开发利用，负责向本级人民政府和同级有关部门提出利用、保护气候资源和推广应用气候资源区划等成果的建议；组织管理本行政区域气象服务生态文明建设工作，组织建立资源环境承载能力监测预警机制；组织对气候资源开发利用项目进行气候可行性论证；参与省政府应对气候变化工作，组织开展气候变化影响评估、技术开发和决策咨询服务。组织开展气象法制宣传教育，负责监督有关气象法规的实施，对违反《中华人民共和国气象法》有关规定的行为依法进行处罚，承担有关行政复议和行政诉讼。统一领导和管理本行政区域内气象部门的发展改革与财务、机构编制、人事劳动、科研和培训以及业务建设等工作；会同副省级市人民政府及地级人民政府对所辖气象机构实施以气象部门为主的双重管理；建立并完善事权和支出责任相适应的财政保障体系，完善双重财务管理体制为基础的综合预算管理；会同地方党委和人民政府做好当地气象部门的精神文明建设和思想政治工作。组织协调华南区域气象中心的业务科研工作，同时承担华南区域气象中心的牵头、协调职能（参见第78页 区域气象中心）。

机构沿革 新中国成立后至1953年12月，广东气象部门属军队建制，具体业务归中南军区司令部气象处管理。1954年转归省人民委员会建制，省气象局与地方政府对全省气象台站实行双重领导，以省气象局为主管理体制。1958年后各地（市）气象管理机构相继设置，改双重领导为以地方政府为主。1962年双重领导又以省气象局为主。1970年12月实行省军区与省革委会双重领导，以省军区为主的管理体制。1973年6月省气象局从省军区划归广东省革委会（后改称广东省人民政府）建制、领导。1982年12月，深圳、珠海市气象台调整为以市政府与省气象局双重领导，以市政府领导为主的管理体制。1983年5月开始，实行中国气象局与省人民政府双重领导，以中国气象局领导为主的管理体制（1988年5月海南省气象局成立，海南地区气象工作不再归广东省气象局领导）。

表1　广东气象局历届主要负责人一览表

主要负责人	职务	任职时间
李周仕	副局长（主持工作）	1954年10月—1956年4月
	局长	1956年4月—1968年3月
刘铁平	省气象局革命领导小组组长	1968年3月—1969年3月
	省农林水气象水文服务站革命委员会主任	1969年3月—1971年8月
	局长	1971年8月—1983年5月
谢国涛	局长	1983年5月—1998年3月
李明经	局长	1998年3月—2004年2月
余勇	局长	2004年2月—2011年1月
许永锞	副局长（主持工作）	2011年1月—2011年4月
	局长	2011年4月—2016年5月
庄旭东	副局长（主持工作）	2016年5月—

机构设置　广东省气象局组织机构经历过多次变化与调整。2014年设置的机构有：

内设机构　办公室、应急与减灾处（预警防灾办公室、广东省重大气象灾害应急指挥部办公室）、政策法规处（公共安全监督处）、公共服务监督处、监测网络处（资源生态处、气候变化处）、科技与预报处、发展改革与财务处、人事处、机关党委办公室（监察审计处、与党组纪检组合署办公）、离退休干部办公室。

直属单位　中国气象局广州热带海洋气象研究所（广东省气象科学研究所）、广州气象卫星地面站、广东省气象台（南海海洋气象预报中心）、广东省气象探测数据中心（广东省气象技术装备中心、广东省气象科技培训中心）、广东省气候中心（广东省气候变化中心、广东省气象资源中心）、广东省生态气象中心（珠江三角洲环境气象预报预警中心）、广东省气象公共服务中心（广东省气象影视宣传中心）、广东省防雷减灾中心（广东省防雷产品测试中心、广东省野外雷电试验基地）、广东省气象局机关服务中心（广东省气象局财务核算中心）。

挂靠机构　广东省气象学会。

地方气象机构　经广东省机构编制委员会办公室批准设立、由省气象局管理的机构：广东省防雷减灾管理中心、广东省突发事件预警信息发布中心（广东省人工影响天气中心）、广东省气象防灾技术服务中心。

副省级市气象局　广州市气象局、深圳市气象局（深圳市气象局实行以深圳市政府与广东省气象局双重领导，以市政府领导为主的管理体制）。

市、县气象局　地级市气象局19个（其中珠海市气象局实行以珠海市政府与广东省气象局双重领导，以市政府领导为主的管理体制），县级气象局75个；其他独立设置的县级气象机构22个（气象站12个，农试站1个，雷达站9个），见表2。

表2　广东省市、县级气象机构设置表

市（州）气象局	县（市、区）气象局
广州市	荔湾区、海珠区、白云区、番禺区、花都区、南沙区、黄埔区、增城区、从化区
清远市	英德市、连州市、佛冈县、阳山县、连山壮族瑶族自治县、连南瑶族自治县
韶关市	曲江区、乐昌市、南雄市、始兴县、仁化县、翁源县、新丰县、乳源瑶族自治县
河源市	紫金县、龙川县、连平县、和平县
梅州市	兴宁市、梅县、大埔县、丰顺县、五华县、平远县、蕉岭县
潮州市	饶平县
汕头市	潮阳区、澄海区、南澳县
揭阳市	普宁市、揭西县、惠来县
汕尾市	陆丰市、海丰县
惠州市	惠阳区、博罗县、惠东县、龙门县
江门市	新会区、恩平市、台山市、开平市、鹤山市
佛山市	南海区、顺德区、三水区
肇庆市	高要区、四会市、广宁县、怀集县、封开县、德庆县
云浮市	罗定市、新兴县、郁南县
阳江市	阳春市
茂名市	化州市、信宜市、高州市、电白区
湛江市	吴川市、廉江市、雷州市、遂溪县、徐闻县
省气象局直属	斗门区

气象队伍　新中国成立以来，不断从军队、院校等渠道补充气象专业人才。随着气象事业的发展和气象部门多次改革调整工作的推进，气象队伍日益壮大，结构不断变化。1981年底，全省气象部门共2625人（包括海南气象部门）。2014年底，全省气象部门在职人员共3954人，其中参照公务员法管理人员697人、国家事业编制1222人、地方事业编制564人、编外用工人员1471人。2014年底，全省气象部门国家编制人员总数为1919人，职称结构为：高级职称332人，中级职称861人。学历结构为：博士研究生38人，硕士研究生

328 人，本科 1254 人，大专 257 人，中专 60 人。另有气象信息员 30 843 人。（参见第 378 页 广东气象）

参考书目

广东省地方史志编纂委员会，1996. 广东省志·气象志［M］. 广州：广东人民出版社．

广东省气象局，2010. 广东省基层台站简史［M］. 北京：气象出版社．

（许永锞　董永春）

Guǎngxī Zhuàngzú Zìzhìqū Qìxiàngjú

广西壮族自治区气象局（Guangxi〔Zhuang Autonomous Region〕Meteorological Service）　广西壮族自治区行政区域内气象工作管理机构，实行中国气象局和广西壮族自治区人民政府双重领导，以中国气象局领导为主的管理体制。根据授权承担广西壮族自治区内气象工作的政府行政管理职能，依法履行气象主管机构的各项职责。

主要职责　负责制定本行政区域内气象事业发展规划、计划及气象业务建设的组织实施；负责本行政区域内重要气象设施建设项目的审查；对本行政区域内的气象活动进行指导、监督和行业管理。按照职责权限审批气象台站调整计划；组织管理本行政区域内气象探测资料的汇总、分发；依法保护气象探测环境；管理本行政区域内涉外气象活动。在本行政区域内组织对重大灾害性天气跨地区、跨部门的联合监测、预报工作，及时提出气象灾害防御措施，并对重大气象灾害作出评估，为本级人民政府组织防御气象灾害提供决策依据；管理本行政区域内公众气象预报、灾害性天气警报以及农业气象预报、城市环境气象预报、火险气象等级预报等专业气象预报的发布。制定人工影响天气作业方案，并在本级人民政府的领导和协调下，管理、指导和组织实施人工影响天气作业；组织管理雷电灾害防御工作，会同有关部门指导对可能遭受雷电袭击的建筑物、构筑物和其他设施安装的雷电灾害防护装置的检测工作。负责向本级人民政府和同级有关部门提出利用、保护气候资源和推广应用气候资源区划等成果的建议；组织对气候资源开发利用项目进行气候可行性论证。组织开展气象法制宣传教育，负责监督有关气象法规的实施，对违反《中华人民共和国气象法》有关规定的行为依法进行处罚，承担有关行政复议和行政诉讼。统一领导和管理本行政区域内气象部门的计划财务、机构编制、人事劳动、科研和培训以及业务建设等工作；会同地级人民政府对所辖气象机构实施以气象部门为主的双重管理；会同地方党委和人民政府做好当地气象部门的精神文明建设和思想政治工作。

机构沿革　1952 年 6 月广西省军区司令部成立气象科，管理气象工作。1953 年 11 月广西省军区司令部气象科转为广西省气象科，由广西省委农村工作部管理。1954 年 10 月成立广西省人民政府气象局，为广西省人民政府职能部门，受中央气象局和广西省人民政府双重领导。1958 年 3 月改称广西壮族自治区气象局。1958 年 3 月实行中央气象局和广西壮族自治区人民政府双重领导，以广西壮族自治区人民政府领导为主，1962 年 8 月双重领导改为以中央气象局领导为主。1969 年 11 月改称广西壮族自治区革命委员会气象总站，1970 年 12 月改称广西壮族自治区革命委员会气象局。1969 年 8 月归广西壮族自治区革命委员会领导，1970 年 11 月改归广西壮族自治区革命委员会和广西军区双重领导，以广西军区领导为主。1973 年 7 月改为广西壮族自治区地方党政领导为主。1980 年根据国家的统一部署，广西对气象部门管理体制逐步实行气象部门与地方政府双重领导，以气象部门领导管理为主的管理体制，直至现在。

表 1　广西壮族自治区气象局历届主要负责人一览表

主要负责人	职务	任职时间
赵月年	局长	1954 年 9 月—1984 年 7 月
胡圣立	第一副局长	1984 年 7 月—1986 年 11 月
刘志刚	局长	1986 年 11 月—1989 年 12 月
何海澄	副局长（主持工作）	1989 年 12 月—1992 年 11 月
李明经	局长	1992 年 11 月—1998 年 3 月
林少雄	局长	1998 年 3 月—2006 年 1 月
韦力行	局长	2006 年 1 月—2013 年 7 月
刘家清	局长	2013 年 7 月—

机构设置　广西壮族自治区气象局自成立以来，内设机构和下属单位有过多次调整。2014 年设置有：

内设机构　办公室、应急与减灾处、观测与网络处、科技与预报处（气候变化处）、计划财务处、人事处、政策法规处（行政审批办公室）、监察审计处（与党组纪检组合署办公）、机关党委办公室（精神文明建设办公室、党建指导办公室）、离退休干部办公室。

直属单位　广西壮族自治区气象台（广西壮族自治区海洋气象台）、广西壮族自治区气候中心、广西壮族自治区气象信息中心（广西壮族自治区气象档案馆）、广西壮族自治区气象技术装备中心、广西壮族自治区气象服务中心、广西壮族自治区气象减灾研究所（广西壮族自治区气象卫星遥感中心）、广西壮族自治区气象培训中心、广西壮族自治区气象局机关服务中心、广西壮族自治区气象局财务核算中心。

挂靠机构　广西壮族自治区气象学会。

地方气象机构　经广西壮族自治区人民政府批准成

立、由自治区气象局管理的地方气象机构有：广西壮族自治区人工影响天气办公室、广西壮族自治区防雷中心。

市、县气象局 设有14个市气象局、79个县（自治县、市、区）气象局；设有2个农业气象试验站、1个海岛气象站、7个天气雷达站（见表2）。

表2　广西壮族自治区市、县级气象机构设置表

市气象局	县（自治县、市、区）气象局
南宁市	武鸣县、邕宁区、横县、宾阳县、隆安县、马山县、上林县
柳州市	三江侗族自治县、融安县、融水苗族自治县、柳城县、柳江县、鹿寨县
桂林市	全州县、兴安县、资源县、荔浦县、永福县、灵川县、临桂县、灌阳县、平乐县、恭城瑶族自治县、阳朔县、龙胜各族自治县
梧州市	苍梧县、藤县、岑溪市、蒙山县
玉林市	容县、北流市、陆川县、博白县
百色市	右江区、田阳县、田东县、平果县、德保县、靖西县、那坡县、凌云县、乐业县、田林县、隆林各族自治县、西林县
钦州市	灵山县、浦北县
河池市	金城江区、宜州市、都安瑶族自治县、凤山县、罗城仫佬族自治县、巴马瑶族自治县、环江毛南族自治县、南丹县、东兰县、天峨县
北海市	合浦县
防城港市	防城区、上思县、东兴市
贵港市	桂平市、平南县
崇左市	扶绥县、大新县、天等县、龙州县、宁明县、凭祥市、江州区
来宾市	兴宾区、象州县、武宣县、忻城县、金秀瑶族自治县
贺州市	富川瑶族自治县、钟山县、昭平县、八步区

气象队伍 1949年12月有气象专业人员15人，1952年57人。管理体制改革前的1980年底，广西气象职工2072人，其中大学本科学历110人、专科286人。到2014年底，广西气象部门在职在编人员1976人。其中，博士研究生学历7人、硕士研究生学历98人、大学本科学历1412人；正研级高级职称13人、副研级高级职称305人，中级职称919人。另有社会兼职气象信息员（协管员）26 713人。（参见第381页广西气象）

（刘家清　杨黎明　涂方旭）

Hǎinán Shěng Qìxiàngjú

海南省气象局（Hainan〔Provincial〕Meteorological Service）　海南行政区域内气象工作管理机构，实行中国气象局与海南省人民政府双重领导，以中国气象局领导为主的管理体制。根据授权承担本行政区域内气象工作的政府行政管理职能，依法履行海南省气象行政、气象业务、气象服务管理和行业管理职能。

主要职责 负责制定海南省行政区域内气象事业发展规划、计划及气象业务建设的组织实施；负责海南省行政区域内重要气象设施建设项目的审查；对海南省行政区域内的气象活动进行指导、监督和行业管理。按照职责权限审批气象台站调整计划；组织管理海南省行政区域内气象探测资料的汇总、分发；制定并组织实施海南省行政区域内气象装备技术保障发展规划；依法保护气象探测环境；管理海南省行政区域内气象标准化工作和涉外气象活动。在海南省行政区域内组织对重大灾害性天气跨地区、跨部门的联合监测、预报工作，及时提出气象灾害防御措施，并对重大气象灾害作出评估，为海南省人民政府组织防御气象灾害提供决策依据；管理海南省行政区域内公共气象服务工作；管理海南省行政区域内公众气象预报、灾害性天气警报以及农业气象预报、城市环境气象预报、海洋气象预报、火险气象等级预报等各类专业专项气象预报的发布。组织制订和实施海南省行政区域气象灾害防御规划；组织海南省行政区域内气象灾害防御应急管理工作；负责海南省行政区域内突发公共事件气象保障工作。制定人工影响天气作业方案，并在海南省人民政府的领导和协调下，管理、指导和组织实施人工影响天气作业；组织管理雷电灾害防御工作，会同有关部门指导对可能遭受雷电袭击的建筑物、构筑物和其他设施安装的雷电灾害防护装置的检测工作。负责向海南省人民政府和同级有关部门提出利用、保护气候资源和推广应用气候资源区划等成果的建议；组织对气候资源开发利用项目进行气候可行性论证；参与省政府应对气候变化工作，组织开展气候变化影响评估、技术开发和决策咨询服务。组织开展气象法制宣传教育，负责监督有关气象法规的实施，对违反气象法律法规行为依法进行处罚，承担有关行政复议和行政诉讼。组织宣传、普及气象科学知识，提高全民气象防灾减灾和气候资源意识。统一领导和管理海南省行政区域内气象部门的计划财务、机构编制、人事劳动、科研和培训以及业务建设等工作；会同市、县人民政府对所辖气象机构实施以气象部门为主的双重管理；会同地方党委和人民政府做好当地气象部门的精神文明建设和思想政治工作。

机构沿革 1988年4月以前，海南隶属广东省，海南地区级气象机构有两个：海南行政区气象局（台）、海南黎族苗族自治州气象局（台），由广东省气象局管理。1988年4月海南建省，同年5月成立海南省气象局。

1988年1月，海南建省筹备组和国家气象局签署《关于海南省气象部门领导体制调整的协议书》：海南省气象局成立后实行海南省政府与国家气象局双重领导，以省政府为主的领导体制，市、县气象局（台）仍实行省气象局和市、县政府双重领导，以省气象局领导为主的

领导管理体制。1988年5月成立海南省气象局。2010年9月海南省气象部门所属机构由地方机构序列划入国家气象部门机构序列，实行中国气象局与海南省人民政府双重领导，以中国气象局领导为主的管理体制，直到现在。

海南省气象局历届主要负责人一览表

主要负责人	职务	任职时间
邓昌松	副局长（主持工作）	1988年5月—1990年12月
	局长	1990年12月—2002年7月
吴岩峻	局长	2002年7月—2010年8月
王春乙	局长	2010年12月—

机构设置 海南省气象局自成立以来，内设机构和下属单位根据事业发展需要经过多次调整，2014年机构设置有：

内设机构 办公室、应急与减灾处、观测与网络处、科技与预报处、计划财务处、人事处、政策法规处、监察审计处、行政审批办公室、机关党委办公室、离退休干部办公室、人工影响天气办公室。

直属单位 海南省气象台、海南省气候中心、海南省气象信息中心、海南省气象探测中心、海南省气象服务中心、海南省气象科学研究所、海南省防雷中心、海南省气象局财务核算中心、海南省气象局后勤保障中心。

挂靠机构 海南省气象学会。

市气象局 海口市、三亚市、三沙市、儋州市气象局。

县级气象局 全省已设有文昌市、琼海市、万宁市、五指山市、东方市、临高县、澄迈县、定安县、屯昌县、昌江黎族自治县、白沙黎族自治县、琼中黎族苗族自治县、陵水黎族自治县、保亭黎族苗族自治县、乐东黎族自治县15个县级气象局，还有海南橡胶气象台，全部由省气象局直接管理。

气象队伍 海南气象队伍经历了由小到大，逐步稳定的发展过程。1953年12月以前，气象人员不足15人。1958年增加到150人，1972年为276人，1988年建省成立海南省气象局后增至413人。截至2012年，全省气象部门在职人员545人，其中参照公务员管理的国家气象编制人员104人，国家气象事业编制人员441人；另有社会兼职气象信息员（协理员）3404人。在编正式职工中，研究生学历或硕士学位76人（占13.9%），大学本科学历254人（占46.6%），大专学历107人（占19.6%），大专及以下学历108人（占19.8%）；专业技术职称：研究员级6人（占1.1%），副研究员级79人（占14.5%），中级职称174人（占31.9%）。（参见第385页 海南气象）

（王春乙 杨梅）

Chóngqìng Shì Qìxiàngjú

重庆市气象局（Chongqing〔Municipal〕Meteorological Service） 重庆行政区域内气象工作管理机构，实行中国气象局和重庆市人民政府双重领导，以中国气象局领导为主的管理体制。承担本行政区域内气象工作的管理职能，依法履行气象主管机构的各项职责。

主要职责 负责制定重庆市行政区域内气象事业发展规划、计划及气象业务建设的组织实施；负责重庆市行政区域内重要气象设施建设项目的审查；对重庆市行政区域内的气象活动进行指导、监督和行业管理。按照职责权限审批气象台站调整计划；组织管理重庆市行政区域内气象探测资料的汇总、分发；依法保护气象探测环境；管理重庆市行政区域内涉外气象活动。在重庆市行政区域内组织对重大灾害性天气跨地区、跨部门的联合监测、预报工作，及时提出气象灾害防御措施，并对重大气象灾害作出评估，为本级人民政府组织防御气象灾害提供决策依据；管理重庆市行政区域内公众气象预报、灾害性天气警报以及农业气象预报、城市环境气象预报、火险气象等级预报等专业气象预报的发布。制定人工影响天气作业方案，并在同级人民政府的领导和协调下，管理、指导和组织实施人工影响天气作业；组织管理雷电灾害防御工作，会同有关部门指导对可能遭受雷电袭击的建筑物、构筑物和其他设施安装的雷电灾害防护装置的检测工作。负责向同级人民政府和同级有关部门提出利用、保护气候资源和推广应用气候资源区划等成果的建议；组织对气候资源开发利用项目进行气候可行性论证。组织开展气象法制宣传教育，负责监督有关气象法规的实施，对违反《中华人民共和国气象法》有关规定的行为依法进行处罚，承担有关行政复议和行政诉讼。统一领导和管理重庆市行政区域内气象部门的计划财务、机构编制、人事劳动、科研和培训以及业务建设等工作；会同区、县人民政府对所辖气象机构实施以气象部门为主的双重管理；会同地方党委和人民政府做好当地气象部门的精神文明建设和思想政治工作。

机构沿革 1950年1月中国人民解放军重庆军管会空军部接管重庆气象台，并改编为西南航空处重庆气象台。1950年8月在重庆气象台的基础上组建成立西南军区司令部气象管理处。1953年12月西南气象处重庆预报台成立。1954年9月改由四川省气象局建制，更名为四川省重庆气象台。1958年8月划归重庆市人民委员会建制，更名为重庆气象台。1959年6月，改称重庆市水文气象台，1960年2月更名为重庆市水文气象服务台，1962年2月水文部门收回水文站建制。1963年12月重庆市气象服务台收归四川省气象局建制，实行由四川省气象局和重庆市人民委员会双重领导,以四川省气象局领导为主的体制,1964年10月更名为四川省重庆市气象台,1970年11月实行由重庆市革命委员会和中国人民解放军重庆警备区双重领导,以警备区领导为主的体制。1971年8月重庆市气象局成立,与市气象台合署办公,1973年7月改归重庆市革委会领导建制。1980年9月重庆市气象局由四川省气象局收回建制。1983年4月重庆市气象局与永川地区气象局合并,更名为重庆气象局。1986年6月国家气象局对重庆气象局实行计划单列,8月更名为重庆市气象局。1997年3月第八届人大第五次会议决定批准设立重庆直辖市,同年12月成立重庆直辖市气象局,实行由中国气象局和重庆市人民政府双重领导,以中国气象局领导为主的管理体制。

表1 重庆市气象局历届主要负责人一览表

主要负责人	职务	任职时间
杜顺义	局长	1997年10月—2005年1月
王银民	副局长	2005年1月—2006年1月
	局长	2006年1月—

机构设置 直辖后,重庆市气象局内部机构经历过多次变化与调整。2014年,机构和部门设置有:

内设机构 办公室、应急与减灾处、观测与网络处、科技与预报处、计划财务处、人事处、政策法规处、监察审计处、机关党委办公室、离退休干部办公室。

直属单位 重庆市气象台、重庆市气候中心、重庆市气象信息与技术保障中心、重庆市气象服务中心、重庆市气象科学研究所、重庆市雷电防护技术开发与应用中心、重庆市气象局财务结算中心、重庆市气象局机关服务中心。

挂靠机构 重庆市气象学会。

地方气象机构 经重庆市人民政府批准成立、由市气象局管理的地方气象机构有:重庆市人工影响天气办公室、重庆市防雷中心。

区(县)气象局 重庆市设有34个区(县)级气象局,其中区级气象局17个,县级气象局17个(见表2)。

表2 重庆市区(县)级气象机构设置表

区级气象局	万州区、黔江区、涪陵区、沙坪坝区、北碚区、渝北区、巴南区、长寿区、江津区、合川区、永川区、南川区、綦江区、大足区、璧山区、铜梁区、万盛经济技术开发区
县级气象局	潼南县、荣昌县、梁平县、城口县、丰都县、垫江县、武隆县、忠县、开县、云阳县、奉节县、巫山县、巫溪县、石柱土家族自治县、秀山土家族苗族自治县、酉阳土家族苗族自治县、彭水苗族土家族自治县

气象队伍 1950年,重庆市气象局成立初期仅有职工34人。1997年,重庆直辖市气象局正式挂牌,在职职工增加至823人。随着气象事业的发展,气象队伍结构不断变化。截至2014年底,全市国家气象系统在编750人,其中参照公务员法管理219人。编制外聘用职工322人。职工学历结构:专科学历及以上683人,占全部在职职工总数的91.1%,其中博士研究生9人、硕士研究生103人、大学本科471人、大学专科100人、中专及以下67人。职称结构:具有专业技术职称700人,占全部职工总数的93.3%,其中正研职称9人、副高职称104人、中级职称380人、初级及以下职称207人。(参见第388页 重庆气象)

(王银民 夏杰)

Sìchuān Shěng Qìxiàngjú

四川省气象局(Sichuan〔Provincial〕Meteorological Service) 四川行政区域内气象工作管理机构,实行中国气象局与四川省人民政府双重领导,以中国气象局领导为主的管理体制。根据授权承担本行政区域内气象工作的政府行政管理职能,依法履行四川省气象行政、气象业务、气象服务管理和行业管理职能。

主要职责 负责制定本行政区域内气象事业发展规划、计划及气象业务建设的组织实施;负责本行政区域内重要气象设施建设项目的审查;对本行政区域内的气象活动进行指导、监督和行业管理;按照职责权限审批气象台站调整计划;组织管理本行政区域内气象探测资料的汇总、分发;依法保护气象探测环境;管理本行政区域内涉外气象活动;在本行政区域内组织对重大灾害性天气跨地区、跨部门的联合监测、预报工作,及时提出气象灾害防御措施,并对重大气象灾害作出评估,为本级人民政府组织防御气象灾害提供决策依据;管理本行政区域内公众气象预报、灾害性天气警报以及农业气象预报、城市环境气象预报、火险气象等级预报等专业气象预报的发布;制定人工影响天气作业方案,并在本级人民政府的领导和协调下,管理、指导和组织实施人工影响天气作业;组织管理雷电灾害防御工作,会同有关部门指导对可能遭受雷电袭击的建筑物、构筑物和其他设施安装的雷电灾害防护装置的检测工作;负责向本级人民政府和同级有关部门提出利用、保护气候资源和推广应用气候资源区划等成果的建议;组织对气候资源开发利用项目进行气候可行性论证;组织开展气象法制宣传教育,负责监督有关气象法规的实施,对违反《中华人民共和国气象法》有关规定的行为依法进行处罚,承担有关行政复议和行政诉讼;统一领导和管理本行政区域内气象部门的计划财务、机构编制、人事劳动、科研和培训以及业务建设等工作；会同副省级省会城市人民政府及地级人民政府对所辖气象机构实施以气象部门为主的双重管理；会同地方党委和人民政府做好当地气象部门的精神文明建设和思想政治工作；组织编制区域业务科技发展规划；组织区域气候会商、灾害天气联防等相关业务协调管理工作；提供区域客观预报预测、气候变化预估和相关指导产品。组织开展区域气象科学研究、技术开发和科技成果的推广应用工作。同时承担西南区域气象中心的牵头和相关气象业务的协调职能（见第78页区域气象中心）。

机构沿革 1950年1月成都军管会空军处接管凤凰山气象训练班。重庆军管会空军部接管重庆气象台和北碚测候所。1950年8月西南军区气象处正式成立。1952年8月西康军区司令部气象科在雅安成立，10月四川军区司令部气象科在成都成立。1953年10月西南军区气象处改隶西南行政委员会，改称西南行政委员会气象处。1953年11月四川、西康军区气象科分别改称四川省人民政府气象科和西康省人民政府气象科。1954年9月和11月，分别扩建为西康省人民政府气象局、四川省人民政府气象局，受中央气象局和当地省人民政府双重领导。1955年4月和7月，四川省人民政府气象局和西康省人民政府气象局分别更名为四川省气象局、西康省气象局。1955年9月西康省气象局撤并于四川省气象局。1983年开始，四川省气象局改由国家气象局和四川省人民政府双重领导，以国家气象局领导为主的管理体制，直至现在。

表1 四川省气象局历届主要负责人一览表

主要负责人	职务	任职时间
张继勇	副局长（主持工作）	1954年11月—1957年7月
姚国士	局长	1957年7月—1965年7月
李 寅	副局长（主持工作）	1965年7月—1970年3月
樊 震	局军管会主任（局革命领导小组组长）	1970年3月—1972年7月
程 铁	局长	1972年7月—1973年11月
刘 真	副局长	1973年11月—1974年6月
苏向明	副局长（主持工作）	1974年6月—1975年5月
戈 锐	局长	1975年5月—1978年3月
王尔鸣	局长	1978年3月—1980年4月
张志远	副局长（主持工作）	1980年4月—1982年12月
黄昌华	局长	1982年12月—1988年10月
王为德	局长	1988年10月—1996年11月
宋达人	局长	1996年11月—2000年11月
赵广忠	局长	2000年11月—2009年2月
彭 广	局长	2009年2月—

机构设置 四川省气象局自成立以来，内设机构和下属单位根据事业发展需要经过多次调整，2014年底机构设置有：

内设机构 办公室、应急与减灾处、观测与网络处、科技与预报处（气候变化处）、计划财务处、人事处、政策法规处、监察审计处（与党组纪检组合署办公）、机关党委办公室（精神文明建设办公室）、离退休干部办公室。

直属单位 四川省气象台（西南区域中心气象台）、四川省气候中心（西南区域气候中心、四川省卫星遥感中心）、中国气象局成都高原气象研究所、四川省气象服务中心（四川省专业气象台、四川省气象影视中心）、四川省气象探测数据中心、中国气象局气象干部培训学院四川分院（四川省信息工程学校）、四川省气象局机关服务中心、四川省气象局财务核算中心。

挂靠机构 四川省气象学会。

地方气象机构 经四川省政府批准设立、由四川省气象局管理的地方气象机构有：四川省人工影响天气办公室、四川省农业气象中心、四川省农村经济综合信息中心、四川省防雷中心。

副省级市气象局 成都市气象局。

市（州）、县（市、区）气象局 全省设有20个市（州）气象局，147个县级气象局。独立设置12个县级气象机构（气象站10个，农试站2个）。见表2。

表2 四川省市（州）、县级气象机构设置表

市（州）气象局	县（市、区）气象局
成都市	温江区、龙泉驿区、新都区、都江堰市、崇州市、彭州市、邛崃市、大邑县、蒲江县、郫县、新津县、金堂县、双流县气象局，成都农业气象试验站
德阳市	广汉市、什邡市、绵竹市、中江县、罗江县
绵阳市	江油市、平武县、三台县、北川县、安县、梓潼县、盐亭县气象局，绵阳气象站
广元市	剑阁县、青川县、旺苍县、苍溪县气象局，广元气象站
眉山市	丹棱县、青神县、彭山县 仁寿县、洪雅县、东坡区
乐山市	五通桥区、峨眉山市、马边县、井研县、犍为县、夹江县、沐川县、峨边县气象局，乐山气象站、峨眉山气象站
雅安市	名山区、汉源县、荥经县、天全县、石棉县、芦山县、宝兴县气象局，雅安气象站
遂宁市	蓬溪县、射洪县、大英县气象局，遂宁气象站
南充市	高坪区、阆中市、营山县、南部县、西充县、仪陇县、蓬安县
广安市	广安区、武胜县、岳池县、邻水县
巴中市	巴州区、通江县、南江县、平昌县
达州市	万源市、达县、渠县、大竹县、宣汉县、开江县
资阳市	雁江区、简阳市、安岳县、乐至县
内江市	东兴区、资中县、威远县、隆昌县

续表

市（州）气象局	县（市、区）气象局
自贡市	荣县、富顺县
泸州市	纳溪区、叙永县、合江县、古蔺县、泸县
宜宾市	南溪区、珙县、高县、兴文县、筠连县、长宁县、江安县、屏山县、宜宾县气象局，宜宾气象站、宜宾农业气象试验站
攀枝花市	仁和区、米易县、盐边县气象局，攀枝花气象站
甘孜藏族自治州	甘孜县、德格县、色达县、九龙县、新龙县、得荣县、巴塘县、理塘县、稻城县、石渠县、炉霍县、雅江县、道孚县、泸定县、乡城县、丹巴县、白玉县气象局，康定气象站
阿坝藏族羌族自治州	阿坝县、小金县、汶川县、松潘县、九寨沟县、若尔盖县、黑水县、金川县、红原县、壤塘县、茂县、理县、马尔康县
凉山彝族自治州	木里县、盐源县、会理县、冕宁县、会东县、宁南县、德昌县、越西县、雷波县、美姑县、甘洛县、金阳县、喜德县、布拖县、普格县、昭觉县气象局，西昌气象站

气象队伍 四川气象队伍经历了由小到大，逐步稳定的发展过程。1951年有气象干部职工319人，1965年为1783人，1978年为3679人，1981年达到4268人。到2014年底，全省气象部门在职人员4079人，其中国家气象系统3241人，地方气象机构256人，编外人员582人；另有社会兼职气象信息员（协理员）34 473人。在国家气象系统在职人员中，研究生学历或硕士学位280人（占8.6%），大学本科学历1793人（占55.3%），大专学历783人（占24.2%）；研究员级15人（占0.5%），副研究员级294人（占9.1%），中级技术职称1324人（占40.9%）。（参见第391页四川气象）

（彭广）

Guìzhōu Shěng Qìxiàngjú

贵州省气象局（Guizhou [Provincial] Meteorological Service） 贵州行政区域内气象工作管理机构，实行中国气象局和贵州省人民政府双重领导，以中国气象局领导为主的管理体制。根据授权承担本行政区域内气象工作的政府行政管理职能，依法履行气象主管机构的各项职责。

主要职责 负责制定贵州省行政区域内气象事业发展规划、计划及气象业务建设的组织实施和重要气象设施建设项目的审查，对区域内的气象活动进行指导、监督和行业管理。按照职责权限审批气象台站调整计划，组织管理区域内气象探测资料的汇总、分发，依法保护气象探测环境，管理区域内涉外气象活动。组织对重大灾害性天气跨地区、跨部门的联合监测、预报工作，及时提出气象灾害防御措施，并对重大气象灾害作出评估，为本级人民政府组织防御气象灾害提供决策依据。管理区域内公众气象预报、灾害性天气警报以及农业气象预报、城市环境气象预报、火险气象等级预报等专业气象预报的发布。制定人工影响天气作业方案，并在本级人民政府的领导和协调下，管理、指导和组织实施人工影响天气作业。组织管理雷电灾害防御工作，会同有关部门指导对可能遭受雷电袭击的建筑物、构筑物和其他设备设施的雷电安全防护工作。负责向本级人民政府及同级有关部门提出利用、保护气候资源和推广应用气候资源区划等成果的建议，组织对气候资源开发利用项目进行气候可行性论证。组织开展气象法制宣传教育，负责监督有关气象法规的实施，对违反《中华人民共和国气象法》有关规定的行为依法进行处罚，承担有关行政复议和行政诉讼。统一领导和管理贵州省行政区域内气象部门的计划财务、机构编制、人事劳动、科研和培训以及业务建设等工作，会同地级人民政府对所辖气象机构实施以气象部门为主的双重管理，会同地方党委和人民政府做好当地气象部门的精神文明建设和思想政治工作。

机构沿革 1949年11月，中国人民解放军军事管制委员会接管全省气象机构，将贵州气象所改称贵阳气象站并对全省气象业务进行管理。1952年7月贵州省军区正式建立气象科，负责对全省气象工作的领导。1953年11月贵州省人民政府气象科成立。1954年6月贵州省军区气象科正式转为省人民政府建制，11月成立贵州省气象局，属省人民政府直属工作部门。1970年10月实行地方政府和军队共管，以军队管理为主。1973年5月各级气象部门划归同级革委会建制。1983年开始，气象部门实行中国气象局和贵州省人民政府双重领导，以中国气象局领导为主的管理体制，直至现在。

表1 贵州省气象局历届主要负责人一览表

主要负责人	职务	任职时间
管健民	副局长（主持工作）	1954年11月—1956年9月
张子元	副局长（主持工作）	1956年9月—1957年12月
管健民	副局长（主持工作）	1957年12月—1967年1月
岳崇岱	革委会主任	1967年1月—1971年5月
金廷喜	副政委	1971年5月—1973年4月
张子元	核心小组副组长（主持工作）	1973年4月—1977年7月
刘新民	局长	1977年7月—1983年1月
李国文	局长	1983年1月—1987年9月
郑志敏	局长	1987年9月—1996年6月
李玉柱	副局长（主持工作）	1996年6月—1997年9月
李玉柱	局长	1997年9月—2004年8月
罗宁	副局长	2004年8月—2005年3月
罗宁	局长	2005年3月—2008年6月
向红琼	局长	2008年6月—2011年9月
韩先建	纪检组长（主持工作）	2011年9月—2011年12月
赵广忠	局长	2011年12月—

机构设置 贵州省气象局成立以来，内部机构经历过多次变化与调整，2014年设置的机构和部门有：

内设机构 办公室、应急与减灾处、观测与网络处、科技与预报处、计划财务处、人事处、政策法规处、监察审计处、机关党委办公室（精神文明办公室）、离退休干部办公室。

直属单位 贵州省气象台、贵州省气候中心、贵州省山地环境气候研究所、贵州省气象信息中心、贵州省大气探测技术与保障中心、贵州省气象服务中心、贵州省防雷减灾中心、贵州省气象局机关服务中心、贵州省气象局财务核算中心。

挂靠气象机构 贵州省气象学会。

地方气象机构 经贵州省机构编制委员会批准成立、由贵州省气象局管理的地方气象机构有：贵州省农村综合经济信息中心、贵州省人工影响天气办公室、贵州省防雷减灾办公室。

市（州）、县（市、区）气象局 全省设有9个市（州）气象局，80个县级气象局（见表2）。

表2 贵州省市（州）、县级气象机构设置表

市（州）气象局	县（市、区）气象局
贵阳市	修文县、开阳县、息烽县、清镇市、白云区、乌当区、花溪区
遵义市	遵义县、桐梓县、仁怀市、习水县、赤水市、务川县、绥阳县、正安县、道真县、湄潭县、凤冈县、余庆县
六盘水市	六枝特区、盘县、水城县
安顺市	平坝县、普定县、镇宁县、关岭县、紫云县
毕节市	七星关区、大方县、黔西县、金沙县、织金县、纳雍县、威宁县、赫章县
铜仁市	玉屏县、万山区、碧江区、江口县、松桃县、石阡县、思南县、印江县、沿河县、德江县
黔东南苗族侗族自治州	凯里市、黎平县、从江县、榕江县、雷山县、台江县、剑河县、三穗县、天柱县、锦屏县、黄平县、施秉县、镇远县、岑巩县、丹寨县、麻江县
黔南布依族苗族自治州	瓮安县、福泉市、贵定县、龙里县、惠水县、长顺县、平塘县、罗甸县、独山县、荔波县、三都县、都匀市
黔西南布依族苗族自治州	普安县、安龙县、望谟县、册亨县、晴隆县、兴仁县、贞丰县

气象队伍 贵州省气象队伍经历了由小到大，逐步稳定的发展过程。贵州省气象局成立之初，1954年有气象干部职工50人。管理体制改革前的1981年底有气象干部职工1674人，其中工程师36人，技师1人。截至2014年底，全省气象部门在职人员2375人，国家气象系统事业编制在编人员1521人，地方气象事业编制在编人员241人，编外用工人员613人；社会兼职气象信息（协理）员16 761人。国家气象系统事业编制职工学历结构：研究生学历或硕士及以上学位97人（占6.4%）；大学本科学历951人（占62.5%）；大专学历306人（占20.1%）；正研级技术职称6人（占0.4%），副研级技术职称151人（占9.9%），中级技术职称634人（占41.7%）。（参见第394页贵州气象）

（赵广忠）

Yúnnán Shěng Qìxiàngjú

云南省气象局（Yunnan〔Provincial〕Meteorological Service） 云南行政区域内气象工作管理机构，实行中国气象局与云南省人民政府双重领导，以中国气象局领导为主的管理体制。根据授权承担本行政区域内气象工作的政府行政管理职能，依法履行气象主管机构的各项职责。

主要职责 负责制定本行政区域内气象事业发展规划、计划及气象业务建设的组织实施；负责本行政区域内重要气象设施建设项目的审查；对本行政区域内的气象活动进行指导、监督和行业管理；按照职责权限审批气象台站调整计划；组织管理本行政区域内气象探测资料的汇总、分发；依法保护气象探测环境；管理本行政区域内涉外气象活动；在本行政区域内组织对重大灾害性天气跨地区、跨部门的联合监测、预报工作，及时提出气象灾害防御措施，并对重大气象灾害作出评估，为本级人民政府组织防御气象灾害提供决策依据；管理本行政区域内公众气象预报、灾害性天气警报以及农业气象预报、城市环境气象预报、火险气象等级预报等专业气象预报的发布；制定人工影响天气作业方案，并在本级人民政府的领导和协调下，管理、指导和组织实施人工影响天气作业；组织管理雷电灾害防御工作，会同有关部门指导对可能遭受雷电袭击的建筑物、构筑物和其他设施安装的雷电灾害防护装置的检测工作；负责向本级人民政府和同级有关部门提出利用、保护气候资源和推广应用气候资源区划等成果的建议；组织对气候资源开发利用项目进行气候可行性论证；组织开展气象法制宣传教育，负责监督有关气象法规的实施，对违反《中华人民共和国气象法》有关规定的行为依法进行处罚，承担有关行政复议和行政诉讼；统一领导和管理本行政区域内气象部门的计划财务、机构编制、人事劳动、科研和培训以及业务建设等工作；会同副省级省会城市人民政府及地级人民政府对所辖气象机构实施以气象部门为主的双重管理；会同地方党委和人民政府做好当地气象部门的精神文明建设和思想政治工作；组织编制区域业务科技发展规划；组织区域气候会商、灾害天气联防等相关业务协调管理工作；提供区域客观预报预测、气

候变化预估和相关指导产品。组织开展区域气象科学研究、技术开发和科技成果的推广应用工作。

机构沿革　1950年3月中国人民解放军西南军区昆明军事管制委员会接管云南省人民临时军政委员会昆明空军司令部航空站气象大队。1953年11月云南军区司令部气象科改称云南省人民政府气象科，隶属云南省人民政府建制和领导。1954年10月云南省人民政府气象科改为云南省气象局，负责全省气象事业管理。1966年3月云南省气象局与云南省农业厅合并，改称省农业厅气象局。1971年1月省农业厅气象局改为云南省气象局，实行军队领导，建制属当地革命委员会。1973年6月改属当地革命委员会建制和领导。1980年9月云南省气象局隶属省人民政府建制和领导。1983年7月开始，云南省气象局实行国家气象局与省人民政府双重领导，以国家气象局领导为主的管理体制，直至现在。

表1　云南省气象局历届主要负责人一览表

主要负责人	职务	任职时间
秦新法	局长	1954年10月—1966年3月
李甦	政委（军）	1971年1月—1973年4月
赖抡珠	局长	1973年4月—1981年7月
秦新法	局长	1981年7月—1983年7月
朱云鹤	局长	1983年7月—1994年12月
刘建华	局长	1994年12月—2005年12月
程建刚	副局长（主持工作）	2005年12月—2008年2月
丁凤育	局长	2008年2月—2013年7月
程建刚	局长	2013年7月—

注：1966年3月—1971年1月间，云南省气象局与云南省农业厅合并。

机构设置　云南省气象局自成立以来，内设机构和下属单位根据事业发展需要经过多次调整，到2014年形成以下机构设置：

内设机构　办公室、应急与减灾处、观测与网络处、科技与预报处、计划财务处、人事处、政策法规处、监察审计处（与党组纪检组合署办公）、机关党委办公室（精神文明建设办公室）、离退休干部办公室。

直属单位　云南省气象台、云南省气象信息中心、云南省气候中心、云南省大气探测技术保障中心、云南省气象服务中心、云南省气象科学研究所、云南省气象培训中心、云南省人工影响天气中心、云南省雷电中心、云南省气象局机关服务中心、云南省气象局财务核算中心。

挂靠机构　云南省气象学会。

地方气象机构　由云南省机构编制委员会办公室批准成立的昆明市防雷装置安全检测中心，由昭通市机构编制委员会办公室批准成立的昭通水富县气象局，由丽江市机构编制委员会办公室批准成立的丽江古城区气象局。

州（市）、县级气象局　全省设置16个州、市气象局，125个县级气象局，10个独立的县级气象机构（见表2）。

表2　云南省市（州）、县级气象机构设置表

州市级气象局	县（市、区）气象局
昆明市	官渡区、西山区、东川区、安宁市、呈贡县、晋宁县、富民县、宜良县、嵩明、石林县、禄劝县、寻甸县
曲靖市	麒麟区、宣威市、马龙县、沾益县、富源县、罗平县、师宗县、陆良县、会泽县
玉溪市	红塔区、江川县、澄江县、通海县、华宁县、易门县、峨山县、新平县、元江县
保山市	隆阳区、施甸县、腾冲县、龙陵县、昌宁县
昭通市	昭阳区、鲁甸县、巧家县、盐津县、大关县、永善县、绥江县、镇雄县、彝良县、威信县
丽江市	永胜县、华坪县、玉龙县、宁蒗县
普洱市	思茅区、宁洱县、墨江县、景东县、景谷县、镇沅县、江城县、孟连县、澜沧县、西盟县
临沧市	临翔区、凤庆县、云县、永德县、镇康县、双江县、耿马县、沧源县
德宏傣族景颇族自治州	芒市、瑞丽市、梁河县、盈江县、陇川县
大理白族自治州	大理市、祥云县、宾川县、弥渡县、永平县、云龙县、洱源县、剑川县、鹤庆县、漾濞县、南涧县、巍山县
迪庆藏族自治州	香格里拉县、德钦县、维西县
怒江傈僳族自治州	泸水县、福贡县、贡山县、兰坪县
楚雄彝族自治州	楚雄市、双柏县、牟定县、南华县、姚安县、大姚县、永仁县、元谋县、武定县、禄丰县
红河哈尼族彝族自治州	蒙自市、个旧市、开远市、绿春县、建水县、石屏县、弥勒县、泸西县、元阳县、红河县、金平县、河口县、屏边县
文山壮族苗族自治州	文山市、砚山县、西畴县、麻栗坡县、马关县、丘北县、广南县、富宁县
西双版纳傣族自治州	景洪市、勐海县、勐腊县
其他独立设置的县级气象机构	昆明太华山气象站、昭通农业气象试验站、丽江天气雷达站、普洱天气雷达站、德宏天气雷达站、香格里拉区域大气本底站（副处级）、文山天气雷达站、昭通天气雷达站、昆明天气雷达站、大理天气雷达站

气象队伍　1954年云南省气象局成立初期编制27人，管理体制改革前1981年末，全省气象部门共有职工2169人。

到2014年末，全省气象部门在职在编职工为2173人，其中参照公务员法管理的机关工作人员649人，事业单位工作人员1524人。地方气象事业编制人员82人，编制外聘用人员4380人。在国家气象系统编制正式职工中，博士8人，硕士或研究生学历人员158人（占7.3%），大学本科学历1319人（占60.7%），大学专科

学历 442 人（占 20.3%），中专学历 154 人（占 7.1%），高中及以下 92 人（占 4.2%）。研究员级职称 15 人（占 0.7%），副研究员级职称 290 人（占 13.3%），中级专业技术职称 971 人（占 44.7%），初级专业技术职称 771 人（占 35.5%），其他人员 126 人（占 5.8%）。另有社会兼职气象信息员 16 690 人。（参见第 398 页 云南气象）

（程建刚）

Xīzàng Zìzhìqū Qìxiàngjú

西藏自治区气象局（Tibet〔Autonomous Region〕Meteorological Service） 西藏行政区域内气象工作管理机构，实行中国气象局和西藏自治区人民政府双重领导，以中国气象局领导为主的管理体制。根据授权承担本行政区域内气象工作的政府行政管理职能，依法履行气象主管机构的各项职责。

主要职责 负责制定地方气象事业发展规划、计划，并西藏自治区行政区域内气象事业发展规划、计划及气象业务建设的组织实施；负责西藏自治区行政区域内重要气象设施建设项目的审查；对西藏自治区行政区域内的气象活动进行指导、监督和行业管理。按照职责权限审批气象台站调整计划；组织管理西藏自治区行政区域内气象探测资料的汇总、分发；依法保护气象探测环境；管理西藏自治区行政区域内涉外气象活动。在西藏自治区行政区域内组织对重大灾害性天气跨地区、跨部门的联合监测、预报工作，及时提出气象灾害防御措施，并对重大气象灾害作出评估，为西藏自治区人民政府组织防御气象灾害提供决策依据；管理西藏自治区行政区域内公众气象预报、灾害性天气警报以及农业气象预报、城市环境气象预报、火险气象等级预报等专业气象预报的发布。制定人工影响天气作业方案，并在西藏自治区人民政府的领导和协调下，管理、指导和组织实施人工影响天气作业；组织管理雷电灾害防御工作，会同有关部门指导对可能遭受雷电袭击的建筑物、构筑物和其他设施安装的雷电灾害防护装置的检测工作。负责向西藏自治区人民政府和同级有关部门提出利用、保护气候资源和推广应用气候资源区划等成果的建议；组织对气候资源开发利用项目进行气候可行性论证。组织开展气象法制宣传教育，负责监督有关气象法规的实施，对违反《中华人民共和国气象法》有关规定的行为依法进行处罚，承担有关行政复议和行政诉讼。统一领导和管理西藏自治区行政区域内气象部门的计划财务、机构编制、人事劳动、科研和培训以及业务建设等工作；会同地级人民政府对所辖气象机构实施以气象部门为主的双重管理；会同地方党委和人民政府做好当地气象部门的精神文明建设和思想政治工作。

机构沿革 1950 年 8 月—1956 年 8 月，西藏气象部门先后属西南军区和西藏军区管理。1956 年 9 月西藏气象部门划归地方政府管理。1971 年西藏气象部门实行西藏军区和革委会双重领导，以军区领导为主。1973 年 7 月西藏气象部门实行以地方党政部门领导为主的管理体制，为农牧部门一级机构。1972 年 11 月自治区农牧厅气象局对外正式使用西藏自治区气象局名称。1983 年自治区气象局升格为正厅级，开始实行国家气象局与当地政府双重领导，以气象部门领导为主的管理体制，直至现在。

表 1 西藏自治区气象局历届主要负责人一览表

主要负责人	职务	任职时间
陆双欣	局长	1953 年 12 月—1956 年 12 月
周美光	局长	1957 年 6 月—1966 年 2 月
王明山	局长	1966 年 2 月—1974 年 12 月
朱 品	局长	1974 年 12 月—1983 年 3 月
毛如柏	局长	1983 年 5 月—1984 年 12 月
索朗多吉	党组副书记，主持党组工作	1985 年 7 月—1991 年 3 月
马添龙	局长	1985 年 7 月—1992 年 10 月
索朗多吉	局长	1992 年 10 月—2006 年 12 月
刘光轩	党组书记	1994 年 12 月—2009 年 12 月
高 扬	局长	2006 年 12 月—2007 年 3 月
宋善允	党组书记、局长	2007 年 4 月—2012 年 8 月
王鹏祥	党组书记	2012 年 8 月—2015 年 10 月
拉 卓	局长	2012 年 8 月—2015 年 10 月
	党组书记	2015 年 10 月—
向毓意	局长	2015 年 10 月—

机构设置 西藏自治区气象局成立以来，根据事业发展需要，下属事业单位和内设机构经过多次调整，2014 年机构设置如下：

内设机构 办公室、应急与减灾处、科技与预报处、观测与网络处、计划财务处、人事处、政策法规处、监察审计处、机关党委办公室（精神文明建设办公室）、离退休干部办公室。

直属单位 西藏自治区气象台、西藏自治区气候中心、西藏自治区气象信息网络中心、西藏自治区气象服务中心、西藏自治区大气探测技术与装备保障中心、西藏高原大气环境科学研究所、西藏自治区防雷中心、西藏自治区气象培训中心、西藏自治区气象局财务核算中心、西藏自治区气象局机关服务中心。

挂靠机构 西藏自治区气象学会。

地方气象机构 由西藏自治区人民政府批准成立、西藏自治区气象局管理的地方气象机构有：西藏自治区人工影响天气中心、西藏自治区遥感应用研究中心、防雷减灾管理办公室、西藏自治区防雷检测中心（西藏自治区防雷中心）、西藏农牧经济信息网络中心。

地（市）、县级气象局 全区设有7个地（市）气象局、32个县级气象局和1个县级农业气象试验站（见表2）。

表2 西藏自治区地（市）、县级气象机构设置表

地（市）气象局	县气象局（已设置气象机构的县）
拉萨市	当雄县、尼木县、墨竹工卡县，（拉萨农业气象试验站）
昌都地区	类乌齐县、丁青县、八宿县、左贡县、芒康县、洛隆县
山南地区	贡嘎县、琼结县、加查县、隆子县、错那县、浪卡子县
日喀则地区	南木林县、江孜县、定日县、拉孜县、亚东县、聂拉木县
那曲地区	嘉黎县、比如县、安多县、申扎县、索县、班戈县
阿里地区	普兰县、改则县
林芝地区	米林县、波密县、察隅县

气象队伍 1950—1959年，西藏气象队伍从几十人发展到500人，继而又压缩到168人，之后步入科学发展轨道。1980—1989年，是西藏气象事业快速发展时期。到1989年底，从事各项气象业务人员已达696人。截至2014年底，西藏气象部门正式职工总数996人，编外人员105人。正式职工中汉族279人、藏族689人，硕士及以上学历47人，大学本科学历489人，大专学历254人；专业技术人员652人，其中，高级职称89人、中级职称303人、初级职称253人。兼职气象信息员1273人。（参见第402页西藏气象）

（拉卓　王鹏祥）

Shǎnxī Shěng Qìxiàngjú

陕西省气象局（Shaanxi〔Provincial〕Meteorological Service） 陕西省行政区域内气象工作管理机构，实行中国气象局与陕西省人民政府双重领导，以中国气象局领导为主的管理体制。根据授权承担本行政区域内气象工作的政府行政管理职能，依法履行陕西省气象行政、气象业务、气象服务管理和行业管理职能。

主要职责 负责制定地方气象事业发展规划、计划，并本行政区域内气象事业发展规划、计划及气象业务建设的组织实施；负责本行政区域内重要气象设施建设项目的审查；对本行政区域内的气象活动进行指导、监督和行业管理。按照职责权限审批气象台站调整计划；组织管理本行政区域内气象探测资料的汇总、分发；依法保护气象探测环境；管理本行政区域内涉外气象活动。在本行政区域内组织对重大灾害性天气跨地区、跨部门的联合监测、预报工作，及时提出气象灾害防御措施，并对重大气象灾害作出评估，为本级人民政府组织防御气象灾害提供决策依据；管理本行政区域内公众气象预报、灾害性天气警报以及农业气象预报、城市环境气象预报、火险气象等级预报等专业气象预报的发布。制定人工影响天气作业方案，并在本级人民政府的领导和协调下，管理、指导和组织实施人工影响天气作业；组织管理雷电灾害防御工作，会同有关部门指导对可能遭受雷电袭击的建筑物、构筑物和其他设施安装的雷电灾害防护装置的检测工作。负责向本级人民政府和同级有关部门提出利用、保护气候资源和推广应用气候资源区划等成果的建议；组织对气候资源开发利用项目进行气候可行性论证。组织开展气象法制宣传教育，负责监督有关气象法规的实施，对违反《中华人民共和国气象法》有关规定的行为依法进行处罚，承担有关行政复议和行政诉讼。统一领导和管理本行政区域内气象部门的计划财务、机构编制、人事劳动、科研和培训及业务建设等工作；会同副省级市及地级市人民政府对副省级市及地级市气象机构实施以气象部门为主的双重管理；协助地方党委和人民政府做好当地气象部门的精神文明建设和思想政治工作。

机构沿革 1952年陕西省军区气象科成立，对其所属气象台站的人事、业务、财务等施行直接管理，行政生活由当地军分区代管。1953年转归政府建制后，由省财委气象科直接管理。1955年3月成立陕西省气象局，属陕西省人民委员会建制，业务上受中央气象局领导。1970年归省军区领导，1972年回归省政府建制。1983年开始，陕西省气象局改由国家气象局和陕西省人民政府双重领导，以国家气象局领导为主的管理体制，直至现在。

表1 陕西省气象局历届主要负责人一览表

主要负责人	职务	任职时间
朱翊	负责人	1955年3月—1956年2月
	副局长（主持工作）	1956年2月—1957年4月
马云泽	局长	1957年4月—1960年7月
刘舒昌	局长	1960年7月—1966年6月
李世臣	农林厅气象局副局长（主持气象工作）	1966年6月—1966年10月
何锡民	农林厅气象局局长	1966年10月—1967年1月
	局长	1967年1月—1968年8月
丁汶	省气象局革命委员会省军区工作组组长	1970年11月—1971年2月
	省革命委员会气象局省军区工作组组长	1971年2月—1972年1月
郭德义	省革命委员会气象局党的核心小组组长	1972年1月—1973年11月

续表

主要负责人	职务	任职时间
郭一民	省革命委员会气象局党的核心小组组长	1973年11月—1977年10月
	省气象局革命委员会主任	1973年11月—1976年2月
延祖铎	省革命委员会气象局领导小组副组长	1976年2月—1977年10月
	省气象局党的核心小组副组长	1977年10月—1977年12月
李世臣	省革命委员会气象局党的核心小组组长、领导小组组长	1977年12月—1978年5月
	省革命委员会气象局党组书记、局长	1978年5月—1979年4月
吴亮明	省革命委员会气象局党组代理书记	1979年4月—1980年1月
	党组代理书记	1980年1月—1980年2月
	党组书记	1980年2月—1982年7月
延祖铎	副局长	1982年7月—1983年9月
	顾问、党组书记	1983年9月—1985年2月
马鹤年	局长	1983年9月—1989年7月
孙海鹰	局长	1989年7月—1994年1月
程廷江	局长	1994年1月—2000年2月
崔讲学	局长	2000年2月—2005年6月
李良序	局长	2005年6月—2015年6月
丁传群	局长	2015年6月—

注：1968年8月—1970年11月"文化大革命"期间，领导班子不健全。

机构设置 陕西省气象局自成立以来，内设机构和下属单位根据事业发展需要经过多次调整，2014年机构设置有：

内设机构 办公室、应急与减灾处、观测与网络处、科技与预报处（气候变化处）、计划财务处、人事处、政策法规处、监察审计处、机关党委办公室（精神文明建设办公室）、离退休干部办公室。

直属单位 陕西省气象台、陕西省气候中心、陕西省气象信息中心、陕西省大气探测技术保障中心、陕西省气象服务中心、陕西省气象科学研究所、陕西省气象干部培训学院、陕西省气象局机关服务中心、陕西省气象局财务核算中心。

挂靠机构 陕西省气象学会。

地方气象机构 经陕西省人民政府批准成立，由陕西省气象局管理的地方气象机构有：陕西省人工影响天气管理办公室、陕西省农业遥感信息中心、陕西省经济作物气象服务台、陕西省防雷中心。

副省级市气象局 西安市气象局。

市级、县级气象局 全省设有9个市气象局及杨凌示范区气象局，99个县级气象局（见表2）。

表2 陕西省市、县级气象机构设置表

市（区）气象局	县（市、区）气象局
西安市	长安区、临潼区、灞桥区、阎良区、户县、周至县、蓝田县、高陵县
榆林市	榆阳区、府谷县、神木县、定边县、靖边县、横山县、佳县、米脂县、绥德县、子洲县、吴堡县、清涧县
延安市	宝塔区、吴起县、志丹县、安塞县、子长县、延川县、延长县、甘泉县、富县、洛川县、黄陵县、宜川县、黄龙县
铜川市	耀州区、王益区、宜君县
宝鸡市	渭滨区、陇县、千阳县、陈仓区、凤翔县、岐山县、扶风县、麟游县、眉县、太白县、凤县
咸阳市	渭城区、乾县、彬县、礼泉县、兴平市、永寿县、三原县、旬邑县、淳化县、长武县、泾阳县、武功县
渭南市	临渭区、韩城市、合阳县、澄城县、白水县、富平县、蒲城县、大荔县、华县、华阴市、潼关县
汉中市	汉台区、留坝县、略阳县、佛坪县、勉县、南郑县、城固县、洋县、宁强县、西乡县、镇巴县
安康市	汉滨区、汉阴县、石泉县、宁陕县、白河县、紫阳县、岚皋县、平利县、镇坪县、旬阳县
商洛市	商州区、洛南县、丹凤县、商南县、山阳县、镇安县、柞水县
杨凌示范区	杨陵区

气象队伍 陕西省气象队伍经历了由小到大，逐步稳定的发展过程。1952年有气象职工40人，1954年170人。1978年气象职工1582人，其中大专以上学历占12.5%，中专和高中学历占33.2%，初中及以下占54.2%。到2014年底，全省气象部门在职人员1832人，其中参照公务员法管理的国家气象编制人员620人，国家气象事业编制人员1212人；另有编制外职工1034人，地方气象机构编制人员429人，社会兼职气象信息员（协理员）32 271人。在编正式职工中，硕士及以上学位196人（占10.7%），大学本科学历1006人（占54.9%），大专学历404人（占22.1%），大专以下学历226人（占12.3%）；专业技术职称：研究员级19人（占1.04%），副研究员级263人（占14.4%），中级职称956人（占52.2%），中级以下技术人员477人（占26%）。（参见第407页陕西气象）

（丁传群 李良序）

Gānsù Shěng Qìxiàngjú
甘肃省气象局（Gansu〔Provincial〕Meteorological Service） 甘肃行政区域内气象工作管理机构，实行中国气象局和甘肃省人民政府双重领导，以中国气象局领导为主的管理体制。根据授权承担本行政区域内气象工作的政府行政管理职能，依法履行气象主管机构的各项职责。

主要职责 制定地方气象事业发展规划、计划，并负责本行政区域内气象事业发展规划、计划及气象业务建设项目的组织实施；负责本行政区域内重要气象设施建设项目的审查；对本行政区域内的气象活动进行指导、监督和行业管理。按照职责权限审批气象台站调整计划；组织管理本行政区域内气象探测资料的汇总、分发；依法保护气象探测环境；管理本行政区域内气象标准化工作和涉外气象活动。在本行政区域内组织对重大灾害性天气跨地区、跨部门的联合监测、预报工作，及时提出气象灾害防御措施，并对重大气象灾害做出评估，为本级人民政府组织防御气象灾害提供决策依据；管理本行政区域内公共气象服务工作；管理本行政区域内公众气象预报、灾害性天气警报以及农业气象预报、城市环境气象预报、火险气象等级预报等专业气象预报的发布。组织制订和实施本行政区域气象灾害防御规划；组织本行政区域内气象灾害防御应急管理工作；负责本行政区域内突发公共事件气象保障工作。制定人工影响天气作业方案，并在本级人民政府的领导和协调下，管理、指导和组织实施人工影响天气作业；组织管理雷电灾害防御工作，会同有关部门指导对可能遭受袭击的建筑物、构筑物和其他设施安装的雷电灾害防护装置的检测工作。负责向本级人民政府和同级有关部门提出利用、保护气候资源和推广应用气候资源区划等成果的建议；组织对气候资源开发利用项目进行气候可行性论证；参与省政府应对气候变化工作，组织开展气候变化影响评估、技术开发和决策咨询服务。组织开展气象法制宣传教育，负责监督有关气象法规的实施，对违反《中华人民共和国气象法》《甘肃省气象条例》《甘肃省气象灾害防御条例》等有关法律法规的行为依法进行处罚，承担有关行政复议和行政诉讼工作。统一领导和管理本行政区域内气象部门的计划财务、机构编制、人事劳动、科研和培训以及业务建设等工作；会同地市级人民政府对所辖气象机构实施以部门为主、地方为辅的双重管理；会同地方党委和人民政府做好当地气象部门的精神文明建设和思想政治工作。负责西北区域气象中心内的组织协调、业务指导、科研组织、技术支持和专业培训。承担中国气象局和省级人民政府交办的其他事项。承担中国气象局西北区域相关气象业务、科研等的协调职能（见第78页区域气象中心）。

机构沿革 1950年12月中国人民解放军西北军区司令部气象处在兰州成立，负责管理西北各省气象台站（包括甘肃省境内的气象站）。1952年9月甘肃省军区司令部设立气象科。1953年8月西北军区司令部气象处迁至西安改称西北气象处，隶属西北行政委员会建制。在原西北军区司令部气象处测报、预报、通信等业务基础上，在兰州成立了西北气象台，甘肃省军区司令部气象科移交地方。1954年9月在甘肃省财委会气象科基础上扩建为甘肃省气象局，属省人民政府建制，受中央气象局和当地人民政府的双重领导；随后西北气象台改建为中央气象局兰州中心气象台。1958年3月各级气象台站归属各级政府领导，省气象局对地、县气象部门为业务指导关系，1962年10月由气象部门统一管理。"文革"时期，机构名称几经变更，至1973年11月恢复甘肃省气象局名称，气象部门仍归同级政府建制，实行双重领导，以地方政府为主的管理体制。1983年开始，甘肃省气象局改由国家气象局与甘肃省人民政府双重领导，以国家气象局为主的管理体制，直至现在。

表1 甘肃省气象局历届主要负责人一览表

主要负责人	职务	任职时间
韩 佐	局长	1955年5月—1956年12月
郝 耀	局长	1956年12月—1967年1月
张玉昆	局长	1969年2月—1979年1月
姚知一	局长	1979年1月—1983年4月
缪培俊	局长	1983年4月—1986年6月
胡继文	副局长（主持工作）	1986年6月—1987年10月
	局长	1987年10月—1992年7月
谢金南	局长	1992年7月—2002年11月
宋连春	局长	2002年11月—2006年6月
张书余	局长	2006年6月—2013年12月
鲍文中	副局长（主持工作）	2013年12月—2014年5月
	局长	2014年5月—

注：1967年1月—1969年2月"文革"时期，领导班子不健全。

机构设置 甘肃省气象局成立以来，内设机构和下属单位根据事业发展需要经过多次调整，2014年形成了以下设置：

内设机构 办公室、应急与减灾处、观测与网络处、科技与预报处、计划财务处、人事处、政策法规处、监察审计处（与党组纪检组合署办公）、机关党委办公室（精神文明建设办公室）、离退休干部办公室。

直属单位 兰州中心气象台、西北区域气候中心、甘肃省气象信息与技术装备保障中心、甘肃省气象服务中心、中国气象局兰州干旱气象研究所、甘肃省气象培训中心、甘肃省人工影响天气办公室、甘肃省气象局机关后勤服务中心。

挂靠机构 甘肃省气象学会。

地方气象机构 甘肃省机构编制委员会办公室批准成立甘肃省防雷减灾管理局，由省气象局管理。

市（州）、县（市、区）气象局 全省共13个市州级气象局，68个县级气象局。此外，另有15个独立设置的县级气象机构：嘉峪关天气雷达站、天水农业气象试验站、天水天气雷达站、武威农业气象试验站、天祝藏族自治县乌鞘岭气象站、金塔县鼎新气象站、肃北蒙古族自治县马鬃山气象站、酒泉国家基准气候站、西峰农业气象试验站、通渭县华家岭气象站、合作天气雷达站、张掖天气雷达站、张掖生态站、西峰天气雷达站、定西农业气象试验站。见表2。

表2　甘肃省市（州）、县级气象机构设置表

市（州）气象局	县（市、区）气象局
兰州市	永登县、皋兰县、榆中县
嘉峪关市	
白银市	靖远县、会宁县、景泰县
天水市	麦积区、清水县、秦安县、甘谷县、武山县、张家川回族自治县
武威市	民勤县、古浪县、天祝藏族自治县、永昌县（武威市代管）
酒泉市	玉门市、敦煌市、金塔县、瓜州县、肃北蒙古族自治县、阿克塞哈萨克族自治县
张掖市	民乐县、临泽县、高台县、山丹县、肃南裕固族自治县
庆阳市	庆城县、环县、华池县、合水县、正宁县、宁县、镇原县
平凉市	泾川县、灵台县、崇信县、华亭县、庄浪县、静宁县
定西市	安定区、通渭县、临洮县、漳县、岷县、渭源县、陇西县
陇南市	成县、宕昌县、康县、文县、西和县、礼县、两当县、徽县
临夏回族自治州	康乐县、永靖县、广河县、和政县、东乡族自治县
甘南藏族自治州	合作市、临潭县、卓尼县、舟曲县、迭部县、玛曲县、碌曲县、夏河县

气象队伍　1954年甘肃省气象局建局之初，共有职工46人。1981年底共有职工2051人（其中固定职工1915人，临时工22人，计划外用工114人）。截至2014年底，全省气象部门在职人员2494人，其中国家气象系统1867人（参照公务员法管理521人），地方气象编制164人，编外人员463人；另有社会兼职气象信息员17 714人，乡村人影作业炮手1040人。在国家气象系统在职人员中，研究生学历或硕士学位167人（占8.94%），大学本科学历1168人（占62.56%），大专学历301人（占16.12%），大专以下266人（占14.25%）；研究员级16人（0.86%），副研究员级229人（占12.27%），中级技术职称934人（50.03%）。（参见第410页 甘肃气象）

（鲍文中　李春亮）

Qīnghǎi Shěng Qìxiàngjú

青海省气象局（Qinghai〔Provincial〕Meteorological Service）　青海行政区域内气象工作管理机构，实行中国气象局与青海省人民政府双重领导，以中国气象局领导为主的管理体制。根据授权承担本行政区域内气象工作的政府行政管理职能，依法履行气象主管机构的各项职责。

主要职责　负责制定本行政区域内气象事业发展规划、计划及气象业务建设的组织实施；负责本行政区域内重要气象设施建设项目的审查；对本行政区域内的气象活动进行指导、监督和行业管理。按照职责权限审批气象台站调整计划；组织管理本行政区域内气象探测资料的汇总、分发；依法保护气象探测环境；管理本行政区域内涉外气象活动。在本行政区域内组织对重大灾害性天气跨地区、跨部门的联合监测、预报工作，及时提出气象灾害防御措施，并对重大气象灾害作出评估，为本级人民政府组织防御气象灾害提供决策依据；管理本行政区域内公众气象预报、灾害性天气警报以及农业气象预报、城市环境气象预报、火险气象等级预报等专业气象预报的发布。制定人工影响天气作业方案，并在本级人民政府的领导和协调下，管理、指导和组织实施人工影响天气作业；组织管理雷电灾害防御工作，会同有关部门指导对可能遭受雷电袭击的建筑物、构筑物和其他设施安装的雷电灾害防护装置的检测工作。负责向本级人民政府和同级有关部门提出利用、保护气候资源和推广应用气候资源区划等成果的建议；组织对气候资源开发利用项目进行气候可行性论证。组织开展气象法制宣传教育，负责监督有关气象法规的实施，对违反《中华人民共和国气象法》有关规定的行为依法进行处罚，承担有关行政复议和行政诉讼。统一领导和管理本行政区域内气象部门的计划财务、机构编制、人事劳动、科研和培训以及业务建设等工作；会同地级人民政府对所辖气象机构实施以气象部门为主的双重管理；会同地方党委和人民政府做好当地气象部门的精神文明建设和思想政治工作。

机构沿革　1954年10月青海省气象局成立，属省人民政府建制，受中央气象局和省人民政府双重领导。1962年6月省气象局划为二级局，更名为青海省农林厅气象局。1964年6月经国务院批准，气象局恢复厅级局，更名为青海省气象局。1966年4月青海省气象局又改为青海省农牧厅气象局，1967年12月经省革命委员会批准，成立青海省农牧厅气象局革命委员会。1970年恢复青海省气象局，更名为青海省革命委员会气象局。1971年2月全省气象部门实行军事部门和地方政府双重领导，以军事部门为主的管理体制。1973年5月，根据国务院、中央军委通知，气象部门归同级政府建制领导。1980年1月开始，实行气象部门和地方政府双重领

导，以气象部门领导为主的管理体制，直到现在。

表1 青海省气象局历届主要负责人一览表

主要负责人	职务	任职时间
温子才	副局长（主持工作）	1954年10月—1957年6月
王承永	局长	1957年6月—1967年12月
温子才	革委会主任	1967年12月—1970年3月
张文斌	局长	1970年12月—1974年12月
解伯淳	局长	1975年1月—1979年2月
魏家麟	局长	1979年2月—1983年6月
代加洗	局长	1983年6月—1988年6月
徐建伟	局长	1988年6月—1995年10月
崔讲学	局长	1995年10月—2000年2月
王江山	局长	2000年3月—2004年1月
常国刚	局长	2004年2月—2007年5月
陈晓光	局长	2007年6月—2010年6月
王莘	副局长（主持工作）	2010年7月—2012年7月
谢双亭	局长	2012年7月—2016年6月
白海	党组书记	2016年1月—
	局长	2016年6月—

机构设置 青海省气象局自成立以来，内部机构经历过多次变化与调整。2014年机构设置有：

内设机构 办公室、应急与减灾处、观测与网络处、科技与预报处、计划财务处、人事处、政策法规处、监察审计处（与局党组纪检组合署办公）、机关党委办公室（精神文明建设办公室）、离退休干部办公室。

直属单位 省气象台、省气候中心、省气象科学研究所、省气象培训中心、省大气探测技术保障中心、省雷电灾害防御中心、省气象机关服务中心、省气象信息中心、省气象服务中心、中国大气本底基准观象台、省气象财务核算中心。

挂靠机构 青海省气象学会。

地方气象机构 由青海省人民政府批准成立、青海省气象局管理的地方气象机构有：青海省人工影响天气办公室、青海省雷电灾害防御中心、青海省雷电防护管理办公室、青海省气候变化监测评估中心、青海省卫星遥感中心、青海省生态环境监测评估中心。

州（市）、县级气象机构 全省设有9个州（市）级气象局，40个县级气象局，10个县级气象站和1个县级牧业气象试验站（见表2）。

表2 青海省州（市）、县级气象机构设置表

州（市）气象局	县气象局
西宁市	大通回族土族自治县、湟源县、湟中县
海东市	平安县、民和回族土族自治县、乐都区、互助土族自治县、化隆回族自治县、循化撒拉族自治县
海北藏族自治州	门源回族自治县、祁连县、海晏县、刚察县
海南藏族自治州	共和县、同德县、贵德县、兴海县、贵南县
黄南藏族自治州	同仁县、尖扎县、泽库县、河南蒙古族自治县
果洛藏族自治州	班玛县、甘德县、达日县、久治县、玛多县、玛沁县
玉树藏族自治州	玉树市、杂多县、治多县、囊谦县、曲麻莱县、称多县
海西蒙古族藏族自治州	乌兰县、天峻县、茫崖行委、冷湖行委、大柴旦行委
格尔木市	都兰县
县级气象站	祁连县野牛沟、祁连县托勒、兴海县河卡、共和县江西沟、称多县清水河、乌兰县茶卡、五道梁、沱沱河、小灶火、都兰县诺木洪、海北牧业气象试验站

气象队伍 1949年青海解放时，全省仅有10多名气象工作者。1954年成立青海省气象局时，全省有气象职工133人。1981年底，全省气象职工1307人。截至2014年底，全省国家气象系统在职职工1393人，其中参照公务员法管理337人，事业编制1056人。在国家气象系统在职人员中，博士4人（占0.29%），研究生学历79人（占5.7%），大学本科学历855人（占61.4%），大专学历347人（占24.9%），中专及以下学历112人（占8.0%）；研究员级6人（占0.43%），副研究员级128人（占9.2%），中级技术职称814人（占58.4%），初级专业技术职称365人（占26.2%）。编制外聘用职工147人。另有社会兼职气象信息员（协理员）4860人。（参见第413页 青海气象）

（白海 谢双亭 叶海年）

Níngxià Huízú Zìzhìqū Qìxiàngjú

宁夏回族自治区气象局（Ningxia〔Hui Autonomous Region〕Meteorological Service） 宁夏回族自治区行政区域内气象工作管理机构，实行中国气象局和宁夏回族自治区人民政府双重领导，以中国气象局领导为主的管理体制。根据授权承担本行政区域内气象工作的政府行政管理职能，依法履行气象行政、气象服务、气象业务管理和行业管理职能。

主要职责 负责制定本行政区域内气象事业发展规划、计划及气象业务建设的组织实施；负责本行政区域内重要气象设施建设项目的审查；履行社会管理职能，对本行政区域内的气象活动进行指导、监督和行业管理。按照职责权限审批气象台站调整计划；组织管理本行政区域内气象探测资料的汇总、分发；依法保护气象探测环境；管理本行政区域内气象标准化工作和涉外气象活动。在本行政区域内组织对重大灾害性天气跨地区、跨部门的联合监测、预报工作，及时提出气象灾害防御措施，并对重大气象灾害作出评估，为本级人民政府组织防御气象灾害提供决策依据；管理本行政区域内公共气象服务工作；管理本行政区域内公众气象预报、

灾害性天气警报以及农业气象预报、城市环境气象预报、火险气象等级预报等专业气象预报的发布。组织制订和实施本行政区域气象灾害防御规划；组织本行政区域内气象灾害防御应急管理工作；负责本行政区域内突发公共事件气象保障工作。制定人工影响天气作业方案，并在本级人民政府的领导和协调下，管理、指导和组织实施人工影响天气作业；组织管理雷电灾害防御工作，会同有关部门指导对可能遭受雷电袭击的建筑物、构筑物和其他设施安装的雷电灾害防护装置的检测工作。负责向本级人民政府和同级有关部门提出利用、保护气候资源和推广应用气候资源区划等成果的建议；组织对气候资源开发利用项目进行气候可行性论证；参与自治区政府应对气候变化工作，组织开展气候变化影响评估、技术开发和决策咨询服务。组织开展气象法制宣传教育，负责监督有关气象法规的实施，对违反《中华人民共和国气象法》有关规定的行为依法进行处罚，承担有关行政复议和行政诉讼。统一领导和管理本行政区域内气象部门的计划财务、机构编制、人事劳动、科研和培训以及业务建设等工作；会同市级人民政府对所辖气象机构实施以气象部门为主的双重管理；会同自治区党委和人民政府做好当地气象部门的精神文明建设和思想政治工作。

机构沿革　1950年西北军区在银川建立气象站，自1951年1月1日起正式工作。1956年银川气象站扩建为银川气象台。1958年12月宁夏回族自治区人民委员会决定成立宁夏回族自治区农业厅气象局。1978年6月宁夏回族自治区气象局升格为一级局，为自治区革委会的职能部门。1980年宁夏回族自治区气象部门实行以气象部门为主的管理体制，明确了地（市）气象局为县团级建制，县气象站为科级事业单位建制。1983年气象部门管理体制实行自上而下以气象部门为主的双重领导管理体制，明确各级气象部门既是上级气象部门的下属单位，又是同级人民政府的工作部门。

表1　宁夏回族自治区气象局历届主要负责人一览表

主要负责人	职务	任职时间
解兆和	副局长（负责工作）	1958年12月—1959年9月
白有山	局长	1959年9月—1974年6月
王　延	局长	1974年6月—1977年3月
曹印堂	副局长（主持工作）	1977年3月—1977年8月
胡秉坤	局长	1977年8月—1979年3月
庞殿元	副局长（主持工作）	1979年3月—1981年12月
刘桂森	局长	1981年12月—1988年3月
马占山	局长	1988年3月—1998年6月
夏普明	副局长（主持工作）	1998年6月—2000年2月
夏普明	局长	2000年2月—2010年1月
丁传群	局长	2010年1月—2015年8月
王鹏祥	局长	2015年8月—

注：1958年12月—1978年5月为宁夏回族自治区农业厅气象局。

机构设置　宁夏回族自治区气象局自成立以来，根据事业发展需要对内设机构和下属单位进行了多次调整，2014年底机构设置如下：

内设机构　办公室（应急管理办公室）、应急与减灾处、观测与网络处、科技与预报处（气候变化处）、计划财务处、人事处、政策法规处（行政审批办公室）、监察审计处（与党组纪检组合署办公）、机关党委办公室（精神文明建设办公室）、离退休干部办公室。

直属单位　宁夏气象台、宁夏气候中心（宁夏气象能源开发服务中心）、宁夏气象服务中心（宁夏专业气象台、宁夏气象影视中心）、宁夏气象信息中心（宁夏气象档案馆）、宁夏大气探测技术保障中心、宁夏气象科学研究所（宁夏农业气象服务中心、宁夏人工影响天气中心）、宁夏雷电防护技术中心、宁夏气象局财务核算中心、宁夏气象局机关服务中心。

挂靠机构　宁夏回族自治区气象学会。

地方气象机构　经宁夏回族自治区人民政府或自治区机构编制委员会办公室批准成立，由自治区气象局管理的地方气象机构有：宁夏回族自治区人工影响天气与气象灾害防御指挥部及其办公室、宁夏回族自治区防雷减灾管理局、宁夏回族自治区避雷装置检测站。

市、县（市、区）气象机构　宁夏回族自治区共设5个市级气象局，14个县（市、区）气象局，8个正科级气象站。另外，设有地方气象机构彭阳县气象站。见表2。

表2　宁夏回族自治区市、县级气象机构设置表

地级市气象局	县（市、区）气象局（站）
银川市	灵武市、永宁县、贺兰县、贺兰山（站）
石嘴山市	惠农区、平罗县、陶乐（站）、石炭井（站）、沙湖（站）
吴忠市	青铜峡市、盐池县、同心县、麻黄山（站）、韦州（站）
固原市	西吉县、隆德县、泾源县、六盘山（站）
中卫市	沙坡头区、中宁县、海原县、兴仁（站）

气象队伍　1958年宁夏回族自治区成立时仅有气象干部职工100人，1960年底全区共有气象干部职工253人。1981年底宁夏气象部门干部职工587人，其中大学本科及以上学历23人，专科54人，大专以上学历占职工总数的13.12%。随着气象事业发展，截至2014年底，全区气象部门在职在编人员690人，其中参照公务员法管理140人，国家事业编制人员550人。学历结构：本科及以上学历569人，占职工总数的82.5%，其中博士研究生5人，硕士研究生59人，大学本科生505人，大学专科生67人。职称结构：正研级职称10人（占1.4%）、副高级职称87人（占12.6%）、中级职称323

人（占46.8%）、初级职称243人（占35.2%）。编制外聘用职工131人。另有社会兼职气象信息员（协理员）5296人。（参见第417页 宁夏气象）

（王鹏祥　丁传群）

Xīnjiāng Wéiwú'ěr Zìzhìqū Qìxiàngjú
新疆维吾尔自治区气象局（Xinjiang〔Uygur Autonomous region〕Meteorological Service）

新疆维吾尔自治区行政区域内气象工作管理机构，实行中国气象局和新疆维吾尔自治区人民政府双重领导，以中国气象局领导为主的管理体制。根据授权承担本行政区域内气象工作的政府行政管理职能，依法履行气象主管机构的各项职责。

主要职责　负责制定本行政区域内气象事业发展规划、计划及气象业务建设的组织实施；负责本行政区域内重要气象设施建设项目的审查；对本行政区域内的气象活动进行指导、监督和行业管理。按照职责权限审批气象台站调整计划；组织管理本行政区域内气象探测资料的汇总、分发；依法保护气象探测环境；管理本行政区域内涉外气象活动。在本行政区域内组织对重大灾害性天气跨地区、跨部门的联合监测、预报工作，及时提出气象灾害防御措施，并对重大气象灾害作出评估，为本级人民政府组织防御气象灾害提供决策依据；管理本行政区域内公众气象预报、灾害性天气警报以及农业气象预报、城市环境气象预报、火险气象等级预报等专业气象预报的发布。制定人工影响天气作业方案，并在本级人民政府的领导下，管理、指导和组织实施人工影响天气作业；组织管理雷电灾害防御工作，会同有关部门指导对可能遭受雷电袭击的建筑物、构筑物和其他设施安装的雷电灾害防护装置的检测工作。负责向本级人民政府和同级有关部门提出利用、保护气候资源和推广应用气候资源区划等成果的建议；组织对气候资源开发利用项目进行气候可行性论证。组织开展气象法制宣传教育，负责监督有关气象法规的实施，对违反《中华人民共和国气象法》有关规定的行为依法进行处罚，承担有关行政复议和行政诉讼。统一领导和管理本行政区域内气象部门的计划财务、机构编制、人事劳动、科研和培训以及业务建设等工作；会同地级人民政府对所辖气象机构实施以气象部门为主的双重管理；会同地方党委和人民政府做好当地气象部门的精神文明建设和思想政治工作。承担中国气象局乌鲁木齐区域气象中心的职能（参见第78页 区域气象中心）。

机构沿革　1949年9月底中国人民解放军西北军区接管国民政府空军迪化（乌鲁木齐市前身）气象台。1952年8月中国人民解放军新疆军区司令部气象科成立，新疆气象工作建立了统一的领导机构。1954年1月气象部门由军队建制转为地方建制，新疆省成立了气象科，11月升格为气象局，属省人民政府建制，受中央气象局和新疆省人民政府双重领导。1955年10月1日新疆维吾尔自治区成立，新疆省气象局改称为新疆维吾尔自治区气象局（以下简称自治区气象局）。1958年12月自治区气象局下放管理体制，各级气象台站归当地人民政府建制，自治区气象局与各气象台站为业务指导关系。1963年1月起实行上级业务部门和地方政府双重领导，以上级业务部门为主的管理体制；1971年1月起实行军事部门与地方政府双重领导，以军事部门为主的管理体制；1973年9月起全疆各级气象部门实行上级业务部门和同级革命委员会双重领导，以上级业务部门为主的管理体制；1983年3月开始，自治区气象局实行由国家气象局和自治区人民政府双重领导，以国家气象局领导为主的管理体制，延续至今。

表1　新疆维吾尔自治区气象局历届主要负责人一览表

主要负责人	职务	任职时间
苏占湑	党组书记、局长	1954年11月—1967年3月
石义	军管会主任	1967年3月—1970年3月
王学智	革命委员会主任	1970年3月—1970年8月
杨占清	革命委员会主任	1970年9月—1970年12月
赵学进	临时党委书记、局长	1970年12月—1973年7月
苏占湑	党组书记	1973年7月—1979年2月
	局长	1979年2月—1983年6月
王邦玉	党组书记	1979年4月—1983年6月
苏占湑	党组书记	1983年6月—1985年12月
王为德	党组书记	1985年12月—1988年10月
	局长	1983年6月—1988年10月
张家宝	党组书记	1989年4月—1997年12月
	局长	1988年10月—1997年12月
徐羹慧	党组书记、局长	1997年12月—2002年12月
史玉光	党组书记、局长	2002年12月—2011年1月
杜继稳	党组书记	2011年4月—2014年6月
张杰	局长	2011年4月—2013年5月
杜继稳	局长	2013年5月—2014年6月
张守保	党组书记、局长	2014年6月—

机构设置　自治区气象局成立以来内部机构经历过多次变化与调整，2014年机构和部门设置有：

内设机构　办公室（外事办公室）、应急与减灾处、观测与网络处、科技与预报处（气候变化处）、计划财务处、人事处、政策法规处、监察审计处（与党组纪检组合署办公）、机关党委办公室（精神文明建设办公室）、离退休干部办公室。

直属单位　新疆维吾尔自治区气象台（乌鲁木齐区域中心气象台、新疆维吾尔自治区农业气象台、新疆棉花气象服务中心）、新疆维吾尔自治区气候中心（新疆环境资源遥感中心)、新疆维吾尔自治区气象信息中心(新疆维吾尔自治区气象档案馆)、新疆维吾尔自治区气象技术装备保障中心(中国气象局气象探测中心、新疆技术装备保障分中心)、新疆维吾尔自治区气象服务中心(新疆维吾尔自治区防雷减灾中心)、中国气象局乌鲁木齐沙漠气象研究所、中国气象局气象干部培训学院新疆分院、新疆维吾尔自治区气象局财务核算中心、乌鲁木齐气象卫星地面站、新疆维吾尔自治区气象局机关服务中心。

挂靠机构 新疆维吾尔自治区气象学会。

地方气象机构 由新疆维吾尔自治区人民政府批准成立、自治区气象局管理的地方气象机构有：新疆维吾尔自治区人工影响天气办公室、新疆兴农网信息中心(新疆农业气象台)。

地、县级气象局 全区设有15个地(州、市)气象局，86个县级气象局(见表2)。

表2 新疆维吾尔自治区地(州、市)、县级气象机构设置表

地区(州、市)气象局	县(市、区)气象局(已设置气象机构的县级单位)
乌鲁木齐市	天山区、米东区、达坂城区、经济技术开发区(头屯河区气象局)
克拉玛依市	克拉玛依区
喀什地区	喀什市、泽普县、叶城县、岳普湖县、巴楚县、英吉沙县、莎车县、麦盖提县、伽师县、塔什库尔干塔吉克自治县
阿克苏地区	阿克苏市、库车县、新和县、乌什县、柯坪县、温宿县、沙雅县、拜城县、阿瓦提县、阿拉尔市
和田地区	和田市、皮山县、策勒县、民丰县、墨玉县、洛浦县、于田县
吐鲁番市	高昌区、托克逊县、鄯善县
哈密地区	哈密市、巴里坤哈萨克自治县、伊吾县
克孜勒苏柯尔克孜自治州	阿图什市、阿合奇县、阿克陶县、乌恰县
博尔塔拉蒙古族自治州	博乐市、温泉县、精河县、阿拉山口市
昌吉回族自治州	昌吉市、呼图壁县、奇台县、木垒哈萨克自治县、阜康市、玛纳斯县、吉木萨尔县
巴音郭楞蒙古族自治州	库尔勒市、尉犁县、且末县、和硕县、轮台县、若羌县、和静县、焉耆回族自治县
伊犁哈萨克自治州	伊宁市、霍城县、新源县、特克斯县、察布查尔锡伯自治县、伊宁县、巩留县、昭苏县、尼勒克县、霍尔果斯口岸
塔城地区	塔城市、额敏县、乌苏市、沙湾县、托里县、和布克赛尔蒙古自治县、裕民县
阿勒泰地区	阿勒泰市、富蕴县、哈巴河县、吉木乃县、布尔津县、福海县、青河县
石河子市	石河子市

气象队伍 1954年新疆气象部门有干部职工376人，其中行政干部35人，从事专业技术人员335人。1981年末实有人数923人。截至2014年12月31日，新疆气象部门有国家编制人员2596人，地方编制人员38人，编外人员298人。学历分布：在职职工研究生学历161人(博士学位14人，硕士学位152人)，占6.2%；本科1287人，占49.6%；大专763人，占29.4%；中专及以下385人，占14.8%。职称分布：具有正研级职称16人，占0.6%；副高级职称323人，占12.4%；中级职称1157人，占44.6%；初级及以下职称1100人，占42.4%。(参见第421页 新疆气象)

(张守保 王攀 李小菊)

其他气象机构

Zhōngguó Qìxiàng Xuéhuì
中国气象学会(China Meteorological Society，CMS)由气象科学技术及相关科学技术领域的单位和科技工作者自愿组成并依法登记注册的具有学术性、公益性的全国性社会团体。中国气象学会以促进气象科学技术发展和普及为宗旨，是党和政府联系气象科学技术工作者的桥梁和纽带，是国家推动气象科学技术事业发展的重要力量。中国气象学会为独立的社团法人单位，接受中国科学技术协会和中华人民共和国民政部的业务指导和监督管理，其办事机构挂靠在中国气象局。

发展历程 1924年2月时任中央观象台气象科科长蒋丙然及东南大学气象教授竺可桢等，以"谋气象学术之进步与测候事业之发展"为宗旨，共同发起组建中国气象学会。1924年10月在青岛胶澳商埠观象台办公处召开学会成立大会。大会讨论通过了学会章程，推选蒋丙然为中国气象学会首任会长，彭济群为副会长，竺可桢等6人任理事，陈开源任总干事。公推张謇(南通军山气象台创办人)、高恩洪(胶澳商埠督办)和高鲁(北京中央观象台台长)为名誉会长。

自成立起至新中国建立前的这一时期，学会积极拓展活动领域，如：1925年创办《中国气象学会会刊》(后于1935年更名为《气象杂志》、1941年更名为《气象学报》)；推进气象学术研究，开拓气象研究和业务领域；倡导建立全国气象台站网，统一观测规范，推动国内气象台站建设；广泛开展气象知识普及，收集气象(农)谚语；推荐气象人员出国进修提高；推动气象教育的开展，培养和造就了一批后来成为新中国气象事业开展气象业务、科研、教育和军事气象工作的领军人才；开展气象学名词的整理和审订工作，统一气象规范；积极发展会员及地方学会组织；通过联谊活动等方

式，加强各气象单位间的联系和与相关学术团体的联络。为改变中国气象事业的落后状况，学会联合青岛观象台、浙江省政府等，于1937年4月召开的第三届全国气象会议上提出成立全国气象行政机关的提案，得到全体代表的赞同，并形成了专门决议，为推动掌管全国气象事业的行政机关——中央气象局的建立做出了重要贡献。抗日战争期间，学会会址先后迁往南京、汉口、重庆等地，1947年回迁南京。

新中国成立后，中国气象学会积极响应中国科学联合会关于全国40个全国性学会召开代表大会的号召，于1949年11月着手恢复和重建工作，并于1951年4月在北京召开新中国成立后第一届全国代表大会。大会重新修订了学会章程，选举产生了新一届理事会，竺可桢（1929年第六届起任理事长）续任理事长。中央人民政府内务部于1951年6月同意中国气象学会准予登记。1954年8月召开的第二次全国会员代表大会，1958年8月召第二、三届理事会扩大会议，1958年9月成为中国科学协会成立伊始的重要成员之一。1962年8月召开年会暨代表大会，改选学会理事会。

这期间，在中国共产党的领导下，气象学会工作出现了良好的发展态势，在全国27个省（自治区、直辖市）建立起气象学会组织，形成了以中国气象学会及各专业委员会为业务指导的学会组织系统。学术思想空前活跃，引导和推动了国内气象科学领域各分支学科的发展。中国气象学会活动较好地发挥了自身的功能，并逐步成为国内气象学术交流和科普活动的中心，有力地促进了现代气象科学的发展。

1966—1977年期间因受"文革"影响，中国气象学会的活动基本处于停顿，1978年2月恢复活动。以1978年12月在河北邯郸召开的年会暨全国会员代表大会为标志，学会组织的重建工作全面展开。1982年10月召开的全国会员代表大会，是气象学会发展史上一次具有里程碑意义的大会，使学会的各项工作进入了一个改革发展的新阶段。其后，每4年召开一次会员代表大会，各次代表大会的主要任务为：报告学会工作、修订学会章程、改选理事会及其领导机构、决定理事会所属分支机构的设置、组织学术交流、开展表彰奖励活动、决定学会工作的重大事项。

主要任务 中国气象学会以"谋气象学术之进步与测候事业之发展"为宗旨，面向经济建设和社会发展，发挥党和政府团结联系气象工作者的"桥梁"与"纽带"作用。基本业务和活动内容主要包括：开展气象科技学术交流活动，促进学科发展；弘扬科学精神，普及气象科学知识；开展民间国际气象科技学术交流活动，促进国际气象合作，发展同国外有关科学技术团体和科学技术工作者的友好交往；组织海峡两岸气象界的学术交流、学者互访，推动科技合作，促进两岸大气科学的发展；组织编辑气象科技文献、气象学术刊物和科普刊物及相关的音像制品；组织会员和气象科技工作者积极参与决策咨询、技术咨询和技术服务；接受委托开展气象科技评估，举办气象科技展览，推动科技成果转化；培养和举荐人才，表彰奖励取得优秀成绩的会员和气象科技工作者；加强学会办事机构工作人员队伍建设，加强同相关学会间的联系，促进相关学科之间的交流协作等。

主要活动 1978年改革开放以来，中国气象学会积极主动、独立负责开展活动，不断开创工作新局面。通过30多年的努力，在既有基础上，创新了一批具有中国特色、时代特征和学会特质的品牌活动，丰富了学会传统性工作的内涵并为其注入新的活力，显示了其不可替代的特殊作用。

完善学会组织体系，推进民主办会 建立了代表大会、理事会、常务理事会、学科（工作）委员会、秘书处的组织体系，形成了包括民主管理、民主选举、民主监督在内的一整套民主办会机制，加强学会的自身组织建设和文化建设，形成了协商、民主、合作、互利、求实、创新为主要标志的良好会风，从整体上提高学会科学管理水平和可持续发展能力。2012年通过民政部社会组织评估，获得AAAA级社会组织称号。

加强学科体系建设，促进科技发展 建设了一批具有新兴、交叉、前沿为特点的学科委员会，立足气象而不局限于气象，加强与其他自然科学和社会科学的相互渗透，扶植新的学科生长，改变了气象科技的传统结构，学科委员会从最初的4个增加到35个，并增设了4个专门工作委员会。具体如下：冰冻圈与极地气象委员会、城市气象学委员会、大气成分委员会、大气环境学委员会、大气科学名词审定委员会、大气探测与仪器委员会、大气物理学委员会、动力气象学委员会、副热带气象委员会、干旱气象学委员会、高原气象学委员会、公共气象服务委员会、航空与航天气象学委员会、军事气象学委员会、空间天气学委员会、雷达气象学委员会、雷电委员会、农业气象与生态气象学委员会、气候变化与低碳发展委员会、气候学与气候资源委员会、气象教育与培训委员会、气象经济学委员会、气象软科学委员会、气象史志委员会、气象通信与信息技术委员会、气象影视与传媒委员会、热带与海洋气象学委员会、人工影响天气委员会、数值预报委员会、水文气象学委员会、台风委员会、天气学委员会、统计气象学委员会、卫星气象学委员会、医学气象学委员会；气象合作与交流工作委员会、气象科技奖励与人才举荐工作委员会、气象科学普及工作委员会、气象期刊工作委员会。

推动学术交流和国际交往，提升学术影响力　自2002年起，重建了中国气象学会年会制度，打造了国内最大规模的气象学术交流平台。强化了学会学术活动的引领和指导性作用，明确了开展学术活动应对气候变化和防灾减灾两个重点，更加注重服务需求牵引，强化基础理论创新，加强科技评估，促进产学研结合与科技成果转化，实现了学会服务领域的拓展和延伸，助力气象现代化建设。活跃了国际民间渠道的交流与交往，先后与美国、欧盟、日本、韩国等30多个国家和地区的气象学会、国际组织等其他专业团体建立稳定的联系，举办了一批有影响的国际学术会议，发起创立了国际气象学会论坛、中日韩三国气象学会会议等。1979年恢复了《气象学报》编辑出版，1987年创办了《气象学报（英文版）》并于2007年成为SCI期刊。还组织出版了一批有影响的气象学术研究文献。

通过多种方式，推动海峡两岸双向交流　1982年起中国气象学会通过在印尼马尼拉、香港等地召开学术会议，开启了对台湾交往的大门，两岸气象同仁开始接触到开展交往。1994年以后每年实现两岸气象人员科技交流"一来一往"，推进了两岸气象工作的实质性合作。2012年起加入海峡论坛活动，开辟了新的交流渠道。2014年10月两岸气象同仁共同举办座谈会庆祝中国气象学会成立90周年。两岸气象交流与合作日趋广泛，影响已远远超出气象学的范畴，其示范作用和深远意义正在更多方面得到彰显。

创新气象科普方式，提升社会影响力　开展了以"社会了解气象，气象服务社会"为主旨，以减灾防灾为重点的社会气象科普活动。1978年创办《气象知识》科普期刊以来，编订了《气象学名词》《俄汉气象学词汇》《英汉气象学词汇》等一批权威性的气象科技工具书。气象科普取得长足进展，组织编写了《十万个为什么》（气象分册）等大量气象科普宣传读物和宣传品，制作了《风》《雨》《台风》《天有可测风云》等科教影视片。1982年创办全国青少年气象夏令营活动，开展气象科普进校园、进公交（列车）、进农村、进企业等科普系列活动以及气象防灾减灾宣传志愿者中国行活动等一批示范性气象科普品牌活动，促进了气象科技知识的传播和公众气象意识的提高。

完善奖励体系，促进科技人才成长　开展了面向青年气象科技工作者的专项工作，为他们创造机会、提供舞台、搭桥铺路，鼓励青年气象科技工作者珍惜机遇，在实践中建功立业。实施了多层次、多渠道、有针对性的人才举荐措施，1985年创设涂长望青年气象科技奖、2008年设立邹竞蒙气象科技人才奖，形成10多个奖项的学会表彰奖励体

历届理事会主要负责人及办事机构负责人名单

理事会届次	理事会			办事机构	
	主要负责人	职务	任职时间	负责人	职务
第一届	蒋丙然	会长	1924年10月	陈开源	总干事
第二届	蒋丙然	会长	1925年9月	陈开源	总干事
第三届	蒋丙然	会长	1926年8月	彭济群	总干事
第四届	蒋丙然	会长	1927年10月	陈开源	总干事
第五届	蒋丙然	会长	1928年12月	胡焕庸	总干事
第六届	竺可桢	会长	1929年12月	诸葛麒	总干事
第七届	竺可桢	会长	1930年12月	诸葛麒	总干事
第八届	竺可桢	会长	1931年12月	诸葛麒	总干事
第九届	竺可桢	会长	1932年10月	诸葛麒	总干事
第十届	竺可桢	会长	1933年11月	诸葛麒	总干事
第十一届	竺可桢	会长	1935年4月	诸葛麒	总干事
第十二届	竺可桢	会长	1936年4月	吕炯	总干事
第十三届	竺可桢	会长	1937年4月	吕炯	总干事
第十四届	竺可桢	理事长	1943年7月	吕炯	总务部主任
第十五届	竺可桢	理事长	1947年9月	程纯枢	总务部主任
第十六届	竺可桢	理事长	1948年10月	程纯枢	总务部主任
第一届（新中国成立后）	竺可桢	理事长	1951年4月	张宝堃	秘书处主任
第二届（新中国成立后）	竺可桢	理事长	1954年8月	蒋金涛	秘书长
第三届（新中国成立后）	赵九章	理事长	1958年8月	蒋金涛	秘书长
第十八届	赵九章	理事长	1962年8月	蒋金涛	秘书长
第十八届（调整后）	叶笃正	理事长	1978年3月	程纯枢	秘书长
第十九届	叶笃正	理事长	1978年12月	程纯枢	秘书长
第二十届	叶笃正	理事长	1982年11月	章基嘉	秘书长
第二十一届	陶诗言	理事长	1986年12月	章基嘉	秘书长
第二十二届	章基嘉	理事长	1990年10月	彭光宜	秘书长
第二十三届	邹竞蒙	理事长	1994年10月	彭光宜	秘书长
第二十四届	曾庆存	理事长	1998年10月	梁景华	秘书长
第二十五届	伍荣生	理事长	2002年10月	王春乙	秘书长
第二十六届	秦大河	理事长	2006年10月	王春乙	秘书长
第二十七届	秦大河	理事长	2010年10月	翟盘茂	秘书长
第二十八届	王会军	理事长	2014年10月	翟盘茂	秘书长

注：第一届至第十三届称会长，自第十四届起改称理事长；办事机构负责人先后有总干事、总务部主任、秘书处主任之称，自新中国成立后的第二届理事会起改称秘书长。

系，激励和带动了大批青年气象科技工作者成长。

加强内部管理，提升服务会员能力 加强学会内部管理，学会理事会各类活动组织有序，学会秘书处财务、统计、档案管理规范，2012年通过民政部社会组织评估，获 AAAA 等级。积极发展学会注册会员，编发《中国气象学会会讯》，开展会员服务。至 2014 年，中国气象学会个人注册会员 1100 余人，各类个人会员接近 20 000 人，单位会员首次超过 150 个。

主要获奖 中国气象学会 2012 年获得民政部社会组织评估 AAAA 级称号，获得中国科协能力提升专项优秀科技社团三等奖；"气象防灾减灾宣传志愿者中国行"活动获第六届"中国地方政府创新奖"特别奖；《预防与控制生物灾害报告（2010）》被评为 2011 年度中国科协优秀调研报告特等奖；2011 年、2012 年连续获得中国科协科普工作优秀学会表彰，《气象学报》中文版获评"2011 年度中国精品科技期刊"，《气象学报》（中英文版）获 2012 年度"中国最具国际影响力学术期刊"称号。

机构及人员 中国气象学会的办事机构为学会秘书处，挂靠中国气象科学研究院。学会秘书长主持秘书处工作，日常事务由专职副秘书长负责。2014 年学会秘书处下设四个处级部门，即：综合协调部、学术交流部、科学普及部、文献期刊部。配备专职人员 18 人，其中处级人员 6 人，正研级人员 3 人，副研级人员 8 人，聘用人员 4 人。

（翟盘茂　冯雪竹　刘文泉）

Guójiā Qìhòu Wěiyuánhuì
国家气候委员会（National Climate Committee）

组织和协调中国气候工作的议事协调机构。1986 年 5 月由原国家科委批准、1987 年 2 月正式成立，挂靠中国气象局。

机构沿革 国家气候委员会由中国气象局牵头，由国家发展和改革委员会、商务部、科学技术部、国土资源部、农业部、水利部、环境保护部、国家林业局、国家海洋局、中国科学院、国家自然科学基金委员会、总参气象局组成。1987 年 2 月委员会召开成立大会，选举了以邹竞蒙（国家气象局局长）为主任委员，章基嘉、叶笃正、曾庆存、杨文鹤、王绍武为副主任委员；秘书长由章基嘉兼任；委员由来自 13 个部门的 29 位领导和专家组成。1989 年 10 月委员会常务委员会讨论确定国家气候委员会调整，组织了第二届委员会，增补邓楠（国家科委）、王扬祖（环保局）、卢久渊（水利部）为副主任委员，委员由来自 13 个部门的 30 位领导和专家组成。2002 年 4 月委员会召开中国气候大会，形成了以秦大河（中国气象局局长）为主任委员的第三届国家气候委员会，副主任委员由李学勇（时任科技部副部长）等 10 个部门的领导和专家组成，郑国光（中国气象局副局长）任副主任委员兼秘书长，委员由来自 13 个部门的 19 位领导和专家组成，同时组建了由气候、环境、地学领域 13 位专家组成的国家气候委员会专家委员会。2007 年由郑国光（中国气象局局长）接任委员会主任委员，同时对成员单位进行调整，增加了教育部，减去了商务部。委员会下设 4 个分委员会：气候资料与监测分委员会（国家气象中心牵头）、气候应用与服务分委员会（国家气候中心牵头）、气候影响评价与对策分委员会（中国环境科学研究院牵头）、气候研究分委员会（中科院大气物理研究所牵头）。

主要职责 组织编制《中国国家气候计划》及《气候资料与监测计划》《气候影响评价与响应计划》《气候研究计划》和《气候应用与服务计划》等专门计划，指导拟订各专门计划的实施方案；按照《中国国家气候计划》及各专门计划的要求，协调气候资料与监测、气候预测、气候影响评价与对策、气候研究、气候应用与服务等方面的工作，组织气候学术交流活动；协调组成部门和单位积极参与《世界气候计划》等国际计划开展的与气候相关的活动，开展气候工作的对外科技合作和交流；组织开展气候与气候变化及其对生态环境、社会经济影响的咨询、评估工作。

主要活动 国家气候委员会自成立以来，分别于 1987 年、1989 年、2006 年召开了 3 次工作会议；编制了《中国科学技术蓝皮书第 5 号——气候》《中国国家气候计划纲要（2001—2010 年）》《气候资料与监测计划》《气候影响评价和响应计划》《气候研究计划》《气候应用与服务计划》等重要文件；2002 年召开了中国气候大会，2006 年承办了地球系统科学联盟（ESSP）全球变化科学大会。

（张迪）

Guójiā Qìhòu Biànhuà Zhuānjiā Wěiyuánhuì
国家气候变化专家委员会（National Expert Committee on Climate Change，EPCC）

国家应对气候变化领导小组的专家咨询机构（以下简称委员会），成立于 2007 年，在国家应对气候变化领导小组领导下开展工作，挂靠中国气象局。

机构沿革 2005 年 6 月，叶笃正、刘东生、孙枢、孙鸿烈、巢纪平、何祚庥、吴国雄、秦大河 8 位中国科学院院士联名向国家领导人提出了设立国家气候变化科学特别顾问组的建议。2006年中国气象局受国家气候变化对策协调小组委托，负责组建气候变化专家委员会。2007年1月国家气候变化专家委员会在京宣布成立。第一届委员会由孙鸿烈、丁一汇、何建坤、巢纪平、郎四维、李烈荣、林而达、潘家华、吴国雄、尹改、蒋有绪、周大地12位专家组成，其中孙鸿烈院士为主任委员，丁一汇院士、何建坤教授为副主任委员。委员会委员分别来自中国科学院、中国气象局、清华大学、国家海洋局、中国建筑科学研究院、国土资源部、中国农业科学院、中国社会科学院、国家环保总局、中国林业科学院、国家发展和改革委员会。为适应国际应对气候变化形势的发展变化和国内应对气候变化工作需求，2010年6月国家发展和改革委员会与中国气象局联合启动了委员会的换届调整工作。经报请国家领导人同意，成立了第二届委员会。第二届委员会共31名委员（15名院士），中国工程院院士杜祥琬任主任委员，中国科学院丁仲礼院士、中国气象局丁一汇院士和清华大学何建坤教授任副主任委员，中国气象局副局长沈晓农任办公室主任。委员会委员由气候变化科学、能源、经济、政策、外交等领域的院士和高级专家组成，由国家应对气候变化领导小组聘任，任期4年，可连聘连任。委员会设主任1名、副主任2～3名、委员若干名；主任和副主任委员人选需由国家发展改革委和中国气象局组织提名、报国家应对气候变化领导小组批准。

主要职责 国家气候变化专家委员会主要职责是：为国家颁布应对气候变化法律法规提供咨询建议；发挥多学科优势，组织提出跨领域的气候变化能力建设和科技研发重大项目建议；针对应对气候变化内政外交热点及重大问题组织研讨，提供咨询和建议；从专家层面向国际社会传达中国应对气候变化的基本立场和观点，增信释疑，推进合作。

主要活动 国家气候变化专家委员会自成立以来开展了大量专题研究和国内外调研，就气候变化的科学认识、国际谈判中的长期目标、对外承诺方案、国内应对战略等问题向党中央、国务院提交了多份咨询报告，从科学层面为党和政府的决策提供科学咨询与服务，增强了政府决策的民主化、科学化和法制化，进一步提高中国科学应对气候变化的能力。

（张迪）

Réngōng Yǐngxiǎng Tiānqì Xiétiáo Huìyì Zhìdù
人工影响天气协调会议制度（Weather Modification Coordination Meeting System） 国务院人工影响天气协调会议制度（以下简称"协调会议"），旨在组织、协调和指导全国人工影响天气工作，主要承担审定国家人工影响天气工作方针、政策、发展战略和规划以及跨部门、跨省区的重大作业计划，指导各省、自治区、直辖市的人工影响天气工作，组织调查研究人工影响天气工作的重大问题并向国务院及有关部门提出建议等任务。

机构沿革 协调会议于1994年批准成立，2003年、2012年对成员单位进行了两次调整完善。现由国务院办公厅、国家发展和改革委员会、科学技术部、公安部、民政部、财政部、水利部、农业部、国家安全生产监督管理总局、国家林业局、中国科学院、中国气象局、国家自然科学基金委员会、国家国防科技工业局、国家烟草专卖局、中国民用航空局、中国人民解放军总参谋部、中国人民解放军总装备部、空军司令部19个单位组成。中国气象局为牵头单位。中国气象局局长、国务院分管副秘书长和总参谋部分管首长担任召集人。各成员单位有关负责同志为成员，成员名单定期报国务院备案。协调会议设联络员工作组，由成员单位的有关司局级负责同志担任联络员。协调会议设办公室作为日常工作机构，挂靠中国气象局，落实协调会议议定事项。

主要活动 协调会议定期召开全体会议，根据国务院领导同志指示或工作需要可以临时召开全体会议、部分成员单位会议。各成员单位按照职责分工，可向牵头单位提出会议议题。协调会议以会议纪要形式明确会议议定事项，经成员单位同意后印发，同时抄报国务院。

协调会议成立以来，分别于1994年、2000年、2004年和2012年召开了4次全体会议，于1995年、2004年和2012年组织召开了3次全国人工影响天气工作会议，推动国务院出台了《人工影响天气管理条例》（国务院令第348号）和《国务院办公厅转发中国气象局关于加强人工影响天气工作请示的通知》（国办发〔1996〕6号）、《国务院办公厅关于加强人工影响天气工作的通知》（国办发〔2005〕22号）、《国务院办公厅关于进一步加强人工影响天气工作的意见》（国办发〔2012〕44号）等政策性文件，部署了全国人工影响天气重点工作任务。

协调会议下设人工影响天气科技咨询评议委员会，由各成员单位和国内有关单位推荐的专家及顾问组成，经协调会议召集人批准成立。委员会所做主要工作包括：评议和指导各地人工影响天气工作，为协调会议重大决策提供科技咨询，对国家人工影响天气中长期发展规划进行咨询，对人工影响天气重大科学技术研究、试验、推广和建设项目进行咨询，根据国内外人工影响天气发展动态向协调会议提出工作意见和建议等。

（张迪）

qìxiàng yíqì zhuāngbèi yánfā shēngchǎn jīgòu
气象仪器装备研发生产机构（research, development and production organs of meteorological instruments and equipment） 研究、开发和加工生产专用于气象探测、预报、服务以及通信传输、人工影响天气、空间天气等气象业务的设备、仪器、仪表及消耗器材的企事业单位。

发展历程 新中国成立初期，国内没有气象仪器装备研发和生产机构。中央军委气象局成立后，气象台站在全国纷纷建立起来，但是气象仪器装备极度匮乏，国内工业落后不能生产，从国外进口也十分困难。为此，1950年6月中央军委气象局决定在办公厅下设器材科并组建仪器修造室，其任务是将仓库里不堪使用的气象仪器起死回生，修复已经不能使用的气压计、温度计、湿度计等供新建气象台站使用，同时进行国外仪器的仿制。1953年将修造室改名为仪器工厂，由器材处管理，从试制水银气压表入手大批量生产气象仪器。1955年8月国务院七办批复中央气象局《关于撤销长春通信干部学校及将北京仪器工厂迁往长春的报告》，成立了长春气象仪器厂，自此中国有了自己的专业气象仪器厂。同时，在国家工业部门的支持下，相继又在上海、天津等地建立了气象仪器工厂，并在有关工厂建立气象仪器、消耗器材（气球、自记墨水等）生产车间、班组，仿制、研发、生产各门类气象仪器装备，基本满足了国内需要。

20世纪50年代后期，按职责分工，气象仪器工厂移交国家工业主管部门管理。为了加快气象仪器装备的研发与生产，中央气象局在观象台内设置了仪器室，负责气象仪器的研究、开发和检定、修理（含小工厂），并与工厂合作促进常规仪器的生产质量提高，开始着手研制遥测化、自动化气象仪器。1957年中央气象局分别从美国和苏联引进有线遥测自动气象站各1台，与上海气象仪器厂合作于1959年研制出第一台样机。1961年中央气象局观象台仪器室与江苏无线电研究所合作开始研制无人自动气象站。1964年长春气象仪器研究所独立研制自动气象站第一代样机，在北京市密云气象站进行了为期一年的考核试用，为中国研制自动气象站打下了基础。

1978年改革开放以后，中国气象仪器装备的研发与生产采取"外引内联"的方式，即引进国外先进技术，联合国内骨干企业，研究开发现代化的气象仪器装备。引进芬兰VAISALA公司的技术研发自动气象站，北京、长春、上海、天津、无锡等地的气象仪器生产企业开发生产，基本满足国内的需求；中国华云气象科技集团公司和美国洛克希德·马丁公司共同兴办了高新技术企业——北京敏视达雷达有限公司，融合国内外气象与电子技术，国内企业积极参与自主研制并生产中国新一代天气雷达（CINRAD），其技术性能达到世界先进水平，成为中国"新一代天气雷达网"的主产品。这一时期，用于气象探测的风廓线雷达、探空雷达及辐射遥感、闪电定位、大气成分等仪器装备相继研制成功，并投入业务使用，常规气象观测仪器、专业气象通信装备都得到升级改造，提高了业务质量和工作时效。经过60多年的努力，气象仪器装备的研发与生产从无到有，从简单的修理、仿制到自主研发与生产，实现了气象仪器装备的自动化，满足了国内的需要，还有援外和出口。

主要研发生产单位 截至2014年底，国内有60余家企业和科研单位生产和研发各类气象仪器装备，另外还有相当一批兼营气象仪器的生产科研单位。

地面气象仪器装备 生产地面气象仪器装备的企业有近20家。建立最早的是长春气象仪器有限公司（原长春气象仪器厂），其后建立的上海气象仪器厂（现称上海气象仪器厂有限公司）、天津气象仪器厂（现称中环天仪股份有限公司）、江苏省无线电科学研究所有限公司等一直从事气象仪器装备的研制和生产。1978年长春气象仪器研究所从长春气象仪器厂独立出来后，除研制、生产气象仪器外，还是国家气象仪器监督检验中心的挂靠单位，承担温度、湿度、气压、风向、风速、降雨等气象要素的仪器校准和测试，以及环境的标准模拟测试等任务，获得了中国国家认证认可监督委员会的资质认定《计量认证证书》和《授权证书》、中国实验室国家认可委员会的《认可证书》。

这些企业研制生产的主要地面气象仪器装备有：温度、气压、湿度、风向风速、降水、蒸发、日照、辐射等常规气象仪器和各种检定设备和自动气象站、土壤水分自动监测系统、交通气象监测站、生态环境监测站、梯度自动观测系统等。

至2014年，兼营地面气象仪器生产科研的单位还有：中国华云气象科技集团公司、广东省气象计算机应用开发研究所、水利部南京水利水文自动化研究所、上海华辰医用仪表有限公司、辽阳三维精密仪器仪表有限公司、浙江省宁海县气象仪器厂、济南恒进电器厂等。

高空气象探测仪器 研发、生产高空气象探测仪器的企业有近10个。最早生产探空仪的是上海长望气象科技有限公司（原为上海无线电二十三厂），经历了

049型机械式探空仪、59型机械加电子的转筒式电码探空仪（59-701系统）到全自动的L波段雷达-电子探空仪系统的生产。1965年又建立了太原无线电一厂生产探空仪。探空气球则由广州市双一气象器材有限公司（原为广州11橡胶厂）生产，后由原化工部株洲橡胶塑料工业研究设计院（原为乳胶研究所）研制了新型乳胶气球，其性能和质量都有较大提高。用于制作氢气的苛性钠和矽铁粉由天津大沽化工厂和铁合金厂生产，1970年以后由中国船舶重工集团第七一八研究所生产的电解水制氢设备逐步取代了化学制作氢气。

至2014年，兼营高空气象探测仪器的生产科研单位还有：南京大桥机器有限公司、南京众华通电子有限公司、太原华玮发展有限公司等。

气象雷达探测设备 研发、生产气象雷达探测设备的单位有近10个。生产测风雷达与探空仪组成探空系统的工厂主要是南京大桥机器有限公司（原南京大桥机器厂）。生产天气雷达的工厂是：无锡无线电二厂1972年研制成功711X波段（3.2 cm）型天气雷达，桂林长海机器厂（现为桂林长海发展有限责任公司）1977年研制成功C波段（5 cm）型天气雷达，成都七八四厂（现为成都锦江电器制造有限公司）1984年研制成功S波段（10 cm）天气雷达，北京敏视达雷达有限公司1999年生产第一台新一代S波段多普勒天气雷达，以及南京恩瑞特实业有限公司（中国电子科技集团公司第十四研究所控股）、安徽四创电子股份有限公司、中国航天科工集团第二研究院二十三所等生产的C波段多普勒天气雷达，满足了国内布网需求，还向境外出口。研发生产风廓线雷达的有：北京敏视达雷达有限公司、南京恩瑞特实业有限公司、安徽四创电子股份有限公司、中国航天科工集团第二研究院二十三所、北京爱尔达电子设备有限公司等。

气象通信传输设备 研发生产气象通信传输和卫星地面接收处理设备的主要有中国电子科技集团公司第三十九研究所、中国电子科技集团公司第五十四研究所、西南电子电信技术研究所、航天恒星科技有限公司（503研究所）以及北京星地通卫星应用系统工程技术公司和华云信息技术工程公司等。

研发生产的主要产品有：气象卫星应用系统工程数据接收系统、气象卫星地面站综合管理系统软件、设备监控系统软件、遥感卫星地面站通用变频器、全数字调制解调译码器、通用帧同步格式化器、高速实时数据记录器、遥感图像实时快视处理器、静止气象卫星图像获取系统、遥感卫星综合信息处理系统软件、FY-3卫星资料处理系统以及卫星通信、计算机网络系统集成和应用软件开发等。

人工影响天气作业装备 研发生产人工影响天气作业装备的单位有6个。生产人工增雨炮弹的单位有：先由长安汽车有限责任公司（重庆152厂）生产，1973年开始纳入国家计划，由兵器工业总公司（原五机部）负责生产归口，之后中国人民解放军三三〇五工厂又承担了军队退役炮弹改制为人工增雨炮弹的任务。生产人工增雨（防雹）火箭弹和发射装置的有：国营云南包装厂（9815厂）、陕西中天火箭技术有限责任公司、新余国泰特种化工有限责任公司（国营九三九四厂）、内蒙古北方保安民爆器材有限公司（556厂）。

（阳世勇）

气象业务

气象业务及管理

qìxiàng yèwù bùjú
气象业务布局（meteorological operation arrangement） 气象观测、气象信息网络、气象预报预测、气象服务等业务的全局性分布和安排，由气象部门业务和其他行业部门业务共同组成。

气象观测业务布局 中国气象观测业务包括天基气象观测、空基气象观测、地基气象观测业务和相应的装备保障业务，天基气象观测业务实行一级布局，空基和地基气象观测业务实行两级布局，装备保障业务实行四级布局。

天基气象观测业务布局 基于气象卫星开展的气象观测业务称之为天基气象观测业务，只在国家级布局。国家卫星气象中心和北京、乌鲁木齐、广州、佳木斯、瑞典基律纳气象卫星地面站负责全球风云系列气象卫星资料实时收集、加工和处理，生成气象卫星应用资料，再通过国家气象信息中心进行产品分发。截至2014年底，中国业务运行的极轨气象卫星有风云三号A星、风云三号B星、风云三号C星，运行高度在800 km左右；业务运行的静止气象卫星有风云二号D星、风云二号E星、风云二号F星三颗星，分别位于123.5°E、86.5°E、105°E的赤道地面以上36 000 km上空。除此之外，中国还接收和利用美国、欧洲、日本等国外气象卫星资料，还有一些海洋、环境卫星也进行气象观测。

空基气象观测业务布局 基于气球、飞机、火箭和其他浮空平台开展的气象观测业务称之为空基气象观测业务。以气球携带气象探空仪进行的常规高空气象观测是基本的空基气象观测业务，实行国家级和观测站两级业务布局。国家气象信息中心负责全国高空观测资料的收集、处理、加工、存储和分发，各观测站开展基于气球的探空业务和资料传输。到2014年，中国气象部门有120个高空气象观测站，每个气候区至少有一个站。另外，军队根据军事保障需要也设置了一定数量的探空站。中国在北京、上海、广州等地的大型机场建立了民用航空器气象资料下传业务，向地面报告飞机飞行和起降过程中观测的大气资料。气象无人驾驶飞机和火箭探测目前主要用于科研。

地基气象观测业务布局 在地球表面（陆面和海面）开展的气象观测业务称之为地基气象观测业务，主要由地面气象观测、地基遥感观测和专业气象观测等组成。

地面气象观测业务实行国家级和观测站两级业务布局。国家气象信息中心负责全国地面观测资料的收集、处理、加工、存储和分发；各观测站开展地面气象观测和资料传输。截至2014年底，中国气象部门地面气象观测站包括212个国家基准气候站、634个国家基本气象站、1577个国家一般气象站（国家气象观测站）和55 000多个无人值守自动气象站。

地基遥感观测包括天气雷达、风廓线雷达、闪电定位仪、微波辐射计、激光雷达、声雷达观测，以及全球导航卫星水汽遥感探测等业务，主要实行国家级和观测站两级业务布局。中国气象局气象探测中心负责将收集到的全国地基遥感观测资料进行处理、加工和产品制作，国家气象信息中心负责收集、存储、分发地基遥感观测资料和产品；各观测站开展地基遥感观测和资料传输。截至2014年底，中国气象部门已经有172部新一代天气雷达实现组网观测，其中，96部S波段新一代天气雷达主要布设在中国强降水易发区，76部C波段新一代天气雷达布设在其他地区。另外，各地还建设了灾害性天气局地警戒和人工影响天气的数字化天气雷达，国家民用航空局在国内主要机场建设了天气雷达，军队根据军事保障需要也设置了一定数量的天气雷达站。中国气象部门已建设并投入运行固定式风廓线雷达61部（对流层风廓线雷达9部，边界层风廓线雷达49部）和地基全球导航卫星水汽观测站950个，在雷电易发区建设并投入运行雷电监测站391个。

专业气象观测包括大气成分、农业气象、海洋气象、生态气象等观测业务，实行国家级和观测站两级业务布局。中国气象局气象探测中心负责将收集到的全国专业气象观测资料进行处理、加工和产品制作，国家气象信息中心负责收集、存储、分发专业气象观测资料和产品；各观测站开展专业气象观测和资料传输。截至2014年底，中国建立了青海省瓦里关、黑龙江省龙凤山、北京市上甸子、浙江省临安、云南省香格里拉、湖北省金沙和新疆维吾尔自治区阿克塔拉7个大气本底站，其中瓦里关大气本底站是全球内陆地区海拔最高的大气本底站。中国气象部门在沙尘暴源区、主要移动路径区、严重影响区设置了29个沙尘暴观测站，在全国各地设置了28个大气成分观测站和365个酸雨观测站，在粮食主产区和林牧草生产区设置了653个国家农业气象观测站和2075个自动土壤水分观测站。中国在渤海、黄海、东海和南海建设了300多个海洋气象观测站（其中气象和海洋部门分别有200多个和106个）、47个锚定浮标观测站（其中气象和海洋部门分别有22个和25个）、78艘志愿观测船和2艘科学考察船（海洋部门），海洋部门在大洋中还抛放了33个浮筒观测系统（ARGO）。另外，水文、民航、军事、农垦、盐业、林业部门和中国科学院系统根据各自需要也建设了一定数量的气象观测站。

气象观测装备保障业务布局 气象观测装备保障包括观测设备运行监控、计量检定、维护维修、储备供应等业务，实行国家、省、市和县四级布局。中国气象局气象探测中心负责全网气象观测系统运行监控和设备运行质量评估，负责气象计量标准的溯源、传递和特种气象观测设备计量检定，组织大型设备的维修、储备供应和应急物资储备；各省（自治区、直辖市）气象探测中心负责本省（自治区、直辖市）气象观测系统运行监控和设备运行质量考核，气象观测设备的计量检定，组织中小型设备的维修和储备供应（包括零部件）；市县级作为省级业务的补充，协助省级开展气象设备的现场校准、简单故障的排除和日常维护保养。

气象信息网络业务布局 气象信息网络业务主要包括气象通信网络业务、气象数据存储业务、高性能计算业务、气象资料业务和运行监控业务。

气象通信网络业务布局 根据气象台站高度分散、产品加工高度集中的特点，气象通信由卫星单向广播系统和国家、省、市、县四级气象广域网络共同承担。卫星单向广播主要负责分发国内外高空、地面观测资料和国家级加工制作的产品；广域网主要承担全球、全国气象数据交换和全国电视天气会商。各级气象部门内部还建立了高速局域网，国家级和部分省区网络系统具备了冗余备份和监视管理能力。香港天文台、澳门地球物理观象台通过宽带网与广东省气象信息中心互联、互通。多数省份气象部门与地方应急指挥中心、水利部门等也实现了互联、互通。气象部门利用广域网建立的电视天气会商系统已覆盖全国省、市和县三级气象台站，部分省已率先实现高清电视会商。

气象数据存储业务布局 气象数据存储业务由国家和省两级承担。国家气象信息中心负责全国及全球范围气象数据的存储，国家卫星气象中心负责卫星气象数据的存储；省（自治区、直辖市）气象信息中心负责本省（自治区、直辖市）及本省（自治区、直辖市）气象业务所需的周边区域气象数据的存储。气象数据存储分为在线存储、近线存储和离线存储三类，国家气象信息中心建立了由磁盘阵列和自动磁带库构成、面向全国服务的大容量存储库，各省（自治区、直辖市）气象信息中心建立了大小不等、面向本省（自治区、直辖市）服务的存储设备。

高性能计算业务布局 气象部门高性能计算业务实行国家和区域两级布局。2012年中国气象局引进了总计算能力峰值达到1759万亿次/秒的高性能计算机系统，是国家气象信息中心和华北（北京）、东北（沈阳）、华东（上海）、华中（武汉）、华南（广州）、西南（成都）、西北（兰州）、乌鲁木齐8个区域气象中心共同运行管理的分布式高性能计算机系统，并提供计算服务。

气象资料业务布局 气象资料业务包括资料质量控制、加工处理、存储归档和共享服务，实行国家、省和台站三级布局。国家气象信息中心负责全球和全国气象资料收集、存储归档、质量控制和评估考核、各类基础资料集和数据产品加工制作以及共享检索服务，承担中国气象局气象档案馆、世界数据中心气象学科中国中心（WDC-D（M））的任务；各省（自治区、直辖市）气象信息中心负责本省（自治区、直辖市）气象资料收集、存储归档、质量控制、资料集和资料产品加工制作，承担省气象档案馆的任务；气象台站负责气象资料质量监视与修正。

运行监控业务布局 气象信息网络运行监控业务实行国家、省、市和县四级布局。国家气象信息中心负责国际通信网、全国骨干网、数据库和国家高性能计算机系统运行监控，负责全国气象数据的质量评估；各省（自治区、直辖市）气象信息中心负责本省（自治区、直辖市）气象信息网络、数据库和气象数据质量的运行监控和评估等；各市和县级气象部门负责本地气象信息网络运行监控。

气象预报预测业务布局 气象预报预测业务包括天气、气候、气候变化和应用气象业务。

天气业务布局 天气业务实行国家、区域、省、市、县五级布局。国家气象中心主要承担运行全球和中国区域数值天气预报和专业数值模式预报系统，负责全国灾害性天气监测，发布气象灾害预警，开展短时、短期、中期和延伸期天气预报，组织全国天气会商，开展对省级气象业务指导；华北（北京）、东北（沈阳）、华东（上海）、华中（武汉）、华南（广州）、西南（成都）、西北（兰州）、乌鲁木齐8个区域气象中心参与国家级数值天气预报系统的研发工作，开展适合于本地地域与气候特征的区域数值天气预报业务；省级气象台基于数值天气预报产品释用，建立乡镇以上和其他服务地点的气象要素预报业务，开展短时临近天气预报、短期和中期天气预报并对上级数值预报产品进行检验评估，负责本省（自治区、直辖市）灾害性天气监测，发布本责任区的气象灾害预警信息，组织责任区内的天气会商和气象灾害联防，负责本省市县级气象业务指导；地市级气象台结合本地气象观测资料开展上级天气指导预报的订正、短时临近天气预报和短期天气预报业务，负责本地区灾害性天气监测联防，发布本责任区内的气象灾害预警信号；县级气象台站重点在上级指导下，根据当地资料和经验，订正上级指导天气预报产品，开展灾害性天气监测和临近短时天气预报。

气候业务布局 气候业务实行国家、区域（流域）、省、市县四级布局。国家气候中心主要负责制作全球和全国性的气候监测诊断、气候预测、气候影响评价等业务和服务产品，负责国家级气候模式系统运行和提供模式产品，开展全国气候资源评估和国家级重大工程的气候应用服务，组织全国的气候预测会商和技术交流；区域（流域）气象中心负责协调本区域（流域）内的常规气候业务及培训工作；省（自治区、直辖市）气候中心在国家级气象业务单位技术指导下，负责制作针对本省（自治区、直辖市）的气候监测诊断，利用气候模式产品开展本地气候预测的解释应用，制作气候影响评价，开展气候应用服务和气候资源评估等业务，同时负责组织本省（自治区、直辖市）的气候预测会商和技术交流；市县级气象台站综合应用上级气候业务产品，制作具有针对性的气候服务产品，负责本地气象灾情和气候信息收集上报。

气候变化业务布局　气候变化业务主要由国家级和省级两级气候业务单位承担，包括气候变化监测和检测以及归因、气候变化预估和评估、气候变化适应和对策。国家级气候业务主要为党中央和国务院应对气候变化和国际谈判提供科学依据；省级气候变化业务主要着眼于气候变化监测和评估，为省（自治区、直辖市）党委和政府应对气候变化提供科学依据。

应用气象业务布局　应用气象业务包括农业气象、环境气象、海洋气象、交通气象、水文气象、航空气象、农垦气象、林业气象、盐业气象、健康气象、电力与能源气象等业务。

农业气象业务实行国家、省、市、县四级布局。国家气象中心开展全国农（牧）业气象情报、农用天气预报以及主要农（牧）业气象灾害、重大病虫害监测预报，负责全国主要农作物产量和大宗农产品生产国的产量预报；省级负责本省（自治区、直辖市）农（牧）业气象情报、主要农作物农用天气预报、主要农（牧）业气象灾害、重大病虫害监测预报和主要农作物（牧草）产量预报业务，并提供应对措施；市、县级针对当地主要农事活动的需求，结合指标判别和地面调查，细化释用并订正补充上级指导产品，开展农业气象灾害监测诊断，提供针对性的农（牧）业气象情报预报产品。

环境气象业务实行国家、省、市三级布局。国家气象中心开展全国环境气象监测、预报和影响评估服务业务，制作发布区域环境气象业务指导产品，开展大气污染物区域或跨国传输的监测分析和影响评估；省级基于对上级空气质量数值预报模式产品的释用订正，开展本省环境气象监测、预报、预警业务并为市（县）级提供指导产品，组织开展本省突发环境气象事件的应急服务、会商联防联动和影响评估；市级开展环境气象实时监测，并基于上级指导产品开展短期和短时临近预报，发布预警信号，开展环境气象应急服务。

海洋气象业务实行国家、区域、省及沿海市县四级布局。国家气象中心负责渤海、黄海、东海、南海大风和海雾的预报和警报业务，并提供海浪、风暴潮预报指导产品，负责制作太平洋、大西洋、印度洋天气预报产品；天津、上海和广州区域海洋气象中心，分别负责细化渤海和黄海北部、黄海南部和东海、南海大风和海雾预报产品；沿海9个省级气象台修正上级指导产品，负责沿海和客货运航线、海上渔场天气特别是大风、海雾和风暴潮预报和警报，为航运和渔业捕捞以及海上搜救提供气象服务；沿海市县修正上级指导产品，为港口和沿海滩涂开发提供气象服务。

交通气象、健康气象、电力与能源气象业务主要在省级气象部门开展，有条件的市级气象台也开展这方面的业务，国家级气象部门主要负责业务技术指导。民航、水文、农垦、林业等部门开展的专业性气象预报一般都是业务中心和台站二级布局，盐业气象业务只有台站一级布局。

气象服务业务布局　气象服务业务包括决策气象服务、公众气象服务、专业气象服务和专项气象服务，按照国家、省、市、县四级布局。

决策气象服务业务布局　中国气象局决策气象服务中心主要针对国家宏观决策需求，特别是防灾减灾、气候变化和生态文明建设的需求，为党中央、国务院和其他决策部门提供决策气象服务产品，实现全国决策气象服务产品共享；31个省（自治区、直辖市）气象局决策气象服务中心针对当地防灾减灾和经济社会发展的需求，为省（自治区、直辖市）委、政府和其他决策部门提供决策气象服务产品；市、县级气象局在上级业务单位指导下，开展具有本地特色、满足当地党政决策部门需求的决策气象服务。

公众气象服务业务布局　中国气象局公共气象服务中心通过国家级电视台、广播电台、报纸、网络和移动电话等向公众提供气象服务产品；省级公共气象服务部门除了通过省级电视台、广播电台、报纸、网络、电子显示屏等向公众提供气象服务产品外，还负责省、市、县三级手机短信发布的协调和气象信息发布；市、县级主要通过电视台、广播电台、报纸、手机短信、电话自动答询系统、电子显示屏和大喇叭向公众发布气象信息。

专业气象服务和专项气象服务业务布局　国家、省、市、县四级一般都在本预报服务责任区内独立开展专业、专项气象服务。中国气象局公共气象服务中心和省级公共气象服务机构承担专业专项气象服务；地级气象台和县级气象站（部分市和县级还设有专门的专业气象服务机构）充分利用上级的指导产品和开发的技术，开展专业、专项气象服务。省级、绝大多数市和县级都设有专门的气象防雷机构，开展防雷气象服务。

人工影响天气业务布局　人工影响天气是一项特殊的气象服务业务，除上海市外，其余30个省（自治区、直辖市）都开展人工影响天气工作。人工影响天气实行国家、省、市、县四级布局。中国气象局人工影响天气中心主要负责业务技术指导和跨省区的飞机人工影响天气作业，开展人工影响天气作业条件的短期和短时天气预报及人工影响天气的效果检验和效益评估；省级人工影响天气中心负责人工影响天气作业条件的短期、短时和临近天气预报以及飞机人工影响天气作业，组织协调市、县地面人工影响天气作业，负责人工影响天气的效果检验和效益评估；市、县级人工影响天气机构主要负责地面火箭、高炮等人工影响天气作业和炮手队伍建设，有条件的市级单位也可开展飞机增雨作业。

（章国材　李昌兴　张强　周林　王志华）

qìxiàng yèwù tǐxì
气象业务体系（meteorological operation system）
气象观测、气象信息网络、气象预报预测和气象服务等各类气象技术系统付诸实施的组织形式，包括气象业务布局、业务分工、业务流程和业务管理。

气象业务体系在不同历史时期有着不同组成和内涵，大致经历了三个不同阶段。新中国成立初期到改革开放前，中国的气象业务主要是围绕农业生产和国防建设需要，开展了气象台站网的恢复和建设，并在气象观测站人工气象观测的基础上，逐步建立了气象预报服务工作。

1984年，中国气象局制定了《气象现代化建设发展纲要》，明确提出建成适合中国特点、布局合理、协调发展、比较现代化的气象业务技术体系，这个体系由五大系统组成，即由各种探测手段有机组成的大气综合探测系统，多层次结构及多种通信手段并存的综合气象电信系统，以计算机为主要手段的气象资料自动处理及信息检索系统，以数值预报方法为基础、综合运用各种预报方法而形成的天气预报业务系统，综合运用各种气象服务手段及现代传播工具的气象服务系统。20世纪90年代，中国气象局制定了《九十年代气象业务技术体制》，将气象业务体系划分为结构简明的气象综合探测系统、气象信息网络系统、基本气象加工分析预测系统和气象信息技术服务系统"四大功能块"。气象综合探测系统是气象业务的基础，气象信息网络系统是气象业务的纽带，基本气象加工分析预测系统是气象业务的核心，气象信息技术服务系统是气象业务的目的。同时该体制确定了国家、区域、省、市和县五级业务分工并实行上级对下级提供技术指导和发布指导产品。

进入21世纪后，中国气象局提出了发展现代气象业务体系的重大战略任务，印发了《关于发展现代气象业务的意见》，明确提出建立基本满足国家需求、结构完善、布局合理、功能齐备、具有世界先进水平的现代气象业务体系。

现代气象业务体系主要由公共气象服务系统、气象预报预测系统和综合气象观测系统构成，科技、人才、装备保障和信息为其提供支撑。国家需求引领公共气象服务业务发展，并通过公共气象服务业务发展需要引领气象预报预测业务和综合气象观测业务发展，各业务间相互衔接、相互支撑。公共气象服务系统以提高气象服务覆盖面和满意率为目标，建立功能比较完备的综合气象服务平台，建立起比较完善的"政府主导、部门联动、社会参与"的气象灾害防御管理体系。气象预报预测系统以提高气象预报预测准确率和精细化为核心，建立起结构完整，功能齐备，布局合理，能够及时滚动制作精细化产品，满足无缝隙气象服务需求的天气、气候、气候变化、应用气象等各类预报预测业务系统。综合气象观测系统以面向预报服务业务和发展需求且能连续、稳定、可靠运行为重点，以国家气候监测网、国家天气观测网、专业气象观测网和区域气象观测网为架构，形成地基、空基和天基相结合的综合气象观测业务系统。

（李昌兴）

qìxiàng fúwù yèwù
气象服务业务（meteorological service operation）
向政府决策部门、社会公众、生产部门提供气象信息和技术的业务过程，包括气象部门、其他行业和私营气象机构提供的气象服务。

气象服务业务源于社会的基本需求，是气象事业公益性的具体体现，是连接气象工作与经济社会的重要桥梁。现阶段气象部门的气象服务业务主要包括决策气象服务、公众气象服务、专业气象服务和专项气象服务等，依托现代气象预报预测业务和综合气象观测业务，充分利用计算机网络、媒体以及移动通信网络等现代技术和手段，逐步建立了高效有力的重大活动气象保障服务和功能齐备的气象防灾减灾体系，以及以气象灾害防御和应对气候变化为着力点的中国特色气象服务体系。气象服务工作包括气象为公共安全、国防安全服务，为广大人民群众生产、生活服务，为农业生产和粮食安全、防汛抗旱、地质灾害防治、应急管理、森林草原防火、重大工程和城市规划、大气污染防治、风能太阳能开发利用、生态文明建设等各行业领域的服务。

决策气象服务业务　为决策部门在制定经济发展规划、指挥生产、组织防灾减灾、应对气候变化、合理开发利用资源、保护环境以及重大社会活动保障、重大工程建设、军事与国防建设等方面进行科学决策提供气象信息的服务。决策气象服务业务的主要内容是在第一时间让各级政府领导和决策部门获得科学、准确、及时、有决策价值的气象信息，服务本身有别于公众服务和专业服务，具有很强的针对性、敏感性、综合性和时效性。目前各级气象部门逐步建立完善了集决策气象服务信息的收集、加工、存储、预警、分发、服务效益评估等多重任务功能于一体的综合性智能化的决策气象服务系统。国家级决策气象服务产品主要包括专题报告、重大气象信息专报、国务院办公厅和中央办公厅的相关刊物、气象灾害预警服务快报、重要会议材料等，建立了以纸质、传真、邮件、手机彩信、3G终端、网络等多种载体和渠道的决策气象服务产品报送方式。同时还构建预警服务部际联席会议、部门联动协调委员会、联络员会议制度和信息资源共享机制、应急响应联动机制等，参与国家防总、国家减灾委、国务院安委会的工作等，使决策气象服务工作在国家综合防灾减灾决策机制中的地位和作用显著提升。

公众气象服务业务　　通过电视、广播、报纸、电话、手机、网络、电子显示屏、大喇叭等多种公共传媒媒介，向社会公众提供的公益性气象信息。公众气象服务业务是直接面向广大人民群众的气象服务，是公共气象服务业务的基础，具有公益性服务性质，属于公共产品范畴。现阶段公众气象服务业务主要包括灾害性天气、气象灾害预报预警服务，面向公众生产生活的多样化气象服务，重大天气气候事件和实况监测资讯服务以及气象科普服务。目前公众气象服务业务依托基础气象业务，利用电视、广播、报纸、电话、手机、网络、电子显示屏、大喇叭等媒体，综合各类相关信息，建立集约、开放的公众气象服务产品库，通过多种发布手段及时有效地提供服务，发布渠道日益丰富。

专业气象服务业务　　提供满足特定行业和用户个性化需求、具有专门用途的气象服务。专业气象服务是公共气象服务的重要组成部分，具有社会需求广泛，但各行业需求差异大的特点。专业气象服务根据服务需求，综合分析气象服务的领域、内容、时效、方式、手段等，建立不同类型的行业指标体系数据库；依托信息获取和共享技术体系，采集相应的气象服务信息；从基本气象数据库选择适用的基本气象信息产品（含气象灾情），综合各种相关的社会、经济、地理等信息，利用气象服务产品制作平台进行集成和深加工，形成直观、形象、针对性强的服务产品；通过分发平台以及其他手段适时提供相应服务产品给相关行业用户；同时收集用户的反馈信息，不断改善服务产品，提高服务针对性。气象部门专业气象服务领域已扩展到农业、水利、交通、海洋、林业、地质、环境、规划等上百个行业领域。其他行业气象部门为本行业提供的气象服务也属于专业气象服务。农垦部门的气象台站为本系统内农作物播种、灌溉、施肥、田间管理、收获提供全程气象服务，包括农业气象情报和预报、农业气象灾害和病虫害监测预报等。盐业气象台站为海盐生产提供降水、温度、湿度、风和蒸发等气象产品，为提高海盐的产量和质量服务等。

专项气象服务业务　　针对经济社会发展而产生的特定服务需求，面向专门项目或特定用户所提供的具有个性化用途的专门气象服务。中国气象部门开展的专项气象服务主要包括两类：一类是重大活动、重大工程建设、国防安全和军事活动等专项气象保障服务。重大活动气象服务是指为重大活动提供气象保障的针对性气象服务，可划分为筹备、运行准备、运行、总结四个阶段。气象部门近年来提供气象保障服务的重大活动有：2008年北京奥运会和残奥会、2009年新中国成立60周年庆祝活动、2010年上海世界博览会、2010年广州亚洲运动会、2011年深圳世界大学生运动会、2011年西安世界园艺博览会等。重大工程气象服务包括工程气候可行性论证和大气环境质量评价以及工程建设过程中的气象服务，例如风力对核电站、超高建筑、大跨度桥梁、架空输电线等影响分析，大雾对大跨度桥梁、机场的安全运行影响分析，电线积冰对架空输电线设计影响分析，青藏高原冻土深度对于青藏铁路线路影响分析等气象服务。另一类是人工影响天气、雷电防护和气候资源开发利用等专项技术服务。

人工影响天气技术服务业务　　应用大气物理基本原理，对云雾实施人工影响的工程技术措施，达到增减雨、防雹、消雾、防霜等目的的过程。是为避免或者减轻气象灾害、合理利用气候资源，在适当条件下通过科技手段对局部大气的物理、化学过程进行人工影响，使之朝着人们希望的目标发展，达到趋利避害的目的。现阶段中国较为成熟的人工影响天气业务范围主要包括人工增雨（雪）和人工防雹，而人工消雾、消减雨、防霜等技术应用尚未形成常规的业务。人工影响天气业务是从综合观测系统获取各种观测数据，基于预报预测系统生成作业条件预报产品，利用信息网络系统实现数据与信息收集和指导产品与作业指令共享分发的过程，属于研究型业务，按性质与流程可分为监测分析、条件预报、作业指挥、作业实施、效果评估、装备保障、安全管理和科技支撑八个部分。

防雷气象服务业务　　为保护建筑物、电力系统及其他装置和设施免遭雷电损害而开展的气象专项服务，包括雷电和雷电灾害的监测、预警、防护技术与工程服务以及雷电灾害的调查、鉴定和评估等。雷电防护技术以各级防雷中心雷电监测信息为基础，利用先进技术和方法，按照有关防雷法规规定及标准规范，为用户提供各种防雷技术服务。雷电防护业务的主要任务是针对防雷重点和敏感地区、重点行业（电力、航空、航天、林业等）和重大活动保障等需求，利用雷电监测系统，结合雷电观测和探空、卫星云图、地面电场等观测手段，获取雷电监测资料；建立雷电监测系统，发布雷电要素逐日预报、周报、月报；按照雷电防护标准和规范，定期开展防雷装置检测，开展雷电灾害调查和风险评估；重点加强雷电易发、高发区建筑物，学校、医院等人员密集的公共场所，信息网络、化学危险品及易燃易爆场所，文物古迹等的雷电防护工程建设。

气候资源开发利用服务业务 为合理开发利用风能、光能、热能、水能等气候资源开展的气象专项服务，包括降水资源和空中水资源评估、热量资源评估、风能和太阳能资源评估、风电场和太阳能电站选址评估、风能和太阳能预报、开发利用风能和太阳能所进行的气象灾害风险评估、预报预警等。

（王志华　廖军）

qìxiàng yùbào yùcè yèwù
气象预报预测业务（meteorological forecast operation） 以现代气象科学理论为基础，现代科学技术为支撑，基于地球系统的观测事实，对未来一定时间内大气变化过程与状况的预报预测和预估以及对人类生产生活、经济社会发展和生态环境可能产生影响的分析。

预报预测业务主要由以数值模式业务为基础的天气、气候、气候变化、空间天气等监测分析、预报、预测、预估、预警业务及相应的质量检验，以及评定业务、技术平台和业务流程等组成。另外，中国气象部门将应用气象（包括海洋气象、水文气象、交通气象、生态与农业气象、大气环境）也纳入预报预测业务范畴。

天气业务 分析气象要素、天气现象及其演变规律，并据此预报未来天气变化的业务，也称天气预报业务。天气预报业务是气象业务中最早发展起来的业务，是气象基本业务的核心，是气象事业为国民经济建设、社会发展和人民生活提供气象保障服务的重要窗口之一，按发展阶段可划分为传统天气预报业务和现代天气预报业务。传统天气预报业务开始于19世纪中叶，发达国家现代天气预报业务开始于20世纪80年代初，数值天气分析预报产品在天气预报中广泛应用并成为天气预报的基础是进入现代天气预报业务的标志。天气预报业务按预报对象划分为气象要素预报、天气现象特别是灾害性天气监测和预报、天气引发的气象灾害预报；按预报时效划分为临近天气预报（0～2小时）、短时天气预报（0～12小时）、短期天气预报（1～3天）、中期天气预报（4～10天）和延伸期天气预报（11～30天）。传统天气预报业务主要以天气图分析和预报经验相结合制作天气预报；现代天气预报业务以数值天气分析预报产品为基础，以气象信息综合分析处理系统（MICAPS）为工作平台，预报员综合应用各种观测资料、技术和方法制作各种时效天气预报产品。中国已经开展了精细化的气象要素预报、定量降水和灾害性天气落区预报业务，建立了台风、暴雨、强对流、寒潮、高温、大雾、沙尘暴等灾害性天气的临近、短时和短期监测预报预警业务体系，开展了中期旬降水量、平均温度距平和天气过程预报，实现了11～30天的长期预报业务试验运行。

数值天气预报业务已经成为现代天气业务的重要基础和发展的主流方向，改进和提高数值天气预报时空精度和准确率是提高天气预报准确率的根本途径。数值天气预报是一种定量和客观的预报。从20世纪50年代初美国气象学家利用ENIAC电子计算机首次进行了成功的数值预报试验，到现在的半个多世纪间，数值模式、计算方法、观测资料和同化技术以及高性能计算机不断发展完善，数值天气预报技术快速向前发展，预报时效和准确率逐年提高。21世纪初国际上先进的全球模式的分辨率已达10～20 km，有限区域数值预报模式的分辨率在1 km左右，全球中期预报平均可信预报时效已超过8天。中国的数值天气预报业务经过多年发展，逐步从引进吸收与自主研发并重转入了自主研发、持续发展。T639全球模式中期预报平均可用预报时效已超过7天，水平分辨率达30 km；自主发展了基于全球/区域同化和预报增强系统（GRAPES），水平分辨率为50 km的GRAPES全球模式已实现准业务运行，水平分辨率为15 km的GRAPES区域模式实现了业务运行；各区域气象中心从预报服务的需求出发，逐步建立了基于美国天气研究和预报模式（WRF）和GRAPES的本地区高分辨率区域中尺度数值模式，形成了国家级、区域级数值天气预报业务以及大气污染、台风、沙尘暴、核污染和化学物质扩散专项数值预报协同发展的新格局。

气候与气候变化业务 以气候学理论为基础，充分利用综合观测的全球气候系统资料，包括气候系统监测诊断、气候变化检测、气候预测、气候变化预估、气候与气候变化影响评估、气候变化应对和气候应用与气候变化服务的业务。气候与气候变化业务以高质量的气候系统多源观测资料融合为业务基础，以揭示全球气候系统各分量特征及其演变规律的综合监测诊断为主要特征，以客观、科学的高分辨率、多圈层耦合的气候系统模式为技术手段，以气候信息综合处理分析系统为技术支撑，以提高气候预测准确率，发展关键期、针对性、极端性气候预测为核心，开展极端天气气候事件监测、气候变化评估、气候灾害风险管理、气候资源开发利用、气候服务和气候变化应对等业务，满足服务需求。

中国气候业务在20世纪末基本实现了对全球气候系统的准实时监测，初步建立了中国极端天气气候事件监测业务。21世纪初，随着经济发展和社会进步对气候服务提出的全方位、多层次、专业化的需求。2000年气候业务建立了第一代动力气候预测模式和气候影响评估业务系统，逐步开展了气象灾害风险评估与区划工作，增强了面向政府决策和经济社会发展的气候信息应用与服务能力。2007年开始在国家和省级气象部门探索建立气候变化业务，建立极端气候事件监测和预报预警平台，健全气候变化影响评估方法和业务规范，形成气候变化决策服务流程，逐步完善气候变化业务体系。2011年开始在大力开展现代化业务能力建设的基础上，现代气候与气候变化业务逐步形成具有核心技术、布局合理、功能完善的业务格局。建立了气候与气候变化业务信息共享与气候系统监测诊断预测业务基础平台，新一代气候系统模式性能接近同期世界先进水平，基本建立针对延伸期、月、季的强降水、强变温等重要过程的预测和关键农事、重大活动期间的气候预测客观化业务；实现气候影响的定量评估，建立气候可行性论证技术体系，现代气候业务自动化水平明显提高，气候变化应对能力得到了显著提升，为国家应对气候变化的国策和国际谈判提供了有力的科技支撑。

应用气象业务　以气象学、数学、生物科学、计算机、遥感和其他相关学科的基本知识为基础，研制和开发国民经济各部门产业工程中的气象服务应用技术和产品，同时为农业生产管理、生态环境评价和保护、资源合理开发利用和社会经济可持续发展提供科学方法和依据的业务。应用气象业务包括气候资源开发利用业务、环境气象业务、农业和生态气象业务，以及海洋、交通、医疗气象等专业气象预测业务，服务领域涉及农业、水文、工业、交通运输业、航海、航空、海洋渔业、环境保护、军事、城市建设以及医疗等。

气候资源开发利用预测业务　对人类生产、生活及其整个生命系统所开发利用的光照、温度（热量）、降水（水分）、风、大气成分等气象要素进行的监测、预测、评估的业务。目前气候资源开发利用预测业务主要集中在风能、太阳能资源开发利用方面，包括风能、太阳能资源评估，风电场、太阳能电站选址评估，风能、太阳能预报预警，开发利用风能、太阳能所进行的气象灾害风险评估等。传统风能资源评估依托气象站的测风资料进行统计分析，评估水平分辨率数十千米。2007年，中国发展了高精度数值模拟评估技术，可评估任意高度层，水平分辨率 $1\ km \times 1\ km$ 的风能资源，部分地区风能评估水平分辨率达 $100\ m$ 量级。传统太阳能资源评估主要依据气象站网观测资料，间接计算到达地面太阳辐射进行评估。依据专业太阳能观测和由卫星遥感得到的云量、云光学厚度、气溶胶、臭氧等数据，建立太阳能资源评估计算模型，可得到水平分辨率 $10\ km \times 10\ km$ 或更高分辨率的不同倾角的太阳能资源评估结果。风能、太阳能预报主要根据大尺度预报背景场，利用美国大气研究中心中尺度气象模式（WRF，天气研究和预报模式）等中尺度数值预报模式和非稳定性拉格朗日烟团模型气象模块（CALMET）等动力降尺度模式，结合统计模型和物理模型对风速（或太阳辐射）预报或风电（或光伏发电）功率进行预测。

环境气象预测业务　关注与人民健康直接相关、与人类活动密切联系的大气环境质量问题的业务。其主要是开展与大气环境和大气成分关系密切的气溶胶质量浓度、气溶胶特性和化学成分、反应性气体、酸雨、温室气体观测以及霾、沙尘、空气污染气象条件、空气质量、光化学烟雾等监测预报业务。大气环境质量取决于污染物的排放和气象条件两个方面，因此，大气环境监测预报需要关注这两方面的问题。前者不仅需要建设大气成分观测站网，实时掌握大气环境质量状态，而且需要掌握排放源，制作排放清单，后者需要对污染物排放、传输、沉降等的气象条件进行监测和预报，将二者有机结合起来才能对大气环境质量进行正确的预报。2004年中国气象局组建了大气成分观测与服务中心，主要负责大气成分观测、分析、预报和预测等相关业务运行与科学研究。各省（自治区、直辖市）气象部门也相继开展了大气环境监测预报业务。中国气象局开发了大气化学和环境一体化模式（CUACE），并在此基础上建立了沙尘和霾数值预报系统。部分省（市）引进美国EPA多尺度空气质量模式（CMAQ）和美国UCAR/NCAR的天气预报研究-化学模式（WRF-Chem）等区域大气化学模式，本地化改进后建立了化学天气数值预报系统，为大气环境预报提供了重要的技术手段和科技支撑。经过多年发展，大气环境监测预报业务已经形成了一定的业务规模，社会经济效益明显，为气象部门在国家生态文明建设中进一步发挥作用奠定了良好的基础。

农业和生态气象预测业务　对农作物和自然生态系统进行监测、预报和评价的业务。农业气象预测业务主要任务包括农作物气象情报信息分析评价,特色农业、设施农业、林业、畜牧业、渔业等的专题情报;主要农作物播种、施肥、中耕、喷药、灌溉、收获和规模化饲养等各种农事活动的天气条件预报(称之为农用天气预报),作物产量预报,土壤墒情与灌溉预报,物候期预报,农林病虫害发生发展气象条件预报;主要农业气象灾害的监测预警和风险评估等。生态气象预测业务主要包括森林、草原、湿地、荒漠等生态系统监测评价和主要生态灾害的预报等。

其他专业气象预测业务　海洋气象预测业务包括海雾、海上大风、海浪、风暴潮、赤潮、海冰等的监测和预报,为海上搜救提供的各种海上天气和海况预报等。从传统意义上说,它属于天气业务范畴。航空气象预测业务主要制作区域和航线航空预报警报产品,包括风切变、飞机结冰预报等产品,航空终端(机场)气象台关注机场雷电、风切变、下击暴流、大雾等的监测和短时临近预报,为保障飞机的起降安全服务;高速公路气象预测业务主要制作低能见度天气、大风、地面高温和结冰的监测和预报产品;内河航运气象预测业务主要关注低能见度天气和大风;轨道交通气象预测业务重点关注大风、闪电、轨道结冰和低能见度天气;电力气象预测业务关注高温、大风、闪电等天气。所有这些产品都需要根据观测资料和数值天气预报产品,进行有针对性的加工制作。

空间天气预测业务　对太阳和太阳风、磁层、电离层和热层中可影响天基和地基技术系统的正常运行和可靠性,危及人类健康和生命的条件或状态进行监测和预警的业务。空间天气业务包括太阳大气、行星际、磁层、电离层和中高层大气空间天气监测、预报预警等。空间天气监测主要是利用地基、天基监测设备获得的相关资料,对太阳表面、行星际、磁层和电离层中的粒子、电场、磁场和波动等等离子体和电磁参数,热层和电离层中的密度、温度和速度等流体参数进行连续监测。空间天气预报的方法为统计预报(包括经验预报)和数值预报。2002年6月中国气象局组建国家空间天气监测预警中心,目前已初步建成了国家级空间天气业务体系,包括风云卫星的系列化空间天气天基监测、初步形成基于气象业务的网络化地基监测台站、符合行业标准的规范化预报预警业务以及不断拓展的专业化应用服务,已经多次为航天飞行等重大任务提供空间天气保障服务,取得了显著效益。

(张强　黄卓)

zōnghé qìxiàng guāncè yèwù

综合气象观测业务(integrated meteorological observation operation)　通过天基、空基和地基气象观测系统,获取各种大气信息及相关地球物理参数的过程。综合气象观测业务是气象业务的基础,主要包括天基气象观测、空基气象观测、地基气象观测和气象装备保障等业务。

天基气象观测业务　通过气象卫星开展地面至卫星轨道高度的气象要素和天气现象等的观测,主要包括卫星资料接收、处理、存储和分发以及卫星运行控制、卫星定标、产品制作、系统维护。

中国从1969年开始接收利用国外气象卫星资料。1988年9月中国成功发射风云一号A极轨气象卫星,至2014年底,中国已经成功发射7颗静止气象卫星(风云二号)和7颗极轨气象卫星(风云一号、风云三号),实现了业务化和系列化。风云一号极轨气象卫星包括两个批次4颗卫星,主要载荷为多通道扫描辐射计,2014年底已全部退役。风云三号极轨气象卫星已发射A,B,C 3颗卫星,搭载了可见光红外扫描辐射计、空间环境监测仪、红外分光计、微波湿度计、微波温度计、微波成像仪、紫外臭氧总量探测仪、紫外臭氧垂直探测仪、地球辐射监测仪和太阳辐射监测仪、GNOS掩星探测仪等有效载荷,实现了全球、全天候、多光谱、三维、定量探测。风云二号静止气象卫星主要载荷为可见光和红外扫描辐射计及空间环境监视器,2014年底风云二号A,B,C卫星已退役,风云二号D,E,F卫星在轨业务运行,风云二号F卫星实现了高频次区域加密观测功能。

目前,静止气象卫星形成了"多星在轨、统筹运行、互为备份、适时加密"的业务格局,极轨气象卫星实现了升级换代,形成了上、下午星组网观测。风云系列气象卫星已被世界气象组织纳入全球业务应用气象卫星序列,成为全球地球观测系统的重要成员。中国已形成以国家卫星气象中心和5个卫星地面站为主体,同时包括31个省级卫星遥感应用中心和2000多个卫星资料接收利用站组成的气象卫星地面应用体系。气象卫星在暴雨、强对流和台风监测中发挥了重要作用。

空基气象观测业务　基于气球、飞机、火箭和其他浮空平台开展的气象观测业务。气球探空业务是利用气球携带无线电探空仪,以自由升空方式对自地球表面到几万米高度空间的大气要素(温度、湿度、气压)和运动状态(风向、风速)等的变化进行探测、传输、处理的过程。截至2014年底,中国建有120个探空站。高空气象观测业务主要包括制氢、探空仪基测、充灌气球、施放气球、数据采集、数据处理、数据传输和归档、报表编制、系统维护检修和质量监控等内容。

新中国成立初期高空气象观测应用苏式49型探空仪等，型号比较杂乱。1958年开始自行研制生产59型探空仪。20世纪60年代初期研制400 MHz的701型二次测风雷达，1966年59-701探空系统正式投入业务使用，完成业务布点工作。20世纪80年代研制电子探空仪，地面接收测风系统历经短波收报机、光学经纬仪、200 MHz的无线电经纬仪、无线电比相仪等。20世纪90年代研制生产的L波段雷达-电子探空仪系统投入业务使用，2002年开始用L波段雷达-电子探空仪系统更新59-701探空系统，到2010年已经全部更新完毕。中国在北京、上海、广州等地的大型机场建立了民用航空器气象资料下传业务，向地面报告飞机飞行和起降过程中观测的大气资料，是常规高空探测的重要补充。气象无人驾驶飞机和火箭探测目前主要用于科研，实行不定期观测。高空气象观测资料为气象预报提供了基础资料，在国民经济、航空、航天和军事部门得到了广泛应用。

地基气象观测业务 在地球表面（陆面和海面）开展的气象观测业务，主要由地面气象观测、地基遥感观测和专业气象观测等组成。

地面气象观测业务是借助仪器和目力，对地球表面一定范围内的气温、气压、空气湿度、风向和风速、降水、云、能见度、天气现象等气象要素及其变化过程，进行系统地、连续地观察和测定，数据的收集、处理的工作过程。地面气象观测业务主要包括数据采集、记录处理、编发气象报告、数据传输归档和仪器维护巡视等内容。新中国成立初期，观测员利用玻璃温度表、水银气压计、雨量筒、自计风速计和目测等开展人工观测，并通过编发报形式传输观测信息。1999—2008年，中国气象局分批次完成了自动气象站推广建设和应用，形成了以自动气象站为主，与云、能见度、天气现象等人工观测方式并行的地面观测业务，实现了信息的自动化传输，建立了观测数据质量控制流程，并建立了完善的观测规范和业务规章制度。2009年开始配备能见度仪、云高云量观测仪、天气现象仪、自动日照计、固态降水观测仪等自动化观测设备，逐步取代人工观测任务。

地基遥感观测业务主要包括气象雷达观测业务。气象雷达观测业务通过气象雷达开展大气中云雨发展过程和风场变化观测，目前业务使用的气象雷达主要包括天气雷达和风廓线雷达。雷达观测业务主要包括雷达数据采集处理、存储传输、整编归档、报表编制、雷达参数测量标校、系统维护检修、观测环境的保护等内容。中国天气雷达发展经历了模拟天气雷达、数字天气雷达和多普勒天气雷达三个阶段。20世纪60年代后期中国开始研制生产使用模拟天气雷达，只显示回波强度的模拟信号，至80年代初建成了由多种型号组成的模拟天气雷达观测网。20世纪80年代中期开始利用电子信息和计算机技术，发展数字化天气雷达，提供回波强度数字信息，至90年代后期形成了由S波段和C波段数字天气雷达组成的雷达观测网。20世纪90年代末中国启动实施采用脉冲多普勒技术体制的新一代天气雷达建设，形成了以新一代天气雷达为主，数字天气雷达作为补充的，覆盖全国重点地区的天气雷达网。多普勒天气雷达不仅能滚动获取6分钟的云反射率和径向速度的资料，而且具有一定的晴空探测能力。不仅每个天气雷达站都安装了产品终端，每个省都建立了全省多普勒天气雷达数据拼图、定量降水估计（QPE）和1小时定量降水预报（QPF）业务。新一代天气雷达以其高时空分辨率、及时准确的遥感探测能力成为灾害性天气，特别是中小尺度灾害性天气，监测预警的有效工具。利用风廓线雷达大气垂直遥感探测获取大气的三维风场信息，增加无线电-声学系统（RASS），与微波辐射计或GNSS/MET（全球卫星导航系统气象观测）水汽监测系统配合，可实时对大气风、温度、湿度廓线进行连续探测。与气球探空观测相比，探测精度和时空分辨率大大提高。

专业气象观测业务是在特定区域对特定的气象要素、环境要素和生态要素进行连续观测，并开展相应的设备维护、数据传输、数据质量控制、产品加工等工作。专业气象观测主要包括大气成分观测、农业气象观测、交通气象观测、海洋气象观测、旅游气象观测和气候资源观测等。大气成分观测业务主要利用光学、激光、现场采样等方法，对一定范围内大气化学成分和相关物理特性等进行长期、稳定、持续的观察和测定，观测内容包括气溶胶、温室气体及相关微量成分、反应性气体、臭氧柱总量和垂直廓线、干湿沉降（酸雨）、降水化学、紫外辐射等。农业气象观测主要是对农业气象要素和农业生产的对象及过程同时进行平行的观察、测定和记载，观测内容包括作物观测、土壤水分观测、物候观测、畜牧观测等。交通气象观测内容包括气温、空气湿度、风向风速、能见度、降水、路面温度、路面状况等。海洋气象观测内容包括海面气象要素和海洋环境要素的观测。旅游气象观测内容包括能见度、紫外线、太阳辐射、大气负离子、空气质量、相对湿度、大气电场等。气候资源观测内容包括风能、太阳能观测。中国气象部门已形成了一定规模的专业气象观测网，为农业、交通、生态、海洋、旅游和能源等领域的气象服务需求提供了支撑。

气象装备保障业务　通过对气象装备运行状况的监视，发现气象装备存在的问题，并进行维护维修和计量检定的过程，包括气象装备运行监控、气象装备维护维修、气象装备储备供应、气象仪器计量检定和装备管理业务。

气象装备运行监控业务是指对纳入业务运行的气象观测装备的运行状态和观测数据质量进行实时监视、检查，分析评估设备运行情况，并提出相应的维护维修保障指令的过程，主要内容包括对新一代天气雷达、自动气象站、L波段探空系统、风能观测塔、自动土壤水分观测仪、闪电定位仪、风廓线雷达、大气成分观测系统等的运行监控信息获取、分析评估、监控产品发布和反馈响应等。

气象装备维护维修业务是指运用诊断与修复技术，对气象装备进行检测并根据需要修复损伤部位，恢复装备全部或部分功能，并通过日常维护保养保证气象装备处于正常工作状态的过程，主要内容包括日常维护、巡检、诊断分析、故障响应、故障排除、修后检测、案例建档等。

气象装备储备供应业务是指对业务运转所需的气象装备和备件进行采购储备、供应保障和使用跟踪的过程，主要内容包括计划、采购、入库、仓储、出库、调配、统计和跟踪等，有效满足日常业务需求，保证气象观测业务稳定运行。

气象仪器计量检定业务是指依据气象计量检定规程和校准规范，对气象仪器设备进行检定、校准和比对等过程，主要内容包括计量量值溯源、量值传递、检定校准、比对核查和标准装置维护等，保证气象要素单位统一、量值准确、可比、可靠。

气象装备管理业务是指气象装备从研制生产到使用报废实施生命周期全程综合管理的过程，主要内容包括装备规划布局、制定产品技术标准、组织研制生产、开展考核定型、许可使用管理、质量监督管理、装备报废等，保证气象装备质量可靠、功能和技术性能满足观测业务使用要求。

（李昌兴　王建凯　佘万明　吕波
焦智新　杨晓武　王天天）

qìxiàng xìnxī wǎngluò yèwù
气象信息网络业务（meteorological information and network operation）　气象信息的收集传输、加工处理、存储与服务、高性能计算和运行监控的全过程，包括气象通信业务、数据存储与服务业务、高性能计算业务、资料业务、备份业务和运行监控业务。气象信息网络业务贯穿于综合气象观测、气象预报预测和气象服务三大业务系统之中，起到纽带和基础支撑作用。

通信网络业务　气象信息的收集传输，由覆盖国家、省、市、县以及气象观测站点之间的全国气象广域网络系统和卫星气象数据广播系统及相关的通信软件实施通信业务。国家—省级地面气象广域网基于电信运营商的MPLS VPN（多协议标签交换虚拟专网技术）线路建设，具备任意点到点的直接通信能力。截至2014年底，国家、区域中心和省级地面气象广域网络主干线路接入速率分别为200 Mbit/s、20 Mbit/s和16 Mbit/s。国家和省级局域网实现万兆/千兆骨干、千兆/百兆桌面接入，市、县级气象部门建立了千兆/百兆局域网系统。国家、省、市、县级气象部门通过电信运营商接入互联网。建成覆盖全国和亚太地区的中国气象局气象卫星广播系统（CMACast）。截至2014年底，CMACast系统注册接收站总计2538个，其中国内气象部门2373个、其他部门142个、国外23个。天地一体化的气象通信系统架构基本形成。通过通信卫星和第三代移动通信技术（3G移动技术）实现应急备份通信。远程会商系统已经覆盖所有地市和大部分县市，在气象预报服务中得到普遍应用。国家—省级高清远程会商系统投入业务运行，建成1个国家级高清会商控制中心、13个国家级会场（中国气象局相关内设机构、直属单位）、31个省级会场。视频分辨率由352×288像素提升至1920×1080像素，计算机图像分辨率由1024×768像素提升至1280×1024像素。

数据存储业务　气象数据存储、检索与共享业务。国家级气象数据存储检索系统基于存储区域网（SAN），配置了多台高端服务器，分别应用于数据库管理、应用检索、管理监控、对外共享等多个应用子系统。采用分级存储体系结构，一级存储由磁盘阵列提供约500 TB在线存储空间，由自动磁带库构成的二级存储提供了2.6 PB近线存储空间。该系统承担着常规观测资料、卫星、雷达、新增观测资料、国外卫星观测资料等观测资料数据及产品，以及T639、全球/区域同化预报系统-全球数值预报系统（GRAPE-GFS）等模式和全球交互式大集合预报系统（TIGGE）的数据存储任务，每天数据增量近1 TB。采用甲骨文商用数据库建立的全国综合气象信息共享系统（CIMISS）成为国家和省级主要的气象数据存储与服务平台，可实现各种气象观探测数据和产品（包括新一代天气雷达的基础数据和产品）的实时收集、分发以及这些气象信息的规范化存储管理和气行业内部的高效获取，并可通过多种方式，面向水利、民航、农业、林业、海洋等不同行业用户实现数据的共享服务。

高性能计算业务 用于数值天气模式、集合预报、气候预测模式系统和气象卫星资料处理等业务运行和研发的高性能计算机的数值计算过程。中国气象局于2004年引进了 IBM Cluster 1600 高性能计算机系统，该系统共包含3200个 Power4 CPU（中央处理器），峰值计算性能为21万亿次每秒，磁盘存储总量为128 TB。为适应现代天气业务预报预测模式发展需求，为模式运行和科研业务提供高性能计算资源支持，中国气象局于2012年引进了总计算能力峰值达到1759万亿次每秒的高性能计算机系统，大幅提升了国家和区域级气象部门高性能计算能力。该高性能计算机共分为三个子系统：在国家气象信息中心安装浮点运算速度理论峰值为1134万亿次每秒的高性能计算机子系统；在广东省气象局安装浮点运算速度理论峰值为300万亿次每秒的高性能计算机子系统，由国家气象信息中心统一调度、集中使用；在数值模式发展较为成熟的省（市）气象局安装其余的高性能计算机子系统，其中，在四川省气象局安装浮点运算速度理论峰值为25万亿次每秒的高性能计算机，在上海市气象局安装浮点运算速度理论峰值为50万亿次每秒的高性能计算机，在辽宁和湖北省气象局分别安装浮点运算速度理论峰值为75万亿次每秒的高性能计算机，在广东省气象局安装浮点运算速度理论峰值为100万亿次每秒的高性能计算机。在高性能计算机的支持下，数值天气预报和动力气候预测业务以及气候变化研究等方面取得明显的进步和效益。

气象资料业务 气象资料质量控制、加工处理、归档和共享服务业务。质量控制是指对收集到的资料进行质量审核，并附相应质量控制标识码，质量控制方法主要包括气候界限值检查、时间一致性检查、极值检查、内部一致性检查和空间一致性检查；加工处理是指对经质量控制后的气象资料进行格式转换、要素统计、格点化处理等，通过加工处理生成气象业务和科研所需的各类气象数据产品；归档是指将收集到的且具有保存价值的气象资料经系统整理后交档案馆保存、备案；共享服务是指将收集到的气象资料和加工处理后的产品，提供各类气象业务和科研用户使用，有效满足业务和科研需求，保证业务稳定运转。气象资料业务贯穿于气象观测、通信传输、数据管理、预报预测和气象服务各个工作环节，为预报预测服务业务提供基础支撑。

国家气象信息网络备份业务 国家级气象业务系统无法正常运行情况下接替承担国家级的核心业务运行的工作。国家气象信息网络业务备份系统分为同城备份系统和异地备份系统，其中，同城备份系统（中心）具备通信传输、气象数据管理、基础设施等三项功能，可以支撑国家级气象业务运行所需的通信和基本数据环境；异地备份系统（中心）具备国家级信息网络系统全部核心业务功能，包括卫星气象、通信传输、气象数据管理、天气预报、数值预报、气象信息发布、信息安全与监视、基础设施八项功能，可以支撑天气预报、数值预报以及气象卫星等国家级气象核心业务运行。

气象信息网络运行监控业务 对气象部门基础网络（广域网、卫星网、局域网）系统、各类信息系统（数据传输系统、数据加工与处理系统、数据存储系统、公共资源服务系统等）及各主要业务系统运行状态的实时监视和控制。根据业务管理需求，定期生成系统运行分析报告，并具有异常情况提醒、报警等功能，具体包括信息系统基础资源监视、数据流程监视、业务应用监视与控制、集中业务告警管理、业务统计与分析和运行维护管理等功能。

（周林 郎洪亮 李俊）

hángyè qìxiàng yèwù
行业气象业务（professional meteorological operation）
民航、水利、林业、生产建设兵团、农垦、盐业、军队等部门根据自身保障服务需要，在利用国家气象系统气象业务信息和资源的基础上，建立的气象观测、预报业务，并开展了针对性较强的专业气象服务。

民航气象业务 中国民用航空局空管行业管理办公室负责组织管理全国民航气象工作，下设航空气象处，统筹管理民航气象相关事项。民航气象业务体系主要是以中国民用航空局空管局气象中心为龙头，北京、华东、中南、西南、西北、东北和新疆7个区域空管局气象中心为重要组成和纽带，各空管分局气象台（站）为基础，形成空管气象业务体系。民航气象台集气象观测、气象预报、气象技术装备和专业服务四位一体。截至2014年，民航系统拥有各种天气雷达58部，其中多普勒天气雷达21部，气象卫星接收设备161套，地面气象自动观测设备254套。民航各气象台站按照《民用航空气象地面观测规范》，并根据机场运营情况开展多层次的气象观测，人工观测分别有每天24小时不间断观测、每天3次观测和每天1次观测，主要观测项目有云、能见度、天气现象、风向、风速、气压、气温、空气湿度。气象预报主要根据飞机起降业务频次而确定，基本内容为收集、分析和处理气象资料，制作发布航空气象产品，如机场预报、着陆预报、起飞预报、机场警报、区域预报和航线预报等。专业气象服务主要是通过民航专用通信系统向飞机运营单元发布航空气象产品。

水利气象业务 水利部设水文局（水利信息中心）气象处，是水利行业气象业务工作指导机构，负责全国水利部门短期和中长期气象预报预测管理，负责国家防汛抗旱短期降水天气预报和中长期天气气候预测业务，以及所需气象信息的收集、处理、预报预警、服务和业务系统的运行维护与管理。

1981年水利电力部成立水文水利调度中心，设水情气象组。1985年设气象室，1988年更名为水利部水文水利调度中心气象室。1989年8月设气象处，1993年改为水利部水利信息中心气象处，1999年改为水利部水文局（水利信息中心）气象处，2010年改为水利部水文情报预报中心（水利部水文局内设机构）气象处。

水利部流域机构设置的气象机构：长江水利委员会水文局下设水文情报预报中心气象室；黄河水利委员会水文局水文水资源信息中心下设气象室和水资源室，分别从事中短期和长期气象预报业务；淮河水利委员会水文局设水情气象预报处；松辽水利委员会水文局下设水情气象处。部分流域机构水文局设气象处室，个别省水文局水情部门和水利工程管理机构设有少量气象业务人员。

流域气象业务主要包括：对流域及相邻地区开展气象（包括水文气象）观测；开展流域天气预报和预警，发布流域高影响天气和气象防灾信息；开展流域月、季、年气候预测，特别是汛期旱涝趋势预测；分析流域气候变化趋势，评估气候变化对流域水资源和经济社会的影响，提出适应对策措施；开展或参与有关气象、水文科学研究工作。

林业气象业务 黑龙江林业气象工作分三级管理，分别由森工总局、林管局、营林局组成，总体上属于企业办气象、企业办事业的状态。截至2014年，黑龙江林业部门共有45个森林物候气象站（其中森工总局1个，林业管理局4个，营林局40个）和114个森林物候气象哨（林场所）。经国家、省气象部门验收，有30个森林物候气象站达到省级标准化站，气象站配备数量齐全的地面常规观测仪器。黑龙江林业部门还建成21处十一要素自动气象站、25处四要素自动气象站。森工系统大部分是自动观测站，人工观测站约占33%。人工观测每天3次（08，14，20时）定时观测，自动气象站每天24次观测。森林物候气象站主要分布在黑龙江省中部和东部地区、森林边缘和边境附近。各级森林物候气象站按照中国气象局的《地面气象观测规范》进行观测，并结合林业生产需要按照黑龙江省森工总局制定的《东北森林物候气象观测技术标准》进行林苗木的物候观测；定时发布短时、短期、中期和长期天气预报；发布播种、造林、采种、抚育期等营林生产气象预报；发布火险、霜冻、日灼、干旱、洪涝等灾害性天气预报；发布农业、商业、多种经营等服务性预报；定期发布空气质量、植被状况、水土流失、水质污染等生态环境因子变化状况；发布主要森林物候，农作物的萌动、生长、开花、结实等物候因子的变化资料；定期观测、研究及发布林区气候资源的变化资料，为气候资源的区划、利用、保护、开发提供依据。其气象预报主要依靠气象部门的气象资料，并参照当地气象台发布的天气预报信息。

生产建设兵团气象业务 新疆生产建设兵团农业局下设气象局，负责管理生产建设兵团农业气象工作，组织协调防雹抗灾工作。生产建设兵团气象业务实行生产建设兵团、师部、团场三级业务布局。生产建设兵团气象信息网络中心（与兵团科技服务中心一套人马两个牌子）对各师农业局下设的气象局（台站）进行业务指导。到2014年，生产建设兵团有12个师下设气象站，其中9个师成立了气象局（人工影响天气办公室），其他师都有专职或者兼职人员主管气象和人工影响天气工作。各师所属团场气象台站共157个。生产建设兵团气象信息网络中心承担生产建设兵团自动气象站、气象雷达站、雷电监测站信息资料的收集上传等任务，人工影响天气物资的订购、供应和管理，人工影响天气新技术推广、科技服务、技术培训、技术装备的故障排除和修理。师部气象台站负责本辖区气象观测资料收集分析、气象预报和专业气象服务。团场气象台站负责气象观测和本地气象服务产品传播。截至2014年，生产建设兵团系统拥有各种天气雷达23部，其中多普勒天气雷达5部；气象卫星接收设备37套；人工与自动观测双规并行气象台站52个；有专人或兼职人员值守自动观测站105个。其部分地面观测、雷达、数值产品资料与气象部门共享。生产建设兵团气象台站观测业务按照气象部门的《地面气象观测规范》开展。各气象台站主要开展常规地面观测、天气预报预警服务产品制作和发布业务；各雷达站主要承担为当地开展人工影响天气工作提供天气预测预警信息、作业指挥和实况资料信息的收集、分析和汇总等工作。

农垦气象业务 黑龙江农垦总局农业局气象管理站负责气象业务管理，2014年所属气象台（站）共有92个，其中，总局气象管理站2个，分局气象台6个、农场气象站84个；按照行政区域、地理分布设立的基本行业气象台（站）33个、一般行业气象台（站）57个、人工影响天气站2个。形成了体系比较完备、独具农垦特色的专业台站网。截至2014年，农垦气象台（站）主要设备有不同型号的天气雷达37部，其中2部新一代天气雷达，4部双偏振雷达，8部711雷达，形成了覆盖全垦区的天气雷达监测网；6套极轨卫星云图接收系统，50套静止卫星云图高速接收系统，90个自动气象站和88个土壤自动监测站点，基本上实现了地面探测自动化。此外，还拥有开展人工影响天气业务的性能先进的运–12飞机1架、37高炮283门、火箭发射器156部等。目前有90个自动气象站观测资料和九三农垦气象台多普勒天气雷达资料均汇交气象部门。观测业务按《国家地面气象观测规范》开展，人工观测每天3次（08，14，20时）定时观测，自动气象站每天24次观测，此外还根据农场不同作物分布进行物候、墒情的定期观测。预报业务主要为发布各类短时、短期、中期、长期天气预报，为农作物种植和品种布局提供年景分析，为各项农事活动提供长、中、短期天气预报，发布各类突发性、灾害性短时预报。农垦气象服务以垦区现代农业生产服务为重点，主要开展农业气象、人工影响天气等气象服务工作。

盐业气象业务 盐业气象台主要分布在沿海省、自治区、直辖市的海岸线附近，业务管理设在中国盐业总公司企业发展部。盐业气象台站为企业办气象，没有统一的国家级或省级气象管理机构，在企业生产活动中处于从属地位，多由盐场的生产部管理。盐业气象台站主要业务侧重晒盐季节的短时降水预报和蒸发，直接为盐场生产活动服务。到2014年，共有18个盐业气象台站，各自开展气象业务，各台站间没有组网。观测业务按照气象部门《地面气象观测规范》开展，主要开展地面气象观测、天气雷达探测、盐场内部的短中长期天气预报服务，特别是定时、定点、定量天气预报等。人工观测每天3次（08，14，20时）定时观测，自动气象站每天24次观测。

军队气象业务 军队气象业务有其特殊性，各军兵种均设有气象机构和气象台站，开展军事气象业务与科研工作，负责各军兵种的气象保障任务。

（丁海芳　李昌兴）

qìxiàng yèwù guǎnlǐ
气象业务管理（meteorological operation management）
气象部门各项业务发展的决策、规划、计划、业务规范、标准的制定以及组织实施，业务工程建设，业务监督检查和信息反馈的全过程。决策在气象业务管理中起核心作用，气象业务规范和标准是气象业务管理的中心任务，监督检查是保证气象业务质量的关键环节。气象业务管理包括气象观测业务管理、气象装备业务管理、气象预报预测业务管理、气象信息网络业务管理、气象服务业务管理、人工影响天气业务管理。

气象观测业务管理 气象观测业务实行国家、省、市和县四级管理。国家级负责制定全国气象观测发展规划、计划及观测规范标准和制度，组织全国重大气象观测工程建设，对全国观测业务运行情况进行质量考核、通报、巡检，制订观测队伍培训计划等。省级负责制定本省（自治区、直辖市）气象观测发展规划、计划和补充观测规范和制度，组织省（自治区、直辖市）气象观测工程建设，组织观测队伍培训，负责气象观测系统运行监控和主要气象装备维护维修。市级负责气象观测运行管理。县级负责地面气象观测业务和自动气象站维护和简单维修等。

新中国建立之初，气象台站寥寥无几。1950年开始，气象部门按照"建设、统一、服务"的方针，大力进行气象台站网建设，到1965年形成了目前气象观测台站网的基本格局，到1969年建成120个探空站。20世纪50年代末，建设天气雷达的决策促进了国产天气雷达的研制和逐步布点；20世纪80年代初，关于气象卫星、大气观测自动化的决策促进了中国气象卫星和自动气象站的研制工作，使中国成为少数几个具有极轨和静止两个序列业务气象卫星的国家；20世纪90年代初关于新一代天气雷达、大气本底观测、中尺灾害性天气监测网建设的决策，使中国综合气象观测系统逐步进入国际先进行列。气象部门制定的与决策相适应的气象观测业务发展规划（见第179页气象业务规划），对每个时期气象观测业务的发展都做出了筹划，并根据规划实施了气象卫星工程、天气雷达工程、大气监测自动化工程、山洪地质灾害防治气象保障工程等重点工程，大大促进了气象观测业务的发展。与此同时，气象部门还相继制定了地面气象、高空气象、雷达气象、卫星气象和专业气象等领域一系列比较完善的气象观测业务技术规范、标准和规章制度体系，国务院出台了气象设施与探测环境保护条例，保证了气象观测设施运行环境和观测数据质量，观测业务稳定运行。

气象装备业务管理 气象装备业务实行国家和省两级管理。国家级负责制定全国气象装备发展规划、气象装备标准和业务运行规章制度，组织装备研制生产、考核定型和使用许可管理，组织开展装备质量监督，对全国装备运行情况进行质量考核和通报，组织重大技术装备报废和更新换代等。省级负责制定本省（自治区、直辖市）气象装备规划布局，组织运行各类气象装备并开展质量监督管理，负责反馈气象装备运行情况和常规气象装备报废管理和更新换代等。中国气象局先后制定并修订完善了一系列气象技术装备管理规章制度，颁布了《气象专用技术装备使用许可管理办法》《气象观测专用技术装备管理办法》；组建了中国气象局气象探测中心，负责全国的气象装备管理业务，使得装备管理业务得到进一步强化。截至2014年底，具备有效使用许可证的气象装备产品有近百种。

气象预报预测业务管理 气象预报预测业务实行国家、省、市、县四级管理。国家级负责编制全国综合气象预报预测业务及分专业的业务的发展规划或指导意见，组织全国布局的重点气象预报预测工程建设，制定各项气象预报预测业务规定、质量考核办法；提出合理的业务布局、分工及相应业务流程，推进各级气象预报预测业务的协调有序发展；强化业务运行和业务发展的结果管理和信息反馈机制，组织对全国气象预报预测的评价，提出改进意见；建立专家咨询委员会，对业务发展提供咨询指导。省级负责编制与国家规划配套的本省（自治区、直辖市）综合或分专业的业务发展规划，组织本省（自治区、直辖市）气象预报预测工程建设；科学划分气象预报预测业务岗位，明确岗位职责；制定与国家各项气象预报预测业务规定配套的补充规定和质量考核办法实施细则，并组织气象预报预测业务质量考核，强化气象预报预测业务的监督检查和业务发展管理。市、县级主要负责气象预报预测业务的运行管理。

20世纪50年代初开始，天气预报预测业务逐步发展，形成了从中央气象台到县气象站的四级短期天气预报的业务框架。1982年提出"多种方法综合运用，重点发展数值天气预报，尽快实现客观定量"的决策，奠定了以数值模式为主的气象预报预测业务发展的路线，使气象预报预测业务走上了快速发展的道路。20世纪90年代初作出"一头抓中尺度灾害性天气，一头抓气候"的决策，促进了中尺度灾害性天气监测预警和气候业务的发展。2000年颁布的《中华人民共和国气象法》催生了气象灾害监测预警和风险评估业务。2004年开始建立空间天气预报业务，并加快了大气成分和雷电防护业务的发展。气象部门制定了与决策相适应的气象预报预测业务发展规划（见第179页气象业务规划），对每个时期气象预报预测业务的发展都做出了筹划，并根据规划实施了中期数值天气预报工程、短期气候预测工程、气象灾害预警工程、气候变化监测预报和高性能计算机建设工程、山洪地质灾害防治气象保障工程等重点工程，大大促进了气象预报预测业务的发展。与此同时，气象部门还相继制定了天气预报、气候预测、海洋气象业务、台风业务服务、预警信号发布、数值天气预报业务、农业气象业务、生态质量气象评价等一系列比较健全的业务规章制度和管理体系，保证了气象预报预测业务稳定运行和质量的不断提高，颁布了《天气预报发布规定》，促进了天气预报的有序发布。

气象信息网络业务管理 气象信息网络业务实行国家、省、市、县四级管理。国家级负责编制全国气象信息网络业务发展规划或指导意见，组织全国气象信息网络的总体设计和全国布局的重点气象信息网络工程建设，制定各项气象信息网络业务规定、质量考核办法，强化业务运行和业务发展的结果管理和信息反馈机制，组织对全国信息网络业务的评价，提出改进意见。省级负责编制与国家规划配套的本省（自治区、直辖市）气象信息网络业务发展规划，组织本省（自治区、直辖市）气象信息网络工程建设，制定与国家各项气象信息网络业务规定配套的补充规定和质量考核办法实施细则，组织实施气象信息网络的运行监控和业务质量的考核。市、县级主要负责气象信息网络业务的运行管理。

20世纪50—70年代，根据中国当时的实际情况，气象通信采用以国家电信网为主、自设电台为辅的方式。80年代初，国家气象局做出率先实现气象现代化的决策，气象通信和数据处理开始采用计算机，气象部门成为业务和办公最早使用计算机的部门。20世纪80年代建设的国际骨干通信系统（BQS），特别是90年代气象卫星综合应用业务系统（"9210"工程）、21世纪气象科学数据共享工程、新一代天气雷达资料存储工程等重点工程建设，大大推进了气象信息网络业务的发展。与此同时，制定了"9210"工程气象信息传输业务流程和规程、信息网络系统和计算机系统运行管理办法、岗位职责和要求等一系列管理规定。进入21世纪，制定全国高清电视会商业务管理规定、中国气象局高性能计算资源使用管理规定、气象信息网络传输业务组织管理规定、气象信息网络卫星通信系统业务运行管理规定、全国重大突发性天气观测资料的应急传输暂行规定、卫星通信系统的技术保障规定、气象信息网络传输业务质量考核办法及人员评奖办法、持证上岗有关规定等。这些规定的实施保证了气象信息网络的正常运行，对气象观测、气象预报预测、气象服务业务提供了有力的支撑。

气象服务业务管理 气象服务实行国家、省、市和县四级管理。国家级负责全国气象服务业务的组织管理，制定全国气象服务业务政策和发展规划并监督实施；组织制订气象服务业务规范及其产品发布标准；负责气象服务的组织协调管理；组织对重大工程和社会活动开展气象服务工作；对重大工程项目中气象服务相关建设任务实行归口管理。省级负责本省（自治区、直辖市）的气象服务业务管理，包括根据中国气象局的决策和规划以及本省（自治区、直辖市）的实际情况，制定本省（自治区、直辖市）气象服务发展规划和实施方案、业务规范和考核目标等，负责本省（自治区、直辖市）决策气象服务的组织协调管理；组织对本省（自治区、直辖市）重大工程和社会活动开展气象服务工作；对全国重点工程涉及本省（自治区、直辖市）和本省（自治区、直辖市）工程中的气象服务相关建设任务的归口管理。市、县级负责本地区的气象服务业务管理，根据上级的决策和规划以及本地的实际情况，制定本地区气象服务发展实施方案等；开展各项气象服务，根据省级制定的方案实施气象服务建设工程等。

气象部门历来高度重视气象服务工作，加强对气象服务的决策部署和顶层设计，20世纪50年代就提出了"以生产服务为纲，以农业服务为重点"的方针；1985年经国务院批准，气象事业单位在做好公益服务的前提下，开展气象专业有偿服务，进一步拓宽气象服务领域，提高气象服务的经济效益和社会效益；2000年提出"气象服务是立业之本""一年四季不放松，每一次过程不放过"的服务理念；2009年印发《公共气象服务业务发展指导意见》，提出进一步提高公共气象服务能力，强化气象部门社会管理和公共服务职能，充分发挥公共气象服务对现代气象业务和气象事业的引领作用；2010年国务院颁布《气象灾害防御条例》，国家发展与改革委员会与中国气象局联合印发《国家气象灾害防御规划（2009—2020年）》，进一步强化防御气象灾害作为政府履行社会管理和公共服务职能的重要组成部分，将气象防灾减灾和气象服务工作推向一个新阶段。进入21世纪，气象服务业务管理规范逐步得到加强，制定下发一系列服务发展规划、指导意见和管理规定，同时制定和完善了气象服务业务布局和科学划分业务岗位，明确岗位职责；制定了阶段性任务考核目标和气象服务考核评分办法，督促检查业务运行和业务发展的进展，通报运行结果，提高气象服务的质量。

人工影响天气业务管理 人工影响天气业务实行国家、省、市、县四级管理，国家、区域、省、市、县五级指挥，国家、区域、省、市、县、作业站点六级作业的业务管理体系。中国人工影响天气工作已基本建立了以国家指导和协调、地方各级政府组织领导、气象部门承担管理和实施的人工影响天气工作领导管理体系。1994年经国务院批准建立了由有关部、委、局组成的国家人工影响天气协调会议制度，组织、协调和指导全国人工影响天气工作。国务院气象主管机构负责全国人工影响天气工作的统一管理和指导，负责制定人工影响天气发展规划和计划，负责作业专用装备科研管理、新技术应用和推广；区域人工影响天气中心作为中国气象局的派出机构，代表中国气象局在区域内行使人工影响天气管理职能，接受中国气象局人工影响天气中心业务管理，组织实施跨省（自治区、直辖市）人工影响天气作业；省级是人工影响天气业务管理的主体，负责制定每年度人工影响天气实施计划和各项业务规定，组织实施人工影响天气作业、监督检查和事故处理，负责人工影响天气作业装备的购置和安全管理等；市、县级具体负责人工影响天气作业和作业装备管理及地面作业人员的管理等；作业站点负责人工影响天气作业设施设备的日常管理维护，按照作业指令实施作业，报送作业信息等。

气象部门十分重视人工影响天气工作的科学研究和法规建设。1959年全国气象局长会议提出人工影响天气工作方针：重点实验、逐步开展、土洋结合、发动群众、总结经验、积极进行。1995年全国人工影响天气工作会议提出：以防灾减灾为根本宗旨，以为农业服务为重点；发挥中央和地方两个积极性，加强各级人民政府对人工影响天气的领导和协调；加强人工影响天气现代化建设和科学研究，不断提高作业的科技水平和总体效益。2000年实施的《中华人民共和国气象法》和2002年实施的《人工影响天气管理条例》为人工影响天气工作提供了法律法规保障。1996年国务院办公厅《转发中国气象局关于加强人工影响天气工作请示的通知》、2005年《国务院办公厅关于加强人工影响天气工作的通知》和2012年《国务院办公厅关于进一步加强人工影响天气工作的意见》为人工影响天气工作提供了政策依据。中国气象局先后制定实施《人工影响天气工作管理办法》（1989年）、《飞机人工增雨作业业务规范》（2000年）、《高炮人工防雹增雨作业业务规范》（2000年）、《人工影响天气安全管理规定》（2003年）等规定，保障人工影响天气科学、安全地进行。

（顾建峰 张祖强 章国材）

qìxiàng yèwù jìshù zhǐdǎo
气象业务技术指导（technical guidance of meteorological operation） 上级气象业务单位为下级气象业务单位提供的预报预测产品和技术指导。通过气象业务技术指导和科学流程，形成逐级指导、上下有机结合、集成高效的预报预测业务体系。目前气象部门在天气预报业务、气候业务、农业与生态气象业务和人工影响天气业务等主要业务中形成了比较明确的业务技术指导流程。

天气预报业务技术指导　天气预报业务技术指导的主要方法有下发指导天气预报产品、推广应用业务系统平台、开展视频或电话天气会商、召开技术研讨会或技术讲座、技术专家现场指导等。气象业务管理部门负责指导业务的管理工作，不断完善相关制度和管理规定。国家、区域、省、市四级业务单位实行逐级或跨级业务指导。国家级天气预报业务单位负责组织开展全国范围内灾害性、关键性、转折性和高影响性天气的会商；下发台风和海洋气象、强对流天气的诊断分析和落区预报，全国城镇天气预报，定量降水以及高温、雾、霾、沙尘等灾害性天气落区预报指导产品；开发并推广应用气象信息综合分析处理系统（MICAPS）和灾害性天气短时临近预报系统（SWAN）等业务系统。区域级天气预报业务单位按照统一的规划设计，开展适合于本地地域与气候特征的区域数值预报业务；发挥中国气象局专业气象研究所的技术优势，牵头区域内的技术指导、科研组织、技术交流等。省级天气预报业务单位对市级业务单位提供指导，组织开展本省（自治区、直辖市）范围内的天气会商，制作下发省内天气趋势预报、中尺度天气分析预报产品、定量降水以及强对流、高温、雾、霾等灾害性天气落区预报和精细化气象要素预报等指导产品，组织突发灾害性天气联防、预报技术研讨或预报技术系统培训，根据需要派专家组到现场开展业务指导工作等。市级天气预报业务单位组织本市区域范围内各县开展天气会商，订正上级的天气预报指导产品并制作下发对县气象站的指导产品等。

气候业务技术指导　气候业务指导的主要方式有下发气候业务指导产品、推广应用气候业务系统平台、开展视频或电话业务会商、召开技术研讨会或技术讲座以及专家现场指导等。气候业务管理部门主要负责各级气候业务技术指导的管理工作，不断完善相关制度和管理规定，建立健全现代气候业务会商流程。国家、区域（流域）、省和市四级气候业务单位实行逐级或跨级向下的业务指导。近年来，国家级和区域（流域）级、省级气候业务单位对下业务指导能力明显增强，主要体现在对下的业务指导意识不断提高，通过全国气候业务会商流程改革，国家级对省级气候业务单位在气候监测预测客观化、影响评估定量化等方面的组织和指导作用日益显现。随着气候信息处理与分析系统（CIPAS），极端天气气候事件监测业务系统（CEMS），多模式集合气候预测系统（MODES），动力与统计相结合的月、季气候预测系统（FODAS）和月内重要过程趋势预测系统（MAPFS）等业务系统的建立和改进升级，多种客观化、定量化的气候预测产品在各级业务中的指导作用大幅提高。国家级气候业务单位下发了综合气象干旱监测指数（CI）、高温、洪涝等各类极端天气气候实时监测产品，126项海气环流特征量，以及二代气候模式和MODES，FODAS，MAPFS等涉及月内—月—季尺度和全球—亚洲—全国—省地县范围的气温、降水客观预测产品，其中MODES，FODAS客观预测产品精细到了2332个站。同时，根据服务需求，开展台风、梅雨、沙尘暴、初霜等专项气候预测，并下发业务产品。通过气候监测预测新技术、新系统在省级的本地化应用和具有本地特色的二次开发，省级气候预测业务技术初步实现了由统计相似向模式释用与集合等客观化预测方法的转变，并结合本地气候特点和服务需求，制作本地气候业务产品，对上级产品进行订正反馈，逐步形成上级指导有效、下级反馈订正及时的业务流程。通过发挥国家级短期气候预测创新团队作用，建立省级业务骨干的交流访问机制和技术总结交流制度，各级气候业务人员的科技水平不断提高。

农业与生态气象业务技术指导　农业与生态气象业务技术指导的主要方法有下发上级农业与生态气象指导产品、推广应用业务系统平台、组织视频或电话会商、召开技术研讨会或技术讲座、专家现场指导等。农业与生态气象业务技术实行国家、省、市三级指导。国家级农业与生态气象业务单位组织开展月度和主要农作物生长关键期农业气象条件会商，加强新技术、新方法的业务化应用并将业务指导产品向省级下发，建设或改进完善农业与生态气象业务平台，并向省级推广应用；省级农业与生态气象业务单位组织本省（自治区、直辖市）内农业与生态气象技术研讨或相关培训，组织开展本省（自治区、直辖市）农业气象会商，制作并向市级业务单位下发农业与生态气象业务指导产品；市级农业与生态气象业务单位在订正省级业务指导产品上，向县级农业与生态气象业务单位制作下发指导业务产品，指导县级单位开展"直通式"服务。近年来，国家级和省级农业与生态气象业务单位对下业务指导能力明显增强，国家级单位下发的农业与生态气象业务指导产品主要包括农业气象情报、农业干旱预报、土壤水分监测、农作物产量预报、农业气象灾害监测评估等；省级单位下发的农业与生态气象业务指导产品主要包括本省（自治区、直辖市）农业气象情报、农业气象灾害监测评估、土壤水分监测、农作物产量预报等；市、县级单位在上级指导产品上，因地制宜，开展有针对性的"直通式"气象为农服务。

人工影响天气业务技术指导　人工影响天气业务技术指导的主要方法有下发上级人工影响天气作业条件指

导产品、推广应用业务系统平台、组织视频或电话会商、召开技术研讨会或技术讲座、专家现场指导等。国家级人工影响天气单位主要负责编制全国人工影响天气事业发展规划和年度作业计划，负责全国大范围飞机作业的决策和指挥，承担跨区域人工影响天气作业的组织、协调和管理，指导省级人工影响天气业务，承担人工影响天气装备研发、试验考核和保障任务，负责人工影响天气的新技术推广，负责组织国家级人工影响天气重大科技项目和大型科学试验等。东北区域人工影响天气中心承担区域人工影响天气业务管理，制订区域人工影响天气发展规划和年度工作计划，组织、协调、指挥区域内飞机联合作业和重大应急服务人工影响天气作业的实施，负责区域级人工影响天气的科技研发、业务技术交流和新技术的推广等。省级人工影响天气单位主要负责为地、县级提供人工影响天气过程预报、作业潜势和临近预报产品，实施飞机人工增雨作业，指导少数有条件的地（市）实施飞机增雨作业。市、县两级地面人工增雨和防雹作业主要根据上级的预报指导产品和本地雷达观测数据，确定作业的时间和高炮、火箭作业的方位角和仰角，由各高炮、火箭点实施作业。

（章国材　顾建峰　王志华）

气象业务发展规划

qìxiàng yèwù guīhuà

气象业务规划（meteorological operation planning）确定一段时间内气象业务发展的目标、任务和主要措施的方案，按时间长短可分为5年、10年、15年气象业务规划；按内容可分为综合性业务规划和专项业务规划。

新中国成立以来，气象部门制定并实施了多项气象业务规划（见下表）。根据规划制定时间，大致可以划分为三个阶段。新中国成立到改革开放前，主要侧重于台站建设、资料工作和仪器设备等基础气象业务规划。1953年，中央气象局提出了首个气象台站建设规划《1953—1957年间台站的建设计划》，其后直到1976年和1977年，又出台了《气候资料工作发展规划》和《气象仪器装备生产发展规划》。改革开放以后，经过对气象业务进行理顺、治理和整顿，从"九五"计划开始连续出台了气象观测、气象预报和气象信息网络等综合性业务规划以及天气雷达、气象卫星等专项业务规划；五年规划（计划）开始成为指导气象业务发展的比较固定的模式。21世纪以来，为适应气象现代化建设的快速推进，陆续出台了综合气象观测系统发展、现代天气业务发展、现代气候业务发展、公共气象服务业务发展、环境气象业务发展和公路交通气象业务建设等指导意见，明确了现代气象业务方向，并配套制定了综合气象观测系统、气象信息网络系统、数值天气预报、现代农业气象、人工影响天气和气象卫星及其应用发展规划。每个五年规划（计划）都得到比较好地实施，保证了气象业务的持续快速发展。

新中国成立以来气象部门重点气象业务规划简表

规划名称	规划年份
1953—1957年间台站的建设计划	1953—1957
气候资料工作发展规划	1976—1985
气象仪器装备生产发展规划	1977—1985
气象现代化建设发展纲要	1984—2000
新一代天气雷达发展规划	1994—2010
全国气象综合探测系统发展规划	1996—2010
全国地面气象观测系统发展规划	1996—2010
全国高空气象观测系统发展规划	1996—2010
全国基本气象信息分析预测系统发展规划	1996—2010
全国气象信息网络系统发展规划	1996—2010
"九五"后两年至2010年中国气象卫星及其应用发展计划	1998—2010
天气雷达近期发展规划	2005—2010
人工影响天气发展规划	2008—2012
新一代天气雷达建设增补站点布局方案	2008—2015
现代农业气象业务发展专项规划	2009—2015
公共气象服务业务发展指导意见	2009—2014
农业气象服务体系建设指导意见	2010—2015
农村气象灾害防御体系建设指导意见	2010—2015
综合气象观测系统指导意见	2009—2015
现代天气业务发展指导意见	2010—2015
现代气候业务发展指导意见	2011—2015
数值天气预报（GRAPES）发展规划	2011—2015
全国气象信息网络发展规划	2011—2015
综合气象观测系统发展规划	2010—2015
中国气象卫星及其应用发展规划	2011—2020
环境气象业务发展指导意见	2013—2015
公路交通气象业务建设指导意见	2013—2017
全国人工影响天气业务发展指导意见	2014—2020
人工影响天气发展规划	2014—2020
综合气象观测系统发展规划	2014—2020

（李昌兴）

qìxiàng guāncè fāzhǎn guīhuà

气象观测发展规划（meteorological observation development planning）确定一段时间内气象观测业务发展的目标、任务和主要措施的方案。从1996年开始，中国气象局先后出台了《全国气象综合探测系统发展规划（1996—2010年）》《综合气象观测系统发展指导意见》《综合气象观测系统发展规划（2010—2015年）》和《综合气象观测系统发展规划（2014—2020年）》四个综合性规划以及《全国地面气象观测系统发展规划（1996—2010年）》和《全国高空气象观测系统发展规划（1996—2010年）》两个专项规划。

全国气象综合探测系统发展规划（1996—2010年） 1995年由中国气象局制定，提出到2010年逐步建成中国气象卫星监测网，形成业务化、系列化极轨和静止气象卫星探测能力，提高大气垂直探测精度和空间分辨率。发展多普勒体制的新一代天气雷达，具备一定的晴空探测能力；发展高空探测网、地面观测网及大气特种观测网和专业气象探测网等；系统总体水平基本接近同期国际先进水平，其中天气雷达和常规高空探测系统达到国际先进水平。作为配套实施规划，《全国地面气象观测系统发展规划（1996—2010年）》和《全国高空气象观测系统发展规划（1996—2010年）》于1996年制定，分别明确了地面、高空气象观测业务的细化落实任务。截至2010年，规划的总体目标已基本完成。国家级地面气象观测站全部建成了自动气象站，基本气象要素实现自动观测。在全国建成了由30 000多个加密自动气象站和300多个闪电定位仪组成的中尺度灾害性天气监测网，基本覆盖灾害性天气多发区。建成了由653个农业气象观测站和1210个自动土壤水分站组成的农业气象观测网。建成了109个海岛、船舶、石油平台海洋气象自动站和18个浮标观测站。建成了7个大气本底观测站、28个大气成分观测站、342个酸雨观测站和29个沙尘暴观测站，基本形成大气特种观测网。全面完成120个探空站的更新换代，全部建成L波段电子探空仪-二次测风雷达探空系统，完成了GPS（全球定位系统）探空系统研制和考核定型。商用飞机气象观测资料在数值天气预报中得到应用。但风廓线仪探测网建设没有达到规划的目标，专用飞机气象观测及气象火箭探测尚未开展。

综合气象观测系统发展指导意见 2009年由中国气象局制定并印发，总体目标是：到2015年完善国家气候观测网、国家天气观测网、专业气象观测网和区域气象观测网，实现地基、空基、天基观测有机结合，优势互补，形成布局合理、自动化程度高、稳定可靠的综合气象观测系统。为落实指导意见，2010年中国气象局制定了《综合气象观测系统发展规划（2010—2015年）》，其主要任务是到"十二五"末，基本完成国家气候观测网、国家天气观测网、专业气象观测网和区域气象观测网建设，形成基本满足需求的综合气象观测系统，为提高气象预报预测能力、气象防灾减灾能力、应对气候变化能力和开发利用气候资源能力奠定基础。2013年中国气象局制定了《综合气象观测系统发展规划（2014—2020年）》，其主要任务是：到2020年，建成地基、空基和天基观测综合集成，布局科学，技术先进，功能完善，运行可靠的综合气象观测系统，全面实现观测业务现代化，观测要素、布局和时空分辨率适应预报服务需求。观测自动化、气象卫星、天气雷达、风廓线雷达等领域的综合观测能力和主要技术装备水平达到世界先进水平。截至2014年，建成了由212个国家基准气候站、28个大气成分观测站以及高空、卫星气候观测组成的国家气候观测网；由2423个地面气象观测站、300多个海洋气象观测站、120个高空气象观测站、172部新一代天气雷达站，以及卫星、移动设备等组成的国家天气观测网；由55 000多个区域气象观测站组成的区域气象观测网；农业、交通、环境、风能、太阳能、空间天气等专业气象观测能力大幅提升。云、能见度、天气现象观测自动化、自动探空系统，双偏振多普勒天气雷达，地波雷达等重要观测仪器和观测方法研发取得重要成果。

（李昌兴　王建凯）

qìxiàng wèixīng fāzhǎn guīhuà
气象卫星发展规划（meteorological satellite development planning） 确定一段时间内气象卫星及其应用业务发展的目标、任务和主要措施的方案。从1997年开始，中国气象局共出台了《"九五"后两年至2010年中国气象卫星及其应用发展计划》和《中国气象卫星及其应用发展规划（2011—2020年）》两个专项规划。

"九五"后两年至2010年中国气象卫星及其应用发展计划 1997年由中国气象局组织编制，经国家发展改革委员会、财政部和国防科工委审核同意，国务院1999年批准该计划，并于当年建立了气象卫星发展专项基金。该计划的主要任务是分别发射4颗风云一号和5颗风云三号极轨气象卫星，发射5颗风云二号静止气象卫星，研制风云四号静止气象卫星，完成相应的极轨和静止气象卫星地面应用系统改扩建工程，逐渐缩小中国同世界先进水平的差距。截至2010年，中国成功发射了风云两个系列共7颗气象卫星，实现了系列化、业务化的发展目标，完成了从试验应用型向业务服务型的转变。

中国气象卫星及其应用发展规划（2011—2020年） 2010年由中国气象局组织编制，并经国家发展改革委员会、财政部和国防科工委审核同意，国务院于2012年批准该规划。规划的主要任务是：继续发射风云二号03批卫星，发射2颗风云四号业务星，在确保两代静止气象业务卫星衔接的基础上，完成静止气象光学卫星的技术升级换代，建立风云四号静止气象卫星"双星运行、在轨备份"的业务格局；发展5颗风云三号业务卫星（3颗上午星，2颗下午星）和1颗降水测量雷达卫星，发展新型遥感仪器，稳步提高极轨卫星系统功能与性能，风云三号极轨气象卫星形成上午星、下午星和降水测量雷达星三星组网观测能力；建设完善相应的地面应用系统技术设施，建立与完善遥感卫星地面辐射校正场与真实性检验系统，建成覆盖国家、省、市、县级的遥感应用业务体系，使中国气象卫星及其应用接近同期世界先进水平。到2014年底，已成功发射风云二号F星、G星，风云三号C星，有7颗气象卫星在轨运行。风云二号静止气象卫星形成了"多星在轨、统筹运行、互为备份、适时加密"的业务格局。风云三号极轨气象卫星实现了上、下午星的组网观测。风云气象卫星在中国民用遥感卫星中效益发挥最好、应用范围最广，初步估算气象卫星投入产出效益比超过1∶40。

（王天天　宏观）

tiānqì léidá fāzhǎn guīhuà
天气雷达发展规划（meteorological radar development planning）

确定一段时间内天气雷达观测业务发展的目标、任务和主要措施的方案。从"九五"开始，中国气象局共出台了《新一代天气雷达发展规划（1994—2010年）》《天气雷达近期发展规划（2005—2010年）》和《新一代天气雷达建设增补站点布局方案》三个专项规划。

新一代天气雷达发展规划（1994—2010年）　1994年由中国气象局组织编制，提出了到2010年完成126部新一代天气雷达建设目标，确定了新一代天气雷达发展的技术体制为全相参的多普勒天气雷达。天气雷达布局原则：在中国多暴雨洪涝区布设S波段多普勒天气雷达，其他地区布设C波段多普勒天气雷达。新一代天气雷达瞄准当时美国的先进技术，但由于进口新一代天气雷达价格比较昂贵，中国气象局决定通过外引内联，引进美国WSR-88D先进技术（天气监视雷达-1988，多普勒），组建了中美合资北京敏视达雷达有限公司，专门生产新一代天气雷达。与此同时，鼓励国内雷达厂家自主研制新型雷达，从而形成S波段和C波段两个系列的新一代天气雷达系列产品，并实现年产40~50部新雷达的生产能力。新一代天气雷达自1998年起纳入国债资金项目，全面开始建设。

天气雷达近期发展规划（2005—2010年）　2004年由中国气象局会同有关部门编制，并经国家发展改革委员会批复同意。该规划的目标是，到2010年完成158部S波段和C波段多普勒天气雷达系统的布点建设，形成基本覆盖全国的天气雷达监测网。规划的主要任务是，建设85套S波段和73套C波段新一代天气雷达系统，建设国家、省、地市三级雷达远程信息高速实时传输系统和全国天气雷达信息共享平台以及两级管理、三级维护的雷达支持保障体系，逐步形成统一协调、有效管理的机制，实现15分钟内天气雷达资料产品的全国共享，实现中小尺度天气系统和暴雨的定点定量预警功能。截至2014年底，规划的158部新一代天气雷达全部建设完成，建成了国家级和27个省级雷达保障中心，实现了6分钟一次的数据实时传输和全国天气雷达资料组网拼图，天气雷达资料和产品在各级气象部门天气预报中得到广泛应用，增强了暴雨、强对流、台风、大江大河流域和山洪地质灾害易发区强降水监测预警能力。

新一代天气雷达建设增补站点布局方案　2008年由中国气象局编制，并经国家发展改革委员会2009年批复同意。该增补方案提出的目标是，在已规划建设158部新一代天气雷达的基础上，在组网探测盲区、气象服务重点地区和天气灾害频发的经济发达地区再增补建设58部新一代天气雷达，其中，S波段雷达36部，C波段雷达22部，以弥补已有新一代天气雷达网的探测盲区。与此同时，完成2004年以前建设81部雷达技术升级，可根据人工影响天气等需求开展小型X波段雷达建设。截至2014年底，完成了增补方案中43部雷达建设任务，并启动在建雷达15部，形成了覆盖全国重点地区的新一代天气雷达网。

（程飞　焦智新　吕波）

yùbào yùcè fāzhǎn guīhuà
预报预测发展规划（meteorological forecast development planning）

确定一段时间内气象预报预测业务发展的目标、任务和主要措施的方案。从1996年开始，中国气象局共出台了《全国基本气象信息分析预测系统发展规划（1996—2010年）》一个综合性规划以及《现代天气业务发展指导意见（2010—2015年）》《现代气候业务发展指导意见（2011—2015年）》《数值天气预报（GRAPES）发展规划（2011—2015年）》《公路交通气象业务建设指导意见（2013—2017年）》和《环境气象业务发展指导意见（2013—2015年）》五个专项规划。

全国基本气象信息分析预测系统发展规划（1996—2010年）　1996年由中国气象局组织编制，提出：到2010年，中期数值天气预报可用时效中高纬度达到8天，建立高分辨率的区域数值天气预报业务系统，具有暴雨预报能力；建立中尺度灾害性天气监测预警系统，台风、暴雨等灾害性天气预报准确率明显提高；发展气候模式，提高短期气候预测准确率和气候评价定量化水平及气候服务的针对性；完善农业气象台站布局，提高农业气象灾害和主要农作物产量预报准确率和农业气象服务水平等任务。截至 2010 年，中期数值天气预报可用时效中高纬度达到 7 天，自主研发的数值天气模式全国分辨率为 15 km，建立区域分辨率达 9 km 的数值天气预报业务系统，具有暴雨预报能力；国家、省、市、县四级都建立了中尺度灾害性天监测预警系统，台风路径预报准确率达国际先进水平；建立了第一代气候系统模式，得到国际认可，短期气候预测准确率提高了 10%；农业气象灾害和主要农作物产量预报准确率有所提高。气候变化业务和农用天气预报、农业气象服务精细化以及针对性都超出规划的预期。

现代天气业务发展指导意见（2010—2015 年）

2010 年由中国气象局编制，提出建立以全球/区域同化和预报增强系统模式（GRAPES）为主体的全球和区域四维变分同化和数值预报系统，北半球可用预报天数为 7～8 天，中国区域的降水预报 ETS 评分比 2008 年提高 5%～8%。建立较为完善的天气监测分析和预报警报业务系统，陆地大范围灾害性天气的监测率达到 100%，突发灾害性天气监测率在 80% 以上，台风、暴雨等灾害性天气短期预报准确率有较明显提高，提前 15～30 分钟预报出县域突发性暴雨、对流大风、冰雹、强雷电等天气。建立比较完善的气象灾害和专业气象监测预报业务。基本形成精细化、一体化和无缝隙的现代天气业务系统。截至 2014 年底，各省实施了省、市、县三级业务布局和流程调整工作，省级指导、市级订正、县级综合应用的业务布局基本成型。发展了基于 GRAPES 的全球和区域数值预报系统，国家级和各省建立了较为完善的强对流天气实时监测和短时临近天气预报预警业务，全国突发气象灾害监测率达到 80%，多数省的暴雨、雷电等强对流天气预警时间提前量为 15～30 分钟，部分省市暴雨短临预警的准确率达 57%。气象要素预报精细到乡镇，灾害性天气落区短期预报精细到县，部分省精细到了乡镇或街道。2014 年，全国 24 小时晴雨预报准确率为 87.5%，最高和最低气温预报准确率分别为 80.2% 和 84.4%，分别较 2010 年提高了 0.7%，12.2% 和 11.4%，24 小时台风路径预报误差为 78 km，达到历史最好水平。

现代气候业务发展指导意见（2011—2015 年）

2010 年由中国气象局编制，提出建成高分辨率气候系统资料数据集，实现多源融合格点资料在气候业务的应用，实现极端天气气候事件的实时监测诊断。完成水平分辨率在 45 km 左右的新一代气候系统模式研发，模式性能接近 2010 年同期世界先进水平。基本建立针对月、季内强降水、强变温等事件的预测和关键农事、重大活动期间的气候预测业务。月、季气候预测准确率在 21 世纪前 10 年基础上提高 3%～5%。截至 2014 年底，该指导意见提出的目标任务基本完成。

数值天气预报（GRAPES）发展规划（2011—2015 年）

2011 年由中国气象局编制，提出完成以 GRAPES 系统为核心的新一代业务数值预报体系建设，建立四维变分同化和水平分辨率 25 km 的全球中期数值预报业务系统以及全球台风数值预报业务系统、全球集合预报业务系统；建立全国 5 km 分辨率的中尺度数值预报业务系统和区域 2 km 分辨率三维变分同化/云分析的快速分析预报系统。截至 2014 年底，发展了具有自主知识产权和业务应用价值的基于 GRAPES 的数值模式体系，水平分辨率 50 km、垂直分辨率 36 层的 GRAPES 全球数值天气预报系统实现了准业务运行，并计划于 2015 年底实现全球水平分辨率 25 km、垂直分辨率 60 层的全球预报系统业务化运行；水平分辨率 10 km、垂直分辨率 33 层的 GRAPES 区域数值天气预报系统实现了业务化运行；建立了基于 GRAPES 的台风和区域集合数值预报系统并实现了业务化运行；针对模式发展需求和天气预报业务应用需求，建立了 GRAPES 模式检验系统和产品后处理系统。

公路交通气象业务建设指导意见（2013—2017 年）

2013 年由中国气象局编制，提出公路交通气象业务发展目标和主要任务是：基本建成覆盖全国主要干线公路的交通气象灾害专业化监测网络，提高公路交通气象灾害监测预报预警精细化水平和准确率，实现由常规气象条件预报向能见度、路面温度、路面状况等专项气象条件预报延伸，由"区域、面"的常规预报服务向"点、段、线"的专业化、精细化的预报预警服务延伸；建立健全气象与交通运输、公安交管等部门，以及国家级与省级气象部门间实时高效的信息共享、气象灾害预警应急联动机制和日常联动工作；提高公路交通气象服务效益，减轻气象灾害给公路交通运输和公众生命财产安全造成的损失，实现因天气原因造成的公路交通事故数和死亡人数同比降低 15%。截至 2015 年底，该指导意见提出的目标任务进展顺利，各项指标基本完成。

环境气象业务发展指导意见（2013—2015 年）

2013 年由中国气象局编制，提出环境气象业务发展目标和主要任务是：建成覆盖全国、重点地区的加密的环境气象观测站网，提高环境气象预报预警精细化水平和准确率，全国县（市）级以上城市开展霾、沙尘和重污染气象条件的预报预警，预警时效提前 3～6 小时，预报准确率在 2012 年基础上提高 5%；全国地（市）级以上城市开展空气质量分指数（IAQI）和空气质量指数

（AQI）预报，全国县级城市视条件逐步开展空气质量分指数（IAQI）和空气质量指数（AQI）预报；全国副省级以上城市开展光化学烟雾预报，并具备开展健康环境气象指数预报能力；建成专业化的环境气象服务体系。截至2015年底，该指导意见提出的目标任务进展顺利，各项指标基本完成。

（黄卓　王志华　田翠英　章国材）

qìxiàng xìnxī wǎngluò fāzhǎn guīhuà
气象信息网络发展规划

（meteorological information and network development planning）　确定一段时间内气象信息网络业务发展的目标、任务和主要措施的方案。从"九五"开始，中国气象局共出台了《全国气象信息网络系统发展规划（1996—2010年）》和《全国气象信息网络发展规划（2011—2015年)》两个综合性规划。

全国气象信息网络系统发展规划（1996—2010年）

1996年由中国气象局组织编制的气象信息网络系统发展规划，提出的发展目标和任务是：到2010年，采用计算机、网络、分布式数据库等高新技术，建成覆盖全国、结构合理、信息畅通、高效可靠、技术先进的信息网络系统，实现全国网络化、网络高速化、网络监控自动化、基本事项标准化和规范化，实现全国气象信息共享和计算机资源共享，实现文字、数据、声音、图形、图像、视像等多媒体信息的综合传输和综合应用。规划的主要任务分为建设完善阶段（1996—2000年）和扩充发展阶段（2001—2010年）。在第一阶段主要实施气象卫星综合应用业务系统工程（简称"9210"工程）建设、原有网络系统的优化改造和延伸、国家级高性能计算机系统和高速局域网建设以及海量存储系统和历史资料数据库系统建设；在第二阶段主要实施全国高速信息网络建设、多媒体综合应用系统建设、计算机应用系统建设和县级网络完善。

通过"9210"工程建设，1998年建成了一个以卫星通信为主、地面通信为辅的新一代气象综合通信网和计算机信息处理系统，大幅度提高了气象资料的收集和气象信息的分发能力。2001年中国气象局园区建成骨干网络系统，形成光纤千兆以太网主干、百兆快速以太网到桌面全交换的国家一级信息"高速公路"；2005年底全国气象宽带网络主干网建成，各省全部实现6 Mbit/s以上的传输带宽，国家级和省级的电视会商系统全部建成；2006年完成骨干网二期工程建设，实现了中国气象局园区各单位计算机系统的网络互连互通；2007年覆盖市级以上中国气象局新一代卫星数字电视广播（DVB-S）试验系统建成。2006年各区域中心、省和市也建立了自己的局域网，区域中心和省局局域网性能达到1000 Mbit/s，市级达到了100 Mbit/s。2007年国家级气象信息存储管理系统建成投入业务运行，成为国家级气象资料管理、服务的核心业务系统。建立了国家级北京高性能计算机应用中心，并向全社会开放。到2010年底，国家气象信息中心在运行的高性能计算机的聚合能力浮点运算达到38万亿次/秒，比1996年提高了3600多倍。

全国气象信息网络发展规划（2011—2015年）

2011年由中国气象局制定，提出到2015年全国气象信息网络发展的目标和任务是：完成卫星广播与地面广域网络一体化建设，建成世界气象组织信息系统（WIS）全球信息系统中心（GISC）和数据收集或产品中心（DCPC），实现自动站资料2分钟内，山洪地质灾害防治和中小河流治理的专项建设观测站及雷达资料省内3分钟、省级5分钟到达预报员桌面；国家级高性能计算能力超过千万亿次/秒，存储总容量超过10 PB；完成1951年以来地面、高空基础数据产品，近百年气温降水均一化数据产品，1998年以来多源资料融合产品，卫星气候资料，全球10 km降水，地温等数据集建设；全部常规观测资料、卫星和雷达资料分别实现在线、在线与近线结合存储。截至2014年，建成了"天地一体化"的通信网络系统，覆盖国家、省、地和县四级气象部门，实现全网状连接，国家级地面广域网络的传输能力由2010年的300 Mbit/s升级到600 Mbit/s，区域和省级地面广域网传输能力分别升级到40 Mbit/s和36 Mbit/s，省级到地级平均传输能力为11.2 Mbit/s，地到县平均传输能力为4.83 Mbit/s。2012年中国气象局卫星广播系统（CMACast）实现业务运行，系统注册接收站总计2538个，每天通过CMACast系统广播下发的数据量约为300 GB。国家级和省级局域网络系统传输能力、可靠性和安全防护能力进一步增强，网络核心传输速率达到10 Gbit/s。2011年，全球信息系统中心实现业务运行。2012年，数据收集或产品中心开始通过GISC提供服务。

（郎洪亮　周勇　周林）

gōnggòng qìxiàng fúwù fāzhǎn guīhuà
公共气象服务发展规划

（public meteorological service development planning）　确定一段时间内公共气象服务业务发展的目标、任务和主要措施的方案。2009年中国气象局出台了《公共气象服务业务发展指导意见》，2010年出台了《中国气象局关于加强农业气象服务体系建设指导意见》和《中国气象局关于加强农村气象灾害防御体系建设的指导意见》（简称"两个体系"）共三个综合性规划或意见。

《公共气象服务业务发展指导意见》 2009年由中国气象局制定，提出公共气象服务业务发展的发展目标和任务是：到2015年，建成功能比较完备的公共气象服务体系，基本实现服务业务现代化、服务队伍专业化、服务机构实体化、服务管理规范化，不断提高服务能力、拓展服务领域、丰富服务产品、完善服务体系。政府主导、部门联动、全社会参与的气象灾害防御体系进一步完善。公共气象服务信息覆盖率达到95%以上，气象服务公众满意度达到90%以上，提出了面向防灾减灾、应对气候变化，面向公众，面向农业农村、城市、专业和专项气象服务以及突发公共事件应急气象服务任务，重点做好公共气象服务业务系统、公共气象服务业务队伍和公共气象服务业务机构的建设。截至2015年底，本指导意见提出的目标任务基本完成。

《中国气象局关于加强农业气象服务体系建设的指导意见》和《中国气象局关于加强农村气象灾害防御体系建设的指导意见》 2010年中国气象局组织编制，两个体系指导意见提出的目标是：用3~5年的时间，建立适应农业生产区域性布局的农业气象观测网络系统，完善现代农业气象指标体系，建立健全面向农业生产全过程、多时效、定量化的农业气象监测分析、预测预报和影响评估技术系统；发展农业气象灾害预警、产量预报以及人工影响天气业务，提升国家粮食安全的气象综合保障能力；完成精细化农业气候区划和农业气象灾害风险区划，建立农业适应气候变化的决策服务业务；初步建成结构科学、布局合理、功能先进的国家、省、市、县四级现代农业气象服务体系；形成精细化的农村气象灾害监测预报能力，建成覆盖广的农村气象预警信息发布网络，构建有效联动的农村应急减灾组织体系，健全预防为主的农村气象灾害防御机制，实现防御规划到县、组织机构到乡、精细预报到乡、自动观测到乡、气象服务站到乡、应急预案到村、风险调查到村、科普宣传到村、气象信息员到村、预警信息发布到户、灾害防御责任到人、灾情收集到人，发展适合中国农村基本情况的气象灾害防御体系，全面提高农村气象灾害防御的整体水平。截至2015年底，两个体系指导意见提出的目标任务基本完成。

（廖军　张迪　王志华）

nóngyè qìxiàng fāzhǎn guīhuà
农业气象发展规划（argo-meteorological development planning） 确定一段时间内农业气象业务发展的目标、任务和主要措施的方案。

2009年由中国气象局组织编制了《现代农业气象业务发展专项规划（2009—2015年）》，提出到2015年的发展目标是：初步建成适应现代农业和农村经济社会发展需求，基本满足国家粮食安全保障、农业防灾减灾、农业应对气候变化需要，与整个现代气象业务体系协调发展，结构科学、布局合理、功能先进，具有国家、省、市、县四级布局的现代农业气象业务体系。农业气象观测试验基本满足业务服务需求，显著提高农业气象业务产品的针对性、时效性、准确性和精细化程度，初步建立特色农业、设施农业等农业气象指标体系，不断加强现代农业气象服务能力，业务布局体系能够为现代农业的发展提供有效的专业气象服务，实现传统农业气象向现代农业气象的转变。截至2015年底，该指导意见提出的目标任务基本完成。

（姜燕　李朝生　王志华）

气象科学研究

气象科技体系

qìxiàng kēyán tǐxì
气象科研体系（meteorological science & technology research and development system） 涵盖气象基础理论研究、应用研究和技术开发研究的组织机构、科研队伍、基础条件平台建设及其科研成果转化机制等诸多要素构成的系统，是中国气象事业发展的重要支撑，是推进气象科技进步和气象现代化的基石。

发展历程 新中国成立以来，气象科研体系的创建与发展大体经历了三个阶段。

气象科研机构的创建与调整 新中国建立到1978年

改革开放前的 30 年是中国气象科研机构的创建、调整与探索阶段。

气象部门科研机构的创建与调整 1950 年 3 月中央军委气象局成立中央气象台，与中国科学院地球物理研究所、清华大学气象系（后转为北京大学物理系气象专业）联合开展天气预报业务和气象分析预报研究。1954 年中央气象局成立了"气象技术革新及研究科学委员会"，并在相关部门成立了业务研究科组，陆续展开民航气象，农业气象，数值天气预报及短期、中期、长期天气预报等研究工作。1956 年中央气象局制定了《气象科学研究十二年远景规划》，对气象科学的重点学科建设、研究机构布局、研究队伍培养等做出了部署。同年，经国务院批准，在中央气象台的基础上，成立了中央气象科学研究所，兼有业务、科研双重任务。1958 年中央气象科学研究所与中央气象局的业务管理部门合并，成立了气象科学研究所、观象台、通信总台、气候资料研究室、农业气象研究室、海洋水文气象处，开展相应的气象业务和研究工作。1960 年恢复中央气象台，气象科学研究所主要承担气象科学研究、科学技术管理以及气象情报工作，中央气象局观象台增设了无线电气象研究室、人工控制天气研究室、仪器研究室和考察队等单位。1965 年 10 月中央气象局观象台云雾物理研究室与原江西省庐山人工控制天气研究所合并，成立中央气象局庐山云雾物理研究所。至 1966 年，部分省（自治区、直辖市）气象局气象科学研究所也相继建立，全国气象部门的气象科研布局基本完成。

行业气象科研机构的创建与调整 1950 年 1 月中国科学院成立了中国科学院地球物理研究所。1966 年 1 月中国科学院决定设立中国科学院大气物理研究所。此时中国科学院从事气象科研的单位还有兰州地球物理研究所、北京地理研究所。在教育系统，北京大学地球物理系、南京大学气象系、南京气象学院等高等院校也展开了气象科学研究工作。在军队系统，1960 年 4 月空军司令部气象科学研究所成立。

到 1966 年底，分布在气象部门、科研部门、教育部门、军队和产业部门的气象科研框架初步形成。这一时期的研究工作，主要集中在对东亚大气环流和中国天气气候特征方面，如旱涝、寒潮、台风、梅雨、青藏高原的动力和热力作用及其对东亚和中国天气的影响等；在地面、高空探测仪器和气象雷达的研制等方面，也取得明显的进展。研究领域除了气象和气候专业以外，还发展了大气物理、大气探测、农业气象、民航气象、海洋气象、水文气象、森林气象等新的学科，开展了人工影响局部天气的试验研究工作并取得了显著的成绩。

1966—1976 年"文革"期间，气象科研工作遭到严重破坏。但不少科研人员在极其艰难的环境下，仍坚守岗位，气象科研工作在天气、气候、应用气象、雷达气象、卫星气象、自动气象站等领域取得不少研究成果。

气象科研体系的优化 1978 年 5 月气象部门在原中央气象局气象科学研究所和气象科学技术情报研究所的基础上，成立中央气象局气象科学研究院（1991 年更名为中国气象科学研究院），一批省级气象科研所也相继成立，开始了广泛系统地多学科研究。中国气象科学研究院还成为国务院学位委员会首批批准的硕士学位授予单位。随着气象部门管理体制的调整，1984 年，各省（自治区、直辖市）所属气象科学研究所，正式成为气象部门的科研机构。这期间，组织开展了灾害性天气预报、青藏高原气象科学试验、气候和应用气候，以及农业气象、云雾物理和人工影响局部天气、大气污染等方面的研究工作，参加了全球大气试验及台风、季风业务试验，还开展了大气探测设备和探测技术方法的研究。许多成果在业务中得到应用，提高了气象业务水平和服务效益。

1985 年后，国家气象局扩建了区域性的专业气象研究所。先后建立了上海台风研究所、广州热带海洋气象研究所、武汉暴雨研究所、成都高原气象研究所、兰州干旱气象研究所和沈阳区域气象中心研究所。各省（自治区、直辖市）气象局科研所也得到进一步发展，除西藏自治区外，各省（自治区、直辖市）气象局都成立了气象科学研究所，少数技术力量较强的地区气象部门也设立了科研单位。中国气象科学研究院的强风暴实验室、大气化学实验室和云雾环境实验室相继建立，成为气象部门重点开放实验室。气象部门科研体系进一步优化，取得了较好的效益。

这期间，分布在中国科学院系统、高等院校系统和军队系统的气象科研机构也得到迅速发展。这些科研机构是中国气象科研体系的重要组成部分，在气象研究、技术开发和人才培养中发挥着不可替代的重要作用。

这期间，气象部门与相关部门及企业加快气象仪器设备的研发。气象与航天部门成功研发风云气象卫星系列，气象成为航天部门最好的用户；气象与国防科研部门合作，成为国家计算机研发的重要试验平台，推动中国高性能计算机的快速发展；气象与电子工业部门合作，使中国气象雷达步入世界先进行列。气象部门还创办科技产业，在气象雷达、自动气象站、气象卫星产品应用研制等方面取得一系列重要成果，并实现了业务化、产业化，成功走出了一条引进、消化、吸收、再创新的高新技术发展道路。2000 年前，中国已有 60 余家工厂和科研单位生产和研发各类气象仪器装备。

到20世纪末，涵盖气象基础理论研究、应用技术研究和技术开发等领域的中国气象科研体系已初具规模，在推进气象现代化进程中发挥了重要作用。

气象科技创新体系的构建　进入21世纪之后，深化气象科技体制改革，加快构建气象科技创新体系，促进了气象事业的全面发展（见第187页气象科技创新）。

气象科研体系的构成及研究重点　中国气象科研体系的主体包括气象部门所属的科研机构（中国气象科学研究院和八个专业气象研究所、灾害天气国家重点实验室和部门重点实验室、省级气象科学研究所等）、相关业务单位（国家级气象业务单位、区域气象中心与省级气象业务单位）、行业气象科研机构、相关高等院校、企事业单位和中介机构、培训机构、科普机构等。针对气象监测、预报、预测和服务中各环节对科学技术的需要，各主体发挥各自优势，明确定位，分工合作，加强自主创新，注重成果转化，为气象现代化发展提供科技支撑。

气象科研体系的主要目标，是面向国际科技前沿、根据中国气象事业发展的需求，开展前瞻性的气象基础理论研究、应用基础研究、技术开发、气象仪器装备研发和气象科研成果的推广应用，为中国气象事业发展提供科技储备和支撑，推动气象事业健康快速发展，更好地为经济发展、社会进步和人民安全福祉提供有效服务。

中国气象科学研究院　以开展气象应用研究为主，同时跟踪国际科技前沿，开展气象基础理论研究和应用基础研究。以数值模式中复杂地形处理和物理过程参数化、气象资料融合与东亚区域再分析、气候预测理论与方法、灾害性天气预报理论与方法、环境气象等核心技术领域为重点，开展科技攻关，有针对性地牵头组织大型科学试验，掌握天气气候演变规律和致灾机理。目标是建设成为学科布局合理、重点领域优势突出、科研与业务紧密结合，国内一流、在国际上有影响的大气科学领域科技创新基地和人才培养基地。

八个专业气象研究所　包括中国气象局北京城市气象研究所、沈阳大气环境研究所、上海台风研究所、武汉暴雨研究所、广州热带海洋气象研究所、成都高原气象研究所、兰州干旱气象研究所、乌鲁木齐沙漠气象研究所，以开展气象应用研究为主，在优势专业领域开展气象应用基础研究，重点在区域高分辨率数值预报模式、资料分析和同化技术、空气质量模式以及区域灾害性天气气候机理等核心关键领域开展攻关。目标是建设成为专业领域优势突出、在特色研究领域发挥国家级示范作用和区域科技创新骨干带头作用的优势专业领域科技创新基地和人才培养基地。

重点实验室　在关键技术领域抢占科技制高点、提升核心竞争力和业务支撑能力的重要力量，主要围绕业务发展需求，针对制约气象现代化发展的相关重大关键科技问题，发挥创新平台作用，汇聚和培养优秀科技人才，开展创新性研究和技术集成，促进学术交流和成果转化。

省级气象科学研究　主要针对本省（自治区、直辖市）气象业务服务发展需求，开展特色领域应用研究、技术开发和科技成果转化应用以及基础条件建设。省级气象科学研究所作为本省（自治区、直辖市）气象科技创新基地和科技创新人才培养基地，为本省（自治区、直辖市）气象业务服务需求提供坚实的科技支撑，承担国家级、区域中心级科技成果在本省（自治区、直辖市）的本地化试验研究与转化应用工作，培养特色鲜明的创新团队。

气象业务单位　包括国家级相关气象业务单位和区域气象中心与省级气象业务单位。国家级气象业务单位以面向业务现代化的创新工作为重点，凝练制约气象业务发展的核心、重大、关键、共性科技问题，组织联合攻关，开展技术集成，开发重大业务系统和平台，形成具有广泛指导和推广示范作用的实用技术成果，并在主要业务领域建设成果转化中试基地，推动成果中试转化和应用推广，为气象业务现代化提供共性技术支持；区域气象中心与省级气象业务单位以中国气象局各专业气象研究所为核心，联合区域级业务单位和区域内各省（自治区、直辖市）研究力量，整合区域科技资源，解决制约区域级业务发展的关键科技问题，培养创新型科研和业务带头人；省级气象业务单位，是本省（自治区、直辖市）气象科技研发的重要力量，围绕制约本省（自治区、直辖市）气象业务发展的关键技术问题组织科技研发，引进核心关键技术成果进行本地化转化应用，并对地（市）县级气象业务单位进行技术辐射和指导。

部门外气象科研机构　包括中国科学院大气物理研究所、兰州寒区旱区环境与工程研究所（原兰州高原大气物理研究所）、地理科学与资源研究所（原地理研究所和自然资源综合考察委员会）、空间科学与应用研究中心，中国农业科学院农业环境与可持续发展研究所（原农业气象研究所），以及水利、环保、海洋等部门的相关科研院所等。主要面向国际科技发展前沿和气象事业发展的长远需求，重点开展基础理论研究与应用基础研究工作和专业专项研究，为现代气象发展提供科学技术理论基础和前瞻性科学技术。

军队系统气象科研机构　包括空军第七研究所、空军气象学院、总参谋部气象科学研究所、总参谋部气象水文局气象室，主要开展军事气象研究。

高等院校气象科研机构 包括北京大学、清华大学、南京大学、南京信息工程大学（原南京气象学院）、成都信息工程大学（原成都气象学院）、浙江大学、中国科技大学、北京师范大学、中国海洋大学、中山大学、兰州大学、云南大学、复旦大学、解放军理工大学、中国农业大学、广东海洋大学、兰州资源环境职业技术学院、江西信息应用职业技术学院等院校的相关气象研究机构。高等院校的科研机构同时也是气象创新人才培养的主体，通过各种教育资源，实现创新人才培养与学科建设的有机结合，瞄准气象事业发展需求，建设多学科、跨专业的教育、科研和业务相结合的气象人才培养基地，吸引、凝聚、培养高层次复合型气象创新人才。

气象相关企业 包括地面气象仪器装备研发、高空气象探测仪器研发、气象雷达研发、气象通信传输设备研发、人工影响天气作业装备研发等共60多家单位组成。他们与气象相关机构合作研究解决各类气象仪器装备的研发和生产，特别是气象卫星、气象雷达、自动气象站等关键气象仪器装备和探测技术问题，以解决气象业务对气象仪器装备的需求。

气象相关培训机构、科普机构和中介机构 主要包括中国气象局气象干部培训学院、气象宣传与科普中心以及气象行业相关的学会、协会和中介机构等。主要任务是参与气象科技成果的科普宣传和应用培训等成果推介工作，并将逐步通过承接政府转移职能，在气象科技评价和气象科技成果转化与推广应用中发挥好桥梁作用。

参考书目

温克刚，2004. 中国气象史［M］. 北京：气象出版社.
郑国光，2008. 气象部门改革开放三十周年纪念文集［M］. 北京：气象出版社.
郑国光，2009. 中国气象现代化60年［M］. 北京：气象出版社.

（刘英金　高云）

qìxiàng kējì chuàngxīn
气象科技创新（meteorological science and technology innovation） 原创性气象科学研究和技术创新的总称，包括发现天气气候变化规律等知识创新，取得关键业务技术突破的技术创新，以及组织协调部门、科研机构、高校、企业等协同推进气象科学技术进步，实现产、学、研、用一体化的管理制度创新。

历程 1997年中国科学院向党中央提交了《迎接知识经济时代，建设国家创新体系》的报告，党中央、国务院同意中国科学院的报告，并制订下发了《关于加强技术创新，发展高科技，实现产业化的决定》，1998年国家决定由中国科学院率先启动知识创新工程工作，作为国家创新体系建设的试点。气象部门为贯彻落实中央的《关于加强技术创新，发展高科技，实现产业化的决定》精神，于2000年召开全国气象科学技术创新大会，制订下发《加强气象科学技术创新 大力推进气象事业发展》的实施意见，对气象科技创新工作做出部署。2001—2004年，中国气象局积极推动气象科研院所改革，成为全国首批通过公益类科研院所改革的部门。中国气象科学研究院和中国气象局八个专业气象研究所，通过调整结构、理顺机制、明确定位、优化学科布局，初步建立了气象部门国家级科研创新群体，同时还积极推动重点实验室建设，组建了12个部门重点实验室，并在原有实验室基础上，建立了灾害天气国家重点实验室。从2003年开始，加强与相关高校的合作，先后与20所高校签署局校合作协议。2006年中国气象局联合各相关部委召开全国气象科学技术大会，提出构建气象科技创新体系。2007年中国气象局与科技部等六部委联合印发《国家气象科技创新体系建设意见》。2009年发布《气象科技创新体系建设实施方案（2009—2012年）》。2011年针对加强国家级专业科研所管理、省级气象科研所发展试点示范、部门重点实验室建设和国家级业务单位科技创新工作，分别发布指导意见，系统推进气象科技创新体系建设。2012年党的十八大和全国科技创新大会提出实施创新驱动发展战略，中国气象局发布《关于强化科技创新驱动现代气象业务发展的意见》。2014年发布《气象科技创新体系建设指导意见（2014—2020年）》，进一步明确围绕关键核心技术问题推动气象科技创新工作。

主要成就 新中国建立以来，特别是改革开放以后，气象科学技术创新取得的突出成就，主要体现在以下方面。

科技创新不断加强，科技成果不断涌现 围绕中国重大天气和气候灾害、城市大气环境污染、数值预报技术等开展了相关研究，在东亚气候变动理论和预测、气候—生态系统的相互作用、温室气体排放和地气碳氮交换、短期气候预测系统、大气污染数值模拟和预报、中层大气探测理论和技术、天气过程动力学理论等方面取得了一系列重要研究成果。中国科学家自主设计和开发并已初步完成了全球/区域同化和预报增强系统（GRAPES）。气候系统模式的研发取得进展，气候变化领域的科学研究成果为中国应对气候变化和参与国际环境外交谈判提供了有力的科技支撑。人工增雨防雹技术、重大农业气象灾害预警控制技术等起到了较好的示范应用。风云二号气象卫星地面应用系统达到了国际先进水平，关键技术达到国际领先水平。中国遥感卫星辐射校正场辐射校正技术发展研究、风云三号气象卫星中分辨率成像光谱仪关键数据处理技术及遥感信息产品预研究也取得了一系列成果。

科技体制改革取得新进展，研究型业务建设迈出新步伐 进行了气象部门科研机构改革，形成了以"一院八所"为核心、以省级气象研究所为补充的气象科技创新体系。气象部门的科研体系改革于2004年10月首家通过了由科技部、财政部和中编办组织的联合验收。国家级气象业务在观测、信息传输处理、预报服务、科研布局等方面进行了调整。中国气象局业务技术体制几经改革，促进了研究与业务的结合，使气象业务服务能力得到了进一步提升。

气象科学技术人才队伍不断壮大 截至2015年底，中国从事与气象科学技术相关的业务、科研和教育工作人员的数量已由建国初期的几百人发展到七万多人，分布在气象、军队、民航、水利、农垦、林业、海洋、生产建设兵团、盐业和渔业等行业，以及有关高等院校和中国科学院有关研究所。以中青年科技人员为主体的气象科技队伍已经形成。越来越多的中国科学家出任世界气象组织、相关国际学术组织的领导和委员，一些专家还担任国际著名刊物的编委。叶笃正、秦大河先生先后荣获世界气象组织"国际气象组织奖"，2005年叶笃正先生又荣获国家最高科学技术奖。世界气象组织青年科学家奖自1993年以来多次授予中国青年科学家。

科技基础条件平台建设取得重大进展 到2014年，中国在大气科学相关领域已拥有10余个国家重点实验室、20多个部门重点实验室和一批共建的联合重点实验室、研究中心和工程中心。实现了气象科学数据实时免费共享，为各相关单位和社会提供了基础气象数据，成为中国科学数据共享工作的范例。瓦里关大气本底观象台等被列入国家野外科学观测台站体系。截至2014年，中国气象局系统已建成178部新一代多普勒天气雷达、近46 000个自动气象站（含自动雨量站），建成了高性能计算机网络，1759万亿次/秒的高性能计算机系统投入运行。到2014年，中国已先后发射极轨气象卫星和静止气象卫星共15颗，已成为同时拥有极轨和静止两个系列业务气象卫星的少数国家之一。

气象科技对外开放不断扩大，国际合作日益活跃 中国积极参与国际机构组织的活动和科学计划。目前中国科学家在世界气象组织（WMO）、政府间气候变化专门委员会（IPCC）、地球观测组织（GEO）、地球系统科学联盟（ESSP）、国际科学联盟理事会（ICSU）等国际组织，以及世界气候研究计划（WCRP）、世界天气研究计划（WWRP）等国际科学计划中都担任了重要职务。中国还积极开展了双边和多边气象科技合作，学术交流日益频繁，合作水平不断提高。2005年中国成功举办了国际气象学和大气科学协会（IAMAS）科学大会，2006年在北京召开具有重要影响的地球系统科学联盟（ESSP）全球环境变化科学大会。中国气象局还牵头组织国内各相关部门的专家广泛参与了政府间气候变化专门委员会（IPCC）组织的历次评估报告的编写工作。

60多年来，中国气象科技水平大幅提升，气象基础设施建设得到加强，重大科技成果不断涌现，技术装备水平明显改善，天气、气候预报预测准确率有所提高。中国气象科学技术总体水平在发展中国家处于领先地位，某些领域已达到发达国家水平，为世界气象事业的发展做出了贡献。

展望 今后一个时期，将围绕经济社会发展的现实需求，着眼于增强全社会防御和减轻气象灾害能力，增强适应和减缓气候变化能力，增强开发和利用气候资源能力，确定气象科技创新的目标和任务，集中攻克气象现代化建设中的核心关键科技瓶颈问题。力争到2020年，重大核心技术与国际先进水平差距明显缩小，气象科技基础条件建设布局更为合理，资源配置更为高效，科技成果转化机制进一步完善，科技领军人才整体素质和创新能力大幅提升，建成适应气象现代化发展需求、支撑有力的气象科技创新体系。今后科技创新的重点任务是实现以下几方面的突破。

一是实现农业气象科技新突破，为建设社会主义新农村提供有力支撑。要按照大农业、大气象的思路，进一步提高农业气象灾害预警、评估和粮食产量预报科技水平，为提高农业综合生产能力提供优质气象服务。要充分利用气候资源，为发展优质、高产、高效、生态、安全农业服务。要及时、准确地向农民提供天气气候和农业科技等方面信息。要积极开展新型农民气象科技培训，大力普及气象科技知识，切实提高广大农民运用气象科技抗御自然灾害的能力。

二是实现灾害性天气监测预报科技新突破，为防御和减轻自然灾害提供有力支撑。提供准确及时的气象预报警报服务，是防御灾害的关键环节。要以气象卫星为重点，加强综合气象观测技术研发，提高对地观测和空间天气监测能力；以数值模式为重点，加强预报技术研发，提高天气气候预报预测能力，以及突发公共事件的气象预警和应急保障技术水平。要加强气象灾害风险评估和预警。要加强雷电、龙卷、山洪、泥石流等突发性灾害的监测预警和科技研发。

三是实现气候预测和气候变化影响评估科技新突破，为适应和减缓气候变化、保障国家安全提供有力支撑。要大力推进气候变化和大气成分领域的科技创新，深入研究气候及其变化规律，研究气候变化对经济、社会、国防和能源、水资源、生态环境等的影响，制定科学应对的政策措施，不断提高中国适应与减缓气候变化的能力。

四是实现气候资源利用科技新突破，为应对中国资源压力、保障可持续发展提供有力支撑。要充分利用现代科技成果，建设中国风能、太阳能等气候资源监测评估体系，科学进行气候资源区划。要实施人工影响天气科技工程，深入研究大气水资源变化和转化机理，提高人工增雨的技术含量和作业效率。

五是实现气象服务科技新突破，为保持经济平稳较快发展提供有力支撑。要推动气象服务科技创新，加强海洋、交通、航空、环境、林业、水利、盐业等专业气象监测和服务的技术创新，为经济发展提供技术含量高的气象保障。要积极研究气象对疾病防控和污染物扩散的影响，为应急处置突发公共卫生事件、环境污染事件等提供气象保障。

（高云　罗云峰）

qìxiàng kējì guīhuà
气象科技规划（meteorological science and technology planning）为指导长时期内气象科学技术发展而制定的规划，规划时间尺度一般在五年以上，内容包括指导思想、发展目标、重点领域和任务、体系建设、保障政策和措施等方面。

新中国建立以来，中国气象局分别于1956，1963，1971，1978，1982，2006年编制过6次气象科技发展规划，另外还编制过《七五期间气象科学技术计划》《关于贯彻落实中共中央国务院关于加速科学技术进步的决定的意见》《业务技术体制改革总体方案——气象科技创新体系建设分方案》《中国气象局实施科技兴气象战略的指导意见》《中国气象局关于强化科技创新驱动现代气象业务发展的意见》、"四项研究计划"、《气象科技创新体系建设指导意见（2014—2020年）》《国家气象科技创新工程（2014—2020年）实施方案》等推动气象科技发展的指导性文件。

气象科学研究十二年远景规划　1956年中央气象局制定了《气象科学研究十二年远景规划》，提出12年的发展目标和任务是：要在气象业务工作方面赶上或超过国际水平，在气象科学方面，要在迫切需要的重要学科上接近国际水平；在集中力量研究东亚天气系统的发生与发展等天气学问题的同时，要开拓农业气象、气候、气象仪器、海洋水文气象、民航气象、大气物理、实验气象等学科的研究工作；在有关的大学、科学院和气象局的某些研究所内建立和扩大研究科室和博士研究课题；建立专门的科学研究机构、专业的观象台和实验室等，第一个五年计划内要首先成立中央气象科学研究所、热带气象研究所、中央气候研究室及三个农业科学研究室。

1963—1972年气象科技发展规划（草案）　1963年，国家科学技术委员会气象组和中央气象局联合下发了《1963—1972年气象科技发展规划（草案）》，在规划总纲中提出今后10年中国气象科学技术发展规划必须以解决气象为农业服务的科学技术问题为重点，兼顾国防及其他。规划阐述了当时国内外科技发展情况，提出了具体任务和目标，以及政策措施。其中措施涉及中国农业科学院、教育部、军队科研机构等多部门。该规划针对要解决的问题设计了详细的研究任务，并指定了负责单位和参加单位。

1971—1975年气象科研规划重点项目表　1970年中央气象局召开气象科研规划"四五"座谈会，之后随会议纪要下发了《1971—1975年气象科研规划重点项目表》。此次规划受当时思想局限，规划项目以服务战争保障的预报和观测仪器等为主。在此背景下的天气气候基础理论研究、气象卫星资料分析等任务也对后期气象科技发展具有一定的意义。

1978—1985年气象科技发展规划　1978年中央气象局下发《1978—1985年气象科技发展规划》。规划确立了加快气象科学技术的发展，逐步实现气象科学技术的现代化，气象科学研究工作一定要走在业务建设和服务工作的前面的指导思想，规划指出实现气象科学技术现代化是提高气象服务质量的根本途径。该规划在预报方法、大气物理、气候资源调查、农业气象、观测及卫星气象等领域均提出了明晰的目标。规划设置了台风、暴雨、寒潮等灾害性天气预报方法和理论的研究，青藏高原、热带天气、数值预报、大气物理和人工影响局部天气的试验研究，农业气象的研究，现代化探测技术的研究；提出要开展卫星气象研究，发展自己的卫星系列；开展探测预报、资料传输等自动化研究，为气象工作全面自动化打好基础等重点任务。

1981—1985年气象科研发展规划和十年设想纲要　在国家提出"科学技术是生产力"等科技方针的背景

下，1982年中央气象局组织编制下发了《1981—1985年气象科研发展规划和十年设想纲要》，提出要紧密结合经济建设和气象业务工作现代化的需要，重点安排提高业务技术水平和台站装备水平的课题。规划提出了到1990年的气象科技工作目标是积极开展灾害性天气规律研究，提高预报准确率，1981—1985提出可供台站使用的天气、动力、统计的预报方法，提出灾害性天气短时预报方法，1986—1990开展第二次青藏高原、西南涡、暴雨试验，加强数值预报技术方法研究，提出要有支持地面—高空—卫星结合的综合探测系统的成果，加强仪器设备研发，加强气候、农业气象、污染气象和人工影响天气的研究。

气象科学和技术发展规划（2006—2020年） 2006年12月，中国气象局、科技部、国防科工委、中国科学院、国家自然科学基金委联合颁布《气象科学和技术发展规划（2006—2020年）》。规划提出的发展目标是：加快国家气象科技创新体系建设，形成全行业、跨部门的互动合作机制；集中行业力量开展攻关，努力实现农业气象科技新突破，为建设社会主义新农村提供有力支撑；实现灾害性天气监测预报科技新突破，为防御和减轻自然灾害提供有力支撑；实现气候预测和气候变化影响评估科技新突破，为适应和减缓气候变化、保障国家安全提供有力的支撑；实现气候资源利用科技新突破，为应对中国资源压力、保障可持续发展提供有力支撑；实现气象服务科技新突破，为保持经济平稳较快发展提供有力支撑；促进形成满足国家需求、功能先进、结构优化的多轨道、集约化、研究型、开放式业务技术体制；凝聚和培养一支学科、层次结构合理的气象科技人才队伍；加快推进中国气象标准化体系建设，开发研究一批拥有自主知识产权的气象科技成果。通过15年的努力，进一步增强气象行业国际竞争力，大力提升科技自主创新能力，促进中国气象事业协调发展，迈进世界气象强国之列。

基于以上发展目标，该规划确定了12个事业发展急需科技支撑的重点领域、43项优先主题、40项重大科技任务。根据国家科技发展规划和气象事业"十一五"发展规划，按照气象服务发展需求的轻重缓急，重点部署18项重大科学技术专项，提出"十一五"期间的重要专项是观测设备研发、气象资料综合处理、数值预报预测、灾害性天气机理及预报预警技术等。

四项研究计划 2009年中国气象局制定了《天气研究计划（2009—2014年）》《气候研究计划（2009—2014年）》《应用气象研究计划（2009—2014年）》《综合气象观测研究计划（2009—2014年）》四项研究计划。2013年对这四项研究计划进行了修订，形成了2013—2020年度新的研究计划。其中2013年修订后的《天气研究计划》总体目标是：到2020年GRAPES全球模式可用预报时效达8天；多源资料能够快速融合成每小时更新的1~3 km分辨率的三维格点分析资料；24小时台风路径客观预报误差稳定小于90 km，台风强度客观预报误差5~6 m/s；24小时内分时段（6小时）定量降水预报技巧与2010年24小时降水预报技巧相当，暴雨预报技巧在2010年基础上提高15%左右；强对流天气分类（强降水、雷电、雷暴大风等）客观临近预报技巧高于持续性外推预报技巧；灾害性天气过程预报时效延长至两周。其他三个计划也设置了类似的清晰的科技发展目标。

气象科技创新体系建设指导意见（2014—2020年） 2014年12月，中国气象局印发《气象科技创新体系建设指导意见（2014—2020年）》。指导意见明确了气象科技创新体系建设的主要思路：围绕全面推进气象现代化的科技保障，实施国家气象科技创新工程，集中攻克气象现代化建设中的核心关键科技瓶颈问题；优化科技资源配置，增强成果转化能力，提升气象现代化发展效率；深化开放合作，汇聚各方力量，实施协同集中攻关；创新科技机制，完善管理方式，组建攻关团队，健全评价体系，激发创新活力，努力壮大气象现代化建设的人才队伍。力争到2020年，重大核心技术与国际先进水平差距明显缩小，气象科技基础条件建设布局更为合理，资源配置更为高效，科技成果转化机制进一步完善，科技领军人才整体素质和创新能力大幅提升，建成适应气象现代化发展需求、支撑有力的气象科技创新体系。

指导意见提出围绕重大核心业务技术，实施国家气象科技创新工程：①实施国家气象科技创新工程突破重大核心技术，围绕全球高分辨率资料同化与数值天气模式、气象资料质量控制及多源数据融合与再分析、次季节至季节气候预测和气候系统模式等三大核心技术突破，部署重大攻关研发任务，缩小与发达国家的差距；②部署落实四项研究计划重点任务，围绕气象业务现代发展需求，滚动修订四项研究计划任务；③推进机理研究及大型野外科学试验，组织实施第三次青藏高原大气科学综合观测、干旱气象、南海季风强降水与登陆台风外场综合观测等大型科学试验，鼓励针对区域共性关键科技问题开展科学试验，深入了解台风、暴雨、强对流、洪涝、干旱等中国重大气象灾害的发生发展规律，完善中国典型区域物理过程参数化方案，提高天气气候模式对中国区域的预报预测能力；④加强气象科技基础条件平台建设，结合综合气象观测布局，在对中国天气气候和生态环境有重要影响的关键区和典型区，按专业领域分类建设野外气象科学试验基地，加强现有国家及部门重点实验室和工程技术研究中心能力建设，推进高性能计算资源、人工影响天气试验等科研基础支撑平台建设。

（王金星）

qìxiàng kējì chuàngxīn gōngchéng
气象科技创新工程（meteorological science and technology innovation projects） 2014年10月，中国气象局印发《国家气象科技创新工程（2014—2020年）实施方案》。方案明确国家气象科技创新工程三大攻关任务为：高分辨率资料同化与数值天气模式，气象资料质量控制及多源数据融合与再分析，次季节至季节气候预测和气候系统模式，牵头组织单位分别为中国气象局数值预报中心、国家气象信息中心、国家气候中心和中国气象科学研究院。2014年11月，国家气象科技创新工程实施启动会召开，对加快落实《国家气象科技创新工程（2014—2020年）实施方案》做出重点部署和要求。为加强组织领导和统筹协调，中国气象局成立国家气象科技创新工程实施领导小组，郑国光局长任组长。同时，成立领导小组办公室，挂靠科技司。为支持和保障创新工程的顺利实施，中国气象局办公室印发了《〈国家气象科技创新工程（2014—2020年）实施方案〉任务细化和分工落实方案》和《国家气象科技创新工程支持保障措施》。

各牵头单位组织完成了攻关任务实施方案的编制，组建了三大攻关团队，细化团队骨干成员分工，签订任务书，制订内部考评管理与绩效奖励办法，建立了首席科学家联席会制度和国家气象科技创新工程年度学术报告会制度。在首席科学家主导下，以目标和任务为导向，突出攻关思路的创新性和先进性，围绕攻关任务强化开放攻关，做实协同创新机制，加强任务衔接、协作配合、成果共享和经验借鉴，注重攻关成果的业务转化应用，推动核心技术研发取得显著进展。国家气象科技创新工程引入第三方评估机制，成立了第三方评估专家组，制定了《国家气象科技创新工程第三方评估工作方案（试行）》。第三方评估围绕创新工程推进的实际需要，结合攻关任务实施的阶段特点，确保评估的科学性、合理性、客观性，对年度工作进行考察，对中期（2017年）、期末（2020年）工作进行指标评估。第三方评估为攻关任务实施完善、目标考评和支持激励等提供科学指导和决策依据，为国家气象科技创新工程的顺利实施提供有力保障。

（罗云峰 王金星）

气象科研机构

Zhōngguó Qìxiàng Kēxué Yánjiūyuàn
中国气象科学研究院（Chinese Academy of Meteorological Sciences） 见第97页 中国气象科学研究院。

Zhōngguó Qìxiàngjú Běijīng Chéngshì Qìxiàng Yánjiūsuǒ
中国气象局北京城市气象研究所（Beijing Institute of Urban Meteorology，CMA） 中国气象局直属的国家级公益类非营利性科研机构，挂靠北京市气象局。以开展气象应用研究为主，在优势专业领域开展气象应用基础研究，目前重点在城市地气相互作用机理、城市气象灾害监测预警技术等领域开展研究。

北京城市气象研究所的前身是北京市气象科学研究所。1997年中国气象局与北京市人民政府共同组建北京城市气象工程技术研究中心。2002年在国家公益类科研院所改革中，成为中国气象局所属的八个国家级专业气象研究所之一，命名为中国气象局北京城市气象研究所。到2014年，设有城市气象探测技术研究室、城市天气预报技术研究室、城市边界层气象研究室、城市气象应用技术研究室、大气成分观测与分析中心和办公室，并具备博士后科研工作站、城市气象研究-国际科技合作基地（北京市科委、科技部）、华北区域数值天气预报技术研发等基础条件；人员编制50人，实有43人，其中研究员4人、副研究员（含高级工程师）27人。

北京城市气象研究所主要任务为：瞄准城市气象防灾减灾的国家目标和气象业务服务需求，开展城市气象的应用基础研究、应用研究和技术开发。重点解决大城市和城市群气象灾害防御、应对气候变化、环境污染预警与防治面临的关键技术问题，为安全城市、生态城市建设提供科技支撑。先后开展了京津冀城市群边界层综合观测试验、超大城市（群）复合大气污染特征及影响等分析研究，建立了基于城市高分辨率观测资料的短时临近天气预报、数值天气预报、空气质量预报业务系统，以及气象灾害风险评估分析和预警系统。通过科技攻关，逐步形成了城市地气相互作用过程、城市精细化天气预报、城市气象灾害监测及预警、环境气象机理和数值模式研究的四大优势学科领域。

2009—2013年，主持多项国家级、市级科研课题，包括国家自然基金项目17项、行业专项7项，以及国家"973"项目专题4项、国家"863"项目专题1项，国家科技支撑专题3项；北京市科学计划项目4项，北京市自然基金项目8项。取得了一大批具有较好应用价值的创新成果。开发的北京自动临近预报系统（BJ-ANC）、北京快速更新循环预报系统（BJ-RUC）、局地分析和预报系统（LAPS）、华北区域地基GPS（全球定位系统）水汽反演系统，以及BJ-RUC耦合等系统及其指导产品，均在全国范围内得到不同程度的推广应用。承担研发的华北区域中尺度数值模式成为华北区域气象业务的重要支撑平台。获得国家科学技术进步奖二等奖2项、北京市科学技术进步奖三等奖3项。在京津冀地区建设的城市气象监测网络系统已初具规模，并结合移动观测系统对京津冀地区高影响天气系统的风场、水汽场、降水场、云和降水粒子相态分布进行实时综合观测，开发的预报技术产品在气象预报预警、突发事件应急保障中发挥了重要作用。

中国气象局北京城市气象研究所遵循"开放、流动、竞争、协作"的运行机制，致力营造促进科技创新和优秀人才脱颖而出的氛围，不断深化国内外科技交流与合作，努力建设成为国内一流、国际上有一定影响的国家级城市气象专业研究所。

（梁旭东）

Zhōngguó Qìxiàngjú Shěnyáng Dàqì Huánjìng Yánjiūsuǒ

中国气象局沈阳大气环境研究所（Shenyang Institute of Atmospheric Environment，CMA） 中国气象局直属的国家级公益类非营利性科研机构，挂靠辽宁省气象局。以开展气象应用研究为主，在优势专业领域开展气象应用基础研究，重点在大气环境监测评估和预测、生态与农业气象等领域开展研究。

沈阳大气环境研究所的前身是沈阳区域气象中心研究所（也称为辽宁省气象科学研究所）。2002年在国家公益类科研院所改革中，成为中国气象局所属的八个国家级专业气象研究所之一，命名为中国气象局沈阳大气环境研究所。设有数值预报室、农业气象室、生态气象室、大气环境室、大气成分监测评价室、《气象与环境学报》编辑部和办公室。并具有东北地区生态与环境试验基地站网、东北地区区域数值预报中心、辽宁大气成分监测站网等基础条件。人员编制51人，2014年实有44人，其中研究员8人、副研究员20人。

沈阳大气环境研究所主要任务为：从不同层次综合研究气候变化对区域生态环境的影响及其反馈作用，探讨大气环境质量的预报和预测及区域性大气污染调控技术，提出生态环境与大气质量的规划和整治方案，发展面向东北地区提供基本数值天气预报业务和丰富的气象预报产品服务。组织实施开展东北气候变化对粮食生产的影响评估与未来气候变化影响预估研究、城市群大气污染扩散输送及调控机制、应对气候变化节能减排效果评价、大气细粒子现状监测及其对空气质量的影响评价等方面的监测评估。在多年的科学研究中，逐步形成了生态与农业气象、大气环境影响监测、数值预报应用等优势领域。

2009—2013年，主持多项国家级、省部级课题，其中主持国家级项目13项，省部级项目29项，并取得了一批具有较强应用价值的创新成果。研发的东北区域数值预报系统成为东北区域气象业务的重要支撑平台；研发的"东北区域土壤墒情监测、预报及灌溉量预报系统"在东北地区投入业务应用；研发的"植物根系观测及资料处理系统"获国家专利，其设备的功能和性能超过国外同类产品，填补了国内空白。获得省部级奖励二等奖6项、三等奖2项。已经建成东北区域生态与农业气象试验基地站网，包括湿地站、森林站、水稻基地、玉米站等不同类型试验基地6个，观测内容包括地表水平衡、土壤环境、大气环境（气象条件、大气成分等）、辐射平衡、地气间能量与物质交换、生物生长状况各种要素，可为开展东北区域不同地表条件下陆面过程研究和气候变化对生态系统和农业影响研究提供综合的观测数据。建成的6个大气成分站，开展大气气溶胶、反应性气体、大气能见度、气溶胶光学厚度观测，可为大气环境研究提供基础性数据。主办的《气象与环境学报》为气象核心期刊。

中国气象局沈阳大气环境研究所遵循"开放、流动、竞争、协作"的运行机制，开展科技创新，优化科研管理，促进人才引进与交流，不断加强国内外科技交流与合作，努力建设成为国内一流、国际上有一定影响的国家级大气环境专业研究所。

（张云海）

Zhōngguó Qìxiàngjú Shànghǎi Táifēng Yánjiūsuǒ

中国气象局上海台风研究所（Shanghai Typhoon Institute，CMA） 中国气象局直属的国家级公益类非营利性科研机构，挂靠上海市气象局，以开展气象应用研究为主。在优势专业领域开展气象应用基础研究。重点在台风机理和预报技术、海洋气象预报技术等领域开展研究。

上海台风研究所的前身是上海市气象科学研究所，成立于1978年1月。同年5月，中央气象局成立气象科学研究院，要求上海筹建"台风研究所"。同年9月，经中央气象局、上海市科学技术委员会批准，上海市气象科学研究所与中央气象局气象科学研究院上海台风研究所采取"一个机构、两块牌子"的形式，实行双重领导，以上海市气象局为主。2002年在国家公益类科研院所改革中，成为中国气象局所属的八个国家级专业气象研究所之一，命名为中国气象局上海台风研究所。截至2014年，设有办公室（人事科）、台风理论与预报技术研究室、台风监测信息研究室、台风气候研究室、数值预报技术研究室、海洋气象研究室、业务试验室，并设有博士后科研工作站、国家级华东登陆台风外场综合观测基地、中国气象局台风数值预报重点实验室。人员编制50人，至2014年底实有48人，其中研究员7人，副研究员（含高级工程师）24人。

上海台风研究所主要任务为：紧紧围绕国家和区域的防台风减灾需求，坚持以台风研究和预报技术、区域数值天气预报、海洋气象预报技术作为三大优势学科方向，重点开展台风外场观测及监测信息处理技术研究、台风预报理论与应用技术研究、台风气候预测与灾情评估技术研究、台风影响下海气相互作用研究、数值天气预报模式研究与开发。

2009—2013年，主持承担了多项国家级及国际合作项目和课题，包括主持1项国家"973"计划项目、3项国家"973"计划课题、3项公益性气象行业专项、2项国家自然科学基金重点课题、12项国家自然科学基金面上课题及1项世界气象组织预报示范项目。依托承担的科研项目和课题，在台风强度、台风路径、台风登陆过程、台风与中高纬度系统相互作用、海陆气耦合台风模式、海洋气象灾害预报、台风灾害评估、台风气候及台风监测与信息整编等前沿领域取得了丰硕成果。获省部级科学技术进步奖二等奖5项、三等奖1项。开发建立的台风客观预报系统、台风灾情评估系统、区域中尺度数值预报系统、海浪与风暴潮数值预报系统、西北太平洋热带气旋检索系统等技术成果在全国气象业务及水利、电力、港口等行业中推广应用。台风客观预报业务系统部分产品通过世界气象组织（WMO）登陆台风预报示范项目网站同时实现了国际共享，为热带气旋预报业务提供了有效支撑。区域数值预报业务产品不仅实现了华东区域气象部门实时共享，业务系统同时被全国其他区域部分省级气象部门引进并投入业务运行，成为各地日常天气预报及重大社会活动气象服务顺利开展的重要支撑平台。开展的台风野外科学观测试验获取了大量宝贵的原始数据资料，为台风科学研究奠定了有力的科学基础条件。目前在建的国家级华东登陆台风综合观测基地，将作为国家级综合气象观测试验基地的有机组成部分发挥积极作用，有效弥补中国移动监测和当前业务观测网的不足。已发布并完整保存了自1949年以来的逐年台风年鉴，并推出了系列热带气旋气候图集，是中国保存台风资料最完整、年代序列最长的权威资料。创办联合国亚洲及太平洋经济社会委员会/世界气象组织（ESCAP/WMO）台风委员会（简称"亚太台风委员会"）的国际学术期刊"Tropical Cyclone Research and Review"、牵头撰写"亚太地区台风气候变化评估报告"及承担世界气象组织（WMO）"登陆台风预报示范项目"等工作，为推动亚太地区防台风减灾工作的发展及提升台风委员会的国际综合影响力做出了突出贡献，获亚太台风委员会"金塔纳减灾奖"表彰。

中国气象局上海台风研究所弘扬"厚德勤学、研精究实"的所训，旨在通过中华优秀传统文化的传承与建设，营造以德立人、德学兼备、科学求真、精益求精的良好氛围，围绕国家和区域的防台减灾需求，坚定自身明确的优势学科方向，不动摇、不懈怠、不反复，以特色创优势，以创新求发展，做深做强优势学科，冲击世界先进水平，建成专业特色突出、国内一流、具有一定国际影响力的国家级台风研究机构和业务预报技术中试基地。

（钟颖旻）

Zhōngguó Qìxiàngjú Wǔhàn Bàoyǔ Yánjiūsuǒ
中国气象局武汉暴雨研究所（Wuhan Institute of Heavy Rain，CMA） 中国气象局直属的国家级公益类非营利性科研机构，挂靠湖北省气象局。以开展气象应用研究为主，在优势专业领域开展气象应用基础研究。重点在暴雨机理及监测预警技术、水文气象耦合技术等领域开展研究。

武汉暴雨研究所的前身是湖北省气象科学研究所，1982年在此基础上增加成立武汉暴雨研究所。2002年在国家公益类科研院所改革中，成为中国气象局所属的八个国家级专业气象研究所之一，命名为中国气象局武汉暴雨研究所。截至2014年，设有暴雨监测预警研究室、暴雨机理研究室、暴雨数值预报研究室、暴雨应用研究室、暴雨情报室（《暴雨灾害》编辑部）和综合办公室，并设有博士后科研工作站、暴雨监测外场试验基地、暴雨监测预警湖北省重点实验室、华中区域数值天气预报中心等。人员编制50人，截至2014年底实有48人，其中研究员9人、副研究员（含高级工程师）17人。

武汉暴雨研究所主要任务为：瞄准暴雨防灾减灾的国家目标和气象业务服务需求，开展中国暴雨的应用基础研究、应用研究和技术开发。研究重点是中国陆地暴雨，特别是江淮梅雨锋暴雨和锋前暖区暴雨，同时开展中国北方暴雨的比较研究。组织实施跨区域大型暴雨科学试验，建立较完整全面的中国暴雨（资料）数据库。在多年的科技攻关中，逐步形成了中尺度暴雨机理研究、中尺度数值模式研究、暴雨监测预警技术研究、水文气象耦合的流域洪水预报技术研究四大优势学科领域。

2009—2013年，武汉暴雨研究所研究人员主持多项国家级、省部级课题，包括国家自然基金项目12项、行业专项3项，以及国家"973"计划项目专题2项、国家"863"项目专题3项，通过技术攻关，取得了一大批具有较强应用价值的创新成果。开发的中尺度降水预报模式、长江中游临近预报业务系统、局地分析和预报系统、地基GPS（全球定位系统）大气水汽观测解算系统、流域水文气象耦合系统及其指导产品，均在全国范围内得到不同程度的推广应用。承担研发的华中区域中尺度数值模式，成为华中区域气象业务的重要支撑平台。获得湖北省科学技术进步奖一等奖1项、二等奖4项、三等奖3项。在长江中游地区建设的暴雨监测外场试验基地，已初具规模，依托基地内的业务观测网与移动观测网，可对长江中游重要暴雨天气系统的风场、水汽场、降水场、云和降水粒子相态分布进行固定的实时综合观测，也可根据研究需要在不同区域开展移动联合观测，开发的监测与预报产品在气象预报预警、突发事件应急保障和人工影响天气现场指挥中发挥了重要作用。主办气象科技核心期刊《暴雨灾害》与内部电子期刊《暴雨研究动态》，并承担每年中国《暴雨年鉴》的编撰工作。

中国气象局武汉暴雨研究所遵循"开放、流动、竞争、协作"的运行机制，致力营造促进科技创新和优秀人才脱颖而出的氛围，不断深化国内外科技交流与合作，努力建设成为国内一流、国际上有一定影响的国家级暴雨专业研究所和中国暴雨监测预警中心。

（林春泽）

Zhōngguó Qìxiàngjú Guǎngzhōu Rèdài Hǎiyáng Qìxiàng Yánjiūsuǒ
中国气象局广州热带海洋气象研究所（Guangzhou Institute of Tropical and Marine Meteorology，CMA）中国气象局直属的公益类非营利性科研机构，挂靠广东省气象局。以开展气象应用研究为主，在优势专业领域开展气象应用基础研究。重点在华南区域灾害性天气气候、南海海洋气象、城市群环境气象等领域开展研究。

广州热带海洋气象研究所的前身是1976年成立的广东省热带海洋气象研究所。2002年在国家公益类科研院所改革中，成为中国气象局所属的八个国家级专业气象研究所之一，命名为中国气象局热带海洋气象研究所。截至2014年，设有热带区域数值预报研究室、热带天气与气候研究室、海洋气象研究室、环境气象研究室、《热带气象学报》编辑部和综合办公室，并设有中国气象局/广东省区域数值预报重点实验室、博贺海洋气象科学试验基地、近海海洋气象观测平台、广州番禺大气成分野外科学试验基地等。人员编制50人，截至2014年底实有48人，其中研究员（含正研级高级工程师）11人、副研究员（含高级工程师）19人。

广州热带海洋气象研究所主要从事热带数值预报模式的技术开发，南海季风、华南暴雨、南海台风、华南旱涝、热带卫星资料应用技术、热带环境气象等方面的科研工作。重点在热带气象预报技术、热带大气环流与天气系统、海气相互作用对中国天气气候的影响、华南区域环境气象等领域开展研究。围绕上述研究领域，初步形成了具有较强科研竞争力的科研团队。在科研业务支撑方面，广州热带海洋气象研究所针对热带海洋和华南区域灾害性天气气候开展关键性研究型业务技术开发和应用，在华南区域数值预报、海洋气象预报技术、季风监测和预报技术、大气环境监测预警技术方面为区域业务服务发挥了重要的科技支撑作用。

2009—2013年，广州热带海洋气象研究所承担了国家"973"计划课题"台风登陆过程外场科学试验""珠三角典型季风区气溶胶对亚洲季风影响的实验研究""我国南方及青藏高原与东南亚陆面过程对南海及周边地区春夏季节转换和气候变异的影响"，国家科技支撑计划课题"华南、西南区域雾-霾研究及预报预警示范"等。"我国新一代多尺度气象数值预报系统"获得了2007年度国家科学技术进步奖二等奖，"珠三角大气气溶胶辐射特性与灰霾天气的细粒子污染本质及输送特征研究"成果获得广东省科学技术二等奖。吴兑研究员发表的论文《细粒子污染形成灰霾天气导致广州地区能见度下降》被评为2011年中国百篇最具影响国内学术论文。主办的刊物有《热带气象学报》（中、英文版）和《热带气象通讯》，其中《热带气象学报》中文版为中国自然科学核心期刊，英文版被列入美国《科学引文索引（扩展版）》（SCIE）源刊。

改革后的广州热带海洋气象研究所继续面向国家、

区域社会发展需求和世界气象科技发展前沿，以区域数值预报技术、热带大气环流与天气系统、海气相互作用对中国天气气候的影响、热带大气物理与大气环境为重点研究领域，以科技创新为核心，以业务应用为目标，努力发展成为具有一定国际影响的国家级热带海洋气象专业研究基地、研究成果向业务转化基地、高层次人才培养基地及亚洲热带海洋气象研究和交流中心。

（陈蓉）

Zhōngguó Qìxiàngjú Chéngdū Gāoyuán Qìxiàng Yánjiūsuǒ

中国气象局成都高原气象研究所（Chengdu Institute of Plateau Meteorology，CMA） 中国气象局直属的公益类非营利性科研机构，挂靠四川省气象局。以开展气象应用研究为主，在优势专业领域开展气象应用基础研究。重点在青藏高原及周边大气探测及对天气气候影响和预测技术等领域开展研究。

成都高原气象研究所的前身是1978年成立的四川省气象科学研究所，1984年在此基础上增加成立成都高原气象研究所。2002年成为中国气象局所属的八个国家级专业气象研究所之一，命名为中国气象局成都高原气象研究所。至2014年，设有高原天气研究室、高原气候研究室、高原气象观测研究室、高原气象应用研发中心和综合办公室（含期刊编辑部），以及拉萨综合研究室，并建有博士后科研工作站、高原气象外场观测基地与试验平台、高原气象开放实验室等。人员编制50人，至2014年底实有47人，其中研究员6人、副研究员（含高级工程师）18人。

成都高原气象研究所主要任务为：瞄准国家目标和行业需求，开展中国高原气象的应用基础研究、应用研究和技术开发。研究重点是青藏高原及周边地区大气综合探测布局与外场科学试验，高原山地区域数值模式及其预报技术，青藏高原对中国灾害性天气与气候的影响机理和预测技术。经过多年努力，逐步形成了高原气象综合观测与科学试验、高原天气系统演变机理与暴雨、区域数值模式与预报技术、高原热力影响与东亚季风及旱涝研究等专业优势学科领域。

2009—2013年，成都高原气象研究所主持19项国家级科技项目，包括国家自然科学基金重点项目1项、面上项目9项，公益性行业专项3项，科技基础性工作专项1项，农业科技成果转化专项1项，以及国家"973"项目专题2项、国际科技合作项目专题2项。发表论文314篇，其中核心期刊190篇，SCI（《科学引文索引》）期刊34篇，EI（《工程索引》）期刊26篇，出版专著16部。9项成果分别获省部级科学技术进步奖一、二和三等奖。取得一大批具有理论意义和应用价值的创新成果。建成的青藏高原主体狮泉河、东坡理塘和东侧温江观测基地，以及车载风廓线雷达、全球定位系统（GPS）探空、L波段探空和自动气象站（AWS）构成的移动观测平台，结合业务观测站网，可以实现对高原气象关键区的协同观测、科学试验和业务支撑。实施了高原及周边地区雨季、大气边界层、观测站网布局、高原涡与西南涡加密观测等外场试验，推动并参与中国第三次青藏高原大气科学试验。基于观测、试验和研究开发的信息与产品在气象预报预警、应急保障和重大服务中发挥了重要的作用。研发的低涡暴雨预测模型、洪涝灾害监测预测系统和短期气候数值模式，投入业务应用并广泛推广。建立的数值预报业务系统、集合预报业务系统已成为西南区域气象业务的主要平台。主办公开发行学术期刊《高原山地气象研究》与内部电子期刊《高原气象研究动态》，编撰中国《青藏高原低涡、切变线年鉴》和《西南低涡年鉴》。

成都高原气象研究所遵循"自主创新，重点跨越，支撑发展，引领未来"的科技方针，实行"开放、流动、竞争、协作"的运行机制，努力建设成为具有国际影响、国内一流的国家级高原气象科研机构、气象业务技术研发中心和优秀人才培养基地。

（李跃清）

Zhōngguó Qìxiàngjú Lánzhōu Gānhàn Qìxiàng Yánjiūsuǒ

中国气象局兰州干旱气象研究所（Lanzhou Institute of Aird Meteorology，CMA） 中国气象局直属的公益类非营利性科研机构，挂靠甘肃省气象局。以开展气象应用研究为主，在优势专业领域开展气象应用基础研究。重点在干旱形成机理与干旱监测预测技术等领域开展研究。

中国气象局兰州干旱气象研究所前身是成立于1974年的甘肃省气象科学研究所。1986年中国气象局批准成立兰州干旱气象研究所。2000年被科技部确定为全国社会公益类科研院所改革试点单位。2002年成为中国气象局所属的八个国家级专业气象研究所之一，命名为中国气象局兰州干旱气象研究所。2004年通过了国家科技部首批改革试点单位的改革目标验收。截至2014年，设有干旱监测预警预测研究室、干旱气候变化与影响研究室、干旱气象灾害研究室、干旱半干旱区域数值模式研究室和综合办公室，拥有中国气象局干旱气候变化与减灾重点实验室、甘肃省干旱气候变化与减灾重点实验室，下辖定西等7个干旱气象与生态环境综合观测试验基地、1个沙尘气溶胶理化分析实验室和《干旱气象》编辑部，并设有博士后科研工作站、甘肃省研究生联合培养示范基地、干旱气象与灾害专业硕士学位联合培养点。人员编制58人，截至2014年底实有53人，其中研究员4人、副研究员（含高级工程师）19人。

兰州干旱气象研究所主要任务是：面向干旱气象科技发展的国际前沿，紧紧围绕国家、地方经济社会发展和现代气象业务体系建设的需求，开展干旱防灾减灾和干旱气候变化的应用研究、应用基础研究和技术开发，重点解决中国干旱气象业务发展中急需的科技前沿和重大关键科技问题，在多年的科技攻关中，逐步形成了干旱形成机理与干旱监测预测研究、干旱半干旱区域数值模式研究和干旱气候变化及其影响研究三大优势学科领域。

2009—2013年，主持多项国家级、省部级课题，包括国家科技攻关计划项目1项、国家科技支撑计划项目课题2项、国家"973"（预研）项目课题专题2项、国家自然科学基金重点项目1项、面上项目17项，公益性行业专项3项。通过技术攻关，对西北干旱形成机理及重大干旱事件发生、发展的规律取得了新认识，研制出了西北干旱预测的新指标、干旱监测的新指数及监测农田蒸散的新设备，建立了干旱监测指数集成中试，开展了基于CABLE陆面过程模式的干旱监测预警技术研究与业务化试验；提出了山地云物理气象学新理论，开发了水源涵养型国家重点生态功能区——祁连山的空中云水资源开发利用技术；发现了干旱半干旱区陆面水分输送和循环的新规律，揭示了绿洲自我维持的物理机制；认识了干旱气候变化对农业生态系统影响的新特征，建立了旱作农业对干旱灾害的响应关系；开发了旱区覆膜保墒、集雨补灌、垄沟栽培、适宜播期等应对气候变化的减灾技术；建立了沙尘天气数值预报系统（GRAPES_SDM）。沙尘模式业务系统、中分辨率成像光谱辐射仪（MODIS）沙尘暴遥感监测系统、西北旱作区农业应对气候变暖的预警及应对技术业务系统和西北农作物对气候变化的响应及评价方法4项科研成果已经在新疆、内蒙古、西藏和宁夏等省（自治区）气象业务部门推广使用。主持完成的项目获得国家科学技术进步奖二等奖1项，获省部级科技奖励14项。牵头编制的《中国干旱气象科学试验研究计划》完成实施方案的论证和公益性行业（气象）科研专项重大项目的申报。主办的气象科技核心期刊《干旱气象》发展良好，2013年变更为双月刊。

兰州干旱气象研究所建立起"开放、流动、竞争、协作"的新型管理模式和运行机制，将建设成专业特色突出、科研水平一流、支撑业务有力、国内知名且国际上有较大影响的干旱气象科技研发中心和人才培养基地。

（张莉）

Zhōngguó Qìxiàngjú Wūlǔmùqí Shāmò Qìxiàng Yánjiūsuǒ

中国气象局乌鲁木齐沙漠气象研究所（Urumqi Institute of Desert Meteorology，CMA） 中国气象局直属的公益类非营利性科研机构，挂靠新疆维吾尔自治区气象局。以开展气象应用研究为主，在优势专业领域开展气象应用基础研究。重点在中亚/沙漠地区天气气候、树木年轮研究等领域开展研究。

沙漠气象研究所的前身是1960年成立的新疆维吾尔自治区气象科学研究所，2002年在国家公益类科研院所改革中，成为中国气象局所属的八个国家级专业气象研究所之一，命名为中国气象局乌鲁木齐沙漠气象研究所。截至2014年，设有数值预报研究室、沙漠边界层气象研究室、树木年轮气候研究室、气象灾害研究室和综合管理办公室，拥有中国气象局树木年轮理化研究重点实验室，国家博士后科研工作站，南京信息工程大学、新疆大学、新疆师范大学产学研联合培养基地等。人员编制50人，截至2014年底实有45人，其中研究员4人、副研究员26人。

沙漠气象研究所根据国家及地方经济社会发展的战略需求和国际气象科技发展趋势，坚持应用研究为主、基础研究为辅的发展思路，立足新疆，面向中亚，瞄准国际前沿，紧密围绕气象防灾减灾的中心工作，突出区域研究特色。建立了塔克拉玛干沙漠大气环境观测试验站、乌兰乌苏绿洲农田生态与农业气象试验站、阿克达拉区域大气本底站，天山云杉、阿尔泰山落叶松、塔里木胡杨林监测站和天山云水试验基地等野外科学试验基地，打造出区域数值预报研究、沙漠气象灾害研究、树木年轮气候与气候变化研究三支专业创新团队。围绕新疆区域数值预报、大气污染、农业气象灾害监测预警和中亚气候变化等关键领域支撑问题，建立起区域数值预报业务平台和大气污染监测预警平台，集中优势资源开展科技攻关，在业务科技支撑能力、科技创新能力、创新团队建设等方面都取得了突出成绩。争取各级科研项目156项，其中国家级47项（国家自然科学基金36项）。在国内外期刊发表论文710篇，其中SCI（E）（《科学引文索引（扩展版）》）84篇。出版《沙漠气象学》《塔克拉玛干沙漠和周边山区天气气候》《荒漠生态气候与环境》等专著14部。获得国家发明专利1项，实用新型专利10项，软件著作权15项，制订气象行业标准4项。获自治区科学技术进步奖一等奖1项，二等奖4项，三等奖3项；获中国技术市场协会金桥奖优秀项目奖1项；获中国气象局科学研究与技术开发奖二等奖1项；新疆气象局科学研究与技术开发奖15项；新疆维吾尔自治区自然科学优秀学术论文奖21篇。获得个人奖励和荣誉共24人次。

乌鲁木齐沙漠气象研究所遵循"开放、流动、竞争、协作"的运行机制，弘扬吃苦耐劳的"骆驼精神"，团结奉献，开拓创新，致力营造促进科技创新和优秀人才脱颖而出的氛围，不断深化国内外科技交流与合作，努力围绕核心业务研发，建设成为国内一流、特色研究领域在国际上有一定影响的国家级专业研究所。

（何清）

Zhōngguó Kēxuéyuàn Dàqì Wùlǐ Yánjiūsuǒ
中国科学院大气物理研究所（Institute of Atmospheric Physics, Chinese Academy of Sciences, IAP, CAS） 中国科学院所属研究所，简称大气所，主要研究大气中各种运动和物理化学过程的基本规律及其与周围环境的相互作用，特别是研究在青藏高原、热带太平洋和中国复杂陆面作用下东亚天气气候和环境的变化机理、预测理论及其探测方法，以建立"东亚气候系统"和"季风环境系统"理论体系及遥感观测体系，发展新的探测和试验手段，为天气、气候和环境的监测、预测和控制提供理论和方法。

大气所的前身是1928年成立的原民国国立中央研究院气象研究所。1950年中国科学院将气象、地磁和地震等部分科研机构合并组建成立中国科学院地球物理研究所。1966年中国科学院决定将气象研究室从地球物理研究所分出，正式成立中国科学院大气物理研究所。大气所目前已发展成为涵盖大气科学领域各分支学科的大气科学综合研究机构。大气所是中国科学探险协会、太平洋科学协会中国委员会、中国气象学会动力气象学委员会、大气环境学委员会、统计气象学委员会的挂靠单位；是国务院学位委员会批准的首批博士、硕士学位授予单位之一，现设有一级学科硕士、博士研究生培养点。2012年新设"海洋科学"博士后科研流动站，博士后科研流动站数达到2个。

到2014年，大气所设有2个国家重点实验室，3个中国科学院重点实验室，4个所级实验室和研究中心。国家重点实验室包括：大气科学和地球流体力学数值模拟国家重点实验室、大气边界层物理与大气化学国家重点实验室；院重点实验室包括：中国科学院东亚区域气候-环境重点实验室（全球变化东亚区域研究中心）、中国科学院中层大气和全球环境探测重点实验室、中国科学院云降水物理与强风暴重点实验室；所级实验室和研究中心包括：国际气候与环境科学中心、竺可桢-南森国际研究中心、季风系统研究中心、中国生态系统研究网络大气成分中心。另外还设有信息科学中心，在河北香河、兴隆和吉林通榆设有野外综合观测站。中国科学院气候变化研究中心和中国科学院减灾中心挂靠在大气所。目前，大气所拥有SGI F4000超级计算机集群服务器系统、一座用于研究城市大气污染和大气边界层物理的高325 m的气象观测铁塔以及边界层遥感探测系统和中层大气探测系统等设备。

截至2014年底，大气所共有在职职工539人。其中科技人员426人、科技支撑人员62人，包括中国科学院院士7人、发展中国家科学院院士1人、研究员及正高级工程技术人员104人、副研究员及高级工程技术人员167人；共有国家海外高层次人才引进计划（千人计划）入选者3人，"青年千人计划"入选者2人，"万人计划"入选者3人；中国科学院"百人计划"入选者24人；共有在读研究生405人，其中博士生284人、硕士生121人；有在站博士后20人。

2009—2013年，大气所主持承担了一系列重大科研任务：国家"973"项目11项、"973"项目一级课题39项；国家"863"项目2项，重点课题7项；科技部创新工作专项项目1项，国家科技支撑课题5项；国家自然科学基金项目共413项，其中重大科研仪器设备研制专项2项（含自由申请项目1项），创新群体研究项目2项，重点项目17项，重大研究计划重点项目6项，杰出青年基金8项，优秀青年基金2项，重大国际合作项目6项，面上和青年基金及其他项目370项；公益性气象行业专项项目19项，环保部行业专项1项；中科院战略性先导专项1项，项目6项；中国科学院项目群2项，中国科学院知识创新工程重大项目1项，重大项目课题2项，方向性项目21项；国防军工项目及课题30余项；地方、企业合作项目及课题70余项。

2009—2013年，大气所分别作为第二、第三单位获国家科学技术进步奖二等奖4项。北京奥运会期间为环境保障做出重要贡献，被国家授予"中央国家机关五一劳动奖状先进集体"荣誉称号。"沙尘暴发生发展机理及监测预测和灾害评估研究集体"获2011年中国科学院杰出科技成就奖；"青藏高原动力和热力强迫对亚洲夏季风爆发和气候形成的影响"项目获2013年陈嘉庚地球科学奖；"放牧强度对内蒙古草地生态系统物质通量的影响"项目获2013年埃文·薛定谔奖。此外获其他省部级奖励10项，获国家专利授权8项，外观专利3项，软件著作权27项，转让专利使用权1项。科研人员发表学术论文总计3265篇，被SCI（E）（《科学引文索引（扩展版）》）收录论文1953篇，约占论文总数的60%，出版专著25本。大气所主办的刊物有：《大气科学》（中文版）、《大气科学进展》（英文版）（SCI收录）、《气候与环境研究》（中文版）、《大气和海洋科学快报》（英文版）。

（姚利）

Zhōngguó Kēxuéyuàn Hánqū Hànqū Huánjìng Yǔ Gōngchéng Yánjiūsuǒ

中国科学院寒区旱区环境与工程研究所（Cold and Arid Regions Environmental and Engineering Research Institute, Chinese Academy of Sciences） 中国科学院所属研究所，简称寒旱所。以探索寒区旱区陆地表层系统的过程、尺度、格局及其相互关系为基础，开展环境与全球变化及区域可持续发展的研究。

寒旱所按照中国科学院"知识创新工程试点工作"的战略布局要求，由中国科学院原兰州冰川冻土研究所、原兰州沙漠研究所和原兰州高原大气物理研究所，根据学科定位、机构调整、研究领域交叉融合等原则整合而成，设立七个研究室：冰冻圈与全球变化研究室，沙漠与沙漠化研究室，高原大气物理研究室，冻土与寒区工程研究室，寒旱区水土资源研究室，生态与农业研究室，遥感与地理信息研究室；设立三大研究系统：以实验分析研究为主的实验分析系统，以野外观测试验研究为主的试验观测系统，以信息共享和网络应用、图书编辑服务为主的信息平台系统。为使科研与支撑体系融合成为有机整体，实验室和野外台站均归入到相应研究室。

寒旱所研究领域包括冰川学、冻土学、沙漠与沙漠化学、高原气候与环境动力学、对流风暴和雷电物理学、寒区旱区水文学、寒区旱区生态学等具有鲜明学科特色的领域；并在山地冰川冰芯与寒区环境、极地雪冰与全球变化、冻土理化特性与地下成冰理论、冰土工程与环境、沙漠形成演变与环境变化、风沙物理、沙漠化过程及其防治、寒区旱区水文水资源、干旱区生态环境建设、青藏高原气象、高原与干旱气候形成机制、边界层物理、大气电学和寒区旱区资源利用与可持续发展等方面形成特色优势学科。

截至2013年，寒旱所有1个国家重点实验室：冻土工程国家重点实验室；2个中国科学院重点实验室：冰芯与寒区环境重点实验室和沙漠与沙漠化重点实验室；2个研究所重点实验室：对流风暴和雷电物理实验室和内陆河流域水文与生态实验室。这些实验室组成研究所进行室内精细实验分析的核心支撑。

寒旱所共有在职职工645人，其中，中国科学院院士3人，科研人员347人，科技支撑人员160人，正高级技术人员93人，副高级技术人员146人，进创新岗位人员473人，国家"百千万人才"工程入选者7人，中国科学院"百人计划"入选者34人，国家"杰出青年科学基金"获得者14人，国家"西部之光人才计划"入选者81人。共有在读研究生439人，其中，博士生252人、硕士生187人，在站博士后72人。

到2014年，寒旱所已承担国家"973""863"、国家攻关、重点基金及国家地方的其他科研项目3000余项，取得了丰硕的科研成果。获得国家科学技术进步特等奖3项、国家科学技术进步奖一等奖4项、国家自然科学一等奖3项、国家自然科学科技进步和技术发明二等奖18项、省部级特等奖4项、一等奖38项、二等奖70余项。形成了以西部国土资源环境为研究主体，以寒区、旱区环境与工程研究为专业特色的研究和技术体系。寒旱所主办的刊物有：《冰川冻土》（中文版）、《中国沙漠》（中文版）、《高原气象》（中文版）和《寒区旱区科学》（英文版）。

（王进东）

Zhōngguó Kēxuéyuàn Lánzhōu Gāoyuán Dàqì Wùlǐ Yánjiūsuǒ

中国科学院兰州高原大气物理研究所（Lanzhou Institute of Plateau Atmospheric Physics, Chinese Academy of Sciences） 中国科学院所属研究所，简称兰高所，是1959年5月为探索改变西北干旱途径问题在兰州建立的，其前身为中国科学院地球物理所兰州分所。1962年同冰川冻土研究所合并成立中国科学院云雾物理冰川研究所，同年又分为兰州地球物理研究所和冰川冻土研究所。1974年兰州地球物理所又分为兰州高原大气物理研究所和兰州地震研究所。

兰高所的主要研究领域是青藏高原和西北干旱地区的天气、气候和其他大气物理现象的规律及其与环境的相互影响。包括：在高原气象学方面，发展地形条件下数值天气预报模式，研究青藏高原地区天气系统发生发展的规律及其对中国东部以至北半球天气气候的影响和青藏高原对大气环流的影响规律和机理；在甘肃黑河地区开展地气相互作用的观测实验，研究陆气相互作用与短期气候预测的理论及预测方法；在大气电学的研究工作中侧重雷暴云电结构和闪电结构、机制及闪电辐射的研究，开展雷电观测和火箭引雷研究并逐步开展实验室模拟实验；进行强对流活动的研究，主要包括冰雹云宏观、微观物理过程研究和冰雹形成过程的实验室模拟研究，开展数字化雷达在水文学方面的应用；研究复杂地形条件下，大气污染的输送与扩散的规律和机理，开展大气环流评价工作。

兰高所设有天气动力、云雾物理、气候、大气电学、大气辐射、边界层大气物理、大气环境等研究室和环境评价研究组，以及为科研服务的计算机室、图书情报室，并主办学术季刊《高原气象》。另外，还在平凉冰雹云野外观测实验基地和中国科学院五道梁青藏高原综合考察研究站建有3部气象雷达。

兰高所在高原和干旱区天气、气候及边界层物理、大气辐射、雷暴闪电、雷达气象等研究领域取得了一批科技成果，培养了一批科技人才。在长期预报、地气相互作用、人工引雷、雷电定位应用、双线偏振雷达技术及其应用等方面的研究居国内领先地位。

1999年6月兰高所与当时的中国科学院兰州冰川冻土研究所、中国科学院兰州沙漠研究所整合为中国科学院寒区旱区环境与工程研究所。（见第198页 中国科学院寒区旱区环境与工程研究所）

（王进东）

Zhōngguó Kēxuéyuàn Dìlǐ Kēxué Yǔ Zīyuán Yánjiūsuǒ
中国科学院地理科学与资源研究所
（Institute of Geographic Sciences and Natural Resources Research, Chinese Academy of Sciences） 中国科学院直属的资源环境领域综合性科研事业单位，简称地理资源所。1999年9月由原中国科学院地理研究所（前身是1940年成立的中国地理研究所）和中国科学院自然资源综合考察委员会（1955年成立）整合组建而成。中国地理学会、中国自然资源学会和中国青藏高原研究会挂靠在地理资源所。

地理资源所是地理科学、资源科学、地球信息科学等多学科综合研究机构，优势学科领域有自然地理与全球变化研究，人文地理与区域发展研究，自然资源与环境安全研究，地理信息机理与系统模拟研究，陆地水循环与水资源安全研究，生态系统网络观测与模拟研究，农业政策研究等。地理资源所是国务院学位委员会批准的首批博士、硕士学位授予单位之一。

截至2014年底，地理资源所设有7个博士研究生培养点（自然地理学、人文地理学、地图学与地理信息系统、自然资源学、生态学、农林经济管理、环境科学等），11个硕士研究生培养点（自然地理学、人文地理学、地图学与地理信息系统、自然资源学、气象学、生态学、环境科学等）。设有地理学、生物学、生态学博士后科研流动站。全所共有在职职工584人。其中科研人员450人、科技支撑人员83人，包括中国科学院院士5人、中国工程院院士3人、发展中国家科学院院士3人、研究员及正高级工程技术人员139人、副研究员及高级工程技术人员196人。共有国家杰出青年科学基金获得者18人，中科院"百人计划"入选者29人，"青年千人计划"入选者1人，"西部之光"人才入选者21人，"百千万人才工程"国家级人选7人，国家"万人计划"第一批百千万工程领军人才1人，"外专千人计划"1人。

截至2015年4月，地理资源所拥有1个国家重点实验室：资源与环境信息系统国家重点实验室；4个中国科学院重点实验室：陆地表层格局与模拟院重点实验室、区域可持续发展分析与模拟院重点实验室、生态系统网络观测与模拟院重点实验室、陆地水循环及地表过程院重点实验室；与国土资源部、北京市共建2个省部级重点实验室：资源利用与环境修复重点实验室、农业政策研究中心。

1978年以来，地理资源所主持的项目获国家及省部级科技奖励共253项，其中，获国家科技奖励43项。主持完成的"过去2000年中国气候变化研究"获2012年度国家自然科学二等奖。该研究成果创新了年代至百年尺度气候变化研究方法，揭示了中国过去2000年气候时空变化的基本规律，发展了历史气候变化研究理论，是揭示全球增暖归因、辨识20世纪气候增暖历史地位及预估未来气候变化的科学基础，对推动相关学科发展具有重要意义。由地理资源所负责实施的"中国物候观测网"成立于1962年，在全国不同地理区域进行着系统的观测，积累了全国135个站点不等时间长度的物候观测序列，物候资料被广泛应用于气象和气候研究中。基于"中国物候观测网"的翔实观测资料，科学家初步摸清中国植物物候的时空分布规律以及对近几十年气候变暖的具体响应格局，细致分析了近两千年中国长江和黄河中下游地区冬半年的温度变化等。

地理资源所主办的刊物有《地理学报》（中、英文版）、《地理研究》《地理科学进展》《自然资源学报》《资源科学》《地球信息科学》《资源与生态学报》（英文版）、《中国国家地理》《中国生态旅游》等。

（张国义 刘红辉）

Zhōngguó Nóngyè Kēxuéyuàn Nóngyè Huánjìng Yǔ Kěchíxù Fāzhǎn Yánjiūsuǒ
中国农业科学院农业环境与可持续发展研究所
（Institute of Environment and Sustainable Development in Agriculture, CAAS） 隶属于中国农业科学院

的国家级科研机构。研究所围绕影响和制约现代农业发展的光、温、水、土、气、生等农业环境要素及其时空演变规律和对农业生产的影响，致力于农业环境领域前瞻性、基础性、关键性的科学发现和技术创新，发展农业环境理论和方法，创新农业环境技术和工艺，支撑国家粮食安全、生态安全和现代农业发展。中国农业科学院农业环境与可持续发展研究所2001年组建于北京，其前身是始建于1953年的华北农业科学研究所农业气象组（后更名为农业气象研究所）和成立于1980年的中国农业科学院生物防治研究所。

60多年来，研究所的学科领域已由最初的农业气象学发展成为较为完善的农业气象学和农业环境学学科体系，逐步形成了农业气象学、农业水资源学、农业环境工程学、农业生态学和纳米农业技术应用学等优势和新兴学科，形成了10个人力资源丰富和专业结构合理的科研创新团队。在农业温室气体与减排固碳、气候变化影响与农业气候资源利用、农业气象灾害防御、生物节水与旱作农业、设施植物环境工程、畜牧环境科学与工程、退化及污染农田修复等科学技术领域具有较强的综合实力和竞争优势，在农业水生产力与水环境、农业清洁流域和多功能纳米材料及农业应用等科学技术领域具有较强的发展潜力。

中国农业科学院农业环境与可持续发展研究所现有6个创新研究室，并建有作物高效用水与抗灾减损国家工程实验室、农业部农业环境重点实验室、农业部旱作节水农业重点实验室、农业部设施农业节能与废弃物处理重点实验室、农业部寿阳旱作农业环境与作物高效用水科学观测实验站、农业部畜牧环境设施设备质量监督检验测试中心（北京）、农业部动物产品环境因子风险评估实验室、中日农业技术研究发展中心、中美农业环境中心、中国农业科学院-国际水资源管理研究所水资源管理联合实验室、中国农业科学院-国际半干旱地区热带作物研究所、国际干旱地区农业研究中心旱地农业联合实验室和国际原子能机构环境放射性分析实验室等10余个国家级、省部级、国际合作平台。

从建所至2014年，共承担科研项目（课题）1100余项，获得科技成果奖励127项，其中以第一完成单位获国家科学技术进步奖二等奖8项、三等奖4项，省部级奖71项，出版著作258部，获授权国家专利114项。目前，研究所是国家气候变化谈判农业领域的唯一技术支撑单位，农业部农业防灾减灾专家指导组组长单位，农业部旱作节水农业项目专家组组长单位，水体污染控制与治理重大科技专项总体专家组唯一农业领域专家单位，农业部外来入侵物种环境影响评估咨询专家组成员

单位，多个学科领域国家"973"计划、国家"863"计划项目依托单位和公益性行业科研专项首席科学家单位，农业部农业环境学科群发展与建设的牵头单位，为中国农业可持续发展做出了应有的贡献。在全国农业科研机构综合科研能力评估（2006—2010年）中，全国排名第十，农业环境领域排名第一。

主办的《中国农业气象》杂志是国家科技部中国科技核心期刊，中国科学引文数据库核心期刊，中国学术期刊综合评价数据库来源期刊，中国农业科技论文数据库统计源期刊，中国科学引文数据库（CSCD）核心库来源期刊。

（郝志鹏）

shěngjí qìxiàng kēxué yánjiūsuǒ
省级气象科学研究所

（provincial institutes of meteorology，CMA）经中国气象局批准、由省（自治区、直辖市）气象局管理的事业性研究机构。省级气象科学研究所以针对本省（自治区、直辖市）气象业务服务发展需求开展技术开发和成果转化为主，在其优势领域开展应用研究，是本省（自治区、直辖市）气象科技创新基地，为本省（自治区、直辖市）气象业务服务需求提供坚实的科技支撑，是国家级、区域中心级气象科技成果在本省（自治区、直辖市）的推广应用的中试平台，也是省级科技创新人才的培养基地。

自1978年开始，各省（自治区、直辖市）气象局根据本地气象事业发展的需要陆续建立气象科学机构。截至2014年，除中国气象局直属的8个专业研究所挂靠在相关省（自治区、直辖市）气象局外，还设有25个省级气象科研所（见下表）。中国气象局直属的8个专业研究所主要承担国家级研究任务，同时也承担区域共性业务技术的研究任务。省级气象研究所在研发气象应用技术、推进气象业务建设、提升发展气象服务科技水平和培养气象人才等方面开展了卓有成效的工作，在气象事业发展中发挥了重要作用。

省级气象研究所一览表

序号	机构名称	优势领域
1	天津市气象科学研究所	环渤海海洋气象，沿海城市边界层与大气环境
2	河北省气象科学研究所	设施农业气象，人工影响天气飞机干预天气试验研究
3	山西省气象科学研究所	山西省温室气体，交通气象研究
4	内蒙古自治区气象科学研究所	人工影响天气，航空气象保障技术
5	辽宁省气象科学研究所	农业气象

续表

序号	机构名称	优势领域
6	吉林省气象科学研究所	东北地区灾害性天气气候，东北主要粮食作物农业气象
7	黑龙江省气象科学研究所	生态与农业气象
8	上海市气象科学研究所	沿海城市（群）气象
9	江苏省气象科学研究所	交通气象，雷达气象
10	浙江省气象科学研究所	灾害天气研究，环境气象研究
11	安徽省气象科学研究所	淮河流域农业旱涝灾害关键技术研究，淮河流域中尺度灾害性天气监测预警技术研究
12	福建省气象科学研究所	海峡气象
13	江西省气象科学研究所	南方水稻气象
14	山东省气象科学研究所	黄渤海地区精细化天气预报关键技术
15	河南省气象科学研究所	农业气象
16	湖南省气象科学研究所	超级稻气象保障，暴雨山洪、低温冰冻监测预警评估
17	广西壮族自治区气象减灾研究所	甘蔗气象
18	海南省气象科学研究所	热带农业气象灾害监测预警，热带生态遥感监测
19	重庆市气象科学研究所	山地精细化气象预报，多云雾山区卫星遥感应用
20	贵州省山地环境气候研究所	山地气象灾害预测评估，山地气候资源评估与高效利用
21	云南省气象科学研究所	复杂地形下中尺度数值模式本地化应用研究，季风对低纬高原气候变化影响及极端气候事件研究
22	西藏高原大气环境科学研究所	高原灾害性天气，高原地区卫星遥感应用
23	陕西省气象科学研究所	秦巴山区地形云降水，关中城市群气溶胶与环境气象
24	青海省气象科学研究所	高寒生态气象
25	宁夏回族自治区气象科学研究所	特色农业气象

（丁顺清）

Zāihài Tiānqì Guójiā Zhòngdiǎn Shíyànshì
灾害天气国家重点实验室（State Key Laboratory of Severe Weather）

2004年11月经科技部批准正式组建，依托单位为中国气象科学研究院，是目前中国气象局唯一的国家重点实验室。

实验室研究重点是围绕气象业务发展需求，开展灾害天气机理及监测与预测理论和方法研究。围绕重点研究领域，设立了灾害天气监测与资料融合、灾害天气的演变规律、灾害天气模拟及预报理论与方法、灾害天气精细化预报中试应用4个研究方向。根据研究目标和研究方向，组建了灾害天气监测理论和物理过程研究团队、灾害天气动力学理论研究团队、数值模式和资料同化研究团队3个研究团队，1个信息技术部和1个外场试验观测部。

实验室组建以来，研制或联合研制了毫米波、激光、相控阵、连续波等雷达及云自动观测、雷电探测系统，具备了较为系统的边界层和大气水物质综合观测能力。与相关省市气象局合作，建立了广东、上海、湖北、安徽灾害天气中尺度试验基地和广州雷电外场试验基地及青藏高原综合气象观测基地；建立了数值模式研发和应用平台及灾害天气数据库。

实验室国内外交流活跃，与美国、加拿大、澳大利亚、日本、韩国、俄罗斯等国家的研究机构或大学建立了良好的合作关系，同时与国内多个科研、业务单位和高校也建立了紧密的合作关系。

2006—2014年，实验室主持承担了国家"973"计划项目、国家科技支撑计划项目、国家基金委重大项目、国家重大行业专项项目等国家级重大项目的研究；在雷达遥感与监测技术，雷电监测、预警预报和防护技术，云自动化监测技术，梅雨暴雨、华南暴雨和台风暴雨等灾害性天气机理，东亚季风变异机理，青藏高原对天气气候的影响，数值模式研发等方面取得了系列创新成果；获得国家科学技术进步奖二等奖3项，国家基金委创新群体1个、杰出青年1人。平均每年发表论文80余篇，其中SCI（E）（《科学引文索引（扩展版）》）论文40余篇，有多人在20多个国际国内学术组织任职。

实验室拥有固定人员67人，其中院士3名，正研级研究人员28人，拥有博士学历49人。每年培养硕博研究生、博士后30余人，每年接待访问学者20余人。

（赵平）

Dàqì Kēxué Hé Dìqiú Liútǐ Lìxué Shùzhí Mónǐ Guójiā Zhòngdiǎn Shíyànshì
大气科学和地球流体力学数值模拟国家重点实验室

（State Key Laboratory of Numerical Modeling for Atmospheric Sciences and Geophysical Fluid Dynamics, LASG） 实验室成立于1985年，同年9月正式对外开放，1989年晋升为国家重点实验室，依托中国科学院大气物理研究所。在1988年、1992年、1996年、2000年、2005年、2010年的国家评估中，连续6次获得"优秀国家重点实验室"称号（其中2005年在第5次国家评估中免评获优），1990年被国家计划委员会和中国科学院授予"先进集体"称号，1994年获国家计划委员会金牛奖，2004年获科技部"国家重点实验室计划先进集体"（金牛奖）。2011年获科技部"十一五"国家科技计划执行优秀团队奖。

LASG是国内大气科学领域唯一从事气候问题基础研究的国家重点实验室，在数值模式的自主研发和天气气候动力学、天气气候可预报性以及计算地球流体力学的创新研究方面起重要作用。在人才培养方面，实验室在注重自身杰出人才培养的同时，积极为国内相关单位输送优秀人才，为全国大气科学的整体发展起到了推动作用。在国家需求方面，实验室为国家科技计划（如国家应对气候变化科技发展规划、国家基础研究重大战略需求建议）的制订和决策提供了咨询。在国际科技竞争方面，实验室积极参与重大国际研究计划的决策和活动，提升了中国大气科学家在国际上的话语权。

实验室当前的研究方向为：地球流体（大气和海洋）宏观演变规律和机理的系统理论；天气和气候动力学理论，掌握天气气候系统变化规律及其异常的发生机制；发展模块化地球系统模式和区域模式系统，开展数值模拟研究，为提高预测能力、预防和减轻天气气候灾害、合理利用气候和水资源提供新理论新方法。实验室的重点研究领域为：地球系统模式研发与应用研究；天气气候动力学；天气气候可预报性；地球流体力学，并确定气候问题的研究为未来5年的重点研究内容。

实验室坚持"数值模拟""理论研究"和"诊断分析"三者的紧密结合，针对大气科学和地球流体力学中的关键科学问题，瞄准天气气候动力学与可预报性研究的国际前沿，面向气候数值模拟与天气气候预测的国家需求和国际竞争，发展数值模式，开展基础性和前瞻性研究，在强调研究工作源头创新性的同时，注重优秀人才的培养和人才梯队的建设，在不断提高自身科研竞争力的同时，进一步扩大在国际上的影响，积极参与重大国际研究计划的活动与决策。

从成立至2014年，LASG共获得国家级和省部级奖励共27项，其中国家奖6项（二等奖3项，三等奖3项），中国科学院一等奖11项（自然科学奖6项，科学技术进步奖5项）。

截至2014年，实验室拥有固定成员28人，其中院士5人，研究员级22人；流动站成员43人；行政、支撑人员9人。1996—2014年，实验室新当选中科院院士6人，中国青年科学家奖1人，中国青年科技奖2人，培养杰出青年8人，中科院"百人计划"7人，全国百篇优秀博士论文奖获得者3人，中科院十大杰出青年3人，中科院青年科学家奖5人，已有一批青年人成为中国大气科学领域的科研骨干和学术带头人。

（潘静）

Dàqì Biānjiècéng Wùlǐ Hé Dàqì Huàxué Guójiā Zhòngdiǎn Shíyànshì

大气边界层物理和大气化学国家重点实验室（State Key Laboratory of Atmospheric Boundary Layer Physics and Atmospheric Chemistry，LAPC） 实验室于1988年开始筹建，1991年正式成立并对外开放，依托中国科学院大气物理研究所。1995年通过国家计划委员会验收，并在2000年、2005年、2010年的国家评估中，连续获得良好成绩。

实验室定位于低层大气中物理和化学过程的基础研究。研究方向包括大气边界层物理、碳氮生物地球化学循环、大气化学与大气环境、大气化学与气候变化等方面。实验室面向国际学科发展前沿和国家发展需求，坚持观测实验、理论分析和数值模拟相结合，引领中国大气边界层物理和大气化学学科发展与交叉，培养杰出人才，建设优秀团队，在大气边界层基础理论、大气化学模式发展与应用、海洋地球生物化学循环关键过程、大气化学过程与气候变化相互影响等关键研究领域，开展关键性、前瞻性的基础和应用基础研究，成为此领域代表国家水平、具有国际影响力的一流国家重点实验室。同时作为大气边界层物理和大气化学学科发展、人才培养和应用研发基地，为社会和经济可持续发展服务，为国家气候和环境外交提供科学支撑。

实验室先后主持了多项国家级重大科研项目，包括"973"项目"典型流域陆地生态系统-大气碳氮气体交换关键过程、规律与调控原理""大气污染物的理化特征及其与气候系统相互作用""城市边界层理化结构与成霾交互作用机制研究"；实验室同时承担着中国科学院战略先导专项A类和B类的重要科研任务，为国家气候和环境外交做出了贡献。

实验室一方面坚持开展大气边界层物理和大气化学的基础理论研究，另一方面紧紧围绕国家在气候和环境两大领域的重大需求，在影响气候变化最为重要的温室气体（二氧化碳、甲烷等）和气溶胶以及影响环境变化最为重要的空气污染这两个关键问题上取得了重要科研成果。关于稻田甲烷的长期研究，以充分证据改变了国际上对中国稻田甲烷排放总量的估算，依据LAPC的研究结果，政府间气候变化专门委员会（IPCC）承认并改正了对中国和全球稻田甲烷排放总量估计过高的错误，为维护中国的粮食安全作出了重要贡献。实验室建立和完善了以北京325 m气象塔为主的、点面结合的大气边界层和大气环境综合观测系统，积累了一大批宝贵的观测资料，在非均匀复杂下垫面边界层结构、大气湍流理论、边界层阵风起沙机理、地气交换过程及其参数化和数值模拟等方面，取得了一系列重要的研究结果。

实验室开创了中国城市空气污染数值预报模式的研究工作，研制出中国自主知识产权的第一套空气污染数值预报模式系统，被国家环保总局和中国气象局联合向全国47个重点城市推广应用，为城市空气污染预报、沙尘暴预测和环境质量评价作出了重要贡献。实验室通过中国科学院和北京市环保局"北京及周边地区大气环境监测和预警联合行动计划"，成为京津冀城市群区域大气污染研究主力军团，为保障第29届奥运会在北京的顺利召开作出了重要贡献。2013年实验室研发了霾预报预警业务平台，并在霾生消机理方面取得了重要成果，为中国的霾污染研究做出了重大贡献。

2010—2014年8月，实验室发表SCI（《科学引文索引》）论文300余篇、申请专利和软件著作权10余项。

（谢付莹）

Huánjìng Mónǐ Yǔ Wūrǎn Kàngzhì Guójiā Zhòngdiǎn Liánhé Shíyànshì Běijīng Dàxué Fēnshì

环境模拟与污染控制国家重点联合实验室北京大学分室（State Key Joint Laboratory of Environmental Simulation and Pollution Control（Peking University）） 1989年开始建设，1995年10月通过国家验收，正式挂牌为国家重点实验室，是环境模拟与污染控制国家重点联合实验室的四个分室之一，又称大气环境模拟国家重点实验室，依托于北京大学环境科学与工程学院。2001年与深圳市政府合作在深圳市北京大学深港产学研基地建立大气环境模拟国家重点实验室深圳分室。

实验室研究领域是大气环境化学和大气环境模拟与控制两个特色领域；研究方向包括区域大气复合污染与气候及全球变化、大气环境过程模拟、大气污染源与污染控制技术及对策、大气物理观测技术、大气污染的健康效应。

实验室重视基础设施的能力建设，形成了以现场测量、实验室模拟和数值模型为研究手段的大气化学与大气环境研究平台，具有先进的外场实时在线观测技术，而且拥有大气化学反应模拟、大气边界层物理过程的风洞模拟、微量物质地气交换通量的微气象测量等独特手段。正在建设的"大气环境与全球变化"和"环境与健康"两个"985"研究平台，分别在北京大学和河北坝上建立了城市和区域大气环境观测站，拥有两个流动观测集装箱实验室和用于环境与健康研究的流动观测车。

近年来对大气细粒子污染和城市区域污染控制开展了系列研究，并率先提出"大气复合污染"的概念。对这一问题的深入研究，对解决中国大气污染问题具有重要指导意义，也极大丰富了大气环境化学的理论。

实验室主持"973"项目7项、"863"项目6项及一批国家自然科学基金项目。2002—2014年，获得省部级以上奖励11项，获得发明专利6项，出版专著5部，发表SCI（《科学引文索引》）论文一批。

截至2014年，实验室研究团队拥有30人，其中院士、长江学者各1人，教授级9人。

（高云　何勇）

bùmén zhòngdiǎn shíyànshì

部门重点实验室（key laboratories of CMA） 各相关部门设立的气象领域重点实验室，包括中国气象局部门重点实验室和教育部、中国科学院、农业部、省（自治区、直辖市）政府等气象类重点实验室。

中国气象局部门重点实验室 现代气象业务体系和气象科技创新体系的重要组成部分，是在关键技术领域抢占科技制高点、提升核心竞争力和业务支撑能力的重要力量，是通过开放合作在优势研究方向组织气象科技研发、技术集成、科技成果中试与转化、汇聚和培养优秀科技人才、稳定和发展科技创新团队、开展高水平学术交流的重要基地。重点实验室的主要任务是围绕气象事业发展目标，面向气象科技发展需求和国际科技前沿，针对制约现代气象业务发展的重大关键科技问题，在优势领域开展创新性研究和技术集成，吸引和培养优秀科技人才，开展气象科技成果业务转化，为提高现代气象业务水平提供强有力的科技支撑。中国气象局从1989年开始建立部门重点实验室，2012年重新修订出台了《中国气象局重点开放实验室建设与运行管理办法》，经过多年发展，截至2014年，中国气象局共有部门重点实验室16个，其中已建重点实验室（含工程技术中心研究中心）12个，批准在建重点实验室4个，分布在天气、卫星遥感与空间天气、大气物理、大气化学、气象探测、生态与农业气象、气候与气候变化等专业领域内。另外还有部分中国气象局与地方共建实验室。

教育部重点实验室 教育部科技创新体系的重要组成部分，是组织高水平基础研究和应用基础研究、聚集和培养优秀科学家、开展学术交流的重要基地。气象行业相关的重点实验室主要面向国际科技前沿，围绕气象相关重大科技问题，开展创新性研究，培养创新性人才，获取原始创新成果。目前教育部重点实验室序列气象相关实验室主要分布在海气相互作用、半干旱气候变化、中尺度灾害天气等专业领域。

中国科学院重点实验室 中国科学院基础研究和高技术创新的重要力量。其中气象相关实验室主要坚持基础性研究定位，目标在于围绕专业领域取得有国际影响的原创性科研成果。实验室主要分布在东亚区域气候、中层大气、陆面过程与气候变化、云降水与强风暴等专业领域。

农业部重点实验室 农业部科技创新体系中的重要组成部分，主要针对农业环境领域的科学问题和现代农业发展的重大需求，重点开展学科领域共性和区域重大关键技术的协同创新，开展长期的科学观测、科学试验和技术示范，引领农业环境科技进步，支撑现代农业发展。其中与气象相关的实验室主要关注气候变化对农业影响及农业适应气候变化机理、农业气象灾害发生规律及减灾对策方面的研究。

各部门重点实验室具体情况见下表。

各部门重点实验室情况

序号	实验室名称	依托单位名称	成立年份
1	物理海洋教育部重点实验室	中国海洋大学	1987
2	中国气象局大气化学重点开放实验室	中国气象科学研究院	1989
3	中国气象局云雾物理环境重点开放实验室	中国气象科学研究院	1989
4	中尺度灾害性天气教育部重点实验室	南京大学	1991
5	中国气象局气候研究开放实验室	国家气候中心	1994
6	中国科学院东亚区域气候—环境重点实验室	中国科学院大气物理研究所	1995
7	中国科学院中层大气和全球环境探测重点实验室	中国科学院大气物理研究所	1995
8	气象灾害教育部重点实验室	南京气象学院	1995
9	甘肃省干旱气候变化与减灾重点实验室	中国气象局兰州干旱气象研究所 兰州大学 中国科学院寒区旱区环境与工程研究所	2003
10	中国气象局干旱气候变化与减灾重点实验室	甘肃省气象局	2005
11	中国气象局区域数值天气预报重点实验室	广东省气象局	2005
12	中国气象局中国遥感卫星辐射测量和定标重点开放实验室	国家卫星气象中心	2005
13	中国气象局台风数值预报重点实验室	上海市气象局	2005
14	中国气象局大气探测重点开放实验室	成都信息工程学院	2005
15	中国气象局树木年轮理化研究重点开放实验室	新疆维吾尔自治区气象局	2005

续表

序号	实验室名称	依托单位名称	成立年份
16	中国科学院云降水物理与强风暴重点实验室	中国科学院大气物理研究所	2005
17	中国气象局气溶胶与云降水重点实验室	南京信息工程大学	2007
18	半干旱气候变化教育部重点实验室	兰州大学	2008
19	中国气象局农业气象保障与应用技术重点开放实验室	河南省气象局	2009
20	中国气象局气象探测工程技术研究中心	中国气象局气象探测中心	2010
21	中国科学院寒旱区陆面过程与气候变化重点实验室	中国科学院寒区旱区环境与工程研究所	2010
22	农业部农业环境与气候变化重点开放实验室	中国农业科学院农业环境与可持续发展研究所	2011
23	中国气象局空间天气重点开放实验室	国家卫星气象中心	2014
24	中国气象局上海城市气候变化应对重点开放实验室	同济大学、上海市气象局	2014
25	中国气象局旱区特色农业气象灾害监测预警与风险管理重点实验室	宁夏回族自治区气象局	2014
26	中国气象局交通气象重点开放实验室	江苏省气象局	2015

（高云　何勇）

重大科技研究开发及成果应用

Guójiā Zhòngdiǎn Jīchǔ Yánjiū Fāzhǎn Jìhuà（"973" Jìhuà）qìxiàng xiāngguān xiàngmù

国家重点基础研究发展计划（"973"计划）气象相关项目（key related meteorological projects of Chinese National Programs for Fundamental Research and Development，"973" Program）　1997年中国政府采纳科学家的建议，决定制定国家重点基础研究发展规划（"973"计划），开展面向国家重大需求的重点基础研究。截至2015年底，中国气象局共立过12项国家重点基础研究发展计划项目。通过项目的实施，气象部门显著提升了大气科学基础研究创新能力和研究水平，培养和锻炼了一支优秀的基础研究队伍，形成了一批高水平的研究基地，为气象事业可持续发展提供了科学支撑。

中国重大天气灾害形成机理和预测理论研究　该项目1998年立项，由倪允琪任首席科学家，中国气象科学研究院承担。项目提出了基于多种实时观测资料的梅雨锋中尺度暴雨多尺度物理模型，在中尺度暴雨系统的定量卫星遥感反演、多普勒雷达探测和反演理论和方法上取得重大进展，研制了新一代非静力中尺度数值预报模式，并发展研制了云模式、边界层模式以及三维变分同化系统。该项目获 2006 年度国家科学技术进步奖二等奖。

首都北京及周边地区大气、水、土环境污染机理与调控原理

该项目 1999 年立项，由徐祥德任大气部分首席科学家，中国气象科学研究院承担。项目建立了北京城市边界层大气污染三维立体综合模型及其数据库，发现了城市不同区域、不同污染物"空气穹隆"三维结构的相关性及其时空变化同相位、多尺度特征，揭示了周边跨省（市）城市群落大气污染源对北京城市大气环境的重要影响及大气污染物远距离输送效应。

中国南方致洪暴雨监测与预测的理论和方法研究

该项目 2004 年立项，由张人禾任首席科学家，中国气象科学研究院承担。项目提出了引发南方暴雨的天气学模型，以及持续性暴雨形成的异常气候背景和物理模型，提出了反演三维温、湿廓线的理论和方法，利用双雷达资料反演出中国华南飑线的三维结构和登陆台风内部的中尺度结构，发展了双偏振雷达与毫米波云雾雷达的反演理论和方法，改进和完善了 GRAPES-Meso 中尺度暴雨数值预报模式系统，自主发展了一种新的四维变分同化系统（HFP-4DVar），形成了华南、华中、江淮和长三角观测区的 5 km（3 km）和 3 小时（1 小时）中尺度再分析场。

中国大气气溶胶及其气候效应的研究

该项目 2006 年立项，由张小曳任首席科学家，中国气象科学研究院承担。项目已经在认识不同区域能见度与关键气溶胶组分的关系方面取得明显进展，初步建立了中国区域性霾天气数值预报系统（CUACE/Haze），研究了气溶胶光学特性及其垂直分布的中长期变化特征，初步实现了研发的气溶胶数值模式系统（CUACE/Aero 1.0）与国家气候中心气候系统模式（BCC_AGCM 1.0）的双向耦合，在获得合理表达气溶胶-云相互关系的参数化方案方面积累了大量的分析资料。

台风登陆前后异常变化及机理研究

该项目 2009 年立项，由端义宏任首席科学家，中国气象局上海台风研究所承担。项目围绕台风登陆前后异常变化及成灾机理这一核心主题开展研究，通过台风登陆过程的外场科学试验研究、台风登陆前后精细结构综合分析理论和方法、登陆台风海-陆-气边界层结构及其演变特征、海-陆-气相互作用对台风登陆前后异常变化的影响机理、台风环流内中尺度系统的活动及其对台风登陆前后异常变化的影响机理、台风登陆过程数值预报方法等的研究，提高了对登陆中国台风的认识和预报能力。

气溶胶-云-辐射反馈过程及其与亚洲季风相互作用的研究

该项目 2011 年立项，由张小曳任首席科学家，中国气象科学研究院承担。项目阐明中国陆地各种气溶胶排放、化学组成、时空分布。开展国际上尚缺乏的高气溶胶浓度及混合变化复杂区域气溶胶混合、吸湿增长和活化成云凝结核及其与粒度和化学组成联系的系统研究。发现混合气溶胶潮解点提前，吸湿增长变小、化学组成对气溶胶是否成为云凝结核有显著影响等重要现象；初步形成包含气溶胶对云-辐射-降水影响及其反馈机制的气溶胶化学系统，建立了中国雾-霾数值预报系统；通过发展中国自主建立的气溶胶-全球气候模式系统，进一步得出了对全球大气气溶胶辐射强迫的独立研究结论，已被世界气象组织政府间气候变化专门委员会第五次评估报告（IPCC AR5）引用。首次发表季风影响气溶胶的成果，并获得系列气溶胶-亚洲季风相互作用的研究进展。

我国持续性重大天气异常形成机理与预测理论和方法研究

该项目 2012 年立项，由翟盘茂任首席科学家，中国气象科学研究院承担。项目确定了 1950—2010 年中国夏季强降水和冬季持续性低温雨雪、冰冻天气发生过程，研制了江淮流域夏季持续性强降水稳定的大尺度环流配置概念模型；分析了青藏高原动力、热力强迫对夏季行星尺度和天气尺度大气环流的异常影响，研究揭示了海-陆-气相互作用过程对南方夏季降水的明显影响，完成了西南涡加密观测试验设计；提出了一个预报时效为 1~2 周的持续性重大天气异常的动力预报系统的试验框架方案。基于国内 T639 高分辨率数值模式，研究开发了增长模繁殖法生成初始扰动的集合预报技术，发展了延长预报时效的统计动力学方法。

高分辨率气候系统模式的研制与评估

该项目 2010 年立项，由宇如聪任首席科学家，国家气候中心承担。项目建成了高分辨大气环流模式初级版本，并改进了物理过程；初步建立了基于混合坐标海洋模式（HYCOM）的全球大洋环流模式；完成了高分辨率气候系统模式雏形，并初步检验评估了模式的基本性能；建立了云-气溶胶-辐射集合模拟系统和多通量集合耦合模式系统；气候模式评估系统研究取得重要进展，对多个模式模拟性能和多种物理过程与物理参数对模式模拟性能影响进行了评估。

全球气候变化对气候灾害的影响及区域适应研究

该项目 2012 年立项，由宋连春任首席科学家，国家气候中心承担。项目初步完成了重大灾害性天气事件的机理分析；揭示了在全球变暖背景下中国夏季主雨带与前

冬来临时间的内在联系，建立了前冬来临早晚与主雨带位置的机理模型，预测了2012年汛期降水；提出了一种旱涝转折预测的非线性预测方法；建立了初步的脆弱性指标体系，并完成了中国主要研究区暴雨洪涝致灾阈值的初步研究；完成了典型农作物在增暖背景下的适应干旱的机理，并建立了相应的适应技术指标体系；构建了社会、经济适应能力评价体系，并初步确定了能源部门适应技术途径。

天文与地球运动因子对气候变化的影响 该项目2012年立项，由肖子牛任首席科学家，中国气象局气象干部培训学院承担。项目研究分析了太阳辐射、紫外线、宇宙射线和地球日长等影响气候变化的天文和地球运动因子与气候的联系；研究了太阳黑子、耀斑、宇宙线沉降和总辐射对海洋、大气影响的空间差异性，以及地球自转日长变化、山脉力矩和摩擦力矩变化的空间特征，初步探索了一些关键的作用过程和关键地区；引进调试了国外的通用地球系统模式CESM和国内自主研发的IAP-CSM模式。

气候变暖背景下我国南方旱涝灾害的变化规律和机理及其影响与对策 该项目2013年立项，由李维京任首席科学家，国家气候中心承担。项目初步揭示了气候变暖背景下南方旱涝灾害变化的新规律；系统分析了亚洲季风系统格局和水分循环的年代际变化及对我国南方旱涝的影响；揭示了南方旱涝与影响因子关系的年代际变化和成因；揭示了气候变暖背景下南方旱涝模式预测的不确定性，初步研发了旱涝模式预测误差订正的理论和方法；建立了南方旱涝对农业和水资源的影响评估模型和风险评估方法，提出了旱涝灾害断链式风险控制的初步策略。

登陆台风精细结构的观测、预报与影响评估 该项目2015年立项，由端义宏任首席科学家，中国气象科学研究院承担。旨在从台风的环境因子、内部自身结构演变及二者相互作用的观点出发，揭示登陆台风精细结构的演变机理及其结构演变如何影响台风风雨强度和分布；发展高分辨率台风数值预报模式；提出改进台风大风、暴雨强度和分布预报、灾害影响预评估的理论和方法；建立台风精细化结构预报和影响评估一体化示范平台，提高登陆台风精细结构的模拟、预报和影响评估能力。

（罗云峰　余建锐）

Guójiā Gāojìshù Yánjiū Fāzhǎn Jìhuà（"863"Jìhuà）qìxiàng xiāngguān xiàngmù

国家高技术研究发展计划（"863"计划）气象相关项目（key related meteorological projects of National Programs for High Technology Research and Development, "863" Program） 1986年3月，面对世界高技术蓬勃发展、国际竞争日趋激烈的严峻挑战，王大珩、王淦昌、杨嘉墀和陈芳允4位科学家提出《关于跟踪研究外国战略性高技术发展的建议》。党中央、国务院1986年11月批准启动实施"国家高技术研究发展计划"（"863"计划）。截至2015年底，中国气象局共立过4项国家高技术研究发展计划项目。气象部门通过实施"863"计划项目，有力地促进了气象高技术及其产业的发展。

机载气象雷达云雨探测系统（2006—2012年） 该项目由李柏任首席科学家，中国气象局气象探测中心承担。项目在国内首次开展机载气象雷达云雨探测系统的研制工作，以机动的飞机作为搭载平台，用气象雷达实现对多种天气系统和云发展过程的三维结构进行连续、精细、定量、多要素、多视角的综合探测，从而获得比较完整、准确的系统过程信息，填补了空基雷达探测的空白，提高了中国对灾害性天气系统的监测和预警能力。

多源光谱层析及三维数值大气关键技术（2012—2014年） 该项目由杨军任首席科学家，国家卫星气象中心承担。项目以风云气象卫星观测数据为基础，开展气象卫星数据一体化定标、大气辐射传输模式快速构建、三维大气光谱层析与复合解析、多源多尺度遥感产品融合、云图仿真模拟与预测等关键技术研究，研制全球三维大气信息动态更新与可视化分析服务平台，提升了中国在气象信息综合提取、仿真模拟、三维可视化等方面的自主创新能力。

空间灾害性天气监测与典型效应评估关键技术（2012—2014年） 该项目由张效信任首席科学家，国家卫星气象中心承担。项目以提升中国空间天气监测与预警技术水平为目标，开展新型电离层天气非相干散射软件雷达探测、电离层结构时空演化特征及反演、通信质量无源组网监测、多源卫星信号电离层闪烁组网监测、长距离电网地磁感应监测等核心关键技术研究，构建电离层特征结构和变化要素数据库，开展面向通信、电力领域空间天气灾害监测预警示范。

空间辐射测量基准源研制（2015—2017年） 该项目由张鹏任首席科学家，国家卫星气象中心承担。针对国产卫星定标精度和稳定度不足以满足定量应用和气候变化研究的技术问题，以突破月球可见光定标关键技术为目标，研制基于月球反射的可见光谱段月球定标技术系统，投入业务应用，实现在轨卫星定标检验。解决近期高精度星载定标器设计及远期空间辐射基准载荷研制核心技术问题。

（王金星　张洁）

Guójiā Kējì Zhīchēng Jìhuà qìxiàng xiāngguān xiàngmù

国家科技支撑计划气象相关项目（key related meteorological projects of National Key Technology Support Program） 该计划为贯彻落实《国家中长期科学和技术发展规划纲要（2006—2020年）》的任务，主要面向国民经济和社会发展需求，集成全国优势科技资源进行统筹部署，重点解决经济社会发展中的重大科技问题。截至2015年底，中国气象局共立过12项国家科技支撑计划项目。气象部门通过项目实施，在一批关键技术上取得了重大突破。

灾害天气精细数值预报系统及短期气候集合预测研究（2006—2010年） 该项目由陈德辉任首席科学家，中国气象科学研究院承担。项目在国内自主研发的新一代气象业务数值预报系统的基础上，自主研发并建立了区域中尺度数值预报系统（GRAPES-Meso）（15 km分辨率）、精细尺度数值预报模式系统（3～5 km分辨率）、交互式观测-预报系统和月季尺度短期气候集合预测系统，精细灾害天气数值预报和短期集合气候预测技术，提高了中国数值天气预报与气候预测的业务能力。

人工影响天气关键技术与装备研发（2006—2010年） 该项目由郭学良任首席科学家，中国气象科学研究院承担。项目研制了混合云和暖云增雨催化作业技术，建成了混合云催化焰剂成核率检测装备，研发出一种暖云人工增雨焰剂催化剂和一套无人驾驶飞机人工增雨催化作业技术。项目成果在北京举办的奥运会及残奥会开、闭幕式的人工消减雨工作中得到成功运用。

农业重大气象灾害监测预警与调控技术研究（2006—2010年） 该项目由王春乙任首席科学家，中国气象科学研究院承担。项目研制了基于天基（250 km分辨率卫星资料）和空基、地基和下垫面多元信息的灾害立体监测技术方法，研制了基于植物机理模型、区域气候模式、3S（遥感技术（RS）、地理信息系统（GIS）、全球定位系统（GPS））等高新技术与常规技术相结合的灾害预警技术；建立了长、中、短期相链接的农业重大气象灾害预警技术体系；提出了农业灾害区划和农作物宏观布局方案，以及农作物种植结构优化模型；建立了重大农业气象灾害对农业的影响评估模型，并提出了森林可燃物综合管理与生态调控方案。研究成果在农业气象灾害咨询与指导服务中，取得了良好的社会效益。

中国主要极端天气气候事件及重大气象灾害的监测、检测和预测关键技术研究（2007—2011年） 该项目由宋连春任首席科学家，国家气候中心承担。项目建立了中国极端气候事件指标体系、极端天气气候事件的综合指数及一套海-陆-气-冰多圈层气候系统模式，为极端气候事件的模拟提供有效的模式工具；利用模式模拟结果和实际观测资料，开展了典型极端天气气候事件的成因与机理研究，探明了低温雨雪冰冻、高温热浪、干旱等重大极端事件的成因和机理；开展了区域性极端事件客观识别方法的研究，提出了"糖葫芦串"模型，基于此模型发展了区域性极端天气气候事件客观识别方法；建立了高温热浪对人体健康、暴雨对道路交通、强降水对地质灾害的影响评估模型，气象灾害对农业和水利行业影响的风险评估指标体系与评估模型。

京津冀城市群高影响天气预报中的关键技术研究（2008—2012年） 该项目由王迎春任首席科学家，中国气象局北京城市气象研究所承担。项目成果系统地揭示了京津冀城市群局地暴雨、浓雾、降雪三类高影响天气的形成机理，形成了三类高影响天气的关键预报因子和精细化天气概念预报模型；开展了京津冀城市群时空加密的外场风廓线观测实验研究，提出了适合京津冀地区的边界层参数化方案；建立了适用于京津冀业务预报模式变分同化系统的雷达及地基GPS（全球定位系统）观测资料的预处理模块；建立了能够反映京津冀城市群复杂下垫面特征的高分辨率陆面基础数据集，研发了城市陆面资料同化系统和城市冠层参数化方案；构建了耦合城市冠层参数化方案、陆面参数化方案、城市边界层参数化方案，具备同化雷达径向风、反射率以及地基GPS斜路径延迟等高时空分辨率观测资料的城市群高影响天气数值预报模式系统（BJ-RUCV2.0）。

沙尘暴遥感监测与预报集成技术研究（2008—2011年） 该项目由卢乃锰任首席科学家，国家卫星气象中心承担。项目突破了风云二号气象卫星双星沙尘暴遥感监测关键技术，开发了静止气象卫星高频次全自动沙尘暴遥感监测方法和风云三号气象卫星多载荷沙尘暴监测算法和软件，建立了基于新的卫星资料的沙尘暴数值同化系统，监测范围覆盖全球，沙尘暴漏判率和误判率均小于15%；优化了现有的亚洲沙尘暴数值预报系统，预报空报、漏报率减少5%；建立了以GRAPES（全球/区域同化和预报增强系统）为天气模式的具有自主知识产权的亚洲沙尘暴数值预报系统，并利用其完成的沙尘暴数值预报系统，研究中国地区沙尘气溶胶对天气的影响；建立了西北地区沙尘暴影响综合评价指标体系，建立了卫星遥感、数值预报与GIS（地理信息系统）集成的西北沙尘暴卫星遥感监测与影响评估业务服务系统。

持续性异常气象事件预测业务技术研究（2009—2013年） 该项目由王永光任首席科学家，国家气候中心承担。项目主要针对2008年初低温、雨雪、冰冻等持续性异常气象事件中所表现出的业务中的薄弱环节，以冬季持续性低温、雨雪，夏季持续性强降水和持续高温热浪等为主要研究对象，以温度和降水为核心要素，系统地研究了具有持续性特征的异常气象事件的监测技术、影响信号（包括异常事件自身信号和前兆影响信号）的提取技术和10~30天延伸期预报的关键技术，并在此基础上，集成和初步建立针对10~30天延伸期持续性异常气象事件的监测与预报一体化的业务技术系统。

农林气象灾害监测预警与防控关键技术研究（2011—2015年） 该项目由王春乙任首席科学家，中国气象科学研究院承担。项目建立了国内重大农林气象灾害立体监测体系，开发了动态预警和灾损评估服务系统；研制了农业干旱和农业低温灾害的减灾管理关键技术，并提出了科学的防御对策；研究了主要农区的突发性灾害天气发生规律，研制了突发性灾害天气对农业影响评估技术。通过项目研究显著提高了重大农林气象灾害的监测预警能力，使灾害监测预警的时效性、准确率和灾害的调控能力得到进一步加强，为促进全国农业经济的可持续发展和社会主义新农村建设提供科技支撑。

全球中期数值预报技术开发及应用（2012—2016年） 该项目由沈学顺任首席科学家，国家气象中心承担。项目将在现有GRAPES全球模式的基础上，通过动力框架关键技术的自主研发、影响数值预报水平的关键物理过程的引进、消化、吸收和再创新，形成适合于高分辨率、长时效的GRAPES全球中期数值预报模式系统，并在业务中得到应用；项目还研究和集成多源气象资料的质量控制技术、常规气象观测资料序列的均一性检验和订正技术、气象卫星资料的标准化处理技术、优化多普勒天气雷达反演降水技术、多源气象资料融合技术等，形成气象资料质量控制和产品实时生成业务系统、基于气象产品和地理信息技术等的业务平台。

气象影视图形制作播出技术研究与应用（2012—2014年） 该项目由朱定真任首席科学家，华风气象传媒集团有限责任公司承担。项目开展气象影视图形图像制作播出系统平台数据标准和气象数据影视产品加工应用的标准规范体系研究；开展气象影视图形图像制作播出关键技术研究，完成系统和产品研发；研究成果在36个省级气象影视制作单位、100多个地级气象影视制作单位推广使用。

我国雾-霾监测与不同分辨率数值预报业务系统研究（2014—2016年） 该项目由周春红任首席科学家，中国气象科学研究院承担。揭示了多组分气溶胶的辐射反馈和对云和降水的间接反馈机制，实现了气溶胶-云凝结核-云-辐射-降水一体化的耦合，建立了气溶胶双向反馈机制。建立了以2012年为基准年的排放源基础数据库，可为中国气象局大气化学和环境一体化模式（CUACE）模式提供不同时间和空间分辨率的排放源输入。开发了高分辨率（9 km和3 km）的雾-霾数值预报和同化系统。

中期天气预报关键技术研究（2015—2019年） 该项目由魏丽任首席科学家，国家气象中心承担。针对我国中期天气预报业务薄弱环节，以提高中期预报技术水平为目标，分析重大灾害性天气的中期过程发生规律及其形成的关键因素和机理；研究中期延伸期预报理论和方法；发展10~20天延伸期天气预报技术、集合预报系统中期概率预报技术；从集合预报产品应用、过程累计降水量预报、中期灾害性天气过程及技术集成系统和示范平台等方面实现技术突破。

（王金星　佘建锐）

Guójiā Kējì Gōngguān Jìhuà qìxiàng xiāngguān xiàngmù

国家科技攻关计划气象相关项目（key related meteorological projects of National Program for Science and Technology Development） 该计划是第一个国家科技计划，1982年开始实施。这项计划以促进产业技术升级、解决社会公益性行业重大技术问题为主攻方向，通过关键共性技术的突破、引进技术的创新、高新技术的应用，为产业结构调整、人民生活质量提高及社会可持续发展提供技术支撑。2006年在国家科技攻关计划的基础上，设立国家科技支撑计划。截至2005年底，中国气象局共立过6项国家科技攻关计划项目。气象部门通过项目实施，在一批关键共性核心技术上取得了重大突破。

中期数值天气预报研究（1986—1990年） 该项目由李泽椿主持，国家气象中心承担。项目建立了国内第一个设备完善、功能齐全、完全自动化的中期数值天气预报业务系统，该系统可以直接发布5天的逐日天气预报，并为全国各级地方气象台站和水文、海洋、军事部门提供天气分析、预报产品，使中国步入世界上少数具有中期数值预报业务能力国家的行列，其总体成果达到20世纪80年代中期国际先进水平。

京津冀灾害性天气监测与超短期预报（1986—1990年） 该项目由周秀骥主持，中国气象科学研究院承担。项目成功研制全国第一台甚高频（UHF）多普勒风廓线仪和业务化的双频微波辐射计系统，分别实现10 km以下风分布的快速连续探测以及获得实时大气水汽和云中液态含水量资料；在京津冀地区建立了一个具有国际先进水平的中小尺度天气探测与短时预报系统并投入了准业务运行和科学试验，在1990年北京亚运会气象保障工作中发挥了重要作用，使中小尺度天气系统的监视能力取得了突破性进展，为推动大气遥感技术进入业务化应用阶段做出了重要贡献。

台风暴雨灾害性天气监测、预报技术研究（1991—1995年） 该项目由李泽椿主持，国家气象中心承担。项目研制了S波段多普勒雷达并投入业务试运行，完成了714天气雷达多普勒化；针对台风、暴雨的业务试验获得了比较全面的资料；研究了台风、暴雨灾害性天气的各种预报方法和数值预报模式，建立并完善了台风、暴雨预报警报服务系统。

我国短期气候预测系统的研究（1996—2000年） 该项目由丁一汇主持，国家气候中心承担。项目揭示了影响中国汛期气候异常的主要因子，初步建立了厄尔尼诺监测与预测、重大旱涝灾害预测和年际气候预测系统，研制了7个针对全国不同气候和灾害特征的区域级短期气候预测系统，建立了短期气候预测业务系统和超级集合预测应用系统，使中国成为少数几个利用气候预测模式发布预测产品的国家之一。项目成果获2003年度国家科学技术进步奖一等奖。

中国气象数值预报技术创新研究（2001—2005年） 该项目由薛纪善和陈德辉主持，中国气象科学研究院承担。项目研发了具有自主知识产权的全球/区域同化和预报增强系统（GRAPES），建立了具有同化气象卫星资料能力的全球资料同化系统和具有同化天气雷达资料能力的区域中尺度资料同化系统。该项目的成功实施标志着中国数值天气预报由以引进为主向以自主创新为主的转变。

全球环境变化对策与支撑技术研究（2001—2005年） 该项目由丁一汇主持，国家气候中心承担。项目系统评估和认识了全球环境变化的历史、事实和机制，得到了更为可靠的中国近百年和初步的千年温度变化曲线，为IPCC（政府间气候变化专门委员会）第四次评估报告提供了新的成果；应用中国自己的模式提出了新的气候变化情景；首次对中国气候变化问题进行全面的经济分析，并提出中国应对气候变化新的适应和减缓对策。项目成果为中国政府制定应对气候变化中长期战略规划、参与气候变化框架公约履约活动提供了有效支撑。

（王金星 杨蕾）

Guójiā Zìrán Kēxué Jījīn zhòngdà yánjiū jìhuà hé zhòngdà xiàngmù

国家自然科学基金重大研究计划和重大项目（key related meteorological projects of Major Program of the National Natural Science and Technology Foundation） 1986年2月国务院批准成立国家自然科学基金委员会，设立国家自然科学基金。国家自然科学基金坚持支持基础研究，逐渐形成和发展了由研究项目、人才项目和环境条件项目三大系列组成的资助格局，按资助类别分为面上项目、重点项目、重大项目等多类。其中重大项目针对国家重大战略需求和重大科学前沿两类核心基础科学问题，结合国内具有基础和优势的领域进行重点部署，加强关键科学问题的深入研究和集成，以实现若干重点领域和重要方向的跨越发展，进一步提升源头创新能力。同时，国家自然科学基金还围绕国家重大战略需求和重大科学前沿，加强顶层设计，设立了重大研究计划，针对具有相对统一目标或方向的项目集群，实施相对稳定和较高强度的支持。截至2015年底，相关国家自然科学基金重大研究计划有"全球变化及其区域响应重大科学研究计划""青藏高原地-气耦合系统变化及其全球气候效应""中国大气复合污染的成因、健康影响与应对机制"等三项。截至2014年底，中国气象局承担了三项国家重大自然科学基金项目。气象部门通过项目实施，在一些前沿性基础研究领域取得了重大突破，达到或接近国际先进水平。

全球变化及其区域响应重大科学研究计划 该计划是国家自然科学基金委员会于2002年组织实施的重大科学研究计划。其宗旨在于通过组织和支持，对围绕全球变化及其区域响应的基础性、战略性和前瞻性科学问题的研究，揭示中国对全球变化的响应与影响，剖析环境变化的自然和人文因素，为中国典型区域在全球变化背景下的合理发展提供对策和决策依据。

青藏高原地-气耦合系统变化及其全球气候效应 该计划是国家自然科学基金委员会于2013年组织实施的重大科学研究计划。旨在揭示青藏高原对全球气候及其变化的影响机制；提高亚洲及全球天气气候预测水平；培养一批优秀的领军人才；把中国青藏高原大气科学研究进一步推向世界舞台，处于国际的领军地位；为社会的可持续发展做出贡献。该计划总体科学目标是：认识青藏高原地气耦合过程、青藏高原云降水及水循环过程以及对流层-平流层相互作用过程；建立青藏高原资料库和同化系统；完善青藏高原区域和全球气候系统数值模式；揭示青藏高原影响区域与全球能量和水分循环的机制。

中国大气复合污染的成因、健康影响与应对机制 为贯彻落实国务院《大气污染防治行动计划》，国家自然科学基金委员会于2015年围绕大气污染形成机理及大气污染对健康的影响，正式启动"中国大气复合污染成因、健康影响与应对机制"联合重大研究计划项目。该联合重大研究计划包括两部分内容："中国大气复合污染的成因与应对机制的基础研究"和"大气细颗粒物的毒理与健康效应"。"中国大气复合污染的成因与应对机制的基础研究"旨在围绕大气复合污染形成的物理与化学过程和控制技术原理的重大科学问题，揭示形成大气复合污染的关键化学过程和关键大气物理过程，阐明大气复合污染的成因，建立大气复合污染成因的理论体系，发展大气复合污染探测、来源解析、决策系统分析的新原理与新方法，提出控制中国大气复合污染的创新性思路。"大气细颗粒物的毒理与健康效应"旨在围绕大气细颗粒物毒理机制与健康危害的重大科学问题，解析雾、霾关键毒性成分及其来源和暴露途径；提出并建立人群长期暴露评估的方法，阐明中国雾、霾高发地区典型大气细颗粒物污染的暴露特征；寻找并利用代谢组、遗传和表观遗传生物标志物，解析细颗粒物对关键信号路径的扰动作用，诠释中国特征大气细颗粒物毒性组分的生物学效应和毒理学机制；揭示大气细颗粒物可能诱发的机体应答与机体损伤作用机理，阐明大气细颗粒物污染与相关疾病的联系及其可能的影响机制。

中国地区大气臭氧变化及其对气候环境的影响 该项目1994年立项，由周秀骥任首席科学家，中国气象科学研究院承担。项目是国内首次组织的大气臭氧综合、系统的科学试验，集中了全国大气科学、环境科学、生态科学及光化学等有关学科领域中优秀专家的力量，实现了多学科交叉，以野外观测与资料分析、实验室模拟、理论分析与数值模拟密切结合的技术途径，揭示了十多年来大气臭氧变化的规律和机制，预测了未来大气臭氧变化的趋势。

长江三角洲低层大气物理化学过程及其与生态系统的相互作用 该项目1998年立项，由周秀骥任首席科学家，中国气象科学研究院承担。项目的主要研究结果表明，改革开放二十多年来，长江三角洲地区，由于城市化与经济建设持续高速度地发展，土地利用引起地表结构的急剧变化，进而严重影响长江三角洲气候、大气环境以及农业生态系统的变化。

中国地区树轮及千年气候变化研究（2009—2012年） 该项目由周秀骥任首席科学家，中国气象科学研究院承担。项目在国内典型气候区采集树轮样本，研制采样点树轮年表，确定树轮指标的气候意义，重建中国东部季风区、北方干旱与半干旱区以及青藏高原地区气候时空变化序列；对树轮代用资料和现代气候观测资料进行综合统计与诊断分析，研究中国典型气候区域年际、年代际及百年尺度气候变化特征、规律、机理及其与全球变化的联系，同时发展年代际气候变化预测理论与方法，对中国地区未来气候年代际变化趋势进行预估。

（王金星　杨蕾）

Gōngyìxìng Hángyè（Qìxiàng）Kēyán Zhuānxiàng
公益性行业（气象）科研专项（Meteorological Projects of National Public Welfare Professional Research） 为贯彻落实《国家中长期科学和技术发展规划纲要（2006—2020年）》，中央财政自2006年起专门设立了公益性行业科研专项经费，用于支持开展公益性行业科研工作。作为首批公益性行业科研专项试点部门，中国气象局2007—2015年底已连续组织实施了公益性行业（气象）科研专项共计415项（2007年46项、2008年35项、2009年43项、2010年55项、2011年51项、2012年42项、2013年79项、2014年39项、2015年25项）。立项项目涵盖了气象业务服务的各个领域，并且充分吸纳了部门内外的优势科研力量，充分体现了开放合作，大部分项目取得重要研究进展，形成了一批技术成果，为提高预报预测准确率、增强气象业务服务能力提供了有力的科技支撑。

根据2010年组织的项目评估，65%以上的成果具备了良好的应用前景。近年来，成果转化应用成效显著。"面向业务数值预报的重点资料关键应用技术研究"项目改善并实现了风云气象卫星导风资料、多来源/多平台卫星AMUS-A温度微波资料、雷达资料等在GRAPES（全球/区域同化和预报增强系统）中的同化应用并投入业务运行；"基于集合预报的中期概率预报技术研究"项目建立了集合预报数据的实时业务流程，促进了集合预报产品在国家级、省级预报业务中的应用；"新版中国南海台风模式（TRAMS）"投入业务应用以来，对近年台风路径预报的24，48小时误差逐年降低，预报能力已接近世界先进水平；"全球变暖背景下台风季节动力预测和变化趋势预估技术研究"项目研发的适用于西北太平洋热带气旋（TC）活动的季内预报多模式系统已进入业务应用，其预报能力与国际上的台风季节预报系统的性能相当；"农业气象自动观测系统"实现了农作物—土壤—小气候—农事与环境警示一体化，可装备使用的农业气象自动观测设备实现了较好的市场价值；"自旋稳定气象卫星区域观测技术研究"实现了6分钟的高频次区域观测新业务，使得在中国静止气象卫星及仪器设计在与国际水平相差一代（约20年）的前提下，观测时效接近国外现役静止轨道业务卫星；"世界气象组织信息系统/全球信息系统中心（WIS/

GISC）技术应用研究与开发"建立的北京 GISC 业务系统成为首批全球信息系统中心之一，已为32个世界气象组织成员的68个用户注册和使用系统提供元数据和数据服务。

一批在研项目成果已经产生了较好的转化应用。"全球大气再分析技术研究与数据集研制"项目完成了常规观测资料 PrepBUFR 格式实时转换的业务流程，为 GRAPES 模式的性能评估提供了重要的技术支撑；"风云二号云导风改进和历史资料再处理"项目完成了 2012—2013 年国际云导风质量比较，进一步降低了云导风的误差；"GRAPES 全球三维变分资料同化框架的改进和业务化"项目逐步完善了针对业务化的同化诊断软件系统；"第二代短期气候预测模式应用评估和关键技术研究"项目基于 BCC 二代北京气候中心模式建立了相似-动力 ENSO（恩索，厄尔尼诺-南方涛动）预报系统并应用于业务；"气候系统模式关键物理过程不确定性对东亚气候的影响研究"项目形成了 T266 全球高分辨率（大气近 45 km，海洋在热带地区近 30 km）的海-陆-冰-气多圈层耦合的气候系统模式 BCC_CSM2 耦合版本；"中国主要农作物产量动态预报技术方法研究"项目建立了基于集成技术的冬小麦、玉米、双季稻、棉花等作物产量动态预报模型；"多源测风资料融合技术研究"搭建了海上风能资源数据库系统；"基于火箭平台的近海台风精确快速探测技术研究"项目成功开展了近海台风探测火箭飞行试验，填补了中国海上台风结构和强度直接探测的空白。

（张跃堂　张洁）

tiānqì yánjiū jìhuà
天气研究计划（weather research program）　为推进气象科技创新，发展现代气象业务，中国气象局于2009年5月开始组织编制《天气研究计划（2009—2014年）》，于2010年3月发布实施。2012年6月启动天气研究计划的修订工作，于2013年2月正式发布《天气研究计划（2013—2020年）》。天气研究计划是现代天气业务发展的重要科技支撑和保障，也是国家气象科技创新体系建设的核心任务之一。

首次发布的《天气研究计划（2009—2014年）》设立重点领域11个，优先主题42项。修订后的《天气研究计划（2013—2020年）》进一步突出重点，聚焦任务，集中攻关。设立"重大科技应用研发"和"重大基础、高技术研究和试验"两类重大专项，6个主攻方向。将首个计划划分的11个研究领域调整为9个，优先主题为51个，增加了针对基础支撑平台建设的5个主题技术研发，在各个领域中增加了针对区域气象发展具有特色的技术研发。其中，重大科技应用研发专项包括高分辨率 GRAPES（全球/区域同化和预报增强系统）全球同化与数值模式关键技术研发、登陆台风风雨分布监测及精细预报关键技术研究、雷暴大风线状对流系统发生发展规律及其预报技术研究3个主攻方向；重大基础、高技术研究和试验专项包括华北暴雨发生发展机理和预报方法研究、中国西部山地突发性暴雨预报理论和方法研究及其在山洪地质灾害预警中的应用、城市群陆气相互作用机理及边界层参数化方案研究3个主攻方向。

天气研究计划的战略重点　以提高台风、暴雨、强对流等重大灾害性天气预报预警能力为核心，加强对灾害性、极端天气发生发展的多尺度规律、演变机理研究，通过科学试验、理论研究和技术研发，进一步夯实现代天气业务发展的科学技术基础；发展先进的、以数值预报技术为重点的客观定量天气预报方法以及0～30天无缝隙预报方法，提升精细化气象要素客观预报能力；发展多源数据综合应用技术，提升资料同化、融合、质量控制与检验能力；开展监测预警与风险评估技术研究，提升防灾减灾服务能力，从而在重大灾害性、转折性、极端性天气的精细化预报技术方面上一个新台阶，提升天气预报准确率和精细化程度，延长预报时效，推动现代天气业务技术持续进步。具体表现在：GRAPES 全球模式系统性能进一步得以改进完善；以 GRAPES-GFS（GRAPES 全球中期预报系统）为核心的数值预报业务技术体系完全形成；登陆台风精确定位和风雨精细预报技术明显进步；对复杂地形区的暴雨发生发展规律的认识和精细预报技巧明显提高；分类的强对流天气客观识别与分析技术基本建立、预报预警准确率和可预报时效进一步提高；两周内灾害性、转折性、极端性天气过程的预报技术能力增强；实现快速更新的3～5 km 分辨率三维气象场分析，资料同化使用率稳步提高。

重点领域中的多源资料融合分析与应用领域　设立了多种观测数据的质量控制和误差估计技术、地面多源资料融合与分析技术、三维多源资料融合与分析技术、雷达资料应用技术、卫星资料应用技术5个优先主题和区域特色有关研究任务。

数值天气预报领域　设立了面向数值预报的观测资料质量控制和预处理技术、GRAPES 资料同化框架改进与发展、卫星和雷达等非常规资料的同化技术、GRAPES 模式动力框架的改进与发展、模式物理过程的改进与评估方法、数值预报支撑技术、集合预报及其应用技术、观测与预报互动及可预报性、中国区域再分析预研究9个优先主题和区域特色有关研究任务。

强对流天气预报领域 设立了中尺度天气分析与诊断技术、强对流天气监测和短临预报客观方法、强对流天气分类预报和概率预报方法、强对流天气发生发展的条件和机制4个优先主题和区域特色有关研究任务。

定量降水与精细化气象要素预报领域 设立了中国大范围强降水发生发展规律认识和预报技术、定量降水精细化预报技术、冬季降水相态预报技术、数值模式产品解释应用技术和模式误差检验及订正技术、精细气象要素客观预报方法5个优先主题和区域特色有关研究任务。

台风与海洋气象预报领域 设立了台风定量监测分析技术、台风异常路径和强度突变客观预报技术、台风风雨精细化预报技术、海洋气象定量监测分析技术、海洋气象精细化预报技术、台风及海洋气象专业模式研发和系统升级6个优先主题和区域特色有关研究任务。

沙尘暴、雾、霾等天气预报领域 设立了沙尘暴监测与预报预警关键技术、沙尘暴数值预报系统研发、雾、霾监测和预报预警技术、低能见度预报技术、寒潮和高温预报技术5个优先主题和区域特色有关研究任务。

中期、延伸期预报领域 设立了持续性异常天气的延伸期预报理论和方法、分离空间尺度的延伸期动力-统计预报理论和方法、基于集合预报的1~2周中期预报关键技术、持续性灾害性天气中期延伸期预报技术、中高层大气过程及其对对流层天气变化的影响5个优先主题和区域特色有关研究任务。

气象灾害监测与风险评估领域 设立了气象灾害遥感监测技术及数据集、台风灾害监测与风险评估、滑坡和泥石流灾害监测预警技术和方法、大风和冰雹灾害风险评估技术、冻雨和雪灾监测及风险评估技术、城市内涝预警和风险评估技术6个优先主题和区域特色有关研究任务。

空间天气领域 设立了空间天气多源数据融合及综合应用技术、空间气候参数化模型与空间天气概念模型、空间天气态势分析及分级描述技术、灾害性空间天气事件发生发展机理与临近预报技术、空间天气效应分级评估与灾害预警技术、热层与低层大气耦合现象及机理6个优先主题和区域特色有关研究任务。

增设的基础支撑平台 设立了专业化预报数据管理及应用支持关键技术、新一代MICAPS系统（气象信息综合分析处理系统）框架、专业化预报平台关键技术、强天气监视预警及预报产品加工关键技术、高分辨率数据可视化、云GIS（地理信息系统）等新技术应用5个主题。

实施"天气研究计划"以来，通过公益性行业（气象）科研专项等科技资源和项目的组织，天气相关领域的关键技术和方法研究，特别是定量降水、临近预报客观技术、中尺度分析技术以及台风路径预报模式技术等取得了可喜成果，促进了强对流天气监测、短临预报业务的建立和定量降水预报业务迅速发展，提高了台风路径预报水平。到2014年，台风路径24小时预报误差稳定接近100 km，准确率接近国际水平，重大灾害性、关键性和转折性天气预报准确率稳步提高。

（罗云峰　张跃堂）

qìhòu yánjiū jìhuà
气候研究计划（climate research program） 为推进气象科技创新，发展现代气象业务，中国气象局2010年3月编制完成《气候研究计划（2009—2014年）》，2012年6月启动气候研究计划的修订工作，于2013年2月正式发布《气候研究计划（2013—2020年）》。

首次发布的《气候研究计划（2009—2014年）》设立重点领域8个，优先主题35项。修订后的《气候研究计划（2013—2020年）》进一步突出重点，聚焦任务，集中攻关。设立"重大科技应用研发"和"重大基础、高技术研究和试验"两类重大专项，6个主攻方向。将首个计划划分的9个研究领域调整为6个，优先主题细化梳理为61个，增加了针对基础支撑平台建设的2个主题技术研发，在各个领域中增加了针对区域气象发展具有特色的技术研发。

气候研究计划的战略重点 充分利用现有气候观测资料，进一步增强卫星、雷达等新监测手段所获得的资料与常规资料的融合与应用技术；研究针对东亚季风区特点的气候系统监测、诊断、预测理论与方法，发展具有中国特色的高分辨率气候系统模式和气候预测业务系统；改进气象灾害区划技术、气象灾害风险管理和气候影响评估应用技术；发展中国区域气候变化监测检测技术，提升气候变化背景下极端事件的监测、预测和影响评估水平；完善全国、区域和省级气候业务体系，提高中国气候业务和应用服务的整体能力；建立以亚洲区域气候监测、预测、影响评估和服务业务为核心的气候业务系统，为承担世界气象组织（WMO）亚洲区域气候中心基本业务任务和功能奠定基础。

重大科技应用研发专项包括全球与亚洲区域气候监测诊断业务系统及其关键技术研发、气象灾害风险综合定量评估关键技术研究、地球气候系统模式的发展及气候预测和气候变化模拟预估系统研制3个主攻方向；重大基础、高技术研究和试验包括亚洲区域大范围旱涝气候的形成机理及其预测理论与方法研究，全球气候变化事实和影响机理与综合评估的关键基础科学问题研究，亚洲区域地面观测均一化气候数据集建立3个主攻方向。

重点领域中的面向业务和科研的气候基础数据集及应用领域 设立了建立中国百年温度降水均一化气候序列集、亚洲区域高空观测资料质量控制技术和均一化数据集、中国降水温度精细化格点气候数据集、亚洲区域高分辨率陆面再分析资料集4个优先主题和区域特色有关研究任务。

气候监测诊断领域 设立了不同类型ENSO（恩索，厄尔尼诺-南方涛动）的动力学监测诊断技术及其应用、大气环流区域模态和ENSO不同配置对中国冬季异常气候的影响、不同年代际背景下积雪异常对中国夏季降水的影响、北半球中高纬大气环流低频扰动的监测与应用、东亚季风的多尺度变率及其对中国气候的影响、东亚大范围降水和气温异常成因的动力诊断和数值模拟平台、中国高空大气水汽含量演变特征及其与夏季旱涝的关系、印度洋和西太平洋水汽输送的变化及其对中国夏季降水的影响、极端天气气候事件的监测指标体系及其应用9个优先主题和区域特色有关研究任务。

气候预测领域 设立了短期气候预测可预报性应用研究、中国东部气温与降水年际异常型的可预报性及动力-统计预测方法、青藏高原热状况和海气相互作用协同影响中国气候变化的机理和预测方法、中高纬度海-陆-气系统季节配置及其演变对中国气候的影响、平流层环流对中国气候异常的影响及其预测应用技术、基于全球与区域气候模式嵌套的月—季尺度气候预测方法、基于陆面水文耦合模式的流域旱涝事件季节预测试验、旱涝急转的成因及其气候预测方法、中国年代际气候预测的理论与关键技术、热带气旋延伸期—月—季节集合预测关键技术、利用历史资料改进气候模式预测技巧的应用技术、气候模式产品统计释用技术和业务系统研发、延伸期可预报分量的分离及延伸期过程的动力统计集合预测技术、基于演化建模的短期气候预测技术研究及应用14个优先主题和区域特色有关研究任务。

气候变化领域 设立了中国地面气温观测数据代表性分析技术，青藏高原冰雪化学特征变化及其气候效应，全球变化背景下东亚区域水汽反馈效应评估及其与气候变化的联系，沙尘气溶胶对地表能量平衡、大气辐射、云和中国区域气候变化的影响，中国近海海面温度变化及其对中国沿海气候的影响，东亚地区基本气候要素历史变化的检测，气候敏感性相关分析方法，中国未来百年高分辨率区域气候预估集成技术，气候变化领域关键科学结论的不确定性定量评估，气候变化阈值分析，中国重要农业区适应气候变化技术及其与减缓的协同效应11个优先主题和区域特色有关研究任务。

气候影响评估与灾害风险管理领域 设立了多模式集成水资源影响评估方法和业务平台、极端气候事件对快速城市化区域的影响评估和应对措施、基于多源数据融合技术的多指标干旱过程动态评估和预评估关键技术、中国主要农业区干旱灾害风险综合评估、中国农业气候影响评估和预评估业务系统研制、沿海城市适应气候变化重大工程气候可行性论证关键技术、气候对建筑节能的影响评估和适应技术、气候对中国交通安全影响的定量评估技术、气候对中国电力能耗影响的定量评估技术、气候变化背景下中国风暴潮风险分析与区划10个优先主题和区域特色有关研究任务。

气候系统模式领域 设立了海-陆-冰耦合同化系统建立及其在短期气候预测中的应用，大气环流模式的综合改进，全球涡分辨率海洋模式研发和应用，动态植被—陆面水文过程模型的建立及其在气候模式中的应用，冰冻圈动态过程参数化方案改进与评估，新一代云-辐射-气溶胶物理过程模块的研制与应用，物理过程参数扰动在模式集合预测中的应用，气候模式降水微物理过程参数化方案的改进与评估，天气尺度瞬变扰动对中高纬度环流异常的影响与预测，气候系统模式对大气季节内振荡的模拟能力评估，全球海洋显式生态系统模式的建立及其在气候变化研究中的应用，陆地生态系统碳、氮循环过程模型研发与应用，热带海洋生物地球化学循环过程模式发展与评估13个优先主题和区域特色有关研究任务。

新增的基础支撑平台 设立了国家级、区域级和省级一体化气候业务综合平台（CIPAS，气候信息处理与分析系统），中国气候服务业务平台2个主题。

气候研究计划自印发实施以来，通过公益性行业（气象）科研专项等科技资源组织实施，在中国短期气候预测、气候系统模式集合预测、模式物理过程参数化方案、亚洲季风季节和年际变化机理及其预测理论与方法、全球气候变化事实和影响机理与综合评估的关键基础科学问题、大气温室气体观测和模型等研究方面取得了丰富的研究成果，短期气候预测业务能力显著增强，对推动中国现代气候业务发展发挥了重要作用。

（罗云峰　张跃堂）

yìngyòng qìxiàng yánjiū jìhuà
应用气象研究计划（applied meteorology research program） 为推进气象科技创新，发展现代气象业务，中国气象局2010年3月编制完成《应用气象研究计划（2009—2014年）》，2012年6月启动对该计划的修订工作，于2013年2月正式发布《应用气象研究计划（2013—2020年）》。

首次发布的《应用气象研究计划（2009—2014年）》设立重点领域11个，优先主题29项。修订后的《应用气象研究计划（2013—2020年）》进一步突出重点，聚焦任务，集中攻关。设立"重大科技应用研发"和"重大基础、高技术研究和试验"两类重大专项，6个主攻方向。将首个计划划分的11个研究领域调整为6个，优先主题细化梳理为47个，增加了针对基础支撑平台建设的3个主题技术研发，在各个领域中增加了针对区域气象发展具有特色的技术研发。

应用气象研究计划的战略重点　发展适应现代农业需求的农用天气预报，研发农业生产全过程、多时效、定量化的农业气象信息服务技术和具有自主产权的农业气象模拟模型；发展人工影响天气潜力评估、催化条件选择、催化方法和效果检验的技术与方法，研发新一代人工影响天气的数值模式、新技术和新装备，提高人工影响天气机制和不同作业云系认识与人工影响天气技术水平；构建面向环境气象预报与预警业务的数值预报模式和环境气象灾害预警系统，提高城市高影响天气精细化预报与影响评估预警业务能力，提高空气质量影响的定量化认识能力；建立气象服务高敏感行业的致灾临界气象条件指标体系与风险评价方法；发展太阳能、风能开发利用气象预报和灾害预警服务技术；增强健康气象、交通与电力气象、航空气象、能源气象、沙漠森林草原气象、水文地质气象及海洋气象等领域的预警与影响评估业务能力。实现由传统气象服务保障手段向传统气象服务保障手段和现代媒体气象服务保障手段并用的转变，提升应用气象业务服务在气象防灾减灾、应对气候变化与生态文明建设方面的整体水平。

重大科技应用研发专项包括重大农业气象灾害的形成机制与风险调控、三维云-微物理过程探测技术与模式研究、大气环境容量与区域生态文明建设、边界层内风特性及应用关键技术研究4个主攻方向；重大基础、高技术研究与重大试验包括气候变化下主要农作物高效利用气候资源的过程与调控机制，以及区域大气水循环与云降水效率研究2个主攻方向。

重点领域中的农业适应气候变化领域　设立了气候变化背景下中国粮棉油作物布局优化与应对措施、气候变化对粮棉油生产的影响及其脆弱性评价、农业生物生产全过程的气候资源利用机制及其气象适用技术研究、农业生物生长发育与品质的气象调控机制及其应用、主要农作物生长过程的农业气象模拟模型研究、气候变化对中国陆地生态系统的影响评估与适应对策、设施农业气候资源评估与利用技术、不同区域设施农业气象预报集成技术研究与应用、精细化水产养殖气象保障关键技术9个优先主题和区域特色有关研究任务。

农业气象灾害防御领域　设立了农业生物全生长过程的农业气象灾害监测预警与评价、主要农业生物生长动态的遥感监测与模式研究、主要农业生物重大病虫害发生的气象条件预测预警和评估、草地气象灾害监测预警及其对畜牧业的影响评价、设施农业气象灾害风险评估技术等优先主题和区域特色有关研究任务。

次生与衍生气象灾害防御领域　设立了内陆水上交通气象灾害致灾机制与监测预警、高速公路和轨道交通气象灾害监测预警及风险评价、道路结冰气象监测预警及风险评价、架空输电线路气象灾害监测预警及风险评价、城市生命线系统气象灾害的致灾机制与监测预警、海洋气象导航及其风险评价、雷电灾害风险评价及其防护技术研究、流域山洪/地质灾害的致灾机制与气象预报预警、森林/草原火险预报与灾损评估、极端天气和大气环境对人体健康的影响及应对措施10个优先主题和区域特色有关研究任务。

人工影响天气领域　设立了人工影响天气作业条件的识别方法与应用，人工影响天气作业条件数值预报模式研发，跨区域联合人工增雨作业技术，人工防雹、地形云和对流云人工增雨（雪）机制与应用技术，新型人工影响天气技术试验，人工影响天气催化剂技术与应用，机载人工影响天气作业技术与控制系统集成，人工影响天气作业探测装备研发与应用，人工影响天气作业效果检验实用技术研究与应用，中国典型云系降水效率监测评估关键技术10个优先主题和区域特色有关研究任务。

环境气象监测预报领域　设立了区域干湿沉降与大气污染迁移及其环境效应影响评估、城市化发展对区域大气环境的影响及其调控机理、区域性霾的形成过程及其预报、大气污染源调控的大气输送扩散气象条件与预报、大气复合污染物形成及其影响评价、面向环境气象预报与预警业务的数值模式研究、近海大气成分与温室气体海气通量的变化机制及应用、大气成分的星地协同监测与预报8个优先主题和区域特色有关研究任务。

气候资源开发利用领域　设立了高时空分辨率的太阳能资源监测预报，太阳能资源精细化评估与风险区划，高时空分辨率的风能资源监测预报，风能/太阳能利用的工程气象风险评价与可行性论证，气候资源开发利用对生态环境的影响与评价5个优先主题和区域特色有关研究任务。

新增的基础支撑平台 设立了农业气象综合试验与业务支撑平台、人工影响天气试验与业务支撑平台、公共气象服务业务支撑平台3个主题。

围绕《应用气象研究计划（2009—2014年）》，通过组织全国气象行业优势科技力量联合攻关，在防灾减灾和应对气候变化等国家需求的应用气象科研与业务服务领域取得了一系列创新性成果：农业气象精细化服务水平和农业气象灾害监测预警能力明显提高，对粮食生产减灾保产、实现"八连增"发挥了重要作用；人工影响天气服务能力和整体效益不断提升，人工增雨作业区面积达500余万平方千米，较2008年增加了53.9%，人工防雹作业保护面积50余万平方千米，较2008年增加了4%；气象服务对公路、交通、旅游、电力行业的总体贡献率得到提升；气象服务信息发布能力显著增强，提高了中国应用气象业务服务的科技水平，形成了较为稳定的应用气象业务能力和良好的经济效益。

（罗云峰　杨蕾）

综合气象观测研究计划 zōnghé qìxiàng guāncè yánjiū jìhuà

综合气象观测研究计划（comprehensive meteorological observation research program） 为推进气象科技创新，发展现代气象业务，中国气象局2010年3月编制完成《综合气象观测研究计划（2009—2014年）》，2012年6月启动对该计划的修订工作，2013年2月正式发布《综合气象观测研究计划（2013—2020年）》。

首次发布的《综合气象观测研究计划（2009—2014年）》设立重点领域9个，优先主题26项。修订后的《综合气象观测研究计划（2013—2020年）》进一步突出重点，聚焦任务，集中攻关。设立"重大科技应用研发"和"重大基础、高技术研究和试验"两类重大专项，6个主攻方向。将首次计划划分的9个研究领域调整为8个，优先主题调整为47个，增加了针对基础支撑平台建设的3个主题技术研发，在各个领域中增加了针对区域气象发展具有特色的技术研发。

综合气象观测研究计划的战略重点 加强重大和关键气象观测设备及传感器的研制，实现主要气象要素传感器国产化。大力推进综合气象观测方法及产品的研究，结合地基、空基、天基观测等多种技术和观测方式，实现物理过程、化学过程、生态过程等多个过程的综合观测。开展观测新技术新方法研究，完成机载常规气象观测和机载遥感气象观测业务化等技术研究，研究改进雷达和卫星定标技术，进一步加强遥感技术及监测数据反演算法、质量控制及产品研制，提高产品精度。加强多种观测资料集成融合等关键技术研究，开展综合气象观测数据质量控制研究，建立气象观测资料处理和观测产品生成系统，开发多源融合的综合气象观测产品，形成融合多种观测资料的能力。加强基础支撑平台、现代新技术在气象观测保障和气象信息方面的应用研究，提高高性能计算对数值预报的支撑能力，开展云计算模式在数据资源管理应用方面的研究，进一步提高信息网络系统集约化程度，发挥高性能计算资源效益。开展基准气候系统观测试验和外场对比观测试验，形成业务布局的关键技术指标，完善地面、高空、海洋观测站网的布局。为建设布局合理、技术先进、装备精良、运行稳定、保障有力、满足需求的中国特色综合气象观测系统提供强有力的科技支撑。

重大科技应用研发专项包括天地空相结合的大气垂直综合观测技术研究、多源观测数据集成技术及综合评估分析技术研究、直接支撑气象业务的集约化数据环境构建技术研究3个主攻方向；重大基础、高技术研究与重大试验包括新一代天气雷达观测技术研究、新一代风云气象卫星探测技术及应用先期研究、不同观测系统对数值预报的影响与观测系统试验研究3个主攻方向。

重点领域中的台站综合气象观测领域 设立了地面高空自动气象观测及一体化集成技术、高精度自动气候观测站改进、地面辐射及业务使用的传感器改进、探空和机载气象湿度传感器研制及试验、农业气象观测设备及观测方法、交通气象观测设备及观测方法、环境气象观测设备及观测方法、海洋气象观测设备及观测方法、智能气象传感器及观测方法9个优先主题和区域特色有关研究任务。

地基气象遥感观测领域 设立了天气雷达定标、数据质量控制与观测方法，天气雷达改造升级及业务应用关键技术，风廓线雷达定标、数据质量控制和观测方法，地波雷达气象观测业务化应用关键技术，激光气象遥感观测关键技术，微波气象遥感观测新技术，机载气象遥感观测平台7个优先主题和区域特色有关研究任务。

卫星气象与空间天气观测领域 设立了先进气象卫星遥感仪器需求和探测技术、卫星定位与辐射定标关键技术、卫星遥感反演算法和定量产品、重大空间天气灾害星地联合观测关键技术4个优先主题和区域特色有关研究任务。

综合气象观测方法及产品领域 设立了地基云观测与卫星云观测集成技术，卫星、雷达与地面观测相结合定量估测降水技术，气溶胶和温室气体天基地基综合观测技术和产品，风和水汽综合观测产品，地表温度和土壤湿度集成观测产品，基于多种观测平台的海洋综合气象观测技术及产品，多源观测数据集成的数据质量控制7个优先主题和区域特色有关研究任务。

观测系统与预报系统交互研究领域 设立了观测系统模拟试验及适应性观测技术、常规探空的时空分布改进与数值预报模式影响评估、基于预报互动的风廓线雷达网观测技术及站网设计、飞机气象观测资料应用及对数值预报模式的影响评估、气象卫星载荷观测精度及其资料稳定性对数值预报模式的影响评估5个优先主题和区域特色有关研究任务。

综合气象观测试验领域 设立了近海台风综合观测试验及研究、气候系统关键区和敏感区的综合观测试验、探测环境对气象要素观测的影响评估试验3个优先主题和区域特色有关研究任。

综合气象观测系统保障领域 设立了气象计量和校准装置升级技术、声光电观测设备气象计量技术、综合气象观测网运行监控技术、重大装备维修测试平台和远程故障诊断技术4个优先主题和区域特色有关研究任务。

气象信息技术领域 设立了气象数据及元数据信息标准化技术、高性能计算气象应用技术、物联网及气象通信新技术综合应用、气象海量数据存储管理及共享服务技术、云计算在气象业务领域的应用5个优先主题和区域特色有关研究任务。

新增的基础支撑平台 设立了气象专用设备性能测试和质量检验集成平台、综合气象观测试验基地、遥感卫星辐射校正与真实性检验观测平台3个主题。

自"综合气象观测研究计划"实施以来，通过公益性行业（气象）科研专项及其他科研项目的支持，在地面气象观测自动化、高空气象传感器、专业气象自动观测及天气雷达硬件设备改进和数据处理算法等方面取得了较好进展；在相控阵天气雷达、偏振天气雷达、云雷达、微波辐射计等先进遥感探测技术方面进行了积极的探索；新一代静止气象卫星关键技术、辐射校正与真实性检验技术及卫星观测资料处理与反演方法等方面研究成果开始业务应用；在自动站观测资料质量控制、多种降水观测资料融合、世界气象组织信息系统（WIS）技术和网格计算资源管理方面取得了可喜的研究成果。

（罗云峰 杨蕾）

Qīng-Zàng Gāoyuán dàqì kēxué shìyàn yánjiū

青藏高原大气科学试验研究（experimental study on the Tibetan Plateau atmospheric sciences） 自20世纪70年代以来，中国先后组织3次大型青藏高原气象科学试验，联合日本气象工作者进行了中日合作JICA（中日气象灾害合作研究中心）计划高原观测试验，取得了一批具有科学意义和业务应用价值的成果。

第一次青藏高原大气科学试验（QXPMEX） 1979年5—8月，中国科学院与中央气象局共同组织第一次青藏高原大气科学试验。为搞好这次试验，成立了以叶笃正和章基嘉为组长的青藏高原气象科学协作领导小组，于1978年8月制订了《1979年5—8月青藏高原气象科学试验计划》（QXPMEX-1979）。试验期内在西藏那曲及拉萨各设一个711雷达观测站，在拉萨设卫星云图接收站。为填补高原地区热源观测资料的空白，在不同植被区增设了6个地面热源观测站。强化试验期间，共有223个地面气象站、83个高空站及37个经纬仪测风站投入了观测。

第一次青藏高原大气科学试验主要研究青藏高原地区地面辐射平衡和热量平衡各分量的日变化、季节变化、地理分布特征及高原的加热作用；青藏高原对行星尺度环流季节变化（包括夏季风爆发）的作用；青藏高原夏季天气系统的发生、发展及其结构；进行青藏高原对大气环流影响的数值模拟试验。

该项试验揭示了夏季青藏高原的地面辐射特征、热平衡特征；深化了青藏高原对大气环流季节性变化、季风、天气气候的重要作用；揭示了青藏高原的热源结构特征，对夏季青藏高原的动力学和热力学影响进行了系统地数值试验和转盘模拟试验；揭示了地形热力性高压与环境场的相互作用以及夏季天气系统的发生、发展及其结构。

第二次青藏高原大气科学试验（TIPEX Ⅱ） 1998年5—9月中国气象局与中国科学院共同主持实施了第二次青藏高原大气科学试验（TIPEX Ⅱ）。首席科学家为陶诗言、陈联寿。这次试验的科学目标是揭示高原地气相互作用的物理过程，高原大气边界层和边界层结构，云-辐射过程，并研究高原动力和热力作用对大气环流、季风、气候变化和灾害性天气形成和发展的影响。研究内容包括高原地气物理过程研究，高原动力和热力作用对大气环流的影响，高原对季风活动的影响，高原热源效应对全球气候的影响，青藏高原对亚洲灾害性天气（包括暴雨、洪涝、干旱和涡旋等系统）发生发展的影响。投入这次试验的边界层观测站共有3个（当雄、改则、昌都），还有11个高空站，12个地面站，6个辐射站。这次试验除了有大量卫星观测资料外，在边界层科学试验中使用了先进的仪器装备，如风廓线雷达、6～7层梯度观测塔、波文比系统、超声探测仪、脉动温湿仪、红外辐射温度计、多普勒声雷达、系留汽艇、低空探空仪、光学雨量计和各种辐射仪。

TIPEX Ⅱ成功地获取了大量宝贵的高原腹地大气边界层的优质可靠资料，探空、地面和辐射等加密观测资料。通过该项科学试验揭示了青藏高原地气相互作用的物理过程、高原大气边界层和边界层结构、云-辐射过程。青藏高原动力和热力作用对大气环流、亚洲季风、气候变化和灾害性天气形成和发展的影响。该项试验开发了1998年IOP-GAME亚洲区域再分析数据集，并向全球发布，中方科学家载入该数据集15名贡献专家之列。

第三次青藏高原大气科学试验（TIPEX Ⅲ）

2013年中国气象局、国家自然科学基金委员会、中国科学院共同推动了第三次青藏高原大气科学试验的立项。该项目针对青藏高原独特的陆面-边界层-对流层-平流层相互作用以及对区域气候的影响，计划利用8～10年时间，开展从陆面到平流层的三维外场综合观测以及科学理论和技术研究。2014年中国气象局进一步组织实施了公益性行业（气象）科研专项重大项目"第三次青藏高原科学试验——边界层与对流层观测"，旨在围绕气象业务发展的迫切需求，加快构建青藏高原及周边区域三维点—面结合的综合观测系统，实现高原陆面、边界层、对流层的天基、空基和地基一体化观测，加深青藏高原影响中国灾害天气和极端气候事件的认识，发展青藏高原及下游灾害天气预报技术和极端气候事件的短期气候预测方法，为提高暴雨和旱涝预报业务能力提供技术支撑。

中日合作JICA计划高原观测试验

2006—2010年，为建立青藏高原及东部大气三维"立体"气象探测长期综合监测系统，中国气象局联合中国科学院等部门与日本科学家共同推进高原及周边区域新一代气象综合观测系统的工程建设，即称为"中日气象灾害合作研究中心"计划项目。首席科学家为张人禾和徐祥德。

JICA观测计划的目标是，在青藏高原及周边地区建立新一代综合观测系统，以获取大气边界层三维结构。其不仅对东亚季风变化机理研究非常重要，而且对青藏高原、东印度洋及西太平洋的陆-海-气相互作用，及水分循环结构变化都有关键的推进作用。

高原新一代大气探测综合观测系统包括：24个GPS/MET（全球定位系统气象观测）水汽观测站网、4个铁塔边界层通量综合观测站、1个水面气象观测系统和2台风廓线雷达观测系统，并实现5套移动GPS（全球定位系统）探空观测系统、7个无人区的自动气象站（AWS）建设工程等。项目于2008年分三阶段针对季风与暴雨过程在青藏高原及周边地区开展了探空加密观测，研制了季风过程高原区域大气综合强化观测数据集。研究成果包括：灾害天气早期预警、预报平台技术得到发展，在观测网管理、数据质量控制、资料处理、研究与业务应用等方面取得显著成果。采用青藏高原及周边新一代综合观测网多源信息进行模式同化和数值预报试验，可显著提高预报和客观分析能力。该试验为青藏高原及周边新一代综合监测网准业务化奠定了重要技术支撑基础，自动气象站（AWS）业务观测网已正式纳入中国气象局业务系统，边界层通量综合气象观测和大气廓线仪的建设工程已列入中国气象局业务示范站。项目观测工程还被列入中科院高原野外观测网络项目。

日本JICA项目委托第三方所做的终期评审结论认为：可以说这是项目对国际前沿性气象研究做出的重要贡献，不仅局限于中国与日本，而且在国际上也得到极高评价。

参考书目

陶诗言，陈联寿，徐祥德，等，1999. 第二次青藏高原大气科学试验理论研究进展[M]. 北京：气象出版社.

吴国雄，李伟平，郭华，1997. 青藏高原感热气泵和亚洲夏季风[M]. 北京：科学出版社.

徐祥德，周明煜，陈家宜，2001. 青藏高原地-气过程动力、热力结构综合物理图像[J]. 中国科学D辑：地球科学，31（5）：428-440.

周秀骥，赵平，陈军明，等，2009. 青藏高原热力作用对北半球气候影响的研究[J]. 中国科学D辑：地球科学，39（11）：1473-1486.

Xu X D, Zhang R, Toshio K, et al, 2008. A New Integrated Observational System over the Tibetan Plateau. Bulletin of American Meteorological Society, doi: 10.1175/2008BAMS2557.1.

（徐祥德）

季风科学试验研究

jìfēng kēxué shìyàn yánjiū

季风科学试验研究（experimental study of monsoon science） 自20世纪90年代以来，中国与日本气象科技人员开展了"中日亚洲季风机制合作研究计划"，组织了"南海季风试验"。取得了具有科学意义和业务应用价值的成果。

中日亚洲季风机制合作研究计划

1993年3月—1999年3月，由中国气象科学研究院、成都气象学院、南京气象学院、西藏自治区气象局、日本气象厅气象研究所及日本科学技术厅防灾科学技术研究所共同开展亚洲季风机制合作试验研究计划。丁一汇为主要负责人的专家组，陶诗言为顾问。该计划基于亚洲季风的形成机制、亚洲季风与青藏高原的相互作用关系等问题而开展。主要科学目标为：分析高原上热量平衡、水分平衡、近地边界层的结构和性质以及与冰雪、冻土有关的水文特性，对亚洲季风形成机制进行基础性研究。试验期间在西藏高原上设置了自动气象观测仪器，并在西藏拉萨、那曲、日喀则和林芝 4 地设立了热量平衡自动观测站和 3 个积雪、冻土自动观测站（除林芝外），1997 年夏又增加了西藏西部改则和狮泉河 2 个自动观测站，取得了 6 年的辐射、风、温度、湿度及梯度观测资料。

该计划获取了亚洲季风的形成机制、亚洲季风与青藏高原的相互作用等理论方面的新进展。

南海季风试验（SCSMEX） 南海及周边地区第一次大规模的气象和海洋学家的联合研究。1997 年 1 月，中国国家科技部批准南海季风试验为国家基础研究攀登 A 项目，首席科学家为丁一汇、李崇银，中国气象局、中国科学院、国家海洋局、南京信息工程大学、中国海洋大学等单位是项目的主要承担单位。

南海季风试验的科学目标是：通过外场试验，获取南海夏季风爆发与活动期间的大量大气、海洋和海气相互作用等观测资料，系统研究南海及其邻近地区季风爆发与活动的主要大气和海洋特征和物理过程，以改进对东亚季风机理与演变规律的认识，在此基础上提高中国季风预报能力。

南海季风试验研究的核心内容之一是进行为期 4 个月（1998 年 5—8 月）的外场观测，其中包含两个加强观测时段。南海季风试验设大尺度观测区和加密试验区，大尺度观测区（70°E~150°E，10°S~40°N）主要以常规观测为主；加密试验区为南海及其附近地区（95°E~130°E，10°S~30°N）。该试验第一个重点为监测南海夏季风爆发前后季风的演变及其对华南降水的影响，尤其是南海北部季风槽及其相关的中尺度对流系统活动。第二个重点为监测东亚区季风盛期和北推时期南海上空的大气和海洋条件及其对长江流域降水的影响。

外场观测试验主要由大气观测网、海洋观测网、海气界面观测网、卫星观测网四部分组成，包括无线电探空、地面观测、雷达、科学考察船、无人飞机、卫星观测、海洋边界层和通量观测、综合探空系统、辐射、浮标、温度-电导率测量仪、空投式温盐仪等最先进的观测手段和平台。

通过试验得到以下主要科学成果：建立了综合、完整的资料库，并在国内外相关科学研究中得到较广泛的应用；以大量的观测事实确认了中国科学家提出的南海是亚洲季风爆发最早的地区之一的科学论断，并进一步揭示了南海季风爆发的突变特征、低频演变过程及其与洪涝，特别是与中国 1998 年特大洪涝的关系；揭示了南海海洋与季风相互作用的独特特征及其与周边海洋与季风爆发和演变之间的海气相互作用关系。

南海季风试验在国内外产生了重大影响，成为世界气候研究计划（WCRP）中气候变率与可预测性研究计划（CLIVAR）的一部分，并为 2007—2012 年亚洲季风年计划的制定与实施做出了贡献。

参考书目

丁一汇, 李崇银, 何金海, 等, 2004. 南海季风试验与东亚季风 [M]. 北京: 气象出版社.

Lau K M, Ding Y H, Wang J T, et al, 2000. A report of the field operation and early results of the South China Sea Monsoon Experiment (SCSMEX) [J]. Bull Amer Meteor Soc, 81: 1261-1270.

（丁一汇　张锦）

gānhàn qìxiàng kēxué shìyàn yánjiū
干旱气象科学试验研究（experimental study of arid meteorology） 2015 年，依托公益性行业（气象）科研专项，中国气象局组织实施了中国干旱气象科学研究第一阶段项目"干旱气象科学研究——我国北方干旱致灾过程及机理"。中国气象局兰州干旱气象研究所为项目牵头单位，中国气象局、中国科学院、北京大学、兰州大学、南京信息工程大学、成都信息工程大学等单位是项目的参加单位。该项目旨在开展跨学科、综合性、系统性的干旱气象科学研究，揭示中国北方干旱灾害发生发展的新特征和动力学机制，认识大气、水、生物等圈层间干旱形成和影响的互馈机制，揭示大气干旱导致农业、水文干旱的致灾机理和过程特征，发展以数值模式为主的干旱灾害监测、预测、预警技术，提出全球气候变化背景下中国北方农业干旱灾害风险预估，建立中国北方干旱监测预警评估服务系统和信息共享平台。

该项目主要研究任务包括：中国北方区域性强干旱事件信息分离及其预测关键技术研究，中国北方关键区域干旱致灾过程特征和机理的研究，中国北方关键区域降水过程特征对干旱持续、解除影响研究，干旱陆面过程模式和干旱半干旱区域气候模式发展研究，干旱指数区域适应性和多源数据融合的干旱监测技术研究，中国北方农业干旱灾害风险时空变化特征研究，干旱监测早期预警及多源干旱信息集成共享平台建设等方面。计划开展干旱陆面过程及大气边界层特征综合观测试验，干旱灾害致灾过程及机理综合观测试验，降水过程特征对干旱持续、解除影响综合观测试验，干旱指标区域适应性综合观测试验，干旱形成与区域水分循环过程综合观测试验五方面的野外科学试验。

（李耀辉）

淮河流域能量与水分循环试验

Huái Hé Liúyù Néngliàng Yǔ Shuǐfèn Xúnhuán Shìyàn

淮河流域能量与水分循环试验（Huaihe River Basin Energy and Water Cycle Experiment，HUBEX） 全球能量与水循环试验计划/亚洲季风试验（GEWEX-GAME）在东亚副热带半湿润半干旱季风气候区开展的气象、水文科学试验，也是国际合作研究计划。项目的首席科学家为北京大学赵柏林，科学试验负责人为中国气象局丁一汇。中国主要参与单位有北京大学、国家气候中心、中国科学院大气物理研究所、中国科学院地理科学与资源所、国家卫星气象中心、国家气象中心、中国气象科学研究院、水利部水利信息中心、安徽省气象局、淮河水利委员会等12个单位。

总体目标 利用外场科学试验所获取的气象、水文、雷达、卫星遥感等加密与特殊的观测资料，进一步了解东亚季风区（主要是梅雨区）中尺度降水系统的能量与水循环过程，建立区域气候-水文数值模式及资料同化系统，提高气候模拟和预测能力。

主要内容 淮河流域能量与水分循环观测试验，淮河流域能量与水分循环过程及其与区域气候的关系，区域气候-水文模式的研制及其数值模拟，资料信息库和资料四维同化方案的研究。

1998年和1999年夏季，在中国国家自然科学基金委员会和日本文部省的共同支持下，中日两国科学家经过几年的精心设计和组织筹备，在以淮河流域为中心的中国东部广大区域内开展了气象、水文科学观测试验，取得了圆满成功。这种大型的气象、水文联合观测试验在中国尚属首次，对于研究东亚季风气候条件下淮河流域乃至江淮流域能量与水分循环过程及其暴雨和干旱问题，探讨梅雨锋区多尺度云系三维结构和降水的关系，提高梅雨预报准确率，合理调配水资源是非常重要的。试验所获取的大量气象、水文、卫星、雷达、辐射、通量等多种常规和加密的观测资料已被国内外有关科学家使用。

重要研究成果 观测和研究表明，江淮梅雨暴雨是在一种多尺度天气系统相互作用下产生的，其中β尺度系统起重要作用。HUBEX的双多普勒雷达观测阵完整地观测到整个β尺度系统的演变过程与结构；通过首次使用双多普勒雷达资料研究江淮梅雨锋发现，在梅雨锋垂直剖面上有小尺度垂直环流活动；梅雨锋前1~3 km高度附近有西南低空急流存在，它是强暴雨的一种维持机制；用热带测雨卫星（TRMM）微波成像仪（TMI）亮温资料反演了雨强。这是中国第一次利用TRMM资料制作大范围遥感雨图。暴雨数值模拟实验结果表明，由双多普勒雷达测得的初始场进行的资料同化，大大改善了暴雨降水预报。利用改进的辐射、积云参数化等方案，明显改进了区域气候模式。利用降水、蒸发、土壤含水量、地下水位等水文资料改进了水文模式。建立了史灌河流域数字水文模型，能够很好地模拟该流域洪水涨落情况；进行了区域气候模式与水文模型的耦合研究，在江淮梅雨和淮河汛期降水的气象水文预报中，特别是2003年淮河暴雨洪水预报中取得了明显效果；研制了区域资料同化系统及四维同化资料数据集，该数据集已被国内外相关研究工作广泛应用。

HUBEX计划的实施，在国内外相关领域产生了重大影响，提升和扩大了中国科学家在国际舞台的影响力。该项目荣获国家教育部2006年度科学技术进步奖一等奖。

（丁一汇　张雁）

暴雨科学试验研究

bàoyǔ kēxué shìyàn yánjiū

暴雨科学试验研究（experimental study of rain storm） 自20世纪90年代，中国进行了一系列的暴雨科学研究计划和试验，取得一批重要研究成果，对于深入认识暴雨的结构、形成和发展，提高暴雨预报的准确率起到重要作用。

台风、暴雨灾害性天气监测、预报技术研究 由国家气象局、中国科学院和国家教委共同提出，1991年10月经国家计委、国家科委批准，列为国家科技攻关"八五"计划项目即"85-906"项目。这一项目由三大部门的10个单位和广东、上海、湖北、河南、江苏、安徽等10多个省（直辖市）的数百名专家和众多的科技人员参加。

通过5年的攻关，该研究形成了较为现代化的探测与通信传输能力，并在1995年汛期进行业务性试验；形成了不同层次、可以业务运行的台风、暴雨数值天气预报业务方案。该方案具有较高水平的预报能力；在现场试验、计算机模拟和分析归纳上取得了新的认识和进展；建立了台风、暴雨灾害评价系统和资料库，对策方案及快速便捷的现代化预报预警服务手段。攻关成果形成的台风、暴雨灾害性天气监测预报系统，提高了监测能力和预报精度，延长了预报时效，产生了良好的社会经济效益。

1998年华南暴雨科学试验（HUAMEX） 在中国科技部和中国气象局的共同支持下，1998年5月中旬—6月下旬，中国气象科学研究院组织实施了针对粤闽地区的前汛期暴雨和台风暴雨的1998年华南暴雨外场科学试验，首席科学家为周秀骥。这次科学试验的科学目标是揭示暴雨系统中尺度三维结构，把观测资料诊断分析、中尺度数值模拟和中尺度动力学理论结合起来，揭示暴雨发生发展的机制与规律，为提高暴雨短期预报水平提供科学依据。

1998年华南暴雨外场科学试验中设立了中尺度加强观测区，其范围为20°N～27°N，111°E～120°E，覆盖了闽南、广东、香港、澳门等地区。参加试验的观测系统包括常规地面自动观测站和探空站，以及713C型常规数字化雷达、多普勒天气雷达、全球定位系统气象观测站（GPS/MET）、风廓线仪、闪电定位仪等。并利用极轨气象卫星NOAA-14及地球静止卫星GMS-5，分别提供TOVS（泰罗斯业务垂直探测器）探空、云和云导风、地面反照率、14种地表分类特征以及云顶亮温（TBB）数据。共进行了7次暴雨过程综合观测，为暴雨系统中尺度结构及其变化研究提供了新的观测资料。

华南暴雨野外科学试验取得的主要成果：建立了完整的1998年华南暴雨资料库，实现了GPS/MET探测的大气柱总水汽量、多普勒雷达探测的中尺度风场、卫星反演的地标特征和云迹风等资料在中尺度数值模拟中的应用；对野外试验得到的中尺度观测资料进行四维同化并进行中尺度暴雨数值模拟试验；该资料对于检验数值模式以及改进其性能具有重要的作用；利用高分辨率中尺度数值模拟和观测资料相结合的方法，初步指出了包括边界层在内的低空热力动力学是华南暴雨的核心科学理论；以完善的资料同化系统形成模式初始场，采用包括实际地形和能随暴雨过程实时变化的非均匀物理特征地表作为模式的下边界，并采用通过观测资料对比检验改进后的模式中的物理过程，特别是云降水和边界层物理过程，利用空间尺度比暴雨大10倍左右的高空气象资料，高分辨率中尺度数值模式则可以模拟出暴雨β中尺度的结构和过程。试验结果表明中尺度观测网的建立对提高暴雨预报水平具有重要的作用，将雷达网和地面自动雨量站相结合，得到了高分辨率降水分布，揭示了一些低空气流和低空辐合的β中尺度结构及其形成机制。

海峡两岸及邻近地区暴雨科学试验

1998年5—6月，中国气象局主持实施了海峡两岸及邻近地区暴雨科学试验，在粤、港、澳及闽南地区进行了2个月的暴雨综合观测试验，采用多种先进观测手段，开展了实时同步综合观测，共获得了7次暴雨过程的加密观测资料，完成了华南β中尺度暴雨系统的天气动力分析，并建立了相应的暴雨模型；分析了华南暴雨β中尺度热力和动力结构，建立了华南暴雨物理模型；发展了在中尺度模式中自适应网格、三维变分同化技术的应用研究；建立了高分辨率的华南区域中尺度暴雨数值预报模式，利用1961—1997年福建地区有关台风和降水资料，分析研究了福建省台风系统中尺度暴雨发生发展规律，建立了福建地区新的台风暴雨预报系统，并进行了业务试用。

长江中下游梅雨锋暴雨野外科学试验（2001—2002年）

在中国科技部和中国气象局的共同支持下，中国气象科学研究院分别于2001年和2002年的6—7月，组织实施了长江中下游梅雨锋暴雨野外科学试验。项目首席科学家为倪允琪。该项观测试验目标为利用相对高的时空分辨率的野外试验观测网，以获取相对高的时空分辨的观测资料，同时把观测资料的诊断分析和中尺度数值模拟结合起来，揭露暴雨发生发展的机制与规律，研究暴雨中尺度系统的三维结构，为提高暴雨短期预报水平提供科学依据。

试验观测网分为3个层次，即大尺度观测区、长江中游和下游两个β中尺度加密观测区和两个强化中尺度观测区。大尺度观测场以目前气象业务系统的常规高空探测和地面气象观测的时间加密观测为主，其范围为（23°N～38°N，100°E～125°E），包括长江中下游6省1直辖市。长江中游加密观测区主要包括宜昌、武汉、常德、长沙、南昌、荆州多普勒天气雷达或数字化天气雷达所覆盖的区域，长江下游加密观测区为上海、合肥、阜阳、南京、黄山、杭州的多普勒天气雷达或数字化天气雷达的覆盖范围。在这两个加密观测区，着重观测β中尺度系统，特别是梅雨锋内的β中尺度的活动。在加密观测场内又设两个中尺度强化观测区，一个在苏州地区以日本3部车载雷达、风廓线雷达、边界层观测等构成；另一个由合肥和马鞍山多普勒天气雷达构成双多普勒天气雷达观测网，进一步揭示暴雨系统的中尺度结构。

所获取的主要成果：该项试验是一次规模大、装备先进、持续时间较长的梅雨锋暴雨野外科学试验，在试验中成功开展了中日国际合作；气象卫星、多普勒天气雷达等遥感技术在野外科学试验中得到广泛应用，建立了基于网络地理信息系统（WebGIS）平台的长江中下游梅雨锋暴雨观测试验数据库；提出了梅雨锋暴雨的天气学模型和梅雨锋暴雨的多尺度物理模型；中国首次获取了梅雨锋中尺度暴雨系统三维流场结构的观测资料及其分析得到的三维结构模型；观测试验的加密观测资料在项目发展的有限区域η坐标数字模式（AREM）暴雨模式应用试验中得到应用，对外场试验发挥了作用，并检验了该模式的优越性能和加密观测资料在提高模式预报准确率中的作用。

中国南方暴雨野外科学试验（SCHeREX）

为深入了解引发中国暴雨的β中尺度强对流天气系统的结构与机理，尤其是影响暴雨落区、强度和发生时间的强对流云内的微物理过程，在中国科技部和中国气象局的共同支持下，针对中尺度灾害天气，尤其是空间尺度几十千米至一两千米的β中尺度天气系统，中国气象科学研究院组织实施了2008/2009年"中国南方暴雨野外科学试验"（SCHeREX）。首席科学家为张人禾。该试验的目标是：获取丰富的具有β中尺度分辨率的观测资料，深入了解中国南方β中尺度暴雨系统的结构与演变机理；探索如何建设中尺度暴雨的监测与预报业务平台，提高对中尺度暴雨的监测与预报、预警能力。

考虑到中国夏季雨带的变化特点，该试验以华南暴雨试验为主，并对长江中下游梅雨锋暴雨实施加密观测。野外试验选择了中国南方的4个区域，分别为：以广东省为主体的华南区域；以湖北省为主体的长江中游区域；以安徽省为主体的淮河区域；以上海市为主体的长江下游区域。参加这次野外试验有广东、湖北、安徽、上海、海南、湖南、江西、福建、河南、江苏、浙江、重庆12个省（直辖市）。野外科学试验观测包括常规地面自动观测站和探空站，以及业务雷达、风廓线雷达、GPS（全球定位系统）探空、多普勒天气雷达、闪电定位仪和地面移动观测等系统。空基遥感追踪观测系统采用了机载下投式探空。地面移动观测系统包括一部车载5 cm双偏振多普勒雷达、一部8 mm波的云雾雷达和一部车载风廓线雷达。

野外试验分别在2008年和2009年开展，共进行了2年。每年选择两个时段：5—6月在华南区域，6—7月在长江中下游和淮河的三个区域（长江中游、江淮与华东长江下游观测区）。第一阶段主要针对华南区域开展暴雨野外科学试验。第二阶段针对长江中下游和淮河区域的梅雨锋暴雨试验，主要在长江中下游三个中尺度观测基地进行。野外科学试验获取了多种、多源的中尺度观测资料。利用多对双雷达组网观测得到了高时空分辨的三维中尺度风场，利用双偏振雷达与云雾雷达的观测获取了云内参数的观测资料。利用常规观测网与装备（包括探空与地面）进行时间加密观测获取了连续观测资料。利用机载下投式探空在2009年8月开展了对台风"天鹅"与"莫拉克"的飞机探测，成功获取了近40个探空廓线。

2008—2009年中国南方暴雨野外科学试验取得的主要成果：使用中国气象科学研究院发展的逐时快速分析与预报系统——中尺度灾害天气监测、分析和预报预警平台，融合同化了高时空分辨的多种观测资料，形成了可供业务和科研使用的水平分辨为3~5 km、时间分辨为1~3小时的中尺度再分析场；利用高时空分辨率的观测资料和再分析资料，对热力和动力场在β中尺度系统演变中的作用有了进一步的认识；利用业务中尺度数值预报系统，建立了及时更新资料的中尺度短时、短期预报系统，实现了观测资料及时更新和实时运行的模式系统试验业务流程；实时应用机载下投式探空资料于数值模式，通过三维同化系统把下投式探空资料进入中尺度数值模式的初始场，比较检验了使用下投式探空资料对台风的登陆地点、时间与强度预报的作用；把双雷达组网观测反演的三维风场同化进中尺度模式，通过与常规单雷达同化方案结果进行比较，了解了局部地区多部双雷达组网观测资料在改进中尺度分析与预报中的作用；把双偏振雷达与云雾雷达观测到的云内参数分布，通过同化系统融合进入模式计算产生云分析场，改进了模式"热启动"时的初始云参数场，并进行了临近预报试验。

南方致洪暴雨中尺度系统科学试验研究 由中国气象局主持、多部门参加的国家"973"项目"中国南方致洪暴雨监测与预测的理论和方法研究"（2004—2009年），揭示了引发南方致洪暴雨的β中尺度强对流系统的三维结构与形成机理，以及不同时间尺度大气动力过程与异常气候背景对暴雨过程、持续性暴雨的形成的影响与机理，在此基础上提出了南方致洪暴雨的多时空尺度物理模型；进一步发展了定量遥感探测中尺度暴雨的理论与方法，初步完成多种观测资料融合、高时空分辨率的中尺度气象再分析场的理论和方法研究；建立了能有效提高中国南方暴雨预报能力的非静力、高分辨率中尺度暴雨数值预报模式系统和中尺度暴雨的临近预报系统。

（周秀骥 徐祥德 倪允琪 张人禾）

táifēng kēxué shìyàn
台风科学试验（typhoon scientific experiments） 自20世纪80年代起，针对台风业务和研究进行了一系列的科学实验，包括与国际合作的台风业务试验计划（TOPEX）、中国登陆台风科学试验（CLATEX）和台风登陆过程外场科学试验。

台风业务试验计划（TOPEX） 中国开展的第一个国际合作的台风科学试验。1981年进行预试验，1982—1983年进行正式试验。1981年的预试验选了3个目标台风，正式试验的1982年和1983年，每年选取4个目标台风。1990年亚洲及太平洋经济社会委员会/世界气象组织（ESCAP/WMO）台风委员会决定与美国、苏联在西北太平洋地区进行台风外场试验合作，发起一场继台风业务试验之后新的台风试验，组织了一次代号为"SPECTRUM-90"的台风特别试验计划，对台风打转、摆动，双台风作用，非对称结构对运动的影响等都做了深入研究，取得丰硕成果并进行了业务应用推广。1993—1994年，中国组织开展代号为"CATEX"的近海台风外场科学试验，对台风三维结构、中小尺度系统和地形对台风结构的影响等方面进行了广泛而细致的研究。

中国登陆台风科学试验（CLATEX） 该项目属科技部社会公益研究专项"中国登陆台风边界层观测试验"。2002年7—8月，对3个强热带风暴进行了外场观测试验，首次获取了登陆台风边界层综合观测资料及雷达、地面综合分析数据，填补了登陆台风边界层数据库的空白；首次采用现场观测试验对登陆台风成灾过程的边界层动力学进行了初步探讨；首次采用热带降雨测量（TRMM）卫星、TBB等高分辨率资料以及试验区多普勒雷达、风廓线仪、常规探测资料综合分析登陆台风的结构，并在预报模式同化技术、诊断分析及其预报业务系统技术等方面取得进展；提供了目标台风同化格点产品；开展了热带气旋登陆路径集合预报试验，为登陆台风预报业务系统的发展提供了新的综合技术方法。

台风登陆过程外场科学试验 由中国气象局、中国科学院和高等院校于2008年启动实施的国家重点基础研究发展计划（"973"计划）"台风登陆前后异常变化及机理研究"项目，在华南和华东试验区先后对2009年3个登陆台风实施了固定和移动探测，开展了登陆台风的云系立体探测和大气边界层结构特种探测，获得大量珍贵的实测资料。

（王金星 杨蕾）

dàqì huàxué kēxué shìyàn
大气化学科学试验

（scientific experiments of atmospheric chemistry） 自20世纪90年代起，气象科学研究院主持了一系列有关大气化学方面重大科研项目，并开展了大型科学试验，从而使大气化学研究水平有了质的提高。

西太平洋臭氧及其前体物考察科学试验（PEM-WEST） 20世纪90年代初，中国气象科学研究院和美国国家海洋大气局（NOAA）空气实验室以及美国国家航空航天局（NASA）合作开展"西太平洋O_3及其前体物考察"项目，分别在1991年8月底至11月初和1994年2—3月执行。此项目的开展对中国临安区域本底站近地面大气痕量成分的基本情况，包括大气成分时空分析特征、源、输送、转化、汇，以及东亚大陆向西太平洋的长距离输送有了一定的了解。

"中国地区大气臭氧变化及其对气候环境的影响"科学试验 1994—1997年国家自然基金重大项目"中国地区大气臭氧变化及其对气候环境的影响"是国内第一次对大气臭氧进行的长期、全面和系统的研究。该项研究最重要的成果是发现了青藏高原上空夏季（6—9月）存在大气臭氧低值中心。继而通过数值模拟试验揭露了青藏高原夏季大气臭氧低值中心的形成机制以及地面臭氧变化机理，证实了东部地区地面臭氧变化主要取决于太阳辐射与有关前体物的光化学反应过程。观测结果表明，人类活动对局地地面大气臭氧及其有关前体物变化的影响是显著的。

"长江三角洲低层大气物理化学过程及其与生态系统的相互作用"科学试验 "九五"国家自然基金重大项目。"长江三角洲低层大气物理化学过程及其与生态系统的相互作用"（1998年4月—2004年7月）和中美合作研究项目"长江三角洲地区的中国城乡复合体研究计划"，都是以长江三角洲地区低层大气物理化学过程与生态系统相互作用为核心科学问题，研究揭示地表结构变化与区域气候和环境变化的相互影响，探索区域社会、经济建设与生态环境协调发展的对策。首次把环境、生态、气候几个重要领域进行综合研究，发现人类活动对环境造成的变化改变了生态环境状态，最终对区域气候造成影响。

"中国大气气溶胶及其气候效应的研究"科学试验 2004年，在"973"项目"中国大气气溶胶及其气候效应研究"的支持下，中国气象局大气成分观测与服务中心在国内14个关键和典型区域，开展了大气气溶胶理化特性时空分布与中长期变化特征的野外网络化观测和实验室实验研究，分析了不同区域、不同类型气溶胶的微观结构、化学成分、谱分布状况、辐射特性等，并将网络化地基探测和卫星遥感的中国不同区域大气气溶胶关键光学特性参数相结合，将大规模和详细过程研究的实验分析与研发气溶胶-气体在线耦合的气溶胶数值预报系统（CUACE/Aero）相结合，将数值模式系统转化为区域性霾天气数值预报系统（CUACE/Haze），并实现了CUACE/Aero与中国气象局参与政府间气候变化专门委员会（IPCC）第五次评估报告的全球气候模式（BCC_ AGCM 2.0.1）的嵌套，获得了对中国大气气溶胶特性、分布和变化及其气候效应的新认识。

"奥运空气质量保证"科学试验 2008年6—9月中国气象科学研究院联合北京市气象局对北京市及其周边地区的大气气溶胶粒子、地面臭氧、反应性气体和气溶胶光学厚度进行了地基监测和遥感观测反演，结合在2006，2007年同期进行的相同内容的观测，向北京市政府几次提供重要的污染控制措施实施后各种大气成分的综合监测及变化原因分析报告和政策建议，获"奥运空气质量保障特别贡献奖"。

大气环境现场科学试验 "973"项目"首都北京及周边地区大气、水、土环境污染机理及调控原理"中的"北京空气污染观测试验",揭示了北京城区和城近郊区城市边界层结构与湍流特征、城市大气污染垂直结构特征;发展了城市气象模式系统;揭示了城市重污染过程"空气穿隆"三维结构、城市冠层空气污染场"同相位"变化特征、城市交通污染源影响特征、周边污染源跨省(市)区域多尺度"影响域"及其气溶胶影响的气候效应;研发了大气污染卫星遥感-地面观测综合变分分析、统计-动力模型等源追踪新技术;空气质量"源同化"模式预报与调控技术有新突破,显著提高了调控与预报能力;提出了有关城市气、水、土环境相互影响模型与水库综合调控新途径。

（王金星　杨蕾）

人工影响天气科学试验

réngōng yǐngxiǎng tiānqì kēxué shìyàn

人工影响天气科学试验（scientific experiments of weather modification） 自20世纪80年代起,中国气象科学研究院主持了承担了多项有关人工影响天气的国家科技计划项目,分别于"八五""十五"和"十一五"期间开展了人工影响天气科学试验,获取了丰富的观测数据。

北方层状云人工降水试验 中国气象科学研究院"八五"国家科技攻关项目之一。该试验（1981—1992年）引进国外云粒子测量系统,改装了伊尔-14型飞机一架,在陕西、宁夏、内蒙古、新疆和吉林进行人工降水资源考察和人工降水科学试验。到1985年,飞行观测区域跨19个省（自治区、直辖市）,获取了大量的云微物理结构资料;建立了云系的多尺度概念模型;分析了不同尺度间的相互作用特点,包括不同云体的水平和垂直配置在降水过程上的作用特点、云中不同粒子模态的尺度谱拟合改进、降水云系中冷云对暖云的作用、不同降水粒子谱在降水转化作用上的差异、云中液态水含量的分布特征和人工降水潜力区;提出了多项人工降水作业的物理判据;建立了层状云数值模式;提出了移动目标区的效果检验方案和多区历史回归检验方案等。

人工增雨技术研究与示范外场科学试验 在科技部"十五"科技攻关项目"人工增雨技术研究与示范"（2001—2006年）的支持下,中国气象科学研究院和有关单位合作,采用国际先进的机载综合探测和作业系统、无人驾驶小飞机探测与作业系统,结合多普勒雷达探测系统,在北京、河南、青海、甘肃等地组织了大型外场观测科学试验,形成了人工增雨集成技术;研制了高效实用的人工增雨催化剂、机载碘化银末端燃烧器;建立了可业务化的数值模式系统及空中水资源评估与效果检验系统;并通过集成建立了功能先进、操作简便、科技含量高的,集综合探测、预测识别、播撒与评估为一体的人工增雨综合技术系统。

人工增雨关键技术与装备研发外场科学试验 "十一五"国家科技支撑计划重点项目"人工增雨关键技术与装备研发"（2006—2011年）。2009年4—5月,3架装备国际先进云物理探测载荷的飞机,在地面多普勒雷达网观测、偏振雷达、毫米波雷达及地面雨滴谱网观测配合下,实施了3次大规模云系探测科学试验。这是国内首次组织3架具有先进探测装备的飞机在同一区域进行飞机联合探测,获取了非常有价值的科学探测数据,建立了混合云和暖云优化播撒方法,填补了中国暖云人工增雨技术空白。

（王金星　杨蕾）

农业气象科学试验

nóngyè qìxiàng kēxué shìyàn

农业气象科学试验（scientific experiments of agricultural meteorology） 20世纪80年代起,中国气象局围绕农业气象科研工作,组织承担了多项国内外研发项目,开展了农业干旱、农业气候资源利用和温室气体影响等科学试验。

华北平原作物水分胁迫和干旱试验研究 中国气象局重点科研项目,是中美大气科技合作项目"中国华北平原与北美大平原气候和农业比较"的子课题,由中国气象科学研究院、河南省气象局、山东省气象局等单位共同承担。建立了较现代化的人工控制农田水分试验场,针对华北农业干旱缺水重大问题,于1983—1988年对冬小麦、夏玉米进行了不同土壤水分处理的试验研究,在作物耗水量与产量关系、最佳耗水量确定、作物干旱指标、麦田土壤水分动态模拟和小麦干旱预报、小麦优化灌溉方案制定等方面取得许多新成果。

亚热带东西部丘陵山区农业气候资源及其合理利用试验研究 1981年和1987年,中国气象局分别将"我国亚热带东部丘陵山区农业气候资源及其合理利用"和"我国热带、亚热带西部山区农业气候资源及其合理利用"列为重点课题,进行了山区野外考察,完成了武夷山区气候资源及其合理利用的研究,分析了天目山区、秦巴山区及甘泉山区农业气候资源特征及亚热带东部10大山系不同坡向、坡度和地形类型的农业气候资源的多样性。在西部山区7大山系、14个剖面开展了山区气候观测和多种农林物候、生物量、品质等平行观测,得出西部山区比东部农业气候资源更多样、多夜雨、多暖层、暖区多散射光等特征。

温室气体对作物影响试验研究 从1992年起,中国气象科学研究院在河北固城试验站利用自行研制的

OTC-1型开顶气室，进行了CO_2浓度增加对大豆、小麦、棉花、玉米、谷子生长发育、产量和品质影响的试验研究。从1999年起又进行了O_3浓度对水稻、小麦、蔬菜生长影响、O_3与CO_2交互作用对大豆等作物影响的试验研究；还进行了高CO_2浓度、高温和水分胁迫对农作物复合影响的试验研究。通过这些试验研究获得了宝贵的资料，所得结果对预测未来农业发展趋势、制定和调整相应的农业政策有重要作用。

农业气象防灾减灾试验研究 国家科技部在"九五"和"十五"期间分别将"农业气象灾害防御技术研究"和"农业气象灾害预警、评估、防御技术研究"列为科技攻关项目。在"十一五"期间，农业气象研究列为国家重大科技支撑项目。由中国气象局、农业部、林业部、水利部和中国科学院合作攻关，对各种农业气象灾害防御技术进行了大量试验研究工作。如地膜覆盖、防旱、防霜、防低温冷害的化学制剂以及涝渍兼治-排水组合，生物防火林带阻隔工程等的野外试验，为每种灾害的综合防御措施的制定提供了重要的理论基础和技术方法，大大提高了多种农业气象灾害的防御能力。

（王金星　杨蕾）

căoyuán qìxiàng kēxué shìyàn yánjiū
草原气象科学试验研究 （scientific experiments of grassland meteorology）

项目全称为"内蒙古半干旱草原土壤-植被-大气相互作用——科学问题与试验计划"（IMGRASS计划），是国家自然科学基金委在"九五"期间支持的跨学部重大项目，项目负责人为吕达仁。该项目是全球（气候与环境）变化研究的一个重要区域试验，对于深化对中纬度半干旱草原气候—生态相互作用过程、机制及其对全球变化的响应与贡献的认识具有重要意义。

IMGRASS计划选择内蒙古锡林郭勒草原（包括浑善达克沙地）开展中尺度野外观测试验研究。野外观测包括1998年5—9月的中尺度区域综合观测及1999—2001年的单点继续观测，其中2001年春季开展了浑善达克沙尘气溶胶观测。中尺度试验由4个主要的土壤-植被-大气边界层综合测量点、3个自动气象站、锡林浩特常规探空和低空探空点、约25个降雨自记点、1个双波长测雨雷达站以及若干项特殊观测组成。

科学目标 通过开展中尺度野外综合试验，并结合有关草原生态-气候参数的长期监测，利用卫星遥感陆气相互作用有关参数的原理和方法，建立相应模式及应用、验证，定量了解中纬度半干旱草原土壤-植被-大气相互作用的中、小尺度特征和发展参数化方案，加深理解半干旱草原生态对气候变化与人类活动的响应及其在全球变化中作用。

主要研究内容 IMGRASS计划以中纬度温带半干旱草原的气候-生态相互作用为研究主题，主要包括两个层面：典型草原土壤、植被系统与大气之间交换的定量关系、控制因子和过程分析；自然过程与人类活动共同作用下的草原生态系统变化及其对全球变化的响应和反馈。就锡林郭勒草原（包括浑善达克沙地）区域而言，主要包含以下四个方面：草地/沙地的形成与季风气候的关系；在人类活动与气候变动影响下的草地生态系统与生产力变化；草原的中小尺度水循环；草原的碳循环与草地温室气体源汇作用及其对全球变化的贡献。

草原气象科学试验研究下设6个研究课题：①内蒙古半干旱草原土壤-植被-大气相互作用中尺度综合野外实验；②中纬度半干旱草原边界层特征与土壤-植被-大气传输（SVAT）模式研究；③半干旱草原非均匀陆面的中尺度模式研究；④内蒙古半干旱草原不同生态类型和生理特征对气候变化和人类活动作用的响应；⑤中纬度半干旱草原在温室气体收支中的作用与过程研究；⑥卫星遥感反演地表、大气及其相互作用参数的原理方法和应用研究。

主要科学成果 完成了内蒙古半干旱草原土壤-植被-大气相互作用的地面中尺度试验，比较系统地获得了温带半干旱草原不同类型地表（主要是锡林郭勒典型草原和浑善达克沙地稀疏草原）陆气相互作用的实际综合观测资料，并结合多年草原生态观测与气候资料，形成半干旱草原具有代表性的数据集；通过观测与初步分析不同类型地表的陆气交换感热与潜热以及大气边界层结构具有不同的季节变化与日变化特征，支持相应的大气植被相互作用模式与边界层数值模式的模拟结果；用区域降水分布与中尺度模式的模拟验证揭示了夏季季风形成的水汽输送在草原地形地表共同作用下的降水分布特征；对浑善达克沙地沙尘天气、沙尘气溶胶特征和沙地形成进行了综合研究，数值模拟表明，冬季风对该沙地形成起着重要作用；对沙地沙尘气溶胶的物理化学特征进行了较系统的定量研究和源地解析，评估了该沙地对华北沙尘气溶胶的贡献；建立了用气候参数表征沙尘暴频度的经验模型；对典型草原的温室气体的地气交换进行了系统的测量，获得了当时最认真的估计，并揭示了排放机理；对在本区域放牧所造成的草原生态退化和禁牧恢复演替过程进行了较为系统的研究，为气候-生态相互作用与人类活动的有序干预提供有益的参考。

参考书目

吕达仁，陈佐忠，陈家宜，等，2005. 内蒙古半干旱草原土壤-

植被-大气相互作用综合研究［J］. 气象学报，63（5）：571-593.

吕达仁，陈佐忠，等，2005. 内蒙古半干旱草原土壤-植被-大气相互作用［M］. 北京：气象出版社.

（吕达仁　黄红丽）

气象科技合作

jú-xiào qìxiàng kējì hézuò

局校气象科技合作（science and technology cooperation between CMA and universities） 中国气象局和国内有关高校、科研院所在多个层面开展合作工作的总称。包括中国气象局和大学层面上从宏观、战略角度构建合作框架、对具有全局性的重大合作进行协调的方面，还包括中国气象局和相关高校所属各有关单位组织实施具体合作项目等。局校合作的基本原则是"全面合作、优势互补；平等协商、互惠互利；多层推进、注重实效；资源共享、共同发展"。局校合作是中国气象局和国内部分高校、科研院所以改革创新的精神探索出的一种新型的全面合作模式，是中国气象局贯彻落实科学发展观，加快推进国家气象科技创新体系建设、气象人才体系建设，发展现代气象业务，实现气象现代化的重要举措，也是提高合作院校气象人才培养质量、加强气象相关学科建设和提升服务社会能力的重要举措。

中国气象局与高校及科研院所的合作源远流长。自2002年开始，中国气象局与设有大气科学及相关学科专业的院校加大了合作力度。截至2015年底，先后与国内20个高等院校签订了全面合作协议（见下表）。此外，各省（自治区、直辖市）气象局及其直属单位还与各相关高校、科研院所签署了多项合作协议。

局校气象科技合作内容主要包括联合建立研发机构、开展科研合作、建设相关高校气象类实习平台等科研基础条件、加强人才联合培养、开展气象科学数据共享、加强人员交流和互访等。

通过局校合作，中国气象局和相关高校在科研合作、业务开发、人才培养和共建实验平台建设等方面取得了进展，促进了合作双方的共同发展，初步实现了气象行业业务、科技和教育资源的共享共用，为进一步加强深层次合作创造了良好条件。

（何勇　丁顺清）

气象科技奖励

qìxiàng hángyè suǒ huò guójiā kēxué jìshù jiǎng

气象行业所获国家科学技术奖（national science and technology awards for meteorology） 在不同时期国家设立的不同科学技术奖励项目中，气象行业的各部门及研究单位、高等院校的科研成果获得的奖励。1956年，中国科学院地球物理研究所主持完成的"西藏高原对东亚大气环流及中国天气的影响"获首届国家自然科学奖三等奖；1978年全国科学大会，气象行业有100多项科研成果获得奖励。此后5年，中国科技奖励制度开始了重建，恢复了国家发明奖，正式设立国家自然科学奖，1984年设立国家科学技术进步奖，1994年设立中华人民共和国国际科学技术合作奖。1999年国务院发布了《国家科学技术奖励

中国气象局与高校签订合作协议列表

序号	高校	签署时间	协议名称
1	北京大学	2002年9月10日	中国气象局-北京大学合作协议
2	北京师范大学	2002年9月12日	中国气象局-北京师范大学合作协议
3	中国科学技术大学	2002年9月15日	中国气象局-中国科学技术大学合作协议
4	中山大学	2002年9月17日	中国气象局-中山大学合作协议
5	成都信息工程大学（成都信息工程学院）	2002年9月17日	中国气象局-成都信息工程学院合作协议
6	兰州大学	2002年9月20日	中国气象局-兰州大学合作协议
7	南京大学	2002年9月23日	中国气象局-南京大学合作协议
8	浙江大学	2002年9月23日	中国气象局-浙江大学合作协议
9	青岛海洋大学（中国海洋大学）	2002年9月25日	中国气象局-青岛海洋大学合作协议
10	云南大学	2002年9月26日	中国气象局-云南大学合作协议
11	香港城市大学	2002年9月28日	中国气象局-香港城市大学合作协议
12	南京信息工程大学（南京气象学院）	2002年9月29日	中国气象局-南京气象学院合作协议
13	国防科学技术大学	2003年3月28日	中国气象局-国防科学技术大学合作协议
14	中国科学院研究生院	2004年9月9日	中国气象局-中国科学院研究生院合作协议
15	南开大学	2005年5月16日	中国气象局-南开大学合作协议
16	同济大学	2011年11月16日	中国气象局-同济大学合作协议
17	中国农业大学	2012年5月8日	中国气象局-中国农业大学合作协议
18	清华大学	2013年12月17日	中国气象局-清华大学战略合作协议
19	华东师范大学	2015年3月8日	中国气象局-华东师范大学战略合作协议
20	中国地质大学（武汉）	2015年7月23日	中国气象局-中国地质大学战略合作协议

条例》，设立国家科学技术奖，包括国家最高科学技术奖、国家自然科学奖、国家科学技术进步奖、国家技术发明奖、国际科学技术合作奖等5个奖项。国家科学技术奖设立至今，气象行业在最高科学技术奖、国家自然科学奖、国家科学技术进步奖3个奖项中均有获奖。

国家最高科学技术奖 中国科技界最高奖项，为奖励在科技进步活动中做出突出贡献的公民设立。授予取得重大突破或者在科学技术发展中有卓越建树、在科学技术创新、科学技术成果转化和高技术产业化中创造巨大经济效益或者社会效益的科学技术工作者。2005年著名气象学家、中国科学院院士叶笃正先生获得国家最高科学技术奖。学术贡献主要包括开创青藏高原气象学、创立大气长波能量频散理论、创立东亚大气环流和季节突变理论、创立大气运动的适应尺度理论、开拓全球变化科学新领域、对中国现代气象业务发展的卓越贡献等。

国家自然科学奖 授予在数学、物理学、化学、天文学、地球科学、生命科学等基础研究和信息、材料、工程技术等领域的应用基础研究中，阐明自然现象、特征和规律、做出重大科学发现的中国公民。其获得者要求在基础研究和应用基础研究中做出突出贡献并符合"前人尚未发明或者尚未阐明""具有重大科学价值""得到国内外自然科学界公认"这三大评审标准。国家自然科学奖1956年正式设立，当时称为中国科学院科学奖，1982年正式改称为国家自然科学奖，设一至四等奖四个奖励等级，从2002年开始只设一、二等奖两个奖励等级，2003年增设特等奖。气象行业获国家自然科学奖情况见表1。

表1 气象行业所获国家自然科学奖情况（部分）

序号	获奖年度	成果名称	获奖等级	主要完成人
1	1956	西藏高原对东亚大气环流及中国天气的影响	三等奖	叶笃正、顾震潮
2	1982	中国历史气候变迁规律的研究	四等奖	张家诚等
3	1987	东亚大气环流	一等奖	叶笃正、陶诗言、朱抱真、陈隆勋
4	1987	旋转大气运动中的适应过程问题研究	二等奖	曾庆存、叶笃正、李麦村
5	1987	中国降水过程与湿斜压天气动力学	二等奖	谢义炳等
6	1987	中国卫星气象学研究	三等奖	陶诗言、曾庆存、方宗义、李崇银、丁一汇、黄荣辉、周凤仙、袁重光、李玉兰
7	1987	云和降水物理研究	四等奖	顾震潮、巢纪平、周秀骥、黄美元、周晓平、徐华英、陈瑞荣
8	1989	大气微波遥感原理和辐射传输特性研究	三等奖	周秀骥、吕达仁、黄润恒、林海、魏重
9	1991	大气中准定常行星波的形成、传播与异常机制研究	三等奖	黄荣辉
10	1995	东亚季风研究	二等奖	陈隆勋、丁一汇、何金海、朱乾根、罗会邦
11	1997	东亚与热带大气低频变化及其气候异常机理研究	三等奖	黄荣辉、李崇银、陈烈庭、刘式适、叶笃正
12	2000	我国干旱半干旱区十五万年来环境演变的动态过程及发展趋势	二等奖	刘东生、汪品先、刘嘉麒、孙湘君、安芷生
13	2004	东亚季风气候-生态系统对全球变化的响应	二等奖	符淙斌、季劲钧、温刚、严中伟、延晓冬
14	2005	气候数值模式、模拟及气候可预报性研究	二等奖	曾庆存、王会军、林朝晖、周广庆、俞永强
15	2007	海陆气相互作用及其对副热带高压和中国气候的影响	二等奖	吴国雄、刘屹岷、李建平、宇如聪、周天军
16	2007	中国西北季风边缘区晚第四纪气候与环境变化	二等奖	陈发虎、李吉均、张虎才、方小敏、潘保田
17	2008	中国第四纪冰川与环境变化研究	二等奖	施雅风、崔之久、李吉均、郑本兴、周尚哲
18	2008	晚中新世以来东亚季风气候的历史与变率	二等奖	安芷生、周卫健、刘晓东、刘卫国、刘禹
19	2009	大气颗粒物及其前体物排放与复合污染特征	二等奖	贺克斌、郝吉明、段凤魁、陈泽强、杨复沫
20	2012	黄土和粉尘等气溶胶的理化特征、形成过程与气候环境变化	二等奖	安芷生、张小曳、曹军骥、李顺诚、刘晓东
21	2012	中国大气污染物气溶胶的形成机制及其对城市空气质量的影响	二等奖	庄国顺、郭志刚、黄侃、孙业乐、王瑛
22	2012	过去2000年中国气候变化研究	二等奖	葛全胜、王绍武、邵雪梅、郑景云、杨保
23	2013	沙尘对中国西北干旱气候影响机理的研究	二等奖	黄建平、王式功、王天河、周自江、陈斌
24	2014	二十万年来轨道至年际尺度东亚季风气候变率与驱动机制	二等奖	汪永进、张平中、谭明、刘殿兵、吴江滢
25	2014	青藏高原冰芯高分辨率气候环境记录研究	二等奖	姚檀栋、秦大河、田立德、王宁练、康世昌
26	2014	气候预测的若干新理论与新方法研究	二等奖	王会军、范可、孙建奇、姜大膀、高学杰

国家科学技术进步奖 授予在应用推广先进科学技术成果，完成重大科学技术工程、计划、项目等方面，做出突出贡献的公民、组织，包括：①在实施技术开发项目中，完成重大科学技术创新、科学技术成果转化，创造显著经济效益的；②在实施社会公益项目中，长期从事科学技术基础性工作和社会公益性科学技术事业，经过实践检验，创造显著社会效益的；③在实施国家安全项目中，为推进国防现代化建设、保障国家安全做出重大科学技术贡献的；④在实施重大工程项目中，保障工程达到国际先进水平的。气象行业获国家科学技术进步奖情况见表2。

表2　气象行业所获国家科学技术进步奖情况（部分）

序号	获奖年度	项目名称	奖励等级	完成单位	完成人员
1	1985	短期数值天气预报业务系统（B）的建立与推广应用	一等奖	国家气象局北京气象中心、中国科学院大气物理所、北京大学地球物理系气象专业	葛蔼芬、屠伟铭、朱宗申、朱抱真、张玉玲
2	1985	计算机自动化系统在气象通讯中的应用	一等奖	国家气象局北京气象中心电信台	赵振纪、应显勋、徐家奇
3	1985	1981—1984年间4次大暴雨短期预报的成功和优质服务	一等奖	国家气象局北京气象中心气象台、湖北省气象台、青海省气象台、陕西省气象台、陕西省安康地区气象台	王永祥、任泽君、杨金政、胡中联、吴永森
4	1985	北方暴雨预报方法及理论研究的推广应用	二等奖	吉林省气象局气象科学研究所、河北省气象科学研究所、北京大学地球物理系、国家气象局气象科学研究院、中国科学院大气物理研究所	谢义炳、丁士晟、游景炎、周晓平、雷雨顺
5	1985	中国科学院万立方米高空科学气球技术系统	二等奖	中国科学院大气物理研究所	顾逸东、荆其一、彭绪祥、叶其伟、张亚臣
6	1985	长江流域暴雨及其预报研究	三等奖	国家气象局气象科学研究院天气气候研究所、安徽省气象科学研究所、湖南省气象台、上海市气象局、湖北省气象局	章淹等
7	1985	冰雹预报方法研究	三等奖	北京市气象局、河北省气象局、国家气象局气象科学研究院、中国科学院大气物理研究所、甘肃省气象局	苏福庆、游景炎、吴正华、李吉顺、陈乾
8	1985	华南前汛期暴雨成因及其预报研究	三等奖	广州热带海洋气象研究所、南京大学气象系、福建省龙岩地区气象局、广西壮族自治区气象科学研究所、中国科学院大气物理研究所	李真光、包澄澜、王两铭、梁必骐、朱乾根
9	1985	台风路径预报的诊断研究	三等奖	上海台风研究所、国家气象局北京气象中心气象台、国家气象局气象科学研究院、南京气象学院、浙江省气象科学研究所	王志烈、陈联寿、董克勤、费亮、钮学新
10	1985	用气象卫星云图分析预报台风的方法	三等奖	国家气象局北京气象中心气象台、中国科学院大气物理研究所	范蕙君、方宗义、陶诗言、李修芳、李玉兰
11	1985	关于"制定地方大气污染物排放标准的技术原则和方法"的研究	三等奖	国家气象局气象科学研究院、南京大学气象系、电力部环境保护处、中国医学院劳动卫生所	俎铁林、徐大海、李宗恺、邵强、胡更新
12	1985	我国太阳能资源的计算和区划	三等奖	国家气象局气象科学研究院、国家气象局北京气象中心资料室	王炳忠、祝昌汉、潘根娣
13	1985	我国风能资源的计算和区划	三等奖	国家气象局气象科学研究院	朱瑞兆、薛桁
14	1985	寒潮中期预报理论和方法	三等奖	新疆维吾尔自治区气象局、北京大学地球物理系、中国科学院大气物理研究所、国家气象局北京气象中心、国家气象局气象科学研究院	仇永炎、王为德、缪锦海、徐夔慧、许有丰
15	1987	微波辐射计及其环境遥感应用	一等奖	北京大学	赵柏林
16	1987	小麦干热风研究及推广应用	三等奖	陕西省气象局、河南省气象局、甘肃省气象局、山东省气象局、河北省气象局	杨珍玲、余优森、张延珠、于玲、顾煜时
17	1987	吉林春季云雨资源分布及其人工影响潜力的研究	三等奖	吉林省气象科学研究所	汪学林、陆煜钧
18	1987	我国粮食（总产、水稻和小麦）产量气象预测预报研究	三等奖	国家气象局气象科学研究院、湖南省气象科学研究所、河南省气象局、江西省气象科学研究所、四川省气象科学研究所	王馥棠、冯定原、宛公展、王书裕、赵四强

序号	获奖年度	项目名称	奖励等级	完成单位	完成人员
19	1988	全国农业气候资源和农业气候区划研究	一等奖	国家气象局、国家气象局气象科学研究院、中国农业科学院农业气象研究室、中国科学院综合考察委员会气候资源室、北京农业大学气象系、南京气象学院农业气象系、中国牧区畜牧气候区划科研协作组	程纯枢、李世奎、崔读昌、徐德源、韩湘玲、魏淑秋、欧阳海、章庆辰、冯雪华、侯光良、刘洪顺、张谊光、郑剑非、高亮之、王石立
20	1988	714型台风警戒雷达系统	二等奖	国家气象局气象科学研究院、国营第784厂	樊启恭、张秀太、王顺生、吴迪、任豫、张世芬、刘嘉瑞、李珠福、于守宗
21	1988	电视天气预报动态显示业务系统的研制	三等奖	国家气象局北京气象中心	张德祥、陈联寿、刘玉洁、杨玉真、曲声浦
22	1989	NOAA（诺阿）系列气象卫星资料接收处理系统和开发应用服务	一等奖	国家气象局卫星气象中心	郭关生、张青山、刘诚、董超华、林洪柱、许德辉、徐建平、王瑛、赁常恭、王守慧、欧应华、刘玉洁、周嗣松、张凤英、赵小建
23	1989	全国十九省（市、自治区）风能资源详查研究	二等奖	国家气象局气象科学研究院、水利电力部农电司小火电处	薛桁、王兰、朱瑞兆、彭开秀
24	1989	暴雨数值天气预报及其业务应用	二等奖	中国科学院大气物理研究所	周晓平、张可苏、赵思雄、刘苏红、张宝严
25	1989	北京气象中心实时气象资料库	三等奖	国家气象局北京气象中心	应显勋、任满玲、葛兰、李文华
26	1990	华北平原作物水分胁迫和干旱	二等奖	国家气象局气象科学研究院	安顺清、朱自玺、吴乃元、焦仪珍、韩方池、牛显增、付相军、张廷珠、侯建新
27	1990	我国酸雨的来源影响及其控制对策研究	二等奖	北京大学	唐孝炎等
28	1990	有线遥测辐射仪	三等奖	国家气象局气象科学研究院	陆振和、张纬敏、陈殿盛、姚育兴、吴振新
29	1990	省级天气预报信息收集与实时处理系统	三等奖	国家气象中心	梁孟铎、秦祥士、龙太新、王继志、高华云
30	1991	UHF（特高频）多普勒测风雷达系统	一等奖	国家气象局气象科学研究院大气探测研究所、航空航天部二院二十三所	马大安、田文斌、曹汉琪、丁渭兴、刘国意、齐东东、李金生、郭世岭、赵从龙、张俭、郝祥官、孙丽生、张淑君、谢格、苟多福
31	1991	中国亚热带东部丘陵山区农业气候资源及其合理利用研究	二等奖	福建省气象局、江西省气象局、湖南省气象局、国家气象局气象科学研究院、南京气象学院、浙江省气象局、河南省气象局	沈国权、陈遵鼎、吴崇浩、张养才、周天增、姜效泉、倪国裕、郝晓权、沈国芳
32	1991	北方冬小麦卫星遥感动态监测及估产系统	二等奖	国家气象局气象科学研究院、国家卫星气象中心、北京市林业科学院、河北省气象局、天津市气象局、河南省气象局、江苏省气象局	李郁竹、肖乾广、刘国祥、阎宜玲、孟宪铖、史定珊、汤志成、刘笃慧、王稳成
33	1991	极轨气象卫星资料微机处理系统	三等奖	乌鲁木齐气象卫星地面站	吴其勇、李华先、李古芳、李良序、常丽云
34	1992	灾害性天气监测和短时预报系统	一等奖	中国气象科学研究院	周秀骥、唐新章、金鸿祥、肖凯书、王全发、杨金政、杨国香、葛润生、沈惠坏、陈立祥、王坪、黄炎
35	1992	吉林省大型水库蓄水期雨量预报方法研究	三等奖	吉林省气象局	郑秀雅、周志才、谢令范、张斌、林启明
36	1993	北方层状云人工降水试验研究	二等奖	中国气象科学研究院	游来光、马培民、胡志晋、陈万奎、何绍钦、王鼎丰、夏彭年、陈君寒、汪学林
37	1993	有限区域细网格分析预报系统	三等奖	国家气象中心	郭肖容、张玉玲、同之辉、郑国安、朱宗申

续表

序号	获奖年度	项目名称	奖励等级	完成单位	完成人员
38	1995	中国中期数值天气预报业务系统	二等奖	国家气象中心	李泽椿、颜 宏、裘国庆、陈受钧、纪立人、郭肖容、姚奇文、皇浦雪官、蔡道法
39	1995	风云一号气象卫星资料接收处理应用系统	二等奖	国家卫星气象中心	范天锡、张福孙、钮寅生、万伯庆、王守慧、梁 雨、任朝江、杨卯辰、孙自余
40	1995	长期天气预报理论、方法和资料库建立	三等奖	国家气象中心、中国气象科学研究院、南京气象学院、北京气象学院	章基嘉、孙照渤、郑庆林、廖荃荪、王世平
41	1995	人工影响天气多尺度技术系统及催化系统的研究与应用	三等奖	黑龙江省人工影响天气研究中心、黑龙江省人工降雨办公室	李大山、李成材、林 松、李靖平、罗秉和
42	1996	西藏自治区气象实时业务系统建设	三等奖	西藏自治区气象局	马添龙、索朗多吉、权循刚、假 拉、曾 祥
43	1997	我国台风、暴雨灾害性天气监测、预报业务系统	二等奖	国家气象中心、中国气象科学研究院、中国科学院大气物理研究所、北京大学、广东省气象局、湖北省气象局、上海市气象局	李泽椿、马鹤年、郭肖容、葛润生、蔡道法、王昂生、肖凯书、陈受钧、陈联寿
44	1998	中国酸沉降及其生态环境影响研究	一等奖	中国环境科学研究院、中国科学院生态中心、北京大学、清华大学、中国科学院大气物理研究所、中国气象科学研究院、国家环保局南京环境科学研究所	冯宗炜、王文兴、唐孝炎、赵殿五、任阵海、郝吉明、陈 复、曹洪发、黄美元、沈 济、孙庆瑞、丁国安、董保群、张晓山、林 红
45	2000	数值气象预报的并行计算技术	二等奖	国家气象中心、国家气候中心	颜 宏、金之雁、施培量、王建捷、董 敏、刘公达、伍湘君、洪湘董、刘志远、张德新
46	2001	卫星通信气象综合应用业务系统（"9210"工程）	二等奖	中国气象局信息网络部、中国气象局"9210"工程办公室、国家气象中心、中国气象科学研究院、中国气象局总体规划研究设计室、中国气象局培训中心、北京市气象科学研究所	
47	2001	农田温室气体排放过程和观测技术研究	二等奖	中国科学院大气物理研究所、中国科学院长沙农业现代化研究所、中国科学院成都山地灾害与环境研究所、江苏吴县市农科所、中国科学院南京土壤研究所	王明星、王跃思、郑循华、李 晶、沈壬兴、上官行健、谢小立、王卫东、段长麟、张仁健
48	2002	防汛抗旱水文气象综合业务系统	二等奖	水利部水利信息中心、中国科学院遥感应用研究所、水利部南京水文水资源研究所、北京大学物理学院、河海大学、北京硕润科技发展有限公司	杨 扬、张建云、戚建国、周国良、王 琳、吴炳方、黄嘉佑、刘九夫、岳智慧、郑 文
49	2003	我国短期气候预测系统的研究	一等奖	国家气候中心、中国科学院大气物理研究所、国家气象中心、北京大学、农科院农气所、水利信息中心、中国气象科学研究院、国家卫星气象中心、国家海洋环境预报中心、沈阳区域气象中心、北京市气象局	丁一汇、黄荣辉、施培量、王绍武、李维京、张学洪、赵振国、祝昌汉、林而达、庄丽莉、王馥棠、张建云、赵宗慈、李 骥、王锦贵、翟盘茂
50	2005	全球变化热门话题丛书	二等奖	气象出版社	秦大河、丁一汇、毛耀顺
51	2006	我国梅雨锋暴雨遥感监测技术与数值预报模式系统	二等奖	中国气象科学研究院、国家卫星气象中心、中国科学院大气物理研究所、中国气象局武汉暴雨研究所、安徽省气象局、湖北省气象局	倪允琪、宇如聪、张文建、胡志晋、许健民、周秀骥、程明虎、徐幼平、刘黎平、卢乃锰
52	2007	风云二号C业务静止气象卫星及地面应用系统	一等奖	中国航天科技集团公司第八研究院、国家卫星气象中心	李 卿、许健民、徐博明、张文建、陈桂林、杨 军、俞 洁、张志清、何兵哲、齐春子、赵立成、魏彩英、党建成、陈文强、王玉华

序号	获奖年度	项目名称	奖励等级	完成单位	完成人员
53	2007	中国新一代多尺度气象数值预报系统	二等奖	中国气象科学研究院、国家气象中心、国家卫星气象中心、国家气象信息中心、中国气象局广州热带海洋气象研究所、中国气象局上海台风研究所、中国人民解放军国防科学技术大学	薛纪善、陈德辉、沈学顺、杨学胜、万齐林、端义宏、金之雁、胡江凯、胡江林、刘志权
54	2008	人工增雨技术研发及集成应用	二等奖	中国气象科学研究院、中国科学院大气物理研究所	郑国光、郭学良、姚展予、肖 辉、王广河、洪延超、楼小凤、刘奇俊、房 文、马舒庆
55	2008	气象防灾减灾电视系列片:《远离灾害》	二等奖	中国气象局	石永怡、李如彬、朱定真、秦祥士、赵 帆、刘 飒、毛恒青、王 倩、宁凯峰
56	2009	奥运气象保障技术研究及应用	二等奖	国家气象中心、北京市气象局、中国气象局北京城市气象研究所、国家气候中心、青岛市气象局	王建捷、王迎春、龚建东、章国材、陈明轩、陈 炯、孙继松、陈 敏、邓 国、叶殿秀
57	2010	中国陆地碳收支评估的生态系统碳通量联网观测与模型模拟系统	二等奖	中国科学院地理科学与资源研究所、中国气象科学研究院、中国科学院大气物理研究所、中国科学院西北高原生物研究所、中国科学院沈阳应用生态研究所、中国科学院华南植物园、中国科学院西双版纳热带植物园	于贵瑞、周广胜、黄 耀、陈泮勤、孙晓敏、赵新全、韩士杰、周国逸、何洪林、温学发
58	2011	现代化人机交互气象信息处理和天气预报制作系统	二等奖	国家气象中心、北京市气象局、国家卫星气象中心、安徽省气象台、贵州省气象台、山西省气象局、广东省气象台、重庆市气象局、江苏省气象台、河北省气象台	罗 兵、李月安、谭晓光、矫梅燕、曹 莉、韩 强、端义宏、章国材、张晓虎、魏 涛、孙 军、许小峰、郭亚田、曾 沁、张润福
59	2011	陆地生态系统变化观测的关键技术及其系统应用	二等奖	中国科学院地理科学与资源研究所、中国环境科学研究院、中国科学院大气物理研究所、中国科学院南京土壤研究所、环境保护部南京环境科学研究所、中国科学院计算机网络信息中心	于贵瑞、孟 伟、王跃思、孙 波、何洪林、高吉喜、孙晓敏、岳燕珍、黎建辉、牛 栋
60	2011	大气环境综合立体监测技术研发、系统应用及设备产业化	二等奖	中国科学院合肥物质科学研究院、中国科学院遥感应用研究所、中国科学院大气物理研究所、淮北师范大学、安徽蓝盾光电子股份有限公司、合肥金星机电科技发展有限公司	刘文清、王跃思、刘建国、陈良富、谢品华、司福祺、赵南京、张天舒、徐 亮、孙 扬
61	2011	《防雷避险手册》及《防雷避险常识》挂图	二等奖	中国气象局	陈云峰、汪勤模、吴晓鹏、张义军、周韶雄
62	2012	中国遥感卫星辐射校正场技术系统	二等奖	国家卫星气象中心、中国科学院合肥物质科学研究院、中国资源卫星应用中心、核工业北京地质研究院、中国人民解放军总参谋部第二部技术局、国家卫星海洋应用中心、中国科学院遥感应用研究所	卢乃锰、顾行发、乔延利、邱康睦、文江平、戎志国、刘京晶、郑小兵、张玉香、胡秀清
63	2012	ARGO大洋观测与资料同化及其对我国短期气候预测的改进	二等奖	中国气象科学研究院、国家海洋局第二海洋研究所、中国科学院大气物理研究所、国家气候中心、南京信息工程大学	张人禾、许建平、朱 江、刘益民、刘增宏、李清泉、闫长香、牛 涛、谢基平、张祖强
64	2012	主要农作物遥感监测关键技术研究及业务化应用	二等奖	中国农业科学院农业资源与农业区划研究所、中国科学院遥感应用研究所、国家气象中心、山西省农业遥感中心、黑龙江省农业科学院遥感技术中心、四川省农业科学院遥感应用研究所、安徽省经济研究院	唐华俊、王长耀、周清波、毛留喜、刘海启、陈仲新、刘 佳、张晓员、吴文斌、王利民
65	2013	中国西北干旱气象灾害监测预警及减灾技术	二等奖	中国气象局兰州干旱气象研究所、甘肃省气象局、南京信息工程大学、国家气候中心、中国科学院寒区旱区环境与工程研究所、兰州大学、宁夏回族自治区气象局	张 强、张书余、李耀辉、罗哲贤、张存杰、李栋梁、王润元、王劲松、陈添宇、肖国举
66	2014	农业旱涝灾害遥感监测技术	二等奖	中国农业科学院农业资源与农业区划研究所、中国水利水电科学研究院、中国气象科学研究院、中国科学院地理科学与资源研究所、浙江大学、安徽省经济研究院、河南省农业科学院	唐华俊、黄诗峰、霍治国、黄敬峰、陈仲新、吴文斌、杨 鹏、李召良、刘海启、李正国

(王金星 闫冠华)

国际气象科技奖

国际气象科技奖（international awards of meteorological seience and technology） 由某个国家或组织设立的面向全球、对科学家国籍没有限制的气象科技奖项。国际气象科技奖主要包括世界气象组织设立的国际气象组织（IMO）奖、世界气象组织（WMO）青年科学家研究奖、维拉·维萨拉奖、摩穆国际奖、马里奥洛普洛夫（Mariolopoulos）教授信托基金奖等奖项。

国际气象组织（IMO）奖 世界气象组织1955年设立的，最享有声望的奖项，每年评选颁发一次。该奖项的名称源于成立于1873年的非政府国际气象组织。该奖授予在气象领域或水文等相关领域做出杰出贡献的人士。截至2016年，中国气象学家叶笃正院士、秦大河院士和曾庆存院士获得过该奖项。

世界气象组织青年科学家研究奖 世界气象组织1967年设立的，旨在奖励全世界气象水文领域做出杰出研究成绩的青年科学家的奖项。奖项授予提名时不超过35岁的青年科学家。中国青年科学家张祖强、效存德、孙颖、陈峰等获得过该奖项。

维拉·维萨拉奖（The Professor Dr. Vilho Vaisala Award） 世界气象组织设立的奖项，包括1985年设立的"表彰仪器和观测方法方面优秀研究论文的维拉·维萨拉教授博士奖"和2004年设立的"表彰开发和执行仪器和观测方法的维拉·维萨拉教授博士奖"两类。表彰仪器和观测方法方面优秀研究论文的维拉·维萨拉教授博士奖旨在鼓励和激励在仪器和观测方法领域开展研究的兴趣，表彰开发和执行仪器和观测方法的维拉·维萨拉教授博士奖旨在鼓励和激励发展和执行仪器和观测方法。以上两个奖项均两年颁发一次。中国的陆其峰曾获得过"表彰开发和执行仪器和观测方法的维拉·维萨拉教授博士奖"。

摩穆国际奖（Nobert Gerbier-Mumm International Award） 世界气象组织设立的用于奖励关于气象学与某些特定的物理、自然和人类科学领域相互影响的论文的奖项。该奖项每年评选一次。中国气象科研工作者，南京信息工程大学吕纯濂曾获得该奖项。

马里奥洛普洛夫（Mariolopoulos）教授信托基金奖 由Mariolopoulos-Kanaginis环境科学基金会设立的奖项，旨在促进和奖励大气环境研究。Mariolopoulos教授信托基金奖每两年颁发一次，由WMO主持，授予过去两年在专业杂志上发表的大气科学方面的杰出论文的35岁以下科研工作者。中国浙江省气象科学研究所杨续超获得过该奖项。

（闫冠华 赵瑞）

气象领域相关奖项

气象领域相关奖项（awards for meteorology） 中国与气象相关的组织设立的气象科技领域的奖项。目前，有中国气象学会设立的涂长望青年气象科技奖、邹竞蒙气象科技人才奖、大气科学基础研究成果奖、气象科学技术进步成果奖，北京大学物理学院设立的谢义炳青年气象科技奖，中国科学院空间科学与应用研究中心等单位设立的赵九章优秀中青年科学奖，中国气象局设立的气象科技成果转化奖等奖项。

涂长望青年气象科技奖 为鼓励和推动青年气象工作者在气象及相关领域内作出贡献而设立的奖项。涂长望青年气象科技奖授予年龄不超过35周岁并且在理论研究、应用研究、新技术的开发与推广等方面有所建树气象工作者，每两年评选一次。至2015年有115人获奖。

邹竞蒙气象科技人才奖 为缅怀邹竞蒙先生对中国气象事业发展做出的卓越贡献，鼓励广大气象科技工作者继承和发扬老一辈气象工作者的科学精神设立的奖项。邹竞蒙气象科技人才奖奖励范围是在中国从事气象业务、科研、科普、教育等工作中做出突出贡献的气象科技工作者，以及海外华人中对国内气象事业发展做出突出贡献的气象科技工作者，每两年评选1次。至2015年有22人获奖。

大气科学基础研究成果奖和气象科学技术进步成果奖 为贯彻落实党的十八大精神，充分发挥科技奖励的激励和引导作用，提升气象科学技术创新驱动气象事业发展的能力和水平，表彰和奖励在大气科学基础研究和气象科技研发中做出杰出贡献的科技人才和组织而设立的奖项。该奖项2015年设立，每年评选一次。2015年共10项科技成果获首届气象科学技术进步成果奖。

谢义炳青年气象科技奖 为了培养人才，推动学术交流，促进大气科学研究和气象业务的发展设立的奖项。奖励对象包括北京大学有志于从事大气科学等学科学习和深造的学生和研究生，以及从事大气科学研究和业务工作，在大气科学基础研究或应用基础研究中有新的重要科学发现，或者在理论上有所创新，对大气科学的发展有重要意义，发表了具有先进或国内领先水平的学术专著或论文的国内大气科学工作者或在大气科学业务中有突出贡献和成绩的国内学者。谢义炳青年气象科技奖2008年设立，每年评选一次，由谢义炳基金理事会组织管理。至2015年已有49人获奖。

赵九章优秀青年科学奖 1989年设立，2002年经国家科学技术奖励工作办公室批准，更名为"赵九章优秀中青年科学奖"。该奖项主要为继承发扬赵九章先生业绩和精神，以激励年轻人为发展中国的空间科学事业努力而设立的奖项，奖励中国在大气物理学、地球物理学、空间物理学及空间探测学科领域取得优异成绩，年龄未超过45周岁的优秀中青年科技工作者。至2015年有33人获奖。

（闫冠华　赵瑞）

气象人才队伍与教育培训

气象人才队伍

qìxiàng réncái duì · wu

气象人才队伍（meteorological talent staff）对从事气象及相关领域科研、业务、服务、管理等工作人员的总称。包括气象部门以及军队、民航、生产建设兵团、农垦、盐业、水文、农牧业、林业、电力、科研院所、高等院校等部门（单位）从事气象及相关工作的人员。截至2015年底，全国气象部门人才队伍有约7.63万人，其中国家编制员工5.36万人，地方编制员工0.36万人，编制外员工1.91万人。在气象部门国家编制气象人才队伍中，参照公务员管理人员、事业单位职员、专业技术人员、工勤等四类岗位人员分别占队伍总量的27.5%，6.6%，64.1%和1.8%。专业技术人才以气象服务、预报、观测、信息、科研、教育培训、县级综合业务人才为主，其中服务队伍、观测队伍人数最多，分别占专业技术队伍总人数的33.2%和32.8%，科学研究、教育培训队伍规模很小，分别只占专业技术队伍总人数的2.7%和1.3%。

国家编制气象人才队伍基本结构如下。

学历分布　专科及以上学历人数4.9万人，占队伍总量的91.1%；本科学历人数3.3万人，占62.0%；研究生学历人数0.7万人，占12.9%；具有硕士学位7000多人，博士学位1200余人。

专业分布　大气科学及地球科学相关专业人才占队伍总量的53.0%；信息技术专业人才占19.7%；其他专业人才占27.3%。

职称分布　拥有各类专业技术职称的人数为4.9万人，占92.3%。其中，正研级职称698人，占1.3%；副研级职称8300多人，占15.5%。

年龄和性别结构　平均年龄为40.9岁，52岁的人最多。男、女职工的比例为1.63∶1。

层级分布　国家（含中国气象局在有关省（自治区、直辖市）的8个专业气象研究所）、省、市、县等四个层级的人才队伍所占比例分别为5.6%，23.6%，33.0%和37.8%。国家级气象机构为高学历、高职称人才汇聚之地，中、初级专业技术职称人才主要集中在市、县级气象部门。

区域分布　东、中、西部气象部门人才所占比例分别为29.3%，27.8%和42.9%。

发展历程　新中国建立初期，全国只有中央大学（后改名为南京大学）、清华大学和浙江大学等少数院校设置气象专业，每年招收的学生数量很少，难以满足气象事业发展对人才的需求。新中国成立以来，气象人才队伍发展历程大体经历了3个阶段。

第一阶段（1949—1956年）　1949年中央军委气象局组建之时，干部的极端缺乏问题是气象事业起步的主要困难。中央军委气象局通过提请中央调配干部、举办培训班、号召国外留学人员回国参加工作等途径和方式，解决人才不足这一突出问题。其中举办培训班效果最为明显，先后在南京、北京、成都、长春、兰州等地举办气象干部训练班，开始大规模培训专业技术人员。1950—1956年，全国气象部门通过短期训练，共培养初级气象技术人员1万多人，基本适应了当时台站网建设的需要。中央气象局在第一个五年计划（1953—1957年）期间，继续培养训练大量各类初、中级气象技术人员。1953年12月，在原军委气象局气象干部学校的基础上成立了北京气象专科学校。1955年，经国务院主管部门批准，北京、成都、湛江气象学校先后建立。到1961年，有22个省、自治区、直辖市先后建立了气象学校，共培养正规中专毕业生7800人，基本满足了"一五"时期气象事业发展的急需。

第二阶段（1957—1977年）　1957—1961年上半年，随着气象业务的发展，气象人才队伍也随之扩大。1958年底，全国气象干部队伍达18 000多人。随着省（自治区、直辖市）气象部门的机构设置逐步规范，领导干部的配置步入正轨。1960年1月成立南京大学气象学院。这期间在全国高等院校中，调整增设气象专业或农业气象专业的院校逐年增多，达30多所。1961年气象教育根据中央的方针作了相应调整：含气象及气象相关专业的高等院校由原30所调整成北京大学、南京大学等10所大学；中等气象学校全国保留6所。至1966年，气象院校共培养中专生约2万人，大学本科生2000余人。其中大专和中专文化程度的人员占队伍总量的35%，业务技术水平也有了较大的提高。1964年之后，特别是"文化大革命"时期，气象部门管理体制变化、干部下放、教育工作中断4~6年，一批气象专科学校和省属中等气象学校被撤消等原因，造成专业技术人才流失，气象人才队伍业务素质降低，不适应气象事业发展的要求。

第三阶段（1978年至今） 1978年十一届三中全会后，国家进入改革开放新时期，气象现代化步入了快速发展阶段。面对"文化大革命"时期气象人才队伍存在的结构不合理、素质偏低、与快速发展的气象事业不相适应等问题，气象部门积极落实知识分子政策，一大批优秀专业技术人才回到气象部门工作。1978年2月，国务院批准南京气象学院列入全国重点高等学校；同年教育部批准成都气象学校扩建为成都气象学院，恢复北京气象专科学校及一批中等气象学校。各省、自治区、直辖市气象局也纷纷恢复、新建中专气象学校，北京气象专科学校扩建为北京气象学院。同时，其他部属和省属高等院校的气象类专业都有了较大发展。1978年国家恢复培养研究生制度后，各高校相继招收研究生，并陆续获得博士、硕士学位授予权。气象成人教育经过恢复发展、调整提高，由文化、技术补课到较高层次的继续教育，形成了较为完整的气象成人教育体系。40多年来，由于采取了一系列行之有效的措施，狠抓人才队伍建设工作，严格控制队伍总量，实施人才战略，不断优化队伍结构，队伍素质有了明显的提高。1999年，气象部门具有本科以上学历人数比例达19.2%，比改革开放初期的1983年提高了10.1个百分点。

进入21世纪，气象现代化进入了快速发展时期，对气象人才队伍建设提出了更高的要求。为了给气象现代化提供强有力的人才保障，气象部门全面实施人才强局战略，制定了加快选拔、培养、引进优秀人才的一系列政策措施，大力实施"323"人才工程、"双百计划""青年英才培养计划"等重大人才工程，突出高层次人才的培养、选拔，积极开展大规模领导干部培训和新技术、新方法培训，着力提高气象人才队伍整体素质、加快气象人才体系建设。随着气象观测自动化的快速发展，2013年县级气象机构开始实施综合改革，7000多名县级管理人才从事业单位人员转为参照公务员管理人员，1.2万余名县级专业技术人才从观测、预报、服务岗位转为综合气象业务岗位。经过十余年的努力，气象人才队伍总量得到有效控制，队伍总体素质进一步提升，专业结构进一步改善，事业发展所急需的相关学科人才明显增加，人才区域分布不平衡问题得到一定程度缓解，各级领导班子和管理人才队伍建设取得显著成绩，气象人事制度改革稳步推进，为人才成长和发挥作用创造了良好的环境。

主要成绩 新中国成立60多年来，气象部门为适应气象事业发展，培养、造就了一支具有较好政治素质和技术素质的人才队伍。20世纪50年代，一大批奔赴边疆的老同志，继承党和军队的优良传统，在艰苦地区工作数十年，为气象事业的创立和发展贡献了力量。改革开放后，为了适应气象现代化和气象事业的快速发展，气象部门坚持党管人才原则，深入贯彻落实全国人才工作会议精神和国家中长期人才发展规划纲要，深入宣传科学人才观和人才优先发展理念，着力推进气象人才体系建设。更加注重发挥科技第一生产力和人才第一资源的作用，促进科技和人才全面发展，促进气象事业发展向主要依靠科技进步、队伍素质提高和管理创新转变，并取得了显著成效。广大气象人员也继承和发扬了老一代气象人的优良传统，解放思想、奋发进取、开拓创新，为赶超世界先进水平、加速气象现代化做出了重大贡献。

人才队伍建设体制机制不断健全 为强化党管人才工作措施，中国气象局制定印发了《中共中国气象局党组关于进一步加强党管人才工作的意见》《中国气象局关于加强气象人才体系建设的意见》等指导意见，强化各级党组（党委）对人才工作的统一领导，并纳入各单位工作目标责任制。加强人才工作顶层设计，紧密围绕国家需求和气象事业发展目标，研究制定气象部门人才发展规划，提出到2020年，建设一支规模适度、结构优化、布局合理、素质优良的气象人才队伍，初步形成较为完备的气象人才政策体系。先后出台"双百计划"、创新团队、青年英才培养、直接联系专家、国内高级访问进修、海外访问进修等管理和实施办法，以及天气预报员、气象观测员上岗资格管理办法等一系列旨在加快高层次人才队伍建设、提升人才队伍整体素质的人才政策措施。建立了人才重大政策落实办法和实施情况跟踪机制。各省（自治区、直辖市）气象局和中国气象局各直属单位也先后出台了相应的配套人才政策和措施。初步形成了在党管人才方针和人才发展规划的引领下，人才管理和服务、团队建设、岗位管理等互为支撑，中国气象局及各用人单位不同层级紧密联系又各有侧重的人才政策框架体系。

高层次人才队伍建设取得良好成效 着力实施中国气象局"双百计划"、首席科学家制度、项目总工程师制度等，选拔培养了一批高层次学科带头人。在"双百计划"框架下，制订实施了首席预报员、首席气象服务专家和科技领军人才制度，在预报预测、气象服务、科技创新等领域发挥了骨干的辐射带动作用。截至2015年底，全国气象部门共有中国科学院、中国工程院院士12人，"千人计划"专家6人，"万人计划"专家2人，创新人才推进计划中青年科技创新领军人才2人，国家百千万人才工程人选14人，中央直接联系专家28人；全国杰出专业技术人才1人，中国青年科技奖获得者5人，享受国务院政府特殊津贴在职人员78人；正研级专家698人，中国气象局"四大研究计划"首席科学家4人，在聘中国气象局首席预报员60人、首席气象服务专家26人、科技领军人才35人、特聘专家17人、青年英才44人。依托创新团队和访问进修带动业务科研骨干队伍建设，在气象事业发展重点领域、急需领域，建设了国家气象科技创新工程三大攻关团队等多支不同层级的创新团队，围绕关键科技难题集聚优势力量集中攻关。其中国家气象中心"数值预报创新团队"入选国家创新人才推进计划"重点领域创新团队"，中国气象科学研究院"东亚副热带季风变异机理团队"连续两期获批国家自然科学基金委"创新研究群体科学基金"。设立博士后科研工作站12个，每年在站的博士后约50人。157人次获得气象部门西部优秀青年人才津贴。持续开展"优秀青年干部下基层"活动，先后选派近300名青年骨干到基层业务、管理一线锻炼成长。

人才队伍总体素质明显提高 气象人才队伍的知识结构明显改善。1961年底，大学本科及以上人员占队伍总量的8.0%。1979年底，全国53 000多人的气象职工队伍中，大专文化程度的只有7000多人，占总人数的13.2%；有54.5%的人员是初中及以下文化程度。1999年，本科及以上学历人数10 900多人，占队伍总量的19.2%；大专文化程度人员12 000多人，占21.0%。2015年底，专科及以上学历人数为48 800多人，占队伍总量的91.1%；本科学历人数为33 000多人，占62.0%；研究生学历近7000人，占12.9%；具有硕士学位7000多人，博士学位1200余人。职称结构趋向合理。1958年，在11 000多人的气象技术人员中，具有工程师职称的只有23人；1985年底，高级职称专业技术人员只有144人，占队伍总量的0.2%。随着职称评审工作的不断规范和人才激励政策的不断落实，高级职称人数稳定增加。2015年底，正研级职称698人，占队伍部量的1.3%；副研级职称8300多人，占队伍总量的15.5%。

人才队伍结构不断优化 围绕气象事业和气象现代化发展需要，通过业务技术体制调整，使人才队伍更加协调发展，包括高层次人才和基层一线人才队伍的协调发展，东、中、西部人才的协调发展，以及国家、省、地、县级人才队伍的协调发展。经过多年努力，人才队伍的专业结构、岗位结构、区域结构、层次结构和年龄结构等不断优化。

（于玉斌　郭彩丽）

qìxiàng zhíyè fēnlèi

气象职业分类（meteorological occupation classification） 职业分类是指按一定的规则和标准把一般特征和本质特征相同或相似的社会职业，分成并归纳到一定类别系统中去的过程。《中华人民共和国职业分类大典》（2015年版）将全国职业共分为8个大类、75个中类、434个小类、1481个职业。第一大类：国家机关、党群组织、企业、事业单位负责人；第二大类：专业技术人员；第三大类：办事人员和有关人员；第四大类：商业、服务业人员；第五大类：农、林、牧、渔、水利业生产人员；第六大类：生产、运输设备操作人员及有关人员；第七大类：军人；第八大类：不便分类的其他从业人员。

按照《中华人民共和国职业分类大典》，气象管理人员中的各单位负责人归为第一大类，气象专业技术人员归为第二大类，其他人员归为第三大类。其中，气象研究人员在第一中类的地球科学研究人员，气象教育培训人员在第九中类的教学人员，气象信息技术人员在第二中类的第13小类的计算机与应用工程技术人员，其他气象技术人员在第二中类的第29小类的气象工程技术人员。而气象工程技术人员又分为：天气预报人员、气候监测预测人员、气象观测人员、气象服务人员、人工影响天气人员和防雷专业技术人员等6个细类。各种职业人员的特征和工作任务如下。

天气预报人员 从事气象信息分析和研究，制作天气预报的专业技术人员，一般应具备大气科学相关专业本科学历，主要工作任务包括：利用各种气象资料、技术和方法，进行天气分析，制作责任范围内短期、中期和延伸期气象要素预报及灾害性天气落区预报；跟踪监视天气演变，制作责任范围内短时和临近天气预报；制作、发布灾害性天气警报和气象灾害预警；制作空气污染气象条件、空气质量和重污染天气等预报预警；总结预报经验，研发预报方法，提高天气预报准确率。

气候监测预测人员 从事气候与气候变化和重大气候事件及其影响的监测、诊断、预测、评估和研究的专业技术人员，主要工作任务包括：利用各种气象资料对气候与气候变化状况和重大气候事件进行监测、诊断和分析，总结气候与气候变化特征和规律；进行月、季、年及年以上时间尺度气候变化的研究、预测和预估；分析、评估气候与气候变化和重大气候事件对国民经济和社会活动的影响；进行气象灾害及重污染气象条件气候趋势和重大过程预测；进行城市规划、国家重点建设工程、重大区域性经济开发项目和大型太阳能、风能等开发项目气候可行性论证技术研发，总结预测经验，研发预测方法，提高气候预测准确率。

气象观测人员 从事大气以及陆地、海洋、空间等相关领域物理过程、化学过程和生态过程信息观测的专业技术人员，主要工作任务包括：利用卫星、气象雷达、自动气象站等气象专用技术装备，获取大气以及陆地、海洋、空间等相关领域物理过程、化学过程和生态过程信息；进行观测数据质量控制，加工制作观测产品；进行观测仪器装备的运行监控、维修保障、计量检定等。

气象服务人员 从事气象服务产品研发设计、制作、分发提供，以及相关技术开发、研究的专业技术人员，主要工作任务包括：了解和把握政府、相关行业部门、社会媒体及社会公众等各类用户需求，综合利用气象观测、预报预测预警及各类社会经济等相关信息，研发设计、加工制作气象服务产品；利用公共气象服务平台和各类信息传播技术，向各级政府、有关部门、社会公众和其他用户提供气象服务，指导帮助用户将气象服务信息融入其生产、生活和工作决策之中，并评估气象服务效益；发布气象灾害监测预警信息，调查评估气象灾害灾情，进行气象防灾减灾科学知识普及；研发气象灾害影响的预报及评估技术；研发农业、交通、环境、地质、海洋、水文、能源、旅游、公共卫生等专业气象预报模式模型。

人工影响天气人员 从事人工增雨雪、防雹、消雾等人工影响天气作业条件监测预报、作业指挥和实施的专业技术人员，主要工作任务包括：利用飞机、卫星、雷达等多种观测和分析技术，进行空中云水资源监测评估和人工增雨雪、防雹、消雾等人工影响天气作业条件的监测识别；综合观测资料，利用多种云模式，进行人工影响天气作业条件预报分析，制作发布作业条件预报产品；根据人工增雨雪、防雹、消雾等各类需求，进行作业方案设计、作业指挥和效果评估；实施空中、地面等不同方式的人工影响天气作业；维护维修人工影响天气专用作业装备和特种观测设备。

防雷专业技术人员 从事雷电灾害防御技术开发和应用服务的专业技术人员，主要工作任务包括：进行大型建设工程、重点工程、爆炸和火灾危险环境、人员密集场所等项目的雷电灾害风险评估；调查灾害事故发生现场，提出雷电灾害鉴定意见，分析雷电灾害成因；设计防雷工程方案，指导防雷工程施工；检测在建工程项目和已投入使用工程项目防雷装置的技术性能；研发防雷产品，测试防雷产品的技术指标和性能。

（王梅华　田翠英）

qìxiàng zhíchēng

气象职称（meteorological titles） 职称最初源于职务名称，是指专业技术人员的专业技术水平、能力，以及成就的等级称号，反映专业技术人员的学术和技术水平、工作能力和工作成就。专业技术人员拥有何种专业技术职称，表明他具有何种学术水平，象征一定的身份。气象职称主要包括研究系列和工程系列两类，每类均有3个等次。研究系列分为高级（研究员、副研究员）、中级（助理研究员）和初级（实习研究员）3个等级；工程系列分为高级（高级工程师）、中级（工程师）和初级（助理工程师、技术员）3个等级。此外，气象相关部门还有教育系列、新闻系列、出版系列、财务系列、工人系列等的技术职称系列。

在1986年职称改革（即实行专业技术职务聘任制度）之前，职称涵盖了专业技术资格与专业技术职务双重含义。一个人评上了职称，就意味着他即受聘了相应的职务，可以享受相应职务的待遇；职称改革后，职称仅代表专业技术资格，是聘用相应专业技术职务或岗位的条件之一。

气象职称沿革 1949年12月，中央军委气象局组建时，在旧中国留下的专业人员中，只有工程师23人。直到"文革"结束，气象部门一直没有建立技术职称评定制度。1978年，全国科学技术大会后，中央气象局成立了专门工作班子，建立了职称评审制度和办法，正式建立了职称评审制度。1986年，开展了专业技术职务聘任制度的试点工作，并于1988年底基本完成了全国气象部门首次专业技术职务评聘工作。随着职称工作的不断深入，中国气象局不断优化评审条件和评审办法，使职称工作成为选拔和培养优秀人才的重要途径。

评审条件和评审专业 气象职称评审条件主要包括：基本条件、专业理论水平、人才培养和团队合作能力、实际工作能力、业绩与成果、论文与论著等，其中，实际工作能力与申报的专业相关，符合实际工作，并注重业绩和贡献。评审条件主要经历了三次大调整。第一次，1980年，国务院科技干部局和中央气象局联合颁发了《关于气象科技干部技术职称评审实施办法》和《气象科学研究人员技术职称评定实施办法》，确定了天气预报分析、气象观测、农业气象、气候资料、气象雷达、气象通信工程、气象计量、气象科技管理等八类技术干部基础职称的考评标准。第二次，1996年，中国气象局与人事部联合印发了《气象工程中、高级技术资格评审条件（试行）》，将气象工程分为天气气候、大气探测、大气物理化学、应用气象等四个专业，对评审条件进行了量化。2001年，制定印发了《气象电子专业中、高级技术资格评审条件（试行）》，增加了一个气象电子专业。第三次，2008年，制定了《享受教授、研究员同等有关待遇的气象高级工程师任职资格评审条件（试行）》和《气象研究员任职资格评审条件（试行）》，2012年，制定了《气象高级工程师评审条件》《气象副研究员评审条件》《气象副研级职称评审办法》《气象工程师任职资格评审条件（试行）》《气象助理研究员任职资格评审条件（试行）》《气象中级专业技术职务任职资格评审办法（试行）》等一系列规范性文件，使专业技术职务的评审工作更加规范。以上文件，在不同时期对提高评审的客观性、公正性，保证评审质量起到了很好的作用。

职称评审委员会　中国气象局按照国家的有关规定和气象部门的实际情况组建研究系列和工程系列的高级、中级和初级气象职称评审委员会，评审委员任期一般为3年。高级职称评审委员会由中国气象局组建，报请人力资源和社会保障部备案审批。中级职称评审委员会由各厅局级单位组建，初级专业技术职务评委会由处级单位组建，厅局级单位审批。气象相关部门的其他系列职称委托其他行业的技术职务评委会评定，或通过社会考试评定。

截至2012年，全国气象部门在职人员具有高级职称资格的7896人，其中正研级资格有635人；具有中级职称资格的24 161人；具有初级职称资格的16 972人。

（王梅华）

qìxiàng bùmén shìyè dānwèi gǎngwèi shèzhì
气象部门事业单位岗位设置

（post setting of meteorological departments and institutions）　事业单位岗位设置管理是指依照事业单位的职责和任务设置相应的岗位，根据岗位的要求聘用相应的人员，实现了从身份管理到岗位管理的转变，为人岗相适、人尽其才提供了制度保障。岗位设置管理的范围是气象部门事业单位在职工作人员。

岗位类别　气象事业单位岗位分为管理岗位、专业技术岗位和工勤技能岗位三种类别。管理岗位指担负领导职责或管理任务的工作岗位，主要包括气象事业单位中从事行政事务、党务等管理的岗位。专业技术岗位指从事专业技术工作，具有相应专业技术水平和能力要求的工作岗位，主要包括公共气象服务、气象预报预测、气象综合观测、气象信息与技术保障、气象科研和技术开发、气象教育培训等气象专业技术工作岗位，以及其他行业通用的专业技术工作岗位。工勤技能岗位指承担技能操作和维护、后勤保障、服务等职责的工作岗位。

岗位等级　管理岗位共分为13个等级，最高等级根据事业单位的规格、规模、隶属关系，按照干部人事管理有关规定和权限确定。事业单位现行的厅级正职、厅级副职、处级正职、处级副职、科级正职、科级副职、科员、办事员依次分别对应管理岗位3～10级职员。其中，中国气象局直属事业单位管理岗位的最高等级设为三级职员；省（自治区、直辖市）气象局、计划单列市气象局所属事业单位最高等级设为五级职员。专业技术岗位共分为13个等级，包括高级岗位、中级岗位和初级岗位。高级岗位分七个等级，由高到低设置为一～七级，其中正高级岗位包括一～四级，副高级岗位包括五～七级；中级岗位分三个等级，由高到低设置为八～十级；初级岗位分三个等级，由高到低设置为十一～十三级，其中十三级是员级岗位。中国气象局、省（自治区、直辖市）气象局直属事业单位，专业技术岗位的最高等级设为二级，一级岗位按国家政策规定报批。工勤技能岗位，包括技术工岗位和普通工岗位，其中技术工岗位共分为五个等级，即一～五级。普通工岗位不分等级。事业单位中的高级技师、技师、高级工、中级工、初级工，依次对应一～五级岗位。

岗位结构比例　气象事业单位岗位总量不超过事业编制总数，其中，管理岗位不超过岗位总量的14%，专业技术岗位不低于岗位总量的83%，工勤技能岗位不超过岗位总量的3%。

管理岗位的结构比例　事业单位各等级管理岗位的职员数量和结构比例，根据事业单位的规格、规模和隶属关系，按照干部人事管理权限设置。

专业技术岗位的结构比例　专业技术高级、中级、初级岗位之间，以及高级、中级、初级岗位内部不同等级岗位之间的结构比例，根据地区经济、社会事业发展水平和行业特点，以及事业单位的功能、规格、隶属关系和专业技术水平，实行不同的结构比例。气象部门气象事业单位专业技术高级、中级、初级岗位之间的结构比例总体控制目标为18%，42%，40%。气象事业单位高级、中级、初级岗位内部不同等级之间的结构比例总体控制目标为：高级岗位二、三、四级岗位的比例为1:3:6，五、六、七级岗位之间的比例为2:4:4，八、九、十级岗位之间的结构比例为3:4:3，十一、十二级岗位之间的比例为5:5。

工勤岗位的结构比例 工勤技能岗位的一级、二级、三级岗位总量占工勤技能岗位总量的比例控制在40%以内，其中，一级、二级岗位总量占工勤技能岗位总量的比例控制在5%左右。

岗位聘用 根据《气象部门事业单位岗位设置管理实施意见（试行）》，中国气象局批复下达各司局级单位各级各类岗位分配方案，各司局级单位按照批复的岗位控制数和结构比例制定实施细则，并组织实施。按照公开招聘、竞聘上岗的有关规定择优聘用人员，确定具体岗位，明确岗位等级，签订聘用合同。管理岗位的聘用按照干部人事管理权限和要求进行，专业技术一级岗位属国家专设的特级岗位，其岗位人员的确定按国家有关规定执行；专业技术二级岗位的遴选工作由中国气象局统一组织实施；专业技术三级及以下各级岗位的遴选工作由各司局级单位组织实施。

聘期 各级各类岗位实行聘期制度，聘期一般为3年，聘期届满需进行聘期考核。

（王梅华）

qìxiàng gànbù rénshì zhìdù gǎigé
气象干部人事制度改革（reform of meteorological personnel system）
1978年党的十一届三中全会以来，国家对干部人事管理各项制度进行了一系列改革。气象部门在国家政策的管理和指导下，根据不同时期管理体制和气象事业的自身特点，对气象干部人事制度进行了相应的改革，逐步建立了一套与国家人事制度相配套、与气象工作需要基本适应的人事管理制度，并在实践中逐步加以完善。气象干部人事制度改革大体分三个阶段。

第一阶段（1978—1987年） 1982年国务院机构改革，实际上是一次深刻的管理体制和干部人事制度改革。围绕提出和贯彻干部队伍建设"革命化、年轻化、知识化、专业化"四化方针，党中央首次建立了干部退休制度，废除了实际存在的领导职务终身制，吹响了新时期干部人事制度改革的号角。气象部门根据国务院机构改革的精神，在完成领导管理体制改革的基础上，主要改革了领导干部配备制度，废除了干部终身制，精简了机构人员。

中国气象局在坚持各省（自治区、直辖市）气象局和各直属单位、机关内设机构领导班子在革命化、年轻化的同时，更加注重知识化。坚持轮训制度，不断提高干部职工的政治理论、文化科学和专业知识水平，缺乏基层工作经验的机关年轻干部，要有计划地安排到第一线锻炼。

第二阶段（1987—1999年） 这一阶段对干部人事制度进行全面改革。在1987年，党中央在总结前一段干部人事制度改革经验的基础上，进一步确立了全面改革干部人事制度的指导思想、具体内容和当前重点。气象部门先后出台了《国家气象局关于实行专业技术职务人员聘任制度的实施细则（试行）》《气象部门实行技师聘任制的实施办法》《各省（自治区、直辖市）气象局依照国家公务员制度管理实施方案》等系列干部人事管理文件，贯彻了中央提出的"改变集中统一管理的现状，建立科学分类管理体制；改变用党政干部的单一模式管理所有人员的现状，形成各具特点的人事管理制度；改变缺乏民主法制的现状，实现干部人事的依法管理和公开监督"的要求，气象部门出现了一个全面改革干部人事制度的良好局面。这是对传统干部人事制度的一次全面改革，是依法管理干部人事工作的重要开端，在干部人事工作历史上具有重大的意义。

第三阶段（1999—2014年） 全面深化干部人事制度改革。2000年6月，经中央批准，中共中央办公厅印发了《深化干部人事制度改革纲要》（以下简称纲要）。《纲要》总结了22年单项突破的经验，从整体上提出了十年内（2001—2010年）干部人事制度改革的基本目标、指导方针和主要措施，规划了党政干部、企业领导人、事业单位领导人"三支队伍"干部人事制度改革的重点及方向。中国气象局深刻领会新时期中央关于干部工作的重要思想，加快干部人事制度改革步伐，逐步健全气象部门干部选拔任用、考核评价和管理监督机制，整体推进气象部门干部制度改革，为气象事业科学发展提供了坚强的组织保证和人才支持。一是健全选拔任用机制。改进提任考察工作，明确干部德才考察标准，完善考察预告制度、考察对象公示制度、任前公示和任职试用期制度。推进和完善竞争性选拔干部工作。根据干部的特点，充分发挥总工程师和非领导职务干部的作用，提高干部选拔任用工作科学化水平。二是健全考核评价机制。实行平时考核与定期考核相结合，定性考核与定量考核相结合，突出对干部德的专项测评；注重对考核信息的综合分析，全面准确地评价干部，努力提高选人用人的科学性，做到人岗匹配、才尽其用。三是健全管理监督机制。完善干部交流制度，改进交流人选产生方式，坚持选派优秀年轻干部到艰苦地区、复杂环境、关键岗位培养锻炼。加强领导干部日常管理和监督。严格执行干部任职回避制度。完善干部双重管理办法。坚持严格管理和关心爱护相结合的原则，强化干部选拔任用工作的导向任用，促进形成干部工作的良好环境。

（李红山）

qìxiàng bùmén gōngzī zhìdù gǎigé
气象部门工资制度改革（reform of CMA wage system） 根据国家有关工资的方针、政策和改革的统一部署对气象部门工资分配相关的一系列原则、标准和方法所进行的改革。

工资结构 目前，气象部门工资结构包括公务员工资结构和事业单位工资结构两部分。公务员工资构成包括职务工资、级别工资、规范后的津贴补贴、国家统一规定的津贴补贴、改革性补贴以及其他津贴补贴等项目。其中职务工资主要体现公务员的工作职责大小，一个职务对应一个工资标准，领导职务和相当职务层次的非领导职务对应不同的工资标准。级别工资主要体现公务员的工作实绩和经历，设定为27个级别，每一个职务层次对应若干个级别，每一级别设若干个工资档次。气象部门事业单位工资构成包括岗位工资、薪级工资、绩效工资和津贴补贴。岗位工资主要体现工作人员所聘岗位的职责和要求，工作人员按所聘岗位执行相应的岗位工资标准，不同等级的岗位对应不同的工资标准。薪级工资主要体现工作人员的工作表现和资历，对专业技术人员和管理人员设置65个薪级，对工人设置40个薪级，每个薪级对应一个工资标准，工作人员根据工作表现、资历和所聘岗位等因素确定薪级，执行相应的薪级工资标准。

特殊岗位津贴 1963年，为了鼓励艰苦气象台站的职工积极工作，并适当照顾职工生活上的困难，原劳动部、中央气象局颁发《关于艰苦气象台站津贴的暂行规定》，第一次在全国范围统一建立艰苦气象台站津贴。该项津贴标准1983年、1996年、2010年先后三次进行调整，目前一至六类艰苦气象台站津贴标准每人每天分别为40～8元不等；已享受县以下浮动工资待遇的艰苦气象台站津贴标准，分别为39～7元不等。

工资制度改革沿革 工资制度在气象干部人事工作中具有重要的地位和作用，特别是在气象人才配置方面，工资起着导向、激励和保障作用。新中国成立以来，按照国家统一部署，气象部门先后进行了相应的工资制度改革。

1956年，国家建立了全国高度统一的职务等级工资制，全国被分为11个工资区，技术人员和行政人员分别规定工资标准，实行职务等级制。根据国家有关规定，中央气象局制订了《关于1956年全国气象事业单位工资改革方案》，气象部门事业单位的工资分三个系列，包括全国气象台站行政人员系列、全国气象台站气象技术和通信机务人员系列、全国气象台站报务人员系列。其中，第三系列为气象部门特有系列，报务人员的工资标准共分三个等次：一等报务员、二等报务员和三等报务员，每个等次又细分成两个等级。一～六级的工资月标准分别为：75元、65元、55元、46元、38元和31元。

1985年，全国进行了第二次工资制度改革，改变了原来大一统的等级工资制，实现了企业工资制度与机关事业单位工资制度的彻底脱钩，并在国家机关和事业单位中实行以职务工资为主要内容的结构工资制，即机关和事业单位工作人员工资由基础工资、职务工资、工龄津贴和奖励工资四部分组成。国家气象局根据国家的总体部署，国家气象局机关、直属单位，各省、自治区、直辖市及计划单列市气象局及直属事业单位，地（市）气象局（台）、县气象局（站）的正式工作人员纳入工资制度改革范围。

1993年，全国进行了第三次工资制度改革，结合机构改革和公务员制度的推行，党中央、国务院决定改革机关和事业单位的工资制度，建立符合各自特点的工资制度和政策的工资增长机制。这次改革中机关工作人员实行职级工资制，工资分为职务工资、级别工资、基础工资、工龄工资四部分；事业单位从新中国成立后一直与国家机关实行的统一的工资制度中分离出来，开始建立自己的工资制度体系。根据事业单位特点和经费来源不同，对全额拨款、差额拨款、自收自支等三种不同类型的事业单实行不同的管理办法，分别制定了不同的工资标准。在体系上，根据事业单工作特点的不同，分为专业技术人员工资制度、管理人员工资制度、工人工资制度等三方面。同时，在工资构成上均由固定部分和津贴部分两部分组成。根据国家有关规定，人事部、中国气象局《关于印发气象事业单位贯彻〈事业单位工作人员工资制度改革方案〉的实施意见的通知》（人薪发〔1994〕21号），中国气象局印发了《关于在京直属事业单位工作人员工资管理问题的通知》（中气人发〔1994〕82号），中国气象局各直属事业单位，各省、自治区、直辖市及计划单列市气象局及直属事业单位，地（市）气象局

（台）、县气象局（站），1993年9月30日在册的正式职工，均列入气象事业单位工资制度改革的实施范围。

2006年，全国进行了第四次工资制度改革，为贯彻实施《中华人民共和国公务员法》和深化事业单位改革，在总结以往工资制度改革经验的基础上进行了改革，公务员实行国家统一的职务与职级相结合的工资制度，事业单位实行岗位薪级制度。这次改革对公务员基本工资结构做了调整：基础工资和工龄工资不再保留，基本工资权重有所加大。事业单位实行岗位绩效工资制度，岗位绩效工资由岗位工资、薪级工资、绩效工资和津贴补贴四部分组成。根据国家有关规定，气象部门印发了《关于印发中国气象局机关公务员工资制度改革等三个实施意见的通知》（气发〔2006〕373号），在京单位根据实施意见进行了工资改革，各省（自治区、直辖市）气象局在所在地人民政府统一领导下，执行地方有关工资改革政策文件进行了工资改革。

通过历次的工资制度改革，基本理顺了气象部门收入分配关系，规范了收入分配秩序，基本克服了以往工资制度中职级不符、劳酬脱节、工资标准过多过繁等问题，使工资同本人担负的职务、职责和业绩结合起来，进一步调动气象部门广大干部职工的积极性、主动性及创造性。

参考书目

杨志明，等，2009. 当代中国人力资源和社会保障制度的改革与发展[M]. 北京：中国劳动社会保障出版社.

（高军丽）

气象教育

qìxiàng jiàoyù

气象教育（meteorological education） 国家根据气象事业对专业人才的需要，以大气科学的基本理论、基本知识、基本技能和先进技术为教学内容，有目的、有计划、有组织、系统地对具有初中以上文化程度的学生及气象职工所实施的专业教育，主要包括气象中等教育、气象高等教育和气象继续教育。其任务是培养高、中级气象专门人才，提高气象职工的业务素质和科学技术水平。

发展历程 伴随着国家气象事业和教育事业的快速发展，气象教育经历了从无到有、从小到大、从以中等教育为主到以高等教育为主的发展过程。

20世纪40年代，竺可桢等老一辈气象学家在浙江大学、中央大学（今南京大学）、清华大学等高校设立气象学专业，培养出了赵九章、程纯枢、郭晓岚、叶笃正、谢义炳、陶诗言、黄士松、高由禧、顾震潮等一批杰出气象学家，为新中国气象事业的建立打下了人才的基础。

新中国成立之初，为满足气象台站网建设和气象服务工作对人才的急需，中央军委气象局按照"短期的、操练式的、与实际密切结合的大量培养训练干部的原则"，采取了举办短期培训班的方式，培养了大量的气象人员。

为贯彻落实1953年中央《关于加强干部文化教育工作的指示》，气象部门的教育工作由短期培训逐步转向正规的中、高等气象院校教育。气象部门逐步建立了2所高等气象院校、3所中等气象学校和10多所省属气象中专学校。这些学校面向全国招生，初步形成了气象学科与现代数学、物理、高新技术相结合，与地球系统科学相衔接的大气科学教育体系。

"文革"期间，气象教育受到严重破坏，高、中等气象教育中断4~6年，多数气象院校被撤销，正常的教学秩序遭到摧残。

1987年党的十一届三中全会以后，气象教育逐步得到恢复和全面发展。在气象中等教育方面，恢复了湛江气象学校，并将兰州气象学校、南昌气象学校划归中国气象局直属学校，列入气象类重点中专学校，培养的学生成为当时基层台站的重要力量。在气象高等教育方面，恢复和建立了南京气象学院、成都气象学院和北京气象学院3所中国气象局直属高等院校，另外还有空军气象学院和12所高等院校设置了气象系或大气科学专业，招收、培养气象人才。

20世纪90年代末，按照国家关于高等教育体制改革的部署和国务院《关于进一步调整国务院部门（单位）所属学校管理体制和布局结构的决定》，气象部门所属的高等院校和中专学校逐步进行了划转或转建。北京气象学院于1999年转建为中国气象局培训中心，南京气象学院和成都气象学院于2000年由中国气象局局属高校分别划转为江苏省和四川省省属高校，中国气象局局属的南昌气象学校、湛江气象学校和兰州气象学校也划转地方管理，省属气象中专学校也相继转建为省级培训中心或加挂省级培训中心牌子。

进入21世纪，中国气象局采取多种措施继续推进气象教育工作。通过与教育部联合组成大气科学类专业高等教育教学指导委员会、气象职业教育教学指导委员会，指导全国大气科学类专业和学科建设。通过省部共建、局校合作等方式，截至2015年，中国气象局先后与20所高等院校签署了局校合作协议，2010年起与四川省人民政府共建成都信息工程学院，2012年起与教育部、江苏省人民政府共建南京信息工程大学。

气象教育成就　经过60多年的改革和发展，全国气象教育取得了引人注目的成就，主要表现在以下几个方面。

形成了众多院校开展气象教育的良好格局　在高等教育层面，承担大气科学学科建设和人才培养工作的高等院校主要有北京大学、南京大学、南京信息工程大学、兰州大学、中山大学、中国科学技术大学、云南大学、解放军理工大学、中国海洋大学、成都信息工程大学、浙江大学、中国农业大学12所院校。此外，北京师范大学、清华大学、复旦大学、同济大学、厦门大学、南开大学6所高校也先后拥有以地球系统科学、环境科学、海洋科学为核心的交叉科学，开展以研究生及以上等高层次人才培养为主、与大气科学相关的学科建设和人才培养工作。在职业教育层面，江西信息应用职业技术学院、兰州资源环境职业技术学院、广东海洋大学职业技术学院3所院校是培养气象职业技术人才的重要院校。

建成了一批各具优势的气象学科专业　高校大气科学人才培养的专业目录和学科设置基本依据教育部2012年修订的学科专业目录，即在研究生培养方面，大气科学一级学科下设气象学、大气物理学与大气环境两个二级学科，以及2011年以后高校自主设置的一些二级学科。自主设置的二级学科主要包括气候系统与气候变化、应用气象学、大气遥感与大气探测、雷电科学与技术、3S（遥感技术（RS）、地理信息系统（GIS）、全球定位系统（GPS））集成与气象应用、空间天气学、海洋气象学、气象信息技术、气候学和农业气象学等。在本科人才培养方面，大气科学专业涵盖大气科学和应用气象学两个本科专业。

造就了一支高水平的气象师资队伍　师资队伍建设是气象人才培养的基础。据统计，目前12所主要高校的大气学科专业师资共800余人，其中高级职称450人，占总师资比例约56%，并拥有一批气象学科带头人、省级教学名师及其他特殊荣誉获得者。同时，中国气象局和各合作高校开展人员互聘，加强学术交流，积极推动研究生导师、中国气象局科技人才的"双挂、双聘"工作，即高校的科研业务骨干到中国气象局挂职交流，密切接触和了解中国气象局的科研业务需求；同时中国气象局的科研、业务骨干到相关高校授课，了解大学前沿的育人和科学研究计划，与高校教师按照"双导师制"共同指导研究生、博士生，逐步形成互学互助的合作机制。到2014年，中国气象局已接收了南京信息工程大学、成信息工程学院共32名骨干教师的交流锻炼，同时中国气象局先后有90多人受聘为南京信息工程大学和成都信息工程大学的兼职教授、兼职导师，或名誉院长（台长）等，有效促进了学校教师对气象业务的熟悉和了解，丰富了教学内容，提升了气象行业的教学科研水平。

编写了一批精良的气象教材　气象教材在气象教育方面起到了举足轻重的作用，为气象人才培养作出了积极的贡献。气象出版社作为气象教材的主要出版单位，已累计出版了150余种气象类教材，其中包括"十五"国家级教材6种，"十一五"国家级教材15种，"十二五"国家级教材1种。到2014年仍在使用的气象类教材有70余种，有效满足了气象教育的需求。此外，为更好地满足各类从事气象业务、科研、管理以及教育培训等人员的实际需要，中国气象局党组还组织专家编写了充分体现现代气象科技水平和成果的《现代气象业务丛书》，共15分册，包括《现代天气业务》《现代数值预报业务》《现代气候业务》《气候变化业务》《现代农业气象业务》《大气物理与人工影响天气》《大气成分与大气环境》《气象卫星及其应用》《天气雷达及其应用》《空间天气》《航空气象业务》《综合气象观测》《气象信息系统》《现代气象服务》和《气象防灾减灾》，进一步丰富了气象教材。

培养了一大批气象专业人才　新中国成立以来，气象教育已经培养了一大批气象中专生、大专生、本科生、研究生，有效满足了气象事业发展的需求。新中国成立初期，主要通过开展短期培训的方式，培养急需的气象专业技术人才。1950—1956年全国气象部门通过短期训练，共培养初级气象技术人员1万多人。

在气象中等教育方面，1955—1965年，中央气象局所属的3所中等专业学校共招收培养中专生6655人。1973—1977年，共培养中专生1402人。1977—2000年，湛江气象学校、兰州气象学校、南昌气象学校等3所学校共毕业普通中专生15 107人，其中为气象部门培养的学生8442人，这些毕业生成为当时基层台站的重要力量。

在气象高等教育方面，南京气象学院在1981—2000年间共毕业本科生5820人，普通专科生4214人；成都气象学院自建院至2000年，共毕业本科生3665人，专科生2869人；北京气象学院1978年复校后至1998年共毕业本科生631人，普通专科生817人。随着培养大气科学人才的学校和专业的发展，本科招生人数有了较大增长。据初步统计，2009—2012年，中国12所开设大气科学类专业的高校共招收培养大气科学类本科学生8314人。

在研究生培养方面，1964—2008年，中国气象科学研究院与南京信息工程大学（南京气象学院）共培养了硕士研究生（毕业生）576人（含联合培养人数），其中有80%以上的硕士研究生在气象部门工作，现已成为气象科研、业务和教学工作的骨干力量，在气象现代化建设中发挥了重要作用。1990—2009年，中国气象科学研究院共培养博士研究生（毕业生）96人。2009—2012年，15所招收大气科学类专业研究生的高校（含南开大学、复旦大学和中国科学院大学）共招收培养大气科学专业硕士研究生3039人，博士研究生987人。

（董章杭）

qìxiàng zhōngděng jiàoyù

气象中等教育（secondary meteorological education）对具有中、初等教育基础的人员实施的气象专业教育，主要是招收初中或高中毕业生，修业2~4年，培养中等专业技术人员，满足广大台站对基础气象业务的需要。

发展概况 为满足国家第一个五年计划期间气象站网建设和气象业务发展的需要，20世纪50年代，一大批气象中等专业学校相继建立。1954年12月29日，经政务院批准，在原军委气象局气象干部学校的基础上，成立了北京气象学校，归中央高等教育部领导。1955年1月，将1954年建立的1年制北京气象学校改为3年制的正规中等专业学校，校名定为中央气象局北京气象学校。1956年5月，成都气象干部学校改为中等专业学校，校名定为中央气象局成都气象学校。1958年4月，中央气象局湛江气象学校成立。据统计，1955—1965年，3所中等专业气象学校共招收培养中专生6655人，毕业生分配到全国气象台站，大多成为业务骨干。1958—1961年，河北、山西、内蒙古、辽宁、吉林、黑龙江、浙江、安徽、福建、山东、河南、湖北、湖南、广东、广西、四川、贵州、云南、陕西、甘肃、青海、新疆22个省、自治区气象局先后成立了气象学校（或设立气象班），培养中专生3800多人。1962年，按照教育部有关要求，省、自治区气象局所属的中专学校陆续撤停。1963年，根据教育部《关于核对保留中等专业学校名单的通知》，中央气象局除保留的北京气象专科学校中专部、湛江气象学校和成都气象学校3所直属中等专业学校外，又增加了四川省气象学校。1965年，湖北省气象学校恢复招生，新疆也成立了伊犁气象学校。1966年"文革"开始，气象中等教育基本中断，省属气象学校被陆续停办、撤销；北京气象专科学校中专部、湛江气象学校于1969年12月被撤销，部分师资、设备并入成都气象学校。1970年，成都气象学校恢复短期培训教学工作。1973年9月，成都气象学校恢复招生。少数省属气象学校恢复，共培养中专生1402人。

1978年党的十一届三中全会后，湛江气象学校于1979年恢复招生；各省、自治区、直辖市气象部门为解决气象人才不足的燃眉之急，纷纷恢复或新建气象中等专业学校，到1984年全国气象中等专业学校达21所。1980年11月，湛江气象学校和兰州气象学校列入教育部重点中专学校名录，南昌气象学校列入国家气象局重点中专学校。1977—2000年，3所学校共毕业普通中专生15 107人，为气象部门培养学生8442人，成为当时基层台站的重要力量。

2000年，根据国家教育体制改革的总体要求，湛江、兰州、南昌3所中专学校移交地方政府管理。河北、安徽、湖北、四川、新疆5所中专更名为信息工程学校，其他各省区气象局所属中专学校相继撤销或改建为气象培训中心。2011年起，河北信息工程学校、安徽信息工程学校、湖北信息工程学校、四川信息工程学校相继停止招生转建为中国气象局气象干部培训学院分院。

各中等气象学校简况 中国气象局建立的全国重点中等学校有5所，省级气象局还先后建立了22所中等气象学校，分别简介如下。

北京气象学校 见第246页北京气象学院。

成都气象学校 前身是中国人民解放军西南军区1951年在成都建立的气象干部训练队，1954年12月改名为中央气象局成都气象干部学校。1956年，国家高等教育部批准改为中等专业学校，定名为"中央气象局成都气象学校"，设气象专业，学制3年，面向全国招生，直属中央气象局领导。1958年9月，经国务院批准，学校由四川省人民委员会领导，四川省气象局代管，更名为"成都气象学校"，为4年制中等专业学校，增设农业气象系。1959年10月，学校改由中央气象局和教育部双重领导。1966年"文革"开始，学校停止招生，1970年，学校恢复短期培训教学工作，为全国培训气象通信报务、无线电机务和高空探测人员549名。1971年11月，学校明确主要任务是为全国气象部门培训气象雷达、通信机务、高空观测和新技术使用的技术骨干，并承担四川省和西藏自治区气象人员的培训，定额为600~800人。1973年9月，学校恢复中专招生，设气象通信观测专业。1974年10月，学校调整专业设置，设气象、高空气象、通讯机务、气象雷达4个专业，学制2年。1976年，学制改为3年。1978年4月教育部批准改为普通高等院校，更名为成都气象学院。（参见第247页成都气象学院）

湛江气象学校 于1956年开始筹建，1958年4月正式成立，开设海洋水文气象、气象和农业气象专业。

1966 年之前，学校每年拥有在校生 740 多人，教职工 130 多人，共为气象部门培养、输送了 1410 多名中等气象技术人才，还培训了 600 多名在职干部。1966 年"文革"开始后，学校相继停止招生，停止上课。1970 年 4 月湛江气象学校被撤销。1979 年学校恢复并招生，设置气象通信、气象、农业气象等专业。1980 年 11 月，学校被教育部列入全国重点中专学校名录。2000 年，学校划转地方政府管理。之后，广东省将湛江气象学校并入广东海洋大学。（参见第 253 页 广东海洋大学海洋与气象学院）

兰州气象学校 前身是中国人民解放军西北军区 1951 年在兰州建立的气象训练班，后改建为气象干部学校，1958 年正式核准为中等专业学校，隶属甘肃省气象局建制。1980 年 4 月，学校改为国家气象局与地方双重领导，以国家气象局领导为主。1980 年 11 月，兰州气象学校列入教育部重点中专学校名录。2000 年，按国家教育体制改革要求，学校划归地方政府管理。（参见第 254 页 兰州资源环境职业技术学院）

南昌气象学校 1977 年，在江西水利水电学校气象班的基础上，筹建成立南昌气象学校，隶属江西省气象局领导。1980 年 4 月，学校实行国家气象局与地方双重领导，以国家气象局领导为主的领导体制，先后增设了农业气象、民航气象和气象仪器等专业。1980 年 11 月，学校被国家气象局列为重点中专。2000 年，按国家教育体制改革要求，学校划归地方政府管理，由江西省气象局代管。2002 年，经江西省人民政府批准，学校升格为大专层次的普通高校，更名为江西信息应用职业技术学院。（参见第 254 页 江西信息应用职业技术学院）

此外，根据气象事业发展对人才培养的需要，在河北、山西、内蒙古、辽宁、吉林、黑龙江、浙江、安徽、福建、山东、河南、湖北、湖南、广东、广西、四川、贵州、云南、陕西、甘肃、青海、新疆气象局建立了 22 所中等气象学校，共培养学生 9.2 万多人，详见下表。

22 所省级中等气象学校沿革和培养学生情况

省份	历史沿革		培养人数
河北	1958—1962 年	河北气象学校	5587
	1962—1978 年	停办	
	1978—1996 年	河北气象学校	
	1996—1998 年	河北省气象学校	
	1998—2005 年	河北省气象学校（河北省气象培训中心）	
	2005—2012 年	河北省信息工程学校（河北省气象培训中心）	
	2012 年—	中国气象局气象干部培训学院河北分院（河北省信息工程学校）	

续表

省份	历史沿革		培养人数
山西	1956—1992 年	山西省气象学校（期间，1968—1978 年撤销）	635
	1992 年	山西省气象学校撤销	
内蒙古	1956—1999 年	内蒙古气象学校	4401
	1999 年	内蒙古气象学校撤销	
辽宁	1956 年	辽宁省气象局干部训练班	159
	1956—1958 年	辽宁省气象局干部学校	
	1958—2002 年	辽宁省气象学校	
	2002 年—	辽宁省气象学校（辽宁省气象培训中心）	
吉林	1951—1963 年	东北军区气象处（期间，1955—1963 年隶属于北京气象学校）	259
	1963—1969 年	吉林省气象学校（1969 年学校撤销）	
	1978—1992 年	吉林省气象学校	
	1992 年	吉林省气象学校撤销	
黑龙江	1955—1961 年	黑龙江省气象局气象训练大队（1961 年训练大队撤销）	1368
	1980—2004 年	黑龙江省气象干部学校（黑龙江省气象职工中等专业学校）	
	2004—2006 年	黑龙江省气象干部学校	
	2006 年	黑龙江省气象干部学校撤销	
浙江	1960—1992 年	浙江气象学校（期间，1962—1978 年撤销）	470
	1992 年	浙江气象学校撤销	
安徽	1957—1959 年	安徽省气象干训班	7322
	1959—1996 年	安徽省气象学校（期间，1964—1975 年停办）	
	1996—1999 年	安徽省气象学校（安徽省气象干部培训中心）	
	1999—2006 年	安徽省信息工程学校（安徽省气象干部培训中心）	
	2006—2012 年	安徽省气象培训中心（安徽省信息工程学校）	
	2012 年—	中国气象局气象干部培训学院安徽分院（安徽省信息工程学校）	
福建	1979—1993 年	福建省气象学校	328
	1993 年	福建省气象学校撤销	
山东	1955—1960 年	山东省气象局气象专业短训班	1222
	1960—1963 年	济南农校气象中专班	
	1963—1979 年	山东省气象局训练队	
	1979—1982 年	山东省气象学校	
	1982—1992 年	山东省气象学校（山东省气象职工中等专业学校）	
	1992—2006 年	山东省气象局培训中心（山东省气象学校、山东省气象职工中等专业学校）	
	2006 年	山东省气象学校、山东省气象职工中等专业学校撤销	

续表

省份	历史沿革		培养人数
河南	1958—1962年	河南省气象学校（气象班）（1962—1978年停办）	850
	1978—1996年	河南省郑州气象学校	
	1996—2001年	河南省气象学校（河南省气象培训中心）	
	2001—2006年	河南省气象培训中心（河南省气象学校）	
	2006年	河南省气象学校撤销	
湖北	1959—1995年	湖北省气象学校（1961—1964年停办）	7710
	1995—1997年	湖北省气象学校（湖北省气象培训中心）	
	1997—2012年	湖北省自动化工程学校（湖北省气象培训中心）	
	2012年—	中国气象局气象干部培训学院湖北分院（湖北省自动化工程学校）	
湖南	1960—1962年	湖南省气象学校	4000
	1962—1978年	湖南省气象干部训练班	
	1978—1991年	湖南省气象学校	
	1991—1995年	湖南省气象培训中心（湖南省气象学校）	
	1995—2012年	湖南省气象培训中心（湖南信息工程学校）	
	2012年—	中国气象局气象干部培训学院湖南分院（湖南信息工程学校）	
广东	1956—1974年	广东省气象干部学校	306
	1974—2006年	广东省气象学校	
	2006年—	广东省气象信息中心（广东省气象学校、广东省气象科技培训中心）	
广西	1955—1957年	气象短期训练班	4088
	1957—1958年	广西气象学校（1958年停办）	
	1959—1961年	广西水文气象学校（1961年撤销）	
	1963—1966年	广西壮族自治区气象干部轮训班（1966年停办）	
	1972—1975年	广西壮族自治区气象干部训练班	
	1975—1978年	广西壮族自治区气象技术干部训练班	
	1978—1992年	广西壮族自治区气象学校	
	1992—2006年	广西壮族自治区气象培训中心（广西气象学校）	
	2006年—	广西气象培训中心（广西信息工程职业技术学校）	

续表

省份	历史沿革		培养人数
四川	1956年	四川省气象局气象干部训练班、四川省气象局气象干部学校、四川气象学校	16 075
	1956—1960年	四川气象学校	
	1960—1971年	西南气象学校	
	1971—1994年	四川省气象学校	
	1994—2005年	四川省信息工程学校（四川省气象培训中心）	
	2005—2012年	四川省气象培训中心（四川省信息工程学校）	
	2012年—	中国气象局气象干部培训学院四川分院（四川省信息工程学校）	
贵州	1958—1988年	贵州省气象学校（期间，1969—1975年学校停办）	1071
	1988年	贵州省气象学校撤销	
云南	1959—1966年	云南省气象学校（气象班）	590
	1978—1992年	云南省气象学校	
	1992—2001年	云南省气象学校（云南省气象职工培训中心）	
	2001—2006年	云南省气象学校（云南省气象培训中心）	
	2006年—	云南省气象科学研究所（云南省气象学校，云南省气象培训中心）	
陕西	1956—2001年	陕西省气象学校	6560
	2001—2011年	西安环境信息工程学校	
	2011年—	陕西省气象培训中心（西安环境信息工程学校）	
甘肃	1951—1953年	西北军区气象管理处气象训练大队	25 806
	1953—1956年	西北气象处训练队	
	1956—1962年	甘肃省气象学校（期间，1957—1960年学校更名为甘肃省气象局气象干部学校；1962年撤销）	
	1963—1964年	甘肃省气象局训练队	
	1964—1969年	兰州气象学校	
	1970—1973年	甘肃省气象局教导队	
	1973—2004年	兰州气象学校	
	2004年	兰州气象学校与甘肃工业职工大学合并，成立兰州资源环境职业技术学院	
青海	1956—1957年	青海气象干部训练班	1304
	1957—1958年	青海省气象局气象干部学校	
	1958—1962年	青海省西宁气象学校中等专业学校（1963—1979年撤销）	
	1980—1991年	青海省气象学校	
	1991年	青海省气象学校撤销	

续表

省份	历史沿革	培养人数
新疆	1956—1957 年　新疆气象干部学校 1957—1961 年　新疆气象干部训练班 1961—1962 年　新疆伊犁气象学校 1962—1965 年　新疆气象干部训练班 1965—1980 年　新疆伊犁气象学校 1980—2000 年　新疆气象学校 2000—2012 年　新疆信息工程学校 2004—2012 年　新疆信息工程学校（新疆气象培训中心） 2012 年—　中国气象局气象干部培训学院新疆分院（新疆维吾尔自治区信息工程学校）	2359

（赵庆生　王梅华　邢超）

qìxiàng gāoděng jiàoyù
气象高等教育（meteorological higher education）在完成中等教育的基础上进行的大气科学类专业教育，按照国家规定的设置标准和审批程序批准举办，通过全国统一考试招收培养对象，是培养气象高级专门人才的教育。气象高等教育分专科、本科和研究生三个层次，研究生分攻读硕士学位和博士学位两个独立培养阶段。中国高等教育学历有三种：普通高等教育、成人高等教育、高等教育自学考试。

院校概况　中国气象高等教育起源于20世纪20年代早期留学回国人员竺可桢等编印教材进行的气象培训，到40年代末在北京大学、东南大学（南京大学前身）、清华大学、浙江大学等高校逐步开展了近代气象高等教育。1949年后，国家在更多的高等院校开展了气象学科专业教育。先后将原南京大学气象系与浙江大学、齐鲁大学相关学科合并成立了新的南京大学气象系，设有气象、气候、大气物理三个专业；清华大学气象系并入北京大学物理系，设立气象学专业；1952年，北京农业大学（现中国农业大学）开始培养农业气象方向的研究生，1956年成立全国首个农业气象专业；中山大学、兰州大学、青岛海洋大学（现中国海洋大学）、杭州大学（现并入浙江大学）、云南大学、中国科技大学和沈阳农业大学等高校也都设立了大气科学类专业。1960年4月，国务院批准北京气象学校扩建为北京气象专科学校，设天气预报专业，学制2年（后改为3年）。1960年建立南京大学气象学院，1963年5月独立建院，更名为南京气象学院，是中国大气科学学科专业设置比较齐全的学院，设有天气动力学、气候学、大气探测学、大气物理学、农业气象学等专业。这样，逐步形成了与现代数学、物理、高新技术相结合，与地球系统科学相衔接的大气科学教育体系。"文革"中，多数气象院校停止招生或被撤销，气象高等教育遭到严重破坏。

1978年2月，南京气象学院被批准列入全国重点高校；4月，成都气象学校扩建为成都气象学院；12月，教育部同意恢复北京气象专科学校。截至2014年底，承担气象高等教育和大气科学学科建设的高等院校有北京大学、南京大学、南京信息工程大学、兰州大学、中山大学、中国科学技术大学、云南大学、解放军理工大学、中国海洋大学、成都信息工程大学、浙江大学、中国农业大学12所。北京大学拥有大气科学一级国家重点学科和大气物理学与大气环境二级国家重点学科，南京大学和南京信息工程大学拥有气象学二级国家重点学科，南京大学和兰州大学分别拥有大气物理学与大气环境二级国家重点（培育）学科。另外，北京大学和南京大学是国家理科基础科学研究和教学人才培养基地。此外，北京师范大学、清华大学、复旦大学、同济大学、厦门大学、南开大学等高校也先后拥有以地球系统科学、环境科学、海洋科学为核心的交叉科学，开展以研究生及以上高层次人才培养为主、与大气科学相关的学科建设和人才培养工作。

1999年，北京气象学院经中央机构编制委员会办公室批准转建为中国气象局培训中心，承担气象部门培训任务，不再开展气象高等教育，2011年经中央机构编制委员会办公室批准更名为中国气象局气象干部培训学院。2000年，国务院进行部属院校管理体制改革，南京气象学院和成都气象学院改变隶属关系，实行中央和地方共建、地方管理为主的管理体制，并分别改校名为南京信息工程大学和成都信息工程学院（后改为成都信息工程大学），同时以局校合作的形式，继续为气象部门承担气象学历教育工作。

学科设置概况　1978年以后，气象高等教育逐步建起了以培养本科为主，专科、硕士、博士和博士后科研工作流动站俱全的教育体系。大气科学人才培养的学科设置基本依据1998年颁布的学科专业目录。大气科学类在本科人才培养方面设大气科学、应用气象学2个本科专业。研究生培养方面设气象学、大气物理学与大气环境2个二级学科，以及2011年以后自主设置的一些二级学科。自主设置的二级学科主要包括气候系统与气候变化、应用气象学、大气遥感与大气探测、雷电科学与技术、3S（遥感技术（RS）、地理信息系统（GIS）、全球定位系统（GPS））集成与气象应用、空间天气学、海洋气象学、气象信息技术、气候学和农业气象学等专业。2011年教育部公布的学科目录，气象领域仍保留大气科学一个一级学科，但对二级学科不再有明确的限定，允许各学位授予单位根据国家和区域经济社会发展对人才的需求，结合本单位的学科基础，科学、合理、规范地设置二级学科。

主要成果 气象高等教育不但为气象部门培养了一大批气象专业高级人才，而且也为气象行业其他部门，包括大专院校、科研院所、民航部门、农垦部门、水利部门及军事系统等，都输送了大量气象高级人才。2000年之前，南京气象学院、成都气象学院、北京气象学院等中国气象局直属高等院校，以及军队所属的空军气象学院是培养气象高级专业人才的主力军。其中，南京气象学院是气象类学科专业齐全的全国重点高等院校，建有7个系，17个本科专业，1981—2000年共毕业本科生5820人、普通专科生4214人；成都气象学院已办成"理工结合，以工为主；气电结合，以电为主"的院校，建有9个系，13个本科专业，共毕业本科生3665人、专科生2869人；北京气象学院在1990年被中国气象局调整为以高层次的继续教育为重点的高等院校，1978—1998年共毕业本科生631人，普通专科生817人。此外，全国还有12所高等院校设置了气象系或大气科学骨干专业，招收、培养气象人才。

（董章杭）

Nánjīng Xìnxī Gōngchéng Dàxué
南京信息工程大学（Nanjing University of Information Science and Technology）

前身是南京气象学院，2004年5月更名为南京信息工程大学，是江苏省主管，江苏省人民政府、教育部和中国气象局三方共建的以气象学科为特色、理工为主的多科性全国重点院校。学校大气科学学科在2012年教育部一级学科评估中排名全国第一，在国际上有较大影响。

南京气象学院 中央气象局创办的第一所气象高等院校，其前身是1960年创建的南京大学气象学院，为中央气象局直属单位，委托江苏省代管，设天气与动力气象学系、气候学系、大气物理学系、农业气象学系，学制五年。1963年5月，经教育部批准，气象学院从南京大学分出，在南京江北龙王山下独立建校，更名为南京气象学院，为中央气象局直属单位，成为国内第一所培养大气科学专门人才的理科类高等院校。

南京气象学院是气象类学科专业齐全的全国重点高等院校，到20世纪末，共建有大气科学系、环境科学系、电子信息与应用物理系、计算机科学与技术系、数学系、外语系、社会科学系、研究生部、体育部、世界气象组织区域气象培训中心、职业技术学院、气象科学研究所等12个教学科研单位；招收博士研究生、硕士研究生、本科生和专科生，并设有气象科学博士后流动站。

南京气象学院培养了大批气象专业人才，在气象现代化建设中发挥了重要骨干作用。1965年7月，首届学生136人毕业。"文革"期间，南京气象学院中断招生。1972年5月—1977年2月，共招收培养5届三年制大学普通班学员924人。1977年，南京气象学院恢复正常招生。1978年，被教育部列入全国重点高校名录，并被批准招收硕士研究生。1993年，获得博士学位授予权，同年，经联合国世界气象组织批准，学校成立"世界气象组织区域气象培训中心"，承担世界各国中高级气象科技人员的培训任务。1996年，开始招收外国留学生。1999年3月，设立大气科学博士后流动站。1981—2000年南京气象学院共毕业本科生5820人、普通专科生4214人。2000年2月，南京气象学院划转江苏省管理。截至2003年底，学院共有在职教师466人，其中教授42人，副教授111人；共有本科在校生9683人，硕士研究生1249人，博士研究生179人。

南京信息工程大学 2004年5月，南京气象学院更名为南京信息工程大学。截至2015年学校设有大气科学学院、应用气象学院、遥感学院、大气物理学院、水文气象学院、海洋科学学院、信息与控制学院、电子与信息工程学院、环境科学与工程学院、计算机与软件学院、数学与统计学院、物理与光电工程学院、公共管理学院、马克思主义学院、经济管理学院、语言文化学院、传媒与艺术学院、滨江学院、国际教育学院等22个学院（部）。学校建有各类实验室及实习平台，设有气象灾害预报预警与评估协同创新中心、南京国际气象科学研究院、气象灾害教育部重点实验室、中国气象局大气物理与大气环境重点开放实验室、国家级实验教学示范中心、国家级虚拟仿真实验教学中心、国家级大学生校外实践教育基地、中国制造业发展研究院、气候变化与公共政策研究院等20多个国家级、省部级教学科研机构。学校图书馆馆藏纸质文献190万余册，累计中外电子图书总量为111万种，电子期刊1.9万种。具有完整的学士、硕士、博士教育培养体系，并设有博士后流动站。

学校拥有50个本科专业，覆盖理、工、管、文、经、法、农、艺八大学科门类。拥有大气科学一级学科博士学位授权点、博士后流动站，拥有大气科学、环境科学与工程、地理学、生态学、信息与通信工程、计算机科学与技术、软件工程、系统科学、数学、光学工程、管理科学与工程、工商管理、生物学、科学技术史、马克思主义理论15个一级学科硕士点，同时拥有电子与通信工程、环境工程2个工程硕士专业学位授权点，硕、博点基本涵盖本科专业。

2015年，学校有全日制在校本科生3万多人，教师1500多人，拥有院士、"千人计划"获得者、"百千万人才工程"国家级培养人才、江苏省特聘教授、江苏省双创计划等专家60余人，国家级教学团队、教育部创新团队、江苏省双创团队等10多个。专任教师博士化率70%以上，国际化率达54%。截至2012年底，学校共培养本科毕业生56 041人，硕士研究生4652人，博士生研究生629人。校友遍布海内外，其中有中国科学院院士、中国工程院院士、加拿大皇家科学院院士、美国地球物理学会会士、美国气象学会会士、中央部委领导以及世界气象组织高级官员等。

学校长期主持和参与国家重大、重点项目研究，获得包括国家科学技术进步奖特等奖、一等奖在内的国家级和省部级科技奖百余项。设立在学校的世界气象组织区域气象培训中心，截至2015年培养了2400余名高级科技人才和官员，学员遍及140多个国家和地区，成为全球培训规模最大的区域培训中心，受到世界气象组织高度评价和嘉奖。

（吴绵超）

Nánjīng Qìxiàng Xuéyuàn
南京气象学院（Nanjing Institute of Meteorology）

见第245页 南京信息工程大学。

Běijīng Qìxiàng Xuéyuàn
北京气象学院（Beijing Institute of Meteorology）

中国气象局直属的高等院校，前身是1954年成立的北京气象学校，1984年升格为北京气象学院，1999年转建为中国气象局培训中心。北京气象学院位于北京市海淀区，设有天气预报实习台、计算机室、电化教学研究室和语音实验室等现代化教学设施14个，图书馆藏书10万余册。

1954年中央气象局划转政务院建制后决定成立一年制的北京气象学校。1955年1月经国务院批准，将一年制的北京气象学校改为三年制的正规中等专业学校，校名定为中央气象局北京气象学校，设气象、农业气象、高空气象三个专业。1956年中央气象局向高教部提出，北京气象学校招收200名高中毕业生，开办气象预报特别班，按专科生待遇，当年招生101名，学习天气预报，学制二年。这成为以后改建为北京气象专科学校的基础。1960年4月，经国务院批准，北京气象学校扩建为北京气象专科学校，保留原中等教育专业，增设大专学历的天气预报专业，学制二年。1961年学制改为三年，规模为学生2000余人，教职工200余人。因"文革"影响，北京气象专科学校于1969年12月撤销。1978年12月，经国务院批准，北京气象专科学校在原址恢复。学校实行中央气象局和北京市政府双重领导、以中央气象局领导为主的管理体制。专业设置为天气预报和农业气象，面向全国招生，学生1000人。

1984年2月，为进一步适应气象现代化建设的要求，切实抓好高级气象技术人才的培养，北京气象专科学校升格为北京气象学院，由国家气象局和北京市政府双重领导，兼负本专科学历教育和气象部门在职人员的高层次继续教育双重任务。1984年7月成立"气象高等函授中心"，在全国气象行业招收函授生，学制三年半；1988年创办"高等自学考试"；1989年创办"夜大学"。1990年，学院被中国气象局调整为以高层次的继续教育为重点的高等院校。1984—1991年，北京气象学院为气象部门培养了174名研究生，319名本科生。1999年，经中央机构编制委员会办公室批准，北京气象学院转建为中国气象局培训中心，后于2011年更名为中国气象局气象干部培训学院，承担气象部门培训任务，不再开展气象高等教育。（参见第99页 中国气象局气象干部培训学院）

（邢超）

Běijīng Qìxiàng Zhuānkē Xuéxiào
北京气象专科学校（Beijing Meteorological School）

见第246页 北京气象学院。

Chéngdū Xìnxī Gōngchéng Dàxué
成都信息工程大学（Chengdu University of Information Technology） 前身是成都气象学院，2000年7月，更名为成都信息工程学院，2015年更名为成都信息工程大学，是四川省人民政府和中国气象局共建、四川省重点发展的一所以气象科技和信息科技为特色、工学为主体，工、理、管、经、文、法、艺协调发展的多科性理工大学，是中国气象科技人才、四川信息科技人才、国家统计事业人才、国防建设人才、中国人民解放军第二炮兵部队后备军官选拔培养的重要基地，也是国家首批卓越工程师教育培训计划试点高校和国家中西部基础能力建设工程高校之一。截至2015年，学校有专任教师约1200人，专任教师中具有硕士以上学位的教师约900人，其中博士近300人；高级职称500余人，其中正高级职称168人，有全国"百千万人才工程"、国家有突出贡献中青年专家、享受国务院政府特殊津贴专家、四川省学术和技术带头人、四川省有突出贡献的优秀专家等50余名。学校有1个国家级教学团队、5个省级教学团队、6名省级教学名师，聘有100余名院士、专家为学校兼职教授。

成都信息工程大学实施以人为本、融合开放、服务行业、服务地方的发展战略，科技创新和产学研合作能力呈现出快速发展的势头。2011—2015年，学校承担了国家自然科学基金、国家"973"计划子项目、国家社科基金等国家级项目109项，年均科研经费达6529.67万元；学校科研成果获省部级及以上奖励52项，其中国家科学技术进步奖二等奖2项；教师在核心以上期刊发表学术论文2469篇，其中，855篇次论文被SCI（《科学引文索引》）等重要检索系统收录，百余篇论文在"Journal of Climate"（《气候杂志》）、"Optics Express"（《光学快报》）等高影响因子期刊上发表。

成都气象学院 成都气象学院的前身是成都气象学校（见第241页气象中等教育）。1978年4月，经国务院和教育部批准，改建为全日制普通高等院校，更名为成都气象学院，设气象通信、气象雷达、高空气象、气象4个本科专业，学制4年，实行中央气象局和四川省政府双重领导、以中央气象局领导为主的管理体制。同年9月，成都气象学院招收首届本科生80人。1980年9月，学院成为国家首批具有学士学位授予权的高等院校。2000年2月，学院实行中央与地方共建、以地方管理为主的新体制。

1984年经国家气象局同意，学校设置气象系、气象探测系和电子技术应用系，分别下设气象专业、气象探测专业和电子技术及应用专业（原有的气象雷达、气象通信专业合并为电子技术及应用专业）。学院在大力进行专业调整的基础上，不断拓展专业领域，优化专业结构，到20世纪末，本科专业由4个扩增至16个，还设立了计算机及应用、电子工程、经济信息管理（商业信息与计算机应用方向、国际商务方向）、会计学、英语等专业的普通专科，并办有成人专科、"函大"和"夜大学"。在此期间成都气象学院共培养本科毕业生3665人、专科生2869人。到2000年，学院共有在职教师485人，其中教授23人，副教授75人；共有本科在校生3663人，专科生1832人。

在多年的办学过程中，学院逐步形成了"理工结合，以工为主；气电结合，以电为主"的办学特色。与此同时，学院积极发挥学科优势，大力开展大气电子技术、通信、气象、计算机等方面的科学研究，在天气雷达信号处理、大气遥感及反演、大气信息采集、处理、传输，气象基础及应用研究，通信技术及计算机技术研究等方面取得显著成果，得到社会各界广泛肯定，并取良好的社会经济效益。

成都信息工程学院 2000年7月经教育部批准，成都气象学院更名为成都信息工程学院。学院设有8个硕士学位授权一级学科，38个硕士学位授权点，17个二级学院，53个本科专业，其中国家级特色专业7个，国家级综合改革试点专业2个，省级特色专业12个，省级专业综合改革试点专业8个。有省部级重点实验室3个，省工程技术研究中心、哲学社会科学重点研究基地3个，省高校重点实验室和人文社会科学重点研究基地7个，博士后科研工作站1个。"动力气象学"被评为国家级精品课程，"气象雷达原理与系统"等26门课程被评为四川省精品课程。学校长期致力于青藏高原气象学、气象探测技术、气象信息系统等领域的科学研究。

学校在新型气象雷达系统、中国新一代多普勒天气雷达、大气辐射与卫星遥感、天气动力学与东亚季风环境系统分析与环境监测和评价、计算机与软件、电子商务等研究方面取得了显著成果，为推动气象行业科技创新和气象现代化建设做出了重要贡献，为中国的气象、统计、民航、国防、信息产业等部门和行业培养了大量的高级专门人才。

（刘琥）

Chéngdū Qìxiàng Xuéyuàn
成都气象学院（Chengdu Institute of Meteorology）
见第246页成都信息工程大学。

Qīnghuá Dàxué Qìxiàngxì
清华大学气象系（Department of Meteorology, Tsinghua University） 清华大学1925年开办国学部时期设立中国地理课程，1929年成立地理学系，1932年更名为地学系，分设地理、地质、气象三组。其中气象组有黄厦千、李宪之、涂长望、赵九章等学者，他们为清华地学系的发展做出了杰出贡献。1937年抗日战争爆发，清华大学南迁，当年11月和南迁的北京大学、南开大学联合组成国立长沙临时大学，内设地质地理气象学系，孙云铸任系主任。1938年3月，长沙临时大学南迁昆明，更名为国立西南联合大学，李宪之、赵九章、刘好治、谢光道、高仕功等人任教于地质地理气象学系的气象组。1946年清华大学北平复校后单独组建了气象学系，李宪之任系主任。1950年，聘请了刚获美国芝加哥大学博士学位的谢义炳任教，邀请中央气象局局长涂长望教授、联合天气分析预报中心顾震潮教授到清华兼课。1952年全国院系调整，清华大学地学系和气象学系并入北京大学。

1931年春，清华大学在校内建成对径24英尺（1英尺＝0.3048 m）、高五层90英尺的八角形气象台一座，设有测气压、风力、温湿度、降水量等仪器，后又添置了口径130 mm、放大275倍的赤道望远镜，所有设备达到当时的国际先进水平。气象台主任由黄厦千先生担任，同时还设有两三个专职的技术人员，经常进行地面层及上层空气状况的观测，并自1939年1月起，逐日对校内外发布北京附近的气象报告及外埠各地天气状况报告。

抗日战争胜利清华复校后，气象台在废墟上重建，恢复观测和天气预报工作。当时在华北地区，清华大学气象系的天气观测资料是最完整、最可靠、最全面、最准确的，每月还以报表的形式与国外交流，同时清华气象系还利用气象资料支持解放初期新中国各项建设。清华大学气象台不但是本系教学和科研的基地，而且面向社会为国民经济提供气象服务。

到1952年院系调整为止，清华大学地学系共培养毕业生200多人，其中许多人成为著名的学者、教授。据不完全统计，有53位清华校友先后当选为中国科学院院士（学部委员），其中清华校友叶笃正院士荣获2003年世界气象组织最高奖和2006年获国家最高科技奖。

（武海平　蒲彦妃）

Qīnghuá Dàxué Dìqiú Xìtǒng Kēxué Yánjiū Zhōngxīn
清华大学地球系统科学研究中心（Center for Earth System Science, Tsinghua University）　2009年3月清华大学成立了地球系统科学研究中心（简称"地学中心"），其宗旨是推动清华大学地学学科重建，并围绕全球变化问题组织多学科交叉研究。地学中心是清华大学实体院系，计划发展到一定规模后，在中心的基础上成立清华大学地球系统科学系或地球科学学院。清华大学聘请了原科技部部长、中国科学院院士徐冠华教授任地学学科科学指导委员会主任，帮助清华大学恢复建设地学学科。

地学中心目前设有"生态学"一级学科博士点和"大气科学"一级学科硕士点。地学中心从成立即着眼于未来发展地学学科，强调将地球看成是一个复杂系统，综合考虑大气、海洋、陆地生态等要素，着重开展地球系统科学四个领域的研究：①地球系统过程，主要研究地球系统变化规律，以及人类活动与全球变化之间的相互作用关系；②地球系统模式，采用高性能计算机模拟地球系统的大空间尺度和时间过程，推动地球科学定量化发展；③地球系统观测，为地球系统科学研究提供可靠准确的数据支持和技术手段；④全球变化经济学，以自然科学与经济学相结合的新概念、新理论及新方法研究全球变化问题，以多学科交叉的思路和综合评估方法对全球变化决策提供技术与经济依据。

截至2015年底，地学中心教职员工达28人（正高职称8人、副高职称14人、中级职称6人）；其中包含"千人计划"1人、"青年千人计划"2人、杰出青年基金获得者3人、优秀青年基金获得者1人、"青年拔尖人才"1人。另有双聘教授1人、清华荣钢讲席教授4人。在读研究生205人，包括博士生106人、硕士生99人。地学中心计划成立地球系统科学系后，开始招收本科生。

地学中心成立6年来已逐渐在国内外地学界具备学术影响力：中心牵头多项国家"973"计划和"863"计划重点项目，拥有3名"973"计划首席科学家和多名国家项目课题负责人。中心教师在大气科学、地理学、生态学、计算地球科学、全球变化经济学等领域取得了大量科研成果。截至2015年12月，中心师生已发表300多篇SCI（《科学引文索引》）论文，其中15篇发表于Nature, Science, Lancet, PNAS等刊物。

（罗勇　武海平　蒲彦妃）

Běijīng Dàxué Wùlǐ Xuéyuàn Dàqì Yǔ Hǎiyáng Kēxuéxì
北京大学物理学院大气与海洋科学系（Department of Atmospheric and Oceanic Sciences, School of Physics, Peking University）　源于清华大学1929年建立的气象学专业，1946年成立的气象系。1952年，清华大学气象系并入北京大学物理系成为气象专业；1958年，北京大学成立地球物理系，设大气物理和天气动力两个专业；1998年，大气物理和天气动力两个专业合并为大气科学专业；2001年，大气科学专业并入物理学院，建立大气科学系；2010年5月，北京大学将大气科学系更名为大气与海洋科学系，增设物理海洋专业。

北京大学物理学院大气与海洋科学系的"大气科学"是全国唯一的大气科学国家一级重点学科，同时具有"大气物理学与大气环境"和"气象学"两个国家二级重点学科。目前，大气与海洋科学系主要研究领域有：大气辐射与遥感、云物理与大气化学、大气边界层与环境、数值天气预报与模拟、大气动力学和非线性动力学、气候动力学与模拟、物理海洋、海气相互作用与气候变化等。

截至2012年底，大气与海洋科学系有教职员工31人，其中教授12人（包括中科院院士1人、国家"千人计划"1人、国家杰出青年基金获得者1人）、"青年千人计划"1人、北京大学"百人计划"研究员4人（包括国家优秀青年1人），副教授7人，另有兼职教授5人（中科院院士4人、教授1人）。大气与海洋科学系具有本科生、硕士和博士研究生的完整人才培养体系。本科"大气科学"专业于1993年被确定为"国家理科基础科学研究与教学人才培养基地"，"大气物理学与大气环境"和"气象学"硕士点和博士点，均为国家重点学科。2012年底，大气与海洋科学系在校本科生50人（仅包括三、四两个年级），硕士生35人，博士生65人。

大气与海洋科学系为大气科学领域人才培养做出了贡献。到2012年底，共培养本科生、硕士、博士近3000人。

（胡永云）

Běijīng Dàxué Dìqiú Wùlǐxì
北京大学地球物理系（Geophysics Department of Peking University） 见第248页 北京大学物理学院大气与海洋科学系。

Nánjīng Dàxué Dàqì Kēxué Xuéyuàn
南京大学大气科学学院（College of Atmospheric Sciences, Nanjing University） 起源于1921年竺可桢先生在国立东南大学（南京大学前身）创立的地学系气象组（专业），1930年建立国内第一个气象学专业，1944年国立中央大学（南京大学前身）建立的国内第一个气象学系。1952年全国高等学校院系调整，浙江大学、齐鲁大学等高校气象专业师生并入南京大学气象系，先后建立了国内高校第一个气候学、大气物理学、高层大气物理学、大气环境专业。1986年气象系更名为大气科学系。2008年成立大气科学学院，学院下设气象学系和大气物理学系。

大气科学学院具有一个包含本科、硕士和博士人才培养的完整体系，设有大气科学、应用气象学二个本科专业，其中本科大气科学专业为国家理科基础科学研究和教学人才培养基地和教育部特色专业；拥有大气科学一级学科博士点和博士后流动站，设有气象学、大气物理学与大气环境、气候系统与气候变化三个二级学科博士点和硕士点，其中气象学为国家重点学科。

截至2012年底，大气科学学院有在职教职工70人，其中，专职教师51人，专职科研人员5人。在51名专任教师中，教授21人，副教授18人，讲师12人。拥有一批不同年龄层次的杰出人才，包括：中科院院士2人，国家"千人计划"教授1人，国家"973"项目首席科学家3人，国家杰出青年基金获得者2人，教育部长江学者特聘教授1人，"百千万人才工程"国家级人选2人。在校本科生380人，硕士生105人，博士生65人。

学院教学科研设施齐全，拥有移动式C-波段双偏振多普勒天气雷达、极轨/静止卫星接收系统，EOS/MODIS（地球探测系统/中分辨率成像光谱仪）卫星接收系统、风廓线仪、激光雷达、高性能超级计算机群等设施设备，建有"地球系统区域过程综合观测试验基地""南京大学气象台"，在北京、上海、江苏、湖北、安徽、贵州、辽宁、重庆、厦门、大连等地建有产学研基地。

学院建有"中尺度灾害性天气教育部重点实验室""灾害性天气气候研究所""南京大学气候与全球变化研究院"、江苏省"气候变化协同创新中心"等研究机构。主持了一批国家级重大和重点类科研项目，在中尺度天气、大气环流与季风、气候变异与预测、气候变化和数值模拟、大气边界层与云雾物理、大气环境与大气化学、大气探测等领域取得一系列具有国际影响和富有特色的研究成果，多次获得省部级科技奖和国家科学技术进步奖。

（杨修群）

Nánjīng Dàxué Qìxiàngxì
南京大学气象系（Nanjing University Department of Meteorology） 见第249页 南京大学大气科学学院。

Zhèjiāng Dàxué Dìqiú Kēxuéxì
浙江大学地球科学系（Department of Earth Sciences, Zhejiang University） 前身是1936年在浙江大学文理学院中建立的史地系，1937年，史地系随浙江大学西迁，1939年迁至贵州遵义；1946年，史地系随浙江大学回迁杭州。1952年，全国院系调整，史地系地理组、地质组和气象组分别调入华东师范大学、南京大学、浙江师范学院（原杭州大学前身）等。1958年，原杭州大学地理系内组建大气科学专业，先后从中国科学院大气物理研究所、中国气象局、北京大学、南京大学等部门和高校引进师资，并从1959年开始招收培养第一批大气科学本科生，学生来自华东地区各省（直辖市），每届招收30~50人。1960年，浙江大学成立地质系，1988年更名为地球科学系。1999年，原浙江大学地球科学系和原杭州大学的气象专业和地理专业共同组成浙江大学新的地球科学系。

浙江大学地球科学系设有地球信息科学与技术、地理信息系统（GIS）、资源环境与城乡规划管理、大气科学4个专业，拥有地球探测与信息技术、地图学与地理信息系统和环境科学3个二级学科博士点及其大气科学等11个硕士点；设有地质与地球物理研究所、空间信息技术研究所、环境生物地球化学研究所、区域与城市发展研究所、气象信息与灾害预测研究所、地球信息科学研究所6个研究所，设有教育部含油气盆地构造研究中心、浙江省资源与环境信息系统重点实验室。

到2012年底，地球科学系有教职工69人，其中教授25人；拥有中国科学院院士1人，双聘中国科学院和中国工程院院士6人，浙江省特级专家1人，国家"千人计划"1人，国家"青年千人计划"1人，浙江省"千人计划"1人，长江讲座教授1人，求是特聘教授2人，教育部优秀青年教师1人，教育部新世纪青年人才1人。2012年底大气科学专业有教授4人（浙江大学求是特聘教授1人、国家"青年千人计划"1人），副教授5人；在校本科生50人，硕士生18人，博士生4人。

（翟国庆）

Hángzhōu Dàxué Dìlǐxì

杭州大学地理系（Department of Geography, Hangzhou university） 见第249页 浙江大学地球科学系。

Zhōngguó Hǎiyáng Dàxué Hǎiyáng Huánjìng Xuéyuàn Hǎiyáng Qìxiàngxuéxì

中国海洋大学海洋环境学院海洋气象学系（Department of Marine Meteorology, College of Physical and Environmental Oceanography, China Ocean University） 源于近代气象事业的开创者蒋丙然先生1935年在国立青岛大学创立的天文气象组。1953年天文气象组并入山东大学海洋学系，设立海洋气象教研组。1957年，海洋气象教研组扩充为海洋气象学专业。1958年10月，山东大学主体迁往济南。留在青岛的部分于1959年成立山东海洋学院，其海洋学系更名为海洋水文气象系，下设海洋水文学与海洋气象学两个专业。1980年，海洋水文气象系改称物理海洋与海洋气象学系。1988年，山东海洋学院更名为青岛海洋大学。1991年，海洋气象学专业改名为天气动力学专业。1993年，成立海洋环境学院，下设海洋学系、海洋气象学系。

海洋气象学系建有海洋-大气相互作用与气候山东省高校重点实验室、海洋气象教学实验室、气象实习台、大气物理与大气环境实验室，拥有大气科学一级学科博士学位授予权，气象学、大气物理与大气环境两个博士点，气象学、大气物理与大气环境两个硕士点，大气科学、应用气象两个本科专业。教学范围包括海雾、风暴潮、海洋-大气相互作用、海洋环流与气候变化、海洋气象、海岸大气环境等方面。

截至2012年底，海洋气象学系有在职教职工22人，其中，教授9人，副教授5人，讲师8人。在校本科生334人，硕士生71人，博士生12人。

（黄菲）

Zhōngshān Dàxué Huánjìng Kēxué Yǔ Gōngchéng Xuéyuàn

中山大学环境科学与工程学院（College of Environmental Science and Engineering, Zhongshan University） 前身是1929年创建的中山大学地理学系。1961年，地理学系设置气象学专业。1979年，气象学专业独立成系。2002年10月，气象学系、环境科学系和环境科学研究所等学科机构整合成立环境科学与工程学院。

学院除环境类学科的教学与研究机构外，还设有大气科学系、环境气象研究所、中山大学季风与环境研究中心教学与研究机构。建立了从本科、硕士到博士的完整的人才培养体系。有环境科学、环境工程、大气科学、应用气象学4个本科专业，环境科学、环境工程、气象学、大气物理与大气环境、工程硕士（环境工程）5个硕士点和环境科学、环境工程、气象学3个博士点。大气科学专业具有一级学科博士学位授予权，并设立了大气科学博士后科研流动站。

截至2012年底，全院有在职教职工70人，其中，教授17人，副教授及高级工程师30人，讲师及工程师23人。在校本科生1061人，硕士生208人，博士生113人。

中山大学环境科学与工程学院大气科学系在人才培养和相关研究方面做出了贡献。在科研方面，承担了包括国家"863"项目、"973"项目、国家自然科学基金重点项目等各类科研计划项目。具有甲级建设项目环境影响评价资质证书和环境工程设计资质证书。对外交流与合作方面，先后与英国、美国、加拿大、澳大利亚、德国、法国、日本、新加坡等国家及港澳台地区的高校、研究机构等建立了密切的学术交流与科研合作关系。

（丁顺清）

Lánzhōu Dàxué Dàqì Kēxué Xuéyuàn

兰州大学大气科学学院（College of Atmospheric Sciences, Lanzhou University） 前身是1971年成立的兰州大学地质地理系气象学专业，1987年成立大气科学系，1999年5月大气科学系并入新建的资源环境学院，2004年，大气科学系独立建成大气科学学院。

大气科学学院拥有大气科学一级学科博士点，博士后流动站，气象学、大气物理学与大气环境、气候学各3个二级学科博士点和硕士点，以及应用气象学硕士点。获批大气科学甘肃省重点一级学科，大气物理学与大气环境国家重点学科，大气科学高校国家特色专业建设点，半干旱气候变化教育部创新团队，大气科学国家级教学团队。兰州大学半干旱气候与环境观测站（SACOL）、半干旱气候变化教育部重点实验室挂靠在大气科学学院。学院设有大气科学、应用气象学2个本科专业。学院设有气象学、大气物理学与大气环境、环境变化、大气遥感等4个研究所和兰州大学环境质量评价研究中心、教学实验中心。学院主要科研方向有：半干旱气候和环境观测实验、大气遥感和资料同化、气候动力学和气候预测、半干旱气候变化的响应和适应对策、环境评价与污染防治、全球变化与陆面过程、医疗气象学等。

大气科学学院每年招收本科生160～180人，博士生25人，硕士生50人。截至2012年底，学院有专职教师55人（教授12人），其中中国科学院院士1人，国家"千人计划"特聘教授1人，国家杰出青年基金获得者2人，长江学者特聘教授1人。学院还聘请了多名国内外著名学者担任兼职教授。在校本科生730人，硕士生165人，博士研究生61人。

兰州大学大气科学学院在半干旱气候和环境观测实验、大气遥感和资料同化、气候动力学和气候预测等方面为国家培养了人才，为科研做出了贡献。

（张北斗）

Yúnnán Dàxué Zīyuán Huánjìng Yǔ Dìqiú Kēxué Xuéyuàn Dàqì Kēxuéxì

云南大学资源环境与地球科学学院大气科学系（Department of Atmosphere, School of Resource Environment and Earth Science, Yunnan University） 源于1971年云南大学物理系设立的气象学专业。1976年物理系更名为地球物理系。1994年地球物理系更名为地球科学系。2002年4月，地球科学系、云南省地理研究所和云南大学澄江动物群研究中心等单位共同组成资源环境与地球科学学院，原气象学专业扩建成立了大气科学系。

资源环境与地球科学学院设有大气科学系、地球物理系、区域与资源规划系、地理信息科学系、地质系，以及云南省地理研究所、云南大学地质所、东南亚气候与环境研究中心、云南大学遥感地质研究中心。学院设有6个本科专业：大气科学、地球物理学、自然地理与资源环境、人文地理与城乡规划、地理信息系统和地质学。其中，大气科学为国家特色专业和云南省品牌专业。目前大气科学系设有国内高校唯一的世界气象组织大气臭氧陶普生地面观测站，拥有VSAT（甚小孔径天线地球站）卫星地面接收站、气象观测实习台、曙光天潮高性能计算机集群等设备。主要培养具备坚实的大气科学基本理论知识，具有进行大气科学基础应用、进行数据处理和计算机应用技能的专门人才。主要研究方向有全球气候变化与热带季风、紫外线辐射及其气候环境效应、气候诊断与旱涝预测、大气环境与气候变化。

资源环境与地球科学学院有气象学博士学位授权点，以及9个二级学科硕士学位授予权，同时具有大气科学、地理学和地球物理学3个一级学科硕士授予权。

截至2012年底，资源环境与地球科学学院有在职教职工93人，其中教授19人，副教授25人；博士生导师4人；在校本科生650人（大气科学专业159人），硕士研究生173人（大气科学47人），博士研究生11人。2002—2012年，培养本科毕业生1192人（大气科学专业352人）。

（吴涧）

Zhōngguó Rénmín Jiěfàngjūn Lǐgōng Dàxué Qìxiàng Hǎiyáng Xuéyuàn

中国人民解放军理工大学气象海洋学院（College of Meteorology and Oceanography, PLA University of Science and Technology） 前身是1950年军委气象局主办的气象干部训练班和1953年12月在气象干部训练班基础上建立的北京气象专科学校。1955年8月，北京气象专科学校划归军队建制领导，更名为中国人民解放军气象专科学校；1960年4月，气象专科学校改建为解放军气象学校；1962年解放军军事工程学院（空军工程系的机场建筑和气象专业）并入解放军气象学校；1963年1月学院迁址南京，3月改称空军第三高级专科学校；1969年2月，改称空军第三专科学校；1975年4月，改建为空军气象学校；1979年6月，空军气象学校升格为空军气象学院，执行军级权限，招生对象为应届高中毕业生和具有高中毕业文化程度的士兵。1985年，开始招收硕士研究生。1986年起，先后有天气动力学、大气探测学、应用数学、海洋气象学、应用气象学、流体力学、信号与信息处理7个学科获得硕士学位授予权。1999年4月，与解放军通信工程学院、工程兵工程学院、总参谋部第六十三研究所合并组建为解放军理工大学。气象海洋学院经过多年建设和发展，已成为国家和军队气象水文领域人才培养的主要基地和科技创新的重要基地。

气象海洋学院现有大气科学1个博士后科研流动站，大气科学1个一级学科博士学位授权点，气象学、大气物理学与大气环境等5个二级学科博士学位授权点，气象学、大气物理学与大气环境等13个硕士学位授权点，军事气象学、军事海洋学等9个本科专业和1个大专专业、4个生长干部任职培训专业、3个现职干部任职培训专业，形成了学历教育和任职教育并重，技术军官和指挥军官培养为一体的大气、海洋和空间环境综合化的学科专业体系。

截至2012年，气象海洋学院共有全日制在校本科生709人，教师166人，教授29人，副教授57人。学院共培养本科生6610人，硕士研究生1103人，博士研究生98人。

（汪晋）

Kōngjūn Qìxiàng Xuéyuàn
空军气象学院（The Air Force Institute of Meteorological） 见第251页 中国人民解放军理工大学气象海洋学院。

Zhōngguó Nóngyè Dàxué Zīyuán Yǔ Huánjìng Xuéyuàn Nóngyèqìxiàngxì
中国农业大学资源与环境学院农业气象系（Department of Agro-meteorology, College of Resource & Environment, China Agricultural University） 源于1956年成立的北京农业大学农业气象专业。1958年农业气象学专业与农业物理专业共同组成农业物理及农业气象系，1984年农业气象专业独立成立农业气象系。1992年与相关系所共同组建成立资源与环境学院，仍设农业气象系。1996年成为中国农业大学资源与环境学院农业气象系。

中国农业大学资源与环境学院农业气象系是中国农业气象高等教育的发源地，也是当前农业气象人才培养的主要基地。设有农业气象学专业博士点，大气科学一级学科硕士点（包括气象学、大气物理与大气环境两个专业）和应用气象学本科专业，同时可培养农业推广领域的专业硕士学位研究生。农业气象系还设有气候评价与减灾中心、生物与气象环境监测中心，其研究主要涉及气候资源利用与农业减灾、作物模型与气候评价、农业气象监测与预测、气候变化影响与适应等内容，承担国家"973"计划、"863"计划、国家科技支撑计划、国家自然科学基金、行业专项等多方面研究课题，在国际和国内学术期刊发表论文数百篇，出版教材和专著数十部，获得国家和省部级科技奖励10余项。

截至2012年底，应用气象专业共有全日制在校三四年级本科生46人，一二年级本科生50人。全系教师11人，教授4人，副教授5人。1956—2012年，农业气象系共培养本科毕业生1098人，硕士研究生196人，博士生研究生27人（其中含由本系老师招收培养的其他专业博士研究生17名）。

（潘学标）

Zhōngguó Kēxuéyuàn Dàxué Dìqiú Kēxué Xuéyuàn
中国科学院大学地球科学学院（College of Earth Sciences, University of Chinese Academy of Sciences） 前身是中国科学院研究生院地球科学学院，是中国地球科学人才教育与培养的重要基地。1978年中国科学技术大学研究生院在北京成立，同年9月成立地学部，1981年6月成立了地学教研室，1987年12月成立了地学教学部。2001年5月中国科技大学研究生院（北京）更名为中国科学院研究生院，2002年9月地学部更名为地球科学学院。2012年6月27日，教育部批准中将国科学院研究生院更名为中国科学院大学，设地球科学学院。

地球科学学院（简称地学院）主要研究领域包括地球物理学、地质学、大气科学和测绘科学与技术，拥有中科院计算地球动力学重点实验室、中科院大学计算中心、地球系统科学中心。地学院有专职教师43名，其中教授17人，副教授16人，本院的兼职教师300余名，其中两院院士20余人。2012年有752名研究生在地学院接受教育。1978—2006年招研究生达7046人。

地学院拥有悠久的历史和广泛的国际合作交流基础。目前在地球物理学、地质学、大气科学和测绘科学与技术四个一级学科领域招收硕士、博士研究生。地学院同时还承担着中国科学院、中国地震局、国家海洋局、国家测绘局和中国地质科学院等所属院所20多个研究所的研究生集中教学任务。每年开设各类研究生课程150余门。每年都有将近800余名研究生在地学院接受教育。

学校坚持开放办学，大力加强国内外交流与合作。同美国纽约州立大学、法国巴黎第五大学、日本立命馆大学、加拿大谢尔顿学院、泰国蓝实大学等70余所大学开展教师进修访问、科学研究、学生留学等合作与交流；同汕头大学、北京交通大学等40多所高校共同推进CDIO工程教育改革；同中科院大气物理研究所等单位联合培养硕士、博士研究生以及开展科研合作；同中国气象局、国家统计局等部委，四川省保密局、四川省经信委等部门，成都飞机工业集团公司、中国华云公司、Wipro等企业，成都、攀枝花等市开展产学研合作。这些交流与合作，为提高人才培养质量和科学研究水平创造了更加有利的条件，为服务社会搭建了更加良好的平台。

（丁顺清）

Zhōngguó Kēxué Jìshù Dàxué Dàqì Wùlǐ Xuéyuàn
中国科学技术大学大气物理学院

（School of Physics Sciences, University of Science and Technology of China） 中国科学技术大学大气物理与大气环境专业于1958年建校时成立，1970年随学校迁至合肥；1971年11月，应国家教委要求专业整体加入吉林大学物理系，并帮助成立吉林大学气象系；1980年8月重新回到中国科学技术大学，并成为地球和空间科学学院下设专业之一。该专业一直坚持"所系结合"的办学方针，首任专业主任即为中科院大气物理研究所的顾震潮先生。

大气物理与大气环境专业主要包含两个科研方向：①大气物理学、大气探测和卫星遥感。该方向主要是利用卫星平台多仪器遥感资料、地基雷达探测资料、常规气象资料、自主研发的闪电定位仪和水槽等设备，研究气溶胶、云和降水等水循环过程的时空变化特点及其对气候的影响。②天气动力学和气候动力学。该方向主要是利用多种探测和遥感资料、再分析资料及常规气象资料，并结合天气及气候模式，研究大气频谱运动、海气相互作用、季风变化、中高层大气环流、极端天气和气候的成因等问题。

到2014年，大气物理与大气环境专业现有教授4人（其中中组部"千人计划"和中科院"百人计划"教授各1人）、副教授8人、讲师3人；博士后1人。在校学生100余人，其中本科生75人，硕士研究生40人，博士研究生10人。2012—2014年，毕业本科生45人，硕士20人、博士12人。

大气物理与大气环境专业体量较小，但人才培养质量优异，为大气科学事业输送了一批优秀人才和骨干，工作在中科院大气物理研究所、中国气象局、安徽光学机械研究所和解放军理工大学等单位，为气象事业发展做出了贡献。2011—2014年，专业老师共发表SCI论文50余篇、中文核心刊物论文近80篇，多次承担国家自然科学基金、"973"计划子课题或专题、中国科学院知识创新项目、中国科学院战略先导专项等各类国家级科研项目。

（袁仁民 郑建秋 王雨）

Guǎngdōng Hǎiyáng Dàxué Hǎiyáng Yǔ Qìxiàng Xuéyuàn
广东海洋大学海洋与气象学院

（College of Ocean and Meteorology, Guangdong Ocean University） 湛江水产学院与湛江气象学院于2000年合并而成。学院是广东海洋大学重点建设和优先发展的学院之一，肩负着广东海洋大学发展海洋学科、大气科学学科建设及人才培养的历史重任，在海洋科学和大气科学专业建设、师资队伍建设和科学研究等方面已形成了鲜明的特色和优势。

学院拥有大气科学系和海洋科学系，以及广东省近海海洋变化与灾害预警技术重点实验室、广东省高等学校"陆架及深远海气候、资源与环境实验室"重点实验室、南海海洋环境研究所等研究机构，并拥有海洋科学一级学科博士点及一级学科硕士点，本科有海洋科学专业（物理海洋、海洋化学、海洋地质专业方向）、大气科学专业（天气动力、海洋气象、气候与全球变化专业方向）、应用气象学专业（生态气象、应急减灾、雷电防护专业方向），其中大气科学为校传统优势专业、广东省专业综合改革试点专业、广东省级大学生大气科学实践基地建设专业、海洋气象卓越人才培养立项建设专业。学院所有专业自2015年起升格为一本录取批次招生。

学院的大气科学学科源自建校于1958年的中国气象局湛江气象学校，历经近60年的办学历程，为我国的气象事业培养了专业气象人才近6000人。经教育部批准，原湛江气象学校于2000年9月并入广东海洋大学，随后广东海洋大学成立了海洋与气象学院。大气科学专业从2000年起，经历了中专、大专、本科到2015年一本录取批次招生的跨越式发展。到2015年，大气科学专业分设天气动力、海洋气象、气候与全球变化三个专业方向；应用气象学专业分设生态气象、应急减灾、雷电防护三个专业方向。每年面向全国招收6个班约240人，大气科学学科在校生规模近千人。

（徐峰）

Lánzhōu Zīyuán Huánjìng Zhíyè Jìshù Xuéyuàn

兰州资源环境职业技术学院（Lanzhou Resources & Environment Voc-Tech College） 由始建于 1951 年的原国家重点中专兰州气象学校和始建于 1984 年的甘肃煤炭职工大学于 2004 年合并改建而成，由甘肃省教育厅直属管理、教育部备案的职业技术院校。学院系专科层次的高等职业技术学院，实施全日制普通高等教育，为气象和煤炭行业培养应用性技能人才。

学院截至 2014 年设有气象系、采矿工程系、地质工程系、机电工程系、水利工程系、冶金工程系、信息管理系、基础部、成人教育部和培训中心。尤以气象和煤炭类专业为特色，大气探测技术是省级特色专业，高空气象探测是学院传统的优势专业。学院建有 84 个实验实训室，分属采矿实训技术中心、地勘技术实训中心、气象实训中心、环保技术实训中心、机电技术实训中心、安全工程实训中心、测量技术实训中心、信息技术实训中心八大综合校内实训基地。气象实训中心为中国气象局支持建设的实训基地。

截至 2014 年，学院有教职工 594 人，专任教师 412 人，其中教授 23 人，副教授 101 人，讲师 149 人；甘肃省领军人才 1 人，享受国务院特殊津贴专家 1 人，省级教学名师 2 人。

（邢超）

Jiāngxī Xìnxī Yìngyòng Zhíyè Jìshù Xuéyuàn

江西信息应用职业技术学院（Jiangxi Vocational and Technical College of Information Application） 江西信息应用职业技术学院是 2002 年 4 月经江西省人民政府批准、教育部备案的一所公办信息类专科层次普通高校，由江西省气象局管理。

学院前身是南昌气象学校，隶属江西省气象局建制。2000 年学校划归地方政府管理，由江西省气象局代管。2002 年，江西省人民政府批准学校升格为大专层次的普通高校，更名为江西信息应用职业技术学院。

学院开设了大气探测、防雷工程等 24 个专业，建有各类实验、实训室 52 个。学院开设的大气探测、防雷技术等专业为省级示范专业，防雷技术专业为省级特色专业。

截至 2014 年学院在岗人员 287 人，其中 50 多人具有博士、硕士学位；有教授 12 人，副教授 54 人；省级教学名师 1 人，江西省高校中青年骨干教师 8 人，学院专业带头人 22 人。

（邢超）

气象培训

qìxiàng péixùn tǐxì

气象培训体系（meteorological training system） 开展气象职工在职培训有关的各种要素按照一定规律有机组合、连接而成的整体，是气象现代化体系的重要组成部分，主要包括气象培训机构、气象培训平台、气象培训科目及开展气象远程培训的网络培训系统等。气象培训体系以气象事业发展需求为指引，有计划有针对性地培训气象干部职工，提高气象人才队伍整体素质。新中国成立以来，伴随着气象事业的迅速发展，气象培训经历了从无到有、从小到大的过程。经过 60 年的艰辛探索，特别是 1999 年，原北京气象学院转建为中国气象局培训中心、2011 年又转建为中国气象局气象干部培训学院（参见第 99 页 中国气象局气象干部培训学院）、2012 年培训分院建成以来，气象培训的能力不断提升，规模不断扩大，效果日益凸显，气象培训体系日臻成熟。

气象培训机构 到 2014 年底，由中国气象局气象干部培训学院，河北、安徽、湖北、湖南、四川、新疆培训分院和省级气象培训机构两级构成，经过近些年的建设发展，形成比较合理的布局和任务分工。中国气象局气象干部培训学院重点负责全国高层次气象骨干人才培训，建设、维护和管理中国气象远程教育网，发挥牵头指导作用。培训分院承担面向中初级专业技术人员的全国性大规模岗位培训、基础业务培训，面向基层领导干部和管理干部的培训、气象及相关技术推广应用培训，优势领域的特色培训和专项培训，以及面向所在省（自治区）的气象培训等任务。省级气象培训机构主要面向所在省（自治区）气象行业职工，开展新技术推广应用、气象业务和管理等培训；配合地方政府开展针对气象信息员的相关知识培训，面向社会开展气象科普知识培训；利用中国气象远程教育网管理平台组织开展面向所在省（自治区）的远程培训。高等院校和科研机构承担了部分气象人才培训。

气象培训平台 各级气象培训机构和有关高等院校的实习实验设施，是开展公共气象服务、气象预报预测、综合气象观测等培训的教学实习实验基地。基础条件较好、具有示范作用的国家级和省级气象台、综合观测基地、气候观象台、大气本底站、国家基准气候站、农气试验站，是开展气象教育培训实习训练的基地。气象远程培训系统是全功能、综合性的气象特色鲜明的培训网络服务平台。这些培训平台为专业技术人员新业务、新技术的学习提高发挥了很好作用,也为气象院校学生实习提供了良好条件。

中国气象远程教育网　针对气象现代化迅速发展及基层台站高度分散、工学矛盾突出等问题,1999年气象部门启动中国气象远程教育网的建设。2001年首次通过气象卫星综合应用业务系统面向全国气象部门,进行单收站系统岗位远程培训;2003年气象远程教学直播系统开播;2005年基于因特网的气象远程培训教学管理平台正式投入使用;2009年,在职职工培训档案管理系统试运行,正式步入教学信息化建设。

中国气象远程教育网是集远程培训管理、在线学习管理、综合资源管理、网络同步课堂、在线考试系统、教学直播系统和互动学习社区为一体的开放式教学平台,全面支持面授培训和远程培训以及混合式培训管理,提供视频广播点播、音视频同步课堂实时互动教学活动、数字化网络课件等多种教学信息传播方式。

中国气象远程教育网由气象远程教育三级体系、技术系统和教育资源等组成。气象远程教育三级体系由国家级主站、省级二级站和地县学习点构成。国家级主站和省级二级站建有异地多点实时直播与互动教学系统、远程教育平台安全管理系统。地县学习点,根据相关的规章制度开展远程学习,并进行相应的学习效果评估。气象远程教育技术系统由气象远程教育培训与资源共享平台、网络虚拟教学实验室和可定制个性化学习室等构成。天气预报技术方法、天气雷达应用技术、基层台站气象服务等远程培训课程和网络多媒体课件是气象远程教育资源,包括国外课件（235个）、电子图书（6268册）、业务信息资源（12个系列）、管理信息资源（8个系列）、案例（105个）、培训专题（8个）,共有646门课程,2834个学时。

气象培训科目　根据气象业务、服务、科研、管理的人才需求,有针对性地设置与之相应的培训科目和培训目标。气象部门当前阶段主要开展下列培训。

岗位培训　着眼于提高一线业务人员岗位适应能力,实施知识更新培训和转岗培训。重点开展针对预报预测人员的数值预报模式及产品应用能力、新知识新方法和新资料应用能力、综合分析能力的培训;针对公共气象服务人员的决策气象服务、公众气象服务、重大气象服务保障及各种专业气象服务的能力培训;针对综合气象观测和技术保障人员的观测技术、观测资料质量控制、观测产品开发、技术保障等培训。各岗位业务人员每3～5年参加1次岗位培训,每次2～4周。同时,根据气象观测自动化推进、气象服务扩展以及其他现代气象业务发展需要,及时组织相关人员的转岗培训。

高层次骨干人才培训　针对重点气象业务领域的关键科技问题及创新团队建设,开展学科带头人培训,提高其业务引领、科研开发、国际交流、组织协调等方面的能力。选拔基础好、有发展潜力的骨干人才,开展相关理论和技术方法培训。培训形式多样化,可邀请国内外知名专家进行指导交流,亦可到国内外科研业务单位进修访问,或专门举办短期高级研讨班等。

上岗培训　根据持证上岗的任职条件和岗位职责要求,实施上岗培训工程。对新任预报、观测、气象服务人员及信息网络、技术保障等主要业务岗位人员,实施1～4个月的上岗培训,提升气象业务基础知识和岗位业务认知能力。对新进入气象系统的非气象专业本科以上学历毕业生,开展3～6个月的气象基础知识培训,提高从业人员的气象专业素养。

管理人员培训　面向领导干部和管理人员,根据不同岗位要求和干部成长不同阶段特点开展针对性培训。对"一把手"开展培训,着重提高其思想政治素质和开拓创新、驾驭全局、科学决策、危机管理方面的能力;对后备干部开展有针对性的培训,突出理论武装、实践锻炼、党性修养,着重提高其科学发展、艰苦奋斗、廉洁自律的意识和本领;对新提任领导干部加强其履行岗位职责能力的培训。处级以上领导每3年集中轮训1次,县局领导干部每5年集中轮训1次,每次3～4周。司局级后备干部参加为期3个月的综合素质培训。按照岗位要求,对气象部门各类管理人员进行综合素质和履职能力培训,每3～5年培训1次,每次2～3周。

国际气象培训　面向发展中国家和地区的气象业务、科研及管理人员举办的国际培训。主要包括预报员上岗培训、卫星资料应用培训、临近预报培训、应对气候变化培训,气象探测培训、公共气象服务培训等。充分发挥世界气象组织（WMO）区域培训中心的平台作用,统筹协调气象国际培训任务。

公众气象知识普及　面向政府和行业用户开展有关气象灾害防御、减缓和应对气候变化,以及风能、太阳能开发利用等的知识培训。按照规范要求和分级实施的原则,配合各级地方政府,加强对气象信息员的专业培训。面向社会公众,特别是中小学生等重点人群和农村等重点地区,开展气象基本知识、气象信息使用以及灾害救助等气象科普宣传,不断提高国民的气象素质。

培训教材建设　构建规范的培训教材建设流程和管理制度,编写与现代气象业务发展和培训要求相适应的,具有先进实用、针对性强、气象特色明显等特点的实用型培训系列教材。主要有领导干部培训、现代气象业务培训、预报员培训、基层台站人员培训和气象科普培训等系列教材，内容涉及公共气象服务、气象预报预测、综合气象探测以及气象综合管理等领域。

（董章杭　邢超）

Zhōngguó Qìxiàngjú Qìxiàng Gànbù Péixùn Xuéyuàn

中国气象局气象干部培训学院（CMA Training Centre，CMATC）　见第99页 中国气象局气象干部培训学院。

Zhōngguó Qìxiàng Jú Qìxiàng Gànbù Péixùn Xuéyuàn Fēnyuàn

中国气象局气象干部培训学院分院（training branchs of CMA Training Centre）　中国气象局气象干部培训学院在相关省（自治区）设有分院，分院是当地省（自治区）气象局的直属事业单位，业务上接受中国气象局气象干部培训学院的指导。

河北分院　河北省气象局直属事业单位，业务上接受中国气象局气象干部培训学院的指导。河北分院原为河北省气象培训中心（河北省气象学校，位于保定），始建于1958年，2012年更名为中国气象局气象干部培训学院河北分院。分院建有天气预报实习实训平台、地面气象观测实习室、技术装备保障实训室、雷电防护实训室等实习实训环境，并配有多媒体教室、学术报告厅、课件录播室、远程直播教室等设施。

河北分院以国家级综合气象观测北方培训基地和具有影响力的气象防灾减灾培训基地为特色，以干部学院气象预报预测、气象干部培训等特色培训教学基地为重点，以华北区域和本省基层气象干部职工业务和管理培训基地为基础，面向全国开展气象预报预测系列、综合气象观测类、基层气象干部系列、气象为农服务"两个体系"建设骨干等培训，面向华北区域和本省开展卫星遥感资料应用技术、气象观测与技术保障、基层预报与农业气象服务、雷电防护、人工影响天气、管理干部等专业专项培训。

安徽分院　安徽省气象局直属事业单位，业务上接受中国气象局气象干部培训学院的指导。安徽分院原为安徽省气象学校，始建于1957年，2012年更名为中国气象局气象干部培训学院安徽分院（又称安徽省信息工程学校）。

安徽分院以综合气象观测、气象防灾减灾、信息网络技术为特色，以综合气象观测实训平台、雷电防护实训平台、信息网络技术应用实训平台、气象预报实训平台为支撑，以国家级综合气象观测华东实训基地、安庆综合气象观测业务实习基地为依托，开展气象基础知识、气象部门县气象局长综合素质的培训，面向华东区域和本省开展基层气象观测人员轮训、华东区域市级气象局长培训、淮河流域水文气象专业知识培训、安徽省气象部门基层台站观测员轮训、安徽省乡镇气象信息员轮训、安徽省乡镇气象信息站示范点轮训。

湖北分院　湖北省气象局直属事业单位，业务上接受中国气象局气象干部培训学院的指导。其前身为湖北省气象学校，创建于1951年，2012年更名为中国气象局气象干部培训学院湖北分院。

湖北分院基础设施齐全，在气象预测预报、综合气象观测、气象综合管理等方面开发形成特色培训领域，面向全国气象部门承办县气象局局长综合素质培训、地市预报员轮训和气象为农服务两个体系建设培训、新任预报员上岗培训、气象基础知识培训、气象观测员上岗培训等培训（轮训）任务，面向华中区域及湖北省气象部门开展职工培训和继续教育工作。2013年全国和省内培训任务达到3万人天。

湖南分院　湖南省气象局直属事业单位，业务上接受中国气象局气象干部培训学院的指导。其前身为湖南省气象培训中心（原湖南气象学校），创建于1956年，2012年更名为中国气象局气象干部培训学院湖南分院。

湖南分院教学基础设施完备，建有地面观测、高空观测、农气观测、天气预报、观测技术装备保障等实习实训室，有多个校外体验式教学基地与实习实训基地。下辖长沙高空气象观测站、马坡岭国家基本气象站、长沙农业气象试验站。承担中国气象局统一布局的全国性轮训和相关培训任务，并依托"一院三站"的综合气象观测优势开展区域气象业务技能和管理类综合素质培训，以及面向湖南省的气象培训和高等学校函授站的教学及管理工作。

四川分院　四川省气象局直属事业单位，业务上接受中国气象局气象干部培训学院的指导。其前身为四川省气象培训中心（四川省气象学校），创建于1956年，2012年更名为中国气象局气象干部培训学院四川分院。

四川分院依托西南区域气象中心、成都高原气象研究所、大专院校、重要业务科研单位、管理单位，建立了一支由60余名专业门类齐全、经验丰富、能充分满足气象部门培训需求的高水平的兼职教师组成的队伍。四川分院围绕优势特色学科及核心班型组建骨干教研团队，开展系统性的培训教材及课件建设，编写了《气候影响评价》《空中水概论》等重点教材和《四川省气象信息员培训》《地面气象观测》《雷电与防护技术》等一批培训教材，年均制作标准课件20余个。近年来，四川分院积极承担、精心组织各级各类培训任务，先后举办了全国气象基础知识培训、气象部门县部气象局局长轮训、气象为农服务"两个体系"建设骨干培训、全国新任预报员上岗培训、全国地市级预报员轮训、地面气象观测培训、气象技术装备保障培训、农业气象培训、公共气象服务培训、人工影响天气培训、气象防雷培训、气象行政管理培训等，面授培训达13 000余人次，远程培训达20 000余人次。

新疆分院 新疆维吾尔自治区气象局直属事业单位，业务上接受中国气象局气象干部培训学院的指导。其前身为新疆气象培训中心（新疆信息工程学校），始建于1956年，2013年更名为中国气象局气象干部培训学院新疆分院。

新疆分院建有天气预报实习平台、综合观测与装备保障实习平台、人工影响天气实习平台三个实习平台，以及达坂城民族团结教育基地、乌鲁木齐气象装备保障实训基地、阿克苏人影作业实训基地、乌兰乌苏农业气象实训基地四个实训基地。新疆分院主要开展少数民族干部培训和气象装备保障技术、人工影响天气技术、现代农业气象服务、公共气象服务、气象预报预测、综合气象观测、信息网络与资料应用、气象综合管理等方面的培训。近3年，完成疆内培训班15期、累积培训11 057人天次，培训学员789人次，举办远程培训班16期，培训学员3075人次。

（高学浩）

shěngjí qìxiàng péixùn jīgòu
省级气象培训机构（provincial training centre） 由省级气象部门设立的培训在职气象人员的专门机构。其主要任务是：面向本省（自治区、直辖市）气象行业职工开展新技术推广应用、气象业务和管理等培训，配合地方政府开展针对气象信息员的相关知识培训，面向社会开展气象科普知识培训，并利用气象远程培训管理平台组织开展面向本省（自治区、直辖市）的远程培训。

20世纪90年代，按照国务院《关于进一步调整国务院部门（单位）所属学校管理体制和布局结构的决定》和国家气象局《关于气象中等专业学校调整和布局方案》等文件精神，省级气象部门管理的气象中专学校逐步撤销或转建为以承担气象部门在职培训为主的省级气象培训机构。2006年，按照中国气象局业务技术体制改革的部署，部分省级气象培训中心被撤销或挂靠到省级气象业务（科研）单位。到2014年，除河北、安徽、湖北、湖南、四川和新疆6个省（自治区）气象部门建有国家级培训分院外，山西、内蒙古、辽宁、广西、西藏、陕西、甘肃、青海8个省（自治区）气象部门建有独立的省级气象培训机构，吉林、黑龙江、上海、浙江、福建、江西、山东、河南、广东、贵州、云南等12个省（直辖市）的省级培训机构挂靠在本省（自治区、直辖市）气象业务科研单位；其余6个省级气象部门没有建立省级培训机构。

（董章杭　邢超）

气象法律法规

气象法制

qìxiàng fǎlǜ tǐxì
气象法律体系（meteorology law system） 以中华人民共和国宪法为基础，以气象法律为主体，由若干气象行政法规、气象规章和国际气象公约构成的，相互联系、相互补充、协调一致的有机统一体。气象法律体系是中国法律体系的组成部分。

气象法律由全国人民代表大会及其常委会制定。国际气象公约由全国人民代表大会及其常委会或国务院批准。气象行政法规由国务院制定，地方气象行政法规由省、自治区、直辖市和国务院批准的较大的市人民代表大会及其常务委员会制定；气象部门规章由国务院气象主管机构制定，地方政府气象规章由省、自治区、直辖市人民政府以及省、自治区、直辖市人民政府所在地的市、经济特区所在地的市和国务院批准的较大的市的人民政府制定。

气象法律 调整在气象领域中所发生的社会关系，包括气象探测、预报、服务和气象灾害防御、气候资源利用、气象科学技术研究等活动所发生的社会关系的法律，是气象法律体系中的上位法，居于整个体系的最高层级。国家现行的专门规范全社会气象活动的法律是《中华人民共和国气象法》（以下简称《气象法》），于1999年10月全国人大常委会第十二次会议审议通过，并于2000年1月1日实施。《气象法》是气象领域的首部法律，规范了气象设施的建设与管理、气象探测、气象预报与灾害性天气警报、气象灾害防御和气候资源开发利用和保护等活动，并明确了法律责任。《气象法》的颁布实施，对于推动中国特色气象事业快速、健康、持续发展，为气象服务经济社会发展和人民安全福祉提供了重要法律保障。与气象相关的法律还有《中华人民共和国防洪法》《中华人民共和国防沙治沙法》《中华人民共和国可再生能源法》《中华人民共和国农业法（修订）》《中华人民共和国农业技术推广法》等。

气象法规　气象法规分为气象行政法规和地方性气象法规。

气象行政法规　国务院根据宪法和法律，按照行政法规规定的程序制定的气象方面各类法规的总称。气象行政法规的法律地位和法律效力低于气象法律，高于部门规章、地方性气象法规、地方政府气象规章等下位法。截至2014年底，国家现行的专门气象行政法规有《人工影响天气管理条例》《气象灾害防御条例》和《气象设施和气象探测环境保护条例》三部。与其相关的行政法规还有《通用航空飞行管制条例》《防汛条例》《抗旱条例》《森林防火条例》《草原防火条例》《地质灾害防治条例》等。

地方性气象法规　省、自治区、直辖市以及省级人民政府所在地的市和国务院批准的较大城市的人民代表大会及其常务委员会，根据宪法、法律和行政法规，结合本地区的实际情况制定的，并不得与宪法、法律、气象行政法规相抵触在地方区域内发生法律效力的规范性文件，其法律地位和法律效力低于气象法律、气象行政法规，高于地方政府气象规章。截至2014年底，省、自治区、直辖市和较大市的人民代表大会及其常委会制定出台地方气象法规87部。

气象规章　分为气象部门规章和地方政府气象规章。

气象部门规章　国务院气象主管机构依照气象法律、行政法规的授权，在自己的职权范围内发布的，调整部门管理事项的规范性文件，其法律地位和法律效力低于法律、行政法规，高于地方政府气象规章。截至2014年底，国家现行的专门规范气象活动的部门规章有《气象行政复议办法》《气象资料共享管理办法》《气象预报发布与刊播管理办法》《气象探测环境与设施保护办法》《施放气球管理办法》《气象行业管理若干规定》《涉外气象探测和资料管理办法》《气象专用技术装备使用许可管理办法》《气象灾害预警信号发布与传播办法》《气象行政许可实施办法（修订）》《气候可行性论证管理办法》《气象行政处罚办法（修订）》《防雷装置设计审核和竣工验收规定》《气象规范性文件管理办法》《防雷减灾管理办法（修订）》《防雷工程专业资质管理办法（修订）》16部部门规章。

地方政府气象规章　省、自治区、直辖市人民政府，以及省、自治区、直辖市人民政府所在地的市、经济特区所在地的市和国务院批准的较大的市的人民政府，根据气象法律、行政法规所制定的规章，是最低层级的气象立法，其法律地位和法律效力低于其他上位法，不得与上位法相抵触。截至2014年底，省、自治区、直辖市和较大的市的人民政府制定出台地方政府气象规章114部。

国际气象公约　国际有关气象方面的多边公（条）约。国际气象公约具有与气象法律同样的地位，《气象法》明确规定：中华人民共和国缔结或者参加的有关气象活动的国际条约与本法有不同规定的，适用该国际条约的规定；但是，中华人民共和国声明保留的条款除外。目前国际气象公约有《世界气象组织公约》和《国际民用航空组织公约》附件三《国际航空气象服务》等。

展望　2011年中国气象局组织编制了《气象立法规划（2011—2020年）》，明确了2011—2020年气象立法工作的指导思想：以科学发展观为指导，坚持依法治国基本方略，适应社会主义法治建设和气象事业科学发展需求，坚持气象立法与经济社会和气象事业发展相适应、总体规划与稳步推进相结合、稳定性与适应性相结合、法制统一、科学借鉴的原则，力争通过10年或更长时间，制定出台《气象灾害防御法》等5部法律、《气候资源开发利用和保护条例》等11部行政法规、《气象灾害风险评估管理办法》等28部部门规章，以及一批地方性气象法规和政府气象规章，进一步健全和完善结构合理、层次分明、科学配套、内容完备的气象法律体系。

（张钛仁）

qìxiàng xíngzhèng zhífǎ
气象行政执法（meteorological administration law enforcement）　各级气象主管机构依照法定职权和程序，依照气象法律、法规、规章，对公民、法人或者其他组织遵守、执行气象法律、法规、规章及相关法律、法规情况进行监督检查，对违反气象法律、法规、规章及相关法律、法规的行为依法实施行政处罚及其他行政措施等行政执法活动。气象行政执法是保证政府决策部门和社会公众获得准确的气象信息、维护社会秩序和公共安全的一种有效手段，也是宣传气象法律、法规、规章及相关法律、法规，普及法律知识，营造知法、学法、守法、用法的法制环境的过程，对提高全社会气象法律意识具有重要的作用。

气象行政执法的范围主要涉及气象探测、气象设施建设和气象探测环境保护、气象信息发布与传播、气象灾害防御与管理、气候资源开发利用和保护等各个方面。

执法主体 各级气象主管机构是气象行政执法主体，在本行政区域内履行气象行政执法职能，实施行政执法活动，并独立承担法律责任。《中华人民共和国气象法》颁布实施以来，各地气象主管机构积极推进气象行政执法机构及执法队伍的建设。截至2014年底，各省、自治区、直辖市气象主管机构全部建立了法制工作机构，河北等10多个省（自治区）建立了地（市）级气象执法机构，配备了专职和兼职的执法人员，完善了执法队伍的组织形式。全国已建立起11 000余人的专兼职结合的气象行政执法队伍，初步形成了各级气象主管机构协调配合的规范化、规模化的执法网络。

行政监督和行政处罚 气象行政监督是气象执法活动的一个重要方面，是气象主管机构对气象执法的监督。行政监督遵循合法性原则、经常性原则、平等性原则、广泛性原则、有效性原则，以保证行政监督的合法性和有效性。气象行政处罚是指县级以上气象主管机构依据法定职权和程序，对违反气象法律、法规但尚未构成犯罪的相对人给予行政制裁的具体行政行为。气象行政处罚的种类主要包括警告、罚款、暂扣或者吊销许可证（资质证）等。实施气象行政处罚遵循公正、公开的原则，坚持处罚与教育相结合。

《中华人民共和国气象法》颁布实施以来，各级气象主管机构根据气象及相关法律、法规和气象规章的规定，对影响气象探测环境、擅自发布天气预报、非法从事防雷工程设计与施工、非法施放气球、非法开展气象探测等违法行为进行查处，有效地制止了各种违反气象及相关法律、法规的行为，维护了气象及相关法律、法规的尊严，促进了气象事业的健康快速协调发展。

行政许可 气象行政许可是指县级以上气象主管机构根据公民、法人或者其他组织的申请，依法赋予其从事气象活动的法律资格或实施某种行为的法律权利的一种具体行政行为。此外，气象行政执法队伍也可以根据同级气象主管机构的委托办理行政许可审批等事项。实施气象行政许可，遵循公开、公平、公正、便民、高效的原则。

2006年中国气象局制定并发布了《气象行政许可实施办法》，2008年进行了修改。明确了气象行政许可的范围、设定权限、实施机关、监督检查等内容，进一步细化了《气象行政许可实施办法》中有关的规定，增强了可操作性，强化了对下级气象主管机构实施行政许可的监督检查，及时纠正实施气象行政许可过程中的违法行为。

2004年以来，按照国务院的部署，各级气象主管机构认真推进行政审批制度改革，逐步取消和下放了一些行政审批事项。截至2015年底，气象部门的行政许可主要包括：气象专用技术装备（含人工影响天气作业设备）使用审查；气象台站的迁建审批；重要气象设施建设项目审核；新建、扩建、改建建设工程避免危害气象探测环境审批；外国组织或个人在中国从事气象活动的审批；人工影响天气作业组织资格认可；升放无人驾驶自由气球、系留气球单位资质认定；升放无人驾驶自由气球或者系留气球活动审批；防雷装置检测、防雷工程专业设计、施工单位资质认定；防雷装置设计审核和竣工验收；大气环境影响评价使用非气象主管机构提供的气象资料审查。

行政复议 气象行政复议是公民、法人或者其他组织认为气象主管机构的具体行政行为侵犯其合法权益，按照法定的程序和条件向做出该具体行政行为的气象主管机构的上一级气象主管机构或者同级人民政府提出申请，由受理申请的机关对该具体行政行为进行合法性、适当性审查，并做出行政复议决定的行政行为，是公民、法人或其他组织通过有权的国家机关依法对行政违法或行政不当行为实施纠正，并追究其行政责任，以保护行政管理相对方的合法权益。中国气象局于2000年颁布了《气象行政复议办法》，规定了气象行政复议管辖范围和权限、复议申请与受理、审理与决定、送达与执行等内容。各省、自治区、直辖市气象局也制定了相关的工作制度，并制作了行政复议办理流程，部分单位还将行政复议案件办理情况纳入目标考核内容，加强对行政复议工作的监督考核。

参考书目

张树义, 2012. 行政法学（第二版）[M]. 北京: 北京大学出版社.

（李菊）

Zhōnghuá Rénmín Gònghéguó Qìxiàng Tiáolì

中华人民共和国气象条例（Meteorological Regulations of the People's Republic of China） 中国制定的第一部规范气象工作的行政法规。于1994年7月4日由国务院常务会议审议通过，8月18日由李鹏总理签发《中华人民共和国国务院令》（第164号）予以公布，自发布之日起施行。2000年1月1日《中华人民共和国气象法》施行时废止。

主要内容 《中华人民共和国气象条例》共六章40条，包括：第一章总则，共7条，主要规定了有关气象工作的根本问题。对立法目的、调整对象及其适用范围、气象管理体制和气象行业管理制度、各级政府在气象工作方面的职责，以及外国组织或个人在中华人民共和国从事气象活动做出规定。第二章气象探测，共6条，主要规定了气象台站网规划、气象设施和探测环境的保护、气象台站迁移及迁建费用承担、外国组织或个人从事气象探测所获得的气象探测资料的权属关系等。第三章预报与警报，共5条，主要规定了气象预报和灾害性天气警报的发布制度和发布权限、各级气象主管机构所属的气象台站的工作职责、国务院其他部门和传播媒体的有关职责。第四章气象灾害防御，共3条，主要规定了地方各级人民政府和有关部门以及气象机构在气象灾害防御中的职责。第五章气象服务与气候资源利用，共5条，主要规定了气象机构在气象预报、气象资料、气候分析评价、气候可行性论证、大气环境影响评价及其他气象服务等职责，明确了国务院气象主管机构和地方各级气象主管机构在气候资源开发利用方面的职责，规定了地方各级人民政府编制气候资源开发利用和保护规划的职责。第六章监督管理，共5条，主要规定了气象技术规范、标准，气象技术装备技术要求的制定和实施监管，气象技术专用装备使用许可证制度和气象专用频率管理，气象专用计量器具检定等。第七章罚则，共6条，主要针对非法向社会发布气象预报、灾害性天气警报，故意毁坏气象仪器、设施和标志，扰乱气象探测工作秩序，拒绝或故意拖延播发气象预报或者灾害性天气警报、延误气象电报，破坏气象探测环境，非法侵占气象探测场地，气象工作人员玩忽职守等行为应承担相应的行政、刑事责任。第八章附则，共3条，主要对本条例有关专业用语进行解释，对有关气象工作的具体办法的制定、本条例的生效日期进行了规定。

历史地位和作用 《中华人民共和国气象条例》对气象活动及其管理做了比较全面的规范，使气象工作开始步入了法制化的轨道，对于推动气象事业的发展，发挥气象工作的服务功能，促进国民经济和社会发展，起了重要作用。但是，随着社会经济的快速发展，各行各业对气象服务的要求越来越高，气象服务的范围越来越广，气象工作中也出现了一些新情况、新问题，《中华人民共和国气象条例》无论从内容上还是执法力度上都跟不上形势发展的需要。为了解决新形势下气象事业发展中出现的新问题，进一步规范气象活动，促进气象事业的健康发展，中国气象局在总结《中华人民共和国气象条例》实施经验的基础上，草拟了《中华人民共和国气象法（送审稿）》，经1999年5月18日国务院常务会议讨论通过，形成了《中华人民共和国气象法（草案）》报全国人大常委会。所以《中华人民共和气象条例》为《中华人民共和国气象法》的制定创造了条件，奠定了基础。

（李晓露）

Zhōnghuá Rénmín Gònghéguó Qìxiàng Fǎ

中华人民共和国气象法（Meteorology Law of the People's Republic of China） 中国第一部规范全社会气象活动和行为的法律，是气象法制建设的重要里程碑，标志着中国进入了一个依法发展气象事业的新的历史阶段。1999年10月31日，经中华人民共和国第九届全国人民代表大会常务委员会第十二次会议审议通过，由国家主席江泽民签发中华人民共和国主席令（第23号）公布，自2000年1月1日起施行，并于2009年8月27日中华人民共和国第十一届全国人民代表大会常务委员会第十次会议和2014年8月31日第十二届全国人民代表大会常务委员会第十次会议对有关条文进行修正。

主要内容 《中华人民共和国气象法》（以下简称《气象法》）共8章45条。

第一章 总则，共8条。主要规定了《气象法》的立法目的、调整对象及其适用范围、气象事业的性质及气象工作的首要任务、气象管理体制及气象行业管理制度、各级政府及有关部门在气象工作方面的职责等。明确了气象事业是基础性公益事业，气象部门实行中央和地方双重计划体制和相应的财务渠道；规范了各级政府、气象主管机构和相关部门管理气象工作的权利和义务。

第二章 气象设施的建设与管理，共6条。主要规定了重要气象设施建设规划的编制、实施、调整、修改和审批，重要气象设施建设项目的前期审查，气象设施的保护，气象台站迁移及迁建费用的承担，气象专用技术装备的审查，气象计量器具的检定及气象计量标准器具的建立等内容。强调了气象设施建设要实行统一规划，减少重复建设，并依法保护气象设施。

第三章　气象探测，共7条。主要规定了各级气象主管机构所属的气象台站必须进行气象探测，从事气象探测的组织、个人所获得的气象探测资料应向国家或省级气象主管机构汇交的职责；强调了气象主管机构适时发布基本气象探测资料，并按照气象资料共享、共用原则，与其他从事气象工作的机构交换有关气象信息资料；明确了在中华人民共和国管辖领域内的海上钻井平台、在国际航线上飞行的航空器、远洋航行的船舶应按照国家规定进行气象探测并报告气象探测信息；规定了国家依法保护气象探测环境的范围和原则，以及禁止危害气象探测环境的行为；明确新建、改建、扩建建设工程应当避免危害气象探测环境的规定；确立了气象探测资料的保密制度。

第四章　气象预报与灾害性天气警报，共5条。主要规定了国家对公众气象预报和灾害性天气警报实行统一发布制度，并明确了在职责范围内的发布权限；各级气象主管机构所属的气象台站应当发布农业气象预报、城市环境气象预报、火险气象等级预报等专业气象预报并配合军事气象部门进行国防建设所需的气象服务，其他有关部门所属的气象台站可以发布供本系统使用的专项气象预报；强调了各级气象主管机构所属的气象台站应当保证其制作的气象预报节目质量，传播媒体必须使用气象主管机构所属的气象台站提供的适时气象信息，以及媒体通过传播气象信息获得的收益，应当提取一部分支持气象事业发展，对传播媒体和信息产业部门传递气象信息做出具体规定。

第五章　气象灾害防御，共5条。主要规定了各级人民政府及其有关部门、有关单位在气象灾害防御工作中的权利和义务，明确了各级气象主管机构及其所属的气象台站及有关组织和个人在气象灾害防御工作中的权利和义务；对人工影响天气、防御雷电灾害做出规定。

第六章　气候资源开发利用和保护，共3条。主要规范了县级以上人民政府及各级气象主管机构气候资源开发利用和保护的职责。

第七章　法律责任，共6条。主要对破坏气象设施和探测环境、使用不符合技术要求的气象技术装备、安装不符合使用要求的雷电灾害防护装置、不具备有关气象主管机构规定的资格条件实施人工影响天气作业或者从事人工影响天气作业使用不符合国务院气象主管机构要求及技术标准的作业设备、非法向社会发布公众气象预报和灾害性天气警报等违法行为所应承担的法律责任，以及气象工作人员违法应当依法追究的法律责任等做出了明确规定。

第八章　附则，共5条。主要对本法有关专业用语进行解释，对气象有偿服务的具体办法、军队气象工作的管理办法的制定以及与有关国际条约的关系和本法的生效日期进行了规定。

实施的成效　《气象法》实施十几年来，在各级气象部门、各级人大和政府及有关部门的共同努力下，《气象法》确立的各项法律制度得到了有效贯彻，规范了全社会的气象活动，依法促进了中国气象事业的发展，特别是气象为国民经济、国防建设等服务发挥了重要作用。2009年12月28日，全国人大环境与资源保护委员会、全国人大农业与农村委员会、国务院法制办公室和中国气象局在人民大会堂联合举办的《中华人民共和国气象法》实施十周年座谈会，对《气象法》实施的成效作了充分肯定。主要成效概括为：一是各地采取多种形式，广泛开展了学习宣传和贯彻实施《气象法》的活动，普及气象法律知识，提高全社会的气象法律意识，为贯彻实施《气象法》营造了良好氛围。二是通过各种形式组织《气象法》落实情况的监督检查，提高了气象法律法规的宣传力度和社会影响力，较好地解决了《气象法》贯彻实施过程中存在的问题，促进了气象法律法规的贯彻实施。三是加强《气象法》配套法规的建设，对制定气象方面的有关法规、规章提供了依据。进一步完善了以《气象法》为主体，气象行政法规、部门规章、地方性法规、地方政府规章和规范性文件以及标准、规程相配套的气象法规体系框架，为气象事业依法发展提供了良好的法制保障。四是加强气象行政执法工作，着力加强气象行政执法队伍建设，完善气象行政执法制度，确保《气象法》有效实施。五是加强《气象法》的贯彻落实，依法推进气象事业的发展。

（李晓露）

Réngōng Yǐngxiǎng Tiānqì Guǎnlǐ Tiáolì

人工影响天气管理条例（Regulation on Administration of Weather Modification）　第一部与《中华人民共和国气象法》相配套，规范开展人工影响天气活动管理工作的气象行政法规。2002年3月13日经国务院常务会议审议通过，3月19日国务院总理朱镕基签发《中华人民共和国国务院令》（第348号）予以公布，自2002年5月1日起施行。

主要内容　《人工影响天气管理条例》共22条，主要规定了人工影响天气管理的四项制度。

政府统一领导协调、气象主管机构具体负责、有关部门协作配合的管理体制　第4条和第5条规定了县以上地方人民政府组织领导和气象主管机构组织实施和指导的职责、人工影响天气工作计划编制和实施、人工影响天气工作经费的落实；第14条对需跨区域实施人工影响天气作业的有关地方人民政府、国务院气象主管机构职责做出了规定。

  人工影响天气作业机构和人员管理制度 第8条对人工影响天气作业地点确定、气象主管机构和有关部门职责做出了规定；第9条对从事人工影响天气作业单位的条件做出了规定；第10条对从事人工影响天气作业人员资格和使用高射炮、火箭发射装置人员的管理做出了规定。

  人工影响天气作业活动管理制度 第6条规定了人工影响天气作业条件和目的；第7条对人工影响天气科学技术研究、作业效果评估和奖惩做出了规定；第11条对利用高炮、火箭作业应申请空域和作业时限，飞机作业的空域申请和使用，飞行管制部门审批作业空域申请的职责和义务三个方面做出了规定；第12条对实施作业应遵守作业规范和操作规程以及提前公告做出了规定；第13条对气象主管机构和其他有关部门提供实施人工影响天气作业所需资料、预报等职责做出了规定。

  人工影响天气作业设备安全管理制度 第15条对实施人工影响天气作业专用装备技术标准和生产要求以及采购做出了规定；第16条对人工影响天气作业专用装备的运输、存储以及协助存储和调运手续做出了规定；第17条对人工影响天气作业装备的年检做出了规定；第18条对人工影响天气作业的禁止行为做出了规定；第21条对为军事目的从事人工影响天气活动做出了规定。

  此外，对条例本身的立法目的（第1条）、适用范围（第2条）、人工影响天气的定义（第3条）和法律责任（第19条和第20条）等也做出了规定。

  后评估 2011年3—12月，国务院法制办、中国气象局共同组织开展了《人工影响天气条例》的立法后评估，重点对四项主要制度进行了评估，形成了立法后评估报告，并对《人工影响天气条例》修订提出了建议。报告认为：《人工影响天气条例》自2002年5月施行以来，有力促进了中国人工影响天气工作的科学发展，对明确各级人民政府责任，加强人工影响天气工作管理，规范人工影响天气作业行为，防御和减轻气象灾害，保障农业生产、生态建设、环境保护发挥了重要作用。

  2012年5月，国务院召开第三次全国人工影响天气工作会议，明确提出要强化法规规范，适时启动国家人工影响天气管理法规的修订工作。2013年经国务院法制办同意，中国气象局牵头启动了《人工影响天气条例》修订工作。

（李晓露）

Qìxiàng Zāihài Fángyù Tiáolì

气象灾害防御条例（Regulations on Prevention of and Preparedness for Meteorological Disasters） 第二部与《中华人民共和国气象法》相配套，规范对气象灾害进行防御的管理工作的气象行政法规。2010年1月20日经国务院常务会议审议通过，1月27日由国务院总理温家宝签发《中华人民共和国国务院令》（第570号）予以公布，自2010年4月1日起施行。

  主要内容 《气象灾害防御条例》对《中华人民共和国气象法》第五章"气象灾害防御"相关内容进行了细化，规定了各级政府、有关部门、社会组织和公民在气象灾害防御中的职能、责任与义务，强化了"政府主导、部门联动、社会参与"的气象灾害防御机制，标志着气象灾害防御工作已步入了依法管理的轨道。

  《气象灾害防御条例》共六章48条，包括：第一章总则，第二章预防，第三章监测、预报和预警，第四章应急处置，第五章法律责任，第六章附则。《条例》规定了16项主要法规制度：关于条例的适用范围；关于气象灾害防御管理体制机制；关于气象灾害普查和风险区划；关于气象灾害防御规划；关于气象灾害应急预案；关于大风（沙尘暴）、龙卷灾害预防措施；关于台风灾害预防措施；关于雨、雪和冰冻灾害预防措施；关于高温预防措施；关于大雾、霾预防措施；关于雷电灾害防御措施；关于气象灾害监测；关于气象灾害预报预警；关于气象灾害信息员；关于空间天气灾害监测、预报、预警；关于气象灾害应急处置。

  特点 《气象灾害防御条例》在行政法规层面实现了五个突破。首次以法规规范的形式确立了气象灾害防御原则、机制；首次以法规规范的形式确立气象灾害普查、风险评估和区划制度；首次以法规规范的形式明确了各类气象灾害的预防措施；首次以法规规范的形式对空间天气灾害监测、预报和预警工作做出规定；首次以法规规范的形式对气象灾害应急工作做出规定。同时，该条例在四个方面得到了进一步深化：深化了气象灾害防御规划体系建设制度；深化了气象灾害监测预警能力建设；深化了农村地区气象灾害防御工作；深化了雷电灾害防御组织管理制度。

  实施成效 该条例的颁布和实施对省级和省以下气象灾害的防御起到了很好的推动作用，各省、自治区、直辖市人民代表大会或政府都依据《气象灾害防御条例》制定了本省（自治区、直辖市）的气象灾害防御条例或办法，强化了"政府主导、部门联动、社会参与"的气象灾害防御机制，规范了气象灾害防御行为，加大了政府对气象灾害防御工作的财政投入，促进了气象灾害防御工作的有效开展。

(李晓露)

Qìxiàng Shèshī Hé Qìxiàng Tàncè Huánjìng Bǎohù Tiáolì

气象设施和气象探测环境保护条例（Regulations on Protection of Meteorological Facilities and Environs for Meteorological Observation） 与《中华人民共和国气象法》相配套的一部规范气象设施和气象探测环境保护工作的气象行政法规。2012年8月22日经国务院常务会议审议并原则通过，8月29日国务院总理温家宝签发《中华人民共和国国务院令》（第623号）予以公布，自2012年12月1日起施行。

主要内容 《气象设施和气象探测环境保护条例》对《中华人民共和国气象法》第二章"气象设施的建设与管理"和第三章"气象探测"的相关规定进行了细化，体现了气象设施和气象探测环境保护的法律体系更加完善，法律依据更加充分，法律保障更加有力。该条例共26条，内容主要包括：气象设施和气象探测环境保护的原则；气象设施和气象探测环境保护的主体与职责；气象设施保护措施；气象探测环境保护要求；气象台站迁移程序；违法行为的法律责任。

条例中规定了17项主要法规制度：关于条例涉及的名词术语，关于气象设施与气象探测环境分级分类管理制度，关于气象设施和气象探测环境保护管理体制，关于气象设施和气象探测环境保护义务，关于气象设施和气象探测环境保护专项规划，关于气象设施保护，关于气象台站分类保护，关于大气本底站探测环境保护的具体规定，关于国家基准气候站、国家基本气象站探测环境保护的具体规定，关于国家一般气象站探测环境保护的具体规定，关于高空气象观测站、天气雷达站、气象卫星地面站、区域气象站和单独设立的气象设施探测环境保护措施，关于气象探测环境保护要求的报批与治理，关于气象探测环境保护范围内建设工程管理，关于气象台站（含单独设立的气象设施）搬迁的报批和保护措施，关于气象设施和气象探测环境保护的监督检查措施，关于监管部门法律责任，关于危害气象设施和气象探测环境的法律责任。

特点 《气象设施和气象探测环境保护条例》是在气象设施和气象探测环境保护出现了一些新情况、新问题的背景下制定的。该条例以《中华人民共和国气象法》为依据，在行政法规层面，兼顾三个关系，发展和保护的关系、科学性和现实性的关系、分类保护与分级管理的关系；达到了四个明确，明确了各级政府及有关部门在气象探测环境保护工作中的职责，明确了气象探测环境的分类保护要求，明确了气象设施和气象台站探测环境保护的具体规定，明确了气象台站迁建审批程序；建立了五项制度，对气象设施和气象探测环境保护专项规划做出规定，确立了气象探测环境保护要求的报告与治理制度，明确了建设工程项目避免危害气象探测环境前置审批制度，规定了对气象设施和气象探测环境保护的监督检查以及对监管部门的法律责任，对监管部门的法律责任做出了规定。

实施成效 《气象设施和气象探测环境保护条例》自2012年12月1日实施以来，取得了初步成效。一是加强宣传学习，保护意识有所提高。各级气象主管机构联合相关部门召开了《气象设施和气象探测环境保护条例》新闻发布会，介绍条例的主要内容、背景情况和重大意义，多家媒体予以专版专题报道。气象主管部门采取领导宣讲、集中培训、专家讲座、知识竞赛等形式，认真深入学习条例，通过报刊、气象频道、手机短信、网站、电子显示屏等多种方式向公众进行了条例的宣传，全社会保护气象设施和气象探测环境的意识不断提高。二是完善保护制度，认真贯彻落实条例。根据条例精神，国家质量监督检验检疫总局、国家标准化管理委员会批准发布了《气象探测环境保护规范——地面气象观测站》《气象探测环境保护规范——高空气象观测站》《气象探测环境保护规范——天气雷达站》《气象探测环境保护规范——大气本底站》四项强制性国家标准，进一步明确了气象探测环境分类保护标准。三是部门协调联动，保护合力逐步形成。由各级政府牵头，气象局、发展和改革委员会、经济和信息化工作委员会、财政局、国土资源局、规划局、环保局等相关部门完善协作机制，及时通报可能危害气象设施和气象探测环境的情况，在建设项目立项、用地、设计等环节把牢审批关，确保气象探测环境专项规划得到落实。

(李晓露)

气象标准化

qìxiàng biāozhǔnhuà

气象标准化（meteorological standardization） 组织编制、发布和实施气象标准的相关活动。气象标准是指气象领域的国际标准、国家标准、行业标准、地方标准、企业标准。各级气象主管机构负有气象标准化工作的管理职能。

气象标准化工作是国家标准战略的组成部分，是气象科技成果转化为业务服务能力的重要途径，也是气象部门履行社会管理和公共服务职能、引领气象事业科学发展的重要支撑和保障。积极利用标准化所具有的系统性、综合性的优势和特点，实现气象技术、服务和管理的统一化、规范化。

发展历程 新中国成立后，气象标准化工作得到高度重视。1949年时任中央军委气象局（中央气象局前身）局长涂长望在给周恩来总理呈报的关于发展气象事业的四条建议中就明确提出"气象事业必须是技术标准的划一"，将气象标准提到了气象事业发展的重要议事日程。

1954年，中央军委气象局颁布了中国第一部气象业务技术规范——《气象观测暂行规范》（地面部分），随后又制定下发了《气象观测暂行规范》（高空部分）、《天气预报分析方法》等一系列的技术规范和技术方法。1980年颁布了第一项气象国家标准——《标准大气（30 km以下部分）》（GB/T 1920—1980）。此期间，国家标准化主管部门曾一度将气象标准作为国家的专业标准（ZB编号），但标准管理领域仅局限于气象观测、通信、填图和天气预报分析方法等基础性业务方面。气象仪器标准则是依托于工业部门制定（JB编号），气象部门作为使用部门提出要求。1978年中国气象局归口气象仪器生产后，当时的国家标准局发文将气象仪器的行业标准交由中央气象局管理（QX编号）。

1992年12月，国家技术监督局《关于批复气象行业标准归口管理范围的函》，进一步明确气象行业标准归口范围为：陆地、海上的大气探测，气候监测；大气质量本底宏观监测；气象情报传输，气象资料加工处理；天气预报、警报；气象仪器装备；气象计量器具、气象计量技术规范。其气象行业标准代号仍为QX，并将原有的专业标准（ZB编号）转化为行业标准（QX编号）。1999年中国气象局以机构改革为契机，加强了气象标准化工作，特别是2004年以来，中国气象局将气象标准化工作纳入了气象法制建设，组建了气象标准化机构，先后制定下发了《关于进一步加强气象标准化工作的意见》《气象标准化"十二五"发展规划》《气象标准化管理规定》《气象标准制修订管理细则》等规范性文件，明确了气象标准化工作的发展思路、工作重点及配套措施，为提高对气象标准化工作重要性和紧迫性认识、推动和规范气象标准化发展提供了制度保障。

工作体系 为进一步加强气象标准化工作，中国气象局在加强气象标准化组织机构的建设的同时，确立了气象标准化的工作体系，基本形成了以管理机构、研究机构、技术组织以及标准编制和实施应用单位组成的气象标准化工作体系。各级气象主管机构承担气象标准化的管理职能，对制定、修订和贯彻实施标准等整个标准化活动进行计划、组织、指导、协调和监督；中国气象局气象干部培训学院的标准化与科技评估室是气象标准化研究和技术支撑单位；国家标准化管理委员会批准成立的气象各领域的标准化技术委员会是气象标准化的技术组织，现已基本实现了在气象业务服务领域的全覆盖（见下表），为提高气象标准化工作水平和技术能力奠定了组织保障。中国气象局加快推进气象标准体系的建立，并初步形成了由数百项气象国家标准、行业标准、地方标准和企业标准组成的分领域、分层次的气象标准体系，气象标准化工作的重心逐步向提升标准质量和发挥标准效益方面转变。

气象领域的全国标准化技术委员会一览表

名称	编号	秘书处承担单位	成立时间
全国气象防灾减灾标准化技术委员会	SAC/TC345	国家气象中心	2008年4月
气象影视服务分技术委员会	SAC/TC345/SC1	华风气象传媒集团	2012年11月
全国气象基本信息标准化技术委员会	SAC/TC346	国家气象信息中心	2008年4月
全国卫星气象与空间天气标准化技术委员会	SAC/TC347	国家卫星气象中心	2008年4月
气象卫星数据分技术委员会	SAC/TC347/SC1	国家卫星气象中心	2008年4月
气象遥感应用分技术委员会	SAC/TC347/SC2	国家卫星气象中心	2008年4月
空间天气监测预警分技术委员会	SAC/TC347/SC3	国家卫星气象中心	2008年4月
全国气象仪器与观测方法标准化技术委员会	SAC/TC507	中国气象局气象探测中心	2010年9月
全国雷电灾害防御行业标准化技术委员会	气象行业/雷电TC	中国气象局气象探测中心	2010年12月
全国人工影响天气标准化技术委员会	SAC/TC538	中国气象科学研究院	2012年11月
全国农业气象标准化技术委员会	SAC/TC539	国家气象中心	2012年11月
全国气候与气候变化标准化技术委员会	SAC/TC540	国家气候中心	2012年11月
大气成分观测预报预警服务分技术委员会	SAC/TC540/SC1	中国气象局气象探测中心	2012年11月
风能太阳能气候资源分技术委员会	SAC/TC540/SC2	中国气象局公共气象服务中心	2012年11月

（周韶雄）

qìxiàng biāozhǔn tǐxì

气象标准体系（meteorological standards） 按气象标准所属专业领域归类组成，一般由分体系、子体系以及下属的具体标准构成。

为充分发挥气象标准化工作在气象事业发展中的作用和效益，中国气象局于2009年和2012年分别颁布实施了《全国气象标准体系构建与2009—2011年标准化发展规划》和《全国气象标准化"十二五"发展规划》，在现代气象业务体系的总体框架下，初步形成门类较为齐全、结构清晰、涵盖气象主要业务服务领域的气象标准体系。按照整体性、统一性、科学性、开放性、实用性的原则，将气象标准的专业领域分为13个分体系（见下图），各分体系再由若干子体系组成，各子体系均有国家标准、行业标准、地方标准、企业标准四个层次的标准。

气象国家标准 截至2014年12月底，国家标准化管理委员会发布实施气象领域国家标准54项，标准内容涉及气象观测、预报服务、灾害预警、应急流程、农业气象以及应用气候等多个气象工作领域（见下表）。

气象行业标准 截至2014年12月底，中国气象局共发布实施气象行业标准258项（含修订替代的1项和经复审作废的10项），标准内容涵盖气象标准体系的各个领域。

气象地方标准 截至2014年12月，全国各省、自治区、直辖市标准化行政主管部门发布实施气象领域的地方标准268项。

气象企业标准 中国气象局所属企业和有关生产气象仪器的企业制定了相当数量的气象方面的企业标准。

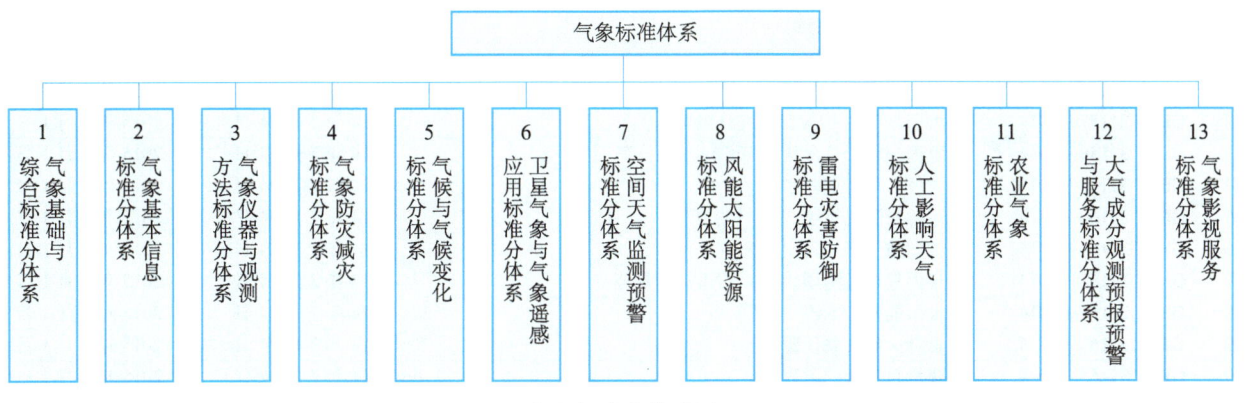

气象标准化体系图

发布实施的气象国家标准

序号	标准编号	标准名称	发布日期	实施日期
1	GB/T 19117—2003	酸雨观测规范	2003年5月16日	2003年12月1日
2	GB/T 19201—2006	热带气旋等级	2006年5月9日	2006年6月15日
3	GB/T 19202—2003	热带气旋名称	2003年6月17日	2003年12月1日
4	GB/T 19565—2004	总辐射表	2004年6月22日	2004年12月1日
5	GB/T 20479—2006	沙尘暴天气监测规范	2006年8月28日	2006年11月1日
6	GB/T 20480—2006	沙尘暴天气等级	2006年8月28日	2006年11月1日
7	GB/T 20481—2006	气象干旱等级	2006年8月28日	2006年11月1日
8	GB/T 20482—2006	牧区雪灾等级	2006年8月28日	2006年11月1日
9	GB/T 20483—2006	土地荒漠化监测方法	2006年8月28日	2006年11月1日
10	GB/T 20484—2006	冷空气等级	2006年8月28日	2006年11月1日
11	GB/T 20486—2006	江河流域面雨量等级	2006年8月28日	2006年11月1日
12	GB/T 20487—2006	城市火险气象等级	2006年8月28日	2006年11月1日
13	GB/T 20524—2006	农林小气候观测仪	2006年10月16日	2007年4月1日
14	GB/T 21005—2007	紫外红斑效应参照谱、标准红斑剂量和紫外指数	2007年7月27日	2007年12月1日
15	GB/T 21983—2008	暖冬等级	2008年6月3日	2008年11月1日
16	GB/T 21984—2008	短期天气预报	2008年6月3日	2008年11月1日
17	GB/T 21985—2008	主要农作物高温危害温度指标	2008年6月3日	2008年11月1日
18	GB/T 21986—2008	农业气候影响评价：农作物气候年型划分方法	2008年6月3日	2008年11月1日
19	GB/T 21987—2008	寒潮等级	2008年6月3日	2008年11月1日
20	GB/T 22164—2008	公众气象服务 天气图形符号	2008年7月2日	2008年11月1日
21	GB/T 27956—2011	中期天气预报	2011年12月30日	2012年3月1日

续表

序号	标准编号	标准名称	发布日期	实施日期
22	GB/T 27957—2011	冰雹等级	2011年12月30日	2012年3月1日
23	GB/T 27958—2011	海上大风预警等级	2011年12月30日	2012年3月1日
24	GB/T 27959—2011	南方水稻、油菜和柑橘低温灾害	2011年12月30日	2012年3月1日
25	GB/T 27961—2011	气象服务分类术语	2011年12月30日	2012年3月1日
26	GB/T 27962—2011	气象灾害预警信号图标	2011年12月30日	2012年3月1日
27	GB/T 27963—2011	人居环境气候舒适度评价	2011年12月30日	2012年3月1日
28	GB/T 27964—2011	雾的预报等级	2011年12月30日	2012年3月1日
29	GB/T 27965—2011	应急气象服务工作流程	2011年12月30日	2012年3月1日
30	GB/T 27966—2011	灾害性天气预报警报指南	2011年12月30日	2012年3月1日
31	GB/T 27967—2011	公路交通气象预报格式	2011年12月30日	2012年3月1日
32	GB/T 28591—2012	风力等级	2012年6月29日	2012年8月1日
33	GB/T 28592—2012	降水量等级	2012年6月29日	2012年8月1日
34	GB/T 28593—2012	沙尘暴天气预警	2012年6月29日	2012年8月1日
35	GB/T 28594—2012	临近天气预报	2012年6月29日	2012年8月1日
36	GB/T 29366—2012	北方牧区草原干旱等级	2012年12月31日	2013年7月20日
37	GB/T 29457—2012	高温热浪等级	2012年12月31日	2013年5月1日
38	GB/T 31153—2014	小型水力发电站汇水区降水资源气候评价方法	2014年7月24日	2015年1月1日
39	GB/T 31154—2014	太阳Hα耀斑分级	2014年7月24日	2015年1月1日
40	GB/T 31155—2014	太阳能资源等级　总辐射	2014年7月24日	2015年1月1日
41	GB/T 31156—2014	太阳能资源测量　总辐射	2014年7月24日	2015年1月1日
42	GB/T 31157—2014	太阳软X射线耀斑强度分级	2014年7月24日	2015年1月1日
43	GB/T 31158—2014	电离层电子总含量（TEC）扰动分级	2014年7月24日	2015年1月1日
44	GB/T 31159—2014	大气气溶胶观测术语	2014年7月24日	2015年1月1日
45	GB/T 31160—2014	地磁暴强度等级	2014年7月24日	2015年1月1日
46	GB/T 31161—2014	太阳质子事件强度等级	2014年7月24日	2015年1月1日
47	GB/T 31162—2014	地面气象观测场（室）防雷技术规范	2014年7月24日	2015年1月1日
48	GB/T 31163—2014	太阳能资源术语	2014年7月24日	2015年1月1日
49	GB/T 31164—2014	森林火险气象预警	2014年7月24日	2015年1月1日
50	GB/T 31165—2014	降水自记纸记录数字化	2014年7月24日	2015年1月1日
51	GB 31 221—2014	气象探测环境保护规范　地面气象观测站	2014年9月30日	2015年1月1日
52	GB 31 222—2014	气象探测环境保护规范　高空气象观测站	2014年9月30日	2015年1月1日
53	GB 31 223—2014	气象探测环境保护规范　天气雷达站	2014年9月30日	2015年1月1日
54	GB 31 224—2014	气象探测环境保护规范　大气本底站	2014年9月30日	2015年1月1日

（周韶雄）

气象软科学

qìxiàng ruǎnkēxué

气象软科学（meteorological soft science） 一门利用自然科学与社会科学相互结合的科学理论与科学方法研究气象复杂问题的交叉学科分支。综合运用自然科学、社会科学和哲学的理论和方法，针对气象工作决策和管理实践中提出的复杂性、系统性课题，提出可供选择的各种途径、方案、措施和对策，为决策的民主化和科学化提供科学支撑。

起源与沿革　中国气象软科学的形成与发展与国家软科学的孕育、发展紧密联系在一起。20世纪70年代初期，中央气象局成立的工程组就开始运用气象部门还不太熟悉的系统工程方法，进行北京气象通信枢纽系统工程（BQS系统）的总体设计工作。

改革开放以后，1980年7月，中央气象局成立长期规划领导小组及专业组，专门负责气象事业现代化发展长期规划的重大问题研究和具体编制工作，并在1982年设立了"技术发展司"，负责制定长远发展规划工作。1984年，国家气象局根据长期规划小组的研究成果，制定颁发了《气象现代化建设发展纲要》，对推动我国气象事业持续、稳定发展起到了非常重要的指导作用。1987年党的十三大发出"大力加强软科学研究"的号召，同年，中国气象学会成立了气象软科学委员会。1988年，国家气象局根据机构改革"三定"方案，新组建了政策法规司，设立了政策研究室，负责气象管理重大改革的调研和方案拟订；在计划财务司增设了中长期发展规划处，负责拟订气象事业发展战略、组织编制发展规划和计划等；强化了科技教育司拟订科技教育发展战略、规划和技术政策职能。

1991年9月，国家气象局党组为加强规划、计划工作，成立了总体规划研究设计室（以下简称"总体室"），研究编制了《气象事业发展纲要（1991—2020年）》《气象事业发展十年规划（1991—2000年）》等，并创办了《气象软科学》杂志。总体室和政策法规司其后也分别成为中国软科学研究会团体会员。1991年起，中国气象局开始下达气象管理类、政策（改革）类等软科学研究课题。1995年12月，中国气象局批准蓝达发展咨询服务中心正式成立，标志着气象软科学在推进研究成果的应用方面迈出了第一步。1997年中国气象局下发《气象软科学研究课题管理办法》，明确政策法规司、科技教育司对气象部门的软科学研究课题实施管理，并明确将软科学课题列入年度科技三项费和事业费，其总额为科技三项费总数的5%和等量的事业费之和。2003年又根据发展战略研究需要成立了中国气象事业发展战略研究领导小组，并设立办公室。战略研究提出了"公共气象、安全气象、资源气象"的发展理念等重大战略思想，并推动国务院印发了《关于加快气象事业发展的若干意见》，成为指导气象事业发展的纲领性文件。2007年中国气象局制定下发《气象软科学管理办法》，明确政策法规司归口管理全国气象软科学工作，各省、自治区、直辖市和计划单列市气象局政策法规处归口管理本区域内的软科学工作。2008年中国气象局成立发展研究中心，主要职责是为中国气象局战略决策和顶层设计提供智力支持与科学依据。中国气象局发展研究中心先后开展了一系列重大专题研究和评估工作，成为中国气象局党组进行科学决策的重要依据。

气象部门还积极组织参与国家软科学研究，围绕党中央、国务院关注的防灾减灾、应对气候变化和粮食安全等重大问题，积极向科技部争取国家软科学研究项目，每年均有课题入选国家软科学研究计划，2003—2013年中国气象局总计完成了17个国家软科学研究项目。

研究对象 气象软科学以气象复杂问题为研究对象，包括气象事业发展战略、气象事业发展规划、气象科学管理、气象发展政策、气象与各行各业的关系等。从研究目的看，气象软科学研究是对气象重点工程、事业发展环境等，作全面、深入、专门的科学探索和研究，着眼于气象复杂问题的决策、管理、预测和运筹。就问题而言，凡是对全局性影响较大的问题都构成气象软科学研究的对象。随着研究对象客体的不断变化、演进，气象软科学研究对象也会动态变化。气象软科学研究极为重视未来研究，并把"探讨未来、设计未来、安排未来"作为区别于一般科学研究的主要标志之一。如《气象现代化建设发展纲要（1984—2000年）》《中国气象事业发展战略研究》等都对中长期气象事业发展做出了战略考量。未来，气象对国民经济社会系统的影响、把握、设计、开发和管理，将日益成为气象软科学研究对象的主导部分。

研究方法 气象软科学进行的是一种高级调研、咨询研究，其主要目的不在于发明新产品、开发新技术，而是要解决总体的、全局的、战略上的、运筹与管理上的问题。因此，气象软科学研究是介于学术性研究及职能部门的实务性研究之间的研究，强调自然科学和社会科学、宏观和微观、国内与国外、中短期和长期研究相结合。从事气象软科学研究工作的机构是介于纯科研机构和具体管理与应用部门之间的研究机构，一般不从事专门学术研究和气象基础理论研究，而主要是接受各级气象部门、服务实体或其他单位的指令或委托，对某一课题、工程等进行调研、诊断和咨询。气象软科学研究项目，有的以发展战略为主，有的注重社会调查，有的注重科技信息和情报咨询。尽管各项目的范围不同、重点各异，但都是从战略观点出发，从政策性研究着眼，为指令或委托部门提供智力成果，为其制定各项方针、政策提供依据。

研究领域 气象软科学研究的多为气象事业现代化建设、事业改革与发展中迫切需要解决的重要问题。内容大致概括为八类：①发展战略研究，包括全国气象部门、气象行业的发展战略。②规划、计划研究，包括气象事业发展的近、中、长期规划及专项规划等。③政策研究，包括气象科技政策、东西部协调发展政策、气象科技服务政策等。④科学管理研究，包括对不同层次、不同范围所采取的管理体制、管理方法和管理措施等。⑤改革与发展研究，包括科技与教育，人事和业务技术体制，科技服务与产业等。⑥软科学理论和方法研究，如"气象事业发展长、中期规划方法的研究"等。⑦评价和论证研究，如"气象服务的效益评估的研究""气象科技进步对经济增长贡献率评价方法初探"等。⑧未来及预测研究，考虑到未来的不确定因素并如何有效地实现未来的目标的研究。

重要成果 几十年来，气象软科学研究取得了一批较有价值的研究成果，对气象现代化建设以及气象事业的改革与发展都起到十分重要的作用。

气象现代化建设发展纲要（1984—2000年） 1978年党的十一届三中全会把中心工作转移到经济建设上来。为适应这一战略转移，中央气象局从1979年开始，在对新中国气象事业发展中的经验教训进行总结的基础上，编制气象事业发展规划。为此，成立了以邹竞蒙、程纯枢为组长的长远规划领导小组和14个专业组；在局机关设立了技术发展办公室（后改为技术发展司），作为办事机构。1980年，各专业组在国内外进行了大量调查研究，召开大小会议近70次，有800多人参加。1980年11月形成《气象现代化建设发展纲要（1984—2000年）》（以下简称《纲要》）第一稿，后又经1981年全国气象局长会议、国家科委气象专业组扩大会议讨论，下发各省（自治区、直辖市）气象局征求意见，经1984年1月全国气象局长会议审议通过并实施。《纲要》提出到20世纪末，力争建成适合我国特点、布局合理、协调发展、比较现代化的气象业务技术体系。《纲要》对推动气象现代化建设，努力追赶世界气象先进水平起到重大作用。

三大气象软科学研究 1994年中国气象局结合气象事业发展中的问题，确定三大软科学课题进行研究，邹竞蒙局长统筹领导，局领导牵头各课题研究：马鹤年副局长牵头"气象科学管理研究"课题，李黄副局长牵头"改善职工生活条件研究"课题，颜宏副局长牵头"气象服务效益评估"课题。其中"气象科学管理研究"提出强化现代化管理观念，处理好管理工作中的十种关系：集权与分权的关系、跨度与层次的关系、法制与主观能动性的关系、决策质量与实效的关系、分工与协调的关系、定量与定性的关系、智囊与主管者的关系、部门与行业的关系、事业单位与国家机关的关系、机关精神文明与物质文明的关系。推进五种管理方法：分类管理、分级管理、目标管理、归口管理、规范化管理。"改善职工生活条件研究"认为，当时气象职工的生活条件处于全国中等偏下水平，与社会同类部门比较差距较大，气象部门应通过政策协调，加大改革力度、扩大资金来源和投入、权力适当下放和向中西部以及其他艰苦台站倾斜等措施，逐步改进职工工作和生活条件。该研究成果推动了中国气象局对基层台站综合改善的实施和在经费上向西部地区及基层气象台站倾斜的实施。"气象服务效益评估"研究通过对全国31个省、自治区、直辖市和5个计划单列市市民和乡村居民的抽样调查表明，对当时的天气预报服务表示"满意和基本满意"占79.9%，认为"一般"的占17.6%，只有1.9%的人表示"不满意"。研究得出气象服务的效益比为1∶40。该研究成果对提高气象工作在经济社会发展中的作用的认识，更好地做好气象服务，发挥了重要作用。

全国气象现代化发展纲要（2015—2030年） 为指导和谋划"十三五"及2020年以后中长期气象发展方向，在中国气象局党组的直接领导下，2013年7月起中国气象局发展研究中心着手开展全国气象现代化发展纲要（2015—2030年）的研究编制工作。编制组广泛征求了各职能部门、直属单位以及各方专家、学者的意见，先后收到修改建议600余条，召开内部研讨会40余次，专家咨询会10余次，编制工作进展汇报会4次，经过反复修改完善，于2015年8月19日以局发文正式印发。纲要分析了气象事业发展面临的新形势，充分吸收和借鉴了全国全面推进气象现代化建设的经验和成果，总结了各地在气象现代化试点中突出存在的问题，参考了相关省和国家级直属单位气象现代化实施方案的内容，立足未来气象发展的全球思路和全球视野，提出了2020年基本实现气象现代化的奋斗目标，同时放眼2030年全面实现气象现代化长远目标，提出了"到2030年全面建成世界一流的气象现代化体系，实现气象全球监测、全球预报、全球服务，建立天气和气候服务的全球伙伴关系，开展全球范围合作"等宏伟目标。

基层气象机构综合改革研究 基层气象机构综合改革是2011以来中国气象局党组根据基层气象事业发展的新形势新要求，大力推进的一项重点改革任务。气象软科学在改革全过程发挥了重要咨询参谋作用。一方面借助气象软科学平台做好改革前期调研工作。2011—2012年先后向中国气象局党组报送了多份调研分析报告、专题研究报告，为2012年8月印发的《中共中国气象局党组关于推进县级气象机构综合改革的指导意见》提供了决策支撑。另一方面，气象软科学积极发挥了对基层气象机构综合改革进程的跟踪评价作用。2013—2015年中国气象局政策法规司和发展研究中心连续组织了一批重大、重点研究项目，对基层气象机构综合改革的进展状况进行跟踪研究，向中国气象局党组及时反映改革新进展、新情况和新问题，并研究提出了针对性政策建议供决策层面参考。

展望 未来，气象软科学研究将进一步关注国际科技发展前沿，把握国家经济社会发展大局，抓住气象事业发展重点和难点，逐步形成多层次、有重点、持续发展的战略研究体系，基础好、视野宽、专业扎实的研究队伍，有影响、辐射广、多学科结合的战略思想库，增强对气象事业发展的决策支撑。

加强战略规划研究和顶层设计 开展气象发展规律研究，总结气象事业发展历程，研究中国特色气象发展道路的内涵要求；开展气象事业发展战略、发展纲要、发展规划前瞻性研究，对气象事业发展规划实施情况进行评估；围绕全面推进气象现代化的重点、难点问题，开展动态研究。

加强改革发展重大政策研究 加强贯彻落实党中央国务院方针政策、转变气象事业发展方式、气象事业结构调整和完善、气象科技创新和人才体系建设、气象业务技术体制改革、基层气象事业发展等研究;加强气象事业发展重要决策执行情况评估和气象行政管理和气象法规建设研究。

加强气象与经济社会关系研究 研究全面建成小康社会对气象工作的需求、气象与经济社会发展关系、气象服务效益;加强气象防灾减灾体系、公共气象服务体系、气象服务社会化研究;开展气象服务生态文明建设、应对气候变化战略研究。

(林峰 彭莹辉 赵同进)

国际与地区气象合作

气象国际合作

qìxiàng guójì hézuò

气象国际合作(international meteorological cooperation) 国家之间及国家与国际组织之间在双边、框架下,在气象及相关领域进行的人员、科研、业务、资料、信息等相互交流、合作的活动。大气无国界,气象国际合作是各国气象业务科技发展的重要条件。中国的气象国际合作主要包括与有关国际组织的多边合作和与其他国家的双边气象科技合作两部分。

中国与有关国际组织的多边合作 中国参与国际气象合作历史悠久。早在1873年,中国海关驻英国首席代表代表中国出席了当年9月在奥地利维也纳召开的气象国际会议。1930年中国气象学家竺可桢出席远东气象台台长会议;1933年参加第二届国际极地年活动等;1947年国民政府委派当时的中央气象局局长吕炯和技正卢鋈等5人参加了在美国华盛顿市召开的45国气象局局长会议,参与世界气象组织(WMO)的创建工作,中国由此成为世界气象组织公约签字国。

与世界气象组织的合作 1972年2月24日世界气象组织通过决议,承认中华人民共和国的代表为世界气象组织的唯一合法代表。从此,中国广泛参与世界气象组织各项计划和活动,在其中发挥重要作用。到2014年,中国共承担世界气象组织18个国际中心,其中包括:国家气象中心承担的区域专业气象中心;国家气候中心承担的区域气候中心、亚洲极端事件监测中心、东亚季风活动中心、全球长期预报制作中心;国家气象信息中心承担的全球信息系统中心(GISC)、亚洲区域通信枢纽(RTH)、次季节到季节预报项目(S2S)存档中心、全球交互式大集合预报系统(TIGGE)归档中心;气象探测中心承担的区域仪器中心;南京信息工程大学和中国气象局干部培训学院承担的区域培训中心;国家海洋标准计量中心承担的区域海洋仪器中心;国家海洋信息中心承担的海洋气象和海洋气候资料中心。国家气象信息中心、国家气象中心、国家气候中心、国家卫星气象中心承担的世界气象组织的数据收集或产品中心(DCPC)。约有100位中国专家在世界气象组织各个附属机构中担任职务。中国还发起和/或参与了世界气象组织的许多国际计划和项目,如第一次、第二次、第三次青藏高原试验,2008年北京奥运会短临预报示范和研究项目,城市环境气象示范项目,城市天气和气候服务综合示范项目,上海世界博览会短时临近预报示范项目和中尺度集合数值预报研究和开发计划,上海多灾种早期预警示范项目,热带气旋登陆示范计划,华南暴雨研究示范项目,航空研究和开发项目等。中国气象部门利用上述世界气象组织合作机制跟踪了解最新气象科技、业务和服务进展,推动国内气象现代化建设。

中国科学院院士叶笃正和中国气象局原局长、中国科学院院士秦大河及中国科学院院士曾庆存先后获得国际气象组织(IMO)奖,这是国际气象界的最高荣誉。此外,还有张祖强、孙颖、效存德、陈峰、曹龙等多位科研人员曾荣获世界气象组织青年科学家研究奖等奖项。

中国是世界气象组织自愿合作计划(VCP)的主要认捐方之一。中国通过该计划的实施,邀请发展中国家气象部门高级官员来华考察,提供仪器设备和技术援助,开展国际教育和培训、资助世界气象组织重要计划和项目等。从1976年开始,中国每年举办1~2期多国别考察,截至2014年,共组织了44期多国别考察,接待了480多位来自世界气象组织秘书处及发展中国家的高级官员和气象局长。中国还通过该计划向70多个国家提供了气象仪器设备和技术援助,涵盖地面观测和高空探测、卫星接收、天气预报、信息网络等方面，特别是中国持续维护向亚太19个国家赠送的中国气象局卫星广播系统（CMACast）接收站、气象信息综合分析处理系统（MICAPS）。世界气象组织南京区域培训中心（南京信息工程大学）及其北京分部（中国气象局干部培训学院）每年举办短期国际培训班，截至2014年底，共培训了来自发展中国家的3000多位学员。教育部、南京信息工程大学和河海大学通过与世界气象组织签署合作谅解备忘录，为110多位发展中国家的学员提供了本科和研究生长期奖学金。这些活动有力推动了与发展中国家的气象合作交流，促进了发展中国家的气象水文能力提升。

与政府间气候变化专门委员会（IPCC）的合作 政府间气候变化专门委员会成立于1988年，旨在获取气候变化及其影响以及减缓和适应气候变化措施方面的科学和社会经济信息，以综合、客观、开放和透明的方式进行科学评估，并根据需求为联合国气候变化框架公约（UNFCCC）缔约方大会（COP）提供科学、技术、社会和经济方面的咨询建议。中国气象局是政府间气候变化专门委员会相关工作的国内牵头单位，负责组织国内有关部门广泛参与政府间气候变化专门委员会的各项活动和机制建设，积极推荐国内著名学者作为主要作者或主要作者召集人参加政府间气候变化专门委员会评估报告及其他报告的编写，组织开展政府间气候变化专门委员会各类报告的专家和政府评审。中国气象局多次承办政府间气候变化专门委员会工作组会议及相关研讨会。中国丁一汇院士、秦大河院士和翟盘茂研究员先后担任政府间气候变化专门委员会评估报告第一工作组联合主席。上述工作推动了中国的气候变化研究和应对工作，在环境外交中和可持续发展国际合作中发挥了积极作用。

与地球观测组织（GEO）的合作 地球观测组织正式成立于2005年2月，负责协调全球综合地球观测系统（GEOSS）的各项活动。中国是地球观测组织创始国之一。在2005年5月于瑞士召开的第一次全会上，时任中国气象局副局长郑国光当选GEO联合主席，并于2007年11月GEO第四次全会上连任（中国气象局局长）。2010年11月地球观测组织第七次全会之后，由中国科技部副部长曹健林接替郑国光局长担任联合主席。科技部、中国气象局和原国防科工委是地球观测组织的主要国内参与单位，外交部、民政部、国家环境保护部、国家海洋局、国家地震局、中国科学院等单位和部门也广泛参加了地球观测组织的工作和活动，包括参加全球综合地球观测系统基础框架建设，推进地球观测数据共享，修订全球综合地球观测系统十年实施计划目标，并制定中国综合地球观测系统十年规划和参加地球观测组织的工作计划任务。其中中国气象局卫星广播系统（CMACast）作为全球观测资料广播系统（GEONETCast）的三个分发系统之一，负责亚太地区数据的广播和分发（参见第312页地球观测组织）。

与台风委员会的合作 联合国亚洲及太平洋经济社会委员会（简称亚太经社会）和世界气象组织于1968年联合建立了台风委员会，旨在推动和协调各种规划和行动，最大程度减少亚太地区台风造成的生命和财产损失。台风委员会包括中国、中国香港和中国澳门等14个会员。中国是该委员会发起国之一。中国对台风委员会的工作极为重视，牵头协调水利部、民政部等单位参加委员会活动，多次参加台风委员会开展的科学试验活动，承办台风委员会届会、技术会议和巡回讲习班。中国气象局原副局长骆继宾、颜宏和现任副局长许小峰、矫梅燕均担任过台风委员会主席，中国专家还一直担任气象工作组组长。南京信息工程大学在2012年的台风委员会第44次届会上被指定为台风委员会培训中心。在积极参与台风委员会的业务和科研活动的同时，中国还向其他国家提供台风委员会奖学金，帮助提升其他会员的台风预报能力。2006年12月在菲律宾马尼拉召开的台风委员会第39次届会上，中国政府正式签署由中国澳门承办台风委员会秘书处的东道国协议，中国澳门自2007年起承办台风委员会秘书处至今。2015年2月在泰国曼谷召开的台风委员会第47次届会上，任命原中国气象局国际合作司负责人为台风委员会秘书长。

与其他国际组织的合作 中国气象局与欧洲气象卫星开发组织（EUMETSAT）及欧洲中期天气预报中心（ECMWF）签署有长期合作协议，在气象观测和预报技术方面开展频繁交流合作。此外，中国气象局还作为会员积极参与国际气象卫星协调组织（CGMS）、国际卫星对地观测委员会（CEOS）的活动，并与世界银行、海湾合作委员会（GCC）和阿拉伯国家联盟（LA）、国际山地开发中心（ICIMOD）等保持密切的合作关系。

中国与其他国家的双边气象科技合作 双边气象科技合作是指中国与另一个国家在气象科技领域的合作与交流活动。严格意义上，双边气象科技合作关系的正式确立必须是两国气象或气象相关机构在两国政府间科技合作协议基础之上，签署了涉及气象科技各主要领域的合作协议（包括议定书、谅解备忘录、声明、纪要等），标志着两国正式建立了双边气象科技合作机制。中国还曾与某些国家就气象科技的特定领域签署合作协议，如与智利在农业气象和人工影响局部天气领域的合作、与巴西在卫星气象和空间天气领域的合作等。

从20世纪50年代初到60年代初，中国的双边气象合作绝大多数是与当时社会主义阵营国家进行的合作，尤其是以学习借鉴苏联的气象科学技术和工作经验为主。中方通过聘请苏联专家、派遣留学生和实习人员、科技人员互访等方式开展交流活动。受国内外诸多因素的影响，20世纪60年代中国的对外气象合作交流基本陷于停顿状态。随着中国恢复在联合国的席位，国际气象合作才逐渐恢复，逐步全面参与世界气象组织的活动。同时与一些国家的气象合作交流也逐渐增加。

1979年5月，中央气象局与美国商务部签署了《中美大气科学技术合作协议书》，这是"文化大革命"结束后气象部门签署的第一个双边气象科技合作协议。1979—2015年年底，与中国正式签订双边气象科技合作协议的国家包括（按时间顺序）：美国、澳大利亚、加拿大、朝鲜、芬兰、蒙古、英国、日本、越南、俄罗斯、德国、韩国、马来西亚、哈萨克斯坦、吉尔吉斯斯坦、瑞典、丹麦、印度、法国、以色列、伊朗、巴基斯坦、古巴、印度尼西亚。在双边合作机制和框架下，中国定期或不定期与正式签署双边气象科技合作协议国家的政府气象部门或气象相关机构召开双边工作组会议，回顾休会期间合作活动的情况并商定未来合作项目。由于各种原因，中国与一些国家的气象或气象相关机构间尽管没有正式签署合作协议，仍存在较频繁的人员往来与交流，也视为存在双边合作关系。

通过双边合作，中国与相关国家在数值天气预报、预警系统及应用、临近预报及气象卫星资料应用、热带气象、全球大气监测网、气候与气候变化、农业气象、奥运气象服务、教育与培训等多个领域开展了广泛的合作与交流。通过双边气象科技合作，有力地促进了中国气象现代化建设，提高了气象监测预报服务能力，提升了气象科研水平，培养造就了一批具有国际视野的科技和管理人才。

除与外国政府气象机构的合作之外，中国气象部门还与外国的气象研究和教育机构、民间学术团体有较多的合作与交流，如美国大气研究大学联合会（UCAR）、美国国家大气研究中心（NCAR）、美国世界气候研究院（IRI）、德国马克斯普朗克气象研究所（MPI）、荷兰国际地理信息和地球科学研究院（ITC），以及许多国家的高等院校等。此外，中国还通过有关国家的官方发展援助机构（ODA）的资助开展了双边科技合作与人员培训。

中国的气象国际合作总体方针是服务于国家总体外交，服务于气象事业发展，全方位、多层次、宽领域地开展国际气象科技合作。在过去的几十年中，中国通过积极参与世界气象组织等国际组织的各项活动，与相关发达国家和机构，特别是与美国、加拿大、英国、德国，欧洲中期天气预报中心、欧洲气象卫星开发组织等开展双边气象科技合作，跟踪世界气象科技发展，引进先进装备、技术和科学管理方法，培养业务骨干等，缩短与发达国家的差距，推动了气象事业的不断发展，扩大了中国在国际气象领域的影响力。

（应宁　李冬燕）

shuāngbiān guójì qìxiàng kējì hézuò
双边国际气象科技合作（bilateral cooperation in meteorological science and technology）

中国气象局与其他国家气象部门之间在平等、互利、互惠的基础上，在气象科技领域开展的一对一的合作关系。

新中国建立初期，中国的双边气象科技合作主要以学习借鉴苏联的气象科学技术和工作经验为主。中苏两国建交后，中国先后聘请了十多位苏联气象专家来华帮助和指导工作，涉及领域包括气象业务建设、气象业务管理、天气预报、大气综合探测、海洋气象及农业气象等方面。派遣多名留学生和实习生赴苏联学习先进的气象科学技术和工作经验。1958年7月，中苏双方签订了《中苏战时交换气象情报议定书》。中国还与朝鲜、越南开展了双边气象科技合作，支援朝鲜进行气象业务建设，帮助越南恢复和发展气象业务，在华培训气象业务人员及开展互访和交流活动。1954年，日本学术文化访华团应邀访问中央气象台，促成了新中国成立后首次对外公开广播资料。中日邦交正常化以后，在气象通信枢纽建设、气象卫星地面系统建设、数值预报业务和气象工作的组织管理等方面开展了广泛的交流与合作。

1979年中美签署《中华人民共和国中央气象局和美利坚合众国国家海洋大气局科学技术合作议定书》，拉开双边气象国际合作新的序幕。截至2015年底，中国气象局已与22个国家签署了双边气象科技合作协议，与160多个国家和地区开展了双边气象科技合作与交流。通过与发达国家气象部门开展双边合作，借鉴其先进的技术和管理经验，有力地推动了国内气象业务、服务、科研、管理水平和科技创新工作的进一步发展。近年来，中国气象局从注重规模向提质增效转变，从较为单纯的互访向深层次的合作转变，从被动跟踪向明确需求、以我为主、互利共赢的合作模式转变。针对主要合作国家和组织的业务技术特点和合作优势，针对国家现代化建设中迫切需要解决的业务技术问题，确定不同的重点合作领域和合作的优先级，提高合作项目的效益和整体合力。同时，中国气象部门在双边合作中还向70多个发展中国家提供了气象技术、装备、培训等形式多样的对外援助。

此外，中国气象局本着互惠互利的原则同周边国家开展气象科技合作，让周边国家得益于中国气象事业的发展成果，使中国气象事业也从周边国家气象部门的共同发展中获得裨益和助力。

中国-美国气象科技合作　1979年4月，以美国国家海洋大气局副局长本顿为首的美国代表团和以中央气象局副局长邹竞蒙为首的中国代表团在北京举行会谈。双方决定签署中美大气科技合作议定书，并就议定书草案达成协议。1979年5月，在美国商务部部长克雷普斯女士率代表团访问中国期间，中央气象局第一副局长薛伟民和美国国家海洋大气局局长富兰克分别代表中央气象局和美国国家海洋大气局签署了《中华人民共和国中央气象局和美利坚合众国国家海洋大气局科学技术合作议定书》（以下简称《中美大气科学技术合作议定书》）。

《中美大气科学技术合作议定书》的签订，建立了中美两国在大气科技领域稳定、深入、持久的双边科技合作与交流机制，并建立了联合工作组。在此机制下，中美双方高层、科技和管理人员交往频繁。截至2015年底，双方已举行了19次联合工作组会议，开展合作项目约600个，其中双方在高性能计算机、气象卫星技术、气象卫星资料反演、新一代天气雷达等重大项目合作方面取得了显著成效。

20世纪90年代后，中美大气科技合作领域向气候变化和环境变化的延伸，两国与气象相关的业务、科研、管理部门和大学等非政府机构也逐渐参与到中美大气科技合作的活动中来。美方参与的单位包括国家海洋大气管理局下属的国家天气局、国家海洋局、国家环境卫星数据与信息资料局等单位，以及美国国家科学基金会、国家宇航局、美国大学大气科学联合会、美国能源部等政府或非政府机构。美国气象学会和一些大学也曾参与过相关合作活动。中方参与中美大气科技合作的除中国气象局系统的相关单位外，还涉及国家科技部、中国国家自然科学基金会、国家海洋局、中国科学院大气物理研究所，以及一些大学。

从中美大气科技合作的历程可以看出，双方的合作领域在逐步拓展：由最初传统大气科学领域的分项合作，逐步发展为涵盖天气、气候、环境以及现代化建设等各领域的合作；双方的合作内容更加全面，合作渠道更加多样化；合作理念逐步转变，由学习引进技术逐步发展到合作借鉴互赢；合作层次逐步提升，由业务交流逐步发展到业务、管理和核心科技的合作。中美双方已在季风研究、热带气旋、中尺度气象、资料交换、青藏高原和山地气象、热带海洋与全球大气、大气化学等方面进行合作。随着中美合作的不断深入发展，双方对合作项目进行了筛选。目前合作主要集中在气候与季风、开发性研究、数值天气预报、气象现代化、卫星气象和培训6个领域。

《中美大气科学技术合作议定书》签署以来的30多年间，中美双方在大气科学的各个领域开展了建设性的、卓有成效的合作。美方的一些业务系统和气象科技，如气象卫星系统、卫星资料接收处理、产品开发和卫星气象学、高性能计算机应用、新一代多普勒气象雷达、自动天气观测系统、自动天气信息处理系统、短时临近预报系统、资料再分析系统、大气成分监测、空间天气等的发展对中国气象现代化建设发挥了很好的启示作用。通过中美大气科技合作，加快了中国气象现代化建设步伐，提高了中国的气象科技创新能力和气象科技整体水平，缩短了中国与世界先进水平的距离。美方通过培训与参与计划为中方培养了大批具有国际视野的科技和管理人才。这些人员回国后大都陆续成为中国气象事业发展的科技或管理骨干。中美大气科技合作是中美科技合作议定书框架下各专业科技合作协议执行最好、最富有成果的合作协议之一。

中国-澳大利亚气象科技合作　自1985年3月在堪培拉签订《中华人民共和国国家气象局和澳大利亚气象局气象科技合作谅解备忘录》以来，双方在联合工作组的框架下开展了卓有成效的合作。到2014年，双方已成功举行14次双边工作组会议，在气象卫星和卫星气象、观测、天气预报、热带气象、气候与气候变化、南极气象、教育培训等诸多领域签署了约159个双边合作项目，开展了50多项协议外交流活动，中方约341人次访问澳大利亚，澳方约120人次访华。通过这些合作提高了中澳双方的气象科技水平，为各自国家的国民经济建设做出了贡献。从20世纪80年代末到21世纪初，澳大利亚气象局共接受中方36位科研人员在澳大利亚进行长期培训与科研合作，有效地促进了中国气象事业的发展以及气象现代化建设。

中国-加拿大气象科技合作　1986年6月中国气象局与加拿大政府环境部签署了《中华人民共和国国家气象局和加拿大政府环境部气象合作项目谅解备忘录》，双方在健康与安全、地球观测、气候与气候变化、可持续性以及科技管理人员培训等领域开展了广泛深入的合作，为两国气象事业的发展做出了重要贡献。2001年10月中国气象局局长秦大河与加拿大环境部助理副部长、加拿大气象局局长埃维雷尔（Everell）博士在渥太华签署了《中国和加拿大关于气象、水文、环境预测以及气候变化领域科学技术合作谅解备忘录》。2006年9月双方将该备忘录延长五年。自1987年9月中国与加拿大气象科技合作联合工作组第一次会议至2015年，已召开14次联合工作组会议。多年来，中加双方开展的合作领域包括海洋气象、农业气象、森林气象、山地气象、环境监测、气候和气候变化、中尺度气象、数值天气预报、冰雪圈遥感、积雪观测、气候变化与极端事件、干旱风险评估与旱灾早期预警、洪水预报与水文模拟、强对流天气预报技术、卫星气象、现代化发展和管理战略等。

中国-朝鲜气象科技合作　自20世纪50年代初，中国与朝鲜两国的气象科技合作便逐步开展起来，如抗美援朝时的军事气象保障工作及支援朝鲜气象业务建设。同时，中国为朝鲜培训了多名实习人员，赠送了多种书刊和气象器材。1972年9月中朝两国气象部门在北京签署了《中华人民共和国中央气象局和朝鲜民主主义人民共和国气象水文局气象预报互助合作协定》。1986年7月双方在平壤签署了《中华人民共和国国家气象局和朝鲜民主主义人民共和国气象水文局关于扩大科学技术合作的议定书》。截至2015年底，中朝两国气象部门举行了17次气象科技合作联合工作组会议，开展了内容丰富、形式多样的合作与交流，取得了较大的成绩。近年来，双方的合作领域主要包括气象观测设施、数值天气预报、短期气候预测、季节预报、气候与气候变化、卫星气象、气象通信、防灾减灾、边境地区之间的合作等。通过合作，促进了两国气象科技工作者之间的友谊，帮助朝鲜提升了气象业务、科研和服务水平。

中国-芬兰气象科技合作　中芬两国气象科技合作始于1980年。经双方气象部门的共同努力，1988年10月中芬两国气象部门在北京签署了《中华人民共和国国家气象局和芬兰共和国气象局大气科学技术合作议定书》。截至2015年底，双方在大气科技合作议定书框架下，共举行了12次联合工作组会议。中芬气象科技双边合作使双方获得了新的工作经验和科学技术，提高了气象行业和服务的效率和质量，促进了两国的气象现代化建设，提高了两国气象部门为本国经济社会发展的服务能力。双方已在大气污染防护、天气预报和产品开发、气候和气候变化、卫星资料应用、再生能源、臭氧和紫外线研究、大气成分相互作用、交通气象观测预报与服务、冬季降水相态预报、与气候变化和空气质量相关的大气成分研究、气候变化影响与适应、北极和第三极观测、遥感与空间研究、气象观测站网运行维护、仪器标较及数据质量控制技术等领域开展了合作。

中国-蒙古气象科技合作　1981年10月，中蒙双方代表在北京签署了《中华人民共和国中央气象局和蒙古人民共和国水文气象管理总局关于北京—乌兰巴托气象情报交换和气象电路议定书》，就通过北京—乌兰巴托气象电路扩大气象情报交换达成了一致意见。1987年9月，双方就北京—乌兰巴托气象电路和气象科技合作等问题进行了会谈。1987年9月，双方签署了《中华人民共和国国家气象局和蒙古人民共和国水文气象管理总局气象专家组会谈纪要》。1988年9月，蒙古人民共和国自然环境保护部第一副部长米格玛尔扎布先生率团访问中国，与中方就气象科技合作项目进行了会谈，邹竞蒙局长与米格玛尔扎布第一副部长联合签署了《中华人民共和国国家气象局和蒙古人民共和国自然环境保护部关于北京—乌兰巴托气象情报交换和气象电路议定书》《中华人民共和国国家气象局和蒙古人民共和国自然环境保护部关于气象科学技术合作议定书》和《中华人民共和国国家气象局和蒙古人民共和国自然环境保护部关于气象科技合作项目第一次会谈纪要》。截至2015年底，中蒙两国气象部门共举行了14次气象科技合作联合工作组会议。目前双方开展的合作领域主要包括沙尘暴监测与研究、气象通信、农业气象、卫星气象、数值天气预报、气象信息传播、气候与气候变化、人工影响天气、气象计量、邻近地区之间的合作和培训等。

此外，2009—2010年中蒙双方在蒙古国温都尔汗、阿尔拜赫雷、戈壁阿尔泰联合建立了三个沙尘暴观测站，2011年中方在蒙古国南戈壁省又援建了一个高空气象观测站。通过中蒙气象科技合作，加深了两国气象科技工作者之间的友谊，促进了两国气象现代化的发展，也配合了国家的总体外交，维护了两国的睦邻友好关系。

中国-英国气象科技合作　1991年1月，邹竞蒙局长和霍顿爵士分别代表中英两国气象局签署《中华人民共和国国家气象局和大不列颠及北爱尔兰联合王国气象局大气科学技术合作备忘录》，同年9月双方在英国的布拉克尔举行联合工作组第一次会议。之后几年中双方陆续签署了《中华人民共和国国家气象局和大不列颠及北爱尔兰联合王国气象局关于大气及其有关环境科学技术、相关产品与服务合作的谅解备忘录》《中国科研机构与哈德莱中心联合研究计划》《英国气象局哈德莱气候研究所与中国气象局国家气候中心合作协议》《英国气象局培训学院与中国气象局培训中心合作协议》等一系列协议，截至2015年已召开8次双边工作组会议。随着中国气象业务、科研、服务能力的不断提升，中英合作从战术层面提升到战略层面，即由一般性的参观互访提升为共同合作申请、开发项目。目前，中英双方合作的领域主要包括气候科学与气候服务、无缝隙数值天气预报与气候预测系统、卫星观测与应用等。

中国-越南气象科技合作　20世纪50年代，中越两国气象部门就开展了广泛的合作交流。1954年12月，两国在北京签署了《中华人民共和国政府和越南民主共和国政府关于民用航空通航和援助越南民主共和国建立民用航空站和气象设备问题会谈记录》，中方帮助越方恢复和重建3个气象站，提供气象仪器并派技术人员赴越南工作，帮助越南建站和培训技术人员。自1957年起，越南多次选派气象人员来华进行技术培训。1992年6月中越在北京签署了《中华人民共和国国家气象局代表团和越南社会主义共和国气象水文总局气象代表团关于气象合作的会谈纪要》。同年12月，在越南河内签订《中华人民共和国政府和越南社会主义共和国政府科学技术合作协定》。1993年2月，双方签署了《中华人民共和国国家气象局与越南社会主义共和国气象水文总局气象科学技术合作谅解备忘录》和《中华人民共和国国家气象局与越南社会主义共和国水文气象总局关于恢复重建北京—河内气象电路的协议》。中越双方建立了持久、稳定、深入的气象科技合作和交流机制。截至2015年，先后召开了11次气象科技合作联合工作组会议，就落实两国气象科技合作项目、扩大合作领域、提高合作质量和效益等，确立了一系列重要政策，采取了一系列重要举措。近年双方合作领域涉及天气预报、气象信息交流、邻近地区气象科学交流与合作研究、人才培训、气象计量检定技术交流、业务组织管理、亚洲区域气候预测和气候变化评估等。

据不完全统计，双方的气象科技、业务、服务和管理人员在此期间共开展了200多项双边合作活动，互访和交流大约100批次350人次，中国气象局还帮助越南建立了中国气象局卫星广播系统（CMACast）接收站和气象信息综合分析处理系统（MICAPS）等。通过合作，提升了两国的气象业务和科研水平，提高了两国在台风、暴雨、洪涝、干旱等极端气象灾害的监测预报、预警和服务水平。

中国-俄罗斯气象科技合作　中俄气象科技合作始于新中国建立初期，当时苏联派出专家对新中国的气象业务、科研、管理进行指导。20世纪80年代初期，中苏两国气象部门领导利用参加国际会议的机会，相互对对方的气象业务、科研发展以及机构设置等情况进行考察与交流。1985—1988年，中苏两国气象部门领导就两国气象部门之间如何开展双边合作进行了多次建设性的会谈。1988年9月，双方正式签署《两国气象科技合作谅解备忘录》，同年9月，在苏联举行了中苏气象科技合作第一次工作组会议，以使《两国气象科技合作谅解备忘录》进入实质性合作阶段。自《两国气象科技合作谅解备忘录》签署，两国气象工作在天气预报、区域气候的变化和振动研究、应用气象、农业生产的农业气象保障、人工影响天气、卫星气象、改进通信电路和气象情报交流、热带气象、气象观测仪器与方法等领域开展了30多项交流与合作。

1993年5月，中俄在北京签署《中国气象局与俄罗斯联邦水文气象及环境监测委员会气象科技合作备忘录》。同年12月，中俄气象科技合作第一次会议在华举行。截至2015年，已轮流在两国召开了9次双边工作组会议，开展了约150项合作与交流活动。中俄合作涉及气候变化和预测研究、灾害性天气和其他灾害性水文气象现象的数值模拟和预报、人工影响天气、气象通信系统的改进、环境污染监测、邻近地区中俄气象部门之间的合作、观测方法和设备以及数据质量控制、气象培训等合作领域。同时，中俄人工影响天气专家进行多次互访，交流相关方面经验。中俄双方通过开展重点突出、形式多样、注重实效、互利共赢的气象科技合作，促进了两国的气象事业的发展，提高了两国气象部门为本国经济社会发展的服务能力，使双方都从中受益。

中国-德国气象科技合作　中德气象科技合作始于20世纪80年代初期，当时合作主要集中在气象电路等方面。1993年10月，中德双方在北京签署了《中华人民共和国中国气象局和德意志联邦共和国德国气象局大气科技合作声明》，确定了交换出版物与信息资料、专家互访、交换仪器设备、卫星气象与数值预报、学术研讨会、气象仪器公司合作等合作领域。在双边和多边框架下，中德双方在全球电信系统（GTS）传输资料、为全球降水资料中心（GPCC）提供资料、建立区域或专业卫星气象中心（RSSC）、中尺度数值预报模式（HRM）的研发等方面开展了交流与合作。2007年8月，中国气象局与德国气象局在德国召开双边会议并签署会议纪要，拓展了合作领域，确定了业务预报系统开放技术、气候与气候变化、气象通信、气象分析与模拟瑞士、全球基准高空网、水文气象学以及全球大气观测等合作内容。2008年6月，中德双方在瑞士日内瓦重新签署了《中国气象局和德国气象局大气科学技术合作谅解备忘录》，进一步拓宽了双边合作的领域，补充的内容包括：开展气候变化监测、预估、影响和适应，以及城市气象学、大气化学、大气环境、交通气象和气象灾害影响评估领域的合作；双方在气象仪器领域的合作改为气象探测技术领域的合作。2015年7月，中德气象科技合作双边会议在北京召开，双方同意继续推进气候研究、数值天气预报、综合观测等重点领域的合作。

中国-韩国气象科技合作 1994年7月，中国气象局局长邹竞蒙与韩国气象厅厅长奉钟宪在韩国汉城（今首尔）签署了《中国气象局和大韩民国气象厅气象合作协议》，标志着两国正式建立了固定的双边气象科技合作机制。截至2015年底，中韩两国气象部门共举行了13次联合工作组会议，在科研、业务和服务等领域开展了卓有成效的合作与交流，促进两国气象科技工作者之间的友谊和气象现代化的发展。2003—2006年中韩联合建立了10个沙尘暴观测站，双方通过协议共享观测数据。另外中方于2006年6月起先后向韩方传输7个雷达站的5种图像互换格式（GIF）图像资料；2007年1月起向韩方传输4个观测站1—5月直径≤10 μm的可吸入颗粒物（PM_{10}）一小时质量平均浓度资料；自1998年起，中国浙江省气象局与韩国釜山地方气象厅、中国天津市气象局和韩国大田地方气象厅、中国辽宁省气象局和韩国光州地方气象厅、中国江苏省气象局和韩国济州地方气象厅、中国吉林省气象局和韩国江原地方气象厅先后建立了地方气象部门之间的对口合作交流机制。中韩合作涉及数值天气预报、中尺度气象、气候预测研究、气象通信、气象资料和出版物交换、农业气象、卫星气象、人工影响天气、沙尘暴联合观测与研究、雷达运行技术、自动气象站、公共天气服务、海洋气象、全球大气监测活动、政策合作、资料和信息交换、专家和技术交流、热带气旋研究等领域，有力地促进了两国气象事业的进步和气象防灾减灾事业的发展。

已与中国签署的双边气象科技合作协议（议定书）一览表

序号	国家	签署时间	合作协议（议定书）名称
1	美国	1979年5月8日	《中华人民共和国中央气象局和美利坚合众国国家海洋大气局大气科学技术合作议定书》
		2004年7月16日	《中华人民共和国中国气象局和美利坚合众国国家海洋与大气管理局修订及延长大气科学技术合作议定书的协定》
2	澳大利亚	1985年3月26日	《中华人民共和国国家气象局和澳大利亚气象局气象科学技术合作谅解备忘录》
		2010年6月10日	《中国气象局与澳大利亚气象局关于延长和修订气象科学技术合作谅解备忘录的协议》
3	加拿大	1986年6月1日	《中华人民共和国国家气象局和加拿大政府环境部气象合作项目谅解备忘录》
		2001年10月23日	《中国和加拿大关于气象、水文、环境预测以及气候变化领域科学技术合作谅解备忘录》
4	朝鲜	1986年7月24日	《中华人民共和国国家气象局和朝鲜民主主义人民共和国气象水文局关于扩大科学技术合作的议定书》
5	蒙古	1988年9月12日	《中华人民共和国国家气象局和蒙古人民共和国自然环境保护部关于气象科学技术合作议定书》
6	苏联	1988年9月21日	《中华人民共和国国家气象局和苏维埃社会主义共和国联盟国家水文气象委员会气象科技合作备忘录》
7	芬兰	1988年10月22日	《中华人民共和国国家气象局和芬兰共和国气象局大气科学技术合作议定书》
		2010年6月10日	《中国气象局和芬兰气象局关于修订和延长大气科学技术合作的议定书》
8	英国	1991年1月29日	《中华人民共和国国家气象局和大不列颠及北爱尔兰联合王国气象局大气科学技术合作备忘录》
		2002年10月29日	《中华人民共和国中国气象局和大不列颠及北爱尔兰联合王国气象局关于大气及其有关环境科学技术、相关产品与服务合作的谅解备忘录》
		2014年3月25日	《中国气象局与代表大不列颠及北爱尔兰联合王国商业创新与技能部国务大臣的英国气象局之间谅解备忘录》
9	越南	1993年2月13日	《中华人民共和国国家气象局和越南社会主义共和国气象水文总局气象科学技术合作谅解备忘录》
10	俄罗斯	1993年5月22日	《中国气象局和俄罗斯联邦水文气象及环境监测委员会气象科技合作备忘录》
11	德国	1993年10月14日	《中华人民共和国中国气象局和德意志联邦共和国德国气象局大气科技合作声明》
		2008年6月23日	《中国气象局和德国气象局大气科学技术合作谅解备忘录》
12	韩国	1994年7月11日	《中国气象局和大韩民国气象厅气象合作协议》
13	哈萨克斯坦	1995年9月11日	《中国气象局和哈萨克斯坦共和国部长内阁水文气象总局气象科技合作协议》
14	吉尔吉斯斯坦	1996年7月4日	《中国气象局和吉尔吉斯斯坦共和国政府国家水文气象局气象科技合作协议》
15	瑞典	1996年9月20日	《中国气象局和瑞典气象水文局大气科技合作议定书》
16	丹麦	1996年9月27日	《中国气象局和丹麦气象局大气科技合作议定书》
17	印度	1997年3月7日	《中国气象局和印度气象局气象科技合作谅解备忘录》
18	法国	1998年2月19日	《中国气象局与法国气象局气象科学技术合作协议》
		2003年2月24日	《中国气象局与法国气象局气象科学技术合作协议》
19	伊朗	1999年8月18日	《中国气象局和伊朗伊斯兰共和国气象局谅解备忘录》
20	巴基斯坦	2006年2月20日	《中华人民共和国中国气象局和巴基斯坦伊斯兰共和国巴基斯坦气象局气象科技合作谅解备忘录》
21	古巴	2006年10月11日	《中华人民共和国中国气象局和古巴共和国科技与环境部合作框架协议》
22	印度尼西亚	2013年10月2日	《中国气象局与印度尼西亚共和国气象、气候和地球物理局气象和气候领域合作谅解备忘录》

中国-印度气象科技合作　中国气象局与印度气象局于1997年签署了《中国气象局和印度气象局气象科技合作谅解备忘录》，并召开中印气象科技合作联合工作组第一次会议。截至2005年底，双方共召开了3次联合工作组会议。印度科技部部长、印度气象局局长分别于2006年及2008年率团访问中国气象局。2009年4月，国家气候变化专家委员会组团访问印度，与印度专家进行交流。双方合作领域包括亚洲季风研究、气候变率和变化、热带气旋、包括雷达的地面观测系统、数据交换通讯连接、卫星气象、数值天气预报、环境气象、大气化学以及出版物交换等。由于种种原因，近年未继续召开联合工作组会议。

中国-法国气象科技合作　1998年2月中国气象局与法国气象局在法国巴黎签署了《中国气象局与法国气象局气象科学技术合作协议》，并于2008年10月续签5年。到2014年，双方共举行了5次联合工作组会议，在气象科技的许多领域开展了卓有成效的合作，促进了两国的气象现代化建设进程，提高了两国气象部门的服务能力。目前，中法两国气象部门的合作领域涉及雷达气象、气候研究、培训、交通气象、极端天气气候事件诊断与评估、卫星气象及其在临近预报中的应用等。

中国-巴基斯坦气象科技合作　1975年8月，巴基斯坦气象代表团访问中国，就中巴航线气象保障、建立卡拉奇—北京气象电路事宜进行商谈。2005年3月，中国气象代表团访问巴基斯坦，商讨双边气象科技合作框架。2006年2月，中国气象局与巴基斯坦气象局在北京签署了《中华人民共和国中国气象局与巴基斯坦伊斯兰共和国巴基斯坦气象局气象科技合作谅解备忘录》。截至2015年底，两国在联合工作组框架下共举行了两次气象科技合作联合工作组会议，涉及的合作领域包括天气和气候、气象通信、数值天气预报系统、国际极地年活动、卫星气象、气象研究与教育培训等。2012年6月，两国气象部门在瑞士日内瓦签署了《中国气象局与巴基斯坦气象局关于气象信息共享的合作安排》。2006—2012年，中国先后向巴基斯坦捐赠了气象仪器设备及中国气象局卫星广播系统（CMACast）和气象信息综合分析处理系统（MICAPS）。2011年9月，中国气象局与巴基斯坦气象局建立了中巴气象通信连接，实现了中巴实时气象资料的直接交换。2007—2013年，WMO南京区域培训中心共接收11名巴基斯坦学员参加9个国际培训班；2009年资助10名巴基斯坦留学生攻读气象学等专业的硕士学位，2012年起资助3名巴基斯坦学员在南京信息工程大学攻读博士学位。

中国-印度尼西亚科技合作　2013年10月2日，中国外交部部长王毅与印度尼西亚交通部部长芒因达安分别代表双方，在中国国家主席习近平和印度尼西亚总统苏西洛共同见证下签署了《中国气象局和印度尼西亚共和国气象、气候与地球物理局气象和气候领域合作谅解备忘录》。双方商定将在气象、气候、空气质量、气候变化和仪器等领域开展合作。印度尼西亚曾多次派高级别代表团到中国气象局就气象现代化、法制建设等进行考察调研。

（胡晓平）

世界气象组织

Shìjiè Qìxiàng Zǔzhī

世界气象组织（World Meteorological Organization，WMO）　联合国的专门机构之一，负责协调各国气象业务和有关活动的国际机构。世界气象组织的前身是国际气象组织，创建于1873年，为非政府间机构，中国是国际气象组织的创始国之一。1935年国际气象组织第七次局长会议决定酝酿改组为政府间组织——世界气象组织。1947年9—10月在美国华盛顿召开了有45国气象局长参加的会议，会议讨论通过了世界气象公约草案和世界气象组织加入联合国的问题。有31个国家在公约上签字，中国是签字国之一。1950年3月召开第一次世界气象大会，通过了世界气象组织与联合国关系的协议草案，国际气象组织更名为世界气象组织。1951年12月30日联合国大会通过决议，接纳世界气象组织成为联合国的一个专门机构，其总部设在瑞士日内瓦。1971年联合国恢复中华人民共和国的合法权利，1972年世界气象组织通过决议，承认中华人民共和国的代表为世界气象组织的唯一合法代表。中国香港和澳门是世界气象组织的地区会员。

WMO现由185个国家会员和6个地区会员（包括中国香港和中国澳门）组成。原则上每个国家气象水文部门的局长为WMO的常任代表。1972年2月世界气象组织承认中华人民共和国代表为中国的唯一合法代表后，中国气象局副局长张乃召、吴学艺，局长邹竞蒙、温克刚、秦大河、郑国光先后为WMO中国常任代表，并担任执行理事会成员。WMO主席和秘书长通过世界气象大会选举产生。

世界气象组织的宗旨　为开展气象、水文以及与气象有关的地球物理观测而推动站网设置方面的国际合作，促进设置和维持各种中心以提供气象和与气象有关的服务；促进建立和维持气象及有关信息快速交换系统；促进气象及有关观测的标准化，确保以统一的规范出版观测和统计资料；推进气象学应用于航空、航海、水利、农业和人类其他活动；促进业务水文活动，增进气象与水文部门间的密切合作；鼓励气象及有关领域内的研究和培训，帮助协调研究和培训。

世界气象组织的组织结构　WMO 由世界气象大会、执行理事会、区域协会（包括 6 个区域协会）、技术委员会（按业务性质共分为 8 个技术委员会）和秘书处构成。

世界气象大会　WMO 的最高权力机构，通常每四年召开一次。每个会员须派其气象局或水文气象局局长为首席代表。大会制定或修订 WMO 的总则、技术规则、财务规则和人事规则。大会的重要职责是选举本组织主席、副主席和除区协主席以外的执行理事会成员，其任期至下届大会止；批准未来四年战略计划及预算及其他科研、业务议题。

执行理事会　WMO 的主要执行机构，每年召开一次会议。其职责包括世界气象组织所有活动，主要为：在财务允许范围内实施大会决定；对直接或间接影响 WMO 的所有发展进行审议；对下次大会提出意见和建议，包括根据秘书长的建议提出未来 4 年计划和预算建议。此外，执行理事会每年组织国际奖评选活动，其中最重要的是国际气象组织奖，这被认为是世界气象组织的最高奖。由执行理事会评选的另外三种奖为：WMO 青年科学家研究奖，旨在鼓励气象领域青年科学家研究工作；维拉·维萨拉奖，旨在表彰仪器和观测方法领域的研究和改进；诺贝尔·热尔贝-默姆奖，旨在表彰气象与物理、自然或人类科学相互影响方面的原创论文，由于默姆基金会从 2014 年起不再为此奖项提供支持，该奖已从 2014 年起暂停。

区域协会　是由国际气象组织 1935 年为给定的地理区域处理区域性质的一些特殊问题，并为加强气象局局长之间的合作而建立的。这些机构当时称为区域委员会，其作用很快显示出来，并在后来拟定世界气象组织公约时得到充分肯定。在该公约中保留了建立这种机构的条款，定名为区域协会（简称区协）。区协的职责包括指导和组织本区协会员开展各项 WMO 活动，促进与技术委员会、相关区域组织的合作协调，根据 WMO 战略计划制定区域运行计划及其他实施计划。一般 4 年举行 1 次届会。总则规定设立 6 个区域协会——一区协（非洲）、二区协（亚洲）、三区协（南美洲）、四区协（北美和中美洲和加勒比地区）、五区协（西南太平洋）和六区协（欧洲）。

技术委员会　专门处理相应科学或其应用问题的国际气象专家小组，在世界气象组织前身国际气象组织的初期就已形成，由相应政府指派专家在其自愿基础上为其相应职责的领域服务。WMO 共设有 8 个技术委员会（见第 278 页 世界气象组织技术委员会）。技术委员会在 WMO 中发挥着关键性作用，使气象学和水文学各领域中的专家聚集在一起，交流知识和意见。

秘书处　秘书处对大会任命的秘书长提供支持，其主要职能有：是 WMO 的行政、文件和情报中心；在执行理事会的指导下，对大会通过的科学技术计划与技术委员会进行密切合作，实施日常计划管理职能；在大会或执行理事会的指导下，进行技术问题的研究；在相应的总则条款范围内，组织并履行大会、执行理事会、区域协会和技术委员会的秘书职责；编写或编辑、安排出版和分发 WMO 已批准的出版物；提供相应的公共关系服务；保存各会员贯彻 WMO 决定情况的记载；保存秘书处的公函宗卷；履行公约和 WMO 各条例授予秘书处的职责，承担大会、执行理事会和本组织主席决定的其他工作。

中国参与 WMO 活动情况　中国是 WMO 前身——国际气象组织的最早创始国之一。WMO 也是中国在联合国恢复合法地位后最早加入的联合国组织之一。中国在 WMO 一直发挥着积极作用。中国气象局原局长邹竞蒙曾担任过两届 WMO 主席，中国气象局原副局长颜宏曾先后担任 WMO 助理秘书长和副秘书长。自 1973 年以来，中国气象局局长一直是 WMO 执行理事会成员。中国气象局原副局长张文建曾担任 WMO 秘书处观测与信息系统司司长（2008 年—2016 年 8 月），并自 2016 年 9 月起担任 WMO 助理秘书长，国家气象中心原主任施培量现担任 WMO 秘书处信息系统室主任，上海市气象局原局长汤绪现担任天气和减轻灾害风险服务司司长。此外还有多位中国气象工作人员在 WMO 秘书处不同的岗位上任职。

（徐相华）

Guójì Qìxiàng Zǔzhī

国际气象组织（International Meteorological Organization，IMO）　世界气象组织的前身，是在 1873 年第一届国际气象大会上创建的非政府间机构（见第 276 页 世界气象组织）。1947 年在华盛顿召开有 45 个国家和 30 个地区气象组织机构负责人参加的会议，决定把国际气象组织改组为政府间组织——世界气象组织，并且通过了《世界气象组织公约》，中国是公约签字国之一。

（徐相华）

Shìjiè Qìxiàng Zǔzhī Jìshù Wěiyuánhuì

世界气象组织技术委员会（Technical Committee of the World Meteorological Organization） 世界气象大会设立若干由本组织会员的技术专家组成的委员会。技术委员会的主要职责包括：研究并回顾科学技术进展；研究提出气象和水文业务工作的方法、程序、技术和规范，包括技术规则、指南、手册；通过组织讲习班、讨论会、编制有关材料，或其他机制，协助促进会员间进行方法学和知识转让；通过有关渠道与其他有关国际组织保持在科学技术问题上的密切合作。技术委员会通常每四年举行一次届会，届时选举主席和副主席各一名。WMO（世界气象组织）设有8个技术委员会，分为2类：①基本委员会：基本系统委员会（CBS）、仪器和观测方法委员会（CIMO）、水文学委员会（CHy）、大气科学委员会（CAS）；②应用委员会：航空气象学委员会（CAeM）、农业气象学委员会（CAgM）、气候学委员会（CCl）、世界气象组织/政府间海洋学委员会（WMO/IOC）海洋学和海洋气象学联合技术委员会（JCOMM）。技术委员会一般通过设立管理组或咨询组、开放领域专家组、专题组、报告员等下设机构开展工作。中国专家在8个技术委员会中均担任管理组或专家组成员。

基本系统委员会（CBS） 该委员会的主要活动涉及观测、资料处理、通信和管理的综合系统的发展、实施与运行，以及公共天气服务，以响应世界气象组织各计划提出的需求和技术发展带来的机遇。CBS是世界天气监视网计划（WWW）、世界气象组织空间计划和公共天气服务计划的牵头技术委员会。基本系统委员会现下设1个管理组和4个开放计划领域组（综合观测系统开放计划领域组、信息系统和服务开放计划领域组、资料处理和预报系统开放计划领域组和公共天气服务开放计划领域组）。每一个开放计划领域组通过若干专家组和实施协调组来制订计划并协调在全球范围内的实施。同时还设有报告员与协调员，负责一些专题，特别是WMO范围内的交叉性问题。基本系统委员会的主要职责有：在观测、资料处理、预报、通信和资料管理等综合系统的发展及运行上，与各会员、其他技术委员会和有关机构合作；支持WMO的所有计划，尤其是为减轻灾害风险做贡献；结合气象、水文、海洋和相关环境科学方面新的应用需求，评估并发展公共基础设施，以满足各技术委员会和区域协会，以及相关组织的要求；为制定和实施公共气象服务计划、WMO空间计划、全球气候服务框架作贡献；处理、存储和检索基本资料；按用户需求进行系统及技术的开发和应用；帮助会员解决在观测系统、设施和站网（陆地、海洋、高空和空间），特别是WMO全球综合观测系统方面存在的技术问题；分配无线电频率，发展用于业务、研究以及应用的全球通信系统设施，特别是发展和实施WMO信息系统；根据WMO各项计划的要求，开发和实施有关业务规程以便交换并获取天气、气候和水的信息（资料和产品），包括警报信息；负责资料管理原则、程序和规范的制订与应用，监测和评估包括世界天气监视网在内的基础设施状况。

仪器和观测方法委员会（CIMO） 该委员会负责为气象、水文、海洋和相关地球物理和环境变量的观测仪器和观测方法的使用制订技术标准、质量控制程序和指南材料，是WMO全球综合观测系统（WIGOS）所有观测的基础。它还与相关的从事气象观测的伙伴组织开展密切合作，如国际气象卫星协调组织（CGMS）、地球观测组织（GEO）等。其职责包括：对标准化、可兼容观测方面的需求做出响应，包括资料质量、元资料和观测产品的生成；针对仪器和观测方法的有效和可持续地使用提供咨询、建议和促进相关研究，包括质量管理程序，如测试、预防性维修、检定和质量保证的方法；开展和/或协调全球和区域仪器比对以及仪器和观测方法性能的测试；与国际度量衡局和国际标准化组织等其他国际组织合作，促进测量的可追溯性，以推广国际标准的执行，包括在基准仪器和仪器检定、开发和测试方面按照世界、区域、国家和先进中心进行有效的分类；促进空基和地基（实地和遥感）观测的兼容性、比对、融合和互操作性，包括开展测试基地观测试验；鼓励在气象、水文、海洋和相关地球物理和环境变量的观测仪器和观测方法领域开展研究和开发新的方法；促进适用和经济的仪器和观测方法的生产和开发，尤其注意发展中国家的需求；支持仪器和观测方法领域的培训和能力建设活动；与科研机构和仪器制造商保持联系，在业务中引进新的观测系统。

水文学委员会（CHy） 该委员会关注WMO与水资源相关的活动以及与基本水文观测网络、水资源评价、洪水预报和管理、气候变率和变化的适应能力、技术交流和能力建设推动有关的活动。该委员会由水文气象学委员会（CHM）发展而来。世界气象组织第四次大会决定世界气象组织应与联合国专门机构及其他国际组织合作，支持联合国发展十年计划和实施国际水文十年计划，并扩大了水文气象学委员会的作用，在世界气象组织第六次大会上最终确定将该委员会更名为水文学委员会（CHy），使其职责更加明确地反映出水文界内外的广泛活动。通过水文学委员会，世界气象组织在1977年的联合国水大会上发挥了突出的作用，并根据联合国水大会设立的目标，对世界气象组织业务水文学计划做了必要修改，以便与大会决议和行动计划保持一致。水文学委员会最重要的成就是建立了业务系统，即水文业务综合子计划（HOMS）。该计划为从事业务水文学和水文研究的国家、地区和国际机构提供服务，旨在促进发达国家水文部门向一些国家特别是发展中国家水文部门提供所需的水文技术、方法和软件援助。

大气科学委员会（CAS） 该委员会负责促进、协调和推动大气科学包括天气及其预报、气候、水、大气化学和相关环境科学的科研、科研成果的获取、科研向业务的技术转化、培训和能力建设活动。委员会的具体职责包括：确定WMO会员的需求，包括对环境和气候公约的支持方面的需求，并促进关于大气科学问题的知识、技术的转让；支持和促进大气及相关学科研究，以更大的地球系统为背景提高对大气过程的认识和预报；通过全球大气监测网计划来观测和研究大气状况，重点包括温室气体、大气化学和空气质量，为支持国际环境、气候公约及政策的科学评估做贡献；维持和发展世界天气研究计划，包括全球观测系统研究与可预报性试验（THORPEX），重点突出对灾害性天气的认知以及多学科研究的伙伴关系，以推进广阔的环境预测科学；促进WMO会员、国际性科学组织、环境机构和其他科学机构间的合作和大气科学的函数、常数、术语、文献规范的标准化；支持和促进大气科学研究成果的有效转化，以便减轻天气、气候和污染对社会、经济和生态系统的社会影响；根据会员的要求或随着委员会各项科学计划的开展，对大气科学现状进行科学评估。大气科学委员会依靠管理组、世界天气研究计划科学指导委员会、环境污染和大气化学科学指导委员会以及由CAS与世界气候研究计划（WCRP）数值试验工作组联合建立的预报检验研究工作组开展工作。

航空气象学委员会（CAeM） 该委员会旨在为航空提供气象保障，以满足航空安全、经济和高效空中飞行的要求，主要负责推动航空气象计划的实施。委员会的职责包括：与国际民航组织（ICAO）密切合作，致力于促进国际空中导航气象服务的国际标准化，并帮助会员达标；与相关的WMO机构合作，推动和促进经验的国际共享、技术交流和研究成果的汲取，包括开展相应的试点项目，以满足用户对于航空气象信息和服务不断发展的需求；与ICAO及其他利益攸关方密切合作，开发更先进的航空气象服务产品，以支持未来的空中交通管理系统；与其他WMO机构和ICAO合作，协调制订指南、培训材料和发展培训项目，以确保会员符合航空气象人员的能力和资质要求；与区域协会合作，考虑和响应会员在航空气象方面的优先重点需求，并支持能力发展活动，以促进提供优质航空气象服务，尤其是在发展中国家和最不发达国家；与ICAO、区域机构和会员合作，改进管理和提升效率，包括在航空气象服务提供及开发相关成本回收机制方面加强区域和次区域的合作；保持并建立与相关航空用户和利益攸关方组织的伙伴关系，并就航空气象学问题开展合作。中国香港在2010年承办了航空气象学委员会第十四次届会，香港天文台台长岑智明任该委员会主席（2010—2018年）。中国气象局与民航总局共同参与该委员会的相关活动，中国气象局还利用在空间天气方面的优势深入参与空间天气跨计划协调组的工作。

农业气象学委员会（CAgM） 该委员会为农业气象服务制订方法和程序方面的国际标准并提供指南。农业气象学委员会积极利用其工作组和报告员撰写的报告来传播知识，鼓励和指导WMO各会员国编写自己国家气象信息应用及价值方面的进展报告。除作物和畜牧生产外，这些材料还涉及诸如植物病虫害、干旱评价和监测、抗御沙漠化、林业及污染和大气成分对农业生产的影响等课题。委员会的职责包括：支持气象科学应用于农业、畜牧业、林业、牧场和渔业管理（以下简称农业子行业）；通过向其转让知识、方法和技术，提供咨询等方式来协助会员发展和提供农业气象服务；改进协调与协作机制，促进农业子行业的天气气候信息用户与天气气候服务提供方的联系互动；确定农业资料和信息需求；促进对有效沟通方法和途径的开发利用，以获取并向农业子行业传播农气信息、咨询和预警，并获取反馈意见；更好地认识天气和气候与干旱和荒漠化之间的相互作用。

气候学委员会（CCl） 该委员会的使命是在世界气候计划和全球气候服务框架下，在WMO范围内推动、主导、实施、评估和协调各项国际科学技术活动，以获取并应用气候信息和知识，支持社会—经济的可持续发展和环境保护。气候学委员会的职责包括：对有关实施全球气候服务框架的WMO气候活动提供咨询和指导；协助会员收集、管理和共享气候资料；促进对气候系统的分析、监测、评估和报告；与基本系统委员会一起，促进气候产品和服务及其提供机制的开发；与有关机构合作，促进气候产品、服务和信息的开发，用于适应和气候风险管理，并证明这种服务的社会和环境效益；协助会员，特别是发展中国家和最不发达国家的会员，建立气候方面的能力，以满足其利益相关者的需求；在WMO人与其他联合国和国际机构就气候相关事务的互动方面发挥积极作用。

世界气象组织/政府间海洋学委员会（WMO/IOC）海洋学和海洋气象学联合技术委员会（JCOMM） 该委员会由世界气象组织和（联合国教科文组织）政府间海洋学委员会于1999年成立，负责协调全球范围内的海洋气象和海洋服务及它们的支持性观测、资料管理和能力建设计划。JCOMM 协调、制订并推荐针对全面综合的海洋观测、资料管理和服务系统的标准和程序。JCOMM 的长期目标是：①加强海洋气象和海洋学服务的提供；②在全球海洋观测系统（GOOS）和 WMO 全球综合观测系统/WMO 信息系统（WIGOS/WIS）的背景下，并作为对全球综合地球观测系统（GEOSS）的贡献，协调加强和长期维护对全球综合海洋气象和海洋学观测及资料管理系统；③管理所有海洋会员/会员国的有效和高效的计划的发展。该委员会全体会议对其下属的工作组、专家组以及委员会报告起草人准备的活动、提案和建议进行审议并据此提出有关成员国行动的建议，供 WMO 和 IOC 有关的理事会审议并采纳。

（徐相华）

Shìjiè Qìxiàng Zǔzhī Qūyù Xiéhuì
世界气象组织区域协会（Regional Associations of WMO） 国际气象组织（IMO）在1935年应非洲气象局局长的要求建立了区域委员会，旨在为给定的地理区域处理区域性质的一些特殊问题，并为加强气象局局长之间的合作。国际气象组织更名为世界气象组织后，区域协会活动延续进行。第一次世界气象大会（1951年）建立了以下六个区域协会（简称区协），负责协调各自区域的气象、水文和相关活动：一区协（非洲）、二区协（亚洲）、三区协（南美洲）、四区协（北美洲、中美洲和加勒比）、五区协（西南太平洋）、六区协（欧洲）。第四次世界气象大会（1963年）决定沿60°S 界定一区协、第三及五区协的南部分界，将南极洲地区划分出来，并设立执行理事会南极气象工作组负责协调南极气象工作。世界气象组织的区域包括海洋和陆地。一些会员由于其领土涉及两个或两个以上区域，它们可能属于几个区协。区协的职能包括：促进大会和执行理事会决议在区域内的实施；审议执行理事会提请注意的事项；讨论具有共同利益的事项，协调本区域内气象及有关活动；就本组织宗旨范围内的事项，向大会和执行理事会提出建议；选举区协主席和副主席。区协每四年召开一次会议，就区协未来四年的战略运行计划、WMO 的计划和项目在区域内的实施、管理机构设置、未来挑战等进行决策。

二区协（亚洲）（RAⅡ） 二区协由亚洲35个会员组成，其中包括中国、中国香港和中国澳门。中国一直在二区协发挥着积极作用。中国气象局局长一直担任二区协管理组成员，中国推荐的专家担任二区协各个工作组或专家组的组长或成员。中国发起或参与二区协的各类计划和项目以及示范项目，如数值预报、气候服务信息共享、官方中期天气预报、减灾、综合观测系统、航空气象等，为 WMO 计划和项目在二区协的实施做出了贡献。

1988年9月，世界气象组织第二区域协会第九届会议在中国国家气象局召开。这是新中国建立以来第一次在华召开大型国际气象业务行政会议。22个国家和地区会员的代表团及来自其他区协的观察员和有关国际机构的代表共100余人出席了会议。中国国家气象局、外交部、财政部、总参谋部气象局、中国科学院和民用航空局等单位的30多名代表参加了会议。

（徐相华）

Shìjiè Qìxiàng Zǔzhī kējì jìhuà
世界气象组织科技计划（scientific and technical programmes of WMO） 世界气象组织通过开展一系列科技计划来推进全球气象科学技术的研究和发展，促进气象业务水平的提高，帮助会员适应新的形势和需求，提供内容广泛的气象水文服务，从而实现社会经济效益。截至2015年，世界气象组织科技计划由20项主要计划构成，各主要计划又包括若干子计划，如下表所列。

世界气象组织科技计划一览表（截至2015年）

序号	计划名称
1	世界天气监视网计划（World Weather Watch Programme，WWW） 　　全球观测系统（Global Observing System，GOS） 　　全球电信系统（Global Telecommunication System，GTS） 　　全球资料加工和预报系统（Global Data-processing and Forecasting System，GDPFS） 　　WWW 资料管理支持计划（WWW Data Management support programme，WWWDM） 　　WWW 系统支持活动（WWW System Support Activity，WWWSSA） 　　仪器和观测方法计划（Instruments and Methods of Observation Programme，IMOP） 　　紧急响应活动（Emergency Response Activities，ERA） 　　WMO 南极活动（WMO Polar Activities）

续表

序号	计划名称
2	全球大气监视网计划（Global Atmosphere Watch Programme，GAW）
3	世界天气研究计划（World Weather Research Programme，WWRP）
4	水文和水资源计划（Hydrology and Water Resources Programme，HWRP） 　　水文基本系统（Basic Systems in Hydrology） 　　水文预报与应用（Forecasting and Applications in Hydrology） 　　水文和水资源管理的能力建设（Capacity-building in Hydrology and Water Resources Management）
5	世界气候计划（World Climate Programme，WCP） 　　世界气候研究计划（World Climate Research Programme，WCRP） 　　全球气候观测系统（Global Climate Observing System，GCOS） 　　世界气候服务计划（World Climate Services Programme，WCSP） 　　气候变化脆弱性及影响与适应研究计划（Global Programme of Research on Climate Change Vulnerability, Impacts and Adaptation，PROVIA）
6	世界气候研究计划（World Climate Research Programme，WCRP） 　　气候与冰冻圈（Climate and Cryosphere，CliC） 　　气候变率与可预测性（Climate Variability and Predictability，CLIVAR） 　　全球能量与水循环试验（Global Energy and Water Cycle Experiment，GEWEX） 　　平流层过程及其在气候中的作用（Stratospheric Processes And their Role in Climate，SPARC）
7	世界气象组织空间计划（WMO Space Programme，WMO SP） 　　综合空基观测系统（Integrated space-based observing system） 　　调用和使用卫星资料和产品（Availability and use of satellite data and products） 　　信息和培训（Information and training） 　　空间天气协调（Space Weather Coordination）
8	公共天气服务计划（Public Weather Services Programme，PWSP） 　　服务和产品改进（Services and products improvement） 　　产品分发和传递（Dessemination and communication of products） 　　支持防灾减灾（Support to disaster prevention and mitigation） 　　社会经济应用（Socio-economic applications） 　　公共教育和宣传（Public education and outreach） 　　教育和培训（Education and training）
9	农业气象计划（Agricultural Meteorology Programme，AgMP）
10	热带气旋计划（Tropical Cyclone Programme，TCP）
11	海洋气象和海洋学计划（Marine Meteorology and Oceanography Programme，MMOP）
12	世界气象组织质量管理框架（WMO Quality Management Framework，WMO QMF）
13	信息和公共事务计划（Information and Public Affairs Programme，IPAP）
14	自愿合作计划（Voluntary Cooperation Programme，VCP）
15	教育和培训计划（Education and Training Programme，ETRP） 　　人力资源开发（Human resources development） 　　培训活动（Training activities） 　　教育和培训奖学金（Education and training fellowships） 　　支持WMO其他计划下的培训活动（Support to training events under other WMO Programmes）
16	世界气象组织最不发达国家计划（WMO Programme for the Least Developed Countries，WMO PLDC）
17	小岛屿发展中国家和小岛屿地区会员计划（Programme for WMO SIDS and Member Island Territories）
18	区域计划（Regional Programme，RP）
19	减轻灾害风险计划（Disaster Risk Reduction Programme，DRR）
20	航空气象计划（Aeronautical Meteorology Programme，AeMP）

世界天气监视网计划（WWW） 该计划的总体目标是促进各类气象系统的发展、运行和改进，包括：观测和交换气象及相关资料，制作和分发分析和预报产品，灾害性天气咨询和警报及相关业务信息。该计划包含8个部分：全球观测系统；全球电信系统；全球资料加工和预报系统；WWW资料管理支持计划；WWW系统支持活动；仪器和观测方法计划；紧急响应活动；世界气象组织南极（包括高山）活动。其中前3个部分是其核心部分。仪器和观测方法计划、紧急响应活动和世界气象组织南极活动是对核心部分的补充和加强。（参见第283页世界天气监视网计划）

全球大气监视网计划（GAW） 该计划的总体目标是提供关于大气化学成分及其自然和人为变化的科学数据和信息，增进人们对大气、海洋和生物圈间互动的理解，更好地认识并控制人类活动对全球大气带来的日益增加的影响。该计划关注的领域包括气溶胶、温室气体、反应性气体、臭氧、紫外线辐射和降水化学，支持政府间气候变化专门委员会和《联合国气候变化框架公约》《保护平流臭氧层维也纳公约》《空气污染物远距离跨界公约》等履约活动。

世界天气研究计划（WWRP） 该计划的总体目标是提升公众安全、生活质量、经济繁荣和环境质量。该计划关注的重点领域包括：推进天气科研，重点推进对高影响天气的理解和预报；进一步理解社会如何受到高影响天气和高影响天气预报的影响以及社会做出的反应，从而改进对天气信息的利用，推进环境预报科学，促进科研成果在国家气象水文部门和最终用户中的业务应用。在世界天气研究计划下开展的为期十年的观测系统研究与可预报性试验（THORPEX）于2014年底结束，后续启动的高影响天气项目、次季节到季节预报项目、极地预报项目将延续之前的工作。（参见气象科学基础卷世界天气研究计划）

水文和水资源计划（HWRP） 该计划的总体目标是通过整合水文、气象、气候信息和预报，改进水资源管理，预防和减轻与水有关的灾害，以满足水资源可持续开发的需要，并帮助各级水文部门开展气候变化适应工作。该计划包含3个组成部分：水文基本系统；水文预报和应用；水文和水资源管理能力建设。该计划通过科技成果应用、技术转让和能力建设促进会员特别是发展中国家和转型国家能力的提高。（参见气象科学基础卷世界气象组织水文和水资源计划）

世界气候计划（WCP） 该计划的总体目标是：改进对气候过程的理解以确定对气候（包括气候变率和变化）的可预测性，辨别人类对气候的影响程度，提升气候预测和预估能力；改进对全球气候系统的综合观测，促进对气候资料的有效收集和管理，加强对全球到局地尺度气候变率和变化的监测和评估；提升对用户有针对性的气候服务；加强气候知识和信息的有效应用，从而更好地管理气候变率和变化带来的各种风险，并将这类信息融入规划、政策、规范，促进各国特别是发展中国家和最不发达国家的能力开发，使它们能够为全球气候服务框架（GFCS）的运行做出贡献并从中受益。该计划由4部分组成：世界气候研究计划（WCRP）；全球气候观测系统（GCOS）；世界气候服务计划（WCSP）；气候变化脆弱性及影响与适应研究计划（PROVIA）。（参见气象科学基础卷世界气候计划）

世界气候研究计划（WCRP） 该计划的总体目标是确定气候的可预报程度和人类活动对气候的影响。主要研究重点包括：观测地球系统各部分的变化，以及它们之间相互作用的变化；提高对全球及区域气候变率和变化以及变化机理的认知；对全球及区域气候的显著趋势开展评估和归因研究；发展和改进数值模式和预测技术，从而能够模拟、预测和评估各种时空尺度的气候系统；研究气候系统对自然和人为强迫的敏感性，并估算特定干扰影响引起的变化；促进气候科研成果转化，应用于可持续发展和气候服务。该计划由四个项目组成：气候与冰冻圈（CliC）；气候变率与可预测性（CLIVAR）；全球能量与水循环试验（GEWEX）；平流层过程及其在气候中作用（SPARC）。（参见气象科学基础卷世界气候研究计划）

世界气象组织空间计划（WMO SP） 该计划的总体目标是促进气象卫星资料和产品的普遍提供和应用。主要任务包括：协调所有WMO计划中的环境卫星活动；就气象、水文和相关学科的遥感技术及应用问题提供指导；促进卫星相关机构之间的国际合作。该计划由4部分组成：综合空基观测系统；卫星资料和产品的提供和使用；信息和培训；空间天气协调。（参见气象预报预测卷世界气象组织空间计划）

公共天气服务计划（PWSP） 该计划的总体目标是通过提供综合气象和相关环境服务来提高会员满足社会需求的能力，使公众更好地了解国家气象水文部门的能力并最好地利用气象水文服务，从而保障人民的生命、生活和财产安全。该计划由6部分组成：服务和产品改进；产品分发和传播；支持防灾减灾；社会经济应用；公共教育和宣传；教育和培训。（参见气象服务卷公共天气服务计划）

农业气象计划（AgMP） 该计划的总体目标是协助会员向农业部门和农民提供气象信息和相关服务，帮助他们发展可持续的、环境友好的、经济上可行的农业系统，提高农业产量和品质，减少损失和风险，降低成本，增加水、劳动力和能源的利用效率，节约自然资源，以及减少农药或其他破坏环境物质造成的污染。该计划推动了农业技术在可持续粮食生产中的使用，农业气象产品、分析和预报方便了农业种植和管理决策、灌溉计划、产品贸易及市场、火险天气管理以及其他备灾活动、生态系统保护和管理。世界农业信息服务网是农业气象计划的重要服务和交流网站。（参见气象服务卷农业气象计划）

热带气旋计划（TCP） 该计划的长期目标是提高会员对热带气旋路径、强度以及相关的大风、暴雨和风暴潮的预报能力，并帮助会员建立基于多灾种的热带气旋国家灾害风险管理和减灾机制，确保将热带气旋造成

的生命损失和破坏减少到最低限度。（参见气象科学基础卷 热带气旋计划）

海洋气象和海洋学计划（MMOP） 该计划由世界气象组织和联合国教科文组织下属的政府间海洋学委员会（IOC）共同发起。长期目标是建立先进的一体化海洋观测、资料管理和服务系统，加强会员的海洋气象和海洋学服务，支持海上和沿海地区的生命和财产安全，促进可持续的海洋环境和沿海地区管理。（参见气象科学基础卷 海洋气象和海洋学计划）

世界气象组织质量管理框架（WMO QMF） 该计划的目标是指导会员建立质量管理体系（QMS）。质量管理框架内容涉及技术标准、质量管理体系、认证程序。它旨在确保世界气象组织技术文件的编写、使用和维护，支撑气象、气候、水文、海洋和及相关环境资料、产品和服务的质量管理体系。

信息和公共事务计划（IPAP） 该计划的总体目标是为世界气象组织及其会员赢得政府和公众支持，以帮助其更好地为社会服务。该计划的主要目的是为了宣传世界气象组织和各国气象水文部门在社会经济发展、拯救和保护人民生命和财产、保护环境、可持续发展、应对气候变化等方面发挥的重要作用。世界气象组织通过世界气象日、网站宣传、公共事务联系人等推动信息和公共事务计划的开展。

自愿合作计划（VCP） 该计划的主要目的是通过国家计划、双边或多边计划、信托基金安排和联合国开发计划署（UNDP）筹集资金，为世界气象组织科学和技术计划活动的实施提供补充资源，为加强发展中国家会员的气象水文能力建设提供支持。

教育和培训计划（ETRP） 该计划的总体目标是协助各国气象水文部门培养具备正规气象、水文和相关服务能力的员工。该计划协助会员开发并利用气象学和水文学领域的教育培训资源，开展国际教育和协调培训标准的制订工作；协助会员特别是最不发达国家（LDC）和小岛屿发展中国家（SIDS）开展初级和持续的气象、水文教育和培训。教育和培训机构包括世界气象组织区域培训中心（RTC）、国家气象培训机构、气象部门的培训机构、大学以及研究中心。自1965年以来，世界气象组织已在全球各地建立38个区域培训中心。目前WMO还在探索全球校园概念，吸收更多的培训资源以满足各国的教育培训需求。

世界气象组织最不发达国家计划（WMO PLDC） 该计划的总体目标是加强最不发达国家，包括小岛屿发展中国家，气象水文部门的能力建设，使其能够制作和发布天气、气候、水的信息，并利用这些信息开展服务，从而促进本国的社会经济发展，消除贫困，实现国际认可的发展目标，脱离最不发达国家的行列。

小岛屿发展中国家和小岛屿地区会员计划（Programme for WMO SIDS and Member Island Territories） 该计划的总体目标是实施一些重点突出、有前瞻性的倡议，推动在WMO小岛屿发展中会员实施2014年第三次小岛屿发展中国家国际大会所通过的"萨摩亚路径"的优先重点，确保小岛屿发展中会员的国家气象水文工作能促进该会员的可持续发展。

区域计划（RP） 该计划的总体目标是确保世界气象组织6个区协的高效运行，以协调各区协的会员开展气象、水文、气候等活动。区域计划在平衡区域需求、能力和优先重点的同时，为世界气象组织战略、政策和计划的实施提供了区域合作框架。

减轻灾害风险计划（DRR） 该计划的总体目标是促进气象、水文和气候服务机制能力的提升和灾害风险管理合作，保护生命和财产安全，促进会员的可持续发展。该计划以兵库行动框架战略目标为依托，主要任务包括：开发、改进和维护早期预警系统；开发、改进和维护标准化的灾害数据库和元数据、系统、方法、工具，并将现代技术应用于风险评估、部门规划、风险转移和其他决策；制作并提供警报、专业预报、其他产品和服务；在所有社会和经济领域的减灾中更好地融入气象、水文和气候产品和服务，形成灾害恢复和预防文化；加强WMO和各国气象水文部门在国家、区域和国际用户论坛、机制，以及在实施减轻灾害风险结构中的合作和伙伴关系。（参见气象服务卷 减轻灾害风险计划）

航空气象计划（AeMP） 该计划的长期目标是促进气象在航空中的应用，为航空利益攸关方提供安全、正常和高效航空气象信息，并研究航空、全球环境特别是与气候变化的相互影响，促进会员，特别是发展中国家及经济转型国家航空气象预报和服务能力的提升。

参考书目

WMO, 2011. Abridged Final Report of the Sixteenth World Meteorological Congress［R］. WMO-No. 1077.

（王守荣　徐相华）

Shìjiè Tiānqì Jiānshìwǎng Jìhuà

世界天气监视网计划（World Weather Watch Programme，WWW） 世界气象组织主要科技计划之一，也是世界气象组织筹划和组建的全球性气象业务体系。1961年第16届联合国大会通过一项关于"和平利用外层空间"的决议，并责成世界气象组织对此提出计划。1962年6月，世界气象组织执行理事会通过了世界天气监视网计划，1963 年第 4 次世界气象大会采纳了世界天气监视网计划的基本设想。其后，世界气象组织在 1964 年 7 月—1965 年 4 月，研究了世界天气监视网的体制和机构，确定世界天气监视网的业务体系由全球观测系统（GOS）、全球电信系统（GTS）和全球资料加工和预报系统（GDPFS）三部分组成。从 1968—1979 年，基本上完成了实施计划。

目标和范围 世界天气监视网计划（WWW）通过世界气象组织（WMO）各会员的合作，全面组织、规划、协调有关全球气象站网布局、气象观测、气象通信、分析预报和气象资料处理等项业务，使所有会员都可获得在气象业务、服务和研究工作中所需要的气象信息，以便他们能够向用户提供资料、预测、信息服务和产品。WWW 旨在促进全球观测系统、气象及相关资料的交换系统，制作和分发分析与预报产品、灾害性天气的指导预报和警报，以及相关业务信息系统的制作、运行和改进。

WWW 在体制上划分为世界气象中心、区域气象中心和国家气象中心三级。在此计划中，提供这些服务所需的基础设施、系统和设备均属于各会员并由它们实施和运行。WWW 的主要功能是计划、组织和协调全球及区域气象中心的设施、程序和安排并用于观测和通信网络设计、观测和测量技术标准化、资料管理规则等。WWW 也是 WMO 向其会员和其他 WMO 计划及联合发起的计划，如全球气候观测系统（GCOS）和全球海洋观测系统（GOOS）和有关的国际组织提供基本的资料、分析结果、预报和警报产品的核心计划。

主要内容 包括以下三个相互联系、逐渐形成一体化的核心部分。

全球观测系统（GOS） 从地球和外太空提供大气和海洋表面状态的观测资料，包括从海陆气象台站、飞机、气象卫星和其他观测平台开展的气象观测（包括气候观测）和其他相关环境观测的设施和活动；该系统由国家气象部门和国家或国际卫星机构运行；GOS 的实施在不同国家侧重点有所不同，但是具有共同标准、成本效益、资料可操作性，长期可持续性和创新性合作安排是未来观测网络设计和运行的关键方面。GOS 的主要长期目标：一是改进和优化用于观测大气以及海洋表面状态的全球系统；二是必要观测规范的标准化。

全球电信系统（GTS） 包括为快速、可靠地收集和分发观测资料和已处理信息而建立的综合电信设施和服务网络；GTS 是资料通信网络、点对点线路和卫星资料收集和广播系统的综合系统，通过既定的程序和服务连接各会员的气象中心，提供电信服务，收集交换观测资料，分发来自全球资料加工和预报系统和其他有关中心处理过的信息。GTS 由会员的国家气象部门、国家或国际卫星机构、签约商业电信部门组成。GTS 的主要目标是进一步发展其网络结构和运行原则，并作为 WMO 信息系统（WIS）的核心网络组成部分。

全球资料加工和预报系统（GDPFS） 承担天气预报的功能，制作天气和气候分析、预报、专业预报产品，以及为减少生命和财产损失的灾害性天气预警。GDPFS 旨在提供越来越多的可靠且质量有保障的数值天气预报（NWP）产品，产品涵盖的预测时效和范围从临近天气预报到中长期天气预报，从局地天气预报到全球天气预报。为缓解气象灾害的早期预警服务、应急响应环境灾害提供有效的指导产品。GDPFS 长期预报牵头中心和区域气候中心在全球气候服务框架（GFCS）发展中起到基础性作用。其主要长期目标：一是提供可靠且质量有保障的 NWP 产品，重点支持改善早期预警服务；二是开发天气和环境预测能力，重点支持发展中国家的服务能力。

补充计划 WWW 还纳入了以下三个计划，以补充和加强其核心部分，并且为 WMO 的其他计划以及共同发起的计划提供重要的投入和支持。

仪器和观测方法计划（IMOP） 通过标准化和促进高效方法及技术的应用，提高气象和相关环境变量测量的质量和长期稳定性；IMOP 促进技术指南、观测规范、标准和性能特点的能力建设活动。IMOP 的主要长期目标：一是通过协调和促进对高效方法和技术的使用，以满足业务和研究方面的需要，从而改进气象及相关环境变量观测和测量的长期稳定性；二是通过培训和向发展中国家的技术转让活动，加强高效、经济地使用观测技术系统。

紧急响应活动（ERA） 通过和其他相关的国际组织紧密合作来协助国家气象水文部门有效应对大规模的大气污染和环境突发事件；ERA 协助会员的国家气象水文部门和相关机构以及相关的国家组织，有效地应对与空气灾害相关的环境紧急情况，如由核事故或事件、火山喷发、化学事故、大火产生的烟以及其他事件造成的灾害，这要求紧急大气输送和扩散模式支持。ERA 的主要长期目标：一是提供有效的气象支持以应对与空气灾害有关的环境应急情况；二是与相关的国际组织合作，在气象方面减轻与空气灾害有关的环境应急情况的影响。

WMO 南极活动（WMO AA） 该计划旨在协调各国和国家组织在南极开展的气象活动。其主要长期目标：一是协调 WWW 基本系统的实施和运行，以满足南极地区气象业务和研究活动的需求，包括对气候和环境监测的需求；二是与其他有关南极的国际组织和计划合作，以确保协调有序的和具有成本效益的科学和技术计划。

与其他相关计划紧密合作

热带气旋计划（TCP） 该计划协助会员建立国家和区域协调系统，以便保证将热带气旋造成的生命财产损失降至最低，从而实现可持续发展。

世界气象组织空间计划（WMO SP） 该计划促进用于WMO各会员天气、气候、水和有关应用的卫星资料和产品的广泛获取和使用，并协调所有WMO计划的环境卫星事务和活动。

世界气象组织公共天气服务计划（PWSP） 其主要目标是增强WMO各会员的能力，从而通过提供综合的天气和环境相关服务来满足社会需要，特别强调公共安全和福祉，并促使公众更好地了解各自国家气象水文部门的能力，并更好地利用国家气象水文部门提供的服务。

此外，WWW还启动了WMO综合全球观测系统（WIGOS）、WMO信息系统（WIS）、全球气候服务框架（GFCS），WWW还是WMO对全球综合地球观测系统（GEOSS）提供支持的重要组成部分。

中国参与情况及其对中国气象业务发展的影响

在过去的40多年间，中国参加了WWW的许多活动：中国气象局国家气象中心承担了世界气象组织亚洲区域专业气象中心（RSMC）及数据收集或产品中心（DCPC）的任务；中国气象局国家气象信息中心是亚洲区域通信枢纽（RTH）之一，承担全球信息系统中心（GISC）的任务，负责北京GISC系统的建设、运行，进行全球地球环境数据交换；中国气象局气象探测中心承担世界气象组织亚洲仪器中心（RIC-北京）工作，承担气象仪器的计量和比对。此外，中国还参与了全球观测系统和资料加工系统的各项活动，每天实时交换数百个气象观测站的地面观测、高空观测、天气雷达观测数据，以及风云气象卫星观测数据。中国南极长城气象站和中山气象站也参与全球资料交换。通过参加上述活动，有力地促进了中国现代气象综合观测系统、信息网络系统和预报预测系统的业务发展，加速了中国气象现代化建设的步伐，同时，也提高中国在世界气象组织的地位、作用和影响力。

参考书目

WMO，2013. The World Weather Watch at 50 [J]. WMO Bulletin, 62（1）.

（龚向东 章国材 应宁）

Shìjiè Qìxiàng Zǔzhī Zhànlüè Jìhuà

世界气象组织战略计划（WMO Strategic Plan） 世界气象大会通过的世界气象组织总体发展计划，旨在确定世界气象组织（WMO）发展方向和优先领域，指导会员和所有WMO组织机构的活动，促进各会员提高其核心信息、产品和服务水平。世界气象组织高度重视战略计划工作，早在1983年第9次世界气象大会就正式决定并开始制订长期计划，从2012年起更名为世界气象组织战略计划（WMO Strategic Plan）。世界气象组织秘书处专门设立战略计划办公室（Strategic Planning Office），负责战略计划的制订及相关的管理工作。世界气象组织战略计划周期为4年，2012—2015年战略计划已结束，从2016年1月1日起实施2016—2019年战略计划。中国气象部门主动参与世界气象组织战略计划的制订和评估工作，并用以指导中国气象规划体系的建设和重要气象规划、计划的制订。

战略计划的作用与程序

世界气象组织战略计划的目标是对未来4年的气象科技和业务发展以及面临的挑战给出前瞻性展望，确定优先重点，提出预期结果，为各项工作提供依据，为运行计划和预算制订提供指导。战略计划的主要作用有四点：一是为会员提供长期的权威性计划框架，帮助会员规划和管理国家级活动，更好地服务社会需求，制订参与国际合作计划的规划；二是为WMO组织机构提供政策指导，安排世界气象大会休会期间的活动；三是为执行理事会提供对科学和技术计划执行情况的监督标准；四是指导秘书长制订下一个4年财务期的计划和预算建议。战略计划同时还向国际社会宣传气象在可持续发展中的重要性，提升世界气象组织和各国气象水文部门在国际国内的地位。

战略计划的制订坚持公开、开放和透明的原则，广泛吸收各会员、技术委员会、区域协会以及联合国有关组织和社会公众参与计划的起草和评估。战略计划包括4份基本文件：WMO战略计划（SP）、WMO运行计划（OP）、WMO基于执行结果的预算（RBB）和WMO监督与评价系统（M&E）。SP包括全球社会需求、战略主旨、优先重点、预期结果、关键绩效指标等内容。OP协调WMO秘书处、各个区域协会和技术委员会的活动，将战略导向转换成具体的、可操作、可衡量的行动。RBB为基于执行结果的4年期预算，预期结果或成果与资金投入挂钩。M&E设计和建立监督和评价体系，监督战略计划和运行计划的实施情况并对绩效进行定期评估。

2012—2015年战略计划的实施及成效

世界气象组织2012—2015年战略计划核心内容包括：①满足3项全

球社会需求，即满足更好地保护人民生命和财产，消除贫困，维持可持续的生计和经济增长、可持续地利用自然资源等社会需求；②确立5项战略主旨，即提高服务质量及改进服务的提供，促进科研和应用以及技术开发与实施，加强能力建设，建立并加强伙伴关系和合作，加强善政；③确保8项预期结果，即围绕社会需求和战略主旨，在气象服务、防灾减灾、预测预警、观测与资料、科研能力发展、伙伴关系、组织管理等方面取得预期结果。围绕战略主旨和预期结果，WMO确立了5个至关重要的战略优先重点领域：全球气候服务框架（GFCS）（见第287页 全球气候服务框架），航空气象服务，发展中国家和最不发达国家的能力建设，WMO全球综合观测系统（WIGOS）和WMO信息系统（WIS）的实施，减轻灾害风险。通过实施2012—2015年战略计划，取得了5方面突出的成效：WMO在建立全球气候服务框架方面发挥了关键作用，气候业务服务能力显著增强；各会员加强质量管理体系建设，进一步提高了国际民航效率和航空安全；协调有关国际科学计划，支持新型的环境灾害服务，推进空间天气、空气污染、沙尘暴和火山灰等相关监测系统建设；实施WMO全球综合观测系统的全球计划和区域计划，有360个国家中心、区域中心和全球中心提升了对WMO信息系统的支持能力；实施灾害性天气预报示范项目，许多会员改进了对灾害性天气预报和预警工作。

2016—2019年战略计划框架 世界气象组织在总结以往的成就和经验、分析新时期的形势和挑战的基础上，制订了2016—2019年战略计划，于2015年第17次世界气象大会上正式通过。其核心内容是：满足3项全球社会需求，确定7项优先重点，提出8项预期结果。

3项全球社会需求是：①增强对生命财产的保护；②摆脱贫困，确保可持续的民生、粮食安全、水资源和能源获取，实现性别平等，促进经济增长，应对气候变化；③可持续使用自然资源和改善环境质量。

7项优先重点是：①减轻灾害风险，提高从热带到极地高影响气象、水文和相关环境灾害的影响预报以及多灾种早期预警的准确性和有效性，从而促进减灾、抗灾和防灾方面的国际努力，应对人口增长及暴露度增加的风险；②全球气候服务框架（GFCS），开展基于GFCS的气候服务，特别注重建立区域气候中心、确定用户对气候产品的需求、开发气候服务信息系统（CSIS）、改进次季节到季节预测技术（S2S）等工作；③世界气象组织全球综合观测系统（WIGOS），通过WIGOS和WIS（信息系统）的全面实施，强化全球观测系统，对地球系统进行可靠、标准化、综合、准确和保质的相关观测，支持WMO的所有优先重点和预期结果；④航空气象服务，提供可持续高质量服务，保障安全，提高全球空中交通管理水平；⑤极地和高山地区，改进极地、高山地区及周边地区的气象和水文业务监测、预测和服务，实现对冰雪圈监测的业务化，加深极地和高山地区环境变化对天气、气候类型影响的理解，通过全球综合极地预测系统增强预报预测能力；⑥能力发展，通过发展和改进会员，特别是发展中国家、最不发达国家和小岛屿国家的人力资源，提高技术和机构能力，加强基础设施建设，提升其履行职责的能力；⑦世界气象组织的治理，对世界气象组织结构、运行安排和预算规范进行战略评估，提出持续改进措施和建议，提升管理效率和效果。

8项预期结果是：①改进服务质量和服务提供方式，提高各国气象水文部门天气、气候和水文以及相关环境预测、预警和服务的能力，以响应用户的各种需求，并能够将其用于所有相关社会部门的决策过程；②降低灾害风险，提高会员降低天气、气候和水以及相关环境因素引起的各种灾害风险及其潜在影响的能力；③改进资料加工、模拟和预报，制作更好的天气、气候和水以及相关环境预测和预警信息，以支持减轻灾害风险、气候影响和适应战略；④改进观测和资料交换，促进会员根据世界气象组织制定的世界标准，获取和利用天气、气候和水文观测资料；⑤推进专题研究，提高会员对全球天气、气候、水文和相关环境科学的研发能力；⑥加强能力开发，提高会员，特别是发展中国家和最不发达国家以及小岛屿国家，履行职责的能力；⑦加强伙伴关系，新建伙伴关系并加强合作活动，旨在改进会员服务提供绩效，并展示世界气象组织在联合国系统、相关区域组织、国际公约和国家战略中的贡献和价值；⑧提高效力和效率，加强监督和评估，确保决策及组成机构的有效运作。

战略计划的动向 通过比较分析世界气象组织近几轮战略计划，可概括其几点发展趋势：①更加关注满足全球社会需求，把气象与保护全球人民生命财产安全、实现联合国千年发展目标、可持续利用自然资源和保护环境紧密联系起来，以满足这三大社会需求来牵引新时期气象工作的发展；②更加重视气象服务工作，2012—2015年战略计划把"提高服务质量，改进服务的提供"置于五项战略主旨之首，2012—2015年战略计划和2016—2019年战略计划持续把全球气候服务框架列为优先领域，可见气象服务已成为新时期气象发展的热点；③更加突出重点发展领域，对世界范围加强应对气候变化、防灾减灾，促进气象科技创新和推进气象现代化建设给出了鲜明的导向；④更加强调国际参与和合作，强调通过更广泛地参与国际计划和公约，提高国际社会对会员及其活动的公认度。

参考书目

WMO，2011. WMO Strategic Plan 2012-2015［Z］. WMO-No. 1069.

WMO，2015. WMO Strategic Plan 2016-2019［Z］. WMO-No. 1161.

（王守荣）

Quánqiú Qìhòu Fúwù Kuàngjià

全球气候服务框架（Global Framework for Climate Services，GFCS） 2009年8月31日，在瑞士日内瓦召开的以"气候预测和信息为决策服务"为主题的第三次世界气候大会，倡议建立一个全球气候服务框架（GFCS），旨在指导以科学为依据的气候信息和服务的发展与应用，确保决策者获得从季节乃至几十年时间尺度的气候信息，以适应气候变率和变化的风险，促进气候灾害风险管理，减少极端天气气候事件带来的损失，为决策提供支持。全球气候服务框架是由联合国主导，由世界气象组织（WMO）牵头发起、多个联合国机构、国际组织参与的一项重要国际合作倡议，将成为联合国主导的国际发展合作进程的重要内容。

主要目标 包括五个方面：通过提供更好的气候信息减少社会与气候有关的灾害的脆弱性；通过提供更好的气候信息推进关键的全球发展目标；气候信息使用进入主流决策中；加强气候服务的提供者和用户的交流；使现有的气候服务基础设施的效用最大化。

主要任务 2011年成立的气候服务政府间专门委员会，负责对GFCS的领导和指导。明确了国际社会对GFCS建立和维持的经费投入。2013年通过了GFCS实施计划和管理机制，确定了建立五个支柱系统。①用户界面平台（UIP），用户、气候研究人员和气候信息提供者之间一种结构化的全方位互动手段；②气候服务信息系统（CSIS），定期收集、存储和处理气候（过去、现在和未来）信息，以便生成产品和服务用于气候敏感活动和行业的决策；③观测和监测（OM），确保满足最终用户需求的气候观测和其他必要的数据收集；④研究、模拟和预测（RMP），促进研究朝着不断提高气候信息的科学素质发展，提供气候变化和变异的影响的证据，评估使用气候信息的成本效益；⑤能力发展（CD），解决其他支柱特定能力的发展需求，使任何框架的相关活动发生的基本要求。

用户界面平台是最新颖的组成部分，反映了用户参与帮助建立需求，开发相应的产品，识别能力发展的要求，是实现框架的目标至关重要的部分。框架将支持和推动有效的全球、区域和国家的利益相关者的合作和努力。在全球层面上的框架将集中定义全球的目标，需求和成功实施框架所需的大型活动。在区域层面通过多边协作以满足区域需求，例如通过知识和数据交换，基础设施建设，研究和培训，以及提供区域服务以满足区域需求。在国家层面上，开发框架，由每个国家的政府和国家重点组织和协调，以确保所有参与者都可以表达自己的需要和要求，成功地实施气候服务。

确定了优先发展农业与粮食安全、灾害风险减缓、水资源、公共卫生四个领域的服务能力。城市活动作为已有的四个优先领域中的特别交叉性要素给予考虑。支持能源气候服务工作。

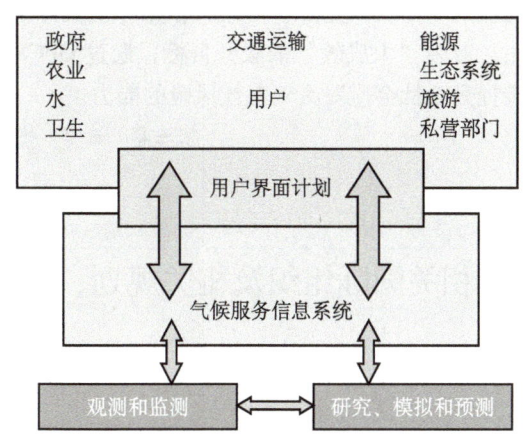

全球气候服务框架

组织实施 联合国相关组织和计划积极参与合作，特别是世界气象组织（WMO）秘书处与世界卫生组织（WHO）的合作进展最为显著。另外WMO还与全球水伙伴成立了联合项目办公室。此外，WMO与国际红十字会和红新月会、欧盟、绿色气候基金、世界银行等都建立了正式或非正式的合作与联系，这些合作联系对各国的气候服务实施产生了积极影响。在具体项目实施方面，主要在脆弱的发展中国家，利用认捐资金，设计和实施了一套示范项目，分为搭建国家级气候服务框架、减灾和早期预警、气候与农业和粮食安全、气候服务与水资源管理、气候和健康、改进气候风险有关的决策、加强区域气候服务系统、气候资料拯救与数字化8个专项。GFCS的实施分为2年、6年和8年计划。当前的2年计划，属于启动阶段，主要工作是建立合适的协调机制、GFCS的基础设施、在优先领域启动和实施示范项目。同时，该阶段重视区域支撑体系和机制能力的建设，目的是随后为各国层面上的实施奠定基础。

中国参与情况 中国的气候服务开展较早，向农业、卫生、水利、交通、旅游等领域都提供了充分的气候信息数据。中国是建立GFCS的主要推动国之一，在未来将继续积极参与全球气候服务框架的实施和管理。中国已提出了《中国气候服务实施计划》，其总体目标是围绕基本建成小康社会的战略部署，结合率先实现气象现代化的总体要求，到2020年基本建成体系完整、机制完善、重点突出、内容丰富、技术可靠、效益明显的中国气候服务系统。中国气候服务系统秉承GFCS的原则和理念，面向国家需求和科技前沿，突出"大气象"的服务理念，拓展在气候、气象灾害、气候变化、生态文明等领域的外延；依托"大业务"的基础条件，重点强化用户交互界面和重点领域的建设，促进天气、气候业务融合，整合形成集约化、一体化、综合化的业务能力；发挥"大体系"的体制优势，形成横向到边、纵向到底的工作及效益发挥体系，在国际上发挥示范引领作用；着眼"大成效"的服务目标，通过GFCS建设进一步提升全社会应对天气气候风险的能力。

（宋连春　应宁　徐相华）

气象相关国际组织及相关规划、公约

政府间气候变化专门委员会

Zhèngfǔ Jiān Qìhòu Biànhuà Zhuānmén Wěiyuánhuì

政府间气候变化专门委员会（Intergovernmental Panel on Climate Change，IPCC）　世界气象组织（WMO）和联合国环境规划署（UNEP）于1988年11月联合建立的政府间专门机构，IPCC秘书处设在瑞士日内瓦的WMO秘书处。IPCC向UNEP和WMO全体会员国开放，现有195个会员。IPCC的主要任务是以科学问题为切入点，以全世界公开发表的文献为基础，评估气候变化有关科学、影响、适应与减缓方面的进展，为《联合国气候变化框架公约》（UNFCCC）谈判提供科学支持。

IPCC已分别于1990年、1995年、2001年、2007年和2014年先后发布五次评估报告，这些报告由各国政府推荐的主要作者共同编写完成。根据《IPCC工作原则》，IPCC评估报告须经过严格的专家和政府评审。IPCC评估报告汇集了全球最新的气候变化科学研究成果，被认为是国际社会对气候变化科学认识方面权威和主流的共识性文件，并成为国际社会建立应对气候变化制度、采取应对气候变化行动最重要的科学基础，也是各国政府制定本国应对气候变化政策、采取应对措施的主要科学依据。1990年发布的第一次评估报告提出人类活动引起的排放正在显著增加大气中温室气体的浓度，推动了1992年《联合国气候变化框架公约》的签署和1994年该公约的生效；1995年发布的第二次评估报告提出人为气候变化是可辨识的，气候变化的经济社会影响被确定为新主题，为系统阐述《联合国气候变化框架公约》的最终目标提供了坚实依据，推动了1997年《京都议定书》的通过；2001年发布的第三次评估报告进一步明确，过去50年的大部分变暖现象可能主要归因于人类活动，促使《联合国气候变化框架公约》谈判确立了减缓和适应两个议题，推动了谈判进程；2007年发布的第四次评估报告明确提出过去50年的气候变化很可能归因于人类活动，推动了"巴厘路线图"的诞生；2014年发布的第五次评以更多的观测和研究证据印证了全球气候系统变暖的事实和影响，进一步确认了人类活动和全球变暖之间的因果关系，并提出最有可能在21世纪末将全球温升控制在2℃的情景，要求到2030年全球温室气体排放量要控制在2010年排放水平，2050年全球排放量要在2010年基础上减少40%～70%，2100年实现零排放，这将是国际社会就2020年后国际应对机制进行谈判的重要科学基础。

IPCC主席团包括主席和3位副主席以及下设的3个工作组和1个专题组主席团。IPCC技术支持处负责为每个工作组及专题组提供围绕评估活动的技术支持。第一工作组负责评估气候系统与气候变化的科学知识现状；第二工作组负责评估气候变化的影响、适应和脆弱性；第三工作组提出减缓气候变化的可能方案；国家温室气体清单专题组为国家温室气体清单编制提供技术支持。全会是IPCC的最高决策机构，所有重大决策诸如IPCC原则的修订、程序和结构、工作组和专题组的职责、工作计划和预算等都由IPCC全会做出决定，每年召开1～2次会议。全会休会期间，由IPCC执行委员会代为处理需要全会决定的紧急事项。

会员国政府指派一名官员作为首席代表负责协调本国与IPCC有关的活动。中国从IPCC成立之初就参与历次评估工作，中国气象局是IPCC中国国内牵头组织单位，中国气象局局长是IPCC在中国的联络人，代表中国政府组织参与IPCC活动、组织政府/专家评审和作者推荐。在中国政府的推荐下，已经有近100名科学家成为IPCC报告的主要作者，其中中国气象局原局长秦大河院士为第四、第五次评估报告第一工作组联合主席；丁一汇院士为第三次评估报告第一工作组联合主席。在IPCC第五次评估报告中，43位中国科学家担任第五次评估报告作者，中国科学家近1000篇论文被IPCC第五次评估报告所引用，其中第一工作组报告中引文数占2.8%；第二工作组报告中引文数占1.7%；第三工作组报告中引文数占1.9%。中国气象局翟盘茂研究员在2015年当任IPCC第六次评估报告第一工作组联合主席。

(丁一汇 高云)

气候变化专门委员会评估报告 (assessment reports of the Intergovernmental Panel on Climate Change)

Qìhòu Biànhuà Zhuānmén Wěiyuánhuì pínggū bàogào

由政府间气候变化专门委员会（IPCC）对气候变化现状，对社会、经济的潜在影响以及适应减缓气候变化的可能对策进行评估的报告。

IPCC自1988年建立以来，分别于1990年、1995年、2001年、2007年和2014年出版了第一次、第二次、第三次、第四次和第五次全球气候变化评估报告，并于1992年出版了第一次评估报告的补充报告。此外还编写了一系列的特别报告和技术报告。

第一次评估报告（FAR，1990年） 第一次评估报告包括三个部分内容，第一部分是关于气候系统和气候变化的科学问题；第二部分是关于气候变化对社会、经济的影响；第三部分是响应对策。它们由IPCC下属的三个工作组分别负责编写。在第一部分中指出，过去100年全球平均地面温度已经上升$0.3\sim0.6$ ℃，全球海平面上升$10\sim20$ cm，相应温室气体尤其是二氧化碳自工业革命前以来（1750—1800年）明显上升，由230 ppmv（1 ppmv = 1 ml/m^3）上升到353 ppmv。如果温室气体的排放不加以控制，到2025—2050年间，大气中温室气体浓度将增加一倍左右，则全球平均气温到2025年将比1990年升高1 ℃左右（比工业化前高2 ℃左右），到21世纪末将比目前高3 ℃左右（比工业化前高4 ℃左右）。海平面高度到2030年将升高20 cm，到21世纪末将升高65 cm。根据上述气候变化情景，第二部分评估了未来气候变化对农业、林业、自然地球生态系统、水文和水资源、海洋与海岸带、人类居住环境、能源、运输和工业各部门、人类健康和大气质量以及季节性雪盖、冰和永冻层的影响。第三部分则提出了上述气候变化的响应对策。

第二次评估报告（SAR，1995年） 第二次评估报告由三部分内容组成：气候变化的科学，气候变化影响、适应、减缓的科学技术分析，以及气候变化的经济和社会对策。第二次评估报告一个重要的目的是为解释《联合国气候变化框架公约》第二条提供科学技术信息。主要的新成果表现在四方面：①模式预测除考虑了二氧化碳浓度增加外，还考虑了今后气溶胶浓度增长的作用（冷却作用）。结果表明，相对于1990年，2100年的全球平均气温将上升2 ℃，这一估计值比1990年的最佳估计值低1/3，其可能变化范围在$1\sim3.5$ ℃，海平面从1990—2100年，预测将上升50 cm，比1990年的最佳估测低25%，其可能变化范围在$15\sim95$ cm，并且温度升高会加速水循环，使一些地区出现更加严重的干旱/洪水，而另一些地区灾害会明显减轻。②人类健康、陆地和水生态系统和社会经济系统对气候变化的程度和速度是敏感的，其不利影响有一些是不可逆的，而又有一些影响是有利的。因此社会的各个不同组成部分会遇到不同的变化，其适应气候变化的需求也不一样。③提出了使大气中温室气体浓度稳定的分析方法，并提出了稳定大气中温室气体浓度各种可能措施。④提出了公平问题是制定气候变化政策、公约及实现可持续性发展的一个重要方面。

第三次评估报告（TAR，2001年） 第三次评估报告共分三部分，第一部分是在前两次评估报告结果的基础上包括了最近5年的气候研究成果而写成的。新的结果包括近百年气温上升的范围是$0.4\sim0.8$ ℃，比第二次评估报告中的值大0.1 ℃，并且气象卫星和气象探空资料也证实了这种变暖的一致性。这种增暖值是近千年，甚至近万年最显著的。20世纪海平面上升了$10\sim20$ cm，极端气候事件（暴雨、干旱等）有一定增加的趋势，可能与全球变暖有关联。21世纪全球平均气温将继续上升，预测达到2.5 ℃，可能的范围为$1.4\sim5.8$ ℃。这个结果与第一和第二次评估报告的结果没有太大的差别。海平面上升预测为$10\sim90$ cm。第二部分重点评估了自然、生态和社会系统对气候变化的敏感性、可适应性和脆弱性。第三部分重点是减缓措施和对策建议，特别是限制或减少温室气体排放和增加汇的对策；减缓气候变化的措施与行动、费用和共同收益；发展新的排放情景等（SRES）。总之减缓行动的内容、规模和时间依赖于社会、经济与技术发展的途径、温室气体的水平和大气中温室气体浓度稳定的可能水平等。

第四次评估报告（AR4，2007年） 第四次评估报告明显地提高了"过去50年以来全球平均气温的升高大部分是由人为温室气体浓度升高引起的科学结论"的信度，由原来60%的最低限提高到目前的90%信度。从而使人们以更高的信度确信人类活动是造成近50年全球气候变化的主因。此外，全球气候变化的检测与归因研究在空间尺度和气候变量方面有了明显的扩展，对人类活动的检测和归因扩展到六大洲，并且包括海洋增暖，大陆尺度的平均温度，温度极值、降水、气压场与风场。因而关于人类活动是造成过去50年大部分全球气候变化的结论越来越具有更强有力的科学依据。

第四次评估报告客观、全面而审慎地评估了气候变化已有的和未来的可能影响。现有观测证据表明,人为增暖可能已对许多自然和生物系统产生了可辨别的影响。未来气候变化将会在许多方面产生重大影响:全球变暖将导致水资源时空分布失衡的矛盾更加突出,部分地区旱者逾旱,涝者逾涝。如果全球平均气温增幅超过1.5~2.5 ℃,气候变暖和其他因素的综合作用将对全球生态系统造成不可恢复的影响。全球气候变暖还将导致农业和林业生产自然风险加大。

自工业化以来,人类活动造成全球温室气体排放总量不断增加,若不采取进一步措施,未来几十年温室气体排放量仍会持续增长。因而,越早采取有效的减缓措施,经济成本越低,减缓效果越好。

第五次评估报告（AR5,2014 年） 2014 年发布的 IPCC 第五次评估报告综合报告,是在 2013 年和 2014 年先后发布的第五次《气候变化自然科学基础》《气候变化影响、适应和脆弱性》《气候变化减缓》三个工作组报告的基础上形成的综合性报告,内容包括观测到的气候变化与原因、未来的气候变化与风险及影响、未来适应和减缓气候变化及可持续发展路径、适应与减缓气候变化四个方面。IPCC 综合报告以高度概括的文字,系统地给出了与国际应对气候变化进程密切相关的科学结论,代表了当今科学界对气候变化及其影响应对的认识水平,具有极强的政策导向性,受到各国政府和国际社会的高度重视。

第五次评估报告进一步证实了全球气候变暖,以及人类活动对全球气候变暖产生的显著影响——20 世纪中叶以来观测到的全球气候变暖一半以上是由人类活动造成的,这一结论的可信度在 95% 以上。未来温室气体继续排放将导致 21 世纪全球气候进一步变暖,自然生态系统和人类社会面临的风险将加大;将温室气体浓度控制在 450 ppm（1 ppm = 1 μg/g）二氧化碳当量以内,有可能实现到 21 世纪末温升与工业化前相比不超过 2 ℃ 的目标,这需要到 2050 年人为二氧化碳排放量要在 2010 年基础上减少 40%~70%,到 2100 年实现零排放。

报告也指出,适应与减缓气候变化相辅相成,与其他社会目标相结合,将促进可持续发展。适应气候变化的关键在于降低人类社会对气候变化的脆弱性和暴露度,但要降低长期风险,就必须强化减缓气候变化的行动。报告认为,适应和减缓气候变化的有效性取决于国际、区域、国家等多层面的合作政策和行动措施。国际合作是有效减缓气候变化的关键,适应气候变化行动应更多地集中在国家和当地层面,也可以通过加强政府和国际层面的合作得以强化。

IPCC 第五次评估报告是国际社会认识和应对气候变化的重要科学依据,将对 2020 年后国际气候制度的谈判产生重要影响,也为中国适应和减缓气候变化的政策和行动提供借鉴。

特别报告和技术报告 在 IPCC 评估报告的基础上,为了专门研究某一重要或交叉性问题,IPCC 还编写和出版特别报告和技术报告。如:《减缓气候变化的技术、政策和措施》（1996 年）,《用于 IPCC 第二次评估报告中的简单气候模式讨论》（1997 年）,《稳定大气温室气体:物理、生物和社会-经济影响》（1997 年）,《建议的 CO_2 排放限制的影响》（1997 年）,《气候变化与生物多样性》（2002 年）。同时出版了多本特别报告,即《气候变化的区域影响-脆弱性评估》（1997 年）,《航空与全球大气》（1999 年）,《土地利用,土地利用变化和森林》（2000 年）,《排放情景》（2000 年）,《技术转让的方法与技术问题》（2000 年）,《保护臭氧层和全球气候系统》（2005 年）,《气候变化和水的技术报告》（2007 年）,《可再生能源与减缓气候变化特别报告》（2011 年）,《管理极端事件和灾害风险,推进气候变化适应特别报告》（2012 年）等。

展望 为筹划第六次评估报告,IPCC 秘书处支持召开了一系列专家会议,讨论发展新气候情景方案,更多关注区域气候变化预估及其影响和风险分析,地球系统模式第六次耦合模式比较计划（CMIP6）也已经制定了日程表,并就 IPCC 未来产品形式、组织架构、运行管理以及提高发展中国家参与力度等做出了一系列决定。2015 年 10 月,选出了 IPCC 第六次评估报告的主席团,由 34 人组成,标志着 IPCC 第六次评估进程的正式启动。

参考书目

IPCC,1990. Climate Change 1990：The IPCC Synthesis Assessment [M]. Cambridge：Cambridge University Press.

IPCC,1992. Climate Change 1992：The Supplementary Report to the IPCC Scientific Assessment [M]. Cambridge：Cambridge University Press.

IPCC,1995. Climate Change 1995：Contribution of Working Groups Ⅰ,Ⅱ and Ⅲ to the second assessment report of the Intergovernmental Panel on Climate Change [M]. Cambridge：Cambridge University Press.

IPCC,2001. Climate Change 2001：Synthesis Report. Contribution of Working Groups Ⅰ,Ⅱ and Ⅲ to Third Assessment Report of the Intergovernmental Panel on Climate Change [M]. Cambridge：Cambridge University Press.

IPCC,2007. Climate Change 2007：Synthesis Report. Contribution of Working Groups Ⅰ,Ⅱ and Ⅲ to the Fourth Assessment Report of the Intergovernmental Panel on Climate Change [M].

Cambridge：Cambridge University Press.

IPCC，2014. Climate Change 2014：Synthesis Report. Contribution of Working Groups Ⅰ，Ⅱ and Ⅲ to the Fifth Assessment Report of the Intergovernmental Panel on Climate Change［M］. Cambridge：Cambriage University Press.

（丁一汇 徐影）

Zhèngfǔ Jiān Qìhòu Fúwù Wěiyuánhuì
政府间气候服务委员会（Intergovernmental Board On Climate Services，IBCS）

2012年召开的世界气象组织特别大会决定成立政府间气候服务委员会。IBCS负责指导、监督和评估全球气候服务框架（见第287页 全球气候服务框架）的实施，向世界气象组织（WMO）的组织机构及合作组织就全球气候服务框架GFCS相关事务提出建议，定期审查GFCS的战略和目标、实施计划和相关预算，针对气候信息和服务制定国际标准、推荐规范和指南，与伙伴机构合作实施GFCS项目。

IBCS向世界气象大会负责。IBCS下设管理委员会、伙伴咨询委员会。各会员国政府指定首席代表，作为该国的主要联系人。管理委员会在休会期间负责执行IBCS的决定、协助IBCS主席履行职责、为IBCS下属机构提供支持、做好与伙伴咨询委员会的沟通等。中国气象局是IBCS中国国内牵头组织单位，中国气象局局长是IBCS在中国的联络人。

（徐相华）

Dìqiú Xìtǒng Kēxué Liánméng
地球系统科学联盟（Earth System Science Partnership，ESSP）

为有效地应对气候变化和全球生态环境问题，国际社会在全球变化研究领域先后启动了世界气候研究计划（WCRP）（见气象科学基础卷 世界气候研究计划）、国际地圈生物圈计划（IGBP）（见气象科学基础卷 国际地圈生物圈计划）、国际全球环境变化人文因素计划（IHDP）（见气象科学基础卷 国际全球环境变化人文因素计划）、国际生物多样性计划（DIVERSITAS）（见气象科学基础卷 国际生物多样性计划）四大科学计划。2001年，四大科学计划在荷兰阿姆斯特丹联合召开第一次全球变化开放科学大会，交流了全球变化研究的科学成果，发表了《阿姆斯特丹宣言》，决定成立地球系统科学联盟（ESSP）。ESSP的使命是促进地球系统集成研究，探索地球系统变化的方式和趋势，评估环境变化对全球和区域可持续性的影响。

ESSP核心计划是上述四大科学计划。在此基础上，ESSP还设立了全球碳项目（GCP）、全球水系统项目（GWSP）、全球环境变化与粮食系统项目（GECAFS）和全球环境变化与人类健康项目（GECHH）4个联合项目，以及区域集成研究计划（IRS）全球变化分析、研究及培训系统（START）。2008年，国际科学联盟理事会（ICSU）对ESSP的进展进行全面评估，2010年与国际社会科学理事会（ISSC）共同制订了未来地球系统科学发展的整体战略，提出了未来地球（Future Earth）科学计划的动议。2012年在联合国可持续发展大会（"里约+20"峰会）上，未来地球科学计划得到原则认可。至此，未来地球科学计划即告启动（见第292页 未来地球计划），ESSP计划也于2012年底终止，但四大科学计划和部分联合项目仍继续执行。

全球碳项目（Global Carbon Project，GCP） GCP于2001年启动，其目标是建立全球碳循环的完整图像，包括生物物理学和人文因素以及两者间的相互作用和反馈。GCP包括3个主题：一是全球碳循环的格局和变率，重点是当今碳储存的地理和时空分布及碳循环通量；二是全球碳循环的过程和相互作用，重点是决定碳循环动力学人为的和非人为的控制和反馈机制；三是碳管理，重点是加强碳-气候-人文系统动力学研究，识别人类社会管理这一复杂系统的干预途径和稍纵即逝的机遇。

全球水系统项目（Global Water System Project，GWSP） GWSP于2001年启动，其目标是回答水系统的核心问题：人类如何影响全球水循环及相应的地球物理化学循环，如何改变全球水系统的生物构成，这些变化又会产生怎样的社会反馈。GWSP有3个主题：一是全球水系统中人为和自然导致的环境变化幅度以及关键的变化机制；二是全球水系统变化与地球系统其他组成部分的联系和反馈；三是全球水系统对于环境变化的韧性、适应性和全球水系统可持续管理战略。

全球环境变化与粮食系统项目（Global Environmental Change and Food Systems，GECAFS） GECAFS是一个为期10年的联合项目，于2001年启动，2011年结束。其目标是确定应对全球环境变化对粮食系统影响的战略，评估旨在提升粮食系统安全的适应措施带来的环境和经济社会效果。GECAFS主要关注4个问题：一是全球环境变化对区域粮食安全的影响；二是确定区域粮食系统应对全球环境变化的适应措施和粮食需求的变化；三是评估潜在的适应措施对环境、社会和经济的影响；四是吸收全球环境变化与发展团队参与提升粮食系统安全的政策讨论。

全球环境变化与人类健康项目（Global Environmental Change and Human Health，GECHH） GECHH

于2006年启动，其总体目标是确定人类福祉和健康所面临的风险范围和程度，评估人类活动导致的全球环境变化的后果，促使全社会充分了解人类正在改变地球系统，必然会带来现实的和潜在的后果。GECHH重点关注4个问题：一是识别全球环境变化导致的现实的和未来的健康风险并加以定量化；二是分析健康风险的时空差异（地理、人口之间的差异等），加深对脆弱性的理解，识别干预行动的优先顺序；三是制订适应战略，降低健康风险，评估成本效益，为社会各界特别是决策者提供研究成果；四是制订研究培训计划，提升环境变化和人体健康领域的国际网络研究能力。GECHH确定了5个优先研究领域：一是大气成分变化及其对健康的影响；二是土地利用和土地覆盖与健康事项；三是传染病与全球环境变化；四是食品生产系统与健康；五是城市化与健康。

中国积极参加ESSP计划所属的各项核心计划、联合项目，以及区域集成研究计划（IRS）和START的研究培训活动，为ESSP计划的顺利实施做出了重要贡献。2006年，ESSP在北京召开了全球环境变化第二次开放科学大会，重点围绕地球系统科学方法、可持续发展的科学问题、区域集成研究和亚洲季风区全球变化问题等议题进行交流和研讨。会议的成功召开，既检阅了全球变化的研究成果，也扩大了中国的影响。中国注重ESSP计划研究成果的推广应用，有力推动了气象领域的拓展和业务水平的提升。ESSP计划历史使命已经完成，但中国将继续参加和支持后继未来地球（Future Earth）科学计划。

参考书目

ESSP, 2003. Global Carbon Project Science Framework and Implementation [R]. Earth System Science Partnership (IGBP, IHDP, WCRP, DIVERSITAS) Report No. 1.

ESSP, 2005. Global Environmental Change and Food Systems Science Plan and Implementation Strategy [R]. Earth System Science Partnership (IGBP, IHDP, WCRP, DIVERSITAS) Report No. 2.

ESSP, 2005. The Global Water System Project Science Framework and Implementation Activities [R]. Earth System Science Partnership (DIVERSITAS, IGBP, IHDP, and WCRP) Report No. 3.

ESSP, 2007. Global Environmental Change and Human Health Science Plan and Implementation Strategy [R]. Earth System Science Partnership (DIVERSITAS, IGBP, IHDP, and WCRP) Report No. 4.

（王守荣　徐相华）

Wèilái Dìqiú Jìhuà

未来地球计划（Future Earth）　在2012年6月联合国可持续发展大会（"里约+20"峰会）上启动的大型国际科学计划。未来地球计划由国际科学联盟理事会（ICSU）和国际社会科学理事会（ISSC）发起，联合国教科文组织（UNESCO）、联合国环境规划署（UNEP）、世界气象组织（WMO）、联合国大学（UNU）、贝尔蒙（Belmont）论坛和国际全球变化研究资助机构（IGFA）等组织共同组建，目的是为应对全球环境变化给各区域、国家和社会带来的挑战，加强自然科学与社会科学的沟通与合作，为全球可持续发展提供必要的理论知识、研究手段和方法。该计划通过科学家、政府、企业、资助机构、用户等利益攸关者"协同设计、协同实施、协同推广"（co-design, co-production, co-delivery）科研成果和解决方案，增强全球可持续性发展的能力，应对全球环境变化带来的挑战。未来地球计划整合以往的地球系统科学联盟（ESSP）（见第291页地球系统科学联盟）及其下属的世界气候研究计划（WCRP）（见气象科学基础卷世界气候研究计划）、国际地圈生物圈计划（IGBP）（见气象科学基础卷国际地圈生物圈计划）、国际全球环境变化人文因素计划（IHDP）（见气象科学基础卷国际全球环境变化人文因素计划）、国际生物多样性计划（DIVERSITAS）（见气象科学基础卷国际生物多样性计划）及其联合项目，并逐步发起一批新的科学计划和项目。未来地球科学计划涵盖整个地球系统科学的范畴，包括对气候系统、气候变化、天气气候极端事件以及大气科学等方方面面的观测试验和科学研究，对于气象领域的拓展、气象科技创新能力的提升、气象工作融入可持续发展等具有重要指导意义。

目标和研究主题　未来地球计划目标是"为全球面临环境变化风险的社会群体提供科学知识，抓住可持续发展转型的机遇"。围绕这一目标，其概念框架是研究自然和人类驱动、全球环境变化和人类福祉之间相互作用的关系，并据此制订向可持续发展转变的路线图。

未来地球计划包括以下3项研究主题。

（1）动态地球。其主要研究内容是观测、解释、理解和预估地球系统、环境系统和社会系统演变趋势、强迫因素、变化过程以及相互作用，评估全球变化的阈值和风险。自然系统包括气候、土壤、生物化学、生物多样性、空气质量、淡水、海洋等；人文因素包括人口增长、消费改变、土地和海洋利用变化、技术进步等。脆弱地区重点关注海岸带、热带雨林、干旱地区、南北极地区等。

（2）全球发展。其主要研究内容是满足人类的迫切需求，提供科学知识，对粮食、水资源、生物多样性、能源、原材料及其他生态系统的功能和服务进行可持续、安全和公平的管理。重点研究方向包括资源管理、生态系统服务、可持续路径。该主题把现有和未来的从事环境研究的广大专家学者与经济社会发展部门和所有的利益相关者紧密地联系在一起，共同识别和解决人类发展和安全最紧迫的基本问题。

（3）向可持续发展的转变。其主要研究内容为理解向可持续发展的转变的过程和措施选择，并评估这些过程和措施与人的价值、人的行为、新兴技术及社会经济发展方式之间的联系，评价全球不同部门、不同尺度环境管理战略。重点关注向低碳社会转型，强化气候变化减缓措施，构建可持续海洋"蓝色"社会，加强对海洋环境的保护，发展新型媒体、网络和信息系统，为向可持续发展的转变提供信息服务等。

未来地球计划围绕一些重大科学和可持续发展的命题开展研究：如何保证当代和未来地球人口的水资源、清洁空气和粮食可持续安全，管理工作如何促进全球的可持续性；人类面对全球增长和发展对生态系统构成空前压力有何风险，什么是对人类社会、地球系统功能和地球生物多样性具有严重影响的临界点风险，世界经济和工业如何转型，刺激创新程序以促进全球可持续性；面对全球城市化快速发展的形势，如何把城市设计成能承受更多具有高质量生活的人口，体现人和自然资源利用的可持续全球足迹；在全球向低碳经济快速转型的背景下，如何使所有人都能使用安全能源，人类如何适应全球变暖的社会和生态影响，适应气候变化的障碍、限制和机遇是什么，如何保持生态系统和进化系统的完整性、多样性和功能，使得地球上的生命和生态系统服务能够持续，进而增强人类健康和福祉；什么样的生活方式、伦理学和价值观有利于环境管理和人类福祉，这些贡献如何对全球可持续性转型提供支持，全球环境变化如何影响贫困和发展、如何减轻贫困、如何构建有利于实现全球可持续性转型良性生计。

交叉能力建设 未来地球计划关注 8 个关键交叉领域的能力建设：地球观测系统，数据共享系统，地球系统模式，发展地球科学理论，综合与评估，能力建设与教育，信息交流，科学与政策的沟通与平台。以下是其能力建设的重点内容。

（1）地球观测系统。其目标是观测地球系统变化，发现地球系统新知识，为地球系统模式提供观测数据。主要观测领域涵盖自然变率、气候变化、环境变化、社会经济状况、资源利用等。观测系统建设一方面着力推进和整合现有计划和项目，如全球综合地球观测系统（GEOSS）、全球气候观测系统（GCOS）、全球海洋观测系统（GOOS），以及联合国粮食及农业组织（FAO）粮食及森林计划、世界卫生组织（WHO）健康计划等，另一方面逐步启动新的全球、地区、国家计划和项目。

（2）数据共享系统。其目标是收集地球系统、环境变化和社会经济等方面的资料，建立综合资料系统，并及时、无偿地提供给全球公益研究机构和科学家，支撑地球系统模式、环境变化研究和社会经济评估。

（3）地球系统模式。其目标是发展新一代地球系统模式和综合评估模式，更好地模拟地球系统中人类-环境相互作用、反馈机制动力过程和变化阈值，预测、评估全球和区域更长时间尺度的变化和风险。重点内容包括环境-生物-社会过程动力学研究、物理和生物过程耦合模拟、决策过程模拟以及更加高效和灵活的模拟计算方法等。

（4）发展地球科学基础理论。其目标是提升物理、化学、生物等自然科学基础研究能力，促进人类学、经济学、哲学等与自然科学的交叉融合，加深对地球系统变化机理和演变过程的理解，评估社会经济和政治行为对全球和地区环境的影响。

预期成果 未来地球计划将围绕应对全球环境变化的挑战，向各参与方和社会提供有关产品和服务，主要包括：开放、包容的地球系统观测、监测平台；有关人类福祉和可持续发展的专门资料和评价工具；新一代综合地球系统模式，用以加深对地球系统和人类活动影响的理解，支撑可持续发展的政策和战略决策；基于科学的数据、工具和资源，用以改进社会和经济减灾等韧性和恢复力；向可持续发展转变的各种情景，用以评价向可持续发展转变的战略措施的选择；对全球可持续发展数据库的重要贡献，包括科学评估和决策综合所需的数据；交流、参与、传播机制创新和有关信息技术创新。

中国参与和行动 中国积极参与和响应未来地球计划，秦大河院士是该计划科学委员会（Science Committee）的成员，姚檀栋院士是该计划过度团队（Transition Team）的成员。为全面参与国际活动，加强国内学科交叉融合，推动科学为社会服务，"未来地球计划中国委员会"2014 年在北京正式成立，秦大河院士担任主席。未来地球计划中国委员会将推动利用国际资源，促进中国生态文明建设，并通过对污染、城镇化等世界可持续发展中面临的难题提出解决方案，促进中国在全球环境变化与地球可持续性等领域的科学研究。重点研究领域包括：环境污染及健康，城镇化与社会和谐发展，季风区气候变异与人类活动，全球变化及关键区响应，食品、能源供给与未来发展，生物多样性与生态系统服务，产业转型与绿色生产，变化环境下的灾害预警，东亚传统文化与可持续性发展，极区可持续性发展，地球系统观测和知识服务地球系统模式、气候经济模式与气候变化科学决策等。

（王守荣）

Liánhéguó Qìhòu Biànhuà Kuàngjià Gōngyuē
联合国气候变化框架公约（United Nations Framework Convention on Climate Change，UNFCCC）

《联合国气候变化框架公约》（以下简称《公约》）于1992年5月在纽约联合国总部通过，并于1992年6月在巴西里约热内卢召开的有世界各国政府首脑参加的联合国环境与发展会议期间供各国开放签署。截至2015年底，《公约》已得到196个国家的签署。根据《公约》精神，各国应共同努力、合作应对气候变化，发达国家要率先减少温室气体排放，并向发展中国家提供资金和转让技术；发展中国家要在可持续发展框架下，采取应对气候变化的政策和措施。《公约》为应对未来数十年的气候变化设定了减排进程。发达国家承诺采取措施，争取2000年温室气体排放量维持在1990年的水平，并同意通过资金和技术转让，帮助发展中国家应对气候变化。为支持《公约》的实施，联合国在德国波恩成立了UNFCCC秘书处，在IPCC的帮助下制定应对气候变化所涉及的各项政策措施。自1995年起，公约的缔约方每年召开一次缔约方大会（Conferences of the Parties，COP），以评估履约的进展、制订下一阶段的政策措施。

《公约》的主要内容　《公约》的最终目标是：根据《公约》的各项规定，将大气中温室气体的浓度稳定在防止气候系统受到危险的人为干扰的水平上，而这一水平应当在足以使生态系统能够自然地适应气候变化、确保粮食生产免受威胁，并使经济发展能够可持续地进行的时间范围内实现。

该《公约》确立了5个基本原则：共同但有区别的责任；考虑发展中国家的具体需要和国情；各缔约方应当采取预防措施，预测、防止或尽量减少引起气候变化的原因，并缓解其不利影响；促进持续发展；加强国际合作，应对气候变化不应成为国际贸易的壁垒。《公约》由序言、正文和两个附件组成，包括以下章节：气候系统的保护目标、为实现目标而采取行动所遵循的原则、缔约国承诺采取的行动和措施、气候变化的研究和系统观测、气候变化及其影响的教育和培训及公众意识的提高、缔约方会议的设立及其职责、附属机构和附属科技咨询机构的设立及其职能、资金机制的建立及其运行方式、有关信息的交流、争端的解决。

重要缔约方大会　1995年3月28日，《联合国气候变化框架公约》第1次缔约方大会在德国首都柏林举行。会议通过了《柏林授权书》等文件。文件认为，现有《气候变化框架公约》所规定的义务是不充分的，同意立即开始谈判，就2000年后应该采取何种适当的行动来保护气候进行磋商，以期最迟于1997年签订一项议定书，议定书应明确规定在一定期限内发达国家所应限制和减少的温室气体排放量。

1997年12月11日，《联合国气候变化框架公约》第3次缔约方大会在日本的京都召开。149个国家和地区的代表通过了《京都议定书》，它规定从2008—2012年，主要工业发达国家的温室气体排放量要在1990年的基础上平均减少5.2%，其中欧盟将6种温室气体的排放削减8%，美国削减7%，日本削减6%。同时设定《京都议定书》生效的两个条件：即批准《京都议定书》的《公约》缔约方不少于55个，批准《京都议定书》的《公约》附件一缔约方1990年二氧化碳排放量不少于所有《公约》附件一缔约方（即主要发达国家）1990年总排放量的55%。

2001年11月，《联合国气候变化框架公约》第7次缔约方大会在摩洛哥马拉喀什召开。会议形成的马拉喀什协议文件为《京都议定书》附件一缔约方批准《京都议定书》并使其生效铺平了道路。

2004年12月，《联合国气候变化框架公约》第10次缔约方大会在阿根廷布宜诺斯艾利斯举行。本次大会期间，与会代表围绕《联合国气候变化框架公约》生效10周年来取得的成就和未来面临的挑战、气候变化带来的影响、温室气体减排政策，以及在公约框架下的技术转让、资金机制、能力建设等重要问题进行了讨论。由于俄罗斯于2004年11月18日签署了《京都议定书》，之后第90天，即2005年2月16日，《京都议定书》正式生效，成为具有法律约束力的国际公约，这是人类历史上首次以法规的形式限制温室气体排放。从2005年起，每年都要与《公约》缔约方大会一起，召开《京都议定书》缔约方大会。

2005年11月，《联合国气候变化框架公约》第11次缔约方大会暨《京都议定书》第1次缔约方会议在加拿大蒙特利尔市举行。此次会议达成了40多项重要决定，包括启动《京都议定书》新二阶段温室气体减排谈判，以进一步推动和强化各国的共同行动，切实遏制全球气候变暖的势头。本次大会取得的重要成果被称为"控制气候变化的蒙特利尔路线图"。

2007年12月，《联合国气候变化框架公约》第13

次缔约方大会暨《京都议定书》第3次缔约方会议在印度尼西亚巴厘岛举行。联合国秘书长提议召开联合国气候变化大会，通过了"巴厘路线图"，确定了在《公约》和《京都议定书》下双轨谈判的进程，要求发达国家制定出2012年后量化（可测量、可报告、可核实）的减排指标，发展中国家在发达国家提供（可测量、可报告、可核实）技术和资金的支持下，采取具有实质性效果的国内减缓行动。"巴厘路线图"还要求，《公约》和《京都议定书》缔约方应在2009年哥本哈根的气候变化大会上商讨并达成2012年后国际减排协议。

2009年12月7—19日，《联合国气候变化框架公约》第15次缔约方会议暨《京都议定书》第5次缔约方会议在丹麦首都哥本哈根举行。会议发表的《哥本哈根协议》与《公约》和《京都议定书》缔约方大会的两个决定，以及两个工作组尚存分歧的主席案文一起，共同构成了哥本哈根气候变化大会的主要成果，标志着国际社会应对气候变化的进程进入了一个新的阶段。《哥本哈根协议》因为没有获得所有缔约方的一致支持而尚不具备法律约束力，但其维护了"共同但有区别的责任"的原则，坚持了"巴厘路线图"的授权，坚持并维护了《公约》和《京都议定书》"双轨制"的谈判进程；在"共同但有区别的责任"的原则下，最大范围地将各国纳入了应对气候变化的合作行动，并进一步锁定了发达国家强制减排和发展中国家采取自主减缓行动的共识；在发达国家提供应对气候变化的资金和技术支持方面取得了积极的进展；在减缓行动的测量、报告和核实方面，哥本哈根气候变化大会维护了发展中国家的国家权益；在政府间气候变化专门委员会（IPCC）第四次评估报告的科学观点基础上，提出了将全球平均温升控制在2℃以内的长期行动目标。

2010年11月，《联合国气候变化框架公约》第16次缔约方大会暨《京都议定书》第6次缔约方会议在墨西哥的坎昆召开。本次会议起草了《坎昆协议》，大部分得到通过。《坎昆协议》以"双轨制"的形式锁定了《哥本哈根协议》政治共识，均衡体现了各利益集团的基本诉求和关注，是全面协议的阶段性成果。

2011年11月28日，《联合国气候变化框架公约》第17次缔约方大会暨《京都议定书》第7次缔约方会议于南非的德班召开。大会通过了包括有关启动制订2020年后各国合作行动安排的进程、议定书第二承诺期、长期合作行动和绿色气候基金的决议。会议决定，建立"加强行动的德班平台特设工作组"，负责2020年后适用于《公约》所有缔约方的新法律条约制度的具体安排；正式启动绿色气候基金，并成立了绿色气候基金管理框架；在《公约》长期合作行动工作组下，继续完成《坎昆协议》的授权，就共同愿景、发达国家和发展中国家减缓、适应、资金、技术转让和能力建设中有关机制等安排达成了部分成果。

2012年11月26日—12月8日，《联合国气候变化框架公约》第18次缔约方大会暨《京都议定书》第8次缔约方会议在卡塔尔多哈举行。会议最终就2013—2020年执行《京都议定书》第二承诺期达成了一致，坚持了"双轨制"的谈判构架，达成了一系列较为平衡的成果。

2013年11月11—23日，《联合国气候变化框架公约》第19次缔约方会议暨《京都议定书》第9次缔约方会议在波兰首都华沙举行。会议最终就德班平台决议、气候资金和损失损害补偿机制等焦点议题签署了协议。

2014年12月，联合国气候变化框架公约第20次缔约方会议暨京都议定书第10次缔约方会议在秘鲁利马召开。会议成果包括：①达成了关于继续推动德班平台谈判的决议，即利马气候行动倡议，明确2015年协议应遵循《公约》下"共同但有区别的责任"原则；明确了各方2020年后国家自主贡献所涉及的信息；气候变化适应被提到了显著的位置。②进一步细化了，拟在2015年巴黎气候变化大会上拟达成的，2020年之后适用于所有缔约方应对气候变化机制协议的要素。③绿色气候基金有所进展，注资额达到了102亿美元，但总体上仍与发达国家在2020年达到每年1000亿美元的资金承诺存在很大距离。

2015年12月，联合国气候变化框架公约第21次缔约方会议暨京都议定书第11次缔约方会议在法国巴黎召开，会议通过了具有某种有法律约束力的议定成果，即《巴黎协定》。《京都议定书》第一承诺期于2012年底到期，第二承诺期于2020年底到期，《巴黎协定》则明确了2020年后国际应对气候变化的治理体制。《巴黎协定》重申了《公约》所确定的"公平、共同但有区别的责任和各自能力原则"，提出了3个目标：①将全球平均温度上升幅度控制在大幅低于工业化前水平2℃之内，并力争不超过1.5℃；②提高适应气候变化不利影响的能力，并以不威胁粮食生产的方式增强气候适应能力和温室气体低排放发展；③使资金流动符合温室气体低排放和气候适应型发展的路径。

中国气象局一直派代表参与《联合国气候变化框架公约》缔约方大会和《京都议定书》会议的谈判，为气候变化国际谈判提供了重要支撑性作用。

中国履行《公约》情况 气候变化已经对中国产生

了一定的影响，造成了沿海海平面上升、西北冰川面积减少、春季物候期提前等，而且未来将继续对中国自然生态系统和经济社会系统产生重要影响。与此同时，中国人口众多、经济发展水平较低、能源结构以煤为主、应对气候变化能力相对较弱，随着城镇化、工业化进程的不断加快及居民用能水平的不断提高，中国在应对气候变化面临严峻的挑战。

中国于1992年6月联合国环境与发展大会期间签署了《公约》。之后，中国政府组织制定了《中国21世纪议程——中国21世纪人口、环境与发展白皮书》，并从国情出发采取了一系列政策措施，作为履行《公约》的一项重要义务，2007年，中国政府又制定了《中国应对气候变化国家方案》，明确了到2010年中国应对气候变化的具体目标、基本原则、重点领域及其政策措施。2015年6月，中国发布了《强化应对气候变化行动——中国国家自主贡献》的文件，提出了到2030年的自主行动目标：二氧化碳排放2030年左右达到峰值并争取尽早达峰；单位国内生产总值二氧化碳排放比2005年下降60%~65%，非化石能源占一次能源消费比重达到20%左右，森林蓄积量比2005年增加45亿立方米左右。这不仅是中国作为《公约》缔约方完成的规定行动，同时也是中国政府向国内外宣示中国走以增长转型、能源转型和消费转型为特征的绿色、低碳、循环发展道路的决心和态度。

中国应对气候变化的总体目标是：控制温室气体排放取得明显成效，适应气候变化的能力不断增强，气候变化相关的科技与研究水平取得新的进展，公众的气候变化意识得到较大提高，气候变化领域的机构和体制建设得到进一步加强。中国应对气候变化的原则包括：在可持续发展框架下应对气候变化；遵循《公约》规定的"共同但有区别的责任"；减缓与适应并重；将应对气候变化的政策与其他相关政策有机结合；依靠科技进步和科技创新的原则；积极参与、广泛合作。

中国应对气候变化的具体措施主要体现在以下8个方面：一是调整经济结构，推进技术进步，提高能源利用效率；二是发展低碳能源和可再生能源，改善能源结构；三是大力开展植树造林，加强生态建设和保护；四是实施计划生育，有效控制人口增长；五是加强了应对气候变化相关法律、法规和政策措施的制定；六是进一步完善了相关体制和机构建设；七是高度重视气候变化研究及能力建设；八是加大气候变化教育与宣传力度。

（高云　应宁　徐相华）

Jīngdū Yìdìngshū

京都议定书（Kyoto Protocol，UNFCCC）《联合国气候变化框架公约》（以下简称《公约》）的补充条款，于1997年12月11日在日本的京都召开的《联合国气候变化框架公约》第3次缔约方大会上通过。《公约》没有对个别缔约方规定具体需承担的义务，也未规定实施机制。从这个意义上说，《公约》缺少法律约束力，但是规定可在后续从属的议定书中设定强制排放限制。《公约》第1次缔约方大会于1995年3月28日在德国首都柏林举行。会议通过了《柏林授权书》等文件。会议认为，现有《公约》所规定的义务是不充分的，同意立即开始谈判，就2000年后各国应该采取何种适当的行动来保护气候进行磋商，要求最迟于1997年签订一项议定书，议定书应明确规定在一定期限内发达国家所应限制和减少的温室气体排放量。1996年7月8—19日，《联合国气候变化框架公约》第2次缔约方大会就《柏林授权书》所涉及的"议定书"起草问题进行了讨论，但未达成一致意见，决定"特设小组"继续讨论，并向第3次缔约方大会报告结果。

《京都议定书》提出的减限排目标　《京都议定书》规定到2010年《公约》附件一缔约方（即主要发达国家）排放量，要比1990年减少5.2%。具体说，各发达国家从2008—2012年必须完成的削减目标是：与1990年相比，欧盟削减8%、美国削减7%、日本削减6%、加拿大削减6%、东欧各国削减5%~8%，新西兰、俄罗斯和乌克兰可将排放量稳定在1990年水平上。《京都议定书》同时允许爱尔兰、澳大利亚和挪威的排放量比1990年分别增加10%、8%和1%。同时设定了《京都议定书》生效的两个条件：即批准《京都议定书》的《公约》缔约方不少于55个，批准《京都议定书》的《公约》附件一缔约方1990年二氧化碳排放量不少于所有《公约》附件一缔约方1990年总排放量的55%。

《京都议定书》提出的三机制　联合履行、清洁发展机制、排放贸易被称为《京都议定书》的三机制，与减限排目标一样，是《京都议定书》的核心内容。在《京都议定书》谈判进程中，发达国家同意率先采取行动承担温室气体减限排义务，同时也提出，应该允许发达国家有灵活的政策和行动，包括允许在其境外采取的减排行动，这种减排行动获得的"减排抵消额"还应该可以进行"贸易"。

联合履行是《京都议定书》第6条所确立的合作机制，是指发达国家之间通过项目级的合作，其所实现的温室气体减排抵消额，可以转让给另一发达国家缔约方，但是同时必须在转让方的允许排放限额上扣减相应的额度。

清洁发展机制是《京都议定书》第12条所确立的合作机制，是指发达国家通过提供资金和技术的方式，与发展中国家开展项目级的合作，通过项目所实现的温室气体减排量，可以由发达国家缔约方用于完成在《京都议定书》第三条下的承诺。清洁发展机制是一项"双赢"机制，可以使发展中国家通过合作获得资金和技术，有助于实现自己的可持续发展；同时，发达国家通过这种合作可以降低其在国内实现减排所需的高昂费用。

排放贸易是《京都议定书》下第17条所确立的合作机制，是在发达国家之间开展的缔约方对缔约方的温室气体排放贸易合作。

有关《京都议定书》第二承诺期的谈判　《京都议定书》第一承诺期（2008—2012年）到期后，国际社会就2013—2020年执行《京都议定书》第二承诺期的问题进行了谈判。2012年11月26日—12月8日，《公约》第18次缔约方大会暨《京都议定书》第8次缔约方大会在卡塔尔多哈召开。议定书第二承诺期的存废是谈判焦点之一，大会最终就2013—2020年执行《京都议定书》第二承诺期达成了一致，确立了《京都议定书》第二承诺期。进一步确认《京都议定书》第二承诺期从2013年1月1日开始至2020年12月31日结束，有效期为8年；第二承诺期控制的温室气体从第一承诺期的6种增加为7种，将三氟化氮（NF_3）纳入其中；明确2020年《京都议定书》发达国家缔约方要在1990年基础上整体减排18%，提出了相应的国别减排目标，并决定有关发达国家最迟在2014年重新审视其第二承诺期的量化减排承诺；对议定书的生效适用做出了临时适用等规定，对第一承诺期的减排余额结转做出了明确的规定，并提出了严格的比例限制（小于2.5%）；同时明确，只有《京都议定书》缔约方，才能利用联合履行、清洁发展机制及排放贸易等《京都议定书》下的灵活机制进行履约。然而第二承诺期与《公约》在减排目标的内涵和核算方式上不统一，这为附件一和非附件一缔约方在"德班平台"下提出2020年后的减缓目标和减排进展衡量机制的安排造成了困难；同时，第二承诺期在法律效力上的不确定性，也可能导致其发展成为以国内法律保障为基础的国际自愿减排体系，进而为后续谈判和机制安排带来了重大的不确定性。

（应宁　徐相华）

Qìhòu Biànhuà Bālí Xiédìng

气候变化巴黎协定（Climate Change Agreement in Paris）　《联合国气候变化框架公约》通过的具有某种有法律约束力的议定成果（简称《巴黎协定》）。气候变化《京都议定书》（见第296页 京都议定书）第一承诺期于2012年底到期，第二承诺期于2020年底到期。2015年12月13日在法国巴黎召开的《联合国气候变化框架公约》和《京都议定书》缔约方全会上通过《巴黎协定》，明确了2020年后国际应对气候变化的治理体制。巴黎会议完成了2011年启动的"德班平台"谈判进程。

主要内容　《巴黎协定》包括前言、总体目标、自主贡献、减缓、适应、损失损害、资金、技术、能力建设、透明度、全球盘点、促进实施和遵约、机构和程序法律安排等共计29条内容。

《巴黎协定》重申了《联合国气候变化框架公约》所确定的"公平、共同但有区别的责任和各自能力原则"。提出了三个目标：一是将全球平均气温上升幅度控制在大幅低于工业化前水平2℃之内，并力争不超过1.5℃；二是提高适应气候变化不利影响的能力，并以不威胁粮食生产的方式增强气候适应能力和温室气体低排放发展；三是使资金流动符合温室气体低排放和气候适应型发展的路径。

在气候变化减缓方面，明确了自主减排方式，2020年后，所有缔约方将以"自主贡献"的方式参与全球应对气候变化行动。提出了长期减排路径，实现全球温室气体排放尽快达峰，发展中国家缔约方达峰则需要更长时间。21世纪下半叶实现碳中和，即温室气体源的人为排放与汇的清除之间的平衡。体现了有区别的减排模式，强调了发达国家继续带头努力实现全经济范围的绝对减排目标，并认识到可持续生活方式以及可持续的消费和生产模式在应对气候变化中所发挥的重要作用，但也要求发展中国家应当继续加强减缓气候变化的努力，鼓励其根据不同的国情，逐渐实现全经济范围的绝对减排或限排目标。最不发达国家和小岛屿发展中国家可通过编制和通报反映其低排放发展战略和行动。确定了缔约方通报的国家自主贡献应记录在一个公共登记册上。明确了减缓实施途径包括减少温室气体排放，增强温室气体汇，如森林保护等，以及通过国际转让的方式实现减排或增汇。

在气候变化适应和损失损害方面，提出了确立提高气候变化适应能力、加强抗御力和减少对气候变化脆弱性的全球适应目标，认识到加强适应措施可能会增加适应成本。缔约方要定期提交或更新适应信息通报，并记录在公共登记册上。关于气候变化影响造成的损失与损害，将通过损失与损害华沙国际机制加强缔约方之间的理解和支持，华沙机制应与现有机构、专家小组和有关组织加强协作。

在应对气候变化支持方面,明确了发达国家缔约方应帮助发展中国家缔约方开展减缓和适应行动,也鼓励其他缔约方自愿提供支持。发达国家缔约方应带头调动气候资金,充分发挥公共资金的重要作用。资金规模应逐步超过先前规模,实现适应和减缓的平衡,优先照顾对气候变化不利影响特别脆弱的和受到严重能力限制的发展中国家,特别是最不发达国家、小岛屿发展中国家的关切。缔约方应就充分落实技术开发和转让以改善对气候变化的抗御力和减少温室气体排放达成一个长期愿景。《联合国气候变化框架公约》下的技术机制仍服务于该协定,建立技术框架,促进技术开发和转让的强化行动。明确了发达国家应提高对发展中国家的能力建设支持,重点加强能力最弱和受气候变化不利影响特别脆弱的发展中国家能力建设。

关于履约透明度方面,要求各国定期通报国家自主贡献,包括其国内减缓措施;国家自主贡献的实施过程将按照《巴黎协定》所建立的规则进行报告和审评。国际社会将从 2023 年开始,通过每五年一度的全球盘点对《巴黎协定》宗旨与长期目标的实现情况进行评估,解决各国"自主贡献"力度不足,以实现温控目标。为提供必要的信息,建立互信并促进有效执行,《巴黎协定》基于二十余年来《联合国气候变化框架公约》下所建立的透明度体系,强化了对各缔约方行动与支持透明度的要求,并以促进性、非侵入性、非处罚性和尊重国家主权的方式实施。

《巴黎协定》将于 2016 年 4 月 22 日—2017 年 4 月 21 日在联合国总部开放供各缔约方签署。其生效的条件是:不少于 55 个《联合国气候变化框架公约》缔约方提交批准文书,且这些国家的温室气体排放总量至少占全球温室气体排放总量的 55% 以上。温室气体的排放总量的参考值是各方签署条约时能获取的最近一期全球和各国温室气体排放量。

其他成果 围绕《巴黎协定》,大会还达成了共 139 条的《联合国气候变化框架公约》第 21 次缔约方大会的相关决定。与《巴黎协定》相对应的大会决定就落实协议所需的机构建设、具体行动和行政、预算等事务做出了安排,包括:设立《巴黎协定》特设工作组,定期向《联合国气候变化框架公约》缔约方会议报告工作进展。要求总结减排进展与长期目标的差距,为各国更新"国家自主贡献"提供信息。会议要求政府间气候变化专门委员会(IPCC)于 2018 年发布关于 1.5 ℃ 目标的特别报告。发达国家将在 2025 年前继续其现有集资目标,并由缔约方大会在每年 1000 亿美元的基础上设立新的资金目标,进一步对发展中国家提供技术和能力建设支持。在损失与损害机制方面,明确继续沿用华沙损失和损害国际机制,但强调这一机制不成为任何责任或赔偿的基础。同意设立巴黎能力建设委员会,该委员将全面协调对发展中国家能力建设支持,同时监管 2016—2020 年的能力建设工作计划。确立了强化行动和支持透明度的框架,为全球盘点提供参考。

(巢清尘)

Liánhéguó Fángzhì Huāngmòhuà Gōngyuē
联合国防治荒漠化公约

(United Nations Convention to Combat Desertification, UNCCD) 全称为《联合国关于在发生严重干旱和/或沙漠化的国家特别是在非洲防治沙漠化的公约》(简称《荒漠化公约》),是 1992 年里约热内卢环境与发展大会《21 世纪议程》框架下的三大重要国际环境公约之一。主要宗旨是在发生严重干旱和/或荒漠化的国家,尤其是在非洲,防治荒漠化,缓解干旱影响,以期协助受影响的国家和地区实现可持续发展。根据公约定义,荒漠化是指发生在干旱、半干旱和干旱的亚湿润地区的土地退化,主要由于人类活动和气候变化引发。1977 年联合国在肯尼亚首都内罗毕召开了首次世界荒漠化问题会议,1992 年在巴西里约热内卢召开的世界环境与发展大会上,将防治荒漠化列为国际社会优先采取行动的领域。后经过一年多的谈判,形成了《联合国防治荒漠化公约》。到 2014 年,《荒漠化公约》缔约方 193 个,主权缔约国家 179 个。1994 年 6 月 17 日公约文本通过,同年 10 月在巴黎开放签字,1996 年 12 月 26 日生效。中国于 1994 年 10 月 14 日签署该公约,该公约于 1997 年 5 月 9 日对中国生效。公约秘书处设在德国波恩。该公约组织机构包括公约缔约方大会、科学技术委员会、履约审查委员会、公约秘书处。

《荒漠化公约》是里约联合国环境与发展大会期间美国等发达国家为取得非洲国家在气候问题上的支持而采取妥协的结果。但是由于受荒漠化影响国家多为发展中国家,发达国家态度一贯消极,各方利益诉求存在较大差异。公约 2007 年第八次缔约方会议通过决议实施"十年战略"(2008—2018 年),旨在促进履约进程,通过设立量化的目标和监测指标,提高公约对全球生态环境和可持续发展的贡献。近年来,国际社会在面临金融危机、粮食危机、能源危机、水资源危机和日益加剧的气候变化威胁下,重新认识了荒漠化对气候变化、生物多样性、粮食危机和可持续发展的重要影响和防治荒漠化的重要贡献,敦促加强"里约三公约"及其他环境公约的协同，呼吁增加在荒漠化领域的资金分配。

中国积极参与公约谈判进程，为促进履约做出实质性贡献。1994年签署公约后，积极响应公约要求，建立了由林业部门牵头的多部门履约协调机构——中国防治荒漠化协调小组，率先制订并实施了国家行动方案，颁布了《防沙治沙法》和相关法律法规，与荒漠化公约联合在北京建立了荒漠化公约国际培训中心。中国的成就、经验、模式受到国际社会的广泛关注，1998年中国获得联合国开发计划署防治荒漠化最佳实践奖。2002年中国国家林业局获得联合国荒漠化公约防治荒漠化杰出贡献奖，2009年中国国家林业局再次获得公约秘书处授予的防治荒漠化卓越领导奖。

中国有关部门广泛参与了政府履行该公约的相关行动，主要包括：积极参与有关气候变化的科学、适应、减缓以及应对措施的研究，深化对气候变化与荒漠化内在关系的科学认识；在中国荒漠化影响较大的区域，尤其是在干旱和半干旱地区，积极开展气象防灾减灾活动，通过开展环境气象和生态气象服务，减缓荒漠化进程。中国国家林业局还多次发布中国履行《联合国防治荒漠化公约》国家报告。

（喻纪新　徐相华）

Bǎohù Chòuyǎngcéng Wéiyěnà Gōngyuē
保护臭氧层维也纳公约

（Vienna Convention for the Protection of Ozone Layer）　为了使人类避免遭受因臭氧层破坏而带来的不利影响，并在国际采取适当的合作与行动措施，1985年，联合国环境规划署（UNEP）在奥地利首都维也纳组织召开了"保护臭氧层外交大会"，并通过了《保护臭氧层维也纳公约》（简称《维也纳公约》）。该公约在1985年3月22日订于维也纳，并于1988年9月22日生效。其组织架构包括缔约方大会、履约委员会、臭氧秘书处。臭氧秘书处设在肯尼亚首都内罗毕的联合国环境规划署办公室。

《维也纳公约》的宗旨是：为了保护人类健康和环境，各缔约方应采取适当措施，控制足以改变或可能改变臭氧层的人类活动，以免受到由此造成的或可能造成的不利影响。《维也纳公约》还对缔约方提出要求：①通过系统地观察、研究和资料交流，从事合作，以期更好地了解和评价人类活动对臭氧层的影响，以及臭氧层的变化对人类健康和环境的影响；②采取适当的立法和行政措施，从事合作，协调适当的政策，以便对本国的某些人类活动，在已经或可能改变臭氧层而造成不利影响时，加以控制、限制、削减或禁止；③从事合作，制订执行《维也纳公约》的商定措施、程序和标准，以期通过有关控制措施的议定书和附件。公约以当时对臭氧层变化的各种因素的理解为基础，解决了三个方面的问题：①高度重视臭氧层消耗问题；②对解决臭氧层消耗问题有了全球范围的承诺；③确定了解决臭氧层消耗问题的商定程序。《维也纳公约》的签署标志着保护臭氧层国际统一行动的开始。《维也纳公约》虽然没有任何实质性的控制协议，但却为会后采取国际性控制氯氟烃（CFCs）的措施做了必要的准备。世界气象组织很早就关注到臭氧问题并参与相关进程的推进，世界气象组织每年发布《南极臭氧公报》，中国气象局每年为该公报的编写提供南极站点和风云极轨气象卫星的臭氧观测数据。中国于1989年9月11日加入《维也纳公约》。同年12月10日，《维也纳公约》对中国生效。中国除加入了《维也纳公约》外，1987年又签署了《关于消耗臭氧层物质的蒙特利尔议定书》，1991年签署加入《蒙特利尔议定书》伦敦修正案，2003年加入了《蒙特利尔议定书》哥本哈根修正案，2010年又加入了蒙特利尔修正案及北京修正案。

1991年，中国成立了由环境保护部牵头，18个部委参加的国家保护臭氧层领导小组，负责履行《维也纳公约》和《蒙特利尔议定书》，组织实施《中国逐步淘汰消耗臭氧层物质国家方案》。环境保护部对外合作中心下设保护臭氧层多边基金项目管理办公室，负责组织臭氧层保护国际公约履约项目的实施。中国于2007年7月1日全面停止全氯氟烃和哈龙两类物质的生产和进口，提前两年半实现《蒙特利尔议定书》规定的目标。2010年1月1日又实现了四氯化碳和甲基氯仿的全面淘汰，从而圆满完成议定书2010年淘汰全氯氟烃、哈龙、四氯化碳和甲基氯仿4种主要消耗臭氧层物质的历史性目标。2010年6月，国务院颁布实施《消耗臭氧层物质管理条例》，为中国保护臭氧层事业的长期发展提供了有力的法律保障。臭氧层及臭氧分布、臭氧含量的变化不仅影响人体健康，而且与气候变化紧密关联。长期以来，中国气象部门联合教育、科研等部门就臭氧层变化与气候变化的相互作用及其对人体、大气环境的影响等方面开展联合监测和研究，取得许多成果。

（喻纪新　徐相华）

21 Shìjì Yìchéng
21世纪议程

（Agenda 21）　1992年6月3—14日在巴西里约热内卢召开的联合国环境与发展大会通过的3个重要成果文件之一，是"世界范围内可持续发展行动计划"。它是21世纪在全球范围内各国政府、联合国组织、发展机构、非政府组织和独立团体在人类活动对环境产生影响的各个方面的综合的行动蓝图。《21世纪议程》是一份没有法律约束力、800页的旨在鼓励发展的同时保护环境的全球可持续发展计划的行动蓝图,但它反映了环境与发展领域的全球共识和最高级别的政治承诺,提供了全球推进可持续发展的行动准则。内容大体可分为可持续发展战略、社会可持续发展、经济可持续发展、资源的合理利用与环境保护4个部分。

《21世纪议程》的前提是所有国家都要分担责任,但承认各国的责任和首要问题各不相同,特别是在发达国家和发展中国家之间。《21世纪议程》的一个关键目标是逐步减轻和最终消除贫困,同样还要就保护主义和市场准入、商品价格、债务和资金流向问题采取行动,以取消阻碍第三世界进步的国际性障碍。为了符合地球的承载能力,特别是工业化国家,必须改变消费方式;而发展中国家必须降低过高的人口增长率。为了采取可持续的消费方式,各国要避免在本国和国外以不可持续的方式开发资源。文件提出以负责任的态度和公正的方式利用大气层和公海等全球公有财产。

在1992年6月3—14日在巴西里约热内卢召开的联合国环境与发展大会上,李鹏总理代表中国政府做出了履行《21世纪议程》等文件的庄严承诺。中国根据《21世纪议程》制定了《中国21世纪议程》,该议程又称《中国21世纪人口、环境与发展白皮书》,以此作为中国可持续发展总体战略、计划和对策方案,这是中国政府制订国民经济和社会发展中长期计划的指导性文件。《中国21世纪议程》1992年7月由国务院环委会组织编制,于1994年3月25日在国务院第十六次常务会议上讨论通过。科技部下设的中国21世纪议程管理中心承担中国21世纪议程项目管理的有关工作。

《中国21世纪议程》的许多章节内容与气象事业相关,关系最为密切的是第17章"防灾减灾"和第18章"保护大气层"。为贯彻《中国21世纪议程》制定的可持续发展战略,充分发挥气象在国家可持续发展中的作用,推动气象可持续发展,中国气象局也组织制定了《中国21世纪议程气象行动计划》。

《21世纪议程》与联合国千年发展目标配套实施和推进。鉴于千年发展目标完成时限为2015年,且很多指标不能如期完成,国际社会适时酝酿和启动2015年后可持续发展议程的编制工作。2012年6月联合国召开可持续发展大会("里约+20"峰会),会议通过了重要的文件《我们希望的未来》。该文件一方面承诺不遗余力在2015年前加速推进《21世纪议程》,实现千年发展目标,一方面为2015年后可持续发展议程确定了基调。"里约+20"峰会后,联合国专门成立可持续发展目标开放工作组,同世界各国政府、各地民间社会和利益攸关方进行了两年多的磋商和交流,编制2015年后可持续发展议程草案。2015年,联合国召开可持续发展峰会,会议通过了成果性文件《改变我们的世界:2030年可持续发展议程》(简称《2030年可持续发展议程》)。2016年1月1日,《2030年可持续发展议程》正式生效并付诸实施。

(喻纪新 徐相华)

Liánhéguó Qiānnián Fāzhǎn Mùbiāo
联合国千年发展目标(United Nations Millennium Development Goals,MDG) 2000年9月联合国举行千年首脑会议,189个会员国与会并通过了《千年宣言》。《千年宣言》为人类发展制定了一系列具体目标,统称为"千年发展目标",共涉及8个领域,即消灭极端贫穷和饥饿,普及小学教育,促进男女平等并赋予妇女权利,降低儿童死亡率,改善产妇保健,与艾滋病毒/艾滋病、疟疾和其他疾病作斗争,确保环境的可持续能力,全球合作促进发展。在这8个领域中,消灭极端贫穷和饥饿、确保环境的可持续能力等领域包括应对气候变化和减轻灾害风险等方面与气象工作密切相关的内容。"千年发展目标"由若干量化的目标构成,多数目标以1990年为基准年,2015年为完成时限,是当今国际社会在发展领域最全面、最权威、最明确的发展目标体系。千年发展目标已成为衡量全球发展进程的首要标准和进行国际发展合作的重要框架,得到各方普遍认同和积极响应。联合国为8个领域的目标分别制订了监测指标,还定期撰写千年发展目标进展报告。联合国系统也与许多会员合作编写国别进度报告,旨在提高各方对千年发展目标的共识,启发讨论和推动采取进一步行动落实各项指标。

1990—2015年,经过国际社会的共同努力,全球实施千年发展目标取得积极进展,主要成效包括:极端贫困率显著下降,1990年发展中地区近一半的人口依靠低于一天1.25美元生活,而到2015年这一比例下降至14%;全球生活在极端贫困中的人数下降超过一半,从1990年的19亿人下降至2015年的8.36亿人;2015年发展中地区的小学净入学率达到91%,比2000年的83%有所提高;相比15年前,现在更多的女孩在上学,发展中地区整体而言已经实现消除小学、中学和高等教育中两性差距的具体目标;1990—2015年,全球5岁以下儿童死亡率下降超过一半,从每1000名活产婴儿中90人死亡降至43人死亡;1990—2015年,全世界孕产妇死亡率下降了45%，其中大部分发生在2000年以后；2000—2013年，新感染艾滋病毒的人数下降了约40%，从估计的350万下降至210万；1990—2015年，消耗臭氧物质基本上已消除，预计到21世纪中叶臭氧层即可恢复；1990—2015年，很多地区的陆地和海洋保护区都大幅增加，1990—2014年，在拉丁美洲和加勒比地区，陆地保护区覆盖率从8.8%上升至23.4%；2015年全球91%的人口使用经改善的饮用水源，而1990年只有76%；2000—2014年，来自发达国家的官方发展援助实际值增长了66%，达到1352亿美元。

尽管全世界在千年发展目标的很多具体目标方面成绩显著，但各个地区和国家的进展很不均衡，仍然有巨大的差距。数百万人境遇困难，特别是最贫穷的人和因为性别、年龄、残疾、种族或地理位置而处境不利的人。发展中国家发展资金不足、技术手段缺乏、能力建设薄弱等问题未根本缓解。国际金融危机、粮食和能源安全、气候变化、自然灾害等挑战进一步影响国际发展合作，官方发展援助不增反减，发展中国家如期实现千年发展目标面临很大困难。国际社会需要采取更有具针对性的措施来帮助发展中国家和最弱势的人群，推动千年发展目标的全面落实。

中国外交部与联合国系统在2001—2015年6次发布《中国实施千年发展目标报告》。2015年7月发布的报告介绍了中国在落实千年发展目标方面取得的巨大成就，提前7年完成了减少贫困、饥饿、文盲、降低婴儿和五岁以下儿童死亡率等目标。中国是第一个提前实现减贫目标的发展中国家，中国减贫成果加速了全球减贫进程，为世界减贫事业作出了巨大贡献。中国所有省、自治区和直辖市已全面普及九年义务教育。中国5岁以下儿童、婴儿死亡率稳步降低，城乡妇女儿童健康指标差距逐步缩小。中国降低孕产妇死亡率、防治艾滋病和肺结核病等方面落实工作已进入正轨。尽管在经济社会发展方面取得了巨大成就，但中国仍是一个发展中国家，面临不少困难与挑战。发展不平衡、不协调、不可持续问题依然突出，科技创新能力不强，产业结构不合理，农业基础依然薄弱，资源环境约束加剧，制约科学发展的体制机制障碍较多，转变经济发展方式和调整经济结构任务艰巨。城乡区域发展差距和居民收入分配差距依然较大。为应对这些挑战，中国将继续深化改革，扩大对外开放，树立绿色、低碳发展理念，走可持续发展道路，确保到2020年实现全面建成小康社会目标。中国气象局局长郑国光在2010—2012年期间曾担任联合国秘书长全球可持续性高级别小组成员，该小组起草了《我们憧憬的未来》，提交联合国"里约+20"峰会讨论通过。该文件为制定《联合国2030年可持续发展议程》奠定了基础。

（徐相华　应宁）

Liánhéguó Huánjìng Guīhuà Shǔ
联合国环境规划署

（United Nations Environment Programme，UNEP）　成立于1972年，是联合国系统内负责全球环境事务的牵头部门和权威机构（简称环境署），总部设在肯尼亚首都内罗毕，在欧洲、北美、亚太等设立有6个区域办事处，在布鲁塞尔、纽约、开罗和日内瓦设立有4个联络处，是全球仅有的两个将总部设在发展中国家的联合国机构之一。所有联合国成员国、专门机构成员和国际原子能机构成员均可加入环境署。到2015年，已有100多个国家参加其活动。世界气象组织（WMO）和UNEP于1988年联合建立政府间气候变化专门委员会（IPCC），推动气候变化科学评估工作。随着国际社会和各国政府对全球环境状况及世界可持续发展前景深切关注，环境署越来越受到高度的重视，并且正在发挥着重要作用。

宗旨　促进环境领域内的国际合作，并提出政策建议；在联合国系统内指导和协调环境规划总政策，并审查规划的定期报告；审查世界环境状况，确保可能出现的具有广泛国际影响的环境问题得到各国政府的考虑；经常审查国家和国际环境政策和措施对发展中国家带来的影响和费用增加的问题；促进环境知识的取得和情报的交流。

主要职责　贯彻执行环境规划理事会的各项决定；根据理事会的政策指导提出联合国环境活动的中、远期规划；制订、执行和协调各项环境方案的活动计划；向理事会提出审议的事项及有关环境的报告；管理环境基金；就环境规划向联合国系统内的各政府机构提供咨询意见等。

主要任务　利用现有最佳科技能力来分析全球环境状况并评价全球和区域环境趋势，提供政策咨询，并就各类环境威胁提供早期预警，促进和推动国际合作和行动；促进和制定旨在实现可持续发展的国际环境法，其中包括在现有的各项国际公约之间建立协调一致的联系；促进采用商定的行动以应付新出现的环境挑战；利用环境署的相对优势和科技专长，加强在联合国系统中有关环境领域活动的协调作为，并加强其作为全球环境基金执行机构的作用；促进人们提高环境意识，为参与执行国际环境议程的各阶层行动者之间进行有效合作提供便利，并在国家和国际科学界决策者之间担当有效的联络人；在环境体制建设的重要领域中为各国政府和其他有关机构提供政策和咨询服务。

主要活动 环境规划署成立以后，其活动主要涉及：①环境评估，具体工作部门包括全球环境监测系统、全球资料查询系统、国际潜在有毒化学品中心等。②环境管理，包括人类住区的环境规划和人类健康与环境卫生、陆地生态系统、海洋、能源、自然灾害、环境与发展、环境法等。③支持性措施，包括环境教育、培训、环境情报的技术协助等。此外，环境规划署和有关机构还经常举办同环境有关的各种专业会议。沙漠化是世界上最严重的环境问题之一，所以经过环境规划署的筹备，于1977年召开了联合国沙漠化会议，在环境规划署内设立了防止沙漠化的工作部门。人类居住区问题一直是环境规划署工作的一个重要方面，因此环境规划署设立了同其平行的机构——联合国人类居住委员会和人类居住中心，总部也设在内罗毕。

中国自1973年以来一直是环境署理事会成员。1976年，中国在内罗毕设立驻联合国环境规划署代表处，由中国驻肯尼亚大使兼任代表。自1976年起，中国开始向环境署基金捐款，并于1982年起改为每年定期捐款。2004年，中国向环境署捐款数额为20万美元。2003年9月，环境署驻华代表处在北京成立。这是环境署在发展中国家设立的第一个代表处。环境署设立笹川环境奖，是联合国在环境领域的最高奖项之一，中国国家环保局原局长曲格平和中国国家环保总局原局长解振华曾分别于1992年和2003年荣获该奖。

大气环境是全球自然环境的重要组成部分，并且与陆地环境和海洋环境具有相互作用，气象部门与有关部门通力合作，在国际上积极参与UNEP的有关活动，在国内长期开展有关领域的监测、预测、预警和科学研究，提供决策支持和社会服务。中国气象局1989年在海拔3848 m的青海瓦里关上建立了全球大气本底基准观象台。还在北京上甸子、浙江临安、黑龙江龙凤山等地建立了区域大气本底站。此外，中国气象局自2013年起连续发布中国温室气体公报。

（徐相华）

Liánhéguó Kāifā Jìhuà Shǔ

联合国开发计划署（United Nations Development Programme，UNDP） 联合国开发计划署是全球最大的多边发展援助机构，同时也是联合国系统促进发展活动的中心协调组织。其前身是1949年成立的技术援助扩大方案和1958年设立的旨在向较大规模发展项目提供投资前援助的特别基金。根据联合国大会决议，这两个组织于1965合并成立联合国开发计划署。总部设在美国纽约。其组织机构包括：执行局，政策决策机构；秘书处，按照执行局制定的政策在署长领导下处理具体事务。UNDP的工作是为发展中国家提供技术上的建议、培训人才并提供设备，特别是为最不发达国家进行帮助，倡导变革并为各国提供知识、经验和资源。通过与有关国家开展发展援助和合作，帮助各国应对全球和各国国内面临的发展挑战。

历史沿革 冷战结束后，随着国际政治经济格局经历的深刻变化，UNDP的活动宗旨已发生了重大的转变，即从传统的技术援助转向以"人的可持续发展"为目标，将消除贫困、增加就业、妇女参与发展和环境保护作为援助的重点。UNDP是联合国系统内的主要"反贫困机构"。

运作方式 联合国开发计划署的援助项目是无偿的，资金主要来源于各国政府的自愿捐款，由联合国工业发展组织，联合国粮食及农业组织，联合国技术合作部，世界卫生组织，联合国教科文组织，联合国贸易和发展会议等30多个机构承办和具体实施。UNDP本身不负责承办援助项目或具体将其付诸实施，它主要是派出专家进行发展项目的可行性考察，担任技术指导或顾问。

职责 联合国开发计划署的职责包括：为会员国提供经济规划；为会员国提供资金以促进其国家发展；帮助发展中国家更好地利用本国的自然资源，发展生产力，提升这些国家人民的生活水平并帮助这些国家为世界经济作出贡献。UNDP与世界气象组织在减轻灾害风险和应对气候变化方面有很多合作。

联合国开发计划署与中国 中国于1972年10月开始参加UNDP的活动。1975—1977年、1979—2015年，中国连续当选为该署执行局成员。UNDP充分利用其全球发展经验，支持中国制订应对发展挑战的解决方案，并为中国开展"南南合作"和参与全球发展提供协助。UNDP目前在中国的重点工作领域为：减少贫困、善治、危机预防与恢复及能源与环境。UNDP在中国的工作紧扣中国政府的工作目标。除采取措施帮助中国政府在预期时间内实现千年发展目标之外，还为中国的国家发展提出了有价值的建议，且部分建议已纳入中国的有关发展规划。通过经济重整实现更包容和稳定的增长，减少中国快速发展对环境的影响，发挥中国在国际舞台的关键作用。中国气象界积极参与UNDP减轻灾害风险和应对气候变化等方面的方面的活动并取得许多合作成果。

（徐相华）

联合国教科文组织

Liánhéguó Jiàokēwén Zǔzhī

联合国教科文组织（United Nations Educational, Scientific and Culture Organization, UNESCO） 联合国专门机构之一，1946年成立，总部设在法国巴黎，其宗旨是促进教育、科学及文化方面的国际合作，以利于各国人民之间的相互了解，维护世界和平。主要设大会、执行局和秘书处三大部门。其中大会为最高机构，由会员国的代表组成，一般每年举行一次大会，负责决定政策和计划，通过预算，选举执行局委员，任命行政首脑——总干事，向会员国提出有关教育、科学及文化方面的建议。执行局负责监督该组织各项计划的实施，每年至少举行2次会议。委员任期4年，总干事任期6年，可以连任。秘书处是日常工作机构，分成若干部门，分别实施教育、自然科学、社会科学、文化和交流等领域的业务活动，或进行行政和计划工作，各部门由一名助理总干事领导。

主要职能 联合国教科文组织是各国政府间讨论关于教育、科学和文化问题的国际组织，设置了五大职能：①前瞻性研究，明天的世界需要什么样的教育、科学、文化和传播；②知识的发展、传播与交流，主要依靠研究、培训和教学；③制订准则，起草和通过国际文件和法律建议；④知识和技术，以"技术合作"的形式提供给会员国制订发展政策和发展计划；⑤专门化信息的交流。

组织宗旨 旨在通过教育、科学及文化来促进各国间的合作，对和平与安全作出贡献，以增进对正义、法治及联合国宪章所确认的世界人民不分种族、性别、语言或宗教均享人权与基本自由之普遍尊重。

常设机构 国际教育局，任务是协助筹备和组织两年一次的国际公共教育会议，出版国际教育年鉴和比较教育研究丛书，建立国际教育情报交流网等；国际教育规划研究所，主要活动是组织教育计划和教育行政管理方面的人员培训，开展有关教育计划、教育改革评价方法、教育与劳动就业关系的合作研究；联合国教科文组织教育研究所，主要研究终身教育理论及其在教育制度、教育内容、师资培训等方面实施的问题；欧洲高等教育中心，主要任务是组织欧洲地区会员国在高等教育领域的合作和交流。历年来联合国教科文组织开展了国际教育年、国际儿童年等活动。

国际合作 联合国教科文组织给予会员国的援助主要通过智力合作的方式来体现，如派遣专家、组织召开大型或专业国际会议/研讨会、人员培训、参与会员国在相关领域的能力建设、制定国际准则性文件、提出或倡导新思想新理念等。是开展多边外交和教育、科学、文化、传播等领域国际交往的重要窗口和阵地。与该组织在全民教育、扫盲、高等教育、遗产保护以及生物多样性、海洋、水文、地质等领域的合作成绩显著，并产生了巨大的社会和经济效益。

中国是联合国教科文组织创始国之一，1971年恢复中华人民共和国的合法地位。自1972年以来，中国一直当选为执行局委员。1979年2月，中国联合国教科文组织全国委员会正式成立。其主要任务是：为我国政府、有关部门和出席联合国教科文组织大会的代表团提供有关联合国教科文组织的情况和咨询，负责协调我国有关部门涉及联合国教科文组织的工作，并负责与该组织秘书处和会员国全国委员会的联络工作。2005年10月，时任教育部副部长、中国联合国教科文组织全国委员会主任章新胜当选为教科文组织执行局主席。2010年4月，中国候选人唐虔被任命为教科文组织负责教育事务的助理总干事。2013年10月，中国教育部副部长、中国联合国教科文组织全国委员会主任郝平当选为联合国教科文组织大会主席，任期2年。这是该组织历史上中国代表首次获选大会主席。近年来，中国积极参与教科文组织活动，为中国在国际事务中进一步增强代表性和话语权、发挥负责任大国作用、树立良好国际形象、学习他国有益经验、维护国家利益发挥了积极作用。

联合国教科文组织在自然科学、人文社会科学、文化、教育等领域的许多活动都与气象工作紧密关联，其中水文、水资源、海洋、自然资源管理、可持续发展等问题与气象密不可分。中国气象部门积极参与联合国教科文组织的活动，在相关领域的观测、监测、预测、预警、服务以及科研、教育、培训等方面与联合国教科文组织开展了卓有成效的合作与交流。

（徐相华）

政府间海洋学委员会

Zhèngfǔ Jiān Hǎiyángxué Wěiyuánhuì

政府间海洋学委员会（Intergovernmental Oceanographic Commission, IOC/UNESCO） 成立于1960年11月，是联合国教科文组织下属的一个促进各国开展海洋科学调查研究和合作活动的国际性政府间组织，简称海委会。该组织与许多政府机关、民间机构、团体联络，为海洋调查、大气调查、海洋环境污染调查、地图绘制、海啸等提供信息，也开展研究进修等活动，已有100多个国家参加该组织。中国是其会员国之一。

职能 海委会通过会员国的活动，促进海洋科学调查，以增进对海洋性质和资源的了解，其职能有10项：

确定海洋科学调查方面的国际合作项目，并审议调查的成果；制订、推荐并协调需要会员国一致行动的国际海洋科学合作计划；与其他国际组织共同制订、推荐并协调需要采取一致行动的国际海洋科学合作计划；向与本委员会计划有关的国际组织提出建议；促进海洋资料的交换和海洋科学调查成果的出版和发行；提出加强海洋科技教育和培训计划的建议；制订海洋科技方面的援助计划；就制订和执行联合国教科文组织的海洋科学计划提出建议并提供技术指导；促进海洋科学调查自由，并保护沿海国家在其管辖范围内进行科学研究的权益；代表联合国系统与海洋计划有直接关系的组织开展工作。

组织机构　海委会由大会、执行理事会、秘书处和一些附属机构组成。大会是实现海委会宗旨的最高决策机关，1961年召开第一届大会，1965年后每两年召开一次。执行理事会由大会选出的海委会主席、4名副主席和不超过会员国总数四分之一的会员国代表组成，执行大会的决定。秘书处是常设办事机构，设在巴黎联合国教科文组织总部内，负责实施海委会、执行理事会及附属机构的各项决议，并负责与其他组织联合召开会议。附属机构包括区域小组委员会、方案组、工作委员会、专家小组和其他特设团体，其中有些机构是和其他全球性或区域性政府间组织联合主办的。海委会设置的附属机构承担海洋及其资源的调查研究工作和技术援助。

主要活动　1969年海委会第六届大会通过的"海洋勘探与研究长期扩大方案"，是海委会活动的总体规划。据此，海委会活动可分为3个主要方面：①海洋科学方面。主要内容包括修订长期扩大方案，拟定与开发海洋资源、研究世界气候有关的科学计划，实施全球海洋环境污染调查综合计划并发展海洋污染监测系统，支持和组织区域海洋调查等。长期扩大方案通过之前，经海委会协调的重要国际合作活动有：国际印度洋考察（1959—1965年），国际热带大西洋合作调查（1963—1964年），黑潮及邻近水域合作研究（1965—1977年），加勒比海及邻近水域合作调查（1970—1976年）等。②海洋服务方面。主要内容包括全球综合海洋服务系统，太平洋海啸警报系统，国际海洋资料交换和海洋情报管理等。③培训、教育和互援方面。主要内容包括评估会员国对培训、教育和互援方面的要求，提供海洋调查船航次情报，组织编写海洋科学教学用书，支持短期培训，资助各种学术研究和培训班，促进其他各种形式的海洋科学技术知识转让等。海委会与世界气象组织联合建立了海洋和海洋气象学联合委员会，并在全球海洋观测系统（GOOS）的设置和维护方面有密切合作。

（徐相华）

Guójì Diànxìn Liánméng

国际电信联盟（International Telecommunications Union，ITU）　联合国主管信息通信技术事务的专门机构，也是联合国机构中历史最长的国际组织，简称国际电联。国际电联作为世界范围内联系各国政府和私营部门的纽带，其总部设于瑞士日内瓦，包括191个成员国和700多个部门成员及部门准成员。每年的5月17日是世界电信日。

国际电联的历史可以追溯到1865年。为顺利实现国际电报通信，1865年5月17日，法、德、俄、意、奥等20个欧洲国家的代表在法国巴黎签订《国际电报公约》，国际电报联盟宣告成立。随着电话与无线电的应用与发展，ITU的职权不断扩大。1906年，德、英、法、美、日等27个国家的代表在德国柏林签订了《国际无线电报公约》。1932年，70多个国家的代表在西班牙马德里召开会议，将《国际电报公约》与《国际无线电报公约》合并，制定《国际电信公约》，并决定自1934年1月1日起正式改称为国际电信联盟。经联合国同意，1947年10月15日，国际电信联盟成为联合国的一个专门机构，其总部由瑞士伯尔尼迁至日内瓦。

国际电联的宗旨：保持和发展国际合作，促进各种电信业务的研发和合理使用；促使电信设施的更新和最有效的利用，提高电信服务的效率，增加利用率和尽可能达到大众化、普遍化；协调各国工作，达到共同目的，这些工作可分为电信标准化、无线电通信规范和电信发展3个部分，每个部分的常设职能部门包括电信标准局（TSB）、无线通信局（RB）和电信发展局（BDT）。

国际电联的使命是使电信和信息网络得以增长和持续发展，并促进普遍接入，以便世界各国人民都能参与全球信息经济和社会并从中受益。无论是通过制定用于创建基础设施以便在全球范围内提供电信服务的标准，还是通过对无线电频谱和卫星轨道进行公平管理以便将无线业务推广到世界每个角落，或是通过向努力制定电信发展战略的国家提供支持，国际电联开展的所有工作均围绕着一个目标，即，让所有人均能够以可承受的价格方便地获取信息和通信服务，从而为全人类的经济和社会发展做出重大贡献。该组织面临的一项主要工作是通过建设信息通信基础设施，大力促进能力建设和加强网络安全以提高人们使用网络空间的信心，弥合所谓"数字鸿沟"。此外，国际电联还针对防灾和减灾努力加强应急通信。

国际电联成员既吸收各国政府作为成员国加入，也吸收运营商设备制造商、融资机构、研发机构和国际及区域电信组织等私营机构作为部门成员加盟。随着电信在全面推动全球经济活动中的作用与日俱增，加入国际电联使政府和私营机构能够在这个拥有140多年世界电信网络建设经验的机构中发挥积极作用。

通过国际电联，政府和行业都能确保其意见得到表达，并有力和有效地推进发展。私营公司及其他机构可以根据其关注领域，选择加入国际电联三个部门当中的一个或多个。无论通过出席大会、全会及技术会议，还是从事日常工作，成员都可以享受到独特的交流机会和广泛的结交环境，讨论问题并结成业务与合作关系。国际电联部门成员也开展标准制定工作，用以支持未来的电信系统和造就明天的网络与服务。国际电联的部门成员有权接触到或许对其商业计划制订极有价值的非公开的第一手资料。

中国于1920年加入国际电联，新中国成立后，中国在国际电联的合法席位曾被非法剥夺。1972年5月电联行政理事会第27届会议通过决议恢复我国的合法席位。中国气象局自1997年开始参与国际电联工作，特别是国际电信联盟无线电通信组（ITU-R）的相关工作。自2000年开始，中国气象局作为国际电信联盟无线电通信部门第7研究组的国内对口组长单位承担了科学业务的频率保护及研究任务，为科学业务在无线电频率方面的发展做出了很多贡献。

世界气象组织（WMO）作为国际电联的观察员，一直与国际电联保持着紧密的联系。为了保护涉及气象领域的无线电频率资源，WMO专门成立了无线电频率协调指导组（SG-RFC）。中国气象局派员参与了该小组的工作，特别是参与了WMO关于气象频率资源保护战略的制定，为提升世界各气象水文主管部门对气象频谱资源的重视和保护发挥了积极的作用。

（徐相华 张明）

Guójì Mínháng Zǔzhī
国际民航组织（International Civil Aviation Organization，ICAO） 联合国下属专责管理和发展国际民航事务的专门机构，其前身为空中航行国际委员会。在美国政府的倡议下，52个国家于1944年11—12月参加了在芝加哥召开的国际会议，签订了《国际民用航空公约》（通称《芝加哥公约》），按照公约规定成立了临时国际民航组织（PICAO）。1947年4月4日，《芝加哥公约》正式生效，国际民航组织也因之正式成立，并于当年5月6日召开了第一次大会。同年5月13日，国际民航组织正式成为联合国的一个专门机构。1947年12月31日，空中航行国际委员会终止，并将其资产转移给国际民用航空组织。国际民航组织总部设在加拿大蒙特利尔，目前有191个缔约国，中国为一类理事国。

国际民航组织的职责是：发展航空导航的规则和技术，预测和规划国际航空运输的发展，以保证航空安全和有序发展；组织国际范围内制定各种航空标准以及程序，以保证各地民航运作的一致性；组织制定航空事故调查规范，这些规范被所有国际民航组织的成员国的民航管理机构所遵守。

国际民用航空组织由大会、理事会及秘书处构成。

大会是国际民用航空组织的最高权力机构，由全体成员国组成。一般情况下每三年举行一次，遇到特别情况时或经五分之一以上成员国向秘书长提出要求，可以召开特别会议。大会决议一般以超过半数通过。但在某些情况下，如《芝加哥公约》的任何修正案，则需三分之二多数票通过。大会的主要职能为：选举理事会成员国，审查理事会各项报告，并可随时撤回或改变这种权力，审议关于修改《芝加哥公约》的提案，审议提交大会的其他提案，执行与国际组织签订的协议，处理其他事项等。大会召开期间，一般分为大会、行政、技术、法律、经济五个委员会对各项事宜进行讨论和决定，然后交大会审议。

理事会是向大会负责的常设机构，由大会选出的33个缔约国组成。理事国分为三类：第一类是在航空运输领域居特别重要地位的成员国，第二类是对提供国际航空运输的发展有突出贡献的成员国，第三类是区域代表成员国。比例分配为10∶11∶12。理事会每年召开三次会议。理理会下设财务、技术合作、非法干扰、航行、新航行系统、运输、联营导航、爱德华奖八个委员会。理事会设主席一名。主席由理事会选举产生，任期三年，可连选连任。

国际民航组织秘书处的职责是处理日常工作，下设航空技术、航空运输、法律、技术合作和行政服务5个局，以及对外关系办公室等。1994年10月1日，秘书处正式成立中文科。另外，国际民航组织设西非和中非（达喀尔），南美（利马），北美、中美和加勒比（墨西哥城），中东（开罗），欧洲（巴黎），东非和南非（内罗毕），亚洲和太平洋（曼谷）7个地区办事处。

国际民航组织与世界气象组织在航空气象方面有密切的合作，世界气象组织设立有专门的航空气象学委员会。

中国是国际民航组织的创始国之一，一直以来积极参与国际民航组织的各项工作，为国际民用航空的发展做出了积极贡献。自2004年以来，中国成为全球第二大航空运输系统。2015年3月，中国提名的国际民用航空组织行政服务局局长柳芳在国际民用航空组织第204届理事会上当选秘书长，成为国际民用航空组织历史上首位中国籍秘书长，也是首位女性秘书长。

(徐相华)

Guójì Kēxué Liánméng Lǐshìhuì
国际科学联盟理事会（International Council for Science，ICSU） 简称国际科联，是目前科学界最具有权威的非政府国际组织，与联合国及其许多专门机构有密切的联系，是政府间国际组织与科学界之间的桥梁和纽带。国际科联集中了自然科学各个主要领域的代表，反映出自然科学各学科领域和各国科学界共同关心的问题，其学术活动反映了当代世界科学发展的水平和动向，其科学成果对应对气候变化和支撑全球可持续发展具有重要价值。国际科联的前身为国际研究理事会（International Research Council），于1931年在比利时布鲁塞尔成立。1998年4月改为国际科学联盟理事会，总部及秘书处迁往法国巴黎。截至2015年底，国际科联有122个国家会员和31个国际科学联合会会员。

国际科联的宗旨是，规划和协调科学活动，为制定政策提供科学支撑和增强科学的普遍性。其主要职能是：发现并解决社会和科学重大问题；协助各国各领域间科学家的沟通交流；促进全球科学家参与国际科学发展；为科学界和政府、社会团体以及私人企业间建立有效的对话提供独立并具有权威性的意见。其主要任务是：识别和解决事关科学和社会的重大问题；促进各学科和各国科学家之间的相互交流；促进所有科学家的和参与和努力，而不管其种族、国籍、语言、政治立场或性别如何；提出独立、权威的建议，促进和鼓励科学界和政府、公民、社会、私营部门之间进行建设性对话。

国际科联的会员包括正式会员与国家联系会员。正式会员分为两种：国际科学联合成员（Scientific Union）及国家会员（National Member）。国际科学联合成员必须为国际性的非政府专业组织，而且在某一科学领域内已存在6年以上，国际数学联合会、国际天文联合会、国际纯粹与应用化学联合会等都属此类成员；国家会员必须为科学院、研究院、研究理事会、科学机构、学术团体、科学学会或协会等国家级学术组织，而且须存在4年以上，在特定国家或地区内能够代表某一科学领域的学术团体才符合资格。来自各个国家的科学家也可以成立科学机构（学院、研究理事会等）申请作为国家会员，或是通过国家会员（每个国家不超过1人）参加或依附于国际科学联合会而成为附属成员。国家联系会员必须为有潜力及资格的科学院、研究院、研究理事会、科学机构、学术团体、科学学会或协会等国家级学术组织。通常国家联系会员在6年之后可申请成为正式会员。

国际科联全体大会是最高决策机构，由国际科学联合成员和国家成员组成国际科学联盟理事会。执行局提报的研究议题与项目就在全体大会中被讨论。全体大会每3年召开1次。执行局由6位官员和8位一般成员组成，一般成员可连任两届，但每一届全体大会须有半数的一般成员更换。执行局对全体大会负责，监督国际科学联盟理事会的运作，向全体大会推荐讨论的领域和项目，提议建立内部机构（委员会和行政机构），执行和交流国际科联的政策和观点。国际科联下属的常设委员会负责主要的国际交流工作，共分为政策委员会、咨询委员会和特别委员会。秘书处负责一般的联系事项。

国际科联与世界气象组织（WMO）、联合国环境规划署（UNEP）、联合国开发计划署（UNDP）、联合国教科文组织（UNESCO）、政府间海洋学委员会/国际海洋学资料交换委员会（IOC/IODE）、全球综合地球观测系统（GEOSS）等组织和机构通力合作，资助或支持实施国际地圈生物圈计划（IGBP）、世界气候研究计划（WCRP）、国际全球环境变化人文因素计划（IHDP）、国际生物多样性计划（DIVERSITAS）以及地球系统科学联盟（ESSP）和未来地球（Future Earth）等一系列科学计划。国际科联还连续资助和参与WMO组织召开的第一次、第二次、第三次世界气候大会。

国际科联分别编制和实施了2006—2011年、2012—2017年战略规划。战略规划包括规划和协调科学科学计划、为决策提供科学支撑和增强科学的普遍性三方面的内容。2006—2011年战略规划中的科学研究主题包括：全球环境变化（GEC）、国际极地年（2007—2008年）、自然和人为灾害、千年评估、能源、人体健康、科学新视野。2012—2017年战略规划中的科学研究主题包括：地球系统可持续性和全球环境变化研究，全球地球观测系统，极地研究，灾害风险，生态系统变化与社会，可持续能源，人类健康与福祉，科学新视野和未来发展方向。中国科学技术协会代表中国加入国际科联，中国科学家在国际科联的各类活动中发挥重要的作用。中国气象部门积极参与国际科联有关科学计划和活动，在建立全球综合地球观测系统、减轻自然灾害风险、应对气候变化等方面与国际科联有广泛的合作和交流。

（徐相华　王守荣）

Guójì Dàdì Cèliáng Yǔ Dìqiú Wùlǐ Liánhéhuì
国际大地测量与地球物理联合会

（International Union of Geodesy and Geophysics，IUGG）　国际性、非政府性与非营利性的科学组织，1919年7月28日成立于比利时布鲁塞尔，是国际科学联盟理事会（ICSU）31个科学联合会成员之一。IUGG最初下设6个学部，即大地测量学学部、地震学学部、气象学学部、地磁学与地电学学部、物理海洋学学部、火山学学部，1922年创建了第7个学部，即科学水文学部。1933年在里斯本举行的第5届大会上，"学部"更名为"协会"。

IUGG致力于研究地球并将研究获得的知识和成果服务于社会的需求，例如矿物资源的探索、减轻自然灾害和环境保护。其宗旨是，通过国际合作促进和协调对地球及其空间环境的物理、化学和数学的研究工作，包括地球的形状，地球的重力场和磁场，地球整体及其组成部分的动力学，地球内部结构、组成和大地构造，岩浆、火山作用的成因和岩石形成，水循环（包括冰、雪和海洋），大气圈、电离层、磁层和日地关系，以及与月球和其他行星体有关的类似问题。

IUGG最初有澳大利亚、比利时、加拿大、法国、意大利、日本、葡萄牙、英国、美国9个成员国。1923年成员国增至23个。到2015年IUGG已拥有78个会员国或会员单位，其中非洲17个、亚洲21个、欧洲27个、大洋洲2个、中、北美洲5个和南美洲6个。

组织机构　IUGG现在有8个国际性协会和3个跨学科、跨协会的委员会。8个国际性协会为：国际冰冻圈科学协会（IACS），国际大地测量学协会（IAG），国际地磁学和高空物理学协会（IAGA），国际水文科学协会（IAHS），国际气象学和大气科学协会（IAMAS），国际海洋物理科学协会（IAPSO），国际地震学和地球内部物理学协会（IASPEI）和国际火山学和地球内部化学协会（IAVCEI）。3个跨学科、跨协会的委员会是：数学地球物理学委员会（CMG），深地球内部研究委员会（SEDI），地球物理危险性与可持续发展委员会（GeoRisk）。在每次IUGG大会期间，理事会都要对这些跨学科、跨协会委员会的工作进行认真的检查和评估。

1977年，IUGG恢复中国席位，中国科学院报国务院批准成立IUGG中国委员会，于1979年派团赴澳大利亚参加第17届大会，正式恢复了会员资格。叶笃正、陈俊勇、陈运泰先后担任过IUGG执行委员。在2007年举行的第24届大会上，IUGG中国委员会主席吴国雄院士（时任副主席）当选新的一届国际气象学与大气科学协会（IAMAS）主席。中国气象部门与有关部门通力合作，积极参与国际气象学和大气科学协会、国际大地测量学协会、国际冰冻圈科学协会等方面国际交流和活动。

（徐相华　尹志寅）

Guójì Shuǐwén-Qìxiàng Yíqì Hé Zhuāngbèi Xiéhuì
国际水文-气象仪器和装备协会

（Association of Hydro-Meteorological Equipment Industry，HMEI）　2000年10月，在北京召开的世界气象组织仪器和观测方法委员会（CIMO）技术会议上，世界气象组织秘书长提议成立国际水文-气象仪器和装备协会，并可以作为观察员参加世界气象组织活动。2002年1月在美国佛罗里达州召开的美国气象学会年会上，世界气象组织秘书长确认国际水文-气象仪器和装备协会正式成立。

国际水文-气象仪器和装备协会的宗旨是促进用户对于气象、水文、环境和相关领域产品和服务提出需求和意见，加强世界气象组织及其成员之间的合作，加强政府机构与企业间的互动和沟通，实现各方的互利共赢。

国际水文-气象仪器和装备协会的成员公司来自亚洲、美洲、澳洲、欧洲和中东地区。作为协会成员公司，无论来自何地区，何规模，通过加入该协会，都以加强对水文气象行业的认识及提高水文气象行业产品的质量为共同愿望。任何生产营销和/或销售水文和/或气象硬件、软件、系统和/或提供相关支持服务的公司都可加入该协会。协会通常一年召开一次大会，与重大的国际装备展览会同时召开。组织和推动促进气象和水文仪器和测量及相关设备问题的会议和研讨会也是该协会的主要活动之一。

中国气象、水利部门以及有关企业、公司积极参与国际水文-气象仪器和装备协会的各项活动，并通过各种渠道加强气象、水文仪器和装备研发、制造、应用等方面的国内外合作与交流，促进仪器和装备现代化水平的提升。

（徐相华　尹志寅）

Ōuzhōu Zhōngqī Tiānqì Yùbào Zhōngxīn

欧洲中期天气预报中心（European Centre for Medium-range Weather Forecasts，ECMWF）欧洲的独立的政府间国际组织，全球特色鲜明的国际性天气预报研究和业务机构，近年来其领域正在向气候和环境等方面拓展。ECMWF 正式成立于 1975 年，其前身为欧洲的一个科学与技术合作项目，总部设在英国的里丁。截至 2015 年底，ECMWF 共有 34 个成员国。其中正式成员国 22 个，分别是奥地利、比利时、克罗地亚、丹麦、芬兰、法国、德国、希腊、冰岛、爱尔兰、意大利、卢森堡、荷兰、挪威、葡萄牙、塞尔维亚、斯洛文尼亚、西班牙、瑞典、瑞士、土耳其和英国。合作成员国 12 个，分别是保加利亚、捷克共和国、爱沙尼亚、前南斯拉夫马其顿共和国、匈牙利、以色列、拉脱维亚、立陶宛、黑山、摩洛哥、罗马尼亚和斯洛伐克。

ECMWF 核心任务是：制作、提供数值天气预报，监测地球系统；开展科学技术研究，改进预测技巧；整编气象资料数据。ECMWF 主要提供 10 天的中期数值天气预报产品，并逐步开发其他产品，各成员国通过专用的区域气象数据通信网络得到这些产品后做出各自的中期数值天气预报，同时 ECMWF 也通过由世界气象组织（WMO）维护的全球通信网络向世界所有国家发送部分有用的中期数值预报产品。

目标与任务 欧洲中期天气预报中心的初期目标是：为中期天气预报的数值方法发展进行科学和技术研究，提高天气预报水平，把中期天气预报产品分发到会员国，数据收集与存储，为外界机构提供数据档案。ECMWF 于 1979 年 6 月首次做出了实时的中期天气预报，当年 8 月 1 日开始发布业务性中期天气预报，为其成员国提供实时的天气预报服务。ECMWF 通过制定战略规划指导自身和成员国的发展，其规划周期为 10 年，每 5 年滚动修订一次。ECMWF 2006—2015 年战略规划提出：保持其全球中期天气预报产品的改进速度，以每 10 年提高 1 天的速度改进确定性预报技术，以每 10 年提高 1 天半的速度改进概率预报，为 5 天灾害性天气早期预警开发可靠的技术评估体系。同时提出拓展领域的补充目标：开发月和季节预报系统客观的性能评估方法，改进月、季节至年际预报的质量和范围；提供实时大气成分分析和预报；通过定期对地球系统信息的再分析开展气候监测；为全球观测系统优化做出贡献。ECMWF 2011—2020 年战略规划提出：保持其全球中期天气预报的改进速度，为会员国气象部门提供可靠的恶劣天气中期预报，满足成员国关于近地层降水、风、温度等高质量预报产品的需求。ECMWF 2011—2020 年战略规划还特别指出，通过发展多模式系统等手段，汲取 ECMWF 成立初期攻克中期数值预报的经验，在季节—年际气候预测方面取得突破，逐步实现天气、气候预报预测一体化和无缝隙预测。ECMWF 2011—2020 年战略规划对全球天气、气候预报预测具有重要影响。2014 年世界气象组织牵头召开世界天气开放科学大会，大会发表了声明：当今的天气预报和气候预测将朝着天气、气候、影响无缝隙预测方向演变。2015 年世界气象组织依据会议精神出版发行了题为《地球系统无缝隙预测——从几分钟到几个月》（Seamless Prediction of the Earth System：From Minutes to Months）的公报。

ECMWF 与正式成员国保持紧密的合作关系，与合作成员国均签订了合作协议。此外，ECMWF 与世界气象组织（WMO）、欧洲气象卫星开发组织（EUMETSAT）、欧洲空间管理局（ESA）、非洲气象应用发展中心（ACMAD）、欧盟联合研究中心（JRC）、全面禁止核试验条约组织（CTBTO）、长距离越境大气污染公约（CLRTAP）的执行机构达成了合作协议，与中国、美国、日本等国在气象卫星领域有紧密的合作。同时，ECMWF 与世界各国气象预报和研究机构在天气预报等领域有广泛的联系。

长期以来，中国气象部门及有关科研、教育部门与欧洲中期天气预报中心一直有密切联系，特别是中国气象局借鉴欧洲中期天气预报中心的发展经验，通过自主研发，逐渐建立和发展了中国自己的数值天气预报系统。2014 年 1 月，《中国气象局与欧洲中期天气预报中心合作协议》正式签署，这是 ECMWF 第一次与非成员国家正式签署双边合作协议，开创了双边合作的先河。2014 年 4 月，中国气象局与 ECMWF 在英国里丁举行首次双边会议，建立了定期合作机制。双方分享了各自在数值天气预报研究和业务等方面的发展战略和最新进展，并在四维变分与集合资料同化、全球模式误差诊断分析、次季节到季节气候预测、卫星资料的预处理和同化应用、资料和产品的交换及数值预报支撑系统 6 方面确定了未来两年的合作领域和合作计划。双方将通过专家互访交流或工作访问，以及召开研讨会等方式，在上述领域内开展合作活动。从 2014 年开始，中国风云系列气象卫星观测资料已被用于 ECMW 数值预报。此外，双方在天气、气候预报预测一体化和无缝隙预测等方面的合作也有新进展。

（虞俊 赵同进）

Ōuzhōu Qìxiàng Wèixīng Kāifā Zǔzhī

欧洲气象卫星开发组织（European Organization for the Exploitation of Meteorological Satellites，EUMETSAT） 由30个成员国和1个合作国（2015年）组成的政府间组织，各成员国以本国的气象部门作为代表建立欧洲气象卫星应用组织的公约，该公约于1986年6月19日生效。1991年6月通过的1项决议对公约作了修正。其主要目标是建立、维持和利用欧洲业务气象卫星系统，同时尽可能考虑到世界气象组织的建议。

EUMETSAT现有成员：奥地利、比利时、保加利亚、克罗地亚、捷克共和国、丹麦、爱沙尼亚、芬兰、法国、德国、希腊、匈牙利、冰岛、爱尔兰、意大利、拉脱维亚、立陶宛、卢森堡、荷兰、挪威、波兰、葡萄牙、罗马尼亚、斯洛伐克、斯洛文尼亚、西班牙、瑞典、瑞士、土耳其和英国。

EUMETSAT的总部设在德国达姆施塔特，由主任和理事会构成。理事会由每一个成员国不超过两名的代表组成，其中一个应为该国气象部门的代表。主任负责实施理事会作出的决定和执行交付给欧洲气象卫星开发组织的任务，是欧洲气象卫星应用组织的法定代表，并以此身份签署国际协议和合同。

EUMETSAT已经批准一项长期战略，预示着该组织将逐步由气象机构转变为欧洲的环境卫星业务运营机构。该战略的核心任务是提供运行的气象观测，这一任务正在扩展，范围囊括了低地球轨道观测卫星。与欧盟的谈判可使EUMETSAT成为"全球环境与安全监视"（GMES）计划中3个卫星任务的运营机构。这将使EUMETSAT的业务领域超出原有范围。GMES的托管领域通常涵盖气候变化，包括陆地表面成像、海洋成像、空气质量监测。EUMETSAT卫星数据的传播是以用户的要求为基础的，并遵守EUMETSAT的数据政策。数据政策的目标是使世界各地的用户能够充分和不受歧视地获得数据，同时确认数据的价值和监测以与商业环境相符的方式公平地获得数据。为确保卫星系统的长期可持续性，要求用户为使用数据而向欧洲气象卫星开发组织提供财政捐款，对仅仅因科学研究和教育用途而需要数据的用户免费提供数据，并向世界各国的国家气象部门免费提供一套数据供官方使用。

EUMETSAT对全球气象卫星观测系统作出贡献。它与世界各地的气象界保持着密切联系，特别是在气象组织中的多边联系。气象组织协助确定对气象卫星数据的要求，而EUMETSAT在其决策过程中考虑到气象组织的建议。此外，EUMETSAT在所有业务气象卫星经营人都参加的气象卫星协调小组内交换有关其方案、工具和产品的资料并确定传输格式的标准。EVMETSAT还与美国诺阿的国家环境卫星、数据和信息服务局、俄罗斯联邦的水文气象和环境监测局、日本气象局和中国气象局订立了双边合作协议。

EUMETSAT通过两年一次的用户论坛与非洲的用户维持着密切的联系，并支持一个大型培训方案来促进卫星数据的使用。与非洲气象应用促进发展中心，以及在非洲航空安全中活动的一个政府间机构——非洲和马达加斯加空中导航安全机构订立了双边协议。中欧和东欧国家是欧洲气象卫星开发组织的其他一些关键伙伴，这些国家可以作为合作国参加该组织。这使这些国家在获取和使用EUMETSAT的数据方面与其成员国具有相同的权利和义务，并允许派代表以观察员的身份通过EUMETSAT合作国咨询委员会参加理事会会议。EUMETSAT将利用未来的极轨卫星系统和第二代气象卫星方案提高其数据提供能力，从而对建立一个全球地球观测系统的努力作出贡献。EUMETSAT正在与其他空间组织和地球观测数据用户一起，开展制定和实施国际全球观测战略方面的工作，并研究国际卫星对地观测委员会（CEOS）范围内诸如数据格式的协调统一和校准与鉴定等其他问题。EUMETSAT在与欧空局和欧洲联盟联合确定的欧洲地球观测战略框架内制定其战略，正着力开发天气和气候有关的业务应用。中国气象局与EUMETSAT签署有气象卫星资料和产品交换合作协议。此外，双方在人员、技术等方面的合作与交流也很紧密。

（虞俊　尹志寅）

Guójì Qìxiàng Wèixīng Xiétiáo Zǔzhī

国际气象卫星协调组织（Coordination Group for Meteorological Satellites，CGMS） 成立于1972年，是世界气象组织协调气象卫星对地观测业务和计划的重要组织，为静止和极轨气象卫星系统技术信息的交流提供了国际平台。CGMS推动国际协调和组织成员之间的合作，确保用户长期、稳定地获取卫星观测数据，在协调全球卫星观测业务和未来计划、优化气象卫星观测系统、改善气象服务、抵御自然灾害等方面发挥了重要作用。CGMS成员包括全球开展气象卫星观测业务或研发活动的国家机构和国际组织。

CGMS的主要任务有五点：①协调观测系统和保护相关资产；②数据分发，既可直接使用，也支持世界信息系统的建设；③增强卫星观测数据和产品的质量；④开展有关宣传和培训活动；⑤处理交叉事项，应对新的挑战。

截至 2015 年底，CGMS 共有包括中国气象局在内的 15 个成员和 11 个观察员。其秘书处设在欧洲气象卫星开发组织的总部——德国达姆施塔特。秘书处负责举办一年一度的 CGMS 全体会议。会议按照全会讨论和分组讨论两种方式进行，全会集中讨论卫星现状和未来计划、业务连续性和可靠性等议题；分组讨论主要分 4 个工作组，即远程通信、卫星产品、应急计划和全球数据分发。会议讨论内容与气象卫星和卫星气象业务工作密切相关，世界气象组织（WMO）对地观测计划对于中国风云卫星系统规划具有重要参考价值。

CGMS 成立以来取得的进展主要表现为以下 11 个方面。

（1）建立全球备份框架。全球备份框架，是指通过"帮助你的邻居"方式，分享在轨冗余卫星，最大程度保证星基观测气象信息服务的连续性。

（2）全球观测系统（GOS）的优化和 2025 年 GOS 空基规划的实施。CGMS 提出 2025 年空基全球观测系统的愿景，通过愿景的逐步实施，定期审视，更新 CGMS 本底空基全球观测系统。

（3）数据分发格式标准化，协调模拟向数字化过渡。CGMS 协调了低分辨图像传输（LRIT）分发格式和高分辨图像传输（HRIT）分发格式。协调分发格式对于方便多源数据图像处理，以及协助卫星业务之间的应急安排十分关键。

（4）共同标准的国际数据收集系统。国际数据收集系统（IDCS）涉及支持移动数据收集平台（如船舶、海洋浮标、飞机或气球）的数据收集。这些目标在各静止卫星通信视场之间处于移动状态。CGMS 为这个重要的国际系统制定了标准，并对这个系统的运行进行定期监督，促成了对重要环境数据平稳和连续的收集。

（5）整合数据分发。为了应对气象仪器数据速率提高之后的挑战，CGMS 投入到对气象卫星数据分发整合策略的开发。全球综合数据分发系统（IGDDS）是实施该策略的直接结果。通过它，相互链接的区域直接广播系统几乎覆盖了全球。这个分发系统成功推广到其他领域应用。现在，IGDDS 成为全球观测资料广播系统（GEONETCast）主要的组成部分，用于全球综合地球观测系统（GEOSS）的数据分发。

（6）协调无线频率分配和无线频率保护。无线频率是稀缺商品，需要警惕地保护和维持气象卫星直接广播和遥感频率的使用范围。CGMS 会议定期讨论频率管理问题，协调统一步骤，然后呈交给各自成员国无线频率管理部门批准。

（7）协调定标和相互定标手段。通过卫星业务组织之间交流定标信息，CGMS 积极推广了气象产品业务定标的"最佳方法"（包括星上、陆地和卫星相互间定标）。2005 年 CGMS 与 WMO 共同发起成立了全球空基交叉定标系统（GSICS），专门从事相互定标。这个系统的目标是监视、改进和谐调各天气和环境业务卫星的观测质量，保证世界范围空基观测精度，为气候监测，天气预报和环境提供服务。

（8）推广和建立协调框架，生成空间观测气候数据记录。2008 年，CGMS 与 WMO 联合组建了由分布全球的各个中心组成的国际化网络，保证连续和持久地改进同全球气候观测系统（GCOS）所定义的重要气候变量相关的全球卫星产品的质量。

（9）协调改进探测产品和大气运动矢量框架。CGMS 对加强使用和改进卫星产品，特别是卫星探测和云导风极其重视。为此，成立了两个由 CGMS 主办的国际工作组：国际垂直探空工作组（ITWG）和云移动风工作组（IWWG）。这些工作组对改进探测产品和卫星提取的风产品的质量做出了贡献。

（10）协助通用的数据存档方式。CGMS 通过推广最佳业务实践活动，对数据的长期保存做出了重要贡献。

（11）推广气象和其他卫星数据应用培训和发展虚拟实验室。为了有效推广卫星数据，CGMS 与 WMO 联合建立卫星气象培训和教育虚拟实验室，在 CGMS 成员之间分享培训材料。

中国气象局于 1989 年成为 CGMS 成员。中国发展了包括风云静止卫星和极轨卫星在内的两套卫星观测系统，并通过卫星广播向亚太 22 个国家和地区的用户提供卫星数据产品及服务，成为 GEONETCast 和世界气象组织信息系统的重要组成部分。中国积极参与 CGMS 的各项活动，在其中发挥重要作用。2014 年 CGMS 第 42 次全会在中国广州召开，中国气象局承办此次会议。来自欧洲气象卫星开发组织、美国国家航空航天局、美国国家海洋和大气管理局、欧洲空间局、世界气象组织、欧洲中期天气预报中心等 18 个成员组织和观察员约 80 位代表出席此次会议，会议取得重要成果。

（虞俊　毛耀顺）

Yàzhōu Bèizāi Zhōngxīn

亚洲备灾中心（Asian Disaster Preparedness Center，ADPC） 创立于1986年，是一个地区性的备灾中心，也是亚洲及太平洋地区在增进灾害认知及地方政府制度化灾害管理能力的一个重要信息中心，主要工作目标是减少亚洲及太平洋地区的自然灾害，以维护社会的安全与持续发展。备灾中心成立初期是亚洲科技学院（Asian Institute of Technology）的一个外展中心，因而注册为以泰国为基地的独立国际性基金会。亚洲备灾中心由它的国际信托委员会来管理，委员会主席是泰国的甲赛·差纳翁色（Krasae Chanawongse）教授，副主席是菲律宾公民服务委员会主席科拉松（Corazon Alma G. de Leon）。来自全世界的灾害管理专家组成一个咨询团队为亚洲备灾中心的各项方案提供建议。美国国际开发署援外办公室向亚洲备灾中心提供财政援助。亚洲备灾中心与各国和地方政府通力合作对灾害做出回应并制订有关减灾政策。亚洲备灾中心的方案展现了一种多样化的工作内容，关注所有类型的自然灾害，并包含了灾害管理领域的从预防到减灾、准备与响应、重建与修复。自创立起，亚洲备灾中心始终对灾害管理领域的最新科技发展保持高度的关注，并持续不断地采用新的方式为亚洲国家的紧急需求提供最有效率的服务。2005年4月5日，中国驻泰国大使张九桓在曼谷代表中国签署备灾中心新章程，宣告中国成为该组织的创始成员。亚洲备灾中心的其他成员国有斯里兰卡、泰国、孟加拉国、柬埔寨、尼泊尔、巴基斯坦和菲律宾等国家。

亚洲备灾中心的主要工作内容：训练与教育，技术性服务，信息、研究与网络支持以及区域方案管理等。①训练与教育：亚洲备灾中心常态性课程主要包括灾害管理的基础课程，如都市灾害减缓、水灾减缓、科技性的危险、危机管理，以及以社区为基础的灾害管理方式。1986—2012年，亚洲备灾中心已经在全国性政府组织、非政府组织、国际非政府组织，以及学术单位和私人部门的中、高管理阶层中完成了超过3000人次的训练课程。②技术性服务：亚洲备灾中心依托专家队伍，建立了亚洲地区及全世界著名的灾害管理专家名单。提供的服务主要包括：灾后评估，减灾练习，即时性救援响应以及后续的重建与复原的规划，全国性的灾害管理政策制订，灾害管理机构的能力培养，以及对较广泛的灾害管理提供方案设计的协助等。③信息、研究与网络支持：亚洲备灾中心被视为亚洲地区灾害管理政策与实务的专业信息交换中心。除了提供传统的讯息传播资源，亚洲备灾中心还致力于全国性灾害管理信息系统的发展。亚洲备灾中心出版有自己的季刊——《亚洲灾害管理新闻》，并通过亚洲备灾中心网站（http://www.adpc.ait.ac.th）对外发布信息。亚洲备灾中心致力亚太地区减灾案例研究，特别推广尼泊尔加德满都谷地以社区为基础的减灾倡议的成功案例，并希望总结出一套以社区为基础的灾害管理、学校地震知识教育经验、信息与网络支持、行动计划，紧急管理与应急计划，以风险为基础的城市规划等成功案例。④区域方案管理：区域性方案形成以来，亚洲备灾中心持续培养自身的能力来管理灾害的区域性计划。这些方案都与当地的伙伴机构间有紧密的合作，提升当地机构的能力，并运用亚洲备灾中心在专业资源上的优势。

应急能力提升计划（PEER） 亚洲备灾中心和美国国际开发署援外办公室和迈阿密——达德消防部门共同于1998年启动的项目，旨在亚洲地区和次地区级发展和加强搜救训练活动，增强地方提供有效营救的专业知识。该计划目前在印度、印度尼西亚、尼泊尔和菲律宾等国家实施。

了解极端气候事件计划（ECE） 亚洲备灾中心和美国国家海洋大气局（NOAA）在1998年亚洲地区厄尔尼诺研讨会上提出，并得到美国国际开发署部分赞助的后续计划，目的在于让公众更好地了解极端气象，诸如厄尔尼诺和拉尼娜对亚洲有关国家和地区的影响，并通过有效的天气预报等将灾害的影响减小到最大程度。该计划目前在印度尼西亚、菲律宾、越南等国家实施，并可能拓展到孟加拉国和泰国等国家。

损害评估与需求分析计划（DANA） 该计划从2000年开始，旨在协助提高亚太地区灾害行政管理人员评估和报告灾害需求的水平，进一步优化当地和国际资源促进减灾活动。

亚洲都市减灾计划（AUDMP） 该计划是亚洲备灾中心最大的地区性项目，旨在增强都市居民、基础设施的抗灾能力，促进该地区减灾措施的成功实施。该计划目前在孟加拉、柬埔寨、中国、印度、印度尼西亚、老挝、尼泊尔、菲律宾、斯里兰卡和越南等国家实施一些国家示范项目。

中国与亚洲备灾中心关系良好，气象等有关部门曾多次参加亚洲备灾中心主办的灾害管理培训活动。2005年4月5日，中国驻泰国大使张九桓在曼谷代表中国签署亚洲备灾中心新章程，宣告中国成为该组织的创始成员。

（尹志寅）

Yà-Tài Jīnghé Zǔzhī

亚太经合组织（Asia-Pacific Economic Cooperation，APEC） 始设于1989年，是亚太地区重要的经济合作论坛，亚太地区最高级别的政府间经济合作机制。秘书处设在新加坡，到2014年，有21个成员经济体和3个观察员。亚太经合组织是经济合作的论坛平台，其运作是通过非约束性的承诺与成员的自愿，强调开放对话及平等尊重各成员意见，不同于其他由条约确立的政府间组织。APEC主要讨论与全球及区域经济有关的议题，如促进全球多边贸易体制，实施亚太地区贸易投资自由化和便利化，推动金融稳定和改革，开展经济技术合作和能力建设等。目前也开始介入一些与经济相关的其他议题，如人类安全（包括反恐、卫生和能源）、反腐败、备灾和文化合作等。亚太经合组织高度关注气候变化、防灾减灾等与气象密切相关的问题。

1989年1月，澳大利亚总理波比·霍克访问韩国时在首尔倡议召开"亚洲及太平洋国家部长级会议"。1989年11月6—7日，12个创始会员国在澳大利亚堪培拉举行首届"亚洲太平洋经济合作部长级会议"。1991年11月12—14日，第三届部长级会议在韩国汉城（今首尔）举行并通过《汉城宣言》，正式确定亚太经合的宗旨目标、工作范围、运作方式、参与形式、组织架构、亚太经合前景。亚太经合的目标是为本区域人民普遍福祉持续推动区域成长与发展；促进经济互补性，鼓励货物、服务、资本、技术的流通；发展并加快开放及多边的贸易体系；减少贸易与投资壁垒。这次会议也正式将中国、中国香港、中国台北3个经济体同时纳入亚太经合会。1992年9月10日—11日，第四届部长级会议在泰国曼谷召开，确定将亚太经合秘书处设于新加坡，并确立亚太经合运作基金的预算规则。1993年1月，亚太经合秘书处在新加坡成立，负责该组织的日常事务性工作。1993年11月20日，首届亚太经合经济领袖会议在美国西雅图布莱克岛举行，并宣示亚太经合的目的是为亚太人民谋取稳定、安全、繁荣。1994年11月15日，在印度尼西亚茂物举行的经济领袖会议设立"茂物目标"：发达成员国在2010年前、发展中国家成员在2020年前，实现亚太地区自由与开放的贸易及投资。

亚太经合组织的组织机构包括领导人非正式会议、部长级会议、高官会、委员会和专题工作组等。其中，领导人非正式会议是亚太经合组织最高级别的会议。APEC共有五个层次的运作机制：①领导人非正式会议：每年举行1次，1993—2015年共举行了23次会议，其中中国承办了第9次（2001年，上海）和第22次（2014，北京）。②部长级会议：包括外交、外贸双部长会议以及专业部长会议。双部长会议每年在领导人会议前举行一次，专业部长会议不定期举行。③高官会：每年举行3~4次会议，一般由各成员司局级或大使级官员组成。高官会的主要任务是负责执行领导人和部长会议的决定，并为下次领导人和部长会议做准备。④委员会和工作组：高官会下设4个委员会，即：贸易和投资委员会，经济委员会，经济技术合作高官指导委员会和预算管理委员会。CTI负责贸易和投资自由化方面高官会交办的工作；EC负责研究该地区经济发展趋势和问题，并协调结构改革工作；SCE负责指导和协调经济技术合作；BMC负责预算和行政和管理等方面的问题。此外，高官会还下设工作组，从事专业活动和合作。⑤秘书处：1993年1月在新加坡设立，为APEC各层次的活动提供支持与服务。秘书处负责人为执行主任，由APEC当年的东道主指派。

到2014年，APEC有21个成员，分别是澳大利亚、文莱、加拿大、智利、中国、中国香港、印度尼西亚、日本、韩国、马来西亚、墨西哥、新西兰、巴布亚新几内亚、秘鲁、菲律宾、俄罗斯、新加坡、中国台北、泰国、美国、越南。1997年温哥华领导人会议宣布APEC进入十年巩固期，暂不接纳新成员。2007年，各国领导人对重新吸纳新成员的问题进行了讨论，但在新成员须满足的标准问题上未达成一致，于是决定将暂停扩容的期限延长3年。此外，APEC还有3个观察员，分别是东盟秘书处、太平洋经济合作理事会和太平洋岛国论坛。

APEC在韩国设立有APEC气候中心，中国工程院院士丁一汇为APEC该中心科学指导委员会成员。APEC还在中国台湾设立有台风与社会研究中心。

（虞俊　尹志寅）

Dìqiú Guāncè Zǔzhī

地球观测组织（Group on Earth Observations，GEO） 地球观测领域规模最大的政府间国际组织。2003年7月31日在美国华盛顿召开的第一次地球观测峰会上成立了国际地球观测特别工作组，2005年2月在布鲁塞尔召开的第三次地球观测峰会上批准通过了全球综合地球观测系统实施计划，并正式成立了地球观测组织，负责协调全球综合地球观测系统的各项活动。

到2015年，GEO有98个成员（含欧盟）和87个参加组织。GEO秘书处设在瑞士日内瓦世界气象组织总部，由世界气象组织提供办公场所，人事和财务管理挂靠世界气象组织，首任秘书处主任由来自法国的何塞·

阿莎什（José Achache）担任（2005—2012 年），现任 GEO 秘书处主任是由来自美国的芭芭拉·瑞安（Barbara Ryan 担任 2012 年至今）。GEO 设立了美洲、欧洲、非洲和亚洲/大洋洲 4 个区域联合主席，执行委员会成员由来自上述 4 个区域（美洲 3 个，欧洲 3 个，亚洲/大洋洲 4 个，非洲 2 个）和独立国家联合体俄罗斯的 13 个成员国组成，GEO 的运行是基于 GEO 的议事规则来开展的，最高权力机构是全会，每年召开 1 次，全会下设若干个工作组，负责具体工作的推动和落实。

主要目标和活动 GEO 的目标是制订和实施全球综合地球观测计划，建立一个综合、协调和持续的全球综合地球观测系统，更好地认识地球系统，包括天气、气候、海洋、大气、水、陆地、地球动力学、自然资源、生态系统，以及自然和人类活动引起的灾害等。为灾害、健康、能源、气候、天气、水、生态系统、农业和生物多样性 9 个社会领域服务。GEO 推动建设了全球观测数据广播系统（GEONETCast）、地球观测数据共享网（GEO Portal）以及数据互操作和数据交换协议等。GEO 第一个十年执行规划（2005—2015 年）已经结束，2015 年制定了第二个十年执行规划（2016—2025 年）。GEO 2016—2025 年执行规划提出 3 项战略目标：①宣传地球观测的重要性，强调观测系统和观测数据是不可替代的资源，必须严格保护，充分呈现，公开访问（包括通过全球综合地球观测系统实现），高度集成，在最大程度上满足世界和各国韧性社会建设、可持续经济增长和全球健康的环境的需求；②促进与利益相关者群体建立战略合作伙伴关系，通过加深对地球观测的理解，充分利用观测数据，为应对全球和区域挑战的"科学支撑、数据驱动"决策提供支持；③提供数据、信息和知识，帮助利益相关者改善决策程序，满足决策的信息需求，促进有关合作与交流，推动新技术的吸收利用，创造新的经济发展机会，通过建立标准化、协作化和创新化的机制，撬动公共部门增加投入。

GEO 与中国的合作 见第 269 页 气象国际合作。

（张兴赢 尹志寅）

港澳台气象合作与交流

nèidì yǔ Xiānggǎng Tèqū qìxiàng hézuò yǔ jiāoliú
内地与香港特区气象合作与交流（meteorological cooperation and exchanges between mainland and Hongkong SAR） 中国内地与中国香港特别行政区在大气科学及相关领域进行人员、科研、业务、资料、信息等相互交流、合作的活动。

截至 2015 年，双方签署气象合作协议 7 项，开展高层管理会议 10 次。双方形成了高层管理会议制度，定期就中国气象局与香港天文台的合作进行设计和评估，在诸多气象领域开展了合作并取得较好的实效，有效促进了香港和内地气象事业的发展。

20 世纪 70 年代，香港天文台已实现运用电脑和直接的线路与北京进行实时气象资料交换。1975 年 10 月，中央气象台和香港天文台在北京签署了《关于建立北京—香港气象电路会谈纪要》，始建一条世界气象组织全球电信系统（GTS）二区协的区域电路，12 月起正式交换气象资料，分别于 1990 年和 2001 进行两次线路提速。这是京港气象资讯共享的一个重大突破。

1996 年 12 月，中国气象局名誉局长邹竞蒙和香港天文台署理台长林鸿鋆在香港签署了有效期为 4 年的《中国气象局和香港天文台气象科技长期合作谅解备忘录》。双方就气象通信、天气预报业务、人员互访及技术合作、科学研究和试验、教育与培训五方面开展合作，并同意每两年轮流举行一次由双方高层管理人员参加的会议。2001 年 2 月，中国气象局秦大河局长与香港天文台林鸿鋆台长在北京签署《气象科技长期合作安排》，在气象探测、气象通信、天气预报警报技术、气象服务、气候变化、人员互访及技术合作、科学研究和科学试验、教育与培训 8 个领域进一步加强合作的广度和深度，并继续轮流举办双方高层管理人员参加的会议。

此后，双方合作在《气象科技长期合作安排》的框架下顺利进行。中国气象局和香港天文台在区域数值预报模式开发与应用进行了广泛的交流与合作，香港天文台"小涡旋"数值预报系统先后参加了 2008 年北京奥运世界示范项目（B08FDP）和 2010 年上海世界博览会临近预报服务（WENS）示范项目；在一些重大活动的气象保障方面有着较为成功的合作，如奥运会气象服务保障、广州亚洲运动会气象服务保障、深圳世界大学生运动会气象服务保障等。目前，中国气象局已实现国际通信服务器与香港天文台数据服务器的数据通信，中国气象局支持香港天文台的中国气象局卫星广播系统（CMACast）系统安装调试工作已完成并正式投入业务运行。同时，双方通过多次互访与教育培训，提高了预报员在定量降水预报、强对流短时临近预报等方面的能力，分享了气象服务以及防灾减灾的经验。

双方将在《气象科技长期合作安排》框架内，进一步深化合作，努力在多种观测资料交换、数值预报研发、智能气象服务等领域的合作取得突破性的进展，加强技术与人才交流，加强提升对灾害天气的预报水平，提升防灾减灾的能力，为两地民众带来更优质的气象服务，实现气象事业的共同发展。

（刘莎莎）

nèidì yǔ Àomén Tèqū qìxiàng hézuò yǔ jiāoliú
内地与澳门特区气象合作与交流
（meteorological cooperation and exchanges between mainland and Macao SAR） 中国内地与中国澳门特别行政区在大气科学及相关领域进行人员、科研、业务、资料、信息等相互交流、合作的活动。自2000年起，中国气象局、中国澳门地球物理暨气象局及葡萄牙气象局三方已建立定期交流机制。截至2015年，三方就科技合作问题举办技术会议8次，在气象领域进行了多方面深入交流与合作；在推动中国在国际和区域间的气象合作方面，发挥着非常重要的作用。

澳门回归前，中国气象局和澳门地球物理暨气象局就已开展了一些气象业务和科技合作活动。1990年，建立了广州—澳门气象通信电路。1996年在珠江三角洲合建自动气象站，1998年澳门参加由中国气象局主办的南海季风试验合作项目。这些业务往来对珠江三角洲地区的气象业务发展，提高该地区天气预报的质量，减少自然灾害造成的经济损失起了重要作用。

澳门回归后，考虑到业务技术方法上的连续性，中国气象局、澳门地球物理暨气象局和葡萄牙气象局共同开展气象科技交流与合作，于2000年3月29日在澳门特别行政区，就气象科技和业务合作问题进行讨论，一致认为在世界气象组织和双边气象科技领域有着长期友好合作关系。三方拟在数值天气气候预报、遥感探测、热带气象学、人工影响天气、技术培训、资料及气象仪器和装备等领域展开合作。并建议原则上每两年召开一次由三方轮流主办的学术交流会。为使会议确定的各项合作内容得到有效执行，成立三方各指派1人组成的联络小组。联络小组会议每两年与学术交流会同时举行。

澳门作为内地与国外，尤其是葡语国家沟通的一个桥梁，很好地发挥了窗口作用。目前已建立定期开展中国气象局、澳门地球物理暨气象局和葡萄牙气象局气象科技合作会议机制，推动了三方气象研究和应用领域各层次的发展，丰富了交流合作的内涵。

中国气象局、澳门地球物理暨气象局和葡萄牙气象局将继续通过定期举办技术会议，交流气象方面的最新技术成果和方法，取长补短，增进友谊，促进合作，共同推进气象事业又好又快发展。

（刘莎莎）

hǎixiá liǎng'àn qìxiàng hézuò yǔ jiāoliú
海峡两岸气象合作与交流
（meteorological cooperation and exchanges cross strait） 中国大陆与中国台湾地区在大气科学及相关领域进行人员、科研、业务、资料、信息等相互交流、合作的活动。1949年以来，海峡两岸的气象交流经历了从不交流、简单接触到深入合作交流的发展历程。交流层次也逐渐从气象学术交流拓展到气象业务运作、联合开展气象科学试验与研究等方面。现已形成了气象技术、信息、科研等方面广泛交流合作的良好局面。自1993—2015年两岸开展直接气象交流，已经召开海峡两岸气象科学技术等研讨会40余次，大陆赴台访问380余人次，台湾访问大陆230余人次。深化了两岸气象科技的交流与进步，也大大促进了两岸天气预报预警和服务能力的提高，加深了两岸民众的感情，增强了民族凝聚力。

1978年以前，海峡两岸处于军事对峙状态，在气象领域也几乎没有任何交流。1972年8月，中央气象局在《天气公报》中反映了第九号台风将影响台湾省的消息，周恩来总理得知后马上批示："可立即经气象局系统告我福建前线，用作向台湾同胞的宣传消息，告以预防台风袭击和祖国同胞的关心"。后来，周恩来总理又亲自审定了气象部门对台湾广播的第一份台风警报稿，还在稿件的最后加了一句："祝祖国同胞晚安"，从而拉开了大陆主动向台湾渔民提供气象预报信息的帷幕。1983年11月，国家气象局局长邹竞蒙以专家身份率中国气象代表团赴马尼拉参加"南海和西太平洋热带气旋学术讨论会"，主动与隶属台湾"交通部"的"中央气象局局长"吴宗尧先生等首次接触，商谈了气象科技交流等事宜，积极开拓了海峡两岸气象科技合作与交流。两岸"未'三通'，先通'气'"，两岸气象同仁开始了"破冰之旅"，这为两岸"三通"、气象双向交流奠定了良好的基础。在此后的第二、第三次会议上，两岸均派人出席了会议，继续进行接触。另外在香港天文台的支持和协助下，1989年和1992年先后在香港召开了东亚及西太平洋天气气候学术研讨会，海峡两岸气象学家交流研讨了两岸共同关心的气象科技问题，使两岸气象学者们有机会具体而直接地了解对方的科研和发展水平，并探讨了两岸气象学会进一步扩大出版物交换、人员交流等事宜，成为海峡两岸气象交流的一个里程碑。

从1993年开始，海峡两岸气象界实现了在自己的土地上，用自己的语言，就共同关心的气象问题广泛地交流与研讨，实现了两岸气象界多年的夙愿。1993年1月，台湾气象学会理事长、台湾大学大气科学系教授、"交通部"顾问陈泰然偕夫人来大陆访问，与邹竞蒙局长会见。陈泰然此次来访经台"国科会"批准并提供资助，意在"探路"，了解大陆气象界的基本状况，为今后的人员交流和科技合作做准备。自此，逐步形成了海峡两岸气象界双向直接互访交流的格局。

此后，两岸气象界的交流广泛展开，并逐渐常规化。1993年"汪辜会谈"后，两岸逐步建立了气象科技文献的交换渠道，实现了两岸一般气象文献资料的直接交换及闽台重要灾害性天气的直接会商。1994年3月，中国气象学会代表团参加了海峡两岸天气气候学术研讨会，这是大陆气象学者首次到台湾参加两岸天气气候研讨会，此项目得到台"陆委会"的经费资助。同年10月，台湾气象界一行29人在台湾当局"国科会"的支持下，来北京参加中国气象学会成立70周年纪念活动及两岸天气气候学术研讨会，台"气象局""交通部""民航气象中心"、台湾"综合研究院"均派人参加了会议。分隔了45年的两岸气象学者，终于以气象学会为纽带，实现了双向直接互访交流，有利于提高两岸气象科技水平。

自此，两岸以"气象学会"名义每年都分别在大陆和台湾举办以气象防灾减灾为主题的研讨会及交流活动，气象科技交流不断深入。两岸气象学术交流的内容涵盖了台风、暴雨等强对流天气的监测、分析与预报，应急减灾和公共气象服务，卫星气象技术及应用，雷达监测与应用等领域，展示了两岸气象最新技术水平和气象服务成功经验。

在民间层面交流日趋活跃的基础上，两岸气象界就深化和提升两岸气象科技交流形成许多共识，希望从更高层面继续推动两岸气象交流。

两岸气象的发展同根同源，两岸气象科技交流日益深化，取得了良好成效。具体表现为：①实现两岸稳固的双向交流，形成了两岸气象教学、科研单位及气象部门之间进行互访、学术交流与业务合作的良好局面。②交流层次逐步提升、交流领域不断拓展。③两岸气象科技进步水平及灾害性天气的预报预警能力显著提高。④促进两岸文化交流，加深两岸同胞感情。

从2012年开始，中国气象局着力推动两岸气象业务合作。2012年9月，中国气象局局长郑国光以中国气象学会名誉理事的身份率团一行15人赴台参加2012年海峡两岸灾害性天气分析与预报研讨会议。期间，与台方商议共同庆祝同根同源的中国气象学会成立90周年，积极推动两岸开展气象业务合作。同年12月，国台办副主任郑立中会见了到京参加海峡两岸气象科学技术研讨会的台湾气象学会代表，对两岸开展气象业务合作提出了殷切期望。2013年，在国台办、海协会的支持，以及两岸气象同仁的共同努力下，两岸两会就气象合作协议文本进行两次正式磋商，并达成一致。2014年2月27日下午，两岸两会在台北正式签署了《海峡两岸气象合作协议》，并于2015年6月24日生效，这标志着两岸气象界的科学技术交流转为两岸气象业务部门之间的业务技术合作。从此，两岸气象合作翻开新的历史篇章。

（刘莎莎）

地方气象

省（自治区、直辖市）气象

Běijīng qìxiàng

北京气象（Beijing meteorology） 北京市简称京，地处39°26′N~41°04′N，115°25′E~117°30′E。全市面积1.64万平方千米，三面环山，山地面积约占全市总面积的三分之二，西、北、东北方向三座主峰海拔高度达2100~2300 m。中部、东南部是山前平原，向渤海湾平缓过渡，地处华北平原北缘，面积约占全市总面积的三分之一，海拔高度约10~100 m。北京境内有大小河流160余条，分属永定河、潮白河、拒马河、温榆河—北运河和泃河—蓟运河等五大水系。2014年北京市常住人口2151.6万人（其中全市户籍人口1333.4万人），加上流动人口全市超过3000万人。

天气气候特点 北京属于暖温带半湿润半干旱季风气候，其特点是：四季分明，冬季最长，夏季次之，春、秋短促；雨热同季，降水主要集中在夏季且强度大，7—8月尤为集中。由于北京特殊地形使得风向日变化显著，平原地区午后多偏南风，午夜转偏北风。

北京市常年平均气温12.9 ℃。最冷月1月，月平均气温-3.1 ℃，极端最低气温-27.4 ℃（出现在大兴县东黑垡，1966年2月22日）；最热月7月，月平均气温26.7 ℃，极端最高气温43.5 ℃（出现在房山县炒米店，1961年6月10日）；平均气温年较差29.8 ℃。多年平均生长期240.7天，多年平均无霜期186天。年平均日照时数2555.2小时，年总辐射5152.1 MJ/m²。年平均降水量532.0 mm，最大年降水量1404.6 mm（1959年），最少年降水量261.4 mm（1965年）；年平均降雨日数69.6天，降雪最多达29天（1957年），最少为3天（1983年、2007年）。

春季冷暖空气交替活动频繁，气温回升快，干旱多风，降水量只占全年降水量的10%左右，有"十年九春旱"之说。夏季炎热多雨，平原地区平均气温在25 ℃左右，最高气温在30 ℃以上的日数平均为57.5天，雨量约占全年降水量的75%。秋季冷暖适宜，秋高气爽，年平均只有50多天。冬季寒冷干燥，多风少雪，季节漫长，冬雪仅占全年降水量的2%左右。

主要气象灾害 北京地区地理环境复杂，气候变率大，极端气候事件和气象灾害种类多。有干旱、暴雨、雪、冰雹、沙尘、大风、寒潮、雷电、高温、低温、雾、霾等10余种。其中干旱、夏季局地暴雨和突发性强对流天气灾害频繁发生，给城市安全运行和人民群众的生产生活带来严重影响。

干旱 北京地区旱灾多出现在春季和夏初，春夏连旱经常发生，旱灾出现频率为53%。1980—1982年、1999—2007年出现较重灾情，京郊农作物减产，山区人、畜饮水困难。多年来密云、官厅两大水库蓄水明显不足，地下水位持续下降，城市供水紧张。

暴雨 北京地区暴雨特点是降水时间短、强度大，多出现在夏季，出现频率占全年的45%。1963年8月4—8日北京普降暴雨，8日朝阳区来广营日降雨量463.5 mm，全市受淹农田近百万亩（1亩=1/15公顷），死35人，市内交通瘫痪。2012年7月21日出现全市性大暴雨、局地特大暴雨，房山区河北镇日降雨量541 mm，造成79人死亡，经济损失超百亿元。

冰雹 北京地区冰雹局地性强、时间短，主要出现在初夏与夏末。1969年8月29日北京城区及9个区县受雹灾，最大雹径167 mm，最大雹粒重2.8 kg，城区从天安门到西单，三分之二以上的路灯和许多窗户玻璃被砸毁。

高温 北京地区的高温天气（日最高气温达到或超过35 ℃）多出现在6—7月份，常年平均高温日达8天。1999年6月24日—7月2日、7月16—18日及7月23—29日，北京出现三次持续的阶段性高温天气多达19天。高温酷热天气使中暑高烧患者人数猛增，城市用水用电屡创新高。

暴雪 北京的雪灾多出现在初冬或初春。2012年11月3—4日北京大部分地区出现雨或雨夹雪和暴雪天气，市观象台出现雨夹雪达69.4 mm，延庆最大积雪深度达47.8 cm，全市20个气象站降水量都打破历史同期极值。雪灾天气造成城市交通严重拥堵、高速公路封闭、民航出港航班延误。

沙尘天气 北京地区年均出现沙尘天气10天左右，主要发生在春季3—5月间。2000年以前多以扬沙和浮尘天气为主，2000年以后沙尘暴强度有所增加。2006年4月16—17日出现严重沙尘天气过程，据统计北京地区总降尘量约33万吨，给市民的生活和健康造成了严重影响。

雾、霾 北京地区雾日多年平均为13天，霾日为27天。进入21世纪北京雾日减少，年平均为9天；霾日呈上升趋势，年平均多达59天，2011年为92天，2012年达124天。频繁出现的大雾和霾天气造成城市空气质量下降，能见度低，影响道路交通、航空、供电安全，危害人体健康。1997年12月17日，京津塘高速公路北京路段大雾茫茫，连续发生两起40余辆汽车追尾相撞事故，9人死亡，34人受伤。随着霾日的增加，呼吸道疾病患者明显增多。

气象发展 北京气象历史源远流长，留存的气象和气候历史资料记录十分丰富。辽、金、元、明、清各个朝代的司天监、钦天监都遗留有天象和气象观测记载，明、清两个朝代在北京古观象台观测。17世纪中叶起，西方国家的气象观测仪器传入北京。清乾隆八年（1743年）法国传教士在北京建立测候所开展过气象观测；清道光年间，俄国教会在北京建地磁气象台开展气象观测。

民国元年（1912年）十一月，民国政府在北京古观象台台址组建中央观象台。民国十八年（1929年）六月建立北平测候所，次年改称北平气象台。民国二十六年（1937年）夏北平被日本侵略者占领，改北平气象台为华北观象台。抗日战争胜利后，中国政府接管华北观象台，先后改称北平气象台、华北气象台。

新中国成立初期，北京市气象工作由中央气象台兼管，1960年成立北京市气象局，健全了各级气象机构，开展各项气象业务工作。1978—1988年，市气象局业务现代化建设起步，1994年建成全局气象业务自动化系统（一期工程）。1995年市气象局成立专业气象台，拓展专业气象服务新领域。1999年建成"北京暴雨监测预警和人工影响天气系统"。21世纪以后，实施"北京城市气象灾害监测预警和奥运气象服务系统建设"，建立灾害性天气预警发布和联动机制。实施北京2008年奥运国际天气预报示范项目，提升了精细化天气预报水平。2011年北京市人民政府和中国气象局签署共同推进气象为首都经济发展服务合作协议，开展北京市率先基本实现气象现代化试点工作。通过多年的气象现代化建设，实现了北京气象事业跨越式发展。（参见第114页北京市气象局）

气象服务 随着北京城市发展和国际大都市的形成，北京市气象服务工作由20世纪80年代以前以为京郊农业服务为主，转为以城市气象服务为主，重点为首都的防灾减灾和政治、经济、社会、文化等重大活动提供气象保障服务。21世纪以来，围绕北京城市防灾减灾和大型活动、安全运行、城市防汛、能源、交通、生态环境等重点领域开展气象服务，为首都各级领导和管理部门做好决策气象服务，为广大人民群众生活、生产做好公众气象服务，为各行各业做好专业专项气象服务工作，取得了良好经济和社会效益，得到各级领导和群众的好评。至2014年，北京市已经建成了现代化的气象服务系统，气象服务手段多样化，服务产品个性化，为广大人民群众生活、生产服务各类气象指数达60余种，服务领域不断拓宽，服务工作更加精细、准确、及时。

城市气象服务 城市防灾减灾是北京气象服务重中之重的任务。经过长期的探索和实践，北京已经形成了政府主导、部门联动、上下联合的气象防灾减灾工作体系，北京市气象部门与市应急指挥中心、水务、市政路政、交通管理、供电、消防、环保、旅游等部门建立了气象灾害预报预警联动机制、应急响应机制和实时气象监测信息共享机制。当北京将出现暴雨大风、强降温以及雾、霾、降雪、沙尘暴等灾害性天气时，北京市气象部门都会及时发布不同时效的天气预报、灾害预警和防御提示信息，全力保障城市正常运行。2012年7月21日北京地区出现近61年来的最大暴雨天气，北京气象部门提前发布预报警报，为市政府及有关部门开展防灾救灾提供了气象保障。为满足城市发展和群众生活的需求，市气象部门有针对性地为交通、仓储、供暖、电力等部门提供精细化专业气象服务，与市国土局联合开展汛期地质灾害预报，为城市供暖服务年减少能源消耗上亿元。利用报纸、电视、广播、网络、短信等各种媒体向社会各行各业、城镇居民广泛发送天气预报警报、气象灾情、防灾减灾信息和气象生活指数，得到社会各界和群众好评。

重大活动气象服务 北京气象部门始终高度重视，并会同中央气象台、军队、民航等气象部门和首都有关单位全力做好重大活动的气象服务保障。每年为全国人民代表大会、全国人民政治协商会议提供全方位气象服务保障，受到代表、委员们的赞扬。为每年举办的北京国际马拉松赛和第11届亚洲运动会、第21届世界大学生运动会，特别为2008年北京第29届夏季奥林匹克运动会提供专门气象服务（见气象服务卷北京奥运气象服务），全面保障了各项赛事顺利完成。为首都庆祝中华人民共和国成立纪念日，特别是新中国成立50周年、60周年大型庆典活动提供圆满气象服务，得到党中央、国务院及北京市各级领导和人民群众的一致好评。

环境气象服务 北京市气象部门十分重视环境气象服务，围绕国家关于京津风沙源治理和京津冀及周边地区落实大气污染防治行动计划，着力开展沙尘暴、雾、霾等监测、预报和评估研究。1980年市气象局与有关单位合作开展北京地区空气污染气象条件预报试验，开启了中国环境气象预报服务先河。2001年开始与市环保局联合开展了空气质量预报，并在报刊、电视、广播、手机等媒体发布。国家实施"京津风沙源治理工程"，北京市气象部门加强监测和技术研究，发挥了气象科技治理风沙的支撑作用。开展风能和太阳能资源普查，为开发和利用可再生清洁能源服务。成立京津冀环境气象预报预警中心，为北京天更蓝、环境更美好做出新贡献。成立了雷电防护管理办公室、避雷装置安全检测中心，每年为首都政府机构、城市运行、交通仓储、文物古建、通信设施、建筑住宅等6000余家单位提供全方位的防雷检测服务，大大减少了雷击灾害的发生。

人工影响天气 北京市自1961年起开展人工影响天气研究和作业，着力抗御干旱和增加水资源。成立市人工影响天气办公室，建成了由飞机、火箭、高炮和高山地基燃烧炉等多种装备组成的全天候人工影响天气作业体系，不失时机地开展人工增雨（雪）作业。实施北京市综合人工增雨系统示范工程，开展火箭、高山地基燃烧炉人工增水应用技术研究，建成覆盖密云、官厅水库流域约3.5万平方千米范围的"两库增水"作业区及主要农业区的防雹作业体系，为缓解北京水资源紧缺状况、防御干旱和冰雹灾害做出了贡献。实施人工消雨试验，为北京奥运会的顺利举行发挥了作用。

气象预报预测 北京市气象预报工作从1959年的

经验预报方法，逐渐发展到以数值预报为基础的客观化、定量化、自动化天气预报业务。21世纪以来，北京市气象局发挥首都优势，依托中国气象局气象现代化建设成果，陆续建成满足奥运气象服务和城市气象预报需求的精细化预报服务系统，其中包括高分辨率中尺度探测数据预处理系统（Hi-MAPS）、自动临近预报系统（BJ-ANC）、3 km分辨率3小时快速更新循环同化预报系统（BJ-RUC）、奥运场馆精细预报交互平台（OFIS）、短时临近预报预警交互平台（VIPS）等，预报准确率逐年提高，2014年北京晴雨预报准确率为91%；气候预测以及气候资源评估等技术取得长足进步。

气象观测 20世纪50年代起，北京市着手开展气象观测网建设，至2014年基本构建了比较稠密的中尺度综合立体气象观测系统。全市国家级地面气象观测站20个，其中国家基准气候站1个，国家基本气象站2个，国家一般气象站17个。北京地区建成各类自动气象站343个、多普勒新一代天气雷达2部、风廓线雷达5部、地基GPS（全球定位系统）55个、微波辐射仪3套、道路自动观测站28套、测风塔2座，拥有现场指挥、环境监测、移动观测车4部，形成了自动气象站网、水汽观测网、地面气象观测网、专业气象监测网和三维闪电定位系统、移动气象观测系统、环境监测及风能观测系统等。

上甸子区域大气本底观测站 世界气象组织区域大气本底观测站之一。位于北京市密云县高岭镇上甸子村，海拔高度293.3 m，1982年正式开始观测，是中国最早建立的区域大气本底站。2002年该站扩建，配备先进的大气成分观测设备。观测业务涵盖世界气象组织全球大气观测计划提出的区域观测台站的主要监测项目，对中国华北地区本底大气中的温室气体、大气微量反应性气体、大气气溶胶、降水化学、辐射等进行长期和系统观测，同时开展风廓线雷达监测、80 m铁塔梯度观测，观测数据代表京津冀经济圈区域大气本底环境及气候变化情况。2005年该站通过科技部国家野外站专家评审，成为首批大气成分本底国家野外站之一。

气象信息网络 从20世纪50年代起，莫尔斯电报通信、手工处理各类气象信息，随着气象科技进步和事业发展，1990年北京市气象局开通至国家气象中心的光缆通信线路。进入21世纪，由新的远程Windows NT服务器通过专用光缆通信传输数据，2007年引进IBM Cluster 1600高性能计算机系统，气象信息处理能力大幅提高，计算能力每秒近10万亿次。建成本地和区域探测资料综合处理系统，包括高性能计算机群、多用户视频系统、综合探测系统显示平台、信息海量存储及通信专线组成快速通信网络系统。

气象科研 1978年改革开放以来，北京市气象科研与技术开发能力不断增强。1999年中国气象局和北京市政府共同建立了"北京城市气象工程技术研究中心"，被评为中国气象局年度科技创新项目。2002年，北京市气象科研所改革重组为"中国气象局北京城市气象研究所"，升级为国家级科研单位，与气象业务部门密切合作，承担了近百项科研项目。成功实施世界气象组织天气预报计划——北京2008年奥运会国际天气预报示范项目，其核心技术成果被纳入全国气象业务支撑系统；"奥运气象保障技术研究及应用"和参与协作的"现代化人机交互气象信息处理和天气预报制作系统"分别获得国家科学技术进步奖二等奖；"城市规划大气环境影响评估系统""北京城市供暖（热）气象节能研究及应用""高速公路大气能见度监测、预报方法研究"等项目分别获得省部级科技奖励；城市边界层/城市冠层研究等一批科研成果投入应用。21世纪以来，北京市气象局累计获得国家和省部级科研成果奖励近30项，其中国家科学技术进步奖2项，省部级20余项；在核心刊物上发表科技论文400余篇，取得多项具有国际先进或国内领先水平的科技成果。精细化预报和城市大气环境评估成果推广到全国20多个省（自治区、直辖市），一大批科研成果投入气象业务应用。北京市初步形成了一支以年轻的学科带头人为核心的城市气象科技骨干队伍，科研工作有力地支撑了气象事业的发展。

展望 面对未来北京特大型城市经济社会发展和运行管理气象服务的需求和挑战，北京市气象部门正在积极推进气象现代化工作，到2020年以前，将建成结构完善，布局科学，功能先进，适应首都现代化建设和发展需求的，具有世界水平、首都特点的气象现代化体系，使北京的气象技术装备在全国领先。将建立起时空1 km、1小时分辨率的精细化数值预报业务模式，24小时晴雨预报准确率稳定在90%以上，气温预报准确率超过85%；实现气象监测预报精准化、灾害防御局地化、公共服务人性化、技术装备现代化的"四化"目标，气象服务全面融入首都经济社会发展，服务保障率达到100%。届时城市运行和大型活动气象服务保障能力居国内领先水平，灾害性天气预报预警能力达到同期国际先进水平。

参考书目

北京市地方志编纂委员会，1999. 北京志·气象志［M］. 北京：北京出版社.

北京市气象局，2009. 北京市基层气象台站简史［M］. 北京：气象出版社.

《中国气象灾害大典》编委会，2005. 中国气象灾害大典·北京卷[M]. 北京：气象出版社.

（姚学祥　曹冀鲁）

Tiānjīn qìxiàng
天津气象（Tianjin meteorology）　天津市简称津，地处华北平原东北部、海河流域下游，东临渤海，北靠燕山，位于38°34′N～40°15′N，116°43′E～118°04′E之间，南北长189 km，东西宽117 km，海岸线长153 km。辖区海洋面积约3000 km²，陆地面积11 916.9 km²，以平原为主（占95.5%），地势北高南低，西北高东南低，呈簸箕形向海河干流和渤海倾斜，最高海拔1085.5 m。辖区内水系丰富，主要有海河干流、南运河、北运河、子牙河、大清河、永定河、潮白河、蓟运河等，素有"九河下梢"和"海河要冲"之称。2014年末，全市常住人口1516.81万人，其中户籍人口1016.66万人。

天气气候特点　天津属于暖温带半湿润半干旱季风气候区，四季分明：春季多风，干旱少雨；夏季炎热，雨热同季；秋高气爽，冷暖适宜；冬季严寒，降水稀少。

天津市年平均气温为13.5 ℃。最冷月为1月，平均气温-2.4 ℃，极端最低气温-22.9 ℃（1966年2月22日）；最热月为7月，平均气温27.2 ℃，极端最高气温41.0 ℃（2002年7月14日）；平均气温年较差29.6 ℃。年降水量为524.9 mm，主要集中在盛夏7—8月，最大年降水量975.0 mm（1977年），最小年降水量268.8 mm（1968年），年平均降水日数62.6 天。太阳辐射较丰富，年日照时数2242.2 小时，年总辐射4908.3 MJ/m²。

春季气温回升快，干旱少雨，季平均气温为14.2 ℃，降水量为72.9 mm，占全年降水量的13.9%。夏季多偏南风，高温高湿，季平均气温26.2 ℃，降水量353.2 mm，占全年降水量的67.3%。秋季平均气温14.2 ℃，季降水量88.7 mm，占全年降水量的16.9%。冬季盛行西北风，寒冷干燥，季平均气温-0.7 ℃，降水量仅为10.1 mm。

主要气象灾害　天津的主要气象灾害有干旱、暴雨、冰雹、大风、雾、霾、高温、雷电等。随着天津经济社会的不断发展和全球变暖带来的影响不断加深，日趋频发的气象灾害给经济社会发展、城市运行安全以及人民群众的生命财产安全带来了不可忽视的影响。

干旱　天津一年四季均可能发生干旱，有时还会出现全市区域性干旱、春夏连旱、夏秋连旱、春夏秋连旱，甚至几年连旱。2001年全市农作物干旱受灾面积30.0万公顷，成灾面积18.0万公顷，78.6万人口和9.8万头牲畜发生不同程度的饮水困难，经济作物及林、牧、渔业损失达3.0亿元。

暴雨　天津各地区年暴雨日数1.4～2.1天，多出现在夏季。2012年7月26日天津普降大暴雨，津南（降水量255.8 mm）和大港（降水量253.3 mm）出现特大暴雨，突破历史日最大降水量，其余各区县也出现大暴雨或暴雨，全市直接经济损失1.8亿元，其中农业经济损失1.2亿元。

冰雹　天津各地区年冰雹日数为0.5～1.3天，其中蓟县最多，主要出现在3月下旬至10月中旬，其中6月份出现频率最高。2006年7月5日静海县六乡镇72个村遭风雹袭击，雹粒大如核桃，降雹密度每平方米700粒左右，瞬时风力达10级以上，造成直接经济损失6600余万元。2014年6月出现3次较为严重的冰雹，造成农业经济损失总和超过1.3亿元，其中，26日傍晚，武清出现冰雹灾害，持续约半个小时，农业经济损失约5560万元。

大风　天津各地区年大风日数为3.8～40.5天，沿海地区大风日较多，春季最多占全年的40%。2012年3月23日下午，滨海新区大港遭10级以上强阵风突袭，给设施农业生产造成严重损害，受灾面积达460余亩（1亩=1/15公顷），直接经济损失754.9万元。2014年5月3—4日受较强冷空气影响，全市出现6级以上大风，瞬时最大风力达8～9级，武清、大港等地设施农业受损严重，成灾面积超过75公顷，直接经济损失超过690万元。

雾、霾　天津各地区年雾日为12.1～29.5天，南部多于北部，滨海新区大港和静海县雾日较多，秋、冬季多发。2007年10月24—27日，全市连续4天出现大雾，市区、塘沽最低能见度15 m，大港仅5 m，天津港封航，机场航班延误、高速公路封闭。全市多年平均霾日为18.8天，冬季最多。进入21世纪霾日有上升趋势，2004—2014年霾日平均为65.2天，其中，2010年为42.5天，2011年为50.1天，2012年为52天，2013年为125.8天，2014年为208.3天。

高温　天津各地区年高温日数为2.2～9.6天，主要集中在夏季6—7月，极端最高气温为41.7 ℃，1999年7月24日出现在蓟县。2013年受高温高湿天气影响，电网负荷持续增长保持高位运行。7月电网最大负荷连续28天突破1000万千瓦，较2012年增长15.7%。连日的持续高温闷热中暑患者骤然增加，且出现热射病患者。

雷电　天津各地区年雷暴日数为25.3～37.0天，蓟县最多，塘沽最少，主要出现在夏季，7月份最多。

1987年7月8日7时20分，塘沽区出现雷阵雨，塘沽盐场2名工人在室外作业时被雷击中死亡。

气象发展 天津自汉代起就有水旱灾情的记载，清代已有较详细的风雨情况记载。现代气象观测始于19世纪后期，英国1870年在天津海关建立测候所，1880年开始使用正规气象观测记录表簿，1890年开始有连续气象观测记录。1904年日本在天津设立天津测候所，战败后被国民政府接收，但原有大部分观测资料已被日方焚毁。

天津的自主气象观测始于1914年10月成立的天津气象观测分所，后因战乱解散。1918年3月北洋政府在天津成立顺直水利委员会，下设水文站进行水文气象观测。1928年顺直水利委员会被国民革命军改组为华北水利委员会，下设天津测候所（1931年）。1937年天津被日军占领，测候所被日伪建设总署控制。1945年日本投降，国民政府重新接管了测候所。

新中国成立后，天津气象事业发展取得了长足的进步，在整合原有气象资源的基础上，1954年成立了天津海洋气象台，1960年成立天津地区气象台和天津气象处，1966年成立天津市气象局。1975年天津市气象局由县团级升格为地厅级。

1978年党的十一届三中全会后，天津气象事业进入飞速发展期。1980年1月在渤海6号采油平台建立海上气象观测站，1984年高达255 m的气象铁塔建成并投入使用，1986年引进美国EEC电气公司WSR-81S 10 cm数字化天气雷达，1988年建立渤海A平台海上气象观测站。1989年10月天气预报节目开始在天津电视台播出，1993年气候诊断分析纳入日常业务工作，1997年气象信息电话自动答询系统开始运行。

进入21世纪，天津市气象局加快气象现代化建设，积极发挥气象对经济社会发展的保障和支撑作用，全力做好各项气象服务工作。2000年成立天津市气象局决策气象服务中心，为市政府和各有关部门提供决策气象服务信息。2001年新一代多普勒天气雷达（CINRAD-SA）在天津滨海新区正式建成，与环保局联合制作的"城市空气质量预报"正式在市电视台播出。2004年与天津市测绘院、中国地震局第一监测中心等六家单位联合建设天津GPS（全球定位系统）地面接收站。2006年成立海河流域气象中心，协调海河流域各省市气象局共同开展流域气象服务。2011年成立了天津海洋中心气象台，为环渤海地区提供各类海洋气象服务。（参见第115页 天津市气象局）

气象服务 天津市气象局以服务天津经济社会发展为导向，以推动滨海新区开发开放为重点，按照中国气象局和天津市政府对气象工作的要求，结合天津的城市特点和服务需求，开展了全方位的气象服务和保障工作，全力为天津经济社会发展保驾护航，服务范围覆盖了交通、运输、能源、水利、旅游、保险、环境等多个领域。早期，天津市气象局通过报纸、电台、电话声讯等方式向市民发布天气预报，20世纪90年代初开始制作并发布电视天气预报节目。进入21世纪后，天津气象服务的种类和渠道迅速增多，开通短信气象服务，实现中国气象频道落地天津并免费对230万有线电视用户开放，开通气象服务热线电话，启动微博、微信气象服务，2014年底，微博粉丝已超过220万人，建成了市级公共气象服务平台和电视天气预报数字化演播系统、公共气象信息服务网站平台等，电视天气预报节目覆盖全市7个频道，电视、报纸、广播、网络、短信、微博、微信、手机客户端等已成为市民获取各种气象信息的重要手段。

防灾减灾气象服务 围绕暴雨、大风、暴雪、高温、寒潮、干旱、冰雹等灾害天气，积极开展防汛、防潮、清雪、防雹等气象防灾减灾服务。其中，2000年以前，主要是通过灾害性天气预报、预警开展服务。2010年，市政府出台《天津市气象灾害应急预案》，并于2014年再次进行修编，成立了由分管副市长任指挥长的市气象灾害应急指挥部，办公室设在市气象局。各区县政府也相应出台气象灾害应急预案，成立气象灾害防御领导小组，组织气象防灾减灾工作。如2012年7月下旬至8月初，天津连续3次出现历史罕见的暴雨和大暴雨过程，指挥部积极发挥作用，取得了很好的减灾效果。2012年天津市人大常委会出台了《天津市气象灾害防御条例》，进一步强化了天津市气象灾害防御工作。

为农气象服务 天津农业气象服务始于20世纪50年代，主要为农业部门提供重要农事季节、灾害性天气的农业气象情报服务。1983年成立天津市农业气象室，建成7个农业气象观测站、10个土壤墒情观测站，新增农业气象旬报、农用天气预报和农作物产量动态预报，开展设施农业气象监测预警服务。2011年在全市农村推进"农业气象服务体系"和"农村气象灾害防御体系"建设。截至2014年底，全市所有乡镇均建有气象信息服务站和气象预警电子显示屏。建立了5517人的气象信息员队伍，覆盖全市所有的行政村和社区。"气象预警大喇叭村村响"在武清区实现全覆盖，在宝坻、蓟县、宁河、静海实现了22.6%行政村的覆盖率，全市13个乡镇（街道）被评为全国标准化气象灾害防御乡（镇、街），武清、静海入选全国标准化现代农业气象服务县（市、区）。

海洋气象服务 天津是环渤海地区经济中心，也是北方重要的经济中心，海洋经济在天津总体经济中占有重要位置，海洋气象服务也是天津市气象局气象服务的重要组成部分。近年来，随着环渤海地区经济飞速增长，海洋气象服务在天津市气象局的气象服务业务中扮演着越来越重要的角色。2010 年中国气象局根据国家海洋发展战略以及环渤海地区经济社会发展需求，把天津定位为北方海洋气象中心，成立了天津海洋中心气象台，负责制作和发布全球海上遇险安全系统公海责任区的 XI 海区——印度洋区中的渤海、渤海海峡、黄海北部及黄海中部海域的海事天气公报及有关海域海洋气象预报预警产品；建成了黄渤海海洋气象信息共享网，实现了北方海域各省市海洋气象信息共享。天津市气象局积极拓展海洋专业气象服务，为港口作业、近海渔业养殖、近海海洋旅游、海上石油和风能开发、海上捕捞、跨洋航运、海洋搜救等提供气象保障；开发了移动手机客户端（2011 年）、北斗卫星海洋气象护航通信系统（2012 年）和渤海海洋环境综合服务信息服务平台（2014 年），及时将气象服务信息发送给服务用户，取得了显著的服务效果。

　　大型活动气象服务　天津市气象局高度重视大型活动气象服务。2009 年以来为第 11 届全国运动会火炬传递、中国旅游产业博览会、天津夏季达沃斯论坛、联合国气候变化框架公约和京都议定书工作组会议、环中国国际公路自行车赛、天津·澳门周活动、中国天津国际直升机博览会、天津武清开发区杯国际马拉松赛、第九届全国大学生运动会、中国国际北方自行车展览会、第六届东亚运动会、中国国际矿业大会、天津国际少儿艺术节等活动提供气象保障服务。准确的预报和周到及时的服务为各项大型活动的顺利举办提供了保障，达到了良好的效果。

　　人工影响天气　天津市人工影响天气工作（简称"人影工作"）最早开始于 1973 年，经过数十年发展，人影工作已从最初的高炮作业逐渐发展为高炮、火箭、飞机作业空地一体的综合业务体系，作业范围也从早期的人工防雹作业，发展到火箭、高炮联合增雨作业，飞机人工增雨作业。至 2014 年，全市 10 个有农业的区县全部开展人工防雹和人工增雨工作，共有炮站 78 个，"三七"高炮 101 门，火箭发射架 35 部，高山地基碘化银焰炉 12 部，在缓解天津市水资源短缺、防御冰雹灾害、服务大型活动中起到了重要作用。

　　气象预报预测　天津市气象预报工作从 1960 年的天气图经验预报，逐渐发展到以数值预报为基础的客观、定量天气预报业务。1992 年市气象台运行微机版 MM2 第二代中尺度数值预报模式，1994 年升级到 MM4。2001 年由科研所引进的 MM5 数值预报模式在清华同方 8 节点并行计算机上业务运行。2008 年包括高分辨率中尺度数值预报系统（TJ-WRF）及相关专业模式在 IBM Cluster 1600 高性能计算机上实现业务运行。进入 21 世纪以来，天津市气象局发挥地理和城市优势，确立了以海洋气象、流域气象、大城市气象与农业气象为主要发展方向，成立了海河流域气象中心和天津海洋中心气象台。依托气象现代化建设成果，陆续建成满足海洋、流域、城市和农业气象预报需求的精细化预报服务系统。开发了海洋精细化预报平台、海河流域精细化预报平台，预报准确率逐年提高，2014 年天津 24 小时晴雨预报准确率为 89.58%；气候预测以及气候资源评估等技术取得长足进步。

　　气象观测　天津开展了系统的气象观测建设工作，截至 2014 年底，已建成国家级地面气象观测站 14 个，其中基本气象站 4 个，一般气象站 10 个；各类自动气象站 265 个，新一代天气雷达 1 部，固定风廓线雷达 3 部，移动风廓线雷达 1 部，GPS（全球定位系统）地面接收站 23 个，微波辐射仪一套，土壤水分自动观测站 10 套，道路自动观测站 10 套，测风塔 3 座，大气边界层铁塔 1 座，形成由自动气象站网、水汽观测站网、地面气象观测站网等多个子系统构成的中尺度综合立体气象观测系统。

　　天津大气边界层观测站　天津大气边界层观测站位于天津南部城区（39°04′N，117°12′E），2002 年被中国气象局正式纳入业务序列，为气象部门唯一的气象专用超高铁塔。该铁塔始建于 1982 年，1984 年建成并投入使用，塔高 255 m。从 5 m 至 250 m 高度，依次有 15 层探测平台，设有南北双向探测伸臂，可搭载多套气象和环境监测仪器，获取 250 m 以下大气边界层气象要素梯度观测资料。

　　渤海 A 平台国家基本气象站　天津渤海 A 平台国家基本气象站建站于 1988 年 1 月，位于 118°24′E，38°26′N，距离陆地 70 海里，是天津唯一的海上气象站，承担着为天津海洋气象服务提供海上数据支撑的重要任务。

　　气象信息网络　20 世纪 50 年代，天津市气象局主要使用无线电收报机，手工处理各类气象信息。进入 20 世纪 80 年代后，开始使用电子计算机和"三报一话"有线通信。20 世纪 90 年代后，气象通信技术进入飞速发展期，实现了由 X.25 网络过渡到卫星网络；建成了连接市气象局与各区（县）气象局的广域网，数据传输速率和传输质量得到显著提高；建成与中国气象局和区（县）气象局联通的视频会商系统；完成了新一代卫星数据广播接收系统技术改造；2008 年引进 IBM Cluster

1600 高性能计算机系统，计算能力达 1.88 万亿次/秒，气象信息处理能力得到大幅提升。2012 年随着全国气象宽带骨干网络以及新一代国内通信软件系统投入业务运行，天津气象通信系统也从报文交换全面进入网络文件交换时代。

气象科研 天津市气象科学研究所成立于 1978 年，围绕天津经济发展对气象服务的需求，以及现代气象业务发展对科研的要求，形成了环渤海海洋气象、城市边界层与大气环境等特色研究领域。该所通过引进再开发的天津 WRF（天气研究和预报模式）数值预报业务系统，海浪、海雾、风暴潮等海洋数值预报系统和环境气象业务系统都切实转化为实际气象业务能力，其中"城市暴雨沥涝系统"在全国 20 多个城市得到了推广应用。该所还组建了环渤海海洋气象、城市边界层与大气环境两个科技创新团队，承担了多项国家级、省部级、厅局级科研项目，多次获得天津市科学技术进步奖和中国气象局优秀科研成果奖，被天津市政府授予"天津市创建国家环境保护模范城市先进集体"称号。

展望 为满足天津国际港口城市和北方经济中心发展的气象服务需求，天津市气象局正全面推进气象现代化建设。到 2020 年，在天津建成结构完善、功能先进的公共气象服务系统、气象预报预测系统、综合气象观测系统和科技支撑保障系统，基本满足天津经济社会发展和人民生活对气象服务的多样化需求；气象工作整体实力与天津国际性现代化宜居城市定位相适应；气象科技、业务和服务能力达到国内先进水平；天津经济社会在应对气候变化和防御灾害性天气方面更具适应力。

参考书目

天津市地方志编纂委员会，1995. 天津通志 [M]. 天津：天津社会科学院出版社.

天津市气象局，2011. 天津市基层气象台站简史 [M]. 北京：气象出版社.

《中国气象灾害大典》编委会，2007. 中国气象灾害大典·天津卷 [M]. 北京：气象出版社.

（权循刚 王伟 张新）

Héběi qìxiàng

河北气象（Hebei meteorology） 河北省简称冀，位于华北地区的腹心地带，北京、天津两市的外围，自古即是京畿要地。河北省地处 113°27′E～119°50′E，36°05′N～42°40′N 之间，地处中纬度欧亚大陆东岸，北接蒙古高原，南连黄淮平原，西倚太行山，东临渤海，全省面积 18.88 万平方千米。河北省地貌复杂多样，高原、山地、丘陵、盆地、平原类型齐全，坝上高原平均海拔 1200～1500 m、燕山和太行山地海拔多在 2000 m 以下、河北平原海拔多在 50 m 以下。地势由西北向东南倾斜，西北部为山区、丘陵和高原，其间分布有盆地和谷地，中部和东南部为广阔的平原，其中有坝上高原。海岸线长 487 km，海岸带总面积 11 379.88 km^2。2014 年河北省常住人口 7417 万人。

天气气候特点 河北省属温带半湿润半干旱大陆性季风气候，四季分明，寒暑悬殊，雨热集中，干湿明显，具有冬季寒冷少雪、春季干燥多风、夏季炎热多雨、秋季晴朗干爽等特点。

全省各地年平均气温为 1～15 ℃，春季平均气温为 2～16 ℃，夏季平均气温为 16～27 ℃，秋季平均气温为 1～15 ℃，冬季平均气温为 -16～2 ℃。全省年极端最高气温多出现在 6 月，其中邢台地区沙河站曾出现过 44.4 ℃（2009 年 6 月 25 日）；极端最低气温多出现在 1 月，张家口地区沽源站曾出现 -39.9 ℃（2000 年 2 月 1 日）。全省各地年平均降水量在 340～750 mm 之间，时空分布很不均匀。燕山南麓是一个明显的多雨中心，年雨量在 700 mm 以上，太行山东侧迎风坡是次多雨中心，年雨量在 500 mm 以上。两个少雨中心一个位于张北高原，年雨量在 400 mm 以下，另一个位于冀南平原的安国、新乐、藁城、辛集、赵县至宁晋交界地区，年雨量在 475 mm 以下。全省年日照时数 2150～3050 小时，年无霜期为 120～200 天。

主要气象灾害 河北省是气象灾害种类最多的省份之一。具有以下显著特点：一是灾害的种类多、频次高、范围广；二是旱涝交替发生，呈阶段性，且往往多灾并发；三是各种气象灾害的区域分布明显，且相对稳定；四是特大灾害频繁发生，损失惨重。影响河北省的主要气象灾害有：干旱、大风、沙尘暴、暴雨、洪涝、干热风、冰雹、雷电、连阴雨、高温、大雾、霾、风暴潮、霜冻、暴雪、强寒潮等。近 5 年来，河北省每年受灾人口约为 2000 万人次，年直接经济损失超过 90 亿元，其中农业损失约占 70%。

干旱 干旱是河北省发生最频繁、影响范围最广的气候灾害，春旱、初夏旱、伏旱、秋旱时有发生，其中，又以春旱最为频繁，素有"十年九春旱"之说。全省以北部高原，燕山西北部山区及中南部平原地区为最重旱区，各季旱情都比较严重，大旱频率较高。1972 年出现过全省大旱，因旱受灾面积 269.9 万公顷，成灾 164.7 万公顷。

暴雨 河北省受季风活动的影响，降水强度的季节变化很大，在雨量相对集中的夏季，常有暴雨发生。大部分地区 7—8 月份的雨量占全年的 50% 以上。保定、廊坊、沧州北部和承德南部可达60%以上。7月、8月两个月的降水又大部集中于7月下旬和8月上旬这20天之内，即"七下八上"时期。1996年8月3—5日发生的"96·8"特大暴雨，造成113个县（市）受灾，死亡人口677人，失踪人口231人，造成直接经济损失456.3亿元。2012年7月21—22日的罕见强降雨造成了河北省"96·8"以后最严重的暴雨洪涝灾害。保定、廊坊等9个设区市的59个县（区）遭受严重洪涝灾害，共造成266.92万人受灾、32人死亡、20人失踪，紧急转移安置22.66万人。

冰雹 河北省冰雹局地性强、时间短，出现在初夏与夏末。主要分布在山区高海拔地区的张家口、承德两地，特别是张家口北部坝上地区冰雹日数最多，尚义县年平均达5.6天。1977年5月25日，河北省的8个地区56个县受雹灾，造成农作物减产。

高温 河北省的高温多出现在6—7月份。全省日最高气温大于30℃的日数总体呈增加趋势，冀东平原增加幅度最大。20世纪90年代大于30℃的日数最多，超过70天的4个年份均出现在1990年以后。35℃以上的高温日数呈现先降后增的变化趋势。1972年6月下旬到7月初，河北南部平原地区因高温死亡人数达数百人。1997年6—8月份出现罕见的高温天气，极端最高气温大于35℃的有51天，其中大于38℃的30天，大于40℃的7天。

连阴雨 河北省连阴雨主要出现在秋季，中部、南部平原及太行山区在6天以上，保定、邯郸长达10天。2007年9月26日—10月10日，河北省出现严重连阴雨天气，农作物受灾面积47.99万公顷，倒塌毁坏房屋11 413间，直接经济损失25.79亿元。

强降雪 河北省雪灾多出现在初冬或初春，冷、暖空气活跃，易出现强降雪。2009年11月8—12日全省出现暴雪天气，石家庄市区降雪93.5 mm，全省328.4万人受灾，房屋、农业大棚等设施大量被毁，造成直接经济损失15.27亿元。

风暴潮 河北省沿海地区风暴潮高潮位和受灾程度从南向北递减，沧州沿海为风暴潮的重灾区，唐山地区沿海为风暴潮的中灾区，秦皇岛沿海为风暴潮的轻灾区，全省平均1.6年发生一次，成灾风暴潮平均9.6年发生一次。1997年8月20日9711号台风引发的风暴潮，沧州沿海最高潮位5.45 m，为当地1949年以来的最高潮位。

干热风 河北省干热风一般出现在5月初至6月中旬的少雨、高温天气，此时正值华北、西北及黄淮地区小麦抽穗、扬花、灌浆时期，植物蒸腾急速增大，往往导致小麦灌浆不足甚至枯萎死亡。河北省年平均发生日数总趋势是自南向北逐渐减少，轻度干热风年平均日数极大值的中心位于最南部的邯郸附近，而重度干热风年平均日数极大值的中心位于邢台附近。

雾、霾 河北省年平均雾、霾日数为155.6天，2003年最多为195天，1967年最少，为58天。河北省雾、霾天气具有明显的区域地理特征，山前平原多、山区少，全省大部分地区年雾、霾日数超过50天，平原及低山丘陵区超过100天。全省年平均重雾、霾（能见度低于1 km）日数为21.3天，平原地区年均在10天以上，太行山山前平原及唐山南部超过20天，近50多年来呈显著增加趋势。2012年1月9日20时，受雾、霾天气影响省内高速公路实施管制，10日上午京沪高速公路发生5起交通事故，10辆车受损，1人死亡。

气象发展 河北气象历史源远流长，留存的气象和气候历史资料记录十分丰富。自周烈王三年（公元前373年）起，地方志中就有气象灾害的记载。西汉广川（今景东县）人董仲舒所著《春秋繁露》和《雨雹对》中，就探讨了各种天气现象的成因。东汉末年河北安平人民还研制出了世界上最早用来实测风向、风速的相风乌与测风旗等气象仪器。清光绪三年（公元1877年）即开始用近代仪器进行气象观测。但新中国建立前，全省仅有6个测候站，且仪器残缺不全，记录经常中断。新中国成立后，当时的华北气象处派人在河北建立气象站。1954年河北省气象局成立，各级气象机构逐步健全，气象业务、服务领域不断拓宽。到20世纪60年代初，基本上建成了"市市有台，县县有站"的气象台站网。21世纪前10年，全面推进了以新一代天气雷达站、新一代粒子测量系统、地面自动站网、公共气象服务平台、气象预报预测系统平台、气象综合观测系统平台为重点的气象现代化建设。2009年河北省气象局在全省启动"两个体系"（农业气象服务体系和农村气象灾害防御体系）建设，2010年确定从推进"两个体系"到基层气象机构综合改革的基层台站转型发展的基本思路，到2014年，实现了县级气象防灾减灾指挥领导机构全覆盖，乡乡有气象服务信息站，村村有气象信息员，初步建成"基本业务、公共服务、社会管理"并重的基层气象事业结构，基本业务、公共服务和社会管理能力进一步提升，台站面貌和职工精神风貌发生了明显变化。2010年中国气象局和河北省人民政府签署省部合作协议；2012年召开省部联席会议，确定了"十二五"期间6项重点合作任务；2014年中国气象局和省政府签订合作备忘录，确定8项合作事宜；同年，联合印发《推进气象现代化建设保障河北绿色崛起的意见》（冀政

〔2014〕116号）文件。（参见第116页 河北省气象局）

气象服务　河北省气象服务始于新中国建立之初，当时气象工作主要为军事服务。1956年6月河北省气象部门开始通过电台、报纸对外公开发布天气预报，服务领域逐步拓展为气候分析和气象资料检索以及一些专业气象技术咨询。1980年以后，气象服务内容不断丰富，服务领域不断拓展，服务形式灵活多样，气象服务成为气象工作的重要组成部分。到2014年，基本形成了为广大人民群众服务的公众气象服务、为各级领导和决策部门提供服务的决策气象服务、为相关行业和专业提供服务的专业专项气象服务等比较完善的气象服务体系。在防灾减灾、应对气候变化、制定经济发展规划、指挥生产、合理开发利用资源、保护环境、军事与国防建设以及重大社会活动、重大工程建设等工作中发挥着重要作用。

　　防灾减灾气象服务　河北省气象局自成立以来，经过几十年的发展，防灾减灾服务水平不断提高，特别是近年来气象防灾减灾工作的深入推进，在各级政府组织开展气象灾害防御、突发事件应急处置工作中发挥了重要作用。如2012年7月21—22日，河北省出现入汛以来最强降雨过程，中北部地区出现暴雨到大暴雨，部分地区出现特大暴雨。省、市、县气象台站提前做出准确预报，为各级党委、政府开展灾前各项防御工作争取了宝贵时间。截至2014年年底，全省建成1900个气象信息服务站、4187个预警大喇叭和1725块电子显示屏，全省5.5万余名气象信息员覆盖了全省各行政村。

　　为农气象服务　河北省为农气象服务始于1958年，最初主要为农业部门提供重要农事季节、天气预报和农业气象情报服务，主要运用专业气象手段开展农业气象观测、实验，农业气象分析、产量预报以及农业气候区划等工作。20世纪80年代初期，应用卫星遥感技术进行的作物生长期监测服务和小麦产量预报工作取得了好的成绩。2009年在全省农村推进"农业气象服务体系"和"农村气象灾害防御体系"建设。到2014年底，实施"三农"专项县达30个，新增标准化气象为农服务县1个、气象灾害防御乡（镇）12个；面向新型农业经营主体直通式服务对象较上年增加1倍，建立了150个土壤水分自动站，110个特色林果业和设施蔬菜小气候自动观测站，实现农村要素预报预警精细到乡镇。

　　人工影响天气　1958年8月河北省开始进行人工影响局部天气试验，1975年全省人工降雨作业范围达62个县、市。到2012年，全省拥有人工影响天气作业高炮122门，新型火箭达到343套，建成了203个标准化的固定人工防雹增雨工作站点，全年开展飞机人工增雨109架次，为助推河北省粮食增产、缓解水资源短缺、保护生态环境、做好黑龙港流域地下水超采综合治理发挥了重要作用。

　　环境气象服务　河北省气象部门高度重视环境气象服务，围绕京津冀及周边地区落实大气污染防治行动计划，着力开展防治沙尘暴、雾、霾等影响大气环境的监测、预报和评估研究。构建气象与生态环境省级重点实验室，开展环境气象预报服务；成立环境气象中心，开展霾和空气污染气象条件预报预警业务、重污染天气预警技术研究、雾、霾天气模型研究、空气质量监测预报预警系统等工作。要求各地市气象部门结合本地雾、霾天气状况，按照政府大气污染防治行动计划实施方案和重污染天气应急预案，制定了重污染天气应急响应机制，联合当地环保部门开展预报预警服务。

　　防雷服务　河北省气象部门从20世纪90年代初开始防雷检测技术服务。1997年河北省机构编制委员会批准成立省、市、县三级防雷中心，分级承担各地防雷减灾技术服务工作。多年来，气象部门在保障政府机关、公共设施、通信设施、银行证券、文物古建及易燃易爆等场所的防雷安全工作中，及时开展防雷设计技术评价、防雷检测、竣工验收、雷电灾害评估及雷灾调查鉴定等全方位、立体化的防雷技术服务，全面提高了人民群众的防雷减灾意识，大大减少了雷击灾害的发生。

气象预报预测　从1979年开始，河北省天气预报预测业务由传统手工、主观经验、定性分析方式向自动化、客观、定量分析方式转变，推进了天气预报台站网的建设、天气预报技术方法改革及新一代预报业务流程的建立、预报服务领域的拓宽和现代化服务手段的进步。到2005年，河北省气象部门已经形成了以数值天气预报产品为基础、以人机交互处理系统为平台、综合应用多种技术方法的天气预报业务。到2014年，开展了大城市精细化预报、地质灾害隐患点精细化预报、精细到乡镇的强对流天气落区短临预报等业务以及洪涝风险、尾矿库气象致灾风险评估和汛期赤潮灾害气象监测预报服务。在第四届全国气象行业天气预报职业技能竞赛中获团体第二名、个人全能第一名。晴雨预报准确率位居全国第五。

气象观测　20世纪50年代起，河北省着手开展气象观测网建设，20世纪60年代初基本完成了"专专有台、县县有站"的气象台站网。到1988年全省建成各类气象台站150个。截至2014年，建立新一代天气雷达站5个、风廓线雷达站3个、L波段探空雷达站3个、国家级自动气象站142个、国家级无人值守自动气象站10个、海上浮标气象观测站1个、区域自动气象观测站

2886 个、农业气象观测站 30 个、自动土壤水分观测站 150 个、酸雨观测站 20 个、沙尘暴观测站 1 个、闪电观测站 13 个、大气电场观测站 35 个、地基 GPS/MET（全球定位系统气象观测）站 56 个、风能观测站 35 个、交通气象观测站 152 个、大气成分观测站 1 个等。

气象信息网络　从 20 世纪 50 年代起，河北省气象部门通信发展经历了莫尔斯电报通信、电传通信、传真通信和电子计算机通信四个阶段。到 1988 年，已建立了微机转报系统和省级天气预报实时业务系统。进入 21 世纪，气象信息处理能力飞速提高，气象通信网络、高性能计算机等硬件设施达到了同期国内气象部门领先水平。截至 2014 年年底，省、市、县三级广域网络实现双线路接入，线路之间实现负载分担，互为备份，确保了网络传输的稳定性，接入带宽分别为 200 Mbit/s、50 Mbit/s 和 10 Mbit/s；省、市、县局域网实现三级网络结构，省级实现骨干万兆，桌面千兆带宽，市、县实现骨干和桌面接入速率均达到千兆；数据处理能力达 45 万亿次/秒；国家级自动气象站实时数据质量控制系统实现业务化运行，与周边 7 省市和省林业厅实现数据共享，资料应用能力得到提升。

气象科研　1978 年河北省气象科研所、河北省气象学校与气象学会相继成立，1979 年省气象局设立气象科技教育处。为了适应需要，河北省气象部门积极培训在职科技人员，选送骨干外出进修。新中国成立以来到 1988 年，河北省气象部门在省级以上科技刊物上发表的气象论文和正式出版的著作约 100 多篇（本）。1978—1988 年获奖科研成果项目 62 项，其中获省部级奖励 40 多项。2014 年全省气象部门科研立项 80 项，争取经费 857.4 万元。科技成果获省科学技术进步奖三等奖 2 项，获计算机软件著作权登记证书 2 项，气象行业标准和地方标准各 1 项，在各类期刊发表论文 218 篇，核心期刊 76 篇，其中 SCI（《科学引文索引》）、EI（《工程索引》）收录 4 篇。由省气象台承担的省气象局第一个行业专项"华北、东北暴雨发生发展特点及预报技术研究"顺利通过中国气象局组织的验收。气象与生态环境重点实验室在河北省地球领域 9 个省级重点实验室中名列第二。与南京信息工程大学、河北省农林科学院签订合作协议，在研究实习基地共建、科研成果应用转化、学术交流、人才培养等方面开展深入合作。

展望　未来，河北气象部门将把改革创新贯穿于气象现代化建设各领域各环节，深度开放合作，着力发展安全、经济、生态环境、民生气象，推进公共气象服务提质增效；着力转变职能，推动气象社会管理履职落地；着力强化气象基础业务，提升核心科技支撑能力；着力构建新型气象事业结构，增强基层发展活力，充分发挥气象工作保护人民生命财产安全、促进经济转型发展、保障生态环境治理和改善民生的作用，形成高效、精细、智能的气象服务发展新格局；气象预报预测准确率、公众气象服务满意度、气象技术装备智能化水平、气象科技创新能力、气象人才综合素质将全面提升，全省气象部门基本实现气象现代化。

参考书目

河北省地方志编纂委员会，1996. 河北省志·气象志 [M]. 北京：方志出版社.

《中国气象灾害大典》编委会，2008. 中国气象灾害大典·河北卷 [M]. 北京：气象出版社.

（宋善允　郝永强）

Shānxī qìxiàng

山西气象（Shanxi meteorology）　山西省简称晋，位于 110°14′E～114°33′E，34°34′N～40°44′N，地处黄河中游，因居太行山以西而得名。省境四周山环水绕，东邻河北，西界陕西，南为河南，北与内蒙古自治区接壤。全省总面积 15.67 万平方千米，至 2014 年全省常住人口 3648 万人。山西是典型的为黄土广泛覆盖的山地高原。高原内部起伏不平，河谷纵横，地貌类型复杂多样，有山地、丘陵、台地、平原，山多川少，山地、丘陵面积占全省总面积的 80.1%，平川、河谷面积占全省总面积的 19.9%。全省大部分地区海拔在 1500 m 以上。与其东侧海拔不足 100 m 的华北大平原和西侧海拔 1000 m 左右的黄河峡谷两岸的高原相对比，呈现强烈的整体隆起态势，称为山西高原。山西境内流域面积在 100 km² 以上的河流有 450 条，其中，属于黄河水系的较大河流有汾河、沁河、丹河、涑水河、三川河，属于海河水系的较大河流有桑干河、滹沱河、浊漳河、清漳河。

天气气候特点　山西地处中纬度内陆的黄河中游，属于温带大陆性季风气候。由于太阳辐射、季风环流和地理因素影响，山西气候具有四季分明、雨热同步、光照充足、南北气候差异显著、冬夏气温悬殊、昼夜温差大的特点。山西省年平均气温 9.8 ℃，由北向南升高，由盆地向高山降低，北部大部在 8.0 ℃ 以下，南部运城市在 12 ℃ 以上。最冷月 1 月，平均气温 -5.9 ℃，极端最低气温 -40.4 ℃（1971 年 1 月 21 日，右玉县）；最热月 7 月，平均气温 23.6 ℃，极端最高气温 42.8 ℃（1966 年 6 月 21 日，临猗县）。年平均降水量 468.3 mm，季节分布不均，夏季降水相对集中，且省内降水分布受地形影响较大，北部大部在 450 mm 以下，东南部大部在 500 mm 以上。最大年降水量 708.6 mm（1964 年），最小年降水量 301.2 mm（1965 年）；年平均降雨日数 77.9 天，降雪日数最多达 58 天（1985 年），最少为 1 天（1999 年、2007 年）。多年平均无霜期 184.7 天。年平均日照时数 2449.4 小时。

主要气象灾害　山西地形复杂，冷暖、干湿、旱涝变化复杂多样，灾害种类多，发生频繁，危害面广，灾情严重。主要气象灾害有干旱、暴雨洪涝、冰雹、霜冻、雷电等。据统计，气象灾害重的年份经济损失约 200 亿元。

干旱　"十年九旱"是山西的显著特点。全省年降水量在 370～650 mm 之间，水资源不丰造成了山西干旱。春、夏、秋、冬四季均可出现，以春旱出现概率最大，出现频率达 24.4%。1998 年 11 月—1999 年 3 月，全省连续 100 天无降水，全省小麦受旱面积达 1100 万亩（1 亩 = 1/15 公顷），其中严重受旱面积 426.28 万亩，干枯死苗面积 88.22 万亩。

暴雨洪涝　山西暴雨大多为地区性暴雨，全省性暴雨极少出现。局地暴雨一般出现在 5 月至 10 月上旬，尤以 7—8 月最多，占全年暴雨总次数的 80% 以上。1982 年全省发生极其严重的洪涝灾害，仅 7 月 29 日—8 月 4 日，受 9 号台风影响，72 个县区发生洪涝灾害，受灾农田 2692.33 万亩，成灾面积 1530.98 万亩，因灾损失粮食 7.75 亿千克，成灾人口 638 万人，死亡 140 多人，损失总值 3 亿多元。新中国成立以来，损失严重的大洪灾共有 11 年（次），即 1954 年、1956 年、1958 年、1959 年、1963 年、1977 年、1982 年、1988 年、1993 年、1996 年、2003 年。

冰雹　山西是冰雹灾害较重的省份之一。据统计，全省有灾冰雹占总雹次数的 58%，以大同市、晋中的东山及河曲、五寨等县雹灾较重，尤其是灵丘、五寨、盂县、昔阳、和顺等县几乎年年遭受雹灾。其特点为北部多于南部，山区多于盆地，东部山区多于西部山区，植被少的地区多于植被多的地区。1980 年 5 月 11 日—9 月 29 日期间，有 138 个县（次）出现冰雹灾害，受灾面积 331.764 万亩，重灾面积 63.476 万亩，死亡 34 人，伤 275 人，倒塌房屋 924 间（孔），损失粮食约 509 万千克，死伤大牲畜 587 头，死伤猪羊 4493 只，毁树 4.915 万株。

霜冻　霜冻仅次于干旱和冰雹灾害。1989 年全省有 42 个县市、486.81 万亩农田受灾，造成直接经济损失 1242 万元以上。1993 年全省有 2006.41 万亩农作物受灾，损失粮食 4 亿千克以上，大白菜 2.5 亿千克，造成直接经济损失 6286 万元以上。2006 年因低温冻害农作物受灾面积 44.3 万亩，造成的经济损失高达 20.1 亿元，占全年各类气象灾害的 63.1%，其中以 4 月的一次伴随寒潮和强降雪的低温冻害最为严重。

雷电　山西的雷电分布是北部多，南部少。大同、朔州、忻州、阳泉、吕梁东北部以及晋中东部地区年平均雷暴日均在 35 天以上，其中大同市东部、朔州市西北部、忻州市东西部部分、阳泉市北部以及晋中市的榆社年平均雷暴日在 40 天以上，天镇县最多达到 46.3 天，运城、临汾、晋城、长治平均雷暴日在 30 天以下。

气象发展　山西是中国古代文明的发祥地之一。很早以前山西劳动人民就开始注意观察天气变化，根据看天经验预测年景和祸福。建于辽代后期的浑源县圆觉寺释迦舍利砖塔（又称圆觉寺风塔），顶端装有一部铁制鸾凤风向器，造型美观、结构简巧、引颈耸翅、溯风示向，迄今已历九百余年，不锈不蚀，转动自如，是国内唯一保存完好的古代测风气象仪器。

新中国的成立，为气象事业发展开辟了广阔的前景。1955 年 2 月山西省人民政府气象局更名为山西省气象局后，各级气象机构不断完善，各项气象业务工作逐步开展。1978—1990 年气象事业进入改革转型期，全省气象业务现代化得到全面发展，恢复了山西省气象学校和山西省人工降雨防雹办公室；省气象台引进国家卫星气象中心遥感数字化处理系统，开始进行气象卫星遥感综合应用；引进了欧洲中心数值天气预报产品应用模式。1990—2000 年，气象现代化进入项目带动期，省气象台和国家卫星气象中心协作开发的"气象卫星资料微机处理系统"中的极轨气象卫星资料处理子系统投入业务应用；完成了"9210"工程（气象卫星综合应用业务系统）建设；在全国气象部门首批建成卫星通信（VSAT，甚小孔径天线地球站）省级站 1 个和大同、晋中、阳泉、临汾、晋城等 5 个地市级站；地市气象局建成微型计算机局域网，省地建成了全省计算机广域网。2001 年之后，随着《中华人民共和国气象法》的实施，山西气象事业进入了快速发展期，全省气象现代化建设以"山西省扩展开发利用空中水资源工程计划"建设为龙头全面展开，太原、大同、临汾、长治建成了新一代多普勒天气雷达系统；2010 年建成山西气象防灾减灾服务体系与应急系统、山西省预警信息发布中心，气象防灾减灾应急服务水平和公共气象服务能力得到极大提高。（参见第 118 页山西省气象局）

气象服务　山西省气象服务始于新中国建立之初，当时主要为军事服务，1953 年开始转为既为国防建设服务，又为经济建设服务。1958 年 6 月太原气象台开始每天制作印发《天气日报》。1982 年 8 月省气象台通过山西人民广播电台向全省发布大暴雨气象信息，标志着山西公共气象服务形成雏形。进入21世纪，气象服务发展迅速，拓展到电视、电台、报纸、手机、网络等多种媒体，到2012年，气象服务已经覆盖到全社会。

为农气象服务 改革开放前，山西的农业气象服务极为有限，只有纸质的《天气日报》《农气服务》《农业气象简报》等。改革开放后，成立了农业气象服务领导组，农业气象服务产品实现了多样化，主要有农业气象旬报、月报、土壤水分公报、农作物产量预报、专题服务材料、精细化为农服务产品等。随着电子技术和互联网的发展，微信、微博、手机终端等先进的新媒体技术在为农服务信息传播中行到了广泛应用。与山西省农业厅联合开展面向新型农业经营主体直通式气象服务；与山西省财政厅、农业厅、林业厅、山西保监局联合发文《关于进一步做好政策性农业保险有关事项的通知》，提出在临汾、晋中和忻州市各选1个县与中煤财产保险股份有限公司合作，开展玉米、小麦种植业气象指数综合保险试点工作。

公众气象服务 改革开放以来，山西省公众气象服务从简单的声讯电话和单一的手机短信发展至今，形成了声讯电话、手机短信、报纸、网站、微博、微信、手机APP等传统公众气象服务和新媒体公众气象服务全面发展的格局。"十二五"期间，建成了山西省公共气象服务综合业务平台，开展了山西旅游气象综合业务服务平台的建设。

人工影响天气服务 山西干旱灾害频发，50多年来山西人工增雨抗旱气象服务得到了较大发展。1958年山西正式开展了人工增雨抗旱作业，1978年山西省人工降雨防雹办公室正式成立，1983—1988年曾一度中断，1989年恢复作业，当年共进行飞机作业8架次，增雨量为8972万立方米。2007年2月山西省第二架增雨飞机正式投入使用，当年作业87架次，飞行时间近219小时，影响面积81.47万平方千米，增雨总量13.6亿立方米。2009年1月第三架增雨飞机正式投入使用。截至2014年底，山西省共有增雨飞机3架，地面抗旱作业"三七"高炮160门，新型火箭发射系统110套，小型火箭发射系统33套，95.4%的县开展了高炮、火箭增雨防雹作业。"十二五"期间，平均每年开展人工增雨防雹作业350次，发射增雨防雹弹3250枚，新型增雨火箭弹1611枚，平均每年有效保护农业耕地面积达到3000万亩（1亩=1/15公顷），在减轻和缓解干旱的不利影响方面，发挥了显著的作用。

电力气象服务 山西省是煤炭资源和电力资源大省，承担着京津唐的电力供应。1987年气象部门开始为全省电力部门提供气象服务，编写了《建设山西省电力覆冰气象站的可行性报告》，组建了山西南岭电力覆冰气象站（全国第二个覆冰站，气象部门第一个覆冰气象站），积累了20多年高山覆冰气象资料和六种导线不同高度、风速、主要气象要素等的观测资料，研究了气象条件对电力输送设施影响的规律，为华北电力系统高压线防护，确保京津唐输电线路安全运行发挥了重要作用。1985年为省电力设计院设计神头至太原和神头至河北徐水两条500 kV超高压输电线路提供了科学的风压设计资料，使工程设计每百公里线路节约钢材500吨，折合人民币100万元。2000年以来，气象部门为各级电力管理部门及各电力生产企业增加了专业专项天气预报预警服务，保证了电力运行和施工安全。与山西省电力监管专员办公室签订《关于电力气象防灾减灾合作备忘录》，在电力气象灾害预报预测预警会商、雷击灾害风险评估、信息资源共享、电力气象观测系统建设等方面进行合作。

防雷服务 1995年成立了山西省避雷检测中心，经省编委批准成立了山西省防雷减灾办公室，各市县相继成立了检测机构，按照行政区划成立了10个雷电防护分中心。防雷装置检测的种类和项目从20世纪80年代的避雷针、避雷网、避雷线、避雷带等发展到目前的电源线路、设备、零地电压检测，防电磁干扰检测、电磁屏蔽、等电位连接、电涌保护器（SPD）、防静电设施等。进入21世纪，随着《山西省防御雷电灾害管理办法》的出台，山西的防雷管理步入了法制化轨道。（参见第118页山西省气象局）

气象预报预测 从1954年开始，逐步形成了省气象台、地（市）气象台和县气象台三级天气预报业务体系。

天气预报 技术方法从天气图方法与经验、数理统计方法相结合发展为以数值预报为基础、人机交互信息加工处理系统为平台、综合应用多种预报技术方法的天气预报业务技术体系和以天气业务为基础的专业气象业务。预报结论从定性逐渐发展为定时、定点、定量。21世纪以来，依托气象现代化建设成果，建立了精细到乡镇的灾害性天气落区短期预报业务，制作图形化落区预报产品；建立省级0～240小时无缝隙天气预报业务，实现全省108个城镇、1206个乡镇预报信息在省、市、县三级共享；建立山西省典型强对流天气中尺度分析个例库，编制山西省中尺度天气分析技术规范；在华北区域中心模式产品指导下，形成具有本地特色的客观预报产品；建设基于多模式的山西省区域集合预报系统；编写了新版《山西省预报员技术手册》。

气候预测 建立省级以动力-统计相结合的客观化预测技术流程为核心的短期气候预测业务，重点推进逐旬滚动的省级延伸期预报和根据需求和实况及时订正的短期气候预测业务，制作逐县短期气候客观、精细的预测产品；市、县级气象台站直接调用省级滚动订正的延伸期预报和分县短期气候预测结果开展当地服务。

气候变化和气候资源开发利用 针对气候变化敏感行业建立了气候变化影响评估指标数据集。开展环境温室气体浓度监测工作，建设完成太原、临汾、大同、朔州、五台山和晋城6个温室气体监测站，建成了省级温室气体数据分析处理平台。参与编制的《山西省应对气候变化办法》《山西省气候资源开发利用和保护条例》《山西省应对气候变化规划（2011—2020）》"2005年、2010年省级温室气体清单"等已颁布实施。气候可行性论证成果已经应用于重大项目建设、城市规划修编等领域。编写的《发电机组空冷系统环境气象观测——塔层观测法》《火电厂空冷气象条件分析论证技术指南》已作为行业标准正式发布实施。

气象观测 20世纪50年代，山西开始进行气象观测站建设。改革开放后，随着气象科技的进步，气象观测得到了较快发展。地面观测自动化快速推进，形成全省109个国家级气象站（其中4个国家气候基准站、24个国家基本气象站、81个国家一般气象站），1个国家级无人气象站，31个农气观测站，89个自动土壤水分站，1740个区域气象观测站。雷达监测网进一步完善，已建有5部新一代多普勒天气雷达、4部713数字化雷达、太原移动X波段天气雷达、28部小型数字化雷达、五寨中频雷达、岢岚FPI光学成像干涉仪。大气垂直探测能力增强，建成太原L波段探空雷达、五台山风廓线雷达、太原微波辐射计、64个GNSS/MET（全球卫星导航系统气象观测）站。环境气象观测成效明显，建成13个酸雨观测站、13个气溶胶观测站、5个温室气体站、2个沙尘暴监测站以及有地面、雷达、卫星观测资料组成的环境气象观测系统。为农气象服务能力提高，建成农田小气候观测设备10套，大棚温室小气候观测设备23套，土壤温湿度自动监测系统3套，温湿度自动监测报警仪31套。还建成了7个闪电观测站、14个大气电场观测站，在部分区域建成了交通、旅游、林区观测站116个，配备了多台便携式自动气象站及气象应急指挥车，1套风云三号卫星接收系统，115个CAM-Cast卫星广播接收站。监测手段从单一的地面观测和人工测天，发展成为地面常规观测、辐射观测、高空观测、农业气象观测、大气云物理观测、雷电观测、气象卫星资料接收、天气雷达回波探测、闪电监测、城市环境监测等多种具有现代技术手段和多门类的立体大气探测系统，形成了地基、空基和天基相结合，门类比较齐全，布局基本合理的综合气象探测系统。

气象信息网络 20世纪50年代，山西的气象信息通讯主要是莫尔斯和手工处理各类气象信息。改革开放后，山西气象信息网络系统已经发展成为由省级骨干网、11个市级局域网、109个县级局域网通过全省地面宽带网互联而成的气象信息综合网络系统。所承载的业务也从单纯的气象电报传输、天气图传真和电话通信，发展到多媒体信息交换与数据共享。已建成了地面网络和卫星广播相结合的覆盖省、市、县三级气象部门的通信网络系统；建成了运算速率达2000亿次/秒的高性能计算机系统，为中尺度数值天气模式业务运行和研发提供了基本计算资源；省级通信系统每天的数据收集量接近30 GB，基本满足目前气象观测资料、预报与服务产品等收集与分发的需求；互联网应用不断扩展，公众服务能力得到增强；建成了全省电视会商系统，在预报服务中得到普遍应用；建成了分布式气象科学数据共享平台，对部门内外用户提供数据共享服务的能力不断提高。

气象科研 1958年成立了山西省气象科学研究所，专门从事气象科学研究，尤其是在灾害性天气、农业生态研究、大气环境、温室气体、环境气象等方面取得了具有山西特色的科技成果。2000年以省气象科学研究所为主要基地，集中山西省气象台、省气候中心、省卫星遥感减灾中心、省气象信息中心的专家，成立了天气研究开放实验室。1986年以来，山西省气象局陆续出台了关于科研课题、论文的奖励办法，鼓励业务科研人员开展科学研究。修订或出台的科研管理办法有《山西省气象局科技工作管理办法》《山西省气象局科技项目管理办法》《山西省气象局气象科学和技术工作奖励办法》《山西省气象局创新团队建设与管理办法》等。通过政策引导，组织创新团队，培养了一批相关专业的科技人才，形成了一支以大气科学专业为主，电子、通信、遥感、农林、环境生态、管理、经营等多种专业有机融合的气象人才队伍，承担的各类科研课题、在核心期刊以上发表的论文逐年增多。"十二五"期间，主持国家自然基金项目1项、气象行业专项1项、清洁发展机制赠款项目1项；参加"973"项目3项、行业专项5项、清洁发展机制赠款项目1项；中国气象局气候变化专项5项、预报员专项11项、关键技术项目11项；国家人事部留学人员项目1项；省科技厅项目20项；山西省气象灾害预报与对策研究等3个项目获省部级科学技术进步奖，山西省农业气象预警信息服务技术获山西省农村技术承包奖；山西省气象部门职工第一作者出版论著2本，在核心期刊以上发表论文130篇，其中SCI（《科学引文索引》）6篇，EI（《工程索引》）1篇。

展望 随着山西省认真贯彻落实中央"四个全面"战略布局、省委经济社会发展总体思路、全力推进"六大发展"和引申国家资源型经济转型综合配套改革试验区建设等重点任务的实施，山西省气象局坚持"重基础、强服务、转作风、善管理、增能效、求发展"的思路，进一步解放思想，扎实工作，紧贴经济发展新常态，紧跟科技发展新步伐，切实做好全面推进气象现代化、全面深化气象改革、全面推进气象法治建设和全面加强气象部门党的建设等重点工作，到2020年，全面建成与山西国民经济和社会发展相适应并适度超前、能较好地满足经济社会发展需求的气象现代化体系，气象整体实力接近同期全国先进水平，若干领域达到全国领先水平，气象保障全面建成小康社会、经济和社会发展需求的精准化水平显著提升。

参考书目

山西省史志研究院，1999. 山西省志·气象志 [M]. 北京：中华书局.

《中国气象灾害大典》编委会，2005. 中国气象灾害大典·山西卷 [M]. 北京：气象出版社.

（柯怡明　杜顺义　李国英　史海萍　孙爱华）

Nèiměnggǔ qìxiàng

内蒙古气象（Inner Mongolia meteorology） 内蒙古自治区简称内蒙古，位于中国北部边疆，在97°10′E～126°09′E，37°24′N～53°20′N之间，地势由东北向西南延伸，从东到西直线距离2400多千米，南北跨距1700多千米。总面积118.3万平方千米，占全国总面积的12.3%，平均海拔1000米左右。北与俄罗斯、蒙古国接壤，边境线长4200多千米。内蒙古拥有草原面积88万平方千米，居全国四大草原之首。全区耕地面积达711.5万公顷，地下矿产134种，木材总蓄积量12.9亿立方米，水域面积93万公顷、水资源总蓄积量达546亿立方米。截至2014年底，内蒙古全区总人口2505万人。

天气气候特点 内蒙古自治区地处中纬度内陆，大部属温带大陆性季风气候。主要气候特点是：冬季漫长严寒，春季气温骤升、风大少雨，夏季短促温热、降水集中，秋季气温剧降；四季分明，气候复杂多样，昼夜温差大，日照充足，降水变率大，无霜期短。温度分布从东北向西南递增。年总降水量与气温分布相反由东北向西南递减，水热分布不平衡。冬春季节多大风，一般地区年大风日数在20～40天之间，部分地区可达70～80天。自治区大部地区日照充足，全年日照时数都在2700小时以上，属全国日照高值区之一。全区多年平均气温-7～10℃，最冷1月，极端最低气温-50.2℃（出现在1966年2月22日，呼伦贝尔市图里河站）；最热7月，极端最高气温43.1℃（出现在1980年7月21日，阿拉善盟拐子湖站）；气温年较差平均在31～46℃之间。全区无霜期短，在50～160天之间（日最低气温大于2℃期间日数）。全区大部地区降水稀少，干旱严重。年总降水量35～550 mm。全年风能资源丰富，年有效风能储量普遍在600 kW·h以上，是全国风能资源最丰富的地区之一。全区风能蕴藏量达8.98亿千瓦，技术可开发量1.5亿千瓦，居全国之首。太阳能丰富，全区年总辐射量在4670～6500 MJ/m²之间。

主要气象灾害 内蒙古自治区地处祖国北疆，是冷空气入侵中国必经之地。灾害性天气频发，经常受干旱、暴雪（雨）、寒潮、大风（沙尘暴）、霜冻、冰雹等气象灾害困扰和袭击，气象灾害平均每年造成内蒙古自治区经济损失占国民经济生产总值的3%～6%。

干旱 干旱是内蒙古地区发生频率最高、分布范围最广、影响程度最大、危害最严重的一种气象灾害，干旱发生具有明显的季节性和区域性特征。干旱年份约占70%～75%，平均每2～3年就有一次大范围干旱，因此有"十年九旱"之说。1995年出现严重春旱，使春播受到很大影响，1999年全区大部分地区出现严重伏旱，鄂尔多斯市8万公顷水浇地变成旱地，旱地作物基本绝收，农作物大幅度减产。乌兰察布市地区受旱面积47万公顷，旱地作物也基本绝收。据统计，因干旱造成全区粮食总产减少10%以上。

洪涝 内蒙古地区洪涝灾害多发生在夏季6—8月。1998年发生全区性洪涝灾害，各盟市均遭受严重损失，农区受灾最为严重，农作物受灾面积78.1万公顷，绝收面积47.1万公顷。

雪灾 雪灾（白灾）和暴风雪灾害是影响内蒙古牧区的主要气象灾害。雪灾主要发生在大兴安岭以西和阴山山脉以北草原，发生规律为中部多于东西部，东部地区北部多于南部；暴风雪东部多于西部、北部多于南部，呼伦贝尔市西部牧区和锡林郭勒盟中东部牧区为暴风雪多发区。1994年5月1—3日赤峰市遭受特大暴风雪，直接经济损失达3800多万元。2007年3月2—5日雪灾导致呼包高速公路发生交通事故，60多辆汽车追尾，4人死亡，40多人受伤。

寒潮 寒潮是内蒙古地区冬半年经常发生的气象灾害之一。地区性寒潮或强冷空气以中部地区出现最为频繁，寒潮不仅直接影响农牧林业生产，而且对工业、交通运输、国防建设乃至人民生命财产等都有很大危害。1998年1月16—17日，寒潮过程致使中西部大部分地区出现了1989年以来最冷天气。1988年3月17—19日的全区性寒潮天气，致使春小麦播种推迟、蔬菜大棚严重损坏、牧区放牧和接羔保育受到严重影响。

沙尘暴 内蒙古地区是遭受风沙危害较严重地区，多发生在冬春季节，大部分地区干燥少雨，植被稀疏，地表裸露，一旦有大风极易形成沙尘天气，造成严重灾害。2000年全区共出现了13次沙尘暴天气，是近十几年来沙尘发生最多的一年，直接经济损失高达8569万元。

霜冻 内蒙古地区霜冻开始和终止时间因地形、海拔高度和所处纬度的不同而不尽相同。1995年9月10—14日赤峰市受冻面积达60多万公顷，其中绝收近20万公顷，受冻面积之广、损失之严重为历史罕见。

冰雹 内蒙古地区冰雹局地性强、持续时间短，主要出现在初夏和夏末秋初。2004年8月18日鄂尔多斯市鄂托克前旗境内出现冰雹，最大直径5 cm，地面平均积雹厚度15 cm，最厚堆积厚度34 cm，持续时间近1小时。2013年6月30日—7月1日，鄂尔多斯市出现暴雨冰雹灾害，导致东胜区城市内涝，共造成19人死亡，直接经济损失3.3亿元。

气象发展 内蒙古气象观测历史较长。光绪二十一年（1895年）罗马教廷圣母圣心会在宁夏府阿拉善霍硕特旗三道河（今内蒙古自治区巴彦淖尔市磴口县三盛公）所设的天主教堂建立了气象测候所，开展气象观测，这是内蒙古历史上第一个气象机构。1947年5月内蒙古自治区成立时，仅有绥远省的归绥、包头测候所开展工作。至1957年底全区气象台站总数达99个。1958年兴建气象台站网和服务网，至1960年底共建气象台站327个，是自治区历史上气象机构数最多时期。1960—1962年撤销、移交、合并了旗县以下气候站115个。1965年气象台站减到210个，1979年减为165个。1980年5月全国气象部门实行部门与地方政府双重领导，以部门领导为主的管理体制，一直延续至今。

1978年党的十一届三中全会后，内蒙古气象部门坚持走国家气象事业和地方气象事业协调发展的路子，从1984年开始，基础业务现代化水平不断提高，为预报、情报服务做到及时、准确提供必要条件。20世纪80年代后期，自治区气象部门为地方农牧业和防灾减灾决策服务力度及范围愈来愈大，成为地方党政和有关部门指挥生产、防灾减灾得力参谋助手，在农牧业、国防及国家经济建设和人民生产生活等各个领域进行主动服务，做出较大成绩。2010年后，内蒙古气象部门已形成天气、气候、气候变化、生态与农业气象、大气成分、人工影响天气、空间天气、雷电等新型业务体系。全自治区建成了门类齐全、布局比较合理的、由地基、空基、天基监测相结合的气候监测网、天气观测网和专业气象观测网。（参见第119页 内蒙古自治区气象局）

气象服务 2002年以来，内蒙古气象局提出气象服务实现"四个转变"的理念，即被动服务向主动服务转变、单项服务向综合服务转变、粗放服务向精细服务转变、传统服务向现代服务转变，服务领域和服务方式得到不断扩展和改变。20世纪90年代起逐渐开始为铁路、电力等部门开展专业、专项气象服务。进入新世纪以后，进行手机短信气象服务，开通"400-6000-121"电话气象服务热线，围绕城市和农村牧区防灾减灾、交通安全运行、居民生产生活、气象灾害防御、大型活动保障等方面，建设了现代化的气象服务系统。通过广播电台、电视、报纸、电话、手机短信、互联网站、社区显示屏、预警收音机等多种渠道及时向自治区各界发布气象预报预警服务信息。目前有天气预报预警、气候预测和评估、农牧业气象与生态环境监测评估，生活指数、空气质量和旅游城市及景点天气预报，交通、地质灾害和森林（草原）防火监测预报，抗震救灾、神州载人飞船等国防气象服务，人工增雨抗旱防雹，风能和太阳能气候资源开发利用等服务项目。同时，还为自治区各个行业需求以及广大公众生活提供了精细化、个性化专业气象服务产品。

生态与农牧业气象服务 2005年内蒙古自治区气象局在全国气象部门率先组建了内蒙古生态与农业气象中心，形成了职责明确、制度健全、业务流程清晰的自治区、盟市、旗县三级组织体系，为生态与农牧业气象业务发展提供了有力的组织保障。全区建立了117个生态与农牧业气象观测地面站，观测领域涵盖草原、森林、农田、沙地、湿地、荒漠、沙漠等生态类型区域，有力支撑了气象为自治区"三农三牧"服务和保障生态与粮食安全服务业务。自治区生态与农业气象中心制作发布农业气象、牧业气象、生态气象、林业气象、遥感监测五大领域，预测预报、监测分析、评价评估三个类型。内蒙古生态与农牧业气象服务体系基本形成，服务业务日趋完善，服务能力不断提升。

人工影响天气服务 内蒙古自治区气象部门依靠科技进步，建成了由飞机、火箭、高炮、地面催化装置等多种装备组成的全天候人工影响天气作业体系，科学开展人工增雨作业。截至2014年，全区有人工增雨飞机8架（其中自购6架Y-12IV型增雨作业飞机），地面人工增雨火箭306部，地面燃烧炉50座，防雹高炮588门，人工增雨作业效益显著，对缓解全区水资源短缺、抗旱减灾、改善生态环境、增加水库蓄水起到了积极的促进作用。

雷电防御服务 1996年开始开展雷电防御工作。十多年来，雷电预警防护中心分别与消防、安监、质检、教育、文物等单位联合发文，保障建（构）筑物、文物古建、公共设施、通信设施、公众聚集场所、爆炸和火灾危险环境等领域的防雷安全。认真履行职责，在原有常规防雷检测、防雷工程业务基础上，全面开展新建建筑物防雷设计、施工审核及竣工验收、雷电灾害风险评估、雷电灾情调查、鉴定业务和雷电研究，以满足社会需求。

气象预报预测 内蒙古自治区气象预报工作从1955年绘制天气图结合预报员经验的方法，逐渐发展到以数值预报为基础的客观化、定量化、自动化天气预报业务。进入20世纪90年代以后，自治区气象预报预测业务得以快速发展，大批国家数值预报产品和新探测资料为预报预测业务发展提供了基础。气象信息综合分析处理系统（MICAPS）广泛应用于自治区各级气象台站预报业务，极大地方便了天气预报的制作，有效地提高了天气预报的准确率和时效性。到2014年，常规天气要素预报产品的时间尺度延伸到168小时，空间水平尺度从城市扩展到乡镇及其他需要的地点。中期天气预报由旬降水量、平均温度和天气过程的统计预报发展到数值预报可用时效内的逐日要素预报；气候预测从常规的温度、降水预测出发，发展了冷空气、霜冻、沙尘暴、春播等等专项气候预测。引进、建立内蒙古RMAPS中尺度数值预报模式，预报产品空间分辨率全区9 km、区域3 km，时间分辨率3小时，最长时效可达120小时。积极建立降水、温度、暴雨等预报模型；本地化短时临近预报系统（SWAN），建立短时临近预报预警业务；建立基于MEOFIS系统（精细化气象要素客观预报系统）的数值预报产品解释应用工作平台；建立了内蒙古792个乡镇站点精细化预报模型，区域数值天气预报分辨率提高到几千米；利用内蒙古自治区8部天气雷达组网拼图业务对全区主要气象灾害进行实时监测、预警和三级区域联防，确保预警和预警信号发布的一致性，提高了预警信息的时效性。

气象观测 内蒙古地区的大气探测工作开始较早，始于清代末期。1927年中德西北科学考察团在达茂、额济纳考察时沿途进行气象观测，每天施放从德国带来的测风气球，测定空中各高度的风向风速，这是中国境内首次施放测风气球测定高空风。20世纪50年代起，内蒙古自治区着手开展气象观测网建设，至2014年，全区国家级地面气象观测站119个，其中国家基准气候站21个，国家基本气象站29个，国家一般气象站69个；国家级无人自动气象站33个，区域自动气象观测站1535个（包括自动雨量站544个）。高空气象观测站12个。太阳辐射观测站8个，雷电观测站23个，大气成分观测站4个，沙尘暴观测站8个，环境气象观测站1个，酸雨观测站8个，风能资源观测站71个，GNSS/MET（全球卫星导航系统气象观测）站25个。天气雷达13部，其中新一代天气雷达6部，常规数字化天气雷达7部。国家级农业气象观测站29个，生态气象监测站117个，自动土壤水分观测站68个。自治区级风三卫星地面接收站1个，盟市级气象卫星中规模利用站8个。初步形成了天基、空基、地基相结合的综合立体气象观测系统。

信息网络 自1952年起，自治区气象部门开始采用无线莫尔斯电报方式进行无线通信。1985年随着气象通信现代化建设，内蒙古气象通信中心实现基于专线电路的呼和浩特至国家气象中心的"三报一话"通信传输业务。1986年后建立基于短波单边带电台和甚高频电台通信的区局至各盟市气象局和各盟市气象局至各所属旗县气象局（站）的无线辅助通信网络。1987年，引进国家气象中心的ZBX-2型24路自动转报系统。1993—1997年，建成基于DECnet网络，以VAX4200小型计算机为数据处理核心，与观测、通信、预报等业务相连接的通信网络系统。1997—1999年，建成由1个自治区级、11个盟市级站和93个旗县单向接收站（PC-VSAT）组成的全区气象卫星综合应用业务系统（简称"9210"工程），构成以卫星通信为主，地面通信为辅的新一代气象通信网和计算机信息处理系统。2011年依托国家气象信息中心开发的"国内新一代气象通信系统"，完成全区新一代气象通信系统本地化建设和全区业务切换工作。2012年建成自治区至国家气象信息中心24 Mbit/s、自治区至盟市6 Mbit/s、盟市至旗县2 Mbit/s SDH（同步数字体系）广域宽带网，通过互联网建立了自治区—盟市—旗县三级虚拟专用网络（VPN），实现了全区宽带通信广域网的备份。自治区与各盟市和各旗县气象局建成视频天气会商系统。

气象科研 1972年自治区气象科研所得以恢复，几经改革完善，形成包括天气气候、农牧林业气象、大气污染、人工影响天气、计算机应用软件开发研究等多专业、多学科的综合性专职科研机构和一支气象专业兼职研究队伍。人工影响天气实验室列入自治区重点开放实验室。

"十二五"以来，先后与区内外17个局（校）建立科技合作关系，主持承担了国家科技部、基金委科研项目13项，累计各类科技投入3100多万元。国内核心期刊发表科技论文300篇，其中SCI（《科学引文索引》）、EI（《工程索引》）收录7篇。2项科技成果获自治区科学技术进步奖。获国家实用新型专利证书1个，获计算机软件著作权登记证书2个。全区有14名科技人员获得正高级职称，气象科技的综合实力在全国气象部门和地方科技界的知名度不断提高，科技创新能力显著增强。重点开展了天气、气候、生态与农业气象、人工影响天气等领域的科学研究与实验，大批科研成果在业务服务中得到应用，为内蒙古自治区气象事业的发展和科技进步提供了有力科技支撑。

展望 着眼未来，重点加强应对气候变化能力，做好为农服务工作，增强为可持续发展服务能力，增强气象科技自主创新能力。到2020年，基本建成结构完善、布局科学、功能先进，满足自治区地方需求和国家气象事业发展要求的气象事业现代化体系，气象事业整体实力居西部地区靠前水平，基本实现具有内蒙古自治区特色的气象现代化。主要包括：加快公共气象服务体系建设、加快气象预报预测体系建设、加快综合气象观测体系建设、加快气象科技创新体系建设、加快气象人才体系建设、加强基层气象台站设施建设等六项主要任务。

参考书目

内蒙古自治区地方志编纂委员会，2005. 内蒙古自治区志·气象志［M］. 北京：气象出版社.

内蒙古自治区气象局，2012. 内蒙古自治区基层气象台站简史［M］. 北京：气象出版社.

《中国气象灾害大典》编委会，2005. 中国气象灾害大典·内蒙古卷［M］. 北京：气象出版社.

（乌兰）

Liáoníng qìxiàng

辽宁气象（Liaoning meteorology）

辽宁省简称辽，旧称奉天省。位于中国东北地区南部，即118°53′E～125°46′E，38°43′N～43°26′N之间，是中国东北经济区和环渤海经济区的重要结合部。东北与吉林省接壤，西北与内蒙古自治区为邻，西南与河北省毗连，东南以鸭绿江为界与朝鲜民主主义人民共和国相望，南临黄海和渤海，与山东半岛成掎角之势。地形大体是"六山一水三分田"。辽东、辽西两侧为平均海拔800 m和500 m的山地丘陵；中部为平均海拔200 m的辽河平原；辽西渤海沿岸为狭长的海滨平原，称"辽西走廊"。截至2014年，全省常住人口为4391.4万人。全省陆地总面积14.75万平方千米。海岸线全长2920 km（包括岛屿岸线长）。境内有大小河流300余条，其中流域面积在5000 km^{2}以上的有17条。辽河是省内第一大河流，全长1390 km，境内河道长约480 km，流域面积6.92万平方千米。

天气气候特点 辽宁省地处欧亚大陆东岸，属大陆性季风气候区，具有中纬度西风带气候特色。全省各地年平均气温在7～10℃之间；1月气温最低，全省在－17.1～－4.2℃之间，2001年1月14日开原出现极端最低气温－37.9℃；7月温度最高，全省在22～24.6℃之间，2000年7月14日凌源和朝阳均出现极端最高气温43.3℃。全省太阳总辐射量为4187～8374 MJ/m^2，各地日照时数2270～2990小时。全年降水量主要集中在夏季，6—8月降雨量约占全年降水量的60%～70%。年平均降水量一般在500～1000 mm之间，由东向西逐渐减少。东南部地区多达800～1050 mm，西北部地区在400～500 mm之间。

主要气象灾害 影响辽宁的主要气象灾害是：暴雨（洪涝）、干旱、低温冷害和霜冻、寒潮、大风雪等，暴雨、冰雹、大风灾害等年年都有发生，还具有旱涝交叉出现，旱年中有涝、涝年中有旱的特点。气象灾害造成的损失巨大，仅农业年平均可减产15%。

暴雨洪涝 辽宁是中国北方暴雨的多发区，夏季易发生暴雨洪涝、山洪泥石流等灾害，丹东地区发生暴雨及特大暴雨的概率最多。暴雨集中出现在6—9月，尤以7—8月为最多，占暴雨总日数的60%以上。1986年以来，辽宁共发生洪涝灾害63次，平均每年3次。1995年汛期，连续3次普降大到暴雨，酿成了百年不遇的特大洪涝灾害。影响全省9个市、45个县（市、区）、619个乡镇，受灾人口672.2万人，死亡143人，倒塌房屋603万间，农田受灾1 479.9万亩（1亩＝1/15公顷），造成直接经济损失347.2亿元。

干旱 干旱发生的频次在辽宁省要多于其他气象灾害。干旱以春旱为主，约占干旱总数的70%以上。辽西的锦州、阜新、朝阳地区素有"十春九旱"之说。2000年的干旱是新中国成立以来最严重的一次，涉及14个市、59个县（市、区）、1103个乡镇，重旱乡镇641个，受灾人口1559万人，其中重灾人口403万人。全省农作物受灾面积4179.3万亩，绝收面积1791.2万亩，粮食减产61亿千克。因旱农村有212.30万人、77.97万头大牲畜饮水困难，40个城镇缺水，影响人口195.2万人。全省直接经济损失110.8626亿元。

大风雪 辽东山区是省内降雪日数、降雪量最多和积雪最深的地区，也是受灾最重的地区。1993年11月17日丹东南部降雨凇，影响电业线路10条，压倒220

万伏高压线路3条；20日丹东降大到暴雪，使交通中断、供电瘫痪机场关闭，市内交通事故突增。

冰雹 冰雹来势猛、强度大，有时伴有雷雨大风，对农业、林业、厂矿、交通运输以至人民生命财产造成很大损失。2000年6月30日北宁市5个乡、35个村、86 000户农民、4万亩农作物受暴雨夹冰雹袭击，冰雹最大直径超过2 cm，直接经济损失7000万元。2005年全省14个市遭雹袭击，农作物受灾12.2万公顷，经济损失5.8亿元。

气象发展 辽宁气象事业始于清末，清光绪六年（1880年），在牛庄设立省内第一个气象测候所；清光绪十三年（1887年），在奉天（沈阳）设立第二个气象测候所；清光绪三十二年到民国十四年（1906—1925年），先后在安东（丹东）、熊岳城、凤凰城、抚顺、开原、鞍山等地建立气象观测所，开展气温、降水、风向、风速、气压观测。民国二十八年（1939年），奉天观测所改称奉天地方观象台，后改称奉天管区观象台，下辖26个观象台、所。辽宁解放前夕，只残存沈阳观象台。

新中国成立后，辽宁气象事业得到迅速恢复和发展。1950年开始，向军事部门提供天气预报和天气实况。1953—1957年，集中力量建设气象台站网；开展海洋、盐业、森林防火预报；开展地面观测、高空探测、小气候观测、农业气象等业务；气象服务转为既为国防建设服务、又为经济建设服务。1966—1976年"文化大革命"期间，辽宁气象事业虽遭受严重破坏，但在广大气象工作者的努力下，711型天气雷达、713型天气雷达、118型卫星云图接收机、APT极轨卫星云图接收机等相继投入使用，恢复了省气象科学研究所，组建了人工影响天气基地。1980年5月，辽宁省气象部门实行气象部门与地方政府双重领导，以气象部门领导为主的管理体制。20世纪80年代，印发《辽宁省和沈阳区域气象中心气象现代化建设发展纲要》，全面启动全省气象现代化建设，成立沈阳区域气象中心，建设辽宁省现代化综合大气探测系统，省、市、县三级计算机远程气象通信网络系统，气象卫星综合应用业务系统（简称"9210"工程）、双向卫星通信系统，投入业务运行。

2000年之后，辽宁气象事业飞速发展，全面推进了以新一代天气雷达网、地面自动站网、公共气象服务平台、气象预报预测系统平台、气象综合观测系统平台为重点的气象现代化建设，实施了全省气象业务技术体制改革。2011年4月辽宁省人民政府和中国气象局签署《共同推进辽宁气象重点工程建设合作协议》，共同推进沿海经济带、沈阳经济区、辽西北和第十二届全运会等气象保障工程建设，进一步提升为辽宁老工业基地振兴的气象保障能力。（参见第121页辽宁省气象局）

气象服务 辽宁省各级气象部门始终把为党政领导的决策气象服务和为人民群众的公众气象服务作为气象工作的重点，以重大灾害性天气预报预警服务、重要季节气象服务、重点建设服务等为核心，以天气预报、气象情报、气候分析、农业气象等为主要内容，以长期天气预报（短期气候预测）、中期天气预报、专题天气报告、天气气候公报、农业气象情报等为主要形式做好气象服务。服务手段从广播、报纸、电话、邮寄的服务方式扩大到电视、计算机网络终端、电话"121"、手机短信、网站等，服务领域扩大到社会各行各业和广大人民群众，取得了良好的社会、经济和生态效益。

防灾减灾气象服务 2001年后，逐步建立气象防灾减灾服务体系。省、市气象台分别成立决策气象服务中心，设专人负责防灾气象服务工作，为省、市政府抗灾防御提供决策服务气象报告。2007年的特大暴雪，气象部门提前提供暴雪预报和应急建议，为各级政府组织抗灾救灾赢得了主动权。2010年6次暴雨、超强暴雨引发辽河、太子河、浑河、鸭绿江发生大洪水，引发多次山体滑坡和泥石流等多种次生灾害。气象部门的准确预报，使党政领导和有关部门提前采取有效措施，减轻了重大损失。

重大活动气象服务 省气象部门认真做好主要节假日预报服务和重大活动气象保障。1992年辽宁省第六届运动会在营口市举行，市气象局果断做出9月2日午后天气将转晴好的天气预报，保障了省六运会按原计划顺利举行，避免了因推迟开幕日期而造成的社会影响。2003年第二届中国制造业博览会（沈阳市举办的唯一全国博览会）、2005年世界贸易组织（WTO）非正式小型部长会议在大连举行，省、市气象部门及时、周到、准确的气象服务受到各方面的好评。

为农气象服务 辽宁省气象部门根据农业生产需要，采取多种措施主动开展为农气象服务，为辽宁农业的发展战略决策的制定、防灾减灾以及促进农业高产稳产优质高效方面发挥了积极作用。1949年在锦州建立了农业气象试验站，开始农业气象服务，主要为农业部门提供重要农事季节、农用天气预报和农业气象情报服务。到2014年，已建成生态与农业气象观测站62个、春季土壤墒情观测站57个、自动土壤水分观测站52个、农业气象试验基地8个、气象信息服务站920个、气象预警大喇叭5500个和电子显示屏2400多块，近1.1万名气象信息员覆盖了全省乡镇，为发展农业经济、农村防灾减灾和农民致富提供科学支撑。

人工影响天气服务 辽宁省人工影响局部天气工作始于1959年，先后进行了飞机、高射炮、火箭人工增雨、人工造雾、人工消雹、闪电制肥以及云雾物理等多种试验。特别是人工增雨活动，为辽宁省的抗旱减灾，开发空中云水资源，改善生态环境，促进经济和社会可持续发展等方面发挥了重要作用，受到各级党政领导及生产部门的欢迎。2000年辽宁省人民政府决定成立了辽宁省人工影响天气工作领导小组、辽宁省人工降雨防雹办公室（省人工影响天气办公室）。到2013年，辽宁省每年租用增雨作业飞机3架，拥有人工影响天气作业火箭发射系统218套、"三七"高炮200门，建成了247个标准化的固定人工增雨防雹工作站点。

防雷服务 辽宁省气象部门的防雷技术服务工作起步于20世纪90年代末期。1999年成立了辽宁省防雷技术服务中心，在全省开展防雷装置检测业务。截至2013年，全省已认定73家防雷装置检测单位，每年为全省政府机关、事业单位及交通、仓储、建筑、电力、油田、矿山、娱乐、爆炸和火灾危险环境场所等共计30 000余家单位提供防雷检测服务，有效避免和减少了雷电灾害的发生。

环境评价气象服务 辽宁省气象部门从事环境影响评价工作，有一支实力较强的环境影响评价队伍，1990年获甲级评价证书、2004—2011年为乙级证书。完成各类环评项目几十项，其中包括大型及特大型化工厂、电厂的环评，环评报告书100%通过了国家、省、市环保部门组织的专家审查，为国民经济发展做出了贡献。

气象预报预测 辽宁省开展天气预报业务最早始于1933年。到20世纪70年代，开始应用数理统计方法作天气预报，动力学诊断方法也得到了广泛推广和应用。1986—2005年期间，辽宁省气象部门在历经了多次预报业务体制改革后，在预报时段划分、预报管理方法、预报员等级制度、预报员培训和预报技术交流等方面都取得了长足的进步，特别是预报方法发生了质的飞跃。1986年以后，辽宁省增加了全新的数值预报产品，添加了卫星云图、雷达、自动气象站等先进的现代监测手段，为气象预报的客观、定量打下了基础。随着气象预报方法的完善和预报工具的增加，辽宁省气象预报产品日益丰富。2005年开展精细化预报、乡镇天气预报，短期气候预测重点以月气候预测、年度气候趋势展望、春播专题预测、汛期气候趋势预测、夏季气候趋势预测和秋冬季气候趋势预测等为主要内容。2010年开展气候可行性论证业务，开发了省、市、县三级统一、集约、高效的预警信息发布平台，制定了《城市规划气象灾害风险评估报告》范本，建成了相应的技术软件。2012年开发了融合卫星、雷达等资料的云分析技术，改进了精细化气象要素预报业务技术方法，开展了山洪地质灾害精细化预报。全省天气预报准确率明显提高，2012年晴雨（雪）预报确率达到91%。

气象观测 20世纪50年代辽宁省开始气象观测网建设，20世纪90年代进行大气监测站网自动化的试验和布点，地面气象观测基本实现自动化，高空探测、太阳辐射观测和天气雷达探测实现自动化。1999年以前，所有气象台站都是人工观测。1999年后，中国气象局推广使用地面有线综合遥测气象站（Ⅱ型），辽宁省的沈阳市等6站被首选为推广站，至2005年全省61个地面气象观测站100%建设了地面自动气象站。到2014年，全省国家级地面气象观测站61个，其中国家基准气候站7个，国家基本气象站26个，国家一般气象站28个。建成区域自动气象站1015个、国家级无人值守自动气象站20个、新一代多普勒天气雷达5部、固定风廓线雷达2部、移动风廓线雷达2部、GPS/MET（全球定位系统气象观测）站3个、多通道微波辐射仪1套、高速公路自动气象观测站36套、测风塔26座、闪电定位仪9套，形成了自动气象站网、水汽观测网、地面气象观测网、专业气象监测网和三维闪电定位系统、移动气象观测系统、环境监测及风能观测系统等。

沈阳观象台 沈阳最早的气象机构可追溯到元代，沈阳风雨坛就是气象观测的地方。1623—1688年比利时人南怀仁来华传教，派员到沈阳故宫设观测场所。1876年英格兰长老罗约翰（John Ross，1842—1915年）在奉天（沈阳）传教，建气象观测场。1887年1月在沈阳大沟（沈河区魁星楼南侧）建立了气象观测场，时称该地为"听雨巷"。中国气象局气象档案馆一直保存着沈阳1887—1890年的原始气象观测资料。1905年日本在奉天（沈阳）设立第八临时观测所，后改称为测候所，1919年改为支所，1939年10月成立奉天地方观象台，1944年改称为奉天管区观象台，1945年日本投降后气象机构随之终结。

1948年11月中国人民解放军东北军区气象处在原沈阳观象台的基础上成立了东北气象台，1954年8月改名为沈阳中心气象台。此后机构几经变化，2006年5月组建沈阳国家气候观象台，除常规的地面、高空、太阳辐射观测外，增加了各类特种气象观测任务，主要有酸雨、电导率观测，紫外线、大气电场仪、干旱监测、闪电定位监测，生态、大气降尘监测。

气象信息网络 从20世纪50年代起，辽宁省气象局气象信息网络系统经历了莫尔斯电报、电话和电信电报网的发展过程。1996年各市气象局建成气象卫星综合应用业务系统（VSAT小站），经过升级改造，2010年成为中国气象局卫星广播系统（CMACast），接收速率由8.2 Mbit/s升至40.5 Mbit/s，日接收数据量由100 GB升至400 GB。随着气象科技进步和事业发展，辽宁省气象局先后引进2部IBM高性能计算机系统，气象信息处理能力飞速提高，计算机能力每秒超过75万亿次。2012年度完成省市县通信网络带宽升速，使得省到市通信带宽速率由4 Mbit/s升至8 Mbit/s，市到县带宽速率由2 Mbit/s提升到4 Mbit/s，为气象业务的高效运行打下坚实基础。

气象科研 1986年以来辽宁省各级气象部门的科学研究，从过去单一的服务农业领域迈向服务经济建设总体布局，从单一学科业务会战发展到多学科交叉高新技术应用研究，取得一系列科学技术成果。辽宁省气象局不断推进科技创新体系建设，逐步形成了以中国气象局沈阳大气环境研究所为核心，以辽宁省气象科学研究所为基础，充分发挥省级业务单位并兼顾市县级气象部门及社会相关部门科研力量的创新结构。1986—2005年辽宁省气象部门科研课题立项451项，其中：国家科技部项目18项；省部级项目93项；辽宁省气象局项目340项。近几年辽宁省科技投入大幅提高，仅2012年全省科研经费达2319万元。2008—2012年，辽宁省气象局共获得省政府科学技术进步奖13项。辽宁暴雨短期预报专家系统推广应用效果明显；"七五"重点课题辽宁省中尺度灾害性天气预报方法的研究通过技术鉴定；辽东半岛诱发山洪泥石流特强暴雨短时预报程序的研究成果在汛期预报服务中发挥了重大作用；东北区域中尺度数值预报业务系统通过鉴定委员会的技术鉴定。

展望 辽宁省气象部门将紧密围绕辽宁老工业基地全面振兴和建设"富庶文明幸福"新辽宁发展战略需求，不断促进气象事业可持续发展，加快推进气象科技创新体系、气象人才体系、气象科学管理体系和气象基层台站基础设施建设，利用5~10年时间，在全省建成结构完善、布局合理、功能先进、运行高效的气象现代化体系，综合气象观测和信息网络系统更加完善、气象预报预测精准化程度显著提高、气象防灾减灾效益更加明显、气象应急保障能力更加完备，社会管理职能更加强化，事业发展的保障机制更加完善，气象事业整体实力达到全国先进水平。

参考书目

辽宁省地方志编纂委员会办公室, 2002. 辽宁省志·气象志[M]. 沈阳：辽宁民族出版社.

（王江山　陆韬实　李贺）

Jílín qìxiàng

吉林气象（Jilin meteorology） 吉林省简称吉，地处121°38′E~131°19′E，40°52′N~46°18′N之间。东南与朝鲜交界，北、西、南与黑龙江、内蒙古、辽宁毗邻，全境东西长650 km，南北宽300 km，总面积18.74万平方千米，占全国总面积的2%，截至2014年全省人口2702万人。地势呈东南西北递减趋势，地貌类型多种多样，东部山区是中国六大林区之一，长白山脉连绵千里，素有"长白林海"之称。中部平原（松嫩平原、辽河平原）平均海拔在110~200 m之间，土质肥沃，气候条件优越，是中国重要的粮食生产基地、世界著名的玉米带。西部地处松嫩草原中心，是科尔沁草原的一部分，以盛产羊草而驰名中外，生长以多年生根茎禾草和丛生禾草，属平原草甸草场类。主要河流有鸭绿江、松花江、图们江、嫩江、牡丹江等。

天气气候特点 吉林省地处温带大陆性季风气候区，四季分明，春季干燥多风，夏季温暖多雨，秋季晴冷温差大，冬季漫长干寒。雨热同季，降水主要集中在夏季，7—8月尤为集中。

吉林省常年平均气温5.5 ℃，最冷月1月，平均气温–15.5 ℃，极端最低气温–45.0 ℃（出现在桦甸市，1970年1月4日）；最热月7月，平均气温22.4 ℃，极端最高气温41.6 ℃（出现在通榆县，2007年6月10日）。平均气温年较差37.8 ℃。多年平均生长期167.7天，多年平均无霜期175天。年平均日照时数2456.2小时。年平均降水量608.9 mm，最大年降水量804.5 mm（2010年），最少年降水量462.9 mm（1967年），年平均降水日数107天。春季冷暖空气交替活动频繁，气温回升快，干旱多风，降水只占全年降水量的17%左右，春季短促约50天左右即进入夏季。夏季炎热多雨，平均气温在21 ℃左右，最高气温在30 ℃以上的日数平均为17.4天，雨量约占全年降水量的64%，经常出现强对流天气，造成暴雨、冰雹和雷雨大风等灾害性天气。秋季冷暖适宜，秋高气爽，季降水量只占全年降水量的16%，气象意义上的秋季平均为70天左右，10月初开始寒冷的西北气流逐渐控制吉林省，便进入冬季。冬季寒冷干燥，季节漫长，12月至次年2月各月平均气温均在–10 ℃以下，冬雪少，仅占全年降水量的3%左右。

主要气象灾害 吉林省地形和气候及生态环境复杂，气象灾害种类多。有干旱、暴雨（雪）、冰雹、大风、沙尘、寒潮、雷电、高温、低温、雾、霾等10余种。其中干旱、夏季局地暴雨和突发性强对流天气灾害频繁发生，给农业生产、城市安全运行和人民群众的生产生活带来严重影响。据统计，在农业自然灾害中因气象灾害造成的损失占85%。

干旱 吉林省的旱灾以西部平原发生的频率最高，素有"十年九旱"之说。东南部山区较为少见。旱灾以春旱为主，大多持续时间较长。有的年份出现春夏连旱或夏秋连旱，这样的年份常常受灾面积广，农作物减产幅度大。1951年、1954年、1963年、1964年、1966年、1968年、1974年、1975年、1977年、1984年、1985年出现春旱的气象站数均占当时气象站数的40%以上。1987年的春旱和1989年、1992年、1993年、1995年、1997年、1999年、2000年发生的春夏连旱或夏秋连旱，尤其是1997年、1999年、2000三年，同时发生异常高温，农作物大面积枯萎死亡，造成减产。2000年6—7月全省出现严重干旱，干旱范围达50多万平方千米，中西部产粮大县普遍受灾，造成粮食减产近800万千克，减产幅度为历史之最。

暴雨、洪涝 吉林省暴雨多出现在夏季，以7月、8月份最多，降水集中，强度大，加之客水过境，造成洪涝灾害，对农业、水利、交通和人民生命财产的安全造成很大的威胁。洪涝灾害主要是中西部平原地区的洮儿河、嫩江、霍林河、拉林河流域出现长时间暴雨，或上游地区洪水过境造成大面积内涝；西南部地区主要受辽河，特别是东辽河及伊通河河水泛滥造成洪涝；中南部山区半山区主要受松花江、辉发河、浑江洪水造成内涝；东部山区主要受台风影响造成局地山洪暴发突发性的涝灾。危害较大的涝灾大多发生在中西部地区。2011年7月2日永吉县多个乡镇遭遇强降雨，日降水量达126.0 mm。

低温冷害 吉林省的气象灾害中，低温冷害是全省性的，对农业生产危害最大。一种是延迟型冷害，即在作物生育期间遭遇较长时间低温，致使作物发育期推迟，因而造成歉收。另一种是障碍型冷害，对水稻威胁最大，是在水稻孕穗期和开花期遭遇短时间的低温。1986年、1990年出现了全省范围严重的低温冷害，对农业生产影响较大。

暴雪 吉林省暴雪多出现11月至次年3月，对设施农业、交通和人民生命财产危害较大。2007年3月4—5日全省出现暴雪，过程降水量23.2 mm，有34个县市降了10 mm以上的暴雪，其中柳河县、通化市等8个县市日降雪量达40 mm以上，柳河县日降水量最大为54.7 mm。2013年11月16—20日全省出现历史罕见持续暴风雪天气，全省平均降水量为21.9 mm，有28个县市出现暴雪，5个县市出现8级以上大风天气。

大风 吉林省风灾以春季大风为多，且持续时间长，夏季多强对流天气下的瞬时大风。中西部平原地区以春季寒潮或冷涡影响为主，中东部地区以夏秋季的台风影响为主。春季特别是4月、5月份大风日数最多，大风常造成风剥地，毁坏幼苗、塑料大棚、屋顶、电柱及树木等。1976年5月14日、24日、27日分别出现西南大风，风力达到8～11级。夏秋季风灾次数不多，但多为短时间大风，并常伴有暴雨冰雹。2012年8月29日，台风"布拉万"过境造成中东部地区玉米大面积倒伏。

雹灾 吉林省地处纬度较高，大气中强对流运动相对较弱，冰雹出现的概率较低，危害程度在气象灾害中属于相对较轻的灾种。但冰雹灾害每年都有发生，多出现在5—9月，降雹以6月份最多，7—8月次之。中部半山区发生的概率最高，东西部次之。1998年6月20日吉林省中部地区5个市（县）发生雹灾，其中榆树市24小时降水量70 mm，风力8～10级，冰雹最大直径6 cm，降雹时间达到20分钟，农作物受灾面积3.2万公顷，绝收面积1.7万公顷。

气象发展 吉林省的气象事业起步较晚，清光绪五年（1879年）吉林境内建有吉林、珲春两处海关测候所。清光绪二十二年（1896年），沙俄在铁路沿线建立一批气象观测站点。1933年11月1日在"新京"筹建满洲国中央观象台建立地方观象台（所）23个，至1937年由伪满中央观象台逐步统辖了全东北的气象台站。1941年10月国民政府成立中央气象局，吉林省属沈阳台区（东北区），设有长春、陶赖昭、吉林、四平等气象站。到1945年，建立17个观象台（所）、32个简易观测所和47个雨量站，仪器全部依赖外国。到1948年吉林省解放时，仅有长春、四平、吉林、公主岭等气象台站维持工作。

新中国成立后，吉林省的气象站由设在沈阳市的东北气象台直接领导。到20世纪50年代末，初步实现省、地区有气象台，县有气象站的气象台站网。1950—1953年，吉林省军区司令部成立气象科，直接领导吉林省的气象台站。1954年9月成立吉林省气象局，开展各项气象业务和气象服务工作。1981年吉林省气象部门实施上级气象部门和地方人民政府双重领导，以气象部门领导为主的管理体制。1985年吉林省率先在全国开展气象现代化试点工作。21世纪的第一个十年里，吉林省全面推进新一代多普勒天气雷达、地面观测自动站、卫星云图接收系统、中尺度气象加密自动观测站、公共气象服务平台、人工影响天气指挥作业系统建设，气象现代化工作进展成效显著。2011年7月中国气象局和吉林省人民政府在长春签署了《共同推进吉林省公共气象服务合作协议》，就吉林省空中云水资源开发工程、气象为

农服务体系、气象能源开发暨应对气候变化体系、城市气象服务体系建设四个方面开展合作共建。（参见第122页 吉林省气象局）

气象服务　1953年气象服务的重点逐步由军事转向经济建设。20世纪60年代起，应用气候和气象资料档案在农业、水利、林业、工程设计、医疗、交通、科研等各行各业被广泛应用。20世纪70年代起，开展气候专业分析、短时灾害性天气预报预警、突发性局地灾害性天气监测工作，为防灾减灾争取时间。20世纪80年代起，综合运用天气预报、气象信息、气候资料、农业气象、人工影响天气等服务手段，气象服务向深层次延伸，逐步形成了决策气象服务、公众气象服务和专业专项气象服务等全方位的、不同层次的系列气象服务。

防灾气象服务　1997年制定《年度决策气象服务方案》，按照全省西部、中部、东部地域划分对年度和春夏秋冬四季开展决策服务。2012年成立吉林省气象灾害防御指挥部，负责对全省气象灾害及其衍生灾害防御指挥领导和组织管理，建立"政府主导、部门联动、社会参与"的气象防灾减灾机制。全省56%的县（市）出台气象灾害防御规划，47%的乡镇编制了气象灾害应急预案，53%的乡镇和97个村（社区）通过了应急准备认证。2010年7月27—28日，吉林省永吉县发生有气象记录以来特大暴雨，气象部门提前发出特大暴雨预警，提请当地政府部门和城乡群众积极应对暴雨灾害。暴雨发生后，省、市气象部门迅速反应，气象应急指挥车奔赴现场，开展气象应急服务，配合救灾指挥部门，尽最大可能减少暴雨灾害损失。

为农气象服务　2012年5月吉林省社会管理综合治理委员会办公室、省气象局和中国联通吉林省分公司联合发出《关于印发开展平安气象创建活动的实施意见的通知》，依托"平安之声"万村联防互助网工程在全省开展"平安气象"创建活动。到2014年全省有1.5万多个"平安之声"大喇叭被用来发布气象灾害预警信息，形成了庞大的预警信息发布网。同时，全省各地充分利用政府网站、农村综合信息服务站、便民服务大厅触摸屏、农村信息公告栏等多种公共信息发布手段发布气象灾害预警信息。2012年8月28日强台风"布拉万"影响吉林省，省通信管理局发出通知，要求省内各基础通信企业将省气象台发布的气象灾害预警信号在相关市（州）进行紧急发布。移动、联通和电信三大运营商共发送短信3000多万条，覆盖了省内7个市（州）近1800万手机用户。

雷电防护服务　1991年从避雷设施检测入手，开展防雷科技服务工作。1997年省编办批准成立吉林省防雷技术服务中心，9个市（州）气象局和30个县气象局成立防雷检测机构，开展避雷检测服务。1998年省政府成立雷电防护领导小组，下设吉林省雷电防护管理办公室（设在省气象局）加强对全省各地雷电防护管理。1999年四平、吉林、通化、辽源、延边、白城、白山等市（州）及部分县（市）开展防雷专业设计审核、施工监理、竣工验收等服务工作。至2012年，全省有16个防雷设施检测机构，有9个市（州）、52个县开展防雷监审工作，有32家防雷工程公司取得防雷设计和施工资质，开展防雷工程设计与安装。

人工影响天气服务　1958年成立吉林省人工降雨委员会，在中央气象局气象科学研究所的指导下开展人工降雨、人工防霜的实验工作。1958年7月21日由中国人民解放军第二航空学校所属的"杜-2"飞机，在长春至桦甸上空进行中国历史上第一次飞机人工降雨试验。1960年成立吉林省气象科学研究所，设人工影响局部天气研究室，开展云物理的研究。1974年6月在镇赉县用"三七"高炮开展人工防雹试验，并编写了《人工防雹》一书。20世纪50年代中期到70年代初，采用"采草坑沤烟"的方法防霜。1980年4月成立吉林省人工降雨防雹办公室。1992年建立白城人工降雨基地，隶属白城市政府，2010年上划气象部门管理，更名吉林省白城人工增雨基地，开展东北区域人工影响天气工程建设。到2012年，全省建成防雹固定作业站249个，拥有人工影响天气作业高炮234门、火箭176部。

气象预报预测　1953年初成立气象台，主要向党政军领导机关提供短期天气预报。1960年基本实现省、地区、县三级天气预报台、站网的建设。20世纪70年代用气象观测网和气象雷达资料制作短时天气预报。1986年推行以数值预报产品为基础的动力统计地方MOS（模式输出统计）方法、天气预报专家系统及天气雷达、卫星云图等预报工具，逐步实现MOS预报方法、天气预报专家系统系列化、半自动化，建成省级气象台天气预报实时业务系统，完成地区天气预报实时业务系统建设，建立气象信息综合分析处理系统（MICAPS）。2000年开始推广使用WRF（天气研究和预报模式），应用自动站观测、风廓线、闪电定位仪、GPS（全球定位系统）等新观测技术，应用灾害性天气短时临近预报系统（SWAN）及精细化预报系统（FUSE）。

20世纪80年代中期以来，吉林省的短期气候预测（时称中长期天气预报）方法主要是经验统计分析方法；90年代后期开展"九·五"攻关项目使气候预测方法从数理统计方法向物理统计方向发展，主要有场展开、物理统计、遥相关、物理概念模型产品等；随着动力气候模式的发展，动力气候模式产品的应用日益广泛，直接应用模式产品的环流型预测、动力-统计相结合的多模式集合预测产品及动力-统计集成的季节气候预测系统等得到广泛地开发和应用。

气象观测　1954年气象观测采用苏联的技术规范。20世纪60年代起开展高空气象、农业气象、太阳辐射观测，70年代开展雷达和卫星观测业务。80年代后，吉林省综合观测网由地面、高空、天气雷达、GPS/MET（全球定位系统气象观测）、闪电定位、农业气象、大气成分、风能资源评估、太阳辐射观测网组成。

地面观测网由人工观测网和地面气象自动观测网组成，人工观测网由4个国家气候基准站、29个国家气象观测基本站、19个国家气象观测一般站组成；到2014年，建成56个国家基本自动气象站、6个无人值守自动气象站、1023个区域自动气象站；高空观测网由长春、延吉、临江3个高空站组成，2006年开始采用L波段探空雷达开展观测；2008年建设1部移动风廓线雷达；天气雷达观测网由长春、白城、白山、辽源新一代天气雷达和通化713天气雷达组成；GPS/MET水汽监测网由43个GPS/MET站点组成；闪电定位监测网由19个闪电定位监测站组成，参加全国组网监测；农业气象观测网由农业气象一级站15个、二级站7个、一般站28个，土壤水分自动观测站56个、森林可燃物观测站8个、草地观测站3个组成；大气成分观测网由2个大气成分站、12个酸雨观测站和9个紫外线观测站组成。

气象信息网络　20世纪50年代起，利用莫尔斯电报通信、手工处理各类气象信息。随着气象科技进步和事业发展，1986以来，经历气象电报从低速传输到高速传输、从手工操作方式到计算机网络传输方式的变革。1996建立气象卫星气综合应用业务系统，省—地建成PES（小型卫星数据地球小站）卫星数据通信线路和TES（小型卫星电话地球小站）卫星语音通信线路，全省建成PC-VSAT（单向接收站）卫星广播接收系统。1999年后，建设全省气象分组交换网、对全省气象广域网络进行升级改造、全省局域网络系统统一升级为Windows Server环境下的局域网系统，完成全省视频会商、会议系统建设，全省卫星广播接收系统升级为DVBS卫星广播接收系统，全省气象广域网统一升级为SDH（同步数字体系）线路。完成省—市MSTP（基于SDH的务业传送平台）网络线路建设，全省卫星广播接收系统升级为CMACast卫星广播接收系统。

气象科研　1959年5月吉林省气象局下设农业气象研究室，从事农作物与气象条件关系研究。1960年2月成立吉林省气象科学研究所，开展人工影响天气的实验与研究。1964年吉林省气象科学研究所增设天气气候研究室，从事吉林省天气预报方法改革的实验研究。1973年"文革"后恢复省气象科学研究所，内设天气气候研究室、农业气象研究室、人工影响局部天气研究室和情报研究室。1983年又增设气象软件研究室、气象通信研究室、气象硬件研究室和应用气象研究室。1992年吉林省气象科学研究所开展"一所两制""坚持两个面向"为主线的科研体制改革。1996年增设遥感技术、地理信息系统、全球定位系统技术开发实验室。

吉林省气象科学研究工作围绕吉林气象事业发展和地方经济建设及气象服务的需要，开展天气、气候研究，天气预报方法试验研究，气象科技情报研究，农业气象研究，气象卫星遥感技术研究，人工影响天气研究、计算机软件、硬件开发及研究，气象通信和气象仪器研究。与吉林大学、中科院大气所、南京信息工程大学、中国电力科学院、省电力公司等在多领域进行科学研究，省气象台、省气象研究所、省人影办和省气候中心开展科研业务人员合作交流，促进科技成果转化。到2014年获国家级奖励的科技成果4项，获省、部级奖励的科技成果60多项。

展望　未来吉林省气象现代化将基本建成结构完善、布局科学、功能先进、技术领先的适应吉林省经济社会发展的气象现代化体系；以公共气象服务为引领、以气象预测预报为核心、以综合气象观测为基础的现代气象业务体系整体将接近世界先进水平，部分领域达到领先水平；气象预报预测准确率、公众气象服务满意度、气象技术装备智能化水平、气象科技创新能力、气象人才综合素质将全面提升，全省气象部门基本实现气象现代化。

参考书目

杭彤, 1996. 吉林省志·气象志（三十五卷）[M]. 长春：吉林人民出版社.

吉林省地方志编纂委员会, 2012. 吉林省志·气象志（1986—2000）[M]. 长春：吉林人民出版社.

（赵国强　刘国光）

Hēilóngjiāng qìxiàng

黑龙江气象（Heilongjiang meteorology）　黑龙江省简称黑，地处43°25′N～53°33′N，121°11′E～135°06′E之间，海拔高度40～1402 m，是中国纬度最高，经度最东的省份。北和东与俄罗斯、南与吉林省、西与内蒙古相邻，黑龙江省南北跨10个纬度，2个热量带；东西跨14个经度，3个湿润区。全省土地总面积47.3万平方千米。边境线长3045 km。2012年全省常住人口3834.0

万人。全省境内江河湖泊众多，有黑龙江、乌苏里江、松花江、嫩江和绥芬河五大水系，现有大小江河1918条，大小湖泊640个；有天然湿地434万公顷，占全国湿地面积的1/8，有国家级湿地自然保护区11处。

天气气候特点 黑龙江省属中温带到寒温带、亚干旱到湿润大陆性季风气候区。四季分明，夏季雨热同季，冬季漫长，春秋风多，并常有霜冻。

黑龙江省年降水量分布差异较大，区域性显著。全省各地年降水量一般在390~660 mm之间，分布趋势是东部多、西部少，中部山区最多，多水中心在小兴安岭南部和张广才岭山地，年降水量在600 mm以上。全省年平均气温在-3.9~5.8℃之间，高温中心在黑龙江省西南部和东南部，一月份最冷平均气温为-19.6℃，七月份最热平均气温为21.9℃。极端最高气温为41.6℃（出现在1968年7月22日泰来县），极端最低气温达到-52.3℃（出现在1969年2月13日漠河县），为全国低温之最。全省年平均日照时数为2459.4小时，各地日照时数一般在2100~2900小时之间。全年大于等于10℃积温多为2000~2800℃·d，除青藏高原外，是全国最少的地区。

主要气象灾害 黑龙江省气象灾害多发，主要有干旱、洪涝、低温冷害、霜冻、冰雹、大风和暴雪等。由气象灾害引发的次生灾害主要有森林火灾、凌汛、沙尘暴等。黑龙江省气象灾害占自然灾害的85%，具有频发性、地域性、季节性、连续性、阶段性等特点。

干旱与森林火灾 干旱是影响黑龙江省农业生产的主要灾害。严重的干旱会导致苗期拖后，粮食减产，质量下降，甚至绝产。1970年以后，干旱概率增加。春季全省大部地区少雨，松嫩平原西南部"十年九旱"，2000年以来经常出现春夏连旱，影响农业生产。北部林区由于少雨，春秋两季火险等级偏高，经常发生森林火灾。20世纪70年代林火发生率最高，80年代明显减少，90年代中期起春秋季森林火灾次数增多。1987年"5·6"大兴安岭特大森林火灾、2009年的"4·27"沾河草甸大火、2010年"6·26"特大森林火灾均造成了重大损失。

暴雨与洪涝 黑龙江6—8月大范围暴雨和局地暴雨，常造成江河水位暴涨，引发洪水、山洪等灾害。全省暴雨洪涝频率占32%左右，成灾面积平均占总损失的29.1%，造成的直接经济损失与农业直接损失分别占总损失的48%和36%。如1957年、1998年松花江都发生超历史纪录的特大洪水，给人民生命财产造成重大损失。2013年松花江流域发生1998年以来最大洪水，黑龙江中游发生1984年以来最大洪水，下游发生超100年一遇特大洪水。

低温与霜冻 低温冷害和霜冻对黑龙江农业生产危害极大。新中国成立以来出现了17次低温和冷害，大致4~5年出现一次，20世纪50年代到70年代末低温冷害较严重，严重低温冷害年全省粮食减产幅度都超过20%~40%。20世纪80年代以后，随着气候变暖，低温明显减少，或只有低温而无危害。

寒潮与暴雪 在冬半年，积聚在极地和高纬度地区的强冷空气会爆发南下，侵袭黑龙江省，带来剧烈降温、大风和寒潮暴雪天气，可造成人畜伤亡、电线积冰、通讯、交通中断等事故。1957年2月黑龙江东部地区普降大雪，加上7~8级西北大风，牡佳铁路沿线发生雪害30多处，一度中断交通。而后大量积雪迅速消融，造成春汛，冲毁桥梁37座，损失惨重。1983年4月下旬，全省36个县、市先后普遍遭受暴风雪袭击，尤其西部地区雪害、风害、冰凌、冻害同时发生，谓之百年罕见的"4·29"暴风雪事件，总损失3亿多元。

气象发展 黑龙江省气象发展历史较长。1898年沙皇俄国在中国东北修建中东铁路时，在哈尔滨建立第一个测候所，之后又在黑龙江地区建立9个测候所。1948年东北解放后，东北军区司令部在黑龙江省地区创建气象台站。1953年后，特别是开发三江平原、松嫩平原和建设大型农场、林场的需要，加快了气象站建设的步伐。到1970年全省已建128个气象台站，国家气象台站网覆盖了全省。到2012年底，全省农垦、森工、监狱和民航系统有148个专业气象台站。

60多年来，随着国家发展强盛和科学技术进步，黑龙江省逐步建立起集地面、高空立体、多点、多项、比较现代化的综合气象观测系统。1978年改革开放后黑龙江现代化气象事业发展迅速，制定了《黑龙江省气象现代化发展纲要》，提出了到20世纪末全省气象现代化建设目标任务；扎实推进了以气象事业结构调整为重点的各项改革，气象现代化以推广气象卫星综合业务应用系统（"9210"工程）和气象信息综合分析处理系统（MICAPS）为重点取得了长足发展；气象防灾减灾能力不断提高，出台6部地方性法规，气象保障国家粮食安全和森林生态安全的水平显著提升。

2007年党的十七大以来，相继出台了《黑龙江省气象灾害防御条例》《黑龙江省气候资源探测和保护条例》等一系列法规和政策文件，坚持把"服务引领、项目带动，突出重点、强化基础，准确精细、延伸拓展，履行职能、联合联动，灾有所防、争创一流"作为全省气象事业发展总体思路，气象部门参与社会管理能力明显增强，基层气象台站基础设施明显改善，气象事业发展环境不断优化，逐渐融入了全省经济社会发展的大局。2011年10月黑龙江省人民政府与中国气象局共同签署省部合作框架协议，共同推进黑龙江气象服务和气象防灾减灾体系建设。（参见第123页黑龙江省气象局）

气象服务　20世纪60年代以来，黑龙江省气象部门围绕农业生产、防灾减灾、重大社会活动和公众生活开展各种气象服务工作，及时向政府领导及有关部门提供各种天气预报和气象情报等相关气象信息。到2014年，全省逐步建成了现代化的气象服务体系，气象服务手段多样化，服务产品个性化，服务领域不断拓宽，服务工作更加精细、准确、及时，服务的针对性和有效性越来越强。多年来，气象服务在防灾减灾和促进社会经济发展上取得了显著成绩，全省公众气象服务满意度连续五年一直名列全国前三名。

为农气象服务　为农服务是黑龙江省气象服务的重中之重。每年组织对本年度气候趋势进行分析，重点对可能发生的主要气象灾害和对农作物有利、不利气象条件进行分析，展望全年的农业生产年景，向各级领导提供决策建议，指导农民科学种田。到2014年，全省已开展了主要气象灾害预报服务和灾害预警工作，初步建立了玉米、水稻、大豆不同生育阶段灾害气象指标，农业气象灾害精细化气象指标体系，建立了灾害指标库，确立了水稻障碍型冷害量化指标体系，发布土壤旱涝监测、大宗作物低温冷害监测等业务产品。初步建立了由各地政府统一领导、综合协调，相关部门各负其责、有效联动的农村应急减灾和服务组织体系，建立了以村为单元的农村气象灾害风险数据库，气象信息员队伍1.2万人，乡镇覆盖率100%，村屯覆盖率达到100%。

防火气象服务　黑龙江省每年春秋季降雨量少、气温高、经常伴随着大风天气，这种特殊的气候特点决定了黑龙江省林区特别是大、小兴安岭等北部林区在春秋季易发森林火灾。黑龙江省气象部门每年都与省森林防火指挥部联合举办防火形势会商会，分析森林防火形势。每年森林防火期由3套卫星遥感装备监测火情，做到早发现早处置。全省各级气象部门以火为令，在积极主动为防火部门提供最新火情监测信息、火场地区滚动天气预报等气象服务的同时，出动人工增雨飞机、高炮、火箭等进行增雨作业，为连续多年未发生大的森林火灾提供了优质气象保障。

防汛气象服务　黑龙江防汛气象服务任务繁重。每年入汛前组织发布汛期长期（6—8月）短期气候预测，提供汛期天气趋势分析报告；入汛后及时提供中长期降雨趋势，连阴雨等3~5天的重要天气预报；汛情紧张时，及时提供转折性天气预报及大雨、暴雨、5级以上风的预报，为防汛抗灾决策提供依据。全省新一代天气雷达划分雷达警戒区，没有新一代天气雷达的市、县局建立了等效雷达，开展了跨区联防，实现雷达监测、雨情等信息共享。黑龙江省各级气象部门充分利用广播、电视、手机短信、"12121"、微信、微博以及中国气象频道、网站等各类媒体广泛开展防灾减灾气象服务。

防雷气象服务　1999年开展雷电防护气象服务，各台站相继成立了相应的管理和业务机构，开展了防雷技术服务、防雷工程、雷击风险评估等工作。有19个气象台站和42个社会单位的防雷技术服务机构取得了甲、乙、丙级防雷工程设计施工资质，开展防雷技术服务，解决了防雷行政审批纳入到建设项目审批流程的难题。各地将防雷安全设施纳入政府安全生产责任目标管理，与安监、教育部门联合开展防雷安全执法检查。

人工影响天气服务　从20世纪70年代起开展人工增雨防雹作业。2010年成立了省人工影响天气指挥部，加强了对全省人工影响天气工作的组织领导。到2013年，全省已有97%的国家气象台站建立了人影组织机构。火箭、高炮人工增雨防雹规模逐步扩大，全省标准化作业炮点增加到30%以上，作业高炮839门，火箭446部，作业队伍扩大到4000多人，飞机增雨作业能力明显增强，近五年两架增雨飞机实施常态化作业，人工增雨防雹作业区面积超过40万平方千米，比五年前增加了50%。

应对气候变化服务　2006年组建黑龙江省气候中心，开展省级气候变化研究，完成了黑龙江省风能资源详查，编制了《黑龙江省风能资源评估报告》，省政府颁布实施了《黑龙江省节约能源条例》，印发了《黑龙江省应对气候变化科技专项行动实施方案》，制定了节能专项规划，采取一系列举措促进节能降耗。2007年成立了由省长担任组长的省级应对气候变化及节能减排工作领导小组。完成了《黑龙江省应对气候变化方案》编制，省发改委组织编制了《黑龙江省新能源和可再生能源发展规划》。省气象部门提出了全省十几个大型风电场开发基地建议，开展了黑龙江省太阳能资源普查和区划研究和气候可行性论证工作，编制完成了黑龙江省电网冰区划分气候可行性论证报告、风电场风能资源评估报告，完成了风电气象保障服务系统平台建设和电网舞动、风区、冰区分布图的绘制及分析报告，为省政府制定和组织实施新能源发展规划提供了科学依据。

气象预报预测　1956年6月1日黑龙江省气象台首次通过广播电台向社会发布短期天气预报，1981年开展短时天气预报业务，使用713雷达监测云和降水回波，并陆续装备了静止气象卫星云图接收设备和雷达数字化处理系统。1990年黑龙江省气象台自主研发了气象资料接收处理和图像显示业务系统及决策服务业务系统。2001年12月黑龙江省第一部新一代多普勒天气雷达投入使用，又引进、开发MM5（第五代中尺度气象模式）中尺度区域数值预报模式，全省天气预报准确率逐步提高。2005年24小时晴雨预报准确率为77%，2009年提高到86%，2014年达到88%。

1958年黑龙江省气象部门开始制作长期天气预报，1989年春季开始发布森林火险趋势预报，为春秋防火工作提供气象服务。建立了短期气候预测业务系统，各种气候预测客观化方法正在广泛试用。

气象观测　黑龙江省气象观测历史最早可追溯到清朝光绪二十四年（1898年）。1953年后，为满足新中国经济建设的需要，加快了气象站建设的步伐。特别是2000年以后，为满足气象业务和气象服务的需要，全省陆续建设了卫星定位水汽监测、雷电、酸雨、风能、区域气象站等专业气象观测站。到2014年底，全省共有国家地面气象观测站84个，其中国家基准气候站10个，国家基本站27个，国家一般气象观测站47个。国家无人自动气候站23个；农、林气象观测站36个，其中一级农业气象观测站25个，二级农业气象观测站11个；高空气象观测站4个；新一代天气雷达站10个，常规数字化天气雷达站2个；雷电监测站25个；酸雨观测站16个；风能观测站23个，卫星定位水汽观测站57个，卫星地面站1个，区域大气本底站1个，空间电离层观测站2个，辐射观测站5个，区域自动气象观测站1177个，构成覆盖全省的综合性气象观测网。

哈尔滨国家基本气象站　清光绪二十四年（1898年）沙俄中东铁路局在哈尔滨市香坊区司徒街11号设立了哈尔滨测候所，于5月8日开始观测记录。1935年8月伪满洲国中央气象台在哈尔滨建立观象台，一直工作到1945年8月。东北地区解放后，哈尔滨观测站于1949年1月1日恢复工作至今。主要观测业务包括地面、高空、日射以及酸雨、闪电定位、$PM_{2.5}$、GPS/MET（全球定位系统气象观测）等项目。

龙凤山大气本底污染监测站　始建于1989年。在世界气象组织（WMO）的支持下，利用国外提供的仪器设备和技术，1991年10月起先后开展了常规气象、降水化学、大气浑浊度、臭氧总量等长期业务观测项目。龙凤山本底站主要业务是完成大气本底数据的在线观测及常规地面气象观测。每天向黑龙江省气象信息中心和中国气象科学研究院大气成分观测与服务中心上传实时观测数据。随着本底站的建设和发展，业务量已增加到6大项、30多个小项。

信息网络　从20世纪50年代的莫尔斯到70年代的单边带、80年代的甚高频，由手工操作逐步走向现代化。1993年24电路升级48电路转报，全省建设使用novell网络。1998年，完成国家气象卫星综合应用业务系统（"9210"工程）建设和升级改造，从原有的IBM小型机移植至IBMX366服务器，省内建设了省—市—县三级SDH（同步数字体系）线路(2 Mbit/s)和省—市（县）二级IPSC-VPN备份线路，建成标清的省—市—县三级电视会商系统。2012年省级通信系统正式升级为国内新一代通信系统，省—市联通宽带线路升级为4 Mbit/s，省—市—县三级移动线路（4 Mbit/s）。2013年建成由70个节点组成的计算能力为26.3 T的IBM高性能集群。

气象科研　黑龙江省气象科研所成立于1963年，经过50年的不断发展与调整，已形成集科研、业务、服务于一体的综合性科研业务机构。黑龙江省气象科学研究取得了一大批研究成果。主持或参与的科研成果8项获黑龙江省科技成果三等奖，2项成果获黑龙江省科学技术进步奖四等奖，2项成果获中国气象局科学技术进步奖三等奖。

黑龙江省气象局围绕气象保障国家粮食安全和生态安全加大科研力度，先后组织了"黑龙江省农业气候区划""松嫩平原农业气候区划""黑龙江省作物低温冷害研究""半干旱地区防护林综合效应研究""20世纪90年代气候变化对黑龙江省农林生态环境影响的预测及对策""黑龙江省气候变化与农业发展对策""黑龙江省气候与环境演变规律及影响适应对策"以及"黑龙江省农业气候资源及其利用""黑龙江省主要气象灾害预测及区划研究""黑龙江作物抗低温冷害研究""三江平原低温冷害气候规律长期方法研究及技术推广"等一大批科研课题，科研成果在生产实践中得到广泛应用。

展望　黑龙江经济要实现跨越性发展，将在更高层次上加速经济发展方式深度转变、加速社会转型、完善城乡布局等。快速发展的社会经济需要现代化的气象服务保驾护航，需要进一步提升现代化的气象综合体系。到2020年，基本建成结构完善，功能先进，适应黑龙江发展需求、高水平有特色的气象现代化体系。形成创新驱动的黑龙江现代化气象事业发展新格局，气象事业全面融入黑龙江经济社会发展，使气象整体实力达到全国中等偏上水平，有些领域处于全国先进水平。

参考书目

黑龙江省气象局，2010. 黑龙江省基层气象台站简史［M］. 北京：气象出版社.

《中国气象灾害大典》编委会，2007. 中国气象灾害大典·黑龙江卷［M］. 北京：气象出版社.

（杨卫东　袁长焕）

Shànghǎi qìxiàng

上海气象（Shanghai meteorology） 上海市简称沪，地处30°40′N～31°53′N，120°51′E～122°12′E之间，位于中国大陆海岸线中部的长江口，江海交汇的长江三角洲东部，东临海洋，北界长江，南濒杭州湾，全市总面积6340多平方千米。境内辖有崇明、长兴、横沙3个岛屿，其中崇明岛面积1041.21 km²，是中国的第三大岛。全境为长江口的一块冲积平原，境内江河纵横，水网稠密，除西部有少数百米以下的小丘外，地势平坦，一般海拔高度在3～5 m之间，局部有洼地，主要河流黄浦江贯穿市区汇入长江。到2014年年末，全市常住人口总数为2425.68万人，户籍人口总数为1427万人。

天气气候特点 上海属北亚热带东亚季风气候，四季分明。春季温暖湿润，夏季炎热多雨，秋季天高气爽，冬季较寒冷少雨雪。年平均气温16.9℃，最冷月1月，平均气温4.8℃，极端最低气温-12.1℃（出现在1893年1月19日）；最热月7月，平均气温28.6℃，极端最高气温40.8℃（出现在2013年8月7日）。年平均降水量1259.4 mm，最大年降水量1793.7 mm（1999年），最少年降水量709.2 mm（1892年）；年平均降雨日数127.8天，一年中61%的雨量集中在5—9月，其中6—9月的月平均雨量都在100 mm以上，并时有暴雨出现。年平均风速2.3 m/s，春、夏季较大，秋、冬季较小，夏季盛行东南风，冬季多为西北风。

春季，始于3月中下旬，长两个多月。早春回暖快，但升温不稳定，4月平均气温15.3℃，5月升至20.6℃。"清明时节雨纷纷"是春季气候的重要特点。夏季，5月下旬至6月上旬，日平均气温升至22℃以上，已是初夏季节。6月中旬至7月上旬，一年一度的主要雨季——梅雨接踵而至，常有暴雨，空气湿度增大。梅雨一过进入高温盛夏季节，7月中旬至8月中旬平均气温高达28℃。8月下旬至9月中旬因受台风影响，高温缓解，雨量明显增多，时有暴雨出现。夏季日最高气温超过35℃的日数平均15天左右。秋季，9月下旬夏止秋始，10月的平均气温已在19℃左右，雨量减少，晴朗少云，冷暖适宜。入秋后降温快，秋季较短暂，不足2个月。冬季，平均在11月下旬至12月初入冬，至来年3月春暖花开。前冬雨雪较少，天晴风静干冷。2—3月雨雪增多，多阴雨天气，最低气温低于0℃的日数平均每年约21天，降雪年平均7天左右。

主要气象灾害 上海气象灾害主要有台风、暴雨、洪涝、大风、雷击、高温、龙卷、冰雹、浓雾、寒潮、大雪、干旱、高温等，均对人民生命财产和经济建设有着严重影响。

台风 对上海产生影响的台风主要出现在5—10月，平均每年约2次。历史上台风在上海登陆的共有9次，都给全市造成严重灾害，尤以1915年7月和1949年7月两次台风造成人员伤亡和财产损失惨重。2012年11号台风"海葵"在8月7—9日影响上海，持续时间达18小时，沿江沿海和长江口区风力达10～12级，洋山港风力达14级，全市普降大暴雨，降水主要集中在中心城区以及嘉定区，过程雨量最大值为246.2 mm。全市近400条（段）马路积水10～30 cm、千余户民居进水5～20 cm；受淹农田8万余亩（1亩=1/15公顷），倒伏树木3万余棵，其中行道树1万余棵；电力部门接到停电报修企业5200多家、居民9.2万户；浦东、虹桥两大机场共取消航班500余架次、铁路停运约百班次。灾害造成2死7伤的意外事故，经济损失近6亿元。

暴雨、洪涝 暴雨、洪涝是上海市主要的气象灾害，主要出现在5—10月。全市年平均暴雨日11.7天。其中100 mm的大暴雨日年平均2.0天。1977年8月21—22日上海百年来最大的特大暴雨出现在宝山县塘桥，24小时最大降雨量达581.3 mm，12小时最大降雨量是563.0 mm，1小时最大降雨量是151.4 mm，均为历年降雨强度极值。2008年8月25日发生在市区的特大暴雨1小时降水量117.5 mm，破徐家汇站历史记录，造成市区多处积水，交通阻塞长达十余小时。

强对流天气 强对流天气系统包括雷电、冰雹、龙卷等，具有范围小、局部性强、时间短、天气变化剧烈等特点，会造成严重灾害。1956年9月24日3个龙卷袭击上海南汇、川沙、奉贤、嘉定、杨浦等区县，造成68人死亡、842人受伤、倒塌房屋约1000间、财产数百万元的重大损失。1983年4月28日，川沙县最大雹块重达600多克。1975年5月30日冰雹和大风袭击上海郊区9个县，造成5人死伤，农田受损7.5万亩，损坏民房2800多间等重大的灾害。

高温 高温对上海特大城市的工农业生产和人民生活带来严重影响。上海≥35℃高温日数年平均为15.4天，最多年达55天（1934年）。民国三十一年（1942年），夏季高温酷暑，≥35℃高温日达44天，流行霍乱和伤寒，一周死亡600余人，天旱风热，沟河干涸，禾棉枯萎。2013年夏季，上海地区遭受了历史罕见的持续性异常高温天气，在7月20日—8月1日和8月3—17日2轮持续性强高温过程中，市区徐家汇自1873年以来的历史最高气温纪录2次（7月26日和8月7日）被打破（40.8℃）；郊区各站的最高气温也均破历史纪录。持续高温使上海地区出现用电新高峰，日最高用电负荷达到2940万千瓦（8月7日），成为上海当时新的历史纪录。

浓雾 浓雾是上海严重的气象灾害之一，主要出现在11月、12月和1月。1987年12月10日浓雾锁住黄浦江，积滞过江乘客3万多人，当雾散开航时，乘客蜂拥渡轮，相互挤踏造成死亡16人、受伤70多人的重大事故。

寒潮 寒潮是上海冬半年重要灾害性天气，带来气温剧降、大风冰雪、霜冻严寒等，给农业、交通、城市建设及人民生命健康造成很大危害。1941年1—2月严寒，收掩路尸1494具。1977年1月28日—2月9日，大雪、严寒，发生交通事故47起，医院里骨折病人2000多人，部分地区电线被积雪压断，造成停电事故。

干旱 干旱是上海主要的自然灾害之一。干旱引起的水资源缺乏、水质恶化和环境污染等仍威胁着工农业生产和人民生活。1988年秋冬持续干旱，降水量只有常年同期的1/5，致使360万亩秋播作物苗期生长受严重影响，因干旱半个月发生400多起火警火灾事故。新中国成立之后，加强了水利建设，发展机电灌溉，干旱之年能使农业减少损失。

<u>气象发展</u> 上海有气象灾害记载始于三国（吴）太元元年（251年）。自唐迄宋，已很重视天气预测。元、明时期编著了与气象相关的书籍，尤其是徐光启撰写的《农政全书》，在农业、水文气象上有新的建树。

上海开埠以后，西方近代气象科学随之传入。1841年法国传教士酝酿建立观象台，而后在上海徐家汇、董家渡开展气象观测，1873年在徐家汇建立观象台。抗日战争胜利后，上海新增一些气象机构，将外滩信号台改组为上海气象台，1946年扩建为华东区气象行政中心。

1959年成立上海市气象局，健全了各级气象机构，开展各项气象业务工作。1975年9月在全国首次实现了三层模式数值分析、预报的业务自动运行，20世纪70年代末开始研制上海区域气象中心有限数值分析、预报业务系统；1988年建成上海实时预报业务系统；1991年长江三角洲灾害性天气监测预报系统建成；2010年实施世博会气象参展和服务，提升了精细化天气预报水平。2012年开展上海市率先实现气象现代化试点工作。通过多年的气象现代化建设，推动了上海气象事业跨越式发展。（参见第125页<u>上海市气象局</u>）

<u>气象服务</u> 按照中国气象局和上海市对气象工作的要求，上海气象部门全力做好决策、公众、专业专项等气象服务工作，为上海经济发展、社会进步、重大活动和人民群众生活提供全方位的气象保障。

上海气象服务始于1953年，在上海人民广播电台开辟气象广播固定节目，在《解放日报》《文汇报》《新民晚报》首次每天刊登天气预报。1956年组织流动气象台去浙江舟山渔场现场开展专业服务，1957年12月开通拥有50条电话线路的"292229"天气预报服务台，以满足市民天气预报咨询需要。1958年以后，气象服务业务以农业服务为重点，各县气象站开展以农事季节和台汛期为重点补充订正天气预报服务。1986年上海市气象局领导担任市防汛指挥部副总指挥，直接为防汛防台服务。进入21世纪，上海气象部门建立以首席服务官为核心的现代气象服务业务体系，围绕城市防灾减灾、安全运行、城市防汛、能源、交通、电力、生态环境等重点领域，为政府及各级领导做好决策服务。在突发事件处置、大型活动保障、居民生活、气象灾害防御等方面，建立新的服务机制，通过广播电台、电视、报纸、电话、手机短信、上海天气网、微博、微信、电子显示屏、气象预警信号塔等多种渠道及时发布气象预报预警服务信息，为城市安全运行及市民生活提供了精细、个性、专业化气象服务，取得良好成效。

城市气象服务 针对上海国际大都市的特点，上海气象部门建立全市多灾种预警信息获取、监控、共享平台；建立跨部门预警及联动反馈信息共享系统。建立气象信息智能互动终端系统，实现市民能够互动获取与生活相关的多样化、多媒体化和个性化的气象服务信息。以城市运行生命线气象服务为重点，建立完善能源、交通、水资源、环境等专业气象服务系统，形成基于影响的预报预警业务体系。以平安社区建设为重点，建立特大型城市气象灾害防御试点社区。形成针对气象及其衍生灾害"早发现、早预警、早发布、早会商、早通气、早处置"的上海城市多灾种早期预警体系。

海洋气象服务 为适应海洋气象服务的需要，上海气象部门经过多年的努力，建设海洋气象暨台风预警中心，完善登陆台风综合观测基地、台风路径、强度和风雨分布诊断和预报系统、台风短期气候预测业务平台、形成了以航运服务机构为主体的航运气象服务体系。配套完善东海海区、长江口海区和洋山港区的台风、大雾、大风、强对流等气象灾害监测设备及技术保障，建成岸基、海上、空中三位一体的海洋气象综合观测体系。建立了海陆气耦合的气象数值预报和各种海洋气象要素的客观预报系统、海上救援气象服务保障系统和面向全球远洋运输、远洋渔业、远洋救捞等的远洋导航气象保障系统和基于海事动态监管系统的海洋气象信息服务平台。

防雷服务 1991年成立上海市防雷中心，开展防雷检测业务工作。2001年成立上海市雷电防护管理办公室，履行全市雷电安全防护管理职能。上海市防雷中心以"防雷减灾，造福人民"为宗旨，不断提高技术服务水平，以突出的技术服务业绩和优异的服务质量保障了爆炸和火灾危险环境场所、古建筑物、公共设施、通信设施等领域的防雷安全。2014年全市已有8家防雷检测单位，为上海市政府机构，城市运行部门及交通、仓储、建筑、住宅等系统一万多家单位提供全方位、立体化的防雷检测服务，有效减少了雷击灾害的发生。

2010年上海世博会气象服务　　见气象服务卷<u>上海世博会气象服务</u>。

气象预报预测　上海气象预报预测工作有着悠久的历史。早在1873年建立的徐家汇观象台，曾经是闻名于世的远东重要气象台，从那时起上海的天气预报、气候预测逐步开展。

1954年上海中心气象台成立后，承担上海市和华东沿海海区天气预报服务，1956年在全国率先制作发布中期天气预报，1957年正式通过海岸电台发布黄海、东海和台湾海峡海洋天气预报。至20世纪50年代末，已初步形成了较为完整的包括短时、短期、中期、长期预报业务体系。

进入21世纪，依靠科技，不断探索数值预报模式、精细化预报业务和现代气候业务，建立一体化业务平台天气预报工作区，努力形成更为细致准确的、高时空分辨率的、涵盖不同天气现象、适应不同用户需求的预报预测业务体系。一是以天气系统为坐标，组织长、中、短临一体化无缝隙基本预报业务；二是以高关注地点为坐标，建立了多圈层警戒、逐步逼近式短时临近精细化预报及基于城市脆弱性预警体系；三是以高敏感用户为坐标，建立了为公众和脆弱性群体提供专业化的影响预报业务。气象预报预测水平始终处于全国气象前列。2013年上海晴雨预报准确率为83.1%，最高和最低气温预报准确率均超过90%，预报水平在全国综合排名第二。

气象观测　从1958年起先后建成了10个气象观测站，到2014年底全市国家级地面气象观测站共计12个，其中1个国家基本气象站，11个国家一般气象站。为进一步做好精细化预报服务工作，市域内共设立了256个区域自动气象站、另有6个交通自动气象站。

在开展常规气象观测的同时，为适应气象业务发展需要，20世纪90年代中后期，相继建成了自动气象站网系统、3部多普勒天气雷达（其中一部为车载雷达）、9部风廓线雷达、4部闪电定位系统、12部大气电场仪以及GPS（全球定位系统）气象综合应用系统，组成了全市立体大气探测网。对区、县气象业务进行专业化、特色化分工，建立了浦东城市环境气象观测站、松江农业气象观测站、宝山探空观测站、闵行卫星遥感中心、海洋气象台等有专业特色的气象观测台站。

徐家汇观象台　见第436页<u>上海徐家汇观象台</u>。

信息网络　1899年8月中国电报总局采纳徐家汇观象台建议，每天可以拍发由10个数码组成的气象电报，开始与远东地区乃至世界各地的重要气象台站进行气象电报通讯。新中国成立后成立了上海中心气象台，设置通讯台，负责华东区域各省气象电报汇集与广播、无线通报、转报台的联络，处理电台呼号、频率使用以及通信技术问题等。1957年通过海岸电台发布黄海、东海和台湾海峡海洋天气预报，开通了市民电话服务。20世纪70年代开展了极轨气象卫星和地球同步卫星云图接收和分析应用，安置了国产DJS-6型计算机设备进行气象业务自动化试验，率先实施三层模式数值预报业务。

1988年以来，建成了以PDP计算机为核心的通讯枢纽系统和以VAX计算机为核心的预报信息处理系统、新的业务一体化预报值班系统和气象卫星综合应用业务系统（"9210"工程）业务化运行，天气预报工作迅速迈进了信息处理自动化、操作流程规范化、预报制作无纸化的阶段。2003年建成了市—县2 Mbit/s ATM（异步转移模式）地面宽带网，后升速为10 Mbit/s。2008年建成IBM Cluster 1600高性能计算机系统，运算能力提高到4万亿次/秒，2012年建成曙光高性能计算机系统，运算能力提高到35万亿次/秒。

气象科研　1978年1月成立上海市气象科学研究所，5月筹建中央气象局气象科学研究院上海台风研究所，与上海市气象科学研究所实行一个机构、两块牌子。2001年在原上海台风研究所和上海市气象科学研究所的基础上重组为中国气象局上海台风研究所（上海市气象科学研究所），升级为国家级科研单位。2012年，经中国气象局批复独立设置上海市气象科学研究所，以沿海城市（群）气象为重点研究领域开展科研工作，形成以上海台风研究所和上海气象科学研究所为核心，开放实验室、研究中心、博士后工作站、科研工作组和业务单位科技力量组成的布局合理、各有侧重和重点发展领域（方向）的上海气象科技创新体系。

2005年后，上海市气象部门以2010上海世博会为契机，完成数十项省部级以上科研项目，"世博园区强对流天气动态预警技术""世博园区精细化气象预报预测技术研究与应用""上海城市和沿海大雾遥感监测预警系统""上海城市化进程下气候变化对能源消费影响的评估技术""台风风雨临近预报关键技术""上海地区化学天气综合监测""预报预警和应急技术研究"等多项科研成果获得省部级科技奖励,在数值预报、台风海洋、强对流天气、城市环境气象、气候与气候变化等核心领域取得一系列科研成果,并成功投入业务应用。

21世纪以来,上海市气象局累计获得省部级科研成果奖励30余项,在核心刊物上发表科技论文900余篇,并成功实施世界气象组织上海多灾种早期预警系统示范项目、上海城市气象和环境示范项目、上海世博会临近预报服务示范项目、登陆台风预报示范项目等四项国际示范项目,组织数十次国际培训和交流,多灾种早期预警等技术成果在世界气象组织公报、服务战略(the WMO Strategy for Service Delivery)等指导文件中体现,在国际气象科技领域取得较为显著影响。

展望 按照中国气象局和上海市人民政府共同确定的《关于加快推进上海率先实现气象现代化的实施意见》,到2016年,在全国率先建成结构完善、布局科学、功能先进、技术领先的气象现代化体系,包括精准化的气象监测、预报、预警业务体系,一体化的气象综合防灾体系,智能化的气象公共服务体系,城市应对气候变化和气候资源利用的科学支撑体系,全面提升服务上海、服务华东区域和服务全国的能力,使上海气象整体实力接近或部分达到同期世界大城市先进水平。

参考书目

上海市气象局,2011. 上海市基层气象台站简史[M]. 北京:气象出版社.

《上海气象志》编纂委员会,1997. 上海气象志[M]. 上海:上海社会科学院出版社.

《中国气象灾害大典》编委会,2006. 中国气象灾害大典·上海卷[M]. 北京:气象出版社.

(陈振林)

Jiāngsū qìxiàng

江苏气象(Jiangsu meteorology) 江苏省简称苏,位于116°18′E～121°57′E,30°45′N～35°20′N之间。地处中国大陆东部沿海地区中部,长江、淮河下游,东濒黄海,北接山东,西连安徽,东南与上海、浙江接壤,是长江三角洲地区的重要组成部分。江苏地势平坦,平原辽阔,河湖众多,水网密布。平原面积约占全省总面积的68.9%,其海拔高度绝大部分在50 m以下。水面约占全省总面积的16.8%。全省2014年登记常住人口7960多万人。面积10.26万平方千米,占全国面积的1.06%。海岸线954 km,长江横穿东西425 km。全省高速公路总里程超过4000 km。全省耕地面积7032万亩(1亩=1/15公顷),是著名的"鱼米之乡"。

天气气候特点 江苏省处于亚热带向暖温带的过渡区,气候温和,雨量适中,四季分明。年平均气温在13.6～16.1℃之间。各地极端最低气温通常出现在1月或2月,极端最低气温为-23.4℃(宿迁,1969年2月7日);夏季平均气温为25.9℃,各地极端最高气温通常出现在7月或8月,极端最高气温为44.0℃(扬州,1933年7月16日和17日)。年降水量为704～1250 mm,降水分布是南部多于北部,沿海多于内陆。单站年最多降水量出现在1991年兴化2080.8 mm。6月和7月间,受东亚季风的影响,淮河以南地区进入梅雨期,梅雨期降水量常年平均值大部地区在250 mm左右;一般在江淮梅雨开始之后的一周左右,淮北地区进入"淮北雨季",此时往往是暴雨频发,强降水集中的时段。全省年日照时数在1816～2503小时。

主要气象灾害 江苏地处中纬度的海陆相过渡带和气候过渡带,兼受西风带、副热带和低纬东风带天气系统的影响,气象灾害频发,种类多、影响面广,主要的气象灾害有暴雨、台风、强对流(包括大风、冰雹、龙卷等)、雷电、洪涝、干旱、寒潮、雪灾、高温、大雾、连阴雨等,加之江苏省经济发达,人口稠密,各类气象灾害带来的影响和造成的损失比较严重,而且还会诱发其他衍生灾害。

暴雨洪涝 江苏省东濒黄海,地处长江、淮河下游,江河湖泊水网交织。地势低洼,素有洪水走廊之称。每年6—8月,特别是梅汛期,暴雨频发,降水集中,江河湖库水位暴涨,加上客水大量压境,易导致洪涝。江苏省区域性和大范围暴雨的年平均日数分别为9.5天和4.6天,其中72%出现在春末夏初。年暴雨日最多分别为22天和12天,出现在1991年,也是梅雨期降水强度最大的一年。1951年以来,江苏省共出现全省性洪涝9次,其中尤以1954年和1991年的梅雨期长,暴雨频降,酿成江淮地区和沿江苏南地区特大洪涝灾害。2003年梅汛期,雨量偏多,属涝梅,淮河流域、洪泽湖周边及里下河地区遭受新中国成立以来第二大洪涝灾害。

热带气旋 江苏省位于华东沿海地区,每年夏秋季节都会受到热带气旋影响,也是造成气象灾害的重要天气系统。每年影响江苏省的热带气旋平均为3个,最多年份可达7个(1990年)。影响时间在5—11月,影响集中期是7—9月,其中8月份最多。由热带气旋造成的暴雨平均每年2.0次,其中51%是大暴雨和特大暴雨。热带气旋暴雨主要出现在7—9月,达到特大暴雨强度的热带气旋降水主要集中在8—9月,以9月为最多。热带气旋造成的6级以上大风平均每年2.5次,主要出现在7—9月。如1990年15号台风正面登陆江苏省太湖地区，1997年11号台风在浙江温岭登陆后北上，都在江苏省东部地区产生大暴雨，风力达10~11级，阵风12级，造成严重灾害。

干旱 江苏省地处亚热带到温带的过渡区，当冷、暖气流势力过强或过弱都会导致雨带远离江苏省，因而出现少雨干旱灾害，其中尤以灌溉条件差的宁、镇丘陵地区和淮北地区易生旱象。近50年来，夏季出现干旱的概率约为4年一遇，半数以上的夏旱年灾情十分严重；秋季出现干旱的概率为每2年一遇，三分之一的秋旱年会出现灾情。干旱还有跨季的持续性，如3、4月份出现春旱，而当年梅雨又偏少，就会出现春旱连夏旱；夏季出现高温伏旱，入秋后持续干旱，就出现伏旱连秋旱的灾害。春季易旱重度区在淮北地区，尤其在徐州和宿迁地区；秋季易旱重度区在江淮北部地区和徐州西北部地区，对农业影响较大。

大雾 江苏省雾日数常年平均值为36.6天，最大值年为1980年49.5天，最小值年为2005年19.1天。雾日达85天以上的基本位于沿海和沿江一带，最高值在泰兴99天。1961—2008年江苏雾日数月变化，11月雾日数最多，12月次之，秋末初冬相对较多，夏季最少。2006年12月24—27日一场罕见大雾突袭，全省大部地区出现能见度小于500 m，部分地区小于50 m的浓雾，给全省交通航运等造成了极大的危害，南京的大雾持续了51个小时，为1951年来持续时间最长的一次大雾过程。

雷电 雷暴在江苏是常见的气象灾害，全省分布较均匀，平均每年普遍在25~30天，最多为东山站有34.3天，最少为徐州也有22.5天，相对来讲，江淮和苏南地区比淮北多6~10天。年雷暴日数极大值分布相对较均匀，分布特征与累年平均年雷暴日数很相似。最低值在徐州有41天，最高值在溧阳73天。雷暴发生有明显季节变化特征，夏季是高发季节，春季是次高发期，秋、冬季雷暴较少。

<u>气象发展</u> 江苏气象历史悠久。南朝时期，在今南京就有测候机构。明洪武十八年（1385年）在南京鸡笼山（今北极阁）的西侧山巅建观象台，又名钦天台。清光绪三十二年（1906年）著名实业家、教育家张謇首先在南通创办"博物苑测候室"，后又建立"军山气象台"，并亲自担任气象台的"总理"，这是由中国人自己创办江苏近代气象事业的开始。民国十七年（1928年）国立中央研究院气象研究所在南京北极阁成立，竺可桢任所长。民国十九年（1930年）江苏省测候总站在镇江成立（后改建为省会测候所），之后江苏全境共成立72个测候所。

1950年华东航空处气象处及直属区台在南京成立。随后，江苏省军区又成立气象科，江苏气象事业开始恢复与建设。1953年遵循"既为国防建设服务，同时又要为经济建设服务"的方针，开始对外公开发布天气预报和警报。1957—1966年，是江苏气象事业大力建设和调整巩固时期。到1959年底，达到"专专有台、县县有站"，基本建成地面和高空探测站网。"文化大革命"期间，省、地两级管理机构被撤销或停止工作，但基本保持了气象观测资料的完整连续，后期恢复了省级业务管理机构。1980—1983年，江苏省气象部门从下到上顺利实施了上级气象部门和地方人民政府双重领导，以气象部门领导为主的管理体制改革。21世纪前10年，全面推进了以新一代天气雷达组网、地面自动气象站网、公共气象服务平台、气象预报预测系统平台、气象综合观测系统平台为重点的气象现代化建设。2006年实施了全省气象业务技术体制改革。2011年8月，中国气象局和江苏省政府签署《共同推进江苏率先基本实现气象现代化合作备忘录》，开启了江苏气象现代化建设的新征程。2012年7月，省政府印发《关于加快推进气象现代化建设的意见》。2014年11月，中国气象局批复《江苏省气象业务科技体制改革试点工作实施方案》。（参见第126页<u>江苏省气象局</u>）

<u>气象服务</u> 江苏省气象服务始于20世纪50年代初，主要为军事服务。1956年6月1日开始向公众发布天气预报。1983年起，各级气象部门开展有偿专业服务，服务领域逐步扩大，服务项目逐渐增多。1987年1月1日起，省气象台开始制作全省11个省辖市的短期天气预报，每天晚上由省电视台定时播出。1996年1月1日，省气象台影视科制作的首档电视天气预报节目在江苏电视台播出。1997年，全省气象台、站开通了"121"电话气象信息服务，社会公众可以随时拨打"121"电话了解气象信息。2003年开始，省气象台开展手机短信气象服务，2010年建成中国天气网江苏站，中国天气通江苏版于2012年7月上线运行。2011年开发了智能手机和iPad气象服务终端、气象信息员管理平台。开通省级"400"气象服务热线电话，日均拨打量达7500次；开通气象服务官方微博106个，微信31个。基本形成了为广大人民群众服务的公众气象服务、为各级领导和决策部门提供服务的决策气象服务、为相关行业和专业提供服务的专业专项气象服务的比较完善的气象服务体系。公众气象服务覆盖了所有电视、广播、报纸、电话、网络、电子显示屏等媒体载体。

为农气象服务 1957年开始天气预报、警报下乡，

在农村设立大批气象哨、组，逐步全面开展春耕春播、夏收夏种、秋收秋种三大农事季节服务。1986年组建省农业气象服务中心，开始利用卫星信息遥感技术，开展作物长势和产量预报。1989年恢复开展人工影响天气工作。2004年开通江苏"兴农信息网"，之后又开通"农信通"，通过手机短信向农民传递气象信息。2006年开始在电视天气预报节目中增加农业气象服务方面的内容。2010年，根据中央一号文件精神和中国气象局关于加强气象为农服务体系和农村气象灾害防御体系建设指导意见，通过发挥中央财政乡村气象服务专项在"两个体系"建设中的示范引领作用，加强集约化、标准化、系列化建设，延伸服务"链条"，提升服务能力，把"两个体系"建设纳入全省农业现代化工程、农村信息化、实施村级"四有一责"建设之中。截至2014年底，全省共有乡村气象信息服务站2094个，基本实现乡镇全覆盖；信息员36 370名，气象预警大喇叭15 096个。

交通气象服务 江苏是全国率先开展交通气象科研与服务的省份，早在1998年就以浓雾为切入点、沪宁高速公路江苏段为试验路段，研究高速公路大雾的监测和服务技术，建成沪宁高速公路气象保障与决策支援系统，由试验转向业务运行。2005年经中国气象局批准成立南京交通气象研究所，到2014年已获30余项科研项目资助，建成了覆盖全省交通网络的300多套全要素的江苏交通气象实时监测系统，与交通部门建成了交通气象信息共享系统。主持编制的交通气象行业标准《高速公路低能见度监测及浓雾预警标准》《公路交通气象条件等级标准》已颁布实施，主持设计的《交通气象监测站》获得国家两项专利，"江苏省交通气象服务业务平台"获中国气象局公共气象服务业务系统专业组第一名，主持研发的交通气象信息服务业务系统（TMISS V1.0）已在全国18个省（自治区、直辖市）推广应用。

防雷服务 江苏的防雷装置检测起步于1989年，自上而下成立避雷设施检测站（所）。1999年经地方编委批准，成立了省、市、县三级防雷中心或防雷安全管理中心，检测内容从直击雷防护装置拓展到感应雷防护、防静电等综合性检测。2001年开始对建筑施工图进行防雷专项审核、施工监督和竣工验收，各市、县（市、区）都已进入当地政府的行政审批（核）大厅开展防雷图审工作。2001年江苏的防雷工程专业设计、施工单位资质认定对社会开放，到2014年全省已有68家单位获得防雷工程专业资质，其中甲级1家、乙级37家、丙级30家。

应对气候变化 2009年9月江苏省政府印发《江苏省应对气候变化方案》，2014年12月省人大出台《江苏省气候资源保护和开发利用条例》，2015年6月省政府常务会议审议通过《江苏省应对气候变化规划》方案。邀请国内外著名专家举办科学（科普）报告会，与省电视台联合推出"气候变化大家谈"专栏，得到社会公众高度关注。在做好气候变化监测的同时，积极开展热岛效应、高温、雾、霾等极端天气事件发生、发展规律，气候变化事实、规律和对经济社会影响的研究，建成江苏省极端气候事件监测系统。开展了沿海地区风能资源精细化调查及风电场选址，对全省风能、太阳能资源评估，对11座跨江大桥、核电站、跨江电力线路建设等重大工程及南京城市总体规划修编气候可行性论证。编制完成了《江苏省气候变化评估报告》，围绕江苏省气候变化问题进行了较为全面、系统的综合评估，可为江苏适应和减缓气候变化提供科学依据。启动了分灾种气象灾害风险区划，编印了《江苏省气候图集》，气象在应对气候变化中的基础性科技支撑作用得到了发挥。

气象预报预测 江苏的天气预报工作历史甚早。军山气象台、中央气象研究所、省会测候所、国民政府中央气象局气象总台曾先后于民国六年（1917年）、民国十八年（1929年）、民国二十二年（1933年）、民国三十六年（1947年）分别在南通、南京、镇江等地开展天气预报工作，江苏实际已成为当时国内制作与发布天气预报的中心。1950年开始，华东区气象台在南京每日制作本地预报、区域预报与航站预报。1954年大区撤销后，南京气象台承担南京及全省范围的日常晴雨预报、灾害性天气预报以及海上大风预报。1958年后，全省专、县气象台、站普遍开展天气预报业务。20世纪70年代开始，先后引进数理统计方法、计算机技术，开展统计解释预报，建立和使用天气预报专家系统。1990年开始实时预报业务系统建设，1992年基本建成。1997年江苏省气象业务对下指导信息系统投入运行，形成了城市预报、区域天气预报、重要天气图形、雷达拼图、卫星遥感、农气情报预报、气候旱涝、农田旱涝等10大类，117项指导产品和信息。2003年，依托"9210"卫星工程和MICAPS（气象信息综合分析处理系统），成功研制了现代天气预报智能业务平台。2008年又对该平台进行了升级改造，实现了省市灾害性预警和预报服务产品"实时共享"。

2004年开始在全省各市、县建立视频会商系统，至2005年基本建成，在省台组织全省会商基础上，各市也依托这一平台，组织全市天气会商，汛期每天进行，非汛期一周两次。为做好南京2014年第2届青年奥林匹克运动会气象保障服务工作，推动江苏气象现代化建设迈上新台阶，2012 年省气象局对业务软件平台进行梳理，决定建设江苏预报业务一体化平台，经过 2 年多的建设对主要业务系统产品、各种观测资料、数值模式、科研成果进行统一规范的集成，建成了适应南京青奥会气象保障服务需求和流程的场馆精细化气象保障服务平台。初步实现了包括精细化预报、短时临近预报、山洪地质灾害与中小河流预报、海洋气象预报、环境气象预报等业务在内的省、市、县三级协同交互分析制作功能。

1983 年，江苏省气象台应用北京气象中心"B"模式和日本数值预报产品，建立省、市两级模式输出统计预报（MOS）配套方程。1987 年，短期 MOS 客观指导预报实现了全自动话。1988 年起制作发布 11 个省辖市的降水、气温等要素预报。1990 年起制作发布降水、风向、风速和最高、最低、气温 MOS 指导系列产品。2000 年 MOS 预报方程交由国家气象中心直接调用数值产品（T639）进行计算机生成江苏 5 天逐日滚动 MOS 预报，由"9210"卫星广播下发各市、县局，并可在气象信息综合分析处理系统中显示。2005 年，省台成立了数值预报科，逐步构建了数值预报系统平台，重点是对 T213 等产品进行检验评估，要素预报时效由 120 小时拓展到 168 小时，制作发布全省 891 乡镇和景点的要素预报。2008 年建立的高分辨率实时同化系统，能够提供丰富的要素和物理量预报产品，所有产品都能通过信息共享平台供全省各级台站使用。2013 年起着手建立精细化预报体系，初步建立了时间分辨率为 0～2 小时 10 分钟、2～24 小时 1 小时、24～72 小时 3 小时、72～168 小时 6 小时，空间分辨率为 3 km × 3 km 格点（重点区域 1 km × 1 km），预报单元到乡镇的常规天气要素全序列无缝隙精细化预报产品链，以及灾害性天气过程指导预报产品。预报准确率稳中有升，2014 年晴雨预报准确率加权平均为 86.38%，24 小时平均为 89.59%，最高气温预报准确率加权平均为 82.61%、最低气温为 85.56%，24 小时平均为 89.91%，89.64%。

气象观测 1917 年张謇在南通建成军山气象台，民国十七至二十六年（1928—1937 年）几乎县县都开展气象观测，民国十九至二十六年（1930—1937 年）南京开展高空探测，为中国首举。中华人民共和国成立后，全省气象探测工作有了新的发展，各县相继成立气象观测站。到 2014 年，全省有各类地面气象观测站 1600 个，其中国家气象观测站 70 个（基准站 3 个、基本站 21 个、一般站 46 个），区域自动气象站 1530 个；农气观测站 19 个，酸雨观测站 24 个，雷电观测站 25 个，GPS/MET（全球定位系统气象观测）站 65 个，海上自动气象站 10 个，交通气象观测站 353 个，实景视频观测站 70 个，船载自动气象站 4 个。2002 年开始，南京、徐州、连云港等地先后建成新一代多普勒天气雷达，至 2014 年底已达 8 部，为全国密度最高。与此同时，一些新型观测技术不断得到应用，包括风廓线雷达、海洋地波雷达、激光雷达、微波辐射计、三维雷电探测、大气成分、气溶胶（PM_{10}，$PM_{2.5}$，$PM_{1.0}$）浓度观测等，构成了布局基本合理，地基、空基有机结合，基本满足气象服务需求的综合气象观测系统。

南京国家基准气候站 南京国家基准气候观测站是中国较早成立的气象观测站。1905 年 1 月建立，之后曾迁至南京金陵大学、东南大学、北极阁等地，1956 年 1 月迁至南京市雨花区红花乡小教场，2008 年 1 月迁至南京市江宁区科学园月华路。100 多年来，南京站从支离破碎的观测到现在完整、连续观测，从少量的温、压、湿、风、雨量等几个要素到现在包含地面常规、高空探测、天气雷达、辐射、酸雨、大气成分、垂直风廓线等数十种要素的综合气象探测。

信息网络 20 世纪 80 年代以前，气象信息传输主要依靠无线电报。从 1978 年开始，江苏在全国率先引进 9 部 T1000 型电子电传机，与电子工业部 1028 所合作研制成功国内第一个"省级微机自动转报系统"，与上海气象电信台开通了标准（300～3400 Hz）载波话路，并在其上进行"三报一话"复用，第一次实现了气象图形图像资料的传输。

1996 年省、市气象台采用电信部门的分组交换网，首次实现远程数字电路传输，传输速率提高到 9600 Mbit/s。实施"气象卫星综合应用业务系统"（即"9210"系统）建设，省、市级气象台均布设了双向卫星通信地球站，大大提高了各级气象台站资料接收共享的时效。2003 年开始采用 SDH（同步数字体系）宽带数字专线，通信速率达到 2 Mbit/s，实现了省、市、县三级天气视频会商。2012 年采用 CMACast 卫星广播系统取代原卫星双向通信系统，数据广播速率大幅提高，每天接收卫星下发数据达 40 GB。至 2014 年底，上联中国气象局通信带宽达 44 Mbit/s，省市通信速率达 20 Mbit/s，市县通信速率达 10 Mbit/s。全省共建设 4 台浮点峰值运算能力合计达 45 万亿次/秒的高性能计算系统。

气象科研 1960 年江苏省气象科学研究所成立，1962 年撤销，1978 年重新成立。20 世纪 80 年代，侧重抓应用气象方面的研究。90 年代，全省气象科研工作上了新台阶，开发了"江苏省环境气象指数系列开发及其业务系统"共 8 大类 73 种气象指数。"江苏省农业灾害性天气气候诊断分析系统"经中国气象局组织在 20 多个省（市）推广应用，同时在江苏省首次农业科技成果转化奖中被评为三等奖。进入21世纪以后，全省科研工作的重点是从发挥气象现代化建设的整体效益出发，组织研发了自动气象站实时数据传输处理软件、新一代天气雷达资料传输、显示软件，以及基于现代化探测信息和数值预报产品释用的台风、暴雨、大雾、高温等灾害性天气预报服务业务系统，有效提高了中、短期灾害性天气预报的精确率，特别是提高了对暴雨、冰雹、雷雨大风等灾害性天气的预警预报能力。2011年以来，江苏省气象局从"强化主体、丰富载体、创新机制"入手，不断加强全省气象科技创新体系建设。围绕促进科研与业务相结合的核心目标，优化调整全省各部门科技资源，形成了以省局各业务单位为主要力量的科技创新主体。充分发挥江苏气象人才和科技区位优势，深化与在宁高校之间的开放合作，聚焦精细化无缝隙天气预报业务，启动了"南京大气科学联合研究中心"建设。"中国气象局交通气象重点开放实验室"获中国气象局批复建设；通过北极阁基金的设立，吸引了院校和部门外科技力量。制定了"科技项目管理办法""科学技术奖励办法""创新团队建设与管理办法"等若干管理办法，进一步完善了科研立项、科研组织、资金管理、绩效考核等机制的建设。"青奥会期间高影响天气监测预警服务技术集成与应用""江苏里下河地区因暴雨致鱼塘满溢预警技术的应用"等6个项目获国家科技部立项，"江苏近海大气边界层风场特征研究""三氟化氮辐射强迫、全球增温潜能与全球温变潜能的研究"等9个项目获国家自然基金。

展望　未来江苏气象现代化发展面临的机遇与挑战并存。2011年8月中国气象局和江苏省人民政府签订了《共同推进江苏率先基本实现气象现代化合作备忘录》，江苏气象事业的发展由此进入了新的征程。江苏省气象部门按省政府《关于加快推进气象现代化建设的意见》精神和建设"一流装备、一流技术、一流人才、一流台站"的要求，全面加强江苏现代气象业务体系、气象科技创新体系和气象人才体系建设。到2017年，在全国率先基本实现气象现代化。

参考书目

江苏省地方志编纂委员会，1996. 江苏省志·气象事业志［M］. 南京：江苏科学技术出版社.

《中国气象灾害大典》编委会，2008. 中国气象灾害大典·江苏卷［M］. 北京：气象出版社.

（翟武全　朱卫星　张芳）

Zhèjiāng qìxiàng

浙江气象（Zhejiang meteorology）　浙江省简称浙，地处118°01′E～123°08′E，27°01′N～31°10′N之间。2014年全省常住人口5508万人，面积10.18万平方千米。山地和丘陵占70.4%，平原和盆地占23.2%，河流和湖泊占6.4%，有"七山一水两分田"之说。全省大致可分为浙南山地、浙西丘陵、浙东丘陵、中部金衢盆地、东南沿海平原、浙北平原、滨海岛屿七个地形区。西南部为平均海拔800 m的山区，1500 m以上的山峰大都集中在此；中部以低山丘陵为主；东北部地势平坦，土层深厚，河网密布，湖泊星罗棋布。浙江岛屿众多，面积500 m^2 以上岛屿3061个，是中国岛屿最多的一个省。省内有苕溪、京杭运河（浙江段）、钱塘江、甬江、椒江、瓯江、飞云江、鳌江八大水系。

天气气候特点　浙江省属于亚热带湿润季风气候，季风显著，四季分明，气温适中，光照较多，雨量丰沛，雨热同季，是全国多雨的省份之一，气候资源配置多样，气象灾害繁多。

3—9月是雨季，降水量占全年降水量的78%，其中5—6月是梅雨季节，易出现梅汛期暴雨洪涝，降水量占全年降水量的27%；7—9月是台汛期，降水量占全年降水量的31%，东部易出现台汛期暴雨洪涝，西部易发生高温干旱。常年平均气温17.1 ℃，最冷月1月，平均气温5.6 ℃，极端最低气温−17.4 ℃（1977年1月5日出现在安吉）；最热月7月，平均气温28.3 ℃，极端最高气温44.1 ℃（2013年8月11日出现在新昌）。年平均日照时数1759.4小时，最大为2276.9小时（1963年），最小为1591.2小时（1999年）。年平均降水量1498.7 mm，最大年降水量2135 mm（1952年），最少年降水量1047 mm（1967年）。年平均降雨日数156.4天，最多达187.2天（1975年），最少为127.1天（2003年）。

春季，冷暖空气活跃，天气复杂多变，气温缓慢回升，空气湿润，多雨寡照。夏季，初夏始于6月上旬末至7月上旬末，进入梅雨期，雨量充沛，空气潮湿，多连续性降水。出梅后进入盛夏伏旱期（7月中旬至9月中旬），是高温、干旱高发时期，又是台风影响和登陆最多时期。秋季，9月下旬至11月下旬，冬季风迅速南下，多晴少雨，秋高气爽。冬季，11月下旬至来年3月中旬，气候寒冷干燥。某些年份会出现阴雨连绵，大雪纷飞，习称"烂冬"天气；有些年份降水异常偏少，习称"燥冬"，易发寒潮、大雪、冰冻、大风、雨凇、雾凇、大雾、霾等气象灾害。

主要气象灾害　浙江省主要有台风、暴雨（雪）、寒潮、大风（龙卷）、低温、高温、干旱、雷电、冰雹、霜冻、大雾和霾等气象灾害以及水旱灾害、地质灾害、海洋灾害、森林火灾等气象次生、衍生灾害。由于浙江省人口稠密，城镇密集，陆地和海洋经济活跃，气象灾害发生，易造成较大经济损失。据统计，每年气象灾害带来的直接经济损失约占全省GDP（国内生产总值）的1%~2%。

台风 台风（热带气旋）是浙江省危害最大的气象灾害。1949—2014年，影响台风共217个，年均3.3个，其中登陆台风43个，年均0.7个。登陆浙江省的台风主要出现在7—9月，占登陆台风总数的93%。台风给浙江省的人民生命安全和社会经济构成极大危害，如1956年12号台风使4925人丧失生命；1997年11号台风造成236人死亡，直接经济损失186亿，占当年全省GDP的4.0%；2004年"云娜"台风和2006年"桑美"台风分别造成164人和193人死亡等。随着社会经济的发展，预测和防御台风灾害的能力逐步得到加强，台风造成的人员死亡人数逐步下降到十位数、个位数，2007年"罗莎"强台风正面登陆并贯穿全省无一人死亡。

暴雨洪涝 暴雨洪涝是浙江省第二大气象灾害。梅汛期全省平均入梅时间为6月13日，出梅时间为7月9日，而浙南地区5月份进入前汛期雨季。梅雨期暴雨集中，时常造成山洪暴发、农田受淹、江河泛滥、房屋倒塌、地质灾害等。7—10月份受台风带来的暴雨影响，在全省范围内常会形成旱涝交替或东涝西旱，旱涝并存的局面。在1949—2014年有47年出现过台汛期洪涝。

高温干旱 高温干旱是浙江省常发生的气象灾害，一年四季都有可能发生，危害最大的是夏秋连旱。浙江从1949—2014年的66年中，发生范围较大，时间较长的严重干旱共有20年（约3年一遇）。1951年以来，属酷暑年的有2013年、2003年、1971年、1953年、1967年、2007年、1988年、1998年。2003年浙江出现历史罕见高温热浪天气，全省除海岛外大部分地区极端最高气温都高达40℃以上，农作物受灾面积达65.70万公顷（占总耕地面积的41%），成灾面积38.39万公顷，减产粮食105.71万吨，饮水困难人口321.11万人，造成直接经济损失47.87亿元，对浙江GDP造成0.6个百分点的影响。

寒潮 浙江省的寒潮主要发生在10月至翌年4月，以1—3月最多。严寒暴雪年份主要出现在1980年以前，但2008年1月13日—2月5日出现的持续低温雨雪冰冻天气，其强度之强、范围之广、时间持续之长为50年一遇，2月初浙江省陆域面积70%被积雪覆盖。这次给人民群众生产生活，特别是农业、林业、电力、交通、能源供应带来严重影响，经济损失及人口受灾为浙江省有气象记录以来所罕见。

强对流天气 浙江省是短时强降水、雷暴、雷雨大风、冰雹等强对流天气频发区域。2004年6月26日14时前后，临海市发生强雷暴，杜桥镇杜前村30位农民在树下避雨，不幸惨遭雷击，全部被击倒在地，死17人，伤13人。2005年9月3日临安市昌化出现罕见的局地特大暴雨，过程降水量达445 mm，3小时总量415.5 mm，造成昌化10个乡镇、8.8万人受灾，倒塌民房452间，引起山体滑坡300多处，11人死亡。2006年6月10日受飑线影响，浙北普遍出现了9~11级的大风，余姚市芝山出现32.8 m/s大风，宁波市等地出现强降雨、冰雹，给农业、林业、电力设施、市政、建筑、交通、旅游等都带来较重影响，直接经济损失5.5亿元。

雾、霾 雾、霾已成为浙江省的高影响天气。浙江年平均雾日内陆地区15~45天，山区50天以上，年平均霾日27.1天（人工观测数据）。海岛是大雾的多发区域，年平均日数一般在50天以上，南部海岛如大陈、南麂等地达100天以上。进入21世纪后，霾日明显增多，2014年浙江平均霾日数69.7天，1月是霾的高发期。雾、霾天气增多使得交通受到影响，呼吸道疾病患者明显增多。

气象发展 浙江气象历史源远流长，留存的气象和气候历史资料记录十分丰富，从东周开始就留有天象和气象观测记载。清光绪五年（1879年）起在沿海和岛屿建立海关测候所，到光绪二十一年（1895年）在宁波、温州等地建立6个测候所。1919年浙江省甲种农业学校在杭州笕桥设二等测候所用于教育。1928年竺可桢授命提出《全国设立气象测候所计划书》，浙江省气象测候网的建立得到推进，从1929—1948年，浙江省内办有各类测候所约有40余处，其中在1933年1月成立浙江省水利局测候所（1947年更名为浙江省气象所），1935年笕桥航校空军开始施放高空测风气球。由于战乱和日本侵略，再加上建制不一，管理混乱，测候所时有中断，并陆续撤销，到1949年仅剩11处。

中华人民共和国成立后，浙江省气象机构逐步调整健全。1958年台站大发展，1962年后又通过调整、提高、完善，至1972年全省建成专（市）有台，县有站的气象服务网。1983年起，浙江省气象部门开始全面实行上级气象部门和当地政府双重领导，以气象部门为主的管理体制。1992年建立中央和地方的双重计划财务管理体制，把为地方服务的气象工作列入当地国民经济发展计划和财政预算，进一步完善了气象工作双重管理体制。

1978年改革开放以来，气象监测预警能力明显提升。业务工作从"人工气象哨、耳机手抄报、主观作预报"，发展成立体观测、信息高速传输和数值预报应用等为主的综合气象业务系统。气象预报服务能力明显提升，预报准确率逐年提升，重大灾害性天气预报服务效益显著。气象服务领域从20世纪80年代前的重点为农服务拓展到100多个行业，服务产品增加到300多种。2010年浙江省人民政府与中国气象局签署省部合作协议，共同推进浙江气象事业发展。通过30多年的发展，全省气象现代化建设有序推进，气象事业得到长足发展，气象服务能力不断增强。（参见第127页浙江省气象局）

气象服务 浙江气象服务随着国民经济发展和社会需求增长而逐步发展。1953年开始通过新闻媒体公开发布灾害性天气警报，1956年公开发布日常天气预报，气象服务向全社会扩展。1997年1月省气象影视中心制作有主持人的电视天气预报节目正式开播。21世纪以来，围绕城市防灾减灾、安全运行、城市防汛、能源、交通、生态环境等重点领域，为各级领导部门做好决策服务；在人民生产生活、气象灾害防御、突发事件处置、大型活动保障等方面，全省气象部门通过广播电台、电视、报纸、电话、手机短信、互联网站、显示屏等多种渠道及时发布气象预报预警服务信息，为全社会以及人民生活提供了精细化、个性化的公众气象服务产品；为农业、工业、海洋、渔业、盐业、水利、交通等各行各业提供专业性专项气象服务，取得了良好的社会经济效益，得到人民群众的广泛好评。

防灾减灾气象服务 浙江气象部门坚持把防灾减灾和保障民生作为首要任务。面对台风、暴雨、大风、雷电、冰雪等各类气象灾害，努力做到严密监测、精心分析、滚动预报、及时预警、广泛服务、科学评估，千方百计为政府防灾、抗灾、救灾科学决策提供依据。各地气象部门形成重大天气向政府汇报制度，每年汛前提供汛期天气气候分析与预测意见，开展灾害性天气跟踪预报与气象情报服务，与防汛等部门建立应急联动与定时通报制度。2010年以来，围绕防灾需要，编制《公共气象服务白皮书》，建立10分钟更新一次的网格化暴雨预报系统，实施基本公共气象服务均等化行动计划，让社会公众及时了解各类气象服务产品和获取渠道。

为农气象服务 浙江气象部门始终把气象为农服务作为重要任务。20世纪50年代开始，浙江省气象部门与省农业厅下属各农场签订服务合同，提供气象预报及灾害性天气报警；各气象台对全年粮食生产提供全程服务，完成全省简明农业气候区划；开展粮食作物产量的长、中、短期预测工作，卫星遥感技术投入业务运行，对农业生产情况进行动态监测。2010年以来，在全省新农村建设的推动下，共建成气象防灾减灾标准化乡镇1365个，气象灾害防御标准化村（社区）1630个，有力促进了气象服务向农村的延伸。结合现代农业园区、粮食功能区和美丽乡村建设，建立茶叶、蔬菜、花卉等15个特色农业气象服务基地。建立了专业合作社、农业大户气象服务联系卡制度，为16类3万余个大户开展针对性直达式气象服务。与农业厅等部门合作，联合建立了农业气象防灾减灾联合会商制度，在德清县建成了全国首个新农村建设气象工作示范县。

海洋气象服务 舟山渔场是中国重点渔场，20世纪90年代前，每年冬季有沿海"六省一市"十万渔民汇集，开展近3~4个月的渔业生产。1957年起，由沪、浙、苏、闽气象部门组织成立海上流动气象台（1986年后由浙江省气象局负责组织，之前为上海气象局负责）开展现场气象服务。1959年5月浙江省人民委员会正式批准建立中国第一个渔业流动气象台——舟山流动气象台，随渔业指挥部行动。从1989年组建舟山市海洋渔业气象台开始，浙江省先后建成温州、台州、宁波、舟山、嘉兴等沿海市级海洋气象台、海洋气象广播电台，还建立了嵊泗、北仑等县（区）级海洋气象机构，到2002年成立了全国首家省级海洋气象台，初步形成了省局和有关市局上下配套的浙江省海洋气象业务服务系统，服务领域不断拓展，在沿海地区逐步开展航线预报、海岛旅游、滩涂开发、海洋养殖、港口开发、沿海核电、风力发电、石油钻探等服务，取得了较好的社会效益。1994年10月舟山海洋气象大功率广播电台建成并投入使用，2008年3月完成升级改造并播发中央气象台的海洋气象预报。省气象局分别与省海事局、省海洋与渔业局签署战略合作协议，建立多部门联动机制。完善"蓝色公路"航线气象服务，为29条舟山岛际客运航线提供专业专项气象服务，拓展国内二类航线气象服务。积极推进现代渔业气象示范基地建设，开展了杭州湾、舟山等跨海大桥建设项目气候条件分析论证及海岛风能、海岸带气候资源评估工作。

人工影响天气 浙江省自1958年起开展人工影响天气研究和作业，着力抗御干旱和增加水资源。成立省人工影响天气办公室，建成了由飞机、火箭组成的人工影响天气作业体系，不失时机地开展人工增雨作业。组织地面作业队伍标准化建设，实施人工增雨抗旱、增雨蓄水和增雨森林消防等常态化作业，推进综合人工增雨作业示范区建设，不断完善火箭人工影响天气服务体系。同时，积极拓展服务领域，实施人工影响天气作业试验，积累经验并提升服务生态环境保护、空气净化以及人工消雹等作业能力。到2014年，全省10个市56个县（市、区）设有人工增雨作业点255个，增雨火箭架97部，飞机作业设备1套，为进一步做好人工影响天气工作打下了基础。

气象预报预测　浙江省气象预报工作由传统的天气学经验预报方法，逐步发展到以数值预报为基础的现代天气预报业务。进入21世纪以来，形成了以气象信息综合分析处理系统（MICAPS）和灾害天气短时临近预报系统（SWAN）为工作平台，建立精细化气象要素预报业务和灾害性天气的监测预报预警业务，能够提供0~3小时短时定量降水预报和强对流天气落区预报、0~72小时公众天气预报和0~168小时城镇天气指导预报、中期旬降水量和平均温度距平与天气过程等预报。开展了中期逐日滚动预报、延伸期预报、短期气候预测和海洋、交通、电力等专业气象预报业务。研制开发了浙江省快速更新同化预报、精细化降水融合预报等预报业务系统。预报准确率逐年提高，2014年24小时晴雨预报准确率为86.5%。

自20世纪自60年代开始开展短期气候预测（当时称长期天气预报）工作，从天气气候经验方法、统计学方法为主，发展到20世纪90年代动力学数值预报的气候预测方法。21世纪以来，建立了现代化的气候预测业务体系，能够提供定量化的月、季、年降水、气温趋势预测和主要灾害发生可能的预测、10~30天内的强降水、降温过程预测的产品。2012年月降水趋势预测评分在全国排名第一，降水和温度预测综合评分66.1。

气象观测　20世纪40年代后期起，浙江省就着手开展气象观测网建设，2002年开展自动观测系统建设。截至2014年底，综合立体气象观测系统基本布局为：国家级地面气象观测站71个，其中国家基准气候站3个，国家基本气象站20个，国家一般气象站48个；区域自动气象站2287个；酸雨观测站13个；S波段多普勒天气雷达8部，局地警戒雷达2部，风廓线雷达6部，移动天气雷达4部，L波段探空雷达3部；闪电定位站14个，大气电场仪163个；测风塔7座；浮标站2个；气溶胶质量浓度观测站16个；农田小气候站25个，自动土壤水分观测站26个。形成了地面气象观测站网、区域自动气象站网、雷达观测网、三维闪电定位系统和专业气象监测网等多网融合的业务格局。

临安区域大气本底观测站　位于浙江省杭州市临安横畈镇大罗村，海拔高度138.6 m，建成于1983年，是中国最早建设的4个大气本底污染监测站之一，是世界气象组织全球大气观测网（GAW）区域大气本底站。主要承担区域大气本底业务观测和向全球提供观测数据任务，包括：世界气象组织全球大气观测计划提出的区域观测台站主要监测项目，对中国华东地区本底大气中的温室气体、大气微量反应性气体、大气气溶胶、降水化学、辐射等进行长期和系统观测，为分析评估长江三角洲区域发展过程中对城市化环境、大气成分、气候等的影响提供科学数据。2005年该站通过科技部国家野外站专家评审，成为首批大气成分本底国家野外站之一。

气象信息网络　1959—1991年浙江先后建立有线和无线（移频）电传通信网络，代替了传统的莫尔斯手工抄报，组成了陆地台站间和沿海台站间的话务通信网、气象台站与社会用户之间的专业服务通信网，开通省气象台至上海中心气象台（区域气象通信枢纽）的省际通信电路，全省11个地市气象台实现了与省气象台的地面专线联网。1994年起全省开展"气象卫星综合应用业务系统工程"（"9210"工程）建设，省、市、县三级气象部门建设PC-VSAT（单向接收站）卫星接收站，实时接收中国气象局下发的气象资料和指导预报产品。2002年开展全省地面气象宽带网建设，省、市两级为2 Mbit/s ATM-LAN专线（异步传输模式局域网），市、县两级为10 Mbit/s IP-VPN（内部专用网络）宽带网。2008年全省地面气象宽带网全面改造，实现气象数据专网和视频会商专网分开，数据专网采用4 Mbit/s MSTP线路，视频专网采用2 Mbit/s SDH（同步数字体系）线路，2011年数据专网升级为20 Mbit/s。2003年引进峰值运算能力达124亿次/秒小型计算机，主要应用于数值预报释用。2012年建设曙光高性能计算机，整体峰值性能达到32.61万亿次/秒，主要用于省内数值模式预报。

气象科研　20世纪30年代，浙江开展气象工作的同时开展了气象科学研究，日军入侵浙江以后，气象科学研究也处于停顿状态。20世纪50年代后，浙江气象科学研究工作得到迅速发展，在天气、气候、农业气象、人工影响天气、自动化技术等领域广泛开展应用技术的研究。1978年成立省气象科学研究所后，实行专职人员搞科研与专业技术人员兼职搞科研相结合的体制，气象科研成果不断涌现。

改革开放以来，科研与技术开发能力进一步增强，2012年浙江省科学技术厅、中国气象科学研究院、浙江省气象局、浙江临安青山湖科技城管委会签署四方合作协议，共同建设中国气象科学研究院浙江分院。

2000年以后，浙江气象部门以地方社会经济发展对气象服务的需求为牵引，围绕关键科技问题持续攻关，先后承担省部级和国家级科研项目近百项，陆续开发了一批气象监测、预报、预警技术方法和应用系统，精细化天气预报和短时临近预警技术等方面取得长足进步，取得了在农业气象、大气环境、气候变化等领域的许多实用性成果，专业气象服务技术也得到了发展。"浙江强台风精细预报关键技术""浙江省小流域致灾强风暴监测预警技术研究""浙江省生态气候资源区划及气候变化影响评估"等项目获得省部级科技奖励。

21世纪以来，浙江省气象局累计获得省部级科研成果奖励18项，世界气象组织信托基金奖1项，在核心刊物上发表科技论文600余篇，取得多项具有实用性和国内领先水平的科技成果。至2014年，浙江省初步形成了结构合理、集约全省科技骨干的省级科技创新团队11个，为气象业务发展提供了有力的科技支撑，促进了科研业务的转化。

展望 面对浙江经济社会发展的需求和挑战，省气象部门将以服务经济社会发展和民生改善为宗旨，加快推进气象现代化，大力开展"气象预报精准化、气象服务均等化、气象监测自动化、气象保障标准化"建设，争取建成功能先进的气象预报预测体系、覆盖城乡的公共气象服务体系、布局科学的气象综合观测体系、可持续发展的气象事业支撑保障体系，气象预报预测准确率、气象技术装备水平、气象科技创新能力、气象人才综合素质等将全面提升，公众气象服务社会满意度稳定提高、基本满足全省经济社会发展和民生改善的需求。

参考书目

浙江省气象局，2009. 浙江省基层气象台站简史[M]. 北京：气象出版社.

浙江省气象志编纂委员会，1999. 浙江省气象志[M]. 北京：中华书局.

《中国气象灾害大典》编委会，2006. 中国气象灾害大典·浙江卷[M]. 北京：气象出版社.

（黎健　陈梅）

Ānhuī qìxiàng

安徽气象（Anhui meteorology） 安徽省简称皖，位于长江中下游地区，114°54′E～119°37′E，29°41′N～34°38′N之间。全省面积13.96万平方千米，其中平原占27%，丘陵占26%，圩区占19%，山区占28%。境内从北到南依次为淮北平原、江淮丘陵、皖南大别山区、皖中长江冲积平原和皖南山区。长江、淮河横贯省境，分别流经全省长达416 km和430 km，大致将全省划分为淮北平原、江淮丘陵和皖南山区三大自然区域。境内主要山脉有大别山、黄山、九华山、天柱山。全省共有河流2000多条，湖泊110多个，著名的有长江、淮河、新安江和全国五大淡水湖之一的巢湖。2014年末全省常住人口为6082.9万人。

天气气候特点 安徽省属暖温带向亚热带的过渡气候型。全省常年平均气温在14～17℃之间，最热的7月份平均气温在28～29℃，最冷的1月份平均气温在-1～4℃；境内极端最高气温历史极值43.3℃（霍山，1966年8月9日），极端最低气温历史极值-24.3℃（固镇，1969年2月6日）。年平均降水量介于750～1700 mm之间，有南多北少、山区多、平原丘陵少的特点；江南南部为降水量最多区域，最多可达1700 mm，最大日降水量为493.1 mm（岳西，2005年9月3日）；淮北一般在900 mm以下。降水主要集中在5—9月，每年6月中下旬到7月上中旬，一般都有一段集中降水期，即称梅雨天气，梅雨期长度平均为24天。年平均无霜期大部地区在200～250天之间。年日照时数一般为1710～2280小时。

主要气象灾害 安徽省气候复杂多变，境内洪涝、干旱、台风、雷电、大风、冰雹、龙卷、雨雪冰冻等气象灾害多发频发，其中暴雨洪涝和干旱灾害最为严重。据统计，在农业自然灾害中因气象灾害造成的损失占81%，其中洪涝灾害占61%，旱灾占20%。为了防御和减轻气象灾害，保障国家和人民生命财产安全，2007年8月安徽省出台《安徽省气象灾害防御条例》。

暴雨洪涝 安徽省春、夏、秋三季均可出现暴雨，5—9月是暴雨洪涝灾害的易发时段，尤其是6—7月的梅雨季节，因境内降水集中，强度大，又常遭遇客水过境，造成暴雨洪涝灾害高发。1949—2000年，全省境内发生成灾面积66.7万公顷以上的水灾22次。其中，1954年长江流域发生近100年来最大的特大洪水，安徽境内3个月内有48天暴雨，大别山区吴店的日最高雨量达422.6 mm，长江超警戒水位100余天，全省受灾农田304.9万公顷，受灾人口1500万人，因灾死亡2873人。1991年江淮地区发生特大洪涝，5月18日—7月13日暴雨不断，7个大水库出现建库以来最高水位，粮食减产109亿千克，受灾人口4314.7万人，因灾死亡921人，直接经济损失275.3亿元。1999年安徽江南出现特大山洪、洪涝，粮食减产95亿千克，受灾人口4019万人，因灾死亡172人，直接经济损失233亿元。

干旱 安徽省各地、各季节均有干旱出现，其中以秋旱次数最多，时间最长，范围最大，危害最重。1949—2000年，全省境内发生成灾面积66.7万公顷以上的水灾17次。1978年长江中下游地区发生新中国成立后罕见的大范围持续干旱，安徽大型水库均已见底，大片农田干裂，秋季作物大部分枯死，水稻、棉花等作物大幅减产，人畜饮用水极为困难。1994年7月中旬至8月中旬发生大旱，受旱面积329.7万公顷，520万人、100万头牲畜饮水困难，直接经济损失117亿元。2011

年安徽省遭受 50 年一遇的秋、冬、春三季连旱，造成严重的经济损失。

风雹 安徽省风雹灾害比较普遍，不仅年年有，而且各地都有出现的可能，冰雹常伴有大风暴雨，破坏性强，直接损失大。其中，南方重于北方。全省年均 56 次，风雹灾害面积年均 14 万公顷。如 2009 年 6 月 3—7 日，安徽省大部分地区先后发生风雹灾害，农作物受灾面积 253.5 万亩（1 亩 = 1/15 公顷），瓜菜大棚倒塌 11.6 万亩，畜禽大棚倒塌 209 万平方米，农业因灾直接经济损失达 16.2 亿元。

气象发展 安徽省现存最早的气象记录，是 1880 年芜湖天主教堂的降水量记录。1924 年后，增加气温、气压、湿度、风向等观测项目。随着航空事业发展需要，安徽省政府于 1937 年 10 月设立测候所。至 1949 年新中国成立前夕，全省有合肥、安庆、屯溪 3 个气象测候所。

新中国成立后，1950 年 3 月华东军区气象处在安庆市建立全省第一个气象站，1957 年全省气象台站发展到 47 个，初步形成气象台站网络。在"文化大革命"期间，基本气象业务受到严重冲击，不少观测和科研项目无法开展，天气预报准确率不高。1975 年起，全省各气象台站陆续更新仪器和设施，推广预报新技术，预报准确率明显提高。

1979 年 2 月安徽省气象局在全国率先提出恢复以气象部门领导为主的管理体制的建议，得到省革委会的批准。1980 年—1983 年 9 月，根据国务院批转中央气象局《关于改革气象部门管理体制的请示报告》的通知和中央气象局的部署，安徽省气象部门顺利实施上级气象部门和地方人民政府双重领导，以气象部门领导为主的管理体制改革。1985 年安徽在 IBM-PC 机上开发的月报表编制程序，1988 年在 APPLE 机上开发的面向基准站的测报程序以及 2003 年起开发的 AHDM4.0 地面测报软件都在全国推广使用。21 世纪前 10 年，全面推进了以新一代天气雷达组网、地面自动站网、公共气象服务平台、气象预报预测系统平台、气象综合观测系统平台为重点的气象现代化建设。2006 年安徽省政府印发《关于加快气象事业发展的决定》，全面建设"公共气象、安全气象、资源气象"的新型气象事业，同时实施了全省气象业务技术体制改革。2008 年 12 月安徽省人民政府和中国气象局在全国率先签署《共同推进气象为安徽农村改革发展服务合作协议》，省部级合作推进农村综合信息服务站建设、粮食增产气象保障服务工程建设，提高农村防灾减灾和粮食增产的保障能力。2005 年在蚌埠市成立了全国第一个流域性气象服务中心——淮河流域气象中心，同时成立了淮河流域气象业务服务协调委员会。（参见第 129 页 安徽省气象局、第 80 页 流域气象中心）

气象服务 安徽省气象服务始于新中国成立之初，气象工作主要为军事服务。1956 年 6 月和 8 月起，安徽人民广播电台和《安徽日报》开始发布和刊登天气预报。1985 年以来，先后开展了电视天气预报、防雷检测、"12121" 自动咨询电话、气象短信、施放气球等服务，服务范围涉及各行各业，技术手段和服务水平不断提高。2008 年 11 月安徽被中国气象局确立为首批公共气象服务试点省。2009 年 6 月在全国率先成立省级公共气象服务中心。到 2014 年，安徽基本建成电视天气预报数字化演播系统、"96121" 电话气象信息服务平台、气象短信预警信息发布平台、省突发事件预警信息发布平台、县级公共气象服务平台等气象服务载体，气象信息覆盖报纸、广播、电视、电话、网络、手机、电子显示屏、乡村大喇叭、自助终端等媒介，形成了较为完善的决策、公众、专业、专项服务为一体的气象服务体系。

防汛抗旱气象服务 防汛抗旱是安徽气象服务的重中之重。长期以来，防汛抗旱气象服务在安徽省各级党委、政府历次组织的防汛抗灾救灾决策中发挥了十分重要的作用，特别是在 1954 年、1991 年、1999 年、2003 年、2007 年特大洪涝灾害，1978 年、1994 年、2011 年的特大干旱灾害中，防汛气象服务发挥重要作用。1991 年夏，淮河发生特大洪涝，国务院和省委、省政府根据气象预报，果断决定将王家坝分洪时间推迟 8 小时，圩区 2 万名群众得以及时安全转移。1994 年夏，安徽遭遇历史罕见干旱，气象部门在 4 月份就做出准确预报，各级政府确定了以抗旱为主的指导方针，在汛期蓄水、引水 176 亿立方米，保证了全省人、蓄用水和 266.7 万公顷农田的灌溉。2007 年淮河流域发生全流域性大洪水，安徽将气象应急指挥车开到王家坝，将淮河雨情、水情、汛情、灾情等信息以及王家坝防汛现场图像直接传到国务院、国家防汛抗旱总指挥部，受到国家领导高度评价。

为农气象服务 为农气象服务一直是安徽省气象服务重点工作之一。1992 年成立安徽农业气象中心。到 2014 年全省建成 22 个农业气象观测站、3 个国家农业气象试验站、163 个土壤水分观测站、39 套农田小气候观测仪、36 个农业气象物联网示范点，自主研发了高清会商与移动可视会商一体化平台、农业气象物联网应用服务平台，并投入业务化运行。开展了农用天气预报、农业气象灾害监测预警评估、农业保险气象服务、春耕春播、"三夏""三秋"关键农时专题服务等10余种农业气象服务，以及主要农作物产量预报，其中水稻、油菜、小麦、玉米等产量预报准确率达到96%以上。1998年安徽省按照"政府主管、农委牵头、气象主办"的模式建立安徽农网，在全国率先启动"信息入乡"工程，采用"五路并进"的方式推进信息"进村入户"，构建了农村信息服务平台和五级服务组织体系，网站日均点击率超过25万次，开展星火科技"12396"电话信息服务，促成网上交易额180多亿元，被广大农民誉为"致富金桥""科技之窗"。2011年以来，省气象局被列入省国家农村信息化示范省建设领导小组、省农业物联网发展工作领导小组成员单位，承担农村信息化示范省级平台、农业物联网工程试点建设等任务。2009年以来，在全省大力推进农业气象服务体系、农村气象灾害防御体系建设，到2014年底已建成14 179个气象信息服务站、43 013名信息员（乡镇覆盖率达100%），2682个农村大喇叭，3313块电子显示屏，210台"直通三农"综合信息自助终端，开通微信、微博、爱农云服务客户端和"爱农帮"公益助农服务平台，受众达43万多人。

交通和旅游气象服务　1985年安徽省气象台开始探索通过气象预警接收机为专业用户提供气象预警服务，到2014年已覆盖到各行各业，特别是交通和旅游气象服务在全国发挥示范作用。2010年以来，在全省高速公路沿线建成223个气象监测站，实现了能见度15 km、其他气象要素30 km间距、每分钟1次的自动化动态监测，建立了由1个省级中心、16个市级分中心组成的高速公路恶劣气象条件监测预警系统，实现了气象监测预警与交通、公安等部门的共享与快捷发布。2011年安徽省明确全省境内拟建和计划新开工建设的所有高速公路项目应同步规划、设计、建设恶劣天气气象条件监测预警系统。同时，中国气象局将黄山景区列为全国旅游气象服务示范区，安徽大力推进黄山旅游气象服务试点，建立了3套旅游气象业务系统、4项旅游气象业务建设与管理规范、1个防灾减灾中心，承载旅游气象服务5项功能，初步建立山岳型景区旅游气象服务体系，其建设成果入选2012中国旅游公共服务外包最佳园区十强（TOP10）。

应对气候变化服务　1984年开始，安徽开展环境影响评价工作，成立省气象局环境保护室，获建设项目环境影响评价资格乙级证书。2008年完成全省风能资源普查，编制完成《安徽省风能资源评估报告》，2010年开始为风电企业提供风功率预报服务。2010年1月安徽省在全国最早出台《安徽省应对气候变化方案》，提出了气候变化对安徽省淮河区域旱涝灾害的影响及适应对策。2012年7月成立安徽省气候可行性论证中心（气象灾害风险评估中心），各地市相继成立气候可行性论证分中心（气象灾害风险评估中心），开展了大气环境评价、江淮分水岭风机提水应用试验、核电站选址气候可行性论证等服务工作。开展了农业气候资源区划、全省主要气候灾害普查、淮河流域气候资源对农业与水资源影响评估、安徽省雨雪冰冻和暴雨洪涝风险区划。

林业和电力气象服务　安徽森林火险等级预报服务开始于1997年，2005年研制了火险登记预报系统，利用数值预报产品制作全省区域性森林火险登记分布图，为森林防火指挥部门组织防火灭火提供重要依据。1999年起，安徽省电力公司与省气象局建立了电力气象服务系统，电力气象服务产品为电力调度具有很好的参考价值。

人工影响天气　1958年成立安徽省人工控制天气委员会，1973年恢复省气象局人工降雨办公室。1997年7月省编委正式批准成立省人工降雨防雹办公室，2001年9月省人工降雨防雹领导小组更名为省人工降雨防雹联席会议，下设办公室（在省气象局）。到2014年底，全省拥有人工影响天气作业高炮60门，新型火箭160套，建成96个标准化的固定人工防雹增雨工作站点，在抗旱保苗、森林防火、水库蓄水、空气质量和生态环境改善等方面发挥积极作用，特别是为安徽粮食生产"十一连增"做出了重要贡献。

雷电灾害防御　1986年开始，安徽气象部门在全国气象部门率先向社会提供雷电灾害防御技术服务，成立省防雷中心，全面开展防雷装置竣工验收、安全性能检测、雷击风险评估、雷电事故调查评估和鉴定、防雷工程设计技术评价，以及现代防雷技术及应用研究工作。2005年4月为加强全省防雷减灾工作，安徽省人民政府出台《安徽省防雷减灾管理办法》。到2014年，安徽省建成7个闪电定位监测站，初步构成雷电监测预警和服务网络。

气象预报预测　短期天气预报业务于1953年7月在合肥气象台开始，1957年开展中、长期天气预报，1972年合肥气象台更名为安徽省气象台。1987年以来，安徽以数值预报产品资料和常规、非常规观测资料为基础，应用气象卫星综合应用业务系统"9210"和气象信息综合分析处理系统（MICAPS）为主要工作平台，建立了各类常规要素客观预报系统、暴雨等灾害性天气落区客观预报系统，建立了中尺度数值预报业务系统。开发应用了灾害天气短时临近预报系统（SWAN）等预报支撑系统，天气预报准确率、预报精细化程度明显提高，0~3天晴雨预报准确率达85%以上。

1986年成立省气象局资料室，先后改名为省气候资料室、省气候应用所（省气象档案馆）。1998年6月气象档案馆与省气象台合并，成立省气象防灾减灾中心。自1982年起，安徽将气候影响评价列为日常业务工作之一。目前，短期气候预测的方法主要包括物理统计、数理统计和动力气候模式产品的降尺度应用等。

气象观测　安徽最早气象观测始于1880年。1950年3月华东军区航空气象处在安徽建立安庆气象站，至20世纪60年代，基本完成"专专有台、县县有站"的气象台站网。1969年在合肥安装第一部国产天气雷达，之后又分别在全省安装了11部711，713和714型天气雷达。1999年合肥建成全国第一部具有世界先进水平的S波段多普勒天气雷达。到2014年，全省共建有新一代天气雷达7部、风廓线雷达1部、数字化天气雷达3部、移动C波段天气雷达2部，移动风廓线雷达1部，82个地面气象观测站，2个高空气象探测站和1个高山无人站；建有2272个区域自动气象站，2个太阳辐射观测站，7个闪电定位监测站，64个卫星通信/水汽监测站，1个大气成分观测站，2个大气成分观测站，7个酸雨观测站，4个风能资源观测站，3个气溶胶质量浓度监测站，形成了比较完善的综合气象观测网络。为加强全省气象探测环境保护工作，2009年5月安徽省率先在全国出台首部气象探测环境保护方面的气象法规——《安徽省气象设施和气象探测环境保护办法》。

黄山气象站　1955年6月在黄山光明顶建起气象站，承担国家基本观测站任务。1985年在光明顶建立我国第一部714天气雷达，2007年更新为多普勒雷达。（参见第444页黄山气象站）

信息网络　安徽气象通信技术开始于20世纪80年代中期，1988年组建甚高频电话通讯网，1992年建成全省地市以上气象部门计算机远程通信系统。1998年基本建成气象卫星综合应用业务系统（"9210"工程），全省气象通信进入现代网络化通信时代；之后建成基于虚拟专用网络（VPN）的全省气象宽带通信网，2005年底省气象局到中国气象局的宽带通信网正式投入业务运行。2004年完成了IBMP690高性能计算机建设，2009年底省—市—县SDH（同步数字体系）专线投入业务运行，从而实现SDH与VPN网络的互为备份运行。至2012年，安徽省、市、县三级气象部门全部建成高清视频会商系统。

气象科研　1960年9月安徽省气象台改为省气象科学研究所，1969年撤销，1973年又恢复重建，2002年调整为安徽省气象局直属单位。2005年经安徽省科技厅批准，设立省大气科学与卫星遥感重点实验室。2014年经安徽省发改委批准，成立农业生态大数据实验室。1958年创刊的《安徽气象》（后改为《气象与减灾》）被省政府批准注册的省一级气象科学学术期刊。

新中国成立以来，安徽省气象局120余项科研成果获省部级以上科技奖励，其中国家科学技术进步奖二等奖1项，省部级科学技术一等奖2项。省气象局参与研制的"我国梅雨锋暴雨遥感监测技术与数值预报模式系统"获国家科学技术进步奖二等奖，"极轨卫星遥感图像用TVGA卡显示程序研究""安徽省新一代气象综合业务系统开发研究与建设"分别获省科学技术进步奖一等奖。

展望　未来安徽气象现代化发展面临的机遇与挑战并存，安徽省气象部门将围绕省委、省政府提出的战略目标，以全省经济社会发展需求为导向，重点推进气象防灾减灾能力、基层公共气象服务体系、农村信息化服务能力和产业发展气象保障服务能力建设，到2020年基本建成适应安徽经济社会发展和防灾减灾需求，结构完善、布局合理、功能齐备、机构健全、管理规范的气象现代化体系；基本建成以公共气象服务为引领、以气象预测预报为核心、以综合气象观测为基础的现代气象业务体系，气象整体实力达到国内同期先进水平，若干领域达到国内同期领先水平；实现气象预报预测准确率、公众气象服务满意度、气象科技创新能力、气象人才综合素质等全面提升，建立形成与安徽气象事业发展相适应的体制机制。

参考书目

安徽省地方志编纂委员会，1990. 安徽省志·气象志［M］. 合肥：安徽人民出版社.

安徽省气象局，2010. 安徽省基层气象台站简史［M］. 北京：气象出版社.

安徽省气象局，安徽省气象学会，2012. 安徽省气象志（1986—2005）［M］. 北京：气象出版社.

《中国气象灾害大典》编委会，2007. 中国气象灾害大典·安徽卷［M］. 北京：气象出版社.

（于波）

Fújiàn qìxiàng

福建气象（Fujian meteorology）　福建省简称闽，陆地位于欧亚大陆东南边缘，地处115°50′E～120°43′E，23°32′N～28°19′N之间；北连浙江，西邻江西，南接广东，东隔台湾海峡与台湾相望，陆地平面形状似一斜长方形，南北最大间距约530 km，东西最大间距约480 km；陆地面积12.14万平方千米，海域面积13.6万平方千米，陆地海岸线长达3752 km，位居全国第二。福建河流众多，水系发达，流域面积在5000 km²以上的河流有5条：闽江、九龙江、汀江、晋江和交溪。福建的森林覆盖率为63.1%，居全国首位。2014年全省常住人口3806万人。

天气气候特点 福建省大部分属中亚热带，闽东南部分地区属南亚热带，是东亚和中国季风气候最显著的地区之一。处于东、西风带交替影响的过渡区和温带、热带各类天气系统频繁活动及经常影响的地区，气候总体上属于亚热带海洋性季风气候，其突出特点是气候资源丰富和气象灾害多发。春季的气候特点是多雨寡照，冷暖无常，强对流天气活跃，暴雨洪涝比较频繁，降水占全年降水量的52.5%；夏季是气候最炎热、台风活动最频繁的季节，降水占全年降水量的29.3%；秋季是风和日丽、秋高气爽、气候宜人的季节，也是降水量骤减，容易出现秋旱，沿海大风频繁的季节；冬季是气温最低、降水量很少的季节，常见的灾害天气主要是寒潮与强冷空气造成的低温雨雪冻害。

全省年平均气温为19.5 ℃，各县市年平均气温为15.0~21.7 ℃，气温分布随着纬度自北向南递增；全省极端最高气温43.2 ℃（福安，1967年7月17日），极端最高气温40 ℃以上的县市占48%；全省极端最低气温-12.8 ℃（建宁，1991年12月29日），极端最低气温0 ℃以下的县市占92%。全省年平均降水量为1654.0 mm，各县市年降水量为1132.4 mm（崇武）~2059.0 mm（柘荣），年降水量分布受天气系统和地形、地势影响，由西北向东南递减，沿海是少雨地区，武夷山、鹫峰山区是主要的多雨地区。全省年平均日照时数为1702.0小时，各县市年日照时数为1491.8（邵武市）~2174.6小时（东山县）。

主要气象灾害 福建省气象灾害多发，灾害重而又常见的有台风、暴雨洪涝、干旱、寒潮（低温雨雪冻害）、倒春寒、五月寒、寒露风、大风、冰雹、雷电。在气象灾害中，台风是最主要的气象灾害，造成的直接经济损失占54%；暴雨洪涝（不含台风所致）次之，造成的直接经济损失占32%；干旱和低温冻害位列三、四名，造成的直接经济损失接近6%~7%。

台风 福建平均每年有6.9个台风登陆或影响，其中登陆1.6个。从台风登陆看，1956—1965年为偏多期，1986—1995年为偏少期，2005年以后进入一个新的偏多期。福建省每年都因台风造成不同程度的灾害损失，2005年受"龙王"台风影响，全省9个设区市、66个县（市、区）、582个乡镇，402.79万人受灾，紧急转移53.7万人，死亡127人，失踪6人；全省农作物受灾130.79千公顷，死亡大牲畜4.093万头（只），房屋倒塌944间；全省直接经济损失约74.78亿元。2006年8个热带气旋登陆或影响福建省，据不完全统计因台风受灾人口1020万人，死亡317人，造成直接经济损失152.36亿元。

暴雨洪涝 受地理位置、地形地貌和气候背景影响，福建的洪汛季节主要集中在春、夏两季的梅雨与台风期，洪水陡升陡降，沿海洪峰水位常因潮水顶托升高而加重灾情。1998年受暴雨洪涝灾害影响，全省9个地市有735.01万人受灾，15个县城进水，倒塌房屋66.1万间，死亡184人，农作物受灾983万亩（1亩=1/15公顷），直接经济损失107.7亿元。2010年6月13—27日，出现历史罕见的持续性暴雨天气过程，最大日雨量达266.6 mm（顺昌），最大过程雨量达784.2 mm（顺昌），全省53个气象站出现暴雨，持续暴雨日数长达14天，单站持续暴雨日数达5天（泰宁、浦城）；此次持续性暴雨过程致使山洪暴发，江河猛涨，地质灾害频发，全省77个县（市、区）、922个乡镇、404.86万人受灾，紧急转移101.5万人，倒塌房屋5.95万间，因灾死亡78人（其中因地质灾害死亡67人）、失踪79人，直接经济损失144.6亿元。

干旱 福建的气象干旱以春旱、夏旱和秋冬旱为主，其中夏旱发生的频率高、强度大、危害重。1983年出现的夏旱，范围广、旱情重、危害大，全省66个县市农田受旱面积达537万亩，其中严重受旱的156.6万亩，作物旱死的达9.5万亩。1986年的夏秋旱，全省9地市62个县市的744个乡镇受灾，农田受旱面积为698.5万亩，超过全省耕地面积的三分之一，粮食减产6.6亿千克，农业经济损失4.5亿元。1991年1月起，全省大部分地区连续9个月雨量较常年偏少，出现春夏连旱，影响范围广、持续时间长，全省农田受旱面积1025万亩，导致工业产值较上一年减少20亿元。

低温冻害 低温冻害是影响福建的气象灾害之一，主要指秋末至冬初由强冷空气活动（寒潮）带来的冻害和春秋季由于气温偏低给农作物带来的低温冷害（倒春寒、五月寒、寒露风）。自20世纪70年代末以来，随着气候变暖，低温冻害发生频率有变少的趋势。2008年1月下旬至2月上旬，福建省出现了大范围持续性阴冷天气，西部、北部遭受罕见的低温冻害，部分县（市）最低气温持续在0~3 ℃（高海拔地区-3~0 ℃）；1月下旬中后期至2月初，西部、北部的部分县（市）先后出现冰雪、持续性的冻雨和道路结冰；2月4日福建西部、北部地区再出现较大范围的雨雪天气过程，共有17个县（市）出现雪或雨夹雪天气，给电力输送、交通运输、农业生产、林业、人民生活等各方面造成较严重的影响，据不完全统计，直接经济损失53.6亿元。

气象发展 福建气象事业始于19世纪80年代，是中国近代气象事业发展比较早的省份之一。1880—1886年，法国、英国等传教士先后在福州、厦门设立了近代的气象观测点，积累了气温、降水等基本气象资料。1934年在福州设立测候所，后迁到永安县改名福建省测候总所，1939年改名福建省气象局，隶属国民党政府建设厅，1946年改名福建省气象所。到1946年，全省先后设立福州、莆田、武夷山、厦门、龙岩等24个测候所。1949年10月全省剩下10个测候所勉强维持工作。

新中国成立初期，气象台站由军事系统统一管理，1951年9月成立福建军区司令部情报处气象科，接管省气象所所管辖的12个测候所，并改称气象站，调整、加强和新建了一批气象台站，统一了业务规章制度、技术规范、仪器装备，逐步建立起正常的工作秩序，并开展了预报、情报服务，为解放沿海岛屿，做了大量的气象保障工作。1955年开始，福建气象台站网建设进入高速发展阶段，至1960年全省气象台站已达118个，基本建成了全省气象观测网和气象服务网。在"文化大革命"前期，气象业务受到严重影响。1970年6月中国第一套气象卫星云图接收机在省气象台建成并投入业务运行。

1983年福建省气象部门顺利实施了上级气象部门和地方人民政府双重领导，以气象部门领导为主的管理体制改革。20世纪末期，以中尺度灾害性天气预警系统建设为龙头，带动气象事业全面发展，整体性提高了气象现代化水平，卫星、雷达、自动化站等气象监测能力明显增强；2009年《福建省气象条例》的发布和实施，标志着福建气象事业发展和法制建设迈入新的里程；福建与台湾气象科技交流取得重大突破，呈现出"未三通，先通气"的良好态势。

21世纪前10年，全面推进了以新一代天气雷达网、地面自动站网、公共气象服务平台、气象预报预测系统平台、气象综合观测系统平台为重点的气象现代化建设，初步形成布局合理的综合气象观测系统，精细化预报能力有了明显提高，气象服务领域不断拓展。（参见第130页福建省气象局）

气象服务 福建省气象服务始于1947年初，发布福州市区24小时天气预报，在吉祥山瞭望台悬挂台风示警黄旗。中华人民共和国成立后，气象服务开始发展，20世纪50年代初期气象主要为国防建设和军事活动服务，1953年气象转为地方政府建制后，既为国防建设服务又为国民经济建设服务，气象服务领域开始拓宽。1994年福建省气象局在电视台播出天气预报节目，1996年首次推出由气象部门制作主持人播讲的电视天气预报节目。福建与台湾隔海相望，2007年省气象局同省海洋与渔业局、海峡之声广播电台合作举办广播节目，每天滚动播出48小时台湾海峡渔业气象与海况预报，开始发布海峡航运等海洋气象服务产品，为海峡航运及两岸渔民生产保驾护航。2012年3月福建省气象台与省海洋预报台在福建省渔业气象及海况预报中，增加发布钓鱼岛海域未来7天的预报。2013年10月出台《福建省气象灾害防御办法》，气象部门加强灾害监测、预警和服务能力建设，基本形成了由天气预报、气候预测、人工影响天气、雷电防御、农业气象与生态、气候资源开发利用等构成的气象服务体系。

防灾减灾气象服务 防汛抗（风）是福建防灾减灾工作的重中之重。福建省各级气象部门在历次暴雨洪涝、台风等灾害性天气过程中，及时准确预警，以防为先，趋利避害。2006年6月18日龙岩永定突发特大暴雨，早上06—07时一小时降雨达124 mm。龙岩市气象局根据凌晨04时的雷达等资料开展短时临近预报服务，通过手机短信、电话、电视等及时发布暴雨预警，当地政府及时转移6万多人，有效地减少了人员伤亡和财产损失。在2010年6月13—27日连续性暴雨过程中，南平延平区南山镇水库出现重大险情，下游7个行政村8700多名群众的生命财产安全受到威胁，气象部门加强天气监测，及时发布短时临近预报、预警，为防御气象灾害赢得了宝贵的时间。

公共气象服务 福建省各级气象部门始终以国民经济建设和人民群众生产生活为服务重点，以为农服务、重大灾害性天气预报预警服务、重点建设服务等为核心，全面推进气象现代化建设。深化海峡气象研究，扩大闽台气象交流合作，做好海峡防灾减灾气象服务，全力保障福建经济社会发展和台湾海峡交通安全。20世纪90年代中期以来，全省各级气象部门不断丰富服务手段，以提高农业、农村和城市气象防灾减灾水平为重点，通过广播电台、电视、报纸、电话、手机短信、"知天气"手机客户端、气象网站、微博、微信、气象电子显示屏、大喇叭等多种渠道及时发布气象预报预警服务信息。进入21世纪以来，社会各行业对气象服务要求不断提高，省气象部门拓宽服务领域，加强专业气象服务产品的开发，服务范围涵盖农业、林业、旅游、航空、电力、交通、水利、海洋作业、环保、保险、商业等国民经济的多个领域。

人工影响天气 1959年福建省气象局开展纸壳球形人工增雨土炮和土火箭的试制研究，1960年4月首次在福州鼓岭利用迫击炮、土炮弹、土火箭、气球等携带催化剂入云播撒，及在地面燃烧碘化银等催化方式开展人工增雨试验。1974年在古田水库建立人工增雨试验基地，开展人工增雨效果的检验研究，十余年共取得244次随机观测资料和大量分析结果，1987年荣获国家气象局科学技术进步奖二等奖。50多年来，依靠科技进步，逐步建成了由飞机、新型火箭、地面燃烧炉多种装备组成的全天候人工影响天气作业体系。到2014年全省共装备人影作业火箭发射架141套、运载工具车99部、地面燃烧炉4部、新一代多普勒天气雷达6部、作业点5462个、兼职持证上岗人员1210人，建立以赣粤闽跨区域飞机人工增雨和省级作业天气预警、效果评估业务，建立闽西北特色农业人工防雹、闽南沿海和九龙江流域抗旱作业为主的海西人影服务体系。

为农气象服务 福建为农气象工作可追溯到20世纪50年代。1954年省气象局在福建省农业科学研究所设气候站，后改为福州中心农业气象站，负责全省农业气象工作，主要开展早稻防烂秧的田间小气候观测试验。1962年省气象局设立农业气象研究室及5个农（林）业气象试验站，主要开展水稻、小麦、甘薯、大豆、花生、油菜等观测，开展农业气象情报服务。全省各级气象部门把为农业服务作为气象工作的重要任务，初步建立农业气象业务服务体系，开展了重要农事季节和作物生长发育关键期的农用天气预报、农业气象情报分析、农业气象灾害监测预报、农作物病虫害气象等级预报、粮食作物产量预报、森林火险气象等级预报、特色农业气候区划和农业气象灾害风险评估业务服务，建立了政府主导、部门合作的长效机制，增加了为农气象服务内容，扩大了服务范围，丰富了服务手段，提升了服务能力，为各级党委、政府、农业部门和广大农业生产者提供了农业气象保障服务，在农业防灾减灾、粮食增产、农民增收、农业增效中发挥了重要作用。

气象预报预测 福建省气象预报预测经过长期发展，初步建成现代天气业务框架，开展短时临近、短期、中期天气预报业务及数值预报产品检验评估和模式性能诊断业务，加强了灾害性天气和气象灾害监测与联防，开展10～30天延伸期气候预测研究和服务业务。开展海洋气象业务体系建设，初步建立了海洋气象监测、预报、警报、服务和科研业务体系。依托重点项目建设，省气象局陆续建成了中尺度数值预报系统（FJ-WRF、FJ-RUC）、各级决策气象服务系统及台风路径和暴雨的客观预报方法、沿海大风和风暴潮气象条件预报系统等；开发了海洋天气预报服务平台；完成了中尺度气象信息集成显示系统和新一代天气预报业务系统开发，在业务应用中逐步完善，预报准确率逐年提高。2012年福建24小时晴雨预报准确率为85.3%；气候预测以及气候资源评估等技术取得长足进步。

气象观测 清光绪六年（1880年）在福州仓前山泛船浦的闽海关，设立了福州海关测候所（为福州国家基准气候站前身），观测内容有气温、雨量、风向、风速等气象要素，开启了福建用现代仪器进行气象观测的历史。截至2014年，全省有国家级地面气象观测站70个，其中国家基准气候站4个、国家基本气象站24个、国家一般气象站42个；建成6个新一代天气雷达站、1863个自动气象站、4个高空气象观测站、3个风廓线雷达站、9个GPS/MET（全球定位系统气象观测）站、3个大型海洋气象浮标观测站、1个温盐站、23个农业气象观测站、32个自动土壤水分观测站、4个酸雨观测站、3个辐射观测站、2个气溶胶质量浓度观测站、5座风能观测塔、9个雷电观测站、1个电离层闪烁观测站，初步形成了比较完善的综合气象观测网络。

气象信息网络 气象信息网络发展迅速，从20世纪50年代起广泛应用莫尔斯电报通信、气象传真图、载波通信等，采用人工处理各类气象信息。随着气象科技进步和事业发展，1993年省气象台开通至上海区域气象中心的中速线路，逐步建成计算机局域网、广域网。进入21世纪，全省气象信息网络得到跨越发展，形成了集地面宽带网、卫星通信、核心网络平台为一体的综合业务系统。2003年引进高性能计算机系统，2013年系统计算能力升级到80万亿次/秒，省级数值预报业务处理能力快速提高。建成了全省高清天气会商系统、本地和区域探测资料综合分析显示系统，包括高性能计算机群、多用户视频系统、综合探测系统显示平台、信息海量存储及信息共享服务系统，为预报业务、气象科研及气象服务提供重要支撑。

气象科研 1958年成立福建省气象科学研究所，2006年建立福建省气象科技创新基地，2013年成立海峡气象科学研究所（福建省气象科学研究所），组建海峡气象开放实验室。

福建省气象部门围绕海峡西岸经济区建设，实施"科技兴气象"战略，推进气象科技创新体系建设，组建了数值预报产品解释与应用技术研究、延伸期气候预测研究、特色农业气象、人工影响天气、气象资料应用与信息技术开发等创新团队，重点在灾害性天气（如台风、暴雨、雷电、冰雹等）形成机理和预测预报技术、数值预报产品释用、气候预测及气候变化影响分析与应对策略、生态与农业气象监测预报评价、气象观测技术、大气成分监测分析及其气候效应、空中水资源开发利用技术、雷电等级预报及防护技术等方面加强研究和技术开发，气象科技创新和科研成果业务转化能力得到提升。"热带大气季节内振荡对华南持续性暴雨过程的影响及其在延伸期预报中的应用研究""台湾海峡致灾大风预报预警研究"等项目获得公益性行业（气象）科研专项支持，"复杂地形下台风近地风场特性及其对大型柔性结构风振的影响"获得国家自然科学基金项目支持；"台风系统中尺度暴雨预报研究"等5个项目获得福建省科学技术进步奖二等奖，新型风向传感器等9个成果获国家实用型专利和发明专利。

深化闽台气象科技交流合作，举办"海峡两岸自然灾害防治交流合作研讨会""两岸气象科学合作计划研究成果发表研讨会""海峡民生气象论坛"等活动，成为促进海峡两岸气象交流合作的重要平台。

展望 到2020年前，建成结构完善、功能先进、适应需求、保障有力的气象现代化体系，形成具有福建特色、与之相适应的气象事业结构新格局，不断提升气象服务能力、综合实力、创新活力、工作影响力，整体水平达到国际先进、国内领先水平，为福建经济社会发展和人民福祉安康提供优质高效的气象服务。

参考书目

福建省气象局，2011. 福建省基层气象台站简史[M]. 北京：气象出版社.

李修池，1999. 福建气象五十年[M]. 北京：气象出版社.

（董熔）

Jiāngxī qìxiàng

江西气象（Jiangxi meteorology） 江西省简称赣，位于长江中下游南岸，24°29′N～30°04′N，113°34′E～118°28′E之间。全省2014年常住人口为4542.2万人。全省面积16.69万平方千米，其中山区占36%，丘陵占42%，平原占22%；水面面积占全省的10%。境内南高北低，边缘群山环绕，中部丘陵起伏，北部平原坦荡，四周渐次向鄱阳湖区倾斜，形成南窄北宽、开口向北的盆地状地形。武夷山脉的黄岗山海拔高度2157.7 m，为全省最高峰。境内大小河流2400余条，总长度约1.84万千米，其中赣江、抚河、信江、饶河、修河为五大主要河流，流水汇入鄱阳湖后再注入长江。境内水系属长江流域的约为97.4%；属珠江、钱塘江、韩江等流域的约为2.6%。

天气气候特点 江西地处亚热带季风气候区，四季分明，光照充足，雨量丰沛。春季阴冷多雨，偶有桃花汛；夏季高温多雨，间有台风影响；秋季风和日丽，秋高气爽；冬季湿冷，多偏北大风。年平均气温16.4～19.8 ℃，无霜期长达240～307天；最热的7月平均气温27～31 ℃，最冷的1月平均气温2～9 ℃；极端最高气温历史极值为44.9 ℃（1953年8月15日，修水），极端最低气温历史极值为－18.9 ℃（1969年2月6日，彭泽）。年平均降水量1300～2000 mm，是全国的多雨省区之一；其中九岭山、怀玉山和武夷山一带是多雨区，年雨量1800～2000 mm；长江南岸的九江附近和吉泰盆地的吉安附近是少雨区，年雨量1400～1500 mm。年日照时数1380～2120小时，北部多于南部，平原多于山区。

主要气象灾害 境内主要的气象灾害有洪涝、高温干旱、风雹、低温冷害、低温冻害、高温逼熟、雷电、台风、大雾等。造成损失一般占年国民经济总产值的3%～5%，严重年份可达15%～20%，其中洪涝、干旱、低温冷害最为严重。

洪涝 洪涝是江西省最主要的气象灾害，局部洪涝年年都有。江西洪涝灾害多出现在4月至7月上旬，有些气候异常的年份也会出现春汛、秋汛和冬汛。一般4月份开始出现洪涝，5月份稍有增加，6月中旬至7月上旬洪涝次数最多，占全年的61.3%。1998年的特大洪涝灾害致使全省79个县（市、区）1329个乡镇受灾，其中有40个县504个乡镇重复受灾。受灾人口2213.14万人次，受灾面积共165.40万公顷，倒塌房屋105.14万间，近4万家企业停产或半停产，直接经济损失达387.14亿元，其中农业损失331.62亿元。2010年6月中下旬全省出现的连续暴雨过程，导致东乡县、资溪县、南城县、临川区和余江县5个县城被洪水围困，6月21日抚州市临川区唱凯堤决口。暴雨洪涝灾害及山体滑坡、泥石流等地质灾害共造成全省1752.4万人次受灾，因灾死亡46人，紧急转移安置148.9万人次，受灾面积181.3万公顷，直接经济损失502.1亿元，其中农业直接经济损失61.6亿元。

干旱 江西的干旱是仅次于洪涝的主要灾害。主要发生于夏秋季节，春旱、冬旱少有发生。夏秋季干旱又分伏旱和秋旱（秋季干旱明显），其中秋旱重于伏旱且范围大。有气象记录以来全省性特大干旱灾害的年份为1963年、1978年、1988年、2003年、2007年、2011年。2003年6月下旬至9月上旬持续高温干旱，使境内86%以上的县（市）严重干旱，直接经济损失24亿元，其中农业损失20.8亿元。

风雹 风雹是江西省春季常见的灾害性天气之一，它们往往是几种天气相伴出现，对农业生产和生命财产危害极大。2006年4月11—12日的一次强对流，全省有27个县市54次出现8～11级雷雨大风、冰雹、强降水等强对流天气，最大瞬时风速达31.9 m/s。导致5人死亡，直接经济损失超过9亿元。

低温冷、冻害 1949年以来，江西境内发生比较严重的低温冻害年份有1962年、1966年、1973年、1991年、1999年、2008年。其中2008年1—2月的大范围低温雨雪冰冻天气，其范围和持续时间均为历史罕见。据统计，雨雪冰冻天气造成全省2210.1万人次受灾，因灾死亡7人；农作物受灾面积120.5万公顷，绝收35.3万公顷；因灾造成直接经济损失263.6亿元。

雷电 江西省各地年均雷暴日数为46～94天，属于雷击多发地区，雷击灾害严重。据不完全统计，2000—2014年，全省共发生雷击灾害事故3000余起，死亡近1000人。江西省雷电天气一年四季都有可能发生，其中12月和1月份发生的频率较低，3—9月为雷电多发月份。

台风 江西受台风影响的时段一般在5—11月，7—9月份为台风影响的高峰期。台风影响有利有弊，给江西盛夏带来清凉的同时，也会给局部地方带来短时强降水，并引发洪涝、地质灾害等。2005年9月的"泰利"台风，是近30年来对江西省影响最严重的台风之一，造成潦河流域出现洪涝。2012年8月的"海葵"台风带来的强降雨致使昌江、乐安河水位一度全线超警戒，景德镇、上饶、鹰潭部分地方出现洪涝、内涝，全省直接经济损失32.9亿元。

气象发展 1885年2月英国人在江西九江设立海关测候所，江西开始有气象观测。1928—1929年江西水利局在全省设立11个水文、气象观测站，开始了设站观测气象的历史。1936—1940年江西建立了10个测候所，开始了专门的气象观测。1942年江西省气象台建立，1948年增建九江气象台，部分气象台站开展了高空测风观测和航空天气预报。由于战争原因，1949年上半年各气象台、站先后裁减或停止工作。新中国成立后，恢复和建立气象台站，1958年实现了"各县有站、各专区有台"。

新中国成立初期，江西气象工作的主要任务是积累资料，为军事部门提供气象情报。1954年南昌气象台建立，开始制作发布天气预报。1955年南昌增加探空、日射观测，大部分气象站开展农业气象观测，1970年后，全省第一部天气雷达投入业务运行，增加卫星云图接收设备，气象台、站配备气象传真接收机，各气象台站制作农业气象预报和气候影响评价，微型计算机在全省气象部门广泛应用，使得天气预报、大气探测、资料整理、农作物产量预报等工作效率和工作质量大大提高。1991年开始，省农业气象中心利用卫星遥感技术在监测降雪范围、洪涝灾害、森林火险以及预测粮食产量等方面取得了显著成效，为政府决策发挥了重要参谋作用。

（参见第131页江西省气象局）

气象服务 江西气象部门对社会开展服务始于1954年，1月20日首次在《江西日报》和江西人民广播电台发布"寒潮消息"。此后，服务内容不断完善，服务手段不断更新，服务领域不断拓展，服务水平和效果不断提高，特别是1985年以来，江西的气象服务经历了电视天气预报、天气电话自动答询、天气预报警报、气象短信、网络信息等阶段，其内容包括天气预报、防灾减灾、气候资料、防雷、气候论证、气象科普等服务，使气象服务遍及各行各业，气象信息覆盖所有公众媒体和广大人民群众。

防汛抗旱气象服务 暴雨洪涝与干旱是江西的主要气象灾害，做好防汛、抗旱是江西各级党委和政府工作中的重中之重，也是气象服务工作中的重中之重。江西大水年3年1遇，全省平均每年出现大暴雨日17.4个（24小时降水量100～200 mm）。干旱主要发生在夏、秋季节，中等以上的伏旱或秋旱3年2遇。1973年6月底至7月上旬，赣北连降暴雨，柘林水库大坝告急，省政府根据气象部门暴雨将减弱结束的预报，决定不分洪、不炸坝，避免了可能造成的巨大损失。2010年汛期有15次强降水轮番袭击江西，降水量创近35年来最高纪录，造成严重洪涝灾害。气象部门精心组织，准确预报，及时服务，为全省抗洪救灾发挥了重要作用，得到了国家防总、中国气象局和江西省委省政府的高度评价。1978年江西出现伏、秋、冬连旱，全省72个县（市）受旱，气象部门设立人工增雨炮点278个，作业1226次，解除24.5公顷农田的旱情，52万公顷农田的旱情得到缓解。1979—1982年柘林水库的枯水期，在库区开展飞机人工降雨29架次，作业区平均降水12 mm，水库水位平均升高1.04 m。2000年省政府发布《江西省人工影响天气管理办法》，成立江西省人工影响天气领导小组办公室，经过近些年建设形成了覆盖全省的集飞机、火箭、高炮、地面燃烧炉为一体的空至地立体化联合作业能力。

为农气象服务 江西是农业大省，气象部门紧紧围绕农业生产、农业结构调整、科技扶贫、气候资源开发利用开展气象服务工作。江西的气象为农业服务主要是提供气象情报和天气预报，利用山区气候资源在井冈山扩大双季稻种植，推广农业气候区划成果，创新中国以来种植柑橘最高纪录。1986年开始，江西气象部门广泛开展气象科技扶贫工作，通过卫星遥感监测，政府部门在洪涝、干旱、森林火险、农作物种植面积和产量估测等方面提供了系列服务。配合全省农业结构大调整，气象部门积极组织开展"开发利用农业气候资源、搞好农业项目的气候论证"工作，完成各种项目的农业气候论证400余项，其中110余项被政府部门和生产单位采用，80余项受到奖励。加强农业环境监测和研究，在原有18个农业气象观测站的基础上又增加了6个农业生态观测站。开展农用天气预报的研究及应用推广，至2012年全省中央财政"三农"服务专项实施县达21个县（市）。

应对气候变化服务　江西气象部门在应对气候变化方面取得成效。江西省气象局成立了资料室气候组（后更名为江西省气候中心），完成了《江西的气候变迁》《江西气候史料》编写，开展了气候影响评价工作。开发了省级气候变化业务系统在全国推广应用；建立了江西省和鄱阳湖流域近50年气候变化基础数据集，系统揭示了江西省和鄱阳湖流域气温呈上升趋势、降水量和降水强度略有加大的事实；提出的《江西近50年气候变化特征和影响分析及对策建议》得到省委领导同志的重视；完成了《江西省应对气候变化方案》，由省政府正式印发全省实施；参与编写了国内第一个低碳经济白皮书《绿色崛起之路——江西省低碳经济社会发展纲要》《江西省应对气候变化"十二五"规划》《江西省农业温室气体排放清单》等，主编了《鄱阳湖流域气候变化影响评估报告》，参与编写了《华东区域气候变化报告》，由气象出版社正式出版。结合需求开展决策支撑，向地方政府提供气候变化决策咨询，开展应对气候变化的科普宣传，获得政府管理部门好评。

重大工程气象服务　江西省境内国家重点工程较多，尤其是高速公路建设里程4000多千米。江西省气象部门为景婺黄、福银、井泰、昌铜等10多条高速公路建设提供专业化、精细化的气象服务。省气象部门与各高速公路建设总部签订《高速公路施工气象服务合同书》，全程为其提供气象保障服务，还通过手机短信在第一时间向施工人员发布建设路段沿线天气预报和灾害性天气预警。还为生米大桥、英雄大桥、京九铁路、昌北机场等重大工程提供了有特色的气象服务，保障了省内各项重大工程建设顺利竣工。

水电气象服务　江西省气象局与江西省电力公司有16年的合作历史，服务手段从传真、警报服务发展到网络终端、专线服务，服务产品也由过去的定性文字产品发展到现在的多要素、图形化的定量产品。江西省气象局专门建立了电力服务产品的专业服务网站，服务产品包括全省80多县市的实况资料、多年历史资料、中长期天气预报和各类短期天气预报等，为省电力部门提供全方位气象服务。与江西省内10座大中型水库签订了服务合作协议，每天为这些水库制作流域面雨量预报，确保水库调度运营和防汛安全工作。

气象预报预测　江西开展天气预报业务最早始于1946年，由南昌空军测候区台绘制第一张简易天气图，首次为飞行提供天气预报。1954年南昌气象台开始制作全省范围的短期、中期、长期天气预报，1958年全省县气象站开始制作和发布本县补充天气预报。随着天气雷达和卫星云图接收设备的建设以及全省气象通信网络的改善，多种先进探测方式的气象资料被应用于天气预报。20世纪80年代微型计算机被广泛引用，天气预报开始走向人机结合的道路，建立了汛期暴雨和强对流专家系统等预报方法，开展雷达回波、云图分析等诊断分析方法和基于数值预报的MOS（模式输出统计）预报方法，以数值预报为依托建立了适用于各站点的春季低温连阴雨、夏季高温、冬季强冷空气等天气过程的中长期预报方法，并投入业务应用。1998年正式取消手绘天气图，应用计算机平台制作天气预报。进入21世纪，江西气象部门致力于数值预报的开发、灾害性天气预报方法的研发以及精细化预报水平的提高等现代天气预报业务。如：以数值预报为依托，开发了江西省暴雨、强对流、大雪、冻雨、雾等重要灾害性天气的预报方法，并投入业务应用。引进BJ-RUC系统（北京快速更新循环同化预报系统），经本地化开发，建立了水平分辨率达到3 km的中尺度数值模式同化及预报系统，并将其预报产品应用于强对流潜势落区预报和中小河流洪水、山洪地质灾害等业务系统。24小时、48小时晴雨预报准确率分别达86%，80%。

气象观测　江西建立气象台站始于1929年，由江西水利局建立11个水文观测站。新中国成立后，江西的气象观测站迅速发展，至1959年实现了"区区有台，县县有站"。20世纪70年代开始，测风雷达、卫星云图接收设备、传真接收机、天气雷达等新的技术装备投入使用，江西省气象台研制成功"天气雷达数字化图像传输系统""天气雷达数字化组网拼图系统"，地（市）气象台雷达站参加省气象台雷达站人工数字化组网拼图。

到2012年，全省共有91个地面气象观测站，其中国家基准气候站5个、国家基本气象站21个、国家一般气象站65个，高空气象探测站2个；建成2307个区域自动气象观测站，10个太阳辐射观测站，12个雷电监测站，63个GPS/MET（全球定位系统气象观测）站，2个大气成分观测站，12个酸雨观测站，4个自动负离子观测站，52个自动土壤水分观测站；有7部天气雷达，其中新一代天气雷达5部，常规数字化天气雷达1部、移动多普勒天气雷达1部；有18个农业气象观测站，6个生态与农业气象观测站，6个风能资源观测站，初步形成了比较完善的综合气象观测网络。

信息网络　20世纪70年代前，江西气象台站通信的主要方式是广播、电话和电报。20世纪80年代气象传真广播投入业务使用，建立了覆盖省、市、县三级的全省甚高频气象辅助通信网及气象警报系统，成为气象信息发布的主要手段之一。各气象站应用PC-1500袖珍计算机编传气象报，通过气象辅助通信网开展无线数据传输业务。进入21世纪，江西"气象卫星综合应用业务系统"（简称"9210"工程）投入业务运行，建立了全省卫星广域网、话音网、气象数据单向广播和接收网、中国公用分组交换数据网地面备份系统和气象信息综合分析处理系统（MICAPS），并以卫星通信为主、地面通信为辅、多种手段并用、天地一体的气象信息网络系统，实现了网络环境下气象资料的收集、管理、分发和预报分析的人机交互应用。之后省级骨干网络升级为千兆网络，建成了省市8兆、市县4兆的地面广域宽带网、天气预报视频会商系统、全省CMACast卫星广播资料接收处理系统，全省实现实时上传观测资料。改进气象记录档案管理，建立了全省自动气象站资料综合服务系统、气象科学数据共享服务系统、地面观测资料服务平台，承载了气象部门业务、服务、管理等工作领域的各种信息。

气象科研　1942年江西省农业院建立了莲塘测候所，开展农业气象观测和试验，开启了江西气象科研活动。1959年江西在庐山建立天气控制研究所，后改称庐山云雾物理研究所、中央气象局庐山云雾物理研究所，1978年该所迁北京，留下部分人员继续开展云雾的试验研究工作。1974年江西省气象科学研究所正式成立，开始从天气、农业气象、人工影响天气、大气物理、应用气象、卫星遥感、情报资料等方面进行系统的气象试验和研究。全省广大气象业务人员结合业务工作的需要，积极参加科学试验和研究工作。建所以来，全省共完成气象科研、技术开发、技术应用项目数百项，其中主要获奖项目有："开展苎麻、柑橘、早花生、晚玉米农业气象技术开发和推广"项目获国家气象局气象科技扶贫工作奖集体一等奖；"中国亚热带东部丘陵山区农业气候资源及其合理利用研究"项目获国家科学技术进步奖二等奖和中国气象局科学技术进步奖一等奖（江西主持，与福建共同完成）。有12个项目获得江西省或中国气象局科学技术进步奖二等奖，有4个项目获得江西省或中国气象局科学技术开发或成果应用二等奖。

1964年江西省气象学会成立。1978年省气象局和省气象学会共同创办《江西气象科技》，2005年更名为《气象与减灾研究》，两次被评为全省"优秀期刊"。

展望　经过未来10年左右时间，江西将与中部地区同步，全面基本实现气象现代化，从而实现公共气象服务能力有效提升、预报预测精准化水平明显提高、气象观测自动化程度明显改善、气象科技创新支撑能力明显增强、气象人才队伍整体素质明显提升，气象事业发展保障机制进一步健全，建立适应需求、结构完善、功能先进、保障有力的气象现代化体系，以及与之相适应的新型事业结构，全面提升气象服务于全面建成小康社会的能力和水平。

参考书目

《中国气象灾害大典》编委会，2006. 中国气象灾害大典·江西卷[M]. 北京：气象出版社.

（薛根元）

Shāndōng qìxiàng

山东气象（Shandong meteorology）　山东省简称鲁，位于中国东部沿海、黄河下游，位于114°36′E～122°43′E，34°25′N～38°23′N之间。山东的最高点是位于中部的泰山，海拔高度1545 m；最低处是位于东北部的黄河三角洲，海拔高度2～10 m。全省2012年常住人口9789.33万人。陆地面积15.67万平方千米，海域面积17万平方千米。其东临海洋，西接大陆，中部突起为鲁中南山地丘陵区，东部半岛大都是起伏和缓的波状丘陵区，西部、北部是黄河冲积而成的鲁西北平原区，是华北大平原的一部分。山东海域跨渤海和黄海，占渤海和黄海总面积的37%；滩涂面积约3000 km^2，占全国的15%；海岸线全长3345 km，占全国大陆海岸线的1/6。山东水系比较发达，境内河湖交错，水网密布，干流长10 km以上的河流有1552条，分属海河、黄河、淮河、小清河水系及山东半岛水系。黄河在境内自鲁西南向东北斜贯鲁西北平原，流程610 km；京杭大运河在境内自东南向西北纵贯鲁西平原，长630 km；南四湖通称微山湖，总面积1375 km^2，为全国十大淡水湖之一。

天气气候特点　山东气候温和，降水集中，雨热同季，四季分明，属暖温带季风气候类型。春季天气多变，干旱少雨多风沙；夏季盛行偏南风，炎热多雨；秋季天气晴爽，冷暖适中；冬季多偏北风，寒冷干燥。

全省年平均气温13.4 ℃，由西南向东北递减，地区差别不大。最冷月1月平均气温为-1.6 ℃，最热月7月平均气温为26.4 ℃；极端最低气温-27.0 ℃（1958年1月15日，德州），极端最高气温43.7 ℃（1966年7月19日，曹县）；无霜期一般为174～260天。全省年平均降水量641.7 mm，大部地区在600～750 mm之间，鲁东南在 700 mm 以上，为降水量最多的区域，鲁西北在 600 mm 以下，为降水量最少的区域。全省年平均降水日数为 73.2 天，降水量 60% 以上集中于夏季，日极端最大降水量为 619.7 mm（诸城，1999 年 8 月 12 日）。全省光照资源充足，年平均日照时数为 2389 小时，从南往北增多，全省变化范围为 2200～2800 小时，热量条件可满足农作物一年两作的需要。

主要气象灾害 山东省气象灾害种类多，主要有暴雨洪涝、干旱、台风、冰雹、大风、寒潮、霜冻、雾、干热风等。据民政部门统计，全省平均每年因各种自然灾害造成的农作物受灾面积 519.8 万公顷，直接经济损失 203.9 亿元。其中，平均每年因气象灾害造成 472.2 万公顷农作物受灾，直接经济损失 196.8 亿元，占各种自然灾害造成经济损失的 96.5%。干旱造成农作物受灾面积居各种自然灾害之首，暴雨洪涝是造成经济损失最大的自然灾害。

暴雨洪涝 山东是缺水大省，暴雨是水资源的重要组成部分，但暴雨洪涝灾害也是山东较常见、造成损失较严重的气象灾害。山东各地年平均暴雨日数在 1.3～3.5 天之间，夏季降水时空分布极不均匀，雨量过分集中时，可能造成水库垮坝、河堤决口、房屋倒塌，农作物被淹，甚至造成溺水、触电等重大人员伤亡。2007 年 7 月 18 日，济南遭受短时大暴雨袭击，1 小时降雨量达 151.0 mm，造成 37 人死亡、170 多人受伤，直接经济损失 13.2 亿元。1999 年 8 月 11 日诸城特大暴雨，24 小时雨量达 619.7 mm，死亡 7 人，伤 49 人，直接经济损失 6.4 亿元。

干旱 山东自古有"十年九旱"的说法，干旱灾害频繁发生。2002 年全省年均降水量只有 386.4 mm，创 1951 年以来的最小值。2008 年 10 月—2009 年 2 月，鲁西北、鲁中大部地区连续无有效降水日数超过 100 天，为历史同期之最，全省出现严重的秋冬春连旱，造成全省 2348 万人受灾，117 万余公顷作物受旱。

台风（热带气旋） 台风是山东夏、秋季节发生的重大气象灾害之一，破坏力极大，常伴有大风、暴雨和风暴潮等灾害。直接影响山东的热带气旋年平均 2 个左右，最多达 5 个。2012 年有 5 个热带气旋影响山东，是 1994 年以来台风影响该省最多的年份，直接经济损失达 148.4 亿元。其中 2012 年"达维"台风正面袭击，历时 22 小时 20 分钟，是山东省有气象记录以来持续时间最长、造成损失最严重的台风。

雷电 山东雷电灾害具有较强的地域性和季节性，主要发生在夏季，造成大量建筑物以及电力、电子设施受损。据不完全统计，2006—2013 年全省发生雷电灾害 2993 起，造成人身伤亡 111 起，致 109 人死亡、45 人受伤，经济损失达数亿元。

气象发展 山东气象历史悠久，是中国最早设立气象测候机构的省份之一。1880 年芝罘、猴矶岛、成山卫设立海关测候所。1898 年德国在青岛设立气象天文测量所。1918—1937 年间，山东省政府在临清省立棉业实验场创办测候所，后又在济南及各县设立测候所 110 余处。1932 年 8 月国立中央研究院气象研究所在泰山玉皇顶设立泰山测候所，是中国最早的高山气象站之一。1937 年底日本入侵山东后，除青岛观象台和山东省立气象测候所尚坚持日常气象观测业务外，其他测候所被迫停止气象观测。1949 年 8 月山东全境解放时，省内仅有青岛观象台、山东省气象观测所和李村、莒县、惠民 3 个农业试验场测候所。

1950 年华东军区气象处开始在山东省建设气象台站网。1952 年 12 月山东省军区司令部成立气象科，成为省内第一个气象行业管理机构。次年 10 月山东军区司令部气象科转为省人民政府建制，改称山东省气象科。1955 年省气象科扩编为省气象局，接管专区、县农林场和盐场的气候站。"文革"中全省气象工作受到冲击，气象事业遭受重大损失。1972 年后，各市地先后建立气象局，县气象站升格为科局级事业单位，并相继增添了天气雷达、气象卫星云图接收、气象传真等新技术装备。

改革开放后，山东气象事业进入了新的历史发展阶段。1983 年 1 月起，实行上级气象部门和地方人民政府双重领导，以上级气象部门领导为主的管理体制。山东省气象局制定了全省气象事业发展规划，提出到 2000 年建成比较现代化的气象业务技术体系。之后，全省建设了综合气象观测网，开展了精细化的气象要素预报和定量降水落区预报业务，初步建立了灾害性天气临近、短时和短期监测预警业务。

进入 21 世纪后，建成了海雾、风暴潮等数值预报系统以及省—市—县一体化的灾害性天气监测预警平台。2010 年 12 月中国气象局、山东省人民政府签署《共同推进气象为经济文化强省建设服务合作协议》，省部合作有力推动了气象为农服务"两个体系"、山东半岛蓝色经济区和黄河三角洲高效生态经济区、水系生态综合气象观测系统、公共气象服务系统、预警预报系统和气象保障工程建设，加强了应对气候变化和防灾减灾保障体系建设，提升了气象为经济文化强省建设服务能力。（参见第 133 页 山东省气象局）

气象服务 山东省气象部门始终把服务放在气象工作的首位。新中国成立之初，气象工作主要服务于军事。1953 年由部队转为省人民政府建制后，气象工作既服务国防建设，又服务经济建设，重点是服务农业生产。1954年开始，山东人民广播电台开始发布灾害性天气警报和天气预报。到目前，基本形成了为广大人民群众服务的公众气象服务、为各级党政领导和部门提供的决策气象服务、为相关行业提供专业专项气象服务的比较完善的气象服务体系。公众气象服务覆盖了所有广播、电视、报纸、电话、手机短信、网络、电子显示屏、警报系统等媒体载体。

为农气象服务　为农气象服务一直是山东气象工作的重点。特别是近年来围绕现代农业、设施农业发展，制定了《现代农业气象业务发展专项规划实施方案》《气象为农服务两个体系建设实施方案》《农用天气预报业务服务暂行规定》等，建设了省、市、县三级共享农业气象服务平台。建立了全省业务会商和涉农部门间会商机制。每日定时开展全省各县（市、区）未来1～7天整点温室小气候预报与影响预评估。在全国率先制定了《山东省设施农业气象观测规范》，并承担气象行业标准——《设施农业小气候观测规范》的编写工作。建立苹果、樱桃、冬枣等特色果品小气候观测站，开展全程保障服务。与山东人民广播电台合作开办"看天种大棚""农业气象服务"直播栏目，与山东卫视合作开辟"看天种地"板块，通过齐鲁"三农"网，让气象为农服务信息进村入户。

海洋气象服务　面向山东半岛蓝色经济区建设，不断完善海洋防灾减灾体系，着力提高海洋气象服务能力。建成了由680个沿海区域气象观测站、岸基站、海岛站、浮标站、海上石油平台站、船舶站、风暴潮观测站、气象探空站和12部新一代天气雷达、714雷达、风廓线雷达以及30多个GPS/MET（全球定位系统气象观测）站、17座测风塔构成的海洋气象监测网。山东省海洋气象台和青岛等7个沿海市海洋气象台建成并实体化运作；开发了"海洋气象预报业务平台"；依托海洋天气警报系统，开通了石岛海洋气象广播电台，建立了半径为1500 km的海洋气象预警预报信息发布平台。21世纪初开始，烟台、威海市气象部门与多家船务公司签约，开展烟台—大连、威海—大连等海上航运精细化预报服务；建立了海洋气象专业化预报团队。气象与海洋渔业、海事等部门开展联防，强化海上交通、旅游、水产养殖、盐业生产、海上工程建设等专业气象服务。

重大活动气象服务　为2008年北京奥林匹克运动会和青岛奥林匹克帆船比赛、2009年第十一届全国运动会、2012年亚洲沙滩运动会等重大赛事，提供了针对性强、紧贴需求、体现特色的气象服务，展示了山东气象部门日益增强的综合实力。2011年4月济南与泰安交界的长清山区发生森林火灾，并呈向泰山景区蔓延之势，山东省气象局迅速赶赴灭火一线，开展现场应急值守，提供精细化预报及决策服务，组织实施人工增雨作业，为扑灭森林大火、保护森林资源和人民群众生命财产安全做出了重要贡献。

雷电灾害防御　1987年开始防雷检测工作，2009年成立山东省气象局防雷减灾管理办公室，履行全省雷电安全防护管理职能。截至2012年，全省气象部门有126家防雷检测资质单位、29家防雷工程资质公司。已建成1个雷电监测中心站、20个雷电监测子站，形成覆盖全省的雷电监测预警服务网络。初步建立了"政府统一领导，气象部门牵头，有关部门配合"的防雷监管体系和"各司其职、各负其责、密切配合"的工作机制。

应对气候变化服务　1980年山东省气候资料室开展了环境影响评价和大气环境影响预测工作。后经国家环境保护总局批准取得乙级环境评价资质，为核电厂、风电场等重大建设项目提供气象可行性咨询服务。2006年重组山东省气候中心，开展气候变化服务工作，先后编制完成了《山东省风能资源评估报告》和《山东省气候变化评估报告》。参与编制《山东省应对气候变化实施方案》，成为山东省应对气候变化的纲领性文件。经中国气象局审批，被确认为首批气候可行性论证机构，为不同行业提供防御气象灾害的科学参考。21世纪开始，与山东省环保厅联合发布城市空气质量预报；2013年11月开展省、市、县霾和空气污染气象条件预报预警，各市均开展基于空气质量指数的城市空气质量预报服务。

人工影响天气　积极推进省级人工影响天气作业指挥中心和济南等4个省级增雨防雹示范基地建设，全省17市、109个县（市、区）开展了人工增雨防雹工作。到2012年底，各级人影管理和作业指挥人员455名、高炮和火箭作业操作人员2529名。租用"运-7"飞机2架，常年实施飞机增雨作业；全省有"三七"高炮556门、火箭发射装置283部、高山燃烧炉17个，基本建立了飞机、地面相结合的人工增雨防雹作业体系，人工影响天气作业规模居全国前列。

气象预报预测　山东省天气预报业务起步于1954年，开始制作全省范围内的短期天气预报，并通过山东人民广播电台发布灾害性警报和天气预报。1958年在中央气象台的指导下，开始制作3～5天的中期天气预报和5～10天的农业气象预报，同时制作1个月以上的长期天气趋势预报。1960年后，省和市地气象台普遍开展了短期、中期、长期天气预报业务。改革开放后，山东省气象预报业务快速发展，精细化的气象要素预报和定量降水落区预报业务逐步开展，建立了台风、暴雨、强对流、寒潮、高温、大雾等灾害性天气的临近、短时和短期监测预警业务。进入21世纪之后，依托中国气象局气象现代化建设成果，先后建成了MM5（第五代中尺度气象模式）、WRF-RUC（WRF快速更新循环同化预报系统）等中尺度数值预报系统，以及省—市—县一体化的灾害性天气监测预警平台。开发了"山东省短期气候预测业务系统"和"山东省气候监测业务系统"，2011年起开展了分县短期气候趋势预测业务。为服务第十一届全国运动会，建设完成了场馆精细预报交互平台、短时临近预报预警交互平台等业务系统。山东省气象现代化水平和预报准确率、预警能力显著提高，2012年晴雨预报准确率达到91%。

气象观测 1953年8月气象部门由军队转归人民政府建制后，气象台站网迅速扩大，到1985年，省内有国家气象台站125个、专业气象台站30余个。1986年以来，地面气象观测站网经历了12次调整，到2014年，全省共有国家级地面气象观测站123个，其中国家基准气候站6个、国家基本气象站17个、国家一般气象站100个、探空站3个、辐射观测站3个、国家级无人自动气象站35个（含海岛岸基站、石油平台站、浮标站、船舶站、风暴潮站）、区域气象观测站1361个、雷电观测站20个、GPS/MET（全球定位系统气象观测）站79个、农气观测站114个、自动土壤水分观测站139个、设施农业观测站35个、风能观测站19个、酸雨观测站19个、紫外线观测站17个、沙尘暴观测站2个。全省现有天气雷达14部、风廓线雷达7部，其中新一代天气雷达6部、数字化天气雷达5部、移动天气雷达3部。在威海石岛空间天气基地建成太阳色球光球望远镜和太阳射电望远镜观测系统。建成集气象观测、无线通信、视频会商、天气预报制作一体的省市级应急移动气象台16个。

信息网络 20世纪50—80年代，山东省气象部门主要以有线电话、莫尔斯电报、电传、传真等通信方式人工收发处理各类气象信息。在国家气象卫星综合应用业务系统（"9210"工程）支持下，1998年全省建成17个VSAT（甚小孔径天线地球站）卫星小站，此后又建成123个PC-VSAT卫星单收站通信系统。20世纪90年代末全省各级气象台站接入公用分组交换网，气象信息传输和处理能力极大提高。21世纪初，建成省—市2 Mbit/s SDH（同步数字体系）广域网和市—县2 Mbit/s SDH宽带专线，开通了至北京主站的2 Mbit/s SDH宽带专线。2005年引进TS10000高性能计算机系统，气象信息处理能力快速提高，计算能力每秒2640亿次；后又对系统进行升级，峰值运算能力达到每秒2万亿次。2010年建成了省—台站的3G无线通信网络。2012年全省17市、106个台站全部建成高清视频会商系统。

气象科研 山东省气象科学研究所成立于1972年，为独立的省气象局直属事业单位，主要从事气象科学研究、人工防雹和人工增雨实验。1989年在省气象局设立了"山东省人民政府人工降雨办公室"，与省气象科学研究所合署办公。2004年更名为"山东省人民政府人工影响天气办公室"。2006年实施业务体制改革，山东省人民政府人工影响天气办公室从省气象科学研究所分离，将山东省气象培训中心承担的培训职能划归该所。

"十一五"规划以来，气象部门围绕山东省精细化预报服务需求，在中尺度数值模式系统应用开发、海洋高影响天气、人工影响天气等领域开展研究，初步形成了以中尺度数值模式系统为基础，重点发展黄渤海地区精细化天气预报关键技术的科研特色。特别是近年来，山东省气象部门主持承担了一批国家级、省级科研课题。其中，"黄渤海高影响天气预报中的关键技术研究"等3项科研项目获国家公益性（气象）行业专项支持，"超级单体风暴结构和中气旋参数差异性研究"等4项科研项目获国家自然科学基金支持，"山东海上大风精细化预报技术研究"等3项科研项目获山东省自然科学基金和科学技术发展计划支持，"船舶站基本构成技术设计与应用"等5项科研项目获中国气象局关键技术与集成项目支持。完成了人影地面作业指挥系统、地市通用人影效果检验系统、飞机增雨效果检验系统、远程人工影响天气火箭自动化作业系统等研究开发工作，获得国家发明专利1项、实用型专利3项；获得省部级科研成果奖励近20项，其中"城市突发性强灾害天气预警技术"等7项获山东省科学技术进步奖二等奖。

展望 未来山东气象事业面临重要发展机遇，山东省气象部门将紧紧围绕省委、省政府确定的建设经济文化强省、全面建成小康社会的战略目标，以经济社会发展需求为导向，全面推进气象现代化。到2017年，基本建成结构完善、布局科学、功能先进、保障有力的气象现代化体系，着力推进气象工作政府化、气象业务现代化、气象服务社会化，强化气象现代化支撑保障体系建设，实现预报预测精准、气象服务完善、履行职能到位、装备设施先进、保障支撑有力的目标，显著提升气象服务和保障水平，显著提升气象综合实力和核心竞争力，显著提升气象管理科学化水平，显著提升气象工作地位和影响力，较好地满足经济文化强省建设需求和人民群众生产生活需求，整体实力居国内领先行列，海洋气象服务和现代农业气象服务能力达到国内领先水平。

参考书目

山东省地方史志编纂委员会, 1994. 山东省志·气象志 [M]. 济南: 山东人民出版社.

山东省地方史志编纂委员会, 1996. 山东省志·自然地理志 [M]. 济南: 山东人民出版社.

《中国气象灾害大典》编委会, 2007. 中国气象灾害大典·山东卷 [M]. 北京: 气象出版社.

(史玉光　杨清军)

Hénán qìxiàng

河南气象（Henan meteorology） 河南省简称豫，位于中国中东部、黄河中下游，位于110°21′E～116°39′E，31°23′N～36°22′N之间。2014年底，全省总人口10 662万人，常住人口9436万人；全省总面积16.7万平方千米。地势西高东低，北、西、南三面太行山、伏牛山、桐柏山、大别山沿省界呈半环形分布，中东部为黄淮海冲积平原，西南部为南阳盆地。灵宝市境内的老鸦岔为全省最高峰，海拔2413.8 m；固始县淮河出省处为全省最低处，海拔23.2 m。全省流域面积在100 km²以上的河道共计493条。

天气气候特点 河南省地处中原，属于暖温带—亚热带、湿润—半湿润大陆性季风气候。全省常年平均气温在12.3～15.8℃之间，最冷的1月份平均气温在-2.1～2.7℃，最热的7月份平均气温在23.8～27.7℃；境内极端最低气温历史极值为-23.6℃（1976年12月26日，林州），极端最高气温历史极值为44.6℃（1966年6月20日，汝州）。年平均降水量介于516.6～1294.1 mm之间。年平均降雨日数87.5天，降雪最多达26.9天（1974年）。多年平均无霜期在196.5～246.1天，年平均日照时数为1733.4～2368.2小时。

主要气象灾害 河南省气象灾害频繁，干旱、暴雨洪涝、雷雨大风冰雹、雪灾、雾、霾等气象灾害给农业生产、城市安全运行和人民群众的生产生活带来严重影响。据统计，干旱受灾面积占农作物受灾总面积的50%，雨涝占30%，风雹占14%，低温冻害雪灾占6%。

干旱　河南省干旱多出现在冬春季和初夏，冬春连旱和春初夏连旱也经常发生。1985—1988年、1994—2001年为两个干旱灾害严重发生的阶段，其中1986年全省遭受了新中国成立以来罕见的冬、春、夏三季连旱，尤其夏旱范围广、持续时间长，造成水库蓄水量大减，河道断流，地下水位下降5～8 m，水库干涸，全省秋粮严重减产，有200多万人、50万头大牲畜饮水困难，部分地区出现"逃水荒"的严峻局面。2014年夏季，黄淮之间大部出严重干旱，许昌、平顶山地区部分河道断流、庄稼干枯，平顶山市白龟山水库水位降至死水位以下，达历史最低，严重影响城市供水。

暴雨洪涝　河南省暴雨灾害特点是降水时间短强度大，多出现在6—9月，典型的暴雨洪涝灾害有：1975年8月4—8日，受7503号台风影响，驻马店地区6座大、中型水库相继垮坝，造成2.6万人死亡，直接经济损失100多亿元；1982年7月中旬至8月上旬，河南省出现3次大暴雨过程，有88个县（市）1514万人受灾，死亡756人，倒塌房屋122.4万间，水围村庄19 150个，损失粮食1.36亿千克；1996年8月3—4日，河南省黄河流域洪水造成135人死亡，直接经济损失31.2亿元；2007年7月末，三门峡市卢氏县特大山洪灾害造成76人死亡，14人失踪，直接经济损失高达14.1亿元。

冰雹　河南省冰雹灾害天气主要出现在6—7月，其来势迅猛，局地性强、持续时间短，还常伴随狂风暴雨，造成人畜伤亡。2002年7月19日、2008年6月3日、2009年6月3日出现三次典型冰雹大风等强对流天气灾害，极大风速31.5 m/s，最大雹径8 cm，因灾死亡76人，直接经济损失50.31亿元。

暴雪　河南省雪灾多出现在深秋至次年初春，给交通运输造成严重影响。如2006年1月17—19日，最大降雪量达52 mm（淮滨），最大积雪深度为34 cm（舞钢），全省有16个站日降雪量、25个站积雪深度突破历史同期极值，全省高速公路关闭，107国道新郑段长约40 km严重堵车，近4万辆车堵在一起，交通受阻长达30多小时，暴雪造成途经郑州的部分列车晚点超过24小时，郑州火车站一度陷入瘫痪。

大雾　近几年大雾灾害给交通、电力、人体健康等带来不利影响。其中2006年1月27—30日、2007年12月9—11日、2011年10月7—11日等河南出现大范围大雾天气，造成省内高速公路关闭、航班延误、旅客滞留、车辆追尾事故、电网线路跳闸导致供电中断。2012年河南省4次大雾天气中交通事故造成25人死亡，89人受伤。

气象发展 河南气象源远流长，1899年在河南安阳小屯发现殷代都城废墟，挖掘出有气象记载的甲骨文。晚清时期1873年，上海徐家汇观象台发行的气象观测月报包括河南的气象情报。从1905年法国天主教在河南太康设立观测所开始到中华人民共和国成立前，先后有法国天主教、北洋政府、国民党政府、八路军晋冀鲁豫军区等机构或组织在河南省境内进行过气象观测。在1905—1949年间河南气象处于观测站点混乱、资料残缺的状态。

20世纪50年代全省气象台站进入建站高潮，大部分县建立了地面气象观测站。但从20世纪50年代末期开始，尤其是十年内乱使气象事业发展受到影响，但绝大部分气象台站坚持正常工作。20世纪60年代以后，新建了少数气象站，个别站做了调整撤销，气象台站网布局逐步趋于合理。20世纪70年代以后，气象新技术装备开始在省、地（市）气象台投入使用，开展气象卫星遥感监测业务，河南省人民政府颁发了《河南省气象台站观测环境保护条例》。进入20世纪90年代，建成了现代化的实时业务系统，组织制定、实施了《1998—2000年河南省气象业务现代化建设方案》，完成气象卫星综合应用业务系统（"9210"工程）建设，河南省气象科技大楼投入使用。

21世纪前10年，全面推进了以新一代天气雷达组网、地面自动站网、公共气象服务平台、气象预报预测系统平台、气象综合观测系统平台为重点的气象现代化建设。《中华人民共和国气象法》颁布实施后，河南省人大先后出台《河南省气象条例》《河南省人工影响天气管理条例》《河南省气象灾害防御条例》等地方气象法规，出台《河南省防雷减灾实施办法》《河南省突发气象灾害预警信号发布办法》《河南省气象设施和气象探测环境保护办法》等政府规章，为河南气象事业发展提供了法规政策保障。2006年以来，组织实施《河南省人民政府关于加快气象事业发展的若干意见》《河南省人民政府关于加强气象灾害防御工作的意见》《河南省人民政府办公厅关于加强气象为农服务体系建设的意见》《河南省人民政府办公厅关于加强气象灾害监测预警及信息发布工作的意见》《河南省人民政府办公厅关于进一步加强人工影响天气工作的意见》《河南省人民政府关于加快推进气象现代化的意见》《河南省人民政府 中国气象局关于印发河南省加快推进气象现代化实施方案（2014—2020年）的通知》等重要文件，紧紧抓住气象现代化这条主线不放，推进河南气象事业不断跃上新台阶。省财政厅将气象防灾减灾科学知识普及、气象灾害预警信息传播服务、气象灾害监测及设备保障、农业气象信息服务4项工作纳入省政府向社会力量购买服务指导性目录。2009年7月23日，河南省政府与中国气象局签署《共同推进气象为河南农业发展服务的合作协议》，坚持省部合作机制，共同支持河南为农气象服务、基层气象台站基础设施建设、中部区域人影能力建设等工作，全面推进河南省气象现代化建设。2014年12月，中国气象局党组研究确定河南作为中部气象现代化试点省，提出于2018年率先基本实现气象现代化。2006年成立黄河流域气象中心，加强了流域气象服务工作。（参见第134页 河南省气象局、第80页 流域气象中心）

气象服务　河南省气象服务始于20世纪50年代。1953年开始全省性天气预报、警报服务。随着社会的进步和科学技术的发展，气象服务的内涵、内容、方式、手段、领域也经历了不断丰富、规范、拓展的过程。进入21世纪，按照"政府主导、部门联动、社会参与"的原则，丰富了包括气象灾害防御管理、面向政府的决策气象服务、面向社会的公众气象服务和面向行业的专业专项气象服务等气象服务内容。截至2014年，全省在6个省级电视频道发布7档电视天气预报，所有电视天气预报节目实现数字化制作，18个地市均建立演播室，开通有主持人电视气象服务节目。公众气象服务满意度调查显示，96.1%和97.7%的城市、农村受访者可通过电视获取气象信息，全省公众气象服务满意率89.3%。

防灾气象服务　截至2014年底，河南省104个县成立了气象灾害防御领导小组或气象灾害应急指挥部，122个市、县出台气象灾害应急预案，103个县开展气象灾害应急准备认证制度工作，102个县完成气象灾害防御规划编制。防灾气象服务在组织开展的自然灾害防御、事故灾难救助、公共卫生事件应急和社会安全事件应对中发挥了十分重要的作用。比如，2007年7月豫西山区突发百年不遇暴雨，陕县支建煤矿发生"7·29"淹井事件，气象预报、情报信息为科学施救提供了重要的决策依据。同一时段，栾川县叫河乡瓦石村及时收到灾害预警短信，山洪到来之前连夜转移村民，避免了400多村民伤亡。2009年"6·3"强飑线天气过程，商丘气象部门提前2个小时发出预警信息，永煤集团及时撤离井下矿工，强风导致停电，井下通风设备停止工作，避免了一场可能发生的重大伤亡事故。2008年底到2009年初，河南发生严重干旱，全省气象部门提前监测预警，为河南及早开展抗旱浇麦保苗工作提供了强有力的决策支持。河南省政府根据气象、水利、农业等部门的材料，给党中央国务院上报了河南省旱情的报告，引起了中央领导的高度重视，胡锦涛总书记、温家宝总理等都做了重要批示，推动了全省乃至全国的抗旱工作。2010年7月中旬，河南桐柏、宝丰等地出现特大暴雨，气象信息员及时传递灾害预警信息，两地分别安全转移群众6920人和2100人，避免了重大生命财产损失。2014年汛期出现大旱，气象部门在旱情初期提供决策服务，旱情迅速时抓住2次主要降水过程，紧急调配飞机开展人工增雨作业，受到各级领导充分肯定，省政府连续第5年给予奖励。

为农气象服务　河南省是一个农业大省，河南气象部门始终坚持把为农服务作为气象工作的首要任务，为实现全省粮食增产做出重要贡献。特别是2009年在全国气象部门中率先进行现代农业气象业务服务试点,在农业气象服务体系和农村气象灾害防御体系建设中探索形成了"三级业务、五级服务布局、六大体系支撑、服务业务科研一体化发展"的现代农业气象"河南实践"。全省新建了102个现代农业气象科技示范园,在全省53个"三农"服务专项试点县开展了适用技术推广,建立了"平台、规程、标准、方法"系列化技术体系,完善了7大类40种规范化产品。建成2400多个农村气象信息服务站,33 129个气象预警大喇叭,210台气象预警信息机。在2013年5月全国夏粮生产现场会期间,中共中央政治局委员、国务院副总理汪洋实地查看布设在原阳县的高标准粮田中的现代农业气象科技示范园及气象信息服务站,称赞气象为农服务工作做得很好,很到位。

防雷技术服务 1988年9月河南省气象局、省人事厅、省保险公司联合下发《关于在全省进行避雷装置检测的通知》,标志着防雷工作正式启动。省气象局成立省防雷中心,与省公安厅消防总队下发《河南省避雷装置安装和检测方法》,对高速公路进行防雷安全检测。2004年实施《河南省防雷减灾实施办法》,开展新建建筑物防雷装置设计审核与竣工验收行政审批工作,开展雷电灾害风险评估业务,对全省中小学防雷安全隐患开展大规模排查与整改,防雷安全被纳入安全河南工作标准。2011年召开全省防雷安全工作会议,防雷安全作为一项重要内容被列入《安全河南创建纲要2010—2020》。全省各级气象部门积极融入地方安全生产监管体系,市级以上气象部门全部加入所在地安委会,联合有关部门开展防雷安全隐患排查治理工。对省内输油输气管道、危化产品生产储运场所、人员密集场所等重点场所与重点行业进行检查,及时治理防雷隐患;加强雷电监测网络建设,做好雷电灾害预报与预警;认真开展雷灾事故调查等。

人工影响天气 河南省人工影响天气工作始于1958年,先后开展了飞机、高炮、小(土)火箭增雨、防雹试验和作业。1988年省政府成立了人工影响天气领导小组,办公室设在省气象局,逐步建立了各级政府领导、气象主管机构管理的组织管理体系,形成了省、市、县三级指挥体系和省市县作业站点四级作业体系。建立了全省一体化的人工影响天气综合业务系统,与晋、陕、冀、鲁四省合作建立了伏牛山区和泛太行山区域人工增雨防雹协作组织,与鲁、皖、苏、鄂、陕五省合作建立了中部区域人影联合作业区组织协调机构,并写入《全国人工影响天气发展规划(2014—2020年)》。河南现有高炮272门、火箭架367部、高山烟炉73台,租用飞机1~2架,形成了由多种装备组成的全天候作业体系。河南人工影响天气作业在农业抗旱和防雹减灾、江河湖泊蓄水、生态环境建设、森林防火、重大活动保障、改善空气质量、应对突发污染事件和城市降温等方面发挥了重要作用,人工影响天气事业已成为各级政府和军队支持、社会各界称赞、人民群众欢迎的民心工程。

应对气候变化服务 从20世纪80年代起,河南省将气候影响评价列入常规业务服务工作,并开展重点工作的气候服务。自1986年起,河南省气象部门开始承担大气环境评价工作,与其他环评机构合作完成了国家级建设项目大气环境评价50多项,省级以下建设项目近百项。进入21世纪,河南省气象局参与编制《河南省应对气候变化方案》《河南省应对气候变化规划》,完成了河南省风能资源详查,编制了《河南省风能资源评估报告》《河南省太阳能资源评估报告》,开展极端天气气候事件监测和影响评估,编制完成全省气象灾害风险区划,为各部门结合行业特点制定防御气象灾害规划提供了依据,为区域发展规划、城市建设规划和重大工程项目提供气候可行性论证服务。

气象预报预测 从1953年绘制天气图结合预报员经验的方法,逐渐发展形成了以数值预报为基础,动力诊断、统计释用和天气学分析相结合的专业化预报技术体系。21世纪以来,以气象服务需求为引领,以河南精细化气象要素预报业务系统、短时临近预报预警交互平台、定量降水估测预报业务系统、黄河流域水文气象预报系统、现代农业气象业务平台等业务系统为支撑,陆续开展了精细化气象要素预报、灾害性天气落区及站点预报、定量降水估测预报、短时临近预报预警以及农业气象、交通气象、旅游气象和环境气象等专业预报业务。全省24小时晴雨预报准确率明显提高,从2005年的81%提高到2014年的90.84%。短期气候预测业务先后经历了经验统计分析、数理统计分析、物理统计分析、动力与统计相结合四个阶段,建立了"河南省短期气候预测业务平台""黄河流域气候趋势预测业务平台""河南省极端洪涝、干旱气候事件诊断与预测业务系统"等业务支撑平台,业务产品涵盖了黄河流域汛期、年度气候趋势预测和全省年度、汛期、麦播期、自然季节、月、月内强降水和强降温过程等气候趋势预测。

气象观测 新中国成立前,河南省仅有开封1个气象站。1949年后河南省气象站网逐步完善,到1959年底全省建成111个气象站,地面气象站网基本形成。截至2014年底,全省共有国家地面气象观测站121个,其中国家基准气候站 3 个、国家基本气象站 17 个、国家一般气象站 99 个、国家级无人自动站 2 个；高空观测站 3 个。全省建成 2404 个区域自动气象站，1 个大气成分站，18 个酸雨观测站，18 个紫外线观测站，19 个雷电观测站，3 个气象辐射观测站，39 个地基 GPS/MET（全球定位系统气象观测）站，4 个风能观测站，1 个风云三号极轨气象卫星省级接收站，19 个静止卫星中规模利用站，122 套 CMACast 卫星资料广播接收系统。全省共有农业气象试验站 4 个，国家农业气象观测站 15 个，省级农业气象观测站 20 个，自动土壤水分观测站 212 个。全省建成新一代多普勒天气雷达 7 部、局地警戒天气雷达 7 部、L 波段探空雷达 3 部、风廓线雷达 1 部、应急移动指挥系统 7 套、车载 X 波段多普勒天气雷达 3 部、车载边界层风廓线雷达 1 部。

信息网络 20 世纪 60 年代初，省级以上气象情报实现有线电传方式传输。从 1983 年开始，河南省气象台通过"三报一话"实现与中国气象局通信，甚高频电话实现省、市、县三级布网，成为气象通信的辅助手段。1991 年组建了总线式计算机局域网，市（地）气象局利用电话拨号远程接入省局网络，实现了气象信息的网络传输。20 世纪 90 年代末利用国家气象卫星综合应用业务系统（"9210"工程），将遍布全省的计算机网络连接成一个大型互联网络系统，进行高速数据传输和话音通信，全省建成 PC-VSAT（单向接收站）103 个。2003 年后，建成省—市—县宽带网络，形成了以 SDH（同步数字体系）线路为主，MPLS VPN（多协议标签交换虚拟专网技术）线路为辅的宽带网络传输系统。2011 年底，升级省—市 4 Mbit/s 带宽、所有县局配备了 WCDMA 的 3G（第三代移动通信技术）无线网卡，实现应急传输通信方式，同时升级了原有的 PC-VSAT 为 CMACast 卫星接收站。截至 2014 年，省—市 MTPS SDH 线路为 10 Mbit/s，MPLS VPN 线路为 20 Mbit/s，市—县 SDH 线路为 8 Mbit/s，MPLS VPN 线路为 10 Mbit/s。

气象科研 河南省气象科学研究所是以农业气象为优势研究领域的省级气象研究机构，1959 年正式成立，与河南省气象台一个机构两块牌子，1974 年重新组建为河南省气象科学研究所。2009 年依托河南省气象局建成"中国气象局·河南省农业气象保障与应用技术重点开放实验室"，先后承担或参与国家科技部科技支撑计划、农业科技成果转化资金和科研院所社会公益研究专项资金、国家自然科学基金、公益性行业（气象）科研专项等项目近 40 项，"黄淮平原农业干旱与综合防御技术研究""冬小麦干旱风险动态评估模型研究"等项目研究走在了全国农业气象科研工作前列。

河南省气象科研与技术开发取得了一系列重要研究成果。1986 年以来共获得国家科学技术进步奖一等奖 1 项、二等奖 2 项、三等奖 2 项，省部级奖励 50 余项。由省气象局科研人员主要参与的"我国短期气候预测系统的研究"获国家科学技术进步奖一等奖，"华北平原作物水分胁迫和干旱"、"北方冬小麦气象卫星动态监测及估产系统"分别获国家科学技术进步奖二等奖，"黄淮平原农业干旱与综合防御技术研究""河南省云水资源开发利用技术研究与示范""冬小麦干旱动态评估技术研究与应用"等成果在河南省气象防灾减灾、保障经济社会发展方面做出了重要的贡献。

展望 面对中原经济区建设、国家粮食核心区建设、郑州航空港经济综合试验区建设对气象服务巨大需求，再经过若干年的努力，到 2020 年，将建成覆盖城乡的公共气象服务体系、功能先进的气象预报预测体系、布局科学的综合气象观测体系、可持续发展的气象事业支撑保障体系。气象防灾减灾和气象为农服务能力显著增强，应对气候变化和生态环境建设保障支撑能力显著提升，气象灾害监测预报预警准确率和精细化程度明显提高，气象服务领域更加广泛，基本满足河南省经济社会发展对气象服务的需求，建成与国家气象事业发展相适应的气象现代化体系。

参考书目

陈怀亮，董官臣，2015. 河南省气象科学研究所志 [M]. 北京：气象出版社.

程炳岩，庞天荷，1994. 河南气象灾害及防御 [M]. 北京：气象出版社.

《中国气象灾害大典》编委会，2005. 中国气象灾害大典·河南卷 [M]. 北京：气象出版社.

（王建国）

Húběi qìxiàng

湖北气象（Hubei meteorology） 湖北省简称鄂，位于长江中游、洞庭湖以北，位于 108°21′E～116°07′E，29°05′N～33°20′N 之间。全省 2014 年常住人口为 5816.00 万人；面积 18.59 万平方千米。境内山脉纵横，地势呈三面高起、中间低平、向南敞开、北有缺口的不完整盆地，西、北、东三面被武陵山、巫山、大巴山、武当山、桐柏山、大别山、幕阜山等山地环绕，山前丘陵岗地广布，中南部为江汉平原。境内大小河流达 1193 条，总长度约 3.5 万千米，为单一长江水系。长江自西向东，横贯全省，在枝江到城陵矶之间的长江又称荆江，河道曲折，有"万里长江险在荆江"之说。汉江自陕西入境，在汉口注入长江。境内大小湖泊大都分布在江汉平原，素有"千湖之省"的美称。

天气气候特点 湖北省地处典型的亚热带季风气候区。全省常年平均气温在15~18℃之间，最热的7月份平均气温在27~30℃，最冷的1月份平均气温在2~4℃；境内极端最高气温为43.4℃（竹山，1966年7月20日），极端最低气温-19.7℃（谷城，1977年1月30日）。年平均降水量介于700~1400mm之间，由西北向东南递增；鄂东南为降水量最多区域，可达1400mm以上，最大日降水量为538.7mm（阳新，1994年7月12日）；鄂西北最少为700~900mm。降水主要集中在5—9月，每年6月中旬到7月中旬，一般都有一段集中降水期，即称"梅雨"天气，梅雨期平均为26天。年平均无霜期大部地区在230~260天之间。年日照时数一般为1050~2050小时。

主要气象灾害 湖北省的气象灾害主要有暴雨洪涝、干旱、寒潮、连阴雨、大雾、雷电、冰雹等20余种，具有种类多、范围广、频次高和危害重的特点，尤其是暴雨洪涝和干旱灾害每年都有发生。据统计，在农业自然灾害中因气象灾害造成的损失占85.8%，其中洪涝灾害占44.7%，旱灾占39.9%。为了加强气象灾害的防御，湖北省第十一届人民代表大会常务委员会第27次会议通过《湖北省气象灾害防御条例》，2014年3月湖北省人民政府常务会议审议通过《湖北省气象灾害防御实施办法》。

暴雨洪涝 湖北省各季节均可出现暴雨，5—9月是暴雨洪涝灾害的易发时段，尤其是6—7月的梅雨季节，因境内降水集中，强度大，又常遭遇客水过境，造成暴雨洪涝灾害高发。1949—2000年，全省境内先后发生过洪涝灾害177次，比较严重的洪涝灾害10次。其中，1954年长江流域发生近100年来最大的特大洪水，湖北省境内降水持续50天，荆江分洪区曾3次开闸放水，全省受灾农田148万多公顷，受灾人口1034万人，因灾死亡9132人。1998年长江流域再次发生全流域特大洪水，先后有8次洪峰通过武汉关，全省有66个县市受灾，农作物受灾面积达254万公顷，受灾人口3688万人，因灾死亡345人，直接经济损失达500多亿元。

干旱 受季风气候及地形地貌影响，湖北省各地、各季节均有干旱出现，其中以伏秋干旱次数最多，时间最长，范围最大，危害最重。1949年以来，全省境内发生过成灾面积66.7万公顷以上的大旱年16次。如1959年，湖北省出现严重干旱灾害，全省受旱面积达267万多公顷，成灾面积达138万多公顷，基本无收面积104万公顷，造成粮棉减产。1978年6—8月，包括湖北省在内的长江中下游地区发生新中国成立后罕见的大范围持续干旱，全省68个县受旱面积达240万多公顷，成灾面积达141万多公顷，不少地区塘堰干枯，河渠断流，人畜饮水发生困难。2011年，湖北省遭受50年一遇的秋冬春夏四季连旱，全省87个县（市、区）受灾人口近千万人，农作物受灾面积达124万多公顷。

雷电 湖北省多年平均雷暴日数在40天左右，最多年份达87天。春季和夏季是雷暴出现最多的季节，占全年雷暴日数的88.5%，其中7—8月占到全年雷暴日数的47%。随着电子技术设备、网络技术、信息技术的广泛应用，城市高层建筑物的日益增多，雷电灾害造成的危害日趋严重。如2006年仅武汉市就发生雷电灾害事故112起，死亡3人，伤5人。

大风 大风灾害在湖北省各地均可发生。寒潮大风出现最多的区域在汉江中游河谷地区和孝感地区；强对流天气造成的大风灾害常伴有冰雹出现，在鄂西山区发生频率最高。大风可造成农作物和人民生命财产的重大损失，对道路、水利、电力、通讯等基础设施的破坏性也较大。如2006年4月11—13日湖北省特大风灾造成全省34个县（市、区）521万人受灾，死亡11人，因灾倒塌房屋8906间。

气象发展 湖北省气象观测始于晚清时期，1869年汉口海关建立气象站开展气象观测。1929年在汉口中山公园建立气象测验所，在武汉大学建测候所。1936年中央研究院气象研究所与全国经济委员会水利处联合创设武汉头等测候所，1948年改隶中央气象局，升格为汉口气象台。

1950年5月中南军区司令部设立气象管理处，管理鄂、豫、湘、赣、粤、桂六省气象工作。1953年8月气象工作由军队系统建制转为政府系统建制，中南行政委员会设立中南气象处和中南气象台。20世纪50年代，全省大量建设气象站，各项气象业务工作逐步展开。"文化大革命"中，气象观测和气象报表内容被自行精减或简化，至1973年7月逐步恢复，雷达、卫星等新技术装备开始在省地（市）气象台投入使用。

1980—1983年，湖北省气象部门顺利实施了上级气象部门和地方人民政府双重领导，以气象部门领导为主的管理体制改革。1984年制定了《湖北省气象现代化发展纲要》，提出了到20世纪末全省气象现代化建设目标和任务。1989年武汉区域气象中心正式成立。20世纪90年代，湖北省气象部门在全国气象部门率先提出了"工作创一流，生活奔小康"行动计划，推进了以气象事业结构调整为重点的各项改革，气象现代化以推广气象卫星综合应用业务系统（"9210"工程）和气象信息综合分析处理系统（MICAPS）为重点取得了长足发展。

21世纪前10年，全面推进了以新一代天气雷达组网、地面自动站网、公共气象服务平台、气象预报预测系统平台、气象综合观测系统平台为重点的气象现代化建设。2006年实施了全省气象业务技术体制改革。2009年湖北省人民政府和中国气象局签署《共同推进湖北公共气象服务体系建设合作协议》，省部级合作推进了武汉城市圈、鄂西生态文化旅游圈和湖北长江经济带综合气象观测系统、公共气象服务系统和湖北省粮食生产增产气象保障工程建设，加强了应对气候变化和防灾减灾保障体系建设。2009年成立了长江流域气象中心，加强了流域气象服务工作。（参见第135页湖北省气象局、第80页流域气象中心）

气象服务 湖北省气象服务始于新中国成立之初，气象工作主要为军事服务，1954年开始转为既为国防建设服务，又经济建设服务。1956年6月开始通过湖北电台、报纸对外公开发布天气预报，1983年湖北电视台播发气象预报，1996年湖北电视台正式播出有节目主持人的天气预报节目。已经基本形成了为广大人民群众服务的公众气象服务、为各级领导和决策部门提供服务的决策气象服务、为相关行业和专业提供服务的专业专项气象服务的比较完善的气象服务体系。公众气象服务覆盖了所有电视、广播、报纸、电话、网络、电子显示屏等媒体载体。

防汛气象服务 长期以来，湖北防汛气象服务在各级党委、政府历次组织的防汛抗灾救灾决策中发挥了十分重要的作用，特别是在1954年、1981年、1983年、1998年等特大洪涝灾害和2010年梅雨期间长江、汉江两次大洪水同步夹击中，准确及时的气象预报服务为省委省政府组织抗灾决策，避免和减少财产损失和人员伤亡做出了巨大贡献。如1981年7月，长江上游发生超过8万立方米每秒流量的特大洪峰，对荆江大堤构成严重威胁，如动用荆江分洪区，关系到40万人民群众搬迁和4万公顷农田被淹。气象部门准确做出未来几天没有大雨的预报，湖北省防汛指挥部报经国家防汛总指挥部批准不动用分洪区，避免了重大财产损失和社会影响。2010年汛期，湖北遭遇历史罕见持续性暴雨天气过程，长江、汉江遭遇二十年来首次"两江"夹击，高位走洪，险情密布。各级气象部门为各级党委、政府指挥防汛抗灾提供了科学依据，为相关部门和广大群众防灾、抗灾、减灾争取了宝贵时间。

抗旱气象服务 湖北干旱灾害频发，50多年来湖北人工增雨抗旱气象服务得到了较大发展。1958年6月首次在武汉上空进行人工增雨试验，为全国最早开展人工影响天气的省份之一。1973—1979年间累计作业达138架次，受益面积达89.3万公顷。其后每当发生大范围干旱灾害就启动飞机增雨作业，至2009年开始建立了飞机常年增雨作业制度。湖北高炮人工增雨作业试验始于1972年，仅有12门高炮，随后不断得到发展，特别在2006年11月湖北省政府颁布《湖北省人工影响天气管理办法》以后，全省人工影响天气事业得到快速发展。至2014年，全省拥有人工影响天气作业高炮188门，新型火箭211套，建成了168个标准化人工防雹增雨工作站点，省级建立了飞机人工增雨常备作业机制。人工影响天气发展成为全省重要的科学抗灾手段。除此之外，气象预报预测在抗旱决策中对保水蓄水调水发挥了重要作用。

为农气象服务 为农气象服务一直是湖北省气象服务重点工作之一，在不断搞好为农气象预测预报服务的基础上，湖北省气象局成立了湖北省农业气象中心及鄂东、鄂西南、鄂西北、江汉平原四个农业气象分中心，并建成了28个农业气象观测站、2个国家农业气象试验站、21个土壤墒情观测站，基本形成了具有湖北特色和资源集约化现代气象为农服务体系。到2014年底，全省建成1462个气象信息服务站，3059个预警大喇叭和925块电子显示屏，一些山区县在气象部门均建立了县级山洪地质灾害气象预警服务平台，为农气象服务进入了一个崭新阶段。

应对气候变化服务 湖北气候变化研究工作起步较早，1979年开始从事环境影响评价工作，开展了酸雨观测，把湖北省气候影响评价列为常规业务工作。在20世纪80年代成立了湖北省气候资料室、湖北省气象局环境影响评价中心，主要承担气候分析与研究工作，并开始为国家重点建设项目、化工与医药企业等提供环境影响评价报告。进入21世纪，在湖北省气候资料室的基础上组建武汉区域气候中心，开展了大气成分观测，完成了湖北省风能资源详查，编制了《湖北省风能资源评估报告》，湖北省委、省政府在全国最早出台了《关于加强我省应对气候变化能力建设的意见》。2010年开始了气候可行性论证，编制完成了全省气候风险区划，为各部门结合行业特点制定防御气象灾害规划提供了依据；建成太阳辐射能量转换效率气象观测示范工程，为风电企业提供风功率预报服务；研制开发了太阳能光伏发电预报系统，制定了影响太阳能发电的气象灾害等级标准等。

重大工程气象服务 湖北境内国家重点工程较多，湖北省气象部门为重点工程气象服务具有鲜明的特色。自三峡工程进入实施阶段以来，湖北省气象部门承担了三峡工程气象保障服务工作。1991年建立三峡气象站直接为三峡工程建设服务，1993年成立三峡气象服务中心，开始为三峡工程建设提供天气预报，与中国长江三峡开发总公司建设部签订《三峡坝区施工气象服务、气象观测委托承包合同书》，全程提供气象服务，有效保障了三峡工程的安全施工。三峡工程建成后，三峡气象服务中心转为常年为三峡工程安全运行和水电调度保障服务。湖北省气象部门还为葛洲坝工程、清江隔河岩水电站工程、南水北调工程和公路、桥梁等重大工程提供了有特色的气象服务。

水电气象服务　湖北省气象部门于20世纪80年代初开始常年为水电单位运行和电力负荷调度、水库调度和安全等提供全方位气象服务。2000年为湖北省电力公司和华中电网有限公司开发了独立的气象服务系统，实现了电力调度系统直接调用气象信息安排电力调度计划，极大地提高了电力系统应用气象数据与气象服务产品的能力和水平。2002年开展了电力负荷调度逐小时气象要素预报，并参与电力部门负荷调度决策，为电力部门提高电力调度效益发挥了重要作用。2012年气象信息并入电力部门智能电网调度技术支持系统。

气象预报预测　湖北省开展天气预报业务最早始于1937年，向通讯社和汉口市广播电台发布每日华中地区天气预报。20世纪50年代初开始制作长期天气预报，1958年全省有48个县气象（候）站制作、发布本县补充天气预报。进入80年代，气象预报预测业务有了新的发展，先后开发形成了水平分辨率100 km的华中暴雨数值预报业务系统，自主研发了水平分辨率为0.5°×0.5°的数值预报模式（MAPS），实现了现代化人机交互气象信息处理，天气预报制作系统（MICAPS）平台投入使用后正式取消绘制天气图，开发了具有国际先进水平的中尺度暴雨数值预报模式系统（AREMS）。进入21世纪以来，坚持以气象预报预测为核心，建成了精细化预报业务系统、暴雨定量预报业务系统、短时临近预报业务系统、预警信号制作发布系统、山洪灾害气象预警系统、中尺度分析平台，完善了长江流域气候趋势预测业务系统；建立了省、地、县城镇预报和强天气预警业务和暴雨中尺度天气分析业务，发展完善了强天气落区预报技术方法利用气候模式，引进开发了水平分辨率为3 km的华中区域高分辨率数值预报模式，形成了长江流域气象预报预测产品，开展湖北省、武汉区域、长江流域短期气候预测，建立了区域百年气温序列和50年气候变化基础数据集。全省24小时晴雨预报准确率明显提高，从2005年的77%提高到2014年的87.87%。

气象观测　湖北省汉口于1869年建立气象站，1931年设置高空测风站。新中国成立后，湖北省气象观测站迅速发展，1950—1959年全省共建成气象观测站107个，1986年从美国引进的数字化天气雷达WSR-81S在武汉建成投入使用，1991年建成具有国内先进水平的极轨和静止卫星兼容的接收处理系统。到2014年，全省共有89个国家级地面气象观测站，其中国家基准气候站5个，国家基本气象站27个，国家一般气象站49个，高山无人站4个，无人值守站4个；建有3个高空气象探测站，2451个区域自动气象观测站，12个太阳辐射观测站，19个雷电监测站，70个地基卫星定位水汽监测站，3个微波辐射计站，1个大气本底站，6个大气成分观测站，32个酸雨观测站，17个地面卫星接收站。全省共有13部天气雷达，其中新一代多普勒天气雷达8部、常规数字化天气雷达2部、移动多普勒天气雷达1部，激光云雷达1部，X波段双偏振雷达1部。全省形成了比较完善的综合气象观测体系。

信息网络　1882年汉口和宜昌海关开始向上海徐家汇观象台拍发气象电报。1955年1月起，在汉口中心气象台设通信科，负责华中区域的气象电报集中与广播、无线通报、转报台的联络，处理电台呼号、频率使用以及通信技术问题等。

20世纪80年代初，引进美国DEC公司PDP-11/44计算机系统，标志着湖北省气象通信进入计算机自动化通信时代。1988年省气象通信台成为武汉区域气象通信枢纽，负责湖北、湖南及安徽、江西四省气象通信传输任务。1994年实现了气象通信数据计算机自动处理。在国家气象卫星综合应用业务系统（"9210"工程）支持下，1997年12个市州气象局建成了卫星通信系统。2008年完成了曙光4000A高性能计算机建设，当时峰值速率达到每秒12万亿次，2014年，完成了IBM高性能计算机建设，峰值速率达到每秒75万亿次。省—市（州）—县（市、区）广域宽带网全面升级，全省13个市（州）、3个直管市和神农架林区、20个县（市、区）建成了视频会商系统。

气象科研　1980年成立湖北省气象科学研究所，1982年成立武汉暴雨研究所。2002年撤销两所，成立中国气象局武汉暴雨研究所，为中国气象局所属八个专业气象研究所之一。截至2014年，武汉暴雨研究所共有固定岗位人员47人，其中博士8人，硕士28人，大学本科10人；研究员级9人，副研究员级21人。武汉暴雨研究所自成立以来承担了国家自然基金项目16项、公益性行业专项6项、"973"和"863"项目专题6项。暴雨数据库已被纳入国家气象资料共享体系，建成暴雨监测预警湖北省重点实验室。从2008年每年出版《暴雨年鉴》，期刊《暴雨灾害》被收录为中国科技核心期刊。

湖北省气象科学研究取得了一大批研究成果。1981—1984年间四次大暴雨短期预报的成功和优质服务、灾害性天气监测和短时预报系统等2项成果分别获国家科学技术进步奖一等奖。暴雨数值预报模式及其业务应用、中国梅雨锋暴雨遥感监测技术与数值预报模式系统分别获国家科学技术进步奖二等奖。武汉数字化天气雷达系统微机远程终端网络、PDP-11/44气象通信计算机系统开发应用和实时气象资料库系统、长江中上游数字化天气雷达拼图与卫星云图综合实时处理系统、大范围降水实时监测自动化系统、中尺度暴雨数值预报模式系统、长江中游短时天气预警报业务系统等6项成果,分别获湖北省科学技术进步奖一等奖。多普勒雷达资料同化应用获中国气象局科学研究与开发一等奖。

展望 未来湖北气象现代化发展面临的机遇与挑战并存,湖北省气象部门将围绕湖北省委、省政府提出把湖北建设成为中部地区崛起重要战略支点的目标,以全省经济社会发展需求为导向,到2020年基本建成结构完善、布局科学、功能先进、技术领先的气象现代化体系;基本建成以公共气象服务为引领、以气象预测预报为核心、以综合气象观测为基础的现代气象业务体系,整体接近同期世界先进水平,部分领域达到领先水平;实现气象预报预测准确率、公众气象服务满意度、气象技术装备智能化水平、气象科技创新能力、气象人才综合素质全面提升,形成与湖北气象事业发展相适应的体制机制。

参考书目

崔讲学,2009. 湖北省气象志[M]. 北京:气象出版社.
湖北省气象局,2002. 湖北气象志[M]. 北京:气象出版社.
《中国气象灾害大典》编委会,2007. 中国气象灾害大典·湖北卷[M]. 北京:气象出版社.

(崔讲学)

Húnán qìxiàng

湖南气象(Hunan meteorology) 湖南省简称湘,位于108°47′E~114°15′E,24°38′N~30°08′N之间,地处青藏高原到东部沿海的过渡地区,面积为21.18万平方千米。2014年底总人口7202.29万人,常住人口为6737.24万人。省境东、南、西及西北部为山地围绕,中部丘岗起伏,北部低缓,平原、湖泊展布,呈西高东低、南高北低,以洞庭湖为中心朝北开口的不对称马蹄形盆地。境内丘陵面积最广,与山地合占全省面积80%以上,平原与河湖面积接近20%。境内河流众多,河网密布,多源于东、南、西边境的山地,湘、资、沅、澧四水均流入洞庭湖,洞庭湖接纳众水来水,于岳阳城陵矶汇入长江。境内山川秀美、物产丰富、气候宜人,自古以来人文荟萃,尤以"鱼米之乡"盛名天下。

天气气候特点 湖南处于东亚季风气候区西侧的内陆省份,为大陆性亚热带季风湿润气候。境内山丘众多、河湖交错的复杂地貌造就了湖南气候的多样性:气候温暖,四季分明;热量充足,雨水集中;春温多变,夏秋多旱;严寒期短,暑热期长。湖南各地年平均气温为15.6℃(桂东)~18.5℃(道县),山区低于平原和丘陵,极端最低气温-18.1℃(1969年1月31日,临湘),极端最高气温43.7℃(1951年8月7日,永州)。湖南雨水丰沛,大部分地区年平均降雨量在1300~1500 mm之间,大部分地区的降雨量明显集中于4—6月,这三个月的降水量占全年总降雨量的42%。大部分地区平均无霜期在270~290天之间,年日照时数一般为1100~1700小时。

主要气象灾害 湖南气象灾害具有种类多、范围广、频次高、危害重等特点,其中暴雨洪涝、干旱和山洪地质灾害最为严重。据统计在农业自然灾害中因气象灾害造成的损失占83.6%,其中洪涝灾害占32.3%,旱灾占47.3%。

暴雨洪涝 湖南省各季节均可出现暴雨,4—6月是暴雨洪涝灾害的易发时段,集中了全年降水量的50%~60%,有时又出现时间短、雨量多的强降水,造成暴雨洪涝灾害高发。1954年长江流域发生近100年来最大的特大洪水,湖南全省80个县不同程度受灾,受灾人口554万人,受灾农田80万公顷,因灾死亡2000余人。1998年3—8月共发生8次暴雨洪涝过程,加之长江上游洪峰迭起,洞庭湖出现了历史最高水位。全省有108个县市不同程度受灾,因灾死亡625人。

干旱 受季风气候及地形地貌影响,湖南干旱四季均有,其中以夏秋干旱出现最为频繁,危害最大。1963年湖南出现严重干旱,全省因干旱受灾人口1600万。全省受旱面积150.1万公顷,成灾面积113.4万公顷,减产粮食18.8亿千克。2003年,湖南出现大范围严重干旱,全省有234万人受灾,受旱农作物175.5万公顷,成灾面积98.4万公顷。2013年7—8月,湖南发生了有气象记录以来最为严重的高温干旱灾害,受旱人口1849.4万人,445.7万人饮水出现困难,农作物受灾面积207.58万公顷,农作物绝收面积42.47万公顷,直接经济损失170.2亿元。

低温雨雪冰冻 冰冻是湖南冬季常见的灾害性天气之一,这是湖南独特的地理地貌条件所致。2008年1月12日—2月8日湖南遭受了新中国成立以来最严重的低温雨雪冰冻天气,全省冰冻过程持续时间28天,为有连续气象记录以来的最长值，共造成直接经济损失 680 亿元。

山洪 湖南每年都有大量的、不同规模的滑坡、崩塌、泥石流等地质灾害发生。2006 年 7 月 14—17 日，在第 4 号强热带风暴"碧利斯"登陆西行与南海季风共同作用下，湘南普降暴雨，部分地区降大暴雨，局地降特大暴雨。强降水导致湘江全线超警戒水位，出现 1994 年以来最大的洪水。连续的暴雨和大暴雨诱发多地出现山洪、山体滑坡及泥石流灾害，致使郴州、衡阳等 7 个市 33 个县（市、区）549 个乡镇 729 万人受灾，全省农作物受灾面积 27.91 万公顷，基础设施直接经济损失 78.1 亿元。

气象发展 1909 年岳州（今岳阳）、长沙海关设立测候所，其观测资料向海关总署报送。1934 年中央研究院气象研究所将湖南境内各测候所纳入全国气象测候网。至 1949 年初，湖南保留有长沙、常德、芷江、郴州、衡阳、沅陵、茶陵 7 个气象站。

1949 年 8 月—1953 年 10 月，湖南气象部门属湖南军区建制。1952 年 10 月湖南省第一次气象工作会议在长沙召开。1953 年 11 月湖南气象部门转为政府建制。1955 年 1 月省委、省政府根据中央精神成立湖南省气象局，属省人委建制的直属局。1958 年开始，全省大力开展"气象化运动"，建成相当密度的气象台站网；把气象测报网和气象服务网合二为一，成为各级党政部门领导农业生产的参谋。1960 年 4 月成立湖南省气象学校。20 世纪 60 年代后期至 70 年代气象工作受到"文化大革命"的干扰破坏，直到 1978 年党的十一届三中全会后才逐步走上健康发展的轨道。1980 年 8 月经省政府批准，湖南各级气象工作由地方政府领导为主改为上级气象主管机构与本级人民政府双重领导，以上级气象主管机构领导为主的双重领导管理体制。1984 年湖南省气象局召开全省气象部门改革工作经验交流会议，交流实行责任制和实施改革的经验，研究简政放权和深入改革问题。省政府于 1992 年、1998 年先后下发了《关于进一步加强气象工作的通知》和《关于加快发展地方气象事业的通知》，有力促进了气象事业发展和气象现代化建设。1998 年省气象科技大楼建成，同年 4 月省政府主持召开全省气象工作会议。

21 世纪以来，湖南气象部门坚持公共气象的发展方向，"以规划落实项目、以项目拉动建设、以建设促进发展"，气象事业保持了持续、快速、健康发展。在以湖南省气象预警中心等一批重大项目的带动下，初步建成了结构合理、布局适当、功能齐备的综合气象观测系统、气象预报预测系统、公共气象服务系统和科技支撑保障系统，气象预测预报能力、气象防灾减灾能力、应对气候变化能力、开发利用气候资源能力和气象科研能力明显提升，"政府主导、部门联动、社会参与"的气象防灾减灾机制进一步完善。先后出台了《湖南省实施〈中华人民共和国气象法〉办法》《湖南省雷电灾害防御条例》等地方性法规和《关于加强气象事业发展的意见》（湘政发〔2006〕21 号）等规范性文件，依法履行气象职责能力有效提升，气象事业发展环境明显改善，全省气象部门保持"文明行业"称号，为气象防灾减灾和人民安全福祉做出了应有的贡献。

2011 年湖南省气象预警中心建成启用。2013 年 8 月中国气象局与湖南省人民政府签署了共同推进气象服务湖南经济社会发展合作协议，提出了"2017 年前长株潭地区率先基本实现气象现代化，力争在 2020 年前全省基本实现气象现代化"的发展目标。开展县级气象机构综合改革，全省共有 76 个县（市、区）成立了地方气象机构，有 63 个县（市、区）成立了地方气象灾害防御领导机构。2014 年省政府出台了《关于加快推进气象现代化的意见》，提出了全面推进气象现代化的六个方面的重点任务和六项重点工程。省气象局已与 7 个市州政府签署了局市合作协议，气象现代化更好地纳入了各级政府现代化建设的总体布局。（参见第 136 页<u>湖南省气象局</u>）

气象服务 湖南省气象服务始于 20 世纪 50 年代，初期主要为军事活动提供气象保障。20 世纪 80 年代开始，气象服务进入全新时期，全面运用各种气象服务手段，提供全方位多层次的服务。1997 年由湖南气象影视中心制作的天气预报节目在湖南经济电视台、长沙电视台、长沙有线电视台正式播出，1998 年湖南电视卫星频道正式播出有主持人电视天气预报节目。到 2014 年，基本形成了为广大人民群众服务的公众气象服务、为各级领导和决策部门提供服务的决策气象服务、为相关行业和专业提供服务的专业专项气象服务的比较完善的气象服务体系。公众气象服务覆盖了所有电视、广播、报纸、电话、网络、电子显示屏等媒体载体，形成了以湖南气象网专题为主体，微博、微话题、微访谈、微信四"微"一体的气象服务新媒体格局。

防汛气象服务 "湖南最大的省情是水情，最大的忧患是水患！"湖南气象部门始终把准确、及时、优质地做好防汛气象服务作为气象服务工作的重中之重，给防灾工作赢得时间和主动权，为省委、省政府和省防汛抗旱指挥部的防汛抗灾决策提供了科学依据，减少了因灾害性天气带来的人员伤亡和经济财产损失。如 1998 年湘水、资水、沅水、澧水及洞庭湖区相继出现湖南省自 1954 年以来的最大洪水，在抗洪抢险的最关键时刻，气象部门精准的预报为大型水库拦洪错峰，为省领导指挥抗洪抢险、转移受灾群众、减少人员伤亡赢得了主动权。2007 年"圣帕"台风袭击湖南时，省气象局及时启动应急响应预案，发布暴雨预警，安全转移了 75.7 万人，有效地避免了群死群伤事件，最大限度地减少了人员伤亡和财产损失。

抗旱气象服务 干旱是湖南主要气象灾害之一。1959 年 8 月开始用飞机、高炮、火箭进行人工影响天气的试验与为农抗旱服务，20 世纪末和 21 世纪初开始火箭人工增雨，1996 年以来累计开展水库人工增雨蓄水试验 14 次。在 1956 年以来特大干旱灾害中，全省 14 个市州所有的县市都开展了人工增雨抗旱工作，有效地缓解了农作物旱情，人工增雨作为抗御干旱的主要手段受到各级政府和群众的好评。2013 年 7—8 月，湖南发生了有气象记录以来最为严重的高温干旱灾害。省气象部门投入 186 门高炮、180 架火箭、1 架增雨飞机，开展了立体式人工增雨作业，增加降水超过 10.1 亿吨，对缓解旱情和森林灭火发挥了积极作用。2014 年，在空军长沙机场基地的基础上，又在怀化市芷江机场建立飞机人工增雨作业第二基地。到 2014 年底，全省拥有人工影响天气作业高炮 167 门，新型火箭 213 架，建成标准化的固定人工防雹增雨作业站点 111 个，省级建立了飞机人工增雨常备作业机制。人工影响天气发展成为全省重要的科学抗灾手段。除此之外，气象预报预测在抗旱决策中对保水蓄水调水发挥了重要作用。

山洪气象服务 湖南省由于特殊多样的地理、地貌特点，山洪灾害频繁，造成的损失在洪涝灾害中占有相当比重，尤其近年来比例明显增大。2000 年省气象局筹建山洪灾害气象预警系统。2003 年省气象部门与省国土资源部门合作，开展了山洪地质灾害预报预警和向下服务试验；2004 年双方签署《关于联合开展山洪和地质灾害气象预报预警工作协议书》，联合发布地质灾害预警消息，成功预报了 6 月 22—24 日、7 月 18—20 日湘西北、湘北的重大群发性山洪和地质灾害。中央电视台《东方时空》专访节目和《中国国土资源报》就湖南省地质灾害气象预警预报成功事例进行了报道。到 2014 年底，全省建成 2275 个气象信息服务站、6825 个预警大喇叭、1232 块电子显示屏、18.2 万手机短信决策气象服务用户及县级山洪地质灾害气象预警服务平台，区域自动气象站、手机短信气象预警系统和重点区域村级警报系统，被省委、省政府总结为防御山洪地质灾害的"三大法宝"。

为农气象服务 为农气象服务一直是湖南省气象服务重点工作之一，最初主要为农业部门提供重要农事季节、农用天气预报和农业气象情报服务。湖南是全国开展农业气象旬（月）报服务最早的两个省、市之一。1952 年 10 月在大通湖农场、常德稻场、安化茶场等地设立农业气象测候所。1992 年成立湖南省农业气象中心，建成了 18 个农业气象观测站、4 个国家农业气象试验站、60 个土壤墒情自动观测站，新增了农用天气预报、农作物产量动态预报、土壤墒情监测公报、农业干旱监测预报、农业气象灾害监测评估、春耕春播和秋收秋种专题气象服务，早稻、晚稻、粮食总产等产量预报准确率达到 98% 以上。2014 年，在全国率先成立了气象为农服务指导专家组，联合省农业厅加强直通式气象服务，全省共发展各类直通式服务对象 18 567 户（个），覆盖 90% 的新型农业经营主体。24 个县获中国气象局批复实施"三农"服务专项，争取各级政府投入 3500 万元支持农业气象服务体系和农村气象灾害防御体系建设。

应对气候变化服务 湖南气候变化研究工作起步较早，1968 年湖南省气象局观象台组织开展了长岭炼油厂厂址选择的环境影响评价，使气象部门成为湖南省开展环境影响评价最早的单位之一。1989 年省气象局成立湖南省气象环境评价中心，1991 年改为"湖南省气象局环境影响评价室"获得建设项目环境影响评价资格甲级证书，主持完成的建设项目环境影响评价 200 余项。编制完成了国内第一个以省级区域为对象的湖南省适应气候变化战略研究报告，得到省领导的高度肯定。编制了四个极端气候地方标准，填补了国内相关领域的空白。逐步形成针对重大工程建设重要专项规划的气候可行性论证工作规范。率先在全国开展了大气负离子气象服务。2005 年在 8 个区域建立 19 座风加密观测铁塔并投入运行，编制完成了《湖南省风能资源评估报告》和《湖南省大中型风电场场址初步筛选方案技术报告》。2013 年，编制的高温干旱气候评估材料作为省政府请示件的附件呈报国务院，成功承办了"应对气候变化中国行——走进湖南"大型科普考察活动，省发改委专函感谢气象部门在应对气候变化工作方面的大力支持。2014 年与环保部门深入合作，初步建立了信息共享、预报会商、应急协同的合作机制，开展了城市空气质量预报、空气污染气象条件预报、霾预报预警及大气负离子服务等业务。

水电气象服务 湖南气象部门一直积极开展水利、电力气象服务，主要是提供天气预报和情报，供防汛抗旱、水库调度和安全度汛、水利工程施工建设时参考，为电力部门选址、设计、施工、运行调度和安全提供服务,提高电力生产效益。1993年开通了省气象台至省电力局的服务终端,并逐步形成了水电气象服务和电力负荷调度专项气象服务特色,气象服务效益显著。2005年以来开展了冰冻气象服务,每年冬季为电力部门提供冰冻长期预报以及中短期预报。2010年在中国气象局组织的全国电力行业服务效益评估中,湖南电力气象服务效益排名全国第一。2011年牵头完成了中央财政城市气象防灾减灾专项电力气象服务试点工作,编写的《电力气象观测系统建设指南》被中国气象局观测网络司印发全国气象部门参照执行。

防雷安全检测服务 湖南省于1989年开始防雷安全检测服务。1991年成立了湖南省气象局避雷装置设计检测站,1996年更名为湖南省避雷装置检测中心。2000年通过重组成立湖南省防雷中心,负责省级防雷业务、服务,全面开展了新建建(构)筑物的防雷工程设计技术评价、施工检测、防雷装置常规检测、雷电灾害风险评估、雷电灾害调查鉴定以及雷电预警预报专项服务工作。2005年以来在全省建成闪电定位探测系统,自主研发建立了《湖南省雷电监测预警综合业务平台》,全面开展了针对民航、石油石化、旅游景区等领域的雷电监测预警预报专项服务;自主研发的"区域雷击风险评估方法"应用于大型交通桥梁、易燃易爆场所、高层建筑物等项目中,为项目的规划、设计、选址提供了科学依据。为贯彻落实李克强总理的重要批示精神,2013年组织编制了《溆浦县山背村雷电灾害防御建设项目总体设计方案》并获国家发改委审批,2014年该项目已进入全面实施阶段,昔日的"雷击村"之名有望成为历史。

气象预报预测 湖南省气象预报业务是从中华民国空军驻衡阳、芷江的测侯区台开始的,当时的气象预报仅为航空服务。1954年1月长沙天气预报台更名为长沙气象台,负责湖南全省的预报服务工作,1958年改为湖南省气象局预报服务台,1992年7月更名"湖南省气象台"。1983年10月湖南省完成了湘中地区中小尺度灾害性天气分析研究,提出的暴雨临近预报方法和灾害性天气预报联防服务办法,在全国气象部门推广应用。2005年建成了实用性强、集成度高,能充分体现湖南特色的气象预报业务服务综合平台(WOSIS)。2010年以来开发完成融合湖南自动气象站观测资料、数值预报产品资料、雷达产品资料的中尺度天气分析业务系统;开展基于GRAPES_RAFS的湖南暴雨形成机理和预报方法研究、南岳高山站气象资料应用研究、湖南山洪地质灾害防治精细化预报预警业务系统、中小河流防汛精细化面雨量预报系统。全省24小时晴雨预报准确率明显提高,从2006—2014年提高了2.5%。

气象观测 1950年以前的测侯所,一般只有地面气象观测业务。新中国成立后,用5年时间建成了湖南省气象观测站网。20世纪60年代开始装备天气雷达,20世纪70年代初又装备了卫星云图接收设备,20世纪80年代后期开始建设湖南省现代化综合大气探测系统。2013年,开展了气象装备社会化保障试点,建设省级维修测试平台,率先对雨量、电导率仪、酸度计三项标准建标。积极推进中国气象局长沙综合气象探测实验基地建设。2014年中国气象局长沙综合气象观测试验基地已顺利承担云、能、天自动观测设备的考核试验任务。到2014年,全省共有国家级气象站97个,其中国家基准气候站5个、国家基本气象站30个、国家一般气象站62个;全省共建成国家级无人自动气象站1个,辐射二级站1个、三级站2个,酸雨站6个,区域自动气象观测站3493个,交通气象站6个,新一代天气雷达7部、探空天气雷达3部、数字天气雷达2部、移动雷达1部(在建新一代天气雷达4部、风廓线雷达1部),GPS(全球定位系统)观测站73个(其中GPS/MET(全球定位系统气象观测)站51个),农气站22个,自动土壤水分观测站60个,大气负离子观测站22个,闪电定位仪10个,大气成分站6个(含气溶胶站),形成了比较完善的综合气象观测网络。

信息网络 新中国成立以后,湖南气象通信业务得以创建和发展,由最初单一少量气象电报传递到现在各类大量气象信息传输,逐步建立比较完善的现代化气象通信网络系统。1999年包括省气象台在内14套双向卫星通信系统建成投入运行,2000年6月完成全省97个气象台站的卫星广播单收站系统安装并投入业务运行。2014年建成了集数据和视频为一体的现代化气象信息网络系统。省气象局局域网已建成万兆骨干、千兆桌面接入,市级、县级局域网建成千兆骨干、百兆桌面接入。全省宽带网络SDH(同步数字体系)系统已覆盖全省14个市(州)气象局、7个雷达站、中国气象局气象干部培训学院湖南分院和92个县级气象局;实现了湖南省气象局与中国气象局、兄弟省和市(州)、县(市、区)各级气象部门通信网络纵向和横向互连;建成了省、市、县三级高清视频会商系统,对全省气象宽带网进行了提档升速。建设卫星广播系统(CMACast)接收小站99个,速率达70 Mbit/s,数据日广播量超过150 GB。

气象科研 1955年省气象局成立"湖南省气象科学研究与技术指导小组",1959年正式成立湖南省气象科研所。2000年建立气象防灾减灾湖南省重点实验室,2001年成立湖南省气象科技创新基地。2012年中国气象局批复湖南省气象科学研究所为国内第一批改革发展试点所。到2014年底，湖南省气象科研所共有固定岗位人员24人，其中博士3人、硕士15人、大学本科5人，副研究员级15人。仅2008—2014年承担了公益性行业专项2项、国家重点项目4项、一般项目7项、省部重点攻关项目4项、省部委一般项目8项。

以省气象科学研究所为代表的气象科研团队主持或参与了一大批研究项目。"飞机人工催化降雨试验"获1978年全国科学大会奖，"籼型杂交水稻研究和制种"获1983年国家技术发明特等奖，"全国农业气候资源和农业气候区划研究"获1989年国家科学技术进步奖一等奖，"中国亚热带东部丘陵山区农业气候资源及其合理利用研究"获1991年国家科学技术进步奖二等奖，"两系法杂交水稻技术研究与应用"获2014年国家科学技术进步奖特等奖，"电网大范围冰冻灾害预防与治理关键技术及成套装备"获2014年国家科学技术进步奖一等奖，获得国家其他部委奖励10余项、湖南省科学技术进步奖90余项。到2014年共产生省部级奖励和知识产权重大科技成果37项，其中获省部级科学技术进步奖一等奖2项、二等奖6项、三等奖10项。"湖南省极端气象灾害预警评估技术体系研究与示范"获2012年省科学技术进步奖一等奖，取得自主知识产权科技成果17项，国内外核心刊物发表论文72篇，10篇论文被SCI（《科学引文索引》），EI（《工程索引》），INSPEC（《科技文摘数据库》）收录，出版专著5部。

展望 未来湖南省气象部门将紧紧围绕湖南全面建成小康社会的总需求，坚持公共气象发展方向，以气象防灾减灾为主线，以促进经济社会发展和保障民生为宗旨，全面推进气象现代化，全面深化气象改革，全面推进气象法治建设，全面加强气象部门党的建设。到2020年底，全省基本实现气象现代化，建成开放多元有序的气象服务体系、全国先进的现代气象业务体系、适应气象现代化的气象管理体系，形成相科学规范高效的气象工作体制机制，气象综合实力、气象创新活力和气象工作影响力显著提升。

参考书目

《湖南省气象志》编纂委员会，2007. 湖南省气象志[M]. 北京：气象出版社.

《中国气象灾害大典》编委会，2007. 中国气象灾害大典·湖南卷[M]. 北京：气象出版社.

（常国刚）

Guǎngdōng qìxiàng

广东气象（Guangdong meteorology） 广东省简称粤，位于109°39′E～117°19′E，20°13′N～25°31′N之间。东、北、西与港澳和闽、赣、湘、桂接壤，南与海南省相望，面临南海和西太平洋。陆地面积17.98万平方千米，海域总面积41.9万平方千米，大陆海岸线长3368.1 km。珠江和韩江、鉴江、漠阳江、潭江贯穿境内。山地（海拔高度一般为800～1100 m）、丘陵（海拔高度一般为200～500 m）、台地（海拔高度一般在200 m以内）和平原分别占全省面积的33.7%，24.9%，14.2%和21.7%，河流、湖泊占5.5%，俗称"七山一水二分田"。截至2014年末广东省常住人口10 724万人。

天气气候特点 广东省处于高空东、西风系交替影响的过渡区和温带、热带各类天气频繁活动和经常影响的地区，属热带和亚热带季风气候区。夏季炎热多雨、冬季温和干燥，雨量丰沛、干湿季明显，光温水风等气候资源丰富。海陆和南北差异和山区丘陵的地形作用，造成了广东省气候类型的多样性，尤其是在山区，非地带性垂直气候变化显著。

广东大部分地区的年平均温度在20～23 ℃之间，最冷月1月份平均温度约在9～17 ℃之间。年平均气温分布呈南高北低，全省年平均气温21.8 ℃，最冷1月平均13.3 ℃，最热7月28.5 ℃。极端最低气温是－7.3 ℃（1955年1月12日，梅州市）；极端最高气温是42 ℃（1953年8月12日，曲江市）。多数地区年降水量为1500～2000 mm，位于全国前列。每年4—9月为雨季，10月至翌年3月为干季。全省平均年降水量1789.3 mm，最少年1314.1 mm，最多年达2254.1 mm。广东省多数地区年日照为1500～2100小时，各地年日照总时数的分布基本平行于海岸线，自北向南递增，西北山区的连山最少1389.8小时，东南端的南澳最多达2154.9小时。冬半年盛行偏北和东北风，夏半年盛行东南、偏南和西南风。冬、春季风速较大，夏季风速较小。大风区主要在沿海一带。

主要气象灾害 广东是气象灾害大省，主要气象灾害有台风、暴雨洪涝、寒冷、干旱、强对流、雷击、高温等。由于是经济大省、人口大省，人口密度大、土地含金量高，气象灾害造成的损失和社会影响较为严重，其中台风对广东造成的损失居于各种自然灾害之首，其造成的经济损失约占全省全年自然灾害损失总值的60%。

台风 台风是最主要的气象灾害，年平均登陆或严重影响广东的台风约有5个，集中在6—10月，约占全国的40%。台风所经之处，常有狂风、暴雨和巨浪，带来毁灭性的灾难，如9615号台风于1996年9月9日11时前后在吴川沿海地区登陆，登录时中心附近最大风力12级以上（实测到的风速极值57 m/s），台风登陆后穿过湛江市区、遂溪、廉江等地进入北部湾，风力在11

级左右。9615号台风风速之大、范围之广、致灾之重，为广东甚至全国所罕见，造成全省直接经济损失高达175亿元。

暴雨洪涝 暴雨主要出现在汛期（4—9月），农历端午节前后常常出现较强降水，民间俗称"龙舟水"。暴雨次数多、强度大，容易引起城乡积涝，引发泥石流和山体滑坡等地质灾害，造成严重人员伤亡。如1994年6月中旬华南地区普降暴雨到大暴雨，局部特大暴雨，造成西、北江并发超过五十年一遇大洪水，且两江洪峰几乎同时到达思贤滘，又接近大潮期，使西江、北江及珠江三角洲网河区水位迅猛上涨，石角站持续超警戒水位达10天。两广农作物受灾面积近125万公顷，损坏水库332座（中型21座）、堤围1502 km，倒塌房屋26万间，受灾人口1319万人，死亡371人。

寒冷灾害 冬季气温波动大，极端寒害对果树、淡水养殖等造成重大损失，引发道路积冰影响交通安全和生产生活。如2008年的低温雨雪冰冻灾害，直接经济损失185.4亿元。1999年12月中下旬低温寒害，农业受灾面积78.3万公顷，直接经济损失108.5亿元。

强对流 短时强降水、雷雨大风、龙卷、冰雹和飑线等强对流天气是珠三角地区常见的气象灾害，多出现在春夏之交，强度大、破坏力极强。1995年4月19日出现的强对流天气造成54人死亡，经济损失达7亿元。2011年4月17日广东省肇庆、佛山、广州等地出现了短时强降水、雷雨大风以及冰雹等强对流天气，累计造成18人死亡，超过200人受伤。

雷暴 广东省是全国雷电灾害最多的省份，全年雷电日数最多达180天，雷州半岛就是因多雷电而得名。2009年6月3日佛山一次雷击灾害就造成5人死亡、1人受伤。

高温 高温酷暑集中在7—9月，连续高温对于珠三角现代化城市群的交通、用水、用电、工农业生产以及人体健康影响很大。2004年春夏季节高温日数达24天，是前30年历史同期平均值的6.5倍，特别是6月29日—7月2日，全省多次出现39℃以上的最高气温，有18个台站刷新历史最高气温纪录，3个台站平极端最高气温纪录，当年持续高温造成40人中暑死亡。

干旱 春旱主要发生在南部，秋旱主要发生在北部。近年来干旱灾害呈加剧趋势，不仅直接影响农业生产，还造成了城乡饮用水短缺、生态环境恶化等问题。2004年是广东1963年以来年降水量最少、干旱最严重的一年，严重影响了当年的春播育秧、作物灌溉，造成晚稻的严重减产，各大水库蓄水量严重不足，直接经济损失16.4亿元。

霾 2000年以来，广东年平均霾天数达53天，2007年全省平均为67天，珠三角达148天。霾天气因空气中有大量人体可吸入有害物质，易引起严重呼吸道疾病。近几年霾天数有下降的趋势，2014年全省平均降至39.5天，珠三角61.1天。

气象发展 唐贞观三年（公元629年）在现广州市光塔路的广州怀圣寺怀圣塔顶，安装双脚金鸡风向器，明万历二十八年（1600年）改为铜葫芦。道光四年（1824年）在广州市海珠区五凤村建纯阳观，设朝斗台观测天象。1883年后在潮汕各地的沿海灯塔设有气象观测点，1908年建立广州测候所，1935年设立广州气象台。至新中国成立时，广东仅存广州气象台和广州、海口两个地面观测站。

新中国成立后，广东气象事业经历了艰苦创建、大力发展、停滞破坏和蓬勃发展等重要阶段。经历了由军队建制领导和政府部门建制领导的两次军、政体制变化。1949—1953年为军队建制时期，在台站网建设、人员培训、为军事服务等方面做了大量工作，为发展广东气象事业奠定了基础。1954—1957年为地方建制时期，由单一为军事服务转变为既为军事服务，又为国民经济建设服务，台站网稳步发展，气象业务全面开展。1958—1965年为气象台站下放时期，省气象局主要负责全省气象台站的行政（体制下放时，行政工作主要由当地领导）、业务组织管理工作，以及做好气象为国防和国民经济建设服务。1966—1976年为"文化大革命"时期，气象事业遭到严重干扰，但全省气象人员坚守岗位，保证了气象观测记录的完整和发布各类天气预报。1977年起为双重领导建制时期，1983年广东省气象局实行中国气象局与省人民政府双重领导，以中国气象局领导为主的体制。改革开放以来，广东气象工作始终立足广东、服务广东，本着"以人为本，无微不至，无所不在"的服务理念，严密监视天气变化，科学预测天气气候趋势，深入分析天气气候变化对广东省经济社会的影响和应对措施，及时提供全方位、多层次的气象服务，为广东经济发展、社会和谐稳定、人民福祉安康做出了贡献。2012年3月，中国气象局与广东省人民政府在京签署《关于加快气象现代化试点省建设合作备忘录》，推进了广东气象事业又好又快发展。（参见第138页广东省气象局）

气象服务 广东气象部门始终把服务作为气象工作的出发点和归宿，面向经济建设和社会发展全面开展服务工作。以长中短期和短时天气预报、警报以及气象情报资料、天气展望、气候预测评估、气候资源开发利用、城乡生态环境、大气灰霾监测预警、气象次生灾害、雷电预警、旅游天气、气象指数等为主要内容，充分利用广播、电视、报纸、应急气象电话、手机短信、气象网站、街区广告牌、电子显示屏、农村预警大喇叭、应急气象频道、微博、微信、手机客户端和气象信息快报等手段开展公共气象服务。气象服务已覆盖农业、工矿、城建、交通运输、海洋开发、水利电力、环境保护、邮电、房地产、商业财贸、旅游、卫生、金融、保险、广播、电视以及文化体育等100多个部门和行业。

  防灾减灾气象服务　省气象部门全力做好防灾减灾气象服务工作。1983年实施天气雷达联防监测，开展以强对流灾害性天气为重点的监测与短时预报服务业务，为"三防"指挥部、海运、海洋、港务、内河航运等部门提供气象服务，广东省航运部门船只连续十年未发生因雷雨大风引起的翻沉事故。1999年省气象局建立"决策气象服务联席会议"制度，由联席会议确定向省政府提供的决策服务内容，并以专题服务材料及时向党政领导提供全省灾情动态监测情况。2000年省气象局成立省决策气象服务中心，担负省一级决策气象服务工作。2015年突发事件预警信息发布平台建成并实现业务运行，预警信息发布渠道增加到10种，全省预警信息发布覆盖率达到90%。建立了以台风、暴雨预警信号为先导的停课制度，明确气象部门发布台风黄色、橙色、红色及暴雨红色预警信号时，区域内各级各类学校必须停课。至2014年，气象灾害占GDP（国内生产总值）的比重下降为0.36%，因气象灾害致死人数从百位数降为十位数。

  海洋气象服务　广东海域面积大，海岸线长，海洋气象服务任务艰巨。1985年广东省气象局与香港天文台合作在黄茅洲建立了广东第一个海岛自动气象站，目前已在47个海岛设有自动气象站。成立了中国首个博贺海洋气象科学试验基地，建立了8个石油平台气象站和4个海洋浮标自动气象站，为做好海洋天气预报、预警和气象服务打下了基础。2010年建成茂名海洋气象广播电台，南海海洋防灾减灾、海上搜救、海上安全生产等海洋气象服务工作迈入新阶段。

  城市气象服务　广东气象部门高度重视做好城市气象服务工作。1993年开始，编制广州、佛山、东莞、珠海等地十多套城市暴雨强度公式，陆续开展空气质量、人体舒适度、紫外线、负离子浓度、中暑指数、污染气象条件等特种气象预报，建成珠三角城市群大气成分观测站网，开展了广州、深圳、佛山、台山市城市热岛效应分析和评估及城市内涝气象灾害风险评估预警工作。开展香港、澳门回归庆典，广州亚洲运动会、亚洲残疾人运动会，深圳大学生运动会气象保障，为城市运行提供全方位、精细化气象服务，得到各级政府和人民群众的好评。

  大型工程建设气象服务　1978通过在广州宾馆进行风压、风振的实测研究和历史资料的对比分析，编写了《高层建筑风压、风振实测分析报告》，自此拉开大型工程建设气象服务序幕。20世纪80年代开始，承担的大型工程气象论证项目有大亚湾、岭澳及阳江核电站、伶仃洋跨海大桥气象可行性分析、广东阳江核电站工程厂址地区气象条件可行性研究等。2000年进行的广东LNG（液化天然气）接收站秤头角港址工程气象环境设计计算分析项目，是气象部门首次完整地承担浪、流、潮的驱动模型——热带气旋动力模型设计工作，为更高层次介入大型工程建设的气象服务建立良好开端。

  防雷减灾气象服务　广东基层台站的防雷业务始于连州市气象局，1989年江门市气象局正式开展防雷检测工作，1992年防雷检测业务在全省基层气象台站铺开。1995年成立"广东省防雷中心"，全省相继建立100多个防雷检测所，全面开展防雷装置安全技术评价与检测等防雷技术服务工作。2003年成立"广东省防雷减灾管理办公室"，全面开展防雷装置设计审批和竣工验收行政许可，各地市气象防雷行政审批事项100%纳入政务服务中心。2012年起，每年按照省安委会部署牵头组织安监、公安、住建等多部门开展全省防雷安全生产行政执法监察联合行动，显著加强气象防雷减灾工作和社会影响力。

  人工影响天气　1958年在广州市郊首次进行飞机人工降雨试验。1960年应越南邀请派工作组进行人工降雨试验，飞行作业32次，成功率为67%。2003年成立"广东省人工影响天气办公室"，省政府印发《关于加强我省人工增雨减灾工作意见》，全省台站普遍开展火箭人工增雨作业，飞机开展跨区域人工增雨作业。2010年为广州亚洲运动会、亚洲残疾人运动会开幕式顺利开展了人工消雨作业，受到社会各界广泛好评。2015年6—7月针对雷州半岛罕见旱情，集中全省力量支援湛江抗旱增雨有效缓解旱情。建立人工影响天气常态化作业机制，人工影响天气作业从应急抗旱保农业生产转向常态化增雨、兼顾改善生态环境和减少森林火灾。

  气象预报预测　广东于1935年开展天气预报业务。20世纪50年代省气象台绘制每日天气图，各地区气象台发布天气预报警报，指导县气象站开展补充订正预报；20世纪60年代进行预报改革，推广环流分型配套的分片预报方法；20世纪70年代以灾害性天气为主攻方向。1998年开始，气象信息综合分析处理系统（MI-

CAPS）及其二次开发投入业务，开启新的预报作业方式；中尺度数值预报模式投入业务；以 GRAPES-TMM（实时业务预报）为基础，建立起数值预报和灾害性天气综合临近预报系统"雨燕"（GRAPES-SWIFT），"灾害性天气短时临近预报业务系统（SWAN）建设与改进项目"投入业务运行。2012 年正式开展精细化数字网格天气预报业务，实现了预报业务制作方式的根本性转变。

综合性天气气候工作始于 1958 年的气候资料整编和气候分析业务。1964 年进行全省性农业气候区划。1986 年全面完成省、市、县三级农业气候资源调查和农业气候区划工作，完成东部亚热带丘陵山区气候资源及其合理利用、开发研究。1994 年"气象资料处理和气候分析服务系统及农业气象情报预报服务系统"投入业务运行。

气象观测 广东的国家级气象观测站基本建立于 20 世纪 50 年代，全部为人工观测；20 世纪 90 年代末后，建立中小尺度自动气象站和新一代天气雷达站。至 2015 年，全省建成 1 个气象卫星地面接收站（分 A，B 两个站区）、12 部新一代天气雷达站、16 部风廓线雷达、35 部闪电定位仪、86 个国家级气象观测站、26 个农业气象站、4 个探空站、12 个气溶胶站、10 个灾害性天气实景监测站、2160 个区域自动气象站、49 个海岛自动站、8 个海上石油平台自动站、5 个大型海洋气象浮标自动站、2 个船舶自动站、2 个地波雷达、3 个海洋气象综合观测基地等，一批能见度、云、太阳辐射、微波辐射、人体舒适度、大气电场等自动化观测设备以及移动应急车也相继投入使用，种类比较齐全的现代综合气象探测系统基本形成。

信息网络 从 20 世纪 50 年代起，使用莫尔斯电报通信、手工处理各类气象信息。20 世纪 60 年代开始，使用有线电传、移频接收机、传真机、区域通信枢纽、自动化电报交换机系统、复用微波话路等开展业务。1997 年后，气象卫星综合应用系统（"9210"工程）安装开通，实现核心骨干网络万兆（10 Gbit/s）升级，建成省、市、县三级卫星数据广播系统（CMACast）。2012 年对省—市—县三级混合宽带网络优化升级，省气象局 VPN 端口由 100 Mbit/s 升速为 1000 Mbit/s，市局 VPN 端口由 10 Mbit/s 升速为 50 Mbit/s 或 100 Mbit/s，县（市、区）气象局 MSTP（基于 SDH 的多业务传递平台）速率由 2 Mbit/s 升速为 10 Mbit/s（或 20 Mbit/s）。2013 年建设全省气象高清视频会商会议系统，建设计算能力达到 500 万亿次每秒的高性能计算机。

气象科研 广东省气象局于 1976 年成立了广东省热带海洋气象研究所，2001 年更名为中国气象局广州热带海洋气象研究所（为国家级公益类科研院所），主要从事热带数值预报模式的技术开发、南海季风、华南暴雨、南海台风、华南旱涝、热带卫星资料收集和应用技术、热带环境气象等方面的科研工作。2005 年成立了中国气象局热带季风重点开放实验室，2011 年广东省科技厅挂牌成立广东省突发灾害性天气应急技术研究中心，2012 年成立了区域数值天气预报重点实验室。主办《热带气象学报（中、英文版）》，中文版为中国自然科学核心期刊，英文版被列入美国《科学引文索引（扩展版）》（SCIE）源刊。

2000 年以来，广东省气象局科技创新体系逐渐完善，在茂名博贺建成国内首个专业化海洋气象观测平台，在广州从化建成国内唯一固定的野外雷电综合试验观测基地；建立了新一代数值预报业务系统和逐时同化分析与模式预报循环业务系统（CHAF 系统）；自主开发的灾害性天气综合临近预报系统"雨燕"（GRAPES-SWIFT）居国内领先水平，并以此为基础牵头研发了国家级短时临近预报系统"天鹅"（SWAN）；建立了珠江三角洲大气成分站网，研发了"珠三角大气灰霾的预测预报预警系统"，为国内首次发布灰霾预警信号提供技术支撑。2000 年以来共承担了国家和省部级科研项目 300 多项，发表核心论文 1000 余篇，被 SCI（《科学引文索引》）IE（《工程索引》）收录 150 多篇。获得国家科学技术进步奖二等奖 1 项、省科学技术奖二等奖 2 项。

展望 力争到 2015 年在珠江三角洲地区、2020 年以前在全省建成结构完善、功能先进的气象现代化体系，使广东省气象整体实力接近同期世界先进水平，造福社会能力达到世界领先水平，率先基本实现具有中国特色、广东风格的气象现代化，为人民群众提供世界先进水平的气象服务。

参考书目

广东省地方史志编纂委员会，1996. 广东省志·气象志 [M]. 广州：广东人民出版社.

《广东省气候业务技术手册》编撰委员会，2008. 广东省气候业务技术手册 [M]. 北京：气象出版社.

广东省气象局，2010. 广东省基层气象台站简史 [M]. 北京：气象出版社.

广东省气象局《广东省天气预报技术手册》编写组，2006. 广东省天气预报技术手册 [M]. 北京：气象出版社.

(许永锞　董永春)

Guǎngxī qìxiàng

广西气象（Guangxi meteorology） 广西壮族自治区

简称桂，地处中国南部，位于104°26′E～112°04′E，20°54′N～26°20′N之间。北临南岭山地，西延云贵高原，四周多被山地环绕，境内以丘陵山地为主，南部沿海一带较低平，中间多为低山丘陵和小平原，形成略有缺口的广西盆地，弧形山系与山间盆地、丘陵和小平原相间分布。土地总面积23.76万平方千米，山地、丘陵和石山面积约占70％，台地、平原、水面面积约占30％。境内集雨面积50 km²以上的河流986条，总长度3.4万千米。河流分属珠江、长江、桂南独流入海、百都河等4大水系。珠江水系最大，流域面积占广西陆地面积的85.2％。截至2014年广西总人口5475万，常住人口4754万。

天气气候特点 广西处于东亚季风气候区，自北向南分属中亚热带、南亚热带和北热带季风气候，桂北、桂西具有山地气候特征，桂南沿海具有海洋气候特色。主要特点是气候温暖、夏长冬短、降水丰沛、夏湿冬干，气候资源丰富、气候差异明显，水、旱等气象灾害较频繁；夏季盛行偏南风，高温、多雨；冬季大部地区盛行偏北风，低温、少雨。主要影响的天气系统有华南静止锋、冷锋、江南锋生、寒潮、南支西风槽、西南暖低压、副热带高压、热带气旋、热带辐合带、东风波、热带云团或副热带云团等。各地年平均气温16.5～23.1℃，1月平均气温5.6～15.5℃，7月平均气温23.4～29.0℃，极端最低气温-8.4℃（1963年1月15日，资源），极端最高气温42.5℃（1958年4月23日，百色）。各地无霜期288～365天。各地年平均降水量1077.4～2768.8 mm，汛期（4—9月）降水量占全年66％～87％。各地年平均日照时数1167～2234小时。

主要气象灾害 广西主要气象灾害有暴雨洪涝、干旱、热带气旋、低温冷冻害、大风、冰雹、雷暴等，其中以旱、涝最突出。广西气象灾害可引发山体滑坡、泥石流以及海洋灾害、生物灾害、林区火灾等次生灾害。1993—2010年气象灾害给广西造成的直接经济损失年均151.6亿元，其中直接经济损失超过300亿元的有1994年、1996年、2008年。

暴雨洪涝 年年有暴雨洪涝灾害。1961—2005年间平均每年农作物受灾29.3万公顷，直接经济损失34.54亿元。如1994年，有86个县（自治县、市、区）2753万人受灾，死亡477人，农作物受灾165万公顷，直接经济损失362.6亿元。

干旱 几乎年年有干旱，干旱常常连季出现。范围广、灾情重的干旱约3年一遇。1961—2005年间平均每年受旱农田面积62.6万公顷。如1963年春夏秋连旱，有79个县（自治县、市、区）遭受旱灾，受旱农田面积155.2万公顷，10月有2200多条中小河流一度断流。2009—2010年夏秋冬春连旱，干旱过程历时8个多月，共造成广西直接经济损失33.16亿元。

热带气旋 平均每年约受5个热带气旋影响。对广西有弊有利，既可造成暴雨洪涝、大风、风暴潮灾害，又能带来降水可缓解旱情。灾害重的热带气旋平均2～3年1个。如1971年5月29日—6月2日受7106号台风影响，农作物受灾23万公顷、死亡197人、伤367人；2001年7月上旬受台风"榴莲"和"尤特"叠加影响，大风、暴雨洪涝造成24人死亡，直接经济损失159.03亿元。2014年7月中旬末登陆广西的台风"威马逊"，强度最强、维持台风以上级别时间最长、影响范围最广，造成死亡10人，直接经济损失138.4亿元。

低温冷害 主要是霜冻、冰冻、雪灾及低温阴雨、寒露风。冬季强冷空气入侵时，广西会出现大范围的低温冷害，给电力、交通、农业、林业等行业及人民生产生活造成影响和损失。1955年以来较重的有6次。如1999年12月下旬的全自治区严重霜冻、冰冻灾害造成农作物受灾面积约140万公顷，直接经济损失近200亿元；2008年1月12日—2月20日，大范围低温雨雪冰冻天气使108个县（市、区）、1676.8万人受灾，直接经济损失321.75亿元。

气象发展 1877年北海海关设有北海海关气象观测站。1927年广西实业院在柳州设立气象观测所，广西开始自办气象事业。1934年广西政府成立气象所。

1949年12月中国人民解放军接收桂林、柳州、南宁、梧州、百色等5个气象台站，移交广西军区。1954年10月成立广西人民政府气象局（见第140页 广西壮族自治区气象局），逐步扩大气象队伍、增建气象台站、开展天气预报和气象服务。1958年3月改称广西壮族自治区气象局，加快组建气象服务网，加强为农业服务。"文化大革命"十年，广西气象探测工作受到影响，但广西气象工作者坚持日常业务工作，基本保持了气象资料完整连续。20世纪70年代中后期，天气雷达等探测业务发展较快，先后建成90个地面站、6个高空站和8个711型天气雷达站，大气探测网初步形成。

20世纪80—90年代，广西气象部门致力于减灾防灾天气预警系统、气象卫星综合业务应用系统（"9210"工程）广西分系统为重点的现代化建设，实施事业结构战略性调整，加快气象业务现代化建设，使广西气象业务现代化总体水平明显提高。1995年初，广西减灾防灾天气预警系统在全国气象部门率先建成，改变了广西气象业务技术装备落后的局面；1998年自治区人民政府印发《关于进一步加快发展我区气象事业的通知》，气象事业得到较快发展；1999年，广西气象卫星综合应用业务系统建成投入使用。

进入21世纪，广西气象事业进一步加快发展。2006年自治区人民政府印发《关于加快广西气象事业发展的意见》，明确加快广西气象事业发展的总体要求、主要任务和政策措施。2010年自治区人民政府与中国气象局签署《共同推进广西气象防灾减灾体系建设合作协议》，共建广西气象防灾减灾体系。2013年根据中国气象局的统一部署，全面加快推进气象现代化的各项工作。2014年，自治区人民政府印发《关于全面推进广西气象现代化的意见》，进一步明确广西气象现代化的目标、任务和措施。2015年，自治区政府召开全区气象现代化工作会议，并与中国气象局联合召开合作联席会议，共同推动广西气象现代化。广西北部湾经济区气象监测预报预警服务系统等共建项目建设进一步落实；气象职工绩效工资和地方津贴在国家未做出统一规定前由各级人民政府足额纳入同级财政年度预算；自治区财政厅和自治区气象局联合发文进一步落实气象双重计划财务体制。中国气象局和自治区人民政府决定在2016年举办首届中国东盟博览会，逐步在广西搭建起国际气象合作交流平台，打造展示中国气象影响力和广西气象发展的窗口。

针对广西天气预报预测准确率和精细化水平还不够高、基层气象部门基础薄弱等实际情况，广西气象部门重视坚持问题导向，重基础，强基层，补短板，提能力。加强业务综合能力，在全自治区所有县局统一开展"两系统（天气预报服务集约化业务系统、广西农业气象业务集约化系统）、一平台（县级综合服务平台）"建设，实现基层气象业务集约化和标准化；推进基层综合改革，成立基层气象机构近70个，落实地方事业编制170多人，基层气象台站人少事多问题得到一定程度缓解；加强基础设施建设，9个中越边境台站以及28个国家级贫困县气象台站等纳入规划建设；加强基层人才队伍建设，选拔培养综合气象业务技术带头人。

广西气象防灾减灾体制机制逐步完善，公共气象服务、气象预报预警、综合气象观测能力不断提升，气象科技创新能力和人才队伍建设进一步增强，台站面貌大为改观，气象现代化建设服务效益突出。截至2015年，广西各级气象部门全部获当地授予"文明单位"称号，自治区级以上文明单位78个，其中建成全国文明单位7个，全国精神文明建设先进单位2个。

气象服务 广西气象部门坚持"以人为本，无微不至、无所不在"的服务宗旨，以需求牵引，服务引领，主动融入经济社会发展大局，坚持面向民生、面向生产、面向决策，做好各项气象服务。2010—2014年全区各级气象部门年均发布决策气象服务材料超过5000期，发布各类气象预警超过6000次，发送手机气象预警短信超亿条次。2014年气象预警短信接收6亿多人次。气象服务为经济社会发展及最大限度减少人员伤亡和财产损失作出了贡献。全区气象灾害导致的死亡人数从"十一五"的年均107人下降到"十二五"的61人，灾害损失占GDP（国内生产总值）比重从2.30%下降到0.51%。

广西气象服务产品包括天气预报、气象情报、气象资料、气候分析应用、气象卫星信息分析应用、气象适用技术、气象雷电灾害防御、人工影响天气等；服务方式向多元化发展，手机气象短信与报纸、广播、电视、电子显示屏、网络、预报警大喇叭等共同构成了广西气象应急服务和灾害性天气预警信号发布体系，公共气象服务覆盖面不断扩大。例如，1954年正式对外发布短期天气预报；1983年广西电视台广播短期天气预报和重大灾害天气警报；1995年起，广西电视天气预报有气象节目主持人解说；2010年广西在全国较早开通气象预警短信"绿色通道"；2014年自治区党委办公厅和政府办公厅联合印发《关于重大气象信息和重要汛情旱情报告各级党政主要负责人的规定（试行）》，在全国率先以党内法规形式规范党政"一把手"对重大气象信息的处置工作，气象部门逐步在全区建立起报告有序、处置有规、保障有力的重大气象信息报告和处置工作机制。防城港市形成市、县、乡（镇）、村四级气象防灾减灾体系，把气象管理工作向乡村延伸，实现气象应急四级实时联动管理。

防汛抗旱气象服务 广西的地理环境和气候特点，决定了防汛抗旱服务是广西气象服务的重中之重。在历次抗洪救灾、防旱抗旱过程中，气象部门准确预报、及时预警，充分发挥气象防灾减灾第一道防线作用。如2001年7月连续遭受3号、4号台风的袭击，接连出现罕见的大范围暴雨天气过程，导致左江、右江、邕江、郁江、浔江江水暴涨，发生了多年未遇的特大洪涝灾害。在台风到来之前，气象部门提前3天准确预报了台风的路径、影响范围，及时将天气预报、雨情、灾情等向地方领导汇报，为地方党委政府做好抗洪抢险决策，夺取胜利做出贡献。2009年6月下旬，广西大部发生强降雨天气过程，罗城仫佬族自治县卡马水库大坝出现险情，气象部门开展现场气象服务，为自治区及时组织人员转移安置、排除水库险情，最大限度减少灾害造成的损失做出了贡献。2009—2010年夏秋冬春连旱，气象部门采取超常规措施，加强干旱监测分析和评估，加强决策气象服务信息报送和公众气象服务信息发布，指导人民群众科学用水，科学抗旱，并抓住有利天气时机组织人工增雨作业，全自治区增雨受益面积约20万平方千米。应对2013年恭城"5·16"特大暴雨气象预报准、预警早，灾害前成功转移群众2万多人，避免人员伤亡。2014年7月登陆广西强度最强、维持台风以上级别时间最长、影响范围最广的台风"威马逊"，气象服务主动及时，得到了自治区领导的好评。

为农气象服务 20世纪50年代开展农业气象灾害天气预报服务，20世纪60年代开展农业气象区划，20世纪70年代末期开展研究农业气象产量预报。进入21世纪注重强化广西农业气象服务体系和农村气象灾害防御体系的建设。全自治区建成4123个农村气象预警大喇叭、1237个农村气象信息服务站，建立了26 713人的社会兼职气象信息员（协管员）队伍。2014年，自治区人民政府还将气象信息员纳入地方社会综合治理网格化管理系统统一管理。充分发挥气象部门的科技优势，为农业增产丰收提供服务。开展农业气象服务融入现代特色农业示范区建设，面向新型农业经营主体开展直通式服务；利用卫星开展甘蔗种植面积、长势以及灾害的遥感监测，联合国家气象中心、国家气象卫星中心开展世界甘蔗主产国蔗糖产量预报研究与服务；应用3S（遥感技术（RS）、地理信息系统（GIS）、全球定位系统（GPS））技术开展精细化农业气候区划，为广西农业产业结构调整提供科学指导；针对广西粮、糖、果等产前、产中、产后气象系列化服务的需要，开展以旬为时间尺度、以县为行政区域的广西水稻、甘蔗、玉米、荔枝、龙眼、香蕉等主要农作物的气象实时智能决策服务；开展广西典型石漠化区域生态质量气象监测与评价。

人工影响天气 广西人工影响天气工作始于1959年。1990年自治区成立飞机人工降雨指挥部；1996年建成广西人工降雨基地。20世纪90年代以来，自治区、市、县均成立了以政府分管领导为指挥长的人工影响天气工作机构，基本形成了由各级政府领导、同级气象主管机构归口管理的组织管理体系。建立了自治区、市、县三级人工影响天气业务技术系统，建成了飞机、新型火箭、高炮等多种作业手段相结合的作业催化系统。2012年，有新型火箭发射系统307套、641个作业点、744名作业人员，形成了遍布广西所有市县的人工增雨防雹作业网络。广西人工影响天气作业实现了变季节性作业为常年作业，变应急抗旱为多功能并举的策略转移，为缓解旱情、增加水资源、减轻气象灾害发挥了作用。如2008—2015年，年平均作业增加降水约60亿立方米，防雹保护面积约1.7万平方千米，直接经济效益约7亿元；为龙江镉污染应急处置、桂林尧山和百色市森林火灾扑救等开展了应急人工增雨作业，效果明显。

防雷气象服务 1989年开展防雷装置定期安全检测。1999年成立广西防雷中心，负责雷电监测预警、雷电灾害风险评估、雷电灾害应急处置等业务。2001年自治区人民政府发布施行《广西壮族自治区防御雷电灾害管理办法》。2007年开始广西气象局发布雷电监测报告，自治区质量技术监督局批准发布《防雷装置检测技术规范》广西地方标准。

气候可行性论证 1959年广西气象台资料室完成南宁风压研究。20世纪80年代承担大化、岩滩水电站、百色水利枢纽等大中型重点工程大气质量环境评价项目。2007年自治区质量技术监督局批准发布《重大建设项目气候可行性论证技术规范》广西地方标准，2011年实施《广西气候资源开发利用和保护管理办法》，成为全国首部专门规范气候资源开发利用和保护工作的政府规章。2014年，开展气候可行性论证和气象灾害风险评估102项，为13个风电场建设提供服务。

气象预报预测 1935年广西省政府气象所制作发布广西短期天气预报，后因日本入侵中断。1954年广西气象台开始天气预报业务工作，20世纪70年代末开展短时预报警报业务。20世纪80年代中后期各级气象台站预报业务使用计算机，形成以数值预报产品为基础，综合运用各种预报方法，采用气象信息综合分析处理系统（MICAPS系统），天气预报逐渐实现客观化和定量化。

不断完善和推进精细化预报业务，提高预报的时空分辨率。升级了高性能计算机，建立了中尺度数值预报系统业务计算运行平台，完成了广西逐时更新快速循环同化系统、广西中尺度数值模式系统的建设。城镇预报产品空间分辨率由县级精细到全区1300多个乡镇，时间分辨率由逐24小时提高到逐6小时。加强重点预报业务技术开发应用，人工神经网络数值预报产品解释应用取得新进展和突破，开展了北部湾台风、暴雨灾害流形学习数据挖掘和智能计算集合预报方法研究应用，建立了南海台风强度智能计算集成客观预报系统，连续5年保持台风强度客观预报国内第一。加强业务系统集约化，建立了基于气象GIS（地理信息系统）的广西天气预报服务集约化业务平台，自治区、市、县三级的灾害性天气监测、预报、预警、服务业务高效集约。加强气候业务能力，完成了气候信息综合处理与分析平台、月内重要过程趋势预测系统等业务系统在广西的本地化业务应用，研发了"强降水过程延伸期预报业务系统"。与"十一五"相比，"十二五"期间24小时高温、低温预报准确率分别提高了6.8%和9.6%，台风路径预报误差减少25.3 km，月降水、温度预测平均准确率分别提高了1.4%和1.2%。

气象观测 1880年开始有地面气象观测，1952年开建南宁高空站、百色测风站和南宁、桂林辐射观测站，1967年在北海建第一部天气雷达站。进入21世纪后，广西初步建成由新一代天气雷达、国家级气象观测站、乡镇自动气象站以及高空气象探测站、气象卫星资料接收站、农业气象观测站等组成的立体化、自动化的广西综合气象观测系统。到2014年底，广西有94个国家级地面气象站，其中国家基准气候站7个、国家基本气象站19个、国家一般气象站66个、无人值守国家级自动气象站2个；有2422个区域自动气象站、17个海岛自动气象站、2艘船舶自动气象站，有2站（海岛、海岸、船舶）安装强风观测仪；有高空气象站6个（L波段探空系统），太阳辐射观测站3个；有9部新一代天气雷达、1部数字化天气雷达投入业务运行，有1部新一代天气雷达正在建设、2部数字化天气雷达正在建设，北海边界层风廓线雷达投入业务试运行，柳州对流层风廓线雷达正在测试运行；雷电监测在11个站建设闪电定位仪；有酸雨观测站10个；有2个大气成分监测站业务运行，柳州、北海2个大气成分监测站正在建设，大气负离子观测站6个，地基GPS/MET（全球定位系统气象观测）站9个；有农业气象观测站24个（含5个农业气象试验站），建有50个土壤水分自动观测站；有70 m高空风能测风观测塔2座。由气象通信指挥车、车载移动数字化天气雷达、车载移动风廓线雷达组成气象应急移动系统；14个市气象局和广西气象技术装备中心配有多要素移动式自动气象站；57个气象台站配有车载移动数字化天气雷达。到"十二五"结束，广西国家级地面气象观测站全部实现双套自动气象站业务运行。

信息网络 1934年自治区政府气象所设立无线电报话机（南宁），抄收气象电报用于天气预报。1952年以南宁为中心组建气象无线电通信，1960年开始气象语音广播，1970年开展气象传真接收业务，1988年建成自治区—地区—县3级气象辅助通信网。1995年"广西防灾减灾天气预警系统"实现自治区、地区（市）、县级三级计算机联网，气象业务、行政办公等信息资源得以共享，与气象卫星综合应用业务系统（"9210"工程）对接。2005年广西天气预报可视会商和电视电话会议系统建成。2011年广西所有气象台站建成新一代气象数据卫星广播系统（CMACast）。2014年，"广西新一代气象信息网络业务综合监控平台"投入业务运行。"十二五"广西气象信息网络地市级实现接入速率达100 Mbit/s，区—市和市—县广域网线路宽带分别提高了20倍和5倍，在全区开通高清电视会商系统。当前，广西正在围绕"国家互联网＋"和大数据发展战略，加快推进信息化，为发展智慧气象提供支撑。

气象科研 1960年成立广西气象科学研究所，1984年重新成立，2001年更名为广西减灾研究所。减灾研究所牵头开展气象科技应用研究、技术开发和技术推广工作，承担农业气象、卫星遥感应用业务工作，设有国家卫星气象中心遥感应用试验基地、广西农业气象中心、广西气象局卫星遥感应用中心、广西气象防灾减灾开放实验室等。1978—1990年，广西有26项研究项目获省部级科学技术进步奖。21世纪以来，气象科技创新能力和业务应用转化能力进一步增强，广西卫星遥感应用、广西气象灾害的人工神经网络预报建模理论方法与应用等领域取得新成果。"人工神经网络气象预报建模理论方法研究与应用""基于3S技术的广西特色农业气候区划细化研究""广西热带气旋防灾减灾气象预警、预报技术研究与应用""模糊神经网络数值预报产品释用预报方法""亚热带主要农作物抗寒害冻害关键技术研究与应用""广西季风暴雨及强对流天气多普勒雷达临近预报研究与应用"等科研项目，分别获得广西科学技术进步奖二等奖。

展望 坚持需求牵引、服务引领，始终围绕广西壮族自治区党委、政府的战略部署和中心工作，围绕中国气象局"十三五"发展总体部署，突出创新驱动，坚持需求导向和问题导向，一张蓝图画到底，力争2020年建成满足需求、结构科学、布局合理、功能先进、基本满足广西经济社会发展需求的气象现代化体系，与全国同步实现气象现代化。重点加强气象监测预报核心技术能力、公共气象服务能力、气象为农服务能力、拓展生态文明气象保障能力、人工影响天气能力、气象信息化能力、基层基础能力7个方面能力建设。

参考书目

广西壮族自治区地方志编纂委员会，1996. 广西通志·气象志[M]. 南宁：广西人民出版社.

《中国气象灾害大典》编委会，2007. 中国气象灾害大典·广西卷[M]. 北京：气象出版社.

（刘家清 杨黎明 涂方旭）

Hǎinán qìxiàng

海南气象（Hainan meteorology） 海南省简称琼，1988年4月成立。位于中国最南端，地处107°50′E～119°10′E，3°20′N～20°18′N之间。其行政区域包括海南岛和中沙、西沙、南沙群岛及其海域。2014年末常住人口903.48万人。全省陆地面积3.54万平方千米，授权管辖海洋面积约210万平方千米，是中国陆地面积最小、海洋面积最大的热带海洋岛屿省份。陆地面积最大的是海南岛，全岛面积约3.43万平方千米，是中国仅次于台湾岛的第二大岛。海南岛地形为一穹形山体，四周低平，中间高耸。主要河流有万泉河、昌化江和南渡江。

天气气候特点　海南地处热带季风气候区。基本天气气候特点为：四季不分明，夏无酷热，冬无严寒，气温年较差小，年平均气温高；旱季、雨季分明，冬春干旱，夏秋多雨，多热带气旋；光、热、水资源丰富，台风、暴雨、雷电、干旱等气象灾害频繁。

海南各地年平均气温在23.1～27.0℃之间，呈中间低四周高的分布。1月最冷，平均气温17.4～23.5℃，全省极端最低气温-1.4℃（1963年1月15日，白沙）；6、7月最热，平均气温26.4～29.6℃，全省极端最高气温41.1℃（1994年5月3日，澄迈）。年降水量940.8～2388.2 mm，中部山区为多雨中心区，西部沿海地区为少雨区。最大年降水量3759.0 mm（1978年，琼中），最少年降水量275.4 mm（1969年，东方）；全年干湿季分明，雨季一般出现在5—10月，干季为11月至翌年4月，雨季的降水量可占年降水量的77%～90%；各地年平均降雨日数85.1～183.9天，最多达228天（1963年，白沙），最少为60天（1993年，东方）。年平均日照时数1827.6～2810.6小时。

主要气象灾害　海南气象灾害发生频繁，造成的经济损失约占全省GDP（国内生产总值）的2.4%。主要气象灾害有热带气旋、暴雨、干旱、雷暴、高温、低温阴雨、雾等，其中热带气旋、暴雨和干旱造成的损失最大。

热带气旋　热带气旋是海南最严重的气象灾害。年平均影响海南的有7～8个，登陆的有2～3个。热带气旋影响活动期长，一年四季都有可能发生，主要出现在6—10月份，8、9月份为高峰期。热带气旋对国民经济和人民生命财产安全造成很大威胁，但同时它对解除干旱也起着较大作用。1973年14号超强台风和2005年18号超强台风是近65年中影响海南最严重的热带气旋，其中前者造成926人死亡、1690人重伤、4470人轻伤；后者使全省18个市县630.5万人受灾，因灾死亡21人，直接经济损失116.4亿元。

暴雨　海南暴雨日数多、强度大，暴雨一年四季均可出现。各地年平均暴雨日数约5～11天。暴雨主要出现在5—10月，约占全年总数的80%以上，8、9月为暴雨第一峰值月，5月为次峰值月。全省日降水量极值达644.6 mm。2010年10月上旬，一场暴雨过程持续9天，造成全省16个市县273.88万人受灾，3人死亡，1160个村庄浸水，农作物受灾面积16.7万公顷，直接经济损失约91.4亿元。

干旱　干旱是海南出现频率高、影响范围广、持续时间长的气象灾害。一年四季均可发生，以冬春旱为主。1976年11月—1977年5月，海南省出现严重秋、冬、春连旱，全省有9成的江河断流，最大的南渡江、万泉河、昌化江出现历史上最低水位和最小流量，8成以上（2024宗）的山塘水库干涸。2004年秋季至2005年夏季，海南省出现严重的四季连旱，旱情最为严重的4月份，农作物受旱面积占常用耕地面积的57.36%，全省饮水困难人数达98.3万人，有23.43万头牲畜发生临时饮水困难。全省作物受灾面积26.0万公顷，绝收面积3.4万公顷，旱灾粮食损失32 570万千克，渔业、电力等损失也较为严重，全省直接经济损失达35.4亿元。

气象发展　海南气象观测始于民国一年（1912年），当时民国政府在海口设琼州雨量站，由海务部管理。之后气象观测站点、观测项目逐渐增加，但因战乱影响，民国三十二年（1943年）12月气象观测全部中断。民国三十六年（1937年）1月至民国三十八年（1939年）10月恢复或设立部分站点进行雨量、气温、湿度、风、云、能见度、蒸发量等要素的观测。1947—1950年气象工作改属珠江水利局管理。1948年在海口建立榆林气象台，由广州气象台管理。

1950年海南岛解放后，党和政府十分重视气象事业的建设，海南气象机构逐步调整健全，于1988年成立海南省气象局，气象事业得到长足发展。21世纪以来，海南省气象局不断完善数值模式预报预测应用系统和乡镇精细化预报技术，提高天气预报准确率和短期气候预测能力，全面推进海南气象现代化建设。2012年5月在京签署《海南省人民政府与中国气象局共同推进气象为国际旅游岛建设服务合作协议》，省部合作建设中国南海气象预警工程，构建海南热带现代农业气象服务体系，推进海南旅游气象服务保障体系建设，推进海南应对气候变化和开发利用气候资源工作，推进一流气象台站建设。（参见第141页海南省气象局）

气象服务　海南省气象服务工作始于1950年，大致经历了1950—1953年以为军事服务为主；1953—1957年既为国防建设服务又为经济建设服务；1958—1977年以农业服务为主；1978年以后，全面为社会发展和经济建设服务。进入21世纪以来，海南省气象部门大力推进"政府主导、部门联动、社会参与"和"功能齐全、科学高效、覆盖城乡"的气象防灾减灾机制，不断完善气象预警信息发布体系；积极拓宽气象服务领域，加大对热带农业、旅游、交通、海洋、渔业、水利、电力、航天等重点行业的专项气象服务；日益丰富服务产品，创新服务手段，目前各级党政领导、专业用户和社会公众通过广播、电视、网络、电话、报刊、手机、电子显示屏、微博等渠道，可以方便、及时地获得各类气象预报预警信息。

防台风气象服务 海南受台风影响多，防台任务重。海南省气象部门一直致力于台风的监测预报预警工作，努力为各级政府部署防灾减灾工作提供及时准确的决策服务，为保障人民生命财产安全做出重要贡献。如2008年4月上旬末，省气象台预测4月中旬末，将有热带气旋影响海南，并带来一次明显的降水过程。历史上最早影响和登陆海南的热带气旋是在4月下旬，此时防台意识比较淡薄，气象部门于4月13日即台风登陆前5天向省委省政府、三防、渔业等有关部门报送台风"浣熊"的预报信息，提前3天发布台风警报，提前1天预报出登陆时间、地点。预报的准确、超前的服务，"浣熊"影响过程中全省无人员伤亡，水库增加了有效蓄水，为省委省政府科学部署防台工作提供了保障。

重大活动气象服务 随着海南社会经济的发展及知名度的提高，海南承办的国内外重大活动逐渐增多。海南省气象部门高度重视，提前部署，全力做好重大活动的气象服务保障。2001年来，为博鳌亚洲论坛年会、2008年北京奥林匹克运动会火炬接力、海南东环铁路开工、第11届全国运动会火炬接力、环海南岛国际大帆船赛、环海南岛国际公路自行车赛、三沙市成立大会暨揭牌仪式等多项重大活动提供全方位的气象服务，多次获得省委省政府、组委会及有关部门的感谢、表扬和表彰。

为农气象服务 海南为农气象服务始于20世纪50年代，从最初提供短期天气预报基础上，逐步发展为精细化、特色性、"直通式"的气象服务，为农服务效益显著提高。特别是2009年起，积极推进"农业气象服务体系"和"农村气象灾害防御体系"建设，气象为农服务迈上了新台阶。至2013年，全省共建成221个气象信息服务站、自建1102套预警大喇叭及480块电子显示屏；组织了全省气象信息员3399人、乡镇协理员343人；建成了18个自动土壤水分观测站、10个农田小气候观测站。

人工影响天气服务 海南省人工影响天气工作始于1959年，是中国开展这项工作较早的地区之一。2003年以前，主要采用"三七"高炮实施人工影响天气作业，之后全部采用流动火箭作业。2012年成立海南省人工影响天气办公室和海南省人工影响天气中心。2013年全省共有27套火箭作业装置，具有人工影响天气作业资格的人员共271名。2003—2010年人工影响天气作业共增加降水97.15亿立方米，经济效益为8.4058亿元。

防雷气象服务 1995年开始防雷减灾服务，成立海南省防雷技术中心，各市县建立防雷技术所，向社会提供防雷减灾服务。2002年经海南省编委核定，海南省防雷技术服务中心（正处级）为事业法人机构。经过17年的发展，全省已形成了一支包括高中级职称等各类人才在内近300人的技术队伍，开展了雷击风险区划、雷击风险评估、防雷装置设计技术评价、新建项目防雷装置跟踪监测、防雷装置定期检测、雷电监测和预报预警、雷灾事故调查统计鉴定、雷电防护技术开发研究和应用推广等多方面工作。

气象预报预测 海南气象预报工作始于1949年。经过几十年的不断发展，到2014年已建立了数值预报为基础的客观化、定量化、自动化天气预报业务。进入21世纪以来，海南省气象局依托气象现代化建设成果，陆续建成海南区域数值预报系统、海南中尺度气象资料分析应用系统、基于多种资料融合技术的海南短时临近预报系统（HN-INCA）、海南省灾害天气监测预警预报系统、海南中小河流和山洪地质灾害预报预警系统等，发展了陆地、海洋中短期天气预报、短时临近预报业务，开展台风、暴雨、雷电、高温、冰雹、大雾等灾害性天气预报技术研究和预报预警工作，预报准确率逐年提高，2012年海南24小时晴雨预报准确率为79.6%。气候预测以及气候资源评估等技术取得长足进步，建立了海南短期气候预测业务，制作发布月预测、汛期趋势预测和冬春趋势预测等产品，开展了气象灾害风险区划、灾害风险评估/预估工作。

气象观测 1988年海南建省，着手开展气象观测网建设，经过多年的努力，基本建成了结构合理、布局适当、功能齐全的综合气象观测系统。截至2012年，全省共有国家级地面气象观测站21个，其中国家基准气候站4个、国家基本气象站5个、国家一般气象站12个。高空气象观测站3个，农业气象观测站6个，土壤水分观测站18个，酸雨观测站4个，紫外线观测站6个，太阳辐射观测站3个，大气负离子观测站10个，电离层监测站1个，闪电定位站6个。建成各类自动气象站446个，其中乡镇站221个、农场站60个、公路站21个、洪涝站18个、观通站4个、海岛站21个、船舶站2个、单雨量站99个。多普勒天气雷达3部，固定风廓线雷达1部，地基GPS（全球定位系统）水汽监测站

3个。形成了地面气象观测网、高空气象站网、专业气象观测网等气象监测网络系统。2005年海口国家基准气候站获得世界气象组织颁发的"高质量观测数据"证书。

信息网络　1954年开始,海南气象台站相继建立无线气象电报、气象电传、气象传真通信业务,至1990年建成海口至广州专线线路,实现图、文、报、话等信息在同一信道上传输,标志着海南气象通信已进入计算机数据通信时代。1995年组建广域网络系统,后经升级改造,全网骨干带宽为100 Mbit/s,省—市—县通信带宽为1 Mbit/s。2009年建成了万兆骨干、省局千兆到桌面、市县局百兆到桌面、省—市—县2×4 Mbit/s的气象信息网络系统。2008年建设高性能计算机,2011年建立的IBM高性能计算机峰值速率达每秒1.4万亿次。2011年建设完成全省新一代气象通信系统,实现省级实时气象资料的传输、处理、存储、管理,全省各市县建成视频会商系统。2012年中国气象局气象数据卫星广播系统(CMACast系统)全省各市县卫星小站全面建成,成为获取气象数据的主用系统。目前省气象局至中国气象局的地面宽带由MPSL(多协议标记交换)和SDH(同步数字体系)线路组成,两者带宽为12 Mbit/s;已建成省气象局万兆骨干局域网、省气象局至市县气象局带宽达8 Mbit/s,实现双线路负载均衡互为备份;全省互联网出口带宽达百兆,形成以地面宽带网为主、无线通信网和卫星通信网为辅的通信架构。

气象科研　1988年海南建省时成立海南省热带气象研究所,2002年更名为海南省气象与生态研究所,2006年再次更名为海南省气象科学研究所。2008年成立了"海南省南海气象防灾减灾重点实验室",创办了《海南气象》季刊。"十一五"规划以来,先后承担8项国家级科研项目以及近50项省部级项目。海南省天气预报与气象灾害预警服务系统、基于GIS(地理信息系统)技术的台风灾害风险性评价2项成果获得了海南省科学技术进步奖二等奖;海南省火箭人工增雨作业及指挥系统获得了海南省科技成果转化奖二等奖;海南台风降水预报业务系统等7项科研成果获得了海南省科学技术进步奖三等奖。在国内外期刊发表SCI(《科学引文索引》)论文5篇,SCIE(《科学引文索引(扩展版)》,即网络版),EI(《工程索引》)10余篇,国内核心期刊论文上百篇;其中3篇获得海南省自然科学优秀学术论文二等奖,1篇获三等奖。

展望　到2020年,海南省气象部门将建成具有海南特色、结构完善、布局合理、功能先进,满足海南经济社会发展和国家气象事业发展需求的气象现代化体系。综合气象观测体系基本完善,气象防灾减灾能力明显增强,应对气候变化保障支撑能力显著提升,气象预报预测准确率和精细化程度明显提高,气象服务和保障水平、气象科技创新能力和人才素质、气象综合实力和核心竞争力、气象技术装备和管理科学化水平将全面提升,气象整体实力达到全国先进水平。

参考书目

海南省史志工作办公室,2004. 海南省志·气象志·地震志[M]. 海口:海南出版社.

《中国气象灾害大典》编委会,2008. 中国气象灾害大典·海南卷[M]. 北京:气象出版社.

(王春乙　杨梅)

Chóngqìng qìxiàng

重庆气象(Chongqing meteorology)　重庆市简称渝,处于青藏高原与长江中下游平原之间的过渡性地带,位于105°17′E～110°11′E,28°10′N～32°13′N之间,东西长470 km,南北宽450 km,辖区面积8.24万平方千米。截至2014年底,户籍人口3375万人,常住人口2991万人。境内地形条件复杂,起伏变化大,西、北部与四川盆地接壤,东北部与秦岭、大巴山地相连,南依云贵高原;地势北部、东部、南部高,中、西部低,全市最高峰为阴条岭,海拔2797 m,最低点为巫山县境内长江水面,海拔154.5 m。境内水系发达,沟壑纵横,河网密布,长江干流自西向东横贯全境,在重庆境内流程686 km,以长江干流为轴线,汇集起嘉陵江、乌江、綦江、大宁河及其他大小支流上百条,在山地中形成众多峡谷。长江横穿巫山,3个背斜形成著名的"长江三峡"即瞿塘峡、巫峡、西陵峡。

天气气候特点　重庆属亚热带湿润季风性气候,气候资源丰富,立体气候明显,冬暖夏热,无霜期长,雨量充沛,多云雾,少日照,多夜雨,素有"巴山夜雨"之说。气候主要特点是:季节变化明显,空间分布的差异显著,年际之间变化大,冬夏季长、春秋短促。

重庆市常年平均气温17.5 ℃,最冷月1月,月平均气温6.8 ℃,极端最低气温-13.2 ℃(出现在1977年1月30日的城口);最热月7月,月平均气温27.4 ℃,极端最高气温44.5 ℃(出现在2006年8月15日的綦江)。年平均降水量为1125.3 mm,2001年最少(862.2 mm),1998年最多(1434.0 mm);年平均降水日数155天,日照时数1153.3小时,相对湿度为80%,风速为1.1 m/s。春季气温起伏变化大,乍寒乍暖,风雹比较频繁,是强降温最多的季节。夏季炎热光照强,降水不匀多伏旱,是全年最长的季节,普遍有120～140天,极端最高气温

38~40℃，6月、7月、8月暴雨次数占全年总次数的60%~70%。秋季秋凉晚，阴雨重，光照少，常有一场秋雨一场凉之势，连阴雨特征日显突出。冬季：多雾少雪，暖意融融，冬暖相对明显，多云雾，重庆素有"雾都"之称。

主要气象灾害 重庆是中国气象灾害严重的地区之一，主要气象灾害有干旱、高温、暴雨、大风、冰雹、连阴雨、大雾、雷电、冰雪以及山体滑坡、泥石流、山洪、森林火灾等气象次生灾害。暴雨是重庆市的最主要气象灾害，其次是干旱。

暴雨 重庆地区暴雨中心有两个，一个是以开县为中心的东北部地区，另一个是在东南部的酉阳。5—9月是暴雨多发期，占全年暴雨的93.1%。1989年7月8—10日，出现一次区域性特大暴雨过程，14个区县出现特大暴雨，大范围强暴雨造成山洪暴发，江河水位猛涨，水位为近762年未见（据水文志），死亡172人，重伤285人，大部分地区交通通信中断。2007年7月16—22日，渝西遭受百年不遇强暴雨袭击，造成全市37人死亡，199人受伤，同时引发城市积涝、山体滑坡、水库泄洪、山洪暴发，造成直接经济损失26.94亿元。

干旱 重庆地区气象干旱一年四季都可发生。2006年遭遇百年不遇的特大高温干旱，全市所有区、县（自治县）均受到影响，全市农作物受旱面积127.7万公顷，溪河断流57条，792万人出现饮水困难，直接经济损失84.3亿元。

高温 重庆地区是全国高温多发地区之一，尤其是长江沿岸河谷地区是暑热天气的多发区。高温主要出现于5—9月，而7月、8月为高峰期。2006年7月中旬至9月上旬各地普遍出现连晴高温酷热天气，期间有26个区县日最高气温创历史新高，其中綦江高达44.5℃，各地都达到或超过历史纪录。

雷暴 重庆地区雷暴多发生在4—8月，占全年雷暴的83.8%。1950年以来每年都有雷击灾害发生，但雷击次数和损害程度各年都不相同，其中1973最多，全市共发生雷击1627次。2007年5月23日开县义和镇兴业村小学发生雷击，学校正在上课，造成7人死亡、44人受伤。

雾 重庆深处内陆，历史上曾以"雾都"著称。全年均有雾发生，秋、冬季最多，中西部多、东部少。2003年6月19日重庆三峡轮船股份有限公司所属"涪州10号"客轮从长寿卫东码头载客始发，行至涪陵上游约17 km处时遇到局部浓雾，与上行的"江龙803"号货轮相撞，当即翻沉，造成53人下落不明。

气象发展 重庆属农耕文化和码头文化，古人仰观俯察，根据气象变化安排生产生活和出行，留下天气变化的记载。清光绪十七年（1891年）重庆海关成立测候所，开启境内使用近代气象仪器开展气象观测的先河。1924年法国传教士在忠州（今忠县）的天主教堂进行气象观测。1931年著名爱国实业家、社会活动家卢作孚在重庆北碚中国西部科学院农林研究所开始气象观测，1934年正式成立测候所，重庆本土气象事业应运而生。

重庆是抗日战争期间国民政府的陪都，1938年1月国民政府中央研究院气象研究所、中国气象学会迁址重庆。1941年10月国民政府中央气象局在重庆沙坪坝高家花园宣告成立。1941年12月太平洋战争爆发后，中美空军在重庆成立混合团司令部，下设气象室，提供作战飞行气象情报。1943年中美双方在重庆建立了国际情报合作机构"中美合作所"（1943—1946年），下设气象组，为美国海、空军作战提供气象情报。1946年国民政府中央气象局迁至南京，将原属测候科担负的气象观测业务留渝，改设为重庆沙坪坝测候所。1948年1月该所扩建为重庆气象台。

新中国成立后，重庆市气象工作由中国人民解放军接管，初期主要是为军事服务。1956年通过广播电台、《重庆日报》等正式对外发布天气预报，为公众服务。同时组建和恢复气象站网，至1959年实现"县县有站"，还建成一批农村气象哨组。各地气象台站开展了短、中、长期天气预报业务，气象服务取得较大进展。

1978年改革开放后，气象部门把工作重点转移到气象现代化建设与提高气象服务综合效益上来，全面开展事业管理、业务技术、科研教育和服务体制的改革，大大促进了重庆气象事业的发展。1986年6月重庆市气象事业实行计划单列后，气象现代化建设和气象服务工作进入了较快的发展时期，建成了新的气象业务办公大楼和713雷达大楼，改造了天气会商室，开通了成渝通信专线，建成了计算机网络系统，接收引进了一批高学历的专门人才，气象服务的社会效益和经济效益均较以往大有提高。

1997年重庆市直辖后，气象局进入高速发展时期。为做好三峡库区和三峡工程的气象服务，1998年中国气象局、重庆市政府批准"重庆市（三峡库区）灾害性天气监测服务系统工程项目"，2004年完成气象科技大楼建设并投入业务运行，重庆气象事业向省级先进行列迈进了一大步。重庆市人大和政府先后颁布了《重庆市气象条例》《重庆市气象灾害防御条例》《重庆市气象灾害预警信号发布与传播办法》等法规，出台了《关于进一步加强气象工作的决定》等文件，各级财政对气象的投入逐年增长。2009年中国气象局与重庆市政府签署部市合作协议，启动统筹城乡气象保障工程建设；2011年双方提出重庆在西部率先基本实现气象现代化，并将其纳入全国试点。(参见第142页重庆市气象局)

气象服务 重庆市气象服务工作始于新中国建立之初。初期主要是为空军服务，1954年起逐步向国民经济建设和人民生活的公众服务转移。经过60多年的发展，形成了包括决策气象服务、公众气象服务、应急气象服务、为农气象服务、专业专项气象服务、气象科技服务等在内的气象服务体系，并在防灾减灾气象服务、防雷服务、三峡工程气象服务等方面取得了显著的成绩。

防灾减灾气象服务 重庆是中国气象灾害较为严重的地区之一，防灾减灾气象服务一直是重庆气象工作的重中之重，并在各级党委政府组织的抗灾救灾决策中发挥了十分重要的作用。1954年江淮流域发生严重暴雨洪涝，长江水位将达到荆江分洪水位时，重庆气象台就未来天气和雨量进行了专题预报，供领导部门决策参考，保障了长江中下游千百万人民的生命财产安全。随着"政府主导、部门联动、社会参与"的防灾减灾机制的建立，覆盖城乡预警信息发布网络基本形成，气象灾害敏感单位安全管理、气象灾害应急准备认证管理和气象灾害风险管理工作逐步开展，有效应对了2006年川渝特大高温干旱、2007年"7·17"特大暴雨、2008年低温雨雪冰冻灾害、2010年垫江梁平"5·6"强风雹、2014年"9·1"及"9·13"暴雨等重特大气象灾害。做好了2003年开县天然气井喷、武隆铁矿乡山体垮塌等应急气象服务，取得较好的经济社会效益，受到了社会各界的普遍赞誉。2011年以来，重庆依托国家突发事件预警信息发布平台建设，创建了在全国具有示范意义的"永川模式"自然灾害应急联动预警体系。截至2014年底，全市已建成1个市级预警中心、38个区县预警发布中心，1339个部门和街镇（乡）工作站，以及2万多名气象信息员和10万余名防灾应急处置人员组成的预警联动工作体系，实现了预警信息发布机构区县全覆盖，防灾应急气象工作站、气象协理员街镇（乡）全覆盖，气象信息员村（社区）全覆盖，防灾减灾能力大幅提升。

防雷服务 重庆市防雷工作始于1989年。1998年重庆市编办批准设立重庆市防雷中心，2010年中国气象局批准成立重庆市雷电防护技术开发与应用中心，重庆市气象局在主城区下设渝中、江北、渝北、南岸、九龙坡、沙坪坝6个防雷分中心。经过多年努力，由初期的防雷安全检测逐步拓展到雷电监测、雷电预报预警、雷电灾害防御技术服务（防雷装置设计评价、防雷工程施工监审、防雷装置安全检测）、雷电灾害调查与风险评估等技术服务领域，构成了完整、封闭的防雷安全技术服务体系。2000年来，重庆市政府颁布了《重庆市防御雷电灾害管理办法》，下发了《关于加强防雷安全工作的通知》等10余个规范性文件，重庆市气象局陆续颁布实施了地方防雷标准12部，填补了多项国内空白，在全国率先建立了具有地方特色的防雷技术服务标准化体系和服务质量综合保证体系，并通过了ISO9001：2000（国际标准化组织）认证。参与处置了重庆东溪化工有限责任公司特大雷电灾害爆炸事故、忠垫高速公路重大雷电灾害事故、开县义和镇兴业村小学重大雷击事故等多起雷击灾害事故，特别是在开县义和镇兴业村小学雷击事故发生后，重庆市气象局组织开展全市特别是中小学防雷安全隐患大排查，并在重庆开展了"中小学雷电灾害防御示范工程"建设，完善了全市中小学防雷安全设施，2008年以来重庆境内中小学未发生一例雷击伤亡事故。

三峡工程气象服务 重庆气象部门从1996年三峡工程大江截流的建设阶段就开始为其提供气象保障服务。三峡工程建成后，长江上游江面变宽，雾害天气增多，重庆市气象局开展长江航道航行安全气象等级预报，为来往船只航行提供气象服务。2007年随着"三峡库区长江航道航行安全气象保障服务系统"三期工程的完成，在全长680 km的长江重庆段建成了29个长江航道能见度观测站，结合新一代天气雷达和沿江各气象观测站等，实施对三峡库区长江航道大雾、暴雨、大风等气象灾害的监测、预警，港航、海事等管理部门根据气象预报和实时信息，对沿江船只进行指挥调度。重庆气象部门为三峡工程135 m，156 m，175 m试验性蓄水提供精细化气象保障服务，与国土部门联合开展库区地质灾害监测预报预警，取得良好效果。重庆气象部门从1996年开始对三峡局地气候进行监测，在涪陵、万州建立100 m高立体观测铁塔，不断完善监测站网建设，为三峡工程蓄水后的气候变化研究提供基础性数据。

气象预报预测 重庆天气预报业务始于抗日战争时期，提供给军政当局参考使用。1952年5月重庆气象台正式发布天气预报，1958年制作长期天气预报。经过数十年发展，天气预报发布范围不断向多个行业、领域拓展，重庆直辖后覆盖全市。重庆市气象预报业务从1950年绘制天气图结合预报员经验的方法，逐渐发展到以数值预报为基础的客观化、定量化、自动化。进入21世纪以来，随着综合气象观测网建设的快速发展和数值预报能力、水平的全面提升，极大地促进了天气预报精细化程度和准确率的提高。同时，重庆市气象局引进了美国实时同化数值预报系统，开发了强对流天气预警一体化平台、精细化天气预报一体化平台和短期气候预测业务系统，天气预报空间分辨率精细到乡镇，预报水平逐年稳步提高。

气象观测 新中国成立后，国家加大了气象台站建设力度，20世纪50年代末重庆基本建成了全市的气象观测网络。经过60年来的努力，重庆基本建成了比较完整的地基观测系统，为气象业务、科研、服务和气象事业全面发展打下了坚实的基础。截至2014年，全市共有国家地面气象观测站35个，其中国家基准气候站1个、国家基本气象站11个、国家一般站23个，国家无人自动气象站5个，新一代天气雷达4个，高空气象观测站1个，农业气象观测站13个；建有1924个区域自动气象观测站、1部移动C波段多普勒天气雷达、5套微波辐射计、2部风廓线雷达、1部移动风廓线雷达、29个能见度观测站、27个GPS/MET（全球定位系统气象观测）站、35个酸雨观测站、5个雷电观测站、55个自动土壤水分观测站、14个太阳辐射观测站、7个紫外辐射观测站、10个大气负离子观测站、7个气溶胶观测站。

信息网络 1897年重庆海关测候所利用海关电台设施，每日两次向上海徐家汇观象台编发天气报告。新中国成立后，气象通信主要经电报局或无线电台收集发送气象观测资料和拍发天气报告及预报。1973年使用移频接收机接收移频广播，至1978年，重庆、涪陵、万县、江津（永川）等市、地气象台结束了20多年人工手抄莫尔斯信号的历史。1975年开始使用传真机接收气象传真广播。2000年重庆市气象卫星系统单收站相继建成，传真机停止使用。2003年建立起了广域通信网和计算机网络系统，目前已建成市气象局与中国气象局之间以地面宽带为主、双向卫星通信为辅的气象通信网，市气象局到区县气象局实现带宽为14 Mbit/s双线互为备份通信线路和高清视频天气预报会商系统，以及运算能力达4万亿次/秒的高性能计算机系统。

气象科研 1930年卢作孚创建中国西部科学院，是重庆最早的气象科研机构。抗日战争时期，重庆是全国气象科研中心，1938年1月中央研究院气象研究所由南京迁至重庆，历时9年，继续从事气象研究工作。重庆气象科技创新体系建设在直辖后得以快速发展。2000年成立重庆市气象工程技术研究中心（后更名为重庆市气象科学研究所）和重庆市气象局科学技术委员会，2003年建立全国省级气象部门第一个博士后科研工作站。2011年、2012年，经市科委同意设立重庆市农业气象卫星与遥感工程技术研究中心、重庆市雷电灾害鉴定与防御工程技术研究中心。2012年重庆市气象局重点在"山地精细化气象预报"和"多云雾山区卫星遥感应用"两个特色研究领域开展工作，组建了9个业务技术攻关团队。21世纪以来，重庆市气象局累计获得省部级科研成果奖励15项、地厅级59项，在核心期刊发表科技论文371篇。

展望 未来重庆市气象部门将围绕重庆"科学发展富民兴渝"的总任务和率先在西部全面建成小康社会的发展目标，全力推进气象现代化建设。到2020年，建成结构完善、功能先进的气象现代化体系，气象工作的整体实力大幅提升，气象科技、业务和服务达到国内先进水平，应急保障、防雷减灾、山洪灾害、抗旱救灾、地质灾害等气象服务领域达到国内领先水平。

参考书目

《重庆市气候业务技术手册》编写组，2012. 重庆市气候业务技术手册[M]. 北京：气象出版社.

重庆市气象局，2010. 重庆市基层气象台站简史[M]. 北京：气象出版社.

重庆市气象志编纂委员会，2007. 重庆市志·气象志[M]. 重庆：西南师范大学出版社.

《中国气象灾害大典》编委会，2007. 中国气象灾害大典·重庆卷[M]. 北京：气象出版社.

（王银民　夏杰）

Sìchuān qìxiàng

四川气象（Sichuan meteorology） 四川省简称川、蜀，地处长江上游，位于92°21′E～108°12′E和26°03′N～34°19′N之间，东西长1075余千米，南北宽900多千米，面积48.5万平方千米，居全国第五位。常住人口为8140万人（截至2014年12月31日）。全省大致分为四川盆地和川西高原两大部分，西部为高原、山地，海拔多在4000 m以上；东部为盆地、丘陵，海拔多在400～3000 m之间。四川省有河流1400多条，流域面积在500 km²以上的有343条，河流年径流量约3000亿立方米，居全国之冠。

天气气候特点 四川省的纬度位置在亚热带，地带性气候是亚热带气候类型，由于自西向东急剧下降的地形大势，使得大面积区域内地带性气候类型被地形气候类型所取代，大致可分为四川盆地中亚热带湿润气候区、川西南山地亚热带半湿润气候区和川西北高山高原高寒气候区三大气候区域。全省常年平均气温为14.7℃，最冷的1月平均气温4.6℃，最热的7月平均气温为23.3℃。境内极端最高气温50年历史极值为43.5℃

（叙永县，2011年8月18日；长宁县，2011年8月17日），极端最低气温历史极值-37.7℃（石渠，1995年12月29日）。年平均年降水量大部分在400～1200 mm之间。盆地区一般800～1200 mm，川西高原南部800～1100 mm，川西高原北部400～800 mm之间。降水主要集中在5—9月，汛期降水占到全年的70%～85%。年平均无霜期盆地区250～340天，川西南山地200～300天左右，川西北高原除偏南河谷区多在150～250天，高原北部不足50天。全省年日照时数在800～2700小时之间，西部多于东部。

主要气象灾害 四川省气候复杂多变，四季都有灾害发生，以春夏两季最为频繁。主要有暴雨洪涝、干旱、大风、雷电、冰雹、大雾、寒潮等气象灾害，以暴雨、洪涝和干旱灾害最为严重。

暴雨洪涝 四川省暴雨洪灾具有出现频率高、范围广、强度大、重复性、年际变化大等特点。主要发生时段在5—10月，以7—8月为盛，7月洪灾尤为严重。区域分布东部多、西部少，上游山洪多、中下游洪灾面积大，其重灾区主要分布在盆地西部，其次在盆地东北部。1981年7月9—14日四川盆地出现了20世纪最大的暴雨洪涝灾害，仅次于1870年和1840年，是新中国成立以来的特大洪水，被淹县城达53个，乡镇559个，全省农作物受灾面积874万公顷，受灾人口1584万人，无家可归人口达113万人，垮塌房屋139万间，死亡888人，伤13 010人，冲走、死亡大牲畜13.8万多头，直接经济损失20亿元以上。

干旱 干旱是四川盆地最主要的气象灾害，发生频率高，危害面积大，几乎在春、夏、秋、冬各个季节都可能发生，严重危害农业生产。2001年四川省遭受了有气象记录以来最严重的干旱，从2000年12月—2001年8月，四川盆地大部分地方降水量偏少，气温持续偏高，导致旱区大部分塘堰干涸、溪河断流，盆地东北部及中部重旱区不少树木干死，正冲槽田成片开裂，坡地作物大片枯焦，人畜饮水严重困难。全省小春粮食减产99.8万千克，油菜籽减产3.9万千克，大春农作物受灾面积4887万亩（1亩=1/15公顷），占总面积的53%，农业经济损失达50亿元。

雷电 四川在全国属于雷暴偏多区域。年平均雷暴日数，川西高原多在50～85天，为全省最多雷暴区；盆地区一般在21～40天；以夏季最多。2004年是四川省雷暴灾害损失较严重的一年，全年发生雷击758次，引发火灾、爆炸19起，电子电器设备受损5006起，供电障碍447件，死亡67人，伤89人，直接经济损失9210万元。其中凉山州盐源县一次雷击造成6人死亡、伤9人，被列为"2004年全国十大雷击人员伤亡事件"第三位。

大风 四川的大风以甘孜、阿坝、凉山三州出现最多，甘孜州大部分地区、阿坝州南部和凉山州西部年平均年大风日在40天以上，康定122天，为全省最大值；盆地区较少在5天以下，但受经济布局影响，风灾的危害却以东部的盆地区最严重。风灾发生频繁且较重的年代主要是20世纪60年代中后期和70，80，90年代后期，其中灾情最重的是1989年4月10日的大风，造成了103县受灾，157人死亡、5567人受伤（重伤718人），经济损失15亿多元，为历史罕见。

气象发展 四川气象工作始于晚清时期，1891年在四川境内首次使用气象仪器观测天气。20世纪30年代初，四川大学和峨眉山设立测候所。1936—1937年民国四川省政府建设厅先后在144个县设立测候所。抗日战争时期，四川、西康两省设立省会测候所，气象机构达到156个。1948年隶属两省政府的测候所仅剩73个，另有属民国政府中央部门的测候所和气象台站19个。1949年11月四川、西康两省仅有气象机构23处。

1954年11月四川省人民政府气象局正式成立（后改名为四川省气象局）。从20世纪90年代开始，四川各级地方政府先后批准建立了人工影响天气、农业气象、防雷减灾、农村经济综合信息服务等机构。

1986年《四川省国民经济和社会发展第七个五年计划》首次专章列气象事业发展计划，提出了20世纪90年代后五年的气象现代化建设目标和任务。1992年建立双重气象计划财务体制。20世纪90年代，四川省气象部门推进了以气象事业结构调整为重点的各项改革，建设了气象卫星综合业务应用系统（"9210"工程）、气象信息综合分析处理系统（MICAPS）和天气预报实时业务系统。

21世纪以来，全面推进了以新一代天气雷达组网、地面自动站网、公共气象服务平台、气象预报预测系统平台、气象综合观测系统平台为重点的气象现代化建设，实施了全省气象业务技术体制改革。2010年四川省人民政府与中国气象局签署《共同推进气象防灾减灾和农业发展服务合作协议》，提高四川灾害性天气的监测预警能力，加强气象及其次生灾害防御工作，强化四川气象为农服务工作，促进四川省农业发展上台阶。2012年选择部分市、县开展率先实现气象现代化试点工作。（参见第143页 四川省气象局）

气象服务 从20世纪50年代初开始，四川省气象台向相关部门和单位提供灾害性天气预报、警报。1956年开始通过广播和报纸对公众发布天气预报，组建了全省性的"天气预报收听网"。1981年电视台开始播放天气预报。1995年起，全省各级气象部门建立了会商制度，省气象局建立了重大信息专报制度，为各级政府及相关部门防灾减灾、战略规划、重大社会活动提供重要保障。

防灾减灾气象服务　四川气象服务在各级党委、政府指挥防灾减灾决策中发挥了重要作用，特别是在1991年和1998年的四川盆地特大洪涝灾害、2006年川渝特大干旱、2008年持续低温冰雪灾害、"5·12"汶川特大地震（见气象服务卷汶川地震灾害气象服务）、2010年"7·15"川东暴雨天气、2010年"8·13"特大山洪泥石流、2011年西南地区特大干旱等重大灾害中，气象部门全力监测，超前服务，为各级党委、政府指挥防灾救灾发挥了积极作用，气象预报信息成了防灾避险的"消息树"和"发令枪"。如2010年8月12—13日，德阳市清平乡遭遇特大山洪泥石流袭击，由于气象部门预报预警准确，信息发布及时，当地党委、政府根据气象预报及时发出预警，乡镇、村、组干部全部到一线，以最快速度组织清平乡5000多名群众转移，最大限度减少了人员伤亡，创造了临灾避险的"清平奇迹"，保障了人民群众的生命和财产安全。

人工影响天气　四川人工影响天气工作始于1958年，是全国最早开展人工影响天气工作的省份之一。1990年四川省人民政府恢复四川省人工降雨防雹办公室，经过50多年的发展，全省21个市（州）、131个县成立了人工影响天气工作机构，基本形成了由各级政府领导，同级气象主管机构管理、实施和指导的人工影响天气领导管理体系。全省拥有人工影响天气作业队伍2494人，高炮485门，新型车载火箭197套，火箭280套，碘化银地面燃烧炉3套，建成了223个标准化固定作业点，常年租用飞机3架。四川人工增雨在应对干旱、森林防（灭）火、改善水质及空气污染等方面发挥了重要作用，特别是在2004年沱江特大水污染事故、2006年川渝特大干旱、2011年涪江锰污染、2012年四川冬春连旱，以及川西高原出现的多起重特大森林火灾中，人工增雨作业都发挥了积极作用。

为农气象服务　四川的农业气象服务始于20世纪50年代，主要为农业部门提供关键农事季节的农业气象预报和农业气象情报服务。1986年成立了四川省农业气象中心，逐步形成了气象、作物、土壤等农业气象多要素全省观测网络。逐步开展农用天气预报、农作物产量动态预报、土壤墒情监测公报、主要农业气象灾害监测预报、主要农林有害生物气象条件等级预报、特色农业气候精细化区划、主要农业气象灾害风险分析区划等业务，水稻、玉米、油菜、小麦等作物气象产量预报准确率保持在95%以上，成为省委、省政府及相关管理部门在全省粮食安全决策上的重要信息。2001年成立了四川农经网，2013年建成由一个省级中心（四川省农村经济综合信息中心）、21个市州分中心、157个县级服务中心、3384个乡级农村信息服务站、100个市场信息采集站组成的四川省农村信息化组织体系，在市场价格服务、供求服务、生猪信息服务、耕作气象服务、气象防灾减灾服务、农业科技、劳务、招商引资、农企农商、电子商务、农村地理信息、物流信息服务、交互式网络电视（IPTV）等多个方面开展农村信息服务工作。2009年在全省开展"农业气象服务体系"和"农村气象灾害防御体系"建设，成立了省应对气象灾害领导小组，全省气象信息员已达43 072人，覆盖了79%的行政村，51个县开展了气象灾害应急准备认证工作。

防雷气象服务　四川省气象部门从1989年起开展防雷减灾工作。1996年成立四川省气象防雷中心，2013年全省21个市（州）、137个县（市、区）气象局均设有防雷中心，积极开展防雷装置竣工验收、安全性能检测、雷击风险评估、雷电事故调查评估和鉴定、防雷工程设计技术评价，以及现代防雷技术及应用研究工作。2004年组建四川省雷电监测定位网，对闪电过程进行实时监测；2007年开始制作四川省雷电潜势预报产品，为汶川地震灾区及时提供雷电监测预报预警信息和防雷工作，取得了良好的成效。

交通气象服务　四川省气象部门从20世纪80年代起开展交通和旅游气象服务。2011年四川省气象科技服务中心更名为"四川省气象服务中心"，专业气象服务范围已经拓展到交通、保险、工程、建筑、电力、水电和旅游等众多领域，与重庆市、贵州省气象部门联合协作为成都铁路局提供气象服务。与四川省旅游、交通部门建立合作联动机制，建成41个交通气象服务自动监测站和交通气象监测系统，及时提供相关气象服务。

气象预报预测　1985年建立四川短期区域性暴雨、寒潮、大风、冰雹等灾害性天气预报的专家系统，1988年建立四川地区短期灾害性与一般天气综合模糊预报系统。1993年开始，陆续建立了能在天气预报业务中实时检索查询连晴、连阴雨、寒潮、暴雨等历史天气过程的中期天气预报系统，中期动态相似和静态相似预报方法和中期温度、雨量定量预报系统。自2003年以来，先后自主研发了盆地大雾预报系统、四川省森林火险预报系统，《四川省新一代天气预报业务流程》研发并投入运行，完成了"四川省灾害性风雹天气预报方法"的研究。各级气象台站正式开展短时临近天气预报业务，逐渐开展乡镇天气预报和精细化天气预报业务,四川省气象台建立中尺度天气分析业务。2012年灾害天气短时临近预报业务系统(SWAN)在全省各级气象台站投入使用,全省全面开展暴雨诱发的中小河流洪水和山洪地质灾害气象风险预警服务业务。建立省市县三级预报业务平台,全省全面开展环境气象业务。数值模式方面,1984年建成p-σ坐标有限区域数值天气预报模式,后引进优化的模式进行对比试验和数值模拟工作,成功实现本地化运行。2010年建立了基于WRF(天气研究和预报模式)的西南区域快速资料同化预报系统,并作为西南区域数值预报业务模式系统。全省24小时晴雨预报准确率明显提高,从2009年的79.8%提高到2013年的83.4%。

1986年起,各级气象台站全面开展短期气候预报业务。建立了短期气候预测概念模型,短期气候的预测水平得到了显著提高。建立了以物理统计方法为主和动力产品解释应用技术相结合的短期气候预测技术和系统。

气象观测 新中国成立后,四川省气象观测站迅速发展,1957年发展到109个,1971年极轨气象卫星云图接收机、711型天气雷达投入业务使用。到2014年,全省共有165个地面气象观测站,其中国家基准气候站14个,国家基本气象站28个,国家一般气象站114个,地方气象站3个,无人气象站6个;另建设有4725个区域自动气象观测站。建成7个L波段高空气象观测站。建有45个农业气象观测站,191个自动土壤水分观测站,74个GNSS/MET(全球卫星导航系统气象观测)站,25个雷电监测站,24个大气电场仪,12个太阳能观测站,10个酸雨观测站,1个大气成分观测站,5个静止气象卫星中规模利用站。全省共有10部天气雷达,其中新一代多普勒天气雷达8部,常规数字化天气雷达2部;另有移动L波段探空雷达1部,移动天气雷达4部,移动风廓线雷达1部。多种观测站形成了比较完善的综合气象观测网络。

信息网络 1950年8月西南军区气象处建立通信科,1954年通信科划属四川省气象局,担负四川及西南各地天气情报的集散工作,是全国6大区域气象通信枢纽之一(以下简称"成都气象通信枢纽")。1990年成都气象通信枢纽以VAX 11/750小型计算机(一种支持机器语言和虚拟地址的变位小型计算机)为核心的计算机通信系统(CQS系统)投入业务运行,1993引进小型机VAX 4400建立了四川省气象局局域网系统。1996年全省开展"气象卫星综合业务应用系统"("9210"工程)建设,开始建立以四川省气象局局域网系统为核心、与西南各省(市)气象局和四川省内各市(州)气象局相联结的广域网系统,完成了省—市—县三级广域网络系统的升级改造建设并业务化。2007年建成每秒1.2288万亿次的高性能计算机系统,2011年引进曙光TC5000高性能计算机系统。2012年建成省—地—县三级SDH(同步数字体系),宽带为主干的全省广域网系统,实现了"双宽带并用、业务分流、互为热备"的业务布局。

气象科研 1978年成立四川省气象科学研究所(成都高原气象研究所),2001年由国家科技部、财政部、中编办批准为非营利性国家公益性科研机构,为中国气象局八个专业气象研究所之一,更名为中国气象局成都高原气象研究所,2003年在拉萨设立分部。四川省气象科学研究取得了一系列创新性的科技成果。四川省气象局科研人员参与的"青藏高原气象科学试验"项目获国家气象局气象科学一等奖,"长江三峡工程对生态与环境的影响及其对策"获中国科学院科学技术进步奖一等奖,"台风暴雨预报警报系统及减灾对策研究"获中国科学院科学技术进步奖一等奖;四川省气象局主持的"数值集合预报技术研究与业务应用开发"项目获四川省科学技术进步奖一等奖。

展望 到2025年,四川气象部门将基本建成结构完善、布局科学、功能先进、技术领先的气象现代化体系,以适应四川经济社会的发展;以公共气象服务为引领、以气象预报预测为核心、以综合气象观测为基础的现代气象业务体系整体将接近世界先进水平,部分领域达到领先水平;气象预报预测准确率、公众气象服务满意度、气象技术装备智能化水平、气象科技创新能力、气象人才综合素质将全面提升,全省气象部门基本实现气象现代化。

参考书目

四川省地方志编纂委员会,1995. 四川省志·气象志[M]. 成都:四川辞书出版社.

四川省气象局,2011. 四川省基层气象台站简史[M]. 北京:气象出版社.

(彭广)

Guìzhōu qìxiàng

贵州气象(Guizhou meteorology) 贵州省简称黔、贵,地处云贵高原,位于103°36′E~109°35′E,24°37′N~29°13′N之间。全省国土总面积17.6167万平方千米。2014年人口为3508.04万人,有17个世居少数民族,少数民族人口占总人口的37.8%。境内地势西高东低,自中部向北、东、南三面倾斜,平均海拔在1100 m左右,山地和丘陵占92.5%。岩溶地貌发育非常典型,喀斯特面积10.9084万平方千米，占全省国土总面积的61.9%。贵州河流处在长江和珠江两大水系上游交错地带，苗岭是长江和珠江两流域的分水岭，全省水系顺地势由西部、中部向北、东、南三面分流。长度在10 km以上的河流有984条，全省水力资源丰富。

天气气候特点 贵州属于亚热带高原湿润季风气候区。气候特征总体为：四季分明，春暖风和，冬无严寒，夏无酷暑，无霜期长，雨量充沛，多云寡照，湿度较大，立体气候明显。年平均气温在10.8 ℃～19.8 ℃之间，全省年平均气温为15.6 ℃。最冷月（1月）平均气温在1.9 ℃～10.4 ℃之间，最热月（7月）平均气温在17.7～27.9 ℃之间，为典型夏凉地区。贵州省极端最高气温为42.3 ℃（2006年8月18日，赤水），极端最低气温-15.3 ℃（1977年2月9日，威宁）。年平均降水量1180 mm，最大年降水量1419.1 mm（1977年），最少年降水量855.5 mm（2011年）。年日照时数1182小时，年无雨日数190天，阴天多，辐射小。常年相对湿度在76%～85%之间。冬季易出现持续低温阴雨天气；春季有时气温回升较快，造成晴暖干旱天气。初夏易发生大到暴雨天气；进入盛夏会出现连晴少雨的伏旱天气。秋季易造成秋风和连绵阴雨天气，有时出现秋高气爽天气。

主要气象灾害 贵州省自然灾害多发，气象灾害造成的损失占自然灾害损失的85%以上。常见的气象灾害有春旱、夏旱、倒春寒、秋风、冻雨、秋绵雨、冰雹大风、雷电、暴雨洪涝等，其中干旱、暴雨洪涝最为严重。

干旱 每年都有不同程度的发生，春旱与夏旱的危害最大。2009—2011年出现3年连续干旱。尤其2011年全省降水持续偏少，全省发生有气象记录以来最为严重的干旱，重旱以上县（市）数达50个以上，对农业、水利、电力、林业、工业、生态及城乡饮水等产生了严重影响，直接经济损失超过157.6亿元。

暴雨洪涝 每年汛期都有发生。1996年7月1—2日，贵阳市出现持续性大暴雨，南明河水位陡升7 m，超过警戒水位2.83 m，最高水位比1954年高出2.22 m。河水肆虐沿河两岸低洼地区，一些桥梁被冲垮。2011年6月5日望谟县发生了特大山洪灾害，受灾人口13.94万人，紧急转移安置4.54万人，因灾死亡37人、失踪15人；农作物受灾面积1.18万公顷，倒塌房屋3021间，部分道路、桥梁等损毁，经济损失达18.63亿元。

冻雨 在贵州省西部和中部地势较高地区出现较多，在特殊年份可出现大范围冻雨灾害。2008年1月13日—2月15日，贵州88个县出现冻雨灾害，最长持续时间34天，受灾人口2736万人次，因灾死亡30人，伤病8.07万人，770.7万人饮水困难；农作物受灾面积151.87万公顷，其中绝收47.55万公顷；房屋倒塌、损坏19.3万间，紧急转移安置53.2万人；死亡大牲畜5.48万头（匹）；交通、通信、电力、农业、林业以及市政供水、供电、公交等系统不同程度受损，全省因灾造成直接经济损失348.85亿元，属特大型气象灾害。

气象发展 1920年法国传教士翁秉正（Justin Vion）在贵阳市马房街（现兴隆街）天主教神哲学院内建立测候所，是贵州最早的气象观测。1937—1948年贵州分别建立了14个测候所。1935年中央研究院气象研究所（简称中央气象研究所）在贵阳三块田建立贵阳测候所。1936年成立贵州省气候所，撤销贵阳测候所。1940年初，中央气象研究所与长江水利委员会共同设立的武汉头等测候所迁至湄潭，1942年改属国民政府中央气象局。抗日战争期间，中国气象界的许多著名专家都曾在贵州工作过，如竺可桢、涂长望、卢鋈、谢光道、谢义炳等，为贵州气象事业发展做出过贡献。

新中国成立后，在组建和恢复气象站网的同时，1951年正式制作天气预报，1954年在广播电台公开发布。1958年建成"区区有台、县县有站"的台站网，率先建立了全国第一所省办中等专业气象学校。20世纪70年代开始，711，713，714测雨天气雷达、极轨卫星云图接收机、传真接收机等气象装备在省、地（州）气象台投入使用。20世纪80年代后期，在国家气象局《气象现代化建设发展纲要》和贵州省气象发展规划的指引下，气象业务快速发展。建成了714天气雷达等组成的天气雷达监测网、静止气象卫星云图分层彩色显示系统和数据处理系统，完成了《贵州省防灾减灾气象服务工程》、"9210"工程，建立乡村雨量站1244个，使贵州省气象现代化上了一个新的台阶。完成了天气预报业务改革，确立了以数值天气预报为基础、多种天气预报方法相结合的天气预报格局，建立了新一代天气预报人机交互平台（MICAPS），提高了中短期预报准确率；完成了贵州省"重中之重"的短期气候预测课题，出了一大批科研成果。

进入21世纪后，全面推进了新一代天气雷达网、地面自动气象站网、公共气象服务平台等重点气象现代化建设项目，制定了贵州省主要气象灾害应急预案，建立了灾害性天气预警发布联动机制，增强了气象服务能力。至2014年，初步形成大气探测自动化、信息传输网络化、天气预报精细化、气象服务多元化的新格局。（参见第145页贵州省气象局）

气象服务 贵州省气象服务始于新中国成立之初，主要为军事服务，1954年开始为公众服务。1985年省电视台播发全省天气预报，1997年播出有主持人的气象节目。2001年贵州省气象局设立决策气象服务中心，建立了以省气象台为主的"小实体、大网络"运行机制。建立了气象灾害防御机制，公众气象服务覆盖了所有的电视、广播、报纸、电话、网络、电子显示屏等媒体载体，气象专业专项服务正在向全方位、多层次、多形式的方向发展，形成了较完善的气象服务体系。

防灾减灾气象服务　建立了"政府主导、部门联动、社会参与"的气象灾害防御机制，做到每次强降水天气过程叫应市州、县党政领导，叫应乡镇党政领导，叫应乡村信息员，真正起到了"消息树""发令枪"和"指挥棒"作用，最大限度减少了人员伤亡。2010年6月28日14时许，受前期连续性降雨和27—28日强降雨影响，关岭县岗乌镇大寨村发生特大山体滑坡泥石流事件，造成了重大人员伤亡。有38户房屋被埋，107人失踪，紧急转移安置人口252人。早在27日4时气象部门发布了24小时暴雨预报，后发布暴雨黄色、红色预警信号，向有关领导通报雨情，提醒注意防范灾害发生。关岭县气象局发现灾情后，即刻向上级领导汇报，奔赴事发现场开展气象服务。国务院副总理回良玉在抢救现场肯定了省、市、县气象部门所做的气象应急服务。

人工影响天气　贵州省人工影响天气始于20世纪50年代末期，历经三个发展阶段。20世纪50—70年代，采用土炮、土火箭在贵州开展局地人工防雹试验。20世纪80—90年代，使用高炮、火箭等开展人工影响天气工作。2004年中国气象局批准在贵州省建立"中国气象局贵州人工防雹增雨试验示范基地"；2010年贵州省人工影响天气业务系统获中国气象局颁发的全国优秀业务系统；2013年建立了全国第一个省级冰雹防控工程技术研究中心；2014年新一代人工影响天气业务集成系统投入运行，并被中国气象局列为全国示范省。贵安新区及全省9个市州88个县（市、区、管委会）开展人工影响天气作业，拥有"三七"高炮495门，火箭发射装置165具，租用人工增雨飞机1~2架，引进局地预警小雷达40部。各市州、县建立人工影响天气机构92个，编制329人，从业人员2600余人。

防雷减灾服务　1990年成立贵州省避雷装置安全检测中心站，开展防雷检测工作。2000年成立贵州省防雷减灾办公室，履行全省防雷减灾管理职能。2006年成立贵州省防雷减灾中心，全面开展防雷装置竣工验收、安全性能检测、雷电事故调查评估和鉴定、雷电风险评估、防雷装置设计评价，以及现代防雷技术研究及应用。全省已有90家防雷检测机构，为各级政府及企事业单位、学校、电信、金融、医院、商场、宾馆等提供防雷减灾服务。完成563个国家（省）级重点项目的雷电风险评估工作。2014年全省建设由12个雷电监测站、6个三维闪电监测站和3个大气电场仪站、1个中心站组成的雷电监测网，形成了覆盖全省的雷电监测预警和服务网络。开发了"贵州省雷电监测预警服务系统""贵州省气象局防雷集约化业务平台""贵州省雷电灾害风险评估系统"。完成了60所农村中小学防雷示范工程和10个农村防雷示范工程。

农村综合经济信息网　2000年建成开通省政府主办、省气象局承办的贵州农村综合经济信息网，2005年贵州农经网县级信息服务中心全部建成达87个，乡镇信息服务站达到1452个。整合农村经济信息网、农村党员远程教育网、家庭书屋和文化信息资源共享等农村信息化工程资源，示范建设农民多功能信息服务站，零距离提供全方位信息服务。2010年贵州农村综合经济信息网被国家工信部、农业部、科技部、商务部和文化部等五部委联合评为"全国先进农村综合信息服务站"。2013年，贵州农经网充分发挥"贵州三农一张网"的优势，建设贵州国家农村信息化示范省综合服务平台，建立贵州省农村信息化工程技术研究中心，承建贵州省农经云应用工程，开展农村电子商务、数字农业园区和智慧乡村旅游信息化应用服务。截至2014年已建立了省、市、县、乡、村五级组织体系和覆盖全省的信息采集服务体系，信息员队伍2.5万余人。

旅游和生态气象服务　为配合贵州省大力发展旅游业的经济发展战略，2006年省气象部门根据贵州低纬度高原夏季气候凉爽、生态环境优良等特点，在中国气象学会的支持下，应用贵州的气候和生态数据，通过科学论证建立了避暑气候评价体系和旅游气候舒适度地方标准，成功打造了"中国避暑之都·贵阳""中国凉都·六盘水""西部阳光城·威宁"等一系列避暑旅游气候品牌。在贵州气象部门的旅游气候和生态优势论证报告的支撑下，贵州以避暑旅游为龙头、夏季会议和会展中心为两翼的旅游会展业得到迅速发展，从2005年全省旅游收入的251亿元，到2014年已经达到了2895.98亿元。贵阳市多次被相关部门评为最适宜居住城市，空气质量优良出现率为93.7%。气象部门每年参加政府举办的"生态文明贵阳国际论坛"会议，促进了贵州省、贵阳市的生态文明建设。

气象预报预测　贵州省天气预报工作在20世纪80年代之前，主要是以天气图为主的天气学方法与其他预报方法相结合制作中短期天气预报。20世纪90年代中期随着气象卫星综合应用业务系统（"9210"工程）的完成，建立了人机交互天气预报业务平台，实现了以数值天气预报为基础的客观化、定量化、自动化天气预报业务。2000年以后，逐步开发全省天气预报业务软件，主要有：短时临近监测预警系统、常规短期天气预报系统、精细化要素预报业务系统、灾害性天气预报业务系统、地质灾害风险预报预警系统、中小流域山洪气象风险预警系统等，天气预报预警能力有较大提高，24小时晴雨预报准确率达80%左右。2005年后，短期气候预测也有较大发展，建立了基于物理统计、动力气候模式（动力产品解释应用）综合集成为一体的新一代动力与统计相结合的气候预测系统，从而提高了短期气候预测的能力和水平。温度和降水预报准确率达分别为72.5%和60.4%。

气象观测 新中国成立后，贵州气象观测网发展迅速。截至2014年，贵州全省共建有95个地面气象观测站，其中国家基准气候站5个，国家基本气象站31个，国家一般气象站49个，国家无人自动气象站10个；高空气象探测站2个，农业气象观测站18个，农业试验站1个。全省共建成1700个区域自动气象观测站，1230个自动雨量观测站，116个六要素自动气象观测站，30个雨量水位观测站，11个太阳辐射观测站，12个雷电监测站，3个大气电场仪站，1个云地闪中心站，5个GPS/MET（全球定位系统气象观测）站，10个酸雨观测站，119个土壤水分监测站，12个交通气象观测站。全省共有10部天气雷达，其中新一代多普勒天气雷达8部，常规数字化天气雷达1部，移动多普勒天气雷达1部。建立了7个市、州局气象应急服务系统（应急车）。全省共建有7套（中规模站）FY-2静止卫星接收处理站，86个CMACast（卫星数据广播系统）地面卫星接收站，1个EOS/MODIS（地球观测系统/中分辨率成像光谱仪）卫星遥感接收处理站。形成了比较完善的综合气象观测网络。

贵阳国家基准气候站 1935年11月始建于贵阳三块田村，为民国中央研究院气象研究所贵阳测候所。后站址多次变更，2000年迁至贵阳市扶风东路92号。2008年更名为贵阳国家基准气候站。该站为世界气象组织基准气候站网点，参加全球气象信息交换，是全国长期保持人工观测的8个气象站之一。除常规气象观测项目外，设有太阳辐射观测、酸雨观测、闪电定位观测、大气电场仪观测、气溶胶观测、GPS/MET水汽观测等，还建有新一代多普勒天气雷达站、贵阳高空气象探测站，为贵州省大气探测项目最多、业务最齐全、技术设备最先进的综合气象探测站。

信息网络 20世纪80年代到90年代初，气象通信网络处于人工和半自动化状态，以电传为主，通过无线广播和传真向台站发布气象信息。20世纪90年代初，贵州气象部门又引进甚高频、单边带通信网作为通信和传报的辅助手段。"八五"期间开始了公共程控交换电话网和X.25分组数据交换网的建设。"九五"期间以"9210"工程建设为骨干和载体，进行了贵州气象通信网络建设，开展自动转报系统建设，大大提高了气象信息传输速率。"十五"计划期间完成了全省省—地2 Mbit/s宽带网建设和地—县网的建设，以及基于因特网的县—省虚拟气象专网（VPN）组网工作，实现了全省气象信息实时、可靠地上传和下发。2007年对全省的气象传输网络进行了全面升级改造，省气象局到9个市州气象局架设电信SDH（同步数据体系）2 Mbit/s专线，形成双专线传输线路，并且互为备份，实现故障自动切换，数据传输分割的异网备份模式。2011年省市线路扩容至双4 Mbit/s宽带，为省内资料传输奠定良好的网络支撑。2012年省级骨干网络核心链路全面提升至万兆，初步建立安全防护体系。2014年省级数据机房服务器交换速率提升到万兆，大幅度提升业务系统的互访效率。

气象科研 1973年6月经贵州省革命委员会批准成立贵州省气象科学研究所。2001年12月撤销原贵州省气象科研所，成立贵州省山地环境气候研究所。2004年12月经中国气象局同意成立"贵州省山地气候与资源重点实验室"，2006年由贵州省发改委、省财政厅和省科技厅共同授牌并列入省级重点实验室，重点研究山地气候特征分析与资源开发利用，气候变化监测、评估及应对措施，气象灾害形成的机理及预测评估，生态与农业气象监测、预测预警，气象数值模拟与模式产品的解释应用。

21世纪以来，贵州省气象局累计获得国家和省部级科研成果奖励30余项，取得多项具有国内领先水平的科技成果。贵州省气象局科研人员参与的"现代化人机交互气象信息处理和天气预报制作系统"，获国家科学技术进步奖二等奖。"贵州农村综合经济信息网创建与推广应用"获贵州省科技成果转化一等奖；"贵州旅游气候资源开发利用研究与应用""贵州凝冻形成机理及监测预警体系研究""贵州省雷电监测预报预警服务系统"3项成果，分别获贵州省科学技术进步奖二等奖，"农村信息传播服务"和"抵御极端气候灾害，突显科技民生理念"评为"贵州省'十一五'农业科技十大成就（事件）"。2010年建成省管创新团队"气候资源开发利用创新团队"。

展望 到2020年将同步建成结构合理、布局科学、功能齐全、技术先进的适应贵州经济社会发展的气象现代化体系；以公共气象服务为引领、以气象预报预测为核心、以综合气象观测为基础的现代气象业务体系整体将接近世界先进水平；气象预报预测准确率、公众气象服务满意度、气象技术装备智能化水平、气象科技创新能力、气象人才综合素质将全面提升。通过"提速升位，重点突破，局部超越，夯实基础，协调发展"，积极推进"四个一流"建设，不断开创开放型贵州气象事业发展新局面。

参考书目

贵州省地方志编纂委员会，1998. 贵州省志·气象志 [M]. 北京：方志出版社.

贵州省国土资源厅，2005. 贵州省地图集 [M]. 成都：成都地图出版社.

《中国气象灾害大典》编委会，2006. 中国气象灾害大典·贵州卷 [M]. 北京：气象出版社.

（赵广忠）

Yúnnán qìxiàng

云南气象（Yunnan meteorology）

云南省简称滇、云，地处97°31′E～106°11′E，21°8′N～29°15′N，全省面积39.4万平方千米，2014年末全省常住人口为4713.9万人。

云南省位于中国西南边陲，西与缅甸接壤，南与老挝、越南毗连，北回归线横贯南部，属低纬度的内陆地区。地处青藏高原的东南侧，是云贵高原的主体，主要由山地和山间小盆地组成，山地面积占全省面积的94%。地势由西北向东南呈阶梯状递降，最高点位于梅里雪山卡瓦格博峰（海拔6740 m），最低点位于南溪河与元江汇合处（海拔76.4 m）。境内有大小河流600多条，分属长江、珠江、澜沧江、红河、怒江、伊洛瓦底江6大水系；有高原湖泊40多个，其中以滇池、洱海、抚仙湖、程海、泸沽湖、杞麓湖、星云湖、阳宗海、异龙湖九大高原湖最为著名。

天气气候特点 云南气候主体上属亚热带湿润季风气候。在低纬度、高海拔的地理条件综合影响下，受季风环流影响，形成了显著的低纬高原山地季风气候特征：干湿季分明的季风气候。干季（11月至次年4月）受大陆季风影响，干燥少雨，降雨量占年总量的15.6%。雨季（5—10月）盛行海洋季风，湿润多雨，降水量占年总量的84.4%；四季不分明的低纬气候。气温年较差小、日较差大，夏无酷暑、冬无严寒；独特的立体气候。地势垂直高差大，形成了"一山分四季，十里不同天"的山地气候，气候类型丰富多样，全省从南到北分布有北热带、南亚热带、中亚热带、北亚热带、南温带、中温带和高原气候区共7个气候带，囊括了中国海南岛到黑龙江的各种气候带。

气温和降水量地理分布差异较大。全省年平均气温从南到北递减，南部、西南部和部分河谷地带18～24℃，滇中大部为15～18℃，滇东北和滇西北高原低于15℃，其中滇西北高海拔地区低于10℃；境内极端最高气温44.5℃（2014年5月18日，元阳），极端最低气温-27.4℃（1982年12月27日，香格里拉）。年平均降雨量介于563.9～2358.6 mm之间，全省平均为1086 mm，其中滇西和滇南在1300 mm以上，滇南边缘地区可达1800 mm以上，滇中大部在800～1300 mm之间，滇东北、滇西北边缘地区少于800 mm。年日照时数在834.4～2638.0小时之间，以滇中北部和滇西、滇西北南部为多值区，滇东北为少值区。

主要气象灾害 云南省主要气象灾害有干旱、暴雨洪涝及衍生地质灾害、低温冷害、局地强对流等，2002—2014年这4类气象灾害的直接经济损失占全部气象灾害直接经济损失的比例分别为41.5%、26.6%、19.7%、11.9%。气象灾害主要特点是种类多、普遍性强、频率高、重叠交错，分布广、插花性突出，成灾面积小，累积损失大，季节性、突发性、并发性和区域性显著。

干旱 发生频率最高、影响范围最广、经济损失最重的气象灾害。几乎每年都会出现，约2～3年出现一次大旱。一年四季均可出现，以春旱频率最高，以跨季节连旱受灾最重。有气象记录以来最严重的干旱分别出现在1963/1964年、1968/1969年、1978/1979年和2009/2010年，均始于头年秋季、终于翌年春季（或初夏），其中2009年秋季至2010年春季全省大部地区发生特大干旱，造成2497.7万人受灾，农作物受灾面积2957.2千公顷，林地受灾3847.3千公顷，直接经济损失273.3亿元，其中农业经济损失198.6亿元，是自有气象记录以来影响范围最广、经济损失最大、受灾程度最深的气象灾害。

暴雨洪涝 暴雨洪涝及其衍生的地质灾害是造成伤亡人数最多的气象灾害，以6—8月出现频率最高，平均每年约有一半的县不同程度发生。1998年6—8月发生大面积洪涝灾害，为自有气象记录以来最严重的洪涝年，造成全省916.1万人受灾，因灾死亡416人，农作物受灾530千公顷，死亡大牲畜2.4万头，直接经济损失41.4亿元。2004年洪涝灾害频繁，并引发了严重的滑坡和泥石流灾害，造成502.6万人受灾，死亡233人，房屋损坏22.8万间，农作物受灾381.7千公顷，直接经济损失35.3亿元。

低温冷害 包括低温冷害、冻害和雪灾，以冬季发生频率最高，夏秋季节的低温连阴雨也会造成农业气象灾害。在气候变暖背景下，出现频次有所减少，但更具破坏性。历史上最严重的低温冷害是 1999 年 12 月下旬至 2000 年 1 月上旬，全省自北向南出现剧烈降温并引发霜冻灾害，滇中及以东以南地区受灾尤为严重，滇西南热区作物遭到重创，全省直接经济损失 55 亿元；2008 年 1 月中旬至 2 月中旬，滇西北、滇中及以东以北的大部地区发生罕见的低温雨雪冰冻灾害，造成 1175.7 万人受灾，28 人死亡，农作物受灾 770.7 千公顷，绝收 210.1 千公顷，直接经济损失 90.9 亿元。

局地强对流 包括大风、冰雹、雷电等。大风、冰雹常相伴出现，春夏季多发，多具普遍性、局地性特征。灾害最重的 1997 年 3—4 月，重灾区广泛分布于滇西南、滇东南等地，仅普洱市经济损失就达上亿元；云南是中国雷电多发的省份，除滇西北、滇东北的部分地区外，年雷暴日数均在 50 天以上，滇西南更多达 80 天以上，部分地区超过 100 天，是云南省致人伤亡较多的气象灾害，仅 2006 年春、夏季就造成 84 人死亡。

气象发展 云南近代气象始于清代末年，最早是 1901 年法国交涉委员署在云南府设置气象测候所。1927 年陈一得先生在昆明创立"私立一得测候所"，是云南第一个私人创办的气象站。1936 年经民国云南省政府批准成立省立昆明气象测候所，是云南省最早的气象工作机构。1939—1944 年间，相继设立了民国政府中央气象局大理、保山、丽江、玉溪测候所以及昆明、蒙自、保山、会泽、陆良、沾益、丽江、云南驿、昭通等航空站（机场）测候台（站）。

新中国成立后，接管、恢复原有气象台站并逐步加大了台站建设力度，第一个五年计划（1953—1957 年）完成了 80 个气象台站的建设任务，至 1960 年全省气象台站发展到 170 个。1961—1963 年，调整气象台站网为一专一台、一县一站，各项气象业务工作逐步开展。

改革开放后，云南省气象工作重点转移到气象现代化建设上来。1981 年昆明太华山气象站 711 雷达更换为 713 雷达，连同其他 13 部 711 雷达组成了天气雷达监测网。"七五"计划期间，建成滇中短时灾害性天气警报系统、省气象台天气预报专家系统，组成全省气象部门多层次有重点的计算机系统，初步建成现代化的气象业务服务体系。"九五"计划期间顺利完成了"9210"工程。

2001—2014 年间，云南省先后下发《云南省人民政府贯彻国务院关于加快气象事业发展的若干意见的实施意见》《云南省人民政府关于进一步加强气象防灾减灾能力建设的意见》《云南省人民政府关于加强气象灾害监测预警及信息发布工作的实施意见》《云南省人民政府办公厅关于进一步加强人工影响天气工作的实施意见》《云南省人民政府关于全面推进气象现代化加强气象防灾减灾体系建设的意见》等，不断推进气象综合观测体系、预报预测体系、公共服务体系、信息与技术保障体系、科技创新体系等气象现代化体系建设，增强对重大气象灾害的监测、预报、预警、气象防灾减灾、气候预测、气候资源开发能力建设。2012 年云南省政府与中国气象局签署合作协议，共同推进气象防灾减灾、为农气象服务、人工影响天气、应对气候变化和开发利用气候资源、综合气象观测网、基层气象台站基础设施等工程建设。（参见第 146 页 云南省气象局）

气象服务 云南气象服务从新中国建立之初主要为军事服务逐渐转为为经济社会发展服务。1956 年广播电台向社会公开广播昆明气象台制作的天气预报，1987 年通过报纸、电台、电视台发布天气预报，1997 年有主持人的电视天气预报节目在云南卫视播出，1999 年"气象信息决策服务系统"进入省人民政府网络。从 20 世纪 80 年代开始，云南气象部门逐步全面开展气象服务，目前基本形成了为各级领导和决策部门提供服务的决策气象服务、为广大人民群众服务的公共气象服务、为相关行业和专业部门提供专业专项气象服务的气象服务体系。

防灾减灾气象服务 云南每年因气象灾害造成的损失占全部自然灾害损失的 70% 以上。防灾减灾气象服务是云南气象服务工作的重点。气象部门通过对气象灾害及衍生灾害的系统化监测、预报、预警服务，为重大社会活动、突发公共事件、重大灾害事件及防灾、减灾、救灾、赈灾和灾后重建过程提供气象保障服务，在各级党委政府指挥防灾减灾决策中发挥了重要的作用。如 2006 年扑救安宁"3·29"重大森林火灾，2007 年 2 月滇中以北大范围降雪天气过程，2008 年楚雄"11·02"特大滑坡泥石流灾害，2014 年"8·03"昭通鲁甸 6.5 级地震和"10·07"普洱景谷 6.6 级地震气象保障服务，2009—2014 年全省历史罕见特大旱灾、局地特大暴雨、泥石流滑坡灾害等重大自然灾害中，气象保障服务发挥了积极作用，为减少人民生命财产损失做出了重大贡献。特别是 2012 年 9 月 7 日彝良 5.7 级地震救灾中，云南气象部门准确预报昭通地区暴雨天气过程，指挥部及时将在河滩上搭建帐篷的 3000 多人转移到安全地带，成功避免了重大人员伤亡。

为农气象服务 云南是农业大省，也是农业气象灾害最严重的省份之一。1996 年云南省气象局成立了云南省农业气象中心，专门承担农业气象情报预报，作物产量预报，农业气象灾害监测、预报、评估业务，农业气候适应性区划等工作。云南省为农气象服务工作已从原来的为粮食生产服务逐步拓展到了烤烟、甘蔗、橡胶及生态环境、林业等领域，同时积极开展气候资源开发、农业气象适用技术推广、特色农业气象服务。2012年开始，以中央财政"三农"气象服务专项为抓手，为农气象服务体系和农村气象灾害防御体系初步建立，省、市（州）、县三级气象灾害预警信息发布平台已投入业务运行。截至2014年底，全省共建设安装气象电子显示屏18 374块，乡镇覆盖率达100%，行政村覆盖率达86.5%；建设预警大喇叭2321个、气象信息站692个。

人工影响天气　云南省是全国开展人影工作最早的省份之一。1959年全国消雹经验交流会在大理鹤庆召开，拉开了云南开展人工增雨防雹作业的序幕，而且坚持了50余年从未间断，1979年首创人工增雨扑灭森林火灾。1990年云南省政府成立省人工降雨防雹领导小组、2010年改称省人工影响天气工作领导小组，下设办公室。全省常年开展人工防雹、增雨抗旱、增雨蓄水、预防和扑救森林火灾等人工影响天气作业，在减少灾害损失、保护生态环境等方面取得显著成效。2012年云南省首次开展了飞机增雨作业服务，从2013年开始开展了常态化的飞机增雨作业服务。

防雷气象服务　云南气象部门1996年8月正式成立云南省防雷中心，开展雷电防护服务，2006年更名为云南省雷电中心。全省16个州（市）气象局都成立了防雷技术服务机构，开展防雷装置设计技术评价、防雷装置检测、雷电灾害风险评估、防雷工程设计与施工、雷电灾害鉴定与评估等工作。云南省雷电中心先后开展了如昆明长水国际机场、烟草系统、昆钢系统、中缅油气管道项目等重点建设项目防雷工作以及云南中小学校、百村防雷示范工程等社会公益防雷服务，并将防雷技术服务推进到老挝、缅甸。到2014年，全省建成由22个闪电定位仪和33个大气电场仪组成的雷电监测网，开展了雷电监测预警服务。2010年地方标准《古树名木防雷技术规范》发布实施，2014年上升为气象行业标准并发布实施。2015年地方标准《农村民居防雷技术规范》《旅游景区防雷技术规范》《环境自动监测站防雷技术规范》发布实施。

旅游交通气象服务　云南是旅游大省。1987年气象部门在云南电视台发布省内风景区天气预报，为云南旅游提供气象服务。之后逐步发展为通过报刊、电视、电台、网站等发布旅游气象服务信息，内容包含旅游气象指数、旅游交通线路气象预报、假日旅游气象服务、旅游气象安全预警等。2006年气象部门开始提供交通气象服务，逐步发展为通过手机短信、传真等方式向公路交通、铁路、公安交警等部门提供天气预报、气象灾害预警信息，并通过与省交通运输厅签署合作协议，共同开展科研项目等方式，为交通运输管理部门和社会公众提供精细化的交通气象服务。

气候资源评价　云南是最早开展气候资源评价的省份之一，1964年云南省气象局组织编写了《云南省农业气候区划》，组织开展了农业气候资源调查。20世纪80年代多次组织科技人员开展风能资源的调查。2004起，气象部门先后编制了《云南省风能资源评价报告》《云南省太阳能资源评价报告》《云南省风能资源详查和评价报告》，参加云南省风电场、太阳能光伏电站建设规划工作，编制了云南省风能资源评价技术规范的3个地方标准，完成了上百个风电场风能资源评价报告和十余个光伏电站太阳能资源评价报告。2012年开展大理者磨山风电场风功率预测预报，参与研究开发光伏太阳能预报系统。

气象预报预测　云南省开展天气预报业务始于20世纪50年代初，1957年镇雄气象站率先制作24小时补充天气预报，成为全国首个制作单站预报的县级气象站，并向全国推广。之后云南省气象局开始制作和发布中期趋势预报、长期天气预报，形成了省、地两级气象台预报体系。进入20世纪80年代，气象预报预测业务有了新的发展，先后建立了初夏大雨与汛期暴雨预报、强冷空气预报和长期预报等业务系统，天气预报实时业务系统基本建成，自主研发了云南分县雨量、气温预报系统、分县5天滚动多要素预报等系统，实现了现代化人机交互气象信息处理，形成以数值预报为基础，以MICAPS（气象信息综合分析处理系统）为平台，多种预报方法并存的中短期天气预报业务流程和平台。

到2014年底，建立了云南省精细化预报业务流程，发布全省0～168小时的县级城镇天气预报，开展了数值预报产品解释应用及云南中尺度WRF（天气研究和预报模式）数值模式本地化应用，建立了短时临近预报预警、气象灾害预警信号发布、大城市精细化气象要素预报等业务，初步建立了省、州（市）、县中小河流及山洪地质灾害风险等级预报业务。建立了未来10～30天延伸期天气预报业务，实现了云南中短期预报与短期气候预测的"无缝隙"对接。基本形成了多种预测方式并举的短期气候预测业务系统，完成了多时间尺度旱涝和低温冷害气候预测业务系统、动力气候模式降尺度预测系统等。全省24小时晴雨（雪）预报准确率明显提高，到2014年准确率达到84.12%。

气象观测　1950年云南和平解放时，全省仅有10

个气象观测站。1951年以后，云南省气象观测站网逐步建立，截至2014年底，全省共有126个地面气象观测站，其中国家基准气候站11个，国家基本气象站24个，国家一般气象站91个，国家级无人自动气象站6个。高空气象探测站5个，L波段探空雷达5部，风廓线雷达1部。全省共有36部天气雷达，其中新一代多普勒天气雷达7部，713数字化天气雷达2部，X波段数字化天气雷达26部，移动多普勒天气雷达1部。建成1个国家气候观象台、1个区域大气本底站、5个太阳辐射观测站、6个酸雨观测站、14个卫星通信/水汽监测站、22个雷电监测站、20个大气电场仪、2个气溶胶观测站、1474个区域自动气象观测站、1750个山洪雨量站、33个山洪六要素、37个自动土壤水分观测站、22个农业气象观测站、9个地面卫星接收站。建立针对橡胶、烟草、茶叶、水电、环境、风电、太阳能等气象服务需求的专业气象观测站，形成较为完善的综合气象观测网络。

大理国家气候观象台 2006年9月成立，是全国气象部门首批试点观象台之一。观象台采用"一台多点"布局，已建立并投入运行的有边界层铁塔观测系统、风廓线雷达探测系统、洱海水上观测系统、GPS（全球定位系统）水汽监测系统、闪电定位仪、土壤水分自动观测系统、风能观测系统、苍山—洱海剖面典型山地气象观测系统、微波辐射计观测系统、新型自动气象站、大气负氧离子监测系统、雨滴谱监测仪、大口径闪烁仪观测系统、高黎贡山—哀牢山山脉自动气象观测网、区域自动气象站网等，组成较为完整的复杂地形下的区域气象综合观测网络，基本覆盖从地面至高空大气物理参数的观测。

香格里拉区域大气本底站 2004—2005完成前期科学试验，2007年开始连续观测，是中国西南地区唯一的区域大气本底站，海拔3580 m。香格里拉区域大气本底站开展了地面气象、气溶胶、反应性气体、温室气体、梯度气象5大类观测，包括常规气象要素，气溶胶环境颗粒物（PM_1、$PM_{2.5}$、PM_{10}）、颗粒物吸收特性、能见度、大气光学厚度，反应性气体地面臭氧、二氧化硫、氮氧化物，温室气体（一氧化碳、二氧化碳、甲烷、氧化亚氮、六氟化硫）浓度的10 m和50 m梯度观测、碳循环温室气体、卤代温室气体等要素的监测。为研究区域大气成分本底环境状况、气候变化以及与人类活动相关联的环境、生态等科学问题提供准确的观测数据。

信息网络 云南气象通信业务最早在20世纪50年代初是采用拍发气象电报和广播气象情报方式进行气象资料传输工作。1956年建立了有线电传电路，1974年建立了无线气象传真广播，1984年进入气象资料下行传输的自动接收阶段。1993年计算机网络技术引入云南省气象通信业务，建立省—州（市）广域网络，开始了以计算机网络为基础的云南气象信息网络系统建设。1998年云南省气象卫星综合应用业务系统（"9210"工程）基本建成，形成由卫星通信、计算机广域网络、有线通讯和无线通讯网组成的现代气象通信系统，云南气象通信进入网络化时代。2004年后建成全省气象宽带网络系统，建立省—州（市）网络视频会商系统，实现省气象科技大楼主干千兆、百兆交换到桌面。2011年完成省、州（市）、县（区、市）三级中国气象局卫星广播系统（CMACast）建设并投入业务应用。2012年完成全省气象宽带网升级，实现省—州（市）8 Mbit/s，州（市）—县（区、市）4 Mbit/s的通信带宽。2014年建成省—州（市）高清视频会商系统，实现省气象科技大楼主干万兆、千兆交换到桌面。2014年建设了双链路，并对带宽扩容，实现省—州（市）20 Mbit/s，州（市）—县（区、市）10 Mbit/s的通信带宽。

气象科研 1959年成立云南省气象科学研究所。改革开放以来，云南气象科研工作在天气气候、应用气象、大气物理、大气探测、计算机应用、气象仪器和通信网络等方面取得了一批重要的科研成果，有力地支持了气象业务的发展。如"云南灾害性天气预测预报的研究""云南短期气候预测系统的研究""滇中中尺度灾害性天气监测预警系统科学试验及应用研究""云南重大气候灾害形成机理研究""云南省农业气候资源与区划""云南短期气候预测综合业务系统""云南省气象灾情实时收集业务系统（省地县版）""云南滑坡泥石流灾害气象监测预警系统""云南季风区中尺度天气系统特征及预报方法研究""中尺度数值模式及同化技术在云南地区的应用研究""未来10~30天云南省灾害性天气预报应用技术研究及示范""云南未来10~30年气候变化预估及其影响"等。1986—2014年累计有81项科研成果获省部级奖励，其中有10项成果获中国气象科技工作奖，71项成果获云南省科学技术奖（云南省科学技术奖二等奖13项，三等奖58项）。

展望 到2020年，将建成适应需求、结构完善、功能先进、运行高效的气象现代化体系和与之相适应的新型事业结构，气象科技创新能力、人才综合素质和科学管理水平明显提升，气象监测和预报预警精细化水平显著提升，气象灾害风险管理能力和防御处置能力显著提升，公共气象服务和保障支撑能力显著提升，与云南气象事业发展相适应的体制机制日趋完善，气象事业发展综合实力和气象工作影响力明显增强，全省气象部门基本实现气象现代化。

参考书目

《中国气象灾害大典》编委会，2006. 中国气象灾害大典·云南卷[M]. 北京：气象出版社.

（程建刚）

Xīzàng qìxiàng

西藏气象（Tibet meteorology） 西藏自治区简称藏，位于78°24′E~99°06′E，26°52′N~36°32′N之间。全区2012年常住人口307.62万人，国土总面积123万平方千米。西藏地处世界上面积最大、海拔最高的青藏高原，平均海拔在4000 m以上，地势总的特点是西北高、东南低，边缘高，中部低。西北部海拔多在5000 m以上，中部雅鲁藏布江谷地在3200~3900 m；藏东南喜马拉雅山南坡靠近国境线一带，海拔在1000 m以下。境内海拔在7000 m以上的山峰有50多座，8000 m以上的山峰有11座，其中，珠穆朗玛峰海拔8844.43 m，是世界最高峰。西藏境内流域面积大于2000 km²的河流有120条以上，流域面积大于100 km²的河流数以千计。金沙江、澜沧江、怒江、雅鲁藏布江等大河都流经西藏，怒江、雅鲁藏布江发源于西藏。

西藏是重要的国家安全屏障，重要的生态安全屏障，重要的战略资源储备基地，重要的中华民族特色文化保护地和面向南亚开放的重要通道。西藏位于中国天气系统的上游，不仅对下游天气系统、灾害性天气的发生发展和全国气候特点的形成影响很大，而且对东亚乃至全球的天气气候产生重大影响。西藏独特的高原地形地貌、高山气候和现代冰川，对于探索和掌握气候规律具有重要的科学研究价值。西藏气象探测资料是深化中国和东亚天气气候系统研究、检验全球气候变化的重要科学数据。西藏生态环境脆弱，天气气候复杂，气象灾害频繁。西藏经济社会发展、人民生产生活、重大工程建设等都面临严峻的灾害隐患和气候风险，做好西藏气象工作能够最大程度防御灾害和保护西藏各族人民生命财产安全，能够为西藏乃至全国积极应对气候变化提供科技支撑。西藏气象事业是全国气象事业的重要部分，党和国家关心，人民群众关注。2015年8月，国务院副总理汪洋亲临那曲视察气象工作，看望慰问西藏气象职工，对西藏气象工作提出具体要求。中国气象局认真贯彻落实中央关于西藏工作的各项决策和部署，历届领导多次赴西藏调研，先后于1980年、1994年、1998年、2001年、2010年、2016年召开全国气象部门援藏工作会议，出台了相关特殊政策，全力推进西藏气象事业发展。

天气气候特点 西藏气候类型多样，从东南到西北，依次为热带、亚热带、温带、亚寒带和寒带等气候带，其主要气候特点为：辐射强烈，日照多；气温低，昼夜温差大，积温少；降水少，季节性明显，夜雨率高；干季时间长，多大风，夏季多冰雹和雷暴。西藏雨热同季，降水主要集中在夏季，7~8月尤为集中。由于西藏地形独特，各地气候差异显著。

西藏年平均气温为-2.8~12.0℃，自东南向西北递减。月平均气温6和7月份最高，1月份最低。气温日变化大，大部分地区气温日较差在15℃以上，冬季大、夏季小。极端最低气温为-46.4℃（1966年1月7日，定日），极端最高气温为33.4℃（1972年7月8日，昌都）。多年平均生长期为153.1~365天，多年平均无霜期为32~222天。多年平均年日照时数为1443.5~3574.3小时，年总辐射为2478~7554 MJ/m²。平均年降水量介于66.3~894.5 mm之间，最大年降水量可达1262.6 mm，1988年出现在波密；年降水日数在31.5~191.3天之间。

西藏春季（3—5月）冷暖空气交替活动频繁，气温波动大，干旱多大风，降水量占全年的16.1%；夏季（6—8月）凉爽宜人，平均气温在7.1~18.5℃之间。夏季雨量集中，约占全年降水量的61.0%，经常出现强对流天气，造成暴雨、冰雹和雷雨大风等灾害；秋季（9—11月）秋高气爽，冷暖适宜，降水量占全年的20%；冬季（12月—翌年2月）寒冷干燥、多风雪，12月及翌年1月西藏平均气温均在0℃以下，翌年2月除个别站点外平均气温在0℃以下，冬季降水量占全年的2.9%左右。

主要气象灾害 西藏气象灾害种类多、频度高、强度大、影响面广且损失较重。主要灾害有干旱、洪涝、雪灾、冰雹、霜冻、雷电、大风、沙尘暴等。气象灾害的区域分布明显，藏东以洪涝为主；沿雅鲁藏布江河谷多干旱、霜冻和沙尘暴灾害；藏北和南部边缘地区易受到雪灾和大风的危害，亦是雷暴、冰雹的多发区；藏西干旱是主要灾害。

干旱 干旱灾害在西藏发生频繁，是对农业生产影响最严重的气象灾害。1982—2010年西藏几乎每年都有不同程度的干旱发生，平均受灾面积为3.55万公顷，其中1983年和1986年为全区大范围的重旱年，受灾面积分别为10.1万公顷和9.3万公顷。

洪涝 西藏洪涝灾害主要出现在夏季，由于连续性降水多、强度大，易出现不同程度的洪涝灾害，同时易引起山体滑坡、泥石流等地质灾害。1998年洪涝灾害最严重，受灾面积达4.31万公顷。2000年8月下旬，白朗县遭受洪灾，淹没农田、房舍，给农牧业生产、交通、水利设施带来严重影响，直接经济损失1.14亿元。2004年盛夏，雅鲁藏布江中下游20多个县遭受严重洪涝灾害，农田受灾面积0.63万公顷。

雪灾 雪灾是西藏牧区常见灾害，几乎年年发生。西藏有两个雪灾多发区：一是藏北中东部和昌都地区北部，年降水量在140～200 mm，最大积雪深度为30～40 cm；二是南部边缘地区，尤其是喜马拉雅山脉南坡，最大积雪深度可达30～50 cm，聂拉木可达100 cm。1997年9月唐古拉山脉和喜马拉雅山脉北坡提前降雪，到12月中旬已出现40余次降雪过程，其中5次是强降雪，降雪量是历年同期的3倍，造成全区40个县457个乡（镇）90万人受灾，受灾牲畜1000万头（只、匹），死亡250万头（只、匹），经济损失约9亿元。

冰雹 多冰雹是西藏高原天气的特点之一。夏季冰雹出现频繁，各地年冰雹日数平均为7.7天，多雹中心在那曲，达29.9天，雹日居全国之首。西藏冰雹虽然出现的范围较小、时间较短，但来势凶猛、强度大，伴有狂风、强降水，对农作物危害极大。

大风 冬春季节西藏大风多，风沙大，故称"风季"。大风可吹散畜群，拔起草根，吹蚀土壤，使越冬作物根系裸露，造成死苗。西藏年大风日数全区平均为38.3天，藏西北地区多、东南部少，那曲地区西部和东北部大风日数达100天以上，安多最多达123天。西藏的大风主要集中在10月至翌年5月，占年大风日数的83%；尤以2—4月最多，占年大风日数的43%，其中3月份最多，对畜牧业危害很大。

发展历程 西藏气象事业从艰难中起步，在艰辛中发展，从无到有、从小到大、从弱到强，初步走出了一条具有西藏特点的气象现代化道路。

1950年3月，中国人民解放军第18军奉命进军西藏，气象工作者作为军队的一部分，身背气象仪器、电台、边工作、边打仗，出色地完成了气象保障任务。1951年2月在昌都建立了西藏第一个气象站，并于1951年11月建立拉萨气象站，从此西藏有了真正意义上的气象事业。1956年从军队建制转为地方建制后，划归农口，站点快速增加，到1957年初有站点近40个。

1959年3月达赖集团发动了西藏叛乱，气象站（点）缩减了一半。1965年西藏自治区成立，社会制度实现了历史性跨越，气象工作得到稳步发展，在经济建设、重要活动、平息叛乱、中印自卫反击战中发挥了重要的气象保障作用。十年"文革"使西藏气象工作处于半瘫痪状态。

1978年以来，西藏气象部门认真贯彻党的十一届三中全会精神，大力进行思想上、政治上的拨乱反正。1980年中央气象局副局长邹竞蒙深入西藏调研，同年全国气象部门第一次西藏工作会议确定了西藏气象事业发展的战略定位、目标和任务。1981年国务院办公厅批转了《中央气象局关于巩固西藏气象工作的请示报告》，解决了事关西藏气象事业发展的规划、人才培养、队伍稳定、台站建设、业务发展和管理体制等重大问题，西藏气象工作逐步走上健康发展的轨道。1983年自治区气象局升格为正厅级单位，实行气象部门与当地政府双重领导，以气象部门领导为主的管理体制。1988年全国气象教育援藏工作会议研究部署了培养西藏民族气象人才的方向和重点，决定在内地高校开设气象专业西藏民族班，西藏气象人才队伍学历结构、知识结构、民族结构大为改善。1993年区气象实时业务系统投入应用，提高了灾害性、转折性、关键性天气预报水平。1996年"气象卫星综合应用业务系统（'9210'工程）"建成，自治区气象台引进GMS卫星接收处理系统，提高了短期预报的准确率。

2001年全国气象部门西藏工作会议部署了推进西藏气象事业跨越式发展的任务和措施，2010年全国气象部门第五次西藏工作会议出台了《中国气象局关于推动西藏气象事业又好又快发展的意见》。进入21世纪以来，西藏气象部门抓住西部大开发的历史机遇，大力推进现代化建设。随着西藏气象自动站站网建设和L波段探空雷达系统建设等一系列现代化建设项目的建成，西藏气象业务服务的整体水平显著提高，西藏气象事业迈进了跨越式发展时期。

发展成就 新中国西藏气象事业在党中央、国务院的正确领导下，在西藏自治区党委、政府和中国气象局的领导和支持下，在全国各级气象部门的有力支援下，经几代西藏气象工作者艰苦奋斗、顽强拼搏、无私奉献，西藏气象事业取得了举世瞩目的成就。

气象现代化建设不断加快 西藏气象部门立足区情，全面推进西藏气象现代化建设。

气象观测系统不断完善 西藏气象观测始于1894年由英国人在亚东县春丕建立测候所。国民政府建立测候所等在西藏和平解放前停止了工作。新中国成立后，在中国人民解放军和当地政府的支持下，克服重重困难在雪域高原逐步建立正规气象站，开展气象观测业务。根据当地社会经济和全国气象事业发展的需要，经过多次调整和长期建设，西藏气象观测站网布局趋于合理，观测项目日益增多，技术装备和保障条件更加先进。到2012年底，西藏共有地面气象观测站39个，其中国家基准气候站14个、国家基本站15个、国家一般气象站

10个；国家无人值守自动气象站71个，区域自动气象站41个。高空气象探测站5个，小球测风站2个，天气雷达站6个，自动土壤水分观测站10个，雷电观测站18个，水汽观测站8个，太阳辐射观测站8个，酸雨观测站4个，大气成分观测站2个，卫星地面接收站39个，应急移动观测指挥系统1套，基本形成了比较完善的综合气象观测体系。

气象通信迈上新台阶 西藏地阔人稀，20世纪50年代初气象站自设无线电台发送气象电报，1956年配发55B型电台将气象电报发往拉萨和成都，1959年拉萨增加抄收莫尔斯长码电报业务，1993年莫尔斯通信在西藏气象部门停止使用。1971年引进移频电传机进行电传和传真通信，1991年短波单边带数据通信系统开始组网布点，1993年全部投入业务运行。1986年拉萨与北京国家气象中心通信台开通2条卫星通信线路，接收北京各类气象电报以及其他报类，上传西藏的气象电报。1996—2005年底，在国家"气象卫星综合应用业务系统（'9210'工程）"和"西藏大气监测自动化系统项目一期工程"的支持下，建成拉萨、6个地区和32县气象局的VSAT（甚小孔径天线地球站）以及相应的计算机网络系统，2008年开始建设拉萨与北京、拉萨与西藏各地市、各县的地面宽带网络，西藏气象通信迈上新台阶。

气象预报预测水平明显提高 西藏气象预报预测工作最早始于1956年，1959年开始通过报刊、广播电台等方式向公众发布天气预报产品。改革开放以来，特别是1994年全国气象部门援藏工作会议的召开，西藏气象预报预测业务得到快速发展，逐渐形成以数值预报为基础的客观化、自动化、定量化和精细化天气预报业务。自治区气象台先后建成了基于神经网络（MOS，模式输出统计）天气预报自动化业务系统，高分辨率的中尺度数值预报模式系统（MM5和WRF）、精细化气象要素客观预报系统（MEOFIS系统）、气象信息综合分析处理系统（MICAPS3.2）和山洪地质灾害预报系统等的引进、本地化移植、安装调试和建模等工作，相继建立了短时临近预报平台、短期预报平台、中期预报平台和决策气象服务平台。开展了中尺度天气分析、大城市精细化预报、灾害性天气落区预报、流域面雨量预报、暴雨诱发的中小河流洪水灾害气象风险预警等业务。近几年全区城镇预报准确率有了明显提高，2006—2012年24小时晴雨预报准确率从78%提高到83%，并多次准确预测了冬季雪灾、夏季旱涝、重要灾害性天气过程等。

气象服务能力不断提高 1978年以前，天气预报主要凭借预报员的经验进行，准确率较低；气象信息发布主要依靠小黑板、挂天气旗、广播电台和《西藏日报》发布，覆盖面窄，时效差，受众少。改革开放以来，西藏气象部门加强了气象服务能力建设，拓展了气象服务领域，提高了气象预警信息覆盖面，提高了气象预报预测准确率，取得了显著成效。建立了气象信息咨询、气象技术、气象工程、气象科普等服务业务，丰富了气象服务的内涵。建成了视频会商系统及全区气象信息传输宽带网，建立了"西藏自治区农牧业经济综合信息网"，设立了1个区级中心、7个地（市）级分中心和20个县级信息服务站，搭建了气象信息的"高速路"。2012年区局成立公共气象服务中心。建成拉萨便民警务站气象精细化预警服务系统、大昭寺文物保护气象监测服务系统。气象信息发布方式由原来报纸、电台发布，拓展为手机短信息平台、"0121"气象声讯电话、电子显示屏、电视、气象网站、西藏天气微信等多种形式，扩大了气象信息覆盖面。气象信息覆盖率达90%；电视天气预报节目收视率达79%。2015年初步建立了面向乡村的气象灾害预警信息全网发布系统，实现了气象信息员的村级全覆盖。

公共气象服务成效显著 随着气象现代化水平的提高和通信网络、媒体等新技术的发展，西藏气象服务取得了前所未有的进步。服务领域不断拓展，信息服务覆盖面迅速扩大，服务产品内容更为丰富，形成了涵盖决策服务、公众服务、专业服务、专项服务、科技服务等多方位的气象服务业务。决策服务为政府防灾减灾工作部署提供科学依据，公众服务延伸至乡村和农牧区，专业服务涉及交通、环境、农业、林业、国土、民航、电力、水文、旅游等多个行业，气象灾害预警信息覆盖了区、地（市）、县、乡（镇）和主要交通干线、重要集镇、边防要地以及旅游景点。2015年，设有气象局的32个县成立了气象防灾减灾指挥部，其他42个县（市、区）设立了县级气象管理机构，建成了353个乡镇气象信息服务站，把双联户户长培养为兼职气象信息员，初步形成了具有西藏特点的区、地、县、乡、村五级气象防灾减灾体系。

为农气象服务 西藏各级气象部门紧紧围绕高原特色产业和农牧业发展需求，着力构建区、地、县三级现代农业气象业务体系，提升精细化农业气象服务能力，建成1个国家级农业气象试验站、4个农业气象观测站、12个土壤水分自动观测站，建设了2个农业气象试验田、2个农业气象服务示范基地，开展青稞、小麦、油菜、土豆等主要粮食作物的农用天气预报、农业气象情报预报、产量预报、旱情监测，开展作物长势、牧草生长等卫星遥感监测；初步建立主要农作物农业气象指标体系，建成了综合农业气象业务平台，开展富有地方特色的现代农业气象服务，建立了农业气象专家库、种养殖大户信息库和联席会议制度，开展产前、产中、产后知农事调查和跟踪气象服务；针对西藏主要粮食作物——青稞开展了"直通式"系列化服务，制作并发布优质青稞播种、收获等关键农事季节的农业气象服务产品。开展高原特色农产品基地气象服务，积极建设那曲地区虫草产区气象保障体系、林芝森林生态气象保障体系、日喀则青稞粮食生产安全气象保障体系，开展青稞、高原菌类、藏药材、牦牛等气候适应性研究，有针对性地开展特色农业、现代设施农业和牧业生产气象服务，努力构建西藏生态文明气象服务体系。

防灾减灾气象服务　西藏7个地（市）、26个县人民政府成立了气象防灾减灾指挥部，统一部署全区气象防灾减灾工作，发布气象防灾减灾信息。在拉萨市开展"便民警务气象精细化监测预警服务系统"建设，依托23个气象观测站以城关区154个便民警务站作为载体，建设气象电子显示屏，发布天气实况、天气预报、气象灾害预警信号和服务信息。与自治区发展和改革委员会完成《西藏自治区气象灾害防御规划》编制工作，2012年由自治区政府印发实施。试点完成7个县的灾害普查、灾害风险评估、区划和县级气象灾害防御规划编制工作。在全区32个县开展中小河流域洪水和山洪地质灾害气象风险预警服务试验业务建设，开展山洪、泥石流、滑坡灾害及中小河流洪水灾害风险普查工作，开展气象风险预警服务试验业务工作，自主开发了决策气象服务业务系统，为政府组织开展的自然灾害防御、事故灾难救助、突发公共事件和重大社会活动提供有力的科学支撑。特别是在2008年10月26—28日，西藏中东部、南部边缘地区特大暴雨雪灾害天气气象保障服务、2012年2月7—8日自治区南部普兰至错那一线暴风雪天气过程、2013年8月12日昌都左贡地震等突发事件气象保障服务中，全区各级气象部门主动及时为各级党政领导科学指挥抗灾救灾提供了科学依据。

应对气候变化和服务生态文明建设　切实履行自治区气候变化领导小组办公室职责。完成《西藏自治区应对气候变化方案》，开展《西藏自治区温室气体排放清单编制》《西藏自治区应对气候变化统计核算工作方案研究》等工作。开展《西藏自治区应对气候变化研究与对策》项目研究，出版《西藏气候》《西藏自治区气候图集（1971—2000年）》《西藏自治区太阳能资源区划》《西藏自治区县级气候区划》等。编制了《西藏气候变化与草地生态监测公报》《西藏气候变化与积雪生态监测公报》《西藏气候变化与湖泊生态监测公报》等生态文明建设的气象服务产品。参与西藏自治区大气污染防治行动计划、西藏自治区主体功能区规划的编制和修订。承担了自治区大气污染监测预警、综合防控、合理开发利用气候资源等工作。

人工影响天气　西藏人工影响天气工作业务技术在抗旱减灾、开发空中云水资源、治理和改善生态环境等方面均取得了显著的社会、经济和生态效益。自2008年开展人工增雨作业以来，西藏积极开展以抗旱救灾、水库增水、森林灭火、农业增产增收等为主要内容的人工增雨、增雪和防雹工作。着力加快建设"西藏人工影响天气指挥系统"，形成了区、地、县三级人影综合业务网络，并充分发挥江孜人影防雹、增雨示范基地作用，加强那曲无水草场人工增雨示范基地和林芝森林灭火人工增雨示范基地建设工作。全区建成3个人工影响天气业务平台、437个固定作业点、30个标准化站点，配备96门高炮、13台新型火箭架、360台常规火箭架、3台小型作业指挥雷达。人工防雹、增雨、消雨作业，为农业生产安全提供了保障，大幅度减轻或避免了灾害损失，特别是在2010年羊卓雍湖增雨补水、2011年3月干旱时期增雨、西藏60年大庆消雨、2012年扑灭波密森林火灾、桑日森林火灾、芒康森林火灾人工增雨灭火中都取得了成效。

人才队伍整体素质和科技创新能力提高　1978年以前，西藏气象队伍的文化结构、民族结构、专业结构、职务职称结构等都不够科学合理。1959年底，西藏气象部门具有大学文化程度的只有3人，藏族和其他少数民族职工仅有14人，工程师1人。改革开放后，西藏气象部门坚持实施人才强局工程，推进人才机制与体制创新，以高层次人才为重点，优化人才资源配置，提高队伍整体素质，取得了显著成绩。1980年8月，中国气象局明确提出加速藏族科技干部的培训，由兰州气象学校承担培训藏族中级气象技术人员，由南京、成都气象学院和有气象专业的大学承担培养高级气象技术人员。到2014年，西藏气象部门现有正研级高工5人，博士及研究生以上人员比例4.9%，本科人员比例50.6%。

西藏高原气象科研一直是全世界气象工作者关注的焦点，但在1978年以前，西藏气象科学研究却十分落后。改革开放后，西藏气象部门通过不断深化气象科技体制改革，完善科研管理机制，1995年成立了"西藏高原大气环境科学研究所"，1998年成立了西藏自治区遥感应用研究中心，2002年"西藏高原大气环境开放实验室"列为自治区级重点实验室，2003年成立了中国气象局成都高原气象研究所拉萨分部。2013年区气象局成立高原天气、气候与遥感应用技术三个创新团队，有力地支撑了气象科研和现代气象业务的发展。科研能力显著增强，取得了一大批科研成果。截至2012年，西藏气象局申报立项和承担完成了国家级项目14项（其中行业专项3项、国家基金项目11项）、省部级科研项目73项。共有68项科研成果荣获科学技术进步奖，其中获国家科学技术进步三等奖1项、省部级科技奖45项。在省部级科技期刊上发表学术论文400余篇，其中在国家级核心刊物上发表论文225篇，SCI（《科学引文索引》）（包括SCIE（《科学引文索引（扩展版）》，即网络版））6篇。多项科研成果应用到西藏自治区"一江两河"中部流域综合开发区、草原生态保护补偿和国家生态安全屏障保护与建设等工作中，取得了明显成效。

气象法制环境不断优化 改革开放以来，特别是2001年以来，西藏气象部门不断完善气象法规体系建设，取得了重要进展。2001年12月区气象局成立法规处后，以《中华人民共和国气象法》为依托，出台了《西藏自治区气象条例》《西藏自治区气候资源条例》《西藏自治区防雷减灾条例》3部地方性法规。还出台了《西藏自治区突发气象灾害预警信号发布办法》《西藏自治区气象灾害防御办法》《西藏自治区人工影响天气管理办法》和《西藏自治区气象探测环境和设施保护办法》《拉萨市防雷减灾管理办法》5部政府规章。颁布了《人工影响天气藏语术语》国家行业标准和《建筑防雷设计评价技术规范》《建筑物防雷装置验收规范》等地方标准；完成了20个县局的气象探测环境和设施保护行政执法。2010—2015年，29个县出台气象灾害应急预案。

党建、精神文明建设扎实有效，职工工作生活条件明显改善 改革开放以来，西藏气象部门充分发挥党建、精神文明建设和气象文化建设的重要作用，着力加强党的思想、组织、作风、反腐倡廉和制度建设，基层党组织战斗堡垒作用和共产党员的先锋模范作用得到充分发挥，精神文明建设在凝聚精神、陶冶情操、激励斗志方面的重要作用得到凸显，凝炼出了"高海拔、高标准，缺氧气、不缺志气"和"站在世界最高处，争创工作第一流"的西藏气象人精神，涌现出了全国优秀共产党员陈金水、全国先进工作者假拉等一大批先进模范人物。1994—2014年，全区气象部门党支部由12个增加到59个，党员由272人增加到774人。区局党组先后被评为"全区党建工作先进单位"和"区直机关党建工作先进单位"。区人影中心党支部被评为"全国创先争优先进支部"。区气象局、区气候中心、山南地区气象局先后被评为"全国民族团结进步模范集体"。2011年后，区局响应区党委的号召，开展创先争优强基惠民活动，先后选派87个驻村工作队，425人（次）奔赴各地开展驻村工作。继1998年区气象台被评为全国"精神文明示范单位"后，全区气象部门47个单位全部被地方各级文明委授予"文明单位"称号，其中国家级文明单位11个、省级文明单位15个。

1978年以前，西藏气象台站基础设施极其薄弱，职工工作生活条件极其艰苦。改革开放后，在中国气象局的支持下，西藏气象部门大力加强基层气象台站建设，工作环境和职工生活条件有了显著改善。区气象局建成了业务办公大楼，26个地（市）、县局基础设施进行了有效改善，还建有图书室、活动室等，丰富了职工的文化生活。开展了区内外职工生活基地建设，80%职工的安居房问题得到解决。

气象援藏工作力度不断加大 气象部门从1979年开展援藏工作以来，得到了中国气象局的支持及各省（自治区、直辖市）气象部门的无私援助。1979年中央气象局从局机关和省气象局第一次选派了15名技术骨干援藏，开启了气象部门援藏工作，到1994年共抽调了121名干部赴藏工作。1994年召开了全国气象部门援藏工作会议，使援藏工作步入制度化、经常化的轨道。1997年中国气象局制定了《全国气象部门选派志愿西藏气象工作人员的暂行办法》，2010年印发《中国气象局关于做好干部援藏工作的意见》，2013年印发《2013—2015年全国气象部门业务科技援藏实施方案》，保证了干部援藏工作的顺利进行。按照中央统一部署和中国气象局总体要求，全国各级气象部门在项目、资金、人才等方面全面开展对西藏气象部门的对口支援，大大促进了西藏气象事业的发展。各援藏单位切实加强组织领导，进一步完善了资金、项目、技术援藏、干部援藏和气象文化援藏的工作机制。从第六批援藏干部开始，地（市）气象部门的援藏干部被纳入中央组织部统一管理，有效调动了气象援藏干部的积极性。1994年后，选派7批145名援藏干部进藏，到2014年累计援藏资金达7500多万元（不含中国气象局投入的资金），有效推进了西藏气象事业的发展。

展望 在新形势下，西藏气象部门将全面落实中央第六次西藏工作座谈会决策部署，坚持以"四个全面"战略布局为统领，坚持依法治藏、富民兴藏、长期建藏、凝聚人心、夯实基础，牢固树立和贯彻落实"五大发展理念"，立足西藏气象发展实际，坚持公共气象发展方向，突出科技引领创新驱动，强化气象软实力和人才队伍建设，围绕全面推进气象现代化、全面深化气象改革、全面推进气象法治建设、全面加强气象部门党的建设重点工作，把西藏气象工作纳入全国气象发展大局，创新对口援藏工作机制，切实增强西藏气象部门的内生动力和创新活力，在全国气象部门支持下，全面推进西藏气象现代化，不断提升气象服务民生和生态文明建设的能力和水平，保障西藏经济社会发展和长治久安。到2020年，基本建成结构完善、功能先进、布局合理、适应需求的西藏气象现代化体系，基本实现气象现代化。气象发展软实力和干部人才队伍适应西藏气象现代化需要，综合观测、预报预测和气象服务业务能力接近或达到西部先进水平，高原天气气候基础研究、气候变化评估服务和生态环境遥感监测应用技术水平明显提升，公共气象服务全覆盖，气象台站基础设施条件全面改善。

参考书目

宋善允，王鹏祥，2013. 西藏气候［M］. 北京：气象出版社.

西藏自治区地方志编纂委员会，2005. 西藏自治区志·气象志［M］. 北京：中国藏学出版社.

（拉卓　王鹏祥　姜长波）

Shǎnxī qìxiàng

陕西气象（Shaanxi meteorology）　陕西省简称陕、秦，位于中国内陆腹地，105°29′E～111°15′E，31°42′N～39°35′N之间。2014年全省常住人口为3775.12万人；面积20.6万平方千米，北部黄土高原区，约占全省土地面积40%，中部是关中平原区，约占全省土地面积24%，南部是秦巴山区，约占全省土地面积36%。作为中国南北气候分界线的秦岭山脉横贯全省东西。秦岭以北为黄河水系，主要支流从北向南有窟野河、无定河、延和、洛河、泾河、渭河等。秦岭以南，除洛河外，均为长江水系，有嘉陵江、汉江和丹江。

天气气候特点　陕西横跨三个气候带，陕南属北亚热带气候，关中及陕北大部属暖温带气候，陕北北部长城沿线属中温带气候。气候特点是：春暖干燥，降水较少，气温回升快而不稳定，多风沙天气；夏季炎热多雨，间有伏旱；秋季凉爽较湿润，气温下降快；冬季寒冷干燥，气温低，雨雪稀少。

全省年平均气温13.7℃，自南向北、自东向西递减：陕北7～12℃，关中12～14℃，陕南14～16℃。最冷的1月平均气温-11～5℃，最热的7月平均气温是21～28℃。年平均降水量340～1300 mm。由北向南降水逐渐增多，陕南巴山山区降水量最多，年降水量1000～1300 mm。降水主要集中在6—9月。年平均无霜期140～316天，自北向南渐长。年平均日照时数为1270～2930小时，日照时数呈北多南少。

主要气象灾害　陕西省气象灾害具有种类多、范围广、频次高和危害重的特点，主要气象灾害有干旱、暴雨洪涝、冰雹、大风等。

干旱　陕西大部地区处于干旱、半干旱地区，降水时空分布不均，山、塬旱地面积大，水土流失严重，干旱频繁。1949年以来，陕西境内年年都有不同程度旱灾发生，各地、各季节均有干旱出现，其中以伏旱危害最大，常使秋料作物严重减产，甚至失收。如1979年陕西省出现严重春夏连旱，全省受旱面积192万公顷，成灾26.7万公顷。1997年陕西出现严重春夏秋三季连旱，全省受旱面积217.3万公顷，其中重灾120万公顷，绝收52万公顷。

暴雨洪涝　陕西省暴雨主要发生在夏秋两季，6—9月是暴雨洪涝灾害的易发时段，因降水集中、强度大，造成损失严重。秦巴山区、黄土高原沟壑区和渭河下游等地带是洪涝灾害多发区。如1983年7月末，因汉江流域多日暴雨，造成汉江安康城区段洪水暴涨，满溢东堤，溃决入城，城市一片汪洋，受灾人口8.96万人，死亡870人，直接经济损失8.69亿元。1977年7月延河流域大暴雨，致使延河洪水暴涨，洪水冲入延安城区，因灾死亡143人，失踪26人，受灾农田1.4万公顷，成灾1.2万公顷。

冰雹　陕西地理地貌复杂，陕北、关中北部由于植被稀少，黄土裸露，夏季地面受较强太阳辐射产生局地冰雹，5—7月为冰雹多发时段，并常伴有雷雨、大风，破坏力极大。如1969年5月23日铜川、耀州、富平、三原、临潼、蓝田等地冰雹，受灾农田3.73万公顷，因灾死亡15人。

气象发展　辛亥革命后，陕西高陵县通远坊天主教堂开始气象观测。1922年北京政府建立陕西第一个国办的气象站——长安测候所，1931年建西安测候所，一直工作到新中国建立。抗日战争时期，国民党空军和中美特种技术合作所在西安等地建有气象台站。到新中国建立时，全省仅有3个气象站。

抗日战争时期，1939年中国共产党在延安光华农场建立气象组。1944年出于中美对日作战的需要，美军观察组在延安建立气象台，党中央调张乃召等同美国人一起搞气象工作，中央军委在延安清凉山举办了中国共产党第一个气象训练队，分派至各解放区开展工作。日本投降后，美军气象人员撤离，1945年8月中央调张乃召、邹竞蒙等11人接收了美军气象台，9月成立八路军总部延安气象台，开展气象工作。1947年3月延安气象台随党中央撤出延安，转战山西、河北。延安开创的人民气象事业，为新中国气象事业的建立和发展做出了卓越贡献。

1949年中国人民解放军接收了遗留下来的陕西气象

台站，开始组建新气象台站网。到1959年全省气象部门建有气象站83个、气象台6个，空军、民航等部门也陆续建立起一批气象台站，全省气象台站网基本形成。"文化大革命"前期，气象观测和气象报表内容被自行精减或简化。1973年7月以后主要气象业务工作逐步恢复，气象雷达、气象卫星等新技术装备开始在省地（市）气象台投入使用。1980—1983年，陕西省气象部门顺利实施了上级气象部门和地方人民政府双重领导，以气象部门领导为主的领导管理体制改革。1984年制定了《陕西省气象现代化发展纲要》，提出了到20世纪末全省气象现代化建设目标和任务。1989年以后，推进了以气象事业结构调整为重点的各项改革，气象现代化以推广气象卫星综合业务应用系统（"9210"工程）和气象信息综合分析处理系统（MICAPS）为重点取得了长足发展。

进入21世纪以来，全面推进了以新一代天气雷达组网、地面自动气象站网、公共气象服务平台、气象预报预测系统平台、气象综合观测系统平台为重点的气象现代化建设。2006年实施了全省气象业务技术体制改革。2010年陕西省人民政府和中国气象局签署《共同推进陕西公共气象服务体系建设合作协议》，省部级合作推进陕西经济发展，加强了应对气候变化和防灾减灾保障体系建设。（参见第149页陕西省气象局）

气象服务 陕西省气象服务始于新中国建立之初，当时主要为军事服务。1954年开始转为既为国防建设服务，又为经济建设服务。西安气象预报站开始向西安市粮食局、西安电业局、国家物资局等单位提供天气预报，并开始通过电台、报纸对外公开发布天气预报。到2012年，基本形成了为广大人民群众服务的公众气象服务、为各级领导和决策部门提供服务的决策气象服务、为相关行业和专业部门提供服务的专业专项气象服务的比较完善的气象服务体系。公众气象服务覆盖了所有电视、广播、报纸、电话、网络、电子显示屏、气象预警大喇叭、气象微博、微信等媒体载体。

防灾减灾气象服务 改革开放以来，陕西省气象局决策气象服务工作不断得到加强，决策服务的针对性明显增强，服务的领域越来越宽，服务的效益不断增大。每年初，陕西省气象部门对全年和汛期气候做出预测，特别是就汛期和秋淋期洪水等给政府提供气象预测信息。多年来，每次重大的转折性天气预报及时、准确。特别是出现在果区的春季大风、沙尘天气和大范围降温，都准确预报及时服务，降低了以苹果为主导产业的渭北等地区果农的损失。2006年省气象局成立了气象服务领导小组，下设决策气象服务管理办公室；2010成立减灾服务中心，专门从事决策气象服务、应急气象服务和防灾减灾工作，着力提高服务产品的科技含量，增强气象服务的针对性、准确性和多样性，针对重大决策、发展战略研究、重大突发公共事件、重大社会活动、重点工程建设、生态环境保护等提供专项气象保障服务，为各级党委、政府及有关部门防灾减灾、制定国民经济和社会发展计划、组织重大社会活动等提供科学依据，服务效益显著，受到省委、省政府和各级地方政府的好评和表彰。

应急气象服务 近几年，陕西省气象局积极参与省政府的应急工作，并成为应急管理的重要部门。2006年省发展和改革委员会批复立项建设《陕西省突发自然灾害和公共事件应急服务系统》，建设了应急指挥车、现场气象探测系统、信息网络系统、气象预报服务系统、保障系统等。2007年省政府决定《陕西省突发公共事件预警信息发布平台建设》由省气象局牵头，项目的实施对陕西省的应急管理工作起到了推动作用。目前，完成国家突发事件应急信息发布系统建设，全省气象部门建立了三级响应的应急工作组织体系，与省政府应急办和其他职能部门建立了应急联动工作机制，加强了应急队伍建设，应急工作在突发公共事件和重大社会活动中发挥了重要作用。特别在2006年镇安黄金尾矿库溃坝事故、2008年冰冻雨雪灾害和"5·12"汶川特大地震中，应急气象服务工作成就明显。

为农气象服务 通过整合为农服务资源，为农气象服务的整体优势凸显。成立了陕西省农业遥感信息中心，开展土壤墒情监测、遥感干旱综合监测和生态环境监测；建成全省土壤水分观测网，其中人工土壤水分观测点50个，自动土壤水分观测站72个；建成17个国家农业气象一级观测站，4个农业气象二级观测站；成立了陕西省经济作物气象服务台，开展经济林果、中草药、畜牧业等全程系列化气象服务，拓展设施农业气象服务，基本形成了符合陕西实际的现代气象为农服务体系。近年来，农业气象服务和农村气象灾害防御体系得到较快发展，到2014年底，全省建成气象工作站1291个、气象信息服务站18 726个、预警大喇叭6260个和电子显示屏3372块，各县建立了县级气象业务服务平台和县级山洪地质灾害气象预警服务平台，全省形成了较为完善的农气象服务体系。

人工影响天气 陕西省人工影响天气工作始于1958年，到20世纪80年代进入了快速发展时期。到2014年，开展人工影响天气工作的县（区）达到92个，占全省总县数86%，所有农业县均开展了人工影响天气工作，共有防雹增雨高炮428门，火箭发射系统211套，有70%以上的高炮作业点建成了"两库一室一平台"标准化炮站。人工增雨飞机作业区域由关中地区扩大到全省，作业时段由春季扩展为春、秋两季；人工影响天气作业服务功能扩展到增雨防雹、水库蓄水、森林灭火、消雨消雾和重大社会活动服务保障等业务，基本上形成了布局合理、手段多样、功能比较完善的作业服务体系。"十五"计划以来，全省每年平均开展飞机增雨作业超过35架次，增加降水11.9亿立方米以上，每年组织开展地面高炮、火箭人工防雹增雨作业1485次，累计保护面积58.5万平方千米，连年实施的大范围人工增雨防雹作业服务取得了显著的经济社会效益。陕西省人工影响天气整体工作已经进入国内领先行列，得到省政府的嘉奖。

气象预报预测 从1955年陕西省气象局成立到20世纪60年代末，主要利用天气图分析及天象、农谚、动物活动等方法和预报经验，制作发布天气预报。20世纪70年代，随着卫星云图、天气雷达回波、数值预报产品传真图应用，预报技术由单一天气图方法向综合数理统计和数值预报方法过渡，预报时效得到延伸。20世纪90年代开始以数值天气预报产品为基础、以人机交换处理系统为平台、综合应用多种技术方法的定性预报技术体制逐步形成，天气预报由人工向自动化、客观化、定量化发展。2000年以来，陕西省气象局不断加强数值预报解释应用研究，先后研究开发了短时临近天气预报系统，多源资料短临预警系统，陕西省短期天气预报精细化分析系统，陕西L波段探空雷达资料精细化诊断分析产品，中小河流洪水、山洪地质灾害预报和风险预警平台等现代化预报系统和平台，制作发布30余种预报预警产品。预报预警和预测能力不断提升，2013年晴雨预报准确率达89.94%，气候预测准确率达83.84%。

气象观测 陕西省的气象观测业务主要有地面观测、高空观测、雷达探测、卫星资料接收。新中国成立以后，陕西省气象观测站迅速发展，1953年全省共有8个气象站，1958年建有气象（候）站78个，1960年建成探空站4个，1973年全省共有气象站92个。20世纪90年代后，随着观测设备自动化的不断实现，观测项目、观测频次、观测范围不断扩大，形成了地基、空基、天基立体综合气象观测网。到2014年底，全省共有99个国家地面气象观测站，其中国家基准气候站6个，国家基本气象站30个，国家一般气象站63个；还有4个高空气象探测站，1726个区域自动气象站，37个雷电监测站，4个大气成分观测站，15个酸雨观测站，5个风能资源观测站。全省共有10部天气雷达，其中新一代多普勒天气雷达7部、常规数字化天气雷达2部、移动多普勒天气雷达1部，还有固定、移动风廓线雷达各1部。

华山气象站 1952年建站，位于华山西峰之巅，海拔2064.9 m，属国家基准气候观测站，是陕西省唯一一个高山站。年平均气温为6.1 ℃，极端最低气温为-24.9 ℃，年平均大风日数109天、大雾129天，雷电次数最多达43天，冬季最长积雪可达5个月。每天发8次天气预报、24小时航空报，为军航、民航安全提供了优质服务。观测资料参加亚洲气象情报交换，是中国天气预报的重要指标站。

信息网络 20世纪50年代起，利用短波电台抄收国内外莫尔斯气象电报。20世纪60—70年代采用有线电传实现与兰州西北区域中心通信。20世纪80年代建成了覆盖全省的甚高频、单边带辅助通信网，实现了计算机自动发报。20世纪90年代建成了省级和市级计算机局域网及气象卫星综合应用业务系统（"9210"工程），气象业务现代化水平迈上新台阶。进入21世纪，全省建成了气象宽带广域网，省市之间带宽达到10 Mbit/s、市县之间10 Mbit/s，在此基础上建成了综合气象信息传输监控和共享平台、全省高清视频会商系统等。引进了曙光高性能集群系统，运算速度达到了每秒1.8万亿次。近年来，随着全国综合气象信息共享系统（CIMISS）的逐步业务化，及CMANet的不断升级，省级与国家级及其他省份之间数据共享能力大幅度提升。

气象科研 1959年成立陕西省气象科学研究所，2002年构建陕西省气象科技创新基地，成为陕西省气象局推动科技研发与业务有机结合的协作平台。2012年成立了"秦巴山区云降水机理研究"和"关中城市群环境气象研究"两个省级创新团队，建成了秦岭大气科学基地气溶胶实验室、秦岭太白、华山观测剖面和华山云微物理观测基地。

陕西省气象科学研究取得了一大批成果，获得国家和省部级科研成果奖励36项。2000年以来，主持完成科技部项目"黄河中游（陕甘宁）干旱半干旱地区高效人工增雨（雪）技术开发与示范""人工消冷雾新技术试验与应用""云物理特征极轨卫星遥感反演技术应用研究"3项，主持国家自然科学基金面上项目"过冷层状云飞机增雨催化粒子散布及增长过程机理研究""秦巴山区可降水云的云微物理及云降水过程综合分析""中国典型地区气溶胶光学特性及其对地-气能量交换的影响研究"3项，公益性行业专项重点项目"秦巴山区云降水梯度观测与应用研究"、中国气象局气候变化专项"陕西不同类型气溶胶对气候变化影响研究"；发表SCI（《科学引文索引》）论文8篇、SCIE（《科学引文索引（扩展版）》，即网络版）论文1篇、国内核心期刊论文43篇。取得多项具有国际先进或国内领先水平的科技成果，2007年以陕西省气象科学研究所为主合作研究的"气溶胶影响地形云降水的定量研究"在美国《科学》杂志上发表，在国际国内引起强烈反响，2011年"不同类型气溶胶对流云晶化温度的影响"在美国地球物理联合会主办的《地球物理研究通讯》上发表，对国际上气溶胶的成冰活性研究产生了积极影响。开发了MODIS，NOAA，FY极轨卫星和NPP卫星云微物理反演系统，反演软件输出到Rosenfeld实验室安装使用，实现了技术从引进到输出的跨越。同时云微物理反演技术已在国内18个省级以上单位得到推广应用。

坚持开展有效的国际合作。2005年至今，以色列希伯来大学Rosenfeld教授连续9年来陕开展合作研究，因出色成绩，受到温家宝总理接见并作为嘉宾参加了新中国成立60周年国庆观礼活动。2009年聘请美国马里兰大学李占清教授为气溶胶与大气环境创新团队负责人兼首席科学家，指导研究工作。

展望 到2020年，全省气象观测自动化率达到90%以上，24小时晴雨预报准确率达到90%以上，暴雨过程预报准确率达到70%，雾、霾天气24小时预报准确率达到80%以上，全省年均人工增雨作业影响面积达到90%以上，防雹有效率达到80%以上，对农业增产贡献率达到20%以上，使气象预测预报、公共服务、防灾减灾、应对气候变化和开发利用气候资源能力达到西部领先、全国先进水平，为推进"富裕陕西、和谐陕西、美丽陕西"建设提供有力保障。

参考书目

陕西省地方志编纂委员会，2001. 陕西省志·气象志[M]. 北京：气象出版社.

《中国气象灾害大典》编委会，2007. 中国气象灾害大典·陕西卷[M]. 北京：气象出版社.

（丁传群 李良序）

Gānsù qìxiàng

甘肃气象（Gansu meteorology） 甘肃省简称甘、陇，位于92°13′E～108°46′E，32°11′N～42°57′N之间，位于黄土高原、青藏高原、内蒙古高原三大高原交汇地带，面积45.37万平方千米。截至2014年全省总常住人口2590.78万人。甘肃地貌复杂多样，山地、高原、平川、河谷、沙漠、戈壁，交错分布，山地和丘陵约占总面积的77.8%，平原及河谷川地仅占22.2%。地势自西南向东北倾斜，海拔大多在1000 m以上。地形呈狭长状，东西长1655 km，南北宽530 km。境内河流大致以冷龙岭、乌鞘岭至景泰长岭山一线为界，呈放射状向西北、东及东南分流，西北部为内流区，东南部为外流区，分属内陆河、黄河、长江3个流域9个水系，年总径流量415.8亿立方米。其中，内陆河流域包括石羊河、黑河、疏勒河3个水系，黄河流域包括黄河干流、洮河、湟水、渭河、泾河5个水系，长江流域包括嘉陵江上源支流白龙江和西汉水。

天气气候特点 甘肃省位居东亚季风区、西北干旱区和青藏高原高寒区的交汇处，气候类型多样，兼有亚热带湿润气候区、暖温带半湿润气候区、冷温带半湿润和半干旱气候区、干旱气候区、高寒气候区等多种气候类型区，山区垂直气候差异显著。除高山阴湿区外，省内大部分地区具有气候干燥，气温年、日较差大，光照充足，雨热同季，水热条件由东南向西北递减等主要气候特征。冬季风雪少，寒冷时间长；春季升温快，冷暖变化大；夏季气温高，降水较集中；秋季降温快，初霜来临早。年平均气温在0～15℃之间，各地最冷月均出现在1月，7—8月气温最高。全省极端最低气温-37.1℃，极端最高气温43.6℃。年降水量在40～750 mm之间，平均300 mm左右，大约有70%的面积年降水量少于500 mm，4—9月集中了年降水量的80%～90%。平均无霜期大部分地区在90～210天之间。年日照时数河东为1560～2700小时，河西为2600～3300小时。

主要气象灾害 甘肃省主要有干旱、暴雨（雪）、冰雹、雷电、沙尘暴、大风、大雾、干热风、寒潮、霜冻等气象灾害，由气象灾害引发的滑坡、泥石流、山洪、道路结冰及生物灾害、森林草原大火等次生灾害也很严重。气象灾害约占自然灾害的88.5%，平均每年造成的经济损失占全省GDP（国内生产总值）的4%～5%。

干旱 是影响甘肃省最主要的气象灾害，每年平均受旱面积近62万公顷，减产粮食5亿至10亿千克。20世纪60年代以来干旱化趋势明显，特别是20世纪90年代以来，干旱频率加剧，导致河道断流、天然水域面积缩小、水资源匮乏、生态环境恶化，对甘肃经济社会可持续发展造成严重影响。1997年全省60个县（市）均发生了不同程度的春旱、夏秋连旱，尤其是陇东、陇南旱情较严重，是近60年来干旱范围最大、旱情最重的一年。农作物受灾面积为166.67万公顷，成灾100多万公顷，绝收13.3万公顷，减产粮食50多万吨。同时，由于重旱造成近90多万人口、80多万头牲畜饮水困难。

暴雨 6—9月为高发期，7月下旬出现频次最高。主要发生在陇南东南部的两当、徽县、成县、康县以及陇东、天水的东南部。河西地区几乎没有暴雨（日降水量≥50 mm），河东大部地方年平均暴雨日数不到1天。

20世纪60年代中期至80年代初期为暴雨日相对较多期，20世纪80年代末至2009年相对较少。1966年7月26日，庆阳市庆城县日降水量190.2 mm，为1961—2014年甘肃省最大暴雨。

舟曲"8·8"特大山洪泥石流地质灾害　2010年8月7日18时—8日08时，甘南藏族自治州舟曲县突降暴雨，县城以东约10 km的东山镇降水量达96.3 mm，7日23—24时1小时最大降水量达77.3 mm。暴雨引发罗家峪、三眼峪泥石流下泄，由北向南冲向县城，造成沿河房屋被冲毁，白龙江被阻断，形成堰塞湖。共造成4.7万人受灾、1508人死亡、257人失踪，直接经济损失90亿元。

冰雹　全省冰雹日数平均为1.6天，最多年为3.0天（1973年），最少年0.3天（2009年），主要出现在乌鞘岭、六盘山及甘南、临夏、定西等地。甘南高原和祁连山东段是年均冰雹日数最多的地方，为6～13天。20世纪60年代以来，全省平均冰雹日数总体呈显著减少趋势，尤其是2000年以后，冰雹日数急剧下降。

沙尘暴　甘肃省沙尘暴春季最多，夏季多于冬季，秋季最少。河西走廊是中国沙尘暴最多的地区之一，全省沙尘暴最多的地方是民勤，年平均为25.2天。河西平均为1～15天，陇中北部和陇东大部平均不到1天，陇中南部、陇南和甘南高原大多数地方基本不出现。20世纪60年代以来甘肃省平均沙尘暴日数总体呈现减少趋势。1993年5月5日，在河西走廊的金昌至甘肃中部地区北部的靖远、白银一带，发生了一次有气象记录以来少见的区域性大范围强沙尘暴（黑风）天气，瞬间最大风速达34 m/s，沙暴壁高达三四百米，能见度接近0 m，造成85人死亡、264人受伤、31人失踪，经济损失巨大。

大风　甘肃省年平均大风日数为10天，最多为19.3天，最少为3.2天。乌鞘岭最多，为70.8天；两当最少仅为0.2天。河西地区以寒潮大风为主，河东地区以雷雨大风为主。20世纪60年代以来全省平均大风日数总体呈减少趋势，其中20世纪60年代初至70年代末相对较多，大多数年份在10天以上；80年代初开始至2009年呈减少趋势，90年代初至2009年为相对较少期。

干热风　甘肃省干热风次数自东南向西北增加。主要危害河西走廊、陇中和陇东的北部，敦煌、安西、鼎新、金塔、高台、山丹、民勤等县（市）是全省干热风次数最多、危害最严重的地方，陇中南部和陇南也时有发生，祁连山区、甘南高原和临夏州无干热风。危害程度与当地的春小麦、棉花、玉米的种植面积关系密切。

1960—1975年、1995—2009年为偏多时期，1976—1994年为相对偏少。

雷暴　甘肃省年平均雷暴日数在5～61天之间。甘南高原最多，年均日数在40～61天之间。陇中次之，在23～38天之间。陇东南较少，在14～25天之间。河西西部最少，为5～12天。1973年甘南州合作市出现了88天雷暴日，为全省之冠。

气象发展　1932年在省会兰州成立甘肃省立气象测候所，是甘肃省最早的气象工作机构。1950年在兰州成立中国人民解放军西北军区司令部气象处，负责管理西北各省气象台站。1953年气象部门由军队转为地方建制，1954年成立甘肃省气象局，1980年开始实行气象部门与地方政府双重领导，以气象部门领导为主的管理体制，促进了气象事业的发展。

20世纪90年代，甘肃省气象部门以气象事业结构调整为重点进行改革和推进现代化建设，气象现代化以推广气象卫星综合应用业务系统（"9210"工程）和气象信息综合分析处理系统（MICAPS）为重点，取得了长足发展。2004年甘肃航天气象中心在兰州挂牌，标志着气象服务拓展到了航天领域，并在此后的"神舟"系列载人飞船发射气象保障服务中发挥了重要作用。至21世纪初，甘肃新一代天气雷达组网、地面自动站网、公共气象服务平台、气象预报预测系统平台、气象综合观测系统平台为重点的气象现代化建设基本建成。2006年实施了全省气象业务技术体制改革。2010年甘肃省人民政府和中国气象局签署省部合作协议，促进了气象灾害监测预警能力的提高，强化了现代农业气象服务能力和农村气象灾害防御能力。（参见第150页甘肃省气象局）

气象服务　新中国成立初期，甘肃气象重点服务于军事。1953年开始，主要为地方国民经济发展服务，服务内容以短期天气预报为主。20世纪80年代后期开始，面向行业的专业气象服务逐渐发展，气象科技服务对气象事业发展的保障能力逐渐增强。21世纪以来，先后成立了甘肃省决策气象服务中心、公共气象服务中心和航天气象中心，面向防灾减灾、国家安全、可持续发展、突发公共事件应急、应对气候变化、重大社会活动保障、重大工程建设等领域的决策气象服务得到加强。依托报纸、广播、电视等公共媒体，自建气象广播、网站、短信、气象影视频道、电子显示屏、"村村响"大喇叭等服务平台，气象服务信息的覆盖面从各级领导和有关部门延伸到广大社会公众和生产一线，气象服务体系进一步完善，气象服务效益进一步提升。

防灾减灾气象服务　以《重大气象信息专报》《甘肃省气象信息快报》《甘肃省气象信息专报》等形式为

省委、省政府和中国气象局及时提供气象防灾减灾决策意见和建议，在应对干旱、冰雹、暴雨洪涝、沙尘暴、低温冻害、雨雪冰冻等重大气象灾害过程中发挥了重要作用。特别是在2011年5月10日岷县发生的特大冰雹山洪泥石流灾害防御工作中，准确预报，及时服务，高效应急，有效避免了人员伤亡，最大限度地降低了损失，甘肃省委书记对气象预报预警工作给予了高度评价和充分的肯定。

为农气象服务 全省设有省级农业气象业务单位1个，干旱气象与生态环境试验基地1个，农业气象试验站4个，农业气象观测站23个，土壤墒情观测站67个。以旱作农业为服务重点，积极开展农作物观测、农业气象灾害监测预警与风险评估、生态监测评价、主要粮食作物产量预报、土壤墒情监测分析、气候资源开发利用、农业适应气候变化、农业种植试验研究等气象服务，马铃薯、林果、油橄榄、现代种业、酿酒原料、中药材等特色农业气象服务效益显著。2009年农用天气预报电视节目正式开播，三农气象服务产品针对性更强，服务内容更加丰富，服务形式更加多样化。

人工影响天气 甘肃民间使用土炮防雹已有300多年的历史。甘肃省现代人工影响天气工作始于1958年，是全国有组织地开展此项工作最早的省份之一。先后在岷县、永登、永昌等地建立防雹试验基地，研制改进钢管炮、土火箭、空炸炮等防雹作业工具；部分地方设立了防雹办公室，组建了防雹队伍，开展防雹作业；有些地方还配备了部分观测仪器，开展了科学研究。1973年开始实施飞机人工增雨作业，1991年建立飞机人工增雨基地，飞机人工增雨扩展到张掖以东的所有地区，作业时间增加到每年8个月。至2014年，全省有14个市州的73个县开展人工影响天气地面作业，作业队伍发展到1500人，高炮作业点330个，火箭作业点146个，地面烟炉作业点1个。围绕粮食稳定增产、重大社会活动保障、全国生态安全屏障建设等需要，积极开展增雨、防雹、消（减）雨作业，取得了良好服务效果。特别是在石羊河流域生态环境改善中人工增雨做出了重要贡献。

防雷服务 1989年开始开展防雷设备检测，1994年后服务面逐步扩大到加油站、化工厂和计算机与信息系统等。1999年履行防雷管理职能，2001年成立防雷减灾管理局。建成由11个探测点组成的闪电定位系统和"雷电防御业务服务支撑系统"，面向社会开展了雷电灾害风险评估、设计图纸防雷专项审计审核、防雷工程随工质量验收、防雷工程竣工验收、防雷装置安全检测、防雷工程设计和施工等科技服务工作，并逐步开展了防雷执法、技术规范制定、防雷科学研究等防雷业务和管理工作。

气象预报预测 1956—1979年，甘肃省天气预报业务采用以天气图分析、预报员预报经验为主的预报方法。1979开始，数值预报产品广泛应用于天气预报。1986年省气象台先后实现天气图的自动填图和人工分析，1998年MICAPS（气象信息综合分析处理系统）系统应用于天气预报业务，实现了天气预报无纸化。2008年具有集所有气象信息于一体的加工、分析功能的MICAPS3.0版应用于天气预报预警业务。兰州中心气象台开发了细网格有限区域数值预报模式YH模式并投入业务运行，购进千亿次高性能计算机实现MM5（第五代中尺度气象模式）模式业务化运行，区域中尺度数值预报系统（GRAPES_Meso）投入业务应用。组建西北区域数值预报中心，完成了《2012—2015年西北区域数值预报中心发展规划》和《西北区域数值预报中心模式系统业务化准入实施方案》。承担精细化格点要素预报、山洪地质灾害防治精细化气象预报服务、乡镇精细化要素预报工作，优化了省、市、县三级天气预报业务布局。开展了暴雨诱发中小河流洪水、山洪地质灾害气象风险预警服务业务。

甘肃省短期气候预测创建于1958年，经历了开创阶段、数理统计阶段、应用计算机阶段及深入探索长期天气过程等阶段后，自20世纪80年代后期开始，在技术上又经历了从物理统计分析到动力与统计相结合的两个过程。2011年甘肃省气象局作为试点省份承担了月内重要过程趋势预测和干旱定量化评估试点工作，建立了150天韵律方法月内过程预测系统和农业干旱、水文干旱、气象干旱综合监测与集成业务服务系统。承担了气候业务内网、气候信息处理与分析系统（CIPAS）等多项气候试点工作，完成了各项业务系统建设和本地化应用，及时发布预测产品，为地方政府决策提供及时有效的科学依据。

气候评价和气候变化评估工作于1983年起步，先开展气候影响评价业务的试验运行，后设计建设"甘肃省气候影响评价系统"并投入业务使用。2009年在兰州成立西北区域应对气候变化中心，建设区域气候系统观测和气候变化技术数据平台，推进气候变化的科学研究、技术开发和科技成果的转化，加强气候变化框架下极端天气气候事件及其衍生灾害的防范和应对工作，联合开展区域气候变化的风险区划和评估，开展气候资源的开发利用综合评估。2010年组织甘肃、陕西、青海、宁夏四省（自治区）专家完成《西北区域气候变化评估报告》编制工作，多次为国务院、甘肃省委、省政府，中国气象局提供应对气候变化科学决策咨询依据。

气象观测　自1932年创建兰州观测站起，至新中国成立初期，甘肃省有20个气象观测站。经过60余年建设发展，全省已初步形成了天基、空基和地基相结合、门类比较齐全、布局基本合理的现代化大气综合观测系统；建立了以气象观测台站、L波段探空雷达、新一代天气雷达、闪电定位仪、区域自动气象站为基础，移动气象观测系统为补充的现代气象综合观测系统。截至2014年，全省共有国家级气象站81个（其中国家基准气候站11个、国家基本气象站18个、国家一般气象站52个），国家无人自动气象站7个，区域自动气象站2052个；9个探空站、4个农业气象试验站、23个农业气象观测站（一级站16个，二级站7个）、14个交通自动气象站、81个自动土壤水分观测站、84套便携式自动土壤水分观测仪、18个雷电监测站、19套移动实景观测系统、6个辐射观测站、6个酸雨观测站、4个沙尘暴观测站、2个大气气溶胶质量浓度观测站、5个GPS/MET（全球定位系统气象观测）站，9部L波段探空雷达、6部新一代多普勒天气雷达、2部风廓线雷达、1部713C型中频相参多普勒天气雷达、3部X波段天气雷达、1部移动C波段天气雷达、3个大气电场仪、17座梯度测风塔、86个气象台站建成实景监控系统、1套极轨卫星资料接收处理系统和69套气象信息卫星接收系统。

气象信息网络　20世纪80年代起，建立兰州区域通信枢纽自动化系统，90年代末通过实施"气象卫星综合业务应用系统"（简称"9210"工程），建成覆盖省、地、县气象部门的地面双向通信网络系统。进入21世纪，通信网络逐步从卫星通信网和地面宽带网并行，向以地面宽带网为主、卫星通信网为辅，应用地面、卫星、有线、无线等多种通信网络的技术体制转移，综合使用GPRS（通用分组无线服务技术），CDMA（一种无线通信技术），DCP（数据收集平台）等无线通信方式的通信网络系统。全省广域网省气象局接入速率分别达到60 Mbit/s，地市级接入速率达到4～8 Mbit/s，县级接入速率达到2 Mbit/s以上，实现了数据、视频和语音为一体的多功能广域网系统。卫星广播系统广播速率达到70 Mbit/s，数据日广播量超过150 GB。从2004年开始引进高性能计算机SGI Altix 3700，截至2014年已引进高性能计算机华云神箭HYSC-1000、SGI Altix 4700、IBM Flex P460，总计算能力接近26万亿次/秒，存储容量为56 TB。

气象科研　中国气象局兰州干旱气象研究所是国家级公益类专业气象科学研究所，其前身是成立于1974年的甘肃省气象科学研究所，2001年成为中国气象局"一院八所"之一，建立起"开放、流动、竞争、协作"的新型管理模式和运行机制。先后成立了"兰州区域气象中心开放实验室""甘肃省干旱气候变化与减灾重点实验室""中国气象局干旱气候变化与减灾重点开放实验室""兰州国际环境蠕变研究中心"。至2014年，甘肃省初步建立了由中国气象局兰州干旱气象研究所、西北区域各省自治（自治区）级研究所和省自治（自治区）级气象业务单位，重点实验室以及气象相关高校和科研院所为主体组成的"结构合理、布局适当、功能齐备"的气象科技创新体系。进入21世纪后，甘肃省气象部门累计获得国家和省部级科研成果奖励48项。由中国气象局兰州干旱气象研究所牵头完成的"中国西北干旱气象灾害监测预警及减灾技术"获国家科学技术进步奖二等奖。在核心刊物上发表科技论文1279篇，SCI（E）（《科学引文索引（扩展版）》）46篇，出版专著16部。取得国家专利1项，软件著作权4项。2009年起，甘肃省气象局召开3届气象科技成果推介会及2届科技创新研讨会，成功推广成果60余项。

甘肃省气象局与美国犹他大学、澳大利亚气象局、加拿大环境部等建立了稳定的合作交流机制，成功举办了三届"干旱气候变化与可持续发展国际学术研讨会"。

展望　再经过10年左右的气象现代化建设，甘肃省将基本建成结构完善、布局科学、功能先进、技术领先的适应甘肃经济社会发展的气象现代化体系；以公共气象服务为引领、以气象预报预测为核心、以综合气象观测为基础的现代气象业务体系整体将接近世界先进水平，部分领域达到领先水平；气象预报预测准确率、公众气象服务满意度、气象技术装备智能化水平、气象科技创新能力、气象人才综合素质将全面提升，全省气象部门基本实现气象现代化。

参考书目

甘肃地方史志编纂委员会，1992. 甘肃省志·气象志［M］. 兰州：甘肃人民出版社.

（鲍文中　李春亮）

Qīnghǎi qìxiàng

青海气象（Qinghai meteorology）　青海省简称青，位于青藏高原东北部，地处89°35′E～103°04′E，31°39′N～39°19′N之间，全省总面积72.23万平方千米。青海地势高耸且高低悬殊，地势总体呈西高东低，南北高中部低的态势。全省海拔3000 m以上地域占全省面积的84.7%，平均海拔3500 m以上，最高点为6860 m，最低点为1650 m。青海地貌类型复杂多样，在总面积中，平地占30.1%、丘陵占18.7%、山地占51.2%。青海境内河流、湖泊密布，因境内有国内最大的内陆咸水湖——青海湖而得名，是长江、黄河、澜沧江的发源地，故被称为"江河源头"，又称"三江源"，素有"中华水塔"之美誉。2014年底，青海省总人口577.8万人，其中少数民族人口269.4万人。

天气气候特点　青海地处中纬度地带，属温带高原大陆性气候，具有高寒、干燥、缺氧、日照辐射强等独特气候特征，省内地形复杂，地区气候差异显著。四季不明显，冬季长达150天以上，夏季在60～90天左右，春、秋季均不足两个月。

气温相对较低，昼夜温差大，年差较小。全省常年平均气温在-5.1～9.0℃之间，最冷月1月平均气温在-17.7～-4.7℃之间，最热月7月平均气温在5.4～19.7℃之间；境内极端最高气温为40.3℃（2000年7月24日，尖扎县），极端最低气温为-48.1℃（1978年1月2日，玛多县）；平均气温年较差在19.3～29.8℃之间。平均气温日较差在11.6～17.3℃之间。降雨量少，地区差异大，季节变化明显。各地年平均降水量在15.4～731.5 mm之间，降雨主要集中在5—9月，期间降水量占全年降水量的85%以上，冬季降水少，整个冬季各地降水量仅在0.9～18.5 mm之间。太阳辐射强，日照时间长。全省太阳年辐射总量5862～7411 MJ/m²，比中国同纬度的东部地区高1600 MJ/m²；全省各地年平均日照时数在2336.1～3341.2小时之间。空气稀薄、气压低、大气含氧量低。全省气压在580～820 hPa之间，大部分地区气压在650 hPa以下，仅为海平面的2/3；空气密度在0.72～1.2 kg/m³，仅为海平面的56%～80%。含氧量大都在0.174～0.233 kg/m³，比海平面平均低20%～40%。

主要气象灾害　青海海拔高，地形复杂，境内干旱、冰雹、洪灾、连阴雨、雪灾、寒潮和强降温、低温冻害、大风、沙尘暴等气象灾害多发频发，据统计在青海省自然灾害中因气象灾害造成的损失占90%，给当地经济社会发展和人民群众的生产生活带来严重影响。

干旱　干旱是青海省最主要、对农牧业生产影响最大的气象灾害。青海春旱年年有，同时也常发生春夏连旱、秋冬春三季连旱。2000年全省遭受严重的高温干旱灾害，全省大部分地区3—7月降水量比正常年份少85%，海东地区循化县、海北州海晏县和门源县、黄南州同仁和尖扎县等地区出现了自上年秋至本年夏的四季连旱，全省631条河流中有127条断流、干涸，全省受灾人口达126万。

冰雹　冰雹是青海省第二大气象灾害。造成严重灾害的冰雹主要出现在每年的6—9月，这期间降雹日数占全年82.6%。一日之中成灾冰雹主要出现在12—20时，占降雹总次数的80%以上。2006年9月2日门源县部分地区由于受强对流天气的影响，出现了冰雹和6～7级大风天气过程，冰雹最大直径为10～13 mm，持续14分钟，有11个乡镇受灾，粮食作物成灾面积4036公顷，经济作物成灾面积6983公顷。

洪灾　青海洪灾多发生在每年的7—8月，一日之中主要发生在傍晚和夜间，具有突发性强，不易防范的特点，常常引发泥石流、山体滑坡、塌方等次生灾害。2010年7月6日22时20分，湟源县发生强雷阵雨，降水量32.5 mm，9个乡镇遭受洪灾和雹灾。其中洪水造成118个村（其中重灾村54个）14 316户60 092人受灾，死亡13人，失踪2人，受伤11人，牲畜死亡7087头（只）。农田、水利、交通、电力、通信等受到严重破坏，直接经济损失达2.25亿元。

雪灾　青海省青南牧区是雪灾的高发区，主要出现在每年的11月至翌年的4月，约有72%的年份会出现不同程度的雪灾，有25%的年份会发生严重雪灾，对以畜牧业为主体经济的青海省影响巨大。2008年初青海省出现了低温连阴雪天气，多站降雪量、降雪日数、最大积雪深度突破历史极值，1月中旬至3月，全省29站出现了不同程度的雪灾，给农牧业生产和群众生活造成了严重影响，直接经济损失达19.0亿元。

大风　青海是全国大风较多的地区之一，全省54个气象站点平均年大风日数为44.3天。发生在11月至翌年2月的大风，虽然日数多，但灾害不重。3—5月的偏西大风和6—8月的阵性大风对工农牧业生产和人民群众生活造成重大危害。1999年春，果洛州玛多县、达日县出现7级以上大风天气30天，其中10级以上大风天气5天，最大风力12级，大风造成果洛州568户牧民的1754间房屋严重损坏，吹走、刮破帐篷1960顶，造成134户牧民无家可归。

霜冻　青海无霜期短，东部农业区无霜期在80～150天之间；青南牧区、祁连山地无霜期多在60天以下，其中三江源地区不足10天。霜冻范围广，防范难度大，对农作物会造成极为严重的危害。1986年化隆县发生了一次历史罕见的霜冻，该县的加合、二塘、德加等乡124个行政村的16.2万亩（1亩=1/15公顷）农作物受灾，损失粮食、油料共计1040.35万千克。

气象发展　清朝至民国时期，中外人士不断到青海进行气象考察，对风霜雨雪、阴晴雷电等天气现象都有记载。1936年西宁测候所建立，开始观测记录，结束了青海无正式气象观测资料的历史。1949年青海仅有西宁、都兰测候所及西宁飞行场气象台，只为空军和有关专业机构服务。新中国成立后,青海气象事业得到快速发展。"文化大革命"期间,虽然青海气象事业遭到干扰和破坏,但预报服务、气象科学考察及科研活动仍在继续进行,并先后引进701测风雷达、711测雨雷达、极轨卫星云图接收设备。

1978年党的十一届三中全会后,青海省气象局把工作重点转移到气象现代化建设上来,在管理体制和业务技术上进行了卓有成效的改革。1984年全省气象台站陆续配备了PC-1500袖珍计算机,实现了观测数据计算处理、编报和制作报表的半自动化。到1985年底,基本组成了由地面观测网、高空探测网及各种专业观测相匹配的综合气象探测系统。1994年中国大气本底基准观象台在青海省共和县境内的瓦里关山建成并开展业务工作。20世纪90年代后期,气象卫星综合应用业务系统建成,使青海省气象数据收集、处理和传输能力进一步提高。2000年底,青海省国家基准气候站、基本气象站自动观测仪器陆续投入业务运行,建成全国第一个省级自动观测小网。从2003年开始,青海省各级气象台站相继接收我国自行研制的风云系列卫星云图,青海省第一部"西宁新一代多普勒天气雷达"正式启用。青海省气象局抢抓发展机遇,大力实施三江源人工增雨工程等重点工程建设,坚持以项目促发展,使青海气象事业迈向了科学发展的新征途。(参见第152页青海省气象局)

气象服务 新中国建立初期,气象工作主要为军事需要服务。1953年8月起,开始了以天气预报为主的气象服务和气候资料服务。1996年青海电视台开始播发气象预报,2003年青海电视台正式播出有主持人的电视天气预报节目。2010年有主持人的安多方言藏语电视天气预报节目在青海电视台藏语卫视综合频道正式开播。2000年以来,青海省气象部门把做好气象防灾减灾决策服务当作气象服务工作的重点,在2004年阿尼玛卿雪山冰崩、2010年玉树抗震救灾和格尔木温泉水库防汛抢险等重大突发事件及历年青南牧区雪灾、农业区春季抗旱中,决策气象服务发挥了重要的作用。2010年起,青海省气象部门积极推进气象为农服务两个体系建设,并全力做好牧业与生态气象服务。到2014年,已形成比较完善的包括公众、决策、专业与专项等公共气象服务体系,其中公众气象服务覆盖面进一步扩大,包括电视、广播、报纸、电话、网络、手机、短(彩)信、电子显示屏、微博、微信等媒体载体。

人工影响天气 青海省的人工影响天气工作始于20世纪50年代末。1974年起,在东部农业区开展了高炮人工防雹和增雨工作;1992年起,开展以飞机增雨为主,地面高炮和火箭为辅的春季抗旱人工增雨工作;1997年起,在黄河上游地区开展增蓄型人工增雨工作;2006年开始实施三江源人工增雨工程,开展了以改善三江源地区生态环境为目的的飞机人工增雨工作。经过不懈努力,青海省率先将抗旱人工影响天气作业转变为农业抗旱、水库增蓄和生态保护并举的常态化人工影响天气业务;率先将省级人工影响天气作业经费纳入国家财政专项补助;率先将人工影响天气工程列入国家生态工程项目中,边建设边发挥效益。三江源自然保护区人工增雨工程的建设实施,建成了人工增雨综合监测、催化作业、信息传输、作业指挥与效果评估五大系统,对构建以防灾减灾为核心的社会公共气象服务体系建设起到了极大的促进作用。2011年青海省气象局承担的三江源自然保护区人工增雨工程荣获"国家优质投资项目奖"。通过长期实施人工影响天气作业,社会和经济效益逐步显现,降水及河流径流量增加,改善了水资源状况;湖泊湿地面积扩大,牧草产量提高,生态环境趋向良性发展;黄河上游水库库容增加,水电效益明显;抗旱增雨、防雹减灾成效显著,对缓解农业旱情、农业增产、国家粮食安全发挥了重要作用。

生态气象服务 1992年青海省卫星遥感信息服务中心成立,陆续开发了草地资源、雪灾、森林草场火险等灾害遥感监测系统,开展相关卫星遥感业务。2003年青海省编制委员会批准成立"青海省生态环境监测评估中心",正式开展生态环境监测评估和相关业务服务。同年,依托全省54个气象站,建成了青海省生态环境监测系统并在全国率先开展生态环境监测业务化工作。到2014年底,开展生态环境监测的主要内容有:农作物和牧草监测、积雪监测、森林草场火灾监测、湖泊水库监测、土地荒漠化监测、土壤水分与土壤物理特性、退牧还草效果监测等等;制作专题服务产品有青海省生态环境监测公报及三江源等生态敏感地区的遥感监测专项报告、退牧还草评价报告、气象灾害评估报告等,着力为青海省应对气候变化和打造"全国生态文明建设先行区"提供气象保障服务。

环湖赛气象服务 自2002年为首届"环青海湖国际公路自行车赛"提供气象保障服务以来,青海省气象局每年都制定"环湖赛"气象保障服务工作方案和气象保障服务应急预案,向组委会提供沿途各赛段主要城镇气候概况、气候预测、历年比赛月份气象要素统计等中英文气象资料及中英文"防雷避险知识""赛事过程中的防雷措施"等相关服务材料,在比赛期间进行加密天气监测,开展跟进式服务。组织制定《环青海湖国际公路自行车赛气象服务标准》(DB63/T532—2012),2012年6月由青海省质量技术监督局正式颁布实施。2009年开始，启用移动气象台和车载式移动多普勒天气雷达开展更为人性化、贴心的气象服务。2012年开始，"环湖赛"赛段跨越青海、甘肃、宁夏三省区，三省区气象部门协同开展气象服务保障工作，有力地保障了"环湖赛"成功举办。

防雷服务 1991年青海省气象局组织成立了青海省避雷设备检测所，在西宁市、海东地区开展易燃易爆场所雷电防护装置安全性能检测；1997年经省编委会批准成立青海省雷电防护管理办公室，履行雷电防护管理职责；1997年经省编委会批准成立了青海省雷电防御中心，主要从事雷电防护工程设计、施工；2002年经西宁市编委会批准成立了西宁市雷电防护工程质量监督站、西宁市雷电防护装置检测所，开展防雷装置设计审核、施工质量监督、跟踪检测、竣工验收工作。2003年34个县成立雷电防护装置检测所，开展属地化雷电防护装置检测工作；2003年成立青海安居防雷工程有限公司，并获批为设计、施工双甲资质单位。2007年重组青海省雷电灾害防御中心，下属质监站、检测所、图纸审核科、雷电预警预报科等7个科室，主要承担西宁市及全省重点项目的防雷装置设计技术审核、施工监督、跟踪检测、专项技术验收、雷电预警预报专项服务等工作。2009年建立了省级雷电业务平台，防雷减灾步入了业务化发展轨道；2011年在雷电业务平台的基础上，和省安全生产监督管理局联合建立了安全生产短信平台。2010年组建了雷电防护土壤电阻研究室，开展土壤环境与地阻实验、雷电防护新技术引进与开发；截至2014年，全省建成1个雷电监测中心站、10个二级监测站，形成了覆盖全省的雷电监测预警和服务网络。自2008年以来，先后组织编制并正式出版了《青海省防雷减灾安全生产法律法规汇编》、汉藏双语《玉树地震灾区气象灾害防御和应急指南》、汉藏双语《玉树地震灾区防雷避险手册》；组织编制并由青海省质量技术监督局颁布了青海省地方性强制标准《新建建（构）筑物雷电防护工程检测技术规范》（DB63/867—2010）、《地震过渡安置房防雷技术规范》（DB63/867—2010）、《露天石油库雷电防护装置安全性能检测技术规范》（DB63/1059—2012）、《光伏发电站雷电防护装置检测技术规范》（DB63/1308—2014）。自2009年起，已对青海省西宁机场二期、格尔木机场改扩建，玉树、德令哈、花土沟、果洛机场建设提供了防雷减灾技术服务；对全国首个750超高压输配电工程青海段提供技术服务，打破了高压防雷技术服务的技术瓶颈。

气象预报预测 1954年12月西宁市气象台第一张天气图诞生，翌年开始制作24小时天气预报，1965年西宁市气象台更名为青海省气象台，每天发布天气预报。1982年省气象台购置第一台微型计算机YEE-8100，用于气象资料统计和相关分析。1986年后，省气象台预报业务现代化工作有了长足发展，天气预报业务由传统的天气图分析预报逐渐向天气图、卫星云图、数值天气预报解释应用等综合预报技术发展。1997年预报员利用MICAPS（气象信息综合分析处理系统）开展天气预报业务，进入21世纪后，随着以新一代多普勒天气雷达为代表的新型天气监测仪器的建成运行以及大量的多要素气象区域观测站的加密铺设，省气象台对全省天气的临近预报预警及实时监测能力大为提高。21世纪以来，省气象台秉持科学引进和自主研发相结合的科技创新思路，在业务中应用了一批成熟实用的监测、预报预警自动化系统，并坚持研发以集合预报和多模式资料为主的超级集合和集成预报系统，加大力度完善和改进数值预报产品在高原上的落地应用。以上诸多措施，从硬件和软件上均有力地提升了省气象台的天气监测、预报预警能力。自2008年以来，全省24小时城镇晴雨平均预报准确率达84%，温度预报准确率65%。

2014年省气候中心开发了统计预测和模式预测相结合的气候预测技术，建立起了一套以今冬明春雪灾、春旱和汛期气候趋势预测为主要内容的短期气候预测业务系统；开展异常降水、降温等气候形成机理和客观化预测技术开发研究；建立了干旱、雪灾等极端天气气候事件监测、预警和风险评估业务；建立了具有高原特色的气候变化监测、评估和预估业务，开展了气候变化对水资源、生态环境和农牧业等敏感行业影响的定量评估和适应对策咨询服务。

气象观测 新中国成立以后，青海气象观测站发展迅速，自1952年起，开始有组织地建设气象观测站，1953年开展了小球测风业务，1955年正式开展探空业务，1962年底全省建成50个观测站。1994年9月建成世界上海拔最高、欧亚大陆腹地唯一的大陆型全球基准站中国瓦里关大气本底观象台，开展观测项目包括甲烷等温室气体、大气臭氧、大气气溶胶、太阳多种辐射、地面气象、89 m的边界层气象要素、降水化学、散红外吸收法二氧化碳观测、气象色谱甲烷和二氧化碳观测、气象色谱一氧化碳观测、气瓶采样观测、黑碳气溶胶观测、气溶胶光学厚度观测、地面臭氧观测、太阳辐射观测、气象观测、89 m塔气象要素梯度观测等观测与采样工作。2000年10月起，青海省气象部门实施全国布设自动气象站示范项目，在两年时间里，相继完成了34个MILOS500型自动气象站及15个CAWS600型国产自动气象站的建设并投入业务运行，率先在全国建成了省级自动气象站观测网。截至2014年底,青海省共有国家级地面气象观测站52个(其中:基准气候站16个,基本气象站19个,一般气象站17个)、国家级无人自动气象站30个、区域自动气象站443个、探空站7个、牧业气象实验站1个、农业气象站27个、气象辐射观测站5个、生态观测站47个、酸雨观测站7个、大气成分站11个,建成C波段天气雷达2部、X波段天气雷达9部、地基GPS/MET(全球定位系统气象观测)站25个、微波辐射仪2套、测风塔12座、闪电定位观测站28个,形成了立体综合气象观测网。

气象信息网络 1952年10月玉树机场气象台每日通过自设电台向西北空军司令部发送气象报,自此开始了青海气象通信电台建设的步伐。1965年西宁至兰州的气象通信由无线改为有线电报线路。1972年青海省各地气象台站配备了无线电传接收设备,气象信息由手工接收改为电传接收。到1985年省内气象电台有28个,传输地面、高空和航危报等气象资料,其他台站的气象通信依托当地邮电部门传输。1987年成立青海省气象局通信处,1993年建成短波单边带无线数传通信系统。1994年建成省级气象局域网,实现了气象资料在业务单位的网络转发。1994年与兰州区域气象中心开通了分组交换网(X.25)通信系统。1996年在国家气象卫星综合应用业务系统("9210"工程)支持下,建成了1个省级和8个州(地、市)气象局的卫星综合应用系统VSAT(甚小孔径天线地球站)数据话音小站,与北京气象通信中心有卫星和地面(X.25)两套通信线路,并通过X.25与全省8个州(地、市)气象局局域网实现了互联。到2014年底,建成了省到市(州)6 Mbit/s、市(州)到县4 Mbit/s地面宽带网,覆盖9个市(州)气象局和52个县气象局(站)的视频会商系统。

气象科研 1959年成立青海省气象科学研究所,2006年由省科技厅挂牌成立青海省防灾减灾重点实验室,其中设立灾害监测与评估研究室、灾害预报与应急技术研究室、气候变化应对研究室、人工影响天气研究室、大气化学研究室等5个研究室和一个野外试验基地,分别挂靠青海省气象科学研究所、省气象台、省气候中心等主要业务单位。2000年以来青海气象科研工作取得长足进展,特别是国家级科研课题的争取率明显提高,科技成果的数量、质量及业务化应用等方面都有较大突破。2000—2014年底,青海省气象局共承担国家科技部项目、国家自然科学基金项目38项、中国气象局项目50项、政府级项目54项、横向合作项目68项、省局立项567项,其中获省部科技项目二等奖4项、三等奖2项,在核心期刊发表论文共383篇,其中被SCI(《科学引文索引》)收录10篇、被EI(《工程索引》)收录8篇。

展望 到2020年,在全省气象部门建立适应需求、结构完善、功能先进、保障有力、与青海经济社会发展相适应并适度超前、能较好地满足经济社会发展需求的气象现代化体系,建立与气象现代化体系相适应的新型事业结构,提升气象保障全面建成小康社会的能力,不断增强气象综合实力、气象创新活力和气象工作影响力,全面实现气象现代化。

参考书目

青海省地方志编纂委员会,1996.青海省志·气象志[M].合肥:黄山书社.

王国桢,2004.青海气象史[M].北京:气象出版社.

《中国气象灾害大典》编委会,2007.中国气象灾害大典·青海卷[M].北京:气象出版社.

(白海 谢双亭 叶海年)

Níngxià qìxiàng

宁夏气象(Ningxia meteorology) 宁夏回族自治区简称宁,地处中国西北地区东部、黄河中上游,位于104°17′E~107°40′E,35°14′N~39°23′N,全区总面积6.64万平方千米。地形南北狭长,地势南高北低,从南至北总体呈阶梯状下降,南部山区平均海拔1500~2000 m,北部宁夏平原平均海拔1100~1200 m。黄河流经宁夏397 km,大体上自南向北穿行于宁夏中北部,素有"天下黄河富宁夏"的美誉。中部干旱带属荒漠半荒漠生态类型区,历来干旱少雨。南部山区沟壑纵横,植被稀疏,水土流失严重。宁夏有名的山地有贺兰山和六盘山,海拔多在1600~3000 m。2014年年末全区常住人口661.54万人,其中回族人口占35.7%,是全国最大的回族聚居区。

天气气候特点 宁夏回族自治区属典型的温带大陆性干旱、半干旱气候,具有四季分明、气候宜人、冬少严寒、夏无酷暑、春暖怡人、秋高气爽等气候特点。中北部光热资源丰富,南部六盘山区气候凉爽,有"春来秋去无盛夏"之说。

气温北高南低,中北部年平均气温7.3~10.1℃,最热月7月平均气温20.3~25.1℃,最冷月1月平均气温-8.9~-6.5℃;南部年平均气温5.6~6.9℃,7月平均气温17.3~19.4℃,1月平均气温-8.6~-6.2℃,年降水量由南向北递减。北部引黄灌区各地年平均降水量167.2~192.3 mm,中部干旱带在237.7~359.0 mm之间,南部山区391.0~618.3 mm;20世纪60年代以来的年最大降水量达945.6 mm(六盘山,1984年),最小降水量仅为 54.5 mm（石嘴山市惠农区，1974 年）；降水主要集中在夏秋，冬春少雨干旱。太阳辐射强，光照资源丰富。中北部年平均日照时数在 2702.3～3086.0 小时之间，南部在 2302.9～2586.2 小时之间。中北部年总辐射普遍达 6000 MJ/m²，南部山区一般在 5300 MJ/m² 以下。

主要气象灾害　宁夏气象灾害种类多，包括干旱、暴雨、寒潮、大风、沙尘暴、冰雹、霜冻、雷电、高温、大雾、低温冷害、干热风、龙卷、霾等，给宁夏经济社会发展和人民群众的生命财产安全造成严重威胁。2008 年以来，气象灾害平均每年给宁夏造成直接经济损失 15 亿多元、受灾人口 190 多万人。

干旱　主要发生在中部干旱带和南部山区，春旱频率分别为 73% 和 60%。严重的干旱，造成人畜饮水困难，危害农牧业生产，导致生态环境恶化。冬春季的干旱易引发森林、草原火灾。2011 年 1 月—5 月 6 日全区降水异常偏少，平均降水量仅为 11.3 mm，较常年同期偏少 6 成，是 1961 年以来第二偏少年，大部地区出现重度及以上气象干旱，导致 63.1 万人、55.3 万头大家畜不同程度存在饮水困难，干旱灾害造成直接经济损失 13.9 亿元。

暴雨　具有较明显的地域特点和季节特点，南部多、北部少，山区多、川区少，夏季多、春秋季少。暴雨主要出现在 6—9 月，7 月、8 月出现的频率最多。六盘山区和贺兰山东麓是宁夏的两个暴雨中心，平均每年出现 4～5 次。暴雨常引发山洪和地质灾害，淹没作物，造成人员伤亡和重大经济损失。2006 年 7 月 14 日，宁夏北部出现历史罕见的区域性暴雨，银川市降水量达 104.8 mm，石嘴山市惠农区降水量达 92.5 mm，均为有气象记录以来日降水量的最大值。暴雨造成宁夏 18 个县（区）29 个乡（镇）、67 个行政村 246 个自然村、20 多万人受灾，死亡 3 人，直接经济损失约 2.5 亿元。

大风　高发区在六盘山区，年平均大风日数为 118 天。春季是宁夏各地大风日数最多的季节，秋季最少。2008 年 5 月 2 日夜间，全区大部分地区出现 8 级左右瞬时大风，中卫、吴忠及盐池出现沙尘暴，最大风速超过 20 m/s，致使部分设施农业种植区的日光温室、大拱棚遭受严重损失，受灾面积达 1756.7 公顷，直接经济损失 1358 万元。

沙尘暴　高发区在盐池，年平均沙尘暴日数高达 15 天左右，其他地区年平均在 7 天以下，总体呈下降趋势。沙尘暴主要集中出现在午后至傍晚前后，导致能见度低、空气浑浊，严重影响人们正常的生产生活，还会引发呼吸道疾病，影响交通安全。特强沙尘暴能摧毁建筑物，造成人畜伤亡。1993 年 5 月 5 日傍晚至夜间，一场罕见的大风沙尘暴袭击了宁夏大部分地区，狂风大作，天昏地暗。大风风速为 17～38 m/s，许多建筑物和危旧房屋倒塌，树木折断或连根拔起。宁夏中卫县受灾最为严重，死亡 26 人，失踪 12 人，伤 3 人，直接经济损失 1213 万元。

冰雹　主要发源于六盘山系的西峰岭、月亮山、南华山等地，其次为贺兰山沿山一带，具有南北多、中部少，山区多、川区少，迎风坡多、背风坡少的地域分布特征。冰雹一般发生于 3 月中旬至 10 月下旬，主要集中在 6—9 月，以午后至傍晚最多。2013 年，全区各地共遭受冰雹灾害 15 次，造成 9.12 万人受灾，3272 间房屋受损，农作物受灾面积 5.24 万公顷，直接经济损失 1.87 亿元。

霜冻　高发区在固原市，大部地区春季年平均霜冻发生次数超过 10 天，石嘴山、灵武、盐池、海原等地春季霜冻在 6～8 天之间，其他地区在 5 天以下。霜冻主要对农林业生产造成严重危害，随着全球气候变暖，作物生育期提前，霜冻造成的潜在威胁进一步加大。2013 年 4 月 6～10 日，宁夏大部地区出现持续霜冻，14 万人受灾，果树受冻面积达 4.5 万公顷，绝产 2.4 万公顷，造成直接经济损失 4.5 亿元。

大雾　高发期是秋冬季节，占 79%；高发区在六盘山、贺兰山地区。六盘山年平均大雾日数高达 150 天；泾源是除高山地区以外的最高发，年平均大雾日数为 38 天。2013 年 10 月 1 日石嘴山、银川、吴忠等部分地区出现浓雾，最小能见度不足 50 m，造成京藏高速宁夏吴忠市关马湖段中卫向银川方向发生 34 辆车连环相撞的交通事故。

低温冷害　低温冷害的发生会造成农作物发育延迟，空壳率增加，影响最大的是水稻，主要集中在引黄灌区。1993 年低温冷害造成农作物受灾 6.27 万公顷，直接经济损失 6804 万元。

干热风　一般发生在 6 月上旬至 7 月上旬。引黄灌区和同心、盐池等地平均每站每年出现 3 日次左右，其中同心最严重，平均每年出现 6 日次。干热风是宁夏中北部地区春小麦生产中的主要农业气象灾害。1987 年 7 月上旬，全区大部分地区出现干热风，小麦受害达 20%～40%。

气象发展　宁夏气象的历史源远流长，有内容丰富的气象和气候记述。《诗经·出车》中写道"昔我往矣，黍稷方华。今我来思，雨雪载图"等诗句，是对关中地区到宁夏六盘山一带的气候物候现象的记述。西夏时期的西夏国设有大恒历司和史院，是主管天文、气象、历法的机构，西夏乾祐二十一年（1190年）刊印的《番汉合时掌中珠》列出了大量天气现象名称和日常气象用语，对风、云、雨又作了强度等级的描述和分类。明清时期固原州等地设有阴阳官，主管天文、气象业务，《嘉靖宁夏新志》记载宁夏1432年在军事活动中使用测风的气象仪器。雍正六年（1728年）开始，甘肃、宁夏各州县出现了"雨雪分寸"的气象观测报告。民国二十四年（1935年）国立中央研究院在宁夏银川设立测候所。

1950年西北军区司令部成立气象处在银川建立气象站。1952年宁夏军区司令部设立气象科，管理宁夏境内气象业务。1953年宁夏气象部门转建地方政府。1956年银川气象站扩建为银川气象台。1954年宁夏并入甘肃省。1958年宁夏回族自治区筹委会成立，接管甘肃省移交的气象台站共16个，成立了宁夏回族自治区农业厅气象局。1959—1961年期间，全区台站网建设继续发展。在"文化大革命"期间，宁夏气象工作受到了很大的影响，但绝大多数气象台站基本保持了气象业务的运行。1979—1990年，先后引进了同步卫星接收设备、西门子电传机和多种型号的微机；建成了以银川713雷达为主体，以六盘山、中卫的711雷达为辅助的全区天气雷达监测网，天气预报逐步向客观化、定量化方向发展。20世纪90年代以来，以国家级地面自动气象站、区域自动气象站、新一代天气雷达、卫星数据地面接收系统等现代化探测设备组成的宁夏综合气象观测网初具规模。气象法制建设和社会管理取得突破性进展。2011年9月中国气象局与宁夏回族自治区人民政府在银川签署了推进宁夏公共气象服务能力建设合作协议，2013年11月双方在北京召开省部合作第一次联席会议，共同推动合作协议落实和宁夏气象现代化。（参见第153页<u>宁夏回族自治区气象局</u>）

气象服务 宁夏回族自治区气象部门以服务自治区防灾减灾、经济建设、社会发展和人民群众生产生活为宗旨，努力做好决策、公众、专业与专项等气象服务工作，还为自治区重大政治、经济、文化、体育等活动提供气象保障服务。

防灾减灾气象服务 长期以来，宁夏气象部门坚持为各级党委、政府及有关部门组织防灾减灾、指挥工农业生产、推进气候资源开发利用和生态文明建设等决策气象服务中发挥了十分重要的作用。1998年成立决策气象服务机构，2010年与农业、水利、国土等26个部门建立了气象灾害预警联络员制度，建成车载气象应急监测和指挥系统，成立气象应急小分队，突发公共事件应急气象服务能力明显增强。2013年与国土部门进一步规范了地质灾害气象风险预警工作。2014年起与水利部门联合开展山洪灾害气象风险预警工作。近年来，在2006年"7·14"暴雨、2008年1月持续低温阴雪灾害、2010年"8·10"暴雨、2012年"7·29"大暴雨、黄河防汛及中部干旱带连年干旱应对中，气象服务在关键时刻发挥了关键性的作用，有效避免和减轻了人员伤亡和经济损失，取得了显著的经济和社会效益，得到自治区各级领导的高度评价和人民群众的广泛好评。

公众气象服务 1956年银川气象台成立，开展了银川专区的短期天气预报服务。1958年宁夏回族自治区成立后，银川气象台天气预报范围扩大到宁夏全区，各县气象站相继开展补充预报，负责制作本县天气预报并开展服务。2000年以来，建成了自治区级电视天气预报数字化演播系统、"12121"电话气象信息服务平台、气象短信预警信息发布平台等。到2014年，全区各地电视天气预报节目达30多套，中国气象频道在全区所有市、县（区）落地。各级气象部门通过广播电台、电视、报纸、电话、手机短信、互联网站、微博、微信、客户端、电子显示屏、大喇叭等多种渠道及时发布气象预报预警服务信息。根据国家统计局调查，2014年宁夏公众气象服务满意率为89.3%。

为农气象服务 宁夏为农气象服务始于20世纪50年代，主要为农业部门提供重要农事季节、农用天气预报和农业气象情报服务。1991年成立了宁夏农业气象服务中心，针对宁夏粮食生产、特色农业、设施农业、生态农业和农村气象灾害防御，开展了全方位的气象服务。到2014年底，全区已建成气象信息服务站1018个，气象预警电子显示屏428套，实现乡镇全覆盖；建成气象预警大喇叭1274套，行政村覆盖率达到56%；全区5296多名气象信息员覆盖到所有乡镇和行政村。气象为农服务在保障自治区粮食生产"十一连丰"中发挥了重要作用。

人工影响天气 宁夏开展人工影响天气始于1958年，采用土炮进行防雹作业。1974年开始在固原地区采用"三七"高炮防雹和飞机人工增雨作业试验。2002年自治区政府决定将飞机人工增雨工作的目标由单纯抗旱保丰收调整为保障整个宁夏经济社会发展和生态文明建设，作业范围由南部山区扩大到了全区，建立宁夏新一代火箭防雹增雨作业系统，地面人工防雹和增雨规模不断扩大，作业时间延长到全年，基本形成地面高炮、火箭和飞机作业相结合的空地立体联合作业体系。到2014年底，全区共有人工影响天气高炮83门、火箭发射架100部、对空作业点170个、租用飞机1架、从业人员284人，开展跨区域集中增雨作业，增强了作业的针对性和有效性。

应对气候变化与气候资源开发利用服务 20世纪80年代中后期以来，宁夏开展了一系列气候变化研究：利用贺兰山树木年轮资料分析研究宁夏气候变化、"宁夏气候变化诊断分析研究""气候变化对宁夏农业影响的模拟研究""宁夏气候对全球气候变化的响应及其机制研究""宁夏气候变化对全球气候变暖的响应及其对策预研究""气候变化对宁夏主要农作物及适应性影响研究""气候变化下北方五省区草地畜牧业脆弱性评价""气候变暖对宁夏中部干旱带降水资源变化的影响研究"等。组织编写了《宁夏近50年气候变化及可持续发展战略"》《宁夏气候与气候变化》《气候变暖引发的极端天气气候事件及其对经济社会可持续发展的影响》《宁夏风能资源状况与开发建议》《宁夏主要生态系统碳汇效应评估》等决策报告，为自治区应对气候变化和开发利用气候资源提供了决策依据，受到自治区党委、政府的高度评价。宁夏气象部门加强气候资源开发利用服务工作，开展了风能、太阳能资源的普查、评估和区划，建设风能观测塔9座，开展了风功率和太阳能发电量预报服务。牵头编制了全国气象部门《机场工程选址气候可行性论证技术指南》。

雷电灾害防御 1991年成立宁夏回族自治区避雷装置检测站，开展防雷装置安全检测工作。2002年成立宁夏雷电防护技术中心，防雷装置设计审核、竣工验收、安全性能检测、雷击风险评估、雷电灾害调查评估与鉴定以及现代防雷技术应用及研究等工作全面开展。2004年成立宁夏回族自治区防雷减灾管理局，各地级市也相继成立防雷减灾管理局，履行雷电灾害防御安全管理职能。截至2014年，全区已成立19家雷电防护技术中心，为全区各行各业提供全方位、立体化的防雷技术服务工作，有效避免和减轻了雷电灾害事故的发生。

气象预报预测 宁夏气象预报预测工作始于1956年，当时主要利用天气图分析结合预报员经验的方法制作短期天气预报和灾害性天气警报。20世纪70年代开始应用数理统计方法制作长期天气预报，逐步发展到以数值预报为基础的客观化、定量化、自动化的现代天气预报和现代气候预测业务。

进入21世纪，通过自主研发和技术引进，相继建成了精细、客观、定量的预报预测业务系统，其中包括具有宁夏特色的中尺度数值预报系统和快速同化系统（WRF-RUC）、以MOS（模式输出统计）方法为核心的精细化气象要素预报业务系统、自治区—市—县三级集约化预报业务平台、短临灾害性天气监测预警系统、雷达定量估测降水预报系统、雷电预报预警业务系统、气候咨询服务系统、气象干旱监测业务系统、极端天气气候事件监测系统、CIPAS（气候信息处理与分析系统）综合业务系统以及暴雨、大风、沙尘暴、寒潮等高影响天气专项预报系统。中尺度数值预报WRF模式（天气研究和预报模式）空间分辨率提升至3 km，开展了短时临近天气预报、中短期天气预报、长期（11～30天）预报、灾害性天气落区预报、行政村（社区）级的精细化要素预报、卡萨布兰卡等中东与北非12个城市天气预报以及月、季、年尺度气候影响评价、极端气候事件监测、干旱监测、气候异常诊断分析实时业务。2012年开始，积极开展山洪、地质灾害、重污染气象风险预警服务业务。

气象观测 20世纪50年代起，宁夏着手开展气象观测网建设，1958年宁夏回族自治区成立时有气象台站16个。2005年完成全区26个国家自动气象观测站建设，开始建设区域自动气象观测站。到2014年底，建有银川、固原新一代多普勒天气雷达，中卫713数字天气雷达和银川L波段二次测风雷达；建成国家级气象观测站37个，区域自动气象站880个，天气实景监测点28个、自动土壤水分观测站37个、酸雨观测站6个、测风塔9座、大气成分观测站1个、闪电定位仪5部和大气电场仪1部；建有移动气象台和移动气象应急监测系统；建成国家级农业气象观测站7个、辅助农业气象观测站7个。与国土厅共同建设了22个卫星导航定位监测站。

气象信息网络 1965年以前，宁夏气象台站的气象报告经邮电公众电路传递，之后经历了气象电传、传真、超短波通信等发展阶段，1988年建成了微机处理自动转报业务系统，开启了气象通信自动化。1995年电信分组交换网（X.25）同步电路延伸至地市级气象局，异步拨号电路至各县气象局（站），部分局站使用无线数传。2003年建成宁夏区域数值天气预报高性能计算机系统，全区气象部门信息网络升级为电信同步数字电路（SDH）。2011年实现电信多协议标签交换虚拟专用网络（MPLS VPN）电路的覆盖，至市局带宽达到10 Mbit/s，至各县局（站）带宽达到4 Mbit/s。到2012年，在全区增加中国移动MPLS VPN备份电路，与原有电信MPLS VPN电路组成互为备份，流量分担的广域通信网；自治区、市、县级气象局局域网分别升级为万兆、千兆、百兆网络。

气象科研 宁夏气象科学研究所成立于1978年。依托宁夏气象科学研究所，自治区气象局和自治区科技厅于1999年成立了共建共管的宁夏气象防灾减灾重点实验室，在重点实验室建立了自治区级的宁夏气象防灾减灾院士工作站。2014年,中国气象局旱区特色农业气象灾害监测预警与风险管理重点实验室获批建设。

2000年以来,宁夏气象科研与技术开发能力不断增强,先后承担国家自然科学基金项目13项,国家科技部公益项目4项,农业成果转化资金项目2项,公益类(气象)行业专项2项,行业专项横向合作7项,全球环境基金(GEF)赠款项目1项,中、英气候变化专项1项,中英瑞适应气候变化项目1项,中国气象局气候变化、新技术推广、预报员专项等27项,宁夏科技攻关、自然基金等项目48项,合作承担科技部、国家自然基金项目5项。获国家科学技术进步奖二等奖1项,省部级科学技术进步奖二等奖6项、三等奖15项。在各类刊物上发表论文550余篇。

展望 到2020年,建成覆盖城乡的公共气象服务体系、功能先进的气象预报预测体系、布局科学的综合气象观测体系、规范高效的气象法制管理体系、可持续发展的气象事业支撑保障体系,使宁夏气象整体实力接近同期国内先进水平,率先基本实现具有宁夏特色的气象现代化,为经济社会发展和人民群众提供优良的气象服务。

参考书目

宁夏回族自治区气象局,1995. 宁夏气象志 [M]. 北京: 气象出版社.

宁夏回族自治区气象局,2011. 宁夏回族自治区基层气象台站简史 [M]. 北京: 气象出版社.

《中国气象灾害大典》编委会,2007. 中国气象灾害大典·宁夏卷 [M]. 北京: 气象出版社.

(王鹏祥 丁传群)

Xīnjiāng qìxiàng

新疆气象(Xinjiang meteorology) 新疆维吾尔自治区简称新,地处73°40′E~96°23′E,34°25′N~49°10′N,位于中国西北边陲,土地面积166.49万平方千米。2014年末,新疆总人口2322.55万人,少数民族人口1463.04万人,占全区总人口的62.99%。地形地貌为"三山两盆"。北部阿尔泰山脉,南部昆仑山脉,天山山脉横亘中部,把新疆分为南北两大部分,北部有准噶尔盆地,南部有塔里木盆地。新疆境内有大小河流570余条,额尔齐斯河是中国唯一注入北冰洋的河流,奇普恰普河是印度河上游支流,注入印度洋,其余均属内陆河。水源的补给主要靠山地降水和三大山脉的积雪、冰川融水。新疆海拔高度最高处为中巴边界乔戈里峰,高度为8611 m;海拔最低处是吐鲁番盆地艾丁湖,低于海平面154 m,是中国海拔最低的盆地。新疆国界线长5600多千米,是中国国界线最长的省区。

新疆是中国西北的战略屏障、向西开放的重要门户,也是全国重要的能源基地和运输通道。新疆的发展稳定,关系全国改革发展稳定大局,关系祖国统一、民族团结、国家安全,关系中华民族伟大复兴。党中央历来高度重视新疆工作,做出一系列重大决策部署,推动新疆改革发展、民族团结、社会进步、民生改善、边防巩固取得了历史性成就。新疆地域辽阔,地形地貌独特,气候差异大,基础气象探测任务繁重,是中国气象服务的重点区域、气象预报预测的难点区域、综合气象观测的薄弱区域,还是中国与中亚、西亚、南亚气象科技合作交流的重要窗口。推进新疆气象事业跨越式发展,是提升气象为新疆经济社会发展和长治久安服务能力的迫切需要,是统筹全国气象事业协调发展的战略任务,是提升全国气象现代化整体水平的必然选择,是全国气象部门的共同责任。中国气象局始终深入贯彻落实中央关于新疆工作的各项决策和部署,历届领导多次赴新疆调研,先后于2010年、2014年召开全国气象部门新疆工作会议,出台了推进新疆气象事业发展的特殊政策措施,大力提升气象保障新疆经济发展、社会稳定和长治久安的能力。

天气气候特点 新疆气候总体为大陆性很强的温带干旱气候,但由于远离海洋的地理位置和独特的地形地貌,形成了气候多样性:有终年积雪的高山气候;有降水量比较丰富的中山带气候;有在山麓地带依靠河水和地下水进行农业灌溉的四季分明的绿洲气候;有作物生长季热量充足的盆地气候;还有干旱炎热的沙漠气候。

新疆常年平均气温8.3℃,最冷月1月,平均气温-10.5℃,极端最低气温-51.5℃(1960年1月21日,富蕴县);最热月7月,平均气温23.4℃,极端最高气温48.3℃(2001年6月21日,吐鲁番东坎儿),吐鲁番年高温日数历史极值为141天。北疆全年日照时数在2300~3100小时之间,南疆在2400~3400小时之间。新疆年平均降水量165.7 mm,7月最多(27.5 mm),2月最少(5.5 mm)。托克逊最小年降水量仅0.5 mm(1968年)。分布特点是北疆多于南疆,西部多于东部,山区多于盆地。

春季,寒潮多发季节,气温回升快,日较差大;降水占全年降水量的26%左右,常有暴雨或融雪性洪水发生。夏季,受南亚大陆热低压影响,天气炎热。高温日数塔里木盆地东南部和哈密盆地为30~50天,其他地区在20天以下。降水较多,约占全年降水量的46%;夏季也是强对流天气频出的季节,对农业生产造成影响。秋季,金色胡杨,秋高气爽,是新疆旅游的特殊季节；降水量只占全年降水量的19%，灾害性天气过程较少。冬季，新疆处于干冷的蒙古冷高压控制之下，天气极为寒冷，尤其是北疆地区，多在-35℃以下，其北部和准噶尔盆地中心低于-40℃；降水最少，约占年降水9%，北部雪灾对牧业和交通运输影响较大。

主要气象灾害 新疆灾害性天气种类繁多，发生频率高，范围广，突发性强。主要有干旱、寒潮、大风、冷害、霜冻、冰雹、暴雨洪水、雪灾、雷击、大雾、干热风、高温等十余种。按各类气象灾害造成的直接经济损失占总损失的百分比，暴雨洪涝灾害最重约占33%，其次大风约占28%，冰雹灾害约占14%，低温冷害约占10%，干旱、雪灾、沙尘不足10%，连阴雨、雷电、高温热浪不足1%。

暴雨洪涝 新疆出现大范围暴雨相对较少，但是容易出现小范围短时大暴雨，并引发洪水等衍生灾害。新疆暴雨多发生于天山山区及两侧，北疆多于南疆，西部多于东部。新疆的暴雨主要集中在夏季，占全年暴雨日数的63.1%。暴雨洪涝气象灾害所造成的经济损失平均每年约7.3亿元，1999年最多，超过46亿元。1987年7月14—16日乌鲁木齐市小渠子、达坂城等地的暴雨洪水冲毁农田3000亩（1亩=1/15公顷）、干渠4.5 km，公路被毁，中断交通，兰新铁路93 km处的路基被冲毁60~70 m，铁轨架空。

冰雹 新疆冰雹局地性强、时间短，主要出现在春、夏季。北疆多于南疆，新疆冰雹主要集中出现在天山山区、帕米尔高原，高发区位于昭苏盆地、巴音布鲁克盆地、阿克苏地区等地。受冰雹影响最大的农区是阿克苏地区、奎屯—玛纳斯河流域、塔额盆地。新疆的冰雹多出现在4—10月。昭苏年冰雹日数最多达30天。1957年7月30日新和县降雹，最大雹径20 mm左右，全县农作物受灾2326亩，粮食减产5.15万千克。1993年7月4日石河子安集海冰雹最大直径60 mm，地面最大积雹厚度10 cm，受灾农田面积30万亩，重灾6.97万亩，绝收2万亩。

大风 新疆是中国盛行大风的地区之一，由于受地形影响，具有发生频次多，强度大的特点。北疆西部、东疆地区大风较多，著名的三十里风区和百里风区等地年平均大风日数在100天以上。春季4、5月份风灾最多。对新疆牧业危害最重的是冬春季大风，对农业的危害以5—6月为最重，对交通运输和石油生产地危害一年四季都有。在新疆各类气象灾害中大风沙尘暴造成的经济损失约占34.3%。1984年4月24日克拉玛依油田出现特强大风，刮倒钻井架3座，刮倒、刮断通信电杆67根、电力杆166根，104幢楼房揭顶。1998年4月17—19日，伊犁、昌吉、喀什、阿克苏、巴州等6地州的20个县（市）的牧区遭受20年未见大风袭击，农作物受灾面积16万公顷，成灾120万公顷，死亡牲畜10.5万头（只），火烧和刮毁民房3.83万间，刮毁毡房1.05万座，并造成7人死亡、47人重伤，直接经济损失15亿元。

沙尘暴 新疆是中国沙尘暴的多发地区。春夏是沙尘暴灾害的主要时期。南疆塔里木盆地及周边是中国沙尘暴发生的源区和最多的地区，和田市年平均沙尘暴日数23.6天、年平均浮尘日数高达225.3天，有时出现称为"黑风"的特强沙尘暴；北疆沙尘暴相对较少，仅准噶尔盆地南部的莫索湾附近较多。2010年3月12日和田地区出现特强沙尘暴，造成和田市、策勒县、洛浦县、墨玉县、于田，农田地膜受损1361.4公顷，棉花、玉米受灾2064.7公顷，大棚损坏4194座。当天，塔城地区托里县、裕民县出现大风，受灾村民989户3767人，4户房屋坍塌，608间房屋受损，24座棚圈倒塌，210户棚圈受损，牲畜死亡809头（只）。2013年4月16日和田地区出现特强沙尘暴，造成策勒县、洛浦县共计15 458人受灾，损坏大棚201座，农作物受灾面积157.4公顷。

干旱 新疆干旱发生频率高，旱情严重，持续性强，影响范围广。新疆局地干旱和阶段性干旱年年都有，历史上多次出现持续时间超过一年的大范围严重干旱。从农牧业生产角度来说，春季干旱的威胁最大。干旱造成农作物受灾面积的比例占35.1%。2008年5—9月，全疆各地气温持续异常偏高，为50年一遇。降水偏少，山区积雪明显偏少，个别水库临近空库，致使北疆发生严重的春、夏、秋连旱，造成昌吉、塔城农作物大面积受灾，绝收小麦达70多万亩。2.8亿亩天然草场严重受旱，大面积干枯，出现大面积的鼠害、虫害。

雪灾 新疆是中国雪灾多发区之一，以暴风雪、暴雪、雪暴、雪崩、白灾造成的灾害为主，多发于冬春季。北疆多、南疆少，西部多、东部少，塔城、伊犁、阿勒泰、巴州是多发区。雪灾对畜牧业的影响最为严重，损失占42.8%。1966年2月28日—3月1日，阿勒泰市连降大雪，平原地区积雪深度达100 cm以上，山区在200 cm以上，交通封阻、草场掩盖，牲畜无法采食，雪崩压死6人，造成牲畜死亡13.82万头。2010年冬季，北疆出现大范围的白灾，直接经济损失5.8亿元，致使106万人口受灾，因灾死亡23人。

低温冷害 灾害程度严重，对棉花生产影响最大。1996年南疆的主要棉区出现严重的延迟性冷害，使棉花单产下降了40%，造成直接经济损失15亿元以上。

2001年北疆棉区出现了障碍性冷害，棉花单产下降50%左右，直接经济损失20亿元。低温冷害对林果业也有较大影响，2002年12月下旬至1月上旬，哈密地区持续长时间出现低温，越冬果树受到伤害，其中梨树遭受毁灭性冻害；幼龄哈密大枣90%以上遭受冻害死亡。

发展历程　1949—1955年　老一辈气象工作者以坚强的毅力，克服难以想象的困难，在极其艰苦的条件下，建成全疆42个气象站，形成气象观测及通信网络的雏形，为全疆气象事业的发展奠定了基础。

1956—1978年　全疆气象台站发展到百余个，基本实现了县县有气象站，地州有气象台。天气预报与服务工作蓬勃开展，建立了气象资料与群众经验相结合的预报模式，初步开展了以农牧业服务为重点的气象服务，使新疆气象事业得到了逐步完善和提高。

1979—2000年　通过"9210"等重点工程建设，气象现代化建设进入系统化、现代化、网络化的时代，气象业务服务、预报预测能力大幅度提升，气象事业呈现出快速发展的新局面。2005年中国气象局于印发《关于加强新疆气象工作的若干意见》，2008年印发《关于加快新疆气象事业发展的指导意见》，出台了一系列的政策措施，全面支持新疆气象事业发展，增强了新疆气象事业的整体实力，新疆气象事业在全疆经济社会发展中的地位不断提高，作用日益突出，为新疆发展和稳定做出了重要贡献，也为全国气象事业发展做出了积极努力。

进入21世纪以来　2010年召开了全国气象部门新疆工作会议，印发《中共中国气象局党组关于推进新疆气象事业跨越式发展的意见》和《全国气象部门对口支援新疆气象工作方案》。2014年召开全国气象部门第二次新疆工作会议，印发《中共中国气象局党组关于加强新疆气象工作保障新疆社会稳定和长治久安的意见》。新疆气象事业得到快速发展，气象现代化建设进展显著，气象监测预报预警准确率和精细化水平不断提升，气象服务社会公众满意度不断提高。

发展成就　多年来，面对全球气候变暖导致极端天气气候事件频发的严峻形势，面对全面建设小康社会、全面深化改革的迫切要求，面对新疆跨越发展和反恐维稳的艰巨任务，在中国气象局和新疆维吾尔自治区党委、人民政府的领导下，在全国气象部门的援助下，新疆气象部门不断深化气象改革，着力加强气象防灾减灾体系和能力建设，为新形势下保障新疆社会稳定和实现长治久安夯实了基础。

气象现代化水平显著提升　新疆气象部门按照注重内涵式发展的现代化建设理念，明确发展定位、目标和行动计划，取得了显著进展。

气象观测系统不断完善　新中国成立后，1952年新疆着手在全疆各地建设气象台站。1976年全区累计建成气象观测站209个，后几经调整，1990年底只保留109个。到2014年底，全区共有105个国家级地面气象观测站，其中国家基准气候站26个，国家基本气象站40个，国家一般气象站39个；高空气象探测站14个，小球测风站4个。建成1706个区域气象观测站，12个太阳辐射观测站，46个雷电监测站，16个GPS/MET（全球定位系统气象观测）站，1个微波辐射站，17个风能观测站，1个区域大气本底站，3个大气成分观测站，4个沙尘暴站，7个酸雨观测站。共有新一代多普勒天气雷达13部，常规数字化天气雷达2部。共有40个农业气象观测站，120个自动土壤水分观测站，国家气象卫星地面站1个、卫星资料中规模利用站8个、EOS/MODIS（地球观测系统/中分辨率成像光谱仪）接收站2个、空间天气电离层垂直测量站1个，太阳色球望远镜1个，形成了比较完善的综合气象观测网络。

气象通信迅速发展　1959年自治区气象局发射台和喀什气象话语广播台先后开始播发天气形势预报和地面、高空天气图的点绘图，1960年开始用莫尔斯电报播发新疆周边高空和地面绘图报。1986年改用气象"三报一话"卫星电路，全疆共建成43个接收站，32路微机电报交换系统投入业务。1997年在国家气象卫星综合应用业务系统（"9210"工程）支持下，建成了105个VSAT（甚小孔径天线地球站）卫星通信系统。2008年建成了至各地州的地面宽带网，全疆形成了以地面宽带网络为主，卫星通信为辅的新一代通信系统，逐步实现了主备线路双运营商专线接入，自治区气象局核心局域网实现了千兆汇集、百兆接入、内外双网隔离。截至2014年底，全区15个地（州、市）、107个县（市、区）建成高清视频会商系统。

气象预报预测水平不断提高　新疆的短期天气预报始于1943年。1956年成立自治区气象台，发布短期天气预报。此后不断发展，逐步发布中、长期（短期气候预测）天气预报，形成了区、地、县三级气象台（站）长、中、短天气预报和服务网络。预报方法也从绘制天气图结合预报员经验，逐步发展到以数值预报为基础的客观化、定量化、自动化天气预报业务。区域数值预报模式性能提升促进预报预测精准化水平的稳步提升，2012—2014年晴雨预报准确提高到92%，比3年前提升了4个百分点，晴雨预报技巧评分稳居全国前5名，温度预报准确率由68%提高到75%，提升了7个百分点，温度预报技巧评分由全国第 24 名提升至第 10 名。推进多种气候业务基础平台的本地化应用，月降水预测质量高于全国平均水平。精细化预报实现了全疆 100% 县（市）和部分乡镇覆盖，实现了不同预报时效精细化要素预报输出，时间分辨率大部分达到 6 小时，个别地区达到 3 小时，强天气预警时间提前量达到了 0.5 小时左右，预报时效最长到 168 小时。

气象服务能力不断提高 12 个地（州、市）成立了气象灾害防御领导小组或指挥部。区气象局与 24 个部门建立了气象灾害应急联动机制。区、地、县政府主导的气象灾害多部门联合会商机制日趋完善。气象灾害防御安全管理纳入地方政府安全生产工作体系及目标考核。完善行政执法组织机构和配套制度建设，实现气象行政执法规范化。不断完善兵地融合发展机制，推动了兵地观测系统建设、人影能力建设、发展规划、重大装备布局等方面的统筹发展。充分利用社会资源和调动社会力量，不断改进公共气象服务提供方式，通过电视、广播、网站、微博、微信等各类媒体面向决策、公众、行业用户开展全方位的公共气象服务。

公共气象服务成效显著 新疆气象部门通过 60 多年的努力，紧紧围绕新疆经济社会发展，以气象有力保障新疆社会稳定和长治久安为总目标，以全面推进气象现代化为重点，不断深化气象改革，着力加强气象防灾减灾体系和能力建设，为新形势下保障新疆社会稳定和实现长治久安夯实了基础。

为农气象服务 1958 年全疆各级气象台站确立了"以农牧业服务为重点"的方针，开展了农业气象情报预报服务工作，完成了自治区农作物、园艺、畜牧、林业气候区划和综合农业气候区划。2011 年成立了自治区农业气象台，初步形成了以自治区农业气象台为业务指导核心，以地（州、市）农业气象中心为平台，以县（市、区）气象局为服务主体的农业气象业务服务体系，棉花、特色林果、区域特色经济等气象服务独具特色。100% 的乡镇建立了气象信息服务站，全疆乡镇协理员队伍 1853 人，村级气象信息员 10 042 人，乡镇覆盖率100%。建成乡镇村气象信息电子显示屏 866 块，大喇叭达 1.76 多万个。为种养大户、农机专业大户、农民合作社、家庭农场等专业化服务组织开展了"直通式"气象服务。新疆兴农网成为自治区农口系统门户网站，连续 4 年被评为全国农业百强网站和自治区农产品外销平台建设先进单位，在兴农网上建立了全疆优质农产品二维码库和农产品信息与质量安全追溯平台。

气象防灾减灾 气象防灾减灾体系初步形成，全疆 12 个地（州、市）和 78 个县（市）政府成立了气象灾害防御机构，13 个地（州、市）、47 个县（市）出台气象灾害防御规划，64 个县完成气象灾害应急准备认证，区、地两级和 73 个县出台气象灾害应急预案，气象防灾减灾工作纳入了 32 个县政府的绩效考核体系。区—地—县—乡镇—村五级灾害应急决策短信联系人队伍达 33 562 人。

能源和交通气象服务 2009 年在主要铁路沿线、在建的兰新第二双线沿线，实现了 70 余个铁路气象监测站的数据共享。与国土、地震、广电、交通、民政、旅游等部门签订了合作框架协议。2011 年成立了新疆气象局能源与交通气象服务中心，开发建立了风能、太阳能气象服务系统、铁路大风监测预警系统和公路风害预防系统，开展了煤电化基地建设、西气东输工程、交通沿线等精细化预报服务及大型项目、重大工程建设选址研究、气候可行性论证等专项技术服务，编制了风能预报业务服务方案和《风能资源综合评估报告》。2012 年新疆交通运输厅和气象局签署《关于提升全疆公路交通气象服务合作框架协议》，建立合作机制。交通气象灾害监测预警服务系统建设稳步推进，与铁路系统开展兰新高铁联调联试，公路和铁路气象服务效益明显。

环境气象服务和应对气候变化 20 世纪 80 年代以来，新疆气象部门组织编写了《新疆农业气候资源及区划》；为吐鲁番国家新能源示范城提供服务，受到自治区领导的肯定。2011 年实施了雪灾、洪灾、火灾、沙尘、大雾、强对流云系和积雪面积、植被覆盖度、湖泊水域面积等卫星遥感监测服务，以及湿地、植被、草地、农田、大气污染等生态环境遥感监测评价服务；开展了乌鲁木齐大气污染治理的科学研究；主持和参与国家清洁能源发展机制基金赠款项目，编制了《新疆维吾尔自治区 2005 年温室气体清单总报告》；承担了"一号冰川"保护方案的编写和实施，建立了中国干寒区树木年轮资料网络数据库。2013 年底与自治区环保厅签署战略合作协议，建立了新疆大气污染监测预警平台，强化气象部门在大气污染监测预报预警中的作用，参加了自治区政协开展的"重点城市控制 $PM_{2.5}$ 治理汽车尾气"专题研究。开展全疆地（市）级以上城市和乌鲁木齐联防联控区域空气质量预报。

人工影响天气 1959 年开始用土炮人工防雹和人工融冰化学实验作业。1960 年成立了自治区人工控制天气委员会，后改为自治区人工影响局部天气领导小组，并成立自治区人工影响天气办公室。颁布实施《新疆维吾尔自治区实施〈人工影响天气管理条例〉办法》，目前建成覆盖 78 个县市和 83 个兵团团场的监测、指挥、作业网络，全疆人工影响天气作业点达 1500 余个，"三七"高炮 660 门，火箭发射系统 969 套，碘化银烟炉 56 具，数字化雷达 25 部，通讯电台 700 多部。飞机人工增雪作业影响面积已达 34 万平方千米，作业手段实现了飞机、火箭、高炮、地面燃烧炉的多样化。完成了"7·18"人工影响天气应急工程建设任务，3 年作业面积达 34 万平方千米，有效缓解了水资源短缺状况。启动了"新疆吐鲁番哈密地区空中云水资源开发利用一期"和克拉玛依、库尔勒、和田人工影响天气保障基地项目建设。建立了兵地人工影响天气"五大联防区"，组建了 5 个联防办公室和联防指挥中心，保护耕地、草场近 8000 万亩（1 亩 = 1/15 公顷）。

人才队伍建设、气象科技创新和对外合作能力不断提升　大力选拔优秀年轻干部，各级领导班子年龄、知识、专业技术结构不断完善。基层台站人才结构得到明显改善，本科以上学历人员比例由 2010 年的 34.1% 提高到 52.6%，大气科学专业人员比例达到 43%，队伍整体结构得到优化。职称评审向地县两级倾斜，激发了基层技术人员的工作热情。分 4 批派出 79 位处级干部赴发达省区挂职学习，安排地、州少数民族干部到区局挂职锻炼。充分发挥中国气象局干部培训学院新疆分院的作用，重点开展了少数民族干部、气象装备保障技术、人工影响天气技术、现代农业气象服务等领域的特色培训。

新疆维吾尔自治区气象科学研究所成立于 1960 年，2001 年经国家科技部、财政部、中央编制委员会办公室批准成立中国气象局乌鲁木齐沙漠气象研究所，成为国家级社会公益类专业研究所。"新疆三百至五百年水文气候序列的重建与应用"获 1997 年度国家科学技术进步奖三等奖，"新疆生态安全遥感监测与信息系统的技术集成及应用"获 2006 年度国家科学技术进步奖二等奖。"冬麦膜下条播与作物复播配套栽培技术的中试与示范""多种弹型防雹增雨火箭发射装置""基层人影作业点安防系统""新疆农牧业综合信息服务平台"4 个项目荣获第四、第六、第七届中国技术市场协会金桥奖。1996 年以来，有 27 项科技成果荣获自治区科学技术进步奖，其中"干旱区生态环境调控与管理"获 2007 年度自治区科学技术进步奖一等奖。"一种全自动高精度沙尘收集器"实用技术获得国家发明专利，"多功能人工防雹增雨火箭发射架机器发射控制器"等 21 项技术获得国家实用新型专利，"新一代天气雷达基数据操作控件系统（V1.0）"等 30 项成果获得国家计算机软件著作权登记证书。新疆气象局分别在 2007 年、2011 年被自治区党委、政府评为"科技兴行业"先进厅局。与西部五省（自治区）气象领域合作更加紧密，与生产建设兵团、大专院校、科研院所等气象科技业务交流更加全面，与俄罗斯、哈萨克斯坦、德国等国家气象技术项目合作更加深入。

党建、气象文化建设不断加强，职工工作生活条件明显改善　始终坚持党的领导、不断加强党的建设，全面提高党的建设科学化水平。切实加强各级领导班子和干部队伍建设，抓好党员教育管理，完善党建工作机制，党建工作活力不断增强。实现了基层党组织全覆盖。高度重视和维护民族团结，连续 31 年开展民族团结教育月活动。弘扬气象精神和"励志风云勇开拓、服务兴疆创一流"的新疆气象人精神，积极传播"新疆气象正能量"，各基层台站"两室两馆一长廊"建设全面展开，全疆气象干部职工精神风貌焕然一新。所有县局实现了政事分开、管办分离。强化一人多岗、一岗多责培训，综合业务一体化建设稳步推进。

高度重视新疆基层台站基础设施建设，不断加大投入力度，全疆基层气象台站基础设施均有较大的改善。关心关注基层台站职工生活，建立了巴州、塔城、喀什、克州、和田五地州艰苦台站生活基地。落实了艰苦气象台站津贴和艰苦边远地区津贴，事业单位工作人员均已享受参公人员医疗补助，职工待遇明显提高。

援疆工作取得明显成效　气象部门先后召开 4 次援疆工作会议，援疆工作体制机制逐步完善。中国气象局制定实施了《全国气象部门对口支援新疆气象工作方案》，明确业务科技、干部人才和资金项目三项援疆任务，组织直属单位和 23 个省直辖（市）气象局参与援疆工作。54 名援疆干部赴疆挂职支援，近百名专家赴疆进行短期学术交流和技术指导，援疆干部带领团队完成的新疆大气污染监测预警平台、GRAPES（全球/区域同化和预报增强系统）模式新版本本地化运行和基于多模式集合预报方法的精细化气象要素客观预报平台在业务中发挥了积极作用。以解决基层发展和民生问题为主，落实援疆资金 7283 万、援疆项目 32 个，形成了湖北、浙江等可推广示范的援疆模式，施援地区气象部门支援新疆的责任感、共同建设气象美好家园的自豪感不断增强，带来的先进科技、发展理念已得到广泛应用和推广，有效提升了新疆气象现代化事业的整体水平。

展望　深入贯彻落实中央关于新疆工作的战略决策，坚持巩固提升新疆气象的战略地位，以全面推进气象现代化为重点，显著提高气象保障新疆社会稳定和长治久安的能力和水平，实现跨越式发展。到 2020 年，建成与国家气象事业和地方经济社会发展、人民群众需求相适应的具有新疆特色的气象现代化体系，气象防灾减灾和公共气象服务能力显著增强，应对气候变化和生态环境建设保障支撑能力显著提升,气象灾害监测预报预警准确率和精细化程度明显提高,气象服务领域更加广泛,基本满足新疆经济社会发展对气象服务的需求,气象事业整体实力达到全国平均水平,部分领域达到国内先进水平。

参考书目

新疆维吾尔自治区地方志编纂委员会,1995. 新疆通志·气象志[M]. 乌鲁木齐:新疆人民出版社.

新疆维吾尔自治区地方志编纂委员会,2013. 新疆年鉴[M]. 乌鲁木齐:新疆年鉴社.

新疆维吾尔自治区气象局,2011. 新疆基层气象台站简史[M]. 北京:气象出版社.

《中国气象灾害大典》编委会,2006. 中国气象灾害大典·新疆卷[M]. 北京:气象出版社.

(张守保 王攀 李小菊 姜长波)

港澳台气象

Xiānggǎng qìxiàng

香港气象(Hong Kong meteorology) 香港特别行政区简称港,位于中国东南部,珠江出海口东侧,地处113°52′E～114°30′E,22°09′N～22°37′N。香港全区由香港岛、九龙和新界等组成,共有263个岛屿,总面积1104 km²,2014年年底香港人口718.8万人。香港属典型的滨海丘陵地形,山岭多平地少,地貌多样,山脉走向为东北至西南,最高点为位于新界海拔957 m的大帽山。九龙及香港岛之间的维多利亚港港阔水深,有利于船只航行,被赞誉为世界三大天然良港之一。

香港自古以来就是中国的领土。公元前214年(秦始皇二十三年),秦始皇统一中国后,中国秦朝派军平定百越,置南海郡,把香港一带纳入其领土,属番禺县管辖。1842年清政府与英国签订不平等的《南京条约》,割让香港岛给英国,香港受英国殖民管治近155年,至1997年香港主权移交中华人民共和国,成为特别行政区。

天气气候特点 香港位于北半球亚热带、北回归线的南部,背靠欧亚大陆,面向南中国海,形成了海洋性副热带季风气候,四季分明。每年3—5月为春季,多云多雾,气候温和;6—8月为夏季,炎热潮湿,降雨量多;9—11月为秋季,阳光明媚,凉爽宜人;12月至翌年2月则是冬季,清凉干燥,高地偶有霜降。夏秋两季亦是台风季节,雨多量大,有时引发洪涝及泥石流。香港市区高楼林立、人口稠密,有显著的城市热岛效应,导致市区和郊区有明显的气温差别。香港年平均气温为23.0 ℃,7月最热平均28.8 ℃,1月最冷平均15.8 ℃;雨量丰沛,年均降水量为2214.3 mm,降水最多月份是8月,月均降水量391.4 mm,最少降水出现在1月,月均降水量23.4 mm,年平均降水日数达137.4天。

气象灾害 香港受季风影响导致天气变化剧烈,主要气象灾害包括暴雨、大风和雷暴、水(陆)龙卷、大雾和冰雹等,随着一年中天气的变化,发生于不同时段。每年3—4月,因为冬季风开始减弱,天气变得潮湿,大雾时有发生。5—6月主要是暴雨和雷暴,雷电容易破坏电力设备,狂风会导致船只倾覆,风切变也会对飞机升降造成威胁。特别是夏季,易出现水龙卷,破坏沿岸设施。香港年雨量80%出现在5—9月,平均一年会出现2次每小时雨量在50 mm以上的降水过程,浸没低洼地区和产生滑坡灾害。每当台风从东南沿海靠近香港的时候,先是酷热,随台风登陆而来是狂风和持续数日的大雨,往往造成较大损失。1982年雨量为3247.5 mm,5月28—31日连场暴雨,降雨量达653.9 mm,新界西北部严重洪涝,其他多处地方发生泥石流,有25人死亡,4人失踪,100多人受伤,8000多人无家可归。同年8月,雨量为872.0 mm,刷新了8月份的气象历史记录,其中8月16日就达334.2 mm,引起多处地方发生水浸及泥石流,5人死亡,1460人无家可归。1993年6月16日,倾盆大雨使港岛、九龙处处泽国,海陆空交通受阻,天文台发出"黑色暴雨"警告信号。

历史沿革 早在1816年7月香港就有了器测气象观测,1862年开始有了连续的雨量观测。1879年英国皇家气象学会提出在香港建立气象观测台的构想,认为香港是研究气象,尤其是台风的理想地点。1883年正式创立香港天文台,杜伯克博士(Dr. Doberck)为首任天文台台长。天文台早期的工作包括气象观测、地磁观测、授时服务,1884年1月1日正式气象观测,5月设立强风警报系统,8月建立目视信号系统。此外,还设立了一门"台风大炮",预料有烈风时鸣炮1响,飓风2响,风向急剧转变时3响。1892年开始提供海港气象服务,1908年通过无线电接收英国海军从海上拍发的天气预报。1915年以无线电广播发布海洋天气预报,1916年开始开展24小时主要气象要素观测,1921年利用测风气球进行高空探测,1922年绘制每日天气图。1941—1945年日本军队占领香港,天文台改称气象台,1946年5月民间机构接管气象台仍称天文台,有2个欧洲官员和10个中国职员负责气象观测等工作。二战后,1948年12月14日,香港天文台加入国际气象组织

（IMO，即世界气象组织的前身），成为地区成员。1949年开始，香港利用无线电探空仪及雷达探空系统获取高空气象资料。1959年天文台在大老山安装了首部天气雷达，1963年开始接收极轨气象卫星云图。

1997年7月1日香港主权回归中国，香港天文台恢复原名称，保留在WMO的地区成员资格。2012年香港天文台在职公务员291人，非公务员合同员工17人。

气象业务　香港全面发展气象业务，取得了长足进步。香港气象观测历史久远，常规观测始于1884年1月1日，初期每天10时、16时、22时进行3次观测，1904年用标准时取代地方时，1916年1月1日开始对主要气象要素进行24次观测。日本侵占期间，常规气象观测受到影响，高空观测中断。二战后从1945年开始，地面气象观测每日4次，1949年12月每天1次无线电探空观测和雷达测风观测。1950年2月起，每日4次探空观测。1975年建立北京至香港气象电报电路，实现了观测资料与北京的快捷交换。

香港特种观测始于1884年，在多处开展海况观测，1960年开展监测大气层、雨水等的放射性含量，1961年10月每天对降水和浮尘进行一次放射性β总量常规观测。1981年后逐步开展海浪观测、闪电定位观测、不间断海面温度自动观测。1994年建立第一部多普勒天气雷达，到2014年已增建为3部。20世纪80年代开始，香港开始自动气象站的研制和布设，2014年已建81个自动气象站，组成了覆盖全特区的气象监测网。

香港气象预报随气象服务的需要而发展。20世纪60年代以前，香港气象预报仅限于每日天气预报，20世纪70年代中期向香港水务署提供定量长期（5—10月）雨量预报，以支持水资源管理工作，至20世纪90年代末停止。进入21世纪，民众及传媒对短期气候预测的需求日增，天文台在21世纪初再度发展短期气候预测，向公众发布有关信息。短期气候预测内容主要为全年气候，包括香港年雨量和每年影响香港的热带气旋活动。在季节预报方面，从美国引进了区域气候谱模式，每个季度发布一次香港季度平均气温和总雨量等级。2006年又引进美国"全球—区域"气候谱模式，自行制作边界条件供区域模式使用。在月预报方面，从2008年开始探讨制作实验定量月预报，展望月预报包含气温及雨量的定量预报和等级预报及预报对象有70%概率出现在内的范围；每月影响香港的寒潮数目及到达香港的时间，寒潮数目预报的平均绝对误差约为0.9，而寒潮到达时间的预报准确率约为58%；月预报还通过分析动力气候模式的预报图，估计每个月进入南海热带气旋的数目，尝试预报每月进入香港500 km范围内的热带气旋数目。2010年后月热带气旋预报的准确率约为72%。在延伸期预报方面，将月预报细化与现在的7天天气预报衔接，2012年初开始制作以星期为时间单位的延伸展望供内部参考。延伸展望提供第2周至第4周的每周平均气温和总雨量等级预报及影响南海的热带气旋数目预报。香港气象部门把天气预报的时效已由7天延长至9天，让市民更早掌握未来天气变化，预先安排活动计划。随着9天天气预报的推出，移动终端程序（APP）"我的天文台"也逐步加入相关服务。

气象服务　1920年香港天文台开始探索为航空提供气象服务，1998年香港天文台为香港赤鱲角国际机场建立了机场气象观测、航空气象数据处理、机场多普勒天气雷达和风切变及湍流警报系统，为航空提供优质气象服务。香港回归以来，港府通过实施各项计划和开展多种形式的宣教活动，有效降低了天气灾害风险。"自然灾害突发事件应急计划（CPND）"概括了香港政府防御天气灾害警报系统和组织框架等内容，规定了警报系统的触发机制和防御热带气旋、暴雨、洪水、山体滑坡和雷暴等灾害天气警报中各职能机构的责任。香港天文台是CPND计划重要的参加者，负责发布天气警报，同时通过网络向媒体和政府提供防范建议。天气信息由信息服务局按照计划中的要求分发给其他政府部门。近年来，香港防灾减灾的成功，CPND在构造"完善的天气灾害应急计划"方面起到重要作用，特别是在有效协调社会各有关机构共同防御天气灾害方面，是一个很好的尝试。

香港天文台和地质部门自1983年合作开展降水诱发滑坡灾害研究的预警工作，双方合作建立了降水与滑坡灾害的多种预报方法，结合降水预报、实时雨量资料和地质稳定度等要素，进行滑坡灾害预警。香港天文台负责预警信息的发布，地质部门负责灾害的救助工作。香港在灾害信息的发布过程中，加强对灾害天气、防御灾害天气知识的宣传和对公众的培训。香港气象部门一直坚持及时通过报纸、电台、电话、互联网等媒体，将最新的气象预警信息告知公众。

气象教育及其他　依靠香港厚重的气象历史，香港的多所大学建立了气象或相关学科，香港气象学会也在发展气象事业中发挥了积极作用。

香港较多的大学设有与气象相关的学院和系所。香港大学理学院1995年成立地球科学系，已经成为香港大学中等规模的系，其研究和教学能力在国际上具有一定的影响。香港理工大学1984年成立土地测量及地理资讯学系，开展和地理信息、水文地理测量和卫星及GPS（全球定位系统）相关的教学和研究。香港科技大学环境研究所2010年成立香港科技大学海岸与大气研究中心，主要研究空气和水及其与气候变化的相互关系、区域和局地尺度环境变化及其与全球的相互联系、环境问题的经济和社会影响及解决方案等。香港城市大学亚太气候影响研究中心，隶属于2009年成立的能源及环境学院，开展热带气旋、冬季风和气候预测等领域的研究。香港中文大学2005年成立太空与地球信息科学研究所，其基础为中国科学院暨香港中文大学地球信息科学联合实验室，主要研究多云多雨地区遥感、虚拟地理环境、灾害与突发事件监测和管理等，招收硕士与博士研究生，拥有高、中分辨率遥感卫星地面接收站，为对地观测研究与学生培养提供了独特的平台。

香港气象学会于1988年成立，1991年创办会刊《香港气象学会公报》（Hong Kong Meteorological Society Bulletin）。从1999年开始颁发"竺可桢奖"，已经有5人次获奖。2011年拥有会员192人，学会已成为香港气象界开展学术交流、科技研发的平台。

香港气象界一直与大陆气象部门保持密切的联系和交流，香港气象部门与中国气象局以及广东等省气象局建立了多层次的气象业务合作机制，推动了大陆和香港气象事业的发展。（参见第313页 内地与香港特区气象合作与交流）

参考书目

温克刚，2004. 中国气象史［M］. 北京：气象出版社.

（贾朋群）

Àomén qìxiàng

澳门气象（Macao meteorology） 澳门，简称澳，是中华人民共和国的特别行政区，位于中国东南部，珠江河口西侧，毗邻广东省珠海市，与香港隔海相望，相距仅40海里。澳门由澳门半岛、氹仔岛、路环岛组成，地处北回归线以南的低纬度地区，即113°31′E～114°35′E，22°06′N～22°13′N之间。境内多花岗岩丘陵地和小的冲积平原，最高为路环岛上的塔石塘山，海拔高度为170.8 m。1840年澳门半岛面积仅有10.28 km²，从1866年开始不断填海，至2014年陆地面积为32.8 km²（包含2009年11月29日国务院批准澳门填海造地360公顷，合3.6 km²的澳门新城区），总人口为59.2万人。

澳门自古就是中国的领土。1887年被葡萄牙侵占，1999年12月20日回归中国。

天气气候特点 澳门地处亚热带海洋性气候区，季风明显，春秋短，夏季长，冬无冰雪，终年温暖湿润。每年10月到翌年3月为东北季风期，5—8月为西南季风期，3—4月和9—10月为季风转换期。澳门位于北回归线以南，主要受温湿的热带海洋性气团的影响，冬天较暖和，月平均气温在14.5～20.4℃；夏季不太炎热，月平均气温在27.5～28.6℃。年平均气温为22.3℃。最高月平均气温为31.5℃，出现在7月份；最低月平均气温为11.9℃，出现在1月份。澳门的年均降水量为2031.4 mm，年降水日数为135天。雨季为5—8月，各月平均降水量均超过323 mm，月降水日数超过15天。12月、1月降水量最少，分别为26.9 mm和30.2 mm，降水日数分别为4和6天，是最干燥的季节。

影响和登陆澳门地区的热带风暴和台风年平均为2.1个，每年始于5月止于12月，以7—9月为最多，占全年总数的71.4%。除夏季（6—8月）之外，其他各月均有雾出现。年平均雷暴日数为54.2天。以澳门为中心的周边海区平均风速为7.0 m/s，是陆上年平均风速（3.5 m/s）的2倍。

气象灾害 澳门主要是台风和暴雨引发灾害。台风的侵袭频率较高，平均每年2次以上，最多的年份（如1980年）达8次之多。台风的狂风、暴雨和风暴潮等造成灾害，据记载，1874年9月22日台风侵袭澳门，大风和暴雨造成5000多人死亡、2000多艘渔船沉没的巨大损失。1906年、1927年、1941年、1949年、1964年和1983年，澳门都多次受到强台风的影响，造成的损失惨重。暴雨灾害主要发生在4—5月的前汛期，澳门的年降水量50%来自于暴雨降水。2000年4月14日持续暴雨，1天的降水量达398.6 mm，三分之一面积被淹，发生了8起泥石流灾害。

历史沿革 澳门的气象观测可以追溯到400多年前，来自民间的船家、渔民、海商等积累了丰富的观天观海经验。1558年风顺堂教堂成立后，设置风信标志供海事观察所用。1582年利玛窦神父抵达澳门，带来了世界地图和天文科学文化。1708年开始有台风记录，1842年出版的《中国业报》刊登了气温、气压记录。1861年建立首座气象观察站，开始有较为完整的气象记录，1881年10月迁到妈阁斜巷"水师厂"，1900年12月又迁到西望洋山并运行了50年。当时的港务局（实际上是负责海军军务的机构）局长辛纳蒂（Demetrio Cinnati）命令收集澳门港的气象观测数据，每天5次。响应上海徐家汇天文台在1890年提出的建议，澳门在1900年建立了天文台，隶属于港务局。此时，澳门的气象观测业务仅限于驻澳海军内的部门，因为人员不足加之专业性较差和组织松散，气象工作处于很不稳定状态。1918—1922年，港务局副局长卡尔莫纳（Artur Carmona）主持了为气象观测增加设备的工作，同时增加了授时服务。

澳门气象工作步入正轨始于20世纪50年代。1950年3月澳门当局聘请了原徐家汇天文台主管气象和地震业务的法籍神父龙相齐（Fr. Ernesto Gherzi）主理澳门天文台的工作，自行绘制天气图，制作每天的天气预报，为台风季节开展预报服务。同年6月，葡萄牙颁布了关于在每一海外属地设立气象部门的法律，从而确立了澳门天文台作为专职部门的地位。1952年澳门气象局正式成立（1980年易名地球物理暨气象台，1999年易名地球物理暨气象局），此时澳门气象台已经使用无线电收集各地的气象资料。1964年澳门气象部门被纳入葡萄牙国家气象部门，作为其分支，直到1976年《澳门组织章程》生效，澳门气象台转为本地化部门为止。澳门气象部门具有"中央委派"的背景，长期以来不少葡籍气象技术人员通过轮换制来澳门任职，专业技术人员不足的问题基本得到解决，业务能力获得了提升。1979年末，澳门气象部门设立了首座气象卫星接收系统，标志澳门气象进入了太空观测时代。到20世纪80年代，澳门气象台开始系统培训本地气象专业人员，基本实现了技术人员的本地化。

澳门气象部门的办公地点随着机构改变也多次迁移。1900年天文台成立时，办公地点位于西望洋山圣堂，4年后迁到山顶医院，到1966年再度搬迁到大炮台。1996年为了配合机场落成和大炮台改建为澳门博物馆，澳门气象台迁至氹仔大潭山现址，新建了占地6500 m^2的气象大楼，气象台硬件资源不断优化，带动了澳门气象科技的发展。

1996年1月24日，澳门成为世界气象组织（WMO）的地区成员。1999年回归中国后，在第十三届世界气象组织大会上通过决议，澳门更名为中国澳门，保留地区会员资格，澳门气象事业得到进一步发展。

澳门回归中国后，澳门地球物理气象台改为澳门地球物理暨气象局（简称澳门气象局），隶属于澳门特别行政区政府运输工务司，主要职能是气象、气候、地球物理（地震、地磁等）和空气质量监测等方面的业务服务。局下设：气象处、资讯处和仪器暨维修处，气象监测中心、气象暨大气环境中心、资料处理暨电讯中心和地震监测中心，行政暨财政部。行政暨财政部负责澳门气象局全局的文秘、财会及后勤管理等保障工作。至2014年在编员工约100人。

气象业务 1861年澳门建立首座气象观察站，气象观测、预报、服务工作逐步开展。1965年开始，在澳门半岛、路环岛、氹仔岛、航海学校建立气象站。2002年启用自动气象站开展地面气象观测，2014年全澳门共有11个自动气象站，其中3个站每15分钟通过GPS（全球定位系统）发送观测报告。1997年建成德国引进的多普勒天气雷达，每15分钟提供1张雷达回波图。1987年空气质量监测网开始运行，2012年将$PM_{2.5}$列入空气质量监测指标，公布数值供居民参考和采取应对措施。还开展环境辐射观测，对大气中有害的伽马辐射进行探测。

澳门气象部门的天气预报工作，主要是利用实况图表、单站资料和雷达、卫星、模式产品等，采用数值预报MM5（第五代中尺度气象模式）模式及美国的天气分析系统，对中小尺度预报、垂直尺度风切变等进行诊断和分析。提供的主要预报产品包括常规天气预报、中长期天气预报、灾害天气警报、海浪预报、海潮和空气质量指数等。按照澳门法律规定，灾害天气预报发出后，立即告知行政长官办事室、保安直辖办公室/民政中心、港务局、电讯公司、电视广播公司。

气象科研教育 澳门气象部门注重与其他团体合作开展各项气象科学研究。与中山大学大气科学系合作，从最初引进的中尺度天气预报模式，发展到气象与环境两方面的深入合作研究。澳门气象局还参加了中国气象科学研究院等五单位联合组建的"季风与环境联合研究中心"。

澳门气象部门参加各种国内和国际气象科技会议和活动。1992年气象局被接纳为"亚洲及太平洋经济社会委员会"（ESCAP）、世界气象组织的"台风委员会"成员，主办了在澳门召开的第27届台风委员会，承办了在澳门召开的"世界气象组织国际登陆台风研讨会"。1987年应广东省气象局和皇家香港天文台的共同邀请，首次参加珠江三角洲地区"重要天气研讨会"，此后三地每年轮流主办。2013年由世界气象组织和澳门气象局合办"恶劣天气的预报和警报服务培训工作坊"，吸引了来自东南亚和孟加拉湾地区的气象业务部门的30多位业务人员参加。

澳门回归中国后，澳门气象部门加强了与大陆气象界的学术交流和业务合作，从而促进了大陆和澳门气象事业的共同发展。（参见第314页 内地与澳门特区气象合作与交流）

参考书目

温克刚，2004. 中国气象史[M]. 北京：气象出版社.

俞慕耕，周雅静，1998. 澳门及其临近海域水文气象特征[J]. 海洋预报，15（1）：59-67.

（贾朋群）

Táiwān qìxiàng

台湾气象（Taiwan meteorology） 台湾省简称台，位

于南海和东海之间的台湾岛及附属岛屿,台湾本岛面积约3.58万平方千米,澎湖、金门、马祖三大岛群面积分别为127.0 km²、150.5 km²、28.8 km²。台湾地处119°36′E～122°E,21°50′N～25°22′N之间,北回归线穿岛而过。台湾岛内高山多平地少,中央山脉等五大山脉覆盖了岛上很大的面积,最高峰为玉山山脉的玉山主峰,海拔3952 m。台湾南北纵长约395 km,东西宽度最大约144 km,环岛海岸线长约1139 km。台湾的天然湖泊不多,最大的是日月潭。2014年底,台湾人口约2343.38万人。中国的少数民族之一高山族的大部分,约40多万人居住在台湾。

天气气候特点 台湾位于欧亚大陆与太平洋之间,受到大陆和海洋的双重影响,冬季受到来自西伯利亚的大陆冷高压影响,以东北季风为主;夏季主要受太平洋海洋性高压控制,以西南风为主。加上山脉地形的影响,台湾的四季以及南北的气候差异明显,各地的天气变化多样。

台湾处于亚热带,全年温度适宜,气温变化较小,台湾南部接近热带气候更是如此。冬季最冷月是1月和2月,全岛月平均气温在16～20℃之间;夏季最热月是7月和8月,月均气温在28～29℃之间,日最高气温经常达到35℃以上。台湾降水丰沛,年降水量在2500 mm左右,山区可达3000 mm以上。主要雨期是5—6月的梅雨季和7—9月的台风季,每年夏秋季节平均有3～4个台风在台湾登陆,带来丰沛的降水。北部2—4月春雨的雨量较大。中南部冬季降水稀少,是台湾的枯水期。

气象灾害 台湾最主要的气象灾害是台风,登陆台风伴随强降水,经常导致山崩、泥石流、洪水暴发等。台湾"消防署"2010年的统计数据显示,台湾近50年发生的灾害次数接近300次,其中70%为台风,其次17%为水灾,地震占9%。在伤亡人数上,台风引发伤亡人数高达约47%。2009年8月5—10日,"莫拉克"台风袭击台湾并滞留40小时以上,带来丰沛的雨量,24小时雨量达1825 mm,是历年最多的,48小时雨量达2467 mm,逼近世界降水极值,南部受灾严重,被称为"2009·8·8"水灾。8月9日高雄还爆发了特大型泥石流,造成巨大损失。台湾灾害防救主管部门统计,此次灾害导致614人死亡,交通、农业等经济损失估计超过1000亿元台币。

其次是干旱和洪水灾害。台湾平均年降水量是全球平均值的三倍,但人均年降水量仅约为全球均值的1/5。缺水区域分布较广,加之枯水期较长,可用水量缺少。近年来台湾的降水量经常出现极端情况,不是过多(如1997年夏季),就是太少(如1993年夏季),导致洪水和干旱灾害交替出现。

台北测候所(摄于1897年12月)

历史沿革 19世纪80年代,台湾最早建立的气象观测站,由台湾省首任巡抚刘铭传创办,由英国人和法国人管理和供给仪器。1885年开始,在基隆、淡水、安平和打狗(今高雄)4处海关和渔翁岛(今澎湖岛)、南岬(今鹅銮鼻)两座灯塔开展系统的气象观测。1895年台湾沦为日本殖民地达50年之久,由台湾总督府建设和管理台湾气象网。1896年8月建立台北测候所,到1905年建立了台北、台中、台南、恒春、澎湖和台东6个测候站以及78个测雨点。1910年10月花莲气象台开始观测,1938年台湾总督府气象台成立并制定了"台湾总督府气象台"官职,岛上气象业务逐步健全。

1945年抗日战争结束后,国民党政府派员接收了日本遗留的气象设施,将原台北气象台更名为台湾省气象局,直属台湾"行政长官公署",1947年划转到"交通部"。1948年初台湾省气象局改称台湾省气象所。1949年民国"中央气象局"随国民党政府迁台,隶属台湾"交通部"。1958年机构精简,"中央气象局"的人员和业务分流到"气象所"和"民用航空局",仅气象"国际"相关事务保留在"交通部"。1971年7月恢复台湾"中央气象局"建制,主管全台湾气象业务,仍隶属于台湾"交通部"。台湾"中央气象局"下辖7个业务中心,包括气象预报中心、气象卫星中心、气象信息中心、地震测报中心、气象仪器检校中心、海象测报中心及台湾南区气象中心,掌管台湾地区气象、地震以及海洋与天文业务,收集全球气象信息,分析大气变化,发布各种天气预报及警报。台湾除"中央气象局"外,相关的气象机构还有:1949年成立的台湾空军气象联队、台湾海军气象中心和1950年成立的台湾民航气象中心等。

气象业务 进入20世纪70年代,台湾经济快速发展，推动台湾气象业务加快发展，在气象观测、预报、服务以及人才培养、仪器装备等方面都有长足进步。

构建大气探测站网，覆盖了岛屿以及周边海区。地面观测方面，目前有地面气象站28个、自动气象站434个（含224个自动雨量站）。其中，最南端的自动气象站建在南沙群岛的太平岛（Itu Aba Island，又称黄山马礁或黄山马峙，位于114°21′86″E，10°22′48″N）。开展了臭氧、紫外线辐射多项大气物理和化学观测，1989年开始有15个站开展酸雨观测。高空气象观测方面，台湾"中央气象局"在台北、花莲、台南、南沙和东沙岛设有探空站，台湾海军、空军、陆军也设有探空站。台湾气象部门在五分山、花莲、七股和垦丁建有4座多普勒雷达站，加上台湾军方建立的，共有9部天气雷达，形成了一个覆盖全岛的天气雷达观测网。

在海洋气象观测方面，台湾气象部门有23个海洋潮位站、8个海洋浮标站、1个波浪观测站和1个雷达波浪测站，其他部门还有13个潮位站和8个波浪站，组成了针对台风、风暴潮、海啸等灾害的监测预警系统。台湾设有气象卫星资料接收站，接收处理中国大陆、美国、日本等国的气象卫星资料。在观测网建设过程中，台湾越来越注重时空分布的精细化及与遥感观测的结合。

台湾气象部门广泛开展天气预报业务和气象服务工作。气象预报中心负责台湾地区天气监测、分析和预警，每天发布短期和中期天气预报，包括12～36小时短期天气预报和未来7天逐日天气预报；全球、区域和中小尺度数值预报系统提供各种短期、中期天气预报以及月和季度预报产品，供预报人员使用。台湾"中央气象局"的业务数值预报模式系统（CWB WRF）的动力模式来源于WRF-ARW，采用三重嵌套网格，每天完成4次84小时预报。海象测报中心负责对波浪、潮位、海温、洋流（海流）及海气相互作用等海洋气象要素预报，提供有最近36小时近海海象实况、海象预报、海象预报模式动态预测图、海象统计资料图表和检索等产品。此外，地震测报中心还司职海啸预警，天文站则开展太阳黑子的观测和研究，每半年出版1册太阳黑子观测报告用于气候变化研究。台湾气象部门还开展了渔业气象、观光地区天气以及国际和大陆主要城市天气、舒适度指数等预报服务。为了扩大服务层面，气象部门也接受各机构委托办理气象专业服务、气象仪器校验以及提供气象资讯申购服务等。台湾各防灾救灾机构可以随时利用专属的"点对点气象资讯服务平台"获得台风、暴雨等重要天气资讯，从而及时采取救灾和应对措施。在气象资料开放方面，2012年1月举行"公开资料加值推动策略会"，提高全民参与意识和使用效益透明化，建立了资料供应服务管理平台，将各种气象资料用于各行各业。

气象科研与教育　台湾"中央气象局"设有气象科技研究中心，开展灾害天气预报方法、数值天气预报和世界气候变化监测等方面的研究。台湾"中央研究院"物理所，开展边界层大气、数值模拟等相关研究。台湾一些大学设立与大气科学院系相联系的气象研究机构，如台湾大学大气科学研究所、"中央大学"大气物理研究所、私立"中国文化大学"大气科学研究所、中正理工学院的应用物理系、海洋学院海洋气象系、空军通信电子学校气象系，还有"中央研究院"环境变化研究中心、台湾台风洪水研究中心、"国家实验研究院""国家灾害防救科技中心"等开展气象科研工作，通过气象学会会刊等学术期刊平台，展示各种进展和成果。

台湾重视气象科学研究，科学委员会提出的大型防灾研究计划中增加了气象相关的研究。该计划在1982—1987年执行的一期计划中，包含气象研究分项49项，有19个机构的1000多人参加，完成了台湾气象灾害调查、气象水文网站调查和规划研究、气象资料编目、灾害性天气预报（着重于暴雨和台风）和中尺度实验计划等。该计划的二期计划，从1987—1992年，完成了中尺度实验后续研究，寒潮、低温和干旱长期预报研究，人工造雨实验，闪电与雷雨研究和建设防灾科技资料中心等。1986年实施台湾地区中尺度实验计划，动员了75个气象站、125个雨量站、12个探空站、10个测风站、1个低层探空站、21座测风塔、5部天气雷达、3部多普勒雷达、1部甚高频雷达、1架飞机、2艘船只以及1个卫星接收站参与并进行加密观测，为研究伴随梅雨锋面内发展的中尺度对流系统以及中尺度对流系统和地形对梅雨锋的影响等问题，提供了丰富的观测资料和信息。

从20世纪中叶开始，台湾多所大学建立大气科学系，气象高等教育逐步进入正轨，为培养气象人才和开展气象科学研究做出了贡献。

台湾"中央大学"大气科学系　台湾地区第一个大气科学领域的高等教育和研究机构，1968年成立大气物理系，1978年成立大气物理研究所。1990年大气物理系更名为大气科学系，1998年系所整合调整，成立了地球科学学院，大气科学系与大气物理研究所是其重要成员。

台湾大学大气科学系　成立于1972年7月，设置了地理组和气象组，一些留学美国的大气科学家返回台湾加入台大教师队伍。每年招收学生30～40人，1982年成立硕士班，1987年成立博士班，从而完成了向全层次大气科学教育的转变。

台湾私立"中国文化大学"大气科学系 成立于 1970 年，1993 年改名为大气科学系。注重理论与实用的均衡发展，通过对学生进行各种专业训练，扩大毕业生的就业机会。台湾气象局及民航气象人员很多来自该校。

中正理工学院应用物理系气象组 成立于 1968 年，培养服务于军队所需气象专业人才，特别关注航空气象以及弹道气象、数值预报和大气遥感等领域的人才培养和科研工作。

台湾气象学会 与中国气象学会同源，1972 年更名为"中华民国气象学会"。学会出版会刊、《大气科学》和 TAO（陆地、大气和海洋）等气象类期刊。近年来，该学会还致力于海峡两岸气象科学的学术交流活动，特别是在灾害性天气、台风和大气科学名词等方面，与中国大陆学者建立了常规的学术交流机制。

台湾气象界在气象业务、科研、教育活动中，与中国大陆同行开展了广泛的交流和合作。这些交流始于 1982 年在菲律宾马尼拉召开的一次民间气象学术会议上，两岸知名气象专家进行了直接的接触和交流。此后，两岸学者保持多元化的互访和学术交流，促进了两岸气象事业的共同发展。（参见第 314 页 海峡两岸气象合作与交流）

参考书目

温克刚，2004. 中国气象史［M］. 北京：气象出版社.

（贾朋群）

著名气象台站

Zhōngguó bǎinián qìxiàng táizhàn

中国百年气象台站 （Chinese century meteorological stations） 一百年前在中国建立的器测气象要素、且存有资料的气象台站。早在明朝，北京、南京就建立古观象台（见第 435 页 北京观象台、第 436 页 南京北极阁古观象台）属于以目测为主的观象活动。到清朝，一些外国组织和个人通过传教等方式，将西方国家发明的温度表、气压表等气象观测仪器传入中国，设立气象（候）观测站，开启了中国器测气象要素的先河；一些帝国列强根据本国军事等需要，也在中国建立气象观测站。根据史料和档案记载，百年前在中国建立的气象（候）观测站数量不少，由于战乱等种种原因一部分观测站夭折了，仍有上百个观测站虽有间断观测，但获取的观测资料大多留存下来了，且至今珍藏在中国气象档案馆（见下表）。

外国传教组织在中国建立的气象观测站 1841 年俄国东正教会在北京建立地磁气象台，是中国最早使用近代气象仪器连续系统进行观测的气象台站。1847 年法国巴黎耶稣会在上海开始气象观测，1872 年确定在徐家汇建立观象台，气象观测记录从未中断，是中国近代气象观测连续记录时间最长、资料保存最完整的气象台。北京地磁气象台、上海徐家汇观象台（见第 436 页 上海徐家汇观象台）的建立，标志着中国开始进入近代气象观测时代。据不完全统计，从 19 世纪中叶至 20 世纪 40 年代，外国传教组织等在中国建立的气象观测点有 80 多处，分布在 20 多个省。

欧洲列强在中国建立的气象台站 鸦片战争后，欧洲列强进入中国，在其强占的领地、租界和势力范围内建立了气象观测站或测候所，收集中国气象情报，为其军事、航运及商贸等活动提供气象服务。自 1869 年至 20 世纪 30 年代，由外籍人掌控的中国海关总署建立的气象观测站 70 余个（包括灯塔或灯船观测站），主要分布在中国沿海口岸、岛屿及长江沿岸、边关一些商埠城镇，其中有 40 多个气象观测站的观测记录达 30 年以上。但是，由于气象观测工作由海关外勤人员兼任，观测记录没有严格的校对、审查，观测记录的质量良莠并存。英国除了在其控制的通商口岸海关及所属灯塔、灯船建立气象站网外，还在香港、天津、西藏设立了气象站，最有影响的是 1883 年建立的"香港天文台"。俄罗斯帝国"中东铁路建设局"1889 年在哈尔滨设立测候所，至 1917 年在东北地区共建立了 14 个气象观测站。沙俄还在中国西北地区开展诸多气象观测活动。1881 年葡萄牙军方在澳门开展气象观测，后正式建立观测站一直工作至 1952 年澳门气象台成立。法国"滇越铁路建设公司"从 1906 年起在云南蒙自、河口、昆明建立测候所，观测 20 多年，但这些观测资料大多已失传。1898 年德国海军在青岛设立气象观测站，定名为"青岛气象天测所"，后更名为"皇家青岛观象台"（见第 437 页 青岛观象台），还管辖济南等十余处测候所。其归属虽几经变动，但气象观测记录仍然比较连续、完整，业务范围广泛，在天文、气象、海洋、地球物理等观测研究领域做出了贡献。

日本在中国建立的气象台站 为了侵略战争的需要，日本政府及侵华日军在中国台湾、东北、华北地区及驻华使馆、领事馆、侵华机构等广泛设立测候所进行气象观测，收集气象情报。1896 年日本中央气象台在台北设立测候所，至 1910 年又在恒春、澎湖岛等 8 处建立测候所（点），遍及台湾全岛，开展气象观测并做地方天气预报。1904—1908 年日本在大连、营口、奉天（沈阳）、新京（长春）设立测候支所，1904—1919 年日本利用驻华机构在天津、南京、杭州、汉口、沙市、济南、芝罘（烟台）、青岛、上海等地设立测候所，开展气象观测，为日军提供气象情报。据不完全统计，从20 世纪初至抗日战争结束期间，日本在中国设立的各类气象观测台站有近百处。

中国自建的气象台站 清朝末年出现兴农兴邦社会浪潮。1903 年清廷商部颁布《通饬各省振兴务农》，要求"气候之占测，皆立试验场"。一些农事试验场和农科学校设立测候所，进行气象观测。这是中国人最早创办的、利用气象仪器观测的、直接服务于农业的气象台站。这期间设立了多少测候所已很难考证清楚，从历史气象档案和文献资料查到的测候所有：南通博物苑测候所、迪化（乌鲁木齐）农林试验场测候站、宾州（哈尔滨）农林试验场测候所、广东省地方农林试验场测候所、福建农事试验场测候所、农工商部农事试验场测候所，这仅是农林机构设立的测候所的一部分，其他测候所尚未查到。这些测候所由于缺少统一管理，观测资料极少遗存下来。

辛亥革命（1911 年）后，民国北洋政府建立"中央观象台"，其农商部在北京设立气象观测总所，至1913 年在各地设立 26 个气象观测分所；其水利、军事及航空部门也建立了一些气象观测站。这期间，民国一些地方政府、研究机构、院校及民众创办了诸多气象台站，如 1913 年中国近代著名实业家张謇在南通创办军山气象台，是中国第一个由私人建立的气象台。（参见第 439 页 南通军山气象台）

百年前设立的气象台站名录（1841—1914 年）

省（自治区、直辖市）	台站名称	始止年份	现存记录年代
北京	北京地磁气象台	1841—1914	1841—1914
	中央观象台	1912—	1915—1949
	农商部观测总所	1913—1937	1913—1937
天津	天津英工部局观测所	1887—1941	1887—1941
	天津测候所	1904—1949	1904—1949
	大沽观测站	1876—1911	1880—1911
	塘沽海关测候所	1909—1944	1909—1944
河北	张家庄气象观测站	1876—1916	1876—1916
	西湾子气象观测站	1881—1944	1881—1944
	威县气象观测站	1906—1925	1906—1925
	大名府气象观测站	1907—1942	1908—1942
	秦皇岛海关测候所	1908—1944	1908—1944
	保定农试场测候所	1912—1920	1913—1920
	保定农校测候所	1913—1937	1913—1937
山西	山西太原（阳曲）农专气象观测所	1914—1937	1914—1937

续表

省（自治区、直辖市）	台站名称	始止年份	现存记录年代
内蒙古	海拉尔测候所	1899—?	1909—1932；1935—1942
	扎兰屯测候所	1899—?	1909—1932；1935—1942
	免渡河测候所	1907—?	1909—1929
	满洲里测候所	1909—?	1909—1933；1935—1942
	绥远观测分所	1913—?	1913—1943
	博客图测候所	1914—1932	1914—1932
辽宁	牛庄海关测候所	1890—1932	1890—1932
	大连观测所	1904—1945	1905—1944
	旅顺观测支所	1905—1945	1906—1944
	营口观测支所	1904—1949	1909—1942
	奉天（沈阳）观测支所	1905—1949	1905—1942；1947—1949
	安东海关测候所	1907—1932	1907—1932
	熊岳城观测所	1914—?	1914—1932；1936—1941
吉林	长春（新京）观测支所	1908—1949	1909—1943；1947—1949
	延吉测候所	1914—?	1914—1928；1936—1943
	珲春海关测候所	1914—1932	1914—1932
	德惠（窑门）测候所	1914—1945	1914—1932；1939—1945
黑龙江	哈尔滨测候所	1898—?	1898—1901；1909—1932
	哈尔滨海关测候所	1910—1921	1910—1921
	昂昂溪测候所	1901—?	1909—1932
	牡丹江测候所	1907—?	1909—1932；1937—1942
	太岭（太平岭）测候所	1908—?	1909—1932
	一面坡测候所	1909—?	1909—1932；1940—1942
	瑷珲（黑河）海关测候所	1910—1932	1910—1932
	安达测候所	1914—?	1909—1932
上海	董家渡修道院测候所	1865—1872	1865—1872
	徐家汇观象台	1872—1949	1872—1949
	佘山天文台	1901—1950	1914—1943
	上海菉葭浜地磁台	1908—1932	1913—1932
	佘山灯塔测候所	1880—1944	1880—1944
	吴淞海关测候所	1889—1937	1889—1937
江苏	镇江海关测候所	1881—1937	1881—1937
	南京金陵大学费门气象观测所	1895—1936	1895—1936
	日本驻宁领事馆测候所	1905—1920	1905—1920
	南通军山气象台	1913—1937	1917—1937
	淮阴省立农业学校测候所	1913—1937	1928—1936
浙江	宁波（鄞县）海关测候所	1880—1941	1880—1941
	花鸟山灯塔测候所	1880—1944	1880—1944
	大戢山灯塔测候所	1880—1944	1880—1944
	温州（永嘉）海关测候所	1882—1946	1882—1946
	小龟山灯塔测候所	1884—1944	1884—1944
	北渔山灯塔测候所	1895—1944	1895—1944
	镇海海关测候所	1906—1940	1906—1940
	日本驻杭领事馆测候所	1904—1918	1904—1918

续表

省（自治区、直辖市）	台站名称	始止年份	现存记录年代
安徽	芜湖海关测候所	1880—1937	1880—1937
	霍邱测候所	1891—1916	1891—1916
福建	牛山岛灯塔测候所	1879—1941	1879—1941
	福州海关测候所	1880—1944	1880—1944
	福州南台海关测候所	1905—1935	1905—1935
	厦门海关测候所	1880—1946	1882—1946
	东犬岛灯塔测候所	1880—1943	1880—1943
	乌邱灯塔测候所	1880—1943	1880—1943
	东碇岛灯塔测候所	1880—1943	1980—1943
	青屿灯塔测候所	1880—1922	1880—1922
	北碇岛灯塔测候所	1882—1943	1822—1943
	东引岛灯塔测候所	1905—1943	1905—1943
江西	九江海关测候所	1885—1938	1885—1938
	庐山牯岭观测站	1909—1933	1909—1933
山东	烟台（芝罘）海关测候所	1879—1944	1886—1944
	烟台（芝罘）测候所	1904—1944	1904—1940
	成山头灯塔测候所	1880—1944	1880—1944
	猴矶岛灯塔测候所	1885—1944	1885—1944
	镆铘岛灯塔测候所	1886—1944	1886—1944
	青岛观象台	1898—1949	1898—1949
河南	开封观测所	1914—1921	1917—1921
湖北	汉口海关测候所	1880—1938	1880—1938
	日驻汉口领事馆测候所	1905—1942	1905—1936；1939—1940
	宜昌海关测候所	1882—1938	1882—1938
	日驻沙市领事馆测候所	1905—1920	1905—1920
湖南	岳州（岳阳）海关测候所	1909—1938	1909—1938
	长沙海关测候所	1909—1944	1909—1944
广东	汕头海关测候所	1880—1943	1880—1943
	南澎（东澎）岛灯塔测候所	1880—1943	1880—1943
	鹿屿灯塔测候所	1880—1943	1880—1943
	表角灯塔测候所	1880—1943	1880—1943
	石碑山灯塔测候所	1882—1942	1882—1942
	三水海关测候所	1900—1938	1900—1938
	广州海关测候所	1907—1945	1907—1945
	广东省地方农林试验场观测所	1910—1937	1912—1937
	遮浪灯塔测候所	1911—1942	1911—1942
广西	北海（廉州）海关测候所	1880—1941	1880—1941
	龙州（龙津）海关测候所	1896—1940	1896—1940
	梧州（苍梧）海关测候所	1898—1944	1898—1944
	南宁府测候所	1908—1935	1908—1935
海南	海口（琼州）海关测候所	1904—1943	1912—1943
	临高海关测候所	1908—1941	1908—1941
重庆	重庆海关测候所	1891—1949	1891—1949
四川	成都府天主堂测候所	1906—?	1906—1937
	彭县河坝场天主堂测候所	1913—?	1913—1841
云南	云南府（昆明）测候所	1899—1936	1899—1936
	昆明测候所	1907—1929	1907—1929
	蒙自测候站	1906—1932	1906—1932
	河口测候站	1907—1929	1907—1929
	腾越（腾冲）海关测候所	1911—1942	1911—1942
西藏	亚东春丕气象站	1894—	1894—1956

续表

省（自治区、直辖市）	台站名称	始止年份	现存记录年代
新疆	鲁克沁气象观测站	1870—1896	1870—1874；1893—1896
	乌鲁木齐（迪化）气象观测站	1907—?	1907—1911
台湾	淡水灯台观测站	1879—1895	1879—1895
	淡水灯台测候所	1901—?	1934—1940
	渔翁岛灯台观测站	1880—1895	1880—1895
	渔翁岛灯台测候所	1901—?	1901—1940
	基隆灯台观测站	1882—1895	1882—1895
	基隆灯台测候所	1903—1944	1903—1944
	基隆二等测候所	1897—1915	1897—1915
	台北测候所	1896—1937	1896—
	澎湖测候所	1896—1945	1896—
	恒春测候所	1896—1945	1896
	台中测候所	1896—1945	1896—
	台南测候所	1897—1945	1897—
	台东测候所	1901—1945	1901—
	彭佳屿台灯测候所	1903—?	1910—
	花莲港测候所	1910—1945	1911—
香港	香港天文台	1884—	1884—
澳门	澳门气象站	1861—	1862—

注：①表中列出的百年气象台站为1914年前建立且存有观测资料。
②表中现存记录年代栏"—"表示观测资料连续，"…"表示观测资料欠完整或不连续；这些观测资料大多存放在中国气象档案馆。
③始止年份为"?"的是指终止年份不详，空白的为新中国成立后延续工作。

参考书目

温克刚，2004. 中国气象史［M］. 北京：气象出版社.
吴增祥，2007. 中国近代气象台站［M］. 北京：气象出版社.

（韩通武）

jiānkǔ qìxiàng táizhàn

艰苦气象台站（hard meterological stations） 建立在工作、生活条件艰苦而具有特殊天气气候代表性的气象台站。这些台站大多分布在高山、海岛、沙漠、高原、高寒地区及远离城镇、人烟稀疏的边远地区，气候条件恶劣，自然环境差。这些台站提供的气象情报和资料，对于掌握中国天气气候特征，做好天气预报服务，以及配合国防尖端科学试验研究等，具有重要的作用。国家十分重视这些气象台站的建设发展，给予很大的投入和政策支持。长期工作在艰苦气象台站的人员，克服难以想象的工作和生活困难，长期坚守岗位，无私奉献年华和智慧，为中国气象事业的发展做出了贡献。

国家人力资源社会保障部、财政部与中国气象局共同对工作生活条件艰苦的气象台站做了深入调查，确定了艰苦气象台站的类别标准及相应的支持政策。

中国艰苦气象台站分为六类。

一类艰苦气象台站 具备"海拔高度在3500 m以上，特别艰苦的；地处荒漠、草原，特别艰苦的"条件之一者，定为一类艰苦台站，一般可以执行第一种津贴标准。如西藏安多气象站，海拔高度为4800 m，高寒缺氧，极端最低气温为-36.6℃，年降雪日109天、8级以上大风最多达283天。又如新疆塔中气象站，地处"生命禁区"的塔克拉玛干沙漠腹地，是世界上唯一深入流动沙漠腹地200 km以上的气象观测站，地表温度高达80℃，年降水量23 mm而蒸发量却高达3800 mm，年均沙尘暴日达65天。2014年此类气象台站全国有97个。

二类艰苦气象台站 具备"海拔高度在3500 m以上，或地处荒漠、草原，较为艰苦的；海拔高度虽不到3500 m但在2000 m以上，特别艰苦的；地处海岛、牧区，特别艰苦的"条件之一者，定为二类艰苦台站，一般可以执行第二种津贴标准。如宁夏贺兰山气象站，海拔高度为2908 m，典型的高山气候，风沙大、降雨日多、年平均气温为-0.8℃，极端最低气温为-32.6℃。又如湖北神农架新一代天气雷达站，地处神农架林区红坪镇大草坪高山山顶，海拔高度为2680 m，冬季漫长，夏季雷暴频繁，常年潮湿多雨雪，年平均气温4.1℃，极端最低气温-30℃，雾日多达180天，积雪期长达160天，是神农架境内气候条件最恶劣的地方。2014年此类气象台站全国有81个。

三类艰苦气象台站 具备"海拔高度虽不到3500 m但在2000 m以上，较为艰苦的，或地处海岛、牧区，较为艰苦的；相对高度在500 m以上，特别艰苦的；地处滨海、林区，特别艰苦的"条件之一者，定为三类艰苦台站，一般可以执行第三种津贴标准。如天津市塘沽海上A平台气象站，是渤海海域唯一有人值守的气象站，工作生活在借用石油平台上一间4 m²的铁皮房子，距离塘沽海岸110 km，遇到大风大浪则要10个小时以上才能到达。又如甘肃天祝气象站，地处高寒山区农村地带，海拔高度2485 m，年平均气温3.4℃，极端最低气温-30.6℃，自然环境条件差，气候恶劣等。此类气象台站全国有100个。

四类艰苦气象台站 具备"相对高度在500 m以上，较为艰苦的；或地处滨海、林区，较为艰苦的"定为四类艰苦台站，一般可以执行第四种津贴标准。如黑龙江五营林业气象试验站，地处高纬度、寒冷的小兴安岭腹地，森林覆盖率93.25%，年平均气温-0.5℃，极端最低气温-44.9℃，最短无霜期只有65天。又如湖北金沙大气本底站，海拔高度750 m，年平均相对湿度75.8%，年大雾日数147天，全年零度以下日数140余天等。此类气象台站全国有130个。

五类艰苦气象台站 具备"地处山区或距县（旗）所在地较远，较所在地区其他单位困难得多的"，定为五类艰苦台站，一般可以执行第五种津贴标准。如河北邢台探空站，地处河北省张家口市邢台县皇寺镇皇寺村，距离邢台县政府25 km。又如吉林汪清气象站，地处延边州汪清县东光镇五人班村，地处偏远，交通不便，职工工作生活成本高等。此类气象台站全国有267个。

六类艰苦气象台站 具备"地处山区或距县（旗）所在地较远，较所在地区其他单位困难的"，定为六类艰苦台站，一般可以执行第六种津贴标准。如河北曲阳气象站，地处冀北山区，周边基础设施薄弱，通信和取暖处于末端。又如江西浮梁气象站，地处浮梁县大洲村（山顶），四周为森林，地势陡峭，交通不便，职工工作生活成本高等。此类气象台站全国有312个。

国家为解决艰苦气象台站的困难，一方面加大基础设施建设投入，改善艰苦气象台站工作生活条件；另一方面设立艰苦气象台站工作人员津贴，从生活待遇上给予补偿。这项工作从1963年开始，之后又陆续调整了津贴标准，一至六类艰苦气象台站津贴标准已由1963年的每人每月30元、24元、18元、12元、9元、6元分别调整为每人每天40元、32元、24元、16元、12元、8元。同时，在人力资源和社会保障部、财政部的大力支持下，多次调整了艰苦气象台站津贴类别，适当扩大了艰苦气象台站津贴执行范围。目前，全国气象部门执行艰苦气象台站津贴的气象台站为987个。

气象部门高度重视解决艰苦气象台站职工的工作生活条件和人员紧缺矛盾，2008年印发了《艰苦气象台站人员补充的规定（试行）》，在试点台站的基本业务技术岗位补充全日制大气科学类大专毕业生。中国气象局人事司印发了《艰苦气象台站人事管理机制改革试点的意见》，进一步完善了艰苦气象台站工作人员派出制或轮换制以及有效的人员补充机制。

（高军丽）

Běijīng Guānxiàngtái

北京观象台（Beijing Observatory） 前身可追溯到明代的古观象台。在古代中国几千年的农耕文明中，气象和天文是不分家的，每个封建王朝都有皇家观测机构，设在京城为帝王服务。元代有司天台，明朝迁都北京后，正统七年（1442年）修建了观星台，清代沿袭明制，观星台改称观象台（今古观象台），隶属于钦天监，承担"观天候气"和"敬授民时"的工作。天文气象人员日夜在台上观测日、月、星、风、云、气和雷电等天文、气象自然现象数百年，留下了大量珍贵的记录。气象仪器没有发明前，观测人员用肉眼进行观测，清代的阴晴和雨雪、风霾等记录被收录在《晴雨录》中。在国家第一档案馆藏有大量的比较完整的清代《晴雨录》资料，至今仍被国内外气象界等研究气候所应用。明末清初期间，西方传教士把温度表、湿度表、气压表等气象观测仪器传入中国，都城北京开启了中国气象仪器观测和记录的先河。

辛亥革命后，1912年民国政府接管了清王朝的观象台，设立中央观象台，下设天文、气象、历法、磁力地震4个科。1929年古观象台改为国立天文陈列馆和北平测候所，将气象与天文分立，气象观测工作延续到1937年"七七事变"而被迫中断。1940年日伪在北京西郊的动物园设立测候所进行气象观测，抗战胜利后由国民党政府接管。

新中国成立后的60多年间，北京气象观测地址多次变动。1953年6月作为国家基本气象站迁至西郊五塔寺，后又迁至大兴县东黑堡、西郊板井彰化村、大兴县旧宫、西郊北洼路又一村，1997年迁回到大兴区旧宫原址（大兴区亦庄桥北）。目前，北京观象台除承担地面和高空气象观测工作外，还设有S波段多普勒天气雷达及进行沙尘、大气成分、紫外线监测等业务，参加世界气象组织气象观测资料交换。它还是中国气象局大气综合探测试验基地，承担国内外多种气象观测仪器设备的试验和考核工作。

（姚学祥　曹冀鲁）

Nánjīng Běijígé Gǔguānxiàngtái

南京北极阁古观象台（Nanjing Beijige Ancient Observatory）　北极阁又名钦天山、鸡笼山、鸡鸣山。早在公元421年（南朝刘宋时期），南京就设有测候机构和专司观测天文与气象的官员。据《陈书》记载，陈朝时，在南京曾有"灵台候楼"，供观测天文、气象之用。何承天（公元370—447年）、祖冲之（公元429—500年）都曾在此司天观象。明洪武十八年（1385年），在南京鸡笼山（今北极阁）的西侧山巅建观象台，又名钦天台。《明史·天文志》记载：正统二年（1437年），钦天监正皇甫仲和向皇上奏本，南京观象台设浑天仪、简仪、圭表，而北京齐化门城上的观象台，未有仪象，恳求往南京用木制造，然后运至北京用铜别铸。明万历二十六年（1598年），意大利人利玛窦重游南都，参观钦天山观象台，当时台中仍有司天者在考察天象，朝夕观测具报，台上陈列铜制天球、日晷、相风杆、浑天仪、简仪等仪器，结构精巧。明天启七年（1627年），葛寅亮在其《金陵梵刹志》中，曾绘有鸡鸣寺及观象台图像，其建筑甚为壮观，观象台内设置的仪器，颇为完备。可见，鸡笼山观象台，当时有相当规模。清康熙八年（1669年），观象台仪器移于北京。太平天国时期，山上建筑物毁于战火。

民国十七年（1928年）四月，国立中央研究院气象研究所在南京北极阁成立，竺可桢任所长，这是中国历史上第一个研究近代气象科学的最高机构。同年12月，北极阁气象台开工建成。民国二十六年（1937年）抗日战争爆发，气象研究所内迁，民国二十八年（1939）年五月迁至重庆北碚，民国三十五年（1946年）十月迁回南京原址。气象研究所从成立至此，分气象观测和气象研究两组，气象观测组又分测候值班、仪器管理与记录整理，高空测候与地震观测由专人专司其事。民国三十五年（1946年）底竺可桢获准辞去所长后，赵九章任所长。民国三十六年（1947年）十一月国民政府公布中央气象局的组织规程后成立国民政府中央气象局气象总台，1949年中央气象局南京办事处与南京气象站成立后（总台便不存在），思想进步的气象人员秘密向地下党组织提供气象情报和天气预报，为解放军渡长江、解放南京做出贡献。1949年前后，气象研究所内设有天气组、气象台、气候组、地磁组、地震组、图书馆、事务室、电讯室等机构。1951年迁至北京。竺可桢、胡焕庸、吕炯、涂长望、赵九章、黄厦千、张宝堃、郑子政、朱炳海、卢鋈、程纯枢、么枕生、郭晓岚、叶笃正、顾震潮、陶诗言、黄士松、高由禧等都曾在气象研究所从事过气象研究或测候工作。

新中国成立后，1950年1月华东气象区台在南京市中山北路西流湾（原国民政府中央气象局旧址）成立，同年迁至北极阁2号。1954年11月华东气象区台撤销，成立南京气象台。至今，北极阁仍是江苏省气象局及气象业务、科研单位的工作场所。2007年中国气象局批准在北极阁建立了"中国北极阁气象博物馆"。

（翟武全　张芳）

Shànghǎi Xújiāhuì Guānxiàngtái

上海徐家汇观象台（Shanghai Xujiahui Observatory）　中国最早器测气象要素的台站。1848年徐家汇天主堂首次在上海用雨量器进行雨量观测，至今存有当时连续10年逐月雨量资料和连续14年逐月雨日资料。

1872年8月在天主教江南教区主教与耶稣会江南传教会在徐家汇召开会议，决定在徐家汇建立观象台，观测场地设在教士住所东面，12月1日开始气象观测，相继增加风、日照、地温、蒸发、草温、井水温度以及云等各类天气现象及高空测风、臭氧探测等，气象记录和观测结果编成年报。1873年2月天主教江南教区选定徐光启故里遗址——徐家汇肇家浜西岸（即今蒲西路221号）兴建观象台，8月在新址观测，同时印发气象记录月报表。

徐家汇观象台为开展航海服务等工作。1884年9月外滩信号台（即今延安东路口）建立，报告天气和校准时刻。1900年在上海西南佘山山顶建立佘山天文台，进行天文星象及太阳的观测、计算、研究等工作。同时在原址西侧建成新的观象台（即今蒲西路166号），翌年1月迁入新址工作。从1914年起，通过法租界私设的顾家宅无线电台（1934年起改由海岸无线电台），每日两次向海船播发时间信号和海洋气象预报，由悬挂信号发展到无线电广播服务。1933年徐家汇观象台与北平研究院合作，测定东北、华北、华东、华南等共208个重力点，徐家汇成为测定重力加速度的基点。1937—1944年，开展大气物理实验，用陶普生分光仪测高空臭氧量，用太阳分光变阻摄热仪测定大气中水汽含量。

20世纪30年代，徐家汇观象台仪器设备更新，人员增加，国际合作项目增多，科研领域扩大，是观象台业务发展的极盛时期。

1950年12月根据中央人民政府外交部指令和上海市军事管制委员会命令，由中国科学院和中央军委气象局共同派员接管了徐家汇观象台和佘山天文台。气象部分由中央军委气象局接管，授时、地震和佘山天文台由中国科学院接管。从此，徐家汇观象台分为上海气象台和上海天文台。

1900年建成的徐家汇观象台

徐家汇观象台预报业务萌芽于1879年，当时台风掠过上海，徐家汇观象台首次做了预报，准确无误，海关巡工司毕士璧会同当局及有关舰只集会对此大为赞赏。1879年开始开展台风警报服务，1890年正式发布台风警报，1895年建立正规天气图分析预报业务，12月1日绘制出中国第一张东亚地面天气图。徐家汇观象台从1872年正式建立到1950年的78年间，从建立地面气象观测开始，逐步增加地磁、地震、授时、物理气象、天体观测等项目，不断充实仪器设备和扩大业务，成为颇具规模的气象、地球物理和天文的综合性观象台，有40余项重要成果，发表几百篇论文和报告，在积累资料、发展科研、开展气象服务等方面起到了重要作用。

1954年在原观象台成立上海中心气象台，承担上海市和华东沿海海区天气预报服务。1959年上海市气象局成立后，上海气象部门的主要预报业务都在原观象台开展。2012年启动徐家汇观象台原有建筑修缮工作，建成集气象历史展览和科普培训于一体的上海气象博物馆，向市民开放。

（袁招洪）

Qīngdǎo Guānxiàngtái

青岛观象台（Qingdao Observatory） 始建于1898年，中国气象学会的发祥地。青岛地区昔称胶澳。德国侵占胶澳后，1898年3月1日在今青岛的馆陶路一号设立简单的气象设施，开始气象观测工作，1900年改称气象天测所，1905年迁至今观象山。1909年除气象观测外，先后增设了地震、地磁、赤道仪和子午仪等设备，同时担负青岛港的测量业务。1911年德国政府将气象天测所定名为"皇家青岛观象台"，主要业务有气象、天文、地磁、地震、潮汐等观测，并从事舰船有关仪器之试验、检定及供给，辖管济南、张店、胶州等测候所10余处，对舰船进行无线电授时及天气预报等工作。1914年日本取代德国侵占青岛，将观象台更名为测候所。1916年气象定时观测增加为7次，并增加日照、蒸发、云向、云速等气象要素记录，委托塔连岛、大公岛灯塔管理人员开始气象及海洋观测。1922年12月中国北洋政府收回胶澳的主权，开为商埠，测候所改为测候局。1923年3月测候局改编为测候所，5月改称观象台，下设天文磁力科、气象地震科及事务处，蒋丙然为台长。

1924年10月10日，全国气象界知名人士、学者云集青岛观象台，发起组织"中国气象学会"，公推蒋丙然为会长。1929年4月南京国民政府接管胶澳商埠，改称青岛特别市政府观象台，1930年5月改称青岛市观象台。1922—1937年，青岛观象台编印出版了《观象月报》《青岛节候表》《云与天气》《青岛温度之研究》和《气象机械学》等诸多学术期刊，与法国、瑞士等多国进行学术交流，也是中国科学界和社会名流学术交流的重要场所。1938年1月青岛再度被日本占领，观象台再次更名为"青岛测候所"。1945年8月日本投降后，恢复"青岛观象台"名称，民国政府派王彬华到青岛进行接收并担任台长。1948年青岛市观象台将半世纪之珍贵资料编修，出版了50周年纪念特刊。

1949年6月青岛解放，青岛观象台由中国人民解放军青岛军事管制委员会接管。1951年9月，根据中央军委指示改名为中国人民解放军海军青岛基地观象台，除担负军事气象保障外，同时承担地面观测、高空探测的任务以及为地方的气象服务任务。1957年3月海军青岛基地观象台将天文业务移交南京紫金山天文台，1960年10月将为地方的气象服务任务移交青岛市气象台，1974年1月将地面观测、高空探测任务移交青岛市气象台。自此，青岛市观象台成为海军北海舰队的专业气象台。

（史玉光　杨清军）

Tài Shān Qìxiàngzhàn

泰山气象站（Mount Tai Meteorological Station）　前身是国立中央研究院泰山测候所，1932年为完成第二次国际极年观测任务而建，设在泰山主峰玉皇顶，借道观为观测用房。1933年第二次国际极年观测任务完成后，竺可桢决定在泰山建立永久性高山气象站，遂亲自选址日观峰，蔡元培题写奠基纪念碑，时任国民政府立法院副院长邵元冲题写"日观峰气象台"台名，中国近代建筑教育先驱刘福泰设计，济南景记工厂承建，1936年1月1日正式启用，1937年12月28日因日寇迫近泰安被迫停止工作，1953年10月1日恢复气象工作至今。

泰山气象站是中国第一个永久性高山气象站，同时也是中国建站最早的高山气象站之一。坐落在泰山主峰玉皇顶东侧的日观峰上（36°15′N，117°06′E），海拔1533.7 m，是华北平原海拔最高的气象站，国家二类艰苦台站。2013年1月1日站类调整为国家基准气候站。2004年获得中国气象局、中国气象学会授予的首批"全国气象科普教育基地"。1978年中央新闻记录电影制片厂在泰山气象站拍摄了纪录片《风云前哨》，在全国放映。

泰山极顶具有显著的高山气候特征，长冬无夏、春秋相连，暖季多雾潮湿，冬季风大严寒，年结冰日数155天，最低气温-27.5 ℃，年雾日数176天，年大风日数162天，年均降水量1046 mm。

泰山气象站位于850 hPa大气等压面上，独特的地理位置使其观测的资料对于天气预报和气候变化研究具有重要意义。除基本的地面气象观测和航空气象观测外，1983年布设了713测雨雷达，1995年升级为713C型数字化测雨雷达，2007年更新为新一代多普勒天气雷达。1991年开始酸雨特种观测。2002年安装了自动气象站，2005年1月1日改为自动气象站单轨运行。2003年以来，先后与中国科学院、山东大学、中国气象科学研究院等单位合作开展大气成分观测。

1936年1月建成并应用的泰山日观峰气象台

（杨清军）

Éméi Shān Qìxiàngzhàn

峨眉山气象站（Mount Emei Meteorological Station）　1932年7月，为参加第二次国际极年测候活动，时任民国气象研究所长竺可桢派人到峨眉山千佛顶建立高山测候所。测候所观测一年后，停止运行。1939年4月，当时的四川建设厅重建峨眉山高山测候所，在抗日战争期间为中国和盟军主要的空中通道——"驼峰航线"提供气象保障。1943—1949年，峨眉测候所（位于峨眉山下）和峨眉山高山测候所行政业务统一管理、人员统筹安排。1950年8月中国人民解放军接管，测候所扩建为气象站；1954年10月迁到海拔3047 m的峨眉山金顶（29°31′N，103°20′E），扩建为国家基本气象站，参加国际气象情报交换。2004年定为国家一类艰苦气象站，2013年1月1日调整为"峨眉山国家基准气候站"。从1941年1月1日正式恢复气象观测记录，延续到现在，成为中国观测记录时间最长的高山气象站之一。

峨眉山气候条件恶劣，8级以上的大风年均60天；能见度小于500 m雾日年均314天；最低气温-19.7 ℃，年均气温仅3.1 ℃；最低气压小于680 hPa；降雪日数年均144天；积雪日数年均242天，最大积雪深度32 cm；年最多雷暴日数60天。"冬日风雪夏日雷，霜刀闪电惊人魂；春秋多雾遮日头，连绵阴雨连天云"，是气象站所处气候环境的真实写照。峨眉山气象站处于 700 hPa 高度层，其探测的气象数据资料，一直是四川盆地及长江中下游地区预报灾害性天气的指标性资料。

峨眉山气象站建站以来，从一个初级高山测候所，发展为具有现代化技术设备、先进探测技术手段的国家基准气候站，站容站貌发生了翻天覆地的变化，职工工作生活条件在不断改善。峨眉山气象站职工发扬"高山缺氧不缺志，工作艰苦不怕苦，观云测雨永争先"的精神，确保了从 1941 年 1 月至今气象资料完整无缺，46 人次获中国气象局"质量优秀测报员"称号，162 人次创四川省地面气象百班无错，为经济建设、国防事业、民航安全、防灾减灾、旅游气象服务做出了显著贡献。2012 年 7 月，峨眉山气象站被命名为"四川气象人精神教育基地"。

（喻万勤　徐尚轩）

Nántōng Jūn Shān Qìxiàngtái
南通军山气象台（Nantong Junshan Observatory）

中国最早由私人自办的气象台，著名气象学家蒋丙然曾称之为"中国私家气象台之鼻祖"。创始人为实业家、教育家张謇（江苏南通人）。清光绪三十二年（1906 年），张謇在南通博物苑建测候室。民国二年（1913 年），博物苑测候仪器移至南通甲种农业学校，成立测候所，作为农校学生的实习场所，所测记录资料又供农事试验参考。后因没有熟悉气象学原理和测候工作的专人进行有系统的工作，所得资料难以满足农林、水利、航运等部门之需要，因此开始动议与筹划建立气象台。1913 年 1 月张謇派遣"数理素娴"的刘渭清到上海徐家汇观象台学习。1914 年 5 月，选定军山山巅普陀寺后殿为气象台基址，民国五年（1916 年）10 月竣工，正式定名为"南通军山气象台"。张謇为总理、张退庵（张謇之胞弟）为副总理，刘渭清为主任。民国六年（1917 年）1 月 1 日开始工作。

军山气象台位于 31°57′35″N，120°53′17″E，海拔 118.4 m，台内装备有风向风速自记机、自记雨量计、福尔墩气压表、勒母勒聚氏天气预报计等当时国际上先进的气象仪器，并装有电话和无线电台。该台除观测雨量、风向、气温、湿度等气象数据外，还研究南通气候，测报潮汐和天文数据，创办了气象季刊。20 世纪 20 年代，该台自制的赤道晷、雨量器、日照计、指星仪先后在南京和上海举行的展览会上获奖。民国七年（1918 年）军山气象台每年编年报一册，发表一年的观测记录和研究成果，与 40 多个国家的气象台交换。第一期中英文合编的年报寄至徐家汇观象台后，台长马德赉（Josephus de Moidrey）高度赞扬。该台第二任台长陈潇曾回忆："当时军山气象台之设备，国内固属仅见，国际上亦有相当声誉，曾列入英国出版的国际气象台名册中。"当时，军山气象台开展气象科学普及，解释气象现象破除迷信；每天在南通报上发布天气预报，是南通乃至江苏气象史上的第一页。民国十三年（1924 年）10 月，张謇被中国气象学会公推为名誉会长。民国十五年（1926 年）7 月张謇逝世，翌年该台并入南通学院农科，民国十七年（1928 年）易名为"南通大学农科军山气象台"。民国二十七年（1938 年）日军侵占南通，气象台房屋被毁，仪器受损，资料散失，历时 20 余载、国内外知名的军山气象台，骤告停办。

新中国成立后，军山气象台改建为南通市气象局，1949 年 5 月 1 日恢复测候工作并持续至今。后气象局迁入市内，军山气象台原址不再承担气象功能。1997 年初，国家气象局认定南通军山气象台为国人自建的第一座气象台，南通市政府将其旧址列为重点文物保护单位。1998 年军山气象台建筑按原状修复。

（翟武全　朱卫星）

Yīdé Cèhòusuǒ
一得测候所（Kunming Taihuashan Meteorological Station）

1927 年由陈一得创办的云南省第一个私人测候所，也是中国由私人建立的第二个测候所。陈一得先生是云南气象、天文和地震事业的先驱，其名取愚者千虑必有一得之意。1927 年陈一得先生用自己微薄的积蓄购置气象仪表，在昆明钱局街创办了一得测候所，每天定时观测气压、温度、湿度、蒸发、雨量、风、云、能见度等气象要素，从未间断过天气记录，为云南近代气象科学的开创和发展做出了特殊的贡献。1937 年搬迁至昆明滇池西岸西山风景名胜区的太华山顶，海拔 2358 m，占地面积约 22 亩（1 亩 = 1/15 公顷），时称云南省立昆明气象测候所。1953 年更名为昆明太华山气象站。属国家高山艰苦气象站。

1936 年 5 月 30 日，时任行政院院长的蒋介石发布《行政院请克日设法筹办测候所训令》指出："按气象事业关系农林水利鱼航各项建设，均极为密切。目前航空发达，高空测候需要尤切"；"惟气象事业之实用，全在预报天气之准确，而预报天气之准确，全赖各地测候设备之密布"，因此令云南省政府"设法筹办测候所"。1936 年 6 月，云南省政府批准成立省立昆明气象测候所，位于昆明太华山顶，由陈一得任所长。这是云南省第一个公立气象测候所，也是云南省最早的气象工作机构，1937年4月建成，6月1日正式运行，地面气象观测工作一直延续至今。1943年，为保证中国抗战的生命线"驼峰航线"的航空气象安全，陈一得先生及其所主持的昆明气象测候所尽其所能为美国支援中国抗战的第十四航空队提供了所需的大量气象资料，为抗日战争胜利贡献了力量。

一得测候所（图为1934年11月中央大学地理系调查团在一得测候所留影）

1953年3月云南军区司令部气象科接管昆明气象测候所，云南省立昆明气象测候所更名为昆明太华山气象站。1984年3月昆明太华山气象站划归昆明市气象处（现昆明市气象局）管理。太华山气象站自建站以来，主要从事常规地面气象观测业务，1971年建立711型天气雷达、1981年更换为713型天气雷达进行测雨观测。2010年1月自动气象站建成投入业务运行。

2008年经云南省文物局批准，昆明太华山气象站挂牌成立云南气象博物馆。2013年1月，太华山气象站升级为国家基准气候站。太华山气象站是全国科普教育基地、全国气象科普教育基地、云南省爱国主义教育基地和云南省文物保护单位。

（冯颖）

Wǎlǐguān Dàqì Běndǐ Jīzhǔn Guānxiàngtái
瓦里关大气本底基准观象台（Waliguan Global Atmosphere Watch Baseline Observatory）

亚洲大陆腹地的全球第一个大陆型的基准观象台，位于青海省海南藏族自治州共和县境内的瓦里关山（36°17′N，100°55′E），海拔高度3816 m，地势孤立开阔，周围广大地区自然环境以浅草植被和干旱半干旱的荒漠草原及沙洲居多，属高原亚温带亚干旱气候，周边有近7800 km² 环境保护区，有较好的环境及气候代表性。

1989年，该台由联合国环境规划署、世界气象组织和中国政府联合论证并筹备建设，1994年9月作为全球大气本底观测站投入运行。是欧亚大陆腹地唯一的大陆型全球大气本底观测站，也是海拔最高的全球大气本底观测站，同时也是对国内外大气环境科技工作者开放的大气本底基准监测实验室。2003年被中华人民共和国科学技术部选定为国家重点野外台站。

建台初期，开展温室气体、气溶胶、太阳辐射、降水化学等监测项目，温室气体包括二氧化碳、臭氧、甲烷等。1996—2001年先后增加了气溶胶化学、一氧化碳、生态环境监测项目。2005年增加了气溶胶物理及化学特性监测项目。2009—2011年，先后增加了气相色谱、温室气体在线监测、能见度、太阳分光谱辐射、卤代罐采样等监测项目。

瓦里关大气本底基准观象台持续稳定地开展温室气体、微量成分、臭氧总量、反应性气体、降水化学、气溶胶化学及光学特性、太阳辐射、地面气象观测和生态环境等多类观测。资料应用于世界气象组织（WMO）温室气体公报和联合国政府间气候变化专门委员会（IPCC）气候变化评估，为全球和区域性气候及环境变化研究提供了可靠的支撑，也为中国可持续发展和环境外交等政策的制定提供了科学依据。该台的建设和发展得到了国际大气科学领域的极大关注。

（谢双亭　叶海年）

Xīlínhàotè Guójiā Qìhòu Guānxiàngtái
锡林浩特国家气候观象台（Xilinhote National Climatological Observatory）

位于内蒙古自治区锡林浩特市，地处锡林郭勒草原中心区域，属中温带亚干旱气候，能代表周围约200 km区域降水和温度气候特征。

1952年6月建立锡林浩特国家基本气象观测站，1959年增设锡林郭勒盟牧业气象试验站，2006年发展成为国家气候观象台，成为国内观测项目设置较全的多圈层气候综合观测站之一，其科学目标是为气候业务提供气候系统多圈层综合观测的基础信息。现为世界气象组织区域基本气候站（RBCN），地面和高空观测资料参与全球交换。

锡林浩特国家气候观象台为"一站两址"：气象局所在地（43°57′N，116°07′E，海拔1003.0 m）面积10万平方米，开展地面、高空、地基水汽、沙尘暴和生态观测业务；野外观测基地（44°09′N，116°19′E，海拔

1170.0 m）距气象局 20 km，面积 1000 万平方米，开展地面气象、基准辐射、大气成分、近地层通量、生态、边界层梯度和风能观测。多圈层的综合气象观测资料直接应用于天气和气候数值模拟参数的修正和检验评估，还用于区域碳水循环过程、沙尘暴监测预报技术、辐射平衡特征及区域气候变化影响与响应等领域的科学研究。

同时锡林浩特国家气候观象台作为中国气象局大气探测试验基地分中心，承担中国气象观测仪器的野外试验测试工作，也是卫星遥感地面校正场。

（王英舜　张立伟）

jídì qìxiàngzhàn
极地气象站（polar meteorological stations）　在地球南极、北极地区进行气象观测和科学研究的基本机构，是世界天气监视网（WWW）中的重要组成部分。中国在南极建有中山气象站、长城气象站、昆仑气象站、泰山气象站及多个自动气象站，在北极建有黄河气象站。

极地位于地球南北两端，自然环境恶劣、气候寒冷，是地球气候系统的重要组成部分。各国的极地科学考察站一般都设有气象站，其中有有人值守气象观测站，也有无人自动气象观测站；有设立在陆地上的，也有设立在海冰上的，或是在极地海洋航行的科学考察船、极地内陆考察车辆上的流动观测站；既有长期实时业务或准业务观测站，也有短期的科学考察站。这些气象站分别承担地面气象观测、高空气象观测、大气成分观测、边界层等气象观测和科研任务。

各国极地气象站概况　极地气象观测始于极地探险，已有 100 余年的历史。在北极地区，1882 年首次国际极地年前后，美国、加拿大、俄罗斯、丹麦、挪威、冰岛、瑞典和芬兰等国家都在陆地或海岛设立常规气象观测站，这些站大都已列入了世界天气监视网。日本、韩国和中国等也在北极斯瓦尔巴群岛设立了考察站。在南极地区，观测时间达百年的只有阿根廷的奥卡达斯气象站（1903 年建站），真正系统的气象业务观测则始于 1957 年的国际地球物理年。到 2014 年，在南极地区有 20 余个国家建立了 52 个有人气象站（地面观测站 33 个，地面及高空观测站 19 个）和 64 个自动气象站，均列入了世界天气监视网或全球自动观测中继系统（ARGOS）。其中也包括中国在长城站和中山站设立的气象站。国际地球物理年以来，南极地区先后建立了 14 个大气臭氧总量地基观测站，除观测大气臭氧总量和近地面臭氧外，一些国家还利用气球、飞机、火箭等进行了有关对流层、平流层和中层大气特征及气溶胶和 CO_2、SO_2、NO_X、氯氟烃（CFCs）、溴化烃（Halons）等大气痕量成分的观测。

中国极地气象考察和气象站建设　中国极地气象科学考察始于 20 世纪 80 年代，到 2014 年，国家已经组织了 30 次南极考察、6 次北冰洋考察和 10 次北极陆地考察；在南极和北极建立了 5 个有人气象科学考察站，设置了 10 余个无人自动气象站，并在 6 个短期的科学考察站点进行了大气科学考察。

1985 年，中国首次建立南极长城气象站（62°13′S，58°58′W，海拔 10.0 m），1989 年建立中山气象站（69°22′S，76°22′E，海拔 14.9 m），国际区站号分别为 89058 和 89573。这两个气象站每天进行 4 次定时观测，编发天气报，通过全球电信系统（GTS）传送实时观测资料。这两站已列入世界气象组织南极基本天气站网（ABSN）和南极基本气候站网（ABCN）。中山气象站还列入了全球气候观测系统地面站网（GSN）。2009 年、2012 年，中国在南极大陆建立南极昆仑站（位于冰盖最高点 DOME A，81°25′S，77°07′E，海拔 4087 m）和泰山站（73°52′S，77°03′E，海拔 2618 m），是度夏站，除无人自动气象站外，尚未开展常规地面气象观测业务。2002—2014 年，中国先后在南极中山站至南极大陆冰盖最高点的剖面上，设置了 7 个自动气象站；在南极罗斯海地区设立了 1 个自动气象站。到 2014 年，尚有 5 个自动气象站在正常运转。这些气象站由中国气象科学研究院负责建设和业务运行管理。

中国系统的北极实地科学考察始于 20 世纪 90 年代。1999 年、2003 年、2008 年、2010 年、2012 年和 2014 年 7—9 月，中国组织了 6 次北极北冰洋科学考察，在白令海及北冰洋，以考察船、直升机、浮冰站为观测平台，进行了海洋-海冰-大气-生物的多学科联合综合观测。2012 年第五次北冰洋考察时，首次在浮冰上设置了漂流自动气象站，获取了近半年的北冰洋气象资料；2014 年第六次北冰洋考察时，再次在浮冰上设置了漂流自动气象站。

2002 年 7 月民间的中国伊力特·沐林北极科学探险考察，在斯瓦尔巴群岛的朗伊尔地区设立临时科学考察站（78°11′N，15°55′E，海拔 11 m），进行有关大气、冰川、地质和植物等学科的综合考察。2004 年 7 月中国在斯瓦尔巴群岛的新奥尔松建立中国第一个北极陆地科学考察站——北极黄河科学考察站（78°55′N，11°56′E，海拔 11 m），进行高空大气物理、海洋生物、气象、GPS（全球定位系统）跟踪观测和冰雪等方面的考察。中国北极黄河气象站进行准业务的近地面梯度观测。

中国极地气象站和极地大气科学考察的基础数据已

收录进入"地球系统科学数据共享网——中国南北极数据中心""地球科学数据系统（WDC-D）——气象学科部分"的"中国气象科学数据共享服务网"和"中国气象科学研究院网站"的"大气科学数据库"等共享数据库。这些资料已在气象、海洋、地理地貌、冰川、生物、医学、环境、建筑等学科的全球变化研究中得到了广泛应用。

展望 南北极是全球气象资料最贫乏的地区之一。随着全球变化研究的不断深入，极地气象站也从传统的压、温、湿观测，向包括大气物理、大气化学和大气环境在内的更广泛的大气科学考察领域发展。瞄准极地气象科学研究的国际前沿，进一步加强国际合作，建立完善极地大气科学观测和研究体系，完善野外观测站网和数据共享服务，拓展极地气象科学考察研究领域，积极获取气候代用资料；提高南北极气象业务、科学研究水平，为国民经济可持续发展提供科学支撑，仍是中国极地气象科学与全球变化研究的重要内容。

参考书目

贾朋群，卞林根，张永萍，译，1989. 南极的天气与气候［M］. 北京：气象出版社.

陆龙骅，卞林根，2011. 近30年中国极地气象科学研究进展［J］. 极地研究，23（1）：1-10.

孙九林，林海，2009. 地球系统研究与科学数据［M］. 北京：科学出版社.

（陆龙骅）

Sānshā qìxiàng táizhàn

三沙气象台站（Sansha Meteorological Station） 三沙市地处中国南海，包括西沙群岛、中沙群岛、南沙群岛，位于109°30′E～118°45′E，3°35′N～19°33′N之间，面积200多万平方千米，由珊瑚礁构成岛屿、沙洲、礁、暗滩、暗沙等地貌，属热带海洋性季风气候。一年间受太阳2次直射，年太阳辐射总量140 kcal/cm²；全年为夏季天气，热量和气温均为全国之冠，少有酷暑；盛行东北、西南季风，年平均风速6 m/s左右；平均每年受台风影响6～7次，最多达10余次；年平均雨量在1500～1900 mm，6月至11月多雨为湿季。在具有特殊地理和气候特点的三沙市建设气象台站，对于发展中国气象事业，为国民经济和国防建设提供气象服务具有重要作用。

1957年7月，西南中沙群岛气象台在西沙永兴岛上正式成立，初称西沙气象站，是中国最南端的基层气象台站，也是南中国海上建设规模最大、业务最齐全的综合气象观测基地，承担国家基本气象站观测任务，后更名为西南中沙群岛气象台，下设西沙地面气象观测站、西沙高空气象观测站、西沙气象雷达站。1975年建立西南中沙群岛珊瑚气象站（后称珊瑚岛气象站）。2007年在南沙渚碧礁、永暑礁、美济礁建立3个海岛自动气象站，之后在南沙南薰礁、赤瓜礁、东门礁、华阳礁和西沙中建岛、琛航岛、金银岛、东岛、北礁建立9个海岛自动气象站，组成新的气象观测网络。1988年海南建省，西南中沙群岛气象台站由广东省气象局转属海南省气象局管理与建设。

2012年三沙市成立，在原有西、南、中沙群岛气象台的基础上组建成立三沙市气象局，负责本区域气象台站的建设、业务运行和岛礁无人自动气象站的日常巡检和设备维护维修（南沙太平岛气象站由中国台湾管理），承担高空、地面、酸雨、辐射、紫外线、闪电定位等观测任务，制作发布天气预报，为渔业、船艇等提供实时气象服务。特别是21世纪以来布设的南海海岛自动站网，对监测南海突发气象事件，为保障国家安全、开发南海资源、防灾减灾气象保障服务发挥了重要作用。三沙市气象部门建有多普勒天气雷达、L波段雷达各1部，各类自动气象站14个。

三沙气象台站远离大陆，常年处于高温、高湿、高盐，缺少淡水、蔬菜，人迹稀少的环境，工作生活条件极其艰苦，属于国家一类艰苦气象台站。

永兴气象站 永兴岛位于西沙宣德群岛，岛屿面积约2.13 km²。永兴气象站是三沙最早建立的气象站，由西沙地面气象观测站、高空气象观测站、气象雷达站组成，地理位置为112°20′E，16°50′N，海拔高度4.7 m。地面气象观测站建于1957年，为国家基准气候站，观测项目齐全，编发电报种类多。高空气象观测站建于1957年，每天2次观测，有台风业务试验时，增加02时、14时加密观测，参加全球气象情报交换。天气雷达站建于1972年，开始用843型雷达，后用714型天气雷达，2007年启用新一代多普勒天气雷达。

图1 20世纪50年代永兴岛气象站

图2　2009年永兴岛气象站新貌

珊瑚岛气象站　珊瑚岛位于西沙永乐群岛永兴岛西南方，即111°37′E，16°32′N，海拔高度4.0 m，岛屿面积约0.31 km²，距永兴岛约90 km。珊瑚岛气象站建于1975年，为国家基本气象站，2013年升级为国家基准气候站。气象站设有地面气象观测业务。

图3　2011年珊瑚岛气象站新貌

2013年9月29日，珊瑚岛遭受了历史罕见的强台风"蝴蝶"正面袭击，极大风速达54.1 m/s，造成了严重影响和重大财产损失。

（陈少健　杨梅）

Yán'ān Qìxiàngtái

延安气象台（Yan'an Meteorological Observatory）中国共产党在革命根据地建立的第一个气象台，延安是新中国气象事业的发祥地，为中国革命和建设做出了重要贡献。

1944年秋，驻延安的美军观察组在凤凰山麓下建立了气象台，由中美两国气象人员承担抗日战争的气象保障任务。1945年8月日本投降后，延安美军观察组气象人员在即将撤离之时，中央军委从将来建立人民空军、海军，以及当时延安飞机气象保障等需要考虑，决定在美军观察组撤离之前，指定由张乃召负责，选调正在延安大学自然科学院学习的毛雪华、周鲁女、曾宪波、邹竞蒙、陈涌珉（女）5人于9月底接收美军观察组气象台，正式成立八路军总部延安气象台。10月份组织5位年轻同志进行短期气象业务培训，美军气象人员担任教员，张乃召担任翻译和课外辅导。学习的内容有：地面观测、经纬仪测风、云幕球测云高、无线电探空及制氢技术。一个月后美军气象人员陆续撤离，在张乃召的带领下，5位同志上岗值班，承担气象观测和编发天气报告任务，同时组织学习建站知识、轻便气象仪器使用和无线电报务技能。

当时主要业务是开展地面气象观测、高空气象探测和航空气象保障。地面气象观测每日3次（08时、14时、20时），高空气象探测每日1次。有重要航空飞行任务或其他需要时就加密观测，有时相隔15分钟观测一次。同时还要自制氢气和油机发电工作。气象台的重点任务是为航空飞行活动提供延安天气实况和短时天气预报。那段时间，他们为毛泽东主席去重庆谈判，为周恩来、董必武、叶剑英等领导从重庆、南京、北平等地往返的专机飞行成功进行了气象保障，受到中央军委领导的表扬。

党中央领导对气象事业非常重视，毛泽东主席曾给延安气象台赠送了《自然地理》一书，周恩来副主席从重庆专门为延安气象台寄来一包气象书籍。周恩来、朱德、叶剑英、杨尚昆等领导同志到延安气象台视察工作，十分关心气象事业的发展和人员的成长。

1947年3月胡宗南部队进攻延安，气象台随军委三局撤离延安，先到达山西临县三交镇王家沟，后转至河北平山县王家沟，开展气象观测业务。1948年8月延安气象台全部人员参加华北电专陆空通信气象班教学工作，加紧培养气象人才，为建立和发展新中国气象事业做准备。新中国成立后，延安的气象事业得到了很大发展，经过几代气象人的不懈努力，形成了门类齐全、设备先进、人员结构合理的现代化气象台。1995年时任中共中央政治局委员、国务委员李铁映到延安气象局视察并题词："天公的使者，无名的英雄"。2009年延安市气象局被中央文明委授予"全国精神文明建设先进单位"称号。

（王新亚）

Chángbái Shān Tiānchí Qìxiàngzhàn

长白山天池气象站（Changbaishan Tianchi Meteorological Station）　始建于1958年，为国家基本气象站。坐落在天池北侧的天文峰上，位于128°05′E，42°01′N，

海拔高度 2623.0 m。长白山处于东亚大陆边缘，属湿润性温带季风气候，典型的火山地貌，中国境内最高峰为白云峰，海拔 2691 m；在火山锥体顶部中央处的火山口，经久积水而成湖——长白山天池，面积 9.82 km²，是世界海拔最高的火山口湖。

长白山风光旖旎，气候恶劣，很多气象要素创立了气象之最。年降水量 1333 mm，降水日数达 209 天，为秦岭、淮河以北之最，丰沛的降水孕育了天池湖和鸭绿江源头。年降雪日数为 145 天，积雪最深达 3 m，属全国之最。每年 10 月份天池水开始结冰、次年 6 月末方融，山中积雪长达 258 天。年平均气温为 -7.3 ℃，比海拔 4800 多米的西藏安多气象站的年平均气温还低，极端最低气温 -44 ℃，最低气压小于 700 hPa；年均大风（大于 8 级）日数为 269 天，最多 280 多天，为全国之最，最大风速大于 40 m/s；年强雷暴日数 56 天，能见度小于 1000 m 雾日有 265 天，强风、低温加高湿天气造冰凌横生奇观。长白山气象站地处国内著名旅游景区，特殊地理位置和独特气候，对预测天气和研究气候变化具有重要作用，也为长白山地区的旅游、林业和国防建设提供重要气象服务。

长白山气象站承担国家基本气象站观测任务。长期实行人工气象观测，观测要素包括温度、气压、湿度、风向、风速、日照等。2009 年开通市电，建立并运行自动气象站。由于条件艰苦，气候恶劣，1989 年 1 月天池气象站由有人常年值守改为季节值守，每年 6 月 1 日—9 月 30 日进行观测。2007 年 1 月调整为国家一级气象站，2009 年 1 月恢复国家基本气象站。2012 年 10 月长白山气象局成立，吉林省气象局将长白山天池气象站划归长白山气象局管理，承担气象观测、雷电灾害防御等任务，编制 6 人。

（杨环宇 刘继德）

Āndūo Guójiā Jīzhǔn Qìhòuzhàn
安多国家基准气候站（Ando National Reference Climate Station）

世界上海拔最高的有人值守气象站，被誉为"天下第一气象站"。位于西藏自治区那曲地区安多县、青藏高原北部、唐古拉山南麓（91°6′E，32°21′N），海拔 4800 m，属高原亚寒带亚干旱气候。

1965 年建站，初为国家基本气象站，后定为国家基准气候站。2003 年建成自动气象站。主要观测项目包括：云、能见度、天气现象、气压、气温、湿度、风向风速、降水、多层地温和蒸发。到 2014 年在职职工 10 人。

青藏高原地处中国天气气候系统上游，且具有独特的天气、气候和环流特征，对东亚、北半球甚至整个地球的天气、气候系统都有重要的影响。安多国家基准气候站位于青藏高原唐古拉山脉，具有海拔高、观测要素全、资料连续性好的特点，观测数据对预测下游地区的天气、气候变化极有价值，乃至对全世界做好天气预报、气候预测、气候评估和高原气象研究具有重要作用。

安多站地处高原，常年高寒缺氧，年平均气温 -2.8 ℃，极端最低气温 -36.6 ℃，年降雪日数 109 天，年 8 级以上大风日数 135 天，最多达 283 天，最大风速达 38 m/s，气候恶劣，环境艰苦，当地有句话："风刮石头跑，满山不长草，一步三喘气，四季穿皮袄"，是国家一类艰苦气象台站。1965 年，第一任站长、全国优秀共产党员陈金水带领全站人员，不惧高寒、缺氧、无电、无住所等极大困难，自己动手搭建居住窝棚、修观测场、盖业务房、凿饮水井，在荒无人烟的世界屋脊建起了地球上最高的气象站。建站 40 多年来，全站人员艰苦奋斗、坚守奉献，圆满完成各项气象观测和服务任务，为气象事业发展和当地经济社会发展做出了重要贡献。

（拉卓 向毓意）

Huáng Shān Qìxiàngzhàn
黄山气象站（Huangshan Meteorological Station）

1955 年 6 月建站，属国家基准气候观测站，是中国建立的第一个高山新一代天气雷达站，坐落于黄山风景区中心的光明顶，30°08′N，118°09′E，海拔 1840.4 m。黄山风景区地处安徽省南部的皖南山区，在黄山市境内，属世界自然和文化遗产地、世界地质公园，是驰名中外的山岳旅游胜地。

黄山属亚热带季风气候区。受海拔高度、地理位置和大气环流的共同作用，黄山风景区气候特征既有北亚热带季风气候的突出特点，又有山地气候垂直变化的鲜明特色。独特的地势地貌和复杂多变的气候造就了奇特的黄山山岳风光、自然美景和美轮美奂的气象景观。气候概况为，年平均气温为 8.0 ℃，极端最高气温为 28.1 ℃，极端最低气温为 -22.7 ℃。年降水日数 160 天，年降水量为 2403 mm，最多年达 3327 mm。一日最大降水量 328.4 mm。年雾日 256 天，大风日数 130 天，极大风速 37.9 m/s。年降雪日 30 天，最大雪深 57 cm。黄山气象资料对预测天气和研究气候变化有重要作用，也为景区生态、旅游和国防建设提供重要气象服务。

黄山气象站初期承担国家基本气象站观测任务。2014 年调整为国家基准气候观测站，承担地面气象观测、酸雨观测、天气雷达观测、景区防雷、气象服务等任务。1970年开展天气预报和服务，1986年10月成立黄山气象管理处，黄山气象站归气象处管理，1985年在光明顶建成中国第一部714天气雷达，2008年更新为新一代多普勒天气雷达。1988年开始，开展酸雨观测，建立自动气象站，建成由8部电场仪、6部闪电定位仪组成的黄山风景区雷电预警系统，逐步实现气象业务自动化。2010年全方位、多层次地开展旅游气象服务，创建全国山岳景区旅游气象服务示范区，"黄山旅游气象防灾预警服务"荣登2012中国旅游公共服务项目中国服务外包最佳园区十强（TOP10）中国旅游风云榜。

（胡正维）

Mòhé Qìxiàngzhàn

漠河气象站（Mohe Meteorological Station） 中国最北的气象站，气象观测历史悠久，早在日伪时期就曾建立过观象台，1939年冬观象台及所有的资料都被一场大火烧毁。

漠河气象站始建于1956年，1957年4月正式观测，气象站位于漠河县北极村城郊，52°28′N，122°22′E，观测场海拔高度296.0 m。1992年经国家气象局批准，漠河气象站由北极村迁至漠河县城；1997年漠河国家基准气候站正式运行。原漠河气象站更名为北极村气象站，与漠河国家基准气候站实行并轨观测。

漠河（北极村）气象站1971年气象资料参加全球交换，每天8次观测，1992年每天24次定时观测，2004年建成CAWS600-SE型自动气象站。漠河气象事业发展迅速，逐步实现气象现代化，现开展的业务主要有：大气探测、天气预报、气象服务、人工影响天气、防雷电管理、卫星遥感、太阳辐射观测、酸雨观测、GNSS（全球卫星导航系统）陆态网、寒带建筑物温度观测、寒带试验观测、天象自动采集（北极村）、空间电离层D区监测（洛古河）、山洪地质灾害防御等。

漠河气象站地处寒温带大陆性季风气候区。冬季气候寒冷、干燥而漫长；夏季降水集中，雨量充沛，气候湿热，日照时间长，易发生洪涝和低温冷害。年平均气温为−4.4℃，平均气温零摄氏度以下达8个月，平均无霜期达99天，冬天最低气温曾达−52.3℃。夏季最高气温可达38.9℃。全年降水量的70%以上集中在7月份。5—6月份为旱季，7—8月份为汛期。为多年连续冻土区，冻土最厚达100 m以上。建站初期，北极村条件艰苦，全靠土豆充饥，饮用融化的冰水；交通极为不方便，运送物资和沟通信息全靠江上木船和冰上爬犁。因气候寒冷，生活在漠河的人大多都患有风湿病、关节炎等地方病。

漠河气象人发扬艰苦奋斗精神，在极其恶劣的气候环境中，为气象事业默默奉献。原站长周儒锵在1985年获得全国气象部门边陲优秀儿女银质奖，同时也是黑龙江省劳动模范。为弘扬周儒锵扎根边疆，在极其艰苦的条件下为气象事业无私奉献精神，2004年中国气象局、黑龙江省气象局和哈尔滨电视台等共同制作电视连续剧《北极光》，并在中央电视台播出。2008年侯士波荣获"黑龙江省五一劳动奖章""黑龙江省业务技术能手"称号。2014年漠河气象站被评为全国气象系统先进集体。

1986年时的漠河气象站

（周学军　李哲）

Zhū Fēng Qìxiàngzhàn

珠峰气象站（Mount Qomolangma Meteorological Station） 位于西藏自治区定日县境内的珠穆朗玛峰山区，由4个呈阶梯状分布于海拔5200～6000 m之间的自动气象站组成。为保障2007年和2008年珠峰火炬登珠峰展示活动，由中国气象局气象探测中心于2007年5月建成，布设在珠峰大本营至高山营地的必经路线附近，是中国历史上海拔最高的业务观测站。

珠峰气象站1号站（27°59′N，86°51′E，海拔5200 m）位于珠峰大本营，下垫面为高山戈壁，常年没有植被，观测要素包括气温、湿度、气压、风向、风速和辐射，装有两套热备份自动气象站。2号站（28°06′N，86°53′E，海拔5555 m）位于东绒布冰川西部入口处，3号站（28°05′N，86°55′E，海拔5792 m）和4号站（28°04′N，86°55′E，海拔5955 m）位于东绒布冰川中部。2、3和4号站建设在冰川上，下垫面表面覆盖有砂石，观测气温、湿度、气压、风向和风速。2009年西藏自治区气象局对1号站进行了改建并定期维护，作为国家级无人自动气象站保持业务运行。珠峰气象站2，3，4号站于2009年12月份停止业务化运行。

青藏高原平均海拔在 4000 m 以上，是世界上海拔最高的高原，其热力、动力作用以及地气交换过程对中国灾害性天气的形成乃至全球气候变化均有重大影响，珠峰地区作为青藏高原海拔最高的区域一直是科学家关注的焦点。由于珠峰地区海拔高、气候环境恶劣、气象观测条件异常艰苦，站点维护维修困难，气象观测站稀缺，气象观测资料非常宝贵。西藏气象部门定期对珠峰气象站设备进行维护，保障观测业务正常运行，为登珠峰活动和科学研究提供可靠的气象观测资料。为登山队提供的实时气象资料，保障了 2007 年、2008 年的 3—6 月奥运火炬传递珠峰预演练和正式活动获得成功。科学家利用这些观测资料研究获得新发现：由于珠峰地区海拔高、大气稀薄，地面太阳总辐射瞬时值经常大于太阳常数，甚至出现小时均值大于太阳常数的观测记录。

（王建凯）

Wènchuān dìzhèn zāihòu qìxiàng táizhàn huīfù chóngjiàn

汶川地震灾后气象台站恢复重建（recovery and reconstruction of meteorological stations after Wenchuan earthquake） 2008 年 5 月 12 日，四川省汶川发生特大地震，并带来滑坡、崩塌、泥石流、堰塞湖等严重次生灾害，是新中国成立以来破坏性最强、波及范围最广、灾害损失最大的一次地震灾害。地震造成人员伤亡惨重，城乡居民住房、基础设施、公共服务设施损毁严重，生态环境遭到严重破坏。

气象台站受灾与救灾 汶川特大地震导致四川省、甘肃省、陕西省、云南省、重庆市严重受灾，其中四川省灾情最重。给气象部门特别是基层气象台站也造成严重破坏，气象基础设施受损严重，房屋倒塌、道路开裂、护坡堡坎塌方，供水、供电、供气管线毁坏，房屋倒塌或需要重建 69 102 m²，需要加固 154 860 m²，需要维修 55 825 m²，供水、供电、供气管线受损 67 060 m，道路开裂或塌方 10 667 m，围墙倒塌或开裂 35 337 m，护坡、堡坎、观测场开裂或塌方 61 170 m³。气象职工住房震塌震裂达 10 万平方米。气象业务系统受损严重，部分观测场损毁，有 645 套自动气象站、169 套地面观测仪器设备、12 套雷达设备、331 台计算机、543 套办公设备等严重损坏。

汶川特大地震发生后，气象部门全力做好抗震救灾气象服务和生产自救工作。中国气象局迅即成立抗震救灾应急指挥部，统一领导和组织协调气象部门抗震救灾和气象服务工作。中国气象局领导多次率工作组，深入灾区一线指导抗震救灾和气象服务工作，慰问灾区气象职工。灾区各级气象部门克服困难，恪尽职守，在顽强自救的同时，着力做好灾区各项气象工作，为抗震救灾做出了积极贡献。全国各地气象部门紧急行动，帮助受灾地区气象部门尽快恢复气象业务服务和生活秩序，支持了一大批发电机、移动气象站、卫星电话、卫星定位、移动气象应急服务车、移动天气雷达等气象业务装备及支援帐篷、睡袋、食品、药品等救灾生活物资，同时抽调最优秀的气象业务专家赴地震灾区各级气象台站帮助工作，使灾区气象业务服务迅速恢复，各项救灾和复建工作快速有效开展，得到了各级领导部门和社会各界的充分肯定。

灾后恢复重建 在中国气象局的统一组织下，全面开展气象部门地震灾后恢复重建工作。2008—2011 年，国家共安排 5.2 亿元中央财政专项资金用于气象部门恢复重建，其中安排：四川省气象部门 108 个项目、投资 30 528 万元，甘肃省气象部门 43 个项目、投资 8962 万元，陕西省气象部门 63 个项目、投资 9688 万元，重庆市气象部门 17 个项目、投资 1574 万元，云南省气象部门 9 个项目、投资 1248 万元。此外，19 个对口支援省、直辖市和计划单列市气象部门共落实对口援建资金 4282.7 万元。经过各级气象部门的共同努力，受汶川地震影响的气象台站灾后恢复重建取得明显成效。

气象台站基础设施显著改善 恢复重建 60 个、维修加固 166 个气象台站业务办公用房，226 个气象台站修复管道、线路、围墙、道路、护坡堡坎及绿化环境。北川、青川、汉源、中江、金川、黑水、陇南等地县级气象局新建成具有现代气息和地域特色的业务楼。经过灾后重建，受灾气象台站的基础设施普遍明显超过震前水平，部分台站达到全国先进水平，地震损毁的气象台站基础设施发生翻天覆地的变化，职工的工作生活条件得到极大改善，明显提升了气象部门的整体形象。

气象业务服务能力大幅提升 一是完善公共气象服务系统。受灾气象台站新建灾害预警信息直播系统，完成中国气象频道气象信息节目本地化插播接入系统建设；建立应急语音广播系统，完成 596 套语音广播接收终端、2520 个电子显示屏建设；完成气象信息手机短信服务平台和气象信息"12121"等电话语音服务系统升级改造，配置 19 套"12121"语音工作站和 30 套地级气象服务数据服务器；成都、德阳、绵阳、广元、阿坝、陇南等 17 个重灾市局重建电视天气预报制作系统。甘肃省气象局建立了气象灾害预警信息发布"绿色通道"，在陇南、甘南和定西开展气象灾害预警信息全网发布试点。四川省气象局在7个重灾市州建立人工影响天气业务系统和绵竹等27个重灾县人工影响天气作业前端信息系统,在省气象局配置4套人工影响天气移动雷达;甘肃和陕西省气象局各配置1套人工影响天气移动雷达。

二是完善气象预报预测系统。新建157个县级电视会商系统,实现灾区省、地、县三级互动天气会商;配置市县级预报工作站及显示屏182套、地市级预报服务器15台,在市县级气象局建设气象信息综合分析处理系统(MICAPS3.0)平台,预报平台现代化水平明显提高。其中,四川省在全国气象部门率先建成省市县高清视频会商业务系统;甘肃省陇南市气象局牵头建成陇南市自然灾害资料共享系统,实现了气象与国土、水利、环保、地震、安监等部门监测资料的实时共享。

三是完善综合气象观测系统。在受灾的264个气象台站中新建改建1145个自动气象站,新配置189套实景观测系统,地震重灾区、川西高原地区和盆地周边山区的气象站网密度明显提高,有效弥补了气象观测盲区。修复4部新一代多普勒天气雷达,新建5个闪电定位仪子站,布设交通气象监测自动站31套,配备全站仪(经纬仪)22套,新建65个土壤水分观测站,有效提高了综合气象观测能力。四是完善了信息技术支撑和应急通信保障。新建四川省级信息网络灾难备份(降级)系统、视频会议中心控制系统、降级省级气象信息存储管理系统,全方位提升应对突发事件应急响应能力。在成都、德阳、绵阳、广元、阿坝、雅安、陇南等市局配置地市级网络设备及磁盘阵列28套、县级网络设备145套。甘南、陇南建成千兆局域网。为62个通信不畅的台站配备短波电台,交通不便捷的22个基层台站配置卫星电话,增强应急状态气象通讯保障能力。配置自动或人工应急观测设备35套、发电机31套、UPS电源45套,提高应急状态下气象保障响应能力。灾后恢复重建边建设边发挥效益,重建的业务服务系统在2009—2011年汛期气象服务特别是暴雨监测预警中发挥了重要作用,为青海玉树强烈地震、甘肃舟曲特大山洪泥石流、四川绵竹市清平乡"8·13"特大泥石流地质灾害等重大灾害抢险救灾提供了高质量的预报服务,彰显了恢复重建的经济社会效益。

<u>精神家园建设成果丰硕</u> 气象部门的恢复重建注重精神家园建设,统筹融入气象文化和精神文明建设,在基础设施建设中通过展板、文化长廊、文化景观等硬件设施对气象文化建设给予了全方位的展现,很多气象台站获得多项精神文明奖励,有24个集体和6名个人受到中国气象局汶川地震灾后恢复重建先进表彰。在灾区气象部门可以看到广大气象干部职工昂扬向上的精神风貌、全身心投入工作的热情、坚定乐观的生活信心,铸成了自强不息、感恩奋进的精神家园,抗震救灾、恢复重建大力弘扬了气象人精神。

(姜长波)

Zhōuqǔ níshíliú zāihòu qìxiàng táizhàn huīfù chóngjiàn
舟曲泥石流灾后气象台站恢复重建(recovery and reconstruction of meteorological stations after Zhouqu disaster) 2010年8月8日甘肃省甘南藏族自治州舟曲县发生特大山洪泥石流灾害,给全县人民生命财产及基础设施造成了重大损失。舟曲县气象局积极开展抢险救灾气象服务和灾后恢复重建,得到当地政府和上级主管部门的充分肯定。

<u>气象台站受灾与救灾</u> 2010年8月7日23时—8日01时,舟曲县城北部山区突降暴雨,降雨量达96.3 mm。局地突发性强降雨引发三眼峪和罗家峪两条沟系特大山洪泥石流,宽约500 m、长约5 km的泥石流所经县城区域夷为平地,堵塞嘉陵江上游支流白龙江形成堰塞湖,使县城近一半区域房屋被淹、建筑设施损毁,造成重大人员伤亡。

在此次泥石流灾害中,气象部门受损严重:暴雨、山洪、泥石流冲毁多要素区域自动气象站4套;舟曲县气象局基础设施严重受损,地震灾后重建项目中新购买的防灾减灾指挥中心业务楼因被洪水浸泡多日成危房,由舟曲县政府统一拆除,门前道路损坏,供水设施被冲毁;全局有6名职工个人住房受损,其中5户职工住房被鉴定为危房,拆除总建筑面积502.5 m²,加固面积110 m²。在此次山洪泥石流灾害中,气象部门经济损失约690万元。

灾害发生后,8月8日3时甘南州气象局立即启动了暴雨应急响应,全力以赴做好气象预报预警服务、应急救灾保障服务、灾情收集上报工作。州气象局通过电话、传真、短信平台、书面材料等方式向州政府、州抢险救灾指挥部及有关部门开展应急气象服务。舟曲县气象局及时向县委、县政府开展抢险救灾决策气象服务,紧急开通短信平台,6小时一次将天气实况、天气预报、预警信号及最新气象信息向当地党政领导及各单位、各乡镇领导、气象信息员发布,保障了抢险救灾的顺利进行。

<u>灾后恢复重建</u> 甘肃省气象部门按照国家、地方政府的要求和中国气象局的批复积极开展灾后重建工作。以满足灾区防灾减灾和经济社会发展需求为出发点,建成结构完善、功能先进,软硬结合、保障到位的气象灾

害防御体系，全面提升甘肃省气象灾害监测预警水平和防灾减灾能力，使灾区气象服务综合保障能力超过灾前水平，为当地政府部门、社会公众提供更加优质、高效的气象服务。

舟曲泥石流灾后恢复重建重点项目为"舟曲地质灾害气象预警系统"建设，建设资金1100万元。经过两年多的艰苦努力，气象部门高标准地完成恢复重建任务。业务系统建设。在舟曲县拉尕山建设天气雷达站，安装X波段中频相参多普勒天气雷达系统，2012年3月底投入业务运行，在山洪地质灾害等气象服务工作中发挥了作用。改造甘南州气象局和舟曲县气象局的标清视频天气会商与会议系统，实现甘南州气象局到舟曲县气象局的高清视频会商。在舟曲县尚未建立自动气象站的乡镇、山洪泥石流灾害重点防治区及白龙江流域补充建设16套6要素自动气象站，至2014年舟曲区域自动气象站已达到50个。舟曲县城及下属19个乡镇安装气象预警电子显示屏23块，安装高频大喇叭系统213个，覆盖舟曲县所有行政村和社区居委会。重新制定了各项业务流程和舟曲县气象灾害防御规划，完善了乡镇气象工作站及气象信息员、协理员的工作规范。

基础设施建设。业务办公用房纳入舟曲县政府统办楼建设之中，县政府安排舟曲县气象局业务用房962 m²，2014年7月投入使用。县气象局的道路、供水、供电基础设施以及职工住房等问题，在灾后重建中一并得到妥善解决。

灾后重建成效显著 新建成的舟曲县气象局业务用房和配备的各种现代化装备，为更好地开展气象业务服务工作奠定了扎实的基础。职工活动室、图书室等文化活动场所的建设，促进了台站双文明建设，树立了良好的社会形象。天气雷达、区域站、会商系统、天气预报业务系统等项目建设成果极大地提升了气象部门对灾害性天气的监测、预报、预警、服务能力。及时的预报预警、实时的实况监测，为当地政府防灾减灾、部门组织生产、公众避险自救提供了科学建议。舟曲县气象局通过电话、手机短信、电子显示屏、大喇叭、书面材料等多种方式为甘肃省舟曲灾后重建前方指挥部通报预报、预警及雨情信息。由于气象部门预报准确、服务及时，灾后重建气象服务工作得到了甘肃省舟曲灾后重建前方协调指导小组的高度肯定。

（何欣）

气象文化与科普

气象文化

Zhōngguó qìxiàng wénhuà
中国气象文化（Chinese meteorological culture） 中华民族在长期的气象活动中创造、积累、传承、发展的优秀思想和行为成果。广义的气象文化包括气象活动中积淀形成的思想、精神、观念、制度、行为规范和气象科学技术等；狭义的气象文化是指以气象内容为题材的文化作品、文艺创作和气象部门开展的一系列文化体育活动等。

历史渊源 中国气象文化源远流长，最早可追溯至上古时期。随着先民摆脱原始的狩猎采集经济而进入到农业文明，掌握天文和气象知识就成为生存的必要前提。中国上古气象神话，如盘古开天、女娲补天、鲧禹治水、后羿射日、夸父逐日等就孕育着气象文化。汉字的创造，一部分就是源于古代先民对天气气候的记录。在为数不多的甲骨文字中，就有不少是有关天气气候的文字。周易和历法中，透露出鲜明的气象特色。经过数千年发展，传统气象文化大量保存在风俗（如祈雨、祷风）、建筑（如风水）、神祇信仰（如风伯、雨师、妈祖）等之中，且历代以风云、雨雪、冷暖、旱涝、雷电等气象题材为内容的诗、词、赋、小说和戏曲等作品大量、广泛、长久地流传，成为中国文化的瑰宝，也显示出现代气象文化的深厚渊源。例如，早在春秋时期形成的中国第一部诗歌总集《诗经》中，就有许多气象诗歌。如《大雅·荡之什·云汉》中有"旱既大甚，涤涤山川。旱魃为虐，如惔如焚。我心惮暑，忧心如熏。"意思是说旱情已经非常严重，山秃河干，草木枯槁；眼看旱魔逞凶肆虐，遍地好像大火焚烧；暑热难当令我心畏，忧心忡忡如受煎熬。在唐诗宋词中更蕴涵着大量气象诗词。如王维的"赤日满天地，火云成山岳。草木尽焦卷，川泽皆竭涸。"杜甫的"好雨知时节，当春乃发生。随风潜入夜，润物细无声。"苏轼的"黑云翻墨未遮山，白雨跳珠乱入船。转地风来忽吹散，望湖楼下水如天。"陆游的"风雨拔山怒，雨如决河倾。屋漏不可支，窗户俱有声。乌鸢堕地死，鸡犬噤不鸣。老病无避处，起坐徒叹惊。"施耐庵在《水浒》中"赤日炎炎似火烧，野田禾稻半枯焦。农夫内心如汤煮，公子王孙把扇摇"等。

气象文化建设 新中国建立以来，气象部门在大力抓好气象业务建设的同时，十分重视气象文化建设。首先是气象文化机构建设不断加强。20世纪50年代，在中央气象局办公室就设有宣传科，1982后又成立了宣传处，主要负责全国气象部门的宣传文化管理工作。1978年成立了气象出版社，1989年成立了中国气象报社，2012年又成立了气象宣传与科普中心，气象文化实体单位不断充实完善。进入21世纪，气象部门制定并开始实施《中国气象文化建设纲要》。截至2012年底，全国有2000多个基层气象台站建成了文体活动室、图书室和文化体育场所，部分省（自治区、直辖市）气象局以及市县一级气象局建立了局史馆、创作了气象歌曲，初步形成多元化的气象文化阵地。全国气象部门共有群众性文化体育组织809个，气象文化场所3670个，运动器械1万余套。各省（自治区、直辖市）气象局和直属单位图书馆（室）面积合计达1万余平方米；全国351个地市气象局建立了独立的图书馆（室），1841个县气象局建有图书室（架），藏书超过130万册。特别是多年逐步建成的全国大量花园式文明气象台站，包括气象雷达站，已成了当地一道亮丽的文化景观。气象文化建设出现了良好局面，有效地支撑气象事业发展。

气象文化活动 气象部门大力弘扬优良传统和气象精神，开展了一系列丰富多彩的气象文化活动。早在延安人民气象事业初创时期，气象队伍就形成了忠于党、忠于人民，不怕困难，勇于牺牲，严谨求实，无私奉献的优良作风。新中国成立后，经常组织唱革命歌曲、看革命电影，激励革命斗志。组织开展"比学赶帮超"的工作竞赛，弘扬艰苦奋斗、无私奉献的精神，倡导严谨的工作作风。20世纪80年代，组织举办了"气象文艺萌芽奖"气象文艺征文和有奖征联征谜等活动，将气象职工创作的小说、散文等作品结集交流。1995年在北京举办了首届气象部门文艺汇演，坚持定期开展行业大型文化活动。《中国气象报》开办的"云海"副刊登载过许多高水平气象诗词和优秀散文、报告文学等，具有较高的文学价值。气象出版社曾多次组织了向基层气象台站送书活动。2004年在全国范围内举办了气象歌曲有奖征集活动，共征集到气象歌曲44首。2005年开展了气象廉政对联征集评选活动。2008年组织了撰写气象台站赋活动，并在《中国气象报》开设专栏宣传。2009年隆重开展了中国气象局成立60周年庆祝活动，组织了文艺汇演。截至2014年底，举办了3届气象人精神演讲比赛、2届行业文艺汇演、2届行业运动会。另外，还经常组织各种球类、棋类、牌类和歌咏比赛、书画展览等小型文化体育活动，营造和谐氛围。

气象文化作品 1953年春，原军委气象局政治处组织创作了组歌《歌唱巴塘气象站》，宣传了奋战在青藏高原的巴塘气象站职工克服种种困难，在风雪高原建站的英雄事迹，成为新中国第一支歌颂气象工作者的歌曲。歌曲中的"艰苦，是光荣！信心，是力量！"曾鼓舞无数气象工作者在艰苦环境中为气象事业而奋斗。这个时期的气象歌曲还有《我们是人民的气象员》《如火年华》等。1965年社会文艺工作者创作了古筝独奏曲《战台风》，表现了人类在自然灾害面前不畏艰难、勇敢豪迈的气魄和对未来必胜的信念。进入21世纪，气象部门大力推出气象文化精品，组织编纂了《中国气象史》《中国气象灾害大典》《中华大典·地学典·气象分典》等大型典籍书，编写了《全球变化热门话题丛书》等高级科普作品，拍摄了宣传气象人精神的8集电视连续剧《北极光》，在中央电视台播放并获奖。2008年组织全国31个省（自治区、直辖市）气象部门编纂2600多个基层气象台站简史，记载台站发展历程，传承优良传统。同时组织创作了一批反映基层气象工作者精神风貌的电视专题片和以气象科技为题材的电影，《青海湖畔》《远离灾害》《变暖的地球》等电影在全国获奖，特别是在2008年组织撰写气象台站赋活动所征得的《云阳气象赋》《高碑店气象赋》等上千篇作品，集科学性、文学性于一体，气势恢宏、文采飞扬，可谓气象文化之佳品。

(李德善　毛耀顺)

气象精神文明创建活动

qìxiàng jīngshén wénmíng chuàngjiàn huódòng

气象精神文明创建活动（activity of establishing meteorological spiritual civilization） 中国气象局在全国气象部门开展的创建文明单位和文明系统的活动，是气象精神文明建设的一项重要举措，对传承和培育气象优良传统作风，提高气象队伍的政治思想素质，树立气象部门的良好形象具有重要作用。

20世纪80年代中期，气象部门开展了"五讲、四美、三热爱"活动，加强部门精神文明建设。1987年1月根据党的十二届六中全会通过的《中共中央关于社会主义精神文明建设指导方针的决议》精神，制定了《气象部门加强社会主义精神文明建设的实施规划》，确定了"爱岗敬业、准确及时、优质服务"的气象行业职业道德准则。1997年1月召开了全国气象部门精神文明建设工作会议，成立了中国气象局精神文明建设指导委员会。随后，中国气象局下发了《关于加强精神文明建设的若干意见》，要求广泛开展精神文明创建活动，每个台站都要争创当地文明单位，每个省（自治区、直辖市）气象局都要争创文明系统。中国气象局制定了关于创建省级文明系统（行业）的管理办法，并将精神文明创建工作列入全国气象部门年度工作目标管理考核，对各省（自治区、直辖市）气象局精神文明建设工作进行督促检查，推动了创建工作全面开展。

气象部门创建活动的主要内容是创建文明单位。在创建活动中，气象部门加大了台站综合改造力度，整治道路、护坡，改善气象台站工作和生活条件，使气象台站面貌焕然一新，许多气象台站建成了设备先进、环境优美的先进单位，成为当地亮丽的风景。广泛开展文明服务、规范化服务，在提高服务质量上"以软补硬"。中国气象局制定了《关于文明服务的规定》《关于电视天气预报规范化服务的标准》《关于气象信息电话规范化服务的标准》，在电视天气预报和气象信息电视两项工作中实行文明服务，并在《人民日报》等主流媒体公布了服务监督电话，实行公开承诺。多年来，广大气象工作者准确预报，精心服务，得到社会各界的好评。

在精神文明创建活动中，开展了"铸造气象人精神，树立气象人形象"活动，重在弘扬气象精神。1997年气象部门将"艰苦奋斗、敬业爱岗、严谨求实、团结协作、无私奉献"的优良作风，定义为气象人精神。2009年进一步总结出"艰苦创业、无私奉献，爱岗敬业、团结协作，严谨求实、崇尚科学，勇于改革、开拓创新"的优良传统与作风。在创建过程中大力宣传在气象工作岗位上涌现出来的先进典型。自1981年起，先后开展了向为抢救同事和气象资料而牺牲的革命烈士隋金堂；干一行爱一行、无限热爱气象事业的田志发；不顾身残顽强工作、无私无畏的基层干部金龙浩；身患癌症但以顽强意志与病魔作斗争，将毕生心血、才华都倾注于气象科研事业的优秀共产党员雷雨顺；把生死置之度外，以惊人毅力坚持工作，做出突出贡献的归国华侨覃国振；立场信念坚定、干一行爱一行的气象系统模范工作者陈素华；3次进藏，在西藏工作33年的全国优秀共产党员陈金水；杰出专业技术人才董立清；"模范气象工作者"崔广等先进典型学习活动。1985年《中国青年报》等全国数十家青年报刊联合发起"为边陲优秀儿女挂奖章"活动，74名优秀气象工作者分别获得金质、银质和铜质奖章，新疆哈密七角井气象站团支部获先进集体称号。1993年表彰了一批先进气象站（局）和优秀气象站（局）长、优秀青年气象工作者。在重大灾害气象服务、业务技能竞赛和日常工作中，先后涌现出了抗震救灾模范刘胜、严兴起，全国道德模范提名奖获得者于新江，以及一大批全国先进工作者、五一劳动奖章获得者和全国技术能手等先进典型。宣传先进典型，弘扬气象精神，促进了精神文明创建活动和各项工作。

经过多年创建，截至2014年底，全国气象部门31个省（自治区、直辖市）和4个计划单列市气象部门全部建成了文明系统，全国99%以上的气象台站建成了当地不同级别的文明单位。中国气象局机关先后获得中央国家机关文明单位标兵、全国精神文明建设工作先进单位称号，2011年荣获全国文明单位称号。中国气象局院区多次获得中央国家机关绿化先进单位、首都文明居民区、首都文明单位和中央国家机关文明单位十连冠等称号。

(李德善)

qìxiàng jīngshén
气象精神（meteorological spirit） 气象工作人员的价值观和气象文化的精髓。气象精神具有鲜明的时代特征，不同时期其表述也不同。1997年气象部门将"艰苦奋斗、敬业爱岗、严谨求实、团结协作、无私奉献"定义为气象人精神，并广泛开展了"铸造气象人精神，树立气象人形象"活动。进入21世纪，中国气象局多次组织全国气象部门对气象人精神进行凝练和概括，开展了气象人精神用语、气象歌曲有奖征集活动。在此过程中，各省（自治区、直辖市）气象部门均凝练出了具有地区特点、气象特色的本地气象人精神，为进一步凝练气象精神奠定了坚实的基础。经反复征求意见和专家论证，2013年全国气象局长会议上正式公布了"准确、及时、创新、奉献"为新时期气象精神的表述语。

"准确"是气象精神的核心。准确，就是要扎实推进气象现代化建设，不断提高气象观测的科学性、气象预报预测的准确率、气象信息传输与发布的精准性，不断提高气象业务服务能力和水平，不断提高气象工作的广度、深度和精度；就是要尊重科学、求真务实，严谨细致、精益求精，立足本职、扎实工作。只有追求"准确"，才能体现出气象工作的核心价值。

"及时"是气象精神的灵魂。及时，就是要求气象综合观测系统运行稳定和技术可靠，优化观测布局，及时捕捉和监视各种天气气候变化信息；要求气象预报预测系统更加准确和精细，根据天气气候变化及时滚动订正气象预报预测，不断提高预报预测的精确度和时效性；要求气象信息传输系统及时发布和传播气象信息，让社会大众第一时间获得气象预报预警信息；要求公共气象服务系统更具针对性和有效性，及时开展应急响应，有效保护人民群众生命财产安全，有力保障经济社会发展，努力做到气象预报预警信息报得准、发得出、用得上、起作用，有效减轻气象灾害造成的损失。

"创新"是气象精神的精髓。创新，就是要坚持解放思想、开拓进取，推进改革、扩大开放；就是要好学深思、探索求知，努力建设学习型部门，不断提高职工素质；就是要实施创新驱动战略，建设气象科技创新体系，建设"四个一流"（一流装备、一流技术、一流人才、一流台站）、提高"四个能力"（气象预报预测能力、气象防灾减灾能力、应对气候变化能力、开发利用气候资源能力），以新思想、新理念、新知识、新技术推进气象现代化体系建设各项工作。

"奉献"是气象精神的品质。气象工作关系国计民生。无论是气象观测、气象预报预测、公共气象服务，还是气象科技创新、社会管理、队伍建设，都需要一代又一代气象工作者传承接续、无私奉献。奉献，就是要求广大气象工作者讲政治、顾大局、守纪律，任劳任怨，艰苦奋斗，始终把人民安危冷暖装在心中，视人民利益高于一切，将自己的一生献给气象事业。

"准确、及时、创新、奉献"作为一个整体，传承了不同历史阶段形成的气象精神，表达了气象工作者爱国爱党的坚定立场、服务人民的赤子情怀和爱岗敬业、精益求精、科学求索的价值取向，是对气象工作者职业道德、奉献精神、时代风范的精炼概括，是全体气象工作者共有的精神家园。

(李德善)

qìxiàng xuānchuán
气象宣传（meteorological propaganda） 气象部门借助各种媒体等载体发表气象工作中的重要部署、重要意见、重要成效，以及普及气象知识等内容，使社会各界和人民群众了解气象工作情况，应用气象知识和信息，支持气象事业发展，是气象部门思想、文化建设的重要工作。气象宣传由气象宣传管理、气象宣传内容、气象宣传形式、气象宣传成效等构成，其宗旨是要把党和国家的大政方针与气象工作的实际情况相结合的工作部署加以大力宣传，并坚持"团结、稳定、鼓劲、正面宣传为主"的导向，达到对内弘扬气象精神，倡导爱岗敬业，增强气象队伍凝聚力、战斗力，对外传播气象文化，普及气象知识，提高全民气象防灾减灾意识的目标。

气象宣传管理 中国气象局历来重视气象宣传工作。早在新中国成立初期，中央气象局办公室就设立有宣传科和编译室，专门负责气象宣传管理工作。1978年改革开放之后，又在局办公室设立了宣传处，负责全国气象宣传工作的日常组织、管理、指导与协调。随后，各级气象部门又成立了气象宣传思想工作领导小组，各单位的主要负责人是本单位宣传工作的第一责任人，负责制订气象宣传工作规划、计划并组织实施。近年来制订了气象宣传总体规划和综合管理，完善气象宣传科普制度体系，先后印发《中国气象局关于进一步加强气象宣传工作的意见》《气象宣传工作管理办法》《全国气象科普教育基地管理办法》《中国气象局新闻发布制度》等；同时还先后召开了5次全国气象宣传工作会议，适时明确了各个时期气象宣传工作的定位、发展方向和重点任务；各省（自治区、直辖市）气象局也制订了省级气象宣传发展规划和相应的管理办法，使气象宣传工作有章可循，有序开展。

气象宣传内容 气象宣传的内容涵盖气象事业的各个方面，是根据各个时期气象工作的中心任务的变化而变化的。多年来，形成了一批常态化的重点宣传内容，可归纳为以下几个方面：首先是宣传气象部门贯彻落实党和国家有关重大方针、政策和重要会议精神所做出的部署安排，达到统一思想、统一行动、发动全国气象工作者共同完成任务的效果。二是宣传气象部门的优良传统、作风、先进典型和气象精神，提高气象队伍的政治思想素质。三是宣传气象事业发展，重点是气象现代化建设、重大工程建设等方面的进展和成效，争取各有关方面的理解与支持。四是宣传气象服务领域的拓展和气象服务质量、效益的提高，展示气象事业在国家经济社会发展中的重要作用。五是宣传以《中华人民共和国气象法》为重点的气象法律、法规、规章、重要的规范性文件和气象方面的国家标准、行业标准等，为依法发展气象事业营造良好的法治氛围。六是宣传气象防灾减灾的基本知识，为避免和减少人民生命财产损失提供服务。七是宣传气候资源的保护与开发，以及气候变化的基本知识，提高全民的环保意识。八是宣传气象科学技术的新进展、新成果，并大力向社会普及气象知识，提高人民群众的科学素养和理解气象科技、利用气象知识指导生产、生活的能力和水平。

气象宣传形式 气象宣传的内容是与气象宣传的形式相统一的。气象宣传的形式归纳起来可分为口头直接宣传和文字、形象化宣传。口头直接宣传是各级气象主管部门有关人员当面向宣传对象讲解有关气象宣传内容，包括中国气象局领导向中央、国务院领导的汇报，与地方党政领导交谈,各种会议和下基层台站调研讲话,接待国外来宾和中央党校省部级培训班参观等,其中都含有气象宣传内容,起到很直接的宣传作用。20世纪90年代开始,建立了气象新闻人发言制度,定期向公众媒体发布重要气象新闻,同时还组织社会媒体记者专题采访气象部门领导和专家,或派出专家为领导机关讲课等,都发挥了较好的直接宣传作用。文字宣传和形象化宣传是分别将宣传内容制作成文字和音像产品,然后借助于各种媒体等载体进行对外传播。多年来,气象部门形成了多媒体、多层次、全方位的宣传格局。主要气象宣传载体有:《中国气象报》、气象出版、气象期刊、气象电视频道、气象网站、气象展览、气象科普基地、气象新闻发布会、气象夏令营,车站、码头、机场等公共场所的天气预报牌,以及面向农村的气象电子显示屏、农村气象大喇叭等;同时还大力借助各级电视台、广播电台、《人民日报》和各行业报、各级地方报刊和网络(微博、微信、手机客户端)等社会传媒广泛宣传。

在上述宣传媒体中,《中国气象报》、气象出版、气象期刊、气象影视是气象部门专司气象宣传的"四驾马车",发挥了主力军的作用。《中国气象报》已发展为每周五刊,每刊四版,及时全面报道气象部门的各种重要部署、会议文件精神、先进典型和气象工作等各个方面的新情况,年发行量约1872万份,在沟通气象工作信息、彰显气象工作成效、引导正确舆论导向、传播气象部门正能量等方面发挥了重要作用。2015年底气象出版社出版了8000多种气象科技图书,特别是先后出版的《气象万千》系列、《新编气象知识》系列和《全球变化热门话题丛书》系列分别为初、中、高级气象科普系列图书,对向社会大众全面宣传气象知识发挥了良好作用。气象部门全国性的气象期刊有《中国气象年鉴》《气象》《气象学报》《气象知识》《气候变化研究进展》《气象科技》《应用气象学报》等。各省(自治区、直辖市)气象部门编印的气象期刊达数十种。这些期刊在指导气象业务工作,交流推广气象科技成果,宣传气象科普知识等方面发挥了重要作用。气象影视宣传逐步建立了覆盖全国多频道、多频次、多类型、多媒体的气象影视服务格局。2015年底气象影视中心总共制作各类科普专题片12 000余个,种类包括动画片、纪录片、专题宣传片等,内容涵盖气象防灾减灾、应对气候变化、气象科普、气象与农业等多个领域。这些气象宣传作品有选择地在中国气象频道、中央电视台11个频道、新华社中国新华新闻电视网、中央人民广播电台等国家级媒体和各级地方电视广播媒体传播,效果良好。特别是中国气象频道打造的《中国减灾》《人与气候》《国家气象播报》《四季养生堂》《谈风·说水》等品牌栏目已在社会上具有一定影响力。气象影视科普有效地支持了国家的气候变化和防灾减灾宣传,取得了良好的社会效益。

气象宣传成效 气象宣传成效与气象宣传管理、气象宣传内容、气象宣传形式的关系密切,其最终效果是要表现在宣传客体,也就是宣传对象,对宣传内容的思想认识和行动态度上的。气象与各行各业关系密切,决定了其宣传对象非常广泛,大体可以分为三个大的部分,可通过对这三个大的部分进行有针对性的宣传来验证气象宣传成效。第一部分是对内部气象工作人员的宣传。气象部门通过对党的路线、方针、政策的宣传,对气象事业发展蓝图、规划的宣传,以及对气象部门陈金水、雷雨顺等模范先进人物和精神文明建设的宣传,形成了以"准确、及时、创新、奉献"为特征的气象精神,提高了气象队伍的政治思想素质,增强了气象部门的凝聚力和战斗力。第二部分是对各级党政领导和部门的宣传,这是气象宣传对象的重中之重。多年来,通过大力宣传气象现代化建设的作用、气象服务的经济社会效益等,使各级党政领导和有关部门领导加深了气象工作的理解与支持。气象部门双重计划财务体制的建立与完善、地方气象事业与国家气象事业的蓬勃发展、《中华人民共和国气象法》的顺利通过与实施,都得到了各级党政领导的大力支持,这与气象宣传所发挥的作用是密不可分的。第三部分是对社会大众的宣传。通过利用各种载体向公众传播天气、气候科技知识和防御台风、暴雨、雷电等气象灾害知识,大大提高了人民群众利用气象知识趋利避害的气象意识。通过宣传,使气象工作从来没有像今天这样受到各级党政领导的高度重视,从来没有像今天这样受到社会各界的高度关切,从来没有像今天这样受到广大人民群众的高度关心,从来没有像今天这样受到国际社会的高度关注。这些宣传成效,归结起来就是有力地促进了气象事业的发展,大大提高了气象为国家社会经济建设和人民生产、生活服务的能力和水平。

(李晔 毛耀顺)

qìxiàng bàokān shūjí

气象报刊书籍(meteorological newspapers, journals and books) 以气象为主要内容的报纸、刊物和书籍,旨在介绍气象专业知识、宣传气象事业发展、交流气象工作经验、普及气象科学知识,是气象事业和气象文化建设的重要组成部分。

中国气象报 专门宣传气象工作和气象科技知识的

纸质传媒，是全国行业报的组成部分。20世纪80年代中国气象局直属机关党委主办的《新长征报》和福建省气象局主办的《农民致富之友》两份气象小报，后均已停刊。1989年中国气象局在《气象工作情况》（内部期刊）基础上创办《中国气象报》，该报是中国乃至世界唯一的气象专业报纸。创办初期为每半月出版一期，1990年改为每周一期，2009年发展为每周五期，至2014年底已出版3578期，每期发行量达7万多份。2008年北京奥运会期间，《中国气象报》创办的《奥运天气资讯》是中国唯一专为奥运会出版的报纸。《中国气象报》在推进气象事业发展中发挥了不可替代的作用。（参见第107页 中国气象报社）

气象期刊 中国科技期刊的重要组成部分。其种类较多，各种刊物按照宣传的专业和读者的需求确定出版发行周期，一般分为月刊、双月刊、季刊、双季刊、年刊。新中国成立初期，气象期刊有《气象学报》《天气月刊》两种。后来陆续创办了《气象简报》《气象学译报》《农业气象》《世界气象简讯》《气象译丛》等期刊。"文革"期间，气象期刊受到冲击被迫停办，至1980年也只剩《气象》《气象学报》《气象知识》3种。1983年6月创刊了《中国气象》月刊。至2012年，中国气象局主管的气象期刊有《中国气象年鉴》《气象》《气象学报（中、英文版）》《气象知识》《气候变化研究进展》《气象科技》《应用气象学报》《气象科技进展》等。各省（自治区、直辖市）气象部门编印的气象期刊达数十种。中国科学院大气物理研究所主办《大气科学》，还有一些气象研究单位和高等院校也创办了以气象为主要内容的期刊。这些期刊在展示气象科研新成果、气象业务新发展、气象工作新成绩，以及推动气象科普和气象文化建设等方面发挥了重要作用。（参见气象科学基础卷 附录7"国内外主要气象期刊"）

气象图书 全国科学技术类图书的重要组成部分。中国是世界上最早出版气象图书的国家之一。气象图书在气象出版社成立之前，主要由科学出版社、商务印书馆等出版社出版；1978年后，主要由新成立的气象出版社出版。气象出版社是中国气象局直属企业，出版范围涵盖大气科学各分支学科及农业科学、环境科学、安全科学、空间科学等领域。截至2014年底，共出版专著、教材、译著、工具书、科普读物，以及气象资料、图集、规范手册等8000余种，数十种图书获得国家及省部级奖励，其中《全球变化热门话题丛书》《防雷避险手册》和《防雷避险常识》挂图获国家科学技术进步奖二等奖。为普及气象科技知识，面向农村、学校、社区出版了300余种气象科普图书。中国科学出版社及其他中央和地方出版社也出版了一些气象专著、教材和科普书籍。据统计，全国气象类书籍达近万种。许多大型图书馆都存有气象专业图书。各级气象台站都设有图书阅览室，并以气象图书为主。不少学校、企业、农村图书室也布有气象图书。气象图书在积累、传播气象科技成果和气象科技知识方面发挥了重要作用。（参见第109页 气象出版社）

（李晔　陶国庆）

qìxiàng yǐngshì

气象影视（meteorological movie and television） 以气象知识、信息和故事为题材，以磁带、胶片、存储器等为载体，以银幕、屏幕放映或广播为目的，从而实现视觉与听觉综合的艺术形式，包含电影、电视剧、节目、动画等形式。

发展沿革 1980年前，人们只能通过报纸、广播等方式获得天气预报信息。1980年7月7日，中央气象局与中央电视台合作，首次在新闻联播之后推出天气预报电视节目，实现了天气预报电视节目"零的突破"。1986年10月1日，中央电视台播出了由气象部门研发、采用计算机图形动态显示技术制作的天气预报节目，该节目1988年获国家科学技术进步奖三等奖。1993年3月1日，为适应中央电视台新闻改革的需要，新闻联播后的天气预报节目进行了重大改版，其制作系统和设备达到了与中央电视台同步发展，新建成了广播级天气预报电视制作系统。1994年首次出现气象节目主持人，推出了气象节目主持人和三维动态天气符号、色彩丰富的天气图、卫星云图及城市景观。同时，还增加了早间、午间、晚间气象服务电视节目，使气象电视预报节目焕然一新。

各省（自治区、直辖市）天气预报电视节目逐步开展。1988年河北省气象局开始制作天气预报电视节目，1990年北京市气象局天气预报电视节目在亚运会播出，1999年深圳市气象局开始制作天气预报电视节目，全国31个省（自治区、直辖市）和4个计划单列市的气象部门也先后实现了气象电视节目的制作。气象电视节目从单一的图文预报节目，拓展到包含气象预报预警、气象新闻资讯、生活服务、大众科普等多种形式的节目；气象信息包装技术也实现了从简单图表显示到制作三维天气场景、直观天气模型、动画云图雷达图的转变。

为适应气象影视事业的发展，1999年中国气象学会成立了"气象广播、电视制作技术委员会"（2011年更名为"气象影视与广播技术委员会"），每年组织技术交流、主题论坛，出版《气象影视技术论文集》，开展跨学科科技活动，进一步加强全国气象影视事业从业人员气象影视与传媒服务、拓展服务领域能力。2002年8月28日中国气象局党组决定成立"北京华风气象影视信息集团"，以气象影视制作和播出为主业，积极筹备建立中国气象专业频道，同时发展综合影视制作业和媒体经营。2013年成立了全国气象防灾减灾标准化技术委员会"气象影视分技术委员会"，启动了对气象影视相关国家标准和行业标准的标准化建设。

电视天气预报　电视天气预报始于1980年7月7日，由于是在中央电视台《新闻联播》之后播出，被称为"新闻联播天气预报"。开播初期，每天的文稿和手工绘制的24小时预报图，都是由中央气象台负责制做并传真或直接送中央电视台播报。1985年的台风季节增加了卫星拍摄的台风动画云图和台风预报图。之后还增加了中国责任海区天气预报，为海上航运、捕捞、勘探进行气象服务（1989年2月6日改在午间新闻中播出）。1993年新一代广播级电视天气预报制作系统建成，电视天气预报实现了重大突破：就背景图而言，形式上出现了三维立体天气符号，内容上全国天气趋势时效由24小时延长到48小时。

跨入21世纪，电视天气预报新的背景画面继续增加或更新。2003年3月3日气象预报时效再次延长到72小时。另外根据观众对气象信息的不同需求，按季节、天气气候和配合重大活动等热点需求，陆续推出了一系列小栏目，如二十四节气、春播天气、麦收天气、高考天气、各种灾害性天气成因，以及防灾减灾、一周天气回顾、天气气候评述、节日天气、香港和澳门天气气候、长江三峡天气气候以及天气知识和术语等科普小栏目。2004年初增加了最高气温预报和针对重大影响天气的5天天气预报。2005年1月18日首次利用FY-2C气象卫星的监测资料向社会公众发布了空间天气预警。

截至2014年，全国31个省（自治区、直辖市）气象局的天气预报电视节目达到近500个。其中国家级制作节目涵盖了中央电视台11个频道、新华社中国新华新闻电视网、中央人民广播电台等国家级权威电视广播媒体。除了中文外，还实现了英文、阿拉伯语、法语、俄语、西班牙语等多语种气象信息播报。中国电视天气预报基本形成了覆盖全国多频道、多频次、多类型、多媒体的气象影视服务格局，成为气象服务的重要窗口。据国家统计局和中国气象局联合开展的多次全国公众气象服务满意度调查结果，公众获取气象信息的渠道中，电视天气预报一直位于前列。

气象影视专题服务　针对气象灾害及引发的衍生、次生灾害防范，1999年起各地气象部门先后与林业、国土资源、农业、交通、卫生等部门合作，开发新的防灾减灾服务产品，并在电视天气预报节目中播出。如森林和草原火险等级预报、地质灾害气象等级预报、交通指数、紫外线指数、空气污染物扩散指数等生活指数预报，干旱监测和预警、渍涝预报、干旱趋势分析、农作物病虫害发生趋势分析、电力需求指数预报、公共卫生气象信息提示与预报预警等。与相关部委联合，整合了多种自然灾害、次生自然灾害预警预报信息的发布，形成防灾减灾的合力，减轻了人员、财产的损失，社会效益十分明显。同时，各气象节目更加重视从不同角度对重大社会事件和观众关注的热点天气的专项服务。例如全国"两会"期间特别节目，"春节""五一""十一"黄金周系列节目，地震灾区气象服务、麦收天气、高考天气，突发天气预警信息和灾情动态等，不断改进服务内容，拓展服务领域。

中国气象频道　经广电总局批准，在中央电视台建立了中国气象频道，2006年5月18日正式开播。自开播以来，中国气象频道逐步构建起全天候的以天气实况和预报、气象新闻、专题专栏节目为主架构的节目体系。至2014年底，中国气象频道覆盖了31个省（自治区、直辖市）约9000万电视用户。频道着力打造的《中国减灾》《人与气候》《国家气象播报》《四季养生堂》《谈风·说水》等品牌栏目已在社会上具有一定影响力，拥有一批较为高端的固定收视人群。中国气象频道坚持以"防灾减灾、服务大众"为宗旨，多次派出报道组直播台风、暴雨、沙尘暴等，第一时间向公众报道灾害的影响、防御、预报情况。气象新闻资讯在气象灾害防御、重大活动气象保障和突发公共事件应急中的作用越来越显著。

气象科普影视宣传　利用气象影视节目在收视率、满意程度、时效性强等方面的优势，气象部门大力开展气象科普宣传，生产了一批气象科普专题片。气象部门紧紧抓住气象防灾减灾和应对气候变化两大社会热点，充分发挥文化创意产业的市场优势，建立了从策划、摄制到推广播放一整套成熟的科普节目业务运行体系，依托省级气象局建成福建、新疆、四川、黑龙江4个科普节目制作基地。到2014年底国家级气象影视媒资库中总计有各类科普专题片12 000余个，包括动画片、纪录片、专题宣传片等多个片种，内容涵盖气象防灾减灾、应对气候变化、气象与农业等多个领域。外宣片《应对气候变化——中国在行动》（中、英、法、西文版）在历届联合国气候变化大会上播放。生产的精品科普专题片、纪录片，在国家级、省部级的各类评选活动中获奖100余项，其中《中国天鹅》《远离灾害》分别获2006年、2008年度国家科学技术进步奖二等奖，与中央新闻纪录电影制片厂合拍的《变暖的地球》、与农业电影制片厂合拍的《气候变化与粮食安全》分别获第 28 届、第 29 届中国电影金鸡奖最佳科教片奖,以及中国电影华表奖、中国龙奖各一次。在各类科普活动中,向中小学校等发放科普专题片 50 余万集。气象影视科普有效地支持了国家应对气候变化和防灾减灾宣传,取得了良好的社会效益。

展望 未来气象影视将依托现代气象业务体系,以现代传媒技术为支撑,建设布局合理、功能健全、技术先进、运行集约的中国气象影视业务服务体系。坚持服务大众,防灾减灾和科普宣传把中国气象频道打造成为国家突发事件预警信息发布的重要渠道,公共气象服务的重要窗口和气象科普宣传的重要平台。以中国气象频道发展带动全国气象影视服务整体能力的提升,全面推进气象影视事业管理规范化、业务现代化、服务品牌化。

(朱定真)

Zhōngguó qìxiàng biāozhì

中国气象标志(China meteorological symbol) 反映中国气象行业表征的图形与文字相结合的记号,是行业形象、特征、信誉和文化的浓缩。统一气象标志对内具有增强行业凝聚力,激励广大气象工作者热爱气象事业,增强做好气象工作的责任感的作用;对外具有树立气象行业形象,扩大气象工作影响的作用。世界气象组织按照世界通用作法设立了气象标志(见图 1),用于重要场所和重要活动的标示,起到了很好的标识和宣传作用。许多国家也设立气象标志,1989 年中国启动了气象标志的设计工作。

图 1 世界气象组织徽标

1999 年 9 月中国气象局下发了《关于正式启用气象标志的通知》(中气办发〔1999〕28 号)。1999 年 10 月中国气象标志正式启用。其设计历时 10 年,经过广泛征集、多次遴选,最终选定了中央工艺美术学院设计系主任王国伦设计的图案作为中国气象行业的标志。

中国气象标志分为气象行业标志和气象行业单位标志。气象行业标志由基础要素系统和应用系统两个部分组成。基础要素系统对气象徽标图形、标准字、标准色以及它们的组合进行统一规范。气象徽标图形为云形,以蓝天白云为气象人"观云测天"的职业象征,蓝天下的祥云彰显气象事业蓬勃发展;以经纬地球为气象人"大气无国界"的境界象征,经纬交合体现中国气象对世界气象的开放、交流、合作(见图 2)。气象行业标志组合规范是气象徽标图形与标准中英文字体间的相互位置和比例规范,可分为横式、竖式、中置式和同心圆式四种。气象行业单位标志是气象行业标志与单位规范名称相结合的记号。气象行政单位标志由气象行业标志、机构编制主管部门批准的气象行政管理单位法定中文名称、规范的英文名称、色彩等组成。气象事业单位标志由气象行业标志、机构编制主管部门批准的气象事业单位法定中文名称、规范的英文名称、色彩等组成。

图 2 中国气象行业标志

中国气象标志启用后,中国气象局局徽(见图 3)在局旗、办公楼、观测设施、重要会议等各种活动场所广泛使用,不断扩大了宣传范围和效果。各级气象部门及广大气象台站按照要求积极宣传和使用中国气象徽标。

图 3 中国气象局局徽

(刘立成 毛耀顺)

qìxiàng yànyǔ

气象谚语(meteorological proverbs) 民间流传的反映天气变化和一些自然现象的关系的成语或歌谣,是中国先民几千年来观云测天经验的规律性总结,是劳动人民智慧的结晶。它以通俗的语言来概括变化万千的气象现象，言简意赅，表述形式稳定，富于口语化，便于记忆和口耳相传，又因似诗似歌而在气象领域和社会各界中广为流传。

形成和发展 气象谚语最早见着于殷商的甲骨文、先秦典籍《诗经》等，但都很零散。真正将民间天气谚语汇集成书的是东汉崔实编纂的《农家谚》；唐朝黄子发的《相雨书》，从候气、观云、察日月并星宿、相草木虫鱼玉石等方面讲述了观雨的谚语；元末娄元礼的《田家五行》、明朝徐光启的《农政全书》、清朝梁章钜的《农候杂占》等，凡涉及观测天象、解释天气现象或反映气候演变规律的谚语大都搜集在内，成为古代气象谚语的集成汇编。

近代，朱炳海先生1943年编著了《中国天气俚语汇解》，1952年、1987年在1943年原书的基础上修订，收录了8类606条气象谚语，并从现代气象学的角度对部分谚语进行了诠释，并更名为《天气谚语》。1964年前后，在气象部门开展的县气象站补充天气预报热潮中，气象谚语得到进一步挖掘与验证，在应用中又取得了丰富的成果。1983年熊第恕等人对当时100多册气象谚语进行了整理，编成了1991年版本的《中国气象谚语》，共收录语条18 314条。从2000年起，任国玉等人在前人工作成果的基础上，又将新、旧气象谚语4万余条重新分类编撰出版了《中华气象谚语大观》，其中增设了"气象灾害、气候、人体和行为"3个类目，增补了港澳台地区语条，简述了与气象谚语相关的科学知识等内容。该书已进入中国民间非物质文化遗产之列。

内容分类 中国气象谚语历史悠久，不同时期和不同作者分类也不同。如元末娄元礼的《田家五行》就把气象谚语分为：月令类（正月类……十二月类）、天文类、草木类、鳞鱼类、三旬类、气候类、祥瑞类等。任国玉等编撰的《中华气象谚语大观》将气象谚语分为十大类。

气象灾害类 主要包括对台风、暴雨、大风等15种气象灾害预测的谚语。如"夏秋星满天，星动台风连""火烧乌云盖，大雨来得快""大风不过酉，过酉连夜吼"等。

天气类 主要包括对风、云、雨、雪等各种天气现象预测的谚语。如"春南夏北，有风必雨""鱼鳞天，不雨也风颠""一点雨一个钉，下到来朝也不晴"等。

气候类 主要包括对气候预测的谚语。如"春寒多雨水""清明无雨少黄梅，夏至无雨三伏热，重阳无雨一冬晴"。

天体和光象类 主要包括天体、光象变化与天气的关系的谚语。如"日晕三更雨，月晕午时风""日没胭脂红，无雨也有风""明星照烂地，来日雨不住""朝霞不出门，晚霞行千里"等。

海况类 主要包括海况变化与天气、气候的关系的谚语。如"海水起黄沫，大风不久过""静海起浪头，狂风在后头""海水潮声大，老天要变化"等。

农业气象类 主要包括天气、气候和节气与农业的关系的谚语。如"黄梅雨未过，冬青花未破，冬青花开，黄梅便不来""夏不热，籽不饱；秋不凉，麦不黄""正月十五雪打灯，一个谷穗打半升""五九六九雪一场，麦子多收几石粮"等。

节气类 主要包括二十四节气与天气、气候的关系的谚语。如"春（立春）前十日暖，春后十日寒""雨水淋带风，冷到五月中""清明多雾，夏季多雨"等。

物候类 主要包括动物、植物、非生物等不同反应与天气、气候的关系的谚语。如"鹊巢近地，其年大水""枣树发芽早，三秋多干旱""有雨山戴帽，无雨云拦腰"等。

节令及干支类 主要包括中国农历节日和干支天气变化与未来天气、气候的关系的谚语。如"端阳无雨好收成，重阳无雨一冬晴""八月十五云遮月，正月十五雪打灯""春甲子雨，乘船入市；夏甲子雨，赤地千里；秋甲子雨，禾头生耳；冬甲子雨，雪飞千里"等。

人体和行为类 主要包括人体对天气气候的反应的谚语。如"人燥有雨，天黄有风""热天人又闷，有雨不用问""春捂秋冻，到老不病"等。

作用与局限性 气象谚语是中国气象文化中的一块瑰宝，也是华夏民族文化中的一朵奇葩，其内容蕴含着丰富的气象学知识，在几千年天气预报和气候预测的实践中发挥了很大的作用。即使在今天，很多气象谚语仍然不失为老百姓预测天气气候的一种工具。

气象谚语虽然是劳动人民经过反复观察与实践而总结出来的，但它有很大的局限性：一是地域的局限性，大部分气象谚语都是本地的经验总结，拿到别的地方就不一定适用；二是科学的局限性，因为大多数气象谚语形成时气象科学知识并不发达，又缺乏科学求解方法，只是对现象做出描述，而没有做出科学解释，缺少气象科学理论支持；三是古代气象谚语中有不少还带有迷信色彩。随着现代气象科学技术的发展，气象谚语在天气气候预报预测中逐渐被现代气象科技手段和方法代替，但它作为华夏文化的一部分，仍然具有重要的地位。

参考书目

任国玉，曾金星，王奉安，2012. 中华气象谚语大观［M］. 北京：气象出版社.

郑国光, 2014. 中华大典·地学典·气象分典[M]. 重庆：重庆出版社.

（曾金星　赵同进）

气象科普

qìxiàng kēpǔ

气象科普（meteorological science popularization） 气象科学普及的简称，是面向各类人群进行天气气候和气象防灾减灾知识，以及对气象各门学科深入浅出的介绍阐释等，以普及气象科学知识、推广气象科技应用、传播科学思想、倡导科学方法、弘扬科学精神，从而提高全民气象科学素养的活动。气象科普的目标任务是以普及气象常识、气象防灾减灾知识、应对气候变化知识、气象科技应用知识等为重点，面向未成年人、农民、城镇劳动者、社区居民、领导干部与公务员等重点人群，将气象科技知识送进社区、农村、学校、机关、企事业单位，不断扩大气象科学知识的覆盖面和普及率。

气象科普发展　中国气象科普工作是伴随气象科技的发展而诞生和逐步发展起来的。20世纪50年代，以竺可桢为代表的老一辈气象科学家，深知气象与人类生产生活的密切关系，致力于向大众传播气象科技知识。此间最具代表的是竺可桢晚年与宛敏渭合著的《物候学》一书。该书获得"第二届全国优秀科普作品奖"。早期以书籍、期刊为主要科普载体，重点宣传气象常识、科技成果。1980年中国气象学会成立了科普工作委员会，1981年气象科普杂志《气象知识》创刊。1996年中国气象局成立气象科普工作协调小组，设立了气象科普工作办公室。1997年中国气象局、中国气象学会首次联合召开全国气象科普工作会议，并下发了关于加强气象科学技术普及工作的意见。此后，全国各省（自治区、直辖市）气象部门相继成立了科普工作领导小组、科普工作办公室，各级气象台站逐步对社会开放，气象科普基地（场、馆）相继建立，科普基础设施建设不断完善。气象夏令营、世界气象日、科技活动周等气象科普活动普遍展开，广播、电视、报刊、图书及网络等各种形式的气象科普不断增多。2012年成立了气象宣传与科普中心，专门负责气象科普工作的组织协调和实施重大气象科普规划、计划，促使气象科普载体更加丰富，领域不断拓展，重点更加突出，效益更加显著。

气象科普内容　气象科普内容主要包括创制气象科普作品，建立气象科普场馆和教育基地，组织气象科普活动，达到全方位宣传、介绍气象科技知识、气象科研成果、气象事业发展、气象服务成效之目的。

创制气象科普作品　根据科普对象的特点，结合科普活动的对象与形式，以内容准确、通俗易懂、形象生动，集知识性、科学性、趣味性于一体为要求，撰写气象科普图书、文章、剧本、诗歌，制作气象科普图片、影视片、展品、展板、挂图、动漫画、游戏等。

建立气象科普场馆和教育基地　气象科普场馆和教育基地是开展气象科普宣传教育的重要阵地。气象科普场馆形式多种，包括气象科普馆（科技馆），各级科技馆、文化馆、博物馆中的气象科普专题展区、气象科普长廊，利用气象台站场所设施加强科普宣传等。"十一五"期间一批代表当今气象科技发展水平的气象科普场馆陆续建成投入使用。中国气象科技展厅、上海世界博览会世界气象馆、中国北极阁气象博物馆、浙江舟山台风博物馆等在展示气象科技发展、普及气象知识方面发挥了示范引领作用。由中国气象局和中国气象学会联合命名，以面向社会公众开放的全国气象科普教育基地，历经多年的建设发展，截至2013年底全国已有218家，在传播气象知识、提升全民科学素质中发挥了重要作用（参见第459页气象科普教育基地）。

组织气象科普活动　主题气象科普活动是社会化气象科普宣传的有效载体。近年来，形成了常态化、系列化的品牌气象科普活动，包括世界气象日、防灾减灾日、科技活动周、全国科普日、气象夏令营、气象防灾减灾宣传志愿者中国行、应对气候变化中国行、国家气象体验之旅、流动气象科普万里行等。

展望　未来气象科普将朝着业务化、常态化、社会化、品牌化、国际化方向发展。气象科普主题更加突出，更加关注保障和改善民生，深入普及气象防灾减灾、应对气候变化、科学开发利用气候资源等科学知识；气象科普产品更加丰富，以提高重点人群科学素质为气象科普创作重点，采取多种手段和方式，促进气象科普产品的内容更加丰富，形式更加多样，公众更为喜闻乐见；气象科普能力大幅提升，进一步加大气象科普基地建设，不断增强网络气象科普能力建设力度，促进大众传媒、科普基础设施的科技传播与普及力度不断增强，进一步加强气象科普人才队伍建设，积极培养专兼结合、一专多能的气象科普创作队伍和气象科普专家队伍；气象科普工作体制机制更加健全，不断完善和创新气象科普工作机制，促进气象科普资源共享机制逐步完善，强化社会科普资源的集成和有效利用，初步建立公益性科普事业与经营性科普产业并举的气象科普体制。社会各方面参与气象科普建设的积极性明显提高，气象科普社会化工作格局基本形成。

（邵俊年　王海波）

qìxiàng kēpǔ zuòpǐn
气象科普作品（products of meteorological science popularization） 以向大众普及气象科学知识为主要目的的作品。气象科普作品具有教育性和公益性，并集知识性、科学性与趣味性于一体，其作品主要有气象科普图书，气象科普影视片，气象科普（报刊专栏）文章，气象科普展品、展板，气象科普挂图，气象科普剧本、诗歌，气象科普图片、动画、游戏等。

气象科普图书 以图书的形式传播普及气象科学技术知识的科普作品。气象科普图书以气象出版社为主出版，其他科技类出版社也有一定出版。气象出版社出版了上千种科普图书，形成了初级、中级、高级气象科普系列图书。初级气象科普图书主要有《气象万千》（全套18册），被选为全国农村书屋必配图书。中级气象科普图书主要有《气象知识》（全套18册）和《新编气象知识》（全套8册）。特别是2004年出版的面向各级领导和高级科技人员的《全球变化热门话题丛书》（全套18册），是由中国气象局组织全国46名气象知名专家编写的高级科普丛书，主要介绍了人类活动引起的全球变暖问题，自然因素为主引起的全球变化问题，引起全球变化的原因，全球变化对人类社会的影响，以及监测和研究全球变化的方法和工具等5方面内容。2005年荣获国家科学技术进步奖二等奖。该丛书2006年还入选中宣部、文化部、新闻出版总署、教育部等九部委（团体）共同发起和组织的"知识工程推荐书目"，荣获第七届全国优秀气象科普作品书籍类荣誉奖。《防雷避险手册》和《防雷避险常识》挂图是由中国气象局雷电防护管理办公室和气象出版社组织专家编写，旨在向广大读者介绍雷电的基本知识和防雷避险的常见方法，尤其是个人防雷避险的方法，以期为人们在雷雨季节应对雷电灾害和实施自救、互救起到一些指导作用。该书内容通俗易懂，防雷知识表达完整、准确，表现形式多样，具有较高的趣味性和可读性等特点。《防雷避险手册》和《防雷避险常识》挂图多次重印，累计发行50多万套，基本覆盖全国所有中小学校，同时还向广大农民开展防雷避险知识普及。并于2011年荣获国家科学技术进步奖二等奖。

气象科普影视片 气象部门紧紧抓住气象防灾减灾和应对气候变化两大社会热点，充分发挥文化创意产业的市场优势，建立了从策划、摄制到推广播放一整套成熟的科普节目业务运行体系，并依托省（自治区）气象局建成福建、新疆、四川、黑龙江4个科普节目制作基地，开展包括防灾减灾、应对气候变化、经典气象科普、气象与社会等多个系列气象影视科普片的创制。关于气象、地球环境、气候变化领域的近千部（集）科普专题片中，有40多部获得国家广电总局、国家新闻出版总署、中国科教影视协会、中国广播电视协会、中国科学技术协会、中国气象学会等举办的全国性评比一、二、三等奖。

远离灾害 一部面向公众的气象防灾减灾电视系列科普作品。该系列片介绍了影响中国的主要灾害发生发展的规律和特点，以及避险、自救措施等知识，对近百年来中国的主要气象灾害，用不同的重大灾害事件予以解读，特别在极端的、突发的天气气候灾害面前，使公众树立科学的应对观念。该系列片在摄制过程中获取了大量具有文献价值的灾害事件影像资料，对气象灾害科学研究有重要参考价值，2008年度获国家科技进步奖二等奖。

变暖的地球 中国首部关于地球变暖的大型科普电影，通过大量的科学数据和缜密的分析，讲述了全球变暖的趋势和危害。影片不仅普及了气候变化的知识，而且展示了中国在减少温室气体排放、改善环境等方面的有效行动，并号召社会大众积极行动起来，为保护地球环境尽力。该片获得"第28届中国电影金鸡奖"最佳科教片奖。

气象科普（报刊专栏）文章 气象行业唯一具有科普功能的报纸是《中国气象报》。《中国气象报》十分注重气象科普知识宣传，在各版加大科技和科普宣传的力度。如一版《权威解读》栏目以刊发科学领域权威专家或重要话题的观点为主，该栏目曾刊发袁隆平院士等人的专访。三版是气象科技专版，以气象科技新闻和科普文章为主，并设有不少气象科普专栏，如《首席"聊天"》，通过该栏目进一步强化首席预报员在专业领域的权威性定位。2013年1月《中国气象报》以周刊的形式打造全新板块《科普看台》，在每周五的第四版刊发科普稿件，全面深入宣传气象科普知识。

《气象知识》杂志是中国唯一一本国内外公开发行的普及气象科学的彩色期刊，以气象科学为红线串起日常生活的方方面面。杂志一直秉承宣传普及气象知识、弘扬科学文化、反对和破除封建迷信的办刊宗旨，紧紧围绕气候变化以及防灾减灾等内容，积极编发百姓关注和喜爱的文章。杂志开设《本期视点》《气候变化》《防灾减灾》《谈天说地》《校园百叶窗》《专家论坛》等几十个栏目，办刊风格活泼，贴近实际，贴近生活，贴近群众，吸引了大批读者。其他各种气象学术期刊也具有一定的科普宣传功能。

气象科普展品 是指展示普及气象科学知识的专用设施产品，现已成为一个重要的气象科普产品领域。气象科普展品主要是在综合科技馆和专业气象馆等科普场所向观众展示。气象科普展品主要包括展示类、互动体验类两种。展示类如气象科普展板、气象科普沙盘、气象仪器实体模型及多媒体天气现象演示设备等；互动体验类如风力自行车、模拟天气预报演播室等专用的演示设备。

气象科普挂图 是将蕴含着气象科学知识的图片和文字经过加工，制作成可以在公共场所悬挂和张贴的挂图。随着网络化时代的到来，挂图亦可通过网络进行传播。

气象科普宣传页 是气象科普活动中的重要载体之一，是以文字、图片的形式通过印刷制成，公开而广泛地向公众传递气象科普知识的宣传品，具有制作简单、成本低廉、传递快捷、展示直观的特点。气象科普宣传页一般分为单页、折页两种形式。气象行业多年来已经开发制作了大量的气象科普宣传页，如《气候变化》系列、《防灾避险指南》系列等，在各种气象科普活动中广泛发放，传播普及气象知识。

2005—2013年气象科普作品重要奖项一览表

作品名称	类型	所获奖项	获奖年份
全球变化热门话题丛书	图书	国家科学技术进步奖二等奖	2005年
气象防灾减灾电视系列片：远离灾害	影视	国家科学技术进步奖二等奖	2008年
中国气候变化科学概论	图书	入选"三个一百"原创出版工程	2008年
		第三届中华优秀出版物（图书）提名奖	2010年
		第二届中国出版政府奖图书奖提名奖	2010年
防雷避险手册、防雷避险常识	图书	国家科学技术进步奖二等奖	2011年
变暖的地球	影视	第28届中国电影金鸡奖	2011年
气候变化与粮食安全	影视	第29届中国电影金鸡奖	2013年
		中国农村题材电影表彰最佳科教片奖	2013年
		第七届"科蕾奖"特等奖	2013年

（王海波　周煜）

qìxiàng kēpǔ jiàoyù jīdì
气象科普教育基地（bases for meteorological science popularization and education） 以气象台站、研究所、业务单位和气象科普场馆为中心，利用气象台站场所设施，发挥科普宣传功能的单位或场所。科普内容覆盖天气气候、气候变化、防雷减灾、人工影响天气、空间天气等分支学科，具有实体直观、形式多样、涉及面广、科普效果明显等特点。气象科普基地形式多样，包括气象科普馆（科技馆）和各级科技馆、文化馆、博物馆中的气象科普专题展区，气象科普长廊等。气象科普教育基地是全国科普教育基地的重要组成部分，是开展气象科普工作的重要阵地，对提高社会公众气象科学素质具有重要作用。

1999年12月科技部、中宣部、教育部和中国科协四部委组织了"全国青少年科技教育基地"的创建命名工作；同年11月中国科协开展了"全国科普教育基地"的创建命名工作；2003年1月中国气象局、中国气象学会联合开展了"全国气象科普教育基地"的创建命名工作。到2014年气象行业拥有科技部、中宣部、教育部和中国科协联合命名的国家级"全国青少年科技教育基地"17个（见表1），中国科协命名的"全国科普教育基地"55个（见表2），中国气象局、中国气象学会命名的"全国气象科普教育基地"200多个。据不完全统计，全国各地气象科普教育基地年接待参观人数达200多万人次，已有数千万人次在全国各地气象科普教育基地接受气象知识的宣传。气象科普教育基地在向公众普及气象科学知识方面发挥了重要作用，主要表现在：向社会公众展示气象行业的形象，为公众提供了解气象、认识气象的窗口；提高人民防灾减灾的意识和防御气象灾害的能力，更好的服务民生；有效发挥气象科普传播的桥梁和纽带作用，推进气象科普工作的业务化、常态化和品牌化；不断扩大气象防灾减灾工作的社会影响，促进与各行各业的广泛联系，提升气象科普社会化水平；了解社会公众和各行各业对气象服务的需求，促进气象服务水平的提高。

表1　全国青少年科技教育基地（截至2014年）

序号	基地名称	序号	基地名称
1	中央气象台	10	广东省广州气象卫星地面站
2	国家卫星气象中心	11	广西壮族自治区气象台
3	天津市气象科技展览馆	12	重庆市气象科普教育基地
4	山西省太原市专业气象台	13	贵州省气象台
5	上海市浦东气象科普馆	14	西藏自治区气象局气象现代化遥感技术研究所
6	中国北极阁气象博物馆	15	陕西省气象科普教育示范基地
7	浙江省绍兴市气象台	16	宁夏回族自治区气象台
8	福建省气象台	17	宁夏回族自治区吴忠市气象台
9	江西省天文气象科普中心		

表2 全国科普教育基地（截至2014年）

序号	基地名称	序号	基地名称
1	中央气象台	29	湖南省气象台
2	国家卫星气象中心	30	广州气象卫星地面站
3	中国气象科技展厅	31	广东省汕头市气象科普教育基地
4	北京市气象台	32	广东中山气象科普教育基地
5	河北省气象台	33	广东阳江市气象科普教育基地
6	河北省涿州市气象科普教育基地	34	广西壮族自治区气象台
7	山西省阳泉市气象科普教育基地	35	贵州气象科技馆
8	吉林省气象科普馆	36	贵州黔西南州气象学会
9	吉林省白城市气象台	37	贵州黔东南州气象台
10	上海市气象科普教育基地	38	云南省气象台
11	上海浦东气象科普馆	39	云南省德宏州气象科普教育基地
12	上海松江气象科普教育基地	40	云南大理国家气候观象台
13	江苏省南京北极阁气象科普教育基地	41	云南省腾冲县气象局
14	江苏省连云港市花果山气象科普基地	42	西藏自治区气象台
15	江苏盐城气象科普馆	43	西藏自治区拉萨市青少年气象科普教育基地
16	浙江杭州气象科普教育基地	44	西藏自治区林芝地区气象科普教育基地
17	中国台风博物馆	45	西藏自治区山南地区气象科普教育基地
18	安徽省合肥气象科技园	46	陕西省气象科普教育示范基地
19	安徽省马鞍山气象科技馆	47	陕西渭南气象科普教育基地
20	安徽省宣城市气象台	48	陕西省延安市气象台
21	福建省气象台	49	甘肃省兰州中心气象台
22	江西省气象科普教育基地	50	兰州大学半干旱气候与环境观测站
23	山东省气象台	51	宁夏回族自治区气象台
24	山东聊城市气象科普教育基地	52	新疆维吾尔自治区石河子气象地震科普教育基地
25	山东菏泽科普馆	53	大连市沙河口区中小学科技中心
26	河南濮阳气象科技馆	54	厦门青少年天文气象馆
27	河南省开封市气象台	55	深圳市气象台
28	湖北省武汉中心气象台		

（姚锦烽 周煜）

Zhōngguó Běijígé Qìxiàng Bówùguǎn

中国北极阁气象博物馆（Beijige Meteorological Museum of China） 中国第一个综合性气象博物馆，于2010年3月建成。该馆位于南京市北极阁山上。北极阁气象历史悠久，自南朝刘宋始建司天台后，数度设有观象台，其中尤以明初钦天台规模最为壮观。1928年民国政府于古观象台遗址处兴建中央研究院气象研究所暨气象台，现为江苏省气象科技业务中心所在地。北极阁观云测天历史延续千年至今，富藏深厚的气象文化底蕴。2002年10月北极阁气象台被江苏省人民政府授予省级文物保护单位。

中国北极阁气象博物馆主展馆设于原中央研究院气象研究所建筑群内，分室内、室外两大展区。其中，室外展区分为景观区和主展区两部分。室外景观区设古代著名气象历史人物群雕和中国三千年气象历史记录浮雕，展示鸾凤风向器、乾隆测雨器等古代气象观测仪器，凝练介绍数千年灿烂的中华气象文明史。室外主展区立有竺可桢先生雕塑，并展示有浑仪、简仪、日晷、月晷4件古代观天的仪器，此外在北极阁观象台塔楼前地面刻有一幅二十四节气系统示意，向观众展示了中国古代气象文明的智慧结晶。

中国北极阁气象博物馆

主展馆室内展区从古至今分为4个单元，系统展示了气象重大历史事件、气象仪器沿革、气象机构变迁及气象科技发展蓝图等。

（姚锦烽 周煜）

Zhōngguó Táifēng Bówùguǎn

中国台风博物馆（Typhoon Museum of China） 融科普、旅游、科研多功能于一体，演绎台风发生、发展和消亡过程的全国首家灾难性博物馆，位于浙江省舟山市的岱山岛。

中国台风博物馆展示台风灾害和抗台风成果，模拟台风生成及移动过程，提供台风实地观赏台。观赏台厅内设有波浪观测试验站，对风暴潮开展现场波浪要素、越浪量和波浪打击力进行观测，并人工模拟越浪状况，研究越浪水体对塘身的打击力。同时，结合水槽模型试验，进一步验证海塘波浪爬越浪量分析计算的合理性，以及海塘工程在遭遇超标准风暴潮时的波浪爬高、塘顶越浪量和各主要部分的受力状况，提出对策措施。

其展览厅运用图片、实物、台风模拟、台风科普投影等手段，能使参观者受到生动、详尽的科普教育；台风期间，在观赏台厅能亲身感受到惊涛拍岸、浊浪排空、风声呼啸的壮伟景观。

（姚锦烽　周煜）

wǎngluò qìxiàng kēpǔ
网络气象科普（meteorological science popularization by network） 以网络为传播平台，由专门的组织机构或个人在网络上以社会公众为对象开展的气象科普活动。

随着互联网技术的快速发展，网络气象科普也逐渐发展为一种拥有多种优势的新途径、新渠道。在多媒体技术的支持下，网络气象科普将知识性、视觉性、互动性等结合到一起，以超媒体方式组织和传播气象科普信息，跨越时空，双向交互，具有高度的开放性和交互性、即时性和远程化的特点，可以实现多媒体和超文本、大容量和高速度的信息传播，在气象科普中已经得到了广泛应用。网络气象科普不局限于用文字，还可采用与科普相关的音频、视频、动画等，虚拟科技馆、网络直播、互动游戏等也是网络独特的科普方式。同时，科普内容也可通过论坛、社区、博客、微博等网络服务方式传播。

应用领域　网络气象科普以防灾减灾和应对气候变化为重点，开展气象常识、气象灾害防御、气候变化、人工影响天气、气象探测环境保护、涉外气象活动、气象服务等领域的科普宣传，特别是对极端天气气候事件或重大气象灾害的宣传，加强面向公众的科学解析和防灾避险知识宣传，不断扩大气象科学知识的覆盖面和普及率。

气象科普网站　网络气象科普主要通过两类网站实现：一类是以气象科普为主要功能的专门气象科普网站；另一类是载有大量的气象科普内容、栏目和频道的综合性网站。国内的国家级专门气象科普网站以中国气象科普网为主，部门和地方一级有数字气象科技馆、校园气象网、北京气象科普网等。非专门气象科普网站数量相对较多，一般包括两种：一种是含有气象科普内容的综合科普网站，如中国科普博览、中国数字科技馆等，这些综合科普网站一般设有气象科普方面的版块或专栏，如中国科普博览中的气象大讲堂、中国数字科技馆中的大气栏目、气象防灾减灾馆等；另一种是含有气象科普内容的气象门户及服务网站，如中国气象局网、中国天气网、中国气象视频网以及各省（自治区、直辖市）气象局门户网站，都开辟了含有科普内容的气象频道或气象专栏。

网络气象科普形式　网络气象科普主要通过图文信息、视频（动画）、互动游戏、科普博客（微博）、虚拟科技馆（博物馆）等形式向大众传播和普及气象科普知识。

图文信息　由介绍气象知识的文字配以相关的图片组成，有的以文字为主，而有的则以图片为主，如挂图式的气象科普图片。这些内容一般来源于气象科技报纸、期刊等传统媒体。

视频（动画）　指内容格式以流媒体格式（WMV）、视频文件格式（RMVB）、视频格式（FLV）、动画设计软件格式（SWF）、音频视频交错格式（AVI）、影片格式（MOV）等类型为主，可以在线通过 Windows Media Player，Flash，RealPlayer，QuickTime 及 DivX 等主流播放器播放的气象科普文件内容。气象科普视频大部分是电视台科教栏目的视频，如中国气象频道的《气象万千》等；另外还有专门拍摄的具有某一主题的气象科普电影、科教片以及专门制作的气象科普动画，如《变暖的地球》《天气百问动画》等。这些视频（动画）经过一定的格式以及容量加工转换，上传到网络上，供网络用户点击观看。

互动游戏　将气象科普知识融入网络游戏中，融知识性、趣味性于一体，既包括利用 TCP/IP 协议，以互联网为依托，可以多人同时参与的游戏项目，又包括直接在互联网上进行操作的单机版游戏，还包括可以从互联网下载的单机小游戏、手机游戏等。目前以互联网上的网页小游戏和可下载的单机小游戏为传播气象科普知识的主导力量，如数字气象科技馆网站中的科学游戏《预警信号连连看》《增雨行动》《气象知识闯关》等游戏。

科普博客（微博）　博客圈作为具有相同知识背景或者相同爱好的人组建的网络社区，是一个互相传播信息、展示自我的重要平台。与气象科普有关的博客圈则成为博客成员之间相互传播气象科普信息的有力工具，同时也是圈外人士学习气象科普知识的一个重要园地。微博可在浏览器、移动终端等多个平台上使用。中国气象科普网、中国天气网、《气象知识》杂志、校园气象

网等均已开通微博，拥有自己的即时发布平台，在第一时间为受众进行气象科普知识的传播。

展望 网络海量的信息、便捷的查询检索为浏览者查找科技知识和信息提供了前所未有的方便，这就要求气象科普网站有门类齐全、海量、准确、简洁明了的科普知识内容。针对网络气象科普确定目标群体，进行受众分析，发挥网络科普交互性优势，积极进行有效的网络推广，充分利用自身优势资源，精心整合配置信息内容，建立起网络科普基地，以实现气象科普资源共享的目的，这是气象科普工作者共同的期待，也是信息时代气象科普工作的一个重要发展方向。

（王海波　邵俊年）

qìxiàng kēpǔ huódòng
气象科普活动（meteorological science popularization activities）

设立一个气象科普主题并围绕主题进行讲座、专家咨询、互动交流、专题研讨、展品现场展示等，以达到传播气象科普知识的活动。气象科普活动是社会化气象科普宣传的有效载体。近年来，形成了常态化、系列化的品牌气象科普活动，包括世界气象日、防灾减灾日、科技活动周、全国科普日、气象夏令营、气象防灾减灾宣传志愿者中国行、应对气候变化中国行、国家气象体验之旅、流动气象科普万里行等。

气象部门通过开展主题气象科普活动，以立足社会化大科普为基础，以防灾减灾和应对气候变化为重点，突出创新意识、满足社会需求，积极推进气象科技知识的社会化传播与普及，为提高全民气象科学素质做出了应有的努力。近些年与中国科学技术协会（简称科协）联合开展了以下工作：承办全国首届"防灾减灾日"主会场活动；在安徽、贵州、陕西、河南、吉林等省举办气象科技下乡活动；开展"气象防灾减灾宣传志愿者中国行"活动；2011全国科普日在北京主场组织"模拟降雨小实验"科技实践展项；利用"科学家与媒体面对面"的平台，组织气象科学家围绕"解析极端天气""科学应对城市内涝"等主题与几十家主流媒体开展面对面的交流与互动活动；组织气象专家在中国科技馆"科学讲坛"做科普报告；将气象科普宣传品送进中国科协的大篷车，并参加2012年北京科协组织的防灾减灾科普宣传品巡展。中国气象学会的科普工作得到中国科协的肯定并获得"2011年度全国科普工作优秀学会"称号。中国气象科技展厅获得"2012年度优秀科普基地"称号。

2009—2013年，气象部门连续5年主办"气象防灾减灾宣传志愿者中国行"大型科普活动。经中国气象学会组织申报，此项活动获得2009年气象部门创新奖和2012年第六届"中国地方政府创新奖"特别奖。

近年来在每年的世界气象日，相关部门开展了"气象科普进列车""气象科普进学校""气象科普进社区"、中国气象局和各省（自治区、直辖市）气象局园区开放等多项活动，不断创新世界气象日科普品牌，有效扩大了世界气象日的社会影响力。

中国气象局和中国气象学会联合主办的全国青少年气象夏令营活动已坚持30多年。1982年，气象夏令营的营旗首先在厦门飘起，至今已形成具有较大影响的科普品牌项目。30多年来，6万多名青少年在气象夏令营既历经锻炼，又增长了气象知识。2011年举办了全国青少年气象夏令营30周年系列纪念活动，中国气象学会联合中国气象局开展了"气象夏令营——我的难忘之旅"征文比赛；中国气象学会组织编印了《营旗飘飘——纪念全国青少年气象夏令营30周年》，联合华风集团拍摄了《我爱气象夏令营》专题片，举办了《全国青少年气象夏令营30年图片展》。其中《我爱气象夏令营》获第七届"中国纪录片国际选片会"入围作品奖。

为农服务是气象科普工作的重要内容。中国气象局组织编辑出版了《农村生产气象灾害应急避险常识》等气象防灾减灾科普系列丛书，并向全国数千家农家书屋赠送了5000余套气象科普系列丛书。联合中国科协科普部、中国农学会等单位多次开展气象科技下乡活动，以宣传气象科学知识为手段，实现气象科普惠农。

2008年北京奥林匹克运动会和2010年上海世界博览会期间，中国气象学会联合北京公交公司、北京市气象局等单位，开展了"气象科普伴你行"和世界气象馆长卷留言活动，将气象科普元素融入重大活动中。

主题气象科普活动相对于传统的科普活动来说更具有实用性、系统性和灵活性的特点。主题气象科普活动一般选择季节性、节日性以及公众的兴趣点为话题，更容易被公众接受，更具有实用性。主题气象科普活动是以一个话题为中心进行延伸的活动，各项分类活动围绕这个话题进行，贯穿始终，小的活动构成一个小主题，几个小主题构成大主题，使之更具系统性。主题气象科普活动可以根据时间、季节、节日以及公众的兴趣灵活地确定主题的内容，可以定一个大主题，几个月完成，也可以定一个小主题，半个月或几天完成，这样的形式更具灵活性。这些是传统的气象科普活动所不具备的。

（姚锦烽　邵俊年）

quánguó qīngshàonián qìxiàng xiàlìngyíng
全国青少年气象夏令营（national youth meteorologi-

cal summer camp） 中国气象局、中国气象学会联合举办的为向青少年普及气象科学知识、提高综合素质的全国性气象夏令营。全国青少年气象夏令营从1982—2015年已连续举办34届，每年都是在7—8月的暑假期间举办，每期约一周时间。首届气象夏令营在厦门举行，之后各届轮换在全国各地举行，已成为具有较大影响的气象科普品牌项目。30多年来，共有6万多名青少年在气象夏令营接受气象科普教育并经受了磨炼。

气象夏令营总营设营长、副营长，分营设分营营长、辅导员，实行统一领导、统一组织、统一行动。气象夏令营初期，通常由中国气象局主管副局长担任总营营长、中国气象学会秘书长担任营长。气象夏令营有自己的营旗、营歌、营徽、营规、营帽、营服等，每届夏令营均有明确的主题和丰富多彩的活动内容。20世纪90年代，气象夏令营曾两次列入中国科学技术协会确定的全国重点夏令营。

2011年为纪念气象夏令营30周年，中国气象学会联合中国气象局开展了"气象夏令营—我的难忘之旅"征文活动；中国气象学会组织编印了《营旗飘飘——纪念全国青少年气象夏令营30周年》，联合华风影视集团拍摄了《我爱气象夏令营》专题片，举办了《全国青少年气象夏令营30年图片展》。其中《我爱气象夏令营》获第七届"中国纪录片国际选片会"入围作品奖。

历届全国青少年气象夏令营简介

届次	时间	地点	主题
第1届	1982年7月	福建厦门	
第2届	1983年8月	辽宁大连	
第3届	1984年7月	北京	
第4届	1985年7月	安徽合肥	
第5届	1986年7月	云南昆明	
第6届	1987年7月	甘肃兰州	
第7届	1988年7月	宁夏银川	
第8届	1989年7月	山东青岛	
第9届	1990年7月	四川	
第10届	1991年7月	陕西延安	继承延安精神，争做"四有"新人
第11届	1992年7月	北京—青岛	气象与军事
第12届	1993年8月	新疆乌鲁木齐	气候是祖国的宝贵资源
第13届	1994年7月	河北秦皇岛	气象为国民经济服务
第14届	1995年7月	云南昆明	为国旗添光彩，做蓝天小哨兵
第15届	1996年7月	福建武夷山	开展气候考察，增强气候意识
第16届	1997年8月	内蒙古	气象与草原
第17届	1998年7月	广西	天气与人类活动
第18届	1999年7月	海南	气象与环境保护
第19届	2000年7月	新疆乌鲁木齐	气象为西部开发服务
第20届	2001年7月	贵州	重走长征路，开辟新未来
第21届	2002年7月	四川	气候变化与人类活动
第22届	2003年7月	江苏	探索大气奥秘

续表

届次	时间	地点	主题
第23届	2004年7月	陕西	历史文化与生态气候
第24届	2005年7月	北京	历史文化与生态气候
第25届	2006年7月	黑龙江	生态环境与可持续发展
第26届	2007年7月	宁夏	气候变化与大漠风情
第27届	2008年7月	吉林	应对气候变化，保护生态环境
第28届	2009年7月	湖南	祖国在我心中，蓝天伴我成长
第29届	2010年7月	福建厦门—武夷山	关注天气气候，倡导低碳生活
第30届	2011年7月	新疆	气候自然和谐
第31届	2012年7月	山西	感悟黄河文化，探究天气气候
第32届	2013年7月	北京	体验国家气象，感受魅力古都
第33届	2014年7月	安徽	探江淮风云，品徽风皖韵
第34届	2015年7月	黑龙江	珍惜气候资源，感受绿色龙江

注：第1—9届未设置主题。

（姚锦烽　邵俊年）

Qìxiàng Fángzāi Jiǎnzāi Xuānchuán Zhìyuànzhě Zhōngguó Xíng

气象防灾减灾宣传志愿者中国行（China Tour for Volunteers of Meteorological Disaster Prevention and Mitigation） 中国气象局、共青团中央、中国科学技术协会、中国气象学会共同主办，成都信息工程学院（现成都信息工程大学）、中国气象学会秘书处、中国气象局公共气象服务中心、中国气象局气象宣传与科普中心、北京华风气象影视集团承办的气象科普活动，旨在促进公民防灾减灾意识，提高公众应对气象灾害的能力，并在更大范围内提高公众对气象科普知识的了解。

"气象防灾减灾宣传志愿者中国行"活动于2007年启动，每年都会有来自北京大学、南京大学、浙江大学、中国海洋大学、中山大学、南京信息工程大学、成都信息工程学院等全国各地相关高校大学生参与到志愿宣传中来。他们都是经过层层选拔，在进行专业的气象科普知识和防灾减灾知识培训后被组织分派到全国各地的乡镇企业、社区、学校等地方，向公众讲解宣传气象防灾减灾知识。自活动启动开始，每年有2000多名师生分成200个小队，奔赴全国各地进行为期1个月的气象科普知识宣传。

在宣传活动中，志愿者会根据当地的天气气候特点及所到地方的居民情况进行准备与策划，组织各种知识性、实用性、趣味性强的互动活动，以期达到让百姓更愿意接受并了解气象科学知识，并将知识合理地应用到生活中，真正能够在天气灾害发生时候正确地避险减灾。

（姚锦烽　邵俊年）

Shìjiè Qìxiàngrì

世界气象日（World Meteorological Day）　世界气象组织为纪念该组织的成立和《国际气象组织公约》生效日（1950年3月23日）而设立的，又称"国际气象日"。世界气象日为每年的3月23日，每年的世界气象日都由世界气象组织确定一个主题，要求各成员国在这一天举行庆祝活动。

1947年9—10月，国际气象组织（IMO）在美国华盛顿召开45国气象局长会议，决定成立世界气象组织（World Meteorological Organization，WMO），并通过了世界气象组织公约。公约规定，当第30份批准书提交后的第30天，即为《世界气象组织公约》正式生效之日。1950年2月21日伊拉克政府提交了第30份批准书，3月23日《世界气象组织公约》正式生效，标志着世界气象组织正式诞生。在各成员国代表签订的《世界气象组织公约》生效一周年之日，即1951年3月23日，国际气象组织正式改名为世界气象组织，成为政府间的国际气象合作机构，并与联合国建立关系。为纪念这一特殊的日子，1960年6月世界气象组织执委会第20届会议决定，将公约生效日，亦即世界气象组织成立之日3月23日定为"世界气象日"。从1961年开始，每年的这一天，世界各国的气象工作者都要开展纪念和庆祝世界气象日的活动。

开展世界气象日活动的目的，主要是为了使各国广大群众更好地了解世界气象组织的活动情况以及气象部门在经济和国防建设等方面所作出的贡献，推动气象学在航空、航天、航海、水利、农业和人类其他活动方面的应用。在每年的世界气象日，世界气象组织执行委员会都要选定一个主题进行宣传，以提高公众对气象重要性的认识。主题的选择围绕气象工作的内容，包括重大气象科研项目以及世界各国普遍关注的天气、气候问题。

中国作为世界气象组织的创始国之一，在每年的世界气象日期间，各级气象部门都会根据当年的主题，开展多种形式的宣传和纪念活动，如组织群众到气象台站参观访问，举行有政府领导人参加的科普活动仪式或座谈会，举办气象仪器装备、照片、图片和资料的展览，举办专题气象科普讲座，举行记者招待会，由报刊、广播电台、电视台报道撰写文章和讲话，放映气象科学电影等。

历年世界气象日主题

年份	主题
1961年	气象
1962年	气象对农业和粮食生产的贡献
1963年	交通和气象（特别是气象应用于航空）
1964年	气象——经济发展的一个因素
1965年	国际气象合作
1966年	世界天气监测网
1967年	天气和水
1968年	气象与农业
1969年	气象服务的经济效益
1970年	气象教育和训练
1971年	气象与人类环境
1972年	气象与人类环境
1973年	国际气象合作100年
1974年	气象与旅游
1975年	气象与电讯
1976年	天气与粮食
1977年	天气与水
1978年	未来气象与研究
1979年	气象与能源
1980年	人与气候变迁
1981年	世界天气监测网
1982年	空间气象观测
1983年	气象观测员
1984年	气象增加粮食生产
1985年	气象与公众安全
1986年	气候变迁，干旱和沙漠化
1987年	气象与国际合作的典范
1988年	气象与宣传媒介
1989年	气象为航空服务
1990年	气象和水文部门为减少自然灾害服务
1991年	地球大气
1992年	天气和气候为稳定发展服务
1993年	气象与技术转让
1994年	观测天气与气候
1995年	公众与天气服务
1996年	气象与体育服务
1997年	天气与城市水问题
1998年	天气、海洋与人类活动
1999年	天气、气候与健康
2000年	气象服务五十年
2001年	天气、气候和水的志愿者
2002年	降低对天气和气候极端事件的脆弱性
2003年	关注我们未来的气候
2004年	信息时代的天气、气候和水
2005年	天气、气候、水和可持续发展
2006年	预防和减轻自然灾害
2007年	极地气象：认识全球影响
2008年	观测我们的星球，共创更美好的未来
2009年	天气、气候和我们呼吸的空气
2010年	世界气象组织——致力于人类安全和福祉的六十年
2011年	人与气候
2012年	天气、气候和水为未来增添动力
2013年	监视天气，保护生命和财产
2014年	天气与气候：青年人的参与
2015年	气候知识服务气候行动

（姚锦烽　邵俊年）

气象代表人物

古代气象人物

Lǚ Shàng

吕尚（约公元前1139—前1021年） 史书记载：祖姓姜，其先人封于吕（今河南南阳市西），又以吕为氏，故称吕尚，名太公，字子牙，史书称太公望。传为炎帝之后，东海（今山东省日照）人。著有兵书《六韬》（《辞海》称：是战国时人托名于他的作品）。他强调常规战法、特殊战术都离不开气象条件，军事统帅和指挥要充分利用气象环境和天气变化。他的军事气象思想给后世以深刻影响。他创造了三十节气系统，即太公古法，流行于姜姓齐、薛等国，为二十四节气系统形成起了先导性作用。

吕尚著有《阴谋》3卷（一说36卷）、《阴符钤录》1卷、《金匮》2卷、《六韬》6卷。

（赵同进）

Guǎn Zhòng

管仲（公元前？—前645年） 又名夷吾，也称敬仲，齐国颍上（今安徽省颍上县）人，史称管子，齐相。著有《管子》一书，其言论多见于《国语·齐语》。管仲的哲学思想，具有朴素的唯物论倾向，他认为"春夏秋冬，阴阳之推移也。"他把气象知识应用于土地开垦、农业抗灾，所制定旱涝指标、规定旱涝等级和减税比例是世界最早的。他认为："天时不祥，则有水旱；地道不宜，则有饥馑；人道不顺，则有祸乱"，提出"天时、地利、人和"著名的政治军事观点，善于把气象条件用于军事征伐。所著《管子》中有大量气象、天文、历法、农业等科学知识，在科学史上弥足珍贵。

（赵同进）

Liú Ān

刘安（公元前179—前122年） 西汉皇族，淮南王。刘安"招致宾客方术之士数千人"，集体编写了《淮南子》一书，后称该书为《淮南鸿烈》，共有"内书"21篇、"外书"33篇和"中书"8篇，全书以道家思想为主轴，内容包罗万象，但流传至今的仅仅剩下"内书"21篇，其中在《天文训》篇中，出现了中国历史上最早最完整的关于二十四节气的记载，二十四节气之名一直沿用至今。在《时则训》中有各月星象、气候、物候和农事特征等比较系统的记载。

（赵同进）

Dǒng Zhòngshū

董仲舒（公元前179—前104年） 西汉广川郡（今河北省景县广川镇大董古庄）人，汉代思想家、哲学家、经学大师。著《春秋繁露》《董子文集》。《董子文集》中《雨雹对》一文，根据阴阳两气运动抑扬，解释风、雨、云、雾、雷、电、雪、雹的形成。认为冰雹是"阴气协阳气"造成的，用阴阳二气的推移、运动、切薄解释各种天气现象的产生，并对风的形成、雷电产生等天气现象及云雨形成的物理过程进行了阐述。认为"寒有高下"，温度的垂直分布是不均匀的，因而引起雨、雪、雹、霰的差别。还用气流强弱对云滴并合过程的影响，解释到达地面的雨滴大小疏密现象。还是最早注重研究气象对人们心理和生理影响的思想家之一。

（姜海如）

Wáng Chōng

王充（公元27—100年） 字仲任，会稽上虞（今浙江省上虞县）人，东汉思想家、哲学家。著有《论衡》共85篇，其中不少篇章谈了气象和自然灾害问题，对风、云、雨、雪、露、雾、雷、电、"天雨谷"等天气现象及成因做了科学探讨。认为"天地合气，万物自生"，"气"是自然界原始物质的基础，自然风雨都因"气"而生。对"天雨谷""龙登玄云（龙卷）"等天气现象做了实地调查和科学的解释，批判了天气、气候（包括天气灾害）的迷信观点。他说"人不能以行感天，天亦不随行而应人"。如针对"天雨谷"有凶的论点，他用陈留雨谷的事实说明了"夫'天雨谷'者，草木叶烧飞而集之类也"，认为雨谷是由地上被风卷到天空的，如草木叶烧飞一般。他对各种天象、地象和气象都解释为是自然现象，不存在有意志的创造者，不应神秘化。

（姜海如）

Zhāng Héng

张衡（公元78—139年） 字平子，南阳西鄂（今河南省南阳市石桥镇）人，东汉天文学家、数学家、发明家、地理学家，官至尚书，太史令。著有《灵宪》和《灵宪图》等天文著作，认为宇宙是无限的，天体的运行是有规律的；月光是日光的反射，月食起因于地遮日光，月绕地行且有升降。他创制浑象、候风地动仪，在公元132年创造了世界上第一架观测风向的仪器——相风铜乌，其器在五丈（长度单位，1丈≈3.33米）高的杆顶上安一只衔着花的铜乌，可以随着风向转动，鸟头正对着风来的方向。这个测风仪与西方建筑物上的"候风鸟"相比，约早1000年。西方的"候风鸟"到12世纪时始见于记载。

（姜海如）

Lǐ Chúnfēng

李淳风（公元602—670年） 岐州雍县（今陕西省凤翔县）人，唐代天文学家、数学家。贞观初入太史局，十五年迁太史丞，二十二年升太史令。著有《观象玩占》《乙巳占》等，全面总结了唐贞观以前各派星占学说，经过综合之后，保留各派较一致的星占术，摈弃相互矛盾部分，建立了一个系统的星占体系。直接涉及气象的有日月旁气占、月晕占、气候占、云占、九土异气象占、候风法、相风占等内容，其他各占中也包括有气象内容。书中有大量言及人事凶吉之占，迷信内容较多，但对唐代和唐代以后的星占学产生了很大的影响。在《乙巳占》中对相风木乌构造有较详细说明，在观测研究和总结前人经验的基础上，他把风向从8个方位进一步细分到24个方位。创制了八级风力标准，即"动叶、鸣条、摇枝、堕叶、折小枝、折大枝、折木飞砂石、拔大树和根"，形成世界上第一个比较完整的风力等级划分表，比英国海军大校蒲福（Francis Beaufort，1774—1857年）提出的风力等级早1160年。

（赵同进）

Qútánxīdá

瞿昙悉达（7世纪下半叶—8世纪上半叶） 唐代天文学家，官至太史监。先世由天竺国移居中国，后世居长安（今陕西省西安市）。约在开元二年（公元714年），瞿昙悉达奉旨领导编纂《开元占经》，约历时十年完成了这部有120卷之多的巨著。是收集整理古代天文、气象文献资料的一大成就。《开元占经》前两卷辑录了古代天文学家的宇宙理论，从第3卷到第90卷辑录的是对各种天象的占法，第91卷到第102卷主要辑录了气象占，其中第91卷为《风占》，第92卷为《雨占》，从第93卷到97为《云气占》，第98卷为《虹霓占》，第101卷为《霜占》，第102卷为《雷占》。《开元占经》为辑录前人占候典籍，内容非常广泛，但不可避免有很多糟粕。

（姜海如）

Huáng Zǐfā

黄子发（生卒年不详） 唐代人，著有《相雨书》，是一部气象预测专著辑录，收集了唐以前的许多民间观测天气的经验。全书共有10篇，169条，其中候气篇30条，观云篇52条，察日月并星宿篇31条，会风篇4条，详声篇7条，推时篇12条，相草木虫鱼玉石篇14条，候雨止天晴篇7条，祷雨篇3条，祷晴篇9条。这种分类对后世影响较大，后来气象预报占验分类多以此为借鉴。该书收录的内容少为谚语，多为经过实际应用验证的指标。其预报预测天气的方法，既是对前人经验的总结，也为后人借鉴和参考。

（赵同进）

Shěn Kuò

沈括（1031—1095年） 字存中，号梦溪丈人，杭州钱塘（今浙江省杭州）人，北宋科学家，官至翰林学士。熙宁五年（1072年）提举司天监，对天象作了周密观测，绘图多幅；改造浑仪、浮漏、景表等仪器；发明了隙积术、会圆术等数学方法；制作了久晴转雨的天气预报，并用阴阳理论解释了天气变化的原因；提倡一种与今天的阳历相似的历法。他还比西方早400多年发现了磁偏角现象；通过旅行考察，阐明了海陆变迁和雁荡诸峰的成因；指出石油必将对人类大有用途。著有《梦溪笔谈》，记有佛身光、海市蜃楼、雷击、江湖大风、龙卷、瓦霜、雹，以及南北方、古今、地势高低的气候差异等气象现象，非常细致贴切而生动形象，使人们仿佛亲临现场。

（姜海如）

Zhū Xī

朱熹（1130—1200年） 字元晦，一字仲晦，号晦庵，别称紫阳，南宋江南东路徽州府婺源县（今江西省婺源）人。南宋著名的理学家、教育家，曾任秘阁修撰等职，世称朱子。对经学、史学、文学、乐律、自然科学等均有贡献。在其后人编撰的《晦庵先生朱文公文集》和《朱子语类》中，有他对霜露、雨雪、风云、雾虹、雷电等形成的解释，如有"霜只是露结成，雪只是雨结成""虹非能止雨,而雨气至是已薄,亦是日色射散雨气"等。

(姜海如)

Lǚ Zǔqiān

吕祖谦（1137—1181年） 字伯恭,南宋婺州（今浙江省金华）人,是南宋时期最著名的理学大家之一,所创立的"婺学",也是当时最具影响的学派之一。吕祖谦一生著述颇多,其中《东莱集》15卷中《入越录》《入闽录》和《庚子辛丑日记》中记载了大量当时的天气、气候、物候状况。特别是《庚子辛丑日记》,从淳熙七年（1180年）正月初一到淳熙八年（1181年）七月二十八日,记载了每天的阴、晴、风、云、雨、雪、寒、热、雷、霜等天气状况和相应的物候状况。这些日记,是中国古籍中连续记录时间最长、气象要素最齐全的气象观测资料。

(毛耀顺)

Qín Jiǔsháo

秦九韶（1202—1261年） 字道古,四川安岳人,南宋数学家,著有《数学九章》。其最重要的数学成就有"大衍总数术",即一次同余式解法与"正负开方术"（高次方程数值解法）,使这部宋代算经在中世纪世界数学史上占有突出的地位。书中所述"天池测雨、圆罂测雨、峻积验雪、竹器验雪"等降水量测量和计算方法,其计算比较科学严密,是世界上最早的雨量观测的科学计算方法。书中提到的天池盆,也是记载中世界上最早出现的雨量器。

(赵同进)

Wáng Zhēn

王祯（1271—1368年） 字伯善,元代东平（今山东省东平）人,宋末元初农学、农业机械学家。元贞元年至大德四年（1295—1300年）任旌德（今安徽省旌德）、永丰（今江西省广丰）县尹。他提倡种植桑、麻、棉等经济作物,改良农具,著有《农书》36卷。书中《授时篇第一》,全面论述了农业气候问题,总结出了北方旱地有春旱多风、夏秋多雨的气候特点。为了适应这一气候特点,以便保墒防旱,提出了秋耕为主,春耕为辅的原则。结合时令绘制了《周岁农事》,为了便于掌握节气,把星辰、季节、物候和农事绘集形成了《授时之图》。

(赵同进)

Zhū Sīběn

朱思本（1273—1350年） 字本初,号贞一,中国江西临川（今江西省抚州）人,元代地理学家。所著的《广舆图》,不仅是一本地理学名著,而且也是气象预测名著。书中《占验篇》将江南及东南沿海渔夫相传的占候经验进行了辑录,并加以韵语化,使之利于记忆和传播。《广舆图》卷之二《占验篇》的内容有占天测雨2条、占云测雨26条、占风测雨21条、占日测天17条、占虹测天3条、占雾测天4条、占电测天6条、占海测天12条,这些内容经过归纳与整理,具有很好的适用性。

(赵同进)

Lóu Yuánlǐ

娄元礼（元末明初） 字鹤天,雪川（今浙江省吴兴）人。中国元末明初学者,富有天气预报经验,编有《田家五行》一书,该书为最早气象为农业服务的专用书,也是一部系统性的天气谚语专集,收集了元代及以前各地的民间测天经验,有些天气谚语至今还在一些地方传播和使用。该书分上、中、下3卷,每卷分为若干类。上卷自"正月类"至"十二月类",每月都按日序记载占候;中卷是天文、地理、草木、鸟兽、鳞鱼等类,大部属于物候性质;下卷是三旬、六甲、气候、祥瑞等类,用于预测气候演变、天气变化以及年景预测。为后世同类著作开创了范例。书中指出了梅雨的规律,提到信风规律,包括二十四番花信风,霜降信、冬信等。

1975年江苏省建湖县《田家五行》选释小组对该书进行部分选释,将原书500多条,编译整合为天文、地理、草木、鸟兽、鳞虫、气候、杂物、三旬、月占等类,共9节85条,加以意释,并用现代气象学知识作了解释说明。1976年7月由中华书局出版。

(赵同进)

Yáng Shèn

杨慎（1488—1559年） 字用修,号升庵,四川省新都人。明代文学家,正德间试进士第一,授翰林修撰,有著作百余种。《升庵经学》对古代天文、气象、历数作了考证。所辑《古今谚》一书,收集古代诸家典籍及名人所传引的古谚古语260余则,另有地方谚语40余则。其编纂特点是：古谚古语大体按历史顺序排列；所辑时谚,按地区单独列出。全书多为农谚或气象谚语,所选谚语多富形象性。杨慎还对大多数谚语加了注释,或考订、或释义、或参证、或注音。此外,在其所著《升庵集》中还补遗和注释了部分气象谚语。

(赵同进)

Xú Guāngqǐ

徐光启（1562—1633年）　字子先，南直隶松江府上海县法华汇（今上海市）人，明代科学家、农学家、政治家。万历三十二年（1604年）进士，官至礼部尚书、大学士。从事天文、气象、农学研究，最早从学术上开始中西结合，参加天主教会，向罗马传教士利玛窦学习研究西方天文、气象、历法、数学、测量、水利等科学，并翻译介绍。编著《农政全书》，其中《授时》《农事》《荒政》等篇，按正月至十二月排序，每月都按关键农事和季节记载占候，并按天文、气象要素、地理山水、树木花草、鸟兽鳞鱼等进行占候及记述气象、气候对农业的影响，在总结前人成就的基础上，结合生产实际加以论述。对明代以前100多年蝗灾进行分析研究，指出蝗虫发生的气象和环境条件是"湖濊广衍，暵溢无常，谓之涸泽，蝗则生之"。此外，还主持了《崇祯历书》的编撰工作。

（姜海如）

Xiè Zhàozhè

谢肇淛（1567—1624年）　字在杭，号武林、小草斋主人，晚号山水劳人，钱塘（今浙江省杭州）人。明万历二十年（1592年）进士，明代文学家，官广西布政使，熟悉河流水利，著有《北河记略》《文海波抄》。他的笔记体著作《五杂俎》为明代一部有影响的博物学著作，16卷，分为天、地、人、物、事5部，其中天部、地部各2卷，人部、物部、事部各4卷，记录读书和见闻。天部、地部谈天气、气候、气象问题，对各方面多有独特见解。谢肇淛有着朴素的唯物主义的天道观，如他认为雷电击人，不过是雷电起伏不定，人不幸遇上罢了。他推断"雷之蛰伏似有定所"，因此得出雷电击物击人是有规律的。

（姜海如）

Zhāng Xiè

张燮（1574—1640年）　字子和，号霄友，自号海滨逸史，江苏省常熟人，明万历甲午（1594年）举人，生于清著名藏书世家。万历丁巳年间（1617年）著《东西洋考》12卷，不仅广泛采录政府邸报、档案文件，参阅许多前人和当代人的笔记、著述，还采访舟师、船户、水手、海商，经过详细、严密的考订和编辑，记载了各国的情况，包括对气候、物产的记述。其中《占谚》按天、云、风、日、雾、电、海、潮等天气现象分类记载了航海、渔业方面的天气谚语以及风暴日，如"朝看东南黑，势急午前雨，暮看西北黑，午夜看风雨"；《水醒水忌》记载了潮汛，包括死汛、活汛的变化，以及对航海的影响；《逐月定日恶风》总结了各月海上大风可能出现的日期，如"二月初三、十七、廿七日午时有大风雨"。

（赵同进）

Xióng Míngyù

熊明遇（1580—1650年）　字良孺，号坛石，江西省南昌进贤人。明万历二十九年（1601年）进士。探讨天气变化规律，作有《日火下降、旸气上升图》，他的学生游艺加以修改，成为《日火下降、旸气上升诸象图》和《云飞、雨降、雷鸣、电掣之图》，形象地说明大气对流、雷雨产生的过程。著有《格致草》6卷，其中卷四、卷五依西洋科学原理，辨析自然界变化与历史上所载灾异，如风、云、雷、雨的形成，天河光淡及塔放光的原因等。《格致草》一书可说是十七世纪前期中国士人完成的富有自然哲学与相关知识的笔记。在这部书中，熊明遇自创一些语词与格式，表达他对传统自然知识的评语，以及他对西学理解的困难与限制，这是一本反映十七世纪士人藉西方自然知识考据中国传统自然知识的重要参考著作，也是明末清初一部调整科学内容的先驱作。

（赵同进）

Sòng Yīngxīng

宋应星（1587—约1666年）　字长庚，奉新（今属江西省）人，万历举人，明末清初科学家。崇祯七年（1644年）任江西分宜县教谕（县学教官）时，著《天工开物》，详述各地工农业生产技术。在《作咸》中，论述了海盐生产与气象的关系，潮汐的影响，还提到宁夏、山西的盐池生产，如何利用山中燥热的下沉气流（焚风）来蒸发产盐。还著有《论气》《谈天》等科学著述。《论气》认为"天地间非形即气，非气即形"，气虽然看不见，却是一种无处不在的物质，有气而后有声，而声可以通过冲、界、振、辟、合、击而得之，"物之冲气也，如激水然"，认为声音传播有波动性。书中对风雨、寒热成因进行了解释。

（赵同进）

Máo Yuányí

茅元仪（1594—1640年）　字止生，号石民，归安（今浙江省吴兴）人，明代学者，明末儒将。天启元年（1621年）编成《武备志》240卷，其中《军资乘》55卷，介绍了立营、行军、后勤，以及屯田、水利、漕运、海运、医药等方面的事宜。由于这些活动需要气象保障，在《占度载》93 卷中，分占和度两部分。其中，占即占天，主要记载天文气象，有占天、占日、占月、占星、占云、占雨、占风、占蒙雾、占虹霓、占霞、占雨雹、占雷电、占霜露、占冰雪、占五行等。书中有很大篇幅讲各种预见、预测，包括气象方面的《测天赋》《玉章亲机》，记载了大量的预报预测天气、气候的经验，是对以往军事气象学史料的总结和发展。

（赵同进）

Fāng Yǐzhì

方以智（1611—1671 年） 字密之，号曼公、浮山愚者；明亡后曾出家，改名大智，字无可，桐城（今属安徽省）人。明末清初思想家、科学家，崇祯进士，任翰林院检讨。他对天文、地理、物理等都有研究，强调实验科学（质测）。所著《物理小识》是一部百科全书式的学术著作，其中列有天类、历类、风雷雨旸类、地类、占候类等节，他从气一元论自然观出发，提出一种朴素的光波动学说，讨论了大气声光现象、大气分层、气候南北差异、降水预兆和理论等。

（姜海如）

Huáng Lǚzhuāng

黄履庄（1656 年—？） 广陵（今江苏省扬州）人，清代发明家。设计制造了验冷热器和验燥湿器（即温度计和湿度计），能分辨气候、验测药性、预报晴阴，是气象观测技术中重要的仪器。他应用"琴弦缓"的测湿原理，用鹿肠线制造成悬弦式湿度计，基本原理："内有一针，能左右旋，燥则左旋，湿则右旋，毫发不爽，并可预证阴晴。"该"验燥湿器"有一定的灵敏度，具有实用价值，和欧洲的轮状气压表的原理相似，可以说是现代湿度计的先驱。还发明了望远镜、显微镜、多级螺旋水车等，可为气象和农业所用，但未得到推广应用。

（姜海如）

Lǐ Tiáoyuán

李调元（1734—1803 年） 字羹堂，号雨村，四川省罗江（今属德阳）人，文学家，乾隆进士，历任广东学政，直隶通永道。李调元一生著作极为丰富，按照杨懋修《李雨村先生年谱》统计，一共 130 种。其中《童山全集》、民歌集《粤风》收集有广东天气谚语。嘉庆四年（1799）著《蔗尾丛谈》，卷一《地气》叙述了台湾飓风，《月令图说》对古代气候、节气知识作了分析。在其校订的《古今风谣》《古今谚》中收集了很多气象谚语。

（姜海如）

Lǐ Míngchè

李明彻（1751—1832 年） 字青来，广东省番禺人，道士，在广州纯阳观设观斗台，观天候气，并到北京拜访钦天监正，学习天文、气象。著有《寰天图说》，该书收录了他对地球、日月晕、星辰、雷雨、潮汐等天体及自然现象的论述和定性分析，并附有顺天（今北京）、江宁（今南京）、苏州等 16 个府的日出、日落和一年 24 个节令时刻的测定记录。他参加两广总督阮元主编《广东通志》编写，撰写有关气候、节令、占验部分。道光六年（1826 年）春天，在南方发现彗星，李明彻推算有天旱现象，向阮元建议大量进口洋米以备饥荒。当年秋天果然天旱，广东因采纳其建议，市面米价平稳，被后人传为美谈。

（姜海如）

Ruǎn Yuán

阮元（1764—1849 年） 字伯元，江苏省仪征人，清代著作家、刊刻家、思想家，在经史、数学、天算、舆地、编纂、金石、校勘等方面都有着非常高的造诣，乾隆进士，曾任湖广、两广、云贵总督，官至太子少保、体仁阁大学士。在古籍训诂及天文、气象、历算、地理研究方面著述颇丰，著有《畴人传》，介绍历来天文、历算、气象学家的成果和事迹，是研究中国历代天文学家、数学家、气象学家生平和古文字学的重要参考资料。

（姜海如）

新中国历任气象局局长

Tú Chángwàng

涂长望（1906—1962 年） 中国气象局（中央气象局）第一任局长（1949 年 12 月—1962 年 6 月），著名气象学家。1906 年 10 月出生于湖北省武汉。1929 年毕业于上海沪江大学，到武昌博文中学任教。1930 年到英国留学，1932 年毕业于伦敦大学气象专业，1933 年进英国利物浦大学攻读地理学博士学位。1934 年应竺可桢聘请回国任中央研究院气象研究所研究员，其后相继在清华大学（1935—1936年）、浙江大学（1938—1942年）、中央大学（1943—1949年）任气象学教授。先后任中国气象学会总编辑、理事、副理事长。1949年11月奉命筹建新中国气象工作，任中央军委气象局（后为中央气象局）局长。1955年当选为中国科学院学部委员（院士）。1962年6月在北京逝世。

涂长望潜心气象科学研究，在气候区划、季风进退、气团和锋面分析、世界大气浪动和海洋环流同中国降水和温度的关系、关于20世纪气候变暖的问题等方面的研究成果是奠基性的，开创了中国长期天气预报的研究领域。在《1931年大水与1934年大旱和东亚活动中心的关系》（1937年）、《中国天气与世界大气的浪动及其在中国夏季旱涝长期预告中的应用》（1937年）等论著中，提出要把中国天气和世界天气联系在一起的观点。《中国之气团》（1938年）对中国气团进行了分类并对各种气团之属性进行了详细而精辟的分析，是气象学中很重要的文献。《中国气候区域》（1936年）首先引入年降水量分布形式，提出的中国气候分区方案，进一步发展了竺可桢的气候分类研究观点。《中国夏季风之进退》（1944年，与黄士松合著）指出，东亚季风的进退有明显的跳跃现象，表征东亚季风环流有非线性的特点，对研究中国季风与旱涝有重要意义。1961年他完成《关于二十世纪气候变暖的问题》，提出了"20世纪以来我国气温的变化可能进入第三个时期——又一个变暖的时期"的论断，已被后来的实际资料证明是正确的。涂长望还对农业气候、霜冻预测、长江水文预测、气候与人的健康、中国气候与各河川水文、土壤形成、植被分布等关系作过研究，这些工作多为当时中国所少有。

新中国成立后，在筹建中央军委气象局（中央气象局）、组建并发展全国气象观测网、开展现代气象业务、加强农业气象服务工作、推进人工影响天气的业务试验研究、倡导发展中国气象卫星事业、重视国际气象科技合作和交流以及培养气象人才等方面都做了大量工作。在短短10年时间内，使各项气象工作在全国范围内出现了崭新的局面，为新中国气象事业的创建和发展做出了卓越贡献。

在英国留学期间，涂长望参加了留英进步学生组织的"反帝救亡大同盟"。1935年积极支持"一二·九"学生运动，被选为北平文化界救国会常务理事。1945年7月积极参与组建了中国科学工作者协会，任常务理事兼总干事。参与创建九三学社，被选为首届理事。先后被选为全国人大代表，全国政协委员，九三学社中央委员会常委兼秘书长、副主席，中国科协书记处书记，中华全国自然科学专门学会联合会常委兼秘书长，世界科学工作者协会理事兼书记，英国皇家气象学会外籍会员等。

除上述论著外，重要著作还有：《中国雨量与世界天气》（1934年）、《我国低气压之成因与来源》（1936年）、《中国平均气流与锋面的初步研究》（1937年）、《大气环流与世界气温》（1937年）、《中国自由大气气候状况的初步研究》（1939年）、《中国高空探测的一些成果》（1939年）、《气团分析与天气范式》（1940年）、《三十年来长期天气预报之进展》（1948年）、《关于气象工作的十五年远景规划》（1956年）、《为农业服务的气象工作》（1957年）、《人造卫星是人类文明的转折点》（1957年）等。

涂长望1942年获国民政府教育部学术成就乙等奖，1943年获中华文化基金会天文气象地理特等奖等。

参考书目
钱伟长，孙鸿烈，2011. 20世纪中国知名科学家学术成就概览［M］. 北京：科学出版社.

（汪勤模）

Ráo Xīng

饶兴（1910—2012年） 中国气象局（中央气象局）第二任局长（1962年9月—1967年11月，1972年10月—1980年4月）。

1910年2月18日出生于湖南省长沙县。1930年5月参加革命工作，同年7月加入中国共产党。土地革命战争时期，先后担任湘鄂赣红16军连长、营长、总支书记，湘赣红17师51团政治部主任，红18军党委委员，湘鄂川黔6军团18师52团政委，第二方面军6军团政治部总务处处长；抗日战争时期，先后担任八路军120师政治部宣传科科长，晋西北朔县动员委员会主任，大青山支队政治部副主任，晋西北新军暂1师政治部主任兼2军分区政治部副主任、地委委员；解放战争时期，先后担任绥蒙军区政治部主任、军区副政委。新中国建立以后，饶兴同志先后担任中共川北区党委委员兼秘书长，西南行政委员会水利部党组书记、副部长，长江水利委员会上游工程局副局长，长江水利委员会副主任，水利部部长助理，中央气象局党组书记、副局长，中央气象局代局长、局长、顾问。饶兴是第三届全国人民代表大会代表。2012年11月在北京逝世。

在土地革命时期，饶兴参加了湘赣苏区的反"围剿"斗争和二万五千里长征。长征中，他随红军先遣队，渡过乌江，攻占大定，翻雪山、过草地，胜利到达延安。抗日战争时期，他建立游击队，组织神池县、朔县的抗日宣传和斗争，参与开辟大青山抗日根据地。解放战争时期，他参加了收复平绥铁路沿线城市的战役，参加了绥包战役、大同—集宁战役和解放归绥城的战斗。在历次战斗中曾两次负伤，为民族独立和人民解放做出了重要贡献。

新中国成立后，饶兴全身心地投入到新中国的建设事业中。在担任中共川北区党委秘书长期间，积极开展土地改革等各项工作。在长江水利委员会和水利部工作期间，学习业务，提出了许多建设性意见，做了大量富有成效的工作。1957年12月调任中央气象局领导职务后，坚持党的领导，结合中国气象工作实际，组织制定了一系列气象工作的方针、政策和办法。强调气象工作要以服务为宗旨，气象服务要以农业服务为重点的指导思想。他积极推进并大力发展气象台站网，到1959年全国气象台站已达2700多个，为气象事业大发展奠定了良好的基础。推广在县气象站开展补充订正天气预报业务，并提出和总结出了一系列的措施和方法，冲破了县气象站不能做预报的传统观念。十分重视农业气象试验研究和农业气候区划工作，对推动中国气象为农业服务快速发展，起到了十分重要的作用。他积极组织开展人工影响局部天气的业务试验，成立了云雾物理研究室，推广和扩大人工增雨和防雹试验，并逐步建立了人工影响天气科技队伍。饶兴重视新技术的应用，早在1958年就提出要为中央气象局配备万次以上计算机，要求制造中国自己的测雨、测风雷达以及海洋调查船和电传设备。他提出，气象工作要逐步做到"观测自动化、预报客观化、服务专业化"。他重视气象人才培养工作，积极创建气象院校并建议在大学内开设气象专业和农业气象专业；支持抽调业务骨干到大学任教，为中国气象现代化建设培养了大量专业人才。饶兴还十分重视气候工作，早在20世纪70年代末，就在《人民日报》发表了《要重视气候工作》的署名文章，强调要大力加强气候工作。

20世纪70年代末，他在领导岗位时就多次向党中央写信，要求离职休养，是全国最早主动提出离休的几位部级干部之一，为废除领导职务终身制起到了先锋表率作用。1982年离休后，仍然关心青少年一代的成长，多次为青少年讲述革命传统等。

（毛耀顺）

Mèng Píng

孟平（1923年—） 原名孟敏贞，中国气象局（中央气象局）第三任局长（1970年1月—1973年5月）。1923年10月出生于陕西省韩城。1938年2月入伍，先后入陕北公学、延安抗日军政大学（下简称"抗大"）学习，同年加入中国共产党。抗日战争时期，任延安抗大学员，第120师2支队司令部见习参谋，冀中军区第10军分区作战股参谋、股长，冀中军区教导团排长、第7军分区司令部作战股股长、抗敌大队参谋长、第49地区队参谋

长。解放战争时期，任华北野战军第三纵队11旅33团参谋长、13旅22团团长。参加了冀中五一反"扫荡"和石家庄、平津、太原、兰州等战役。新中国建立后，任第65军194师参谋长、大连海军学校一分校副校长、校舰艇大队大队长。1952年入军事学院学习，后历任海军指挥学校副校长，总参作战部海空军处副处长、处长，总参谋部作战部副部长。1960年被授予大校军衔。1969年2月任总参谋军事气象局局长、党委第一书记。1970年1月任中央气象局局长，7月任中央气象局临时党委书记。1976年5月任总参谋部气象局局长、党委第一书记。后任总参谋部军务动员部部长。1988年11月离职休养。

在任中央气象局局长期间，孟平积极落实知识分子政策，将到"五七"干校的科技、业务人员适时调回北京，加强气象科学研究和业务值班工作；积极落实周恩来总理关于"要搞我国自己的气象卫星"的指示，成立"311组"并直接领导进行气象卫星资料应用研究，决定独立发展中国气象卫星；落实国务院、中央军委的指示，适时将气象局回归国务院，更好地为经济社会发展服务。

1955年被授予三级独立自由勋章、二级解放勋章；1988年被授予独立功勋荣誉章。

（李旭春　赵同进）

Xuē Wěimín

薛伟民（1916—2013年） 中国气象局（中央气象局）第四任局长（1980年4月—1982年4月）。1916年11月21日出生于江苏省六合县（现六合区）。1938年2月参加革命工作，同年10月加入中国共产党。抗日战争时期，先后担任晋察冀军区第十一军分区政治部组织部科长，第四十四团政治处主任、团副政委，第五旅教导

大队政委；解放战争时期，先后担任晋察冀军区第二纵队卫生部、后勤部副政委。新中国建立后，薛伟民同志先后担任中苏民航公司商务专员、中央军委防空军政委办公室主任、政治部组织部部长、国防部第五研究院政治部副主任、第二分院政治部主任、第四分院政委，第七机械工业部第四研究院党委书记，北京医学院党委书记，中国科学院巨型计算机指挥部副总指挥。1979年4月任中央气象局党组副书记、副局长，1980年4月任代理局长，1981年2月任中央气象局党组书记、局长。中国共产党第十二次全国代表大会代表。1982年4月从局领导岗位上退下来，1987年1月离休。2013年10月在北京逝世。

抗日战争时期，为抗击日本帝国主义对中国的疯狂侵略，薛伟民毅然走上革命道路。在艰苦的游击环境中，经受严酷的战争考验，克服了常人难以想象的困难，完成了党交给的各项任务。解放战争时期，在大规模运动战的情况下，带领民兵担架队转运伤员，想尽一切办法保障部队弹药和粮食的供应，经历了血与火的考验，出色地完成了复杂而艰巨的后勤工作，为民族独立和人民解放做出了重要贡献。

新中国成立后，薛伟民怀着饱满的热情投身到新中国的建设当中。他长期从事政治工作，重视政策理论学习，立场坚定，旗帜鲜明，坚决拥护党中央的各项方针政策。在"文化大革命"中，薛伟民同志受到残酷迫害，1977年经第七机械工业部党组批准，予以彻底平反。

薛伟民具有较高的思想理论水平和很强的事业心。在原国防部第五研究院工作期间，他艰苦创业，不辞劳苦，在他的率领下，克服重重困难，在偏远地区建成了中国第一个固体事业研制基地，为中国航天固体事业发展打下了坚实的基础，他是中国航天固体事业的开拓者和奠基人之一。任中央气象局领导时期，正是气象部门解放思想、拨乱反正，推进改革开放和调整气象现代化建设的起步阶段。他认真贯彻党的十一届三中全会的路线、方针、政策，在总结历史经验的基础上，提出了新的气象工作方针；他认真落实党的知识分子政策和干部政策，使一批领导干部恢复了工作，一大批专业技术人员陆续回到了气象业务、科研岗位，发挥了骨干作用；大力推进干部"四化"建设，大胆启用专业技术人才，使气象部门各级领导班子结构发生了很大变化；进行了领导管理体制改革，确定了气象部门实行统一领导、分级管理，气象部门与地方政府双重领导，以气象部门领导为主的管理体制；同时，还积极进行机构改革和对外开放。他任中央气象局局长时间不长，但这些工作为新时期气象部门改革开放和气象事业的快速发展奠定了良好的思想和组织基础。

主编《当代中国·当代中国的气象事业》。

（毛耀顺）

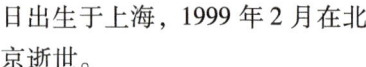 Zōu Jìngméng

邹竞蒙（1929—1999年） 原名邹家骝，中国气象局（国家气象局）第五任局长（1982年4月—1996年8月），原世界气象组织主席，气象学家。1929年2月17日出生于上海，1999年2月在北京逝世。

1945年初赴延安，在自然科学院学习。3月开始学习气象，在延安气象台任气象观测员，是延安时代人民气象事业创始人之一。1948年加入中国共产党。1949年任华北军区航空处气象股股长，负责接管国民政府的部分气象机构，并组建一批气象台站。新中国建立后，任中央军委空军司令部气象处科长。1956年9月到哈尔滨军事工程学院空军工程系学习气象专业，1961年毕业后又在北京大学气象专业攻读研究生课程。1962年2月担任空军气象研究所所长，组织制定了1963—1972年空军气象科研10年规划，参与组织了"空军气象资料整编和军事航空气候分析方法"的研究和中国首次原子弹爆炸试验的气象保障工作。1973年初调中央气象局工作，历任中央气象局负责人、副局长、党组成员；1982年4月开始，担任国家气象局局长、党组书记；1996年改任中国气象局名誉局长；曾任中国气象学会理事长、名誉理事长；1983年任联合国世界气象组织第二副主席，1987—1995年连任两届主席，是第一个在联合国专门机构（世界气象组织）中担任主席的中国人；1998年当选为全国政协常委，是中国共产党第十二、十三届中央委员会候补委员；是国际欧亚科学院院士、国务院环境保护委员会委员、中国环境与发展国际合作委员会委员，被聘为南京大学兼职教授、美国气象学会名誉会员。

邹竞蒙率先在气象部门实行改革开放，大力推进气象现代化建设，使气象事业转入了健康、稳定、快速发展的轨道。他把气象定位于一个高科技部门，把发展气象科技事业作为中心任务来抓，把"积极推进气象科学技术现代化"写进新的气象工作方针，并得到了国务院的批准，这对当时实现工作重点转移，统一全国气象部门思想认识具有重大转折性意义。他领导制定了《气象现代化建设发展纲要》（1984—2000年）、《气象事业发展纲要》（1991—2020年），加强了气象事业发展的总体设计；他提出"坚持气象现代化建设不动摇"，气象现代化建设"要适度超前"，要"两手抓"（一手抓全国性重大气象骨干工程，一手抓省以下气象现代化），要"向两头发展"（一头是短时灾害性天气预报服务，一头是气候和气候变化）等重要战略思想和工作思路。邹竞蒙身体力行，着力抓重大气象现代化工程项目建设，成效显著。他极力推进气象卫星事业发展，领导制定气象卫星发展规划，持之以恒地抓紧卫星气象工程建设，实现了"极轨""静止"双星运行的卫星气象业务；全力推进数值天气预报工程建设，实现了数值预报业务化；积极引进国外先进技术，推动研制新一代天气雷达，构建了全国天气雷达站网；适时组建国家气候中心，积极推动气候研究和业务工作，成效显著；努力推进气候变化工作，为中国在气候问题国际谈判中争取主动权和话语权发挥了支撑作用，维护了中国和发展中国家的利益；大力推进计算机和信息网络技术，实施气象卫星综合应用业务系统（"9210"工程），建成了最先进的气象信息网络系统；重视气象科学研究，领导开展"青藏高原""南海季风"等重大科学试验，提升了气象业务的科技水平；率先对外开放，积极开展国际气象交流，与发达国家及发展中国家建立了广泛气象科技合作，带动了国内气象现代化和事业发展；积极开创海峡两岸气象科技交流与合作，实现了两岸气象学会理事长高层次的互访，赢得了海峡两岸气象同仁的广泛好评和赞誉；坚持气象部门管理体制改革，创建了气象部门与地方政府双重领导，以气象部门领导为主的管理体制及双重计划财务体制；大力推动调整气象事业结构，倾注基层气象台站建设，重视培养年轻气象科技人才，为中国气象事业快速发展做出了重大贡献。

主编《中国改革开放辉煌成就十四年·气象分卷》。

参考书目

钱伟长，魏复盛，2014. 20世纪中国知名科学家学术成就概览[M].北京：科学出版社.

（毛耀顺　赵同进）

Wēn Kègāng

温克刚（1937年—）　中国气象局第六任局长（1996年8月—2000年12月）。1937年10月17日出生于山西省文水县。1962年北京大学地球物理系毕业后，分配到山西省气象局从事天气预报和业务、科研等管理工作。

先后任气象预报员、预报通信处副处长、办公室副主任。1983年3月任山西省气象局局长、党组书记。1985年7月任国家气象局副局长、党组成员，党组纪检组组长。1991年11月任国家气象局党组副书记。1996年8月任中国气象局局长、党组书记。1993年3月—2008年3月，连任第八届、第九届、第十届全国政协委员。2003年3月担任第十届全国政协人口资源环境委员会副主任。中国共产党第十五次全国代表大会代表。1999年任世界气象组织执行理事会成员。2005年5月任中国扶贫开发协会副会长。

改革开放以来，温克刚从山西省气象局到中国气象局，在不同层次上参与实践了中国气象事业的发展。在任山西省气象局局长期间，从整章建制入手，狠抓基础业务整顿；从提高天气预报准确率入手，狠抓气象服务质量；从引进先进设备入手，狠抓气象现代化建设；从解放思想、深化改革入手，推进气象事业全面发展，取得较好成绩。1985年任国家气象局副局长以来，重视加强气象部门干部队伍建设，组织制订了《全国气象部门"三支"骨干队伍建设"九五"计划》，使干部的知识结构、年龄结构不断得到优化；重视思想政治工作，领导制订了《国家气象局关于加强社会主义精神文明建设的实施规划》《国家气象局关于加强气象部门思想政治工作的决定》等，在全国气象部门组织开展精神文明创建活动，到2000年底，已有半数以上省级气象部门建成精神文明系统。任中国气象局局长之后，积极组织推动气象部门的改革与发展，提出"气象服务是立业之本，现代化建设是兴业之路"的工作思路，围绕服务和建设两条主线，积极开展工作。在气象服务方面，提出"一年四季不放松，每次过程不放过"的理念；在现代化建设方面，加强了短期气候预测、气象卫星、新一代天气雷达、气象卫星综合应用业务系统（"9210"工程）等重点项目的建设，并提出重视发挥现代化建设效益的要求；在气象法制建设方面，倾注全力推动《中华人民共和国气象法》于1999年10月31日第九届全国人大常委会第十二次会议通过，2000年1月1日正式实施，并出台了与之配套的部分部门规章；在台站建设和改善职工生活方面，突出抓了基层气象台站基础设施的综合改善，使基层台站的工作和生活环境发生了很大变化。

温克刚任全国政协委员和人口资源环境委员会副主任期间，积极参加政协的各项活动，深入调查研究，努力建言献策。他作为人口资源环境委员会副主任，多次带队就"西藏天然草地的保护与建设""三江源和环青海湖地区人工增雨与生态环境监测""风力资源开发利用""南水北调东线水质保证""生态农业与农村综合减灾""珠江三角洲供水安全""甘南黄河水源补给区生态保护"等进行深入调研并写出水平较高的调研报告,每次调研报告都得到党和国家领导人的批示,为国家经济社会发展重大项目的决策提出了有益的咨询意见与建议。

温克刚先后发表文章、著作近40篇(部),其中主编了《涂长望传》《辉煌二十世纪新中国大纪录·气象卷》《中国气象史》《中国气象灾害大典》32卷等多部史志性专著。

(赵同进)

Qín Dàhé

秦大河(1947年—) 中国气象局第七任局长(2000年11月—2007年3月),中国科学院院士,第三世界科学院院士。1947年1月出生于甘肃省兰州市。1970年毕业于兰州大学地质地理系,先后于1981年和1992年在兰州大学地理系获理学硕士、博士学位。1990年起任中国科学院兰州冰川冻土研究所(现中国科学院寒区旱区环境与工程研究所)研究员、副所长。1995年12月任中国科学院自然与社会协调发展局(后更名为资源环境科学与技术局)局长。2000年11月—2007年3月,任中国气象局局长、党组书记。2001年任世界气象组织(WMO)中国常任代表、执行理事成员。曾为第十四届、第十六届全国人民代表大会代表,第十届全国政协委员,第十一届全国政协常委、人口资源环境委员会副主任,中国科学院地学部主任,冰冻圈科学国家重点实验室主任。至2013年任第十二届全国政协常委、全国政协人口资源环境委员会副主任、中国科协副主席、中国科学院学术委员会主任。2003年当选为中国科学院院士,2004年当选为第三世界科学院院士。

秦大河系统研究了南极冰盖表层雪内物理过程和气候环境记录,使中国南极冰川学研究跃登国际先进行列;在中国西部率先开展雪冰现代过程和生物地球化学循环实验研究,拓展了雪冰研究的科学内涵;开展了中国冰冻圈动态过程及其对气候、水文和生态的影响机理与适应对策研究;组织了全球气候变化中自然与人类活动影响评估等工作。创建了冰冻圈科学国家重点实验室。积极倡导冰冻圈科学概念,从冰冻圈与其他圈层相互作用以及冰冻圈变化的适应对策方面构建了冰冻圈科学的理论框架,获得国际科学界的认同。

秦大河在担任中国气象局局长其间,坚持面向国家需求、面向世界科技发展前沿,提出并积极组织实施科技兴气象、拓展领域与人才强局三大战略;主持《中国气象事业发展战略研究》,凝练出"公共气象,安全气象和资源气象"的发展理念,为中国气象事业可持续发展奠定了坚实基础;推动《国务院关于加快气象事业发展的若干意见》的制订下发并认真落实,大力推进业务技术体制改革,积极拓展气象服务领域,加快气象现代化建设和科技创新体系建设,努力提高气象预报准确率,有力地推进了气象事业的改革和发展,气象部门的影响和地位得到了很大的提升;积极倡导学科交叉渗透,推动部门合作,率先实行科学数据共享,得到了政府各部门和社会各界的认可和欢迎。

秦大河长期参与联合国政府间气候变化专门委员会(IPCC)评估报告的编写。作为IPCC第三次评估报告主要作者、第四次和第五次评估报告第一工作组联合主席,他成功组织了IPCC科学评估活动,大力支持和推荐发展中国家科学家和年轻科学家参与IPCC评估报告的编写,在努力构建和传播有关人类活动影响了气候重要科学结论方面做出了一定贡献,从而为应对气候变化的行动奠定了基础。他主持《中国气候与环境演变》《中国西部环境演变评估》《气候变化国家评估报告》等研究,发起创办了"气候系统与气候变化国际讲习班"和《气候变化研究进展》科学期刊,为促进中国与国际气候变化研究工作不断进步、推动全球气候变化国际合作做出了一定贡献。

秦大河发表论文250余篇,著作12部。获国家、中国科学院和省部级自然科学奖10项。参与领导的IPCC工作获2007年诺贝尔和平奖,另曾获第53届国际气象组织奖、沃尔沃环境奖、美国NOAA(国家海洋大气局)海洋大气研究杰出科学论文奖等,为美国气象学会荣誉会员、法国傅里叶大学荣誉博士等。

参考书目

钱伟长,孙鸿烈,2011. 20世纪中国知名科学家学术成就概览[M].北京:科学出版社.

(王亚伟)

Zhèng Guóguāng

郑国光(1959年—) 中国气象局第八任局长(2007年3月—),博士生导师。1959年11月出生于江苏省涟水,1982年2月于南京气象学院(现南京信息工程大

学）大气探测专业毕业，1984年7月获南京气象学院大气物理专业硕士学位，1990年8月在加拿大多伦多大学物理系大气物理专业学习，于1994年7月获理学博士学位。先后在新疆维吾尔自治区气象局、中国气象局工作。1999年8月任中国气象局党组成员、副局长，2007年3月任中国气象局党组书记、局长。为中共十七大、十八大代表，第十一届全国政协委员，第十八届中央纪律检查委员会委员。兼任世界气象组织（WMO）中国常任代表、执行理事会成员，地球观测组织（GEO）联合主席，政府间气候变化专门委员会（IPCC）中国首席代表，政府间全球气候服务委员会（IBCS）成员，联合国秘书长全球可持续性高级别小组成员，国家气候委员会主任委员，全球气候观测系统（GCOS）中国委员会主席，中国国家应对气候变化及节能减排工作领导小组成员兼应对气候变化领导小组办公室副主任，国务院大气污染防治领导小组成员，中国气象学会副理事长，北京大学兼职教授等。

郑国光一直从事冰雹形成机理研究和人工影响天气等工作。20世纪80年代初，设计建造了中国第一台专门用于模拟冰雹生长的风洞，当时在国内具有一定开创性和重要应用价值；1984—1989年主持"新疆北部冬季层状云降雪的综合探测研究"，揭示了降雪的空间不均匀性、降雪增长特点和降雪机制；主持"人工防雹机理的验证性研究"，分析了西北降雹特征，探讨了人工防雹的理论与方法，对中国人工影响天气工作的深入开展具有重要应用意义；1990—1995年在加拿大留学期间，实验测定了模拟生长冰雹的表面温度分布，研究了冰雹热与质量传输特征，确定了热与质量传输系数，填补了国内外的空白，为冰雹增长理论和数值模拟提供了十分重要的实验依据；1995年底回国后，在气象事业发展战略研究、气象事业发展规划、气象业务现代化建设及其管理等方面也取得了较明显的成绩。主持科技部科技攻关项目"人工增雨技术研究与示范"、国家自然科学基金重点项目"西北地形云结构及降水机理研究"等。

任中国气象局局长以来，郑国光带领广大气象干部职工贯彻落实党中央和国务院的方针政策，谋划气象事业改革发展，统筹深化气象改革和全面推进气象现代化，推进气象事业全面协调可持续发展，大力推进气象理论和实践的创新，坚持面向民生、面向生产、面向决策，气象发展理念和发展思路实现重大进步；大力发展以公共气象服务为引领、气象预报预测为核心、综合气象观测为基础的现代气象业务体系和气象科技创新体系、气象人才体系构成的气象现代化体系，气象现代化建设迈出重大步伐，气象预报预测能力大幅提升，应对气候变化和开发利用气候资源的能力跨上新台阶；探索形成了"政府主导、部门联动、社会参与"的气象防灾减灾工作机制，气象灾害防御体系和应急气象服务体系建设取得新突破；着力推进气象业务现代化、气象服务社会化、气象工作法治化进程，公共气象服务职能不断强化，气象社会管理能力不断提升；全面深化气象改革，大力推进县级气象机构综合改革，气象事业发展的动力和活力不断显现；全力推动出台《气象灾害防御条例》、国务院办公厅下发《关于进一步加强气象灾害防御工作的意见》《关于加强气象灾害监测预警及信息发布工作的意见》《关于进一步加强人工影响天气工作的意见》等法规性文件，推动气象现代化建设和改革开放，使气象工作在党和国家发展大局中的地位、在保障经济社会发展和人民安全福祉中的作用、在国际上的影响力和发言权得到明显提高，气象事业发展的面貌、气象现代化建设的面貌、气象台站的面貌和气象人的精神面貌都有了新的变化，进一步拓展了中国特色气象发展道路。

郑国光1997年入选国家人事部"百千万人才"计划，1998年获"中央国家机关优秀青年"称号，2005年获世界气象组织UAE人工影响天气特殊贡献奖。在国内外学术刊物上发表论文60余篇。其中"北方层状云人工降水试验研究"和"人工增雨技术研发及集成应用"两项获国家科学技术进步奖二等奖，"冰雹风洞设计与建造、冰雹碰冻增长实验研究"获首届涂长望青年科技进步二等奖；主编《中华大典·地学典·气象分典》《气象赤子风雨人生》《应对气候变化报告》《气象部门改革开放三十周年纪念文集》《中国气象现代化60年》《北京奥运会残奥会气象服务报告》《广州亚运会亚残运会气象服务报告》《现代气象业务丛书》（15分册）等。

（郭志武）

中国科学院院士

Zhú Kězhēn

竺可桢（1890—1974年） 字藕舫，著名气象学家、地理学家，中国近代气象事业的主要奠基人，中国科学院

院士。1890年3月7日生于浙江省绍兴东关镇（今上虞县）。1908年入上海复旦公学求学，1910年公费留美入伊利诺伊大学农学院学习。1913年夏毕业后转入哈佛大学研究院地理系专攻气象。1918年以题为《远东台风的新分类》（A New Classification of the Typhoons of the Far East）的论文获得博士学位，同年回国。1920年秋被聘为南京高等师范学校教授，1927年任东南大学地学系主任，1928年任中央研究院气象研究所所长，1929—1958年连续当选为中国气象学会会长、理事长，1936年4月担任浙江大学校长。中华人民共和国成立后，担任中国科学技术协会副主席，继续任中国气象学会理事长、名誉理事长，中国地理学会理事长，中国科学院生物学、地学部主任，中国科学院综合考察委员会主任，自然科学史委员会主任等职，并连续当选为全国人民代表大会常务委员会委员。1955年当选为中国科学院学部委员（院士）。1974年2月卒于北京。

20世纪20年代，他创建中央研究院气象研究所，大力推进中国气象科学的研究；积极筹划组建早期的中国气象观测网，特别是创设高山、边远地区的气象台站；探索开展中国早期的高空探测和天气预报业务；组织整理编印中国气候资料；建立了东南大学地学系，下设地理、气象、地质、矿物四个专业，并编写了《气象学》教材等，做出了卓越贡献。在此期间，他研究了台风眼中的下沉气流，远东台风分类及台风源地和转向问题，并研究了东亚天气型。他在研究中国气候区划和气候变化方面，注意气候同人类活动和生产的关系，特别是地区气候变化对农业生产的影响，论述了光能和作物与产量的关系。30年代后，他深入研究中国气流的运行，特别是东亚季风和中国雨量的关系。首先指出，夏季季风带来的水汽，是中国大陆上雨泽的主要来源；还指出，季风强盛时，长江流域主旱，华北主涝，季风不强时则相反。他还长期坚持物候观测，研究物候和天气气候的关系，注意物候知识在农业生产中的应用。他长期收集整理古代天气气候和物候的文献，并据此研究中国气候的变迁，其成果对气候变化研究有重要贡献。他始终从科学的视角，关注着中国的人口、资源、环境问题，是"可持续发展"的先觉先行者。2008年在由中国科学技术协会组织的评选中，被评为中国十大科技传播优秀人物。

竺可桢共发表论文270余篇，著作多部。其中属于气象方面的重要论文、论著有：《中国之雨量及风暴说》（1916年），《远东台风的新分类》（1918年），《关于台风眼的若干新事实》（1918年），《台风的源地与转向》（1925年），《南宋时代我国气候之揣测》（1925年），《中国历史上气候的变迁》（1926年），《中国气候区域论》（1930年），《东南季风与中国之雨量》（1934年），《中国气候概论》（1935年），《历史时代世界气候的波动》（1961年），《物候学》（和宛敏渭合著，1963年、1973年），《论我国气候的几个特点及其与粮食作物生产的关系》（1963年），《中国近五千年来气候变迁的初步研究》（1966年、1972年），《竺可桢日记》等。

参考书目

钱伟长，孙鸿烈，2011. 20世纪中国知名科学家学术成就概览［M］. 北京：科学出版社.

（顾钧禧）

Tú Chángwàng

涂长望（1906—1962年） 1954年当选为中国科学院学部委员（院士），见第469页涂长望。

Zhào Jiǔzhāng

赵九章（1907—1968年） 著名气象学家、地球物理学家、空间物理学家，中国科学院院士。1907年10月15日生于河南省。1933年毕业于清华大学物理系，后赴德国攻读气象学，1938年获德国柏林大学博士学位。回国后，曾任清华大学、西南联合大学、中央大学等校教授，清华大学高空气象台台长，1944年任中央研究院气象研究所所长等。

中华人民共和国成立后，历任中国科学院地球物理研究所所长、应用地球物理研究所所长，中国科技大学地球物理系主任，国家科学技术委员会气象组组长，中国气象学会理事长（两届），中国地球物理学会理事长等职。1955年当选为中国科学院学部委员（院士）。1968年10月在北京逝世。

赵九章是中国动力气象学、地球物理学和空间物理学的奠基人。他长期从事科学活动，对中国的大气科学、地球科学和空间科学等学科的发展，作出了重要的贡献。他首先在中国倡导了地球科学的物理化和新技术化，积极组织了地球物理各分支学科的协调发展，并致力于研究、教学和业务部门的合作。他培育了中国的动力气象学和空间物理学队伍，创建了中国的地球物理学研究机构，领导了20世纪50年代中央军委气象局和中国科学院地球物理研究所成立的"联合天气分析预报中心"。

赵九章主要是在大气科学、地球物理学和空间物理学领域进行理论研究：他最先做了中国的气团分析，很早研究了信风带的热力学问题；首先探讨了西风带大气长波的斜压不稳定，并分析了准定常活动中心和海陆分布的关系；以大量的资料探求了西风环流指数和大型涡旋活动的联系；还研究了有关带电粒子和外层空间磁场的物理机制，开展了关于地球辐射和太阳风的研究。主要论文有《信风带主流间的热力学》（1938年）、《半永久活动中心的形成与水平力管场的关系》（1945年）、《中纬度大气环流之统计的研究》（1949年）、《地磁扰动期间史笃默捕获区的变化》（1962年）和《带电粒子穿入地磁场的一种机制》（1964年）等；主要专著有《高空大气物理学》（1965年）等。赵九章是理论研究的学者，也十分注意观测工作在地球科学中的重要地位。不断引用新技术，先后在中国创设了气球探空、臭氧观测、海浪观测、云雾物理观测以及探空火箭和人造地球卫星的高空探测等，为中国地球物理学的观测工作奠定了基础。

在科研工作的同时，赵九章非常重视科学人才的培养。他善于发现人才，十分爱护人才，并不拘一格地提拔人才，为中国培养了一大批优秀的科学家。他严谨的学风，对他的学生和后辈们产生了深远影响。

赵九章为中国人造卫星事业做出了杰出的贡献。1999年国庆50周年之际，中共中央、国务院、中央军委隆重表彰为研制"两弹一星"做出突出贡献的23位科技专家，并授予"两弹一星功勋奖章"，赵九章院士是其中一位。

参考书目

钱伟长，孙鸿烈，2011. 20世纪中国知名科学家学术成就概览[M].北京：科学出版社.

（朱抱真）

Chéng Chúnshū

程纯枢（1914—1997年）　著名气象学家，中国科学院院士。1914年6月15日出生于浙江省金华市。1936年毕业于清华大学地学系，后入中央研究院气象研究所工作，10月任山东省泰山日观峰气象台首任主任。1938年任西安头等测候所主任，并先后建立了部分测候所、雨量站。1943年起任民国中央气象局总务科、观测科科长。1945年前往美国芝加哥大学、气象局水文气象处实习。次年回国，历任民国中央气象局处长、上海气象

台长。中华人民共和国成立后，出任华东军区气象处副处长。1954年起先后在中央气象局气象台、气象研究所、观象台任工程师、副所长、副台长。1964年起先后任中央气象局总工程师、副局长、顾问。1980年当选中国科学院学部委员（院士）。曾任世界气象组织观测仪器专门委员会委员、中央气象局科技委副主任、国家科委专业组成员、中国气象学会副理事长、瑞典气象学会荣誉会员。为第三、第四、第五、第六、第七届全国人民代表大会代表。1997年2月在北京逝世。

程纯枢早在20世纪30年代在陕西从事测候研究期间，撰写《陕西省之气候》《黄土高原及内蒙古西北之气候》《新疆及外蒙古气候》等书籍，用大量数据表明了纬度、海陆、地形等因子决定气候要素的差异，而且指出气候因子的差异对辐射及温、湿、风等气候要素的影响是非线性的。20世纪40年代末他在"冬半年暖气流活动与南副锋系"的研究中着重指出，低压槽在不同地理位置（是南岭还是江淮、黄淮）就会形成南北副锋的不同天气结果，从而构成中国秋雨、春雨、梅雨的活动规律。他根据冷空气在中国的活动和导致的锋面气旋、台风等形成的降雨、风、雪等天气，按季节划分中国的重要天气型，著有《中国天气范型》，1949年由新华书局以中、英文同时出版。

程纯枢是新中国气象事业的开拓者之一。1949年他走上气象技术领导岗位后，强调气象科学与物理、化学、地理学、农（含林、牧、渔）学、动植物学，甚至与各行业都有密切关系。任何一项气象业务（特别是天气预报、专业气象、服务等）都要运用各学科的知识和新的成果，而且气象各领域也密切相关成一整体。他和卢鋈共同主持的"南半球环流与副热带高压"研究会战，开创性地考虑了南半球因素对中国天气的影响。他主持"75·8"河南特大暴雨会战，研究各种尺度天气系统相互作用，综合考虑各种因素，从而得出有指导意义和实践价值的结果。1991年主编了《中国的气候与农业》，阐述了气候与中国农业的关系。1994年主编《中国农业气象工作四十年》，总结了新中国农业气象工作的发展历程和经验。

程纯枢把国外有关研究成果介绍到中国。1950年翻译挪威培忒松（Sverre Petterssen）的《近代气象学原理》，1958年翻译H. 锐尔（H. Reihl）等的《中纬度天气预报》，1959年翻译L. 杜弗尔（L. Dufeier）《人工控

制云雨》和 N. H. 弗列却《雨云物理学》，1978 年他翻译了 E. 帕尔门和 C. W. 牛顿《大气环流系统》。

1986 年他主持编写的《中国农业百科全书·农业气象卷》，获 1988 年全国优秀图书一等奖。在他领导和主持下完成的《全国农业气候资源调查和农业气候区划》，包括农业气候区划、农林作物气候区划、牧业气候区划、种植制度气候区划、农业气候相似研究、全国农业气候资源资料集、农业气候资源图集 7 个子课题，1988 年获国家科学技术进步奖一等奖。

参考书目

钱伟长，孙鸿烈，2011. 20 世纪中国知名科学家学术成就概览 [M]. 北京：科学出版社.

（朱振全）

Yè Dǔzhèng

叶笃正（1916—2013 年） 又名叶平斋，著名气象学家，中国现代气象学的主要奠基人之一，中国科学院院士。1916 年 2 月 21 日出生于天津市（籍贯安徽省安庆）。1940 年毕业于西南联合大学，1943 年在浙江大学获理学硕士学位，1945 年留学美国芝加哥大学，1948 年获博士学位。新中国成立后，他于 1950 年 10 月毅然回国，投身新中国的气象事业。1950 年之后先后任中国科学院地球物理研究所副研究员、研究员、室主任。1978 年任中国科学院大气物理研究所所长。1980 年当选为中国科学院学部委员（院士）。1981 年任中国科学院副院长。1981 年被选为芬兰科学院外籍院士，1982 年被授予英国皇家气象学会荣誉会员，1990 年被授予美国气象学会荣誉会员。他是第三、第五届全国人大代表，第六、七届全国人大常委。1982—1988 年任国际科学联盟理事会（ICSU）和世界气象组织（WMO）联合科学委员会（JSC）委员。1983—1987 年任国际大地测量与地球物理联合会（IUGG）执行局成员。1987—1990 年任国际地圈生物圈计划科学计划委员会（SC-IGBP）委员，并担任中国地圈生物圈委员会主席。1978 年和 1982 年当选为中国气象学会第 19 届和第 20 届理事长。2013 年 10 月在北京逝世。

叶笃正是中国近代大气环流理论、大气动力学、青藏高原气象、东亚地区大气环流研究的开拓者，国际全球变化研究的倡导者之一。他的主要成就：①创立大气长波能量频散理论。早在 20 世纪 40 年代，他就开始从事大气环流和长波动力学的研究，他在《关于大气能量频散传播》的博士论文中提出了长波槽脊中能量频散的理论，这一成果发展了罗斯贝长波理论，为大气长波生消和演变的预报提供了理论基础，被国际气象界誉为动力气象学的三大经典理论之一。②深入系统地研究了大气运动适应理论。1957 年他在《大气准地转运动的形成》一文中，首先指出地转适应过程依赖于扰动的水平尺度，指出对空间尺度很大的运动，气压场为主导；否则风场是主导。在以后的著作中，又进一步论述了大气运动的这种适应过程，并指出在中小尺度的运动中，也同样存在风场和气压场的准平衡关系，这些理论大大丰富和拓展了大气运动理论。③受到国内外推崇的大气环流理论研究。他在 1958 年出版的《大气环流的若干基本问题》（和朱抱真合著）的专著中，全面地概括了大气环流的主要事实，并对这些事实的本质及其相互关系作了理论探讨，是深入认识大气环流演变过程和维持机制的重要著作之一，受到国内外气象学家的推崇。他是国际上最早对阻塞高压的机理进行理论研究的学者之一，他和陶诗言等合著的《北半球阻塞高压的研究》一书受到气象界的广泛好评。他与顾震潮合作的关于东亚大气环流研究的一些成果分别获 1956 年国家自然科学奖三等奖及 1978 年全国科学大会奖。④独具特色的青藏高原气象研究。叶笃正在 20 世纪 50 年代初期指出了青藏高原在夏季是一个热源，冬季是个冷源。此后他对高原的动力和热力影响进行深入研究，从此国际上形成了对大地形和高原，尤其是青藏高原的影响的研究热潮，形成了"青藏高原"学科分支。1979 年叶笃正与高由禧等合作完成了专著《青藏高原气象学》，全面系统地总结了国内外关于这个领域的成果。⑤国际全球变化研究的开拓者和推动者之一。早在 20 世纪 70 年代末 80 年代初，叶笃正在参加世界气候研究计划（WCRP）的活动时，注意到了国际上十分关注的全球变化问题，随即开展研究。他提出了著名的"陆面记忆"新概念，同时也是国际上全球变化研究领域最早发起人之一。他是国际地圈生物圈计划（IGBP）第一届科学指导委员会成员，积极参与 IGBP 的建立和规划工作，并在 80 年代初期倡议筹划了中国开展的第一个 IGBP 计划的重大科学试验——黑河试验。他是中国第一个全球变化领域攀登项目的首席科学家，在他的倡议下，中国的全球变化领域已开展了一批国家重大研究计划。叶笃正提出了对全球变化的适应问题，把全球变化和可持续发展联系起来，并进一步提出"有序人类活动"的科学概念及其研究的理论框架。

叶笃正在大气科学领域研究成果丰硕，在国内外知名学术刊物上发表论文 200 余篇，与他人合著专著 12 部，曾获 1987 年国家自然科学奖一等奖（第一完成人），1995 年获何梁何利年度科学与技术成就和陈嘉庚地球科学奖，2003 年获世界气象组织最高奖——国际气象组织（IMO）奖，2005 年获国家最高科学技术奖，2006 年入选"感动中国"十大人物。

参考书目

钱伟长，孙鸿烈，2011. 20 世纪中国知名科学家学术成就概览 [M].北京：科学出版社.

（周诗健）

Xiè Yìbǐng

谢义炳（1917—1995 年） 著名气象学家，中国科学院院士。1917 年 4 月 3 日出生于湖南省新田县。1940 年毕业于西南联合大学地学系。1941 年进入内迁贵州遵义的浙江大学研究生院学习，获硕士学位。1945 年公费赴美国芝加哥大学气象系学习，1949 年获博士学位。1950 年响应号召回国参加新中国建设，入清华大学气象系任副教授。1952 年院系调整后，并入北京大学物理系，历任教授、物理系副主任、地球物理系主任等职。1978 年当选为中国气象学会副理事长，1986 年被推选为中国气象学会名誉理事长。1980 年当选为中国科学院学部委员（院士）。1982 年当选为英国皇家气象学会荣誉会员。他曾任国务院学位委员会评议组成员、国家自然科学基金委员会地学部评审组成员兼大气学科评审组组长等职。1995 年 8 月在北京逝世。

谢义炳长期从事大气环流、低纬度天气学和天气动力学等方面的教学和研究，是中国现代天气学和大气环流学奠基人之一，为中国气象科学发展做出了重要贡献。研究内容包括：①高空冷涡、切变线研究。早在他的博士论文《高空冷涡的个例分析研究》中，就对高空冷涡的形成、结构、发展及其降水做了较全面的研究。建立了对流层中上层冷性涡旋发展的模式，并在国内外大气环流专著和教科书中作为经典的概念模式被广泛引用。②东亚上空急流与多层锋区研究。谢义炳 1951 年发表论文《冬季西太平洋与东亚上空流场与温度场》，首次提出东亚上空存在多层锋区与多个急流，并提出"极锋—极锋急流""副热带锋—副热带急流"概念，极大地增进了对东亚大气环流的认识，成为研究大气环流系统演变与天气的基础。③中国降水系统和降水过程的研究。谢义炳等研究了冷锋、阻塞高压和冷涡、季风热带低压、暖锋等一系列降水过程，对东亚天气尺度降水系统的结构与演变，提出了全面的概念模式。这些模式对于中国北方暴雨预报有重要的参考价值，在北方暴雨业务预报实践中取得成功。④北方暴雨与湿斜压天气动力学研究。1975 年 8 月河南"75·8"特大暴雨后，气象行业开展了大规模暴雨研究，谢义炳是这次暴雨研究的推动者和学术指导人之一。他于 1978 年发表了《湿斜压大气的天气动力学问题》一文，在开放系统中引入湿有效位能概念，从而为大气能量学的研究指出了新方向，后来被其学生发展为能量气象学并成功地应用于强对流天气过程预报业务。⑤西太平洋台风与热带环流研究。20 世纪 50 年代，谢义炳等得出表征大气涡旋运动控制台风移动的普遍方程组，对台风的引导气流给出了理论解释。60 年代他发现西太平洋上绝大多数台风发生在赤道西风（现称西南季风）和东北信风之间的赤道辐合带。在此基础上，他提出了赤道辐合带上切变不稳定理论，并解释台风的发生。⑥大尺度环流系统的基础理论研究。20 世纪 60 年代谢义炳从"水平湍流"概念出发，应用数值模拟的方法证实了大气环流三圈环流模型的合理性。80—90 年代，他引进空间不稳定概念，探索行星波的时间稳定性，从而修改和发展了传统的斜压不稳定理论。他发展出涡旋指数的中期变化理论，对中高纬度大气环流中期变化研究做出重要贡献。

谢义炳 1950 年回国后，在清华大学气象系任教，率领青年教师开设新的课程，编写教材，帮助制订青年教师培养计划。他主编的《天气学基础》是新中国成立后第一部具有中国特色的天气学教材。在他的领导下，专业迅速发展壮大。他注重对学生实际工作能力的培养，要求学风严谨，鼓励创新，从而培养了一大批具有求实、严谨、创新学风的优秀气象工作者，其中有中国科学院和工程院院士以及各方面的业务和管理人才。

谢义炳于 1978 年获全国科学大会奖。1984 年获国家科学技术进步奖。1987 年获国家自然科学奖二等奖。1988 年荣获芬兰帕尔门气象国际奖。主要著作有《天气学基础》《气象学引论》等；主要译著有《大气环流的性质和理论》等；在国内外重要气象刊物上发表学术论文 50 余篇。

参考书目

钱伟长，孙鸿烈，2011. 20 世纪中国知名科学家学术成就概览 [M].北京：科学出版社.

（周诗健）

Táo Shīyán

陶诗言（1918—2012年） 著名气象学家，中国科学院院士。1918年8月12日出生于浙江省嘉兴。1942年毕业于中央大学地理系并留校任教，1944年进入中央研究院气象研究所工作。1950年3月任中央军委气象局和中国科学院地球物理研究所联合天气分析预报中心副主任。1980—1984年任中国科学院大气物理研究所副所长、代所长。1980年当选中国科学院学部委员（院士）。1978—1992年当选第五、六、七届全国政协委员。1986年被选为第21届中国气象学会理事长。1977—1996年任联合国世界气象组织大气科学委员会中国首席代表。1988—1992年任第四届科联和联合国世界气象组织联合科学委员会（JSC）委员。2007年被台湾"中国文化大学"授予荣誉理学博士学位。2012年12月在北京逝世。

陶诗言是中国现代天气预报理论和方法的开拓者和奠基人之一，在中国天气预报业务的建立、发展以及在天气学和东亚大气环流的研究方面，取得许多重要成果。20世纪50年代中期，他在中国寒潮研究工作中，系统地划分了入侵中国的寒潮路径，提出寒潮过程是大型天气过程急剧调整结果的理论观点，提高了寒潮预报的准确率；在东亚大气环流的季节突变研究方面，他指出在初夏东亚甚至北半球西风急流有一次突然北撤与减弱，致使这一地区的环流形势发生突变，静止锋和华南雨带迅速北移到长江流域，于是梅雨天气出现。这些都对中国天气预报工作的发展起到重要推动作用。60年代末，中国第一套气象卫星云图接收设备研制成功，陶诗言率先把气象卫星资料用于天气分析预报中，发展了一套利用卫星云图识别天气系统的方法，取得显著成就，填补了中国在这一领域的空白，并编纂了《中国卫星云图使用手册》，供气象卫星云图接收和天气预报人员使用。该项成果1978年获全国科学技术大会成果奖，并于1980年获中华人民共和国国家科学技术委员会和中华人民共和国农业委员会颁发的科学技术成果推广应用奖。20世纪70年代中期—80年代他致力于暴雨的研究，提出了暴雨过程中多种尺度相互作用的概念及暴雨落区的预报方法，主持撰写了《中国之暴雨》专著，1992年获得中国科学院自然科学一等奖。80年代后，他从事东亚季风理论与预报方法的研究，特别是夏季风的活动及其对中国旱涝的影响，1982年他在中美大气科学双边合作计划中的东亚夏季风的研究中任中方首席科学家，提出了东亚季风是独立于南亚季风而又与其密切相关的季风，这些重要成果构成了中国天气学的理论基础，对于中国的天气预报工作具有重要的指导意义。该成果1987年获得国家自然科学一等奖。

陶诗言十分注重理论联系实际。20世纪50年代他在兼任联合天气分析预报中心副主任期间，带领该中心的同志创造适合中国实际的天气预报方法，建立了中国天气分析预报业务，承担了指导全国天气预报的工作，为全国气象保障服务作出了具有历史意义的贡献，并积累了大量天气分析预报的经验，为以后的理论研究打下了坚实的基础。同时为开展中国天气预报业务工作培养了一大批天气预报的骨干力量，为中国天气分析预报业务发展奠定了基础。60年代，陶诗言等多次奔赴"两弹"试验基地，为原子弹和导弹发射试验提供气象服务保障，出色地完成了试验的气象保障任务，并为部队培养了一批军事气象技术人员。1964年和1966年在国防科学试验的气象保障工作中分别记个人二等和一等功。1996年还获何梁何利科学与技术进步奖。

陶诗言共发表科学论文80余篇，完成或主持完成的主要论著有《中国的梅雨》（1958年）、《中国的寒潮》（1959年）、《东亚大气环流的研究》《中国夏季副热带天气系统若干问题的研究》（1963年）、《中国卫星云图使用手册》（1976年）、《中国之暴雨》（1980年）、《1998年夏季中国暴雨的成因、机理和预报研究》（2001年）、《长江流域梅雨锋暴雨灾害研究》（2004年）等。

参考书目

钱伟长，孙鸿烈，2011. 20世纪中国知名科学家学术成就概览［M］. 北京：科学出版社.

（赵同进）

Gāo Yóuxǐ

高由禧（1920—2001年） 著名气象学家，台风、季风天气气候学和高原气象学等研究领域的开拓者和创导者之一，中国科学院院士。1920年2月14日生于福建省福清县（现福清市）。1944年毕业于中央大学（现南京大学）地理系。曾任中国科学院兰州地球物理研究所副所长，1974年起任中国科学院兰州高原大气物理研究所所长、研究员、博士生导师和名誉所长。1980年当选为中国科学院学部委员（院士），1986年兼任中山大学大气科学系教授。曾任中国气象学会常务理事、甘肃省气象学会理事

长、国际云物理学委员会委员和国际大气电学委员会委员等学术职务；先后担任青藏高原气象科研协作领导小组副组长、青藏高原气象科学试验领导小组组长以及中国科学院和国家自然科学基金委员会重大国际（中日）合作项目"黑河地区地气相互作用观测实验研究"的首席科学家，领导并组织了中国第一次青藏高原气象科学考察和干旱区地气相互作用实地观测试验。2001年3月在兰州逝世。

高由禧的主要科学研究成就表现在五个方面：①东亚环流的季节变化研究。对东亚低层大气环流的季节变化进行了细致的研究，在1948年发表的论文《东亚自由大气之运行》中，分析了它们的季节变化特征，发现远东低层大气环流可分为冬季型、夏季型和过渡型。对西北气流、源自太平洋地区的东南气流和西南气流以及源自印度的西南气流的季节变化进行了详细的描述，首次提出了东亚冬季风和夏季风的概念。②台风路径的统计和预报研究。20世纪50年代，进行了台风统计研究，连续发表论文《从台风的统计以预告台风的移动（一）》《从台风的统计以预告台风的移动（二）》，他提出了台风形成的可能性预告、台风的加强预告、台风移动的可能性预告、台风的转向预告、台风的登陆和登陆地区的预告以及台风最可能的路径预告等方法。为当时的台风预报提供了行之有效的方法。③海南岛气候研究。50年代，高由禧等为配合海南岛开发与培植经济林，利用当时海南岛少量且时间短（2～4年）的气象观测资料，从大气候观点研究了海南岛的气候特征，给出在海南岛植胶没问题，但要丰产则需根据各地气候特征创造不同条件。④东亚季风的成因和影响研究。高由禧在东亚季风研究中尤为突出，是最早提出印度季风和东亚季风有本质差别的学者。他指出，全球有行星季风、平流层季风、南北半球季风、海陆季风和高原季风5种，它们分别与太阳直射纬度季节变化、南北半球海陆分布差异、海陆热力差异和青藏高原大地形热力作用有关。季风区是整个大气环流最重要的能量和水汽供应区，是各种天气扰动的源地，季风直接影响到中国天气气候的变化。这些成果都反映在他的有重要影响的专著《东亚季风的若干问题》（高由禧等，1962年）中。⑤青藏高原气象学研究。高由禧指出，青藏高原在不同高度上对气流产生的阻挡、绕流和爬坡等机械作用也是冷暖空气南北交换的屏障。高原是"空气海洋"中的一个巨大"岛屿"。同时青藏高原有明显的季风现象，就是"高原季风"。高由禧在"青藏高原地区大气边界层的气候特征"的研究中指出，高原边界层还有十分重要的气候学意义。边界层的东界成为海陆作用的分界线，界线以东，海洋影响明显，界线以西大陆作用比海洋大。这些成果都反映在重要专著《青藏高原气象学》（叶笃正、高由禧等，1979年）中。

出版专著8部，发表论文100多篇。曾获全国科学大会优秀成果奖、国家自然科学奖一等奖和三等奖等奖励。

参考书目

钱伟长，孙鸿烈，2011. 20世纪中国知名科学家学术成就概览［M］. 北京：科学出版社.

（周诗健）

Zēng Qìngcún

曾庆存（1935年—） 著名气象学家，中国科学院院士。1935年5月4日生于广东省阳江县（现阳江市）。1959年毕业于北京大学物理系，1961年获苏联数理科学副博士学位，1980年当选为中国科学院学部委员（院士），1994年当选为俄罗斯科学院外籍院士，1995年当选为第三世界科学院院士。1984—1993年任中国科学院大气物理研究所所长。1985—1993年任大气科学和地球流体力学数值模拟国家重点实验室主任。

曾庆存曾是中国共产党十三、十四届中央委员会候补委员，第十次和第十五次全国党代会代表，第六届全国人大代表，第九、十届全国政协委员。曾任中国科学技术协会副主席，中国人民解放军总参谋部科学顾问，中国气象学会理事长、名誉理事长，中国海洋学会名誉理事长，中国工业与应用数学学会理事长。

曾庆存主要科学研究成就：①在数值天气预报、数值模拟和气候预测理论研究方面，于20世纪60年代首创了用于数值天气预报的半隐式差分方法，是最早提出原始方程求解方法者之一。1979年所著《数值天气预报的数学物理基础》（第一卷），从动力学问题到基本方程的适定性问题进行研究，引起国内外学者的极大重视并给予很高评价。②在大气动力学和地球流体力学方面，发展了罗斯贝和叶笃正关于大气和海洋运动中的地转适应过程理论，并将地转适应问题拓广为旋转大气中的适应问题。导出从全球规模到中尺度系统的各种大气运动的一些规律。他在大气扰动演变过程及其与基流相互作用的研究中，发展了波包动力学理论，简明而又深刻地揭示出大气中扰动的演变过程。这些都是当代国际地球流体力学研究的新成就。③在计算地球流体力学方面，曾庆存和他指导的研究集体 40 多年的研究成果是奠基性的，阐明了关于计算紊乱和非线性计算不稳定问题的本质，形成构造稳定有效的计算格式的理论系统，并提出了一套方便灵活有效的数值求解方法。这些结果已广泛地应用于数值天气预报、大气环流、海洋环流、近岸海流、气候预测、大气污染和其他许多数值模拟问题。④在大气遥感和卫星气象学方面，他于 1974 年所著《大气红外遥测原理》一书以及一系列文章，系统地发展了大气遥感理论，该著作是国际上这方面最早的理论专著之一。⑤在灾害性天气和气候研究方面，他带领的研究团队，对沙尘暴和高温酷暑天气等的研究获得了重要成果。他们于 2006 年所著的《千里黄云——东亚沙尘暴研究》一书，全面阐述了东亚地区沙尘天气监测、预警、预告的方法和结果分析，以及灾情的评估方法；将气象卫星的监测系统、地理信息系统、天气学分析和气候统计、风沙动力学、数值预报与业务系统等集合为一体，体现了多学科的交叉渗透。⑥在气候动力学方面，他把季风现象和大气环流的季节变化密切联系起来，从而揭示出季风的本质，并客观定量地给出全球季风区的分布、季风的划分和季风来临时间，深刻论述了全球季风系统由热带季风、亚热带季风和温寒带系统所组成。⑦在自然控制论方面，交融数理和地学等多学科，积数十年的研究体会，逐步形成和提出了"自然控制论"，即研究自然界的现象的自控机理以及人为调控的理论和方法。他把此理论试用于调控大气污染、化学污染危害以及人工影响天气等改良自然环境的研究中。⑧在地球系统科学理论和模拟研究方面，他提出针对地学各分系统建立理论模式的重要性、可能性和建立的原则和方法。他的研究集体已研制出包括大气环流、大洋、陆地表层、植被生态、气溶胶和大气化学过程、海洋化学及生物地球化学 7 个分系统的地球系统模式并相互耦合，在国际上属于前列。

曾庆存著有《数值天气预报的数学物理基础》等专著二部、合著多部，发表论文近百篇。曾获国家自然科学奖二等奖两项和三等奖一项，1995 年获何梁何利基金科学与技术进步奖。2016 年获世界气象组织最高奖——国际气象组织（IMO）奖。

参考书目

钱伟长，孙鸿烈，2011. 20 世纪中国知名科学家学术成就概览 [M]. 北京：科学出版社.

（周诗健）

Zhào Bólín

赵柏林（1929 年—） 著名气象学家，中国科学院院

士。1929 年 4 月 16 日生于辽宁省辽中县。1952 年毕业于清华大学气象系。其后在北京大学任教，1979 年越级晋升为教授。1957—1959 年在苏联莫斯科大学和苏联科学院应用地球物理所进修，曾任国际云降水协会执行委员（1986—1992 年）、国际核化学和大气气溶胶委员会委员（1992—1996 年）。1991 年当选为中国科学院院士，1992—1994 年任中国科学院地学部常务委员，1993 年当选为全国政协委员。

赵柏林在云降水物理及人工影响天气、大气遥感、无线电气象、卫星气象及气候变化等领域做出了重大贡献。主要学术成就：①云降水物理及人工影响天气的试验研究。1958 年赵柏林在苏联进行了人类首次乘气球入云测量云中电荷的试验，所取得的云中电荷资料及分析结果发表在《苏联科学院学报》上，并载入专著中，广为同行科学家引用，并作为苏联科学成果的一部分，在《世界气象组织公报》上报道。1960—1965 年研究了雨层云中非封闭系统的冰水转换，给出播入冰核人工增雨的依据及冰核播入量的估计；研究了冰雹成长机制，给出了云中水量和上升气流与冰雹尺度的估计。这些结果均在人工增雨和消雹中使用。②大气光学与微波遥感研究。1969—1987 年，赵柏林等在中国首次研究成功了 5 mm 波段微波辐射计，用于测量大气温度廓线。继而研制成 1.35 cm 及 8 mm 微波辐射计（用于测量大气湿度廓线和云中含水量）和测雨的 3 cm 微波辐射计。由此以多频微波辐射计系列为主，建立大气遥感站，用以监测天气变化。此外，研制 3 cm 微波辐射计与雷达组成一体联合测雨，得出精确的区域雨量分布。建立了微波遥感地物实验室，研究了微波遥感水面油污和土壤湿度，其结果用于环境遥感。上述研究获 1987 年国家科学技术进步奖一等奖。20 世纪 90 年代赵柏林等还进行了光学遥感大气污染的研究。利用大气气溶胶的散射消光的特性，进行地面太阳光谱（5000～10 600 Å）测量大气气溶胶的含量和谱分布，利用大气对太阳光的（4400～4500 Å）吸收谱，导出测量大气污染气体 NO_2 含量的新方法；利用卫星遥感东亚大气尘暴的强度与流动，以及大气臭氧的分布特性，为卫星遥感大气环境做出了贡献。③参与世界气候研究计划。该计划设置了国际卫星云气候计划，1988—1992 年在东亚设立了以日本为主的西北太平洋云辐射试验。赵柏林小组携带自制的新型自动化微波辐射计系列应邀参加试验。研究项目为

海洋低层大气及云层的研究。以微波辐射计系列为主建立了低空海洋大气遥感系统。1989—1991年在日本潮岬和奄美大岛进行3次观测,取得了东亚海洋大气边界层和云层的宝贵资料,有助于海洋数值预报和海洋大气波导的预报。其研究结果在国际上有良好影响。1993—2003年在淮河流域进行能量与水分循环试验研究。该项目有中、日、韩等国的25个单位参加,赵柏林为首席科学家。该项目研究了淮河流域能量与水分循环和梅雨形成的机理,并实现了气候和水文嵌套的联合预报。其研究成果及观测资料广为国内外使用,推动了世界气候研究计划的进展。该项目的研究成果在淮河流域洪水预报中发挥了良好作用,获得教育部科技进步奖一等奖。

赵柏林始终坚持在教学第一线,为大学生、研究生讲授云雾物理、大气物理、数理统计等多种课程,并先后开出了大气遥感、微波遥感与大气物理的前沿学科课程。培养了大批学士、硕士、博士和青年教师。

赵柏林著有《大气探测原理》等专著2部,在国内外发表重要科技论文20余篇;1979年获中国科学大会奖,1987年获国家科学技术进步奖一等奖,1986年和2006年分别获教育部科学技术进步奖一等奖,2004年获何梁何利科学与技术进步奖,1989年被授予"国家中青年有突出贡献的专家"称号,1990年获中国高等学校科技先进工作者称号,2006年获中国气象科技先进工作者。

参考书目

钱伟长,孙鸿烈,2011. 20世纪中国知名科学家学术成就概览[M]. 北京:科学出版社.

(周诗健)

Zhōu Xiùjì

周秀骥(1932年—) 著名气象学家,中国科学院院士。1932年9月24日生于江苏省丹阳县(现丹阳市)。中学毕业后,1951年到南京的中国科学院地球物理研究所当练习生,1952年被派往北京大学物理系参加科研合作项目。他在北京大学用3年半时间取得本科生主修课目的全优成绩。1956年9月被派送苏联科学院应用地球物理所攻读研究生,1962年3月获苏联数理学副博士学位。回国后于1963年起历任中国科学院大气物理研究所副研究员、研究员、研究室主任、副所长。1984年调入中国气象科学研究院,先后任院长、名誉院长,国家自然科学基金委员会地球科学部主任。曾任全国人大第八和第九届代表及环境与资源保护委员会委员,中国南极研究学术委员会副主任,中国气象局科技委员会副主任,中国气象学会副理事长;先后担任《大气科学》《气象学报》《应用气象学报》等期刊主编。曾长期任世界气象组织大气科学委员会委员、国际气象与大气物理协会理事会理事、国际大气辐射委员会委员、国际臭氧委员会委员以及全球大气观测系统联合科学技术委员会委员等职。他长期在中国科技大学、中国科学院研究生院和北京大学研究生院任教,培养硕士和博士研究生,其中许多人已成为学科带头人和专家教授。1991年被评为中国科学院院士。

周秀骥先后创建和发展了中国云雾物理、大气电学、大气遥感、中尺度大气物理、中层大气物理和大气化学等分支学科。主要学术成就:①提出暖云降水起伏增长理论。他最早提出云中湍流运动所导致的起伏会促使不同尺度水滴加速增长的概念,发展了暖云降水起伏理论,其代表著作为《暖云降水微物理机制的研究》。②创建中国大气电学研究。他领导组织了雷电和降水的相互制约、雷雨云闪电机制及其影响的方法,以及闪电、雷雨云的电磁辐射效应等研究,提出了一种新的单站测定雷电的理论方案,并为以后观测试验所证实。③全面开展大气遥感探测研究,领导组织研制成功中国第一台激光气象雷达和多普勒测风雷达,其代表著作为《大气微波辐射及遥感原理》,获国家自然科学奖三等奖。1984年以后,领导研制完成了中国第一台甚高频风廓线雷达和第一台双频微波辐射计,使气象要素遥感步入业务化应用阶段。④建立中小尺度天气监测系统。领导并主持了国家"七五"科技攻关项目"京津冀灾害性天气监测与超短期预报"的研究(1992年获国家科学技术进步奖一等奖)。"我国梅雨锋暴雨遥感监测技术与数值预报模式系统"2006年获国家科学技术进步奖二等奖。⑤大气化学与中国地区的臭氧变化特征的研究。在20世纪80年代主持并领导了中国第一个国际标准的东亚内陆大气本底监测站——青海瓦里关大气本底观象台建设,受到国内外科学家的充分肯定与重视。从1994年开始,主持国家自然科学基金重大项目"中国地区大气臭氧(O_3)变化及其对气候环境的影响",这是中国首次组织的大气O_3综合科学实验,实现了多学科的交叉,揭示了近10多年来中国大气O_3变化的规律与机制,发现了青藏高原夏季(6—9月)在10~22 km高度范围的O_3低谷中心的重大事实,并得到国际有关科学家的承认,被评为1999年中国十大科技进展之三。

⑥大气环境与气候变化相互作用的研究。领导和主持了国家自然科学基金重大项目"中国地区大气臭氧变化及其对气候环境的影响"和"长江三角洲低层大气物理化学过程及其与生态系统的相互作用",研究结果表明,由于城市化与经济建设的持续发展,土地利用引起地表结构的急剧变化,进而严重影响长江三角洲气候、大气环境以及农业生态系统的变化。⑦大气随机动力学和气候变化过程的非平稳性研究。自20世纪70年代非线性科学进入科学家视野以来,他抓住机遇开展研究,提出将发展大气随机动力学作为大气预测的重要理论基础。

周秀冀完成《暖云降水微物理机制的研究》等专著4部、学术论文90余篇;获得国家和部委级重大科学成果奖共11项,其中1978年获全国科技大会奖和国家自然科学奖四等奖,1981年获中国科学院重大成果奖二等奖,1989年获国家自然科学奖三等奖,1992年获国家科学技术进步奖一等奖,2006年获国家科学技术进步奖二等奖,1996年获何梁何利基金科学与技术进步奖,2003年获首届中国气象局科学技术贡献奖等。

参考书目

钱伟长,孙鸿烈,2011. 20世纪中国知名科学家学术成就概览[M].北京:科学出版社.

(周诗健)

Huáng Rónghuī

黄荣辉(1942年—) 著名气象学家,中国科学院院士。1942年8月17日生于福建省惠安县。1965年毕业于北京大学地球物理系,1968年中国科学院地球物理研究所研究生毕业,1979年赴日本留学,1983年获日本东京大学理学博士学位。1985年起历任中国科学院大气所研究员、博士生导师、副所长、学位评定委员会副主任,国家重点基础研究发展规划首批项目的首席科学家和国家重中之重攻关项目的执行专家组第一副组长。1993年起任国务院

学位委员会学科评议组成员,第八、九、十、十一届全国政协委员,第十届全国政协人口资源环境委员会委员。1991年当选为中国科学院院士。

黄荣辉长期致力于大气环流理论、气候灾害和气候动力学研究。他的主要科学研究成就:①北半球准定常行星波的形成、传播与异常的机理研究。从20世纪70年代末—80年代提出北半球冬季准定常行星波传播的"两支波导理论",即准定常行星波不仅可以沿高纬的极地波导从对流层传播到平流层,而且可以沿低纬波导从中高纬地区对流层低层传播到低纬地区的对流层上层,并且考虑了非地转风对准定常行星波波能的贡献,从而更准确地证明了球面大气的准定常行星波的波作用守恒原理,并指出准定常行星波的波作用通量(即E-P通量)可以更直观地表征准定常行星波在三维大气中的传播波导。从实际大气环流的E-P通量的计算中证实了上述"两支波导理论"的正确性。②北半球夏季大气环流异常的东亚/太平洋型(即EAP)遥相关理论。他与日本学者新田发现热带西太平洋暖池热状态和暖池上空(特别是菲律宾周围)对流活动的强弱对东亚夏季大气环流和气候异常起着重要作用,提出了影响中国夏季旱涝的北半球夏季大气环流异常的东亚/太平洋型遥相关理论。这个遥相关理论不仅为研究东亚夏季风环流和气候异常及其引起的旱涝气候灾害发生的物理过程提供了理论依据,而且已成为中国、日本和韩国等有关气象部门进行夏季气候异常预测的重要依据。③亚洲季风与厄尔尼诺/拉尼娜事件(恩索,ENSO)循环相互作用研究。80年代后期他指出在ENSO循环不同阶段,东亚夏季风环流和降水异常分布是很不一样的。这一研究结果被广泛应用于东亚夏季旱涝分布的季节预报中。他从观测事实、热带海气耦合动力理论深入研究了热带西太平洋对ENSO循环的热力、动力作用,指出西太平洋暖池不仅为热带中、东太平洋的ENSO事件提供热力条件,而且暖池上空的大气环流和纬向风异常为ENSO循环提供动力条件。④东亚季风气候系统与气候灾害的形成机理。近年来他致力于中国旱涝气候灾害的形成机理和预测理论以及气候系统的海-陆-气相互作用的研究,提出"东亚季风气候系统"概念。此外,他根据东亚季风气候系统的年际和年代际变异与中国旱涝气候灾害发生的关系,提出了"长江流域洪涝气候灾害发生的东亚季风气候系统各子系统变异配置"以及"华北地区持续性干旱发生的气候背景"。这两个有关中国旱涝气候灾害发生的东亚季风气候系统变异概念图,为汛期旱涝预测提供了很好的科学依据。

黄荣辉1986年获全国五一劳动奖章和国家级有突出贡献中青年科学家称号,1986年获中国科学院科学技术进步奖一等奖,1991年获国家自然科学奖三等奖,1993年获中国科学院自然科学奖二等奖,1997年获中国科学院科学技术进步奖二等奖及国家自然科学奖三等奖,1999年获何梁何利基金科学与技术进步奖。黄荣辉发表科技论文140多篇,编著了《大气科学概论》等多部著作,许多研究成果得到国内外广泛引用与重视。

参考书目

钱伟长, 孙鸿烈, 2011. 20世纪中国知名科学家学术成就概览[M]. 北京: 科学出版社.

（周诗健）

Chǒu Jìfàn

丑纪范（1934年—） 著名气象学家，中国科学院院士。1934年7月23日生于湖南省长沙。1956年毕业于北京大学物理系，1981—1982年在美国麻省理工学院进修和工作。历任兰州大学大气科学系系主任、北京气象学院院长、国家自然科学基金委员会地球科学部学科评审组成员等。1993年当选为中国科学院院士。

丑纪范长期致力数值天气预报的基础理论和方法、四维同化以及有关的大气和海洋动力学，特别是非线性动力学问题的研究，做出了开创性和有国际影响的杰出成就，是中国现代长期数值天气预报和非线性大气动力学的创建人之一。他的主要科学研究成就：①最早提出四维同化方法的思想。如何将历史资料有效地引入数值预报模式是一个重要科学问题，丑纪范进行了创造性的研究，于1962年写成《天气数值预报中使用过去资料的问题》一文。最早在国际上将泛函分析和变分法引入数值天气预报，由此提出了在数值预报中使用前期观测资料的历史数据的理论和具体实现的方法，使动力方法和统计方法有机地结合起来，设计了一种使用多时刻资料的短期数值预报模式，获得了国外学者的极大关注和很高的评价。这是当时四维同化方法的最早的思想，比国际上提出同一思想的时间要早十余年。如何解决遥感资料四维同化问题，丑纪范在20世纪80年代走出了一条全新的路子。他把时变的动力模型和多种非定时观测资料在初始场的形成过程中统一考察，克服了传统方法的一些缺点，提出了数值预报、资料同化、初值形成一体化的观点，为有效地解决中尺度遥感资料的四维同化问题提供了理论基础。②奠定了长期数值天气预报提为反问题的理论基础。20世纪70年代他与其合作者证明了大气温压场的连续演变和下垫面热状况的等价性，从而改变了长期数值预报传统的初值问题提法，提为演变问题，为充分利用已有的观测资料提供了理论基础。后将解反问题的理论运用到数值预报中来，提出了由历史资料反求大气要素和参数并使之与长期数值预报模式相匹配的方法，进而建立了一个借助所关心现象的历史数据来运行和改造现行的作为古典初值问题的数值模式。1986年他将自己在长期数值预报的研究成果总结撰写了《长期数值天气预报》一书，这是国际上第一本系统阐述长期数值天气预报的专著，其中有许多不同于国外的、具有中国自己特点的理论和方法，为推动长期数值天气预报的发展起到了很大的作用。③提出大气动力学方程组的定性理论。20世纪80年代以来，他从事非线性大气动力学研究，用最新颖的数学方法揭示大气动力学方程组的整体和全局行为，并论证了初始场作用的衰减，长期过程取决于能量耗散和补充的特征，得到在特定情况下大气动力算子向外源的非线性适应特性，以及在定常外源作用下大气运动自由度缩减的结果。这些结果不仅在指导长期天气预报和气候预测方面具有重要意义，在国际偏微分方程的研究方面也有重要贡献。其主要成果总结在《大气动力学的新进展》（1990年）一书中，该书于1992年，获国家教委学术专著优秀奖。

丑纪范发表论文100余篇，出版《大气动力学的新进展》等专著7部。1978年获全国科学大会成果奖，1989年获全国教育系统劳动模范，2000年获全国气象系统先进个人，2003年获中国气象局科学技术贡献奖，2006年获何梁何利基金科学与技术进步奖。

参考书目

钱伟长, 孙鸿烈, 2011. 20世纪中国知名科学家学术成就概览[M]. 北京: 科学出版社.

（周诗健）

Cháo Jìpíng

巢纪平（1932年—） 著名气象学家，中国科学院院士。1932年10月19日出生于江苏省无锡市。1954年毕业于南京大学气象系。1978年起历任中国科学院地理研究所、大气物理研究所气候研究室主任、研究员，国家海洋局海洋环境预报中心主任、名誉主任，国家海洋局局长科学顾问，国际气候委员会委员、国际海洋和气候变化委员会委员、国际热带海洋和全球大气科学指导小组成员、政府间热带海洋和大气计划委员会中国代表、中美热带西太平洋海气相互作用研究计划和中美TOGA-COARE（热带海洋和全球大气相互作用）试验计划中方首席科学家。1995年当选为中国科学院院士。

巢纪平长期从事气象和海洋两学科的理论研究和实践工作，他的主要科学成就：①大尺度大气动力学。他

利用三维非线性方程研究了大地形对西风带气流影响的动力学，首次得到了过山气流惯性解的解析理论，1957年发表了《斜压西风带中大地形有限扰动的动力学》一文，成功地揭示了地形扰动在西风带平均槽脊生成中的重要作用。②积云动力学和中小尺度系统动力学。于1962年在国际上率先建立了描述中小尺度运动的基本方程组，为该领域的发展起到了奠基的作用。他与周晓平合著的《积云动力学》一书，是国内外最早的关于积云动力学这一分支学科的专著，具有开创意义。该成果荣获1978年全国科学大会成果奖。③短期气候预测。巢纪平是最早应用动力学方程组研究长期天气过程演变和发展特征的气象学家之一，他1977年完成"长期天气预报的物理基础及应用"的研究，首次提出了以流体力学和热力学方程为基础，把短期天气波作为"噪声"滤去的滤波距平数值预报模式，使短期气候预测准确率超过惯性预报，受到国内外气象学家的高度重视，认为这是对短期气候预测的一个重要贡献。该成果荣获1978年全国科学大会成果奖。④热带海气相互作用。巢纪平在1980年前后率先开创了热带海气相互作用模式研究，提出从海气相互作用的角度来处理热带辐合带的问题。他的专著《厄尔尼诺和南方涛动动力学》和《热带海洋和大气动力学》，为探索恩索（ENSO）的成因和认识热带海气相互作用奠定了基础。他的"热带西太平洋海气相互作用研究"，为推动ENSO的研究做出了重大贡献，并于1995年获国家科学技术进步奖二等奖。⑤海洋环境数值预报。他主持了海洋学第一个国家科技攻关项目"海洋环境数值预报研究"，取得了一批有重要价值的成果，正式建立了国家海洋环境数值预报业务化系统。该系统从整体上明显提高了中国海洋环境预报预测能力，在海洋防灾减灾中发挥了重要作用。⑥热带大气动力学。针对热带大气，巢纪平较早对热带大气运动进行了尺度分析，指出在热带大气存在半地转平衡，通过重力惯性波的频散来实现热带大气的半地转适应过程。他提出跨赤道流的多平衡态理论、哈得来环流的惯性解和三维波动的射线理论，这些创新性理论对认识热带大气动力学的基本问题和推动热带大气动力学基本理论研究有重要作用。

巢纪平先后发表论文110余篇，主要专著有《积云动力学》《厄尔尼诺和南方涛动动力学》等。1978年获全国科学大会成果奖，1988年获"国家有突出贡献的中青年专家"荣誉称号，1991年被国家计委等授予重大科技攻关项目突出贡献奖，1995年获国家科学技术进步奖二等奖。

参考书目

钱伟长，孙鸿烈，2011. 20世纪中国知名科学家学术成就概览 [M]. 北京：科学出版社.

（周诗健）

Wú Guóxióng

吴国雄（1943年—） 著名气象学家，中国科学院院士。1943年3月20日生于广东省汕头。1966年毕业于南京气象学院（现南京信息工程大学），1983年在英国伦敦大学帝国学院获博士学位。1985年起任中国科学院大气物理研究所研究员。先后任大气物理所大气科学和地球流体力学数值模拟国家重点实验室（LASG）主任和学术委员会主任。他是国际气象学和大气科学协会（IAMAS）主席，世界气候研究计划（WCRP）联合科学委员会

（JSC）常委，国际大地测量与地球物理学联合会（IUGG）中国国家委员会副主席。1997年当选为中国科学院院士。

吴国雄密切关注国际研究动态和趋势，注重物理过程和动力机理的研究，为促进中国副热带天气及气候动力学的发展和青藏高原动力学的研究做出了重大贡献，其主要科学成就：①首创倾斜涡度发展（SVD）理论。第一次证明各热力因子对涡度发展的贡献具有总体性特征，并证明罗斯贝位涡和等熵位涡在水平面上的不守恒是由于等熵面倾斜分布所致，创立了完整的SVD理论和饱和湿空气中的SVD理论，并利用上述理论对台风的发展和西南低涡的形成给出了清晰的物理图像。②证明原始方程中的无加速定理，提出大气运动的动力强迫和热力强迫的调配率。首次发展原始方程中的无加速定理，不仅考虑了波动内强迫，还考虑了平均经圈环流，以及地形和非绝热加热等外强迫源对平均流及纬向平均温度场的作用，使之成为一个完整体系。并首次证明大气的动力强迫和热力强迫的不可分性，两者满足一个由静力稳定性、惯性稳定性和斜压性共同确定的调配率。③系统地发展了副热带高压形成和变异的新理论。利用位涡的特性研究了大气流场对非绝热加热的影响，提出了热力适应原理以及"过流"的概念；指出哈得来环流和副热带高压形成是两个不同的动力问题；把埃克曼摩擦耗散理论引入副热带高压研究中，由此证明下沉运动是边界层中副热带高压的伴随现象，而不是副热带高压的形成原因，地球自转效应及外部加热的垂直分布形态

是影响副热带高压基本形态的决定性因子,陆面感热加热以及海洋上空辐射冷却是形成对流层低层强大的海面副热带高压的关键因素。④建立了副热带"四叶型加热"及其影响气候的创新理论。通过资料分析、数值模拟和理论研究相结合,发现在每一块大陆上,强烈的陆面感热加热(SE)都位于大陆西部,凝结加热(CO)则位于东部,洋面上的长波辐射冷却(LO)最大值位于大洋东部行星边界层顶。证明在夏季副热带的每一个大陆及其邻近海域,主要非绝热加热由 LO、SE、CO 和双加热(D,表示 LO + CO)组成,且自西向东呈 LO-SE-CO-D 四叶型加热分布。该理论被誉为是"高度原创性"成果。⑤揭示了海温异常分布型影响大气环流异常和台风频数年际变化的机制。他首次证明海气相关在高纬和低纬的显著不同的机制。他还发现热带海面温度反常与西太平洋副高异常之间存在很好的相关,并建立了"两级热力适应"模型。他首次利用大气环流模式,揭示了海表温度异常通过大气环流异常影响台风生成频率及 ENSO(恩索,厄尔尼诺-南方涛动)影响大洋西北部台风生成的机制。⑥青藏高原动力和热力作用对气候的影响。他研究了大地形及热源对大气运动的非线性作用,发现西南低涡的形成与青藏高原东部爬坡和绕流的交绥有关,并建立了"青藏高原感热气泵"及其调节亚洲季风和影响亚洲气候格局的系统理论。该理论在国内外得到广泛应用。

吴国雄在国内外发表论文著作 90 余篇,《亚洲季风区海-陆-气相互作用对我国气候变化的影响》专著 1 部,译著 3 本。1988 年获人事部"中青年有突出贡献专家"称号,1992 年获中国科学院科学技术进步奖一等奖,2007 年获国家自然科学奖二等奖。

参考书目

钱伟长,孙鸿烈,2011. 20 世纪中国知名科学家学术成就概览 [M].北京:科学出版社.

(周诗健)

Wǔ Róngshēng

伍荣生(1934 年—) 著名气象学家,中国科学院院士。1934 年 1 月 17 日生于浙江省瑞安。1956 年毕业于南京大学气象系。1984—1993 年任南京大学大气科学系系主任,1989 年组建中尺度灾害性天气国家专业实验室并任主任,2002 年任中国气象学会理事长,先后担任国际动力气象委员会委员,中尺度工作组主席,国际气象和大气物理委员会委员,国际大地测量与地球物理联合会(IUGG)中国委员会委员,曾任国家教委大气科学教学指导委员会副主任、主任。1999 年当选为中国科学院院士。

伍荣生多年来一直致力于大气动力学的理论研究,他的主要科学研究大致可以归纳为三个领域,即大气边界层动力学、大气波动动力学和大气锋面动力学。主要成果有:①在大气边界层动力学研究工作中,建立了四力(惯性力、科氏力、气压梯度力和摩擦力)平衡的边界层动力学模型,扩展了经典的埃克曼边界层动力学模型,并在此理论基础上研究了地形、摩擦与锋生等的相互关系,得到了一系列有启发意义的结果,形成了具有特色的研究成果。这项工作在国内外学术界产生了重要的影响,为国内外学术界广泛承认和引用,许多学者对此工作给予高度评价。②在大气波动动力学方面,探讨了波动的非线性共振的动力学特点,揭示了大地形对波动移动与不稳定的作用。首先提出大地形的北坡有利于扰动的发展及波动在北坡移动较快的结论,从理论上解释了实际观测中所发现的一些现象。③地转适应与大气锋生研究。伍荣生认为地转适应过程是大气中的一个基本过程,大气中的许多现象都与地转适应过程密不可分。从地转适应的角度,开创性地提出了适应锋生理论,指出在没有大尺度平衡强迫场的作用下,满足一定条件的非平衡流通过地转适应过程可以导致大气中不连续锋面的形成,很好地解释实际大气中的一些快速中尺度锋生过程,为理解江淮流域的梅雨锋锋生过程提供了一个新的理论依据,并总结出适应锋生全过程的物理概念模型,从而形成了一个比较完整的非平衡锋生理论体系。这一研究工作得到国内外学者的广泛关注,2005 年获得国家科技进步奖一等奖。

伍荣生在气象教学中先后为本科生、研究生开设了《天气分析》《动力气象》《大气动力学》《近代大气动力学中的数学物理问题》等多门课程,其中《动力气象学》分别于 1997 和 2001 年获江苏省优秀教学成果奖二等奖。他先后培养了 30 多名硕士、博士研究生,曾获得南京大学研究生导师教书育人奖和优秀研究生导师奖。

伍荣生发表论文 90 余篇,编著了《动力气象学》(合著)、《大气动力学》(独著)、《现代天气学原理》(主编)和《大气科学中的数学物理问题》(合编)等著作。在大气波动力学的研究成果中曾获得江苏省科学技术进步奖二等奖(1980 年),国家教委科学技术进步奖二等奖(1986 年);在边界层动力学中的研究成果中曾获得国家教委科学技术进步奖二等奖(1989 年、1994

年),曾获得江苏省一类优秀课程奖和优秀教学成果二等奖,并多次获优秀研究生导师奖。

参考书目

钱伟长,孙鸿烈,2011. 20世纪中国知名科学家学术成就概览[M]. 北京:科学出版社.

(周诗健)

Lǐ Chóngyín

李崇银(1940年—) 著名气象学家,中国科学院院士。1940年4月15日生于四川省达县(现达州市)。1963年毕业于中国科学技术大学,1987年晋升为中国科学院大气物理研究所研究员,1993年被国务院学位委员会批准为博士生导师。2005年经中央军委批准特招入伍,任命为解放军理工大学气象学院教授,授予文职少将军衔。李崇银曾先后担任中国科学院大气物理研究所大气环流与地球流体力学研究室主任,中国气象学会动力气象学

委员会主任,中国气候研究委员会(世界气候研究计划中国委员会)秘书长,世界气候研究计划中国国家委员会(CNC-WCRP)主席,国际气候变化委员会(ICCL)委员等。曾被中国科学技术大学、南京大学、中国科学院研究生院、中国海洋大学、南京信息工程大学、云南大学等高校聘为兼职教授,被香港城市大学聘为荣誉教授。2001年当选为中国科学院院士。

李崇银在热带气象学、动力气象学、气候变化及其动力学、卫星气象等大气科学前沿领域取得了一系列有影响的成果,主要有:①20世纪70年代,李崇银参加了中国气象卫星遥感通道的选择等总体规划调研,从理论上研究了卫星遥感大气湿度的原理,对卫星事业发展做出了贡献。②在热带大气动力学研究方面,他最早指出积云对流加热廓线在热带大气系统的发生发展中起着重要作用,发展和丰富了第二类条件不稳定(CISK)理论,揭示了基本气流的水平切变和垂直切变对第二类条件不稳定机制的影响,对环境场影响台风发生发展的问题、强对流系统发生发展中的一些重要现象给出了很好的动力学解释。③在大气低频振荡方面,自80年代初就从观测事实、动力学理论和数值模拟几方面,系统研究了大气低频振荡的结构、传播和低频遥相关等一系列重要问题,在国际大气科学前沿取得了突出成就。④在大气季节内振荡的动力学机制方面,提出热带大气季节内振荡的CISK波理论,最先提出对流加热反馈对激发产生热带大气季节内振荡的重要作用,并进一步认为第二类条件不稳定开尔文波和第二类条件不稳定罗斯贝波是热带大气季节内振荡的主要驱动机制;证明大气对外源强迫的低频响应、基本气流的不稳定、非线性相互作用是中高纬度大气季节内振荡的主要动力学机制;提出大气低频遥响应及其机理。⑤首先指出大气对赤道东太平洋海温异常等外强迫的响应主要是低频(30~90天)遥响应,并从理论上指出这种低频响应产生的机制;早在80年代初就指出了ENSO(恩索,厄尔尼诺-南方涛动)对中国天气、气候(温度、降水和台风活动等)的影响,在国际上首次提出异常强的东亚冬季风对厄尔尼诺事件起着重要激发作用及相互作用和物理过程。近年来又提出了ENSO循环的本质是赤道西太平洋异常西风驱动的热带太平洋次表层海温异常的循环。⑥亚洲夏季风系统研究。自20世纪80年代中期起投入亚洲季风研究,并在1997年作为首席科学家参与了国家"973"项目"南海季风试验研究"的组织领导工作。最先指出南海夏季风的异常不仅影响东亚地区,还会影响北美的天气气候;揭示了大气季节内振荡的活动对东亚夏季风及降水异常的重要影响。⑦年代际气候变化研究。20世纪90年代中期进行年代际气候变化的研究。他指出北太平洋海温和印度洋的海温年代际变化都对中国气候变化有影响;ENSO及印度洋海温异常的相关关系也存在年代际变化。⑧积极参与推动中国的全球变化研究,以及地球系统科学联盟(ESSP)的工作,多次呼吁和宣传要正视全球变化的挑战。近来又研究太阳活动、平流层环流和过程与气候变化的关系,指出太阳活动通过直接和间接方式影响气候变化的可能途经。

李崇银单独及与他人合著有《动力气象学概论》《动力气象学》《大气低频振荡》等著作十余部,在中外主要科学杂志上发表论文300余篇。曾两次获得国家自然科学奖三等奖(1987年、1997年),2002年获何梁何利基金科学与技术进步奖。

参考书目

钱伟长,孙鸿烈,2011. 20世纪中国知名科学家学术成就概览[M]. 北京:科学出版社.

(周诗健)

Qín Dàhé

秦大河(1947年—) 2003年当选为中国科学院院士,见第474页秦大河。

Fú Cóngbīn

符淙斌(1939年—) 著名气象学家,中国科学院院

士。1939年10月14日生于上海。1962年毕业于南京大学气象系，1967年中国科学院研究生毕业。历任中国科学院地理研究所和大气物理研究所研究员、博士生导师，物理动力气候研究室主任，国际全球变化的分析、研究和培训系统（START）全球变化东亚区域研究中心主任，2011年任南京大学气候与全球变化研究院院长。曾出任包括国际地圈生物圈计划（IGBP）科学执行委员会等10多个国际科学委员会委员，2005年出任季风亚洲区域集成研究国际计划科学指导委员会主席，并当选为国际科联执委，2003年当选为中国科学院院士，2006年当选为中国科学技术协会副主席，2007年当选为太平洋科学协会主席。

符淙斌长期致力于气候学，特别是影响中国气候及其变化的主要成因的研究，在国际学术界具有重要影响。主要科学成就：①热带海温周期振荡与中国汛期预报研究。1976年提出副热带高压强度的变化跟热带太平洋海面温度的变化有非常密切的关系，两者之间有近似相同的3～4年振荡周期，而且在大多数情况下，海平面温度的变化要比副热带高压的变化提前大概4～6个月，因而可以根据海平面温度的变化来预测副高的强度变化。②应用赤道海温刻画厄尔尼诺的"符DF廓线"。他与合作者迪亚兹（Diaz）和弗莱彻（Fletcher）首次提出沿赤道海温廓线分类厄尔尼诺，进而发现了赤道增暖的三种模态及其对气候的不同影响。这个研究被国外科学家称为"符DF廓线"，它成为该领域的经典文献。③中国气候突变与全球变暖的同步性。20世纪90年代提出季风系统突变的普遍性理论，系统地研究了年代际和世纪尺度季风系统的突变现象及其与全球大气环流和气候变化的关系，特别是发现了季风气候突变与全球增温之间的密切关系，为季风系统在气候突变中的敏感性理论提供了有力证据，对研究全球变化的区域响应有重要意义。④人类活动与季风系统。符淙斌及其合作者提出季风区的温度和降水是生态系统维持的主要能量来源，季风区生态系统的变化主要由季风气候所提供的水热条件的变化所确定。并且提出了"季风驱动的气候—生态系统"的新概念。通过数值模拟实验，指出由于人类不合理的土地利用引起大范围植被被破坏可以对季风气候产生显著的影响，可能是叠加在季风自然变率之上的一种重要变化。这些研究在国际上产生了重要影响。⑤广义季风系统。提出在全球变化背景下，一个完整的季风系统应该是耦合了人文-生物-大气化学-物理气候工程的集成系统，从而把传统的纯物理季风系统观点推向"广义季风系统"，并据此领导建立了耦合生态系统、大气化学（气溶胶）、陆面水文、大气辐射和动力大气的区域环境集成模式系统RIEMS。该系统可以较好地模拟区域气候及其变化，定量探讨不同人类活动（如土地利用变化、大气污染和水资源利用等）对区域季风气候的影响。应用这个设计思想和先进的模式，开展了亚洲区域气候模式比较计划（RMIP），取得了丰硕的成果，得到国际学术界的高度关注，成为本领域的国际领导者之一。⑥北方干旱化与人类适应。他长期领导北方干旱化及其适应对策研究，并与合作者们开展了北方干旱化规律、成因和预测及其适应对策的系统研究，提出了许多重要的理论与建议，得到国家和学术界的高度重视。

符淙斌发表学术论文180余篇，著译编书6本。1991年获周培源国际科技交流特别奖，2005年获国家自然科学奖二等奖。

参考书目

钱伟长，孙鸿烈，2011. 20世纪中国知名科学家学术成就概览[M]. 北京：科学出版社.

（周诗健）

Lǚ Dárén

吕达仁（1940年—） 著名气象学家，中国科学院院士。1940年1月14日生于江苏省常熟。1962年毕业于北京大学地球物理系，1967年中国科学院大气物理研究所大气物理专业研究生毕业，并留所工作。曾任国家"863"计划"载人空间站及其应用"专家组成员，第二届航天领域专家委员会成员。先后担任多个国际学术委员会委员。现任国际气象学与大气科学协会（IAMAS）中国委员会主任。2005年当选为中国科学院院士。

吕达仁在雷电物理、大气辐射传输与大气遥感、中层大气与日地关系、对地观测与空间地球科学、土壤-植被-大气等地球系统圈层相互作用等领域开展了多方面的开创性研究工作：①1964—1967年开展了对流云多波段射电特征观测，发现对流云早期和闪电前期低频电磁辐射，这些观测分析均是当时国际前沿的研究成果。②创造性地发展了大气遥感原理、反演方法和探测技术。首次提出用微波雷达和微波辐射计主被动联合遥感降水分布研究,论文发表后,作为先导性论文多次被引用;20世纪70年代发展了当时先进的激光雷达方程前向反演求解算法,并推导了激光雷达观测求解水平和斜视能见度及低能见度的多次散射订正算法,开展了利用激光回波推算大气结构常数的工作。这些都是当时具有创新性的研究工作。提出消光-小角散射综合反演气溶胶粒子谱的原理和反演方法;提出不需要暗目标存在的遥感大气气溶胶和地表反射率的原理和方法,打破了国外学者提出的均以区域内存在水面、森林等暗目标为前提的应用局限性;较系统地推进了偏振辐射传输算法的建立和在大气遥感反演中的应用。作为项目负责人参加了国际上第一个卫星偏振传感器——法国地球反射比的偏振化和指向性仪器的国际合作研究,组织了草地植被偏振反射率的实际测量;发展了激光闪烁遥感雨强、雨滴谱的理论。③系统发展了中层大气综合探测与过程研究,多方面揭示了中低层大气重力波谱特征、波传播与对流激发机制,主持研制了中国首部大型中层大气晴空探测雷达——香河 VHF/ST 雷达(用于平流层和对流层晴空探测的甚高频波段大型相控阵脉冲多普勒雷达),获得有独特价值的观测结果;遵循日地系统整体行为研究的科学理念,建立起南极中山站日地综合观测系统,开展从太阳射电、地磁、电离层扰动、中层臭氧探空和激光雷达对南极极区平流层云遥感探测,直至地面大气电场和辐射的综合观测,形成垂直响应链,取得了有价值的观测数据,推进了中国南极极区日地关系研究;开展了平流层/对流层相互作用的过程研究;通过国家自然科学基金"十五"重点项目"平流层—对流层多尺度耦合及其与天气气候关系研究",初步建立起中国臭氧探空的准业务观测系统。④参与中国载人航天及应用发展研究,主持制订"空间站对地观测和地球科学应用"方案;担任"地球环境监测系统"的科学研究负责人,在中国首次进行高精度、高稳定性的辐射测量。⑤在地球科学和生命科学交叉领域进行探测研究。主持国家自然科学基金重大项目——内蒙古半干旱草原土壤-植被-大气相互作用,以科学交叉的思想与研究方法,将几个全球变化与地球系统相关的国际核心计划的前沿问题集中到项目的综合观测与研究中。该项目对于加深中国半干旱草原可持续发展和草原生态对全球变化的响应提供了理论基础。

吕达仁发表学术论著200余篇。其研究成果获国家自然科学奖三等奖1项,国家科学技术进步奖二等奖1项,部委级重大成果、自然科学奖等8项。

参考书目

钱伟长,孙鸿烈,2011. 20世纪中国知名科学家学术成就概览[M].北京:科学出版社.

(周诗健)

Mù Mù

穆穆(1954年—) 著名气象学家,中国科学院院士、发展中国家科学院院士。1954年8月生于安徽省定远县。1978年毕业于安徽大学数学系,1982年在该系获理学硕士学位,1985年复旦大学数学系获理学博士学位。曾任中国科学院大气物理研究所学术委员会副主任、大气科学和地球流体力学数值模拟国家重点实验室副主任、中国科学院海洋环境与波动重点实验室学术委员会主任。任国际气象学和大气科学协会(IAMAS)、动力气象委员会  (ICDM)委员和国际行星大气及其演变委员会(IC-PAE)委员;国际著名气象期刊《英国皇家气象学会季刊》(QJRMS)编委会成员,是该刊本届编委中唯一来自发展中国家的科学家。2007年当选为中国科学院院士。

穆穆长期从事大气、海洋运动的非线性(不)稳定性研究,主要科学研究成就:①准地转运动的非线性(不)稳定性。准地转运动是一类重要的大气、海洋大尺度运动,对该类运动的(不)稳定性研究,特别是对典型的基本态建立(不)稳定性判据,是该类研究的核心内容。穆穆的工作则主要集中于 Arnold 第二稳定性判据,他建立了若干著名模式(多层斜压准地转模式、二维准地转模式、三维连续层结准地转运动经典的 Eady 模式)的非线性稳定性判据。②非线性对称不稳定性。非线性对称不稳定性被认为是中尺度雨带形成的一种机制,是中尺度动力学和暴雨研究中的重要内容之一。前人对于大气用能量-拉格朗日方法(ELM),建立了非线性对称稳定性判据,穆穆等用能量-卡西米尔方法(ECM)在更一般的框架下得到了同样的判据,但是对于扰动能量的估计更优,在应用于非线性饱和问题时,得到了更好的上界估计,因而与他人的结果一起,被 Kalashnik 评述为"一个重要的结果",被弗拉基米罗夫(Vladimirov)等评价为"出色的应用"。③气候的可预报性和资料同化。非线性不稳定性与初始误差共同作用导致的预报结果的不确定性,是可预报性和资料同化研究中的挑战性课题,穆穆在该领域做出了出色的成果。他将若干现代数学理论和方法成功应用于大气运动(不)稳定性以及天气和气候可预报性的研究,提出了一种研究天气和气候可预报性的新方法——条件非线性最优扰动法（CNOP），并将其应用于天气和气候的可预报性研究，对于资料同化中的"开关"问题，提出了一种计算梯度的新算法，阐明了数值方法处理"开关"不当可导致同化效果变差。

穆穆在国内外权威杂志上发表论文100余篇；多次在重要国际学术会议上作特邀报告；1990年获中国科学技术协会第二届"中国青年科技奖"，1994年获共青团中央、全国青联及国家自然科学基金委员会第二届"中国青年科学家奖"和国家杰出青年基金，1995年获中国博士后科学基金会"国氏"博士后奖，2005年获人事部"全国优秀博士后"等称号。

参考书目

钱伟长，孙鸿烈，2011. 20世纪中国知名科学家学术成就概览 [M]. 北京：科学出版社.

（周诗健）

Shí Guǎngyù

石广玉（1942年—） 著名气象学家，中国科学院院士。1942年10月生于山东省淄博。1968年毕业于山东大学物理系，1982年获日本东北大学理学博士学位。

1986—1988年受聘为美国大气与环境研究公司高级研究员。1991年6月—1992年2月先后应邀在美国纽约州立大学大气科学研究中心、澳大利亚联邦科学和工业研究组织短期工作。1993—1994年被聘为日本东京大学气候系统研究中心客座教授。其他时间一直在中国科学院大气物理研究所工作。先后被聘为联合国环境署环境机构科学技术顾问团专家，国际辐射委员会委员，亚洲-太平洋地区辐射委员会主席，政府间气候变化专门委员会（IPCC）第一工作组第三次科学评估报告首席执笔人之一、第四次科学评估报告评审专家，国际地圈生物圈计划（IGBP）上层海洋与低层大气研究科学指导委员会委员、IGBP中国全国委员会常务委员，表层海洋与低层大气研究（SOLAS）工作组组长，联合国环境署国际大气棕色云团计划科学委员会委员、中国工作组组长，中日政府间科技合作项目"风送沙尘的发生、输送及其气候效应"以及"臭氧垂直分布与气溶胶物理化学特性观测研究"中方首席科学家，亚洲气溶胶特征试验中国工作组组长；他承担中国科学院研究生院、兰州大学、南京信息工程大学、云南大学、东华大学兼职教授，已培养硕士、博士、博士后近40人。2011年当选为中国科学院院士。

石广玉主要从事大气辐射及全球（气候）变化的理论和观测研究。提出了一种全新的寻求大气气体k-分布以及相关k-分布函数的方法，即利用吸收系数的重排进行透过率函数的指数和拟合，建立了一个新的宽带吸收率解析表达式并首次求得其k-分布函数；提出了一个随光学厚度而变的漫射率因子表达式；开发了辐射-对流气候模式和箱室-扩散大气-海洋能量平衡模式，并利用区域和全球大气环流模式全面研究了大气温室气体以及大气气溶胶的气候辐射强迫效应，提出了一组计算大气温室气体辐射强迫的简化公式，被IPCC 2001年报告列为推荐公式之一。在国内最早开展了大气气溶胶和臭氧等成分的垂直分布观测，在多个地区设立了观测站点。特别是进入21世纪后在亚洲沙尘的辐射-气候效应以及亚洲沙尘对海洋生态环境的影响研究方面取得了有理论与应用价值的研究成果。

发表论文、重要学术报告200余篇（其中美国《科学引文索引》57篇）；完成著作《大气辐射学》等2部，参与著作编写11部。曾获日本气象学会藤原奖，中国科学院优秀研究生导师奖、自然科学奖二等奖、华为奖教金奖，中国气象学会全国气象科普优秀作品特别奖等多项国内外奖项。

（周诗健）

Wáng Huìjūn

王会军（1964年—） 著名气象学家，中国科学院院士、挪威技术科学院院士。1964年1月4日生于黑龙江省桦川县。1986年毕业于北京大学地球物理系，1991年获得中科院大气物理所博士学位。

1991年11月在美国洛伦兹伯克利国家实验室进行气候模拟方面的短期合作研究，1999年在日本全球变化研究所进行气候预测方面的短期合作研究。2005年5月起，担任大气物理研究所所长。曾担任国际气候变率及可预测性研究计划亚澳季风工作组委员，世界气象组织热带气象委员会东亚季风工作组委员，挪威极地科学研究院委员。2003年与挪威科学家Ola M Johannessen教授共同创立了竺可桢-南森国际研究中心。2013年当选为中国科学院院士。2014年当选为中国气象学会理事长。

主要从事古气候模拟、季风变异和气候预测理论等方面的研究工作。其主要科学成果：①提出了植被对东亚季风区全新世大暖期气候的反馈作用机制,并通过数值模拟研究证实了这个机制。揭示了植被-气候耦合作用模式可以显著改进全新世大暖期气候的模拟(特别是北部非洲气候的模拟)。②发现了东亚季风与厄尔尼诺相互关系的间断性,并指出了东亚季风的年代际变化事实。通过气候模式研究了东亚区气候年际变化的可预测性问题,给出了中国夏季气候可预测性的地域差别和分布型;指出了同期和前期中高纬大气环流异常对中国夏季气候的可能影响;提出了可以显著提高气候预测准确度的模式预测新方法和新技术。③完成了中国第一个基于自己气候模式基础之上的全球变暖的定量研究结果,并参与了政府间气候变化专门委员会(IPCC)的科学评估活动,被IPCC科学评估报告所引用。先后担任国家"973"项目"全球变暖背景下东亚能量和水分循环及其对我国极端气候的影响"首席科学家、中国科学院创新重要方向性项目首席科学家、国家杰出青年基金项目负责人、国家自然基金重点项目负责人、国家自然基金重大国际合作项目负责人、中国科学院重要方向性项目群顶层专家组组长等。

在国内外核心刊物上发表学术论文260多篇。先后荣获国家自然科学奖二等奖、中国科学院自然科学奖一等奖、全国优秀科技工作者、卢嘉锡优秀研究生导师奖、赵九章优秀中青年科学工作奖、何梁何利科学与技术进步奖。

(赵同进)

Zhāng Rénhé

张人禾(1962年—) 著名气象学家,中国科学院院士。1962年7月出生于甘肃省兰州市。1982年2月毕业于兰州大学地质地理系气象专业,1987年7月在中国科学院大气物理研究所获硕士学位、1991年9月获博士学位,1995年4月在东京大学气候系统研究中心从事博士后研究。1999年8月任中国科学院大气物理研究所副所长,2001—2012年任中国气象科学研究院院长,2013年任中国气象局科学技术委员会副主任。先后担任国际气候变率与可预测性研究计划(CLIVAR)科学指导组成员、美国气象学会海气相互作用专业委员会委员、全球气候观测系统(GCOS)常务委员会委员、中国气象学会副理事长、中国青藏高原研究会副理事长、国务院学位委员会学科评议组成员、国家自然科学基金委员会地球科学部

专家咨询委员会委员等学术职务。2015年当选为中国科学院院士。

长期从事气候动力学研究,在以下领域做出突出学术贡献:①在热带大尺度海气相互作用研究领域,提出大气和海洋赤道罗斯贝波形成的耦合波、海洋非线性水平温度平流、热带西太平洋纬向风异常以及热带东太平洋经向风异常等因素在厄尔尼诺发生和演变中的作用,揭示了热带大尺度海气相互作用的新机理。②在亚洲季风变异研究领域,提出在厄尔尼诺期间热带西太平洋上空的罗斯贝波造成西北太平洋反气旋异常,揭示了厄尔尼诺通过西北太平洋异常反气旋影响东亚季风的机理;提出了春季土壤湿度在中国夏季降水变异中的重要作用,揭示了春季中国东部土壤湿度通过影响春末地表热力平衡进而影响东亚夏季风的物理过程;提出印度夏季风分别通过影响水气输送和南亚高压对东亚夏季风产生影响,揭示了印度夏季风影响东亚夏季风的物理途径;提出了热带对流和大气罗斯贝波之间的相互作用在春季热带大气季节内振荡形成中的作用,揭示了热带季节内振荡维持的一种新机制。③在青藏高原气象学研究领域,提出了高原上空臭氧变化对高原气候变化的影响,对青藏高原气候变化的成因给出了新的物理解释;提出了环境风场和潜热加热之间相互作用对青藏高原低涡的影响,揭示了高原低涡发展演变的新物理机制。

先后主持国家"973"项目等国家级以及部委级科研项目19项,带领团队发展了海洋资料业务同化系统,有效改进了中国短期气候业务预测技巧,提高了海洋分析和厄尔尼诺预测能力;在青藏高原东南部周边区域设计构建了新一代大气综合观测系统,提高了中国天气和气候预测业务水平,并在国家重大工程建设等方面发挥了重要作用;完成了中国气候观测系统的科学设计,推动了中国气候观测系统设计建设的规范、统一和协调。应邀担任中国气候变化科学报告和国家气候变化评估报告主笔作者,为国家应对气候变化做出了重要贡献。

先后获国家杰出青年基金、国家创新研究群体基金学术带头人、首批"新世纪百千万人才工程"国家级人选。获得国家科学技术进步奖二等奖(排名第一)等8项国家级和部委级学术奖项。发表学术论文200余篇,其中SCI(E)(Science Citation Index(Expanded),《科学引文索引(扩展版)》)收录刊物论文101篇。

(赵同进)

中国工程院院士

Zhāng Jījiā

章基嘉（1930—1995年） 著名气象学家，中国工程院院士。1930年1月3日生于安徽省绩溪县。1951年提前毕业于上海交通大学，参加抗美援朝，气象兵。1955年赴苏联列宁格勒水文气象学院研究生部学习，1958年获地理学副博士学位后回国。历任中央气象台长期天气预报组组长、南京气象学院教授、天气动力教研组组长、气象系主任、副院长。1982年4月起先后任国家气象局副局长、党组成员、副书记兼北京气象学院院长。1982年10月

任中国气象学会副理事长兼秘书长。1988年被选为第七届全国政协委员。1990年任中国气象学会理事长，并先后担任国家科学技术进步奖评审委员会自然灾害监测和预报行业评审组组长、国家气候委员会副主任兼秘书长、国家"七五"攻关项目领导小组组长、全国气象部门正研级高级专业技术职务评审委员会主任委员、全国自然科学名词审定委员会委员兼大气科学名词委员会主任，还是世界气象组织大气科学委员会（WMO/CAS）的中国首席代表兼咨文工作组成员、国际大地测量与地球物理联合会（IUGG）中国分会委员兼气象和大气物理协会中国分会主席。1994年当选为中国工程院院士。1995年10月6日在北京逝世。

对大气环流和中长期天气预报有深入研究，首次研究了1891年以来北半球大气环流的长期演变规律及与中国温度、降水异常的关系，开拓了中国长期气候预报和短期气候振动的研究领域；首次用现代数理统计方法，系统地研究了亚洲自然区域内自然天气季节（NSS）的客观划分及各自然天气季节内候平均环流的客观分型问题，并以此为基础提出了一种长期天气预报的客观方法；他是中国首次青藏高原气象科学实验和研究项目的主要组织者之一，并在青藏高原热力动力作用研究中，首次给出了大范围现象相互联系的图像；他编著的《中长期天气预报基础》填补了中国这一领域的空白，并成为日本长期天气预报的主要参考文献；他主编的《当代中国·当代中国的气象事业》系统地反映了中国气象事业的成就与经验；他较早地对气候变化进行研究，20世纪80年代末撰写的《当代气候变化、原因及其影响》，详细阐述气候变化的趋势、原因、对社会发展的影响等；他主持和组织的长期天气预报研究、中期数值天气预报项目建设、局部灾害性天气短时预报研究、南极气象考察和《国家气候蓝皮书》编写等重大项目和工程，为促进气象科学发展、推动气象现代化建设做出重大的贡献。

1962年以专家身份赴越南河内综合大学任教，获胡志明奖章、中越友谊奖章；1990年获国家自然科学奖三等奖（青藏高原气象科学实验第二完成人），1995年获国家科技进步奖三等奖（主持长期天气预报理论、方法和资料库建立）。著有《青藏高原气象学的进展》《数值模拟中的谱方法》《气候变化的证据、原因及其对生态系统的影响》等专著；主编《国家气候蓝皮书》等重要文献。

参考书目

周光召，2009. 中国大百科全书（第二版）[M]. 北京：中国大百科全书出版社.

（赵同进）

Rén Zhènhǎi

任阵海（1932年—） 著名大气环境科学家，中国工程院院士。1932年11月7日出生于河北省大名县。1955年毕业于北京大学地理系，进入中国农业科学研究院从事农业气象研究；1957年入中国科学院地球物理研究所，从事大气物理学研究；1964年入中国科学院大气物理研究所，从事大气物理和云雾物理研究；1981年参加组建中国环境科学研究院，分别担任研究员、室主任、所长、总工程师等职。1995年当选为中国工程院院士。

20世纪50年代末，曾从事国家战略作物橡胶的防寒害工程，云雾催化工程等研究。60年代以来，被派往西北地区组织军事环境科学研究，同有关专家一起负责军事试验场边界层污染实验及山区军事工程选址防止军事污染工程设计等，为"两弹一星"的研制和发射做出贡献。长期从事大气环境问题研究，倡议并建立国家大气环境实验基地，负责设计并组织实施了中国首次中尺度区域性大气环境综合立体观测系统，为中国"六五"到"九五"期间大气污染研究提供了坚实的基础。1987年完成的"大气环境容量研究"获国家科学技术进步奖二等奖（排名第一），"太原地区大气环境综合观测研究"获国家科学技术进步奖三等奖（排名第一）。最早

组织大气颗粒物沉降速度测量和 SO_2 转化率实验,为开展酸雨研究打下基础,填补了学科空白;提出了建立大气环境容量理论,解决了环境规划、污染控制难点,广泛应用于环境管理决策。酸雨研究成果获国家科学技术进步奖一等奖。首次揭示中国跨境的大气输送宏观规律,创立大气环境资源背景场,在中国环境监测建立以前反演总悬浮颗粒物时空分布特征,利用卫星研究气候影响的陆面生态变化。指导助手和学生参加沙尘暴研究,揭示中国沙尘暴起尘源区、输送途径、影响范围和程度,构建了沙尘暴影响大气环境质量的量化分级指标体系。

著有《大气污染跨区影响研究》《沙尘天气对大气环境影响》等专著,在国内外刊物发表《夏秋季节天气系统对边界层内大气中 PM_{10} 浓度分布和演变过程的影响》《边界层内大气排放物形成重污染背景解析》等多篇科技论文。

参考书目

钱伟长,魏复盛,2014. 20世纪中国知名科学家学术成就概览 [M]. 北京:科学出版社.

(赵同进)

Lǐ Zéchūn

李泽椿(1935年—) 著名气象学家,中国工程院院士。1935年6月1日出生于江苏省南京市。1951年参加中国人民解放军,1962年毕业于北京大学地球物理系,1966年研究生毕业。毕业后到中央气象局中央气象台工作,任短期天气预报组组长。1983—1996年任国家气象中心主任。1987年评为正研高级工程师。1995年当选为中国工程院院士。先后任北京气象学会理事长,南京信息工程大学及中国气象科学研究院硕士、博士生导师。2004年被江西省人民政府聘请为江西信息应用职业技术学院名誉院长。

李泽椿长期在气象业务第一线工作,既从事气象科研,又注重科研成果转化成实际业务能力,以此提高预报准确度、延长预报时效,为国家经济建设、减灾防灾决策提供气象依据,满足广大群众日常生活中对天气预报的需求。"六五"期间(1981—1985年),国家决定建立中国短期数值天气预报业务系统,由国家气象局牵头,多部门参加,李泽椿担任技术总负责人,在前期工作的基础上,1981年正式投入使用。该系统从资料收集、预处理、客观分析、模式计算、检验、产品形成到分发储存等一整套高新技术方法在当时国内最大计算机群上实现了自动化实时业务运行,使天气预报由定性向定量发展迈出了一大步,1985年被评为国家科学技术进步奖一等奖。

1987年国家决定立项研制中期数值天气预报系统(国家气象中心扩建工程),与之配套设立了中期数值天气预报研究国家重点科技攻关项目,作为工程前期的科研任务。李泽椿担任工程和科研技术组总负责人,与参与工程和科研的数百名专家,经过8年的努力,建成了当时国内最大的异型机局域网系统(银河-Ⅱ及CRAY C90,CYBER,NCl2780等巨型计算机),形成中期数值天气预报的方案与流程。该系统的建成,使中国成为当时世界上少数几个能开展此项业务的国家之一,1995年获国家科学技术进步奖二等奖。

李泽椿作为总技术组组长,领导和参加"八五"国家重点科技攻关项目——台风、暴雨灾害性天气监测预测研究。该项目开展了从大气探测、通信、预报方案、科学外场实验、减灾防灾对策等一系列研究与技术开发。该项目提高了中国台风、暴雨的监测与预测能力,1997年获国家科学技术进步奖二等奖。他还承担了中国气象局重点课题——并行计算机在数值预报领域中的作用。经过5年的研究其成果陆续投入业务使用,使国家气象中心的数值天气预报业务系统建立在并行计算机的基础上,大大提高了预报水平。获2000年国家科学技术进步奖二等奖。

近年来,参加了中国工程院的咨询性研究《西北地区自然环境演变及其发展趋势》专题,"十一五"期间《农业资源保证与环境安全》专题,《东北自然环境历史演化与人类活动的影响》专题,以及《中国可再生能源发展战略研究》项目的咨询工作。承担中国科技部"973"咨询专家组成员任务,受聘为中国人民解放军总参谋部、空军、海军的科技顾问。他还指导了一批博士生与硕士生开展研究中国的天气系统运行规律,特别是不同地域和天气形势下的特殊规律,以进一步加深对中国的天气系统的认识,为提高中短期天气预报水平而努力。

著有《现代大气科学前沿与展望——我国中短期天气预报中待解决的基础性科学问题》《暴雨业务数值预报发展中有关问题的探讨》和《中国大百科全书·环境科学·环境物理学》等专著,在国内外刊物上发表科技论文20多篇。

参考书目

钱伟长,魏复盛,2014. 20世纪中国知名科学家学术成就概览[M].北京：科学出版社.

（赵同进）

Xǔ Jiànmín
许健民（1944年—） 著名气象学家，中国工程院院士。1944年8月2日出生于上海市。1965年毕业于南京气象学院（现南京信息工程大学），分配到中央气象局，

先后在中央气象局气象科学研究所长期预报研究室和中央气象台国外气象科工作。1980年赴美国科罗拉多大学进修，1982年回国。1983年10月任国家气象中心副主任，1986年3月任国家卫星气象中心主任，1996年10月改任总工程师。1994年被世界气象组织聘为卫星专家工作组成员。1997年当选为中国工程院院士。2003年被选为第十届全国人大代表。

许健民一直从事气象科研、业务及卫星气象的应用服务工作，重视气象事业现代化建设中的基础工作。1980—1986年中国已参加世界天气监视网，通过全球通信系统，收集到大量气象资料。为解决检索调用、分发、存档的软件没有跟上影响资料使用问题，他提出建设气象实时资料库，并组织人员完成了实时气象数据库和气象专用程序库。在此期间，他撰写出版了《用磁带交换数据的技术》一书，对气象人员使用国外资料起了积极作用。为适应中国远程导弹试验的气象保障任务，他提出在常规气象资料十分匮乏的热带太平洋地区，利用非常规资料进行天气分析，并在中央气象台创建中国热带天气分析业务，对发展热带天气分析预报业务做出了贡献。1986年他调往国家卫星气象中心工作，注重研究气象卫星资料在天气、气候、自然灾害监测和为国民经济建设服务等方面的应用。1987年大兴安岭森林火灾期间，他主持了森林火灾实时监测服务，提出并采取一系列有效的技术和服务措施，及时准确地为党中央、国务院领导和公众提供了大量有用的火情信息，为灭火做出了重要贡献，受到国务院的表扬。1991年夏季江淮流域发生严重洪涝灾害，他提出了用气象卫星资料客观有效地监测洪涝的分析方法，拿出了87个县淹没情况和受灾严重程度的比较表，为国务院和民政部提供了准确的水情信息，受到国家防汛抗旱总指挥部表扬。在风云一号极轨气象卫星和风云二号静止气象卫星应用系统工程建设中，他在组织方案设计、总体协调、技术攻关等方面做出了重要的贡献。他在卫星云导风产品研究中提出快速算法和云高度指定的新算法，受到国际云导风会议的高度评价，认为是该领域的重要进展。他被世界气象组织聘为卫星专家工作组成员，在促进气象科技和国际合作与交流，扩大中国卫星气象工作在国际上的影响和发展卫星气象国际合作方面做出了贡献。

出版著作《气象卫星遥感的地球大气三维信息及应用》1部，合著《暴雨系统的卫星遥感理论和方法》等3部，翻译出版和审核出版《气象卫星——系统、资料及其在环境中的应用》等译著5部。曾在国际会议上发表论文12篇；国家级学术刊物上发表论文10余篇；在国内重要科技刊物上发表论文10余篇。

参考书目

钱伟长，魏复盛，2014. 20世纪中国知名科学家学术成就概览[M].北京：科学出版社.

（赵同进）

Chén Liánshòu
陈联寿（1934年—） 著名气象学家，中国工程院院士。1934年3月7日出生于浙江省定海。1957年毕业于南京大学气象学系，同年分配到中央气象科学研究所

（中央气象台）工作。1982年应邀赴美国科罗拉多州立大学从事热带气旋科学研究，1984年回国后继续从事台风研究。并先后任中央气象台台长、国家气象中心副主任、中国气象科学研究院院长，国家气象局科技委员会副主任，中国气象学会副理事长，南京大学兼职教授，博士生导师。20世纪90年代任国家攀登计划青藏高原地气系统物理过程项目首席科学家。1999年当选为中国工程院院士。2002年当选为世界气象组织（WMO）热带气象研究工作组（WGTMR）主席。十多次担任世界气象组织国际科学会议主席。

长期从事天气动力及热带气旋的研究和预报工作。二十世纪六七十年代，他研究台风移动路径，尤其是研究台风西行和转向运动大气长波环流特征，结果表明，大尺度流场对台风西行和转向存在显著差异。阻塞高压的建立、维持和崩溃以及赤道辐合带纬向连续和断裂对台风运动产生相反的作用。其研究成果"台风路径预报的诊断研究"获国家科学技术进步奖三等奖，包含上述研究结果的合作专著《西太平洋台风概论》获省部级科技成果二等奖；担任国家"八五"科技攻关项目"台风科学试验和理论研究"课题主持人，对热带气旋作了系

统性和开拓性研究，得出了台风非对称结构对其运动影响等多项创新研究成果，具有创造性和应用性；担任国家攀登B计划工程与技术重大基础研究"青藏高原地气物理过程项目（TIPEX）"首席科学家，指导和实施了第二次青藏高原大气科学试验，对青藏高原地气物理过程及其影响的基础研究作出了重要贡献；开创了电视天气预报业务系统，成为气象服务的重要手段，经济社会效益显著；开创了天气预报会商室的现代化技术改造，使其首次具有资料图像检索、加工处理和分发的功能，并普及全国各级气象台站。

培养博士生、硕士生20多名，在国内外学术刊物发表论文150余篇，出版中英文合作专著《西太平洋台风概论》《南半球500百帕平均高度及距平图集》《全国热带气旋科学讨论会论文集》《热带气旋动力学引论》《异常台风动力学》等多部。曾获国家科学技术进步奖二等奖1项、三等奖2项，省部级科学技术进步奖一等奖和二等奖多项。1988年获得国家有突出贡献中青年专家称号。

参考书目

钱伟长，魏复盛，2014. 20世纪中国知名科学家学术成就概览[M]. 北京：科学出版社.

（赵同进）

Dīng Yīhuì

丁一汇（1938年—） 著名气象学家，中国工程院院士。1938年10月出生，安徽亳州人。1963年毕业于北京大学地球物理系，1967年毕业于中国科学院研究生院。先后任中科院大气物理研究所副研究员，国家海洋局海洋环境预报中心副主任兼国家海洋预报总台台长，中国气象科学研究院副院长，国家气候中心主任，中国气象局气候变化特别顾问；世界气象组织东亚季风研究委员会主席，政府间气候变化专门委员会（IPCC）第一工作组联合主席，世界气候研究计划（WCRP）联合科学委员会执行理事，中国气象学会、中国海洋学会常务理事，《气象学报》主编等。2005年当选为中国工程院院士。

丁一汇是中国气候变化、气候预测、亚洲季风以及灾害性天气理论研究的领军人之一，长期从事季风动力学、灾害性天气以及气候变化研究工作，多次参与和主持国家和部门级重大攻关和研究项目，并在气候变化、亚洲季风以及中国的灾害性天气气候方面做出有理论意义和实用价值的创造性研究成果。他致力于中国灾害性天气研究，参与开拓气象卫星资料在中国天气分析预报应用的新领域。

20世纪70年代初，他参与接收、分析和使用美国气象卫星云图的设备和方法的研究，完成了全套设备的研发，并在全国建立了120个接收站；他参加了中国科学院大气物理研究所、北京大学和中央气象局联合建立的卫星云图分析和预报中心，担任联合分析预报组组长，完成了《中国卫星云图接收使用手册》《卫星云图分析预报指导手册》等图书的编写，这些工作在天气预报特别是在台风的监测预报和防御中发挥了重要作用。他提出中国大暴雨发生的天气—物理模型和热带气旋形成的综合物理模型。70年代中期，他集中精力研究中国暴雨，总结了中国大暴雨发生的天气模型、机理以及天气学的动力、热力学条件，从理论上提出了描述中小尺度积云团作用的参数化方案。在这些研究的基础上，在陶诗言的主持下，合作撰写的《中国暴雨》获中国科学院自然科学奖一等奖。"八五"期间，他深入研究台风形成的条件和理论，建立了台风次级环流方程和三维坐标台风数值模式，成功地模拟了台风的结构和发展演变过程。这些成果获省部级自然科学奖二等奖与科学技术进步奖二等奖。1979年他受世界气象组织（WMO）的派遣，参加了WMO第一次大范围季风试验——印度季风试验，1998年他作为首席科学家主持参加了南海季风试验。在试验中他系统地研究了亚洲季风爆发、撤退和变化，提出了欧亚中高纬行星波活动对夏季风活动制约作用的新观点和南海季风爆发的理论，并出版了英文专著"Monsoon over China"，受到世界气象组织和美国气象学会的高度评价。他从20世纪80年代初开始参与气候变化研究，90年代主持完成国家科技攻关计划"我国短期气候预测系统的研究"，在天气气候预报预测中得到很好应用，受到2000年国家科技奖励大会的表彰，2003年获国家科学技术进步奖一等奖。2001—2005年主持完成"全球环境变化对策与支撑技术研究"，为中国政府制定应对气候变化战略规划，参与气候变化框架公约履约活动提供了有效支撑；参与IPCC第一至第五次气候变化评估报告的撰写工作，并曾担任第一工作组副主席，多次在气候变化国际会议上代表中国发言，反映中国和发展中国家的利益；他十分重视科普工作，经常为各类培训班、学习班讲课。2002年7月国务院举办科技知识讲座，邀请丁一汇作气候变化问题的报告，受到国务院领导和各部委局领导的好评。

著有《高等天气学》《中国的气候变化与气候影响研究》等中英文专著9部，主编专集11本，在国内外正式刊物共发表论文280多篇。自1978年以来，已培养40多名硕士和博士研究生。作为主要人员共获各类奖项15项，其中国家级奖4项，部委级奖11项。2002年获何梁何利科学与技术进步奖，2005年获世界气象组织杰出工作成就奖。

参考书目

钱伟长，魏复盛，2014. 20世纪中国知名科学家学术成就概览［M］. 北京：科学出版社.

（赵同进　李晔）

Xú Xiángdé

徐祥德（1942年—）　著名气象学家，中国工程院院士。1942年7月生，浙江省余姚人。1966年毕业于南京气象学院（现南京信息工程大学）气象系，后至内蒙古自治区锡林郭勒盟气象局工作；1981年获中国气象科学研究院天气动力学专业理学硕士学位，回南京气象学院任教，先后任动力气象助教、教研室副主任；1987—1988年赴美国迈阿密大学从事数值天气预报模式技术和大地形影响理论研究；1990年任天津市气象局副总工程师；

1992年调中国气象科学研究院任天气所所长，1993年8月任中国气象科学研究院副院长。2009年当选为中国工程院院士。

徐祥德长期从事天气动力、大气环流和动力气候研究，以及非线性波流动力学、拓扑非线性理论及其大气突变数学模型研究。他努力探索大气动力学应用理论，并取得一系列具有价值的研究成果。他采用现场科学实验探测资料，揭示了对台风路径有指示意义的1990年第19号台风"弗洛""β陀螺""通风流"、非对称动力结构特征，提出了台风雨带与能量频散波列特征、台风螺旋雨带动力学及其传播等新认识。有关研究成果获中国气象局科学技术进步奖一等奖。他采用波动力学WKB近似思路，探讨了不同强迫源信号源激发遥相关波异常特征，研究了波流作用中的大气稳定性概念以及非线性突变理论，提出了低频波相图结构、动力系统拓扑结构模型。他合作撰写的《外源强迫和波流作用动力学原理》专著，获中国科学院自然科学奖二等奖；他开拓应用气象技术新领域，先后与内蒙古气象专家研发了灾害天气点—面结合的预报方法，与河南省气象专家研制了黄河中游卫星-雷达-地面防洪监测系统；在天津期间主持开发了天津气候业务与极轨卫星多用途技术系统，研发了北京地区卫星遥感-地面观测综合变分分析技术，相关成果获环保部、内蒙古、河南、宁夏、天津等省部级科学技术进步奖一等奖、二等奖各1次，三等奖3次；1996—2000年他主持"九五"国家重点科技攻关项目"农业气象灾害防御技术研究"，研制了农业气象灾害预警评估与调控综合技术及其动态化、定量化准业务技术平台。合作研制了区域气候模式-土壤水分模型-灌溉决策服务一条龙集成技术系统。他合作编著的《农业气象防灾调控工程与技术系统》获中国气象局科技进步一等奖；1995—2000年他参加国家攀登-B"青藏高原观测和理论研究"，任高原科学实验实施执行人，历次青藏高原科学实验成果填补了国际上关于青藏高原陆-气过程影响综合探测及其理论研究的空白。合作完成的《青藏高原大气边界层观测分析与动力学研究》《高原第二次大气科学实验》专著得到学术界的好评，在国内外发行。他探讨青藏高原水分循环理论，深化了青藏高原对中国梅雨带及其水分循环影响效应的认知。他发展青藏高原上游关键区预警新技术，与合作专家构建了高原南—北剖面大地形坡面GPS（全球定位系统）水汽监测-传输-反演产品应用技术平台，对中国区域东部下游暴雨、雪灾预警具有重要作用；他合作主持了国家"973"项目"北京及周边地区大气、水、土污染机理与治理原理研究"，揭示出城市与周边大气污染过程空气穹窿（大锅盖）边界层逆温、逆湿三维结构特征等，其成果被科技部评为科技成就重大成果；提出大气污染区域影响追踪分析及模式源同化新技术，获环保部科学技术进步奖一等奖；作为《中国气候观测系统》联合编写设计组负责人之一，设计方案实现了跨部门多圈层观测网优化组合，并由7部委联合下发实施。

著有《外源强迫与波流作用动力学原理》《农业气象防灾调控工程与技术系统》等专著11部，编著11部，先后在国内外学术刊物上发表论文近180余篇。培养博士、硕士生20多名。获国家自然科学奖二等奖1次，省部级科学技术进步奖一等奖1次、二等奖3次、三等奖3次。

参考书目

钱伟长，魏复盛，2014. 20世纪中国知名科学家学术成就概览［M］. 北京：科学出版社.

（赵同进　李晔）

Sòng Jūnqiáng

宋君强（1962年—）　著名气象学家，中国工程院院士。1962年7月出生于湖南省宁乡县。1986年国防科技大学研究生毕业。现为国防科学技术大学研究员、博

士生导师，计算机学院软件研究所所长，银河/天河系列高性能计算机副总设计师，总装备部气象水文技术专业组成员，国家"863"主题专家组和总装备部军事气象水文技术专业组成员。是中国数值天气预报专家，军队数值天气预报业务系统的主要创建者之一。2013 年当选为中国工程院院士。

宋君强长期工作在军用数值天气预报技术攻关和装备研制第一线，先后负责完成 20 多项国家和军队重大重点科研项目，系统研制了制约中国军事部门数值天气预报准确率提高的系列核心关键技术，解决了数值天气预报利用国产高性能计算机的高效并行计算难题。

"九五"期间（1996—2000 年），作为技术负责人，他负责研制的军队重点项目"第一代军用数值天气预报系统"和空军重点项目"空军航空中期数值天气预报业务系统一期工程"，填补了中国军事气象部门中期数值天气预报业务的空白；"十五"期间（2001—2005 年），他主持研制的海军重点项目"全球中期数值天气预报系统"和第二炮兵重点项目"边界层高分辨率数值天气预报系统"，解决了海军和第二炮兵气象保障的急需；"十一五"期间（2006—2010 年），他主持研制了军队重点项目"第二代军用数值天气预报系统"。

这些系统在总参、海军、空军、第二炮兵等单位投入业务运行后，预报产品成为全军各级气象保障单位日常天气会商、预报保障的基本依据，在部队日常训练、重大军事行动和国防科学试验等任务气象保障中发挥了重要作用，极大地提高了中国军事气象部门精细化气象保障能力。

近年来，担任多项临近空间环境预报技术研究项目的负责人，围绕开发利用临近空间对大气环境保障的新需求，解决了全球临近空间——对流层一体化预报模式和大气观测资料再分析等关键技术，初步将中国军事气象保障范围由传统对流层拓展至临近空间中下部。

先后荣获国家科学技术进步奖一等奖 3 项、二等奖 1 项，部委级科技进步一、二等奖 13 项；2001 年获"中国青年科技奖"，2002 年获"求是"奖。出版《并行算法》等专著 3 部，发表论文 100 余篇；培养博士、硕士研究生 30 多名。

（赵同进）

著名气象代表人物

Zhāng Jiǎn

张謇（1853—1926 年） 字季直，号啬庵，清末状元，中国近代实业家、政治家、教育家，是中国近代农业气象的推行者。1853 年 7 月 1 日出生于江苏海门常乐镇。辛亥革命后，任南京临时政府实业总长，1913 年任北洋政府农商总长，1917 年任中华农学会名誉会长，1924 年起任中国气象学会第一、二届理事会名誉会长。1926 年 7 月在南通逝世。

张謇一贯倡导新农业，并认识到要发展新农业，必须考虑气象因素。因此，对气象观测和预报工作十分重视，促进了中国气象观测和农业气象的早期发展。1906 年创建南通博物苑时，就在苑内设立测候所，出资从日本购进风速、风向、雨量等测量仪器，自当年 9 月 1 日开始正式观测，这是中国人最早设立的近代气象观测站。1909 年开始做天气预报，并在《南通新报》上逐日登载，这也是中国人利用气象观测记录做地方性天气预报的首创，具有重要的历史意义。1913 年张謇为了发展农垦积累气候统计资料，在南通军山规划一个具有当时国际水平的气象台，1915 年夏开始动工兴建，1916 年 10 月军山气象台建成，次年 1 月正式开始每日 8 次观测和逐日做天气预报，每日还接收东亚区域莫尔斯气象广播和徐家汇气象台的气象报告，一直持续到 1925 年。在这 9 年中，张謇还积极开展农业气象研究，将历年的研究成果写成论文，计有《记南通近九年农作物之水旱风虫灾概说》《预防水旱灾害意见书》《气候与棉作之关系》等，先后发表在《中国气象学会会刊》上，并以中英文对照形式刊印出版气象月报、季报和年报。当时这些刊物曾与 40 多个国家的气象台进行交换。军山气象台是中国最早的民办气象台，当时在国外也有一定声誉，曾被列入英国出版的国际气象台名册。他还积极推进全国农业气象工作的兴起。民国初，他派周景濂在全国各地陆续设立测候所达 26 处，成为兴办农业气象的先导。

参考书目

钱伟长，孙鸿烈，2011. 20 世纪中国知名科学家学术成就概览 [M]. 北京：科学出版社.

（赵同进）

Gāo Lǔ

高鲁（1877—1947 年） 字曙青，号叔钦，中国天文学家，近代气象事业的倡导者和开创者。1877年5月生于福建省长乐。1894年就学于福州九彩园，1897年就读于福建马尾海军学堂造船班。1905年以优异成绩保送入读比利时布鲁塞尔大学，1909年获工科博士学位。1912年被任命为国民政府秘书兼内务部疆理司司长。同年11月国民政府参议院决议成立中央观象台（即北京建国门南侧的古观象台），以取代清朝钦天监的历算工作，高鲁被时任教育部长蔡元培邀请任首任台长。台内设天文、历数、气象和磁力4科，其中气象科于1913年春开始筹建。1915年成立编辑室，他组织编撰《观象丛报》。1919年高鲁被教育部派遣至欧洲，任驻欧留学生监督，至1921年回国后续任中央观象台台长。1922年10月30日，中国天文学会在中央观象台成立，会议选举高鲁为第一届会长。之后21年间，11次被选为会长、副会长。1924年与蒋丙然、竺可桢等发起成立了中国气象学会，并连续5届当选为名誉会长。后来该会名誉会长名称取消后，又连续担任4届董事。1927年10月任中央研究院观象台筹备委员会常务筹备委员。1928年2月任中央研究院天文研究所筹备主任，后来任所长。1947年6月在福州逝世。

在任中央观象台台长期间，全力致力于气象工作的开拓，在观象台内设立气象科，聘请蒋丙然为科长；创办气象训练班，培养气象观测人员；通过创办刊物向大众宣传观象知识。1914年起创办《气象丛报》，并于1915年把《气象丛报》扩充为《观象丛报》，并积极为刊物撰稿，其中《晚窗随笔》系高鲁集中西观象学术之大成，对当时普及天文、气象知识起到了启蒙和推动的作用。

十分重视天文知识的启蒙工作，其著作以天文学通论为主，据不完全统计，他在天文学方面著有《图解天文学》《日晷通论》《中央观象台之过去与未来》《星象统笺》及其他零散论文和诗文集若干卷。1937年春，他受世界社（由李煜瀛、蔡元培等人在法国创立的文化组织）委托，主持《世界百科全书》中的《天文学全书》的编辑工作，并承担中国天文学史撰写并完成初稿，后由于卢沟桥事变，未能实现。

参考书目

钱伟长，孙鸿烈，2011. 20世纪中国知名科学家学术成就概览［M］. 北京：科学出版社.

（赵同进）

Jiǎng Bǐngrán

蒋丙然（1883—1966年） 原名幼聪，字右沧，天文学家，气象学家。中国近代气象事业的开创者，中国气象学会的主要发起人和领导者。1883年9月3日生于福建省闽侯县。1905年到上海先入法文学校学习法文，后入上海震旦大学物理科学习，1908年毕业后赴比利时留学，并获比利时双卜罗大学农业气象学博士学位。1912年回国，1913年到北京中央观象台任技正、气象科科长，并兼航空署气象科代理科长，还在参谋总部航空学校（北京南苑航空学校）、北京大学和北京师范大学讲授气象学。1924年2月代表中央观象台接收日本管理的青岛测候所，并将该所改名为青岛观象台，并出任台长。10月中国气象学会成立，被选为首届会长，并连任5届会长、8届副会长和1届候补监事；先后任国民政府教育译名委员会委员、中央研究院气象研究所及天文研究所特约研究员、中国海洋研究所筹备组常委。1932年被意大利气象学会聘为名誉副会长，成为中国获此殊荣的第一人。还担任国际天文联合会委员。1938年1月任北京大学农学院农艺系主任、教授。1946年任山东大学教授，筹建山东大学农学院。1946—1966年，任台湾大学农学院教授。1958年台湾气象学会和天文学会成立，他分别被选为首届理事长。

1913年中央观象台气象科创建以后，他首先开辟观测场，自己设计并制造了量雨计和英式百叶箱，购置毛发湿度计、空盒气压表及干湿球温度表等，亲自承担观测任务。其后他培养观测人员，扩充设备，于1914年将观测次数增加到8次；他建议并操办在张家口、西安、开封、兰州、拉萨、昆明、贵阳、成都等全国范围增建气象站，并得到税务署、电报局及上海徐家汇气象台等支持，获得国内外共16处的气象资料，开始制作天气预报。1922年《气象月刊》重新按月出版，1930年出版《海洋半年刊》《天文半年刊》，1931年出版《观象月报》，1932年出版《高空观测报告》等，这些专刊与国内外300多处学术机构进行交流，获得学术资料。

蒋丙然还是海洋研究的奠基人。1928年11月青岛观象台正式成立海洋科，他争取经费购置了各种探测海洋的仪器，开展海洋观测和研究。自1929年1月起，还借用警察局巡逻艇，测量胶州湾及近海一带海水各层水温及海流方向和速度，采集海水及海底沉淀物。1935—1936年，青岛观象台进行了4次海洋化学性质的调查，共测量460个站位，开创国内海洋调查之先河。

主要气象论文和著作有：《论旋风之高度》《通俗气象学》《气空之过去及未来》《论气海之重量》《最新之探空法》《天文学与气象学》《近十年来中国之气候》《二十年来中国气象事业概况》；论著有：《气象器械及其观测法》《应用气象学》《农业气象》《气候学》等。

参考书目

钱伟长,孙鸿烈,2011. 20世纪中国知名科学家学术成就概览[M]. 北京:科学出版社.

(赵同进)

Lǚ Jiǒng

吕炯(1902—1985年) 海洋气象与农业气象学家。1902年3月7日出生于江苏省无锡县。1926年毕业于南京东南大学地学系,1930年赴德国柏林大学、汉堡大学攻读气候学、海洋学、地质学及农业气象学等。1934年回国后在民国中央研究院任研究员、评议员、代理所长。1935年起,先后兼任中央大学、浙江大学教授,1943—1949年任民国中央气象局局长,并兼任国际气象组织执行委员会委员和国际海洋气象专门委员会委员。1949年参加中国民主同盟,从事气象科学研究,尤以海洋气候和农业气候为著。1953年任地球物理研究所与华北农业科学研究所合作成立的农业气象研究组主任。1957年3月任中国农业科学院、中国科学院地理研究所、中央气象局共同成立的农业气象研究室主任。不久调回中国科学院地球物理研究所任研究员兼气候研究室主任。1985年8月15日于北京逝世。

吕炯是中国海洋气象学与农业气象学的先驱,1936年发表了《渤海盐分之分布与海水之运行》和《中国沿海岛屿上雨量稀少之原因》等中国最早有关海洋学和海洋气象学的学术论文。20世纪50年代后发表了《海水温度与水旱问题》和《海面水温与旱涝关系》等,进一步把潮和亲潮的变化与梅雨盈亏,以及对东亚大气环流的影响联系起来,并从能量交换的角度探讨了海—气关系,从中寻找海洋环流对大气环流影响的机制。他所提出的海水温度与水关系的观点,为研究长期天气预报、气候变化和海洋气象学奠定了物理基础。1936—1940年间与竺可桢等共同编著了《中国之温度》一书,为新中国成立前最完备的中国气温资料图集。

1956年国家组织制订《1956—1967年科学技术发展远景规划》,吕炯参与制订了其中农业气象学发展的规划,提出了中国农业气象研究的方向、任务和发展途径,为农业气象科研事业的发展奠定了基础。1957年他任农业气象研究室主任后,开展了有关农业气象与作物的引种、气候生态型以及作物的气象灾害等方面的研究,先后发表了20多篇农业气象方面的学术论文,对推动全国农业气象科研事业的发展起了十分重要的作用。他非常重视国际上农业气象学方面的研究动向及新的学术思想。他组织翻译了大量国外农业气象文献,仅在1955—1960年间就出版了7本农业气象专著和文集。

在古气候和气候变迁的研究中也做出重要贡献。早在1942年,他撰写的《关于西域及西蜀之古气候及古地理》,是中国第一篇阐明古代洪水发生原因的著作。此后,他还陆续发表了《我国三个历史时期阶段的气候概况》《冰期气候变化与海洋关系》《冰川消长与海气关系》等论文,有力地推动了古气候变迁的研究。

早在20世纪30年代,吕炯就是气象学会和地理学会理事。新中国成立后他曾任中国气象学会、中国地理学会、中国海洋湖泊学会的理事,中国农学会首届理事会名誉理事长。他也是国家科委气象组成员。

参考书目

何康,1996. 中国农业百科全书·农业气象卷[M]. 北京:农业出版社.

(赵同进)

Zhāng Bǎokūn

张宝堃(1903—1994年) 气候学家。1903年2月17日出生于浙江省嘉兴县。1926年毕业于东南大学地学系。协助竺可桢筹建了中央研究院气象研究所。曾任中央研究院气象研究所副研究员,美国气象局见习员。1950年回国,历任中国科学院地球物理研究所研究员、大气物理所研究员,中国科学院地球物理研究所与中央军委气象局合作成立的联合资料中心主任。1994年3月在北京逝世。

张宝堃长期从事气候学研究,1934年发表的《中国四季之分布》,结合物候现象与农业生产实践,提出了新的分季标准。他提出以候平均气温(连续5天气温的平均)稳定降到10℃以下作为冬季的开始,稳定升到22℃以上作为夏季开始,候平均气温从10℃以下稳定升到10℃以上时作为春季开始,从22℃以上稳定降到22℃以下时作为秋季开始。这种划分四季的标准,目前仍为气象领域所接受。1941年发表的《四川气候区域》是20世纪40年代研究省级气候的专论。新中国建立后,长期从事气候区划研究工作,著有《中国气候区划(初稿)》《自然地图集——气候图》及合编《中国之雨量》《南京月令》《中国之温度》等,为中国工农业发展规划提供了重要依据。

(赵同进)

Lǐ Xiànzhī

李宪之(1904—2001年) 气象学家。1904年9月出生于河北省赵县。1924年考入北京大学预科,后入物理系。1927年参加中国西北科学考察团,进行历时3年的气象和水文观测及研究工作。1930年赴德国柏林大学深造,并从事博士后研究工作。1936年10月回国,任清华大学教授,1938年任西南联合大学地质地理气象系教授。抗战胜利后,清华大学成立气象系,李宪之任系主任。1952年清华大学气象系合并入北京大学物理系,李宪之任北大教授,大气物理教研室主任。1951—1958年任中国气象学会常务理事。1955—1958年任《气象学报》编辑委员会主任。2001年3月在北京逝世。

李宪之是中国近代东亚寒潮和台风研究的开拓者和奠基人之一,提出了许多新事实、新观点。关于寒潮的研究,在《东亚寒潮侵袭的研究》(1935年)中提出,冬半年的强寒潮可以穿越赤道,在南半球产生大暴雨或者形成台风等重大天气或者天气系统。该文主要内容被美国、日本有关书籍引用。他所给出的东亚寒潮侵袭中国的几条主要路径,一直为国内气象预报工作者所沿用。关于台风的研究,在《台风的研究》(1936年)中,明确指出,不少强台风是由于从南半球侵入的冷空气,激发了高温高湿的潮湿不稳定的赤道气团所形成的。该文除了分析台风路径和频率外,还讨论了台风结构,给出的台风眼结构图是国际气象界第一张较为合理的台风眼结构图,1940年被德国人Nothe称为"李氏模型"。在《台风形成的综合学说》(1956年)中,进一步分析了台风形成的"内因"与"外因",建立了"综合学说",后来得到了卫星云图的证实。1983年写出了全面论述台风的专著《论台风》。在《降水问题》(1987年)中,正式提出了"宏观系统"的概念,更进一步阐述了南北半球宏观天气系统与灾害现象发生的关系。他用图形表示南北半球冷空气活动的主要路径,可以看出是两半球间宏观天气系统的几条活动带,在这种宏观天气系统作用下,可能引起一些气象灾害现象和灾害系统的发生。他还对气候变暖和臭氧减损的主要原因,对不同地区的暴雨、地震、火山、海啸等很多科学问题提出了不少新观点。

李宪之还是近代高等气象教育事业的开拓者和奠基人之一,抗日战争期间他坚守气象教育岗位,先后在清华大学、西南联合大学任教;抗日战争胜利后,他回到北京组建清华大学气象系,并任系主任。被公认为是一代宗师。

主要论著还有:《塔克拉玛干沙漠对若羌天气的影响》(1934年)、《对大气环流总体模式的探讨》(1935年)、《大气气压变化的平流机制》(1935年)、《台风的研究》(1936年)、《大气环流与海洋环流的类同》(1936年)、《季节与气候》(1957年)、《1991年中国严重洪涝灾害主要成因》(1991年)、《亚太地区1991年春夏两季自然灾害的探讨》(1994年)、《1993年美国特大暴雨成因问题》(1997年)等。

参考书目

钱伟长,孙鸿烈,2011. 20世纪中国知名科学家学术成就概览[M]. 北京:科学出版社.

(汪勤模)

Zhū Bǐnghǎi

朱炳海(1908—1994年) 气象学家,中国高等气象教育事业的奠基人之一。1908年2月出生于江苏省江阴县(现江阳市)。1931年毕业于民国中央大学,到中央研究院气象研究所工作。1936年回到中央大学地理系执教,1944年晋升为教授,同时兼任民国中央气象研究所研究员。1939年参加"西康科学考察团",任总干事长,进行了中国最早的西部地区地理气象科学考察。中华人民共和国成立后,一直在南京大学从事气象教学和科研工作,任气象系主任10年(1949—1958年)。历任中华自然科学社理事及部主任、《科学世界》月刊总编辑、《气象杂志》编辑、《气象学报》和《气象译报》总编辑和理事、国务院自然科学规划委员会海洋气象组组长、中央气象局学术委员会委员、中国气象学会和中国地理学会名誉理事等。1994年11月在南京逝世。

朱炳海在气象科研工作中重视理论联系实际,1939年撰写的《气象学》(1946年正式出版)是他多年教学和科研工作的总汇。20世纪40年代上半期,就中国西南、西北地区气候特征发表多篇研究成果,如《康南地理气象考察报告》(1940年)、《西北屯垦区之气候障碍率》(1943年)。1945年后,主要研究中国的气旋和锋面活动,《中国锋之消长与气旋》(1945年)获当时中央教育部科学研究二等奖。新中国成立后,他转向中国气候区划和气候变化研究上,编写的《中国气候》(1962年)是有关中国气候方面的一部经典著作,1967年被翻译成英文,在美国正式出版。他在教学和科研中十分重视劳动人民在生产实践中积累起来的看天经验和天气谚语,从20世纪30年代就开始收集,并进行鉴定研究,写成《天气谚语》(1962年出版),80年代修改充实后重新出版,这是一部反映中华民族优秀文化和中国劳动人民智慧并与当代气象科学相结合的、对工农大众生产有指导性的科学读物。

在气象教育事业上勤奋工作50多年,为奠定中国气象教育事业基础做出了贡献。在他和其同事的推动下,1944年中央大学气象学系正式成立,这是全国高等学府中建立的第一个气象学系。1952年根据国民经济建设和学科发展的需要,在南京大学创建了国内第一个气候专业,并积极支持和大力协助成立南京气象学院。

1994 年南京大学气象系庆祝建系 50 周年，同时庆祝朱炳海从事气象教学和科研 60 周年，专门为他颁发了奖状和感谢状。

著有《天气谚语》《中国气候》《气象学词典》等专著多部，重要论文有《飑线雷雨一例之三度观察》（1934 年）、《分析气团以论天气变化》（1935 年）、《中国冬季长江类气旋的几点特性》（1944 年）、《从降水相对系数观察到的几点事实》（1949 年）、《中国春季之锋面活动》（1950 年）、《中国夏季降水强度的分析》（1955 年）、《中国的降水区划》（1957 年）、《中国降水变率与旱涝》（1957 年）、《梅雨的气候分析》（1959 年）、《近百年来苏南气候变迁的趋势和今后数年天气倾向的估计》（1962 年）、《东亚及西太平洋地区大气流场的演变》（1965 年）等 30 多篇。

参考书目

钱伟长，孙鸿烈，2011. 20 世纪中国知名科学家学术成就概览［M］. 北京：科学出版社.

（汪勤模）

Yāo Zhěnshēng

么枕生（1910—2005 年） 气象学家，中国当代气候学和统计气象学的奠基人，高等学校气候学专业的开拓者。1910 年出生于河北省丰润县（现唐山市丰润区）。1936 年毕业于清华大学地学系，同年就职中央研究院气象研究所。1941—1948 年先后任教于西北农学院（气象学副教授）、东北大学（地理学教授，兼任国民政府教育部东北地区院校接收委员）、浙江大学（史地系副教授、地理系教授）。1952 年起任南京大学气象系教授，一直主持气候学原理和统计气候学的教学和科学研究。曾担任中国气象学会理事，并在 2004 年 10 月中国气象学会成立 80 周年大会上被授予"气象科技贡献奖"。2005 年 3 月在南京逝世。

么枕生从事气象教育和科研达 70 年。早年研究天气学和天气预报，后专攻气候学，研究内容涉及气候学各个领域。在统计气候、动力气候等方面的研究，大都具有独创性。他的著作《气候学原理》（1959 年）综合概括了当时国际上最新气候学研究成果，一直是 20 世纪 50—70 年代中国气候学界最具权威的高学术水平的著作，成为中国地学界各专业的重要参考书之一。他将统计数学理论与气候学相结合，建立了统计气候学，为中国的统计气候学的发展奠定了坚实的基础。他的著作《气候统计》（1963 年）是研究气候统计和统计气候学的专著，后来成为中国从事气候统计业务和研究的必备参考书。他 1984 年的新著《气候统计学基础》，获得了国家级优秀教材奖，国家教委高等学校教材一等奖。20 世纪 50 年代，他还发表了中国第一部农业气象学专著《农业气象学原理》（1954 年），成为 20 世纪 50—60 年代国内高校农业气象、农学、气候等专业课程的重要教材及其他相关专业的重要参考书，并被译为英文，在国外出版发行。

20 世纪 50 年代以后，他全身心地投入到气候专业的学科建设中，创立了中国第一个气候学本科专业——南京大学气象学系气候学专业。1952 年起，一直主持气候学原理和统计气候学的教学和科学研究。1956 年主持并参与了中国第一次大规模的黄土高原小气候考察和野外观测——陕北小气候考察，为发展气候学专业课开拓了新的方向，并主编了《西北黄土高原小气候》（1959 年）。1958 年他首倡建立动力气候学，强调气候科学要数值化。20 世纪 80 年代后期，他提出气候学研究应从天、地、生相互作用的观点来考察问题，这与当时"气候系统"观点是一致的。

发表《概率论基本定理在气候统计中的应用》（1963 年）、《我国气候科学 40 年的蓬勃发展》（1990 年）、《用于数值分类的聚类分析》（1994 年）等学术论文 58 篇及科普论文 4 篇；撰写《气候学原理》等专著 5 部，主编文集 4 部。

参考书目

钱伟长，孙鸿烈，2011. 20 世纪中国知名科学家学术成就概览［M］. 北京：科学出版社.

（汪勤模）

Lú Wù

卢鋈（1911—1994 年） 又名前鋈、温甫，气象学家，新中国气象事业的开拓者之一。1911 年 9 月出生于安徽省无为县。1934 年毕业于中央大学地理系，被聘为中央研究院助理研究员。1935 年参加中国气象学会，先后任干事、理事、常务理事等。1939 年任中央研究院武汉测候所主任，1944 年任浙江大学副教授，1945 年任民国中央气象局（南京）技正。1947 年为民国中央气象局"国际气象组织"天气委员会委员，同年 8 月被推荐以顾问身份参加先在加拿大多伦多后在美国华盛顿召开的天气分析预报会议和国际气象组织会议，后留美国天气局联合天气分析预报中心进修。1948 年任民国中央气象局气象总台台长兼上海气象台台长、中央大学教授，1949 年被聘为北平师范大学教授。新中国成立后，1949 年 12 月任中央军委气象局副局长，1979 年 4 月任中央气象局顾问。为九三学社成员。是第三届全国人民代表大会代表、第三至五届全国政协委员。1994 年 6 月在北京逝世。

卢鋈在中国现代气象科学发展中成就和作用非常卓越，特别是在气候、气象观测和天气预报等领域贡献突出。他重视气象台站网建设和气象观测的研究。早在1944年他就提出"最好每县设置一个三等测候所"，新中国成立后他尽快统一了全国的气象观测，大力推进台站网建设，使县县有站的愿望得以实现；他大力抓天气预报和改革，主张县气象站开展补充天气预报，并在《气象学报》发表《关于单站补充预报》论文，组织总结出天气预报"听、看、谚（谚语）、资（资料）、地、商（会商）、使（使用）、管（管理）"的八字措施等。对短期、长期天气预报进行研究，发表许多科研成果和论文，为气象科学发展做出重要贡献；他是著名气候学家，最早对气候进行分类的学者之一。早在20世纪40年代他编著的《中国气候综论》，全面研究了气候要素、地理与气候的作用、季风、大气运动、气旋、锋和太阳、太阴活动周期等，以及气候变迁和气候预告。对古气候和各地气候都有深入研究，并撰写不少学术论文。在气象教育方面，他主张气象教育要加强基层，特别是县气象站，教育要从业务实践出发，不单纯从学科出发；他在多所大学执教多年，又兼任国家气象类高等教材编审委员会主任，为中国培养了大批气象专业人才。他重视农业气象工作，提出农业气象预报要调查研究、资料分析、实况观测、天气预报相结合，农业气候区划要调查、资料、实验或考察相结合。

著有《天气预告学》《中国气候总论》等专著，在许多著名刊物发表了《中国气候区域新论》《中国气候之要素（续）》《中国之寒潮》《中国之气团》和《关于单站补充预报》《北京的气候和农业》等数十篇论文。

参考书目

钱伟长，孙鸿烈，2011. 20世纪中国知名科学家学术成就概览[M]. 北京：科学出版社.

（朱振全）

Zhū Hézhōu

朱和周（1911—1968年） 气象学家。1911年10月出生于湖北省沙市。1940年毕业于清华大学理学院地学系，1948年赴美国加州大学洛杉矶分校读研究生。曾任福建省研究院研究员、北平研究院物理研究所助理研究员、国立中央研究院气象研究所研究员。1941年加入中国天文学会；1944年加入中国物理学会；1947年加入中国科学工作者协会；1950年加入中国气象学会，曾任常务理事；1957年任国务院科学规划委员会"海洋气象组"成员；1962年任中央气象局科学技术委员会委员。1968年3月12日在南京逝世。

朱和周在大学读书期间就关心国家前途和命运，积极参加了"一二·九"运动，并曾为此被捕入狱。在留美期间，是留美科学工作者协会加州大学分会的组织者。1950年响应祖国号召，毅然中断学业回国，投身新中国的气象事业，历任中央军委气象局技正、中央气象台联合天气分析预报中心领班、中央军委气象局天气处副处长、中央气象局气象科学研究所主任工程师、副所长。

1960年朱和周作为主要筹建人员之一，参与创建南京气象学院，并创办气象系，任第一任系主任，同时任院教学改革委员会副主任、院务委员会成员，并当选为南京市政协委员。他治学严谨，为人正直，提出了"一整套"教学方法，为南京气象学院教学制度和教学体系的建立做出了开创性贡献，在师生中享有很高的威望。他曾主讲动力气象、天气预报基础、大气环流、专业美语阅读，并编写了有关教材，同时致力于气象系统的业务预报方法的理论化和系统化，为气象台站的业务建设做出了贡献。

主要从事天气动力学研究和天气分析预报，他利用"准两年周期"做年度预报的研究，取得理论和实践的成果。他著文系统介绍苏联的"气流动力（基贝尔）理论"、罗斯贝的"长波理论"。撰有《变压、变高的平流动力理论与应用》一书，《远东冬季一个气压波的分析》《北半球500 mb环流形势的年度预报》等论著和论文。

有很强的业务领导能力，待人诚恳，工作认真，特别注意对年轻人的培养，不仅在业务上给予悉心的指导，还注意从思想上关心和帮助他们，在他的关心和帮助下，许多人都成为国内气象学界的栋梁。

（赵同进　朱定真）

Zhāng Nǎizhào

张乃召（1912—1979年） 原名张延龄、张有年，气象学家、人民气象事业的创始人和新中国气象事业的领导者之一。1912年10月出生于山西省平定县。1937年毕业于清华大学气象专业。在校期间，他受到进步思想影响，接受马克思主义，积极参加"一二·九"等学生运动和革命活动。1939年在山西参加革命，任决死一纵队政治部宣传股股长。1940年奔赴革命圣地延安，时年8月加入中国共产党，为当时学气象的知识分子中去延安投奔革命的第一人。1941年到太岳区行署筹建水利局并任局长，在延安中国医科大学担任教务处党支部书记并授课，后到卫生部工作。1944年为配合盟军对日作战，调入中央军委三局创建中国共产党领导的气象事业，参加美军观察组气象台的各项气象业务，主持延安清凉山气象训练队教学工作，编写教材，给学员授课，并作美军人员讲课的翻译，培养了中国人民解放军（八路军）第一批气象工作者。1945年9月他受命接收美军气象台，创建延安气象台并担任台长，之后在解放区陆续建立了20个气象站，组成了以延安为中心的气象台站网，完成了毛泽东主席去重庆谈判和其他中央领导专机飞行的气象预报和保障服务，受到中央军委领导的表扬。1947年他奉命带领气象人员撤离延安，转至山西临县、河北平山县开展气象观测，到华北军区电信工程专科学校担任陆空通信气象专业队的教学工作，为新中国培训了一批气象和通信骨干。1948年北平和平解放，他受命接管原国民政府的华北观象台，组建了新中国的中央气象台。1949年12月中央军委气象局成立，他被毛泽东主席委任为副局长、党委书记；1953年气象局转建政务院改称中央气象局，任副局长；1969年12月总参谋部气象局与中央气象局合并，任副局长、党委副书记；1973年5月"两局"分开，他为中央气象局党的核心小组成员。1979年3月在北京逝世。

张乃召是中国共产党第十次全国代表大会代表，中国气象学会第十八届理事会副理事长、第十九届名誉理事长。1972年世界气象组织恢复中国合法席位后，国务院任命他为世界气象组织中国常任代表，补选为该组织执行委员会委员。1975年他被任命为第七次世界气象大会中国代表团团长，再次当选为执行委员会委员。

新中国建立，张乃召夜以继日地工作，筹划新中国气象事业的发展，接收旧中国留下的气象台站和人员，大力培养气象干部，筹建中央气象台和各大军区气象处，制定全国统一的气象技术规范和工作制度，为国防建设、解放海岛提供气象情报服务，探索气象为工农业生产服务，提出了建立中国天气预报业务的设想。气象部门由军队转建地方后，他精心组织全国气象业务工作的发展、建设和运行，想方设法改进预报方法、提高预报质量，主持筹建国家气象中心；主张加强气象高等教育，培养高级技术人才；积极支持采用雷达、气象卫星等现代科学技术，组织提出了中国第一颗气象卫星的使用要求及气象卫星系列发展设想。他廉政节俭，严谨求实，平易近人，忘我工作，终年劳累成疾。病重期间仍关心基层气象台站，为气象现代化建设出谋划策，为中国气象业务建设、气象台站建设、气象人才建设以及为提高中国气象国际地位作出了重要贡献。

（韩通武）

Wáng Bīnhuá

王彬华（1914—2011年） 曾用名王华文，海洋气象学家。1914年3月5日生于安徽寿县。20世纪30年代在国立山东大学物理系气象组学习，1939年在中央大学获物理学士后，到中央研究院气象研究所等单位供职。抗日战争爆发后，王彬华在四川参军，为美国飞机飞行做天气预报，为重庆的防空做出了贡献。抗战胜利后，1946年初他从重庆赶赴青岛接任青岛观象台，担任青岛观象台第二任台长（兼任青岛水族馆馆长），保证了气象观测资料的连续性，将建台以来的全部资料整理出来，编印成《青岛观象台50周年纪念特刊》出版，致使这些珍贵的科学数据得以保存和流传下来。

新中国成立后，王彬华继续任青岛观象台台长（至1956年），同时与山东大学一起为海军培养了300多名气象技术人才，奠定了中国军事气象台站的基础。1953年调入山东大学物理系，负责创建海洋气象学专业；1959年担任海洋水文气象系副主任。他还先后担任中国海洋湖沼学会副理事长、山东气象学会副理事长、《海洋湖沼通报》主编等。2011年逝世。

王彬华是海洋气象学的开创者，是山东大学海洋气象学专业的奠基人之一。他长期从事海洋气象教育和研究，与气象专业教师共同努力更新教材内容，开设海洋边界层大气动力学、热带大气动力学、海雾、风暴潮、海洋气候、雷达气象、卫星气象学等近10种新课程，并担任研究生的培养任务。他撰写的《海雾》一书，迄今为止仍然是世界上一部全面系统研究海雾的权威专著，在世界各地发行。他办学理念先进，重视打好数理基础，坚持专业课少而精和到气象台站实习，增加学生的动手能力和业务技能。他的主要著作有：《普通气象学》（1961年）、《云空漫游》（1961年）、《海洋气象》（1963年、1979年）、《海雾》（1983年）等。主要论文有：《黑潮加热场对气旋发展影响的动力分析》《中国近海海雾持续和消散问题的探讨》《在西藏高原影响下中国动力性气旋的生成及其发展》等多篇。2004年在中国气象学会成立80周年庆祝大会上，90岁高龄的王彬华获得国内气象领域首次设立的最高奖项"气象终身成就奖"。

（韩通武）

Yè Guìxīn

叶桂馨（1914—2000年） 气象学家。江苏省淮安人，1914年8月出生。1941年毕业于中央大学地理系气象专业，分配到重庆沙坪坝测候所观测科任技士。1945年7月赴美国，分别在芝加哥和纽约实习并在纽约大学半工半读，于 1948 年 1 月获美国纽约大学气象硕士学位后回国，是中国第一位早年回国的女气象专家。回国后分别在民国中央气象局和上海气象台任技正。1949 年 5 月上海解放后先后任上海市气象台学习组负责人、南京华东航空处气象训练班和华东空军干部训练大队气象队教员，1951 年 1 月调沈阳任东北军区司令部气象处第二副处长，1954 年 9 月调任北京气象学校筹备委员会负责人，后长期担任北京气象学校和北京气象专科学校副校长。1972—1979 年曾任北京市气象台革委会副主任和北京市气象局副局长。1983 年 7 月从北京气象专科学校副校长的岗位上退下来。1984 年被聘为北京气象学院名誉教授。2000 年 4 月在北京逝世。

长期从事气象教育组织领导和气象业务管理、科研的领导工作，忠于气象教育事业，工作一贯勤勤恳恳、兢兢业业、不计名利、无私奉献，为气象事业培养了大批人才。她具有高尚的精神境界，曾主动要求降低工资、不授职称、不参加评奖等，受到学校师生和气象部门干部职工的尊敬和爱戴，她的高风亮节和严谨的治学精神在气象界传为佳话。

1950 年在华东空司干部大队荣立三等功。多次被评为气象部门在京单位社会主义建设积极分子。1959 年作为中国气象专家派往越南援助气象工作，受到高度评价。她是中国气象学会第十八、十九届常务理事，第二十届名誉理事。先后当选为北京市第七届、第八届人民代表大会代表。1992 年被批准享受政府特殊津贴。

(阳世勇)

Xiè Guāngdào

谢光道（1914—2000 年） 气象学家。江西省南昌人。1938 年毕业于清华大学地学系任贵州省建设厅气象局预报员，1943—1948 年在西南联合大学（清华大学）任教，1948 年留学美国，1950 年获加利福尼亚大学气象学硕士学位，同年回国。历任中央军委气象局干部训练班副主任，北京气象专科学校教授、教务主任，解放军气象专科学校训练处副处长，空军气象专科学校副校长，空军第七研究所第二所长、顾问。曾出席全国文教群英会，当选为第三届全国人大代表，第五、六届全国政协委员，中国气象学会第十九、二十届副理事长，中国航空学会第一至三届理事。2000 年 7 月在北京逝世。

长期从事气象研究与教学工作。1951 年 6 月受著名气象学家、军委气象局局长涂长望教授委派，参与组建中央军委气象局第一个气象干部训练班，任副主任；1953 年 1 月训练班扩建为气象干部学校（涂长望兼任校长），担任教务主任，并被授予教授职称。1955 年学校更名为中国人民解放军气象专科学校，以后几易校名，谢光道教授一直担任教学组织和领导工作，1963 年起担任副校长兼训练部部长，为中国人民解放军培养出大批中高级气象人才。1978 年调空军第七研究所任第二所长。

对早期军事气象教材建设贡献突出。1950 年与顾震潮等合著《天气学》，在《气象月刊》上连载发表。1960 年 120 万字的专著《天气学》由人民教育出版社出版（与宋励吾合著），比较系统地总结和介绍了中国的天气和天气分析预报实践经验，对军队和地方气象界有积极影响。20 世纪 60 年代初，受托于空军党委，担任《气象学教程》和《天气学教程》编写组组长，《气象学教程》于 1964 年由空军司令部出版，《天气学教程》因"文革"推迟到 1976 年由空军出版社出版。这两部教程是中国最早正式出版的军事气象专业基础教材，此后成为全军空勤人员和气象人员学习气象知识的重要书籍，也为军外许多有关教材所引用。

撰有《水平偏向力》《大气环流》《平流动力理论》等论文，参与指导了《大气科学辞典》的编纂工作。在几十年的教学实践中，积累了丰富的办校治学经验，对中国军事气象教育事业初期的建设发展起了关键作用，也为军事气象科学和航空气象科学发展做出了重要贡献。

(李耀东　赵同进)

Wāng Guóyuán

汪国瑗（1914—1999 年） 气象学家。1914 年 12 月出生于江西省上饶县。1936 年毕业于清华大学理学院地学系。新中国建立之前，历任浙江省杭州定海测候所技工、主任，江西信江农业专科学校副教授，江西省水利局工程师，江西水文总站主任、工程师。新中国建立之后，任福建省气象研究所所长、福建省气象局技术主任、福建省农业厅气象局副局长，曾任福建省第三届人民委员会委员、国家科委（计委）气象组成员、福建省政协第五届委员、福建省第五届人民代表大会代表、中国气象学会理事、福建省气象学会理事长。1992 年开始享受国务院政府特殊津贴。1999 年逝世。

从事气象工作 50 多年，1955 年研究福建自然天气季节及其划分标准，确定福建自然季节以 3—6 月为春季、7—9 月为夏季、10—11 月为秋季和 12 月—次年 2 月为冬季，撰写《福建地区天气气候总结》《福建省气候志》《福建省十年气候图》等。先后发表《福建的水旱灾害》《夏季东南沿海中长期预告几个基本问题的初步研究》等一系列专著和文章。1984 年被中国气象学会授予从事气象工作 50 年荣誉证书。

(赵同进)

Yáng Jiànchū

杨鉴初（1915—1990年） 气象学家。1915年6月出生于江苏宜兴。1935年毕业于中央研究院气象训练班。1936年在中央研究院泰山日观峰气象台工作，1937年起在中央研究院气象研究所工作。中华人民共和国成立后，进入中国科学院地球物理研究所工作。1950年12月为中央军委气象局与中国科学院地球物理研究所"联合天气分析预报中心"和"联合资料中心"（简称"两联"）主要研究人员，1955年回中国科学院地球物理研究所（大气物理研究所）从事研究工作。曾担任中国气象学会理事、北京气象学会理事长、《气象学报》编辑委员会委员等职务。1990年1月在北京逝世。

1951年提出了用气象要素的历史演变做长期天气预报的方法，开创了中国长期天气预报新局面。他在《运用气象要素历史演变规律做一年以上的长期预报》（1953年）中提出了气象要素历史演变五个规律，为当时的实际长期天气预报提供了一种简便且易掌握、较有效的预测方法，被称为"杨鉴初法"，对中国气象台站长期天气预报的开展起到了推动作用。他在《季节长期天气预报的一个方法》（1959年）中提出的许多基本概念，如自然天气周期、自然天气季节、韵律、位相等，至今仍被引用。

在大气环流和气候研究方面，除了指导国内气候资料整编和分析工作外，还根据国家实际需要，开展气候研究，与叶笃正等合作完成的《黄河流域的降水》（1956年）是当时对黄河流域降水详细而全面的研究成果，对20世纪50—60年代黄河流域规划和设计起到了重要作用，更是国内气候研究联系实际的开创性工作之一。与陶诗言等合作完成《西藏高原气象学》（1960年）填补了世界高原气象学研究的空白。

在日地关系研究方面，注意到气候变化的自然强迫因素的作用，开辟了太阳活动与气候关系的研究方向。在《气候为什么变暖》（1959年）中，把气候长期变化的外界强迫因素归纳为太阳辐射能及微粒辐射、大气成分变化等，同时认为地面植物和森林状况的改变、城市建设的影响等都与一定地区的气候变化发生关系。在《太阳活动与地球物理》（1962年）、《日地关系》（1964年）中把太阳活动，如黑子、光球、日珥、日冕等现象组合构成"一个太阳活动单元"，这个观念拓展了太阳电磁辐射波谱的变化，开辟了日地关系研究的新方向。在《大磁暴后我国温度变化》（1961年）中，他给出了大磁暴后的3个月内温度演变反映出27天太阳自转周期特征，这一新发现引起国内外关注，并被一再引用。在《北太平洋关键区水面温度对500毫巴高度场的影响》（1979年）中，他认为太阳活动影响某些关键地区海面温度，通过海气相互作用进而影响大气环流，开辟了物理气候系统对太阳活动响应的研究方向。

发表《夏季国内水旱灾区之量分析》（1947年）、《西藏高原对其北方环流系统的影响》（1959年）、《太阳活动对冬半年平流层中部温度的影响》（1964年）等论文50余篇；著有《日地关系》等专著4部。

参考书目

钱伟长，孙鸿烈，2011. 20世纪中国知名科学家学术成就概览[M]. 北京：科学出版社.

（汪勤模）

Gù Jūnxǐ

顾钧禧（1915—2003年） 气象学家。1915年11月出生于浙江省绍兴。1940年毕业于清华大学物理系，1946年在美国芝加哥大学海陆空气象专业研究生部学习。1950年他放弃了在香港的优越生活和工作条件，回国报效祖国。历任中央军委气象局技正、中央气象局编译室主任、天气处处级工程师、气象科学研究所天气研究室研究员。1960年到南京气象学院（现南京信息工程大学）参加创建工作，历任基础课部主任、《南京气象学院学报》编委会副主任兼总编辑、图书馆主任、《气象科学》副主编、《中国大百科全书·大气科学卷》综论（一）副主编和特约编辑、《气象学词典·气象学综论》主编。1983年调气象出版社，出任《大气科学辞典》编委会主编、气象出版社总编室主任、中国气象学会《气象学译报》编委会委员、北京市气象学会理事、全国自然科学名词审定委员会及所属外国自然科学译名协调委员会委员、气象学名词审定委员会副主任等。2003年7月6日在北京逝世。

著有《哈密顿算符在曲线坐标中的推广及其基本运算》等论文多篇，译有《气旋与反气旋的发生与发展》等，合译并审订《高空气象学》《气象学教程》（第三册）等专著，合编并参加审订《气象学名词·中英对照本》《气象学名词（俄英中对照试用本）》《德汉大气科学词汇》等辞书。1984年获中国气象学会授予的从事气象工作50年荣誉证书。享受政府特殊津贴。

（周诗健）

Féng Xiùzǎo

冯秀藻（1916—1993年） 字洪华、江流。气象学家。1916年4月3日出生于湖南省长沙。1941年毕业于中央大学地理系。1946年留学美国。曾任民国中央气象局主任技正、南京气象站主任。新中国建立后，历任中央军委气象局技正，军委气象局、中国科学院联合天气分析预报中心主任，中央气象局农业气象研究室工程师兼副主任，中国农业科学院农业气象研究室副主任，南京气象学院教授、农业气象系主任，中国气象学会第十七至二十届常务理事、农业气象学委员会主任委员，江苏省气象学会第六、七届副理事长，国家科委气象组成员，世界气象组织农业气象委员会委员。1992年享受政府特殊津贴。1993年11月5日在南京逝世。

冯秀藻长期从事农业气象教学与研究工作。1959年由他主持并指导首次编写的《农业气象观测方法》和《农业气象服务手册》，在当时被当作农业科技人员必备的工具书。他参加了全国《1963—1972年科学技术发展规划（草案）》的制订工作，写出《关于开展农业气候区划工作几个问题的讨论》等多篇文章。他主持《1978—1985年全国科学技术发展规划纲要（草案）》第一项重点课题"农业气候资源调查与农业气候区划"，1985年获全国农业区划委员会一等奖，1988年获国家科学技术进步奖一等奖。他主持的"江苏省农业气候资源调查与农业气候区划"获全国农业区划委员会二等奖。1979年他主持"杂交水稻气象条件研究"重点课题，其成果获得1981年中央气象局重大科技成果二等奖，1982年获国家科委、国家农委科技成果推广奖。

20世纪50年代，冯秀藻参加了北京农业大学农业气象专业的筹建工作。60年代初，承担了南京气象学院农业气象系的创建工作。1991年他主持编著的《农业气象学原理》，于1996年获全国气象系统优秀教材一等奖。1992年国务院授予他"为发展我国高等教育事业做出突出贡献"证书。

主编《农业气象服务手册》《全国杂交稻（灿型）气象条件研究》，合编有《二十四节气》。还组织并参与专业工具书《气象学名词（俄英中对照试用本）》《英汉气象学名词》《气象学词典》《中国农业百科全书·农业气象卷》《中国大百科全书·农业卷》的编撰，其中《中国农业百科全书·农业气象卷》于1986年获国家新闻出版署全国优秀科技图书一等奖；发表科技论文多篇。1986年中国气象学会授予他"半个世纪以来对中国气象贡献卓著"荣誉证书。

参考书目

何康，1996. 中国农业百科全书·农业气象卷[M]. 北京：农业出版社.

（赵同进）

Zhū Gāngkūn

朱岗昆（1916—2010年） 气象学家、地球物理学家。1916年12月出生于浙江省淳安县。1941年毕业于中央大学地学系。1949年获英国牛津大学物理学部哲学博士学位，同年回国。历任中国科学院地球物理研究所副研究员、研究员兼中国科技大学研究生院教授、军委气象局与地球物理所合作成立的联合资料中心副主任。中国空间科学学会、中国气象学会理事，中国地球物理学会第三届副理事长。2010年3月在北京逝世。

朱岗昆是中国干旱和农业气象研究的创始人之一，对中国的气候区划及西北干旱地区的改造做出了贡献。他与有关单位合作，在安徽省广德建立气象火箭发射基地，使用液体燃料发射火箭，开始了用火箭测风等试验研究。对地磁与高空物理学领域开展了广泛研究，在宇宙线强度变化、太阳质子事件、日食效应、地球大气、地核发电机理论等方面进行了深入探讨。

先后发表科技论文150多篇，著有《气象卫星的发展及其应用》《人造地球卫星在地球物理中的应用》《指南针和现代地磁学》《大气污染物理学基础》等专著。指导培养了50多名硕士生和博士生。曾获国家科学技术进步奖三等奖、中国科学院科技成果奖一等奖等。

（赵同进）

Wáng Xiànzhāo

王宪钊（1916—1998年） 气象学家。1916年12月生于山东省福山县。1936年考入南开大学物理系，1937年因南开大学被侵华日军炸毁，1938年夏转入西南联合大学地学系学习气象学专业。1941年毕业后，最初受聘为清华大学航空研究所助教，参与气象学佐理工作，后调任中国航空公司气象员，参加援华美军抗日物资运输气象服务工作，即著名的驼峰航行，制作航线天气预报，卓有成效地完成任务。抗日战争胜利后，王宪钊被派赴福建省组建了福建第一个气象台，开展天气预报，特别是台风的预报。后转任广州气象台台长等职。1949年全国解放前夕，王宪钊拒绝国民党政府安排他去台湾和将广州气象台全部人员与仪器设备调运台湾的命令，坚持留在广州保护气象台站的安全，直至全国解放，为新中国气象事业保留了一批宝贵的人才和物资。1998年8月在北京逝世。

新中国建立后，王宪钊先是在汉口中南军区司令部气象处任办公室主任，主持中南地区气象业务技术工作。他积极开展中南地区地面、高空气象台站网的建设及预报工作，先后组建了汉口中心气象台、湖北省气象台和中南各省100多个气象站、16个高空测风站及一个探空站，为中南地区气象事业的发展奠定了基础。1954年长江中下游特大洪水期间，王宪钊组织天气会商，改进天气分析程序，逐日发布雨情简报，为防汛抗洪作出贡献。1954 年年底调中央气象局，先后担任台站处兼计划财务处高级工程师，中央气象局气象科研所预报处处长，中央气象研究所副所长，中央气象台总工程师，中央气象局副总工程师、技术发展办公室主任。他参与制定了一系列气象事业发展规划和计划。20 世纪 80 年代初，参与编制《气象现代化建设发展纲要》（1984—2000 年），为气象事业科学发展作出贡献。他积极组织全国气象台站的建设和管理，推动气象预报业务工作的全面开展，为气象业务技术现代化提出积极建议。

王宪钊是全国政治协商会议第四、五、六届委员会委员，积极参政议政，为天津南开中学的重建复建、为气象事业的发展等建言献策。

（阳世勇）

Xú Ěrhào

徐尔灏（1918—1970 年） 气象学家。1918 年 2 月出生于江苏省江阴，1939 年毕业于国立中央大学地理系。1941—1945 年就职于民国中央气象局，从事天气预报工作。1945 年赴英国伦敦大学帝国理工学院攻读硕士学位，师从著名气象学家布朗特博士。1947 年进入英国皇家科学研究院做科研工作，1948 年在皇家科学研究院攻读博士学位。1948 年秋回国，在中央大学任教。中华人民共和国成立后，先后任南京大学教授、气象系主任，国家科委气象组副组长，中国科学院大气物理研究所学术委员会委员，中国气象学会副理事长和《气象学报》编委、副主编，《气象译报》主编等职。1970 年在南京逝世。

从事基础理论、新技术方法和科学试验研究与实践，主要研究领域可概括为两大方面：一是动力气象、数值天气预报和气象统计科学研究；二是大气物理学科多个专业的科学研究，包括云雾降水物理与人工影响天气研究、大气边界层物理与微气象学研究和大气湍流扩散研究等。20 世纪 50 年代初，他钻研动力气象学，发表了一系列论文，如《论大气中质量散度问题》（1951 年）、《东亚寒潮过程中大气涡度场的研究》（1958 年）等，使其成为当时国内为数不多的动力气象学专家。1959 年他撰写的《十年来我国动力气象学的研究》，就自由大气动力学和大气边界层动力学两个学术领域的研究成果进行了总结，对推动动力气象学研究的迅速发展起到了重要的作用。他将数理统计应用于天气预报、气象资料分析、人工影响天气和大气湍流扩散等的研究中，做出了具有开创性的工作，在《近代统计学在气象学上的应用及前瞻》（1951 年）中就此进行了比较全面的论述，对气象统计学科的建立与发展起到重要影响。50 年代后期他深入大气物理学领域，1959 年在安徽黄山地区组织实施了国内第一个有科学设计的暖云人工降水试验，在《论人工降水随机试验的效果检查问题》（1962 年）中提出了有别于前人的一种新的"随机试验"设计思想。在大气湍流扩散研究方面，指导青年教师在南京玄武湖水面上设点观测近地层水面蒸发与湍流扩散；1964 年在吉林白城地区成功地实施了首次现场大气示踪物大气扩散试验，第一次取得现场扩散资料，总结并建立了一套大气扩散分析模式和方法，对这方面研究工作的开创和发展具有奠基性的意义。

20 世纪 50 年代初，首创了南京大学动力气象学专业。1958 年在南京大学气象系创建了国内第一个大气物理专业，1959 年又建立了雷达气象学科，1962 年创建了"大气湍流科研组"，筹建了高层大气物理专业，提出了大气化学的学科发展方向，推动了南京大学气象学系学科领域的发展。

主要论著还有《基培尔预报方程的物理导法及一些解释》（1954 年）、《微气象学》（1959 年，和吴和赓合译）、《论赫姆霍兹方程的近似数值解》（1960 年）等。

参考书目

钱伟长，孙鸿烈，2011. 20 世纪中国知名科学家学术成就概览［M］. 北京：科学出版社.

（汪勤模）

Gù Zhènchǎo

顾震潮（1920—1976 年） 气象学家，中国数值天气预报事业的奠基人，中国人工影响天气理论研究及大气物理研究的开创者。1920 年 9 月出生于上海。1942 年毕业于中央大学地理系，1945 年毕业于昆明西南联大研究生院，1947 年公费留学瑞典，在斯德哥尔摩大学气象系攻读博士学位。因祖国气象事业的急需，于 1950 年 5 月放弃即将获得的博士学位回国，历任中央气象局和中国科学院地球物理研究所联合天气分析预报中心主任，中国科学院地球物理研究所研究员、气象研究室主任，大气物理研究所所长，中国气象学会常务理事和世界气象组织大气科学委员会委员。曾为第三届全国人民代表大会代表，并被选为主席团成员。1976 年 3 月在北京逝世。

将现代理论物理、实验物理、数学与计算方法、自动控制等许多学科前沿知识，引进到大气科学的多个分支学科的研究中，从而开拓了大气科学多个新的研究领域。20 世纪 50 年代初，在联合天气分析预报中心任职期间，领导建立了国内现代天气预报业务，指导全国天气预报工作，培养了新中国第一代天气预报业务人员，为天气预报业务的发展奠定了基础。他和叶笃正合作，从动力和热力作用两个方面，研究了青藏高原对东亚大气环流和中国天气系统的形成和发展的影响，其研究成果获得了1956年首届国家自然科学奖三等奖。50年代中期，他从事数值天气预报模式和计算方法的研究，论证了数值天气预报中"初值问题"和"历史演变"的等价性，即包含了今天称之为"四维同化"的核心思想。提出在数值天气预报方法中要考虑湍流项和大地形的影响。1958年手算做出了国内第一张数值天气预报图，初步建立了数值天气预报业务。60年代初，他转向大气物理研究新领域，先后开辟了云物理和人工影响天气、雷电物理、大气湍流和大气探测等研究，取得了一些创新性的成果。他主持了云雾降水观测仪器的研制、中国云和降水微结构及宏观特征的研究。他带领筹建高山云雾观测站和飞机观测，开展云和降水物理的理论研究。他和周秀骥等合作首次提出暖云降水形成的起伏理论，得到了国内外云物理界的好评。他在中国科学技术大学建立了国内第一个云物理专业，编写了第一份云物理讲义。他主持并现场组织实施大兴安岭雷击火预测的综合观测试验，加深了对雷暴电学的认识，推进了雷暴预测手段的建立，并由此提出了建立大气射电学的新构思。针对20世纪60年代国际上的核竞赛而带来的核扩散以及工业污染问题，开创了大气湍流和扩散的学科研究，并建立了相应的实验队伍。他大力发展间接探测方法（后来定名为大气遥感和自动化气象观测），倡导新的气象信息探测，如次声、大气射电等，至今仍有现实性的指导意义。60年代他亲临第一线，参与原子弹和导弹试验的气象保障，于1964年和1965年两次荣立个人一等功。

发表学术论文和著作近100篇，主要著作有：《西藏高原对东亚环流的动力影响和它的重要性》（1951年）、《天气数值预报中过去资料的使用问题》（1958年）、《辐射性散落物与气象》（1960年）、《起伏条件下云雾的重力碰并增长》（1962年）、《大气探测的几个问题》（1965年）、《我国雷暴的气候特点》（1978年）、《云雾降水物理基础》（1980年）等。

参考书目

钱伟长，孙鸿烈，2011. 20世纪中国知名科学家学术成就概览 [M]. 北京：科学出版社.

（汪勤模）

Huáng Shìsōng

黄士松（1920年—） 气象学家。1920年10月出生于浙江省金华。1942年毕业于国立中央大学地理系气象学专业，1943年到民国中央研究院气象研究所工作。1945年公费去美国学习，1947年获加利福尼亚大学洛杉矶分校硕士学位，1949年获得博士学位。应新中国召唤，于1951年初回国。以后一直在南京大学气象系任教，历任副教授、教授、系副主任（1961—1978年）、系主任（1978—1983年）。曾担任中国气象学会十九至二十一届理事会副理事长和二十二届理事会名誉理事长、《气象科学》编委会主任、中央气象局科学技术委员会委员、《中国大百科全书·大气科学卷》编委会副主任等职。

专长于天气动力学，长期从事中低纬大气环流及灾害性天气气候方面研究，对大气环流、副热带高压、季风、台风、暴雨、极地海冰对气候影响及长期天气预报等问题都有创造性研究和新的发现，提出了许多新的理论和观点，其成果被广泛采用为天气学、热带气象学、中长期天气预报等教材的教学内容。

在副热带高压活动规律的研究方面，首次指出它的复杂结构、形成发展机制、活动特征及其原因，提出南北半球副热带高压位置、强度年度变化存在同步现象并做出理论解释。该项研究工作曾获1978年全国科学大会奖，1982年国家自然科学奖。在大气环流和东亚季风的研究方面，首次阐明了东亚夏季风的热力学性质及其进退过程的跳跃现象，提出了季风环流非线性变化的特点和太阳辐射强度梯度的经向不均匀分布及其变异是决定大气环流的最基本因子的观点。在暴雨、台风等灾害性天气过程的研究方面，首次比较详细地揭示出江淮气旋发生发展过程、环流背景及其中尺度结构。强调华南前汛期暴雨中的地形和边界层的作用，指出多半为暖区降水，其主要与热带气流和热带天气系统有关。较早地应用了卫星云图资料的诊断预报方法，从理论上指出台风流场和热力场的结构不对称、台风范围大小及所在纬度等都会影响到它的移向和速率。在极地海冰对气候影响的研究方面，从观测研究和数值试验结果中，提出了北极海冰面积异常对大气环流和气候的影响，具有和厄尔尼诺事件同样重要作用的理论观点。

在多年教育工作中贯穿创新意识。20世纪60年代初编写出全国第一本《大气环流讲义》，在全国首先开出大气环流课程。1974年在全国第一次编写出新的《天气分析和天气预报讲义》，曾被国内数所大学和中专学校气象专业采用或部分采用。他讲授过天气学、动力气象学、中长期天气预报、大气环流等课程，为培养中国气象人才做出了贡献，1991年获国务院颁发的为发展中国高等教育事业做出突出贡献的表彰证书。

先后共发表《副热带高压结构及其同大气环流有关问题的研究》(1962年)、《江淮气旋发生发展和暴雨过程及其有关问题的研究》(1976年)、《流场和热力因子对台风运动的影响》(1983年)、《北极海冰对大气环流和气候的影响》(1992年) 等科技论文60余篇。

参考书目

钱伟长, 孙鸿烈, 2011. 20世纪中国知名科学家学术成就概览 [M]. 北京: 科学出版社.

(汪勤模)

Wáng Péngfēi

王鹏飞 (1920—2011年) 气象学家、气象科技史研究学家。1920年12月出生于上海。1945年国立中央大学气象系毕业, 到重庆歌台子气象总台工作, 同年12月调成都凤凰山测候训练班任教员。新中国成立后, 受时任军委气象局局长涂长望的邀请, 参加新中国气象事业创建工作, 历任中央气象局工程师、编译室副主任。1960年参加南京气象学院筹建及大气物理系的创建工作, 历任南京气象学院教授、气象系副主任, 大气物理系主任、名誉主任及《南京气象学院学报》顾问。曾任中国气象学会理事、气象科普工作委员会主任, 是江苏省政治协商会议第四、五届委员、常务委员。2011年3月25日在南京逝世。

王鹏飞作为大气物理学家, 主要研究宏微观云雾降水物理学, 天气导变 (人工影响天气) 学、大气光、声、电学、大气污染学、普通气象学等。著有多种讲义、著作及论文。他作为气象史志研究学家, 1983年与谢义炳等创建气象史志研究会, 任该研究会主任。其所写的大量气象史志论文, 在史学界、气象学界有很高声誉。他一生成果颇丰, 专著众多, 主要有：《祖国的气候》《平流动力理论介绍》《气象学基本原理》《中国古代气候学史》《微观云物理学》等; 译书有：《国际云图》《物理气象学》《云物理学简编》《大气科学概观》等。讲义有：《云雾降水物理学》《气象科学》《大气声学》《大气电学》《高层大气学》《蒸发、凝结和天气现象》《云雾降水物理学》《大气污染学简编》等。辞书方面: 参与《气象名词》(1954年) 编撰, 负责提供高空气象学名词; 是《气象学名词 (俄英中对照试用本)》(1958年)、《大气科学名词》(1988年) 编审委员会委员; 从1960年起一直任《辞海》编委及其气象分科主编;《中国大百科全书·大气科学卷》(1987年)、《中国农业百科全书·农业气象卷》(1986年)、《世界百科名著大辞典·大气科学名著》(1992年) 等的编委及分科主编; 任《气象学词典》(1985年) 副主编及"古代气象学"撰稿人; 为《中华名著要籍精诠》(1994年) 编委及撰稿人、《外国人名辞典》(1988年) 编委, 为《大气科学辞典》(1990年) 特约撰写"中国古代气象学"。发表各种论文计300多篇, 内容涉及多学科、多领域。

《冰雹预报及人工防雹工作》获全国科学大会奖, 1985年荣获南京市劳动模范、1989年获全国气象系统劳动模范称号, 1992年被国务院表彰为发展高等教育事业有突出贡献者, 享受政府特殊津贴。

(赵同进)

Shù Jiāxīn

束家鑫 (1920年—) 又名束涧, 气象学家。1920年出生于安徽省无为县。1945年毕业于浙江大学史地系。曾任民国中央气象局观测员、预报员。1948年9月加入中国人民解放军。历任上海市气象台副台长, 上海市气象局副处长、研究员级高级工程师、局总工程师, 中国气象学会第十九、二十届常务理事, 全国气象科学基金会台风评审组组长, 华东师范大学地理系兼职教授, 上海气象学会名誉理事长, 上海市地球物理学会副理事长, 上海市科普创作协会副理事长。

新中国建立初期, 束家鑫参与组建上海及华东沿海地区气象服务网。20世纪60年代以后, 开创并主持上海地区数值天气预报、云天观测、台风研究等项业务工作, 尤其是对云的天气学研究有独到见解。从20世纪50年代以来, 他就十分热心气象科普事业, 他主编的《十万个为什么——气象分册》和《空气》《雷雨》等, 在全国影响很大; 他是中国气象科教电影的首创者之一, 他参与摄制的气象电影《雨》《台风》等近10部, 其中《台风》一片获第二十七届国际电影节荣誉奖, 《云天奇观》《寒潮》获中国优秀气象影片奖; 他热心于青少年气象科普活动, 积极倡导举办青少年气象夏令营和气象知识竞赛, 得到广泛响应, 上海从1979年起每年都举办气象夏令营, 并经常举办气象知识竞赛, 他支持上海市少年科技指导站建立少年小气象台。因此, 上海市儿童和少年工作协调委员会、市儿童少年活动基金委员会为他颁发了第二届儿童少年工作"白玉兰奖"; 他合作主编的《气象学词典》对传播气象知识、推动气象科学发展产生重要影响。

(赵同进)

Zhū Bàozhēn

朱抱真 (1921—2008年) 气象学家。1921年5月出生于直隶 (今河北) 秦皇岛市。1949年毕业于清华大学气象系。1978年3月国家恢复职称评审制度后首批被评为中国科学院大气物理研究所（简称中科院大气所）研究员。2008年6月1日逝世。

20世纪50年代开展大尺度热源和地形对西风带的定常扰动研究，在世界上首次得出了北半球的热源分布，并提出大地形和热源共同形成定常槽脊的理论。与叶笃正合著《大气环流的若干基本问题》一书，是这一学科被公认的重要著作。在高原气象学中首次确定青藏高原为冷、热源，并提出了高原对东亚大气环流在动力与热力上的重要影响，受到国际气象界的重视。1978年《北半球冬季阻塞形势的研究》获中科院重大科研成果奖；1978年"东亚大气环流的研究"获全国科学大会奖。在数值天气预报的研究中，70年代首次建立了包括地形和非绝热等物理作用的完全初始方程数值模式。1979年他参加由中科院大气所、北京气象中心、北京大学地球物理系建立的联合数值预报室，在原模式的基础上研制出短期数值天气预报业务系统（B模式），后来发展成国家气象局的业务预报模式，为中国现代化数值天气预报业务的建立做出了贡献，获1985年国家科学技术进步奖一等奖。大气所原模式获1981年中科院重大科研成果一等奖。1978年中国科学院研究生院创立，朱抱真长期为研究生讲授"天气动力学"课程和带研究生工作，为培养气象高级人才做出重要贡献。1987年"东亚大气环流"获得国家自然科学一等奖。

（赵同进）

Qiú Yǒngyán

仇永炎（1921—2010年）　气象学家。1921年12月生于江苏省六合县（现南京市六合区）。1947年毕业于清华大学，并留校任助教、讲师。1952年院系调整，随清华大学气象系一起调整到北京大学工作，历任副教授、教授、博士生导师。曾任中国气象学会理事、天气专业委员会副主任。1991年起获国务院颁发政府特殊津贴。2010年9月在北京逝世。

在气象教育方面，20世纪50年代初主持翻译了《气象学教程》和《动力气象学》（俄文），为新中国成立初期的气象教育提供了急需教材，解决了当时气象学教材缺乏的困难。60年代初他领导天气学教学组组织编写了《天气学》教科书；80年代在国内首先开设了"中期天气预报"课程并出版了《中期天气预报》一书，对中国的中期天气预报教育、科研和业务的发展起到了积极的推动作用，为开创中国气象学教育事业与大气科学的发展做出了重要贡献。

在气象研究方面，20世纪50年代初就分析了热带东风波与中纬度西风槽相互作用与华北暴雨的关系。80年代初认识到中期天气预报的重要性，带头研究了东亚寒潮中期预报中的理论与方法，从东半球灾害性寒潮天气入手，研究了东亚寒潮时期大气环流中期变化的物理过程，为编制寒潮中期预报方案奠定了基础。然后又把冬季寒潮中期预报的研究工作思路扩大到了难度较大的夏季大暴雨预报。他与内蒙古自治区等多个省（自治区、直辖市）气象部门合作，研究了华北春季旱涝转折及大暴雨中期预报。寒潮和华北暴雨中期天气预报研究，分别获国家科学技术进步奖三等奖和内蒙古自治区科学技术进步奖二等奖。离休后，继续研究西风槽与台风相互作用、大气环流季节变化和臭氧的全球变化。20世纪90年代出版了《全球臭氧气候图集》，为臭氧研究提供了宝贵的资料。

出版《天气学》《中期天气预报》等专著4部；发表过关于台风、寒潮、中期天气预报等方面的科学论文40余篇。

参考书目

北京大学物理学院大气与海洋科学系，2011. 勤勤恳恳教书育人——纪念著名气象学家仇永炎教授［M］. 北京：气象出版社.

（黄红丽）

Yì Shìmíng

易仕明（1922—2011年）　气象学家。1922年1月出生于四川省灌县。1941年在四川省气象测候所工作，1945年就读于中央大学气象系，肄业后在民国中央气象局任观测员（技佐）。1949年新中国成立后入伍，在华东军区气象处任见习参谋（正排）、主任教员；1954调中央气象局，任台站管理处工程师、气象科学研究所工程师、观象台副总工程师；1972年调云南大学为气象专业负责人；1975年调回中央气象局任副总工程师。曾任世界气象组织仪器和观测方法委员会委员。为正研级高级工程师、享受国务院政府特殊津贴。2011年6月9日在北京逝世。

长期从事气象观测技术开发和组织管理工作。他担任《地面气象观测规范》编写组顾问并做了大量工作，为气象观测的规范化做出重要贡献。他著有《气象仪器及使用》等专著，对雾、霾、浮尘、烟幕如何分辨进行研究和讨论，为天气现象的辨别提供了理论和实践结合的依据。他发表了《全球卫星定位系统（GPS）的无线电探空仪测风》《一种新的GPS无线电探空测风系统》《现代气象观测工作及仪器介绍》《日照时数的定义及其测量仪器》等论文。世界气象组织（WMO）仪器和观测方法委员会委员第八届（1981 年）会议上，根据他的研究成果，对日照的定义作了修改，并作出观测仪器也需作相应变更的决定。他对看云和分析云的方法、对流云发生源地等进行探索，为早期的气象观测提供支持。他是中国首批进行人工影响天气的试验者之一，1958 年参加人工增雨、防雹试验研究，作为第一作者在《气象学报》发表了用超声速系统产生冰晶的试验及测定的文章。与有关研究人员成功研制出用压缩空气代替干冰碘化银进行人工影响云雾。负责编写《人工消冷雾方法介绍》。组织翻译并总校世界气象组织《气象仪器和观测方法指南》第五版、第六版。

(阳世勇)

Zhāng Yān

章淹（1925 年—） 气象学家。1925 年 1 月出生于浙江省上虞县（现绍兴市上虞区）。1947 年毕业于清华大学气象系，后进入华北观象台工作。新中国成立后，先后在中央气象台、中国气象科学研究院、北京气象学院从事气象业务、科研、教育工作；曾任研究员、教授；担任北京气象学院学术委员会主任，中国科学技术协会全国委员会委员，北京市科学技术协会常委，中国气象学会常务理事兼天气专业委员会主任，中国水利学会理事兼水文气象学委员会第一、二届主任，北京市气象学会第十三至十五届理事长，北京市减灾协会第一届副会长，长江三峡防洪专家，国际动力气象学会中尺度（精细）气象委员会委员，被世界银行聘为援建水库安全委员会委员，中美、中丹（麦）合作长江流域（三峡）暴雨研究中方负责人，北京市第八、九、十届人民代表大会代表等。

在暴雨预报、中尺度天气、梅雨预报和教学、科研工作中做出了重要贡献。在重大气象保障服务中，特别是 1949 年开国大典的气象保障服务中，她做出了准确的天气预报，保证了国庆阅兵和游行活动顺利进行。在长期的暴雨理论与应用研究与教学中，取得了中国梅雨、长江三峡致洪暴雨、中尺度灾害天气、南水北调水资源与旱涝变化、海洋与大气相互作用等研究成果，有 14 项成果分别获国家、省或部委级奖。其中"长江流域暴雨及预报"获 1985 年国家科学技术进步奖三等奖，"暴雨预报"获国家气象局 1992 年科学技术进步奖（推广）二等奖，"首都自然灾害综合研究"获北京市 1994 年科学技术进步奖二等奖，"台风、暴雨预报警报研究"获国家计委、科委、财政部重大科技成果奖及 1996 年中国科学院科学技术进步奖一等奖等。

著有《中尺度暴雨分析和预报》《长江三峡致洪暴雨和洪水中的长期预报》等专著 3 部，编著论文集 9 册，在国内外发表论文 150 余篇。先后获得全国三八红旗手（1979 年）、北京市先进教师（1987 年）、全国气象部门劳动模范（1989 年）、全国高等学校先进科技工作者（1990 年）、北京市劳动模范等荣誉称号（1995 年）。

(阳世勇)

Liào Dòngxián

廖洞贤（1926 年—） 气象学家。四川省简阳人。1951 年毕业于清华大学气象系。历任中央气象台预报员、中央气象局气象科学研究所数值预报组组长、气象科学研究院数值预报室主任、北京气象中心研究员。为博士生导师。曾任世界气象组织天气专业委员会委员、《气象学报》主任委员。是全国先进气象工作者、国家级有突出贡献者、国务院政府特殊津贴获得者。兼任北京大学和南京气象学院教授。1996 年受邀去加拿大海洋研究所讲学。

廖洞贤是中国早期数值天气预报工作者之一，著名的数值天气预报专家。1955 年首次在国内用图解法两层模式进行 500 hPa 形势数值预报试验，预报出导致大规模寒潮的天气形势的演变特征。1962 年主持完成了北半球 48 小时 500 hPa 正压预报研究。

发表有关动力气象、数值预报和天气学的论文 60 余篇。著有《数值天气预报原理及其应用》《大气数值模式的设计》《模式设计、数值试验、数值模拟和有关的研究》等专著。

(黄红丽)

Zhāng Jiāchéng

张家诚（1927 年—） 气象学家。1927 年 7 月出生于湖南省溆浦县。1951 年毕业于清华大学气象系。1958 年获苏联列宁格勒水文气象学院地理学副博士学位。历任中央气象台预报科副科长，中央气象局气象科学研究院天气气候研究所所长、研究员，国家气象局气象科学研究院第一副院长，中国气象学会第十九至二十一届理事，世界气象组织气候专业委员会委员等职务。

主要从事长期天气预报和气候变迁的研究。他长期活跃在气象科研战线，主动提出多项全国性研究课题，获得过两次全国奖与多次部、局级奖。1973 年他与王绍武合作开展全国旱涝变迁研究，获得 1978 年全国科学大会奖，其主要成果《中国近五百年旱涝分布图集》在国内外广泛应用。他主持完成的中国历史气候普迁规律的研究，1982 年获国家自然科学奖四等奖，并主持编写了中国第一部气候变化专著《气候变化及其原因》。1980年张家诚和林之光合作，于1985年出版了新的《中国气候》，是中国气候方面的权威之作。20世纪80年代张家诚等根据气候区划组织了"全国与区域气候研究"，其成果写成了中国第一部十卷本的《中国气候丛书》，他是丛书的主持人与总论卷的执笔人之一。

张家诚是气象科技界的高产作者，主要著作还有：《大型天气过程分析的几个问题》（1961年）、《长期天气预报方法论概要》（1981年）、《季风》（1984年）、《气候与人类》（1988年）、《我们赖以生存的气候资源》（1998年）、《气候变化四问》（1999年）、《再见厄尔尼诺》（1999年）、《季风与水》（2010年）等。其主编和参加编写的著作还有《气候变迁及其原因》（1976年）、《中国气候总论》（1991年）、《中国自然资源丛书·气候卷》（1995年）、《中国气象洪涝海洋灾害》（1998年）等30余部。

重视气象科普工作。20世纪90年代他在报刊上发表气象科普文章共150余篇，获得全国科普创作一、二等奖。

（黄红丽）

Dù Xíngyuǎn

杜行远（1931年—） 气象学家。河南省开封人。1953年毕业于清华大学气象系（1952年并入北京大学大气物理系），后到中央气象台做天气预报工作。1954—1955年经北京俄语学院培训后选送到苏联列宁格勒水文气象学院学习，1959年获数理副博士学位，后回国从事天气预报研究工作。历任中央气象局气象科学研究院天气气候研究所副所长、研究员，1980年赴欧洲数值预报中心学习，后派往世界气象组织任高级官员。

长期从事天气预报特别是数值天气预报研究工作，具有坚实的理论基础和丰富的实践经验，在数值天气预报客观分析、计算方法等工作中做出显著成绩，特别是在地形作用、斜压模式、计算方法、非线性正交波型初值化、大气波等方面的研究中获得重要成果。发表过《数值天气预报简介》《美国客观分析新方法》《高原地形对气压变化的影响》《温度平流在锋生和气旋波发展上的作用》《赤道地区大气波动的理论分析》等多篇论文，编著的《短期天气预报新方法及问题》一书在气象科研、教学中得到广泛应用。与他人合著的论文有《正压预报模式的一个新型计算方案》《东风切变对赤道地区大气波动的影响》《向量场的经验正交展开及其应用》《关于一些天气预报方程的定解问题》《使用多时刻观测资料制作数值预报方法》《数值天气预报浅谈》等。与丑纪范合著《大气科学中数学方法的应用》。

在学术上有较高的造诣，掌握数值天气预报的发展方向，积极组织、指导初中级技术人员开展科研工作，在气象科研成果鉴定和开展国内外学术交流中做出了贡献。在1978年全国科技大会获"全国先进科技工作者"称号。

（阳世勇）

Zhāng Péichāng

张培昌（1932年—） 气象学家，大气物理与大气探测专家。1932年8月出生于上海市，祖籍无锡。1962年毕业于北京大学地球物理系，到南京气象学院（现南京信息工程大学）从事教育与研究工作。历任物理教研室副主任，大气物理教研室主任，大气物理系副主任，南京气象学院副院长、院长、党委书记等职，为教授、硕士生导师。曾任江苏省第六、七届省人大代表，中国气象学会理事，中国灾害防御协会理事，南京地区新一代天气雷达开发应用开放实验室技术委员会主任，《自然灾害学报》编委、《南京气象学院学报》编委等。1992年享受国务院政府特殊津贴，同年获国家级有突出贡献的专家称号。被江苏省教育委员会评为优秀研究生导师（1993年）、优秀学科带头人（1996年）。

张培昌长期从事大气物理与大气探测方面的教学与研究，创建了中国第一个大气探测专业。先后讲授气象观测，普通物理，热力学，流体力学，气象学，雷达气象学，大气探测基础，大气微波遥感基础等本科与研究生课程。主持和主要参加的"七五""八五"国家重大科技攻关项目有："天气雷达资料的收集和预处理方法的研究"，"雷达定量估算降水强度和区域降水量监测技术的研究"和"台风暴雨灾害性天气监测预重大科报技术研究"，分别获得江苏省重大科技成果三等奖、中国气象局气象科技成果二等奖和国家重大科技成果二等奖。其内容包括全面系统地研究了利用天气雷达估测降水强度分布与区域降水量的原理、方法与技术，建成国内第一个数字化天气雷达定量估测区域降水的系统。设计了多部天气雷达回波拼图和数据压缩的方法，在国内率先实现南京、上海、盐城三市天气雷达回波的自动拼图，扩大了使用天气雷达探测降水区域的范围，可以更有效地追踪和预警灾害性天气降水系统的移动与演变，为以后进一步扩大拼图范围、提高拼图质量及业务化应用奠定了基础。主持和主要参加4项国家自然科学基金课题，在雷达气象基础理论方面，深入研究了小椭球形云和降水粒子的微波散射特性和衰减特性，首次建立了适用于小旋转椭球粒子群的单偏振、双偏振和双基地双偏振等多组新的雷达气象方程；并从理论上求解出几种非均质轴对称粒子对电磁波散射的精确解，计算出一些与雷达气象以及微波大气工程技术有关的重要物理参数。其中"非均匀轴对称形状气象粒子电磁散射理论研究（含实验）"获中国气象局气象科学奖三等奖。

在国内外学术期刊和学术会议上共发表学术论文70余篇，其中在《气象学报》2012年70卷第4期发表的《双/多基地天气雷达探测小椭球粒子群的雷达气象方程》被评选为当年中国精品科技期刊顶尖学术论文，即F5000论文。编著出版研究生教材《大气微波遥感基础》、国家本科重点教材《雷达气象学》（获气象系统优秀教材二等奖），合编出版《雷达气候学》，合译出版《大气科学概观》等著作。

（黄红丽）

Wáng Shàowǔ

王绍武（1932—2015年） 气象学家。1932年11月出生，河北省束鹿县（今辛集）人。1954年毕业于北京大学物理系气象专业，留校工作，历任北京大学讲师、副教授、教授、气象教研室主任、博士生导师。曾任中国气象学会常务理事、《气象学报》副主编、联合国环境署世界气候影响规划科学顾问委员会委员、中国国家气候委员会副主任、联合国政府间气候变化专门委员会（IPCC）评估报告主要作者。2015年1月在北京逝世。

长期从事气候形成、变迁和预测研究，研究的重点为古气候、气候诊断、气候预测及气候变化领域，并在厄尔尼诺现象与中国气候的关系方面颇有成就。1956年在《气象学报》上发表学术生涯第一篇气候研究论文。二十世纪七八十年代，编制《中国五百年旱涝分布图集》，收集整理中国五百年来的旱涝图集史料；开展韵律研究并应用到中国气候预测中，研究太阳黑子与气候的关系，尝试做10年时间尺度的气候预测；分析海洋、冰雪等与大气韵律的关系，进而开展灾害性天气长期预报。20世纪90年代之后，他参加国家"九五"攻关项目"中国短期气候预测系统研究"、主持国家自然科学基金重点项目"20世纪中国与全球气候变率"、国家"973"计划项目"重大气候灾害机理研究"等，研究内容涉及气候变化事实、机理、预测和评估，以及人类活动、太阳活动、火山活动等因子的贡献分析。根据代用资料系统重建了中国和北半球近百年、千年以及全新世气温和降水，其中中国百年和千年气温序列成为国际气候研究中关于中国气温变化的重要代表性序列之一；指导学生在国际学术刊物上最早明确提出"南方涛动"的概念。2009年完成中国1880—2007年季平均温度及降水量百分比距平图集，该资料为国内外学者广泛使用。

指导硕士研究生、博士生及博士后30余名，主持撰写了《气象站天气预报基础》，并多次到气象台站讲学和举办短期训练班，积极推动理论研究与实际应用的结合。发表科学论文数百篇，还编著《长期天气预报基础》《中国季平均温度及降水量百分比距平图集（1880—2007）》《现代气候学概论》《现代气候学研究进展》"Climate of China"《全新世气候变化》和《全球变暖的科学》等专著10余部。他参与的《中国五百年旱涝分布图集》获得全国科学大会奖状、"中国长期天气过程机理与气候变化研究"获国家教委科学技术进步奖二等奖、2003年参与的"中国短期气候预测系统研究"获国家科学技术进步奖一等奖、"过去2000年中国气候变化研究"获国家自然科学奖二等奖。

（黄红丽）

Zhū Qiángēn

朱乾根（1934—2004年） 气象学家。1934年5月生于江苏姜堰，1951年于浙江大学地理系学习，1952年转入南京大学气象系学习，1955年毕业于南京大学气象系。毕业后任中央气象局中央气象台预报员、领班预报员；1960年调任南京气象学院（现南京信息工程大学），历任南京气象学院副教授、教授、博士生导师，气象系副主任，学院副院长、院长、党委书记。是国家级有突出贡献中青年专家、南京市劳动模范、全国优秀教师，享受国务院特殊津贴。是1993—1998年江苏省人大代表，中国气象学会理事、常务理事，中国气象局气候评议咨询委员会委员，中国科学院大气物理研究所顾问委员会委员，中美季风合作研究中方科学顾问，兼季风科学研究协作技术组副组长等。2004年8月在南京逝世。

主要从事南京气象学院的管理、教学和科学研究工作。教学期间，讲授天气学、热带气象、近代天气动力学进展等十多门本科生、研究生课程。组织并作为第一作者出版的《天气学原理和方法》，获国家级高等院校优秀教学成果一等奖（1997年），至今仍为气象类专业的主要教材。科研方面，他学术思想活跃。1972年应邀参加安徽省气象局主持的暴雨中尺度系统研究，他首次发现了与中国暴雨紧密联系的低空急流；1978年他主持的"低空急流与暴雨"和"江淮梅雨期暴雨的研究"分别获得全国科学大会奖，成为中国暴雨研究著名专家之一。1983年工作重点转入亚洲季风的研究。1985年在美国旧金山召开的第二次中美季风学术讨论会上，他首次提出了东亚夏季风可以划分为南海—西太平洋热带季风、中国东部大陆—日本副热带季风的观点，受到与会者的重视，现在已为广大气象工作者所接受。他对东亚冬季风进行了不懈的探讨，成为中国最早进行冬季风研究的学者之一。他生病后还推导出正斜压涡度拟能和正斜压散度拟能方程，发表两篇论文。

发表学术论文 160 多篇，出版专著 3 本，即《天气学原理与方法》《华南前汛期暴雨》（合著）和《东亚季风》（主要作者）。曾获得江苏省和气象部门的多次奖励。

参考文献

矫梅燕，张明华，智协飞，等，2014. 朱乾根纪念文集 [M]. 北京：气象出版社.

（黄红丽）

气象工作先进人物

Suí Jīntáng

隋金堂（1941—1981 年） 优秀共产党员、革命烈士。1941 年 1 月出生于吉林省德惠县（现德惠市）。1962 年毕业于吉林农校，先后在扶余、德惠县气象站工作 10 余年。1977 年 5 月到吉林天池气象站工作，1978 年 10 月入党。1979 年两年轮换期满，因工作需要继续留在天池气象站工作，后任副站长、党支部书记。

热爱本职工作，以党的利益为重，严格要求自己，处处以身作则。他主动参加值班，带头参加劳动。1980 年编写了《地面气象观测规范》教材，帮助站里的新同志学习气象观测业务技术。他组织开展对全站职工进行荣誉教育、艰苦奋斗教育，经常找职工谈心，做思想政治工作，帮助职工解决实际困难，鼓励大家在艰苦环境中坚定信心、积极工作。他制定了全站的作息制度，带领职工开展文体活动。为了扎根天池气象站，他说服亲友，动员家属于 1980 年 3 月从德惠县迁到长白山下安家。

1981 年 1 月 21 日隋金堂在带领全站人员寻找一份被大风刮走的日照自记记录时，为抢救滑下深谷的两名同志，不幸以身殉职，年仅 40 岁。1981 年 1 月 26 日中共安图县委授予他优秀共产党员称号，举行了隆重的追悼大会。吉林省人民政府批准隋金堂为烈士。中共安图县委、延边州委、吉林省委先后发出向优秀共产党员隋金堂学习的通知。中央气象局《气象工作情况》（1981 年第 13 期）以《一个具有社会主义精神文明的人》为题，报道了隋金堂的先进事迹。同年 9 月 17 日，中央气象局向全国气象部门发出向隋金堂学习的通知。

（李德善）

Tián Zhìfā

田志发（1944—1981 年） 优秀共产党员。1944 年 1 月出生于辽宁省宽甸县。1965 年入党，1966 年参加工作，先后任宽甸县二密公社团委书记、革委会副主任，1975 年 8 月调县气象站工作。

为改善气象站面貌，提高工作质量，他一手抓基建，一手抓业务，带领全站搞预报会战，学习人工防霜技术，为县域农业发展做出很大贡献，多次受到嘉奖，连续两年被评为省气象系统和通化县委先进工作者、好党员。1977 年 7 月在全区巡回检查中病痛发作，经检查确诊为骨癌。在截去右下肢的情况下，他仍坚持争分夺秒地工作，经常吃住在办公室，拄着双拐下乡查看农情，在防霜工作上做出了突出成绩。1980 年 8 月，他预感自己的生命已为时不多，向党和同志们写下了告别书，把站领导班子成员请到家里开站务会，对通化县气象站未来发展提出合理化建议；并郑重向县领导、上级气象部门领导表示：死后一切从简，不买花圈，不开追悼会，节省开支，少浪费同志们的工作时间。

田志发同志逝世后，中共通化县委授予他"优秀共产党员"称号。吉林省气象局和中央气象局在 1981 年 3 月和 9 月分别发出通知，号召全省、全国气象部门干部职工向田志发学习。中央气象局《气象工作情况》（1981 年 13 期）以《身残志更坚，拼命干革命》为题，报道了田志发的先进事迹。

（李德善）

Jīn Lónghào

金龙浩（1928—1981 年） 优秀共产党员、模范干部。1928 年 5 月出生于吉林省龙井市。1947 年 5 月参加革命，1948 年加入中国共产党。1964 年以前在公安战线工作，先后担任侦查员、海外侦查员、延边朝鲜族自治州公安处政保科科长等职。1964 年 5 月调延边朝鲜族自治州气象台任副台长、政治处主任等职，1978 年 11 月任延边朝鲜族自治州气象局副局长。1981 年 12 月 17 日因患癌症病逝。临终前，他再三要求把遗体献给医学研究事业。

"文革"期间，金龙浩因抵制左倾错误而蒙冤，被关进监狱，身心受到严重摧残。在极度艰难的情况下，他对党仍然坚信不疑，并教育子女不要因为眼前的不幸对祖国、对党、对社会主义产生怀疑和动摇。1978 年金龙浩的冤案得到平反。他不顾身体病残，一心抓紧时间为党多做工作，平反第二天就上班。他抱病走遍了延边12个气象台站，在冰封雪锁长白山的季节，毅然登上山顶看望天池气象站的职工，及时解决那里的问题。全州200多名职工，他走访了180多家，把党的温暖送到职工家中。他胸怀宽阔，不计较个人恩怨，正确对待在运动中犯过错误的同志。他体谅国家困难，自觉为国分忧，涨工资他不要，受迫害期间自己花的上千元医药费，也不要国家报销。病重期间依然惦记党的工作。

先后被评为北京政法学院优秀学员、延边朝鲜族自治州直属机关优秀共产党员、州模范干部。1982年3月，中共延边州委发出《关于向优秀共产党员、模范干部金龙浩同志学习的决定》。中共吉林省委发出通知，号召全省党员干部向优秀共产党员金龙浩学习。4月中央气象局党组做出《关于在全国气象部门开展学习金龙浩同志的决定》。《延边日报》《吉林日报》《工人日报》《人民日报》等，先后报道了金龙浩的先进事迹。

（李德善）

Léi Yǔshùn

雷雨顺（1935—1983年） 优秀共产党员、气象学家。1935年2月出生于陕西省铜川市。1955年考入北京大学物理系气象专业，毕业后考上该校研究生，从事大气环流研究，1965年分配到中央气象局工作，先后任中央气象局气象科学研究院天气气候研究所天气研究室副主任、副研究员，1983年2月16日在北京病逝。

酷爱气象科研事业，即使在十年动乱期间，他和同事一起完成了《气象与军事》和《英汉气象学词典》的编写工作，翻译了《大气环流系统》一书。他查阅了俄、英、日、德、法等国的专业文献，分析了国内外大量资料，撰写了具有中国特色的《冰雹概论》（1978年），为冰雹等灾害性天气预报的理论及方法做出了可贵贡献。1975年8月河南特大暴雨后，他和其他两位同志组成课题组，从大气蕴藏的总能量与大气不稳定理论入手探索暴雨预报的新方法。经过几年的艰苦探索，系统地研制出一种新的预报方法——能量天气分析及预报方法。该方法提高了暴雨、冰雹预报的准确率，受到广大基层气象台站的欢迎，并获得1978年全国科学大会奖和国家农业委员会、国家科学技术委员会农业科技成果推广奖。雷雨顺坚持理论联系实际，将科研工作与气象业务需求紧密联系在一起，具有高尚的科研道德；他视时间为生命，全身心地投入到气象事业上，甚至重病住院期间，仍想着工作和事业，病情稍有好转，便投入到气象科研工作中。

雷雨顺的先进事迹被列入中央领导纪念马克思逝世100周年讲话和全国人大六届一次大会政府报告中。时任中央军委副主席聂荣臻将军、时任国务院副总理张爱萍将军分别题词，号召学习雷雨顺同志为祖国气象事业献身的精神，攀登科学高峰。新华社、《人民日报》《光明日报》、中央人民广播电台等各大媒体和多家省级媒体对雷雨顺的先进事迹进行了广泛宣传。1983年1月，被国家气象局表彰为优秀共产党员，并决定在全国气象部门开展学习雷雨顺活动。2008年6月中国气象局党组再次做出决定在全国气象部门开展学习雷雨顺活动。

（李德善）

Qín Guózhèn

覃国振（1939年—） 优秀共产党员、劳动模范。1939年出生于广西壮族自治区容县。1940年随父母去泰国生活，1955年归国。1966年毕业于南京气象学院（现南京信息工程大学），1968年分配到湖南省汨罗县气象站工作，历任汨罗县气象站副站长，汨罗市气象局第一副局长、局长，1999年从岳阳市气象局退休。

长期在基层气象站从事气象观测和天气预报工作，通过分析历史天气图、上级发来的气象资料，再结合汨罗本地的气温、气压变化情况，经过反复研究、分析，提高了预测灾害性天气的能力。除平时收集整理各地气象资料外，他还虚心向当地老农请教气象谚语，结合两者进行气象分析预测。他悉心钻研，研制了水碓式遥测雨量计，获得湖南省1978年科学大会科技成果奖。他1983年身患癌症后，仍坚守岗位，积极工作，在平凡的岗位上做出了突出成绩。

先后10余次获得湖南省气象局、岳阳市、汨罗县授予的全省灾害性天气预报优质奖、先进工作者、优秀共产党员等奖励或荣誉称号，被湖南省政府授予劳动模范称号，1986年被中华全国总工会授予五一劳动奖章，被中共湖南省委授予省优秀共产党员称号，被湖南省科委评为省优秀科技工作者并记特等功一次。1986年1月国家气象局向全国气象部门发出通知予以通报表扬，并号召气象人员向覃国振学习。1987年他当选为中共十三大代表。1999年被评为新中国成立60周年"汨罗市最具影响十大人物"。

（李德善）

Chén Sùhuá

陈素华（1946年—） 全国三八红旗手、全国气象系统模范工作者。1946年12月出生于四川省成都市。1964年毕业于成都气象学校，分配到商洛地区气象局工作，先后担任报务员、填图员、观测员、资料员、政工科长，1978年加入中国共产党，在陕西省商洛山区工作30年，退休前系陕西省大气探测技术保障中心干部。

陈素华把共产主义崇高理想与社会主义坚定信念作为自己奋斗进取的强大动力，凭着对党、对人民、对祖国的赤诚之心，长期扎根贫困山区，在平凡的岗位上无私奉献，无论做什么工作都严格要求，精益求精，出色完成了各项任务。1978年后患美尼尔氏综合征、贫血、颈椎骨增生等多种疾病，她顽强地同疾病做斗争，一直坚持工作。1988年患直肠癌后仍以惊人的毅力与死神抗争，手术出院后，只休息了10天就上班，忍受着极大的痛苦拼命工作。

先后受到国家、省、地的表彰奖励30余次，曾荣获"商洛地区模范共产党员""陕西省优秀思想政治工作者""陕西省学雷锋标兵"等荣誉称号，获得"全国五一劳动奖章""全国三八红旗手"等表彰。1991年6月国家气象局、人事部授予其"全国气象系统模范工作者"称号，国家气象局在全国气象系统开展了向陈素华学习活动。

（李德善）

Chén Jīnshuǐ

陈金水（1934年—） 全国优秀共产党员、模范气象工作者。1934年10月出生于浙江省临安县（现临安市）。1956年从北京气象学校毕业时，响应党的号召，主动递交了去西藏工作的血书，为西藏气象事业的发展奋斗了33个春秋。曾先后担任观测员、气象站站长、气象台台长、气象台党委书记等职。

在西藏泽当县气象站，陈金水一边与叛匪战斗，一边冒着生命危险坚持气象观测。1965年他仅带着一顶帐篷到达藏北，克服了常人难以想象的艰难困苦，在人称"生命禁区"的高原建起了世界上海拔最高的气象站——安多气象站，并且一干就是15年。在那里，气温常达零下20多摄氏度，狂风吹得人站立不稳，但陈金水从没有漏过一次记录。一丝不苟的工作态度使他成为西藏气象部门第一个获得"百班无错情"的观测员。在西藏期间，他很少休假、探亲。在安多，陈金水与妻子在帐篷里一住就是7年，新职工分来后，他把帐篷让给新职工，夫妻俩住进地窖。1980年因疾病缠身，组织上将他内调回浙江。在年过50岁之后，为了西藏气象事业的发展，他又毅然两次重返世界屋脊。第三次进藏时，已58岁。

先后获得西藏自治区先进工作者、全国民族团结进步先进个人、杭州市特等劳动模范、浙江省"党的好干部"、浙江省"优秀共产党员"和"全国优秀共产党员"等荣誉称号，被人事部、中国气象局表彰为全国气象系统先进工作者。1996年4月中国气象局党组做出《关于开展向陈金水同志学习的决定》；同年5月中国气象局授予陈金水"模范气象工作者"称号。新华社、中国气象报社曾以《唐古拉山上的风云赤子》对陈金水的先进事迹进行报道。

（李德善）

Dǒng Lìqīng

董立清（1942—2002年） 杰出专业技术人才、气象学家。1942年出生于江苏省丰县。1967年南京气象学院（现南京信息工程大学）毕业后分配到中央气象台工作，历任预报员、主任工程师、正研级高级工程师、首席预报员等。2002年12月28日在北京病逝。

一直辛勤耕耘在天气预报服务第一线。他刻苦钻研技术，认真总结经验，不断创新，成为一名经验丰富、技术精湛的天气预报技术专家。他率领团队在多次重大关键性天气预报服务中，做出准确及时的天气预报，取得了显著的经济社会效益。1998年长江流域发生历史上罕见的特大洪涝灾害，董立清作为中央气象台技术总把关，自始至终工作在预报一线，组织了一次又一次的天气会商，严密监视天气变化，他的准确预报为几万人安全撤离赢得了时间，受到了上级表彰。1999年新中国成立50周年庆典举世瞩目，董立清对6次大规模阅兵合练、5次群众游行合练以及10月1日的天气都做出了准确及时的预报，受到中央首长及阅兵指挥部的表彰。

董立清把多年的预报经验上升到理论，对雷暴、冰雹、干旱、暴雨、台风等灾害性天气进行了探讨和总结，发表论文数十篇。他主要参与撰写的《1981—1984年4次大暴雨过程短期预报成功》，获国家科学技术进步奖一等奖。因在中期数值天气预报业务系统建设中做出重要贡献，1994年获国家气象中心记功一次。2002年7月被中组部、中宣部、人事部、科学技术部授予"杰出专业技术人才"称号，并受到胡锦涛等党和国家领导人的亲切接见。2002年8月中国气象局党组做出《关于开展向杰出专业技术人才董立清同志学习的决定》。

（李德善）

Cuī Guǎng

崔广（1948年—） 优秀共产党员、模范气象工作者。1948年12月出生于辽宁省阜蒙县，1968年9月参加工作，历任辽宁省阜新县气象局预报员，阜新市气象局副局长、局长，辽宁省气象局副巡视员等职，高级工程师。

多年埋头苦干,热心为"三农"服务,足迹踏遍阜新所有的乡镇。为缓解干旱少雨的境况,他创造性地制定了符合阜新实际的科学人工增雨作业的思路,连续工作在抗旱增雨第一线。他努力开发当地气候资源,在认真调研的基础上,提出了"春墒秋保,夏旱春防,用底墒种地"的种粮对策,提高了粮食产量。为摸准阜新风力资源,他风餐露宿,不辞辛苦,几乎跑遍了阜新的每一座山头,行程8000多千米,为风电项目落户阜新做出了突出贡献。他严于律己,身先士卒,廉洁奉公,把全部精力都奉献给了气象事业和他热爱的家乡。

两次被阜新市委、市政府授予优秀专家称号,多次被中国气象局、辽宁省委和省政府表彰为抗洪救灾先进个人、抗洪救灾先进工作者、全国重大气象服务先进个人。2003年6月被中共阜新市委授予"阜新市优秀共产党员"称号。先后获得阜新市"劳动模范""特等劳动模范"称号。2006年7月被中共辽宁省委授予"优秀共产党员"称号。2007年1月中共阜新市委做出了《关于开展向优秀党员领导干部崔广同志学习的决定》,并隆重召开了崔广先进事迹报告会。2007年9月中国气象局召开表彰会,授予崔广"模范气象工作者"称号,并召开了先进事迹报告会,在全国气象部门开展学习崔广、当好人民公仆活动。

(李德善)

附录
气象事业发展大事记（1841—2014 年）

1841 年   1 月，俄国教会在北京开始进行系统的气象观测。每天观测 9 次，观测的气象要素有气压、气温、绝对湿度、比湿、风向、降水、天空状况等。这是中国近代最早正式、连续进行气象观测的起始记录。

1849 年   俄国东正教会在教堂附近（今北京东交民巷）正式建立"地磁气象台"，气象观测场正式迁入新址（39°57′N，116°28′E，海拔高度 37.5 m），由俄国中央科学院任命斯开旭高（Skatschkow）为地磁气象台第一任台长。从 1851 年开始为昼夜每小时观测 1 次。

1865 年   12 月，巴黎耶稣会派刘德耀（Henri Le Lec）神父到上海任董家渡修道院科学教授。刘德耀来华时携带部分气象仪器，12 月 1 日开始在董家渡进行气压、气温、湿度、降水、风及天气现象等气象要素观测，直至 1872 年 12 月。

1867 年   北京地磁气象台脱离教会，直属圣彼得堡科学院，俄国著名科学家傅烈旭（H. Fritsche）任台长。1883 年由教士弗来文（Flavin）代理台长。此后气象观测时断时续，记录很不完整，至 1914 年停止观测。

1868 年   上海江南制造总局设立翻译馆，清末科学家华蘅芳（1833—1902 年）与德国人金楷理（Carl T Kreyer）合作翻译出版了《测候丛谈》和《御风要术》。

1869 年   11 月，汉口海关（原称江汉关）开始气象观测，观测项目有 24 小时风向、风力、气压、日最高和最低气温、降水时数和降水量、天气现象以及长江中午水位及 24 小时涨落。

12 月，清海关总税务司赫德（Rober't Hart，北爱尔兰人）颁发《总税务司通札第 28 号》，详述观测气象的重要性，决定在海关设置气象站。之后，相继在中国沿海重要口岸、岛屿灯塔及长江沿岸、边关商埠城镇建立气象观测站 70 多处，其中观测记录 30 年以上的有 46 处。

1872 年   8 月，天主教江南教区主教法国人郎怀仁（Languillat）与耶稣会江南传教会会长谷振声（A. Della Corte）决定在徐家汇建立观象台（亦称徐家汇天文台）。由高龙磐（Augustinus Colombel）主持于 12 月 1 日在徐家汇天主堂教士住所东侧平台开始气象观测，开启了上海地区连续 140 余年气象观测记录。徐家汇观象台属全球第一批开展气象工作的机构之一。

1873 年   2 月，天主教江南教区选定我国明代科学家徐光启故里遗址（徐家汇肇嘉浜西岸）动工兴建观象台。7 月观象台落成。8 月开始气象观测，同时开始印发《气象记录月报》。徐家汇观象台先后建成上海外滩信号台（1884 年）、佘山天文台（1901 年）、菉葭浜地磁台（1908 年建立，1933 年迁至佘山）3 个附属台，成为远东重要的集气象、地球物理、天文为一体的综合性观象台站之一。

1875 年   由英国人傅兰雅（John Fryer）口译、华蘅芳笔述，在上海时务报馆石印出版英国人白尔特（Bowater）撰《气学丛谈》，此书分上下两卷。上卷论述水银风雨表和寒暑表仪器制作的沿革、方法、构造原理（附有简单示意图）及使用上的利弊；下册介绍空盒风雨表的构造、制作方法、观测原理以及测高计算等知识。此书是中国最早专门介绍气象仪器的书籍之一。

1876 年   1876—1878 年中国持续 3 年发生大范围干旱，史称"光绪大旱"。主旱区出现在山西、河南和陕西，旱区广及 13 个省份。干旱最严重的 1877 年黄河中游和陕西南部连续无透雨日数超过 200 天，最长达 340 天。一些地方出现河、湖、泉干涸，如汾河、汉水可涉步而行。

1879 年   徐家汇观象台首次较准确做出台风预报。

1881 年   葡萄牙澳门港务局在海军总部附近设立气象观测场，定时进行气象观测。1900 年气象观测场迁到澳门主教山上，正式设立观测站，改属海军军务处管理。1904 年观测场迁往澳门东望洋山山顶医院旁的山丘上，其气象观测一直延续到 1952 年澳门气象台成立。

1883 年   年初，英国政府任命天文学家道布尔克博士（W. Doberck）筹建香港天文台。年底，香港天文台正式落成，次年元旦开始气象观测。香港天文台在地球物理学、天文学、海洋学、航空气象学、空气污染气象学等学科的观测、研究方面，做了大量有成效的工作。1912 年英皇佐治五世颁赐香港天文台"香港皇家天文台"称号。

1895 年 徐家汇观象台绘制出中国首张天气图——东亚地面天气图。

1898 年 3 月，德国海军港务测量部在青岛馆陶路 1 号设立简易气象观测站，4 月定名为青岛气象天文测量所，成为独立的气象机构。1905 年 5 月迁至市区的水道山（后改称观象山）山顶上，改称皇家青岛观象台。1914 年日本占领青岛后，改称气候测量所。1924 年中国正式接收，并改称青岛观象台，1937 年日本人再度强占，1946 年抗战胜利后归还中国。1949 年新中国成立后，由海军接管。1957 年，天文、地磁、地震三部分移交中国科学院。从此，青岛观象台一分为二：气象部分隶属海军，定名为中国人民解放军北海舰队司令部气象台；另一部分定名为中国科学院紫金山天文台青岛观象台。

1900 年 徐家汇观象台在原址西侧 100 m 处建成新的观象台。大楼为三层罗马式建筑，中央是测风塔，顶高 40 m，装有贝克莱风向风速仪。

1903 年 清朝政府商部发布《通饬各省振兴农务》条令，要求各地"办土宜""兴试验场"。各地纷纷始建农业试验机构和农林学校，一些农事试验场附设测候所进行气象观测，一些农科学校附设测候所，开设气象课程。

1906 年 中国著名实业家、教育家张謇于 1906 年创办南通博物苑测候所，于 1916 年 10 月在江苏南通军山（31°57′N，120°53′E，海拔 118.4 m）建成军山气象台，张謇担任气象台协理。气象台装有风向风速自记计、自记雨量计、福丁式气压表、勒母勒聚氏天气预报计等当时国际上先进的气象仪器。1917 年 1 月 1 日中国第一个民办气象台开始观测，军山气象台曾列入英国出版的《国际气象台名册》。

1912 年 1 月，时任南京临时政府教育总长蔡元培先生提议，南京临时政府参议院决议设立"中央观象台"。11 月，中央观象台在北京建国门古观象台遗址（39°54′N，116°28′E，海拔高度 37.5 m）建立，隶属于北京临时政府教育部。中央观象台内设天文、历数、气象和磁力四科。1913 年春气象科开始每日 3 次气温、气压、湿度观测。1914 年 10 月开始每日观测 4 次。观测项目有气压、气温、湿度、风向、风力、雨量、云量、云类、最高最低温度、地温。

1913 年 北洋政府农商部及所属农林机构相继在北京三贝子花园（39°56′N，116°20′E，海拔高度 52.0 m，今北京动物园内）设立观测总所，在北京农商部直隶农业专门学校设立测候所。其观测记录由农商部编印出版《农商部观测年报》。1913—1920 年的气象报告至今保存在中国第二历史档案馆（南京）。

1914 年 1 月，蒋丙然先生依据万国公用标准准则撰写了《气象观测规程》，明确规定气象观测的时间、时次、各气象要素的单位及精度等。中央观象台气象科按照规程开始气象观测。

1918 年 3 月，北洋政府成立直隶水利委员会，1920 年前后直隶水利委员会在海河流域重点河道设水文站测候所，其中在北京门头沟三家店（39°56′N，116°5′E）和顺义苏庄（40°4′N，116°45′E）设立测候所。

同年，中央观象台首次向北洋政府教育部提出《全国气象分区计划》，提议"以省为单位，每省设一总站及若干测候所，并普设测雨站"。

1920 年 秋，竺可桢先生受聘到南京高等师范学校（国立中央大学前身）任地理系教授，开设气象课，并在校内设气象测候所。这是中国气象教育事业的开端。

同年，北洋政府航空事务处为保障航运安全，在航线各站设立气象观测站，由中央观象台提供设备并派员观测和报告天气情况。

同年，山西省政府在全省设立 105 个气象观测站，进行温度、湿度、雨量观测。其 1920—1927 年观测记录逐年汇编出版《山西省气象统计》资料。

1921 年 为增设测候站之需，中央观象台举办第一期气象训练班，时间 3 个月，培训了 30 多名测候人员。1923 年又开办第二期气象训练班。

同年，国立东南大学在地学系成立气象组，并首次设立气象课程。竺可桢作为创始人，任地学系主任兼气象组组长。国立东南大学改名为中央大学后，于 1944 年成立气象系。新中国成立之后，中央大学改名为南京大学，在气象系中设有气象、气候、大气物理 3 个专业。气象学家涂长望、朱炳海、徐尔灏、黄士松曾先后主持该气象系的工作。

	同年，为做好航空气象服务，香港天文台开始施放气球进行高空风观测，气象观测业务逐年完善。
1922年	8月2日，广东汕头沿海遭遇数十年未遇之台风袭击。是日晚21时台风登陆时，中心最低气压为932 hPa，12级飓风（风速大于17.8 m/s）长达一整天，最大风速达到50.8 m/s。被中国气象局列为20世纪十大气象灾害之首。
1924年	7月，民国政府海军海岸巡防处在东沙岛设立气象台，是中国海军首建的气象台。 10月10日，中国气象学会在青岛观象台召开成立大会，会议选举蒋丙然先生为首届会长，张謇、高恩洪、高鲁先生为名誉会长。
1925年	中国气象学会发行会刊，1935年会刊改名为《气象杂志》。
1927年	5月，南京国民政府中央政治会议第90次会议决议设立中央研究院筹备处。10月，原负责观象、授时工作的"时政委员会"，改为"观象台筹备处"，下设天文组、气象组。 7月，陈一得先生在昆明创办了中国第二个私人测候所，称"昆明私立一得测候所"。
1928年	2月，国立中央研究院决定将观象台筹委会分为气象和天文两个研究所，竺可桢任气象研究所第一任所长。气象研究所成立之初，竺可桢先生制定了《全国设立气象测候所计划书》。据此，气象研究所先后设立直属气象测候所28个。 6月，中央观象台改组为天文陈列馆，隶属政府大学院。
1929年	3月，中央研究院气象研究所举办第一期气象专业学习班，至1937年共办4期，培养学员近百名，缓解了当时气象人员奇缺的现象。 4月，北京天文陈列馆分为"天文陈列馆"和"北平测候所"两个机构，分属国立中央研究院的天文、气象两个研究所管辖。气象研究所将所属气象台站观测记录及海关测候所、各省、各学校的测候记录汇编出版《气象季刊》（1929年起改为《气象月刊》）、《气象年报》。
1930年	1月18日，中央研究院气象研究所北极阁气象台开始使用单经纬仪进行高空风观测，8月11日施放气球测风，气球升空达23.4 km，中国首次获得平流层测风记录。 4月，竺可桢先生请中央研究院出面，在南京召开全国气象机关联席会议（又称"全国气象会议"），与会代表50余人，研究和商讨全国气象测候事业发展的一些重大议题，包括统一气象电码、无线电气象电报传发、天气预报术语及暴风警告方法、统一气象观测和气象报告时间、气象观测仪器标准及计量单位、增设测候机构等重要议案。 同月，上海徐家汇观象台首次施放气球进行高空风观测。 8月，北平气象观测所改称北平气象台（1936年改属北平研究院管辖，1937年8月日本入侵北京后气象观测中止）。 同年，中央研究院气象研究所正式编印发行《测候须知》，分为实地观测、自记仪器、计算用表3篇。
1931年	1月，中央研究院气象研究所北极阁气象台首次开始太阳辐射观测。10月，气象研究所开始飞机观测，委托航空队在飞行中记录高度、温度、湿度。 7月，受北太平洋上的强大高压和鄂霍茨克海高压的影响，出现全国性特大洪涝灾害，广大地区淫雨肆虐。其特征是暴雨日数多、强度大、持续时间长、涉及范围广，灾情严重。
1932年	1月，北京清华大学地理学系在清华园内建成气象台，为在校师生提供实地考察气象，为外界提供气象观测资料。 5月，中央研究院气象研究所制定《全国气象观测实施规程》，由行政院颁发全国各省、市政府施行。 7月1日，中央研究院气象研究所开始地震观测，至1935年底正式记录地震1206次。
1935年	4月，中央研究院气象研究所在南京召开第二届全国气象机关联席会议。 8月，在山东泰山日观峰建立气象站。日观峰气象站由竺可桢先生选址，蔡元培先生题写奠基纪念碑，1936年6月竣工启用，初称"国立中央研究院日观峰气象台"，是中国第一座高山气象站。 9月，竺可桢、涂长望、张宝堃编著的《中国之雨量》由国立中央研究院气象研究所编印出版。该书共收录全国880多处（缺东北、台湾地区资料）气象测候所、雨量站的雨量资料（止于1933年）。
1937年	4月，第三届全国气象机关联席会议召开，中国气象学会等5个单位代表联合提出成立全国气象行政机

关的提案。

7月，《全国气象观测实施规程》（第3版）由行政院公布施行。

11月23日，因抗日战争形势紧迫，南京北极阁气象台被迫停止气象观测，留守北极阁的最后一批人员撤离南京。

1941年 7月，国民政府行政院召开审议会，一致赞同设立中央气象局，隶属于行政院。8月，国民政府行政院院会正式通过《中央气象局暂行组织规程》，开始筹建中央气象局。10月，国民政府在重庆成立中央气象局，由黄厦千先生任第一任局长。中央气象局为当时全国民用气象的最高管理机构，负责掌理全国气象行政及技术事宜。

1943年 4月，吕炯任国民政府中央气象局第二任局长。同月，美国海军情报署与国民政府军事委员会调查统计局联合成立中美特种技术合作所。中美特种技术合作所设立气象组，下设气象训练班、气象总站，并在全国相继设立了165个气象站和通信电台。

12月，民国中央气象局正式印发《测候须知（增订）》，作为指导气象台站观测及培训气象测报人员教材之用。

1944年 4月，民国政府政务院发布《中央气象局组织条例》。条例规定，中央气象局内设一、二两科及秘书室。一科掌理气象观测研究，记录整理，仪器监制、保管，各级测候所站的监督考核及其他测候等事项；二科掌理天气图表绘制，逐日天气报告，沿海台风警报，气象电码符号的制订及其他天气预报等事项；秘书室掌理文书、印信、人事、出纳、庶务及其他不属于各科事项。

9月，美国军事观察组在延安凤凰山建立气象台，进行地面观测、无线电探空、无线电测风以及航站天气预报等工作，由中美双方气象人员承担抗日战争气象保障。

1945年 3月，中共中央军委三局在延安清凉山成立气象训练队，并举办为期3个月的第一期训练班，6名学员毕业后分派到陕甘宁、晋冀鲁豫等解放区，相继建立6个气象观测站，邹竞蒙为第一期训练班学员。

9月，抗日战争胜利，中共中央军委决定接收美国军事观察组气象台，成立"八路军总部延安气象台"，成为中国共产党建立的第一个气象台，张乃召任台长。延安气象台10月开始地面和高空气象观测。

1946年 1月，华北观象台更名为华北气象台。3月，贵州省气象所所长李良骐改任华北气象台台长。同月，民国中央气象局印发程纯枢、宋励吾先生主编的《测候须知补编（增订）》，从3月1日起实施。

6月，民国中央气象局从重庆迁回南京北极阁。12月，民国中央气象局制订《五年建设计划》。计划五年后建成测候网，包括各级测候所2006处，其中设头等测候所32个、二等测候所119个、三等测候所355个，四等测候所1500个；雨量站30 000个。

1947年 3月，八路军总部延安气象台、延安光华农场气象组撤离延安。国民党胡宗南军队进入延安，成立延安气象台。

9月11日，国民政府行政院指令交通部，准予各省市设立之气象机构一概改称气象所，其主管人员改称所长。同月，中国民用航空局气象科提出《民用航空气象业务建议》，建议在全国8处航路交通管制台设气象台站，在民用航空站所在地各设气象站1所，并设首都气象总台，加强民用航空气象测报、预报业务。

11月9日，国民政府公报公布《中央气象局组织条例》。条例规定，中央气象局内部机构设置有技术处、测政处、总务处、气象台、资料室及会计室、人事室、统计室。

12月，民国中央气象局编印出版《测风气球观测手册》，作为高空测风气球观测技术规范。

1948年 1月，华北气象台改称北平气象台，为华北区气象行政中心。同月，民国中央气象局新订《测候手册》开始实施。

2月，民国中央气象局气象总台的管理、预告、航路、海洋等四科从南京迁至上海，与上海气象台合并办公，卢鋈任总台长，程纯枢任副总台长。

2—4月，民国中央气象局相继成立重庆、广州、汉口、厦门、西安、昆明、沈阳、华东区气象台（上海气象总台直接管辖），分别为川康、华南、华中、闽台、西北、云贵、东北、华东等气象行政中心。

6月7日，由民国中央气象局、民用航空局、空军总司令部、海军总司令部组织的"联合气象委员会"

在上海召开第一次大会。7月22日，联合气象委员会在南京召开第二次会议，通过从1949年1月起使用新气象电码、航空电码等草案。

7月1日，民国中央气象局调整各气象站（所）观测次数。要求从本日起，各气象台每日气球测风2次，地面气象观测24次；甲种站（所）每日气球测风1次，地面气象观测24次；乙种站（所）每日气球测风1次，地面气象观测8次；丙种站（所）每日地面气象观测8次。

10月，东北民主联军牡丹江航空学校成立气象班，并举办为期8个月的气象专业培训，培养了中国人民解放军第一批空军气象人员。

12月，民国中央气象局从南京迁至上海气象总台办公。

1949年 1月，中国人民解放军北平军事管制委员会航空接管处相继接收北平南苑机场气象台、北京西郊机场气象台、天津气象站、塘沽测候所。

1月25日，民国中央气象局成立南京办事处。2月，民国中央气象局随国民政府迁往广州，设立中央气象局广州办事处。

2月，北平军事管制委员会航空接管处接收北平气象台（又名华北气象台）和北平空军指挥所气象台。

4月1日，中国人民解放军华北军区航空处在北平成立，北平气象台由华北军区航空处管辖。6日，组建华东军区航空接管委员会通信气象接管组，负责接管南京、上海、杭州、福建等地民国政府所属航空气象机构。

5月，华东军区航空接管委员会接管国民政府驻宁、沪空军和"中国航空公司""中央航空公司"气象机构。

6月，中共中央军委航空局在东北地区分别设立了沈阳北陵机场等5个机场气象台，并着手建立东北地区气象台站网。

8—12月，中国人民解放军接管、组建了沈阳北陵、长春宽城子、哈尔滨、锦州、济南、北京南苑、牡丹江等7所航校气象台，以及西安、青岛、太原、石家庄、济南、锦州、上海、南京、杭州、衢州、南昌、长沙、衡阳、广州、包头、北京西郊等16处机场气象台。

8月，民国中央气象局在重庆设立中央气象局重庆办事处，与重庆气象台合并办公，下设行政、业务两组，管辖气象台站56处。

9月，国民政府交通部任命李鹿苹为民国中央气象局第三任局长。12日，中国人民解放军华东军区航空接管委员会通信气象接管组接管民国中央气象局上海气象总站，并改称"上海气象台"。下旬，接管民国中央气象局南京气象台、杭州气象台。

10月，北平气象台更名为"北京气象台"。

12月7日，中央人民政府革命军事委员会以亥第16号文发布《中国民用航空局及气象局成立通告》，主要内容：为了管理民用航空事业的便利，决定设立民用航空局，建制上暂隶军委，业务上委托空军司令部负责指导；全国气象工作，亦决定暂由军委管理，并成立气象局。

12月8日，中央人民政府革命军事委员会气象局（简称中央军委气象局）在北京成立。17日，毛泽东主席委任涂长望为军委气象局局长，张乃召、卢鋈为副局长。29日，军委气象局向军委报告，请准予开始逐步接收全国各地气象台站。同日，东北军区司令部气象处在沈阳成立。

1950年 1月13日，军委气象局向军委报送《关于军委气象局及各军区气象管理处暂行组织条例（草案）》。条例规定：军委气象局隶属于人民革命军事委员会，业务上受空军司令部指导；军委气象局为全国气象业务领导机构，领导全国气象行政及技术事宜。各大军区设置气象管理处，受各大军区司令部和军委气象局双重领导，管理该军区内各级气象台站的行政与业务技术。

2月2日，华东军区航空气象处在南京成立。22日，军委电令华北军区航空处，将现辖的气象台站移交军委气象局接管。

3月1日，军委气象局接收华北气象台，改称中央气象台。

5月4日，中南军区司令部气象管理处在汉口成立。16日，西南军区气象管理处在重庆成立。

6月22日，军委气象局与电信总局商定，从7月5日起全国气象电报一律采用"OBSER"为气象电报挂号。

10月27日，军委总参谋部函告军委气象局、海军司令部：青岛观象台已接收，技术领导统一由军委气象局负责，其他由青岛海军基地负责。

11月10日，西北军区司令部气象管理处在兰州成立。

11月27日，中央人民政府外交部致函军委气象局，要求从速接管上海徐家汇天文台气象部分（天文、地磁、地震及时计部分由中国科学院接管），12月12日华东气象处接管，由上海气象台迁入徐家汇天文台接替工作。

12月9日，中央人民政府革命军事委员会和政务院以政秘字第1215号文，联合发布《关于全国气象台站的建制、管理、经费和技术问题的联合决定》。主要内容：人民革命军事委员会气象局（简称军委气象局）综理全国气象业务，全国各地区在分区建设、统一领导的原则下，于东北、华东、中南、西南、西北五大军区内，各设气象管理处，集中领导辖区内各气象台、站的行政、政治与业务，并兼理区台工作；全国现有各系统之各级气象台、站，由军委气象局及东北、华北、中南、西南、西北各气象管理处分别接管；各地服务于农林、水利、交通等机关之水文站、雨量站或测候所，仍属原机关建制，其气象技术方面受气象局或所在军区气象管理处指导；各气象管理处及其所属台、站的经常费、事业费和器材及图表等之供给，由气象管理处分别报请军区和军委气象局核发。

12月16日，北京气象干部训练班成立。

12月29日，中央军委决定，军委气象局业务归空军司令部领导，行政事宜报告军委办公厅。

1951年 4月2—14日，全国气象会议在北京召开。会议讨论各级气象部门的领导关系、组织编制、供给制度、气象通信及1951年度工作计划等内容。

4月5日，中央气象台开始气象探空观测。

4月15日，军委气象局正式增加转播国际气象电报。

4月15—19日，中国气象学会北京召开新中国成立后的第一届代表大会。会议讨论通过了会章，并选举出竺可桢、涂长望等18人为第一届理事会理事。第一届第一次理事会议选举竺可桢任理事长。

6月6日，军委总参谋部批准台风警报用明语广播。20日，军委气象局颁发《全国沿海预报台站发布台风警报的暂行办法》和《全国沿海港埠台风信号的暂行办法》。

8月17日，军委气象局规定，全国各高空观测台站观测时间一律改用北京时间进行观测。

1952年 1月1日，广州气象台开始发送英文台风消息，以便于外国船只使用。

5月13日，经军委办公厅批准，如遇6级以上大风，在沿海主要港埠可发布大风警报。

6月20日，华北军区气象处在天津成立。

8月4—13日，全国气象工作汇报会议在北京召开。会议主要内容：汇报1952年上半年建站情况，研究下半年工作计划实施中的有关问题；讨论建立计划、预决算等制度；拟定气象人员技术等级标准；征求1953年度全国气象业务计划的意见。

9月10日，军委气象局批准海洋气象预报及海上台风警报可用中英两种语言广播。

10月9日，军委气象局与邮电部长途电信局签署《关于传递气象电报及气象广播约定》。

10月10日，军委总参谋部批准执行《保守气象业务机密及气象情报、记录、资料供应办法暂行细则》。

10月15日—11月1日，全国气象技术会议在北京召开。会议提出"一面建设，一面提高"的方针。会议取得四项主要成果：①明确了今后工作的方针、任务；②制定了气象系统统一的日常工作、台站检查、记录审核、电报检查、天气服务、电报拍发、图表供给等基本制度；③修订了12个气象业务规范；④初步统一了对中国天气的分析方法。

1953年 1月6日，军委气象局将原干部训练班改为气象干部学校。

4月，毛泽东主席指示：气象部门要把天气常常告诉老百姓。

5月16日，军委气象局下发《台风警报电话会商暂行办法》，加强台风警报统一发布工作。

6月22日，军委气象局、邮电部联合印发《制定〈各气象台站传递定时气象电报通达电信局联络专线的装备维修及付费具体办法〉的通知》（长营话密字〔1953〕389号）。

7月23日，经军委批准，军委气象局颁发《危险天气警报发布办法》。

8月1日，中央人民政府人民革命军事委员会主席毛泽东、中华人民共和国政务院总理周恩来签署命令（联政字〔1953〕118号），将各级气象部门的建制从军事系统转移到政府系统。命令主要内容：原属总参谋部建制的气象局，原属各大军区建制的气象处，原属各省军区建制的气象科，从1953年8月起，逐级分期改隶于政务院、各大区行政委员会及各省人民政府；原属各级军事部门气象组织建制的气象台站和气象学校及训练机构等，亦随之改归各级人民政府气象局、处、科的建制；原属空军、海军、防空部队建制的气象组织和台站，则仍归空军、海军、防空部队建制，不予转建；各级气象机构转建以后，直接受各级人民政府的财政经济委员会领导，在政务院则直接归财委第四办公厅领导，但仍保持上下级气象机构之间的业务指导关系。

9月8日，经周恩来总理核定，原军委气象局改变建制后称"中央气象局"。21日，军委办公厅与政务院指示：在中央气象局设军事气象处，负责军事气象工作。

12月29日，政务院批复同意中央气象局所属气象干部学校改归高等教育部领导，改名为"北京气象专科学校"，中央气象局局长涂长望兼任校长。

1954年

1月1日，全国各级气象（候）台站的地面观测开始执行《新编观测规范（地面部分）》。

3月1日，全国各级气象（候）台站的高空观测开始执行《暂行探空工作制度》。

3月6日，政务院印发《关于加强灾害性天气预报、警报和预防工作的指示》（政财字〔1954〕20号），要求气象部门对于台风、寒潮和随之而来的大范围的暴风雨（雪）和霜冻等灾害性天气的预报、警报，必须力求迅速、准确，对于灾害可能发生的地区和时间应具体、明确；各地人民广播电台和海岸电台等应定时予以广播，必要时应临时增加广播次数；各级政府有关部门特别是各有关业务机关，应建立传递大范围灾害性天气预报、警报的制度和办法，并在接到预报、警报后，立即运用电信局等部门有线、无线电通信设备及其他各种通信工具广泛传达；各地报纸对于本区或当地灾害性天气预报、警报应及时地以显著地位予以刊登；各级政府有关部门对各种防御台风的设备应立即组织检查，必须加强贯彻防御台风工作的统一领导。

3月，中央气象台和沿海省（自治区、直辖市）气象台开始发布海上大风预报。

6月1日，为保证空军、海军、民航飞行及机场停机与设备的安全，政务院与军委决定在全国范围内组织危险天气通报网，中央气象局颁发《危险天气通报网暂行规定》及《全国范围组织危险天气通报网的指示》。

6月3—20日，全国气象工作会议在北京召开。会议确定："今后气象工作必须为国防现代化、国家工业化、交通运输业及农业生产、渔业生产等服务；有计划地有步骤地满足各方面对气象工作日益增长的要求，以防止或减轻人民生命财产和国家资财的损失，积极地支持国家各种建设工作"的5年气象工作总方针。

6—7月，我国江淮流域出现严重暴雨洪涝。6月长江中下游出现多场暴雨，洞庭湖、鄱阳湖等大小湖泊水满为患。是年长江流域梅雨期持续至7月底，7月上半月长江干流区多次暴雨，下半月淮河水系多次暴雨，造成该月总降水量比历史同期偏多3～5倍。气象工作者认真做好每一次灾害性天气预报，及时提供雨情等相关情报服务。

7月28日，中央财经委员会第四办公厅批复：①同意中央气象局局本部某些处、科的调整意见，干部总数为256人；②同意各省气象科一律改为局，中央气象局与省气象局均应列为行政编制，省气象局受中央气象局与当地省人民政府双重领导，建制属省人民政府，气象业务受中央气象局领导；③同意设立中心气象台，中心气象台的建制归中央气象局。

8月3日，中央气象局气象技术革新及研究科学委员会成立。委员会由涂长望等10人组成。

8月17—25日，中国气象学会在北京召开第二届全国会员代表大会，竺可桢任第二届理事会理事长。

9月1日，全国气象台站的高空观测工作即日起按《新编观测规范（高空部分）》执行。

10月14日，中央气象局通知，从12月1日时起正式广播航空报。

11月1日，中央财经委员会第四办公厅通知，各省气象局的名称全称统一改为：××省人民委员会气象局。

11月8日，根据中央组织部与中央农村工作部电报精神，中央气象局对各中心台业务工作范围等作如下调整：原各大区气象处直属的区气象台（南京除外）及上海、广州海洋气象台一律改为中心气象台，名称为成都、兰州、汉口、沈阳、上海、广州中心气象台；各中心气象台、天津海洋气象台属中央气象局建制。

11月10日，国务院通知，中央气象局由国务院第七办公室主管。

12月9日，根据国务院第七办公室批复，中央气象局所属的各中心气象台、海洋台、学校的全称名称如下：①中央气象局××中心气象台；②中央气象局××海洋气象台；③中央气象局北京气象学校；④中央气象局成都气象干部学校；⑤中央气象局长春气象通信干部学校。

1955年 1月11日，国务院批复同意中央气象局所属北京气象学校（1954年成立）由一年制改为三年制的正规中等专业学校，校名定为中央气象局北京气象学校。

3月10日，经国务院第七办公室及外交部批准，如遇有经中国大陆沿海转向的台风、寒潮、低压而产生的8级以上大风及其他严重的灾害性天气时，中央人民广播电台将根据中央气象台的天气预报，以日语和朝语公开广播。

4月15日，中央气象台开始编报播发未来3～5天预报图。

7月1日，气象部门开始对外发行每月全国气候公报。

8月18日，国务院印发《关于加强防御台风工作的指示》（国秘习字〔1955〕164号），指示要求：必须强调"防重于救""有备无患"的精神，克服干部和群众中的麻痹大意思想；各级气象部门应进一步提高台风预报的时效和准确性，并应注意监视情况的变化发展，随时加以必要的补充和订正；邮电部门应加强对气象预报警报的传播工作，力求缩短传播时间。

8月27日，国务院、国防部发电：北京气象专科学校划归军队建制领导，更名为"中国人民解放军气象专科学校"，由空军司令部领导。

12月27日，周恩来总理签发电报，同意在国际航线上用国际简码进行气象通报。

1956年 1月5日，周恩来总理批准中国北京与苏联伯力之间的气象情报交换及召开亚洲五国气象、邮电代表会议。

1月25日，毛泽东主席在最高国务会议指示："人工造雨是非常重要的，希望气象工作者多努力。"

3月10日，国务院第七办公室批复同意将中央气象台改为中央气象研究所。

3月16—28日，全国气象工作会议在北京召开。会议讨论气象事业12年发展远景规划；安排1956年、1957年重点工作任务；讨论各级气象机构的编制、边远地区气象台站照顾等问题。

4月2日，国务院发出《西藏通航气象保证工作的指示》的电报。21日，经周恩来总理同意，中央气象局下发《关于取消气象情报保密的决定》，天气实况、天气情况和天气预报使用明码。

5月31日，经高等教育部批复同意，成都气象干部学校更名为"中央气象局成都气象学校"。

6月1日，气象部门开始通过中央人民广播电台、各地人民广播电台每天定时发布天气实况和天气预报。

6月11日，广播事业局、中央气象局分别以广地字〔1956〕第1769号和中气天发字〔1956〕第285号文，印发《关于在各人民广播电台、有线广播站建立天气报告广播节目的联合通知》。决定自6月起逐步在全国各人民广播电台和有线广播站建立"天气报告"广播节目，每日定时广播天气预报。

6月13日，中央气象局、中国民用航空局联合下发《关于国际航线上气象供应办法新规定的通知》，决定自1956年7月1日零时起执行。

7月9日，国务院批准中央气象局局本部1956年的编制人数为242人，同意设立办公室、人事处、计划财务处、农业气象处、台站管理处、天气处、通信处、器材处、机要处等机构。

8月1日，5612号台风"温黛（Wanda）"晚24时在浙江舟山象山县登陆，袭击华东地区。台风登陆时中心最低气压923 hPa，最大风速达55 m/s。破坏力巨大，造成极为严重的损失，使浙江、江苏、上海、安徽、河南、河北等省（市）受到影响，最为严重的浙江省有75个县市受灾，死亡4926人，伤15 000余人，房屋倒塌85万间，农作物受灾面积49万公顷。

9月17日，中央气象局颁发《危险天气通报网组织办法》，自1957年1月1日起执行。25日，中央气象局、中国民用航空局联合颁发《民航气象专业建设方案（草案）》，立即执行。

10月23—31日，中国、苏联、蒙古、朝鲜、越南五国水文、气象局长和邮电部代表会议在北京召开。会议就五国水文气象机构间的直达电报电路、改进水文气象情报交换、发展高空气象台站网、提高民航气象服务工作质量、统一气象观测方法和仪器、参加国际地球物理年工作、共同研究亚洲大气过程及交换水文气象出版物等问题达成一致意见。会议期间，国务院副总理陈毅接见了各国代表团。

11月1日，国务院第七办公室批准，1957年起将沈阳、兰州、成都、汉口中心气象台分别划归辽宁、甘肃、四川、湖北省气象局建制领导（后广州中心气象台划归广东省建制领导）。

11月28日，中央气象局决定从1957年起在黑龙江省、吉林省、内蒙古自治区开展森林易燃性预报工作。

12月3日，中央气象局颁发《航线危险天气通报电码（GD-23）》，自1957年1月1日起执行。19日，中央气象局颁发《中国沿海海面和海洋天气预报、警报区域划分的规定》，自1957年3月1日起执行。

1957年 2月27日，中央气象局下发通知，决定自4月1日起，高空观测标准定时规定为北京时02时、08时、14时、20时。

4月1日，根据五国气象通信会议决议，陆续开放北京—乌兰巴托—伯力、北京—平壤、北京—莫斯科、汉口—河内等国际有线电传线路。

4月22—30日，中央气象局在北京召开全国气象先进工作者代表会议。会议代表176人，80%以上是青年。中央气象局局长涂长望致开幕词，邓子恢副总理代表中共中央和国务院向大会祝贺并作指示。会议要求迅速提高气象工作质量，以满足社会主义建设的迫切需要。29日上午，毛泽东主席、朱德副主席、邓小平总书记等党和国家领导人在中南海接见与会全体代表。

1958年 5月28日，国务院批复中央气象局的报告，同意中央气象局本部与气象科学研究所合并，统称中央气象局。

6月14日，中国科学规划委员会通知，确定1962年完成中国各海区综合调查工作；1960年底前完成沿海各省海洋水文气象基本台站网的建立。

6月29日—7月9日，全国气象会议在广西桂林召开。会议主要内容：总结第一个五年计划执行情况，制定第二个五年计划方针任务；研究气象为农业生产服务有关问题，提出"依靠全党全民办气象，提高服务的质量，以农业服务为重点，组成全国气象服务网"。

7月31日，国务院下发《关于在沿海各地建立海洋水文气象台站工作的几点通知》，要求沿海和岛屿上的水文气象台站由有关省、直辖市负责建立，中央气象局负责业务指导。

8月5—12日，中国气象学会第二届和第三届理事会联席扩大会议在山东青岛召开。出席会议的有中国气象学会理事长、中国科学院副院长竺可桢，副理事长、中央气象局局长涂长望，常务理事、中国科学院地球物理研究所所长赵九章，常务理事、中央气象局副局长张乃召等著名气象学家。会议选举赵九章和张乃召为第三届理事会理事长、副理事长。

8月，在吉林首次进行飞机人工降雨抗旱作业，甘肃、北京、安徽、湖北、江苏、湖南、河北等地也相继开展人工增雨作业、消云、消雾试验。

12月，全国第一次人工降水工作会议召开，开启了全国人工影响天气服务工作。

1959年 1月12—18日，全国气象局长会议在四川成都召开。会议总结了1958年气象工作情况，部署1959年气象工作任务，并对计划、器材、民航气象、海洋气象等工作进行了专门安排。

5月6日，国家科委以科七武字〔1959〕275号函批复科委气象组成员名单：组长赵九章，副组长卫一青、卢鋆，成员有张乃召、饶兴、程纯枢、沈钟、初光、吕东明、谢家泽、顾震潮、叶笃正、谷景林。

6月5—12日，中央气象局与交通部中国民用航空局在北京联合召开全国民用航空气象联席会议。会议总结了全国民航气象工作的经验，确定了今后民航气象工作的方针："积极建设，加强领导，提高质量，保证安全"。

7月8日，国务院印发《关于加强气象工作的通知》（国七齐字〔1959〕214号），通知要求：各级人民委员会应当加强对气象工作的领导，对边远地区、高山和海岛的气象台、站工作人员的生活和安全等方面，应当给以必要的照顾，专区和县级气象管理机构应当逐步健全起来；气象部门应当不断地改进气预报方法和提高气象预报质量，加强对天气演变规律的研究，灾害性的天气警报必须以最快的方法通知生产建设部门，解决当前由于气象台、站的迅速增加而引起的气象技术干部不能满足需要的矛盾；气象部门和生产建设部门应当密切联系，加强协作；各级气象部门和科学技术协会应当加强气象科学知识的宣传教育工作；制造气象仪器的工业部门应当抓紧气象仪器的生产和新气象仪器的设计和试制工作。

10月16日，中央气象局印发《关于青岛及沈家门海洋调查基地的领导问题的通知》（中气海发字〔1959〕189号），按科委指示，东海、黄海及渤海的断面观测任务于1960年1月移交中央气象局。

12月8—23日，全国气象工作会议在上海召开。会议主要内容：总结"大跃进"以来气象工作情况，部署1960年全国气象工作任务。

1960年 1月12日，经教育部批准，在南京大学气象系的基础上成立南京大学气象学院，作为中央气象局直属单位，委托江苏省代管。

1月20—23日，国家科委、中国科学院、中央气象局在北京召开第二次人工降水工作会议。

4月11日，中央气象局颁发《航空天气报和航空危险天气通报组织办法》，5月15日开始执行。

4月，国务院批准北京气象学校扩建为北京气象专科学校，设天气预报专业，学制两年（后改为三年）。

5月12日，国务院批转第二次人工降水工作会议报告，并指出：各地应密切结合生产需要和当地具体情况，积极开展人工控制天气，扩大人工降水的试验。同时加强理论研究工作。24日，国务院召开办公会议，讨论人工降水问题。李先念副总理指示国家科委、中央气象局草拟远景规划，成立机构抓好人工降水工作。

6月30日，中央气象局、林业部分别以中气农研发字〔1960〕108号和林护字〔1960〕154号文联合印发《关于开展林业气象工作的通知》。

1961年 1月3日，中央气象局、中国民用航空局分别以中气业发字〔1961〕21号、民航气字〔1961〕111号文，印发《关于交接民航气象工作的联合通知》。

5月3日，中央气象局、轻工业部制盐工业局分别以中气业发字〔1961〕022号、盐局发字〔1961〕350号文联合印发《关于交接盐业气象台站的联合通知》。

5月21日，国务院农林办公室以农林发文〔1962〕26号文转发中央气象局《关于对气象台站精简工作的意见》，要求：参加国家和区域广播的台站和海洋气象台站撤并，同意由中央气象局确定。

9月15日，中央气象局通知苏联水文气象总局，同意开辟经哈尔滨、海参崴的北京—伯力间直达气象电报电路，1961年10月1日正式工作。

12月10—21日，全国气象局长会议在辽宁旅大召开，会议主要内容：总结1961年气象工作情况，交流天气预报改革经验，对今后7年气象工作作出部署。

1962年 5月26日，中央气象局和林业部分别以中气台字〔1962〕78号和林经护字〔1962〕202号文联合印发《关于加强大兴安岭林区雷暴引起森林火灾防御工作的通知》。

6月21日，国务院批转国家科委、中国科学院、中央气象局《关于将近海水文断面调查工作改由中国科学院负责的请示报告》，报告指出：从1962年9月起，中央气象局将已有的从事近海海洋水文断面调查的工作站，连同人员、船只、房屋、设备器材等，全部移交给中国科学院，并入该院建制、领导。

8月17日，中央气象局向国务院农林办公室报告，为贯彻中央"调整、巩固、充实、提高"的方针，全国气象台站已从1960年的3240个调整到2843个。

9月12日，中央气象局在全国人大常委会第63次会议上汇报气象工作情况，主要内容有我国气候的基本情况、农业生产与气象条件、长期天气展望和我国气象工作概况及当前存在的主要问题。

9月22日，国务院秘书厅通知，任命饶兴代理中央气象局局长职务。

1963年 9月26日，中央气象局下发《关于物候观测试点工作的通知》《气象台站物候观测试点须知》《中国物候观测种类名单》《中国物候观测方法》。

11月25日，劳动部、中央气象局分别以中劳薪字〔1963〕662号、中气计张字〔1963〕162号文，联合颁发《关于艰苦气象台站津贴暂行规定》。

12月5—20日，全国气象工作会议在湖北武汉召开。会议主要内容：总结1958年以来气象工作情况，部署 1964 年、1965 年气象工作任务；讨论制定《气象工作条例》。

1964 年 2 月 6 日，毛泽东主席在中南海邀请竺可桢等三位科学家谈话时说："看到你的《关于我国气候若干特点与粮食作物生产的关系》的文章……农业八字宪法除水、土、肥、密、种、保、工、管外，应加'光'和'气'（日光和气候）"。

4 月 28 日，中央气象局下发《关于选定全国农业气象基本观测点的通知》，确定分批实施的农业气象基本观测站点。

4 月，全国农业气候区划工作会议在苏州召开，开始全国第一次农业气候区划工作，促进农业气候资源的开发利用。

6 月 1 日，财政部、中央气象局分别以财农王字〔1964〕317 号和中气计张字〔1964〕51 号文，联合印发《关于气象事业费使用管理的暂行办法》。

11 月 10 日，内务部通知，经国务院第 148 次全体会议通过，任命饶兴为中央气象局局长。

1965 年 3 月 12 日，中央气象局召开办公会议，同意林业部在大兴安岭林区设立特区，成立气象局，建立气象台站网。

5 月 27 日，中央气象局、国家海洋局分别以中气办秘卢〔1965〕11 号、国海办字〔1965〕57 号文，联合印发《关于移交海洋水文工作的联合通知》，根据中央和国务院关于成立国家海洋局的指示，气象部门的海洋水文工作和任务及人员、设备一律移交国家海洋局。

6 月 19 日，国务院总理周恩来在赴开罗途中，飞越新疆明铁克山口时，对明铁克导航台和气象哨发出慰问电："你们为了保证安全航行，克服重重困难，不怕艰苦，在高山辛勤工作，在我们飞越过境的时候，特电慰问，希继续努力。"

8 月 10—20 日，全国气象局长会议在黑龙江哈尔滨召开。会议总结 8 年来天气预报改革的经验；对第三个五年计划、1966 年气象工作和气象系统"四清运动"作出部署。

10 月 27 日，经国家科委批准，中央气象局观象台云雾物理研究室与原江西省庐山人工控制天气研究所合并，改建为中央气象局庐山云雾物理研究所，负责人工降水、消雹和云雾物理等研究工作。

1966 年 2 月 5 日，中央气象局下发《关于启用新编气象旬（月）报暂行电码和调整部分发报台站的通知》。新电码自 1966 年 3 月 10 日起执行。

5 月 6 日，中国共产党中央委员会以中发〔1966〕256 号文件批准中央气象局《关于党组改为党委的报告》，党委由饶兴等 8 人组成，饶兴任书记，江滨、董涛任副书记。

6 月 30 日，经中央气象局党委批准，《气象学报》《气象译丛》暂时停刊。中国气象学会于 7 月 7 日和 8 日分别发出停刊通知。

1967 年 3 月 5 日，中央气象局发出《关于改变气象服务台站站址迁移审批手续的通知》，通知指出，凡属国家基本台站和航空上特殊需要的台站迁移，仍按中气〔1965〕181 号通知办理，报局审批。其他台站的迁移审批，从即日起，均由各省、自治区、直辖市气象局审批，报局备案。

11 月 22 日，中央气象局下发《关于地面测风仪器换型的通知》，要求用中国自行设计和制造的电接风向风速计替换现用的压板（维尔达）测风器。

11 月 27 日，中国人民解放军军代表进驻中央气象局，军事代表沈敏，副军事代表任陶。1970 年 3 月 25 日军事代表撤出中央气象局。

1968 年 10 月 13 日，根据毛泽东主席精兵简政的指示，中央气象局进行了机构改革。中央气象局行政机关由原来的一部、三处、一室合并成政工、办事、业务 3 个组；业务单位中央气象台、气候资料室、北京供应站由原 330 人减为 180 人；原观象台并入研究所。

1969 年 1 月 29 日，周恩来总理接见中央气象局等部门军代表、领导干部、群众代表，当汇报气象通信工作时，总理指出："一定要采取措施，改变落后面貌"。同时指示："在我们的卫星出来以前，要想办法接收别的卫星传递的气象情报。而且应该搞我们自己的气象卫星，气象火箭也要搞。"

2 月 7 日，周恩来总理继续 1 月 29 日谈话，指出："我们研究气象……就是为了保护人民，首先是保护劳动人民。气象对邮电、铁路、交通、工业、农业、航海、牧业、渔业等各方面都有影响……气象人员要到现场去看看，懂得一些气象对劳动人民生活、海上航行、铁路交通运输影响的情况。"

2月26日，中央气象局军代表向周恩来总理报送《关于气象院校体改问题的请示报告》，决定撤销北京、南京和湛江三所气象院校，被撤院校的行政和教学人员由所在省市安排，房屋和设备请所在省市统一处理，专业器材有所在省市气象部门接管使用。

3月11日，中央气象局军代表向周恩来总理报送《关于筹建"五七"干校的请示》。干校地点在江西九江赤湖（后转移江西峡江），1972年底撤销，中央气象局先后有500多人下放到干校。

11月7日，中央气象局军代表向国务院业务组报送《关于要求尽早开始无线电传气象广播的请示》。此件经国务院、总参谋部批准。

11月24日，中央气象局军代表向江苏省革命委员会发送《关于将南京气象学院交由江苏省革命委员会领导的几个问题的函》，南京气象学院交由江苏省革命委员会领导。中央在中央气象局和解放军总参谋部气象局两局合并的请示报告中，批准南京气象学院继续办。

12月4日，国务院、中央军委下发《关于总参军事气象局与中央气象局合并问题的通知》（国发〔69〕50号文件），决定总参谋部军事气象局与中央气象局于1970年1月2日正式合并，撤销总参谋部军事气象局，两局合并后仍称中央气象局，归总参谋部建制，在军内仍保留总参谋部军事气象局的名称，孟平任中央气象局局长；各省、自治区、直辖市以下各级气象部门仍归当地各级革命委员会建制领导；中央气象局对各省、自治区，直辖市、各军种、兵种，各基地的气象业务部门实施业务指导。

1970年 5月9日，解放军总参谋部向国务院报送《关于建设国家和区域气象中心的意见》。此件经周恩来总理批准。意见提出：建设国家气象中心和7个区域气象中心。区域气象中心仍归隶属之省（自治区）革命委员会，由所在大军区和省革命委员会双重领导，以大军区为主。

5月27日，中央气象局报国务院，决定每年6月1日—9月底，每天上午以"天气公报"的形式汇报全国雨情。

7月10—27日，解放军总参谋部在北京召开全国气象战备工作经验交流会议。会议提出继续加强战备，做好气象保障；要加强国家气象中心和东北区、华北区、西部区、新疆区、西南区、华南区、华东区7个区域气象中心以及战时重点台站的基本建设。会议还提出要遵照周恩来总理关于"西北高原边远站很艰苦，可实行轮换制"的指示精神，建议在边远、高山台站实行义务工役制，服役期限一般为3年。

12月30日，解放军总参谋部通知，要求在军内外各气象部门开展国外气象卫星云图的接收工作。

1971年 5月26日，中央气象局在广东汕头召开台风气象保障联防座谈会，会议讨论了台风联防的组织、分工、情报资料的收集和传递、台风气象服务以及台风资料的整编等问题。

7月1日，中央军委以军字〔1971〕157号文批复总参谋部，同意中央气象局组建卫星气象中心站（简称701办公室）。

7月16日，总参谋部发出《关于新建8个测风雷达站的通知》，决定1972年在张家口等8个地区建立测风雷达站。

8月19日，总参谋部发出《关于新建8个测雨雷达站的通知》，决定1972年在沈阳等8个地区建立测雨雷达站。

1972年 1月21日，中央领导同志批准外交部、总参谋部呈报的《关于中国进入联合国世界气象组织的请示》。

3月19—25日，世界气象组织秘书长戴维斯访问中国，双方就中国批准该组织公约、委任常驻代表、参加区域协会和各技术委员会等有关具体程序进行了会谈。

2月24日，世界气象组织以通信投票方式通过决议，恢复中华人民共和国在该组织的合法席位。

8月6日，总参谋部批准，决定1973年起在哈尔滨等地建12个测雨雷达站，在海拉尔等地建3个测风雷达站。

8月14日，按周恩来总理在中央气象局第107期《天气公报》上的批示："告以预防台风袭击和祖国同胞的关心"，自当日起开始向台湾同胞发布台风、大风警报和预报。

10月28日，叶剑英副主席在中央气象局向总参谋部《关于召开人工降水、防雹科研座谈会问题》的报告上批示：中央气象局应考虑归还国务院，此次会议应请国务院来抓。

11月7日，国务院、中央军委以国发〔1972〕86号文批转中央气象局《关于加强北方十四省、市、自治区抗旱斗争中气象服务工作的意见》，要求：各级气象部门要积极主动地做好当地革委会领导农业生产和抗旱斗争的气象参谋。

11月30日，经国务院、中央军委批准，中央气象局在湖南长沙召开全国人工降水、防雹试验研究座谈会。会议传达中央关于加强北方14省（自治区、直辖市）抗旱斗争的指示，讨论了人工降水、防雹研究试验的有关问题，拟定了1973—1975年人工降水、防雹试验计划。

12月4日，中国政府任命中央气象局副局长张乃召为世界气象组织中华人民共和国常任代表。

1973年

1月19日，中华人民共和国代主席董必武签署承认世界气象组织公约，但对公约第29条（即："由于对公约的解释或应用而产生的任何问题和争端，凡不能通过协商或大会途径解决者，除当事者同意采取其他解决办法外，应提交国际法院院长委派的与此事无关的仲裁员解决。"）持保留意见。

3月5日，世界气象组织秘书长戴维斯电告张乃召当选为世界气象组织中国代理执委。

3月6日，中共中央以中发〔1973〕13号《中央批语》批准国务院、中央军委《关于调整测绘、气象、邮电部门体制问题的请示》。决定中央气象局与总参谋部气象局分开，分别划归国务院和中央军委建制。

5月20日，国务院、中央军委下发《国务院、中央军委关于使用飞机进行人工降水问题的通知》（国发〔1973〕第59号），通知指出，目前人工降水尚处在试验阶段，使用飞机进行人工降水，必须用于旱情较重的主要粮产区和经济作物区。人工降水飞机任务，应以民航为主担任，使用飞机计划报经国务院、中央军委批准。

5月23日，国务院、中央军委下发《关于调整气象部门体制的通知》（国发〔1973〕61号），通知主要内容：决定中央气象局划归国务院建制，由农林部领导，并恢复总参谋部气象局；中央气象局负责统筹规划全国气象工作建设和业务指导；总参气象局负责统筹规划军内气象工作建设和业务指导，在业务上总参气象局接受中央气象局的指导；省（市、自治区）、地、县各级气象部门，仍归同级革委会建制领导。

7月19日，周恩来、李先念等国务院领导同志批准中央气象局《关于中国参加世界天气监视网全球通信系统的请示》，同意建立北京气象中心，该中心是主干线上的区域通信枢纽。

8月16日，国务院、中央军委以国发〔1973〕110号文，同意并转发中国人民解放军总政治部《关于向台湾省同胞广播台湾海峡地区天气预报的请示》。请示的主要内容：福建前线广播电台增设"台湾海峡地区天气预报节目"；中央人民广播电台广播台湾省和台湾海峡地区台风、寒潮等重大天气预报。

8月25日，农林部以农林（核）字〔1973〕63号文批复中央气象局中气筹字〔1973〕1号文《关于中央气象局核心小组成员的建议》，饶兴任中央气象局局长、中央气象局党的核心小组组长。

10月12日，叶剑英、李先念等中央领导同志批准同意外交部、交通部、农林部向国务院报送《关于向世界气象组织提供气象报告资料的请示》。

12月5—21日，全国气象工作会议在上海召开。会议主要研究做好为经济建设和国防建设服务、气象备战、气象体制调整后的观测等问题，提出在经济建设服务中，把为农业服务放在首位。

1974年

1月5日，农林部党的核心小组决定，邹竞蒙为中央气象局负责人。

2月26日，周恩来、邓小平等中央领导同志批准建立北京—东京气象电路。

9月19日，中央气象局下发《关于北京气象传真广播开始试播的通知》，根据规划建立北京气象传真广播，10月1日13时（北京时）开始试播。

11月18日，中央气象局北京气象通信枢纽工程破土开工，该工程包括气象通信、天气预报、资料加工三个主要部分。

1975年

1月16日，国务院印发《国务院批转农林部关于加强海洋渔业气象服务的报告的通知》（国发〔1975〕8号）。报告提出：为抓紧解决海上水文气象情报问题，在上海、旅大两市及广东省的气象局（台）筹建接收海上水文气象报告的专用通报台；中央广播事业局加大旅大、上海、广东省（直辖市）人民广播电台功率，增加对外海渔场气象预报广播时次；上海、广东、山东省（直辖市）气象局分别组织协调东海、南海、黄渤海海区的渔业气象服务工作；加强海洋气象预报业务和科研工作。

8月4日，7503号台风"尼娜（Ninna）"在福建晋江登陆，此后以罕见的强力北渡长江直入中原腹地并在伏牛山脉与桐柏山脉之间的大弧形地带停滞少动。由此在中原地带引发特大暴雨，气象界称为"75·8"暴雨。受特大暴雨影响，河南省驻马店等地区共计60多座水库相继发生垮坝溃决，引发了一次惨烈的水库垮坝事故，人员伤亡和财产损失巨大。

9月3日，国务院以国发〔1975〕第144号文批转《中央气象局关于边远、高山等地气象台站几个问题的报告的通知》。报告提出：对条件艰苦的边远、高山等地气象台站人员应定期轮换；切实解决一些实际困难问题，配备必要的运输工具，供应必要的基本生活资料；所需经费和物资请各省、自治区统筹解决。

9月30日，国务院以国发〔1975〕第153号文印发通知，决定中央气象局由农林部代管。

1976年 2月25日，交通部、农林部、中央气象局、国家海洋局分别以交水运字〔1976〕186号、农林（渔）字〔1976〕14号、中气业字〔1976〕28号、国海科字〔1976〕105号文，联合印发《关于进一步加强船舶水文气象辅助测报工作的联合通知》。

10月27日，中央气象局党的核心小组向党中央报告《关于气象卫星研制工作的分工》，明确上海负责星体和发射工具；国防科工委负责发射后的追踪、接收；中央气象局负责资料处理中心和3个地面接收站的建设。

12月6日，四机部和中央气象局联合批准甚高分辨率卫星云图接收机设计定型，定名为WT-1型卫星云图接收机，并投入试生产。

1977年 3月7日，1977式自动气象站设计定型，简称为"七七"自动气象站。

3月21日，713气象雷达设计定型，并投入小批量生产。713气象雷达研制成功，为发展中国气象雷达新品种填补了一项空白。

4月22日，国内自行研制的GZZ7-1型电子探空仪设计定型，并投入小批量生产。

10月30日，华国锋、邓小平、李先念等中央、国务院领导同志批示，同意中央气象局、国家海洋局、总参谋部、交通部和外交部《关于参加第一次全球大气试验的请示》。

11月20日—12月2日，1977年全国气象局长会议在北京召开。会议主要内容：总结建国28年来气象工作情况和经验，讨论《1978—1985年全国气象事业发展规划》。

1978年 2月17日，国务院国发〔1978〕27号文件批准，将南京气象学院列为全国重点高等学校，实行教育部和中央气象局、以中央气象局为主的双重领导。

4月14日，李先念等中央领导同志批准中央气象局《关于气象卫星资料接收处理系统工程建设问题的报告》。报告提出：建设卫星气象中心及3个地面接收站（北京、广州、乌鲁木齐），卫星气象中心为司局级机构。

同日，国务院同意将成都气象学校改为成都气象学院，实行教育部和中央气象局、以中央气象局为主的双重领导。

4月21日，邓小平、李先念等中央领导同志批准中央气象局《关于成立中央气象局气象科学研究院的报告》。报告提出：气象科学研究院为司局级机构，下设天气气候、大气探测、人工局部影响天气、气象科学情报、气象计量检定、气象仪器、台风、热带气象、高原气象等研究所。

7月5—18日，1978年全国气象局长会议在黑龙江哈尔滨召开。会议审定气象部门红旗单位和标兵，研究全国气象部门"双学"代表会议的筹备工作，讨论气象事业、科研发展规划。

7月28日，国家出版事业管理局以出版字第〔1978〕349号文件通知，经中央宣传部批准，中央气象局成立气象出版社。

9月27日，国家主席华国锋为全国气象部门"双学"会议题词："努力办好人民气象事业，为建设社会主义的现代化强国服务"。

10月7—20日，中央气象局在天津和北京召开全国气象部门学大寨学大庆先进集体先进工作者代表会议。国家主席华国锋、副主席叶剑英为会议题词，国家副主席李先念、国务院副总理陈永贵到会并发表重要讲话。12月8—18日，中国气象学会在河北邯郸召开1978年年会暨全国会员代表大会，会议提出了实现气象事业现代化的几项原则性意见。

1979年 2月7日，经国务院批准，恢复北京气象专科学校和湛江气象学校。

2月9日，中央气象局以〔1979〕2号文件通知，经国务院批准恢复北京气象专科学校。

2月16日，国家计委批准将气象卫星资料处理系统工程纳入1979年基本建设大中型规划设计项目。

3月7日，国务院批准，任命中央气象局负责人吴学艺为世界气象组织的第二任常任代表。

4月17日，中央组织部通知：经中央批准，饶兴任中央气象局局长、党组书记。

5月28日，国家标准局批复中央气象局《关于申请气象仪器标准代号及办理归口移交手续的函》，确定气象标准代号为QX。

7月4日，交通部、中央气象局、国家海洋局分别以交水运字〔1979〕1671号、中气业字〔1979〕194号、国海科字〔1979〕660号文，联合印发《关于我国海上船舶水文气象辅助观测情报参加国际交换的通知》。

12月8日，水利部、中央气象局分别以水管字〔1979〕56号、中气业字〔1979〕245号文，联合印发《气象台站向水利（防汛）部门拍发汛期雨量报汛的组织办法》。

12月11日，林业部、中央气象局分别以林护字〔1979〕24号、中气业字〔1979〕255号文，联合印发《关于恢复和加强森林火险预报工作的联合通知》。

12月19日—1980年1月5日，1980年全国气象局长会议在北京召开。会议主要内容：研究在全国气象部门贯彻"调整、改革、整顿、提高"八字方针，落实三年调整任务和相应措施；回顾30年发展历程，提出台站布局要行政区划与自然区划相结合和分两步实现以气象部门领导为主的双重领导体制改革。

12月28日，国务院发出关于表彰农业、财贸、教育、卫生、科研战线全国先进单位和全国劳动模范的决定。气象部门有广西壮族自治区桂平县气象站等4个单位被授予全国先进单位，马永桂等9人被授予全国劳动模范。

1980年

1月1日，北京气象通信枢纽系统（BQS）正式投入业务运行。

1月17日，国务院以国发〔1980〕19号文印发《关于中央气象局机构编制的批复》，同意中央气象局行政编制288人。

2月6日，国务院、中央军委印发《关于从民兵高炮中拨出部分旧炮专门用于降雨防雹的通知》（国发〔1980〕40号），通知要求：各省军区（北京卫戍区，上海、天津警备区）从民兵现有三七高炮中，拨出部分旧炮，交给省人民政府，专门作降雨防雹使用。

2月12日，财政部、中央气象局分别以财农字〔1980〕11号、中气计字〔1980〕20号文，联合印发《关于拍发航空天气报和危险天气报实行收费办法的通知》。

3月28日，中央气象局、国务院科技干部局分别以中气字〔1980〕11号、国科干字〔1980〕74号文，联合印发《气象科技干部技术职称实施办法》。

4月15日，国家基本建设委员会和中央气象局联合下发《关于保护气象台站观测环境的通知》（中气字〔1980〕104号）。通知要求，各地对气象台站的观测场地列入城建规划，采取有效措施切实加以保护。

4月21日，中央批准饶兴任中央气象局顾问，薛伟民任中央气象局代理局长、代理党组书记。

5月17日，国务院印发《国务院批转中央气象局关于改革气象部门管理体制的请示报告的通知》（国发〔1980〕130号）。国务院同意，全国气象工作实行统一领导，分级管理，由地方政府领导为主改为气象部门与地方政府双重领导，以气象部门领导为主的管理体制。实施步骤分两步：第一步，在1981年前，经省、直辖市、自治区人民政府批准，省级以下气象部门逐步改为以省、市、自治区气象局为主的双重领导；第二步，全国气象部门自上而下改为以气象部门领导为主。

7月7日，中央气象台首次与中央电视台合作，由预报员在电视上播讲天气预报，中央电视台《新闻联播》开始播发中央气象台的天气预报。

7月19日，中央气象局决定成立长期规划领导小组，邹竞蒙、程纯枢任组长。长期规划领导小组负责审议气象发展长期规划和有关技术政策、技术体制、布局等重大问题。

12月1—10日，1981年全国气象局长会议在广西南宁召开。会议主要内容：总结贯彻中央"调整、改革、整顿、提高"方针的情况及各项任务的完成情况，总结气象部门管理体制改革的经验，研究部署

1981年以调整为中心的各项任务。

1981年 1月28日，国务院办公厅印发《国务院办公厅转发中央气象局关于巩固西藏气象工作的请示报告的通知》（国办发〔1981〕6号）。报告提出：解决轮换问题；加速西藏气象技术干部的培养；逐步改善生活和工作条件；逐步改革管理体制。

2月22日，中共中央通知，薛伟民任中央气象局局长、党组书记。

4月29日，国务院批准中央气象局副局长邹竞蒙为世界气象组织第三任中国常任代表。

9月17日，中央气象局以中气〔1981〕22号文件发出通知，要求全国气象部门广泛深入开展向共产党员隋金堂（吉林省长白山天池气象站副站长）、田志发（吉林省通化县气象站站长）学习的活动。

1982年 1月3—16日，1982年全国气象局长会议在北京召开。会议总结新中国成立以来气象工作的基本经验，提出新时期的气象工作方针。万里副总理出席会议闭幕式并作了重要讲话，对气象服务工作提出了"准确、迅速、经济"的要求。

3月5日，国务院办公厅以国办函字〔1982〕24号文函告中央气象局，《关于气象工作方针的请示报告》已经国务院领导同意，新的气象工作方针是：积极推进气象科学技术现代化，提高灾害性天气的监测预报能力，准确及时地为经济建设和国防建设服务，以农业服务为重点，不断提高服务的经济效益。

4月24日，中共中央以中任〔1982〕39号文件通知，中央气象局改称国家气象局，邹竞蒙任国家气象局局长、党组书记。

7月28日，机械工业部、中央气象局分别以机仪联字〔1982〕412号、中气物字〔1982〕11号文，联合印发《关于改变气象仪器归口分配的通知》。

8月12日，国务院印发《国务院关于国家气象局机构编制的复函》（国函字〔1982〕163号），同意国家气象局下设办公室、计划财务司、仪器设备司、科技教育司、人事司、外事司、技术发展司、业务管理司。机关行政编制260人。同意设立行政管理局（事业单位）。

10月25日—11月1日，中国气象学会在四川成都召开1982年年会暨全国会员代表大会。会议选举产生了第20届理事会，叶笃正任理事长。

11月9日，国务院办公厅印发《国务院办公厅转发国家气象局关于气象部门管理体制第二步调整改革的报告的通知》（国办发〔1982〕76号）。通知明确：在全国实现自上而下的以气象部门为主的双重领导，省、自治区、直辖市及以下气象部门既是上级气象部门的下属单位，又是同级人民政府的工作部门；国家气象局负责制定气象业务方针、政策，统一领导管理全国气象部门业务服务、科研教育、人员编制、机构设置、职工管理、事业计划、事业和基建经费、劳动工资、物资器材等工作；各级地方党政部门负责领导和布置地方气象服务和地方气象事业建设，监督和检查气象部门贯彻执行方针、政策情况，负责气象部门政治思想、党团行政、生活管理。

1983年 1月1日，国家气象局在中央电视台开辟了《城市天气预报》节目。

1月8—15日，1983年全国气象局长会议在北京召开。会议主要内容：研究落实《国务院办公厅转发国家气象局关于气象部门管理体制第二步调整改革的报告的通知》精神，部署管理体制第二次调整改革工作。

1月20日，国家气象局印发《关于广东省深圳、珠海市气象台管理体制问题的通知》（国气办字〔1983〕1号），同意深圳、珠海两市气象台仍维持当地政府与省气象局双重领导，以当地政府领导为主的管理体制。

3月29日，国务院办公厅印发《国务院办公厅转发国家气象局关于全国气象部门机构改革方案的报告的通知》（国办发〔1983〕22号）。全国气象部门从1983年起将进行管理体制第二步调整改革，实行气象部门与地方政府双重领导，以气象部门为主的管理体制。

4月15日，国家气象局决定，北京气象专科学校改为北京气象学院。北京气象学院的主要任务是培养中、高级气象业务骨干，以在职培训为主。

7月上、中旬，长江流域普降暴雨，部分地区甚至超过1954年最大洪水水位，7月底川北、陕南连降暴雨，安康出现了罕见的特大洪水，各级气象部门准确预报了暴雨过程，为各地政府提供防汛抗洪救灾决策服务。

8月24日，广播电视部、国家气象局联合印发《关于进一步做好天气预报广播的联合通知》（广发地字〔1983〕649号）。

1984年 1月1—11日，1984年全国气象局长会议在北京召开。会议总结新中国成立以来气象工作取得的成就和经验，讨论通过《气象现代化建设发展纲要》，明确新时期气象工作的任务、目标、战略重点，规划到20世纪末气象事业现代化建设的基本蓝图。10日，国务院副总理李鹏到会作重要讲话。

4月25日，国家气象局以国气计字〔1984〕83号文向国家计委报送《北京气象中心扩建工程（增设中期数值预报业务系统）项目建议书》，国家计委于5月25日批准了该建议书。

7月28日，国家气象局决定参加世界气象组织南极气象工作组，骆继宾为工作组成员。10月8日，中国首次南极洲考察队组成，气象科学研究院4位同志参加。

10月8日，中国首次南极洲考察队组成，气象科学研究院4位同志参加。

8月29日，国家气象局、轻工业部联合印发《关于加强对盐业气象台站的领导和技术业务指导等的联合通知》（国气业字〔1984〕154号）。

12月15—25日，1985年全国气象局长会议在吉林长春召开。会议以改革为中心，讨论《关于气象部门改革的原则意见》，修改了《关于气象部门人事工作改革的意见》《关于气象部门计划财务管理工作改革的意见》和《关于气象物资工作改革的意见》。

1985年 1月31日，国家气象局以国气业字〔1985〕16号文件通知，决定在地面气象测报业务中推行PC-1500袖珍计算机的应用。

1月，国家气象局与中央电视台合作，在《天气预报》节目制作、播出时次等问题上达成共识，确立了气象部门电视气象服务的主导地位。自此，中国成为国际上第一个在气象部门制作气象影视节目的国家。

3月29日，国务院办公厅印发《国务院办公厅转发国家气象局关于气象部门开展有偿服务和综合经营的报告的通知》（国办发〔1985〕25号）。报告对有偿专业服务的范围、收费的原则、收入的使用等做出规定。

6月15日，"祖国为边陲优秀儿女挂奖章"活动评选指导委员会在人民大会堂召开挂奖章大会，70名边陲优秀气象工作者出席大会。气象部门荣获1个先进集体，2人获金质奖章，14人获银质奖章和58人获铜质奖章。

7月23—26日，全国农业气象工作会议在北京召开。会议系统总结了农业气象业务服务工作的历史经验，继续坚持以农业服务为重点，全面推进农业气象的改革与现代化建设，引导气象为农业服务向深、广、细、活方向发展。

8月16日，国家气象局、财政部联合印发《关于气象部门开展专业服务收费及其财务管理的几项规定》（国气计字〔1985〕135号）。

12月18日，国务院办公厅印发《国务院办公厅转发国家气象局基准气候站观测环境保护规定的通知》（国办发〔1985〕87号）。规定对基准气候站周围环境的保护、基准气候站的搬迁等提出了要求。

1986年 1月8—16日，1986年全国气象局长会议在北京召开。会议主要内容：讨论修改《关于制定第七个五年气象发展计划的建议》；研究省级以下气象部门定编定员及干部队伍建设等问题。

4月1日，中央气象台自4月1日和15日起，分别在中央电视台和中央人民广播电台天气预报节目中增发海洋气象预报。

10月1日，在中央电视台播发的由中央气象台制作的电视天气预报，即日起由静态改为动态形式。

12月10—17日，1987年全国气象局长会议在广东广州召开。会议审议《关于加强气象部门精神文明建设的实施规划》《气象业务技术体制改革方案》《全国气象事业发展第七个五年计划》，部署1987年气象工作任务。

1987年 1月5日，首次全国气象服务工作会议在广州召开。会议主题是"总结经验、开拓前进，再创气象服务工作新局面"。会议提出，在气象服务工作中要做到质量第一、用户第一、信誉第一，在"准"字、"专"字上下功夫，要求一手抓公众气象服务，一手抓专业有偿气象服务，不断拓宽专业气象服务领域。

2月5日，国家气候委员会成立大会在北京举行，国务委员宋健到会祝贺并讲话。气候委员会为非独立性机构，挂靠国家气象局，邹竞蒙任主任委员。

4月27日—6月8日，国家气象局局长邹竞蒙为团长的中国气象代表团出席在日内瓦召开的世界气象组织第十次大会。邹竞蒙局长当选为世界气象组织主席。这是中国在联合国机构中首次担任主席职务。

5月6日，黑龙江大兴安岭发生特大森林火灾，历时28天，损失惨重。国家卫星气象中心5月8日从卫星云图上最先发现大兴安岭发生森林火灾，国家气象局领导第一时间向国务院领导报告火情，在扑灭这起特大森林火灾中提供了大量云图信息服务，组织了人工增雨灭火工作，为扑灭大火做出了重要贡献，得到了国务院的表彰。

8月28日—9月4日，全国气象局长工作研讨会在北京召开。会议研究加强气象部门司局级后备干部的选拔和培养问题、人工影响局部天气工作的有关政策和1988年召开全国气象部门"双先"表彰会的有关问题。

12月26日，国家主席李先念出席气象卫星资料接收处理系统工程竣工仪式并剪彩。

1988年 4月25日—5月6日，1988年全国气象局长会议在北京召开。会议主要研究气象部门加快和深化改革的问题；通过了《全国气象部门加快和深化改革的总体设想》及业务技术、气象服务、人事、计财、物资、科技、教育、综合经营等8个分方案。

5月3日，国务院第三次常务会议决定，国家气象局为国务院直属机构。国务院任命邹竞蒙为国家气象局局长。

5月20日，上海区域气象中心成立。

8月28日，国务院批准国家计委、财政部、国家气象局《关于请地方财政合理分担部分气象经费的请示》。请示要求：各级地方政府要把为当地服务的气象事业发展建设列入本地社会经济发展规划和计划，在国家计委和中央财政继续分别承担全国气象事业主要基建投资和事业费的同时，请地方计划部门解决主要为地方城乡经济建设服务需要而新增加项目的基建投资；请地方财政部门尽量酌情解决主要为地方城乡经济建设需要而新增加项目的事业经费和其他开支。

9月7日，中国第一颗气象卫星"风云一号（试验卫星）"在山西太原卫星发射中心发射成功。风云一号为太阳同步轨道气象卫星。

9月10日，李鹏总理主持召开国家机构编制委员会第六次会议，审议通过了国家气象局"三定"方案。国家气象局机构设置为：办公室、天气预报警报管理司、气候监测应用管理司、科技教育司、计划财务司、人事劳动司、技术装备司、外事司、政策法规司，行政编制为260人。10月6日，国家机构编制委员会印发《国家气象局"三定"方案》（国机编〔1988〕31号）。

10月20日，国家技术监督局、国家气象局联合发布通告：从1989年开始，中国台风预报将采用国际热带气旋名称和等级标准。

10月26日—11月2日，全国气象局长工作研讨会在江苏宜兴召开。会议讨论"七五"计划后两年的调整方案和省级气象局机关的"三定"初步方案；讨论修改了《中华人民共和国气象法》草案；通报了全国气象部门表彰"双文明"先进典型的准备情况和初步名单。

11月1日，国家气象局、广播电影电视部、邮电部联合印发《关于加强灾害性天气预报警报的制作、传输和广播的通知》（国气专发〔1988〕66号）。

12月，中央气象台海洋气象导航中心成立，开展海洋气象导航服务，结束了中国没有自己远洋气象导航的历史。

1989年 2月17日，武汉区域气象中心成立。

4月5日，经新闻出版署批准，《中国气象报》正式出刊。

4月10—16日，1989年全国气象局长会议在北京召开。会议总结气象部门深化改革和各方面工作的情况、经验和问题，部署1989年重点工作，研究确定"七五"后两年基本建设计划调整方案、省以下气象部门机构改革以及气象行业管理等问题。

10月28日，人事部批准"北京气象中心"更名为"国家气象中心"。

1990年 1月11—15日，1990年全国气象局长会议在上海召开。会议审议《国家气象局关于气象部门进一步治理整顿和深化改革的意见》《国家气象局关于加强气象部门思想政治工作的决定》《国家气象局关于气象部门廉政建设的若干规定》等文件。

2月12日，国家气象局、中国人民保险公司联合印发《关于加强保险与气象部门合作的联合通知》（国气天发〔1990〕2号）。

2月28日，国家气候变化协调小组成立暨第一次会议在京召开。气候变化协调小组是国务院环境保护委员会有关气候变化评价、对策和外事活动的协调领导机构。国务委员宋健任组长，国家科委副主任李绪鄂、国家气象局局长邹竞蒙、国家环保局局长曲格平任副组长。气候变化协调小组办公室设在国家气象局。

6月，国家气象局印发《关于通过中央电视台播发气象信息的通知》（国气天发〔1990〕17号）。

8月11—17日全国气象局长工作研讨会在山东青岛召开。会议研究完善气象部门现行领导管理体制，提出建立双重计划财务体制的设想，制定"八五"气象事业发展计划的建议，搞好结构调整促进治理整顿和深化改革等问题。

9月3日，中国第二颗"风云一号"试验气象卫星在太原卫星发射中心发射成功。

10月16日，第二次全国气象服务工作会议在上海召开。会议提出：要紧密结合国民经济发展的需要，将做好决策服务和公益服务作为气象服务工作的主要职责，进一步提高服务能力，拓宽服务领域。

12月4日，国家气象局、财政部印发《关于气象部门专业服务收费及其财务管理的补充规定》（国气计发〔1990〕179号）。

12月，中央气象台海洋气象导航中心与中国远洋运输总公司联合开展三大洋气象导航船岸通信联络试验取得成功，使服务领域扩大到全球海域。

1991年 2月26日—3月2日，1991年全国气象局长会议在北京召开。会议讨论通过国家气象局关于气象事业发展十年规划（1991—2000）的意见和《全国气象事业第八个五年计划（草案）》。

5月1—23日，国家气象局局长邹竞蒙为团长的中国气象代表团参加在日内瓦召开的世界气象组织第十一次大会，邹竞蒙再次当选为世界气象组织主席。

5—7月，江淮流域出现持续性特大暴雨洪涝。梅雨期内江淮一带总雨量普遍在500 mm以上，江苏、安徽、湖北和河南部分地区的雨量达700～1200 mm。特大暴雨洪涝给江河湖泊安全和受影响地区的人民生命财产造成严重威胁。气象部门对梅雨时间、多次重大暴雨天气过程做出准确预报，为抗洪救灾决策，特别是为蒙洼蓄洪区推迟7小时分洪提供了科学依据和气象保障。

6月15日，中国第一个中期数值预报业务系统正式建成，并投入业务运行，预报时效由3天延长至5天。

7月7日，广州区域气象中心成立。

10月，国家气象局在青岛召开全国气象科技兴农会议，提出气象科技兴农是以农业服务为重点的方针在新时期的深化和发展。

1992年 1月18—22日，1992年全国气象局长会议在湖北武汉召开。会议审议通过国家气象局关于贯彻党的十三届八中全会的决定和"八五"气象事业发展计划；表彰1991年防汛减灾气象服务先进集体和先进个人。

5月2日，国务院印发《国务院关于进一步加强气象工作的通知》（国发〔1992〕25号）。通知要求：继续加强气象科学研究和现代化建设，不断改进天气、气候监测预测和通信技术，提高服务能力；各级人民政府要进一步加强对气象工作的领导，积极推进气象科学技术现代化，积极发展主要为当地经济建设服务的地方气象事业；建立健全与气象部门现行领导管理体制相适应的双重气象计划体制和相应的财务渠道；完善气象部门的管理体制，保持气象部门的机构、编制的相对稳定。

5月25日，国家气象局至中南海的光纤通信业务开通。

6月4日，国家气象局《气象信息》节目在中南海闭路电视系统中试播。

6月22日，国家气象局决定在青海省海南州共和县瓦里关山建立中国大气本底基准观象台。

8月16—22日，全国气象局长工作研讨会在黑龙江哈尔滨召开。会议主要研讨气象部门深化改革加速发展的重点任务和主要改革措施，提出改革以事业结构调整和建立完善响应的运行机制为重点，讨论修改了气象事业发展纲要和十年规划，交流贯彻国务院〔1992〕25号文件的情况。

9月25日，"风云一号"气象卫星资料接收处理应用系统在北京通过鉴定。这是继美国之后，世界上第二个由多个地面站和资料处理中心组成的现代化的大型气象卫星应用系统。

11月18日，中国自行研制的"银河-Ⅱ"巨型计算机国家鉴定会在湖南长沙召开，国家气象中心与国防科技大学合作开发的中期数值天气预报软件系统在"银河-Ⅱ"计算机上试算成功，气象部门成为第一个用户。

1993年
3月1日，中央电视台新闻联播天气预报节目开始上主持人，面向公众直播天气预报。

4月6—10日，1993年全国气象工作会议在北京召开。国务委员宋健出席开幕式并作重要讲话，国务院总理李鹏发来贺信，国务院有关部门的领导同志出席了开幕式。会议主要审议《气象事业发展纲要（1991—2020）》《气象事业发展十年规划（1991—2000）》。

4月19日，国务院印发《关于国务院机构设置的通知》（国发〔1993〕25号）。通知指出，国家气象局由国务院直属机构改为国务院直属事业单位，改称"中国气象局"，为8个国务院直属事业单位之一。

6月14日，中央机构编制委员会办公室通知，国家气象局更名为中国气象局，继续履行原国家气象局的职能。

7月1日，国务院办公厅印发《国务院办公厅关于公开发布天气预报有关问题的复函》（国办函〔1993〕45号），要求：国家对公开发布天气预报和灾害性天气警报实行统一发布制度，由中国气象局管辖的各级气象台（站）负责发布，其他部门、单位及个人未经省级或省级以上气象部门同意，均不得向社会公开发布各类天气预报和灾害性天气警报；其他部门所属的气象台（站）或机构，只负责向本部门发布天气预报；通过广播、电视、报刊、电话等手段向社会公开发布的天气预报和灾害性天气警报，一定要利用气象部门提供的适时气象信息。

8月25—31日，全国气象局长工作研讨会在山东青岛召开。会议主要研究如何进一步加快气象事业结构调整问题。

9月7日，兰州区域气象中心成立。

10月14日，中国首台"银河-Ⅱ"巨型计算机中期数值天气预报新业务系统运行庆典在北京举行。中央政治局常委、中央军委副主席刘华清发来贺信，国务院副总理邹家华等领导同志出席庆典并接见了国家气象中心、国防科技大学等单位的科技人员。

10月21日，沈阳区域气象中心成立。

1994年
1月28日，中国气象局下发《气象事业发展纲要（1991—2020年）》和《气象事业发展十年规划（1991—2000年）》。

2月21日，国务院办公厅印发《关于组建国家气候中心有关问题的通知》（国办通〔1994〕10号），同意组建国家气候中心，为中国气象局直属司局级事业单位。

2月22—26日，1994年全国气象局长会议在云南昆明召开。会议主要内容：审议通过1994—2000年《气象事业结构调整规划》《关于当前加强气象为农业和农村经济发展服务的若干措施意见》；表彰在1993年汛期和春秋季气象服务工作中做出突出成绩的先进集体和先进个人。

3月23日，中国气象局决定从当年起每年向社会及有关部门发布《中国气候公报》。

4月26日，国务院办公厅印发《中国气象局机构编制方案》（国办发〔1994〕61号）。方案决定：将国家气象局更名为中国气象局，为国务院直属事业单位，经国务院授权，继续承担全国气象工作的政府行政管理职能；强化对气象事业宏观管理的职能，完善以部门为主的双重领导管理体制，完善与双重领导体制相适应的双重计划财务体制，推进气象事业结构调整。中国气象局机构设置为：办公室、业务发展与天气司、气象服务与气候司、科技教育司、计划财务司、人事劳动司、政策法规司、产业发展与装备部、国际合作部共9个职能司（室、部），机关编制为252名。

5月1日，中央电视台《天气预报》节目中增加播出南沙群岛的天气预报。

5月13日，人事部、中国气象局联合印发《气象事业单位贯彻〈事业单位工作人员工资制度改革方案〉

的实施意见》（人薪发〔1994〕21号）。

5月27日，国务院办公厅印发《国务院办公厅关于同意建立人工影响天气协调会议制度的通知》（国办通〔1994〕25号），同意建立人工影响天气协调会议制度。由中国气象局作为牵头单位，中国气象局局长任召集人；国家计委、国家经贸委、国家科委、财政部、民政部、农业部、水利部、民航总局、中国气象局、中国科学院、总参、空司为协调会议制度成员单位。

8月17—21日，全国气象局长工作研讨会在新疆乌鲁木齐召开。会议主要内容：分析基本气象系统特别是气象现代化管理工作中存在的主要问题，研究解决原则和措施；研讨地方气象事业和国家气象事业的关系及协调发展问题，探索将地方气象事业纳入统一规划；研究建立和优化现代化科学管理体系，明确各级事权，提高决策水平和办事效率。

8月18日，国务院总理李鹏签发中华人民共和国国务院第64号令，发布《中华人民共和国气象条例》，自发布之日起施行。

8月23日，中国气象局、中国科学院、国家自然科学基金委员会和中国气象学会联合在京召开大气科学基础研究战略研讨会，审议并原则通过《关于加强中国大气科学基础研究工作的意见和建议》。

9月14日，世界气象组织南京区域气象培训中心在南京气象学院成立。

9月17日，位于青海省瓦里关山的全球第一个大陆型基准观象台——中国大气本底基准观象台正式开始业务运行。

10月18日，全国人工影响天气协调会议成立会议暨第一次全体会议在京召开。会议审议通过《全国人工影响天气协调会议的组成、主要任务和会议制度》。

12月30日，成都区域气象中心成立。

1995年 1月6—10日，1995年全国气象局长会议在北京召开。会议审议中国气象局关于贯彻党的十四届四中全会精神的意见，部署"九五"计划的编制工作，表彰气象部门1994年汛期服务先进集体和个人。

1月10日，国家气候中心正式成立。

3月22日，全国人工影响天气工作会议在北京召开。会议主题是：贯彻落实中央农村工作会议精神，回顾和总结中国人工影响天气工作取得的主要进展和经验，明确工作方针和发展目标，促进人工影响天气工作上一个新台阶的措施。

4月6日，中共中央政治局委员、国务院副总理姜春云到中国气象局视察指导工作。

4月19日，第三次全国气象服务工作会议在湖北宜昌召开。会议提出：坚持在公益服务与有偿服务中把公益服务放在首位，在决策服务和公众服务中把决策服务放在首位，在为国民经济各行各业服务中，以农业服务为重点的"两首位一重点"气象服务理念。

7月10日，国家气象中心首次发布《中国责任海区（XI-lOR）海洋气象公报》，并正式投入业务运行。

8月22日，中共中央总书记江泽民为人民气象事业创建50周年题词：继承和发扬延安精神，促进气象事业迅速发展。

8月31日，国务院总理李鹏视察中国气象局，参观国家气象中心，看望延安时期部分老气象工作者并发表了重要讲话。

9月1日，人民气象事业创建50周年纪念大会在北京举行。国务院副总理姜春云到会讲话，高度评价气象部门为经济建设和社会事业发展做出的重要贡献。

10月26日，中央机构编制委员会办公室印发《全国各地气象部门机构编制方案》（中编发〔1995〕13号），方案明确：省级气象局内设机构由原来的平均11个减少到9个左右，直属单位一般设置8个左右；地、州、市气象局内设机构一般控制在5个左右；县（市）气象机构不设内设机构，实行一专多能；气象部门的人员编制总数为61 132人（不含海南省）。

1996年 1月8日，中国气象局、广播电影电视部联合印发《关于进一步加强电视天气预报工作的通知》（中气候发〔1996〕3号）。

1月17—20日，中国气象局在北京召开全国气象科技大会。会议提出"科教兴气象"的发展战略和总体要求，讨论并原则通过《中国气象局关于贯彻落实〈中共中央、国务院关于加速科学技术进步的决定〉的意见》大会开幕当日，中共中央总书记、国家主席、中央军委主席江泽民视察了中国气象局，接见全体会议代表，并作重要讲话。

1月21—24日，1996年全国气象局长会议在北京召开。会议主要内容：总结全国气象部门"八五"期间取得的成就，确定今后15年气象事业发展的奋斗目标；部署"九五"期间的主要任务；审议《全国气象事业发展规划（1996—2010年）》和《气象事业发展第九个五年（1996—2000年）计划》；安排1996年的工作。

3月2日，中国气象局气候咨询与评议委员会在北京成立，叶笃正、周秀骥分别担任主席、副主席。

3月18日，国务院办公厅转发《中国气象局〈关于加强人工影响天气工作的请示〉》（国办发〔1996〕6号）。请示中要求，各级政府要进一步加强和完善对人工影响天气工作的领导，各有关部门要加强协作，逐步建立有效的协作制度；各级气象部门要积极拓展服务领域，做好人工影响天气的组织、管理、指导与服务工作。

6月16日，中央组织部以组任字〔1996〕84号文，任命温克刚为中国气象局党组书记。8月1日，国务院以国人字〔1996〕69号文，任命温克刚为中国气象局局长。10月8日，国务院以国人字〔1996〕89号文，任命邹竞蒙为中国气象局名誉局长。

8月29日—9月2日，全国气象局长工作研讨会在山东威海召开。会议主要研究气象事业如何实现可持续发展问题。

9月，中国气象局成立决策气象服务的业务协调机构——中国气象局决策气象服务中心。

12月13日，经国务院批准，中国气象局设立"中华气象人才基金"（基金来源于中国气象局原局长邹竞蒙担任世界气象组织主席期间津贴），奖励对中国气象事业做出突出贡献的杰出气象科技人才。

12月17日，国家环境保护局、中国气象局联合印发《关于加强大中型建设项目环境影响评价中气象资料使用管理的通知》（环监〔1996〕980号）。

1997年　1月22—25日，1997年全国气象局长会议在北京召开。会议主要内容：学习贯彻党的十四届五中、六中全会和中央经济工作会议精神；总结1996年的工作，部署1997年的主要任务。

1月24日，国务院副总理邹家华视察中国气象局，接见了出席全国气象局长会议的代表并做重要讲话。25日，中共中央政治局常委、全国人大常委会委员长乔石视察中国气象局，接见了出席全国气象局长会议的代表并作重要指示。

4月23日，中国气象局第一届气候咨询与评议委员会第一次全会暨中国"九五"重大气候计划科学研讨会在北京召开。

5月5日，中央电视台增加凌晨《天气预报》节目和经济栏目《气象信息》节目，增加早间《气象服务》节目，由主持人播讲。

5月24—28日，全国气象局长工作研讨会在山东青岛召开。会议对气象事业性质的法律定位等6个重大问题进行了讨论，并对《中华人民共和国气象法（讨论稿）》进行修改。

6月10日，中国第一颗静止气象卫星"风云二号A"（试验卫星）在四川西昌卫星发射中心成功发射。11日，国务院总理李鹏在西昌市亲切接见参加风云二号气象卫星发射工作的有关人员。风云二号气象卫星于1998年1月1日正式投入业务运行，向国内外播发云图。

7月4日，全球气候观测系统中国委员会在北京成立。中国委员会由中国气象局牵头，国家环保局、国家海洋局、中国科学院和国家计委、国家科委、外交部、国家教委、财政部、农业部、林业部、水利部、中国民航总局等13个单位的领导和专家组成。委员会办公室设在中国气象局。

11月27日，国务院办公厅转发《中国气象局〈关于加快发展地方气象事业的意见〉》（国办发〔1997〕43号）。意见主要内容：发展地方气象事业，建立与国家财政体制相适应的地方气象投入体制，地方各级人民政府要充分考虑到气象部门的特殊性，切实采取措施改善气象职工的工作和生活条件。

12月27日，重庆市气象局成立。

1998年　1月11—15日，1998年全国气象局长会议在上海召开。会议结合研究深入贯彻落实党的十五大精神的措施和意见；审议《1998年各省（区、市）气象局工作目标》；总结1997年工作，部署1998年工作任务。

5月3日，科学技术部、中国气象局在广州联合召开四大气象科学试验（第二次青藏高原大气试验、南海季风试验、华南暴雨试验和淮河流域能量与水分循环试验）新闻发布会，四大气象科学试验正式启动。

6—8月，长江流域、嫩江流域发生特大暴雨洪涝灾害，期间降水量之多，流域洪峰水位之高、持续时间之长属历史罕见。长江流域大部地区6—8月频降暴雨、大暴雨，沿江及江南部分地区总降水量1000 mm，比历史同期偏多6成以上。受灾人口超过1亿，造成的经济损失超过1500亿元。嫩江流域6—8月不断受低压槽和冷涡影响，出现大面积、持续不断的大到暴雨天气，部分地区降水量达500～700 mm，松花江、嫩江水位超警戒水位和历史最高水位，出现百年一遇特大洪水，受灾人口1000余万，造成的经济损失近500亿元。气象部门对这些暴雨灾害都提供了及时有效的服务。

10月19日，国务院办公厅印发《中国气象局职能配置、内设机构和人员编制规定》（国办发〔1998〕137号）。规定指出，中国气象局是经国务院授权、承担全国气象工作政府行政管理职能的国务院直属事业单位。中国气象局设办公室、监测网络司、预测减灾司、科技教育司、计划财务司、人事劳动司、政策法规司、外事司8个职能司（室）和机关党委，机关事业编制200名。离退休干部工作机构、后勤服务机构及编制按有关规定另行核定。中国气象局新的机构于1999年1月1日起运行。

1999年

1月13—15日，1999年全国气象局长会议在陕西西安召开。会议总结1998年气象工作经验，分析面临的形势；部署1999年重点任务和工作目标。

4月，中央气象台正式开展森林火险气象等级预报。

5月10日，山西太原卫星发射中心成功将风云一号C气象卫星送入太阳同步轨道。

8月10日，"全球航海智能系统"发布会召开，该系统由中央气象台、英国海军水文局、中远集团合作开发，为航海和航运提供有效的导航技术保障。

9月8—10日，全国气象局长工作研讨会在山东青岛召开。会议主要学习党中央、国务院有关改革的文件精神，研讨气象部门事业单位改革、科技产业发展等问题。

10月1日，中国气象局正式启用中国气象局局徽和中国气象徽标。

10月31日，经第九届全国人大常委会第十二次会议审议通过，由国家主席江泽民签发第23号主席令公布《中华人民共和国气象法》，自2000年1月1日起施行。这是中国第一部气象法律。

12月3日，中共中央政治局委员、国务院副总理温家宝视察中国气象局，要求气象部门创一流的技术、一流的装备、一流的工作、一流的气象台站。

12月30日，公安部、中国气象局联合印发《关于加强公安机关和气象部门工作配合积极预防高速公路交通事故的通知》（公通字〔1999〕103号）。

2000年

1月1日，中央气象台发布热带气旋警报增加使用台风委员会命名的热带气旋名称。

1月16—18日，2000年全国气象局长会议在安徽合肥召开。会议主要审议"十五"期间气象事业发展的基本思路；总结1999年气象工作，部署2000年的主要任务。

5月11日，第四次全国气象服务工作会议在上海召开。会议提出气象服务是立业之本，要努力做到"一年四季不放松，每个过程不放过"。

6月25日，四川西昌卫星发射中心成功将风云二号B气象卫星送入地球同步轨道。风云二号B气象卫星于2001年1月1日正式投入业务应用，标志着中国的卫星气象事业向前迈进了重要一步。

8月18—21日，全国气象局长工作研讨会在宁夏银川召开。会议主要研究气象部门积极参与西部大开发、加快西部气象事业发展和气象事业发展第十个五年计划等问题。

9月28日，经国家教育部批准，成都气象学院更名为成都信息工程学院。

11月23日，中央组织部在中国气象局全体干部大会宣布党中央、国务院的任命：秦大河任中国气象局局长、党组书记。

12月24日，中国自行生产的第一部CINRAD-CC（3830）多普勒天气雷达在昆明通过验收并交付云南省气象局使用。

| 2001年 | 1月5—7日，2001年全国气象局长会议在北京召开。会议主要贯彻国务院依法行政工作会议精神，检查《中华人民共和国气象法》颁布实施一年来的气象工作情况；总结2000年气象工作，部署2001年重点工作任务。
3月1日，中国沙尘暴预警系统投入业务运行。中央气象台在中央电视台（第一频道）《天气预报》节目中正式发布了中国首期沙尘暴预报。
6月22日，中国气象局下发《全国气象事业发展第十个五年计划》。
7月14日，中央机构编制委员会印发《地方国家气象系统机构改革方案》（中编发〔2001〕1号）。方案主要明确管理机构新增和加强的职能以及调整后的主要职责；国家气象系统地方编制由原来的61 132名（不含海南省）减为54 032名。
7月30日，中央电视台（第十频道）《今日气象》节目开播。 |
|---|---|
| 2002年 | 1月7—9日，2002年全国气象局长会议在江西南昌召开。会议主要总结2001年气象工作，分析气象事业发展形势；部署2002年气象工作任务。
3月19日，国务院总理朱镕基签署中华人民共和国国务院第348号令，公布《人工影响天气管理条例》，自2002年5月1日起施行。
4月5—6日，国家气候委员会在北京召开首届中国气候大会。中共中央政治局常委、全国人大常委会委员长李鹏向大会发来贺信，全国政协副主席胡启立出席大会并讲话。会议讨论了国家气候委员会提交的《中国国家气候计划纲要（2001—2010年）》和全球气候观测系统中国委员会提交的《中国气候系统观测计划》，审议并通过了《关于加强我国气候工作的建议》。
5月15日，山西太原卫星发射中心成功将风云一号D气象卫星送入太阳同步轨道。
7月18日，中国气象局与北京大学、南京大学、浙江大学、中山大学、兰州大学、云南大学、北京师范大学、中国科技大学、青岛海洋大学等高等院校的合作全面启动。
10月18日，中共中央政治局常委、国务院总理朱镕基，政治局委员、副总理温家宝一行视察中国气象局，并做重要讲话。 |
| 2003年 | 1月5—7日，2003年全国气象局长会议在北京召开。会议主要总结党的十三届四中全会以来13年气象事业发展的基本经验，明确21世纪前20年中国气象事业发展目标、工作思路和主要任务；总结2002年气象工作，部署2003年重点任务。
3月3日，中央气象台在中央电视台《新闻联播》后播出的《天气预报》节目新版面世，全国和城市天气形势预报延长至72小时。
3月23日，著名气象学家、地理学家竺可桢先生铜像揭像仪式在江苏省南京市北极阁举行。周光召院士为铜像题名。
3月31日—4月3日，国家气候委员会在北京召开气候变化国际科学讨论会。中共中央政治局委员、国务院副总理回良玉出席开幕式并讲话，世界气象组织秘书长奥巴西、国务院有关部委的领导出席了会议，来自45个国家和地区及国际组织的代表，国内有关部门、大学、科研院所400余名代表参加了这一科学盛会。会议主题为"气候变化——科学与可持续发展"。会议交流了气候变化的科学问题，气候变化涉及的相关政治、经济、环境等问题。
5月23日，中央编制办公室以中央编办复字〔2003〕18号文批准成立中国气象局大气探测技术中心。
8月26—27日，全国气象局长工作研讨会在河北廊坊召开。会议主要研讨中国气象事业发展战略。
10月22日，国务院副总理回良玉在国务院主持会议，听取中国气象局局长秦大河关于中国气象事业发展战略研究的汇报和中国科学院孙鸿烈院士等9位专家的发言。 |
| 2004年 | 1月8—9日，2004年全国气象局长会议在北京召开。会议主要部署中国气象事业发展战略研究工作；总结2003年气象工作，部署2004年气象工作任务；表彰汛期气象服务工作先进集体和个人。
2月23日，中国气象局在北京举行"世界天气信息服务中文网"开通仪式。中国气象局局长秦大河，世界气象组织主席别得里茨基（Alexander Bedritsky）、秘书长米歇尔·雅罗（Michel Jarraccd）出席了开通仪式。 |

2月24日，第48届国际气象组织奖颁奖仪式在人民大会堂举行。中国科学院资深院士、中国气象学会名誉理事长叶笃正荣获该奖。中共中央政治局委员、国务院副总理回良玉出席了颁奖仪式，并会见了世界气象组织主席别德里茨基、世界气象组织秘书长米歇尔·雅罗及叶笃正先生等。

5月17日，中国气象局、国家安全生产监督管理局、中国民用航空总局、国务院中央军委空中交通管制委员会办公室联合印发《关于加强对气球和风筝等升空物体管理确保航空飞行安全的通知》（气发〔2004〕126号）。

7月1日，中国气象局国家空间天气监测预警中心投入业务运行，正式发布空间天气预报。

8月17日，中国气象局开通"中国气象科学数据共享服务网"，标志着由国家和省两级组成的、覆盖全国、连通世界的公益性气象数据共享服务网络正式形成。

8月30日—9月1日，全国气象局长工作研讨会在北京召开。会议主要学习领会和应用中国气象事业发展战略研究成果，分析研究实施三大战略情况，研究进一步加强基层气象台站工作。

10月8日，中国气象局、建设部联合印发《关于加强气象探测环境保护的通知》（气发〔2004〕247号）。

10月19日，中国第一颗业务型地球静止轨道气象卫星——风云二号C，在四川西昌卫星发射中心发射成功，于2005年6月1日风云二号C气象卫星正式投入业务运行。

11月29日，中共中央政治局委员、国务院副总理回良玉在人民大会堂主持召开《中国气象事业发展战略研究》成果汇报会议，来自全国人大、全国政协以及国务院有关部门的领导和专家共300余人参加会议。中国气象事业发展战略研究是在国务院直接领导下，由中国气象局牵头于2003年4月启动。战略研究成果于2006年国务院以《国务院关于加快气象事业发展的若干意见》（国发〔2006〕3号）下发，为新世纪气象事业发展奠定了基础。

2005年 1月4日，中国气象局、中国电信集团公司联合印发《关于进一步加强气象信息服务合作的通知》（气发〔2005〕2号）。

1月18日，中国杰出的气象学家、新中国气象事业的创始人、卓越的社会活动家涂长望先生铜像落成仪式在中国气象局举行。

1月20—21日，2005年全国气象局长会议在北京召开。会议主要总结2004年气象工作，部署实施中国气象事业发展战略工作和2005年气象工作任务。

3月17日，中央机构编制委员会办公室同意中国气象局气象信息中心更名为"国家气象信息中心"。

4月4日，国务院办公厅印发《国务院办公厅关于加强人工影响天气工作的通知》（国办发〔2005〕22号），通知要求充分认识人工影响天气工作的重要性，总结经验，完善机制，不断提高人工影响天气的效益和水平。

9月15—17日，全国气象局长工作研讨会在北京召开。会议重点研讨气象业务技术体制改革的有关重大问题。

2006年 1月4日，国务院总理温家宝主持召开国务院常务会议，研究部署加快气象事业发展工作，会议原则通过《国务院关于加快气象事业发展的若干意见》。

1月12日，国务院印发《国务院关于加快气象事业发展的若干意见》（国发〔2006〕3号）。文件明确了气象事业发展的指导思想，未来发展目标：到2010年，初步建成结构合理、布局适当、功能齐备的综合气象观测系统、气象预报预测系统、公共气象服务系统和科技支撑保障系统，使气象整体实力达到20世纪末世界先进水平；到2020年，建成结构完善、功能先进的气象现代化体系，使气象整体实力接近同期世界先进水平，若干领域达到世界领先水平。

1月12—13日，2006年全国气象局长会议在北京召开。会议主要贯彻落实《国务院关于加快气象事业发展的若干意见》精神，总结"十五"计划成功经验，明确"十一五"计划主要任务；部署2006年重点工作。

5月18—19日，以"合作、创新、发展"为主题的全国气象科学技术大会在北京召开。会议由中国气象局、科技部、国防科工委、中国科学院、国家自然科学基金委员会联合主办，是国内首次由多部门共同主办的全国气象科技盛会。中共中央政治局委员、国务院副总理回良玉出席开幕式并作重要讲话。中国气象局局长秦大河主持开幕式，并作了工作报告；其他主办部门领导出席会议并致词。会议为荣获全国气象科技工作先进集体、全国气象科技先进工作者称号的单位和个人颁奖。会议讨论修改了《气象科学和技术发展规划纲要》。来自中央和国家有关部委局、集团公司、社会团体，各省（自治区、直辖市）和计划单列市政府、科技厅（委）、气象局，新疆生产建设兵团等行业部门的领导，全国与气象相关的高等院校的领导和代表，以及特邀两院院士和专家、全国气象工作先进集体代表和全国气象科技先进工作者等近500人参加本次大会。

5月18日，中国气象频道正式开播，这是一个全天候提供权威、实用、细分的各类气象信息和其他相关生活服务信息的专业化电视频道。

7月5日，国务院办公厅印发《国务院办公厅关于进一步做好防雷减灾工作的通知》（国办发明电〔2006〕28号）。通知要求：切实做好雷电天气预测预报工作，提高雷电天气的预报警报水平，及时发布雷电灾害预警信息，认真落实防雷安全措施，进一步加强防雷减灾管理等。

7月10日，中国气象局、中国民用航空总局、国务院中央军委空中交通管制委员会办公室联合印发《关于进一步加强施放气球安全管理工作的通知》（气发〔2006〕184号）。

7月26日，中国气象局、国家安全生产监督总局联合印发《关于进一步加强防雷安全管理工作的通知》（气发〔2006〕199号）。

9月20—22日，全国气象局长工作研讨会在北京召开。会议主要贯彻《国务院关于加快气象事业发展的若干意见》精神，分析气象事业发展、改革、创新所面临的新形势和新任务；研讨气象为社会主义新农村建设服务、业务技术体制改革问题。

12月8日，中国第二颗业务型地球静止轨道气象卫星——风云二号D，在四川西昌卫星发射中心成功发射，实现了中国静止气象卫星双星观测。

12月28—29日，2007年全国气象局长会议在北京召开。会议提出以深化业务技术体制改革为动力，推动气象事业又好又快发展；总结2006年气象工作，研究部署2007年重点任务。

2007年 1月12日，风云二号D星第一套图像获取观摩仪式暨空间天气业务发展战略报告会在中国气象局举行。同日，气候变化专家委员会成立暨第一次工作会议在中国气象局召开。

1月29日，公安部、中国气象局联合印发《关于建立道路交通安全气象信息交换和发布制度的通知》（公交管〔2007〕22号）。

2月18日，农历正月初一，中共中央总书记、国家主席、中央军委主席胡锦涛慰问甘肃省气象局节日值班的干部职工。

3月22日，中国共产党中央委员会通知：郑国光任中国气象局局长、党组书记。4月4日，国务院通知：任命郑国光为中国气象局局长。24日，经国务院批准，中国政府指派中国气象局局长郑国光接替秦大河担任世界气象组织中国常任代表。

5月25日，中国气象局、教育部联合印发《关于加强学校防雷安全工作的通知》（气发〔2007〕152号）。

6月1日，风云二号静止气象卫星（风云二号C星和风云二号D星）正式启动双星加密观测模式，每隔15分钟可获取一张卫星云图资料。

6月3日，国务院印发《国务院关于印发中国应对气候变化国家方案的通知》（以下简称《国家方案》）（国发〔2007〕17号）。通知要求：充分认识应对气候变化的重要性和紧迫性，明确实施《国家方案》的总体要求，落实控制温室气体排放的政策措施，增强适应气候变化的能力，充分发挥科技进步和技术创新的作用等。

6月14日，中国气象局、铁道部联合印发《关于做好铁路运输安全气象保障工作的通知》（气发〔2007〕196号）。

7月5日，国务院办公厅印发《国务院办公厅关于进一步加强气象灾害防御工作的意见》（国办发〔2007〕49号）。通知要求：大力提高气象灾害监测预警水平，切实增强气象灾害应急处置能力，全面做好气象灾害防范工作，进一步完善气象灾害防御保障体系，加强气象灾害防御工作的组织领导和宣传教育，努力提高全社会对气象灾害的防范意识。

7月28日，中国气象局、国家发展和改革委员会联合印发《关于印发〈气象事业发展"十一五"规划〉的通知》（气发〔2007〕253号）。

8月31日—9月3日，全国气象局长工作研讨会在北京召开。会议主要内容：深入贯彻国务院3号文件和国办49号文件精神，研究气象事业发展所面临的一系列重大现实课题和深入推进全国气象部门思想建设、文化建设和作风建设问题。

9月18日，中国气象局在北京召开全国气象防灾减灾大会。中共中央政治局委员、国务院副总理回良玉出席会议并做重要讲话。国务院副秘书长主持会议，中国气象局局长郑国光做题为"积极应对气候变化，全面防御气象灾害，为构建社会主义和谐社会提供强有力的气象保障"的报告会议总结近年来气象防灾减灾工作经验，研究气象灾害监测、预警、信息发布、应急管理和防御等方面工作。

9月28日，中国气象局、中国科学技术协会联合印发《关于进一步加强气象防灾减灾和气候变化科普宣传工作的通知》（气发〔2007〕333号）。

9月30日，中国气象局、信息产业部联合印发《关于进一步做好气象灾害应急预警信息发布和传播工作的通知》（气发〔2007〕357号）。

10月29日，中国气象局、国家广播电影电视总局联合印发《关于进一步加强广播电视气象灾害预警信息发布工作的通知》（气发〔2007〕378号）。

11月5日，中国气象局、科学技术部、教育部、国防科学技术工业委员会、中国科学院、国家自然科学基金委员会联合印发《国家气象科技创新体系建设意见》（气发〔2007〕385号）。

12月9日，国务院办公厅印发《国务院办公厅关于加强抗旱工作的通知》（国办发〔2007〕68号），通知要求：充分认识加强抗旱工作的重要性；明确指导思想、基本原则和目标任务；加强抗旱工作的主要任务；加强抗旱工作的保障措施；加强对抗旱工作的组织领导。

12月21日，国务院办公厅发出《国务院办公厅关于做好防范大雾天气影响交通安全工作的紧急通知》（国办发明电〔2007〕54号）。通知指出：要高度重视大雾天气的防范应对工作；切实加强监测、预报、预警工作；加强科学管理，落实应对措施，防范和减轻大雾天气对交通安全的影响；加大宣传和培训工作力度，提高全社会应对大雾天气的意识和能力。

2008年　1月7日，中国气象局、科学技术部联合印发《关于加强气候变化和气象防灾减灾科学普及工作的通知》（气发〔2008〕3号）。

1月10日—2月2日，中国大部地区，尤其是南方地区连续出现了持续的大范围低温雨雪冰冻天气，给人民群众的生产生活带来严重影响。1月25日中国气象局启动重大气象灾害预警应急预案Ⅲ级应急响应命令，27日又启动了Ⅱ级应急响应命令。

1月11—12日，2008年全国气象局长会议在北京召开。会议全面总结党的十六大以来中国特色气象事业发展的成就和经验，明确今后改革发展的目标和任务，部署2008年重点工作。

4月2日，中央编制办公室以中央编办复字〔2008〕43号文批准，中国气象局大气探测技术中心更名为中国气象局气象探测中心。

5月8日，中国气象局公共气象服务中心成立。

5月12日，四川汶川发生8级地震，中国气象局启动地震灾害气象服务Ⅱ级应急响应命令，要求各级气象部门及时组织开展抗震救灾的各项气象服务工作，为抗震救灾提供科学数据和气象保障服务。

5月27日，中国新一代极轨气象卫星风云三号A星在太原卫星发射中心发射成功。

6月11日，国务院办公厅发出《关于做好强降雨防范工作的通知》（国办发明电〔2008〕32号），通知指出：5月下旬以来，南方大范围强降雨天气造成严重人员伤亡和财产损失，要高度重视强降雨防范工作；切实加强预测预报；确保水库、江河防洪安全；严密防范山洪、滑坡、泥石流等灾害；全面落实各项防汛避险措施；全力以赴做好各项救灾工作。

7月2日，中国民用航空局、中国气象局联合印发《关于加强天气会商与资料共享合作的通知》（民航发〔2008〕60号）。

7月22日，中国气象局召开奥运气象赛时服务动员誓师电视电话会议。27日，奥运会开闭幕式人工消（减）雨工作协调会议在北京召开。

8月8日，第29届夏季奥林匹克运动会开幕式在北京开幕。面对复杂多变的天气形势，中国气象局按照党中央、国务院关于全力办好奥运会的部署和要求，围绕"有特色、高水平"奥运气象服务目标，为奥运火炬接力珠峰传递和境内外134个城市的传递、奥运会开闭幕式、奥运会体育赛事、城市运行保障、公众出行观赛等提供了出色的气象服务。气象部门在奥运史上首次成功实施人工消（减）雨作业，保障了开幕式、闭幕式顺利进行。

9月22—25日，全国气象局长工作研讨会在北京召开。会议主要内容：分析和把握气象事业科学发展面临的新形势、新要求和新任务，深入研讨影响和制约气象事业科学发展的思想观念、发展方式和体制机制问题，科学谋划当前和今后一个时期气象事业发展的重点、难点和突破点。

9月26日，第五次全国气象服务工作会议在北京召开。会议提出：要坚持公共气象的发展方向，建设公共气象服务体系，明确了公共气象服务的定位、内涵、属性和发展思路，坚持把气象服务作为立业之本，坚持公共气象服务引领气象事业发展，不断提高决策气象服务、公众气象服务、专业气象服务和气象灾害防御的能力和水平，努力实现公共气象服务机构实体化、队伍专业化、业务现代化。

11月14日，中国气象局、国家发展和改革委员会联合印发《人工影响天气发展规划（2008—2012年）》（气发〔2008〕471号）。

12月23日，中国第三颗业务静止气象卫星风云二号E星在四川西昌卫星发射中心发射成功。

2009年 1月6—7日，2009年全国气象局长会议在江苏南京召开。会议提出继续深化改革开放，全面推动气象事业科学发展；总结2008年气象工作，部署2009年重点工作。

2月16日，首届邹竞蒙气象科技人才奖颁奖仪式在北京举行，叶成志等5人获奖。

5月26日，中国气象局印发《关于区域气象中心更名的通知》。中国气象局北京、沈阳、上海、武汉、广州、成都、兰州区域气象中心分别更名为中国气象局华北、东北、华东、华中、华南、西南、西北区域气象中心；中国气象局乌鲁木齐区域气象中心名称不做变更。

8月27日，第十一届全国人民代表大会常务委员会第十次会议审议通过《全国人大常委会关于积极应对气候变化的决议》。

9月7日，中国气象局印发《现代农业气象业务发展专项规划（2009—2015年）》。

9月22日，联合国气候变化峰会在纽约联合国总部举行，国家主席胡锦涛出席峰会开幕式并发表了题为《携手应对气候变化挑战》的重要讲话。

11月12日，国务院办公厅发出《关于做好强降雪防范应对工作的通知》（国办发明电〔2009〕25号），通知要求：要高度重视强降雪防范应对工作，确保城乡群众正常生活秩序，努力保障交通运输安全畅通，切实保证工农业生产正常运行，进一步加强监测预警和信息发布，切实安排好值班工作。

11月20日，中国气象局、国家电网公司联合印发《关于做好灾害性天气预警和应对工作确保电网安全的通知》（气发〔2009〕418号）。

11月25日，风云二号E静止气象卫星成功接替风云二号C星，投入业务运行。

12月6—7日，全国气象局长工作研讨会在北京召开。会议主要内容：分析推动气象事业发展面临的形势、任务和要求，研究"十二五"气象事业发展的思路、目标和举措，讨论现代气象业务体系建设的重点、难点和突破点，全面推动气象事业科学发展。

12月8日，中国气象局成立60周年庆祝大会在北京召开。

12月11日，中共中央政治局常委、国务院总理温家宝到中国气象局考察，他强调，气象工作要坚持公共气象的发展方向，把提高气象服务水平放在首位，大力推进气象科技创新，加强一流装备、一流技术、一流人才、一流台站建设，构建整体实力雄厚、具有世界先进水平的气象现代化体系，为经济社会发展、人民生活和国家安全提供一流的气象服务。

同日，国务院办公厅以国办函〔2009〕120号文印发《国务院办公厅关于印发国家气象灾害应急预案的通知》，通知明确：发生跨省级行政区域大范围的气象灾害，并造成较大危害时，由国务院决定启动相应的国家应急指挥机制，统一领导和指挥气象灾害及其次生、衍生灾害的应急处置工作；高温、沙尘暴、雷电、大风、霜冻、大雾、霾等灾害由地方人民政府启动相应的应急指挥机制或建立应急指挥机制负责处置工作，国务院有关部门进行指导。

2010年 1月7—8日，2010年全国气象局长会议在北京召开。会议回顾新中国气象事业60年发展成就；总结2009年气象工作，部署2010年工作任务。

1月9日，中国气象局、国家发展和改革委员会联合印发《国家气象灾害防御规划（2009—2020年）》（气发〔2010〕7号）。这是中国第一个由国家批准的气象防灾减灾专项规划，明确未来十年气象防灾减灾工作的指导思想、奋斗目标、主要任务和保障措施，是指导今后一个时期气象防灾减灾工作的纲领性文件。

1月20日，国务院总理温家宝主持召开国务院第98次常务会议，审议并原则通过《气象灾害防御条例（草案）》。27日，国务院总理温家宝签发国务院第570号令，公布《气象灾害防御条例》。

3月11日，上海市气象局成立"世博气象服务中心运行指挥部"。世博会期间上海市气象局开展1~3天逐日天气预报。

3月12日，中国气象局印发《天气研究计划（2009—2014年）》《气候研究计划（2009—2014年）》《应用气象研究计划（2009—2014年）》和《综合气象观测研究计划（2009—2014年）》。

3月26日，中国科学院、中国气象局、国家自然科学基金委员会、中国科协等单位在北京联合主办纪念竺可桢先生诞辰120周年座谈会。28日，中国北极阁气象博物馆开馆仪式在南京举行。

4月26日，全国气象部门第五次西藏工作会议在成都召开。会议主要贯彻落实中央第五次西藏工作座谈会精神，总结2001年以来西藏气象事业发展取得的成绩和经验，分析西藏气象工作面临的形势，明确推进西藏气象事业又好又快发展的目标任务，对推动四川、云南、甘肃、青海省藏区气象事业实现更大发展做出部署。

5月11日，人力资源和社会保障部、财政部发出《关于同意提高艰苦气象台站津贴标准的函》（人社部函〔2010〕145号）。

7月7日，国土资源部、中国气象局联合印发《关于进一步推进市（地、州）、县（市、区）地质灾害气象预警预报工作的通知》（国土资发〔2010〕101号）。

7月29日，国家旅游局、中国气象局联合印发《关于做好旅游气象服务工作的通知》（旅办发〔2010〕108号）。

8月7日，甘肃舟曲县突降特大暴雨，引发特大山洪地质灾害，泥石流长约5 km，平均宽度300 m。地质灾害发生后，中国气象局紧急召开应急工作协调会，就甘肃舟曲气候条件、未来天气发展趋势等提供气象保障服务提出要求。

8月31日，交通运输部、中国气象局联合印发《关于进一步加强公路交通气象服务工作的通知》（交公路发〔2010〕108号）。

9月10—13日，全国气象局长工作研讨会在北京召开。会议研究推进现代气象业务体系、气象科技创新体系、气象人才体系建设的任务和措施。

9月21日，中央机构编制委员会办公室批复，同意海南省气象局实行中国气象局与海南省人民政府双重领导，以中国气象局领导为主的管理体制。

10月22日，全国气象部门新疆工作会议在乌鲁木齐召开。会议主要贯彻落实中央有关新疆工作座谈会精神以及中央领导同志关于气象工作的重要指示精神，全面总结新疆气象工作取得的成绩和经验，深刻分析推动新疆跨越式发展和长治久安对气象工作提出的新要求。

11月5日，第二颗风云三号B极轨气象卫星在山西太原卫星发射中心发射成功。

12月28日，依托中国气象局气象探测中心成立中国气象局气象探测工程技术研究中心。

2011年 1月12—14日，2011年全国气象局长会议在广东东莞召开，会议总结"十一五"时期气象工作，科学谋划"十二五"时期气象事业发展，部署2011年气象工作。

1月21—22日，国务院总理温家宝在河南省考察旱情和抗旱工作时，听取气象部门工作汇报，对气象现代化建设取得的成绩表示满意。

3月11日，日本发生里氏9级地震，引发海啸并导致福岛核泄漏。中国气象局首次启动世界气象组织和国际原子能机构北京区域环境紧急响应中心的核应急响应系统，率先向国务院及相关部门提供核事故环境影响服务材料。15日，中国气象局召开紧急会议，进一步研究部署做好应对日本福岛核事故应急响应及气象保障服务工作。

3月15日，在中国气象卫星事业40周年之际，中共中央政治局常委、国务院总理温家宝对气象卫星工作做出重要指示；中共中央政治局委员、国务院副总理回良玉向中国气象局发来贺信。

7月11日，国务院办公厅印发《国务院办公厅关于加强气象灾害监测预警及信息发布工作的意见》（国办发〔2011〕33号）。意见要求：提高监测预报能力，加强预警信息发布，强化预警信息传播，有效发挥预警信息作用，加强组织领导和支持保障，推进气象灾害科普宣教。

8月1日，中国气象局印发《关于印发全面推进气象依法行政规划（2011—2015年）的通知》（气发〔2011〕62号）。

8月22日，中央机构编制委员会办公室批复，同意中国气象局培训中心更名为中国气象局气象干部培训学院。

9月23日和26日，全国气象局长工作研讨会在北京召开。会议提出要牢牢把握科学发展主题和转变发展方式主线，努力推动气象现代化体系建设。

11月15日，中国首部关于气象科学的专科性百科全书《中国气象百科全书》总编委会在北京召开第一次会议，标志《中国气象百科全书》编纂工作正式启动。

11月18日，中国气象局工程咨询中心揭牌仪式在北京举行。中国气象局总体规划研究设计室正式更名为中国气象局工程咨询中心。

11月22日，国务院新闻办公室发布白皮书《中国应对气候变化的政策与行动（2011）》。

12月5日，中国气象局、国家发展和改革委员会联合印发《气象发展规划（2011—2015年）》（气发〔2011〕100号）。规划提出到2015年气象工作的指导思想、发展目标、重点任务、工程项目和政策措施。

2012年

1月6—7日，2012年全国气象局长会议在北京召开。会议总结2011年气象工作，分析气象事业发展面临的形势；部署2012年主要气象工作。

1月13日，四川西昌卫星发射中心成功将业务型静止气象卫星风云二号F发射升空。8月20日，风云二号F气象卫星正式交付使用。

同日，中央机构编制委员会办公室批复，同意中国气象局行政管理局更名为中国气象局资产管理事务中心。

4月9日，财政部、中国气象局联合印发《关于印发〈中央财政人工影响天气补助资金管理暂行办法〉的通知》（财农〔2012〕21号）。

5月22—23日，全国人工影响天气协调会议在北京召开第三次全国人工影响天气工作会议。中共中央政治局委员、国务院副总理回良玉出席会议作重要讲话，并接见了全国人工影响天气工作先进单位代表和先进个人。会议总结了2004年以来全国人工影响天气工作取得的成绩与经验，明确今后一个时期人工影响天气发展的目标与任务；讨论修改《国务院办公厅关于进一步加强人工影响天气工作的意见》（代拟稿）。

7月21—22日，北京出现1951年以来最强的一次全市性特大暴雨过程，暴雨过程历时短、雨势强，局部地区造成比较严重的灾害。北京市气象台提前48小时作出预报，及时向市政府、防汛办等决策部门报送了《重要天气报告》，并通过电视、广播、网络等发布渠道及时发布预报预警信息、降雨实况。

8月24日和27日，全国气象局长工作研讨会在北京召开。会议总结党的十七大以来气象事业发展的成就和经验，深入研讨气象现代化、县级气象机构综合改革等事关气象事业全局发展的重大问题。

8月26日，国务院办公厅印发《关于进一步加强人工影响天气工作的意见》（国办发〔2012〕44号）。

要求：到 2020 年，建立较为完善的人工影响天气工作体系，基础研究和应用技术研发取得重要成果，基础保障能力显著提升，协调指挥和安全监管水平得到增强，服务经济社会发展的效益明显提高。

8 月 29 日，国务院总理温家宝签署国务院第 623 号令，公布《气象设施和气象探测环境保护条例》，自 2012 年 12 月 1 日正式施行。

8 月 31 日，中国气象局气象宣传与科普中心在北京成立。

9 月 11 日，中央气象台在国内城市预报中增加钓鱼岛及周边海域天气预报。

11 月 8—14 日，中国共产党第十八次全国代表大会在北京召开。中国气象局局长郑国光作为大会代表参加会议，并当选为第十八届中央纪律检查委员会委员。

2013 年

1 月 14—15 日，2013 年全国气象局长会议在辽宁沈阳召开。会议主要贯彻落实党的十八大会议精神，为全面建成小康社会提供有力气象保障；部署 2013 年主要气象工作。

3 月 20 日，国家能源局、中国气象局联合印发《国家能源局、中国气象局关于做好风能资源详查和评价资料共享使用的通知》（国能新能〔2013〕147 号）。

3 月 30 日，中共中央政治局委员、国务院副总理汪洋到中国气象局调研，并看望干部职工。

4 月 16 日，中国气象局印发《中国气象局关于成立中国气象局气象影视中心的通知》（中气函〔2013〕100 号）。

4 月 20 日，四川省雅安市芦山县发生 7.0 级地震，中国气象局通过视频会商系统与四川省气象局进行视频连线，传达习近平总书记、李克强总理对抗震救灾的重要批示精神及汪洋副总理主持的国务院雅安地震抗震救灾紧急工作会议精神，部署气象部门抗震救灾工作。

5 月 31 日，中国气象局以第 24 号令，公布《中国气象局关于修改〈防雷减灾管理办法〉的决定》，以第 25 号令，公布《中国气象局关于修改〈防雷工程专业资质管理办法〉的决定》。

6 月 5 日，中国气象局印发《中国气象局关于全面推进气象现代化工作的通知》（气发〔2013〕48 号）。

7 月 11 日，为应对强热带风暴"苏力"的影响，中国气象局启动重大气象灾害（台风）Ⅱ级应急响应命令（2013—13 号），福建、浙江、上海、江苏等省（直辖市）气象局根据实际研判进入应急响应状态。

7 月 30 日，为应对高温对安徽、江苏等地带来的影响，中国气象局启动重大气象灾害（高温）Ⅱ级应急响应命令（2013—21 号），安徽、江苏、湖南、湖北、浙江、江西、福建、重庆、上海等省（直辖市）进入应急响应状态。

8 月 2 日，中国气象局印发《中国气象局关于印发〈防雷工程专业资质认定细则〉的通知》（气发〔2013〕68 号）。

8 月 12 日，为应对第 11 号台风"尤特"的影响，中国气象局启动重大气象灾害（台风）Ⅲ级应急响应命令（2013—26 号），13 日提升为Ⅱ级应急响应命令（2013—27 号）。广东、广西、海南等省（自治区）气象局根据实际研判提升相应应急响应状态。

9 月 10 日，中国气象局、国家标准化管理委员会联合印发《中国气象局、国家标准化管理委员会关于印发〈气象标准化管理规定〉的通知》（气发〔2013〕82 号）。

9 月 19 日，为应对第 19 号台风"天兔"的影响，中国气象局启动重大气象灾害（台风）Ⅲ级应急响应命令（2013—34 号）。21 日提升为Ⅱ级应急响应命令（2013—35 号）。广东、福建、海南等省气象局根据实际研判提升相应应急响应状态。

9 月 23 日，山西太原卫星发射中心成功将第三颗风云三号 C 气象卫星发射升空，卫星顺利进入预定轨道。2014 年 5 月 5 日正式交付中国气象局使用，6 月 10 日风云三号 C 气象卫星及地面应用系统正式投入业务运行。

9 月 27 日，环境保护部、中国气象局联合印发《关于印发〈京津冀及周边地区重污染天气监测预警方案（试行）〉的通知》（环发〔2013〕111 号）。

10 月 4 日，为应对第 23 号台风"菲特"的影响，中国气象局启动重大气象灾害（台风）Ⅲ级应急响应命令（2013—39 号），5 日提升为Ⅱ级应急响应命令（2013—40 号）。浙江、江苏、上海、福建等省

（直辖市）气象局根据实际研判进入相应应急响应级别。

11月18日，国家发展和改革委员会、财政部、住房和城乡建设部、交通运输部、水利部、农业部、国家林业局、中国气象局、国家海洋局联合印发《关于印发国家适应气候变化战略的通知》（发改气候〔2013〕2252号）。

11月26日，中国气象局印发《中国气象局关于印发〈综合气象观测系统发展规划（2014—2020年）〉的通知》（气发〔2013〕108号）、《中国气象局关于印发〈气象部门青年英才培养计划实施办法（试行）〉的通知》（气发〔2013〕109号）。

2014年

1月9—10日，2014年全国气象局长会议在北京召开。会议以全面深化改革，增强发展活力，大力提升气象服务能力和保障水平为主题，总结2013年全国气象工作，部署2014年任务。

1月15日，中国气象局印发《关于印发加强城市气象防灾减灾和公共气象服务体系建设指导意见的通知》（气发〔2014〕5号）。

3月7日，中国气象局与吉林、辽宁、黑龙江、内蒙古4省（自治区）政府联合印发《东北区域人工影响天气作业管理试行办法》。

4月9日，第三次青藏高原大气科学试验领导小组第一次会议在京召开。试验领导小组组长、中国气象局局长郑国光，试验领导小组副组长、中国科学院副院长丁仲礼，领导小组副组长、中国气象局副局长宇如聪，以及周秀骥、丑纪范、李泽椿、许健民、陈联寿、丁一汇等院士出席会议。

5月13日，全国气象局长工作研讨会议在京召开。会议主要内容：深入学习贯彻习近平总书记系列重要讲话精神，围绕全面推进气象现代化，深入研讨全面深化气象改革重大问题。

7月16日，为应对第9号台风"威马逊"，中国气象局启动重大气象灾害（台风）Ⅲ级应急响应命令（2014—10号）。17日提升为Ⅱ级应急响应命令（2014—11号）。18日提升为Ⅰ级应急响应命令（2014—12号）。中国气象局派工作组前往一线组织开展气象保障服务工作。

7月25日，中国气象局发布行业标准通告，发布《雾的预警等级》（QX/T 227—2014）、《区域性高温天气过程等级划分》（QX/T 228—2014）、《风预报检验方法》（QX/T 229—2014）等13项气象行业标准，并于2014年12月1日实施。

8月31日，第十二届全国人民代表大会常务委员会第十次会议通过《全国人民代表大会常务委员会关于修改〈中华人民共和国保险法〉等五部法律的决定》（第14号主席令公布），对《中华人民共和国气象法》作出修改，将第二十一条修改为："新建、扩建、改建建设工程，应当避免危害气象探测环境；确实无法避免的，建设单位应当事先征得省、自治区、直辖市气象主管机构的同意，并采取相应的措施后，方可建设。"

9月3日，国家质量监督检验检疫总局、国家标准化管理委员会发布2014年第21号国家标准公告，颁布《小型水力发电站汇水区降水资源气候评价方法》（GB/T 31153—2014）等13项气象领域国家标准，并于2015年1月1日实施。

9月15日，为应对第15号台风"海鸥"，中国气象局启动重大气象灾害（台风）Ⅱ级应急响应命令（2014—23号），广东、海南、广西等地气象部门进入应急响应状态。

9月30日，国家质量监督检验检疫总局、国家标准化管理委员会发布中华人民共和国第22号公告，批准《气象探测环境保护规范·地面气象观测站》（GB 31221—2014）等4项强制性国家标准正式发布，并于2015年1月1日实施。

10月16日，全国气象部门第二次新疆工作会议在乌鲁木齐召开。中国气象局局长郑国光，新疆维吾尔自治区副主席钱智，新疆生产建设兵团党委常委、副司令员孔星隆出席会议并讲话。

10月24日，中国气象局发布行业标准通告，发布《光化学烟雾判识》（QX/T 240—2014）、《光化学烟雾等级》（QX/T 241—2014）、《城市总体规划气候可行性论证技术规范》（QX/T 242—2014）等15项气象行业标准，并于2015年3月1日实施。

10月31日，第六次全国气象服务工作会在北京召开。中国气象局局长郑国光出席会议并讲话。国土资源部副部长汪民、水利部副部长刘宁、农业部副部长余欣荣应邀到会并讲话。这次会议梳理了6年来气象服务的成绩与经验,明确了新时期气象服务体系的内涵、特征,提出了气象服务体系的建设思路以及目标任务。11月4日,中国气象局党组印发《关于加强新疆气象工作,保障新疆社会稳定和长治久安的意见》。

11月30日,人力资源社会保障部、财政部印发《人力资源社会保障部、财政部关于同意部分气象台站列入艰苦台站津贴执行范围及调整部分艰苦气象台站津贴类别的函》(人社部函〔2014〕201号),同意从2015年1月1日起将208个气象台站列入艰苦台站津贴执行范围。

12月31日,气象卫星风云二号G在西昌卫星发射中心发射成功。至此,中国共有极轨气象卫星风云三号A星、B星、C星,静止轨道气象卫星风云二号D星、E星、F星、G星,七星同时在轨运行,实现了"多星在轨、统筹运行、互为备份、适时加密"的观测格局,大大地提高了中国气象监测预报预警的水平。

索引1 条目标题汉字笔画索引

说 明

一、本索引供读者按条目标题的汉字笔画查检条目。

二、条目标题按第一字的笔画由少到多的顺序排列，同画数的按起笔笔形横（一）、竖（丨）、撇（丿）、点（丶）、折（乛，包括丁乚く等）的顺序排列。笔画数和起笔笔形相同的字，按字形结构排列，先左右形字，再上下形字，后整体字。第一字相同的，依次按后面各字的笔画数和起笔笔形顺序排列。

三、以英文字母、阿拉伯数字、希腊字母、罗马数字开头的条目标题，依次排在全部汉字标题的后面。

一画

一得测候所 ······ 439

二画

丁一汇 ······ 496
人工影响天气协调会议制度 ······ 160
人工影响天气科学试验 ······ 223
人工影响天气管理条例 ······ 261

三画

三沙气象台站 ······ 442
干旱气象科学试验研究 ······ 218
大气化学科学试验 ······ 222
大气边界层物理和大气化学国家重点实验室 ······ 202
大气科学和地球流体力学数值模拟国家重点实验室 ······ 201
上海气象 ······ 342
上海市气象局 ······ 125
上海徐家汇观象台 ······ 436
山东气象 ······ 363
山东省气象局 ······ 133
山西气象 ······ 325
山西省气象局 ······ 118
么枕生 ······ 502
广东气象 ······ 378
广东省气象局 ······ 138
广东海洋大学海洋与气象学院 ······ 253
广西气象 ······ 381
广西壮族自治区气象局 ······ 140

四画

王充 ······ 465
王祯 ······ 467
王会军 ······ 491
王绍武 ······ 514
王宪钊 ······ 507
王彬华 ······ 504
王鹏飞 ······ 510
天气研究计划 ······ 211
天气雷达发展规划 ······ 181
天津气象 ······ 319
天津市气象局 ······ 115
云南大学资源环境与地球科学学院大气科学系 ······ 251
云南气象 ······ 398
云南省气象局 ······ 146
区域气象中心 ······ 78
瓦里关大气本底基准观象台 ······ 440

中山大学环境科学与工程学院	250	中国气象局培训中心	102
中央气象台	85	中国气象局综合观测司	72
中央气象局	70	中国气象现代化	4
中央军委气象局	70	中国气象事业	1
中央纪委驻中国气象局纪检组	75	中国气象事业发展战略研究	43
中华人民共和国气象条例	260	中国气象学会	156
中华人民共和国气象法	260	中国气象标志	455
中国人民解放军理工大学气象海洋学院	251	中国气象科学研究院	97, 191
中国气象文化	448	中国北极阁气象博物馆	460
中国气象报社	107	中国台风博物馆	460
中国气象局	68	中国百年气象台站	432
中国气象局人事司	73	中国华云气象科技集团公司	111
中国气象局上海台风研究所	192	中国农业大学资源与环境学院农业气象系	252
中国气象局广州热带海洋气象研究所	194	中国农业科学院农业环境与可持续发展研究所	199
中国气象局内设机构	70	中国科学技术大学大气物理学院	253
中国气象局气象干部培训学院	99, 256	中国科学院大气物理研究所	197
中国气象局气象干部培训学院分院	256	中国科学院大学地球科学学院	252
中国气象局气象宣传与科普中心	105	中国科学院兰州高原大气物理研究所	198
中国气象局气象探测中心	93	中国科学院地理科学与资源研究所	199
中国气象局公共气象服务中心	95	中国科学院寒区旱区环境与工程研究所	198
中国气象局乌鲁木齐沙漠气象研究所	196	中国海洋大学海洋环境学院海洋气象学系	250
中国气象局计划财务司	73	内地与香港特区气象合作与交流	313
中国气象局办公室	71	内地与澳门特区气象合作与交流	314
中国气象局北京城市气象研究所	191	内蒙古气象	329
中国气象局兰州干旱气象研究所	195	内蒙古自治区气象局	119
中国气象局发展研究中心	101	气候变化专门委员会评估报告	289
中国气象局机关服务中心	104	气候变化巴黎协定	297
中国气象局直属机关党委	75	气候研究计划	212
中国气象局成都高原气象研究所	195	气象人才队伍	232
中国气象局行政管理局	104	气象干部人事制度改革	237
中国气象局应急减灾与公共服务司	71	气象卫星发展规划	180
中国气象局沈阳大气环境研究所	192	气象中等教育	241
中国气象局武汉暴雨研究所	193	气象业务布局	162
中国气象局国际合作司	74	气象业务技术指导	177
中国气象局审计室	76	气象业务体系	166
中国气象局政策法规司	74	气象业务体制改革	59
中国气象局科技与气候变化司	73	气象业务规划	179
中国气象局总体规划研究设计室	102	气象业务管理	175
中国气象局监察室	76	气象仪器装备研发生产机构	161
中国气象局离退休干部办公室	75	气象出版社	109
中国气象局资产管理事务中心	102	气象行业所获国家科学技术奖	225
中国气象局预报与网络司	71	气象行业管理	18

气象行政执法	258	气象谚语	455
气象行政管理	17	气象管理体制	15
气象设施和气象探测环境保护条例	263	气象管理体制改革	64
气象防灾减灾	6	气象精神	450
气象防灾减灾宣传志愿者中国行	463	气象精神文明创建活动	449
气象观测发展规划	179	气象影视	453
气象报刊书籍	452	长白山天池气象站	443
气象灾害防御条例	262	仇永炎	511
气象改革	52	公共气象服务发展规划	183
气象现代化建设发展纲要（1984—2000年）	41	公益性行业（气象）科研专项	210
气象现代化建设重点工程	48	方以智	469
气象事业发展五年计划（规划）	43	丑纪范	485
气象事业发展长远规划	39	双边国际气象科技合作	271
气象软科学	266		
气象国际合作	269		

五画

气象服务业务	166		
气象服务体制改革	57	未来地球计划	292
气象法律体系	257	甘肃气象	410
气象标准化	263	甘肃省气象局	150
气象标准体系	265	世界天气监视网计划	283
气象科技创新	187	世界气象日	464
气象科技创新工程	191	世界气象组织	276
气象科技体制改革	61	世界气象组织区域协会	280
气象科技规划	189	世界气象组织技术委员会	278
气象科研体系	184	世界气象组织战略计划	285
气象科普	457	世界气象组织科技计划	280
气象科普作品	458	古代气象	24
气象科普活动	462	古代气象机构	31
气象科普教育基地	459	古代气象成就	29
气象信息网络业务	172	古代气象观测	25
气象信息网络发展规划	183	古代气象预测	27
气象宣传	451	古代应用气象	28
气象高等教育	244	石广玉	491
气象部门工资制度改革	238	北京大学地球物理系	249
气象部门事业单位岗位设置	236	北京大学物理学院大气与海洋科学系	248
气象部门管理	19	北京气象	315
气象预报预测业务	168	北京气象专科学校	246
气象教育	239	北京气象学院	246
气象培训体系	254	北京市气象局	114
气象职业分类	234	北京观象台	435
气象职称	235	卢鋈	502
气象领域相关奖项	231	叶笃正	478

叶桂馨	504
田志发	515
四川气象	391
四川省气象局	143
兰州大学大气科学学院	251
兰州资源环境职业技术学院	254
宁夏气象	417
宁夏回族自治区气象局	153
冯秀藻	506
台风科学试验	221
台湾气象	429
辽宁气象	332
辽宁省气象局	121

六画

吉林气象	335
吉林省气象局	122
地球观测组织	312
地球系统科学联盟	291
亚太经合组织	312
亚洲备灾中心	311
西藏气象	402
西藏自治区气象局	148
成都气象学院	247
成都信息工程大学	246
当代气象	35
吕尚	465
吕炯	500
吕达仁	489
吕祖谦	467
网络气象科普	461
朱熹	466
朱岗昆	507
朱抱真	510
朱和周	503
朱思本	467
朱炳海	501
朱乾根	514
伍荣生	487
延安气象	34
延安气象台	443

任阵海	493
华风气象传媒集团有限责任公司	112
行业气象业务	173
行业气象机构	76
舟曲泥石流灾后气象台站恢复重建	447
全国气象现代化发展纲要（2015—2030年）	42
全国青少年气象夏令营	462
全球气候服务框架	287
刘安	465
江西气象	360
江西省气象局	131
江西信息应用职业技术学院	254
江苏气象	345
江苏省气象局	126
安多国家基准气候站	444
安徽气象	353
安徽省气象局	129
许健民	495
农业气象发展规划	184
农业气象科学试验	223
阮元	469

七画

杜行远	513
极地气象站	441
杨慎	467
杨鉴初	506
李明彻	469
李泽椿	494
李宪之	500
李调元	469
李崇银	488
李淳风	466
束家鑫	510
吴国雄	486
县级气象机构综合改革	67
近代气象	32
邹竞蒙	472
应用气象研究计划	213
应对气候变化	10
汪国瑗	505

汶川地震灾后气象台站恢复重建	446
沈括	466
宋应星	468
宋君强	497
灾害天气国家重点实验室	201
局校气象科技合作	225
张衡	466
张燮	468
张謇	498
张人禾	492
张乃召	503
张宝堃	500
张家诚	512
张培昌	513
陈金水	517
陈素华	516
陈联寿	495

八画

环境模拟与污染控制国家重点联合实验室北京大学分室	203
青岛观象台	437
青海气象	413
青海省气象局	152
青藏高原大气科学试验研究	216
茅元仪	468
杭州大学地理系	250
欧洲中期天气预报中心	308
欧洲气象卫星开发组织	309
国际大地测量与地球物理联合会	307
国际气象卫星协调组织	309
国际气象组织	277
国际气象科技奖	231
国际水文-气象仪器和装备协会	307
国际电信联盟	304
国际民航组织	305
国际科学联盟理事会	306
国家卫星气象中心	87
国家气候中心	85
国家气候委员会	159
国家气候变化专家委员会	159
国家气象中心	82
国家气象局	70
国家气象信息中心	90
国家自然科学基金重大研究计划和重大项目	209
国家科技支撑计划气象相关项目	207
国家科技攻关计划气象相关项目	208
国家重点基础研究发展计划("973"计划)气象相关项目	204
国家高技术研究发展计划("863"计划)气象相关项目	206
易仕明	511
季风科学试验研究	217
竺可桢	475
金龙浩	515
周秀骥	483
京都议定书	296
郑国光	474
河北气象	322
河北省气象局	116
河南气象	367
河南省气象局	134
空军气象学院	252
陕西气象	407
陕西省气象局	149
艰苦气象台站	434
孟平	471

九画

政府间气候服务委员会	291
政府间气候变化专门委员会	288
政府间海洋学委员会	303
赵九章	476
赵柏林	482
草原气象科学试验研究	224
南京大学大气科学学院	249
南京大学气象系	249
南京气象学院	246
南京北极阁古观象台	436
南京信息工程大学	245
南通军山气象台	439
省级气象科学研究所	200

省级气象培训机构	257
省部气象合作	22
贵州气象	394
贵州省气象局	145
香港气象	426
重庆气象	388
重庆市气象局	142
保护臭氧层维也纳公约	299
饶兴	470
娄元礼	467

十画

秦九韶	467
秦大河	474，488
泰山气象站	438
珠峰气象站	445
顾钧禧	506
顾震潮	508
峨眉山气象站	438
徐尔灏	508
徐光启	468
徐祥德	497
高鲁	498
高由禧	480
部门重点实验室	203
部际气象合作	20
浙江大学地球科学系	249
浙江气象	349
浙江省气象局	127
海南气象	385
海南省气象局	141
海峡两岸气象合作与交流	314
涂长望	469，476
流域气象中心	80
陶诗言	480
预报预测发展规划	181

十一画

基层气象台站建设	51
黄士松	509
黄山气象站	444

黄子发	466
黄荣辉	484
黄履庄	469
崔广	517
符淙斌	488
章基嘉	493
章淹	512
清华大学气象系	247
清华大学地球系统科学研究中心	248
淮河流域能量与水分循环试验	219
隋金堂	515
综合气象观测业务	170
综合气象观测研究计划	215
巢纪平	485

十二画

联合国千年发展目标	300
联合国开发计划署	302
联合国气候变化框架公约	294
联合国防治荒漠化公约	298
联合国环境规划署	301
联合国教科文组织	303
董立清	517
董仲舒	465
蒋丙然	499
覃国振	516
黑龙江气象	338
黑龙江省气象局	123
程纯枢	477
曾庆存	481
湖北气象	370
湖北省气象局	135
湖南气象	374
湖南省气象局	136
温克刚	473
谢义炳	479
谢光道	505
谢肇淛	468

十三画

| 雷雨顺 | 516 |
| 锡林浩特国家气候观象台 | 440 |

新疆气象 …………………………………… 421
新疆维吾尔自治区气象局 ………………… 155
漠河气象站 ………………………………… 445
福建气象 …………………………………… 356
福建省气象局 ……………………………… 130

十四画

管仲 ………………………………………… 465
廖洞贤 ……………………………………… 512
熊明遇 ……………………………………… 468

十五画

暴雨科学试验研究 ………………………… 219

澳门气象 …………………………………… 428

十六画

薛伟民 ……………………………………… 471
穆穆 ………………………………………… 490

十八画

瞿昙悉达 …………………………………… 466

其他

21 世纪议程 ………………………………… 299

索引2 条目英文标题索引（Index of Articles）

说 明

一、本索引按照条目英文标题的逐词排列法顺序排列。无论是单词标题，还是多词标题，均以单词为单位，按字母顺序、按单词在标题中所处的先后位置，顺序排列。如果第一个单词相同，再依次按第二个、第三个，余类推。

二、索引主题中含标点符号的，按符号后第一个字母排序。以阿拉伯数字、希腊字母、罗马数字开头的条目英文标题，依次排在全部英文标题的后面。

A

activity of establishing meteorological spiritual
    civilization ………………………………… 449
addressing climate change …………………………… 10
Agenda 21 …………………………………………… 299
ancient meteorological achievements ……………… 29
ancient meteorological application ………………… 28
ancient meteorological observation ………………… 25
ancient meteorological organization ………………… 31
ancient meteorological prediction …………………… 27
ancient meteorology ………………………………… 24
Ando National Reference Climate Station ………… 444
Anhui meteorology ………………………………… 353
Anhui〔Provincial〕Meteorological Service ……… 129
applied meteorology research program …………… 213
argo-meteorological development planning ……… 184
Asian Disaster Preparedness Center，ADPC ……… 311
Asia-Pacific Economic Cooperation，APEC ……… 312
assessment reports of the Intergovernmental Panel
    on Climate Change ……………………… 289
Association of Hydro-Meteorological Equipment
    Industry，HMEI ………………………… 307
Audit Office，CMA ………………………………… 76
awards for meteorology …………………………… 231

B

bases for meteorological science popularization and
    education ………………………………… 459
basin meteorological centre ………………………… 80
Beijing Institute of Meteorology …………………… 246
Beijing Institute of Urban Meteorology，CMA …… 191
Beijige Meteorological Museum of China ………… 460
Beijing Meteorological School ……………………… 246
Beijing meteorology ………………………………… 315
Beijing〔Municipal〕Meteorological Service ……… 114
Beijing Observatory ………………………………… 435
bilateral cooperation in meteorological science and
    technology ……………………………… 271

C

CCDI Discipline Inspection Group to CMA ………… 75
Center for Earth System Science，Tsinghua
    University ………………………………… 248
Central Meteorological Observatory，CMO ………… 85
Changbaishan Tianchi Meteorological Station …… 443
Chao Jiping ………………………………………… 485
Chen Jinshui ………………………………………… 517
Chen Lianshou ……………………………………… 495
Chen Suhua ………………………………………… 516
Cheng Chunshu ……………………………………… 477
Chengdu Institute of Meteorology ………………… 247

Chengdu Institute of Plateau Meteorology, CMA ⋯⋯ 195
Chengdu University of Information Technology ⋯⋯ 246
China Huayun Meteorological Technology Group
　　Corporation, CHMTGC ⋯⋯⋯⋯⋯⋯⋯⋯⋯ 111
China Meteorological Administration, CMA ⋯⋯⋯ 68
China Meteorological News ⋯⋯⋯⋯⋯⋯⋯⋯⋯ 107
China Meteorological Press ⋯⋯⋯⋯⋯⋯⋯⋯⋯ 109
China Meteorological Society, CMS ⋯⋯⋯⋯⋯⋯ 156
China meteorological symbol ⋯⋯⋯⋯⋯⋯⋯⋯⋯ 455
China Tour for Volunteers of Meteorological Disaster
　　Prevention and Mitigation ⋯⋯⋯⋯⋯⋯⋯⋯ 463
Chinese Academy of Meteorological Sciences ⋯⋯ 97, 191
Chinese century meteorological stations ⋯⋯⋯⋯⋯ 432
Chinese meteorological cause ⋯⋯⋯⋯⋯⋯⋯⋯⋯ 1
Chinese meteorological culture ⋯⋯⋯⋯⋯⋯⋯⋯ 448
Chinese meteorological modernization ⋯⋯⋯⋯⋯ 4
Chongqing meteorology ⋯⋯⋯⋯⋯⋯⋯⋯⋯⋯⋯ 388
Chongqing〔Municipal〕Meteorological Service ⋯⋯ 142
Chou Jifan ⋯⋯⋯⋯⋯⋯⋯⋯⋯⋯⋯⋯⋯⋯⋯ 485
Climate Change Agreement in Paris ⋯⋯⋯⋯⋯⋯ 297
climate research program ⋯⋯⋯⋯⋯⋯⋯⋯⋯⋯ 212
CMA Asset Operation Centre ⋯⋯⋯⋯⋯⋯⋯⋯⋯ 102
CMA Bureau of Administrative Affairs Support,
　　BAAS ⋯⋯⋯⋯⋯⋯⋯⋯⋯⋯⋯⋯⋯⋯⋯⋯ 104
CMA In-House Service Centre, ISC ⋯⋯⋯⋯⋯⋯ 104
CMA Meteorological Communication and Outreach
　　Centre ⋯⋯⋯⋯⋯⋯⋯⋯⋯⋯⋯⋯⋯⋯⋯⋯ 105
CMA Meteorological Observation Centre ⋯⋯⋯⋯ 93
CMA Planning Research and Design Office ⋯⋯⋯ 102
CMA Public Meteorological Service Centre ⋯⋯⋯ 95
CMA Research Centre for Strategic Development,
　　RCSD ⋯⋯⋯⋯⋯⋯⋯⋯⋯⋯⋯⋯⋯⋯⋯⋯ 101
CMA Training Centre, CMATC ⋯⋯⋯⋯ 99, 102, 256
Cold and Arid Regions Environmental and Engineering
　　Research Institute, Chinese Academy of
　　Sciences ⋯⋯⋯⋯⋯⋯⋯⋯⋯⋯⋯⋯⋯⋯⋯ 198
College of Atmospheric Sciences, Lanzhou
　　University ⋯⋯⋯⋯⋯⋯⋯⋯⋯⋯⋯⋯⋯⋯ 251
College of Atmospheric Sciences, Nanjing
　　University ⋯⋯⋯⋯⋯⋯⋯⋯⋯⋯⋯⋯⋯⋯ 249
College of Earth Sciences, University of Chinese
　　Academy of Sciences ⋯⋯⋯⋯⋯⋯⋯⋯⋯⋯ 252
College of Environmental Science and Engineering,
　　Zhongshan University ⋯⋯⋯⋯⋯⋯⋯⋯⋯⋯ 250
College of Meteorology and Oceanography, PLA
　　University of Science and Technology ⋯⋯⋯⋯ 251
College of Ocean and Meteorology, Guangdong
　　Ocean University ⋯⋯⋯⋯⋯⋯⋯⋯⋯⋯⋯⋯ 253
comprehensive meteorological observation research
　　program ⋯⋯⋯⋯⋯⋯⋯⋯⋯⋯⋯⋯⋯⋯⋯ 215
comprehensive reform of county-level meteorological
　　departments ⋯⋯⋯⋯⋯⋯⋯⋯⋯⋯⋯⋯⋯⋯ 67
construction of meteorological offices and stations ⋯⋯ 51
contemporary meteorology ⋯⋯⋯⋯⋯⋯⋯⋯⋯⋯ 35
Coordination Group for Meteorological Satellites,
　　CGMS ⋯⋯⋯⋯⋯⋯⋯⋯⋯⋯⋯⋯⋯⋯⋯⋯ 309
CPC Committee of CMA Headquarters, CMA ⋯⋯⋯ 75
Cui Guang ⋯⋯⋯⋯⋯⋯⋯⋯⋯⋯⋯⋯⋯⋯⋯⋯ 517

D

Department of Agro-meteorology, College of
　　Resource & Environment, China Agricultural
　　University ⋯⋯⋯⋯⋯⋯⋯⋯⋯⋯⋯⋯⋯⋯ 252
Department of Atmosphere, School of Resource
　　Environment and Earth Science, Yunnan
　　University ⋯⋯⋯⋯⋯⋯⋯⋯⋯⋯⋯⋯⋯⋯ 251
Department of Atmospheric and Oceanic Sciences,
　　School of Physics, Peking University ⋯⋯⋯⋯ 248
Department of Earth Sciences, Zhejiang University ⋯ 249
Department of Emergency Response, Disaster
　　Mitigation and Public Services, CMA ⋯⋯⋯⋯ 71
Department of Forecasting and Networking, CMA ⋯⋯ 71
Department of Geography, Hangzhou university ⋯⋯ 250
Department of Human Resources, CMA ⋯⋯⋯⋯⋯ 73
Department of Integrated Observations, CMA ⋯⋯⋯ 72
Department of International Cooperation, CMA ⋯⋯ 74
Department of Marine Meteorology, College of
　　Physical and Environmental Oceanography,
　　China Ocean University ⋯⋯⋯⋯⋯⋯⋯⋯⋯⋯ 250
Department of Meteorology, Tsinghua University ⋯⋯ 247
Department of Planning and Finance, CMA ⋯⋯⋯ 73
Department of Policy and Regulations, CMA ⋯⋯⋯ 74
Department of Science & Technology and Climate
　　Change, CMA ⋯⋯⋯⋯⋯⋯⋯⋯⋯⋯⋯⋯⋯ 73
Ding Yihui ⋯⋯⋯⋯⋯⋯⋯⋯⋯⋯⋯⋯⋯⋯⋯⋯ 496
Dong Liqing ⋯⋯⋯⋯⋯⋯⋯⋯⋯⋯⋯⋯⋯⋯⋯ 517
Dong Zhongshu ⋯⋯⋯⋯⋯⋯⋯⋯⋯⋯⋯⋯⋯⋯ 465

Du Xingyuan	513

E

Earth System Science Partnership, ESSP	291
European Centre for Medium-range Weather Forecasts, ECMWF	308
European Organization for the Exploitation of Meteorological Satellites, EUMETSAT	309
experimental study of arid meteorology	218
experimental study of monsoon science	217
experimental study of rain storm	219
experimental study on the Tibetan Plateau atmospheric sciences	216

F

Fang Yizhi	469
Feng Xiuzao	506
five-year planning of meteorological development	43
Fu Congbin	488
Fujian meteorology	356
Fujian [Provincial] Meteorological Service	130
Future Earth	292

G

Gansu meteorology	410
Gansu [Provincial] Meteorological Service	150
Gao Lu	498
Gao Youxi	480
Geophysics Department of Peking University	249
Global Framework for Climate Services, GFCS	287
Group on Earth Observations, GEO	312
Gu Junxi	506
Gu Zhenchao	508
Guan Zhong	465
Guangdong meteorology	378
Guangdong [Provincial] Meteorological Service	138
Guangxi meteorology	381
Guangxi [Zhuang Autonomous Region] Meteorological Service	140
Guangzhou Institute of Tropical and Marine Meteorology, CMA	194
Guizhou meteorology	394
Guizhou [Provincial] Meteorological Service	145

H

Hainan meteorology	385
Hainan [Provincial] Meteorological Service	141
hard meterological stations	434
Headquarters Office, CMA	71
Hebei meteorology	322
Hebei [Provincial] Meteorological Service	116
Heilongjiang meteorology	338
Heilongjiang [Provincial] Meteorological Service	123
Henan meteorology	367
Henan [Provincial] Meteorological Service	134
Hong Kong meteorology	426
Huafeng Meteorological Media Group, Ltd.	112
Huaihe River Basin Energy and Water Cycle Experiment, HUBEX	219
Huang Lvzhuang	469
Huang Ronghui	484
Huang Shisong	509
Huang Zifa	466
Huangshan Meteorological Station	444
Hubei meteorology	370
Hubei [Provincial] Meteorological Service	135
Hunan meteorology	374
Hunan [Provincial] Meteorological Service	136

I

Inner Mongolia [Autonomous Region] Meteorological Service	119
Inner Mongolia meteorology	329
Inspection Office, CMA	76
Institute of Atmospheric Physics, Chinese Academy of Sciences, IAP, CAS	197
Institute of Environment and Sustainable Development in Agriculture, CAAS	199
Institute of Geographic Sciences and Natural Resources Research, Chinese Academy of Sciences	199
integrated meteorological observation operation	170
Intergovernmental Board On Climate Services, IBCS	291

Intergovernmental Oceanographic Commission, IOC/UNESCO ⋯⋯ 303
Intergovernmental Panel on Climate Change, IPCC ⋯⋯ 288
inter-ministerial meteorological cooperation ⋯⋯ 20
internal organs of CMA ⋯⋯ 70
international awards of meteorological seience and technology ⋯⋯ 231
International Civil Aviation Organization, ICAO ⋯⋯ 305
International Council for Science, ICSU ⋯⋯ 306
international meteorological cooperation ⋯⋯ 269
International Meteorological Organization, IMO ⋯⋯ 277
International Telecommunications Union, ITU ⋯⋯ 304
International Union of Geodesy and Geophysics, IUGG ⋯⋯ 307

J

Jiang Bingran ⋯⋯ 499
Jiangsu meteorology ⋯⋯ 345
Jiangsu〔Provincial〕Meteorological Service ⋯⋯ 126
Jiangxi meteorology ⋯⋯ 360
Jiangxi Vocational and Technical College of Information Application ⋯⋯ 254
Jiangxi〔Provincial〕Meteorological Service ⋯⋯ 131
Jilin meteorology ⋯⋯ 335
Jilin〔Provincial〕Meteorological Service ⋯⋯ 122
Jin Longhao ⋯⋯ 515

K

key laboratories of CMA ⋯⋯ 203
key projects of meteorological modernization ⋯⋯ 48
key related meteorological projects of Chinese National Programs for Fundamental Research and Development, "973" Program ⋯⋯ 204
key related meteorological projects of Major Program of the National Natural Science and Technology Foundation ⋯⋯ 209
key related meteorological projects of National Key Technology Support Program ⋯⋯ 207
key related meteorological projects of National Program for Science and Technology Development ⋯⋯ 208
key related meteorological projects of National Programs for High Technology Research and Development, "863" Program ⋯⋯ 206
Kunming Taihuashan Meteorological Station ⋯⋯ 439
Kyoto Protocol, UNFCCC ⋯⋯ 296

L

Lanzhou Institute of Aird Meteorology, CMA ⋯⋯ 195
Lanzhou Institute of Plateau Atmospheric Physics, Chinese Academy of Sciences ⋯⋯ 198
Lanzhou Resources & Environment Voc-Tech College ⋯⋯ 254
Lei Yushun ⋯⋯ 516
Li Chongyin ⋯⋯ 488
Li Chunfeng ⋯⋯ 466
Li Mingche ⋯⋯ 469
Li Tiaoyuan ⋯⋯ 469
Li Xianzhi ⋯⋯ 500
Li Zechun ⋯⋯ 494
Liao Dongxian ⋯⋯ 512
Liaoning meteorology ⋯⋯ 332
Liaoning〔Provincial〕Meteorological Service ⋯⋯ 121
Liu An ⋯⋯ 465
long-term planning of meteorological development ⋯⋯ 39
Lou Yuanli ⋯⋯ 467
Lu Wu ⋯⋯ 502
Lv Daren ⋯⋯ 489
Lv Jiong ⋯⋯ 500
Lv Shang ⋯⋯ 465
Lv Zuqian ⋯⋯ 467

M

Macao meteorology ⋯⋯ 428
management of China Meteorological Administration ⋯⋯ 19
management of meteorological profession ⋯⋯ 18
Mao Yuanyi ⋯⋯ 468
Meng Ping ⋯⋯ 471
meteorological administration ⋯⋯ 17
meteorological administration law enforcement ⋯⋯ 258
meteorological administration system ⋯⋯ 15
meteorological cooperation and exchanges between mainland and Hongkong SAR ⋯⋯ 313
meteorological cooperation and exchanges between

mainland and Macao SAR	314
meteorological cooperation and exchanges cross strait	314
meteorological disaster prevention and mitigation	6
meteorological education	239
meteorological forecast development planning	181
meteorological forecast operation	168
meteorological higher education	244
meteorological information and network development planning	183
meteorological information and network operation	172
meteorological movie and television	453
meteorological newspapers, journals and books	452
meteorological observation development planning	179
meteorological occupation classification	234
meteorological operation arrangement	162
meteorological operation management	175
meteorological operation planning	179
meteorological operation system	166
Meteorological Projects of National Public Welfare Professional Research	210
meteorological propaganda	451
meteorological proverbs	455
meteorological radar development planning	181
meteorological reform	52
Meteorological Regulations of the People's Republic of China	260
meteorological satellite development planning	180
meteorological science and technology innovation	187
meteorological science and technology innovation projects	191
meteorological science and technology planning	189
meteorological science popularization	457
meteorological science popularization activities	462
meteorological science popularization by network	461
meteorological science & technology research and development system	184
meteorological service operation	166
meteorological soft science	266
meteorological spirit	450
meteorological standardization	263
meteorological standards	265
meteorological talent staff	232
meteorological titles	235
meteorological training system	254
Meteorology Law of the People's Republic of China	260
meteorology law system	257
modern meteorology	32
Mohe Meteorological Station	445
Mount Emei Meteorological Station	438
Mount Qomolangma Meteorological Station	445
Mount Tai Meteorological Station	438
Mu Mu	490

N

Nanjing Beijige Ancient Observatory	436
Nanjing Institute of Meteorology	246
Nanjing University Department of Meteorology	249
Nanjing University of Information Science and Technology	245
Nantong Junshan Observatory	439
National Climate Centre	85
National Climate Committee	159
National Expert Committee on Climate Change, EPCC	159
National Meteorological Centre	82
National Meteorological Information Centre	90
National Satellite Meteorological Centre	87
national science and technology awards for meteorology	225
national youth meteorological summer camp	462
Ningxia [Hui Autonomous Region] Meteorological Service	153
Ningxia meteorology	417

O

Office for Retirees, CMA	75
Outline of the Development of Meteorological Modernization during 1984—2000	41
Outline of the National Development of Meteorological Modernization during 2015—2030	42

P

polar meteorological stations	441
post setting of meteorological departments and	

institutions ·· 236
products of meteorological science popularization ······ 458
professional meteorological operation ·················· 173
professional meteorological organs ····················· 76
provincial institutes of meteorology, CMA ············ 200
provincial meteorological cooperation ·················· 22
provincial training centre ································· 257
public meteorological service development planning ··· 183

Q

Qin Dahe ·· 474, 488
Qin Guozhen ·· 516
Qin Jiushao ·· 467
Qingdao Observatory ····································· 437
Qinghai meteorology ····································· 413
Qinghai〔Provincial〕Meteorological Service ········ 152
Qiu Yongyan ·· 511
Qutan Xida ·· 466

R

Rao Xing ·· 470
recovery and reconstruction of meteorological stations
　　　after Wenchuan earthquake ······················ 446
recovery and reconstruction of meteorological stations
　　　after Zhouqu disaster ····························· 447
reform of CMA wage system ··························· 238
reform of meteorological administrative system ········· 64
reform of meteorological operational system ············ 59
reform of meteorological personnel system ············ 237
reform of meteorological science and technology
　　　system ··· 61
reform of meteorological service system ················ 57
Regional Associations of WMO ························ 280
regional meteorological centre ··························· 78
Regulation on Administration of Weather
　　　Modification ······································ 261
Regulations on Prevention of and Preparedness for
　　　Meteorological Disasters ······················· 262
Regulations on Protection of Meteorological Facilities
　　　and Environs for Meteorological Observation ··· 263
Ren Zhenhai ·· 493
research, development and production organs of
　　　meteorological instruments and equipment ········· 161
Research on Strategy of China Meteorological
　　　Development ······································· 43
Ruan Yuan ·· 469

S

Sansha Meteorological Station ·························· 442
School of Physics Sciences, University of Science and
　　　Technology of China ···························· 253
science and technology cooperation between CMA and
　　　universities ·· 225
scientific and technical programmes of WMO ········· 280
scientific experiments of agricultural meteorology ······ 223
scientific experiments of atmospheric chemistry ······· 222
scientific experiments of grassland meteorology ······· 224
scientific experiments of weather modification ········· 223
secondary meteorological education ···················· 241
Shaanxi meteorology ····································· 407
Shaanxi〔Provincial〕Meteorological Service ········ 149
Shandong meteorology ··································· 363
Shandong〔Provincial〕Meteorological Service ······ 133
Shanghai meteorology ··································· 342
Shanghai〔Municipal〕Meteorological Service ······· 125
Shanghai Typhoon Institute, CMA ····················· 192
Shanghai Xujiahui Observatory ························· 436
Shanxi meteorology ······································ 325
Shanxi〔Provincial〕Meteorological Service ·········· 118
Shen Kuo ·· 466
Shenyang Institute of Atmospheric Environment,
　　　CMA ··· 192
Shi Guangyu ·· 491
Shu Jiaxin ··· 510
Sichuan meteorology ····································· 391
Sichuan〔Provincial〕Meteorological Service ········· 143
Song Junqiang ··· 497
Song Yingxing ·· 468
State Key Joint Laboratory of Environmental Simulation
　　　and Pollution Control (Peking University) ······ 203
State Key Laboratory of Atmospheric Boundary Layer
　　　Physics and Atmospheric Chemistry, LAPC ····· 202
State Key Laboratory of Numerical Modeling for
　　　Atmospheric Sciences and Geophysical Fluid
　　　Dynamics, LASG ································· 201

State Key Laboratory of Severe Weather ············ 201
Sui Jintang ································· 515

T

Taiwan meteorology ·························· 429
Tao Shiyan ·································· 480
Technical Committee of the World Meteorological
　　Organization ···························· 278
technical guidance of meteorological operation ········ 177
The Air Force Institute of Meteorological ············ 252
The Central Military Commission Meteorological
　　Bureau ································· 70
The Central Weather Bureau ··················· 70
The National Weather Service ·················· 70
Tian Zhifa ·································· 515
Tianjin meteorology ·························· 319
Tianjin〔Municipal〕Meteorological Service ········ 115
Tibet〔Autonomous Region〕Meteorological Service ··· 148
Tibet meteorology ··························· 402
training branchs of CMA Training Centre ············ 256
Tu Changwang ························· 469, 476
Typhoon Museum of China ····················· 460
typhoon scientific experiments ··················· 221

U

United Nations Convention to Combat Desertification,
　　UNCCD ································ 298
United Nations Development Programme, UNDP ······ 302
United Nations Educational, Scientific and Culture
　　Organization, UNESCO ··················· 303
United Nations Environment Programme, UNEP ······ 301
United Nations Framework Convention on Climate
　　Change, UNFCCC ······················· 294
United Nations Millennium Development Goals,
　　MDG ·································· 300
Urumqi Institute of Desert Meteorology, CMA ······ 196

V

Vienna Convention for the Protection of Ozone
　　Layer ·································· 299

W

Waliguan Global Atmosphere Watch Baseline
　　Observatory ····························· 440
Wang Binhua ································ 504
Wang Chong ································ 465
Wang Guoyuan ······························ 505
Wang Huijun ································ 491
Wang Pengfei ······························· 510
Wang Shaowu ······························· 514
Wang Xianzhao ····························· 507
Wang Zhen ································· 467
Weather Modification Coordination Meeting System ······ 160
weather research program ······················ 211
Wen Kegang ································ 473
WMO Strategic Plan ·························· 285
World Meteorological Day ····················· 464
World Meteorological Organization, WMO ········ 276
World Weather Watch Programme, WWW ········ 283
Wu Guoxiong ······························· 486
Wu Rongsheng ······························ 487
Wuhan Institute of Heavy Rain, CMA ············ 193

X

Xie Guangdao ······························· 505
Xie Yibing ·································· 479
Xie Zhaozhe ································ 468
Xilinhote National Climatological Observatory ········ 440
Xinjiang meteorology ························· 421
Xinjiang〔Uygur Autonomous region〕Meteorological
　　Service ································· 155
Xiong Mingyu ······························· 468
Xu Erhao ··································· 508
Xu Guangqi ································· 468
Xu Jianmin ································· 495
Xu Xiangde ································· 497
Xue Weimin ································ 471

Y

Yan'an Meteorological Observatory ··············· 443
Yan'an period meteorology ····················· 34

Yang Jianchu 506
Yang Shen 467
Yao Zhensheng 502
Ye Duzheng 478
Ye Guixin 504
Yi Shiming 511
Yunnan meteorology 398
Yunnan〔Provincial〕Meteorological Service 146

Z

Zeng Qingcun 481
Zhang Baokun 500
Zhang Heng 466
Zhang Jiacheng 512
Zhang Jian 498
Zhang Jijia 493
Zhang Naizhao 503
Zhang Peichang 513
Zhang Renhe 492
Zhang Xie 468
Zhang Yan 512
Zhao Bolin 482
Zhao Jiuzhang 476
Zhejiang meteorology 349
Zhejiang〔Provincial〕Meteorological Service 127
Zheng Guoguang 474
Zhou Xiuji 483
Zhu Baozhen 510
Zhu Binghai 501
Zhu Gangkun 507
Zhu Hezhou 503
Zhu Kezhen 475
Zhu Qiangen 514
Zhu Siben 467
Zhu Xi 466
Zou Jingmeng 472

索引3 内容索引

说 明

一、本索引是全书条目和条目内容的主题分析索引。索引主题按照汉语拼音字母的顺序排列。索引主题含标点符号的，按符号后的第一个字排序；以英文字母、阿拉伯数字、希腊字母、罗马数字开头的，依次排在全部汉字索引主题之后。

二、设有条目的主题用黑体字，未设条目的主题用宋体字。

三、索引主题之后的阿拉伯数字是主题内容所在的页码，数字之后的小写英文字母表示索引内容所在页的版面区域。本书正文的版面区域划分如右图。

a	d
b	e
c	f

A

安多国家基准气候站　　**444c**
安徽气象　　**353c**
安徽省气象局　　**129c**, 354b
澳门气象　　**428b**

B

保护臭氧层维也纳公约　　**299b**
暴露度　　7d
暴雨科学试验研究　　**219e**
北方层状云人工降水试验　　223b
北极黄河科学考察站　　441f
北京城市气象工程技术研究中心　　191e, 318d
北京城市气象研究所　　191d, 318d
北京大学地球物理系　　**249b**
北京大学物理学院大气与海洋科学系　　**248e**
北京高性能计算机应用中心工程　　49d
北京观象台　　**435f**
北京华风气象影视技术中心　　113a
北京华风气象影视信息集团有限责任公司　　113a
北京敏视达雷达有限公司　　161d
北京农业大学农业气象专业　　252c
北京气候中心　　**85d**, 87c

北京气象　　315c
北京气象通信枢纽系统（BQS系统）　　37f, 48f, 91a
北京气象学校　　**99f, 241e, 246c**
北京气象学院　　**246b**, 99f
北京气象中心　　82f
北京气象中心扩建工程（"873"工程）　　**49a**
北京气象专科学校　　**246e**, 99f, 246c
北京市华风声像技术中心　　113a
北京市气象局　　**114c**, 317a
北京物资管理处　　93b
北平测候所　　316f, 436a
北平气象台　　316f
《变暖的地球》　　458e
渤海A平台国家基本气象站　　321f
部际气象合作　　**20f**
部门重点实验室　　**203d**

C

草原气象科学试验研究　　**224b**
《测天赋》　　469a
长安测候所　　407e
长白山天池气象站　　**443f**
长春气象仪器研究所　　161e
长江流域气象中心　　81b
长江三角洲低层大气物理化学过程及其与生态系统的相

互作用　210c，222d
长江中下游梅雨锋暴雨野外科学试验　220d
巢纪平　485e
陈金水　517b
陈联寿　495e
陈素华　516f
陈泰然　315a
陈一得　399b，439e
成都高原气象研究所　394d
成都气象学校　241e，247b
成都气象学院　247e，247a
成都区域气象中心　80a
成都信息工程大学　246f
成都信息工程学院　247d
程纯枢　477c
持续性异常气象事件预测业务技术研究（2009—2013年）
　　207f
重庆气象　388d
重庆市气象局　142d
《畴人传》　469e
丑纪范　485a
崔广　517f
脆弱性　7d

D

大理国家气候观象台　401b
大气边界层物理和大气化学国家重点实验室　202d
大气成分观测业务　171f
大气化学科学试验　222b
大气环境模拟国家重点实验室　203b
大气环境模拟国家重点实验室深圳分室　203b
大气环境现场科学试验　222f
大气监测自动化工程　50a
大气科学和地球流体力学数值模拟国家重点实验室
　　201f
大气科学基础研究成果奖　231e
大气探测技术研究　97c
当代气象　35b
地方气象事业　1d
地方性气象法规　258b
地方政府气象规章　258d
地基气象观测业务　163b，171b
地基遥感观测业务　171c

地面气象观测业务　163b，171b
地球观测系统　293c
地球观测组织　312f
地球系统科学联盟　291b
地球系统模式　293d
第二次青藏高原大气科学试验　216e
第三次青藏高原大气科学试验　217a
第三次世界气候大会　13a，287a
第一次青藏高原大气科学试验　216d
电视天气预报　454a
丁一汇　496b
东北区域气象中心　79a
东北区域人工影响天气能力建设工程　50e
《东莱集》　467a
《东西洋考》　468c
董立清　517d
董仲舒　465d
《董子文集》　465d
动态地球　292f
杜行远　513b
短期气候预测业务系统　49f
多源光谱层析及三维数值大气关键技术　206e

E

峨眉山气象站　438e
二类艰苦气象台站　435a
二十四节气　30d

F

《番汉合时掌中珠》　419a
《氾胜之书》　28e
方以智　469a
防雷气象服务业务　167f
防雷体制改革　56b
防雷专业技术人员　235d
风云二号C星及地面应用系统　90a
风云气象卫星系统工程　49b
风云三号气象卫星及其地面系统　90a
风云卫星应用　89c
冯秀藻　506f
符淙斌　488f
福建气象　356f

福建省气象局　　**130e**，358a

G

干旱气象科学试验研究　　**218e**
甘肃气象　　**410c**
甘肃省气象局　　**150f**，411d
岗位培训　　255c
高层次骨干人才培训　　255d
高等院校气象科研机构　　187a
高分辨率气候系统模式的研制与评估　　205f
高空气象观测业务　　170f
高鲁　　**498f**
高性能计算业务　　164b，173a
高由禧　　**480f**
《庚子辛丑日记》　　467a
公共气象服务发展规划　　**183f**
公共气象服务系统　　166d
公共气象服务业务发展指导意见　　184a
公共天气服务计划　　282e，285a
公路交通气象业务建设指导意见（2013—2017年）　　182e
公益性行业（气象）科研专项　　**210d**
公众气象服务　　2d，37b
公众气象服务业务　　165e，167b
公众气象知识普及　　255f
古代航海气象　　29d
古代建筑气象　　29b
古代军事气象　　29a
古代农业气象　　28e
古代气象　　**24a**，25e，27e，29e，31c
古代气象成就　　**29e**
古代气象观测　　**25e**
古代气象观测活动　　24b，25f
古代气象机构　　**31c**
古代气象预测　　**27e**
古代医疗气象　　28f
古代应用气象　　**28d**
《古今谚》　　467f
顾钧禧　　**506d**
顾震潮　　**508e**
观察动物预测法　　28b
观察节令气候预测法　　27f
观察天文星象预测法　　27f
管理人员培训　　255d

管仲　　**465b**
广东海洋大学海洋与气象学院　　**253d**
广东气象　　**378c**
广东省气象局　　**138c**，379e
广东省热带海洋气象研究所　　**194d**
广西气象　　**381f**
广西壮族自治区气象局　　**140a**，382e
《广舆图》　　467d
广州区域气象中心　　79f
贵阳国家基准气候站　　397c
贵州气象　　**394f**
贵州省气象局　　**145c**
国际大地测量与地球物理联合会　　**307a**
国际电信联盟　　**304d**
国际减灾十年　　8f
国际减灾行动　　8f
国际减灾战略　　9a
国际科学联盟理事会　　**306a**
国际民航组织　　**305c**
国际气象公约　　258e
国际气象科技奖　　**231a**
国际气象培训　　255e
国际气象日　　464a
国际气象卫星协调组织　　**309f**
国际气象组织　　**277f**，276e
国际气象组织（IMO）奖　　231a
国际社会应对气候变化的行动　　12f，288c
国际水文-气象仪器和装备协会　　**307d**
国家高技术研究发展计划（"863"计划）气象相关项目　　**206c**
国家级气象数据存储检索系统　　172f
国家级气象预警信息发布渠道　　95d
国家级气象资料存储检索系统　　92c
国家科技攻关计划气象相关项目　　**208e**
国家科技支撑计划气象相关项目　　**207a**
国家科学技术进步奖　　227a
国家气候变化专家委员会　　**159f**
国家气候委员会　　**159c**
国家气候中心　　**85c**
国家气象计量站　　94e
国家气象局　　**70e**，68f
国家气象局行政管理局　　104c
国家气象事业　　1c
国家气象信息中心　　**90e**

国家气象中心　　**82e**
国家突发公共事件预警信息发布系统工程　　**50d**
国家卫星气象中心　　**87f**
国家重点基础研究发展计划（"973"计划）气象相关项目　　**204e**
国家自然科学基金重大研究计划和重大项目　　**209c**
国家自然科学奖　　226a
国家最高科学技术奖　　226a
国立中央研究院气象研究所　　197b
国民政府中央气象局　　389d

H

哈尔滨国家基本气象站　　341b
《海道经》　　29d
海河流域气象中心　　82a
海南气象　　**385f**
海南省气象局　　**141c**，386e
海峡两岸及邻近地区暴雨科学试验　　220c
海峡两岸气象合作协议　　315e
海峡两岸气象合作与交流　　**314d**
海峡两岸双向交流　　158d
海洋及海洋气象学联合技术委员会　　280a
海洋气象观测　　171f
海洋气象和海洋学计划　　283a
海洋气象机构　　77c
海洋气象预测业务　　170a
行业气象机构　　**76d**
行业气象事业　　1e
行业气象业务　　**173e**
杭州大学地理系　　250b
航空气象计划　　283e
航空气象预测业务　　170b
河北气象　　322c
河北省气象局　　116e，323e
河南气象　　367a
河南省气象局　　134b
黑龙江农垦总局农业局气象管理站　　174f
黑龙江气象　　338f
黑龙江省气象局　　123e
湖北气象　　370f
湖北省气象局　　135d
湖南气象　　374c
湖南省气象局　　136f

华北观象台　　316f
华北平原作物水分胁迫和干旱试验研究　　223e
华北区域气象中心　　78e
华东区域气象中心　　79b
华风气象传媒集团有限责任公司　　**112f**
华南区域气象中心　　79f
华中区域气象中心　　79d
华山气象站　　409d
淮河流域能量与水分循环试验　　**219a**
淮河流域气象中心　　81f
《淮南子》　　465c
环境模拟与污染控制国家重点联合实验室北京大学分室　　**203b**
环境气象业务发展指导意见（2013—2015年）　　182f
环境气象预测业务　　169e
綄　　26d
《寰天图说》　　469d
《黄帝内经》　　29a
《黄帝内经·素问》　　24d
黄河流域气象中心　　81d
黄履庄　　**469b**
黄荣辉　　**484b**
黄山气象站　　**444e**，356b
黄士松　　**509c**
黄子发　　**466d**

J

机载气象雷达云雨探测系统（2006—2012年）　　206d
基层气象台站基础设施建设　　52a
基层气象台站建设　　**51b**
吉林气象　　335d
吉林省气象局　　**122c**，336f
极地气象站　　441a
极轨气象卫星　　49b，88c，170d
计划财务管理　　20d
计划财务制度改革　　65f
季风科学试验研究　　**217f**
艰苦气象台站　　434f
艰苦气象台站津贴标准　　238c，435e
减轻灾害风险计划　　283d
江苏气象　　345c
江苏省气象局　　126c
江西气象　　360b

江西省气象局　　**131f**
江西信息应用职业技术学院　　**254b**，242b
蒋丙然　　**499c**
交通气象观测　　171f
教育部重点实验室　　203f
教育和培训计划　　283c
解放军气象学校　　251f
金龙浩　　**515f**
紧急响应活动　　284f
近代气象　　32c
京都议定书　　**296d**，294d
京津冀城市群高影响天气预报中的关键技术研究（2008—2012年）　　207d
京津冀灾害性天气监测与超短期预报（1986—1990年）　　208f
静止气象卫星　　49b，88c，170d
"九五"后两年至2010年中国气象卫星及其应用发展计划　　180e
局校合作　　62d，225a
局校气象科技合作　　**225a**
决策气象服务　　2d，37c
决策气象服务业务　　165d，166f
决策气象服务业务布局　　165d
军队系统气象科研机构　　186f
军事气象事业　　1f
军委三局气象队　　34e

K

《开元占经》　　466c
科普博客（微博）　　461f
空基气象观测业务　　163a，170f
《空际格致》　　25c
空间辐射测量基准源研制（2015—2017年）　　206f
空间天气预测业务　　170b
空间灾害性天气监测与典型效应评估关键技术（2012—2014年）　　206e
空军第三高级专科学校　　251f
空军第三专科学校　　251f
空军气象学校　　251f
空军气象学院　　**252b**，251f

L

兰州大学大气科学学院　　**251a**

兰州大学地质地理系气象学专业　　251a
兰州地球物理研究所　　198f
兰州高原大气物理研究所　　198e
兰州气象学校　　242a
兰州区域气象中心　　80c
兰州资源环境职业技术学院　　**254a**
雷雨顺　　**516b**
《礼记·月令》　　24c
李崇银　　**488a**
李淳风　　**466b**
李明彻　　**469d**
李调元　　**469c**
李宪之　　**500f**
李泽椿　　**494b**
联合国防治荒漠化公约　　**298d**
联合国环境规划署　　**301d**
联合国教科文组织　　**303a**
联合国开发计划署　　**302c**
联合国气候变化框架公约　　**294a**，13d
联合国千年发展目标　　**300d**
联合天气分析预报中心　　82f
辽宁气象　　332c
辽宁省气象局　　121a
廖洞贤　　**512d**
林业气象业务　　174c
临安区域大气本底观测站　　352c
《灵宪》　　466a
《灵宪图》　　466a
领导管理体制改革　　64b
刘安　　**465c**
流域气象中心　　**80f**
六类艰苦气象台站　　435d
龙凤山大气本底污染监测站　　341c
娄元礼　　**467d**
卢鋈　　**502e**
卢作孚　　389d，391c
《论衡》　　465f
《论气》　　468f
吕达仁　　**489e**
吕炯　　**500a**
吕尚　　**465a**
《吕氏春秋》　　24d，26c，28e，30e
吕祖谦　　**467a**

M

马里奥洛普洛夫教授信托基金奖　231c
茅元仪　**468f**
蒙特利尔议定书　299e
孟平　**471d**
《梦溪笔谈》　25a，466e
民国气象　33a
民国时期气象观测　33b
民国时期气象机构　33a
民国时期气象科学研究与教育　33e
民国时期气象应用　34b
民国时期气象预报　33d
民国中央气象局　33b
民航气象机构　76e
民航气象业务　173e
敏视达公司　111d
摩穆国际奖　231c
莫尔斯　37e
漠河气象站　**445a**
穆穆　**490d**

N

南昌气象学校　242b，254c
南方致洪暴雨中尺度系统科学试验研究　221d
南海季风试验　218a
南极长城气象站　441d
南极中山气象台　441d
南京北极阁古观象台　**436b**
南京大学大气科学学院　249b
南京大学气象系　249e
南京国家基准气候站　348d
南京气象学院　246b，245c
南京信息工程大学　**245b**
南通军山气象台　**439b**
内地与澳门特区气象合作与交流　314a
内地与香港特区气象合作与交流　313c
内蒙古气象　329b
内蒙古自治区气象局　**119d**
宁夏回族自治区气象局　**153e**
宁夏气象　**417e**
农垦气象服务　175b
农垦气象机构　77f
农垦气象业务　174f
农林气象灾害监测预警与防控关键技术研究（2011—2015年）　208a
《农书》　**467c**
农业部重点实验室　204a
农业和生态气象预测业务　170a
农业气象发展规划　184d
农业气象防灾减灾试验研究　224a
农业气象服务体系建设的指导意见　184b
农业气象计划　282e
农业气象科学试验　223e
农业与生态气象业务技术指导　178e
农业重大气象灾害监测预警与调控技术研究（2006—2010年）　207b
《农政全书》　468a

O

欧洲气象卫星开发组织　**309a**
欧洲中期天气预报中心　**308a**

Q

七十二候　30f
气候变化　10f，159f，294a
气候变化巴黎协定　297c
气候变化的趋势　11b
气候变化的事实　11b
气候变化的原因　12a
气候变化评估报告　289a
气候变化业务布局　165a
气候变化应对决策支撑系统工程　50b
气候变化专门委员会评估报告　289a
气候监测预测人员　235a
气候研究计划　212d，282c
气候研究计划的战略重点　212e
气候业务布局　164f
气候业务技术指导　178b
气候与气候变化业务　168f
气候资源观测　171f
气候资源开发利用服务业务　168a
气溶胶-云-辐射反馈过程及其与亚洲季风相互作用的研究　205d

气象报刊书籍　　**452f**
气象标准化　　**263f**
气象标准体系　　**265a**
气象部门工资结构　　238b
气象部门工资制度改革　　**238a**
气象部门管理　　**19d**，3f，15d
气象部门管理体制　　15d
气象部门规章　　258c
气象部门事业单位岗位设置　　**236c**
气象部门重点实验室　　62a
气象出版社　　**109d**，**453c**
气象地方标准　　265d
气象法规　　258a
气象法规制度　　39c
气象法律　　257f
气象法律体系　　**257c**
气象法治体系　　3c
气象防灾减灾　　**6d**
气象防灾减灾宣传志愿者中国行　　**463e**
气象服务　　2d，37a，57a，95b，165d，166e，176f
气象服务人员　　235b
气象服务体系　　2d，54e，58c
气象服务体制改革　　**57a**，53d，54e，56a
气象服务业务　　**166e**，165d，176f
气象服务业务布局　　165d
气象服务业务管理　　176f
气象改革　　**52f**
气象干部培训学院安徽分院　　256c
气象干部培训学院河北分院　　256b
气象干部培训学院湖北分院　　256d
气象干部培训学院湖南分院　　256e
气象干部培训学院四川分院　　256f
气象干部培训学院新疆分院　　257a
气象干部人事制度改革　　**237c**
气象高等教育　　**244a**，240f
气象高性能计算机系统　　91c
气象观测　　25e，35f，162f，170d，179f
气象观测发展规划　　**179f**
气象观测人员　　235a
气象观测业务布局　　162f
气象观测业务管理　　175d
气象观测装备保障业务布局　　163f
气象管理体系　　3d
气象管理体制　　**15b**，64b

气象管理体制改革　　**64b**
气象规章　　258c
气象国际合作　　**269b**，39a
气象国家标准　　265d
气象行业　　18c
气象行业标准　　265d
气象行业管理　　**18c**，3e，15b
气象行业获国家自然科学奖　　226b
气象行业所获国家科学技术奖　　**225b**
气象合作协议　　21b，23b
气象后勤管理体制　　104f
气象监测与灾害预警工程　　50b
气象教育　　**239c**，3a，38d，100b
气象教育改革　　53b
气象教育培训体系　　3a，100b，254d
气象精神　　**450e**
气象精神文明创建活动　　**449f**
气象科技创新　　**187c**，63d，190d，191a
气象科技创新工程　　**191a**
气象科技创新体系建设指导意见（2014—2020 年）　　190d
气象科技服务　　37d
气象科技规划　　**189b**
气象科技情报研究所　　97a
气象科技体制改革　　**61d**，55b
气象科普　　**457a**，458a，459c，461a，462a
气象科普报刊专栏　　458e
气象科普场馆　　457d
气象科普挂图　　459a
气象科普互动游戏　　461f
气象科普活动　　**462a**，457e
气象科普教育基地　　**459c**
气象科普视频　　461e
气象科普图书　　458a
气象科普网站　　461c
气象科普宣传页　　459a
气象科普影视　　458c
气象科普展品　　459a
气象科普作品　　**458a**，457d
气象科普作品重要奖项　　459b
气象科学和技术发展规划（2006—2020 年）　　190a
气象科学技术进步成果奖　　231e
气象科学技术研究　　38b
气象科学研究十二年远景规划　　189c

气象科研管理　20b
气象科研体系　**184c**，2f
气象雷达观测业务　171c
气象领导管理体制　39c
气象领域的全国标准化技术委员会　264d
气象领域相关奖项　**231d**
气象培训机构　99d，187b，245d，256a，257d
气象培训教材建设　255f
气象培训体系　**254d**，3b
气象期刊　453a
气象企业标准　265d
气象人才队伍　**232b**，3b
气象人才培养　38d，98d，232b，254d
气象人精神　449f，450e
气象软科学　**266c**
气象软科学研究重要成果　267f
气象设施和气象探测环境保护条例　**263a**
气象事业单位岗位等级　236e
气象事业单位岗位结构　236f
气象事业单位岗位类别　236d
气象事业单位岗位聘用　237b
气象事业发展长远规划　**39f**
气象事业发展第八个五年计划（1991—1995年）　46b
气象事业发展第二个五年计划（1958—1962年）　44d
气象事业发展第九个五年计划（1996—2000年）　46d
气象事业发展第六个五年计划（1981—1985年）　45d
气象事业发展第七个五年计划（1986—1990年）　46a
气象事业发展第三个五年计划（1966—1970年）　44f
气象事业发展第十个五年计划（2001—2005年）　47a
气象事业发展第四个五年计划（1971—1975年）　45b
气象事业发展第五个五年计划（1976—1980年）　45c
气象事业发展第一个五年计划（1953—1957年）　44a
气象事业发展纲要（1991—2020年）　40c
气象事业发展规划（2001—2015年）　40f
气象事业发展十年规划（1991—2000年）　40d
气象事业发展"十一五"规划（2006—2010年）　47c
气象事业发展五年计划（规划）　**43f**
气象事业结构调整　54a，65a
气象事业十二年发展远景规划（1956—1967年）　40a
气象数据存储业务布局　164b，172e
气象台站网　51b，175e
气象通信网络业务布局　164a，172d
气象图书　109d，453c
气象卫星　87f，170d

气象卫星发展规划　**180e**
气象卫星综合应用业务系统（"9210"工程）　38a，49c，91f
气象文化活动　449c
气象文化建设　39d，449a
气象文化作品　449d
气象现代化建设发展纲要　4e，40c，41b
气象现代化建设发展纲要（1984—2000年）　**41b**
气象现代化建设重点工程　**48e**
气象现代化历史进程　4b
气象现代化战略目标　6b，42e
气象现代化指标体系　5e
气象现代化主要任务　6b，42f
气象相关院校　241e，244b
气象信息网络　37e，163f
气象信息网络备份业务　173c
气象信息网络发展规划　**183a**
气象信息网络业务　**172c**，163f，176d
气象信息网络业务布局　163f，172c
气象信息网络业务管理　176d
气象信息网络运行监控业务　173d
气象信息综合分析处理系统　83f
气象行政处罚　259b
气象行政法规　258b
气象行政复议　259e
气象行政管理　**17c**，3d，39d
气象行政监督　18a，259b
气象行政审批制度改革　56a，64e
气象行政省级事权　17e
气象行政许可　259c
气象行政执法　**258f**
气象宣传　**451c**，20e
气象宣传管理　20e，451d
气象学报　158d，453b
气象谚语　**455f**
气象业务布局　**162c**
气象业务管理　**175c**
气象业务规划　**179b**
气象业务规划简表　179d
气象业务技术指导　**177f**
气象业务体系　**166a**，2a
气象业务体制改革　**59c**，54f，55f
气象业务体制调整　59e
气象仪器计量检定业务　172b

气象仪器装备研发生产机构 **161a**	钦天监　31f
气象影视 **453d**，112f，458c	**秦大河** **474b，488f**
气象影视服务业务系统　113b，454c	**秦九韶** **467b**
气象影视图形制作播出技术研究与应用（2012—2014年）　208c	**覃国振** **516d**
	青岛观象台 **437e**，432f
气象影视专题服务　113b，454c	青海湖流域人工增雨工程　51a
气象预报预测系统　2b	**青海气象** **413f**
气象预报预测业务 **168b**，2b，164d，176a	青海三江源人工增雨工程　50f
气象预报预测业务管理　176a	**青海省气象局** **152c**，415a
气象援疆　425e	**青藏高原大气科学试验研究** **216c**
气象援藏　406d	青藏高原地－气耦合系统变化及其全球气候效应　209d
气象杂志　156f	**清华大学地球系统科学研究中心** **248b**
气象灾害　6e	**清华大学气象系** **247f**
气象灾害成因　7b	清洁发展机制　297a
气象灾害发生频率　7a	清凉山气象训练队　34f
气象灾害防御条例 **262d**	**仇永炎** **511b**
气象灾害分布　6f，8d	区域计划　283d
气象灾害风险　7a	**区域气象中心** **78a**
气象灾害特征　6e	**瞿昙悉达** **466c**
气象灾害演变趋势　8d，9c	全国基本气象信息分析预测系统发展规划（1996—2010年）　181f
气象灾害影响　7d	
气象灾害种类　6e	全国气象部门后勤工作协作会　105d
气象执法主体　259a	全国气象电视会商系统　92d
气象职称 **235d**	全国气象服务工作会议　57b
气象职称评审条件　235f	全国气象科普教育基地　459e
气象职称评审委员会　236b	**全国气象现代化发展纲要（2015—2030年）** **42c**，6b，268c
气象职称评审专业　235f	
气象职称沿革　235f	全国气象信息网络发展规划（2011—2015年）　183d
气象职业分类 **234d**	全国气象信息网络系统发展规划（1996—2010年）　183b
气象中等教育 **241a**，240e	
气象重点实验室　186d	全国气象综合探测系统发展规划（1996—2010年）　180a
气象装备保障业务　172a	
气象装备储备供应业务　172b	全国青少年科技教育基地　459e
气象装备管理　172c	**全国青少年气象夏令营** **462f**，462d
气象装备维护维修业务　172b	全国新一代天气雷达工程　49e
气象装备运行监控业务　172a	全国综合气象信息共享平台　172f
气象资料共享服务　173c	全球变化及其区域响应重大科学研究计划　209e
气象资料归档　173c	全球大气监视网计划　281f
气象资料加工处理　173c	全球电信系统　284c
气象资料业务　173c	全球观测系统　284c
气象资料业务布局　164c	全球环境变化对策与支撑技术研究（2001—2005年）　209b
气象资料质量控制　173c	
千年宣言　300d	全球环境变化与粮食系统项目　291f
倪　26d	全球环境变化与人类健康项目　291f

全球气候变化对气候灾害的影响及区域适应研究　　205f
全球气候服务框架　287a
全球气象灾害演变趋势　　8d
全球水系统项目　　291e
全球碳项目　　291d
全球中期数值预报技术开发及应用（2012—2016 年）
　　　208b
全球资料加工和预报系统　　284d

R

饶兴　　470e
热带气旋计划　　282f
人工影响天气关键技术与装备研发（2006—2010 年）
　　　207b
人工影响天气管理条例　261f
人工影响天气技术服务业务　　167e
人工影响天气科技咨询评议委员会　　160f
人工影响天气科学试验　223a
人工影响天气人员　　235c
人工影响天气协调会议制度　160c
人工影响天气业务布局　　165f
人工影响天气业务管理　　177c
人工影响天气业务技术指导　　178f
人工增雨关键技术与装备研发外场科学试验　　223d
人事管理　　20c，65d
人事制度改革　　65d，237c
任阵海　493e
《日火下降、晹气上升图》　　468d
阮元　　469e

S

三类艰苦气象台站　　435b
三沙气象台站　442b
森工气象机构　　77f
沙尘暴遥感监测与预报集成技术研究（2008—2011 年）
　　　207e
沙坪坝测候所　　389e
山东气象　363e
山东省气象局　133a
山洪地质灾害防治气象保障工程　　50c
山西气象　325e
山西省气象局　118b，326e

珊瑚岛气象站　　443a
陕西气象　407b
陕西省气象局　149c
上甸子区域大气本底观测站　　318b
上海气象　342a
上海区域气象中心　　79c
上海市气象局　125b，343c
上海徐家汇观象台　436f
《尚书·尧典》　　24b
《尚书·胤征》　　31c
沈括　　466e
沈阳观象台　　334e
沈阳区域气象中心　　79a
《升庵经学》　　467f
生产建设兵团气象业务　　174d
省部气象合作　22a
省级气象科学研究　　186d，200d
省级气象科学研究所　200d
省级气象培训机构　257d，254b
省级气象研究所一览表　　200f
"十二五"气象发展规划（2011—2015 年）　　47f
石广玉　491b
《史记·天官书》　　26b
世界减灾大会　　9a
世界气候大会　　13a
世界气候计划　　282b
世界气候研究计划　　282c
世界气象日　464a
世界气象日历年主题　　464d
世界气象组织　276e，277f
世界气象组织大气科学委员会　　279a
世界气象组织东亚季风活动中心　　87c
世界气象组织二区协（亚洲）　　280d
世界气象组织二区协亚洲仪器中心　　94e
世界气象组织航空气象学委员会　　279c
世界气象组织徽标　　455b
世界气象组织基本系统委员会　　278b
世界气象组织技术委员会　278a，277d
世界气象组织科技计划　280e
世界气象组织空间计划　　282d，285a
世界气象组织秘书处　　277d
世界气象组织南极活动计划　　284f
世界气象组织农业气象学委员会　　279d
世界气象组织气候学委员会　　279f

世界气象组织青年科学家研究奖　　231a
世界气象组织区域协会　　**280b**
世界气象组织全球长期预报产品中心　　87d
世界气象组织水文学委员会　　278f
世界气象组织亚洲极端天气气候事件监测评估中心　　87d
世界气象组织亚洲区域气候中心　　87c
世界气象组织仪器和观测方法委员会　　278d
世界气象组织战略计划　　**285d**
世界气象组织执行理事会　　277b
世界气象组织质量管理框架　　283a
世界气象组织最不发达国家计划　　283c
世界天气监视网计划　　**283f**，281c
世界天气研究计划　　282a
首都北京及周边地区大气、水、土环境污染机理与调控原理　　205a
束家鑫　　**510d**
数据存储业务　　172e
数据存储业务布局　　164b
《数书九章》　　26f，30c
数值天气预报（GRAPES）发展规划（2011—2015年）　　182d
数值天气预报业务　　168d
双边国际气象科技合作　　**271d**
水利气象机构　　77a
水文和水资源计划　　282b
四川气象　　**391e**
四川省气象局　　143e，392e
四类艰苦气象台站　　435c
四项研究计划　　190c
松辽流域气象中心　　82c
宋君强　　**497f**
宋应星　　**468e**
隋金堂　　**515b**

T

台风暴雨灾害性天气监测、预报技术研究（1991—1995年）　　209a
台风登陆过程外场科学试验　　222b
台风登陆前后异常变化及机理研究　　205c
台风科学试验　　**221e**
台湾大学大气科学系　　431f
台湾气象　　**429f**

台湾气象科研与教育　　431d
台湾气象学会　　432a
台湾气象业务　　430f
台湾私立"中国文化大学"大气科学系　　432a
台湾"中央大学"大气科学系　　431f
太史曹　　31e
太史局　　31e
太史令　　31e
泰山测候所　　364d，438b
泰山气象站　　**438b**
陶诗言　　**480a**
特殊岗位津贴　　238c
《天工开物》　　468e
天基气象观测布局　　162f
天基气象观测业务　　170d
天津大气边界层观测站　　321e
天津气象　　**319a**
天津市气象局　　**115d**，320b
天气雷达发展规划　　**181b**
天气雷达近期发展规划（2005—2010年）　　181c
天气研究计划　　**211c**，190d
《天气谚语》　　456b
天气业务布局　　164d，168c
天气预报人员　　234f
天气预报业务　　168c
天气预报业务技术指导　　178a
天气预报预测　　168b
天文与地球运动因子对气候变化的影响　　206a
《田家五行》　　25c，456b，467e
田志发　　**515d**
通信网络业务　　164a
铜凤凰　　26e
涂长望　　**469f**，**476e**
涂长望青年气象科技奖　　231d

W

瓦里关大气本底基准观象台　　**440c**
晚清气象　　32d
汪国瑗　　**505e**
王彬华　　**504d**
王充　　**465f**
王会军　　**491e**
王鹏飞　　**510a**

王绍武　　514b
王宪钊　　507e
王祯　　467c
网络气象科普　　461a
维拉·维萨拉奖　　231b
《尾蔗丛谈》　　469c
卫星气象中心站　　88a
未来地球计划　　292d
温克刚　　473c
温室气体对作物影响试验研究　　223f
汶川地震灾后气象台站恢复重建　　446b
我国持续性重大天气异常形成机理与预测理论和方法
　　研究　　205e
我国短期气候预测系统的研究（1996—2000年）　　209a
我国雾-霾监测与不同分辨率数值预报业务系统研究
　　（2014—2016年）　　208c
乌鲁木齐区域气象中心　　80e
吴国雄　　486d
五类艰苦气象台站　　435d
《五杂俎》　　468b
伍荣生　　487c
《武备志》　　29b
武汉暴雨研究所　　193e，373f
武汉区域气象中心　　79d，371f
《武经总要》　　25a，29b
《物理小识》　　469b

X

西北区域气象中心　　80c
西南区域气象中心　　80a
西沙气象站　　442c
西太平洋臭氧及其前体物考察科学试验　　222c
西藏气象　　402a
西藏自治区气象局　　148a
锡林浩特国家气候观象台　　440f
《夏小正》　　24b
仙台减灾框架　　9a
县级气象机构综合改革　　67a，56c，64f
现代农业气象业务发展专项规划（2009—2015年）　　184d
现代气候业务发展指导意见（2011—2015年）　　182c
现代气象业务体系　　166c
现代天气业务发展指导意见（2010—2015年）　　182a
香港气象　　426b

香港气象学会　　428a
香港天文台　　426f
香格里拉区域大气本底站　　401c
相风铜乌　　26e，466a
《相雨书》　　25a，456a，466d
小岛屿发展中国家和小岛屿地区会员计划　　283d
谢光道　　505b
谢义炳　　479a
谢义炳青年气象科技奖　　231f
谢肇淛　　468b
新疆气象　　421c
新疆区域气象中心　　80e
新疆生产建设兵团气象机构　　77b
新疆维吾尔自治区气象局　　155a
新能源气象服务体系　　96a
新一代天气雷达发展规划（1994—2010年）　　181b
新一代天气雷达建设增补站点布局方案　　181d
信息和公共事务计划　　283b
行政法规管理　　20d
熊明遇　　468d
徐尔灏　　508b
徐光启　　468a
徐祥德　　497a
许健民　　495a
薛伟民　　471f

Y

亚热带东西部丘陵山区农业气候资源及其合理利用试验
　　研究　　223f
亚太经合组织　　312a
亚洲备灾中心　　311a
延安气象　　34c
延安气象台　　443c，34d
盐业气象机构　　77e
盐业气象台　　175b
盐业气象业务　　175b
验冷热器　　469b
杨鉴初　　506a
杨慎　　467f
么枕生　　502b
叶笃正　　478b
叶桂馨　　504f
一得测候所　　439e

一类艰苦气象台站　　435a
仪器和观测方法计划　　284e
《乙巳占》　　26a，466b
易仕明　　**511e**
《逸周书·时训解》　　30f
应对气候变化　　**10f**，296a
应用气象研究计划　　**213f**
应用气象业务布局　　165a，169c
永兴气象站　　442e
《雨雹对》　　465e
《玉章亲机》　　469a
预报预测发展规划　　**181e**
预报预测业务布局　　164d
圆觉寺风塔　　326d
《远离灾害》　　458d
《月令图说》　　469c
《粤风》　　469c
云南大学地球科学系气象学专业　　251c
云南大学物理系气象学专业　　251c
云南大学资源环境与地球科学学院大气科学系　　**251c**
云南气象　　**398b**
云南省气象局　　**146d**
云雾物理冰川研究所　　198f
运行监控业务布局　　164d

Z

灾害天气国家重点实验室　　**201c**
灾害天气精细数值预报系统及短期气候集合预测研究（2006—2010 年）　　207a
曾庆存　　**481d**
《占度载》　　469a
湛江气象学校　　241f
张宝堃　　**500e**
张衡　　**466a**
张家诚　　**512f**
张睿　　**498d**，439b
张乃召　　**503f**
张培昌　　**513d**
张人禾　　**492b**
张燮　　**468c**
章基嘉　　**493a**
章淹　　**512a**
赵柏林　　**482c**

赵九章　　**476e**
赵九章优秀青科学奖　　231f
浙江大学地球科学系　　**249f**
浙江气象　　**349c**
浙江省气象局　　**127f**
郑国光　　**474f**
政府间海洋学委员会　　303f
政府间气候变化专门委员会　　**288b**，270b
政府间气候变化专门委员会第二工作组　　288e
政府间气候变化专门委员会第三工作组　　288e
政府间气候变化专门委员会第一工作组　　288e
政府间气候变化专门委员会执行委员会　　288e
政府间气候服务委员会　　**291a**
中国-澳大利亚气象科技合作　　272e
中国-巴基斯坦气象科技合作　　276b
中国百年气象台站　　**432c**
中国北极阁气象博物馆　　**460c**
中国参与世界气象组织活动　　277e
中国参与政府间气候变化专门委员会活动　　288f
中国-朝鲜气象科技合作　　273a
中国大气复合污染的成因、健康影响与应对机制　　209f
中国大气气溶胶及其气候效应的研究　　205b，222e
"中国大气气溶胶及其气候效应的研究"科学试验　　222e
中国-德国气象科技合作　　274e
中国登陆台风科学试验　　222a
中国地区大气臭氧变化及其对气候环境的影响　　210b，222c
"中国地区大气臭氧变化及其对气候环境的影响"科学试验　　222c
中国地区树轮及千年气候变化研究（2009—2012 年）　　210c
中国-俄罗斯气象科技合作　　274c
中国-法国气象科技合作　　276a
中国-芬兰气象科技合作　　273c
中国海洋大学海洋环境学院海洋气象学系　　**250c**
中国-韩国气象科技合作　　275a
中国华云技术开发公司　　111d
中国华云气象科技集团公司　　**111d**
中国-加拿大气象科技合作　　272f
中国科学技术大学大气物理学院　　**253b**
中国科学院大气物理研究所　　**197b**
中国科学院大学地球科学学院　　**252e**
中国科学院地理科学与资源研究所　　**199b**

中国科学院寒区旱区环境与工程研究所　**198a**
中国科学院兰州高原大气物理研究所　**198e**
中国科学院研究生院地球科学学院　252e
中国科学院重点实验室　204a
中国历史气候变迁规律的研究　98e
中国-美国大气科技合作　272a
中国-蒙古气象科技合作　273d
中国南方暴雨野外科学试验　220f
中国南方致洪暴雨监测与预测的理论和方法研究　205a
中国农业大学资源与环境学院农业气象系　252c
中国农业科学院农业环境与可持续发展研究所　**199f**
中国气象报　107a，452f
中国气象报社　107a
中国气象标志　455b
中国气象防灾减灾成就　9c
中国气象防灾减灾历程　9e
中国气象行业标志　455c
中国气象局　68b
中国气象局办公室　71a
中国气象局北京城市气象研究所　191d
中国气象局部门重点实验室　203e
中国气象局财务核算中心　103f
中国气象局成都高原气象研究所　195a
中国气象局大气成分观测与服务中心　94f
中国气象局发展研究中心　101f，101c
中国气象局风能太阳能资源中心　96e
中国气象局工程咨询中心　103f
中国气象局公共气象服务中心　95b
中国气象局广州热带海洋气象研究所　194c
中国气象局国际合作司　74e
中国气象局和香港天文台气象科技长期合作谅解备忘录　313e
中国气象局机构沿革　68c
中国气象局机关服务中心　104c
中国气象局计划财务司　73c
中国气象局监察室　76c
中国气象局局徽　455e
中国气象局科技与气候变化司　73a
中国气象局兰州干旱气象研究所　195e
中国气象局离退休干部办公室　75c
中国气象局历届行政领导　69f
中国气象局内设机构　70f，68b
中国气象局培训中心　102a
中国气象局气候变化中心　87b

中国气象局气象干部培训学院　99d，256a
中国气象局气象干部培训学院分院　256a
中国气象局气象探测中心　93a
中国气象局气象宣传与科普中心　105f
中国气象局气象影视中心　96f
中国气象局人工影响天气中心　99b
中国气象局人事司　73f
中国气象局上海台风研究所　192f
中国气象局沈阳大气环境研究所　192b
中国气象局审计室　76a
中国气象局数值预报创新基地　97e
中国气象局数值预报中心　84f
中国气象局卫星数据广播系统　92a
中国气象局乌鲁木齐沙漠气象研究所　196d
中国气象局武汉暴雨研究所　193e
中国气象局行政管理局　104b，102e
中国气象局应急减灾与公共服务司　71c
中国气象局与高校签订合作协议列表　225b
中国气象局预报与网络司　71e
中国气象局政策法规司　74c
中国气象局政府采购中心　103f
中国气象局直属单位　68c
中国气象局直属机关党委　75a
中国气象局职责　69c
中国气象局资产管理事务中心　102d
中国气象局综合观测司　72c
中国气象局总体规划研究设计室　102a
中国气象科学数据共享系统　92b
中国气象科学研究院　97a，191d
中国气象频道　454d
中国气象事业　1a
中国气象事业发展战略研究　43a
中国气象数值预报技术创新研究（2001—2005年）　209b
中国气象卫星　49b，87f，162f，170d
中国气象卫星及其应用发展规划（2011—2020年）　180f
中国气象文化　448c
中国气象现代化　4a，41c
中国气象学会　156d，34a
中国气象学会奖励体系　158f
中国气象学会理事会　157a
中国气象学会气象影视与传媒委员会　113f
《**中国气象谚语**》　456b

中国气象远程教育网　　255a
中国人民解放军理工大学气象海洋学院　　**251f**
中国人民解放军气象专科学校　　251f
中国台风博物馆　　**460f**
《中国天气俚语汇解》　　456a
中国天气通　　95f
中国天气网　　95f
中国西部科学院农林研究所　　389d
中国遥感卫星辐射校正场办公室　　90c
中国遥感卫星辐射校正场技术系统　　90b
中国-印度尼西亚科技合作　　276c
中国-印度气象科技合作　　276a
中国-英国气象科技合作　　273f
中国与地球观测组织的合作　　270c
中国与世界气象组织的合作　　269b
中国与台风委员会的合作　　270d
中国-越南气象科技合作　　274a
中国重大天气灾害形成机理和预测理论研究　　204f
中国主要极端天气气候事件及重大气象灾害的监测、检测和预测关键技术研究（2007—2011年）　　207c
《中华气象谚语大观》　　456b
中华人民共和国气象法　　**260e**，258a
中华人民共和国气象条例　　**260a**
中期数值天气预报研究（1986—1990年）　　208f
中期数值天气预报业务系统　　83e
中期数值预报业务系统　　48f
中期天气预报关键技术研究（2015—2019年）　　208d
中日合作JICA计划高原观测试验　　217b
中日亚洲季风机制合作研究计划　　217f
中山大学环境科学与工程学院　　**250d**
中央观象台　　316f
中央纪委驻中国气象局纪检组　　**75d**
中央军委气象局　　**70d**，15e，68e
中央气象局　　**70e**，15f，68f
中央气象科学研究所　　82f，97a
中央气象台　　**85c**，82e
重大工程气象服务　　167e
舟曲泥石流灾后气象台站恢复重建　　**447d**
舟曲特大山洪泥石流地质灾害　　411a
《周礼·春官宗伯》　　31c

《周岁农事》　　467c
周秀骥　　**483c**
朱抱真　　**510f**
朱炳海　　**501d**
朱岗崑　　**507c**
朱和周　　**503c**
朱乾根　　**514e**
朱思本　　**467d**
朱熹　　**466f**
珠峰气象站　　**445e**
竺可桢　　**475f**
专项气象服务　　2f
专业气象服务　　2e，37d
专业气象研究所　　186c
自愿合作计划　　283b
综合气象观测系统发展指导意见　　180c
综合气象观测研究计划　　**215b**
综合气象观测研究计划重大科技应用研发专项　　215d
综合气象观测业务　　**170d**，2b
综合气象观测业务系统　　2b
邹竞蒙　　**472d**
邹竞蒙气象科技人才奖　　231d
《作咸》　　468e

其他

IPCC第二次评估报告　　288d，289c
IPCC第三次评估报告　　288d，289d
IPCC第四次评估报告　　288d，289f
IPCC第五次评估报告　　288d，290a
IPCC第一次评估报告　　288c，289b
IPCC特别报告和技术报告　　290d
1963—1972年气象科技发展规划（草案）　　189d
1978—1985年气象科技发展规划　　189f
1981—1985年气象科研发展规划和十年设想纲要　　189f
1983年安康特大洪灾　　407d
1991年江淮特大洪涝　　353e
1998年华南暴雨科学试验　　219f
21世纪议程　　**299f**

后 记

―

《中国气象百科全书》(以下简称《全书》)经过多年酝酿和5年的编纂努力,终于与读者见面了。全书分《综合卷》《气象科学基础卷》《气象服务卷》《气象预报预测卷》《气象观测与信息网络卷》及《索引卷》共6卷,约560万字,是中国气象局组织编纂的迄今为止气象知识集成度最高、反映气象事业发展最全、篇幅最大的综合性工具书。《全书》的出版,填补了气象专科性百科全书的空白,满足了气象行业和广大社会读者的迫切需求,对普及气象知识,提高公众对气象事业发展全貌的了解和认识,促进气象科学更好地为经济社会发展服务具有重要意义。

(一)出版背景

编纂出版《全书》是全国广大气象工作者期盼已久的一件大事。早在20世纪90年代后期,气象界就有呼声,期盼出版一部关于气象知识和气象事业发展的专科性百科全书,以适应气象事业快速发展的需要。1997年2月,气象出版社领导提出编纂出版《全书》的设想,并向中国气象局上报了编纂出版方案,得到了当时中国气象局局长温克刚和名誉局长邹竞蒙等的大力支持。1998年2月,成立了以邹竞蒙为主任,叶笃正和陶诗言为顾问,马鹤年、周秀骥、毛耀顺、彭光宜为副主任的编委会,并在马鹤年、毛耀顺等的具体组织下,启动了编纂工作。1999年,《全书》经新闻出版署批准,列入国家"九五"重点图书出版规划。当时按大气科学的各分支学科及气象事业特点设置了条目框架,并选定了相应学科的知名专家作为分科牵头人,组织作者做了大量编写工作。但由于种种原因,此项工作没有持续下去。

2009年,气象出版社重新提出编纂出版《全书》的方案,得到了现任中国气象局局长郑国光及领导班子的大力支持。2011年,由气象界多位院士和知名专家联名推荐,经新闻出版总署批准,《全书》正式列入国家出版基金资助项目,同时被列为"十二五"国家重点出版物出版规划项目。随后,编纂出版工作重新启动。

(二)编纂过程

从新闻出版总署2011年批准中国气象局重新启动编纂《全书》到2016年年底正式出版为止,大体经历了启动、撰稿审稿、统稿定稿和编辑出版几个阶段。

启动阶段 2011年11月召开第一次《全书》编委会,标志着编纂工作全面启动。这一阶段主要做了以下工作:建立编纂机构,成立了由中国气象局局长郑国光为主编,王守荣为常务副主编,许小峰、矫梅燕、于新文、丁一汇为副主编的总编委会,总编委会委员由45人组成。同时总编委会还设置顾问组和协调指导小组,确定了《全书》定位(具体见前言),确定了《全书》的构架,明确主体部分共设置五卷,并成立了各卷的编委会。按照总编委会的要求,各卷编委会组织编写队伍,共确定了一千多名撰稿人,撰稿人姓名均已在各条目之后标明。

撰稿审稿阶段 这一阶段是《全书》编纂工作的主体阶段，主要做了以下工作：推进条目的编写工作。2013年3月开始，各卷先后由主编或第一副主编主持召开条目撰写启动会，全面部署编写工作，同时每卷成立了5～7人的专家工作班子，负责初稿的审查、评议和协调等工作，采取边撰写、边研讨、边评审的方法，反复修订条目。各卷还专门成立了审稿专家组，对条目稿件反复进行评估、研讨和修改，至2015年11月，各卷先后完成五次修订工作。之后，各卷陆续召开专家评审会（见各卷专家评审会一览表），对本卷的书稿进行评审。专家评审中对稿件既给予了充分肯定，也提出了不少修改意见和建议。专家评审会之后，各卷审稿专家组对专家评审会提出的意见认真进行梳理，并与本卷各分科负责人及有关撰稿人共同修订条目，再经专家审核后于2016年1月初完成第六次修订。据统计，《全书》五卷先后聘请指导、审稿专家近150人。加上参加讨论、咨询和评审的专家，参与编纂工作的总人数约1500人。

各卷专家评审会一览表

卷次	主持人	专家组组长	专家组成员				
综合卷	许小峰	温克刚 马鹤年	许小峰 刘春蓁 孙 健	王守荣 任振海 毕宝贵	丁一汇 王 强 杨 军	李泽椿 毛耀顺	王会军 阮水根	刘式适 端义宏
气象科学基础卷	许小峰	丁一汇	许小峰 张人禾 祝昌汉	王守荣 李维京 丁国安	李泽椿 刘式适 陶国庆	王文兴 何金海	刘春蓁 王 强	张庆云 赵宗慈
气象服务卷	矫梅燕	温克刚	史培军 张庆云 顾建峰	马鹤年 姜海如 高学浩	阮水根 章国材 金荣花	王守荣 刘燕辉 王志华	李泽椿 毛耀顺 赵振国	赵曙光 张祖强 赵同进
气象预报预测卷	矫梅燕	李泽椿	王守荣 端义宏 赵宗慈	刘春蓁 王存忠 丁国安	刘式适 翟盘茂 陶国庆	顾建峰 赵同进	杨 军 祝昌汉	孙 健 赵振国
气象观测与信息网络卷	于新文	许健民	王 强 韩通武	方宗义 李昌兴	王守荣 周 林	朱元竞 张沛源	章国材	余 勇

统稿定稿阶段 第六次修订稿形成后，协调指导小组和各卷编委会于2016年1月下旬组织专家进行综合统稿。综合统稿分为三个步骤：一是各卷成立统稿组，重点解决本卷各个分科的重复、交叉、统一问题；二是协调指导小组成立统稿组，重点研讨解决各卷之间的重复、交叉、统一问题，力求五卷内容完整统一，数据准确吻合，并在此基础上分别对各卷明确一位总统稿专家（一支笔），对整卷内容、体例、文字进行全面审改；三是各卷总统稿专家完成统稿后，再由协调指导小组王守荣、韩通武、赵同进等对五卷进行全面交叉通读审改。综合统稿于2016年3月底完成，之后提交总编委会审定。此外，协调指导小组及各卷编委会还组织完成了五卷卷前文章的起草修订工作；前言、后记、凡例的起草工作；目录的编排工作；图照、附录的选取、撰写工作；索引的初选工作。

2016年5月初郑国光主编主持召开《全书》总编委会办公会，审定五卷的全部书稿。会议对该书的编纂过程给予充分肯定，认为总体质量较好，已达到出版要求，同意进入编辑出版程序。至此，《全书》的编写工作已基本完成。5月中旬由协调指导小组统一将书稿交气象出版社编辑出版。

（三）各方贡献

编纂《全书》是一项崭新的工作，工作量很大，难度也很大。参与编纂工作的全体人员克服困难，通力合作，共同完成了这一重要书籍的编写任务。

总编委会高度重视，郑国光主编每年至少主持召开一次主编办公会，多次听取协调指导小组和各卷编委会的汇报，对编纂过程中存在的问题逐一研究解决，并对《全书》各阶段的工作提出明确要求。

各卷编委会加强领导，落实责任。各卷主编经常了解本卷进展情况，从条目框架设计，到重要条目的撰写，经常与编委会和撰稿人进行讨论，确保条目框架设计的合理性和书稿的质量。

协调指导小组认真负责，精心设计、全面协调，对每一阶段的工作精心指导，对一些重要稿件多次组织专家研讨修改，对一些难点和交叉问题协调排解，特别是对一些关键节点，组织专家协同攻关突破，保证了《全书》顺利进行。

各卷专家咨询组具有学术水平高、知识面广、工作经验丰富的优势，提出的咨询意见，对书稿科学精准、拾遗补阙起到重要作用。各卷审稿专家组既审稿，又改稿，对增补的条目亲自动手撰写，投入大量的时间和精力，付出了辛勤的劳动，保证了书稿的质量。

参加编纂《全书》的一千多名撰稿人，有中国气象局的现任局领导和退休局领导及司局级领导干部，有两院院士和众多的资深气象专家，也有气象业务、气象科研、气象教育单位和行业单位的一线气象专家学者，他们认真撰稿，反复修改，为《全书》编纂做出了实质性的贡献。

《全书》的编纂工作还得到中国气象局各内设机构，各直属单位、各省（自治区、直辖市）气象局，中国科学院大气物理所，北京大学，农业、水利、民航、盐业、军队等有关部门的大力支持。中国气象局办公室等有关职能机构和中国气象局气象宣传与科普中心等单位做了大量组织、指导、协调工作，从各方面鼎力支持；各卷的挂靠单位：中国气象科学研究院、中国气象局公共气象服务中心、国家气象中心、中国气象局气象探测中心等，不但承担了大量的协调和日常事务性工作，还在人力、财力等各方面给予大力支持，为《全书》编纂做出了积极贡献。气象出版社对于该书的筹划、立项、编辑、出版做了大量工作，保证了《全书》的出版发行。

《全书》是各方齐心协力的智慧结晶和创作成果，在此对上述做出贡献的所有单位和个人表示深深的谢意！

二

《中国气象百科全书·综合卷》（以下简称《综合卷》）的编纂工作，自2012年组成编委会以来，作为《中国气象百科全书》的首卷，经275名撰稿人和40多名指导、审稿专家的共同努力，进展顺利，于2016年初完成各项编纂任务。

（一）《综合卷》定位与构架

《综合卷》的定位和要求：是宏观反映气象事业发展全貌的一卷，既要反映气象事业发展历史全过程，又要体现以当代气象事业发展为主的特点，既要全面反映气象事业的方方面面，又要避免与其他卷过多的重复。

《综合卷》的基本构架：设有卷前文章、10个分科、附录、索引共13部分（见前言），总条目数为450条，总字数约为140万字，文前彩色图照100余幅。

（二）《综合卷》编写过程

组织编写队伍和样条撰写　《综合卷》的编写工作从确定条目设置和遴选撰稿人开始。由于综合卷内容广泛，涉及部门、单位众多，遴选撰稿人难度较大。经各方共同努力，共确定了275位撰稿人参与条目的编写工作，其中大部分是本领域的专家，一些重要的条目则由在职和离任的领导、院士和资深专家领衔撰写。为保障稿件内容的准确性和作者的广泛性，还尽可能请一些行业部门的专家和气象部门基层单位的科技人员参加条目的撰写工作。

2012年上半年进行条目框架设计，下半年组织了30多条样条的撰写和研讨工作。

全面启动编写、评审、统稿工作　2013年3月，综合卷条目撰写工作全面展开。编委会要求各作者要以严谨的科学精神，全面准确地写好每一个条目；重要条目撰写前要按编纂指南的要求，提出撰写提纲，经一定范围专家研讨后开始撰写；各分科负责人和作者要按编委会提出的各时间节点完成撰写任务。同时，《综合卷》还组成了审稿专家小组，负责初稿的审查、评议、协调和修改工作。

到2016年初，《综合卷》条目六易其稿。期间对一些重点、难点条目组织了70余次的专家评审研讨会。通过不断研讨，明确体例要求，补充完善相关内容，使稿件质量不断提高。2015年9月召开专家评审会，对《综合卷》的书稿进行评审。专家评审组一致认为：《综合卷》比较全面系统地反映了中国气象事业发展历程、气象事业构成、气象业务发展、气象科技进展、气象队伍建设、气象现代化成就和为经济发展、社会进步做出的贡献；同时也提出若干修改意见。对专家评审组提出的意见，综合卷编委会进行了认真的梳理和研究，并组织专家进行修改完善，之后进行综合统稿。

综合卷统稿工作由毛耀顺、赵同进、韩通武、陶国庆等交叉统稿，最后由毛耀顺一支笔统稿。《综合卷》统稿工作于2016年3月底完成，之后提交协调指导小组进行综合统稿。

(三) 致谢有关机构和人员

为《综合卷》的编纂工作做出贡献的机构和人员较多：中国气象局各内设机构、各直属单位、各省（自治区、直辖市）气象局、气象行业有关部门、科研单位和院校都推荐了高水平作者为《综合卷》撰写条目，给予了很大支持；《综合卷》编委会在整个编纂过程中按总编委会的部署要求和协调指导小组的统筹安排积极推进，保证书稿按时完成；专家咨询组积极建言献策，把好历史关、政策关、科学关，做出积极贡献。编委会和专家咨询组成员名单（详见本卷正文前）。其他各相关人员在《综合卷》的编写与审改过程中做了大量具体工作，付出了辛勤劳动，发挥了重要作用，分列如下：

（1）各分科负责人承上启下、具体组织，在《综合卷》的编写过程中起到重要作用。

分科及附录	负责人
气象事业	刘英金　毛耀顺　张新营
气象机构	韩通武　洪兰江　张连强
气象业务	章国材　李昌兴　丁海芳
气象科学研究	郭亚曦　高云　臧海佳
气象人才队伍与教育培训	于玉斌　王梅华　郭彩丽
气象法律法规	张钛仁　周韶雄　李晓露
国际与地区气象合作	喻纪新　徐相华　应宁
地方气象	韩通武　阳世勇　姜长波
气象文化与科普	邵俊年　李德善　李晔
气象代表人物	赵同进　姜海如　周诗健
附录	陶国庆　毛耀顺　李小平

（2）《综合卷》审稿专家组由刘英金、毛耀顺任组长，赵同进、韩通武、李昌兴、金荣花、姜海如、阳世勇、王守荣、陶国庆为成员，他们在保证稿件质量方面发挥了重要作用，不但认真审稿、改稿，对一些差距较大的稿件还进行大幅度修改或重写，保证了综合卷稿件的质量。

（3）评审专家组在评审中认真阅读，全面评判，除对综合卷给予充分肯定外，还对存在的问题提出很好的意见，对《综合卷》质量起到了很好的把关作用（详见各卷专家评审会一览表）。

（4）各省（自治区、直辖市）气象部门的相关领导和专家，除积极完成本省（自治区、直辖市）的稿件外，还积极参加相关条目的研讨和修改，对全面按时完成《综合卷》稿件起到促进作用。

在编辑出版过程中，气象出版社编辑组进一步统一全书体例，把好质量关。还有不少单位和个人为《综合卷》的编辑出版做出贡献，难以一一提及，在此对所有在不同阶段、不同层次上为《综合卷》做出贡献的单位和个人表示衷心感谢！

由于《综合卷》内容广泛，编纂工作难度大，协调任务重，特别是行业单位的协调难度更大，虽然我们已经做了很大努力，但难免仍有不足或错误之处，恳请广大读者给予批评指正。

《中国气象百科全书·综合卷》编委会
2016年9月